Weber · Zillmer

Mathematik

Lösungsband zum Aufgabenbuch

Gymnasiale Oberstufe

Grundkurs

Analysis

Analytische Geometrie und lineare Algebra

Stochastik

PAETEC
Verlag für Bildungsmedien

Herausgeber: Prof. Dr. habil. Karlheinz Weber
PD Dr. habil. Wolfgang Zillmer

Autoren: Armin Baeger
Hans-Joachim Becher
Hans-Ulrich Brandenburger
Frank Gräf
Irmhild Kantel
Dr. Igor Kharif
Dr. Eberhard Koch
Dr. Heidemarie v. Lojewski
Ardito Messner
Birgitt Riedel
Dr. Marga Schmidt
Dr. habil. Michael Schmitz
Helmut Schreiber
Dr. habil. Bernd Wernicke
Dr. Eva-Maria Westerhoff
Beate Wießer
PD Dr. habil. Wolfgang Zillmer

Beratend wirkten mit:
Jutta Patzig, Dr. habil. Reinhard Stamm, Petra Wesely

Der vorliegende Lösungsband enthält die Lösungen aller Aufgaben aus dem „TCP 2001 Mathematik /Aufgabenbuch Grundkurs“ (ISBN 3-89818-110-3) bzw. aus den Aufgabenbuchteilen „Analysis“ (ISBN 3-89818-112-X), „Analytische Geometrie und lineare Algebra“ ((ISBN 3-89818-113-8) und „Stochastik“ (ISBN 3-89818-114-6). Diese Aufgabensammlungen sind abgestimmt auf das Lehrbuch „TCP 2001 Mathematik. Gymnasiale Oberstufe. Grundkurs“ (ISBN 3-89818-109-X).

Titelbildquelle:
Transrapid International GmbH & Co. KG

1. Auflage, 2002

Internet: www.paetec.de

Redaktion: Dr. Hubert Bossek, Prof. Dr. habil. Karlheinz Weber
Umschlaggestaltung: Britta Scharffenberg
Layout und Zeichnungen: Martina Holzinger, Birgit Kintzel, Thilo Krüger, Erika Netzmann, Jörg Prommersberger, Dr. Ulf Rothkirch
Druck: Saale-Druck Naumburg GmbH

ISBN 3-89818-111-1

Inhalt

Vorbemerkungen

Der vorliegende Lösungsband enthält die Lösungen aller Aufgaben aus dem „TCP 2001 Mathematik /Aufgabenbuch Grundkurs“ bzw. aus den Aufgabenbuchteilen „Analysis“, „Analytische Geometrie und lineare Algebra“ und „Stochastik“. Dabei wurden neben den Endresultaten in der Regel noch Zwischenschritte angegeben, um dem Lehrer die Arbeit mit den Materialien und die Kontrolle der von den Schülern erarbeiteten Lösungen zu erleichtern. Außerdem bietet dies ggf. den Schülern die Möglichkeit, Hinweise bez. des Lösungswegs zu entnehmen oder zumindest selbstständig ihre Lösungen zu überprüfen.

Die große Aufgabenanzahl und die genannte teilweise ausführliche Darstellung des Lösungsweges machte an anderen Stellen eine sehr verknappte Textfassung erforderlich, so dass die äußere Form der folgenden Lösungsangaben keinesfalls als „Vorbild“ für die Schreibweise im Unterricht, an der Tafel, in den Schülerheften usw. verstanden werden darf. Beispielsweise war es aus Platzgründen teilweise erforderlich, „fortlaufende“ Gleichungen zu notieren, die zu einem Resultat gehörende Einheit nicht durch die gesamte Rechnung mitzuführen, sondern erst am Ende anzufügen, oder Schlussketten, Folgerungen usw. durch Pfeile zu kennzeichnen, obwohl sprachliche Formulierungen günstiger wären.

Bei der Verwendung der Lösungsangaben sollte ferner beachtet werden:

- Obwohl für viele Aufgaben mehrere Lösungswege möglich sind, wird i. Allg. nur eine Variante angeführt.
- Entsprechend dem im gesamten Lehrwerk verfolgten Grundsatz, den Einsatz eines Rechners nicht zur Voraussetzung für das Verständnis zu machen, werden auch die Lösungen nur in Ausnahmefällen für den Fall angegeben, dass ein elektronisches Hilfsmittel Verwendung findet.
- Beweise werden meist sehr knapp und konzentriert auf „schwierige“ Teile des Gesamtgedankengangs wiedergegeben.
- In den Aufgaben geforderte Begründungen sind z.T. lediglich angedeutet, auf die Angabe von Resultaten in Form von Antwortsätzen, von bestimmte Voraussetzungen, Bedingungen (wie „Nenner der betrachteten Terme ungleich 0“, „Radikand nichtnegativ“, „Variablengrundbereich $\mathbb{R}$“) oder von anderen möglichen Schreibweisen für bestimmte mathematische Sachverhalte (z.B. für Lösungsmengen von Gleichungen, für Zuordnungsvorschriften von Funktionen, für die Benennung von Funktionsgraphen) wird häufig verzichtet.
- Auf die Angabe von Funktionsgraphen wird z. T. verzichtet oder sie werden nur skizziert.
- Zahlenwerte in den Resultaten wurden i. d. R. (und falls in der Aufgabe nicht anders gefordert) auf zwei Stellen nach dem Komma gerundet – das Zeichen „≈“ vor einzelnen Zahlenwerten wird nur verwendet, wenn darauf besonders aufmerksam gemacht werden soll oder sonst Missverständnisse auftreten können.

A Funktionen

A 1 Der Begriff *Funktion*

AA 1

a) nein, denn $c \mapsto 3$ und $c \mapsto 7$
b) ja, Eindeutigkeit ist erfüllt
c) nein, denn $2 \mapsto 4$ und $2 \mapsto 6$
d) ja, Eindeutigkeit ist erfüllt

AA 2

a) ja
b) nein, denn $\frac{1}{2} \mapsto \frac{2}{3}$ und $\frac{1}{2} \mapsto 2$
c) ja
d) ja
e) ja
f) nein, denn $x_1 \mapsto y_1$ und $x_1 \mapsto y_3$

(bei c), d), e), f) sind dabei die x_i ($i = 1, 2, 3, 4$) paarweise voneinander verschieden)

AA 3

a) ist keine Funktion (ist eine Funktion)
b) Funktion
c) keine Funktion
d) Funktion

AA 4

a) 1 ja; 2 ja; 3 nein; 4 ja; 5 nein
b) 6 ja; 7 nein
c) 8 nein; 9 nein; 10 nein; 11 ja

AA 5

Graph kann x-Achse mehrfach schneiden, da unterschiedlichen Argumenten durchaus der gleiche Funktionswert zugeordnet werden kann (in diesem Fall Null);
die y-Achse höchstens einmal, da auch zum Argument $x = 0$ nur ein Funktionswert existieren darf (sofern $x \to y$)

AA 6

a) ja, $s = s(t) = 3t$
(sofern $t \mapsto s$ bzw. $u \mapsto v$)
b) ja, $s = s(t) = \frac{6}{10} t^2$
c) nein, $1 \mapsto -2$ und $1 \mapsto 5$
$0 \mapsto 1$ und $0 \mapsto -2$

AA 7 Aussage a)

AA 8

ja, da jeder Note von 1 bis 6 genau eine Zahl (Anzahl von Schülern) zugeordnet wurde

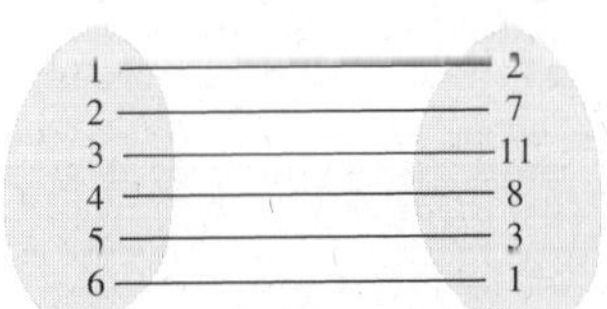

AA 9 a) ja b) ja c) ja d) nein e) nein f) nein

AA 10 Nein, keine eindeutige Zuordnung.

AA 11

a) ja, da jedem Originalpunkt genau ein Bildpunkt zugeordnet ist
b) ja, da jedem Bildpunkt genau ein Originalpunkt zugeordnet ist

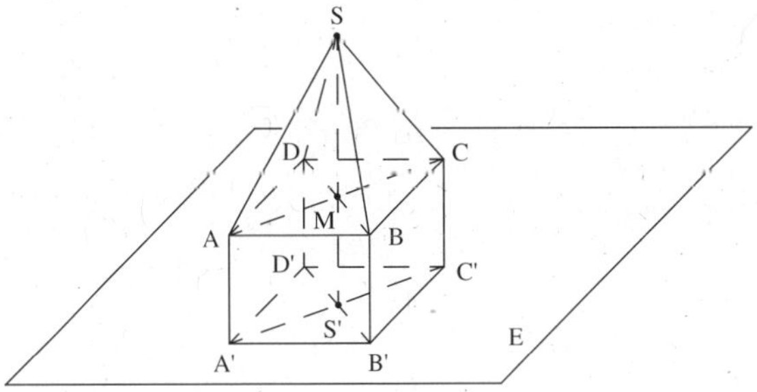

AA 12

a)

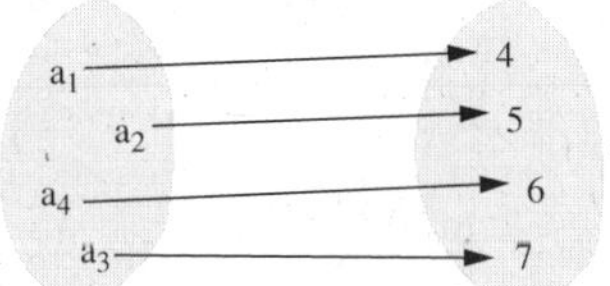

b)

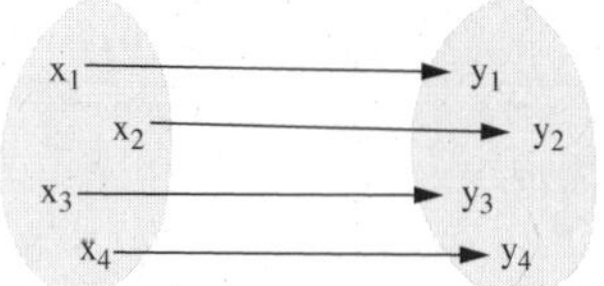

AA 13

a) ja b) ja c) nein

AA 14

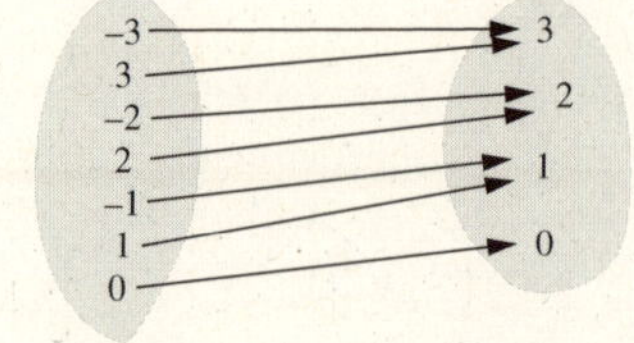

a) Funktion bei jeder Lage des Dreiecks bez. der Projektionsebene;
b) Funktion, denn jedem Punkt von △ABC wird genau ein Punkt von △A'B'C' zugeordnet;
c) ja, denn Eindeutigkeit wird erfüllt;

AA 15

a)

n	1	2	3	4	5	6	7	8	9	10	11	12	13	14	15
f(n)	0	1	2	2	3	3	4	4	4	4	5	5	6	6	6

b)

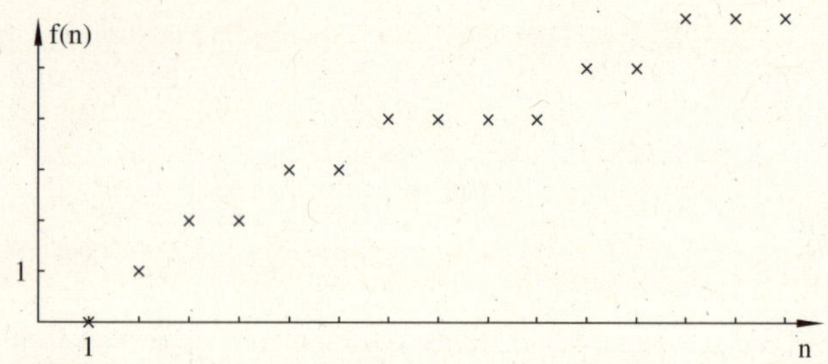

AA 16

a)

n	0	1	2	3
n^2	0	1	4	9

Funktion

b)

n	0	1	2	3
n + 1	1	2	3	4

Funktion

c)

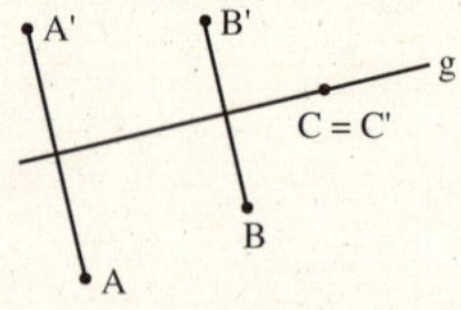

Funktion

d)

Name des Schülers	A …
Geburtsmonat	Jan. …

Funktion

AA 17

a)

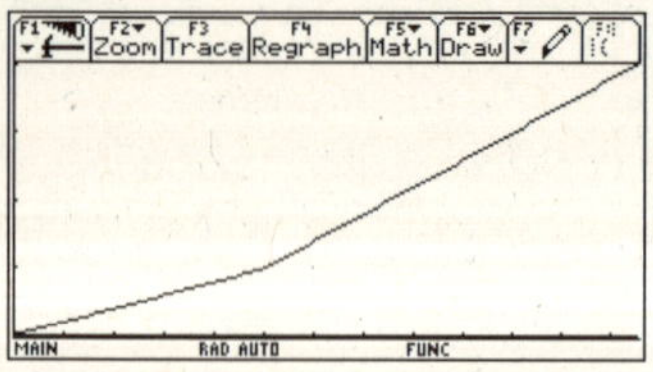

b) Der untere Teil des Körpers hat eine Grundfläche von 1000 cm^2. Bei einer Befüllung mit 20 $\frac{cm^3}{s}$ ergibt sich für den unteren Teil $h_u(t) = \frac{20\ cm^3 \cdot t}{1000\ cm^2} = 0{,}02t$ cm.
Für den oberen Teil erhalten wir analog $h_o(t) = 0{,}04t$ cm.

Damit lautet die Füllfunktion: $h(t) = \begin{cases} 0{,}02t & \text{für } 0 < t \leq 500 \\ 0{,}04t & \text{für } 500 < t < 1250 \end{cases}$

Die jeweiligen Intervalle lassen sich durch die jeweiligen Füllzeiten bestimmen.

AA 18 A5, B7, C8, D1, E2, F3, G4, H6

AA 19

a)

V_{Wind}	0	10	20	30	40	50	60	70	80	90
T_W	17,2	–3,4	–9,6	–13,3	–15,9	–17,6	–18,8	–19,6	–20	–20,1

Hier kann man bereits Kritik üben: Bei Windstille kann die Windchill-Temperatur nicht stimmen. Auch dass sich leichter Wind subjektiv stärker bemerkbar macht als Sturm erscheint unlogisch.

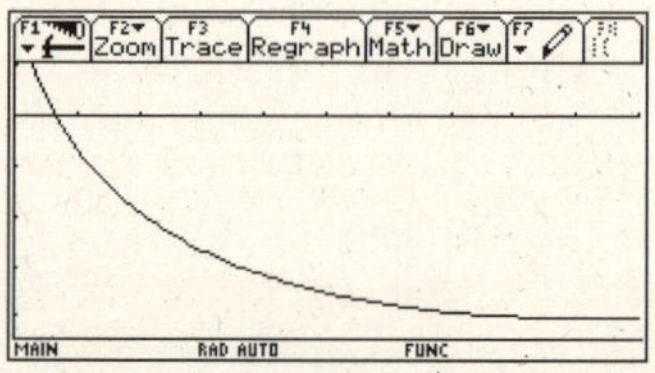

b)

V_{Wind}	0	10	20	30	40	50	60	70	80	90
T_W	10,1	–20	–28,9	–34,4	–38,1	–40,6	–42,4	–43,5	–44,1	–44,3

AA 20

Die in ein Koordinatensystem eingezeichneten Messwerte machen deutlich, dass der Zusammenhang zwischen v und s nicht linear sein kann. Wir untersuchen daher, ob ein quadratischer Zusammenhang besteht. Die Parabelform legt nahe, dass die Gleichung die Form $s = a \cdot v^2$ hat. Durch die Anlage einer Tabelle überprüfen wir daher, ob $a = \frac{s}{v^2}$ konstant ist.

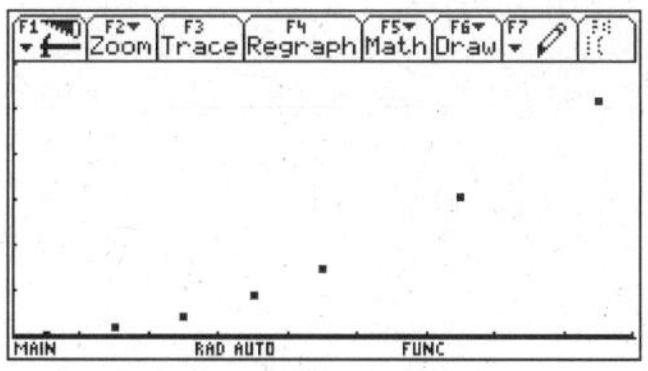

v	10	30	50	70	90	130	170
s	1	8	22	44	73	152	260
$a = \frac{s}{v^2}$	0,01	0,008889	0,0088	0,00898	0,00901	0,00899	0,008997

a kann im Rahmen von Messungenauigkeiten als konstant angesehen werden. Für die gesuchte Funktionsgleichung wählen wir den Mittelwert 0,009 aller Quotienten und erhalten die Gleichung $s = 0{,}009 \cdot v^2$.

AA 21

a)

t	30 min	1h30min	2h5min	4h45min
Kunde	0,50 €	1 €	2 €	4 €
Nichtkunde	1 €	2,50 €	5,50 €	11,50 €

b)

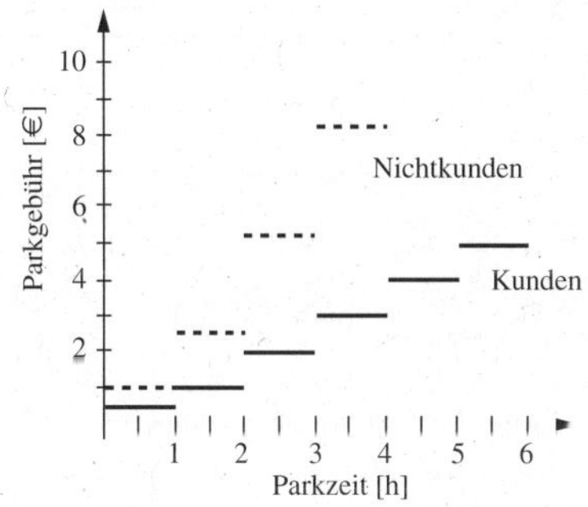

AA 22

Datum	Sonnen-aufgang	Sonnen-untergang	Länge des Tages
01. Jan.	08:27	16:25	07:58
08. Jan.	08:25	16:33	08:08
15. Jan.	08:20	16:43	08:23
22. Jan.	08:13	16:55	08:42
29. Jan.	08:04	17:07	09:03
05. Feb.	07:53	17:19	09:26
12. Feb.	07:41	17:32	09:51
19. Feb.	07:28	17:45	10:17
26. Feb.	07:13	17:57	10:44
05. Mrz.	06:56	18:09	11:13
12. Mrz.	06:43	18:21	11:38
19. Mrz.	06:27	18:33	12:06
26. Mrz.	06:11	18:45	12:34
02. Apr.	05:55	18:57	13:02
09. Apr.	05:40	19:08	13:28
16. Apr.	05:25	19:20	13:55
23. Apr.	05:10	19:32	14:22
30. Apr.	04:56	19:43	14:47
07. Mai.	04:44	19:54	15:10
14. Mai.	04:32	20:05	15:33
21. Mai.	04:23	20:15	15:52
28. Mai.	04:15	20:24	16:09
04. Jun.	04:09	20:32	16:23
11. Jun.	04:06	20:38	16:32
18. Jun.	04:05	20:41	16:36
25. Jun.	04:07	20:42	16:35
02. Jul.	04:11	20:41	16:30
09. Jul.	04:17	20:37	16:20
16. Jul.	04:24	20:31	16:07
23. Jul.	04:33	20:23	15:50
30. Jul.	04:43	20:13	15:30
06. Aug.	04:54	20:01	15:07
13. Aug.	05:05	19:48	14:43
20. Aug.	05:16	19:34	14:18
27. Aug.	05:27	19:19	13:52
03. Sep.	05:38	19:04	13:26
10. Sep.	05:49	18:48	12:59
17. Sep.	06:00	18:32	12:32
24. Sep.	06:11	18:16	12:05
01. Okt.	06:22	18:00	11:38
08. Okt.	06:34	17:44	11:10
15. Okt.	06:46	17:29	10:43
22. Okt.	06:58	17:15	10:17
29. Okt.	07:10	17:01	09:51
05. Nov.	07:22	16:49	09:27
12. Nov.	07:34	16:38	09:04
19. Nov.	07:46	16:28	08:42
26. Nov.	07:57	16:21	08:24
03. Dez.	08:07	16:16	08:09
10. Dez.	08:16	16:14	07:58
17. Dez.	08:22	16:14	07:52
24. Dez.	08:26	16:18	07:52

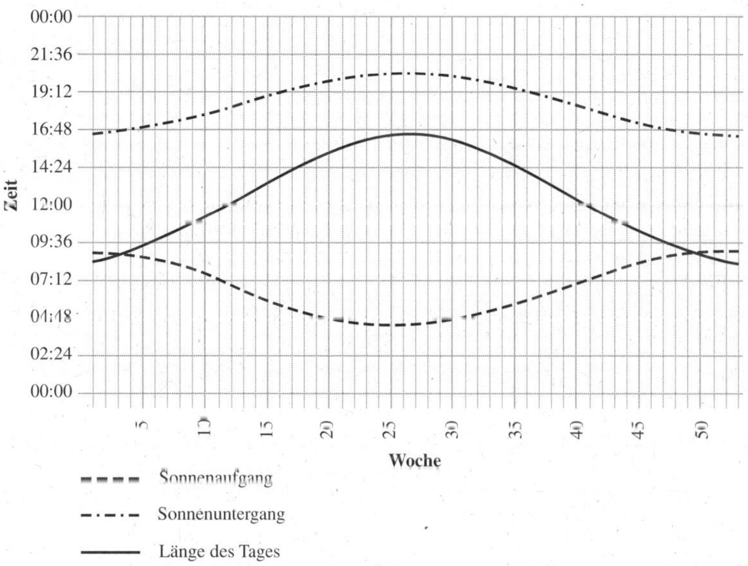

A 2 Elementare Funktionen und ihre Eigenschaften

A 2.1 Lineare Funktionen

AA 23

a) $f(x) = x + 2$

$D_f : -\infty < x < \infty$ bzw. $D_f = \mathbb{R}$

$W_f : -\infty < y < \infty$ bzw. $W_f = \mathbb{R}$

$x_s = -2 \quad S_x(-2; 0)$

$S_y(0; 2)$

beidseitig unbeschränkt

streng monoton wachsend

kein Symmetrieverhalten

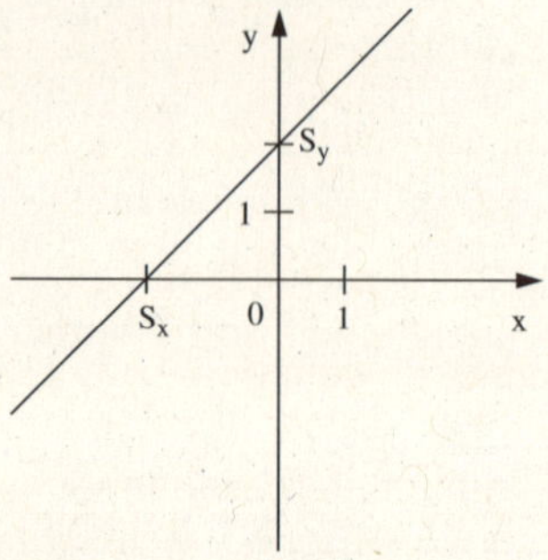

b) $g(x) = -\frac{1}{2}x - 3$

$D_g : -\infty < x < \infty$ bzw. $D_g = \mathbb{R}$

$W_g : -\infty < y < \infty$ bzw. $W_g = \mathbb{R}$

$x_s = -6 \quad S_x(-6; 0)$

$S_y(0; -3)$

beidseitig unbeschränkt

streng monoton fallend

kein Symmetrieverhalten

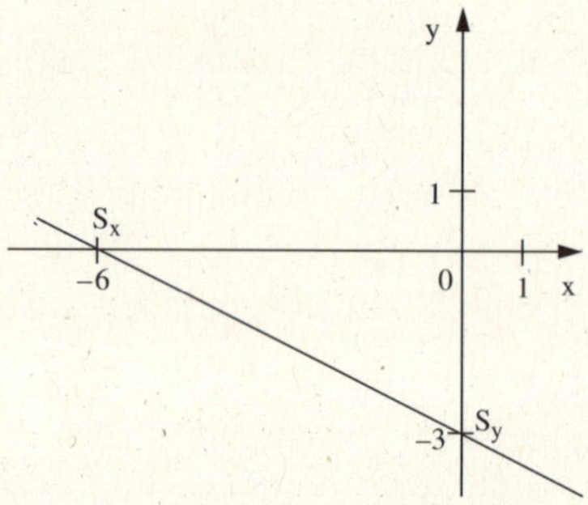

AA 24 $D_f = D_g = D_h = \mathbb{R}$; $W_f = W_g = W_h = \mathbb{R}$

Nullstellen:

f(x): $3x - 9 = 0$

$x = 3 \quad \Rightarrow S_x(3; 0)$

g(x): $-3x = 0$

$x = 0 \quad \Rightarrow S_x(0; 0)$

h(x): $\frac{1}{3}x + 27 = 0$

$x = -81 \quad \Rightarrow S_x(-81; 0)$

Schnittstellen mit der y-Achse

wenn $x = 0$, dann $f(0) = 3 \cdot 0 - 9 = -9$

$\Rightarrow S_y(0; -9)$;

wenn $x = 0$, dann $g(0) = -3 \cdot 0 = 0$

$\Rightarrow S_y(0; 0)$

wenn $x = 0$, dann $h(0) = \frac{1}{3} \cdot 0 + 27 = 27$

$\Rightarrow S_y(0; 27)$.

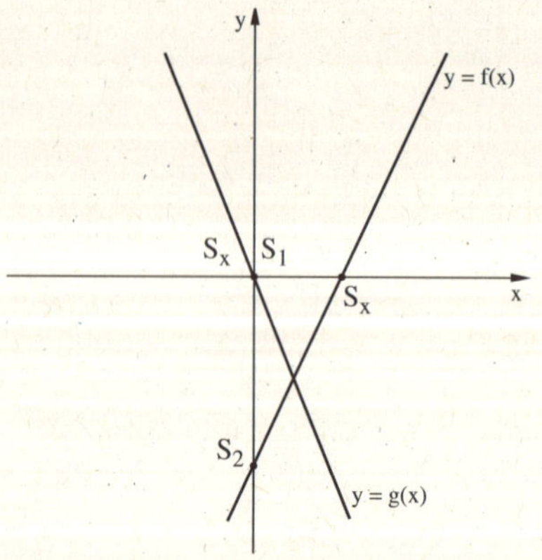

	Symmetrie	Monotonie	Beschränktheit
f	–	wachsend	unbeschränkt
g	symm. bzgl. O(0; 0)	fallend	unbeschränkt
h (ohne Graph)		wachsend	unbeschränkt

AA 25

$f(x) = \frac{3}{5}x + \frac{26}{5}$

x	0	1	6
y	$\frac{26}{5}$	$\frac{29}{5}$	$\frac{44}{5}$

AA 26

a) nein

b) ja, $f(x) = 2x - 1{,}5$

c) ja, $f(x) = -x + 3$,

d) nein

AA 27

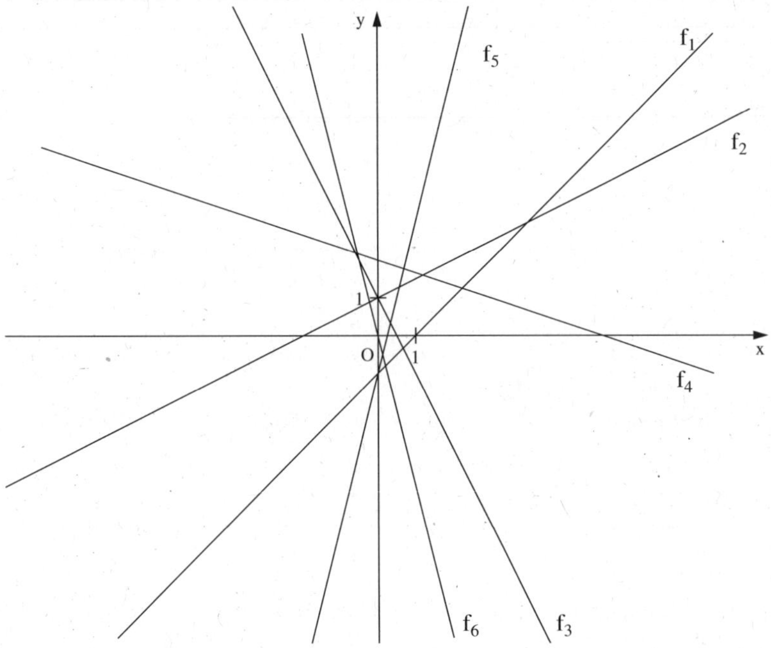

AA 28 $f_1(x) = x + 2$ $\quad f_2(x) = -\frac{1}{2}x$ $\quad f_3(x) = \frac{2}{5}x - 2$ $\quad f_4(x) = -\frac{2}{3}x + 3$

AA 29

a) $x_0 = 3$ b) $x_0 = -\frac{3}{14}$ c) $x_0 = 3$ d) $x_0 = -\frac{7}{2}\sqrt{2}$

e) $x_o = 0$ f) keine Nullstelle, da $f_6(x) = 1{,}5 \neq 0$ für alle x

AA 30 $x = a \mapsto y \in \mathbb{R}$ ist keine eindeutige Abbildung, daher ist eine Parallele zur y-Achse mit dem Abstand a nicht Bild einer Funktion; Gleichung der x-Achse heißt $y = 0$.

AA 31 a) $f_1(x) = 2x$ b) $f_2(x) = -x + 4$ c) $f_3(x) = -0{,}5x + 2{,}5$ d) $f_4(x) \approx 1{,}59x + 0{,}41$

AA 32 Die Gleichung $y = kx + b$ (1) beschreibt jede lineare Funktion.
$P(4, 5) \in (1)$, d.h. $5 = k \cdot 4 + b$

Der Fixwert $x = 3$ liefert (nach Definition) $f(x) = x$,
also $y(3) = 3$ und wir erhalten
$3 = k \cdot 3 + b$.

Also
$$5 = k \cdot 4 + b$$
$$\underline{3 = k \cdot 3 + b}$$
und $k = 2$, $b = -3$.

AA 33 $y = \frac{7}{3}x - 65$

AA 34 $C \notin (AB)$

AA 35 $\tan\alpha = m$

AA 36 $\tan\alpha = m = \frac{y_2 - y_1}{x_2 - x_1}$

AA 37 a) $f_1(x) = \frac{3}{2}x - 1$ b) $f_2(x) = 5x + 4$ c) $f_3(x) = \frac{1}{3}x + 2$ d) $f_4(x) = \sqrt{3}\,x$

AA 38 a) $f_1(x) = 5$ b) $f_2(x) = -\sqrt{7}$ (Bemerkung: Es handelt sich um konstante Funktionen.)

AA 39

a) f_1: $x_S = 2$; $y_S = -4$	b) $\alpha = 63{,}4°$	c) $y = 2x - 3$
f_2: $x_S = -2$; $y_S = 1$	$\alpha = 26{,}6°$	$y = 0{,}5x - 1$
f_3: $x_S = \frac{1}{6}$; $y_S = \frac{1}{3}$	$\alpha = -63{,}4°$	$y = -2x + 1$
f_4: $x_S = -2$; $y_S = -2$	$\alpha = -45°$	$y = -x + 2$

AA 40 Nach Berechnung aller Seitenmittelpunkte und Seitenlinien lassen sich die Gleichungen mittels Zweipunkteform bestimmen. Seitenmittelpunkte: $M_a(6{,}5; 2)$, $M_b(3{,}5; 2)$, $M_c(5; 0)$

(1) Mittelsenkrechte

Steigung der Dreieckseiten	Steigung der Mittelsenkrechten	Gleichung der Mittelsenkrechten	
$m_a = \frac{4-0}{5-8} = -\frac{4}{3}$	$m = \frac{3}{4}$	$2 = \frac{3}{4} \cdot 6{,}5 + n \quad \Rightarrow n = -2{,}875$	m_a: $y = \frac{3}{4}x - 2{,}875$
$m_b = \frac{4-0}{5-2} = \frac{4}{3}$	$m = -\frac{3}{4}$	$2 = -\frac{3}{4} \cdot 3{,}5 + n \quad \Rightarrow n = 4{,}625$	m_b: $y = -\frac{3}{4}x + 4{,}625$
$m_c = 0$			m_c: $x = 5$

Schnittpunkt der Mittelsenkrechten: $S_M(5; 0{,}875)$

(2) Seitenhalbierende

Steigung der Seitenhalbierenden	Gleichung der Seitenhalbierenden	
$m_{S_a} = \frac{2-0}{6{,}5-2} = \frac{4}{9}$	$0 = \frac{4}{9} \cdot 2 + n \quad \Rightarrow n = -\frac{8}{9}$	S_a: $y = \frac{4}{9}x - \frac{8}{9}$
$m_{S_b} = \frac{2-0}{3{,}5-8} = -\frac{4}{9}$	$0 = (-\frac{4}{9}) \cdot 8 + n \quad \Rightarrow n = \frac{32}{9}$	S_b: $y = -\frac{4}{9}x + \frac{32}{9}$
$m_{S_c} = \frac{0-4}{5-5}$		S_c: $x = 5$

Schnittpunkt der Seitenhalbierenden: $S_S(5; \frac{4}{3})$

(3) Höhengeraden

Steigung der Höhengeraden	Gleichung der Höhengeraden	
$m_{h_a} = \frac{3}{4}$	$0 = \frac{3}{4} \cdot 2 + n \quad \Rightarrow n = -1{,}5$	h_a: $y = \frac{3}{4}x - 1{,}5$
$m_{h_b} = -\frac{3}{4}$	$0 = (-\frac{3}{4}) \cdot 8 + n \quad \Rightarrow n = 6$	h_b: $y = -\frac{3}{4}x + 6$
		h_c: $x = 5$

Schnittpunkt der Höhengeraden: $S_h(5; 2{,}25)$

AA 41

a) $h(t) = 2{,}8t + 270$

b) Einer Steigung von 12 % entspricht ein Steigungswinkel von $\alpha = 6{,}8428°$. Für die zurückgelegte Wegstecke gilt $\sin(\alpha) = \frac{1120}{s}$, also s = 9400 m. Die dafür benötigte Zeit beträgt ca. 56 Minuten.

c) Nach 15 Minuten Radfahren hat der Radler 2520 m Wegstrecke zurückgelegt. Die überwundene Höhe beträgt 300 m.

AA 42 Wir legen ein Koordinatensystem so, dass K_1 Ursprung wird und die Koordinatenachsen mit den Banden parallel verlaufen.

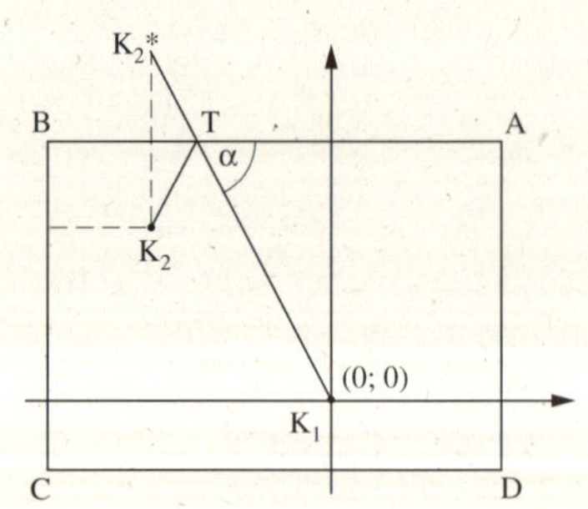

Dann können wir ablesen: $K_1(0; 0)$; $K_2(-(255-60-80); (165-70-60)) = K_2(-115; 35)$.
Bande AB: y = 105

a) Wir spiegeln K_2 an der Bande AB und erhalten $K_2^*(-115; 175)$. Der Punkt T, an dem die Bande getroffen werden muss, ist der Schnittpunkt von AB und der Verbindungsgeraden $K_1K_2^*$: $y = -\frac{175}{115}x = -\frac{35}{23}x$. Schnitt mit AB: $105 = -\frac{35}{23}x$, also $x = -69$.
Der Aufprallpunkt hat demnach die Koordinaten T(−69; 105). Der Punkt liegt auf der Bande AB 75 cm + 69 cm = 144 cm vom Eckpunkt A entfernt.

b) $\tan(\alpha) = \frac{35}{23} \Rightarrow \alpha = 56{,}7°$.

AA 43 Die entsprechende lineare Funktion ist $U = kt + b$ mit $t \geq 0$.
Am Anfang des Versuches ist $t = 0$ und $U(0) = 12$; nach 8 Sekunden $U(8) = 6{,}4$.

Also $12 = k \cdot 0 + b \quad \Rightarrow \quad b = 12$

$6{,}4 = k \cdot 8 + b,$

und $6{,}4 = 8k + 12 \quad \Rightarrow \quad k = -\frac{5{,}6}{8} = -0{,}7 \quad \Rightarrow \quad U = -0{,}7t + 12$

AA 44

a) h(t): $h(1) \cdot \frac{150^2\pi}{4} = 400\,000$ $\quad h(1) = 22{,}635$ cm

$h(t) = 22{,}635\,t + 35$ $\quad$ h(t) in Zentimetern; t in Stunden

$h(t) = 0{,}3773\,t + 35$ $\quad$ h(t) in Zentimetern; t in Minuten

b) $h(8) = 22{,}635 \cdot 8 + 35 \approx 216$ $\quad$ Ohne Überlauf würde das Wasser 216 cm hoch stehen, im konkreten Fall 170 cm.

c) $0{,}3773 \cdot t = 135$; $\quad t = 358 \text{ min} \approx 6$ h $\quad$ In 6 Stunden steigt das Wasser um annähernd 134 cm.

d) $t(h) = \frac{h-35}{0{,}3773}$

A 2.2 Quadratische Funktionen

AA 45

a) $f(x) = x^2 - 8x + 7$ oder $f(x) = (x-4)^2 - 9$

$D_f = \mathbb{R}$; $W_f = [-9; +\infty]$

- für $x \in (-\infty; 4)$ ist f(x) monoton fallend,
  für $x \in (4; +\infty)$ ist f(x) monoton wachsend
- der Graph ist symmetrisch bez. Gerade x = 4;
  keine Symmetrie bez. der y-Achse bzw. O(0; 0);
- der kleinste Funktionswert ist –9,
  ein größter Funktionswert existiert nicht
- Nullstellen: $x_1 = 1$, $x_2 = 7$
- Schnittpunkte des Graphen mit der x-Achse: $S_{x_1}(1; 0)$, $S_{x_2}(7; 0)$;
  mit der y-Achse: $S_y(0; 7)$

zu a)

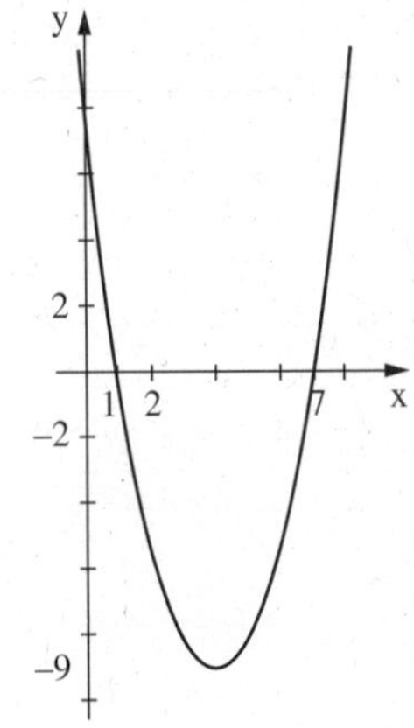

b) $g(x) = -(x-4)^2 - 4$

$D_f = \mathbb{R}$; $W_f = [-\infty; -4]$

- für $x \in (-\infty; 4)$ ist f(x) monoton wachsend,
  für $x \in (4; +\infty)$ ist f(x) monoton fallend
- der Graph ist symmetrisch bez. Gerade x = 4;
  keine Symmetrie bez. der y-Achse bzw. O(0; 0);
- der größte Funktionswert ist –4,
  ein kleinster Funktionswert existiert nicht
- Nullstellen: keine
- Schnittpunkte des Graphen mit der y-Achse: $S_y(0, -20)$

zu b)

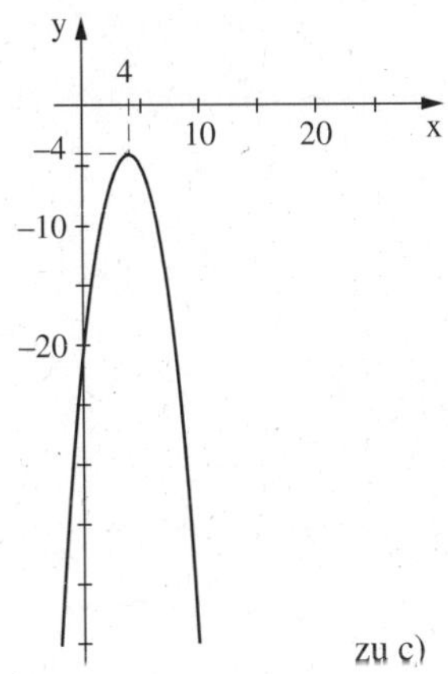

c) $h(x) = 4x^2 - 4$

$D_f = \mathbb{R}$; $W_f = [-4; +\infty]$

- für $x \in (-\infty; 0)$ ist f(x) monoton fallend,
  für $x \in (0; +\infty)$ ist f(x) monoton wachsend
- der Graph ist symmetrisch bez. der y-Achse;
- der kleinste Funktionswert ist –4,
  ein größter Funktionswert existiert nicht
- Nullstellen: $4x^2 - 4 = 0 \Rightarrow x_{1,2} = \pm 1$
- Schnittpunkte des Graphen mit der x-Achse: $S_{x_1}(-1; 0)$, $S_{x_2}(1; 0)$;
  mit der y-Achse: $S_y(0; -4)$

zu c)

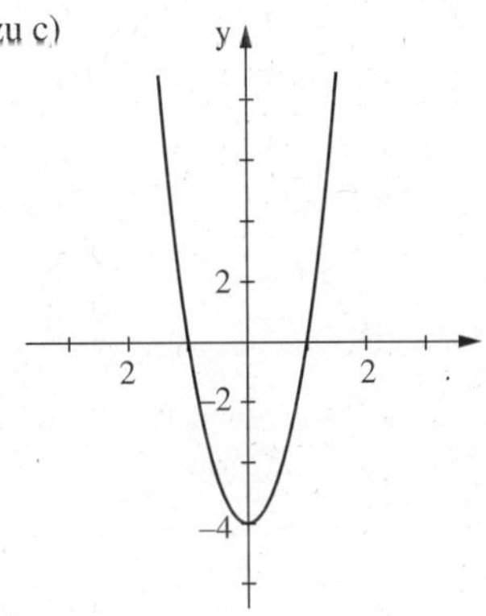

AA 46

a) $f(x) = x^2 - 2x + 3$

$D_f = \mathbb{R}$

$W_f = \{y \mid y \in \mathbb{R}; y \geq 2\}$

$D = -2$

S (1; 2)

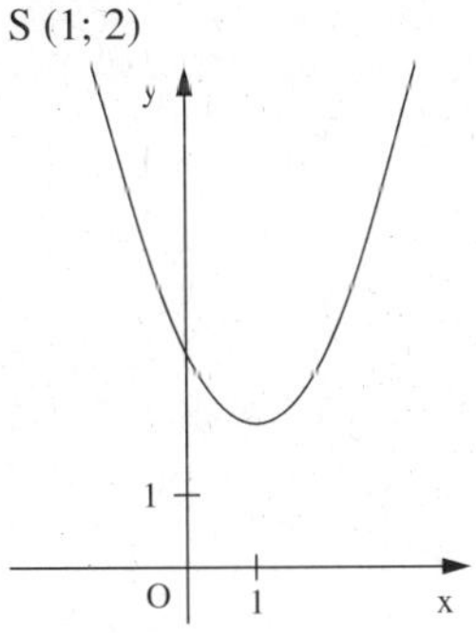

keine (reellen) Nullstellen

kein Schnittpunkt S_x

S_y (0; 3)

$y_{min} = 2$

achsensymmetrisch bez. x = 1

streng monoton fallend für $x \leq 1$

streng monoton wachsend für $x \geq 1$

b) $g(x) = (x+2)^2 - 3$

$D_g = \mathbb{R}$

$W_g = \{y \mid y \in \mathbb{R}; y \geq -3\}$

$D = 3$

S (–2; –3)

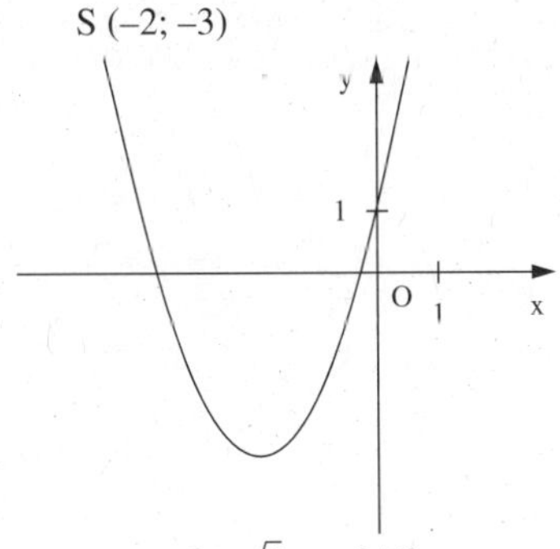

$x_{01} = -2 - \sqrt{3} \approx -3{,}73$

$x_{02} = -2 + \sqrt{3} \approx -0{,}27$

$S_{x1}(-2-\sqrt{3}\,; 0)$ $S_{x2}(-2+\sqrt{3}\,; 0)$

S_y (0; 1)

$y_{min} = -3$

achsensymmetrisch bez. x = –2

streng monoton fallend für $x \leq -2$

streng monoton wachsend für $x \geq -2$

AA 47

$f(x) = (x + 3)^2$

x	–5	–4	–3	–2	–1
y	4	1	0	1	4

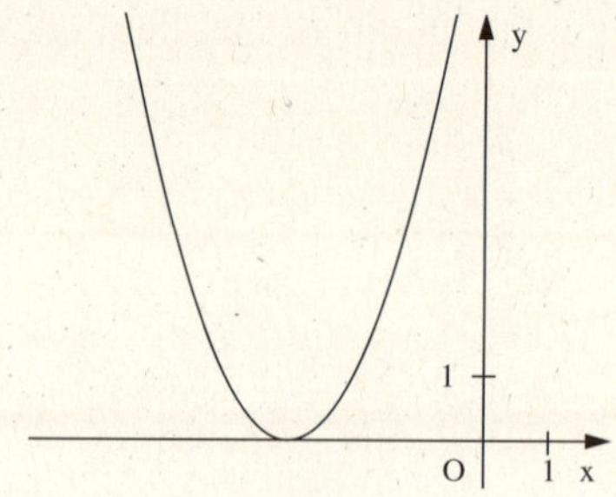

AA 48

a) S (0; –1,5) b) S (0; $\frac{3}{4}$) c) S (–1; 0) d) S (1,5; 0)

e) S (1,5; 2) f) S($-\frac{1}{2}$; –1,5) g) S (4; 0) $f_7(x) = (x - 4)^2$

h) S ($-\frac{3}{2}$; 0) $f_8(x) = (x + \frac{3}{2})^2$ i) S ($\frac{3}{2}$; $-\frac{9}{2}$) $f_9(x) = (x - \frac{3}{2})^2 - \frac{9}{2}$

AA 49

a) $f_1(x) = (x - 3)^2 = x^2 - 6x + 9$ b) $f_2(x) = (x - 2)^2 - 2 = x^2 - 4x + 2$ c) $f_3(x) = x^2 - 3$

d) $f_4(x) = (x + 3)^2 + 1 = x^2 + 6x + 10$ e) $f_5(x) = (x + 4)^2 - 2 = x^2 + 8x + 14$

AA 50

a) $x_{01} = -\sqrt{2}$; $x_{02} = \sqrt{2}$ b) $x_{01} = -1$; $x_{02} = 3$

c) $x_{01} = -1 - \sqrt{2} \approx -3{,}24$, $x_{02} = -1 + \sqrt{2} \approx 1{,}24$ d) $x_{01} = -\frac{3}{4}(1 - \sqrt{2}) \approx 0{,}31$; $x_{02} = -\frac{3}{4}(1 + \sqrt{2}) \approx -1{,}81$

e) $x_{01} = x_{02} = -0{,}75$ f) keine reellen Nullstellen

AA 51

Quadratische Funktionen besitzen reelle Nullstellen bei positiver Diskriminante D. Für $f(x) = x^2 + px + q$ gilt $D = \frac{p^2}{4} - q$.

	Funktion	Diskriminante D	Anzahl der reellen Nullstellen
a)	$f_1(x) = x^2 + 2x - 1{,}5$	2,5	zwei
b)	$f_2(x) = -x^2 - 4x - 3$	1	zwei
c)	$f_3(x) = x^2 + x + 2$	$-\frac{7}{4}$	keine
d)	$f_4(x) = x^2 - \sqrt{12}\,x + 3$	0	eine (doppeltzählende)
e)	$f_5(x) = x^2 - 1$	1	zwei
f)	$f_6(x) = x^2 + 0{,}6$	–0,6	keine
g)	$f_7(x) = -x^2 + 1{,}7$	1,7	zwei
h)	$f_8(x) = -x^2$	0	eine (doppeltzählende)
i)	$f_9(x) = -x^2 - \sqrt{2}$	$-\sqrt{2}$	keine

AA 52

a) $x_{01} = 1 - \sqrt{7} \approx -1{,}65$; $x_{02} = 1 + \sqrt{7} \approx 3{,}65$ b) $x_{01} = 0$; $x_{02} = 4$

c) $x_{01} = 1$; $x_{02} = 5$ d) $x_{01} = -\frac{1}{4}$; $x_{02} = \frac{3}{5}$

AA 53 $v(x) = x^2 - 6x - 7 = (x^2 - 2 \cdot 3x + 9) - 9 - 7 = (x - 3)^2 - 16$

Die Parabel $y = v(x) = = (x - 3)^2 - 16$ hat ihren Scheitelpunkt in (3; –16) und ist nach oben geöffnet.
Die Funktion $v(x) = x^2 - 6x - 7$ ist für $x > 3$ monoton wachsend.

AA 54

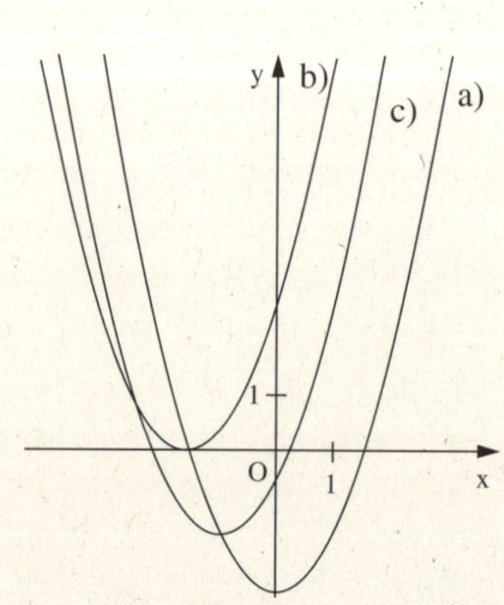

a) $D_{f1} = \mathbb{R}$ $W_{f1} = \{y |\, y \in \mathbb{R} \text{ und } y \geq -2{,}5\}$ $y_{min} = -2{,}5$ $x_{01} = -\sqrt{2{,}5} \approx -1{,}58$
$x_{02} = \sqrt{2{,}5} \approx 1{,}58$ streng monoton fallend für $x \leq 0$
streng monoton wachsend für $x \geq 0$ symmetrisch zur y-Achse ($x = 0$)

b) $D_{f2} = \mathbb{R}$ $W_{f2} = \{y |\, y \in \mathbb{R} \text{ und } y \geq 0\}$ $y_{min} = 0$ $x_{01} = x_{02} = -1{,}6$
streng monoton fallend für $x \leq -1{,}6$ streng monoton wachsend für $x \geq -1{,}6$
symmetrisch zur Geraden $x = -1{,}6$

c) $D_{f3} = \mathbb{R}$ $W_{f3} = \{y |\, y \in \mathbb{R} \text{ und } y \geq -1{,}5\}$ $y_{min} = -1{,}5$ $x_{01} = -1 - \sqrt{1{,}5} \approx -2{,}22$
$x_{02} = -1 + \sqrt{1{,}5} \approx 0{,}22$
streng monoton fallend für $x \leq -1$ streng monoton wachsend für ≥ -1

AA 55

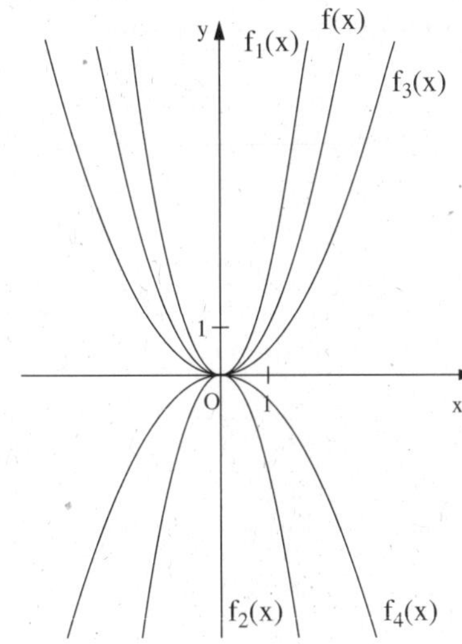

In $f_i(x) = ax^2$ bewirkt der Koeffizent a für:

$0 < a < 1$	Stauchung in Richtung y-Achse
$1 < a$	Streckung in Richtung y-Achse
$-1 < a < 0$	Stauchung in Richtung y-Achse und Spiegelung an x-Achse
$a < -1$	Streckung in Richtung y-Achse und Spiegelung an x-Achse

AA 56

a) $m < 0, n < 0$ b) $m < 0, n > 0$ c) $m > 0, n < 0$

Begündung für a):
- Die Parabel ist nach unten geöffnet, d.h. $m < 0$;
- die Funktion besitzt 2 Nullstellen: $x_1 < 0, x_2 = 0$
  Da $f(x) = mx^2 + nx = x(mx + n)$ ist, so ist $mx + n = 0$ mit $x_1 = -\frac{n}{m} < 0$ und $m < 0$;
  das bedeutet, dass $n < 0$ ist.

AA 57

a) $a < 0, b < 0, c > 0$

Begründung: die Parabel ist nach unten geöffnet, d.h. $a < 0$;
nach Satz des VIETA $x_1 + x_2 = -\frac{b}{a}$, $x_1 \cdot x_2 = \frac{c}{a}$ und (s. Skizze im Lehrbuch) $x_1 < 0, x_2 > 0, |x_1| > |x_2|$.
Daraus folgt, dass $\frac{c}{a} = x_1 \cdot x_2 < 0 \quad \Rightarrow \quad \frac{c}{a} < 0$ und $a < 0$; d.h. $c > 0$

$-\frac{b}{a} = x_1 + x_2 < 0 \quad \Rightarrow \quad -\frac{b}{a} < 0$ und $a < 0$; d.h. $b < 0$

b) $a < 0, b > 0, c > 0$ c) $a > 0, b > 0, c > 0$

AA 58

a) $y = ax^2 + bx + c$ ist eine gerade Funktion ($f(-x) = f(x)$) für:
1) $a \neq 0, b = 0, c \in \mathbb{R}$.
2) $a = b = 0, c \in \mathbb{R}$.
(In diesem Fall ist y keine quadratische Funktion!)

b) $y = ax^2 + bx + c$ ist eine ungerade Funktion für $a = c = 0$ ($y = bx$ ist eine lineare Funktion).

AA 59

Der Punkt K(–2, 14) muss auf der Parabel $y = 5x^2 - cx + 4$ liegen. Also gilt.

$14 = 5 \cdot (-2)^2 - c \cdot (-2) + 4$

$14 = 20 + 2c + 4 \quad \Rightarrow \quad c = -5$

AA 60

Aus R(1; 25) folgt $25 = 1 + p + q$. Aus S(–5; 1) folgt $1 = 25 - 5p + q$ und daraus $p = 8$, $q = 16$.
Also ist $f(x) = x^2 + 8x + 16 = (x + 4)^2$.

AA 61 $y = ax^2 + 6x + c \quad (a \neq 0)$

Für die Nullstellen $x_1 = 1, x_2 = 3$ erhalten wir (I) $0 = a \cdot 1 + b \cdot 1 + c$ und (II) $0 = a \cdot 9 + b \cdot 3 + c$.

(I') $a + b = -c$

(II') $9a + 3b = -c \quad \Rightarrow \quad a + b = 9a + 3b; \quad -2b = 8a,$ also $b = -4a$

Dann ist $a - 4a = -c; \quad -3a = -c,$ also $c = 3a$

Außerdem ist bekannt, dass $S_y(0, 7)$ ein Punkt der Parabel ist, also $7 = a \cdot 0^2 + b \cdot 0 + c; \quad c = 7$.

Somit ist $3a = 7; \quad a = \frac{7}{3}$ und $b = -4a = -4 \cdot \frac{7}{3} = -\frac{28}{3}$. Also: $y = \frac{7}{3}x^2 - \frac{28}{3}x + 7$.

AA 62

Für die Parabel 2. Ordnung gilt $y = ax^2 + bx + c \quad (a \neq 0)$.
Formen wir diese Gleichung um (quadratische Ergänzung!), dann erhalten wir:

$$y = a(x^2 + \frac{b}{a}x + \frac{c}{a}) = a(x^2 + 2 \cdot \frac{b}{2a}x + \frac{b^2}{4a^2} - \frac{b^2}{4a^2} + \frac{c}{a}) = a((x + \frac{b}{2a})^2 + \frac{c}{a} - \frac{b^2}{4a^2}) = a(x + \frac{b}{2a})^2 + c - \frac{b^2}{4a^2} = a(x + \frac{b}{2a})^2 + \frac{4ac - b^2}{4a}$$

Scheitelpunkt: $x_s = -\frac{b}{2a}$; $y_s = \frac{4ac - b^2}{4a}$ Damit gilt nach Voraussetzung: $-\frac{b}{2a} = -1$; $\frac{4ac - b^2}{4a} = 1$

Der Punkt $P(-2; 4)$ liegt auf der Parabel $y = ax^2 + bx + c$:
$4 = a \cdot (-2)^2 + b \cdot (-2) + c$
$4 = 4a - 2b + c$

Demnach ist $\frac{b}{2a} = 1$; $\frac{4ac - b^2}{4a} = 1$; $4a - 2b + c = 4$.

Daraus erhält man $b = 2a$, $4ac - b^2 = 4a$ und $4a = 4 + 2b - c$ und weiter $4a = 4 + 4a - c$; $c = 4$.

Ferner ist $4a \cdot 4 - 4a^2 = 4a$,

also $4a^2 = 12a \Rightarrow a^2 = 3a \Rightarrow a^2 - 3a = 0 \Rightarrow a(a - 3) = 0 \Rightarrow a - 3 = 0$ (wegen $a \neq 0$) $\Rightarrow a = 3$.

Damit ist $b = 2a = 6$.

$\Rightarrow$ $a = 3$; $b = 6$; $c = 4$; die gesuchte Gleichung lautet $y = 3x^2 + 6x + 4$.

Variante: Allgemein: $y = A(x + B)^2 + C$
$S(-1; 1) \Rightarrow +1 = A(B - 1)^2 + C$ $\quad B = 1, C = 1$
$P(-2; 4) \Rightarrow 4 = A(-2 + 1)^2 + 1 \Rightarrow A = 3$

Also: $y = 2(x + 1)^2 + 1 = 3x^2 + 6x + 4$

AA 63 Die Funktion $f(x) = x^2 + ax + b$ besitzt zwei Nullstellen, $x_1 = -10$ und $x_2 = 2$.

Daraus folgt: $x^2 + ax + b = (x + 10)(x - 2)$
$x^2 + ax + b = x^2 + 10x - 2x - 20 = x^2 + 8x - 20 = f(x)$

Einsetzen von $x = -3$ und $x = 3$ ergibt:
$f(-3) = (-3)^2 + 8 \cdot (-3) - 20 = 9 - 24 - 20 = -35$
$f(3) = 3^2 + 8 \cdot 3 - 20 = 9 + 24 - 20 = 13$ $\Rightarrow$ Die Aussagen c) und e) sind richtig, alle anderen falsch.

AA 64

a) $x = 4$
b) $x_1 = \sqrt{2}$; $x_2 = -\sqrt{2}$; $x_3 = 3$; $x_4 = -3$
c) $x_1 \approx 1{,}24$; $x_2 \approx -1{,}24$; $x_3 \approx 0{,}51$; $x_4 \approx -0{,}51$
d) $x_1 = -\sqrt{3}$; $x_2 = \sqrt{3}$; $x_3 = \frac{1}{3}$; $x_4 = -\frac{1}{3}$
e) $x_1 = -1$; $x_2 = 1$; $x_3 = 4$; $x_4 = -4$
f) $x = 15$
g) $x_1 = 0$; $x_2 = 2$

AA 65

a) $S_1(\sqrt{6}; 10)$; $S_2(-\sqrt{6}; 10)$
b) $S_1(-\frac{1}{2}(\sqrt{53} + 5); 11\sqrt{53} + 86)$; $S_2(\frac{1}{2}(\sqrt{53} - 5); 86 - 11\sqrt{53})$
c) Für $f(z) = -\frac{1}{2}z^2 - \frac{5}{2}\sqrt{2}z - \sqrt{2}$ und $g(z) = \frac{1}{2}z^2 - \sqrt{2}z + 1 - \sqrt{2}$ lauten die Schnittpunkte: $S_1(-\frac{1}{2}\sqrt{2}; \frac{2}{4} - \sqrt{2})$; $S_2(-\sqrt{2}; 4 - \sqrt{2})$

AA 66

a) $x_1 = 2$; $x_2 = -3$
b) $t_1 = -9$; $t_2 = 12$
c) $z_1 = 11\frac{2}{3}$; $z_2 = -25$
d) $u_1 = -\frac{a}{3}$; $u_2 = \frac{b}{2}$

AA 67

$t_1 = -x$; $t_2 = x$ $\qquad$ $k(x + t)(x - t) = kx^2 - kt^2$ ist eine gerade Funktion, da $f(x) = f(-x)$

AA 68

Für die innere Parabel ist bekannt:
$C(0; -5)$ $\quad B_1(-123{,}25; -71{,}5)$ $\quad B_2(123{,}25; -71{,}5)$

Dann erhält man aus $y = ax^2 + c$
(I) $-5 = 0 \cdot a + c \Rightarrow c = -5$
(II) $-71{,}5 = a \cdot (123{,}25)^2 + c$

Somit ist $-71{,}5 = 15\,190{,}5625a - 5$ und $a = \frac{-71{,}5 + 5}{15190{,}5625} \approx -0{,}0044$

Die innere Parabel lässt sich durch die Gleichung $y = -0{,}0044x^2 - 5$ beschreiben.

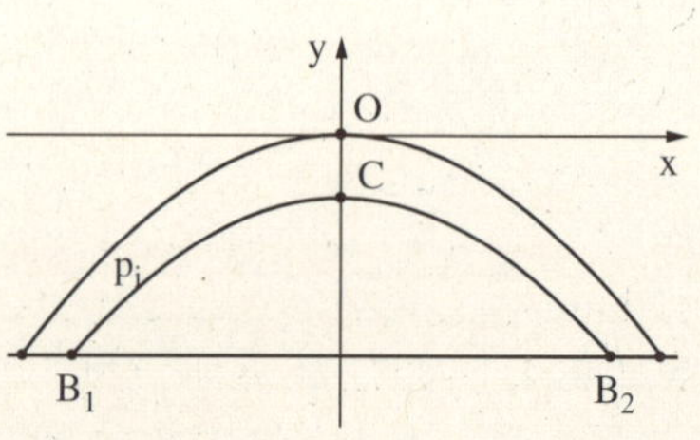

AA 69 $f_A(x) = \frac{100}{20-x}$, $f_N(x) = 35 - \frac{x^2}{15}$

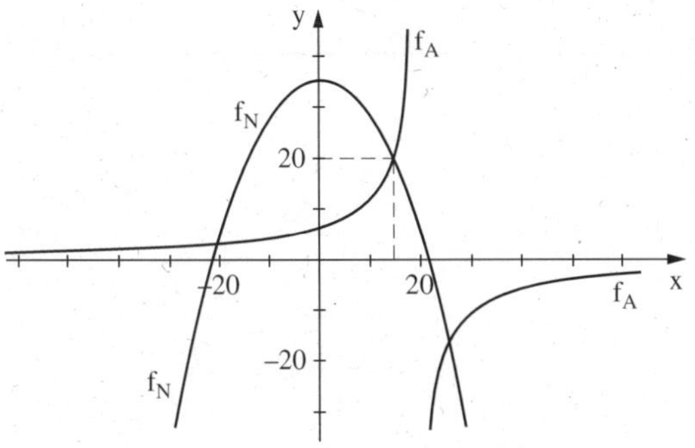

Aus $f_A(x_g) = f_N(x_g)$ folgt $\frac{100}{20-x} = 35 - \frac{x^2}{15}$.

Variante 1: Lösung mit GTA

$x_1 = 27{,}1221 \notin D_g$

$x_2 = 15 \quad \Rightarrow \quad f_A(15) = 20; \quad f_N(15) = 20$

$x_3 = -22{,}1221 \notin D_g$

Variante 2:

$$\frac{100}{20-x} = 35 - \frac{x^2}{15}$$

$$100 \cdot 15 = 35 \cdot 15(20 - x) - x^2(20 - x)$$

$$1500 = 10500 - 525x - 20x^2 + x^3$$

$$0 = x^3 - 20x^2 - 525x + 9000$$

Da eine ganzzahlige Lösung der Polynomgleichung Teiler des Absolutgliedes sein muss, kann mithilfe der grafischen Darstellung schnell $x = 15$ vermutet werden.

Probe: $15^3 - 20 \cdot 15^2 - 525 \cdot 15 + 9000 = 0$

$\Rightarrow \quad x = 15; \quad f_A(15) = 20; \quad f_N(15) = 20$

Da es für den gegenbenen Definitionsbereich offensichtlich keine weiteren Lösungen gibt, kann auf eine Polynomdivision verzichtet werden.

A 2.3 Potenzfunktionen

AA 70

	$f_1(x) = x^{-1}$	$f_2(x) = x^{-2}$	$f_3(x) = x^{-3}$	$f_4(x) = x^{-4}$
D_f	$\mathbb{R}\setminus\{0\}$	$\mathbb{R}\setminus\{0\}$	$\mathbb{R}\setminus\{0\}$	$\mathbb{R}\setminus\{0\}$
W_f	$\mathbb{R}\setminus\{0\}$	$\mathbb{R}^+$	$\mathbb{R}\setminus\{0\}$	$\mathbb{R}^+$
Nullstellen	keine Nullstellen	keine Nullstellen	keine Nullstellen	keine Nullstellen
Symmetrie	Punktsymmetrie bez. O (0; 0)	Achsensymmetrie bez. x = 0	Punktsymmetrie bez. O (0; 0)	Achsensymmetrie bez. x = 0
Monotonie	streng monoton fallend in D_{f1}	streng monoton wachsend für x < 0 streng monoton fallend für x > 0	streng monoton fallend in D_{f2}	streng monoton wachsend für x < 0 streng monoton fallend für x > 0

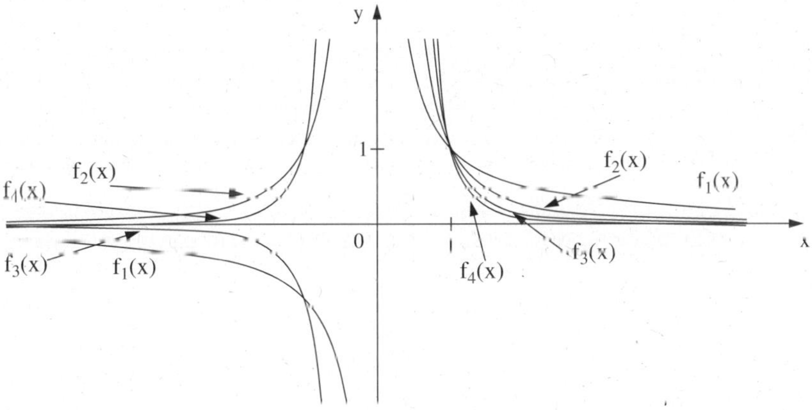

AA 71

a) $a^{-2} \cdot b^2$ oder $\frac{b^2}{a^2}$ oder $(\frac{b}{a})^2$ b) $\frac{32x^{10}}{243y^{20}}$ c) $(\frac{20}{5})^3$

d) $\frac{36t^6}{2t^2} = 18\,t^4$ e) $\frac{(r-s)^2}{16r^2}$ f) $v \cdot w^{-1} = \frac{v}{w}$

AA 72

a) $f_1(x)$ ist Potenzfunktion $y \in \mathbb{R}, y \geq 0$ b) $f_2(x)$ ist Potenzfunktion $y \in \mathbb{R}$

c) $f_3(x)$ keine Potenzfunktion $y \in \mathbb{R}, y \geq 0$ d) $f_4(x)$ Potenzfunktion $y \in \mathbb{R}\setminus\{0\}$

e) $f_5(x)$ Potenzfunktion $y \in \mathbb{R}, y \geq 0$ f) $f_6(x)$ Potenzfunktion $y \in \mathbb{R}, y \geq 0$

g) $f_7(x)$ Potenzfunktion $y \in \mathbb{R}^+$ h) $f_8(x)$ keine Potenzfunktion $y \in \mathbb{R}^+$

AA 73

a) $f_1(x) = x^6$ mit $x \in \mathbb{R}$

b) $f_2(x) = x^{-3}$ mit $x \in \mathbb{R}\setminus\{0\}$

c) $f_3(x) = x^{\frac{1}{3}}$ mit $x \in \mathbb{R}$ und $x > 0$ bzw. $0 < x < \infty$

d) $f_4(x) = x^0$ mit $x \in \mathbb{R}\setminus\{0\}$

AA 74

a) $1 \le f(x) \le 81$ b) $0 \le f(x) \le 81$ c) $1 \le f(x) \le 256$ d) $0 \le f(x) \le 625$

AA 75

x	-2	-1	$-\frac{1}{2}$	$\frac{1}{2}$	1	2	$\frac{5}{2}$	3
f(x)	$\frac{1}{4}$	1	4	4	1	$\frac{1}{4}$	$\frac{4}{25}$	$\frac{1}{9}$

gemeinsame Punkte sind $P_1(-1; 1)$ und $P_2(1; 1)$;

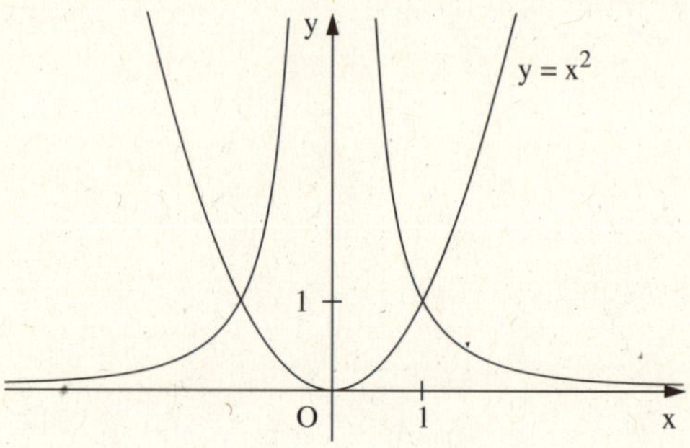

AA 76

Graphen aller Potenzfunktionen mit natürlichen Exponenten gehen durch $P_0(0; 0)$ (wegen $0^n = 0$ für alle $n \ge 1$) und $P_1(1; 1)$ wegen $1^n = 1$ für alle n.
Graphen aller ungeraden Potenzfunktionen gehen zusätzlich durch $P_2(-1; -1)$ (wegen $(-1)^{2m+1} = -1$; $m \in \mathbb{N}$).

AA 77

a) $f_1(x) = x^2$

b) $f_2(x) = x^4$

c) $f_3(x) = x^3$, denn $(-1{,}5)^n = -3{,}375$ bzw. $(-\frac{3}{2})^n = -\frac{27}{8}$

$(-\frac{3}{2}) \cdot (-\frac{3}{2})^{n-1} = -\frac{27}{8}$ $\quad (-\frac{3}{2})^{n-1} = +\frac{9}{4}$

$n - 1 = 2$; $\quad n = 3$

AA 78

Die Oberfläche einer Kugel beträgt $O = 4\pi r^2$. Verdoppelt man den Radius, so vervierfacht sich der Oberflächeninhalt: $O = 4\pi(2r)^2 = 16\pi r^2 = 4 \cdot 4\pi r^2$. Nimmt man das k-fache des Radius, so wächst der Oberflächeninhalt um das k^2-fache. Verdoppelt man den Radius, so wächst das Volumen um das 8-fache; bei Ver-k-fachung des Radius nimmt das Volumen um das k^3-fache zu.

AA 79 $9 - 3\sqrt{2x+4} = 0$; $9 = 3\sqrt{2x+4}$; $3 = \sqrt{2x+4}$; $9 = 2x + 4 \Rightarrow x = \frac{5}{2}$

$9 - 3\sqrt{2 \cdot \frac{5}{2} + 4} = 0$, also $L = \{\frac{5}{2}\}$

AA 80

a)
$$x - \sqrt{x+42} = 0$$
$$x = \sqrt{x+42}$$
$$x^2 = x + 42$$
$$x^2 - x - 42 = 0$$
$$x_1 = -6,\ x_2 = 7$$

Probe:

für $x = -6$: $-6 - \sqrt{-6+42} = -6 - \sqrt{36} = -12 \ne 0$

für $x = 7$: $7 - \sqrt{7+42} = 7 - \sqrt{49} = 7 - 7 = 0$

$L = \{7\}$

b)
$$\sqrt[3]{2x-3} - 2 = 0$$
$$\sqrt[3]{2x-3} = 2$$
$$2x - 3 = 8$$
$$2x = 11$$
$$x = 5{,}5$$

keine Probe

c)
$$\sqrt[4]{5-x} + 2 = 0$$
$$\underbrace{\sqrt[4]{5-x}}_{\ge 0} = \underbrace{-2}_{< 0}$$

keine Lösung!

$L = \emptyset$

AA 81

a) $L = \{9\}$ b) $L = \{125\}$ c) $L = \{51\}$ d) $L = \{10\}$ e) $x_1 = 1 \notin L$; $x_2 = 9 \in L$

f) $L = \{1; \frac{7}{9}\}$ g) $L = \emptyset$

AA 82

a) $\sqrt{x} = 5 \Rightarrow x = 25;\quad L = \{25\}$

b) $\sqrt[3]{x-1} = 2 \Rightarrow x - 1 = 8;\ x = 9\quad L = \{9\}$

c) $\sqrt{-x} = 4 \Rightarrow -x = 16;\ x = -16\quad L = \{-16\}$

d) $\sqrt{|x|} = 4 \Rightarrow |x| = 16;\ x_1 = 16;\ x_2 = -16\quad L = \{-16, 16\}$

e) $\sqrt[3]{x^2-1} = 2 \Rightarrow x^2 - 1 = 8,\ x^2 = 9;\ x_1 = -3,\ x_2 = 3\quad L = \{-3; 3\}$

f) $\sqrt{7-3x} - x - 7 = 0 \Rightarrow \sqrt{7-3x} = x + 7;\quad 7 - 3x = x^2 + 14x + 49;\quad 0 = x^2 + 17x + 42$

Für die quadratische Gleichung $x^2 + 17x + 42 = 0$ erhalten wir $x_1 = -14,\ x_2 = -3$.

Probe: für $x_1 = -14$: $\sqrt{7-3\cdot(-14)} - (-14) - 7 = \sqrt{49} + 14 - 7 = 14 \neq 0 \Rightarrow x_1 = -14$ ist keine Lösung.

für $x_2 = -3$: $\sqrt{7-3\cdot(-3)} - (-3) - 7 = \sqrt{16} + 3 - 7 = 4 + 3 - 7 = 0 \Rightarrow x_2 = -3$ ist die Lösung.

$L = \{-3\}$

g) $\sqrt{2x+12}\cdot(\sqrt{x-1} - 4) = 0 \Rightarrow \sqrt{2x+12} = 0$ oder $\sqrt{x-1} - 4 = 0$

$2x + 12 = 0$ oder $\sqrt{x-1} = 4$

$x = -6$ oder $x - 1 = 16\qquad x = 17$

$x = -6$ ist keine Lösung, da $\sqrt{x-1}$ für $x = -6$ nicht definiert ist. $\Rightarrow L = \{17\}$

AA 83

a) $D_f = [0; \infty[;\quad W_f = [0; \infty[$

b) z. B.: Jeder nichtnegativen reellen Zahl x wird diejenige nichtnegative Zahl y zugeordnet, für die $y^2 = x$ gilt.

c)

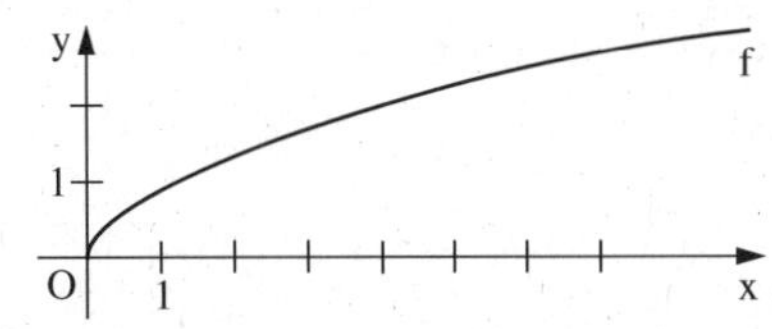

AA 84

a) $D_f = [1; \infty[;\quad W_f = [0; \infty[$

b) z. B.: Jeder reellen Zahl $x \geq 1$ wird die nichtnegative Zahl y zugeordnet, für die $y^2 + 1 = x$ gilt.

c)

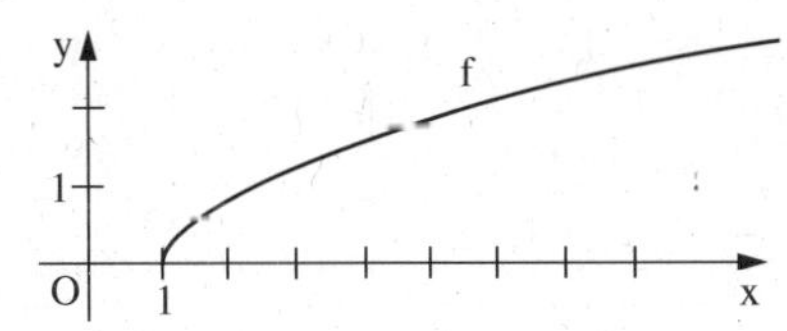

AA 85

a) $\sqrt{x+3} = 3$

$x + 3 = 9$

$x = 6$

b) $\frac{1}{\sqrt{x-3}} = 3$

$\frac{1}{x-3} = 9$

$x - 3 = \frac{1}{9}$

$x = 3\frac{1}{9}$

c) $\sqrt[3]{x} - 1 = 3$

$\sqrt[3]{x} = 4$

$x = 4^3$

$x = 64$

d) $1 - \frac{1}{\sqrt[4]{x}} = 3$

$\underbrace{-\frac{1}{\sqrt[4]{x}}}_{<0} = \underbrace{2}_{>0}$

keine Lösung

AA 86

a) $D_f = \{x \in \mathbb{R} \mid x \geq 0\}$

b) $D_g = \{x \in \mathbb{R} \mid x > 2\}$

c) $D_h = \{x \in \mathbb{R} \mid x \geq -3\}$

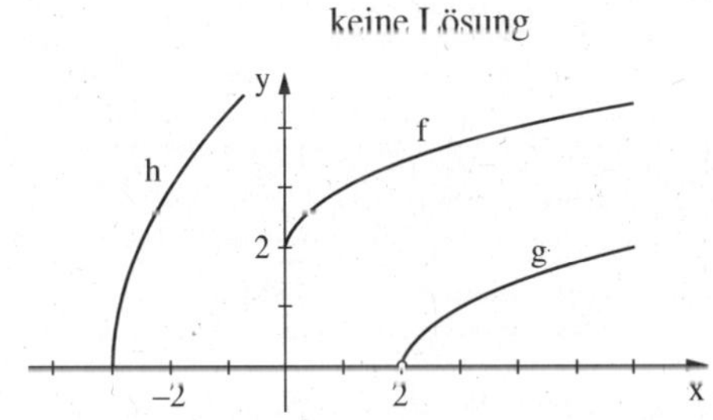

AA 87

a) $f(-2) = \frac{1}{(-2)^3} = -\frac{1}{8};\ f(-1) = \frac{1}{(-1)^3} = -1;\ f(1) = 1$

$f(-1) < f(-2) < f(1)$

b) $\varphi(\frac{1}{4}) = (\frac{1}{4})^3 = \frac{1}{64};\ \varphi(\frac{1}{3}) = (\frac{1}{3})^3 = \frac{1}{27};\ \varphi(\frac{1}{2}) = \frac{1}{8}.$

$\varphi(\frac{1}{4}) < \varphi(\frac{1}{3}) < \varphi(\frac{1}{2})$

A 2.4 Kurvenscharen

AA 88

(1) $f_a(x) = ax^2$

$f_2(x) = 2x^2\qquad f_{-2}(x) = -2x^2$

$f_{\frac{1}{2}}(x) = \frac{1}{2}x^2\qquad f_{-\frac{1}{2}}(x) = -\frac{1}{2}x^2$

(2) $f_b(x) = (bx)^2$

$f_2(x) = (2x)^2\qquad f_{-2}(x) = (-2x)^2 = (2x)^2 = f_2(x)$

$f_{\frac{1}{2}}(x) = (\frac{1}{2}x)^2\qquad f_{-\frac{1}{2}}(x) = (-\frac{1}{2}x)^2 = (\frac{1}{2}x)^2 = f_{\frac{1}{2}}(x)$

(1)

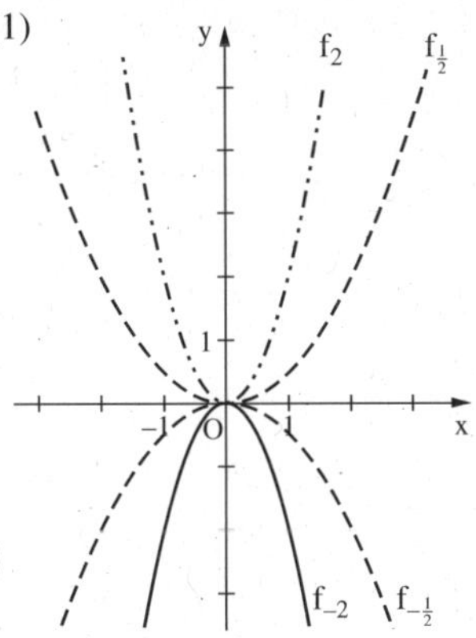

(2)

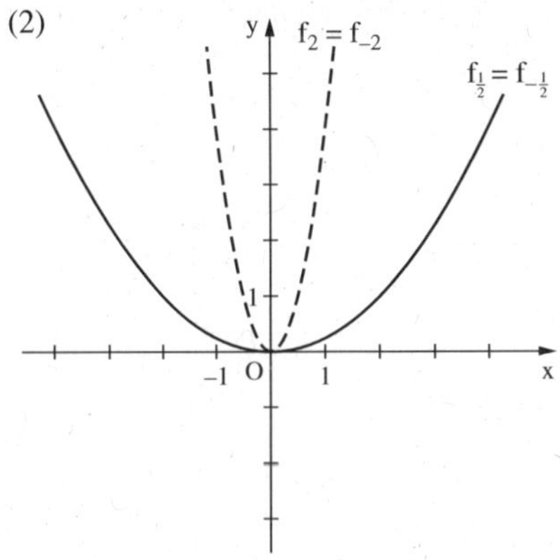

AA 89

a) Koordinaten von P(3; 7) in $f_b(x) = x^2 + b$ einsetzen um b zu bestimmen:
$7 = 9 + b$
$b = -2$
$f_{-2}(x) = x^2 - 2$ geht durch P(3; 7).

b) Die Koordinaten des Berührungspunktes $(x_B; y_B)$ müssen beide Funktionsgleichungen erfüllen.
(I) $y_B = x_B^2 + b$ (II) $y_B = 4x_B - 3$
$$x_B^2 + b = 4x_B - 3$$
$$x_B^2 - 4x_B + 3 + b = 0$$
$$x_{B_{1,2}} = 2 \pm \sqrt{4 - (3 + b)} = 2 \pm \sqrt{1 - b}$$
Eine eindeutig bestimmte Lösung ergibt sich für b = 1.
Das heißt, die Parabel mit der Gleichung $f_1(x) = x^2 + 1$ berührt die Gerade $y = 4x - 3$.

AA 90

a) Die Graphen gehen durch Verschiebung des Graphen $f(x) = \sqrt{x}$ um w Einheiten in Richtung der x-Achse hervor.

b) Koordinaten von P(5; 3) in die Funktionsgleichung $f_w(x) = \sqrt{x - w}$ einsetzen, um w zu berechnen:
$3 = \sqrt{5 - w}$
$9 = 5 - w$
$w = -4$
Der Graph von $f_{-4}(x) = \sqrt{x + 4}$ verläuft durch P(5; 3).

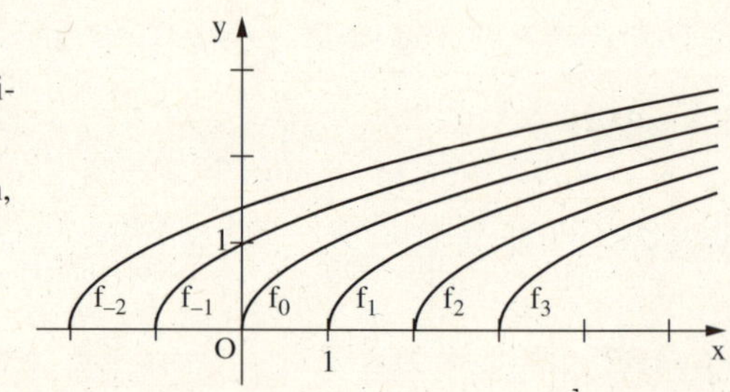

AA 91

a) Die Parabel mit der Gleichung $g_t(x) = (x + t)^2$, $t \in \mathbb{R}$ geht durch den Punkt (1; 0) genau dann, wenn $g_t(1) = 0 = (1 + t)^2 \Rightarrow t = -1$.

b) Für den Berührungsfall hat die Gleichung $(x + t)^2 = x + 2$ genau eine Lösung:
$$x^2 + 2tx + t^2 = x + 2$$
$$x^2 + (2t - 1)x + t^2 - 2 = 0$$
Da die Diskriminante $D = b^2 - 4ac$ gleich 0 sein muss, folgt:
$$(2t - 1)^2 - 4 \cdot 1 \cdot (t^2 - 2) = 0$$
$$4t^2 - 4t + 1 - 4t^2 + 8 = 0$$
$$-4t + 9 = 0$$
$$t = \frac{4}{9}$$

Die Parabel $g_{\frac{9}{4}}(x) = (x + \frac{9}{4})^2$ berührt die Gerade mit der Gleichung $y = x + 2$.

c)

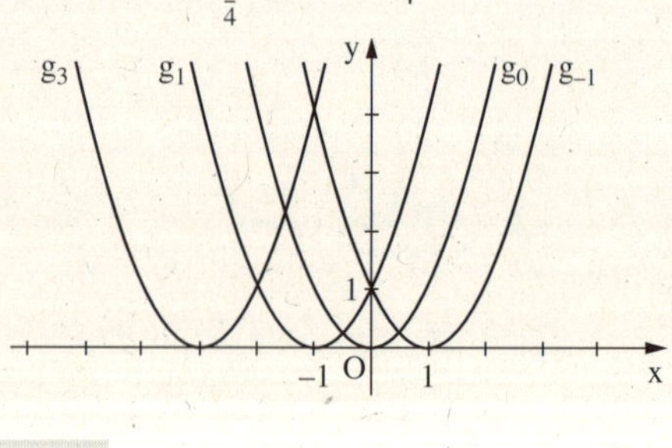

AA 92

Gemeinsame Punkte: $f(x) = g(x)$,
also $x^2 + a = 2x + 1$; $x^2 - 2x + (a - 1) = 0$; $x_{1;2} = 1 \pm \sqrt{1 - a + 1} = 1 \pm \sqrt{2 - a}$
$\Rightarrow$ für $a \le 2$ zwei gemeinsame Punkte: $S_1(1 + \sqrt{2 - a}\,; 3 + 2\sqrt{2 - a}\,)$; $S_2(1 - \sqrt{2 - a}\,; 3 - 2\sqrt{2 - a}\,)$
für $a = 2$ genau ein gemeinsamer Punkt: S(1; 3)

AA 93

a)

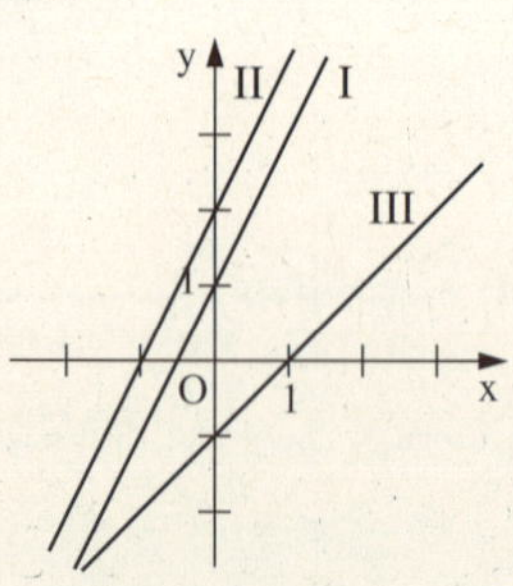

$x_0 = -\frac{a}{2b}$

I: $y = 1 + 2x$
$a = b = 1$

II: $y = 2 + 2x$
$a = 2$; $b = 1$

III: $y = -1 + x$
$a = -1$; $b = 0{,}5$

b)

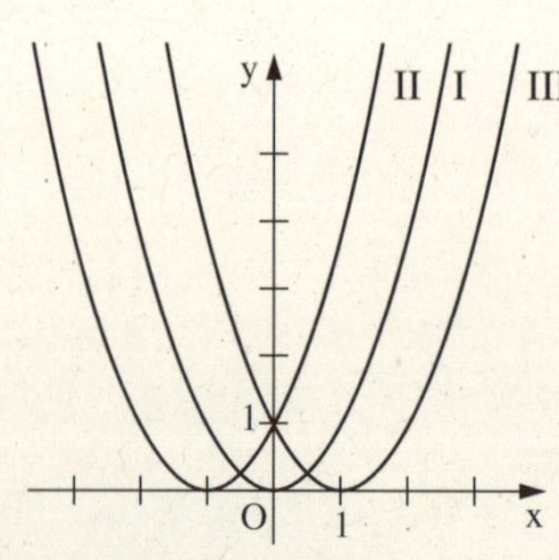

$x_0 = -b$
I: $b = 0$
II: $b = 1$
III: $b = -1$

c)

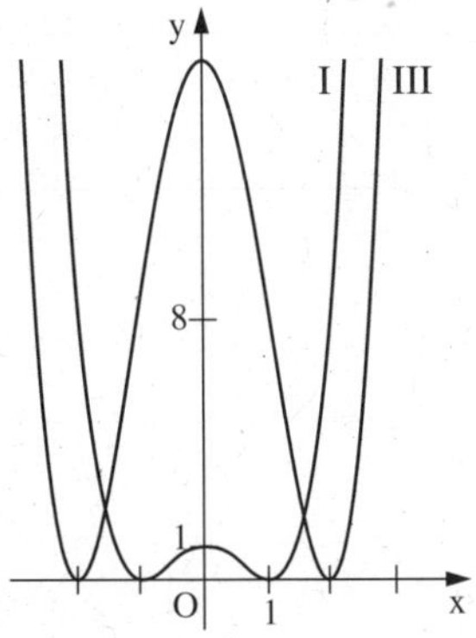

$|x_0| = |a|$

$x_{01} = a; \quad x_{02} = -a$

I: $a = 1$

$f(x) = (1 - x^2)^2$

II: $a = -1$

$f(x) = (1 - x^2)^2$

(identisch zu I)

III: $a = 2$

$f(x) = (4 - x^2)^2$

d)

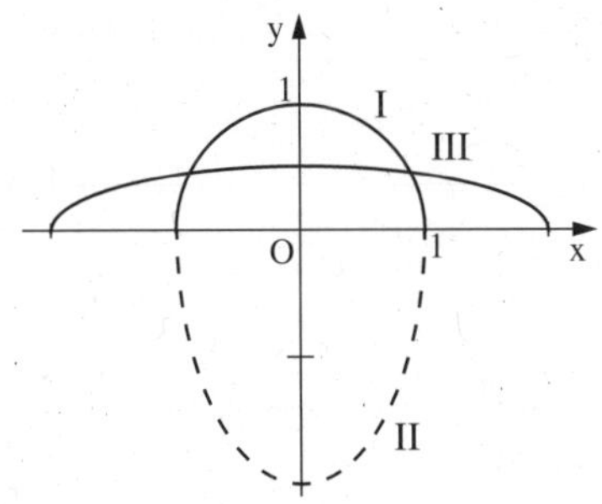

$|x_0| = |a|$

$x_{01} = a; \quad x_{02} = -a$

I: $a = 1; \quad b = 1$

II: $a = -1; \quad b = 2$

III: $a = 2; \quad b = 0{,}5$

AA 94

a) Die Kurvenschar $w_k(x) = \sqrt{x} + k \quad (x \in \mathbb{R},\ x \geq 0,\ k \in \mathbb{R})$ enthält eine Kurve mit $w_k(4) = 0 = \sqrt{4} + k = 2 + k \Rightarrow k = -2$

Die Kurve der Gleichung $w_{-2}(x) = \sqrt{x} - 2$ schneidet die x-Achse im Punkt (4; 0).

b) Aus der Gleichung $\sqrt{x} + k = x + 1$ erhalten wir $x - \sqrt{x} + (1 - k) = 0$ (Substitution: $\sqrt{x} = z$)

$$z^2 - z + (1 - k) = 0$$

Die Diskriminante $D = b^2 - 4ac$ liefert $(-1)^2 - 4 \cdot 1 \cdot (1 - k)$ und für die genau eine Lösung erhalten wir

$$1 - 4(1 - k) = 0$$
$$1 - 4 + 4k = 0$$
$$4k - 3 = 0$$
$$k = \frac{3}{4}$$

Also ist die gesuchte Kurve $w_{\frac{3}{4}}(x) = \sqrt{x} + \frac{3}{4}$.

c)

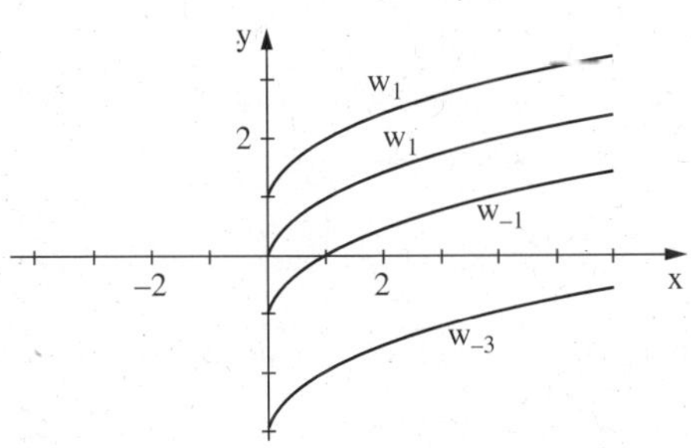

AA 95

a) $x_{0_1} = 0; \ x_{0_2} = a$ b) $x_{0_1} = 0$ und $x_{0_2} = 16$ $x_{0_1} = 0$ und $x_{0_2} = 5$ $x_{0_1} = 0$ und $x_{0_2} = -4$

AA 96

S_y: $x = 0 \quad \Rightarrow \quad S_y(0; -\frac{1}{a})$

S_x: $y = 0 \quad \Rightarrow \quad ax_0^2 + x_0 - \frac{1}{a} = 0; \quad x_0^2 + \frac{1}{a}x_0 - \frac{1}{a^2} = 0$

$$x_{01;\,2} = -\frac{1}{2a} \pm \sqrt{\frac{1}{4a^2} + \frac{1}{a^2}} = -\frac{1}{2a} \pm \sqrt{\frac{5}{4a^2}}$$

$$x_{01} = \frac{-1 + \sqrt{5}}{2a}; \quad x_{02} = \frac{-1 - \sqrt{5}}{2a} \quad \Rightarrow \quad S_{x_1}(-1 + \sqrt{5}; 0); \quad S_{x_2}(-1 - \sqrt{5}; 0)$$

AA 97

a) $f_0(x) = x^2$

$f_1(x) = x^2 + x - 1 = (x + \frac{1}{2})^2 - \frac{5}{4}$

$f_{-1}(x) = x^2 - x + 1 = (x - \frac{1}{2})^2 - \frac{3}{4}$

$f_{-2}(x) = x^2 - 2x + 2 = (x - 1)^2 + 1$

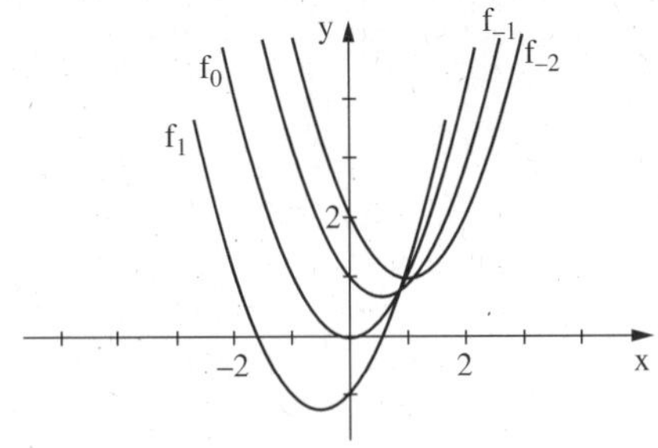

b) f_0: $S_1(0; 0)$ f_1: $S_1(\frac{-(\sqrt{5} + 1)}{2}; 0)$, $S_2(\frac{\sqrt{5} - 1}{2}; 0)$

f_{-1} und f_{-2} besitzen keine Schnittpunkte mit der x-Achse.

c) Aus $f_a(x) = x^2 + ax - a$ erhält man für den Punkt (1; 1): $1 = 1 + a - a$

$$1 = 1$$

Die Gleichung ist für jedes a erfüllt.

AA 98

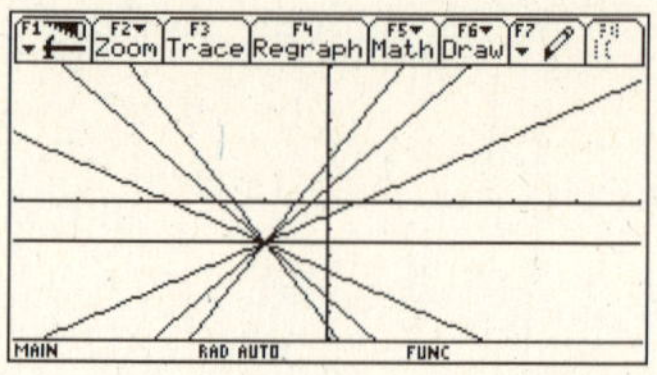

a) $f_{-3}(x) = -3(x+2) - 3 = -3x - 9$; $f_{-2} = -2(x+2) - 3 = -2x - 7$; …; $f_3(x) = 3(x+2) - 3 = 3x + 3$

Alle Geraden schneiden einander in P(–2; –3).

b) P(4; 5) liegt auf $f_{\frac{4}{3}}$, denn $5 = a(4+2) - 3 = 6a - 3 \Rightarrow a = \frac{4}{3}$.

Q(–3; 2) liegt auf f_1.

AA 99 Aus $y = x^2 + x + b$ erhält man für P(5; 12): $12 = 5^2 + 5 + b \Rightarrow b = -18$.
Die gesuchte Parabel ist $y = x^2 + x - 18$. [$y = x^2 + x - 1$]

AA 100

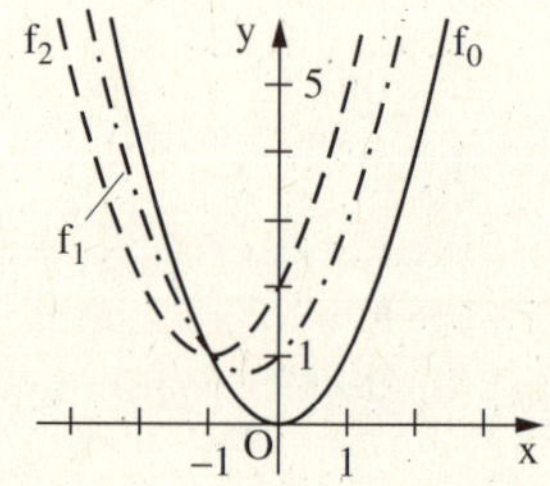

$c = 0 \Rightarrow f_0(x) = x^2$ $\quad x_0 = 0$

$c = 1 \Rightarrow f_1(x) = x^2 + x + 1$ $\quad S(-\frac{1}{2}; +\frac{3}{4})$, keine Nullstelle

$c = 2 \Rightarrow f_2(x) = x^2 + 2x + 2$ $\quad S(-1; +1)$, keine Nullstelle

$$x_0^2 + cx_0 + c = 0 \quad \Rightarrow \quad x_{01;\,2} = -\frac{c}{2} \pm \sqrt{\frac{c^2}{4} - c} = -\frac{c}{2} \pm \sqrt{\frac{c^2 - 4c}{4}} = -\frac{c}{2} \pm \frac{\sqrt{c^2 - 4c}}{2}$$

$$x_{01} = \frac{-c + \sqrt{c^2 - 4c}}{2}; \quad x_{02} = \frac{-c - \sqrt{c^2 - 4c}}{2} \quad \text{(Bed.: } c^2 - 4c \geq 0 \text{, also } c \geq 4)$$

AA 101 $b = \frac{1}{4}$ $\quad (b = -\frac{1}{4})$

AA 102

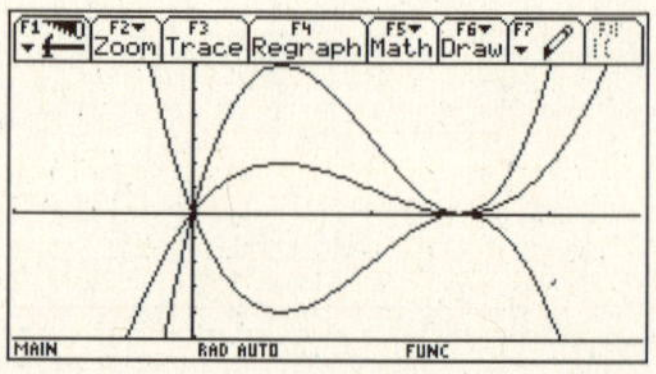

Für $a \neq 0$ entstehen Parabeln 3. Ordnung, die für $a > 0$ „aus dem Negativen kommen" und „im Positiven" verschwinden. Für $a < 0$ verlaufen sie umgekehrt.

D.h.: (1) $a > 0$: Für $x \to -\infty$ streben die Funktionswerte gegen $-\infty$ und für $x \to \infty$ streben sie gegen $+\infty$.

(2) $a < 0$: Für $x \to -\infty$ streben die Funktionswerte gegen $+\infty$ und für $x \to \infty$ streben sie gegen $-\infty$.

Für $a \neq 0$ entsteht stets eine Funktion 3. Grades, die niemals symmetrisch zur y-Achse ist.
Für $a = 0$ entsteht $f_0(x) = 0$ (x-Achse), die natürlich symmetrisch zur y-Achse ist.

A 2.5 Trigonometrische Funktionen

AA 103

a) $0° < \alpha < 180°$ $\quad$ b) $\alpha \in \{0°; 180°; 360°\}$ $\quad$ c) $180° < \alpha < 360°$

d) $0° \leq \alpha < 90°$ bzw. $270° < \alpha \leq 360°$ $\quad$ e) $\alpha \in \{90°; 270°\}$ $\quad$ f) $90° < \alpha < 270°$

g) $0° < \alpha < 90°$ bzw. $180° < \alpha < 270°$ $\quad$ h) $\alpha \in [0°; 180°; 360°\}$ $\quad$ i) $90° < \alpha < 180°$ bzw. $270° < \alpha < 360°$

j) $90° < \alpha < 180°$ $\quad$ k) $90° < \alpha < 180°$ $\quad$ l) nicht möglich wegen $\tan\alpha = \frac{\sin\alpha}{\cos\alpha}$

AA 104

a)

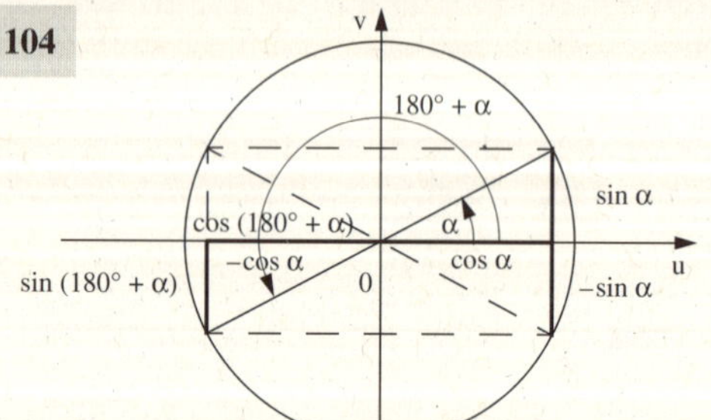

b)

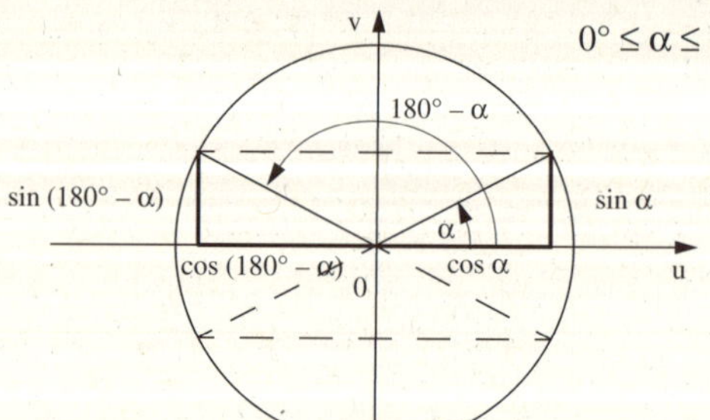

c)

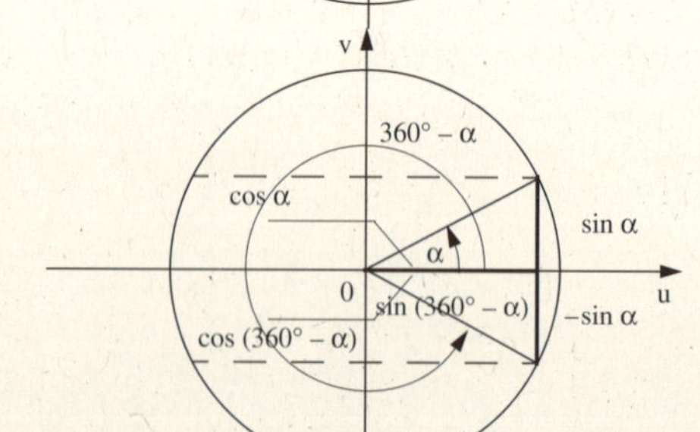

d)

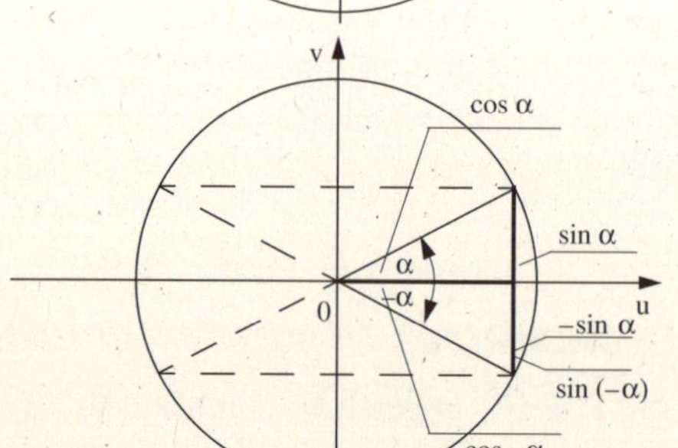

AA 105

a) $\sin 383° = \sin 23°$
$\cos 415° = \cos 55°$
$\sin(-17°) = -\sin 17°$
$\cos(-25°) = \cos 25°$

b) $\sin(-138°) = -\sin 138°$
$\sin(-155°) = -\sin 155°$
$\cos(-99°) = \cos 99°$
$\cos(-123°) = \cos 123°$

c) $\sin(-339°) = \sin(-339° + 360°) = \sin 21°$
$\cos(-330°) = \cos(-330° + 360°) = \cos 30°$
$\sin(-430°) = \sin(-430° + 360°) = \sin(-70°) = -\sin 70°$
$\cos(-395°) = \cos(-395° + 360°) = \cos(-35°) = \cos 35°$

AA 106

a) $\triangle OQP \cong \triangle OQ''P' \Rightarrow v = |\overline{QP}| = |\overline{OQ''}|$

$\sin\alpha = \frac{v}{1} = \frac{|\overline{QP}|}{1} = \frac{|\overline{OQ''}|}{1} = \cos(90° - \alpha)$

zu a)

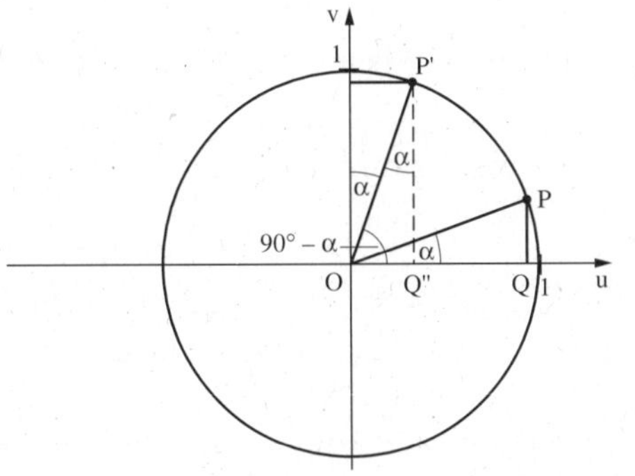

b) Nach dem Satz des PYTHAGORAS gilt: $u^2 + v^2 = r^2 = 1$

Mit $u = \cos\alpha$ und $v = \sin\alpha$ folgt: $\sin^2\alpha + \cos^2\alpha = 1$

c) Durch Drehung oder Spiegelung entstehen kongruente Dreiecke.

Somit gilt $|\overline{QP}| = |\overline{Q'P'}| = |\overline{Q''P''}|$

und es folgt:

$\sin(180° + \alpha) = \frac{-|\overline{Q''P''}|}{1} = \frac{|-\overline{QP}|}{1} = -\sin\alpha$ und

$\sin(180° - \alpha) = \frac{|\overline{P'Q'}|}{1} = \frac{|\overline{QP}|}{1} = \sin\alpha.$

zu c)

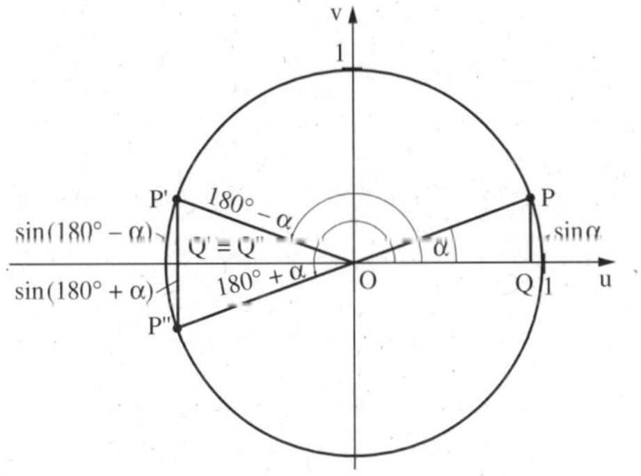

AA 107

α	0°	30°	45°	60°	90°
$\sin\alpha$	0	$\frac{1}{2}$	$\frac{1}{2}\sqrt{2}$	$\frac{1}{2}\sqrt{3}$	1
$\cos\alpha$	1	$\frac{1}{2}\sqrt{3}$	$\frac{1}{2}\sqrt{2}$	$\frac{1}{2}$	0
$\tan\alpha$	0	$\frac{1}{\sqrt{3}} = \frac{1}{3}\sqrt{3}$	1	$\sqrt{3}$	–

AA 108

a) $\sin 45° = \cos 45°$
$\sin 125° = \cos(-35°)$
$\sin(-20°) = \cos 110°$
$\sin(-130°) = \cos 220°$
$\sin 215° = \cos(-125°)$

b) $\cos 40° = \sin 50°$
$\cos 120° = \sin(-30°) = -\sin 30°$
$\cos(-25°) = \sin 115°$
$\cos(-130°) = \sin 220°$
$\cos 315° = \sin(-225°) = -\sin 225°$

AA 109

Gleichung	$\{\alpha \mid 0 \le \alpha \le 360°\}$	$\{\alpha \mid \alpha \in W\} \wedge k \in \mathbb{Z}$
a) $\sin\alpha = 1$	$\{90°\}$	$\{90° + k \cdot 360°\}$
b) $\sin\alpha = 0$	$\{0°; 180°; 360°\}$	$\left\{\begin{matrix} 0° + k \cdot 360° = 2k \cdot 180° \\ 180° + k \cdot 360° = (2k+1) \cdot 180° \end{matrix}\right\} = \{k \cdot 180°\}$
c) $\sin\alpha = -1$	$\{270°\}$	$\{270° + k \cdot 360° = (4k+3) \cdot 90°\}$
d) $\cos\alpha = 1$	$\{0°; 360°\}$	$\{0° + k \cdot 360° = k \cdot 360°\}$
e) $\cos\alpha = 0$	$\{90°; 270°\}$	$\left\{\begin{matrix} 90° + k \cdot 360° = (4k+1) \cdot 90° \\ 270° + k \cdot 360° = (4k+3) \cdot 90° \end{matrix}\right\} = \{90° + k \cdot 180°\} = \{(2k+1) \cdot 90°\}$
f) $\cos\alpha = -1$	$\{180°\}$	$\{180° + k \cdot 360° = (2k+1) \cdot 180°\}$
g) $\cos\alpha = \frac{1}{2}\sqrt{2}$	$\{45°; 315°\}$	$\left\{\begin{matrix} 45° + k \cdot 360° = (8k+1) \cdot 45° \\ 315° + k \cdot 360° = (8k+7) \cdot 45° \end{matrix}\right\}$
h) $\sin\alpha = -\sqrt{1}$	$\{270°\}$	$\{270° + k \cdot 360° = (4k+3) \cdot 90°\}$

i) $\sin\alpha = -\frac{1}{2}\sqrt{2}$	$\{225°; 315°\}$	$\left\{\begin{matrix} 225° + k\cdot 360° = (8k+5)\cdot 45° \\ 315° + k\cdot 360° = (8k+7)\cdot 45° \end{matrix}\right\}$
j) $\cos\alpha = \frac{1}{2}\sqrt{3}$	$\{30°; 330°\}$	$\left\{\begin{matrix} 30° + k\cdot 360° = (12k+1)\cdot 30° \\ 330° + k\cdot 360°\ (12k+11)\cdot 30° \end{matrix}\right\}$
k) $\cos\alpha = -\frac{1}{2}\sqrt{3}$	$\{150°; 210°\}$	$\left\{\begin{matrix} 150° + k\cdot 360° = (12\,k+5)\cdot 30° \\ 210° + k\cdot 360° = (12k+7)\cdot 30° \end{matrix}\right\}$
l) $\sin\alpha = -\frac{1}{2}\sqrt{3}$	$\{240°; 300°\}$	$\left\{\begin{matrix} 240° + k\cdot 360° = (6k+4)\cdot 60° \\ 300° + k\cdot 360° = (6k+5)\cdot 60° \end{matrix}\right\}$

AA 110

x	15°	135°	20,05°	55°	190°	114,59°	235°	–171,89°
a	$\frac{\pi}{12}$	$\frac{3}{4}\pi$	0,35	$\frac{11}{36}\pi \approx 0{,}96$	$\frac{19}{18}\pi \approx 3{,}32$	2	4,10	–3

AA 111 Wir suchen die x-Werte, für die $\sin x \geq 0$ ist.

a) $\sin\frac{11\pi}{2} = \sin\frac{10\pi+\pi}{2} = \sin(\pi + \frac{\pi}{2}) = -\sin\frac{\pi}{2} = -1 < 0$

b) $\sin\frac{7\pi}{6} = \sin\frac{6\pi+\pi}{6} = \sin(\pi + \frac{\pi}{6}) = -\sin\frac{\pi}{6} < 0$

c) $\sin(-\frac{\pi}{2}) = -\sin\frac{\pi}{2} = -1 < 0$

d) $\sin(-\frac{7\pi}{6}) = -\sin\frac{7\pi}{6} = -\sin(\pi + \frac{\pi}{6}) = \sin\frac{\pi}{6} > 0$

e) $\sin\frac{5\pi}{4} = \sin\frac{4\pi+\pi}{4} = \sin(\pi + \frac{\pi}{4}) = -\sin\frac{\pi}{4} < 0$

$\Rightarrow -\frac{7\pi}{6} \in D_{\sqrt{\sin x}}$

AA 112 Wir suchen die x-Werte, für die $\cos x \geq 0$ ist.

a) $\cos\frac{3\pi}{4} = \cos(\pi - \frac{\pi}{4}) = -\cos\frac{\pi}{4} < 0$

b) $\cos 4;\ \pi < 4 < \pi + \frac{\pi}{2}$, also $\cos 4 < 0$

c) $\cos 3;\ \frac{\pi}{2} < 3 < \pi$, also $\cos 3 < 0$

d) $\cos\frac{9\pi}{4} = \cos\frac{8\pi+\pi}{4} = \cos(2\pi + \frac{\pi}{4}) = \cos\frac{\pi}{4} > 0$

e) $\cos 2;\ \frac{\pi}{2} < 2 < \pi$, also $\cos 2 < 0$

$\Rightarrow \frac{9\pi}{4} \in D_{\sqrt{\cos x}}$

AA 113 Wir suchen die x-Werte, für die $\tan x < 0$ ist.

a) $\tan 1;\quad 0 < 1 < \frac{\pi}{2} \quad \Rightarrow \tan 1 > 0$

b) $\tan 4;\quad \pi < 4 < \pi + \frac{\pi}{2} \quad \Rightarrow \tan 4 > 0$

c) $\tan 3;\quad \frac{\pi}{2} < 3 < \pi \quad \Rightarrow \tan 3 < 0$

d) $\tan 3{,}5;\quad \pi < 3{,}5 < \pi + \frac{3}{2}\pi \quad \Rightarrow \tan 3{,}5 > 0 \quad \Rightarrow \quad 3 \notin D_{\sqrt{\tan x}}$

AA 114

a) $\sin 120° = \sin(180° - 60°) = \sin 60°$

b) $\sin 243° = \sin(180° + 63°) = -\sin 63°$

c) $\sin 1{,}7\pi = \sin(1{,}5\pi + 0{,}2\pi) = -\cos 0{,}2\pi$

d) $\sin 0{,}75\pi = \cos(\pi - 0{,}25\pi) = -\cos 0{,}25\pi$

e) $\tan 2{,}25\pi = \tan(2\pi + 0{,}25\pi) = \tan 0{,}25\pi$

AA 115 Im $\triangle ABC$ ist $\alpha + \beta + \gamma = 180°$.

(1) *Ohne Taschenrechner:*

$\gamma = 180° - (\alpha + \beta)$ und $\cos\gamma = \cos(180° - (\alpha + \beta)) = -\cos(\alpha + \beta) = -(\cos\alpha\cos\beta - \sin\alpha\sin\beta)$
$= -\cos\alpha\cos\beta + \sin\alpha\sin\beta = \sin\alpha\sin\beta - \cos\alpha\cos\beta$

Mit $\sin\alpha = \sqrt{1-\cos^2\alpha} = \sqrt{1-\frac{4}{9}}\ \sqrt{\frac{5}{9}} = \frac{\sqrt{5}}{3}$ und $\sin\beta = \sqrt{1-\cos^2\beta} = \sqrt{1-\frac{1}{9}} = \sqrt{\frac{8}{9}} = \frac{2\sqrt{2}}{3}$ folgt:

$\cos\gamma = \frac{\sqrt{5}}{8}\cdot\frac{2\sqrt{2}}{3} - \frac{2}{3}\cdot\frac{1}{3} = \frac{2\sqrt{10}}{3} - \frac{2}{9} = \frac{2(\sqrt{10}-1)}{9}$.

(2) *Mit Taschenrechner:*

$\cos\alpha = \frac{2}{3} \Rightarrow \alpha \approx 48{,}19°$ $\qquad \cos\beta = \frac{1}{3} \Rightarrow \beta \approx 70{,}53°$

$\gamma = 180° - (\alpha + \beta) = 180° - (48{,}19° + 70{,}53°) = 180° - 118{,}72° = 61{,}28° \Rightarrow \cos\gamma \approx 0{,}4805$

(zum Vergleich: $\frac{2(\sqrt{10}-1)}{9} \approx 0{,}480506$).

AA 116 Gegeben: $\sin x - \cos x = \sqrt{2}$ Gesucht: $\sin x \cos x$

Quadrieren der ersten Gleichung:

$(\sin x - \cos x)^2 = (\sqrt{2})^2 \Rightarrow \sin^2 x - 2\sin x\cos x + \cos^2 x = 2 \Rightarrow \underbrace{(\sin^2 x + \cos^2 x)}_{1} - 2\sin x\cos x) = 2 \Rightarrow -2\sin x\cos x = 1$

$\sin x\cos x = -\frac{1}{2}$.

AA 117

a) $\alpha = 53{,}5°$: $\sin^2\alpha\cos^2\alpha = (\sin\alpha)^2 \cdot (\cos\alpha)^2 = (0{,}8039)^2 \cdot (0{,}5948)^2 = 0{,}6463 \cdot 0{,}3538 = 0{,}22866094 \approx 0{,}2287$

b) $\sin\alpha = \frac{3}{5}$: $\sin^2\alpha\cos^2\alpha = \frac{9}{25} \cdot (1 - \frac{9}{25}) = \frac{9}{25} \cdot \frac{16}{25} = \frac{304}{625}$

c) $\sin\alpha + \cos\alpha = \frac{1}{2}$ Durch Quadrieren der Gleichung folgt:

$$\sin^2\alpha + 2\sin\alpha\cos\alpha + \cos^2\alpha = \frac{1}{4}$$

$$1 + 2\sin\alpha\cos\alpha = \frac{1}{4}$$

$$2\sin\alpha\cos\alpha = -\frac{3}{4}$$

$$\sin\alpha\cos\alpha = -\frac{3}{8} \qquad \text{(nochmaliges Quadrieren)}$$

$$\sin^2\alpha\cos^2\alpha = \frac{9}{64}$$

AA 118

a) $$\frac{\sin\alpha}{1+\cos\alpha} + \frac{1+\cos\alpha}{\sin\alpha} = \frac{\sin^2\alpha + (1+\cos\alpha)^2}{(1+\cos\alpha)\cdot\sin\alpha} = \frac{\sin^2\alpha + 1 + 2\cos\alpha + \cos^2\alpha}{(1+\cos\alpha)\cdot\sin\alpha} = \frac{2+2\cos\alpha}{(1+\cos\alpha)\cdot\sin\alpha} = \frac{2\cdot(1+\cos\alpha)}{(1+\cos\alpha)\cdot\sin\alpha} = \frac{2}{\sin\alpha}$$

b) $$\frac{\tan^2\alpha - \sin^2\alpha}{\tan^2\alpha\cdot\sin^2\alpha} = \frac{\frac{\sin^2\alpha}{\cos^2\alpha} - \sin^2\alpha}{\frac{\sin^2\alpha}{\cos^2\alpha}\cdot\sin^2\alpha} = \frac{\frac{\sin^2\alpha - \sin^2\alpha\cos^2\alpha}{\cos^2\alpha}}{\frac{\sin^4\alpha}{\cos^2\alpha}} = \frac{\sin^2\alpha(1-\cos^2\alpha)}{\sin^4\alpha} = \frac{\sin^4\alpha}{\sin^4\alpha} = 1$$

c) $$\frac{\sin^3 15° + \cos^3 15°}{\sin 15° + \cos 15°} = \frac{(\sin 15° + \cos 15°)(\sin^2 15° - \sin 15°\cos 15° + \cos^2 15°)}{\sin 15° + \cos 15°} = \sin^2 15° - \sin 15°\cos 15° + \cos^2 15°$$

$$= 1 - \sin 15°\cos 15° = 1 - \frac{1}{2}\sin 30° = 1 - \frac{1}{2}\cdot\frac{1}{2} = 1 - \frac{1}{4} = \frac{3}{4}$$

d) Mithilfe der binomischen Formel $a^2 - b^2 = (a-b)(a+b)$ erhält man:

$$(\tan^2\alpha + \frac{1}{\tan^2\alpha} - \tan^2\alpha + \frac{1}{\tan^2\alpha})(\tan^2\alpha + \frac{1}{\tan^2\alpha} + \tan^2\alpha - \frac{1}{\tan^2\alpha}) = \frac{2}{\tan^2\alpha}\cdot 2\tan^2\alpha = 4$$

AA 119

x	1	1,14	3	−0,78	−0,51	$\frac{\pi}{12}$	$\frac{5}{7}\pi$	−0,11
sin x	0,8415	0,91	0,1411	−0,7	−0,4882	0,2588	0,7818	−0,11

AA 120

	sin x	cos x	tan x	x
	$0 < \sin x < 1$	$-1 \le \cos x < 0$	$-\infty < \tan x < 0$	$\frac{\pi}{2} < x < \pi$
	$0 \le \sin x \le \frac{1}{2}\sqrt{2}$	$1 \ge \cos x \ge \frac{1}{2}\sqrt{2}$	$0 \le \tan x \le 1$	$0 \le x \le \frac{\pi}{4}$
oder	$0 \le \sin x \le \frac{1}{2}\sqrt{2}$	$-1 \le \cos x \le -\frac{1}{2}\sqrt{2}$	$-1 \le \tan x \le 0$	$\frac{3}{4}\pi \le x \le \pi$
	$-\frac{1}{2}\sqrt{2} \le \sin x \le 0$	$\frac{1}{2}\sqrt{2} \le \cos x \le 1$	$-1 \le \tan x \le 0$	$\frac{7}{4}\pi \le x \le 2\pi$
oder	$0 \le \sin x \le \frac{1}{2}\sqrt{2}$	$-1 \le \cos x \le -\frac{1}{2}\sqrt{2}$	$-1 \le \tan x \le 0$	$\frac{3}{4}\pi \le x \le \pi$

AA 121

x	cos x	tan x
$-\frac{2}{3}\pi$	−0,5	1,7321
$\frac{3}{5}\pi$	−0,3090	−3,0777
3,5	−0,9365	0,3746
−3	−0,9900	0,1425

AA 122

a)

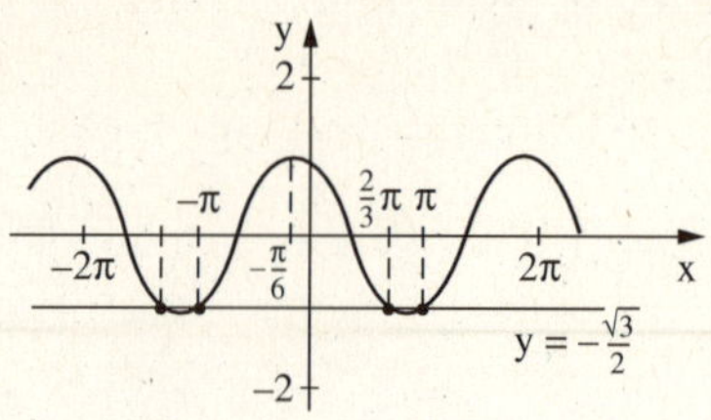

b) $D_y = R$; $W_y = [-1;\,1]$; Periode $T = 2\pi$

c) $\cos(x + \frac{\pi}{6}) = -\frac{\sqrt{3}}{2} \quad \Rightarrow \quad x + \frac{\pi}{6} = \frac{5\pi}{6};\ \frac{7\pi}{6};\ \ldots$

Allgemein: $x + \frac{\pi}{6} = \pm\frac{5\pi}{6} + 2k\pi \quad (k \in \mathbb{Z})$

$x = -\frac{\pi}{6} \pm \frac{5\pi}{6} + 2k\pi \quad (k \in \mathbb{Z})$

d.h. $x_1 = -\frac{\pi}{6} + \frac{5\pi}{6} + 2k\pi = \frac{2}{3}\pi + 2k\pi$

oder $x_1 = -\pi + 2k\pi$

d) $\cos(x + \frac{\pi}{6}) > -\frac{\sqrt{3}}{2}$ für $-\frac{5\pi}{6} + 2k\pi < x + \frac{\pi}{6} < \frac{5\pi}{6} + 2k\pi \quad (k \in \mathbb{Z})$

$-\pi + 2k\pi < x < \frac{2}{3}\pi + 2k\pi \quad (k \in \mathbb{Z})$

AA 123

a)

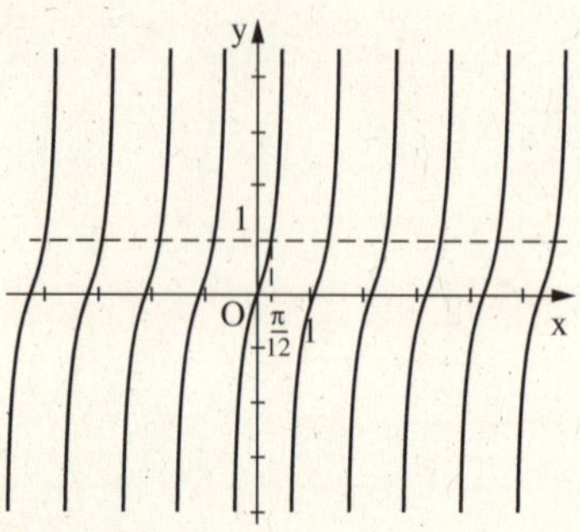

b) $D_g = D_{\tan 3x} = \mathbb{R}\backslash\{\frac{\pi}{6} + \frac{k\pi}{3} \mid k \in \mathbb{Z}\}$

$W_g = \mathbb{R}$ Periode $T = \frac{\pi}{3}$

c) $\tan 3x = 1 \quad \Rightarrow 3x = \frac{\pi}{4} + n\pi,\ n \in \mathbb{Z} \Rightarrow x = \frac{\pi}{12} + \frac{n\pi}{3},\ n \in \mathbb{Z}$

d) $\tan 3x > 1 \quad \Rightarrow \frac{\pi}{4} + k\pi < 3x < \frac{\pi}{2} + k\pi,\ k \in \mathbb{Z}$

$\Rightarrow \frac{\pi}{12} + \frac{k\pi}{3} < x < \frac{\pi}{6} + \frac{k\pi}{3},\ k \in \mathbb{Z}$

AA 124 $l \approx 4{,}85$ m

AA 125

a)

Ostsee	$l(0{,}3\text{ m})$	≈ 3,80 m
deutsche Nordsee	$l(3{,}8\text{ m})$	≈ 14,03 m
The Wash	$l(6{,}5\text{ m})$	≈ 21,93 m
Bay of Fundy	$l(21\text{ m})$	≈ 64,32 m

b) $l(h, d) = \frac{d + h}{\cos 70°}$

bzw.

$l_d(h) = \frac{d + h}{\cos 70°}$

c)

Ostsee	$l_{0,5}(0{,}3\text{ m})$	≈ 2,34 m
deutsche Nordsee	$l_{0,5}(3{,}8\text{ m})$	≈ 12,57 m
The Wash	$l_{0,5}(6{,}5\text{ m})$	≈ 20,47 m
Bay of Fundy	$l_{0,5}(21\text{ m})$	≈ 62,86 m

AA 126 $\alpha_{min} = 60°$, $\alpha_{max} = 70°$

a) $h_{max} = l \cdot \sin\alpha_{max} \approx 7{,}52$ m
$h_{min} = l \cdot \sin\alpha_{min} \approx 6{,}93$ m

b) $e_{max} = l \cdot \cos\alpha_{min} = 4{,}00$ m
$e_{min} = l \cdot \cos\alpha_{max} = 2{,}74$ m

AA 127 $h \approx 38{,}3$ m

AA 128

$h_B = 12\text{ m} \cdot \tan 47° \approx 12{,}9$ m

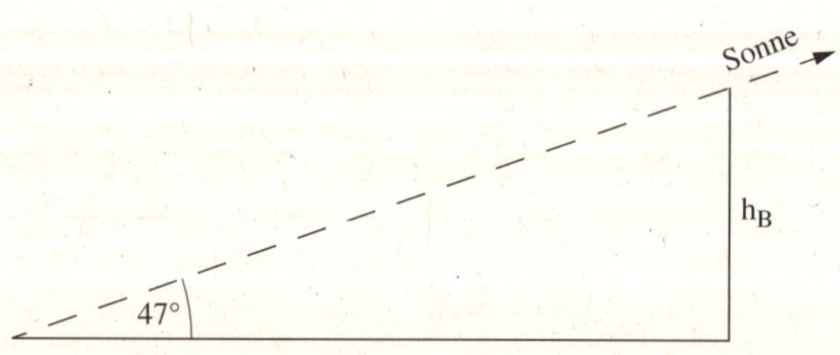

AA 129

mittels Sinussatz:

$|\overline{AF}| = s \cdot \frac{\sin\beta}{\sin(180° - \alpha - \beta)}$ (im △ABF)

$\tan\gamma = \frac{h}{\overline{AF}}$, $h = |\overline{AF}| \cdot \tan\gamma$ (im △AFC)

$h = s \cdot \frac{\sin\beta}{\sin(180° - \alpha - \beta)} \cdot \tan\gamma$

$h = 850\text{ m} \cdot \frac{\sin 80{,}5°}{\sin 47{,}1°} \cdot \tan 21{,}2°$ $h \approx 443{,}9$ m

AA 130

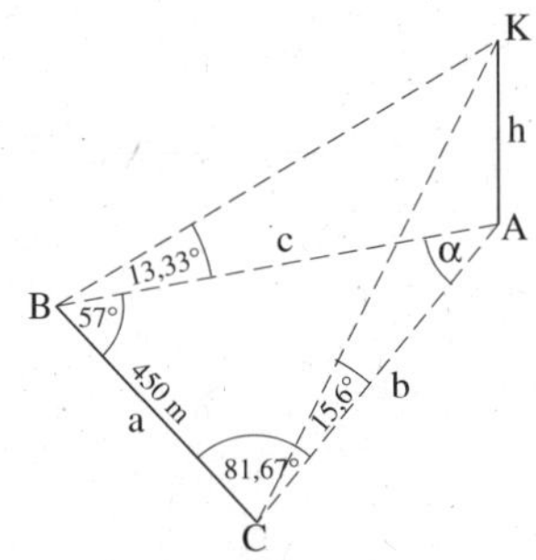

$\triangle ABC$: $\alpha = 180° - (57° + 81°40') = 41°20' \approx 41{,}33°$

Nach dem Sinussatz folgt: $\frac{|BC|}{\sin\alpha} = \frac{|AB|}{\sin\gamma}$, also $|\overline{AB}| = |\overline{BC}| \cdot \frac{\sin\gamma}{\sin\alpha} \approx 674{,}23$ m

$\triangle BAK$: $h = |\overline{BC}| \cdot \tan\alpha_1 \approx 159{,}752$ m

Zur Kontrolle:
Nach dem Sinussatz folgt für $\triangle ABC$: $\frac{|AC|}{\sin\beta} = \frac{|BC|}{\sin\alpha}$, $\Rightarrow |\overline{AC}| \approx 571{,}478$ m

$\triangle CAK$: $h = |\overline{AC}| \cdot \tan\alpha_2 \approx 571{,}487 \cdot \tan 15{,}6° \approx 159{,}56$ m

h gewinnt man als arithmetisches Mittel aus beiden Rechnungen:
$h = \frac{1}{2}(159{,}752 + 159{,}56)\text{ m} \approx 159{,}6$ m

AA 131

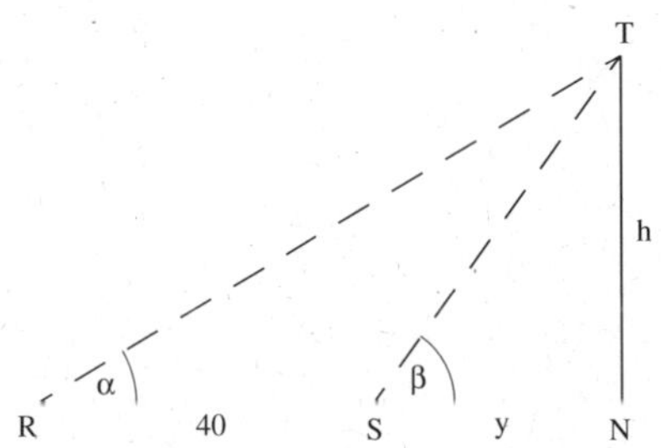

$\triangle SNT$: $\tan\beta = \frac{h}{y}$, $y = \frac{h}{\tan\beta}$ (1)

$\triangle RNT$: $\tan\alpha = \frac{h}{40 + y}$, $h = (40 + y) \cdot \tan\alpha$ (2)

(1) in (2) $\tan\alpha = \frac{h}{40 + \frac{h}{\tan\beta}}$, $h = 40 \cdot \tan\alpha + h \cdot \frac{\tan\alpha}{\tan\beta}$

$h\,(1 - \frac{\tan\alpha}{\tan\beta}) = 40 \cdot \tan\alpha$

$h = \frac{40\tan\alpha \cdot \tan\beta}{\tan\beta - \tan\alpha}$, $h \approx 23$ (m)

AA 132 Die gesuchte Entfernung $|\overline{MO}|$ berechnen wir aus $\triangle MBO$:

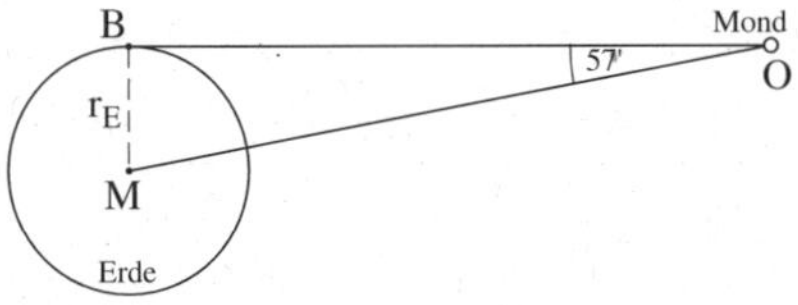

Mit $57' = (\frac{57}{60})° = 0{,}95°$ folgt $\sin 0{,}95° = \frac{r_E}{|MO|}$,

also $|\overline{MO}| = \frac{6370}{\sin 0{,}95°} \approx 384\,200{,}88$ km

AA 133 Gesucht ist der Winkel $\sphericalangle MOB = \alpha$.

$\sin\alpha = \frac{r_E}{|MO|} = \frac{6370\text{ m}}{149{,}5 \cdot 10^6} \approx 0{,}000\,042\,61 \Rightarrow \alpha \approx 0{,}002\,44°$

AA 134

a) Für die Steigung m gilt: $m = \tan\alpha = \frac{\text{Höhenunterschied}}{\text{(waagerechte) Entfernung}} = \frac{12}{100} = 0{,}12$
$\Rightarrow \alpha \approx 6{,}84°$

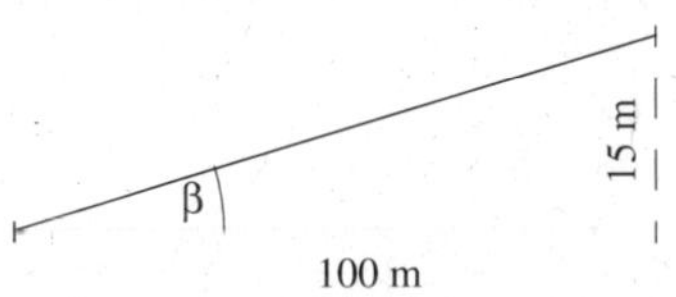

b) Für $\alpha = 10{,}8°$ folgt $\tan\alpha \approx 0{,}19$.
Also beträgt die Steigung rund 19 %.

AA 135

a) Geschosshöhe h: $h = 12 \cdot 17\text{ cm} = 2{,}04$ m
Ausladung l: $l = 12 \cdot 25\text{ cm} = 3$ m

b) Steigungswinkel β: $\tan\beta = \frac{h}{l} = 0{,}68$, $\beta \approx 34{,}2°$.

c) Treppenwange t: $t = \sqrt{h^2 + l^2} \approx 3{,}63$ m

AA 136

a) $U(\frac{1}{50}) = 220\sqrt{2} \cdot \sin(\frac{2\pi \cdot \frac{1}{50}}{0{,}02}) = 220\sqrt{2} \cdot \sin\pi = 0$

b) $U(0{,}01) = 220\sqrt{2} \cdot \sin(\frac{2\pi \cdot 0{,}01}{0{,}02}) = 220\sqrt{2} \cdot \sin\pi = 0$

c) $U(0{,}035) = 220\sqrt{2} \cdot \sin(\frac{2\pi \cdot 0{,}035}{0{,}02}) = 220\sqrt{2} \cdot \sin(\frac{\pi \cdot 0{,}035}{0{,}01}) = 220\sqrt{2} \cdot \sin 3{,}5\pi = 220\sqrt{2} \cdot \sin\frac{3}{2}\pi = -220\sqrt{2} \approx -311{,}13$

d) $U(0{,}025) = 220\sqrt{2} \cdot \sin(\frac{2\pi \cdot 0{,}025}{0{,}02}) = 220\sqrt{2} \cdot \sin(\frac{\pi \cdot 0{,}025}{0{,}01}) = 220\sqrt{2} \cdot \sin 2{,}5\pi = 220\sqrt{2} \cdot \sin\frac{\pi}{2} = 220\sqrt{2} \approx 311{,}13$

AA 137 Aus der durchschnittlichen Steigung von 19,5 % folgt $\tan\alpha = 0{,}195$ und $\alpha = 11{,}03°$. Die Fahrstrecke s schließlich ergibt sich zu $s = \frac{\Delta h}{\sin\alpha} \approx 439$ m.

AA 138

	0	$\frac{\pi}{2}$	p	$\frac{3}{2}\pi$	2π
$f(x) = \sin x$	0	1	0	-1	0
$g(x) = 3 \sin x$	0	3	0	-3	0
$k(x) = \frac{1}{3} \sin x$	0	$\frac{1}{3}$	0	$-\frac{1}{3}$	0

Wertebereich: $W_g = [-3; 3]$
$W_k = [-\frac{1}{3}; \frac{1}{3}]$

Beeinflusst wird: Für jede Funktion $x \mapsto f(x)$ mit $f(x) = a \cdot \sin x, \quad a \in \mathbb{R}$ gilt $W_f = [-a; a]$

Unverändert bleiben: Nullstellen, Monotonie, kleinste Periode

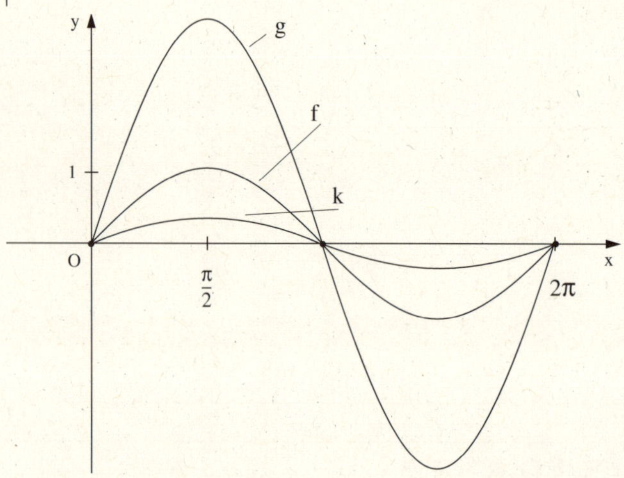

AA 139

Nullstellen: $x_{0k} = k \cdot \frac{\pi}{3}, \quad k \in \mathbb{Z} \wedge 0 \leq k \leq 6$

kleinste Periode: jede Funktion f mit $f(x) = \sin bx$ hat die kleinste Periode $p = \frac{2\pi}{b}$.
Daher gilt für $f(x) = \sin 3x \quad p = \frac{2}{3}\pi$.

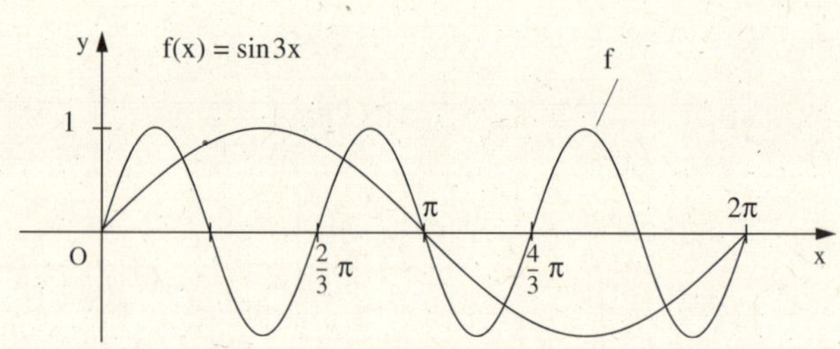

AA 140

h_1: $f_1(x) = 2 \sin x$ h_2: $f_2(x) = \frac{1}{2} \sin x$ h_3: $f_3(x) = -\frac{3}{2} \sin x$

h_4: $g_4(x) = \sin(\frac{1}{2} x)$ h_5: $g_5(x) = \sin(\frac{\pi}{2} x)$ h_6: $g_6(x) = \sin(\frac{\pi}{4} x)$

AA 141

	$f(x) = 3 \cdot \sin 2x$	$g(x) = 2 \cdot \sin(3x)$
Wertebereich	$W_f: -3 \leq y \leq 3$	$W_g: -2 \leq y \leq 2$
kleinste Periode	$p_f = \pi$	$p_g = \frac{2}{3}\pi$
Nullstellen	$x_{0k} = k \cdot \frac{\pi}{2} \quad k \in \mathbb{Z}$	$x_{0k} = k \cdot \frac{\pi}{3} \quad k \in \mathbb{Z}$

AA 142 $f(x) = \sin(x)$: Amplitude 1; Periode 2π; (Der Graph der Sinus-Funktion ist zum Vergleich jeweils mitgezeichnet.)

a)

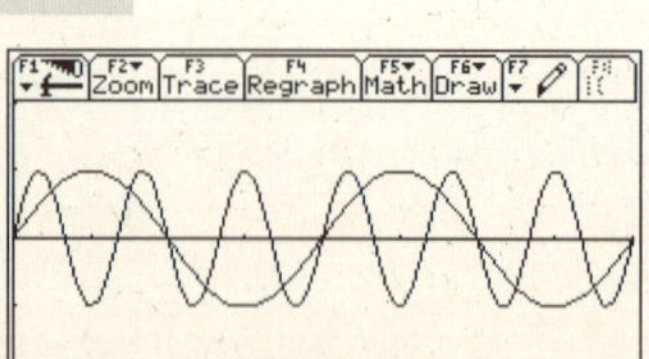

Amplitude: 1

Periode: $\frac{2}{3}\pi$

b)

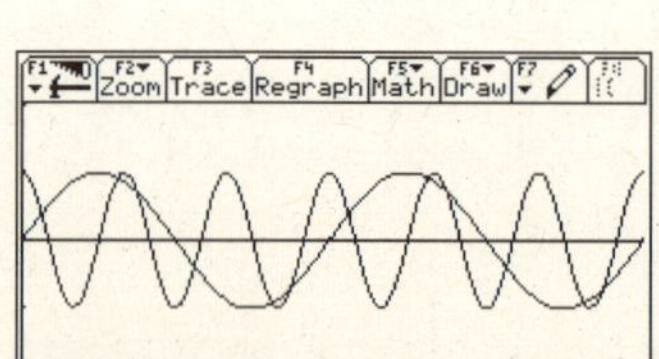

Amplitude: 1

Periode: $\frac{2}{3}\pi$

Verschiebung um $\frac{\pi}{2}$ nach rechts

c)

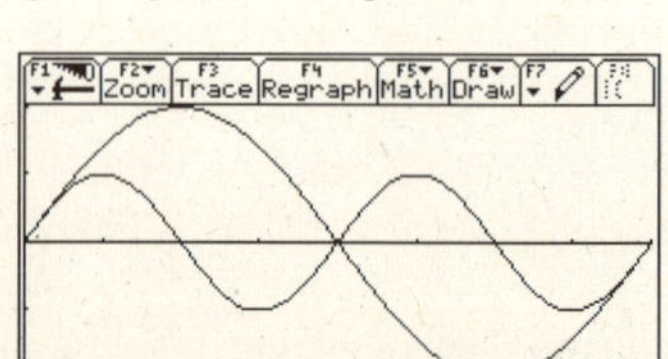

Amplitude: 2

Periode: 4π

AA 143 Zum Vergleich sind die Grundfunktionen mitgezeichnet.

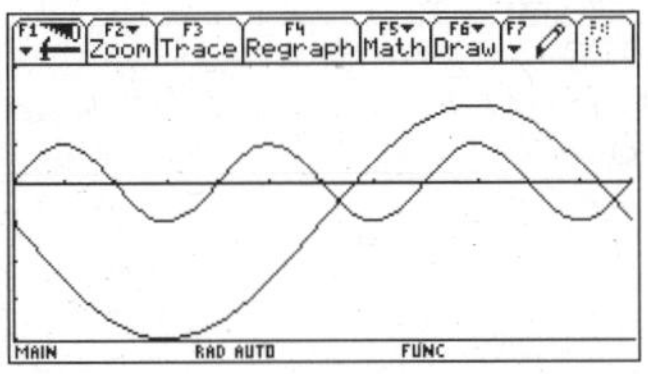

a) $f(x) = 3\cos(\frac{1}{3}x + \frac{\pi}{2}) - 1$:
Dem Faktor 3 kann man entnehmen, dass die Amplitude 3 ist, aus $\frac{1}{3}$ x folgt eine Periodenlänge von 6π, der Summand $\frac{\pi}{2}$ zeigt eine Verschiebung um den Wert nach links an und –1 bewirkt eine Verschiebung des Graphen um 1 nach unten.

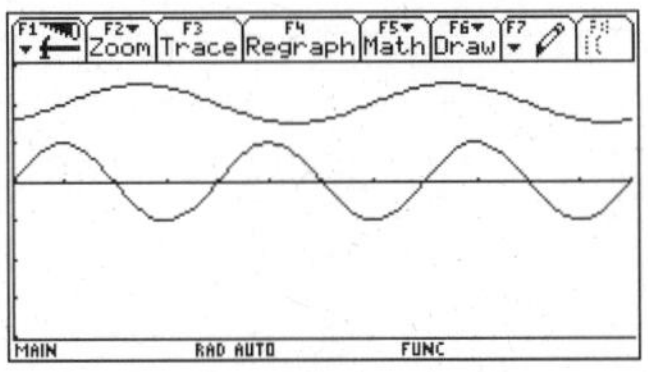

b) Durch Umformen erhält man $f(x) = \frac{1}{2}\sin(\frac{2}{3} - \frac{\pi}{3}) + 2$: Dem Faktor $\frac{1}{2}$ kann man entnehmen, dass die Amplitude $\frac{1}{2}$ ist, aus $\frac{2}{3}$ x folgt eine Periodenlänge von 3π, der Summand zeigt eine Verschiebung um den Wert nach links an und +2 bewirkt eine Verschiebung des Graphen um 2 nach oben.

AA 144

a)

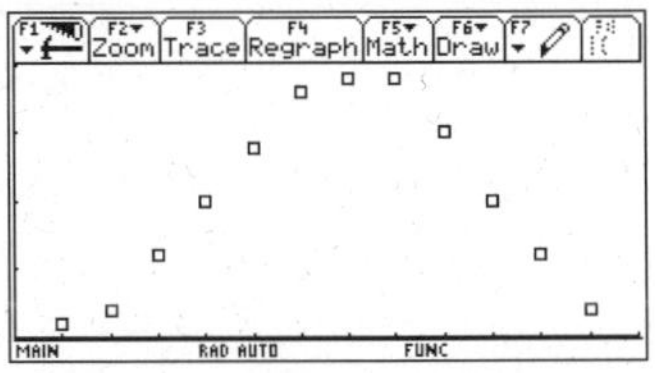

b) Aufgrund der Länge eines Jahres beträgt die Periodenlänge 12.
Im Juli ist die Temperatur mit 19° maximal, minimaler Wert ist 1°, daraus ergibt sich eine Amplitude von $\frac{(19-1)}{2} = 9$.
Den Beginn einer Periode können wir im April, also bei $x = 4$ annehmen. Aus diesen Überlegungen ergibt sich als Funktionsgleichung $f(x) = 9\sin(\frac{2\pi}{12}(x-4)) + 10$.
Zeichnet man diese Funktion über die Messreihe, so erkennt man, dass das Modell den tatsächlichen Temperaturverlauf sehr gut beschreibt.

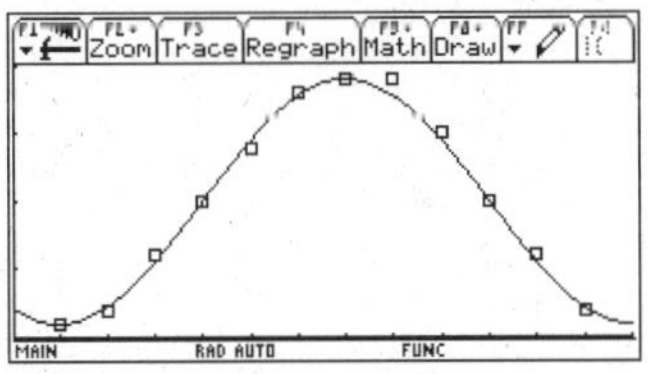

Das Ermitteln der Funktionsgleichung kann man auch dem TI-92 überlassen: Nach Eingabe der Daten in den DATA/MATRIX-Editor wählt man im CALC-Menü unter Calculation Type B: *SinReg* und gibt für x und y die verwendeten Datenspalten c1 und c2 ein. Nach Betätigen der Enter-Taste berechnet der GTA die Parameter der Gleichung $y = a\sin(bx + c) + d$.
Man erhält a = 9,197325, b = 0,521727, c = 2,105893 und d = 10,134613.
Zeichnen wir auch diese Funktion über die Messreihe, so können wir nur einen minimalen Unterschied zu dem durch Überlegung ermitteltem Schaubild erkennen.

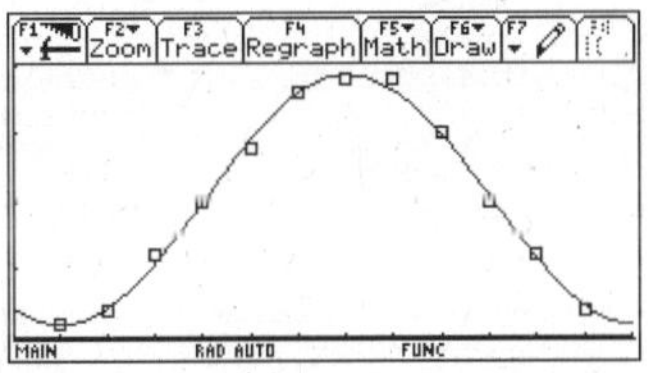

AA 145

a)

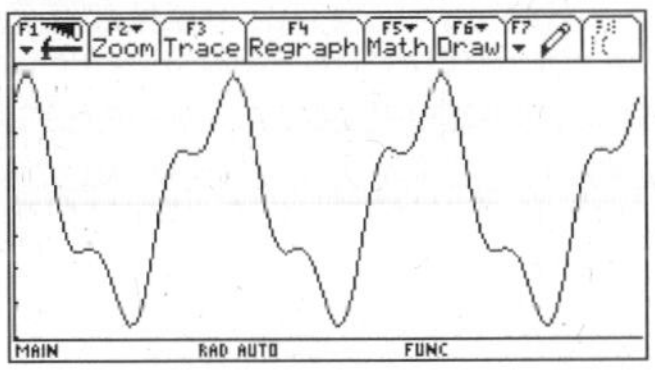

b)

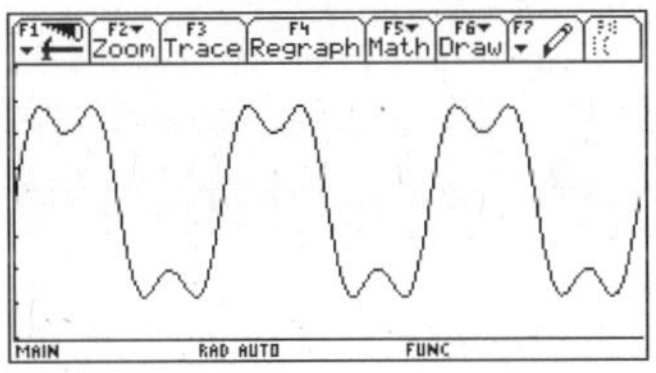

A 2.6 Exponential- und Logarithmusfunktionen

AA 146

a) $y = 2^{\frac{1}{x}}$ existiert nicht für x = 0, also keine Exponentialfunktion;
b) $y = x^2$ ist keine Exponentialfunktion;
c) $y = (1 - \sqrt{3})^x$ ist keine Exponentialfunktion, weil $1 - \sqrt{3} < 0$;
d) $y = 1^x$ ist keine Exponentialfunktion, weil (nach der Definition A 10, Lehrbuch S. 30) $a \neq 1$ sein muss;
e) $y = (\sqrt{2})^x$ ist Exponentialfunktion.

AA 147 Die Funktion e) $y = \frac{1}{\sqrt[3]{x^2}}$ ist keine Exponentialfunktion, alle anderen (a) bis d)) sind Exponentialfunktionen.

AA 148

a) Da $3 < \pi < 4$ und die Funktion $(\frac{1}{3})^x$ für alle $x \in \mathbb{R}$ monoton fällt, erhalten wir $(\frac{1}{3})^4 < (\frac{1}{3})^\pi < (\frac{1}{3})^3$ und $c < b < a$.

b) Da $-42 < -1{,}4 < 1{,}5$ und die Funktion $y = 5^x$ für alle $x \in \mathbb{R}$ monoton wachsend ist, folgt $5^{-42} < 5^{-1{,}4} < 5^{1{,}5}$, also $a < c < b$.

AA 149

Die Gleichungen a) $3^x = 0$, b) $3^x = -1$, c) $3^x = -\frac{1}{9}$ und e) $3^x = -\frac{3}{2}$ haben leere Lösungsmengen;

die Gleichung d) $3^x = \frac{1}{2}$ ist lösbar, hat also eine nichtleere Lösungsmenge (und zwar $x = \log_3 \frac{1}{2}$).

AA 150

a) Mit $0{,}5^x = (\frac{1}{2})^x = 2^{-x}$ folgt $2^{-x} > 2^2 \Rightarrow -x > 2$ und $x < -2$.
Die größte ganze Zahl, die die Ungleichung $x < -2$ erfüllt, ist -3. Also $\bar{x} = -3$.

b) $0{,}25^{3-2x} \le 4^2 \Leftrightarrow (4^{-1})^{3-2x} \le 4^2 \Leftrightarrow 4^{3x-3} \le 4^2 \Leftrightarrow 2x - 3 \le 2 \Leftrightarrow 2x \le 5 \Leftrightarrow x \le \frac{5}{2}$, d.h. $\bar{x} = 2$.

c) Mit $0{,}25 = \frac{1}{4} = 2^{-2}$; $8 = 2^3$ folgt
$(2^{-2})^{x+2} > 2^3$ und $2^{-2x-4} > 2^3 \Rightarrow -2x - 4 > 3$; $x < -3{,}5$, d.h. $\bar{x} = -4$.

AA 151 Wertetabelle:

x	−2	−1	0	1	2	3
$f_0(x) = 2^x$	0,25	0,5	1	2	4	8
$f_1(x) = 2 \cdot 2^x = 2^{x+1}$	0,5	1	2	4	8	16
$f_2(x) = (-2) \cdot 2^x = -2^{x+1}$	−0,5	−1	−2	−4	−8	−16
$f_3(x) = \frac{1}{2} \cdot 2^x = 2^{x-1}$	0,125	0,25	0,5	1	2	4

Definitionsbereich: $D_{fi} = \mathbb{R}$ $i = 0, 1, 2, 3$

Wertebereiche:

W_{f0}, W_{f1}, W_{f3}	W_{f2}
$0 < y < \infty$	$-\infty < y < 0$

Monotonieverhalten: streng monoton wachsend in D_f sind $f_0(x)$, $f_1(x)$, $f_3(x)$
streng monoton fallend in D_f ist $f_2(x)$

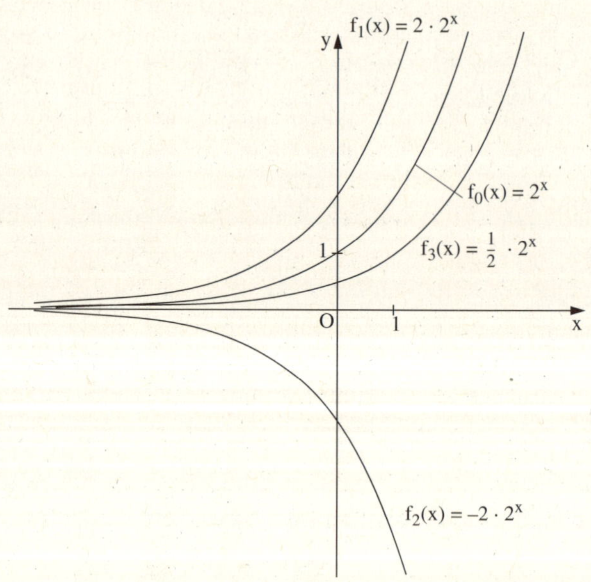

Keine der Funktionen $x \mapsto f(x)$ mit $f(x) = a \cdot 2^{bx}$ hat eine Nullstelle.
Charakteristische Punkte sind P (0; a).
Für $a > 0$ geht der Graph von $f(x) = 2^x$ durch
Dehnung $\left\{\begin{array}{l}\text{Streckung bei } a > 1 \\ \text{Stauchung bei } 0 < a < 1\end{array}\right\}$ in Richtung
der positiven y-Achse in den Graphen von
$f(x) = a \cdot 2^x$ über. Für $a < 0$ erfolgt zusätzlich zur oben beschriebenen Dehnung noch eine Spiegelung an der x-Achse.

AA 152

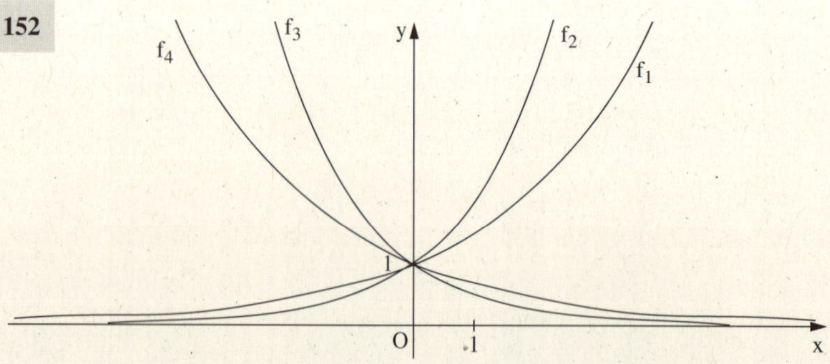

AA 153 *(auf Millimeterpapier zeichnen lassen!)*

x	1	1,5	$-\frac{3}{2}$	−3,5	$\frac{6}{5}$	−2	2
$f(x) = 3^x$	3	5,2	0,2	> 0	3,7	0,1	9

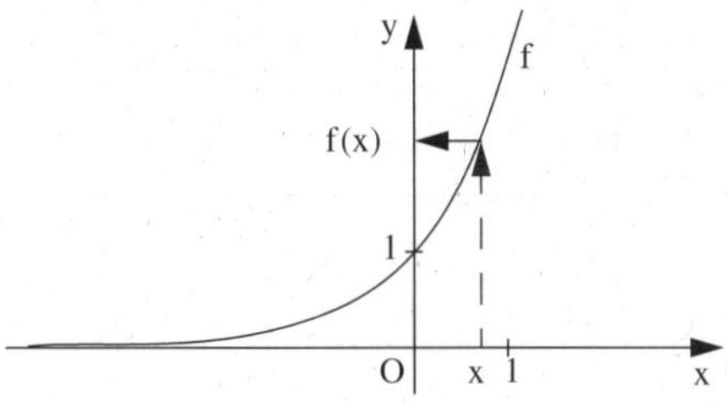

AA 154

a) $x \approx 0{,}4$ b) $x \approx -0{,}6$ c) $x \approx 1{,}3$

d) $x \approx -2$ e) $L_R = \emptyset$

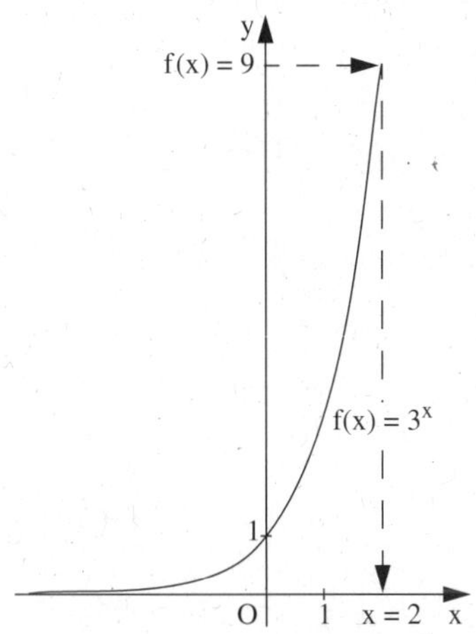

AA 155

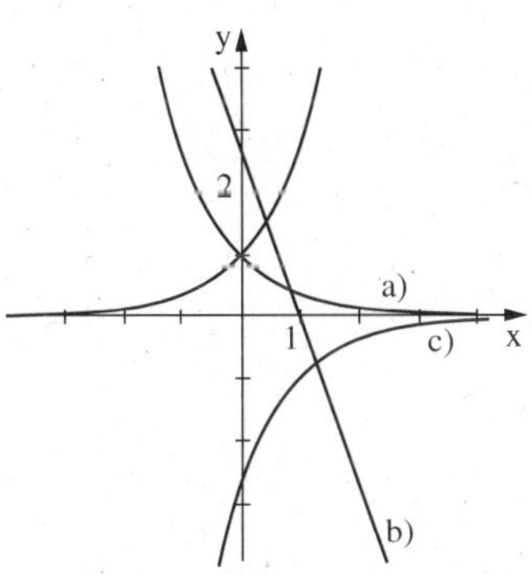

AA 156 a) −1 b) $-e^{10x}$ c) $e^{x+1} + e$ d) e

AA 157 Zu lösen ist die Gleichung $2 - e^{2x-1}$.

$\Rightarrow \ln 2 = \ln(e^{2x-1})$; $\ln 2 = (2x-1)\ln(e)$; $\ln 2 = 2x - 1$, also $x \approx 0{,}8466$

AA 158

a) $e^{1,5x} = e^{-1,5x+2} \Rightarrow 1{,}5x\ln(e) = (-1{,}5x+2)\ln(e)$; $1{,}5x = -1{,}5x + 2$; $3x = 2$

Also $x = \frac{2}{3}$ und $y = f(\frac{2}{3}) = g(\frac{2}{3}) = e \Rightarrow S(\frac{2}{3}; e)$.

b) $0{,}5e^{2x} - 1 = 2e^{-0,5x} - 1 \Rightarrow 0{,}5e^{2x} = 2e^{-0,5x}$; $e^{2x} - 4e^{-0,5x}$; $\frac{e^{2x}}{e^{-0,5x}} - 4$; $e^{2,5x} - 4$; $\ln(e^{2,5x}) - \ln(4)$; $2{,}5x - 2\ln(2)$

Also $x = \frac{4}{5}\ln 2 \approx 0{,}6$ und $f(\frac{4}{5}\ln 2) = g(\frac{4}{5}\ln 2) = 0{,}5 \Rightarrow S(0{,}6; 0{,}5)$

AA 159

Punkt A: Da A der Schnittpunkt mit der y-Achse ist, ist f(0) zu berechnen: $f(0) = 3e^{-1} - 5 \approx -3{,}9 \Rightarrow A(0; -3{,}9)$

Punkt B: Da die Gerade eine Parallele zur x- Achse ist, muss die y-Koordinate von B −2 sein, also gilt:
$-2 = 3e^{x-1} - 5$; $3 = 3e^{x-1}$; $1 = e^{x-1}$; $\ln 1 = x - 1$; $x = 1 \Rightarrow B(1; -2)$

Punkt C: C ist die Nullstelle von f, also gilt: $0 = 3e^{x-1} - 5$; $5 = 3e^{x-1}$; $\frac{5}{3} = e^{x-1}$; $\ln(\frac{5}{3}) + 1 = x$; $x \approx 1{,}51 \Rightarrow C(1{,}51; 0)$.

AA 160

a) Die Differenz $\cos x - 1$ kann man abschätzen: Aus $-1 \le \cos x \le 1$ folgt $-2 \le \cos x - 1 \le 0$.
Da die Funktion $f(x) = (\frac{\sqrt{2}}{2})^{\cos x - 1}$ für alle $x \in \mathbb{R}$ monoton fällt und $0 < \frac{\sqrt{2}}{2} < 1$, gilt $1 \le (\frac{\sqrt{2}}{2})^{\cos x - 1} \le (\frac{\sqrt{2}}{2})^{-2}$. Der kleinste Funktionswert ist also 1.

b) Aus $-1 \le \sin x \le 1$ folgt $-2 \le \sin x - 1 \le 0$ und $\frac{5}{4} > 1$.
Demnach folgt $(\frac{5}{4})^{-2} \le (\frac{5}{4})^{\sin x - 1} \le (\frac{5}{4})^0$; der größte Funktionswert ist $(\frac{5}{4})^0 = 1$.

AA 161

a) $D_h = \{x \in \mathbb{R} \mid 2^x - 1 \geq 0\}$

$2^x - 1 \geq 0 \;\Rightarrow\; 2^x \geq 1;\; 2^x \geq 2^0$ und $x \geq 0 \;\Rightarrow\; D_h = \{x \in \mathbb{R} \mid x \geq 0\}$.

b) $D_u = \mathbb{R}$, weil für alle $x \in \mathbb{R}$ $2^{x-1} > 0$ ist.

c) $D_v = \{x \in \mathbb{R} \mid 0{,}5^x - 1 \geq 0\}$

$0{,}5^x - 1 \geq 0 \;\Rightarrow\; 0{,}5^x \geq 1;\; 0{,}5^x \geq 0{,}5^0$ und $x \leq 0 \;\Rightarrow\; D_v = \{x \in \mathbb{R} \mid x \leq 0\}$.

AA 162

a) $D_f = \mathbb{R}$ $\quad W_f = \{y \in \mathbb{R} \mid y > 0\}$

b) $f(\sqrt[4]{81} + 1) = 3^{\sqrt[4]{81} + 1 - 2} = 3^{3+1-2} = 3^2 = 9$

c) $f(x) = 3^{x-2} = \sqrt[3]{3}$ $\qquad f(x) = 3^{x-2} < \sqrt[3]{3}$

$3^{x-2} = 3^{\frac{1}{3}}$ $\qquad 3^{x-2} < 3^{\frac{1}{3}}$

$x - 2 = \frac{1}{3}$ $\qquad x - 2 < \frac{1}{3}$

$x = 2\frac{1}{3}$ $\qquad x < 2\frac{1}{3}$

$x = \frac{7}{3}$ $\qquad x < \frac{7}{3}$.

zu a)

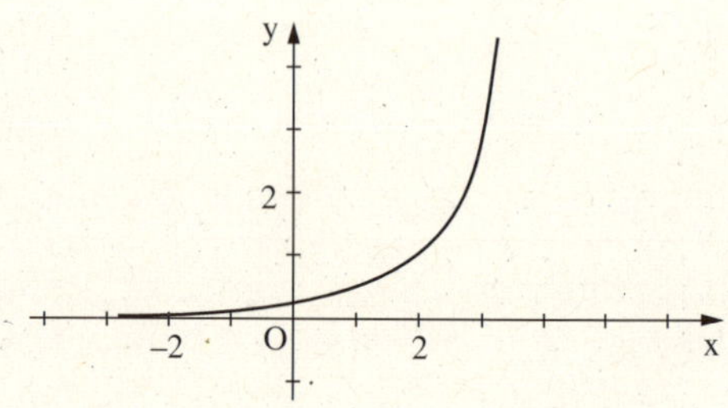

AA 163

a) Der Graph von $g(x) = \log_{1,5} x$ entsteht durch Spiegelung des Graphen von $\overline{g}(x) = 1{,}5^x$ an der Geraden zu $f(x) = x$.

b) Der Graph von $h(x) = \log_{0,5} x$ entsteht durch Spiegelung des Graphen von $\overline{h}(x) = 0{,}5^x$ an der Geraden zu $f(x) = x$.

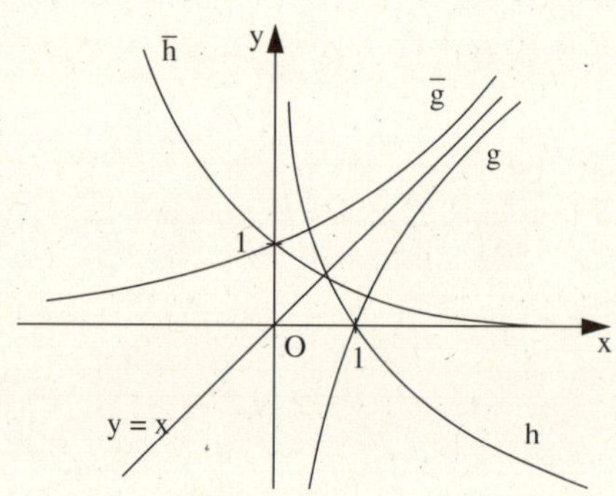

AA 164

Funktion	D_f	W_f	Monotonie	Einfluss des Faktors	Einfluss der additiven Konstante
$f_1(x) = \lg x$	$\mathbb{R}^+$	$\mathbb{R}$	wächst mon. in D_{f1}	–	–
$f_2(x) = \lg(x+2)$	$x > -2$	$\mathbb{R}$	wächst mon. in D_{f2}	–	Verschiebung von Graph f_1 um 2 Einheiten nach links
$f_3(x) = \frac{1}{2}\lg x$	$\mathbb{R}^+$	$\mathbb{R}$	wächst mon. in D_{f3}	Stauchung in Richtung y-Achse	–
$f_4(x) = 2\lg x$	$\mathbb{R}^+$	$\mathbb{R}$	wächst mon. in D_{f4}	Streckung in Richtung y-Achse	–
$f_5(x) = \lg(x-1)$	$x > 1$	$\mathbb{R}$	wächst mon. in D_{f5}	–	Verschiebung von Graph f_1 um 1 Einheit nach rechts
$f_6(x) = \lg x - 1$	$\mathbb{R}^+$	$\mathbb{R}$	wächst mon. in D_{f6}	–	Verschiebung von Graph f_1 um 1 Einheit nach unten

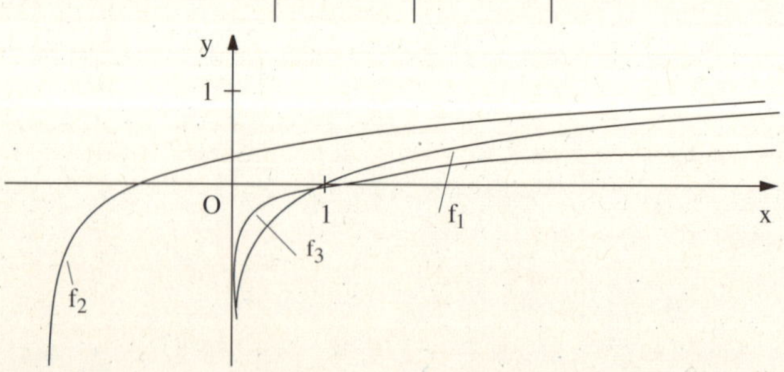

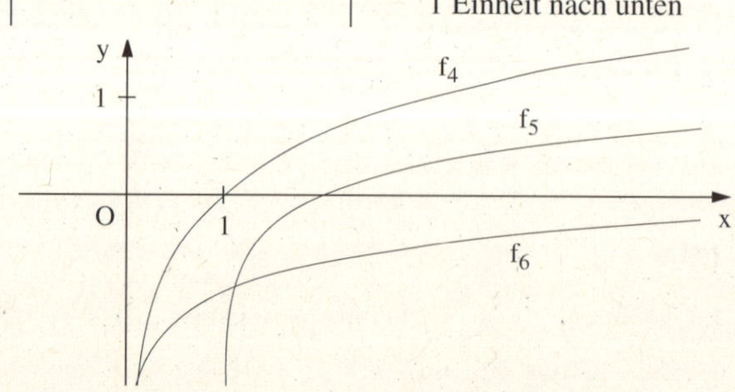

AA 165

a) 4; 2; 2; 4; −6; $\frac{5}{2}$; 1; −4

b) 8; 100 000; 4^6; $\sqrt[3]{2}$; 27; $\frac{1}{2}$

c) 2; 3; 3; 8; 7; 2

d) 4; 4; 8; −2; 6; −2

AA 166

a) $\log_{2,5} 15\frac{5}{8} = \log_{\frac{5}{2}} \frac{125}{8} = \log_{\frac{5}{2}} (\frac{5}{8})^3 = 3$

b) $-\log_8 \underbrace{\log_4 \underbrace{\log_2 16}_{4}}_{1} = -\log_8 \underbrace{\log_4 4}_{1} = -\log_8 1 = 0$

c) $\lg 38{,}04 - \lg 0{,}3804 = \lg \frac{38{,}04}{0{,}3804} = \lg 100 = 2$

d) $\ln\sqrt{2} + \ln \sin\frac{\pi}{4} = \ln\sqrt{2} + \ln\frac{\sqrt{2}}{2} = \ln(\sqrt{2} \cdot \frac{\sqrt{2}}{2}) = \ln 1 = 0$

e) $\log_3(3\tan\frac{\pi}{3}) = \log_3(3 \cdot \sqrt{3}) = \log_3(3^{1,5}) = 1{,}5$

AA 167

a) $\log_2(\log_2 x) = -1 \;\Rightarrow\; \log_2 x = 2^{-1}$ (denn $\log_a b = c \Rightarrow b = a^c$)

$\log_2 x = \frac{1}{2} \;\Rightarrow\; x = 2^{\frac{1}{2}} = \sqrt{2}$

b) $|3 - \log_2 x| = 5 \;\Rightarrow$

$3 - \log_2 x = 5$	oder	$3 - \log_2 x = -5$
$\log_2 x = 2$	oder	$\log_2 x = 8$
$x = 2^2 = 4$	oder	$x = 2^8 = 256$

AA 168

a) $3 \cdot 9^t + 5 \cdot 3^t - 2 = 0$ Substitution: $3^t = z$, dann $9^t = 3^{2t} = z^2$.

$3z^2 + 5z - 2 = 0$

$z_{1,2} = \frac{-5 \pm \sqrt{25 - 4 \cdot 3 \cdot (-2)}}{6} = \frac{-5 \pm \sqrt{25 + 24}}{6} = \frac{-5 \pm 7}{6}$

$z_1 = \frac{-12}{6} = -2;$ $3^t = -2$ n.l.

$z_2 = \frac{2}{6} = \frac{1}{3};$ $3^t = \frac{1}{3};$ $t = -1$

$L = \{-1\}$

b) $\log_{2-t}(6 - 9t - 2t^2) = 2$ Voraussetzungen: $2 - t > 0;\; 2 - t \neq 1;\; 6 - 9t - 2t^2 > 0$

$(2 - t)^2 = 6 - 9t - 2t^2;$ $4 - 4t + t^2 = 6 - 9t - 2t^2;$ $3t^2 + 5t - 2 = 0$

$t_{1,2} = \frac{-5 \pm 7}{6}$ (s. a)) $\Rightarrow t_1 = -2;\; t_2 = \frac{1}{3}$

Nach Prüfen der Voraussetzungen: $L = \{-2; \frac{1}{3}\}$

c) $2^{t^2} \cdot (\frac{1}{2})^{-t} = \sqrt[3]{8} \;\Rightarrow\; 2^{t^2} \cdot 2^t = 2^1$, also $t^2 + t = 1$ und $t^2 + t - 1 = 0$

$t_{1,2} = -\frac{1}{2} \pm \sqrt{\frac{1}{4} + 1} = -\frac{1}{2} \pm \sqrt{\frac{5}{4}} = -\frac{1}{2} \pm \frac{\sqrt{5}}{2} \;\Rightarrow\; L = \{\frac{-1 - \sqrt{5}}{2}; \frac{-1 - \sqrt{5}}{2}\}$

d) $\log_{t+4}(7t + 18) = 2$ Voraussetzungen: $t + 4 > 0;\; t + 4 \neq 1;\; 7t + 18 > 0$

$(t + 4)^2 = 7t + 18 \;\Rightarrow\; t^2 + 8t + 16 = 7t + 18$, also $t^2 + t - 2 = 0$

$t_{1,2} = -\frac{1}{2} \pm \sqrt{\frac{1}{4} + 2} = -\frac{1}{2} \pm \sqrt{\frac{9}{4}} = -\frac{1}{2} \pm \frac{3}{2}$

$t_1 = -\frac{1}{2} - \frac{3}{2} = -\frac{4}{2} = -2;$ $t_2 = -\frac{1}{2} + \frac{3}{2} = \frac{2}{2} = 1;$

Prüfen der Voraussetzungen: $-2 + 4 > 0$ und $1 + 4 > 0$

$-2 + 4 \neq 1$ und $1 + 4 \neq 1$

$7 \cdot (-2) + 18 > 0$ und $7 \cdot 1 + 18 > 0$

$L = \{-2; 1\}$

e) $3^t \cdot 4^t = 5^t \;\Rightarrow\; 12^t = 5^t$, also $(\frac{12}{5})^t = 1;$ $t = 0 \;\Rightarrow\; L = \{0\}$

AA 169

a) Da die Funktion $y = \lg x$ monoton wachsend ist und $\frac{1}{3} < 3 < 30$ folgt $\lg\frac{1}{3} < \lg 3 < \lg 30$, also $b < a < c$.

b) $c = \log_{0,1} 3 < 0$ $(3 > 1;\; 0{,}1 < 1$; s. Skizze);
Da $\lg 3 = \log_{10} 3$; $\ln 3 = \log_e 3$ und $1 < e < 10$, folgt $\log_{10} 3 < \log_e 3$; $\lg 3 < \ln 3$; d.h. $a < b$.
Außerdem gilt $\lg 3 > 0$, $\ln 3 > 0$. Also $c < a < b$.

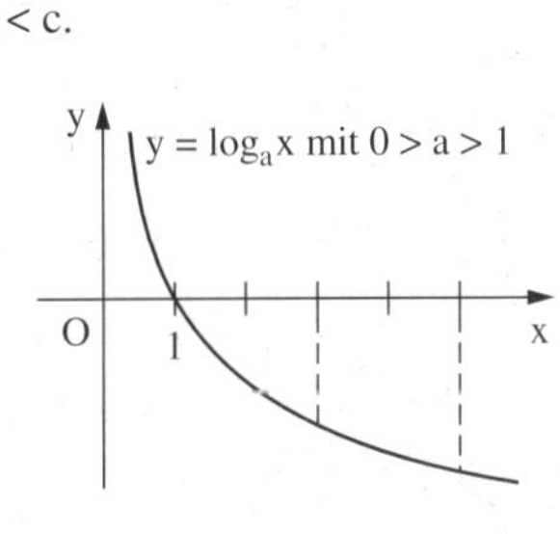

c) $a = \log_{0,5} 5 < 0$ (s. Skizze)
Da außerdem $b = \lg 5 < c = \ln 5$ und $b > 0$; $c < 0$, folgt $a < b < c$.

AA 170

a) $D_f = \{x \in \mathbb{R} \mid x > 0 \text{ und } \log_3 x \geq 0\}$
$\log_3 x \geq 0 \Rightarrow x \geq 1$ (und dann $x > 0$) Also ist $D_f = \{x \in \mathbb{R} \mid x \geq 1\}$.

b) $D_g = \{x \in \mathbb{R} \mid x > 0 \text{ und } \log_{\frac{1}{3}} x \geq 0\}$
$\log_{\frac{1}{3}} x \geq 0 \Rightarrow x \leq 1$, aber $x > 0$! Also ist $D_g = \{x \in \mathbb{R} \mid 0 < x \leq 1\}$.

AA 171

a)

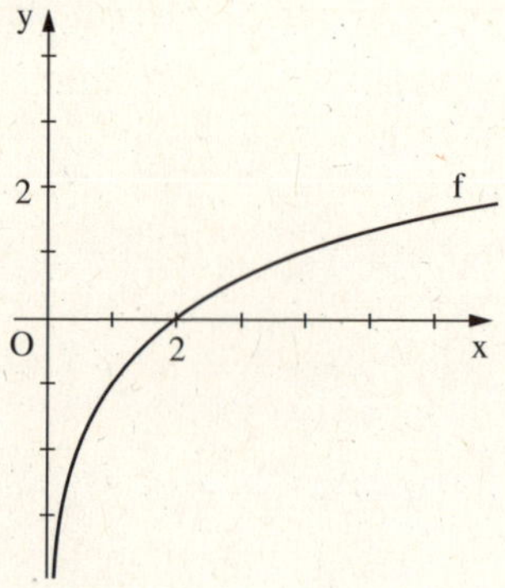

b)

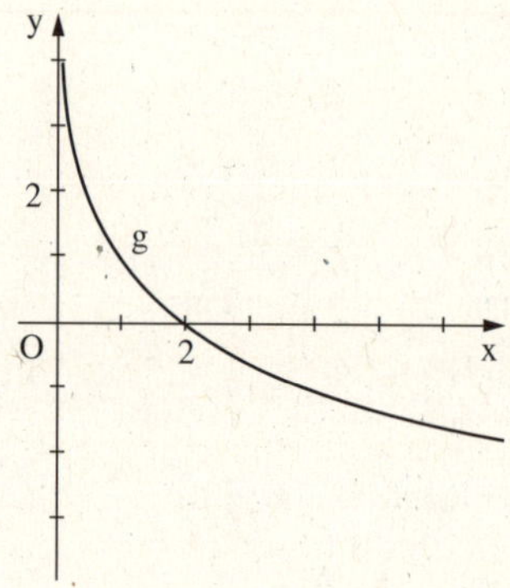

c)

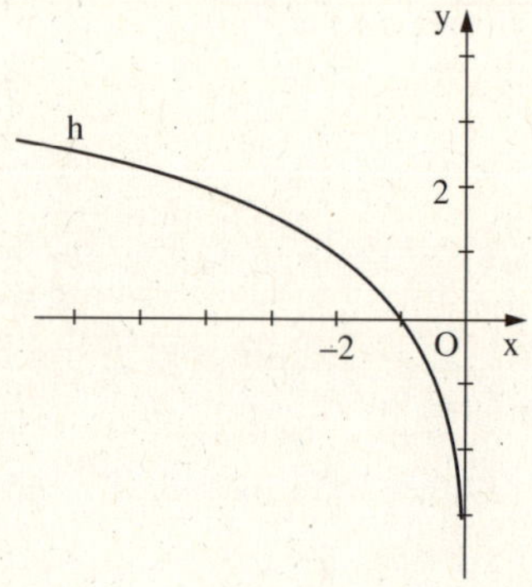

AA 172

a) Für x mit $2x + 1 > 0$ erhalten wir:

$$\log_{\frac{1}{3}}(2x+1) = -2$$
$$\left(\tfrac{1}{3}\right)^{-2} = 2x + 1$$
$$9 = 2x + 1$$
$$2x = 8$$
$$x = 4$$

b) Für x mit $4x - \frac{7}{8} > 0$ erhalten wir:

$$\log_2\left(4x - \tfrac{7}{8}\right) = -3$$
$$2^{-3} = 4x - \tfrac{7}{8}$$
$$\tfrac{1}{8} = 4x - \tfrac{7}{8}$$
$$4x = 1$$
$$x = \tfrac{1}{4}$$

AA 173

x	1	2	3	5	10	20	30
m(x)	4,59	4,20	3,86	3,24	2,10	0,88	0,37

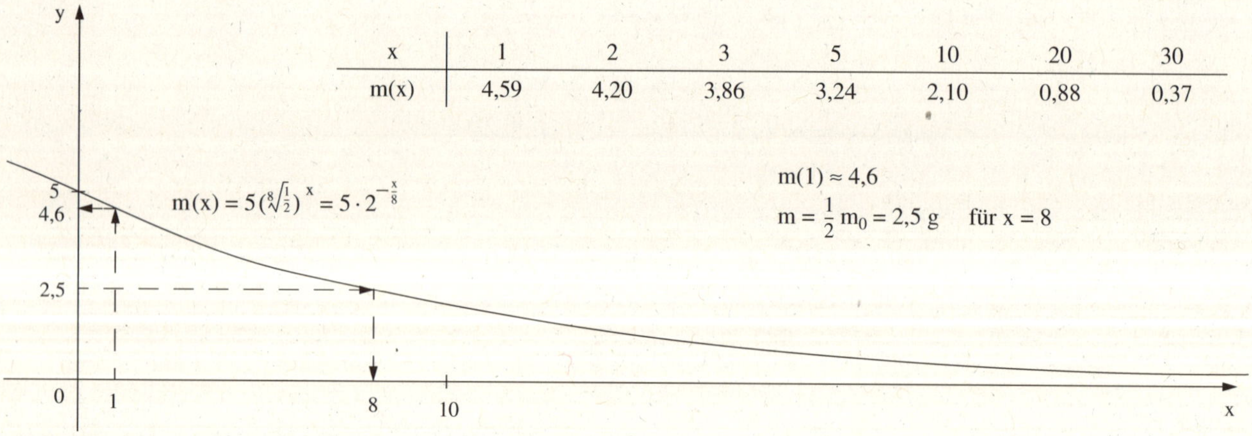

$m(x) = 5\left(\sqrt[8]{\tfrac{1}{2}}\right)^x = 5 \cdot 2^{-\frac{x}{8}}$

$m(1) \approx 4{,}6$

$m = \frac{1}{2} m_0 = 2{,}5$ g für $x = 8$

AA 174

N(0) - Bevölkerung zum Zeitpunkt t = 0
t - Zeit in Jahren
N(t) - Bevölkerung zum Zeitpunkt t

$N(t) = N(0) \cdot 2^{\frac{1}{27} \cdot t}$ bei Prognose A mit t = 1 folgt $N(1) = 1{,}026 \cdot N(0) = N(0) + \frac{2{,}6}{100} \cdot N(0)$

$N(t) = N(0) \cdot 2^{\frac{1}{34} \cdot t}$ bei Prognose B mit t = 1 folgt $N(1) = 1{,}0206 \cdot N(0) = N(0) + \frac{2{,}06}{100} \cdot N(0)$

Jährliche prozentuale Wachstumsrate: Prognose A: 2,6 %
Prognose B: 2,06 %

AA 175

S_0 – anfängliche Strahlungsintensität
$S(d)$ – Strahlungsintensität bei Schichtdicke d des Absorptionsmaterials in mm
p – prozentuale Abnahme pro mm Schichtdicke

$S(d) = S_0 \cdot (1 - \frac{p}{100})^d$ mit p = 5 $S(d) = S_0 \cdot 0{,}95^d$

Für $S(d) = 0{,}1 \cdot S_0$ ergibt sich $d \approx 45$ (mm). Für $S(d) = 0{,}01 \cdot S_0$ ergibt sich $d \approx 90$ (mm).
Zum Vergleich einige Angaben aus Metzler: Physik 11/12, S. 477

$n = n_0 \cdot e^{-kx}$ mit $x = d_H$ Halbwertsdicke $\frac{1}{2} = n_0 \cdot e^{-kd_H}$ $d_H = \frac{1}{k}\ln 2,\ k = \frac{1}{d_H}\ln 2$

Für Blei ist $d_H = 12$ mm, also $n = n_0 \cdot e^{-\frac{1}{12}\ln 2 \cdot x}$. $\Rightarrow$ $n = n_0 \cdot (e^{-\frac{1}{12}\ln 2})^x$ bzw. $n \approx n_0 \cdot 0{,}94^x$.

Das liefert für $n = 0{,}1 n_0$ $x \approx 39{,}9$ (mm), für $n = 0{,}01 n_0$ $x \approx 79{,}7$ (mm).

AA 176

a) $c = 0{,}08092;\ T_0 = 75{,}2°$

b) 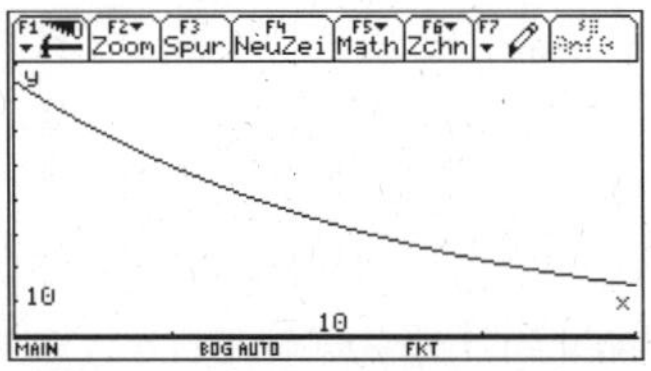

AA 177 Nach Eingabe des Terms in den GTA können die gewünschten Angaben leicht berechnet werden.

a) $T(1000) = 3{,}96 \approx 4$. Nach vier Tagen weiß die halbe Stadt Bescheid.

b) $T(n) = 5 \Rightarrow n = 18613$

c) $T(19999) = 7{,}92$ Tage ≈ 8 Tage

d) 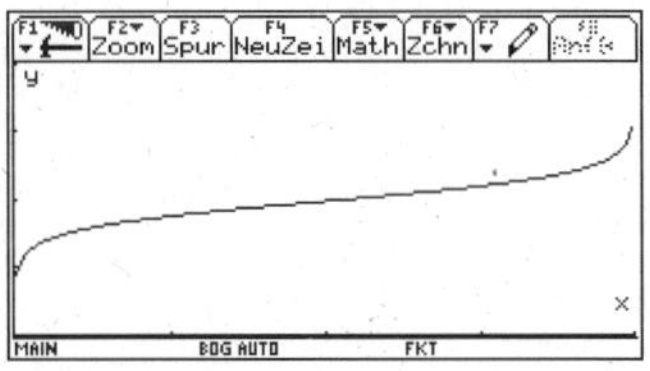

AA 178

N(0) - Verunreinigung in ppm zu Beginn
N(t) - Verunreinigung in ppm nach t Wochen
p - prozentuale Abnahme

$N(t) = N(0) \cdot (1 - \frac{p}{100})^t$ mit N(0) = 140 p = 10

$N(t) = 140 \cdot 0{,}9^t$

a)

t in Wochen	1	2	3	4	5	10	20
N(t) in ppm	126	113	102	92	83	49	17

b) $N(t) = \frac{1}{4} N(0) \Rightarrow t = \frac{\ln 0{,}25}{\ln 0{,}9} \approx 13$ (Wochen)

c) $N(t) = 25 \Rightarrow t = \frac{\ln 0{,}25 - \ln 140}{\ln 0{,}9} \approx 16$ (Wochen)

AA 179

für 10 %: $h \approx 18{,}4$ km für 25 %: $h \approx 11{,}1$ km

AA 180

a) $v(2) = 2{,}45 \cdot (1 - e^{-1{,}5 \cdot 2}) = 2{,}45 \cdot (1 - e^{-3}) \approx 2{,}45 \cdot (1 - 0{,}0498) = 2{,}45 \cdot 0{,}9502 = 2{,}32799\ (\frac{m}{s})$,

b) $2{,}3 = 2{,}45 \cdot (1 - e^{-1{,}5t}) \Rightarrow \frac{2{,}3}{2{,}45} = 1 - e^{-1{,}5t};\ 0{,}9388 = 1 - e^{-1{,}5t};\ e^{-1{,}5t} = 1 - 0{,}9388;\ e^{-1{,}5t} = 0{,}0612$

$\Rightarrow -1{,}5t \ln e = \ln 0{,}0612$, also $t = \frac{\ln 0{,}0612}{-1{,}5} \approx 1{,}8624$ (s)

AA 181

a) $x(20) = \frac{100}{3} \cdot \ln(0{,}12 \cdot 20 + 1) = \frac{100}{3} \cdot \ln 3{,}4 \approx \frac{100}{3} \cdot 1{,}2238 \approx 40{,}793$ (m)

b) 0,12 km = 120 m $\Rightarrow$ $120 = \frac{100}{3}\ln(0{,}12t + 1);\ 3{,}6 = \ln(0{,}12t + 1)$

$\Rightarrow$ $0{,}12t + 1 = e^{3{,}6};\ 0{,}12t = e^{3{,}6} - 1$, also $t = \frac{e^{3{,}6} - 1}{0{,}12} \approx 296{,}65$ (s) $\approx 4{,}94$ (min)

AA 182

a) $L = 10 \cdot \lg \frac{10^9 \cdot I_O}{I_O} = 10 \cdot \lg 10^9 = 10 \cdot 9 \cdot \lg 10 = 90$ dB

b) $L = 10 \cdot \lg \frac{10^{12} \cdot I_O}{I_O} = 10 \cdot \lg 10^{12} = 10 \cdot 12 \cdot \lg 10 = 120$ dB

c) $L = 10 \cdot \lg \frac{5 \cdot 10^5 I_O}{I_O} = 10 \cdot (\lg 5 + 5 \lg 10) = 10 \cdot (\lg 5 + 5) \approx 57$ dB

d) $L = 10 \cdot \lg \frac{2 \cdot 10^3 I_O}{I_O} = 10 \cdot \lg (2 \cdot 10^3) = 10 \cdot (\lg 2 + 3 \lg 10) = 10 \cdot (\lg 2 + 3) \approx 33{,}01$ dB

A 3 Verknüpfen, Verketten und Umkehren von Funktionen

AA 183

$f(x) = x^2$ $g(x) = 2$ $s(x) = x^2 + 2$ $d(x) = x^2 - 2$

$p(x) = 2x^2$ $q_1(x) = \frac{1}{2}x^2$ $q_2(x) = \frac{2}{x^2}$

x	–2	–1	0	1	2
s(x)	6	3	2	3	6
d(x)	2	–1	–2	–1	2
p(x)	8	2	0	2	8
q_1 (x)	2	0,5	0	0,5	2
q_2 (x)	0,5	2	-	2	0,5

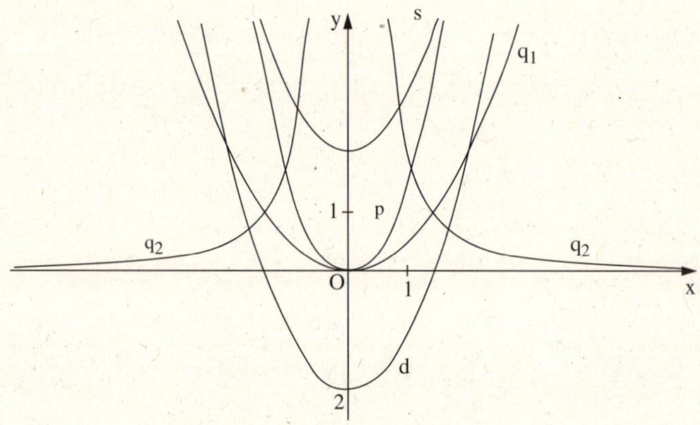

AA 184

$f(x) = x^2$ $g(x) = \frac{5}{4}x$

$s_1(x) = x^2 + \frac{5}{4}x$

$s_2(x) = x^2 + \frac{5}{4}x - 1$

$s_3(x) = x^2 + \frac{5}{4}x + 1{,}5$

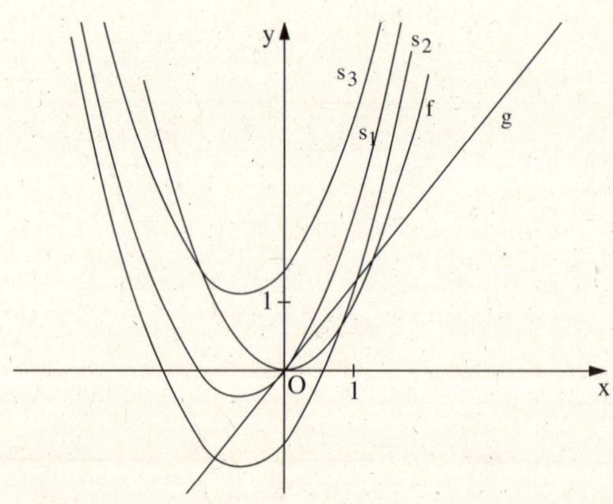

AA 185

Funktion	Def.-Bereich	Wertebereich y ∈ ℝ
$x^2 + 2$	R	$y \geq 2$
$x^2 - 2$	R	$y \geq -2$
$2x^2$	R	$y \geq 0$
$\frac{1}{2}x^2$	R	$y \geq 0$
$\frac{2}{x^2}$	$\mathbb{R}\setminus\{0\}$	$\mathbb{R}^+$
$x^2 + \frac{5}{4}x$	R	$y \geq -\frac{25}{64}$
$x^2 + \frac{5}{4}x - 1$	R	$y \geq -\frac{89}{64}$
$x^2 + \frac{5}{4}x + 1{,}5$	R	$y \geq +\frac{71}{64}$

AA 186

a) $u(x) = x$ $v(x) = x + 2,$ $f_1(x) = x(x + 2)$

b) $u(x) = x - 1$ $v(x) = x - 3,$ $f_2(x) = (x - 1)(x - 3)$

c) $u(x) = v(x) = x + 2,$ $f_3(x) = (x + 2)^2$

d) $u(x) = x^2 + 1$ $v(x) = \frac{1}{x},$ $f_4(x) = \frac{1}{x}(x^2 + 1)$

AA 187

a) $\mathbb{R}\setminus\{1\}$ b) $\mathbb{R}\setminus\{0; 4\}$ c) $\mathbb{R}\setminus\{-1\}$ d) $\mathbb{R}\setminus\{1\}$

AA 188

a) s(x) ist ebenfalls streng monoton wachsend.
Wegen $f'(x) > 0$ und $h'(x) > 0$ für jedes $x \in D_{f,h}$ ist $f'(x) + h'(x) > 0$. Für p(x) ist keine allgemeine Aussage bez. des Monotonieverhaltens möglich.

b) s(x) ist ebenfalls streng monoton fallend.
Wegen $f'(x) < 0$ und $h'(x) < 0$ für jedes $x \in D_{f,h}$ ist $f'(x) + h'(x) < 0$. Für p(x) ist keine allgemeine Beurteilung des Monotonieverhaltens möglich.

c) Ein allgemeine Aussage ist für beide Funktionen nicht möglich.

AA 189

$s(x) = g(x) + h(x) = x^3 + x - 1$ gegenüber $g(x) = x^3$ verschoben in y- und x-Richtung; $S_y(0; -1)$; $N(0{,}68; 0)$

$d(x) = g(x) - h(x) = x^3 - x + 1$; $S_y(0; 1)$; $N(-1{,}325; 0)$

$p(x) = g(x) \cdot h(x) = x^3(x - 1) = x^4 - x$; $S_y(0; 0)$; $N_1(0; 0)$, $N_2(1; 0)$

$q(x) = \frac{g(x)}{h(x)} = \frac{x^3}{x-1}$; $x_p = 1$; $S_y(0; 0)$; $N(0; 0)$

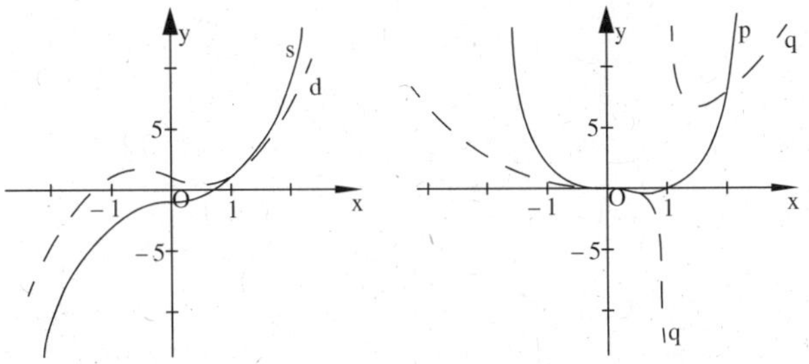

AA 190

$f = u \circ v = u(v(x)) = \frac{1}{x-3}$ $D_f = \mathbb{R}\setminus\{3\}$ $W_f = \mathbb{R}\setminus\{0\}$

$h = v \circ u = v(u(x)) = \frac{1}{x} - 3$ $D_h = \mathbb{R}\setminus\{0\}$ $W_h = \mathbb{R}\setminus\{-3\}$

AA 191

a) $v_1 = f \circ g = \sin 2x$
$D_{v1} = \mathbb{R}$; $W_{v1} = [-1; 1]$

b) $v_2 = g \circ f = 2\sin x$;
$D_{v2} = \mathbb{R}$; $W_{v2} = [-2; 2]$

AA 192

a) $v_1(x) = 2 + (2x + 4) = 2x + 6$; $v_2(x) = 2(2 + x) + 4 = 2x + 8$

b) $v_1(x) = 1 + 5(2 - 3x) = -15x + 11$; $v_2(x) = 2 - 3(1 + 5x) = -15x - 1$

c) $v_1(x) = 2 \cdot 3^{x+1}$; $v_2(x) = 2 \cdot 3^x + 1$

d) $v_1(x) = \frac{2}{\frac{1}{2}x^3} = 4x^{-3}$; $v_2(x) = \frac{1}{2}\left(\frac{2}{x}\right)^3 = 4x^{-3}$

AA 193

a) $f_1(x) = x^2$; $g_1(x) = x + 2$ b) $f_2(x) = \sqrt{x}$; $g_2(x) = x^2 - 2$

c) $f_3(x) = x^2$; $g_3(x) = \cos x$ d) $f_4(x) = \sin x$; $g_4(x) = 2x - 1$

c) $f_5(x) = 10^x$; $g_5(x) = x - 1$ f) $f_6(x) = \frac{1}{x^4}$; $g_6(x) = x^2 + 3$

AA 194

	a)	b)	c)	d)	e)	f)
u(x)	$3 - x$	$\frac{1}{x}$	$\sqrt{x}$	$\sin(x)$	e^x	$\frac{1}{x}$
v(x)	x^5	$x^2 + 2x + 1$	$x^2 + 3$	$x - \frac{1}{2}\pi$	$\sqrt{2x+1}$	$\ln(x)$

AA 195

a) $u(x) = 3x^2$ b) $u(x) = 2x^2$ c) $u(x) = \frac{5}{x^2}$ d) $u(x) = \frac{5}{x}$

AA 196

a) $f(g(x)) = \frac{x^2 - 2}{x^2 + 3}$ b) $f(g(x)) = 2\sqrt{1-x} + 1$ c) $f(g(x)) = (\sqrt{x-1})^2 = x - 1$ d) $f(g(x)) = 1 - (\sqrt{x})^2 = 1 - x$

AA 197

a) $M = f(f(x))$ für $f(x) = \sqrt{x}$; d.h. $M = \sqrt{\sqrt{x}} = \sqrt[4]{x}$ mit $x \geq 0$ $\Rightarrow$ $0 \in D_M$, $1 \in D_M$. $\Rightarrow$ $M(0) = 0$, $M(1) = 1$.

b) $N = g(g(x))$ für $g(x) = x^4 - 4$; d.h. $N = (x^4 - 4)^4 - 4$ mit $x \in \mathbb{R}$ $\Rightarrow$ Alle Zahlen –2; –1; 0; 1 gehören zu D_N.

c) $K = f(g(x)) = \sqrt{x^4 - 4}$ mit $x^4 \geq 4$ $\Rightarrow$ $-2 \in D_K$, weil $(-2)^4 > 4$; $K(-2) = \sqrt{12}$.

d) $L = g(f(x)) = (\sqrt{x})^4 - 4 = x^2 - 4$ $\Rightarrow$ Alle Zahlen –2; –1; 0; 1 gehören zu D_L; $L(-2) = 0$; $L(-1) = L(1) = -3$; $L(0) = -4$

AA 198

a) $f(x^2) = (x^4 + 1)^3$ $f^3(x^2) = ((x^4 + 1)^3)^3 = (x^4 + 1)^9$ b) $f(x^3) = (x^9 + 1)^2$ $f^2(x^3) = ((x^9 + 1)^2)^2 = (x^9 + 1)^4$.

AA 199

a) $f(x) = w(v(u(x))) = 3\cos(x^2) - 2$ b) $g(x) = w(u(v(x))) = 3(\cos x)^2 - 2$

c) $h(x) = v(u(w(x))) = \cos(3x - 2)^2$ d) $k(x) = u(v(w(x))) = (\cos(3x - 2))^2$

AA 200

a) $f \circ g = \sin^2 x$ b) $f \circ g \circ h = e^{\sin^2 x}$ c) $f \circ g \circ h = e^{\cos(2x - \pi)}$ d) $f \circ g \circ h = \sin^2(\frac{x}{3} - \frac{\pi}{2})$

AA 201

a) $f(x) = \cos x$; $g(x) = 2x - \pi$ b) $f(x) = x^2$; $g(x) = \sin x$

c) $f(x) = e^x$; $g(x) = \tan x$ d) $f(x) = x^2$; $g(x) = \cos x$

e) $f(x) = x^2$; $g(x) = \tan x$; $h(x) = \pi - x$ f) $f(x) = e^x$; $g(x) = \sin x$; $h(x) = 3x - 2$

g) $f(x) = x^2$; $g(x) = \cos x$; $h(x) = \frac{x}{2} + \frac{\pi}{4}$ h) $f(x) = e^x$; $g(x) = \sin x$; $h(x) = x^2$

AA 202

a) $f \circ g$ ist vom Grad 8. b) $g \circ f$ ist vom Grad 8.

c) $f \circ f$ ist vom Grad 16. d) $g \circ (f \circ g)$ ist vom Grad 16.

AA 203

Monotonieverhalten von f(x):
f(x) ist streng monoton wachsend.

Auflösen der Funktionsgleichung nach x:
$x = 2y + 2$

Vertauschen der Variablen:
$y = f^{-1}(x) = 2(x + 1)$

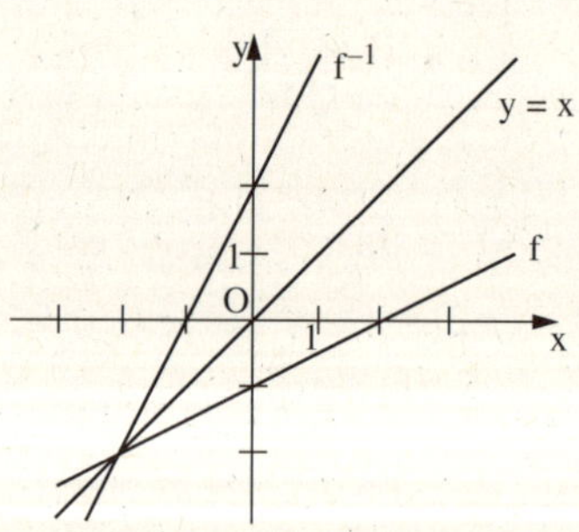

AA 204

a) $f_1^{-1}(x) = \frac{1}{3}(x - 2)$ c) $f_3^{-1}(x) = \frac{x}{1 - x}$, $x \neq 1$ d) $f_4^{-1}(x) = x^2 - 1$, $x \geq 0$

b) $f_2^{-1}(x) = x^{\frac{1}{3}}$ $(x \geq 0)$; $f_2^{-1}(x) = -(-x)^{\frac{1}{3}}$ $(x \leq 0)$

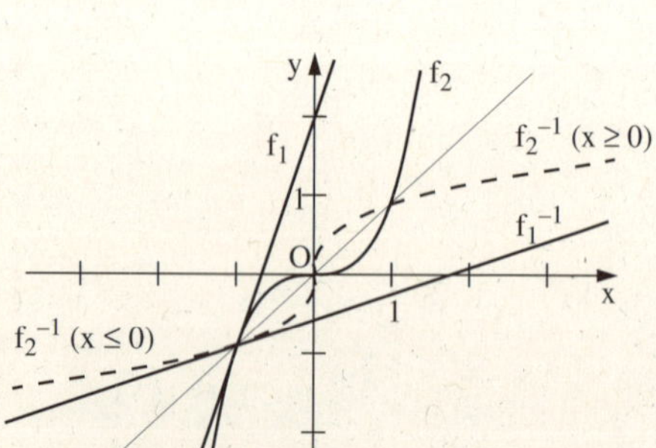

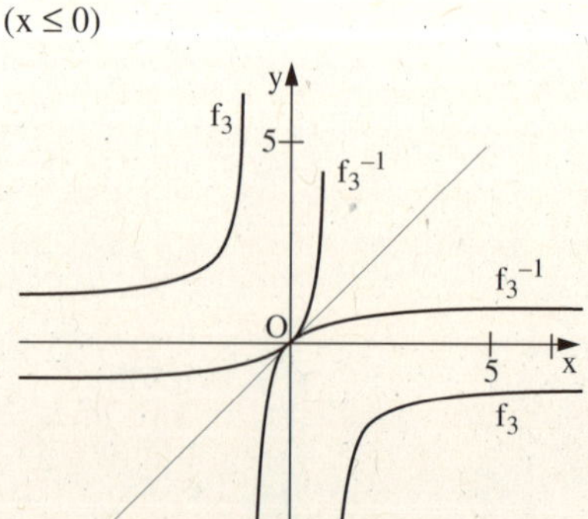

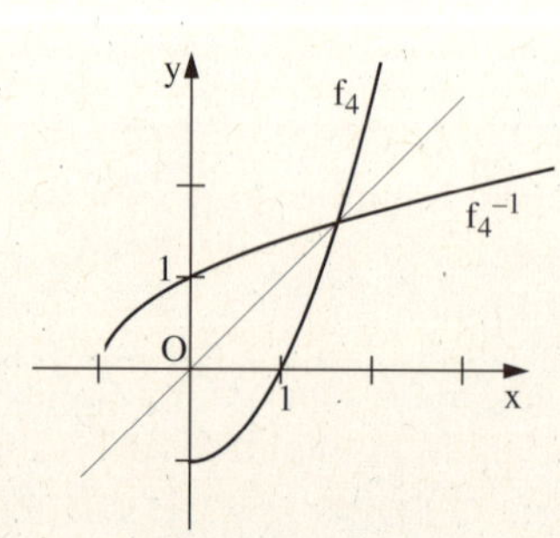

AA 205

a) $x = -\frac{2}{3}y + \frac{2}{3} \quad \Rightarrow \quad f_1^{-1}(x) = -\frac{2}{3}x + \frac{2}{3} \quad x \in \mathbb{R}$

b) $f_{21}(x) = f_2(x),\ x \geq 0;\quad f_{22}(x) = f_2(x),\ x \leq 0 \quad \Rightarrow \quad f_{21}^{-1}(x) = \sqrt{x-2}\,,\ x \geq 2;\quad f_{22}^{-1}(x) = -\sqrt{x-2}\,,\ x \geq 2$

c) $f_{31}(x) = f_3(x),\ x \geq 0;\quad f_{32}(x) = f_3(x),\ x \leq 0 \quad \Rightarrow \quad f_{31}^{-1}(x) = \sqrt{2x-4}\,,\ x \geq 2;\quad f_{32}^{-1}(x) = -\sqrt{2x-4}\,,\ x \geq 2$

d) $f_4^{-1}(x) = \sqrt[3]{x^2} \quad x \geq 0$

e) $f_{51}(x) = f_5(x),\ x \geq \sqrt{3}\,;\quad f_{52}(x) = f_5(x),\ x \leq -\sqrt{3} \quad \Rightarrow \quad f_{51}^{-1}(x) = \sqrt{x^2+3}\,,\ x \geq 0;\quad f_{52}^{-1}(x) = -\sqrt{x^2+3}\,,\ x \leq 0$

AA 206 Eine Voraussetzung für die Umkehrbarkeit einer Funktion ist ihre Eineindeutigkeit.

a) $f_1(x) = \frac{1}{2}x^2$ ist z. B. umkehrbar	für $x \geq 0$ in	$f_1^{-1}(x) = \sqrt{2x}$	$x \geq 0;\quad y \geq 0$
	für $x \leq 0$ in	$f_1^{-1}(x) = -\sqrt{2x}$	$x \geq 0;\quad y \leq 0$
b) $f_2(x) = \frac{1}{2}(x-3)^2$	$x \geq 3$	$f_2^{-1}(x) = 3 + \sqrt{2x}$	$x \geq 0;\quad y \geq 3$
	$x \leq 3$	$f_2^{-1}(x) = 3 - \sqrt{2x}$	$x \geq 0;\quad y \leq 3$
c) $f_3(x) = x^4 - 5$	$x \geq 0$	$f_3^{-1}(x) = \sqrt[4]{x+5}$	$x \geq -5;\quad y \geq 0$
	$x \leq 0$	$f_3^{-1}(x) = -\sqrt[4]{x+5}$	$x \geq -5;\quad y \leq 0$
d) $f_4(x) = \sin x$	$-\frac{\pi}{2} \leq x \leq \frac{\pi}{2}$	$f_4^{-1}(x) = \arcsin x$	$-1 \leq x \leq 1$

AA 207

Umstellen nach x: $x = \frac{1}{y}$

Vertauschen der Variablen: $y = \frac{1}{x} \quad x \in \mathbb{R}\backslash\{0\};\quad y \in \mathbb{R}\backslash\{0\}$

Besonderheit: Die Graphen dieser Funktion und ihrer Umkehrfunktion sind identisch.

Da $f(x) = \frac{1}{x}$ streng monoton fallend über $D_f = \mathbb{R}\backslash\{0\}$ ist,
ist f umkehrbar in $f^{-1}(x) = \frac{1}{x}$.

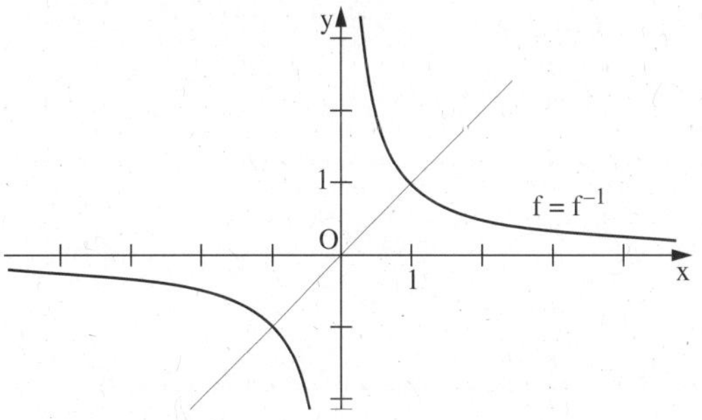

AA 208 a) $v_1(x) = x \quad x \in \mathbb{R}$ b) $v_2(x) = x \quad x \in \mathbb{R}$

AA 209

a) $f_1^{-1}(x) = \log_2 x = \operatorname{ld} x$ b) $f_2^{-1}(x) = \log_{10} x = \lg x$ c) $f_3^{-1}(x) = \log_{\frac{4}{5}} x$

d) $y = f_4(x) = 0{,}5^{-x}$

$\ln y \quad = -x \ln\frac{1}{2}$

$x = -\frac{\ln y}{\ln 1 - \ln 2} = \frac{\ln y}{\ln 2} = \log_2 y \quad \Rightarrow \quad f_4^{-1}(x) = \log_2 x$

AA 210

	Einheit	Funktion f(x)	Umkehrung $f^{-1}(x)$
a)	km → sm	0,53996x	1,852x
b)	m^3 → RT	0,3531x	2,832x
c)	PS → kW	1,3587x	0,736x
d)	kg → uz	35,2734x	0,02835x
e)	l → barrel	0,006299x	158,758x

AA 211

a) Die Funktion f ist ganzrational, da $\frac{1}{5}$ lediglich ein Faktor ist.
Die Funktionsgleichung von g lässt sich nicht faktorisieren, g ist also gebrochenrational.

$h(x) = \frac{x^2(x+1)(x-1)}{(x+1)(x-2)} = \frac{x^2(x-1)}{(x-2)}$ ist gebrochenrational, da Zähler und Nenner teilerfremd sind.

$i(x) = \frac{x^2(x+1)(x-1)}{(x+1)(x-1)} = x^2$ ist ganzrational.

b) ganzrational: $f(x) = \frac{2x^3 - 5x^2}{3x}$; $g(x) = \frac{x^2 - 7x - 6}{x^2 - 2x - 3}$ $(= x + 2)$

gebrochenrational: $f(x) = \frac{(x+1))(x+5)\left(x - \frac{1}{2}\right)}{(x-2)(x+3)} = \frac{x^3 + \frac{11}{2}x^2 + 2x - \frac{5}{2}}{x^2 + x - 6}$; $g(x) = \frac{x+1}{x^2+5}$

AA 212 a) $V(r) = \frac{8}{3}\pi r^3 + \pi r^2 \cdot 1$ LE   b) $V(r) = \frac{157}{75}\pi r^3$

AA 213

a) (1) Kugel: $V = \frac{4}{3}\pi r^3$ Zylinder: $V = 2\pi r^3$ (2) Kugel: $V = \frac{4}{3}\pi r^3$ Zylinder: $V = 2\pi h r^3$

b) (1) Kugel: $A_O = 4\pi r^2$ Zylinder: $A_O = 6\pi r^2$ (2) Kugel: $A_O = 4\pi r^2$ Zylinder: $V = 2\pi r^2(2h + 1)$

AA 214

a) $x_p = 3$ b) $x_p = 1$ c) $t_p = 1$

d) $x_p = 1$ e) $x_{p_1} = 1$; $x_{p_2} = -1$ f) $x_{p_1} = \sqrt{2}$; $x_{p_2} = -\sqrt{2}$

AA 215 a) $x_p = 2$ b) $x_p = \frac{1}{3}$ c) $x_{p_1} = -2$; $x_{p_2} = 1$ d) $x_p = b$

AA 216

a) $f(x) = \frac{-x^2 + 9}{x - x^2} = \frac{x^2 - 9}{x^2 - x} = \frac{(x-3)(x+3)}{x(x-1)}$; $v(x) = 0 \Rightarrow x = 0$ oder $x = 1$

Definitionslücken bei $x = 0$ und $x = 1$. Nicht hebbar, da $u(x)$ an diesen Stellen nicht null ist.
Beide Polstellen sind Polstellen 1. Ordnung mit Vorzeichenwechsel (VZW).

b) $f(x) = \frac{x^4 + 2x^3 + x^2}{x^4 + x^3} = \frac{x^2(x+1)^2}{x^3(x+1)}$ An der Stelle $x = 0$ liegt eine Polstelle 1. Ordnung mit VZW vor.

$x = -1$ ist eine hebbare Definitionslücke, denn $f(-1) = \frac{-1+1}{-1} = 0$

c) $f(x) = \frac{x^2 + x - 2}{x^2 + 5x + 6} = \frac{(x-1)(x+2)}{(x+2)(x+3)}$ An der Stelle $x = -3$ liegt eine Polstelle 1. Ordnung mit VZW vor.

$x = -2$ ist eine hebbare Definitionslücke, denn $f(-2) = \frac{-2-1}{-2+3} = -3$

d) $f(x) = \frac{x^3 + 4x^2 - 5x}{x^3 + 7x^2 + 10x} = \frac{x(x-1)(x+5)}{x(x+2)(x+5)}$ An der Stelle $x = -2$ liegt eine Polstelle 1. Ordnung mit VZW vor.

$x = 0$ und $x = -5$ sind hebbare Definitionslücken, denn $f(0) = \frac{0-1}{0+2} = -0{,}5$ und $f(-5) = \frac{-5-1}{-5+2} = 2$

AA 217

a) $x = -2$ Pol mit VZW   b) $x = 2$ und $x = -2$ Pole mit VZW

c) $x = 0$ und $x = -3$ Pole mit VZW   d) $x = 3$ Pol ohne VZW

AA 218 Peters Aussage ist ungenau. Eine Definitionslücke liegt vor, wenn $v(x) = 0$ ist. Ist zusätzlich auch $u(x) = 0$, so ist diese Definitionslücke hebbar.

AA 219 gerade: a; e   ungerade: b; d

AA 220 a) $x^2 - x - 6$ b) $x^2 - x - 12$ c) $x^2 + 4x - 5$ d) $x^2 + 4$

AA 221

a) $x^3 - 3x^2 + 5x - 1$ (kein Rest)   b) $x^2 + x + 1$ (kein Rest)

c) $5x^2 + 2x + 1 + \frac{-4}{3x-1}$ d) $2x^3 - 6x^2 + 9x - 12 + \frac{32}{2x+3}$

AA 222

$$
\begin{array}{l}
(2x^3 + 6x^2 + 4x) : (x - 2) = 2x^2 + 10x + 24 + \frac{48}{x-2} \\
\underline{-(2x^3 - 4x^2)} \\
\quad 10x^2 + 4x \\
\quad \underline{-(10x^2 - 20x)} \\
\qquad 24x \\
\qquad \underline{-(24x - 48)} \\
\qquad\quad 48
\end{array}
$$

AA 223 Teiler t_i des Absolutgliedes von $f(x) = x^3 - 6x^2 + 3x + 10$

t_i	– 10	– 5	– 2	– 1	1	2	5	10
$f(t_i)$				0	8			
Nr. d. Berechnung			4.	2.	1.	3.		

$x_{01} = -1$
Abspalten des zu $x_{01} = -1$ gehörenden Linearfaktors
$(x^3 - 6x^2 + 3x + 10) : (x + 1) = \quad x^2 - 7x + 10$
$x^2 - 7x + 10 = 0$ für $x_{02} = 2$; $x_{03} = 5$
Jede der drei Nullstellen ist eine einfachzählende Nullstelle.

AA 224

Teiler des Absolutgliedes von $f(x) = x^4 + 2x^3 - 10x^2 - 6x + 45$ sind $\pm 1, \pm 3, \pm 5, \pm 9, \pm 15$.
Wegen $f(-3) = 0$ ist $x_{01} = -3$.
$(x^4 + 2x^3 - 10x^2 - 6x + 45) : (x + 3) = x^3 - x^2 - 7x + 15 \quad \Rightarrow \quad r_1(x) = x^3 - x^2 - 7x + 15 = 0$
Wegen $r_1(-3) = 0$ ist $x_{02} = -3$
$(x^3 - x^2 - 7x + 15) : (x+3) = x^2 - 4x + 5 \quad \Rightarrow \quad r_2(x) = x^2 - 4x + 5 = 0$
$x_{03;04} = 2 \pm \sqrt{-1} \quad \notin \mathbb{R}$
$x_{01} = x_{02} = -3$ ist die einzige (zweifache) reelle Nullstelle dieser Funktion.

AA 225 Wegen $f(6) = 0$ folgt $x_{01} = 6$.
$(4x^3 - 19x^2 - 36x + 36) : (x - 6) = 4x^2 + 5x - 6 \qquad 4x^2 + 5x - 6 = 0$ für $x_{02;03} = -\frac{5}{8} \pm \sqrt{\frac{121}{64}}$

AA 226

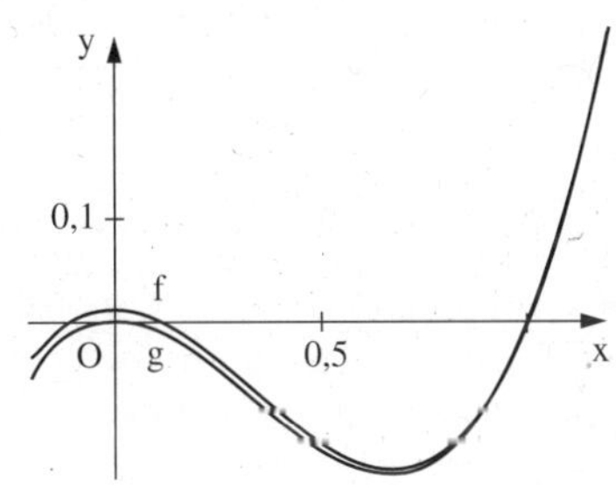

$x_{01} = 1$; $\quad (x^3 - x^2 - \frac{1}{100}x + \frac{1}{100}) : (x - 1) = x^2 - \frac{1}{100}$
$x^2 - \frac{1}{100} = 0 \quad \Rightarrow \quad |x| = \frac{1}{10} \quad \Rightarrow \quad x_{02} = -\frac{1}{10}; \quad x_{03} = \frac{1}{10}$
Für $g(x) = x^3 - x^2$ ist $x_{01} = 1$ ebenfalls Nullstelle.
$x_{02;03} = 0$ ist zweifache Nullstelle; deshalb berührt der Graph von g die Abszissenachse im Ursprungspunkt. Die übrigen qualitativen Verlaufseigenschaften stimmen mit denen des Graphen von f überein.

AA 227

Wegen $f(-1) = 0$ ist $x_{01} = -1$ Nullstelle von f(x).
$(x^5 + x^4 + 4x^3 + 4x^2 - 5x - 5) : (x + 1) = x^4 + 4x^2 - 5$
Mit $x^2 = z$ in $x^4 + 4x^2 - 5 = 0$ folgt
$z^2 + 4z - 5 = 0$
$z_{1;2} = -2 \pm \sqrt{9}$
$z_1 = -2 + 3 = 1; \quad x^2 = 1, \qquad x_{02} = -1; \; x_{03} = 1$
$z_2 = -5; \quad x^2 = -5, \quad x \notin \mathbb{R}$
Somit besitzt f(x) die doppelte Nullstelle $x_{01} = x_{02} = -1$ und die einfache Nullstelle $x_{03} = 1$.
Der Graph von f berührt die x–Achse in $S_1(-1; 0)$ und schneidet die x–Achse in $S_2(1; 0)$.

AA 228

a) $x_{01} = x_{02} = x_{03} = 0$; $\quad x_{04} = -\sqrt{2}$; $\quad x_{05} = \sqrt{2}$

b) $x_{01} = -6$; $\quad x_{02} = -3$; $\quad x_{03} = 0$; $\quad x_{04} = 2$

AA 229

a) einzige Nullstelle bei $x \approx 2{,}59$

b) einzige Nullstelle bei $x \approx -1{,}14$

c) einzige Nullstelle bei $x \approx 1{,}6333$

AA 230

a) $f_1(1) = f_1(-2) = 0$
weitere Nullstellen:
$x_{02} = -2$; $x_{03} = -9$

b) $f_2(3) = f_2(\pm\sqrt{6}) = 0$
weitere Nullstellen:
$x_{02/03} = \pm\sqrt{6}$

c) $f_3(4) = f_3(-2) = 0$
weitere Nullstellen:
$x_{02} = -2$; $x_{03} = -7$

d) $f_4(-2) = f_4(-0{,}5) = 0$
weitere Nullstellen:
$x_{02} = 0{,}1$; $x_{03} = -0{,}5$

AA 231 Substitution $x^2 = z$ $\quad z^2 - 4z + a = 0 \;\Rightarrow\; z_{1;2} = 2 \pm \sqrt{4-a}$

	$z_1 = 2 + \sqrt{4-a}$	$z_2 = 2 - \sqrt{4-a}$
$a > 4$	$x \notin \mathbb{R}$	$x \notin \mathbb{R}$
$a = 4$	$x_1 = -\sqrt{2}$ $x_2 = \sqrt{2}$	$x_1 = -\sqrt{2}$ $x_2 = \sqrt{2}$
$0 < a < 4$	$x_1 = \sqrt{2+\sqrt{4-a}}$ $x_2 = -\sqrt{2+\sqrt{4-a}}$	$x_3 = \sqrt{2-\sqrt{4-a}}$ $x_4 = -\sqrt{2-\sqrt{4-a}}$
$a < 0$	$x_1 = \sqrt{2+\sqrt{4-a}}$ $x_2 = -\sqrt{2+\sqrt{4-a}}$	$x \notin \mathbb{R}$

AA 232

- $f_1(x) = x^n + ax^{n-1} = 0 \qquad n \in \mathbb{N}\;;\; n > 1$

$x^{n-1}(x + a) = 0$

$x_{01} = \ldots = x_{0n-1} = 0,\; x_{0n} = -a$

Für $n \in \mathbb{R}$ und $n > 1 \Rightarrow x \geq 0$ und $x_{01} = 0 \quad x_{02} = -a \quad a \leq 0$

- $f_2(x) = x^n + ax^{n-2} = 0 \qquad n \in \mathbb{N}\;;\; n > 2$

$x^{n-2}(x^2 + a) = 0$

$x_1 = 0 \qquad x^2 + a = 0$

(n–2)–fache Nullstelle $\qquad x \notin \mathbb{R}$ für $a > 0 \qquad x_{2;3} = \pm\sqrt{-a}$ für $a \leq 0$

Für $n \in \mathbb{R}$ und $n > 2 \Rightarrow x \geq 0$ und $x_{01} = 0 \quad x_{02} = \sqrt{-a}$, für $a \leq 0$

- $f_3(x) = x^n - ax^{n-3} \qquad n \in \mathbb{N}\;;\; n > 3$

$f_3(x) = 0 \Rightarrow x^{n-3}(x^3 + a) = 0$

$x_{01} = 0 \qquad x^3 = -a$

(n–3)–fache Nullstelle $\qquad x_{02} = \sqrt[3]{-a}$ für $a \leq 0$

$x_{02} = -\sqrt[3]{-(-a)}$ für $a \geq 0$ oder $x_{02} = \sqrt[3]{|-a|} \cdot \operatorname{sgn}(-a)$

Für $n \in \mathbb{R}$ und $n > 3 \Rightarrow x \geq 0$ und $x_{01} = 0 \quad x_{02} = \sqrt[3]{-a}$, für $a \leq 0$

AA 233

$b(t) = a_3t^3 + a_2t^2 + a_1t + a_0$; $b(0) = -150$; $b(1) = -80$; $b(2) = -36$; $b(3) = -12 \;\Rightarrow\; a_0 = -150$; $a_1 = 85$;

$= t^3 - 16t^2 + 85t - 150 \qquad a_2 = -16$; $a_3 = 1$

Nullstellen: doppelte Nullstelle bei $t = 5$; einfache Nullstelle bei $t = 6$

Ein neutrales Betriebsergebnis wird nach diesem Modell im fünften und im sechsten Jahr erreicht.

AA 234 $t_0 = \dfrac{v_0}{g} + \sqrt{\dfrac{v_0^2 + 2h_0 g}{g^2}}$; $\quad t_0$ ist die Zeit bis zum Auftreffen auf der Erde.

AA 235 $f(x) = -(x^6 - 3{,}5x^5 - 15x^4 + 45{,}5x^3 + 62x^2 - 126x - 72)$

AA 236

Nullstellen des Zählers:

$x_1 = 2$ doppelte Nullstelle

$x_2 = -1$ einfache Nullstelle

Nullstellen des Nenners:

$x_3 = 2$ einfache Nullstelle

$x_4 = \frac{1}{2}$ einfache Nullstelle

Also:

Polstelle: $x_p = \frac{1}{2}$

Lücke: $x_L = 2$

Nullstelle: $x_0 = -1$

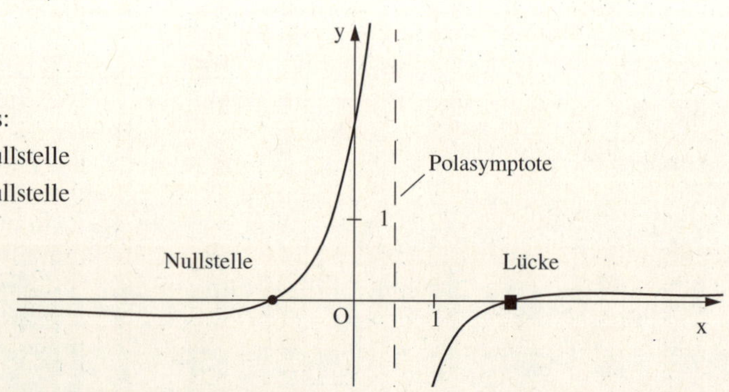

AA 237

a) Zählerpolynom mit $x_{01} = -1, x_{02} = 1, x_{03} = -\sqrt{3}, x_{04} = \sqrt{3}$; Nennerpolynom mit $x_{01} = -1, x_{02} = x_{03} = 1$
Somit gilt: Lücke $x_{L1} = -1$, Polstelle $x_{P1} = 1$; Nullstellen $x_{01} = -\sqrt{3}, x_{02} = \sqrt{3}$

b) Zählerpolynom mit $x_{01} = 0, x_{02} = 5, x_{03,04} = \sqrt{-2} \notin \mathbb{R}$; Nennerpolynom mit $x_{01} = -\frac{1}{2}, x_{02} = \frac{1}{2}, x_{03,04} = \sqrt{-\frac{2}{3}} \notin \mathbb{R}$
Somit gilt: Nullstellen $x_{01} = 0, x_{02} = 5$; Polstellen $x_{P1} = -\frac{1}{2}, x_{P2} = \frac{1}{2}$

AA 238

a) Zähler: $x_{01} = -1$; $x_{02} = 1$; $x_{03} = -\sqrt{3}$; $x_{04} = \sqrt{3}$
Nenner: $x_{01} = -1$; $x_{02} = x_{03} = 1$
$\Rightarrow x_{01} = -\sqrt{3}$; $x_{02} = \sqrt{3}$; Lücken: $x_{L1/2} = \pm 1$

b) Zähler: $x_{01} = 0$; $x_{02} = 5$
Nenner: $x_{01} = -\frac{1}{2}$; $x_{02} = \frac{1}{2}$
$\Rightarrow x_{P1} = -\frac{1}{2}$; $x_{P2} = \frac{1}{2}$; $x_{01} = 0$; $x_{02} = 5$

Anmerkung zu a): $x_{02} = 1$ ist einfache Nullstelle des Zählers und doppelte des Nenners $\Rightarrow$ x_{02} ist Polstelle.

c) Zähler: $x_{01} = x_{02} = 1$
Nenner: keine rellen Nullstellen
$\Rightarrow x_0 = 1$ (doppelte Nullstelle); keine Polstellen

d) Zähler: keine Nullstellen
Nenner: $x_{01} = -1$
$\Rightarrow x_P = -1$; keine Nullstellen

e) Zähler: $x_{01} = 1$; Nenner: $x_{02} = -1$ $\Rightarrow x_0 = 1$; $x_P = -1$

f) Zähler: $x_{01} = \frac{1}{\sqrt{2}}$; $x_{02} = -\frac{1}{\sqrt{2}}$; Nenner: $x_{01} = \sqrt{2}$; $x_{02} = -\sqrt{2}$
$\Rightarrow x_{P1} = \sqrt{2} \approx 1{,}4142$; $x_{P2} = -\sqrt{2} \approx -1{,}4142$; $x_{01} = \frac{1}{\sqrt{2}} \approx 0{,}7071$; $x_{02} = -\frac{1}{\sqrt{2}} \approx -0{,}7071$

AA 239

a) z. B. $f(x) = \frac{x-1}{x-2}$ b) z. B. $f(x) = \frac{3x^2}{x^2-9}$ c) z. B. $f(x) = \frac{3x^3-3x^2-6x}{x+1}$

AA 240

a) $f(x) = \frac{x-2}{x+1}$ b) $f(x) = \frac{2x+5}{x-3}$ c) $f(x) = \frac{2x^2+6x-8}{(x-2)^2}$

d) $f(x) = \frac{(x+1)(x-2)}{(x-1)^2(x-5)} = \frac{x^2-x-2}{x^3-7x^2+11x-5}$ e) $f(x) = \frac{(x+3)(x-2)}{(x+1)(x-2)} = \frac{x^2+x-6}{x^2-x-2}$

A 4 Weitere reelle Funkionen

AA 241

a) $f_1(x) = x$ b) $f_2(x) = \text{INT}(x) = [x]$

c) $f_3(x) = \begin{cases} 2; & x \leq -2 \\ -x; & -2 \leq x \leq 2 \\ -2; & x \geq 2 \end{cases}$

d) $f_4(x) = \begin{cases} -2; & x \leq -2 \\ x; & -2 \leq x \\ 2; & x \geq 2 \end{cases}$

AA 242

a) nicht gültig für $a = 0$
b) nicht gültig für $a < 0$, weil für $a < 0$ $|a| = -a$ ist
c) gültig für alle reelle a
d) nicht gültig für $a \leq 0$:
z.B. für $a = -2$ $2 \cdot (-2) < 2$
e) nicht gültig für $a = 0$

AA 243

a) $|a^2 + 4| = a^2 + 4$ ist für alle $a \in \mathbb{R}$ gültig
b) $|a - b| - |b - a| = 0$ ist für alle $a, b \in \mathbb{R}$ gültig
c) $|x - y| = |y - x|$ ist für alle $x, y \in \mathbb{R}$ gültig
d) $|a + 5| = a + 5$ ist nicht für alle $a \in \mathbb{R}$ gültig
z.B. $|-10 + 5| \neq -10 + 5$;
$|a + 5| = a + 5$ nur dann, wenn $a + 5 \geq 0$

AA 244

a) $x \in [-3; 3]$ b) $x \in [2{,}5; \infty[$ c) $x \in]\sqrt{2}; \infty[$

AA 245

a) $A = \{x | x \in \mathbb{R} \text{ und } -1 < x < 2\}$ bzw. $x \in]-1; 2[$
b) $B = \{x | x \in \mathbb{R} \text{ und } -5 < x < \infty\}$ bzw. $x \in]-5; \infty[$
c) $C = \{x | x \in \mathbb{R} \text{ und } -12 \leq x \leq 2\}$ bzw. $x \in [-12; 2]$
d) $D = \{x | x \in \mathbb{R} \text{ und } -\infty < x < \frac{1}{2}\}$ bzw. $x \in]-\infty; \frac{1}{2}[$

AA 246

a) $D_f = \{x | x \geq 0\}$, $W_f\ \{y | y \geq 0\}$

b) $x \mapsto \sqrt{x}$ bedeutet: Ordne jeder (nichtnegativen) reellen Zahl x die (nichtnegative) reelle Zahl zu, deren Quadrat x ist.

c)

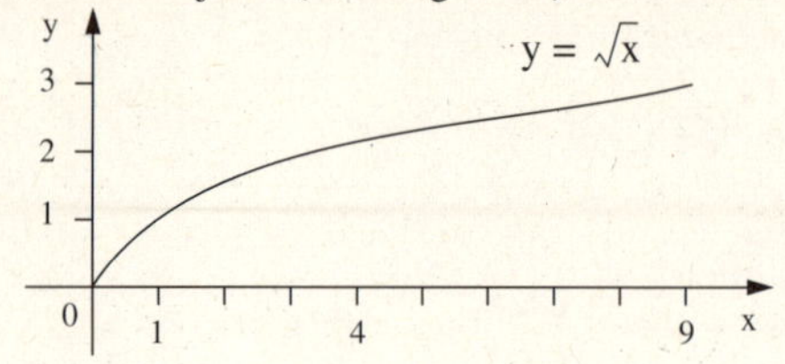

AA 247

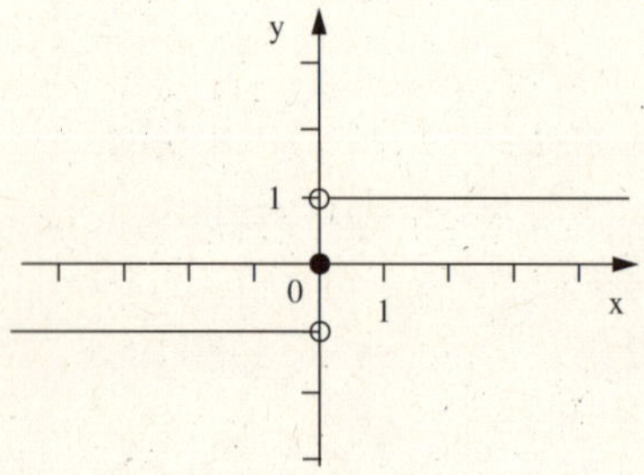

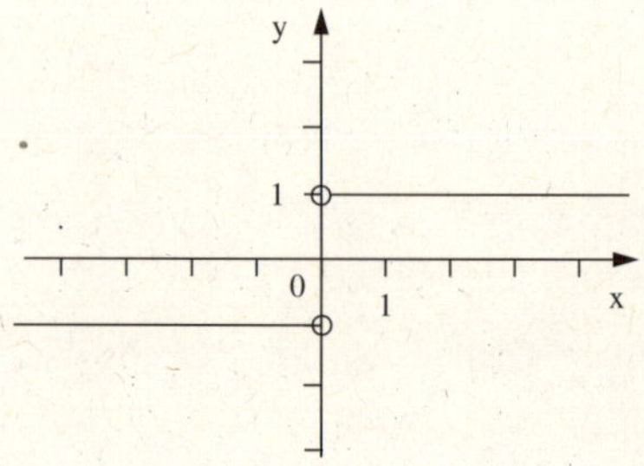

$$f(x) = \operatorname{sgn}(x) = \begin{cases} -1, & x < 0 \\ 0, & x = 0 \\ 1, & x > 0 \end{cases}$$

$$g(x) = \frac{|x|}{x} = \begin{cases} -1, & x < 0 \\ \text{nicht def}, & x = 0 \\ 1, & x > 0 \end{cases}$$

AA 248

a) $f_1(x) = x^2 - 4$

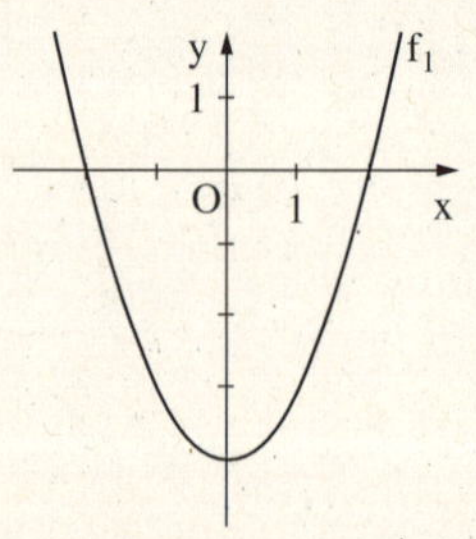

Nullstellen: $x_{01} = -2$; $x_{02} = 2$

b) Auflösen der Betragszeichen ergibt:

$$f_2(x) = \begin{cases} x^2 - 4 & \text{für } x \geq 2 \\ -x^2 + 4 & \text{für } -2 \leq x \leq 2 \\ x^2 - 4 & \text{für } x \leq -2 \end{cases}$$

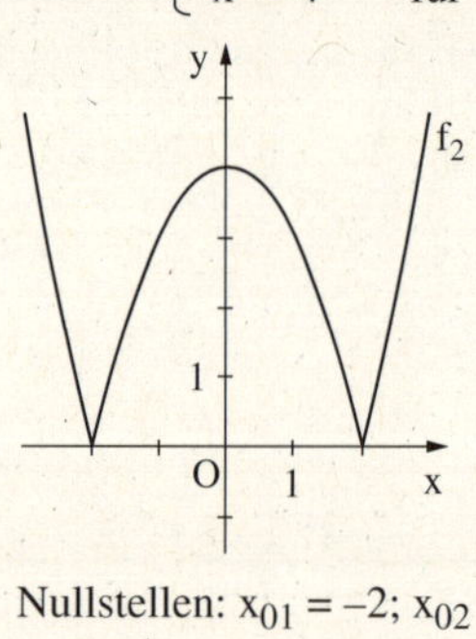

Nullstellen: $x_{01} = -2$; $x_{02} = 2$

c) Auflösen der Betragszeichen ergibt:

$$f_3(x) = \begin{cases} -x^2 + 4 & \text{für } x \geq 2 \\ x^2 - 4 & \text{für } -2 \leq x \leq 2 \\ -x^2 + 4 & \text{für } x \leq -2 \end{cases}$$

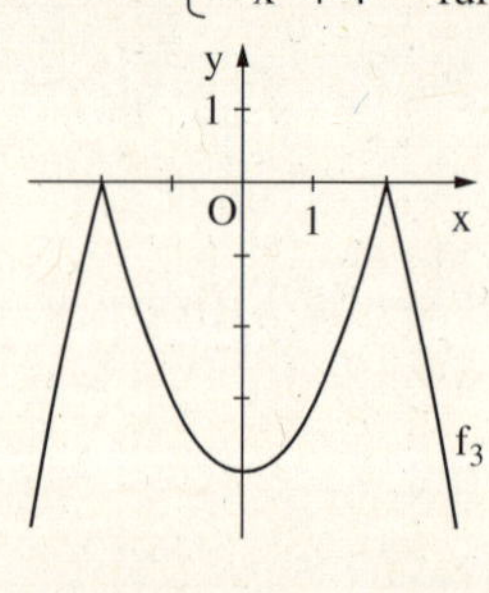

Nullstellen: $x_{01} = -2$; $x_{02} = 2$

AA 249

a)

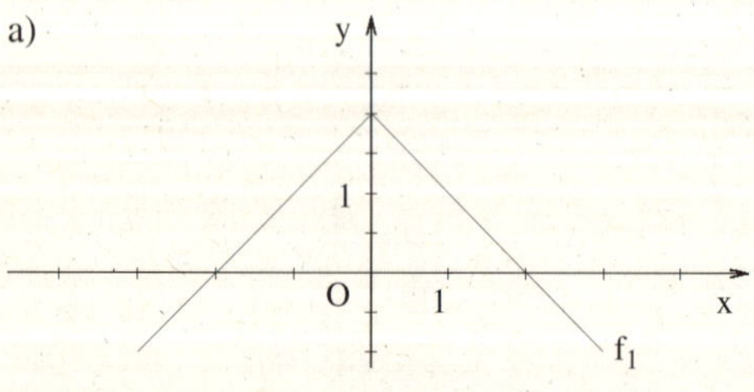

b)

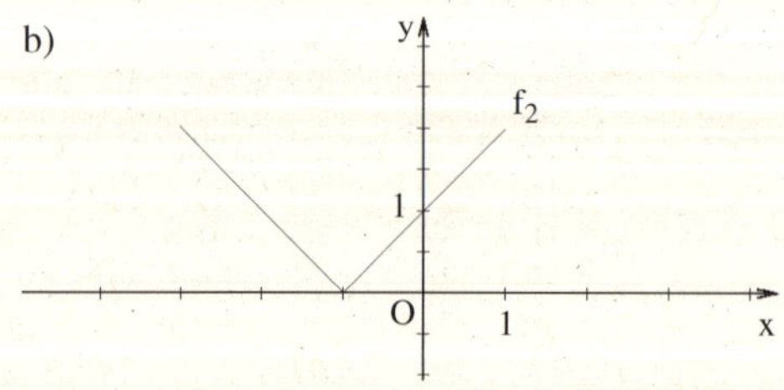

c)

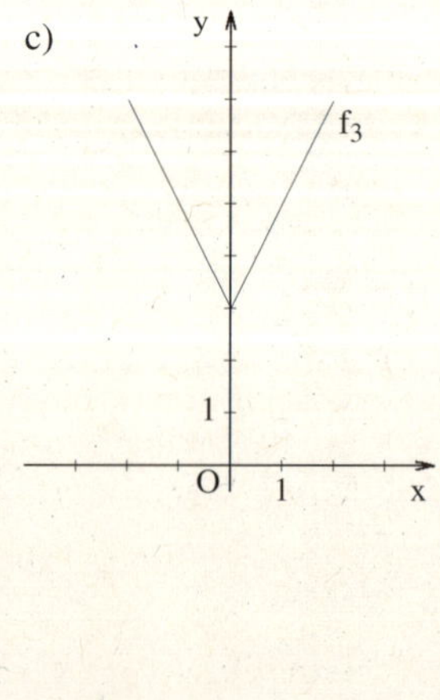

d)

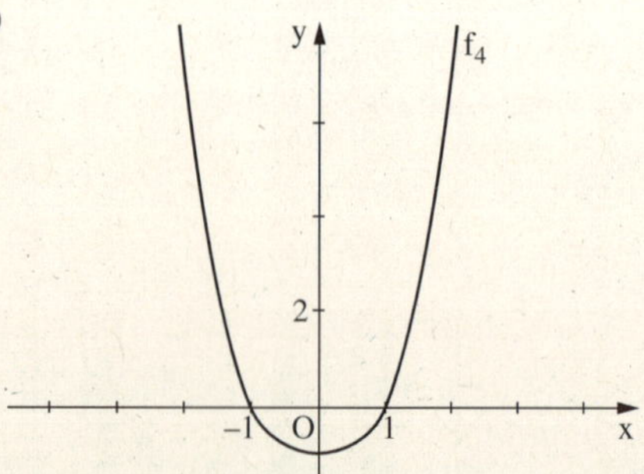

e)

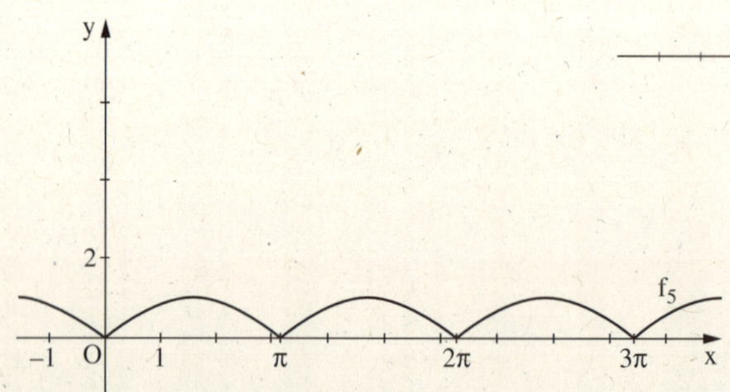

AA 250 $f_1(x) = |x - 0{,}3| - 1$ $f_2(x) = |x + 2|$ $f_3(x) = 2|x|$

AA 251

a)

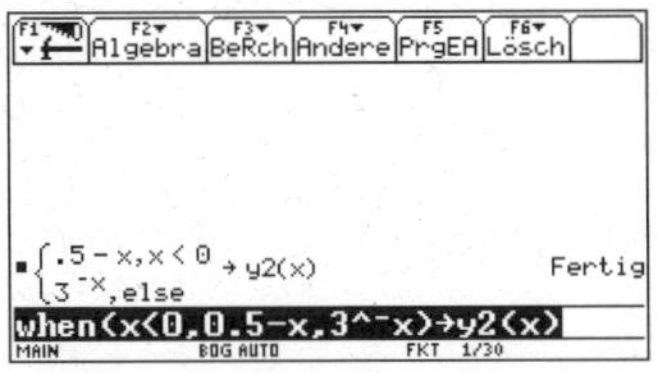

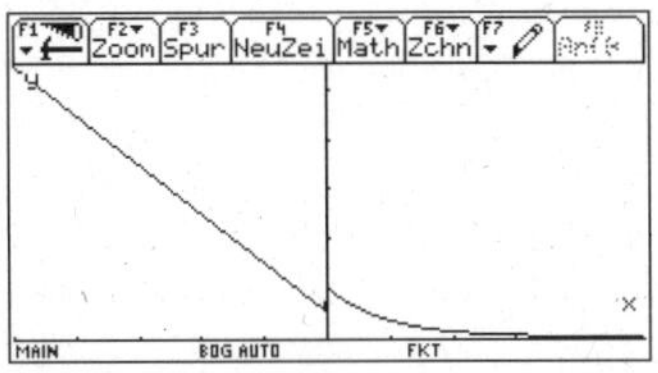

b)

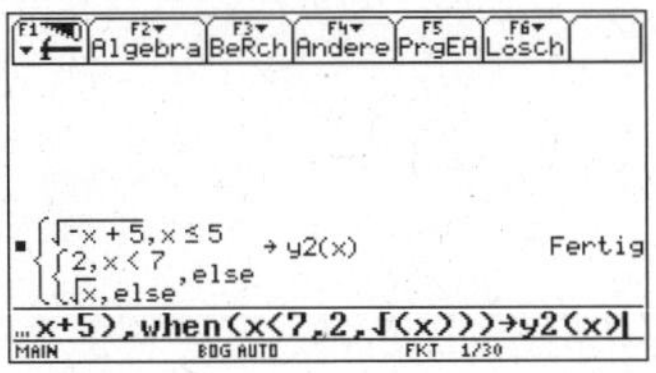

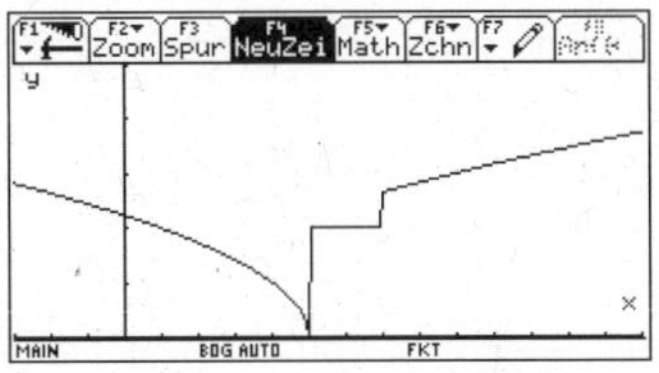

Hier erkennt man eine Schwäche des GTA: An Sprungstellen verbindet der Rechner die Kurvenstücke, was natürlich nicht zulässig ist.

AA 252

a)

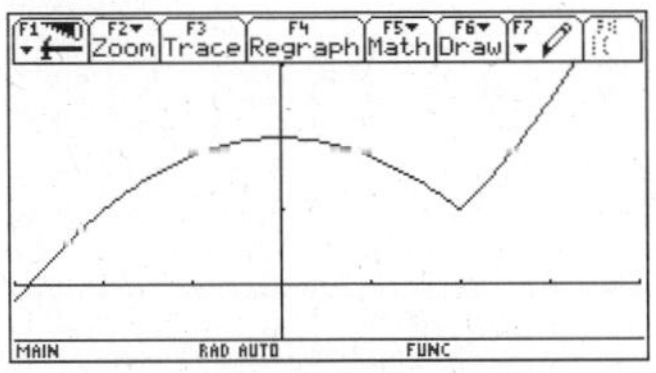

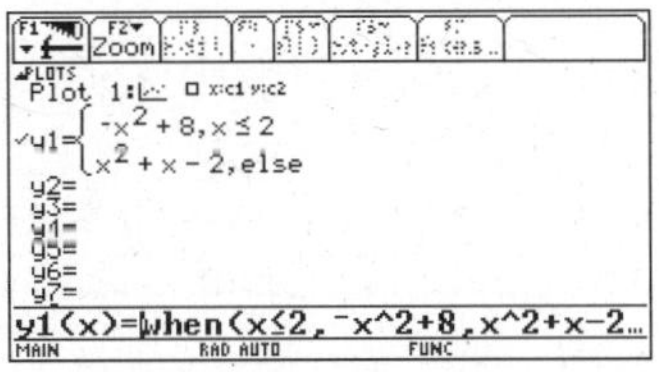

Mithilfe der WHEN-Funktion können mit dem TI 92 auch abschnittsweise definierte Funktionen gezeichnet werden:

$y1(x) = \text{WHEN}\ (x \le 2,\ -x^2 + 8,\ x^2 + x - 2)$

b)

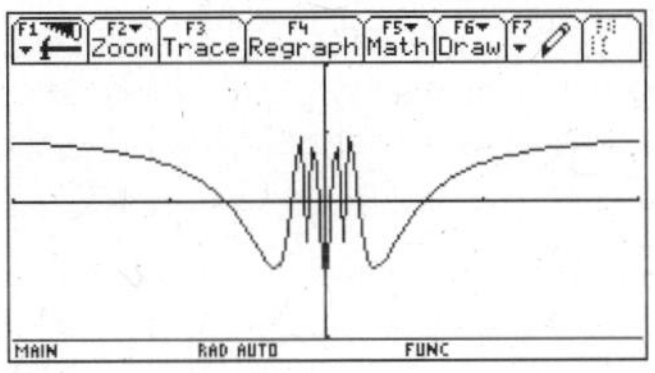

c)

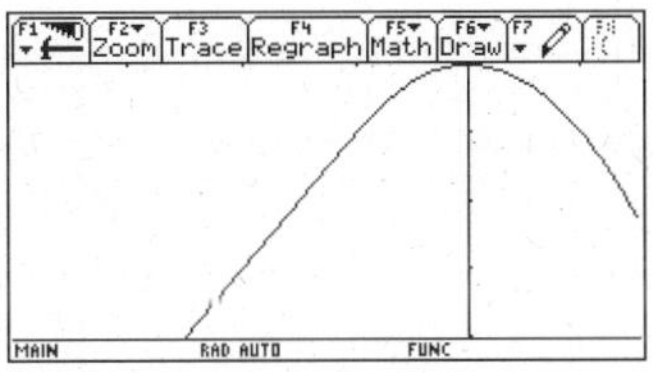

AA 253

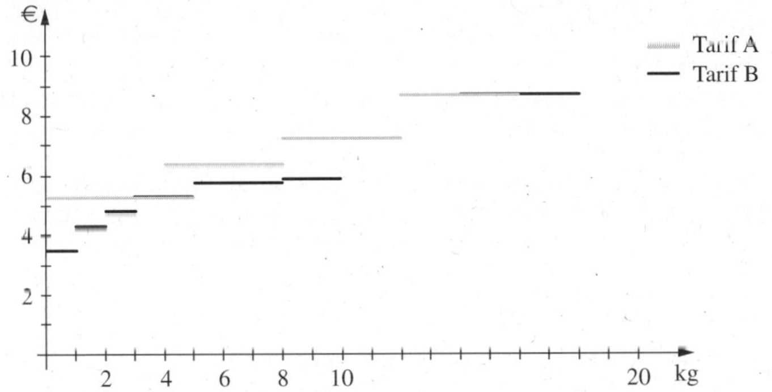

AA 254

a)

t [in min]	≤ 1	≤ 2	≤ 3	≤ 4	≤ 5
TELE [in €] (*)	1,53	3,03	4,53	6,03	7,53
PHONE [in €] (**)	3,00	4,50	6,00	7,50	9,00

Berechnung: (*) $s = \frac{1+t}{2} \cdot 50 \cdot 0{,}06$

(**) $s = \frac{50}{t} \cdot 0{,}06 \cdot \sum_{i=1}^{t} i$

b)

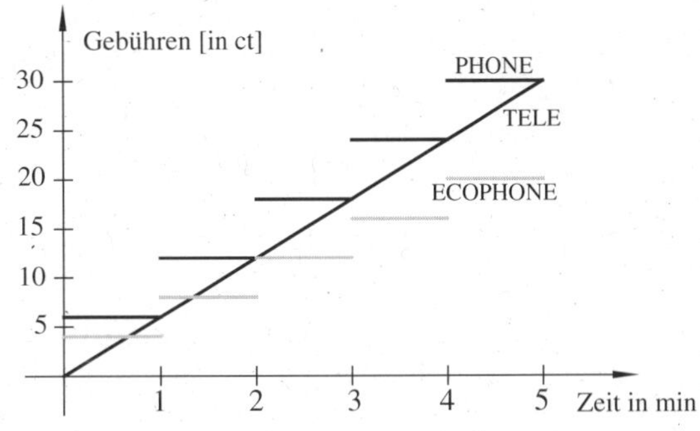

c) Sekundentakt ist bei gleichem Minutenpreis immer billiger, es sei denn, man bricht das Gespräch exakt an einem Minutenende ab. Der Anteil der Ersparnis sinkt mit der Gesprächsdauer.

d)

t [in min]	$0 < t \leq 1$	$1 < t \leq 2$	$2 < t \leq 3$	$3 < t \leq 4$	$4 < t \leq 5$
ECOPHONE [in ct]	4	8	12	10	20

Wie der Graph zeigt, ist der ECOPHONE-Tarif außer bei sehr kurzen Gesprächen günstiger als der TELE-Tarif. Ein Wechsel lohnt sich demnach.

AA 255

Rolltreppe: $f_r(t) = h_r(t) = \frac{10}{25}t$ zu Fuß: $h_f(t) = \frac{10}{20}t$

zusammen: $h_g(t) = \frac{10}{25}t + \frac{10}{20}t = (\frac{10}{25} + \frac{10}{20})t = \frac{9}{10}t \Rightarrow t = \frac{9}{10}h = \frac{9}{10} \cdot 10\text{m} = 11{,}\overline{1}\text{s} \approx 11\text{s}$

AA 256

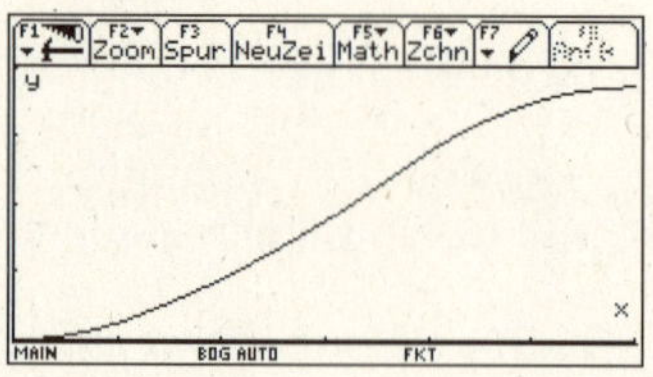

Der Zug beschleunigt aus dem Stand zunächst schnell, dann immer langsamer, erreicht dann nach 35 s für kurze Zeit seine Reisegeschwindigkeit, mit der er drei Sekunden lang gleichmäßig fährt. Danach erfolgt der Bremsvorgang bis zum Stillstand in der nächsten Station.

AA 257

Zur Beschreibung dieses Sachverhalts lässt sich die Ganzteilfunktion nutzen. Nehmen wir an, der Ladeprozess erfolgt linear, dann würde die aktuelle Ladung k des Kondensators im Zeitintervall [0; 3[durch $k_1 = \frac{2}{3}t$ angegeben. Für [3; 6[ergäbe sich $k_2 = \frac{2}{3}t - 2 \cdot 1$, für [6; 9[dann $k_3 = \frac{2}{3}t - 2 \cdot 2$ usw. Die Funktion k(t) könnte also abschnittsweise unter Verwendung verschiedener Funktionsterme für die einzelnen Zeitintervalle beschrieben werden. Nutzt man aber die Ganzteilfunktion, so wäre eine zusammenfassende Darstellung durch $k(t) = \frac{2}{3}t - 2\,\text{INT}(\frac{1}{3}t)$ möglich.

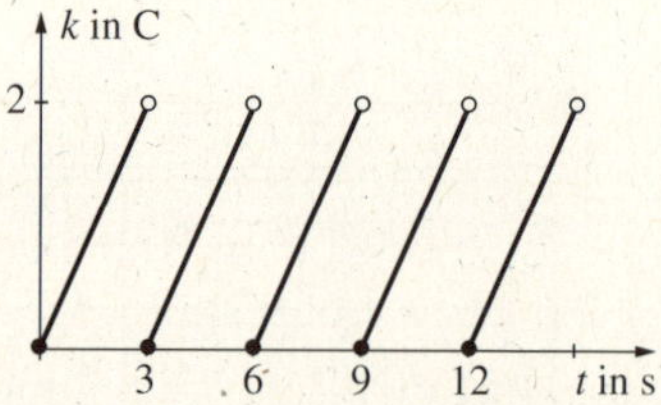

Aufgaben zur Selbstkontrolle

AA 258 a) $x \in \mathbb{R}$ b) $x \in \mathbb{R}, |x| \neq 1$ c) $x \in \mathbb{R}$ d) $x \in \mathbb{R}, b - ax^2 \neq 0$

AA 259 Ja, alle konstanten Funktionen mit $f(x) = c$; $c \in \mathbb{R}$.

AA 260

a) Nein. Es gibt auch gerade Funktionen, die keine Polynome sind. z.B.: $f(x) = \cos x$
b) Nein. Es gibt auch ungerade Funktionen, die keine Polynome sind. z.B.: $f(x) = \sin x$
c) Ja. z.B. $f(x) = 0$ für alle $x \in \mathbb{R}$.

AA 261 gerade Funktionen: f_1, f_3

Bemerkung zu f_1: Obwohl im Funktionsterm nur ungerade Exponenten von x vorkommen, gilt $f_1(x) = f_1(-x)$ und damit ist f_1 eine gerade Funktion. Durch die Tatsache, dass die Funktionen $f(x) = x^n$ mit geradem Exponenten gerade Funktionen sind und dass der Begriff „gerade Funktion“ dadurch entstanden ist, darf man sich nicht zu falschen Schlussfolgerungen verleiten lassen.
ungerade Funktionen: f_2, f_7
weder gerade noch ungerade: f_4, f_5, f_6

AA 262

Graphen ganzrationaler Funktionen:
- können „in einem Zug“ gezeichnet werden (sind stetig)
- besitzen keine Asymptoten
- für unbeschränkt wachsende oder fallende x gilt: $|f(x)| \to \infty$

Graphen gebrochenrationaler Funktionen:
- können senkrechte Asymptoten haben, d.h. der Graph zerfällt in mehrere Äste
- für unbeschränkt wachsende bzw. fallende x kann f(x) gegen 0, gegen eine feste Zahl oder betragsmäßig gegen unendlich gehen
- davon abhängig können die Graphen waagerechte oder schiefe Asymptoten besitzen

AA 263

Nullstellen: $x_1 = 1$ führt zu $(x^3 - 3x^2 - x + 3):(x - 1) = x^2 - 2x - 3$ und damit zu $x_2 = -1;\ x_3 = 3$

Linearfaktorzerlegung: $f(x) = \frac{1}{3}(x - 1)\cdot(x + 1)\cdot(x - 3)$

AA 264

a) $f(x) = \dfrac{x^2 - 1}{x^2 - 4x + 4}$ lässt sich auch darstellen in der Form

$f(x) = \dfrac{(x + 1)(x - 1)}{(x - 2)^2}$ daraus ergeben sich:

Nullstellen $x_1 = -1;\ x_2 = 1$

Polstelle $x_3 = 2$

b) Es handelt sich um eine senkrechte Asymptote mit der Gleichung $x = 2$ und eine waagerechte Asymptote mit der Gleichung $y = 1$.

c) Skizze:

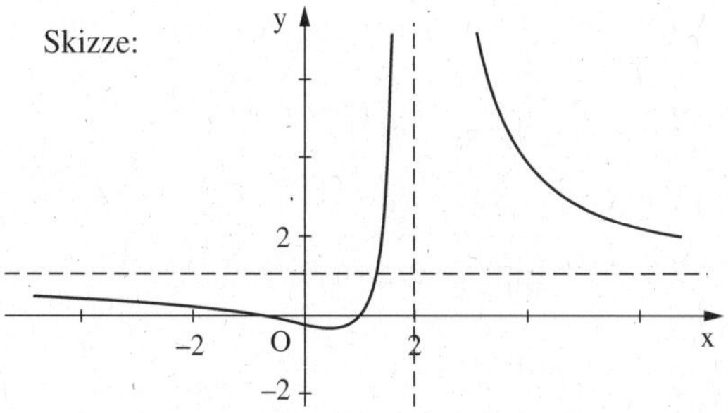

AA 265 a) $x_0 = 0$ b) keine Nullstelle

AA 266

a) $y = 2x - 4$ auflösen nach x: $x = \frac{1}{2}y + 2$

umbenennen: $y = \frac{1}{2}x + 2$

b) Die zur Umkehrfunktion von $y = 2x - 4$ gehörende Umkehrfunktion fällt mit der Ausgangsfunktion $y = 2x - 4$ zusammen, denn zweimalige Spiegelung an der Winkelhalbierenden des I. und III. Quadranten führt stets zur Ausgangskurve zurück.

AA 267

a) Richtig, da $f(x) = f(-x) = a$ bedeutet, dass es zu einem Funktionswert mehrere x-Werte gibt.
b) Richtig, da es wegen $f(x) = -f(-x)$ zu jedem Funktionswert nur einen x-Wert gibt.
c) Falsch, waagerechte Tangente bedeutet Parallele zur x-Achse und wenn diese den Graphen von f höchstens einmal schneidet, dann ist f umkehrbar. Gegenbeispiel: $f(x) = x^3$ (s. auch Abschnitt D 5: Monotonie)

AA 268 f: $f(x) = ax + b$ g: $g(x) = cx + d$

$$f \circ g = f(g(x)) = a(cx + d) + b = \underbrace{a\cdot cx}_{} + \underbrace{a\cdot d + b}_{} = mx + n$$

$$f \circ g = g(f(x)) = c(ax + b) + d = \underbrace{c\cdot ax}_{} + \underbrace{c\cdot b + d}_{} = mx + n$$

AA 269

a) falsch; Gegenbeispiel: $g(x) = 2x + 1;\ g(-\frac{1}{2}) = 0;\ f(x) = (1 - x)^2$

$v = f(g(x)) = 4x^2$; für $x_0 = -\frac{1}{2}$ gilt $v(-\frac{1}{2}) = 1\ (\neq 0)$

b) richtig, wenn die Nullstelle x_0 von f auch Element des Wertebereiches von g ist, weil $D_v = \{x \mid x \in D_g \text{ und } g(x) \in D_f\}$

AA 270 Die natürliche Logarithmusfunktion ist die Umkehrung der Exponentialfunktion mit der Basis e.

AA 271 Es muss gelten $f(x) = g(x)$.

D.h. $2x - 1 = 3x + 2,\ -\infty < x \leq 1$ (1)

$6 - 5x = 3x + 2,\ 1 \leq x < \infty$ (2)

Aus (1) folgt $x = -3,\ -\infty < x \leq 1$ und

aus (2) folgt $x = \frac{1}{2},\ 1 \leq x < \infty$

Daraus folgt, dass es nur eine Lösung gibt, nämlich $x = -3$.

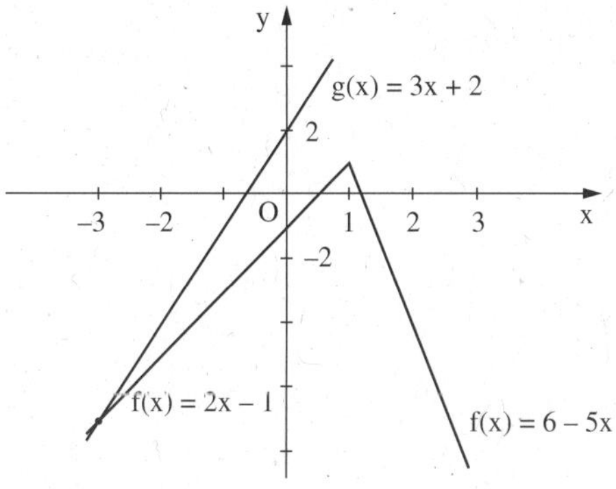

AA 272

a) In den folgenden Schirmbildern werden dargestellt

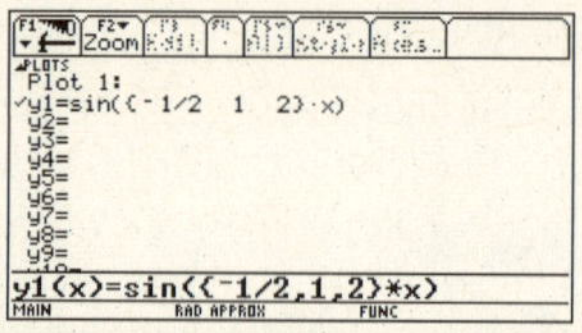

$f_a(x) = \sin ax$ für $a = \{-\frac{1}{2}; 1; 2\}$

$f_b(x) = b \cdot \sin x$ für $b = \{-\frac{1}{2}; 1; 2\}$

$f_c(x) = \sin(x + c)$ für $c = \{-1; 1; 2\}$

$f_d(x) = |d \cdot \cos x|$ für $d = \{-1; 1{,}5; 2\}$

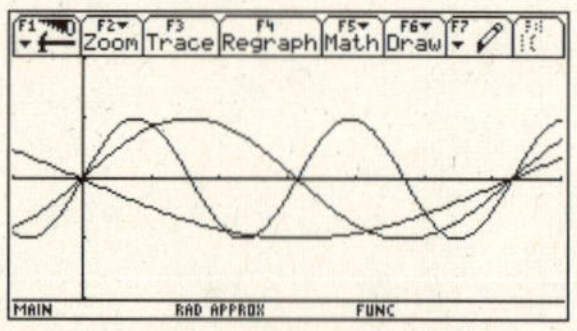

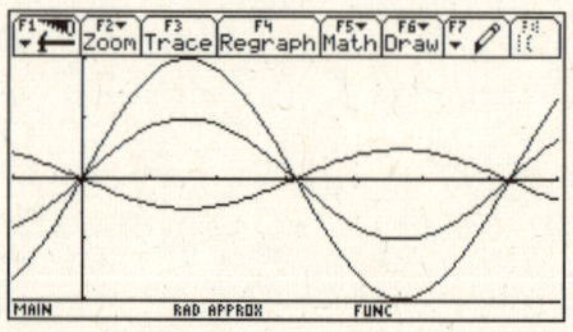

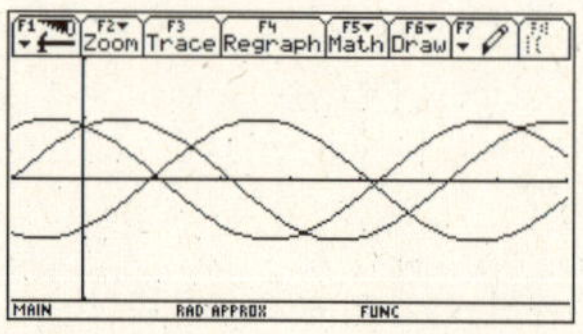

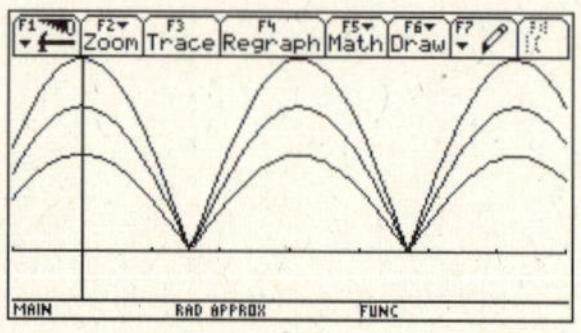

b) f_a: gemeinsamer Punkt: P(0; 0)
weitere gemeinsame Punkte existieren nur für ausgewählte Scharelemente
f_b: gemeinsame Punkte: $P_k(k \cdot \pi; 0)$, $(k \in \mathbb{Z})$
f_c: gemeinsame Punkte existieren nur für ausgewählte Scharelemente
f_d: gemeinsame Punkte: $P_k((2k+1)\frac{\pi}{2}; 0)$, $(k \in \mathbb{Z})$

c) f_a ist eine Verkettung $f \circ g$ mit $f(x) = \sin x$ und $g(x) = ax$
f_b ist eine Verkettung $f \circ g$ mit $f(x) = bx$ und $g(x) = \sin x$
f_c ist eine Verkettung $f \circ g$ mit $f(x) = \sin x$ und $g(x) = x + c$
f_d ist eine Verkettung $f \circ g$ mit $f(x) = |x|$ und $g(x) = d \cdot \cos x$

B Arbeiten mit Zahlenfolgen

B 1 Zahlenfolgen

B 1.1 Der Begriff *Zahlenfolge*

B 1.2 Darstellungsmöglichkeiten von Zahlenfolgen

BA 1

a) f: D = W = ℝ; (a_n) D = W = ℕ*

	−2	−1	0	1	1,5	2	2,5	3	3,5	4	4,5	5	5,5
f(x)	−1	1	3	5	6	7	8	9	10	11	12	13	14
(a_n)				5		7		9		11		13	

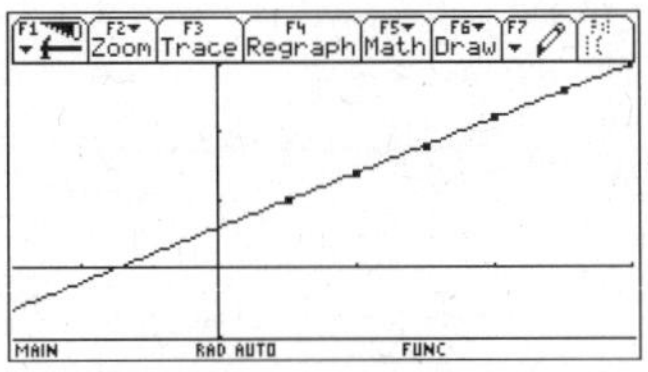

b) f: D = W = ℝ; (a_n): D = W = ℕ*

	−2	−1	0	1	1,5	2	2,5	3	3,5	4	4,5	5	5,5
f(x)	20	9	2	−1	−1	0	2	5	9	14	20	27	35
(a_n)				−1		0		5		14		27	

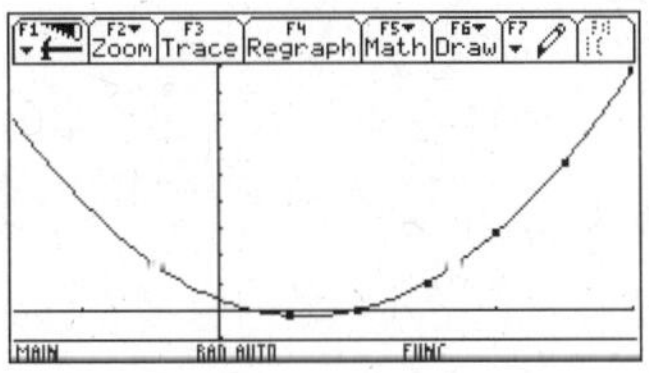

c) f: D = W = ℝ\{0}; (a_n): D = W = ℕ*

	−2	−1	0	1	1,5	2	2,5	3	3,5	4	4,5	5	5,5
f(x)	1	2	n.d.	−2	$-\frac{4}{3}$	−1	$-\frac{4}{5}$	$-\frac{2}{3}$	$-\frac{4}{7}$	$-\frac{1}{2}$	$-\frac{4}{9}$	$-\frac{2}{5}$	$-\frac{4}{11}$
(a_n)				−2		−1		$-\frac{2}{3}$		$-\frac{1}{2}$		$-\frac{2}{5}$	

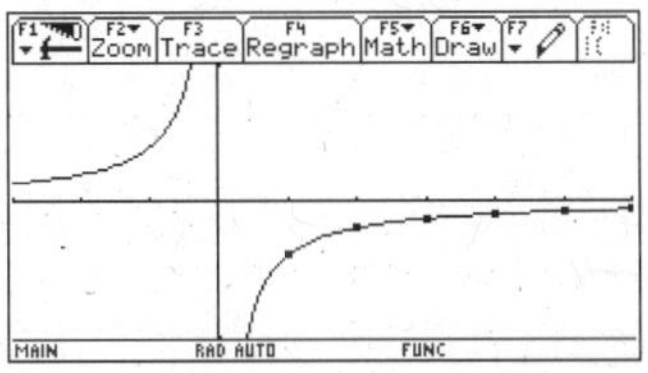

BA 2

a) $(a_n) = 1; 3; 5; 7; 9; \ldots \quad a_{50} = 99; a_{100} = 199$

b) $(a_n) = 0; 1; 4; 9; 16; \ldots \quad a_{50} = 49^2 = 2401; a_{100} = 99^2 = 9801$

c) für n > 1: $(a_n) = 3; 2; \frac{5}{3}; \frac{3}{2}; \frac{7}{5}; \ldots \quad a_{50} = \frac{51}{49}; a_{100} = \frac{101}{99}$

d) $(a_n) = 2; 3; 4; 5; 6; \ldots \quad a_{50} = 51; a_{100} = 101$

e) $(a_n) = 2; 0; -8; 32; -96; \ldots \quad a_{50} = (-2)^{50}(50-2) = 54\,043\,195\,528\,445\,952$

$a_{100} = (-2)^{100}(100-2) = 124\,229\,758\,822\,366\,481\,346\,676\,914\,126\,848$ (Berechnungen jeweils mit GTA)

f) $(a_n) = 1; 4; 27; 256; 3125; \ldots; a_{50} = 5\,050; a_{100} = 100\,100$ (Berechnung mit GTA möglich)

BA 3

a) 2, 4, 6, 8, 10, …

b) 1, 3, 5, 7, 9, …

c) 5, 10, 15, 20, 25, …

d) 7, 11, 15, 19, 23, …

BA 4

a) $(a_n) = -1; 2; 7; 14; 23; \ldots; n^2 - 2; \ldots$

b) $(a_n) = 4; \frac{11}{4}; \frac{7}{3}; \frac{17}{8}; 2; \ldots; \frac{3n+5}{2n}; \ldots$

c) $(a_n) = \frac{1}{2}; \frac{1}{6}; \frac{1}{12}; \frac{1}{20}; \frac{1}{30}; \ldots; \frac{1}{n(n-1)}; \ldots$

d) $(a_n) = 4; \frac{27}{8}; \frac{256}{81}; \frac{3125}{1024}; \frac{46656}{15625}; \ldots; (1 + \frac{1}{n})^{n+1}; \ldots$

BA 5

a) $(a_n) = 7; 9; 11; 13; 15; 17; 19; 21; \ldots; 2n + 5$

b) $(b_n) = 3; 9; 27; 81; 243; 729; 2187; 6561; \ldots; 3^n$

c) $(c_n) = \frac{1}{2}; \frac{1}{4}; \frac{1}{8}; \frac{1}{16}; \frac{1}{32}; \frac{1}{64}; \frac{1}{128}; \frac{1}{256}; \ldots; \frac{1}{2^n}$

d) $(d_n) = \frac{3}{2}; 3; \frac{9}{2}; 6; \frac{15}{2}; 9; \frac{21}{2}; 12; \ldots; \frac{3}{2}n$

e) $(e_n) = 4; -1; -2; 5; -8; 11; -14; 17; \ldots; (-1)^n(3n - 7)$

f) $(f_n) = \frac{7}{2}; -3; \frac{5}{2}; -2; \frac{3}{2}; -1; \frac{1}{2}; 0; \ldots; (-1)^{n+1}(4 - \frac{n}{2})$

BA 6

$a_n = \frac{1}{(2n-1)^2}$ $b_n = \frac{1}{n!}$ $c_n = (\frac{2n-1}{n})^2$ (Hinweis: $(c_n) = 1; \frac{9}{4}; \frac{25}{9}; \frac{49}{16}; \ldots$ oder $(c_n) = 1; \frac{3^2}{2^2}; \frac{5^2}{3^2}; \frac{7^2}{4^2}; \ldots$)

$d_n = 3^n + (-1)^n$ (Bezogen auf die Folge $(d_n) = 2; 10; 26; 82; 242; 730; \ldots = 3-1; 3^2+1; 3^3-1; 3^4+1; 3^5-1; 3^6+1; \ldots$)

$e_n = (-1)^n$ oder $e_n = \cos n\pi$

BA 7

a) $(a_n) = (8-5n)$

$-117 = 8 - 5n$
$n = 25$
-117 ist 25. Folgenglied.

$-3\,225 = 8 - 5n$
$n = 646{,}4$
$-3\,225$ ist kein Folgenglied.

b) $(b_n) = (7n - n^2)$

$-450 = 7n - n^2$
$n_1 = 25$ und $n_2 = -18$
-450 ist 25. Folgenglied.

$-30 = 7n - n^2$
$n_1 = 10$ und $n_2 = -3$
-30 ist 10. Folgenglied.

c) $(c_n) = (\frac{12+3n}{6n^2})$

$10 = \frac{12+3n}{6n^2}$
$0 = n^2 - \frac{1}{20}n - \frac{1}{5}$
$n_1 \approx 0{,}5$ und $n_2 \approx -0{,}4$
10 ist kein Folgenglied.

$\frac{1}{18} = \frac{12+3n}{6n^2}$
$0 = n^2 - 9n - 36$
$n_1 = 12$ und $n_2 = -3$
$\frac{1}{18}$ ist 12. Folgenglied.

d) $(d_n) = (-1)^n \cdot 2^{-n}$

$-2 = (-1)^n \cdot 2^{-n}$
für keine nat. Zahl erfüllt
-2 ist kein Folgenglied.

$\frac{1}{64} = (-1)^n \cdot 2^{-n}$
$\frac{1}{64} = (-1)^6 \cdot 2^{-6}$
$\frac{1}{64}$ ist 6. Folgenglied.

e) $(e_n) = \frac{3^n}{\left(\frac{1}{2}\right)^n}$

$1\,296 = \frac{3^n}{\left(\frac{1}{2}\right)^n} = 6^n$
$n = 4$
$1\,296$ ist 4. Folgenglied.

$279\,936 = \frac{3^n}{\left(\frac{1}{2}\right)^n} = 6^n$
$n = \log_6 279\,936 = 7$
$279\,936$ ist 7. Folgenglied.

BA 8

a) $a_1 = 7; a_2 = 4; a_3 = 1; a_4 = -2; a_5 = -5;$ $a_n = 10 - 3n$
b) $a_1 = 1; a_2 = 4; a_3 = 13; a_4 = 40; a_5 = 121;$
c) $a_1 = 4; a_2 = 1; a_3 = 6; a_4 = 11; a_5 = 16;$ $a_n = 5n - 9$
d) $a_1 = 1; a_2 = 2; a_3 = 4; a_4 = 7; a_5 = 11;$ $a_n = \frac{1}{2}n^2 - \frac{1}{2}n + 1$
e) $a_1 = 1; a_2 = 1; a_3 = 2; a_4 = 3; a_5 = 5;$

BA 9

	explizites Bildungsgesetz	rekursives Bildungsgesetz
a)	$a_n = 2n$	$a_1 = 2; a_{n+1} = a_n + 2$
b)	$b_n = n^2$	$b_1 = 1; b_{n+1} = b_n + 2n + 1$
c)	$c_n = 2^n$	$c_1 = 2; c_{n+1} = 2c_n$
d)	$d_n = 10^{1-n}$	$d_1 = 1; d_{n+1} = 0{,}1d_n$
e)	$e_n = (-1)^{n+1}$	$e_1 = 1; e_{n+1} = (-1) \cdot e_n$

BA 10

3, 6, 11, 18, 27, 38, 51, 66, 83 $\Rightarrow a_1 = 3;$ $a_{n+1} = a_n + (2n+1)$
+3 +5 +7 +9 +11 +13 +15 +17

Der Lösungsvorschlag ist falsch, da das gegebene Anfangsstück auf eine wachsende nicht konstante Folge hinweist.

BA 11

a) $\frac{h_4}{b_4} = \frac{\sqrt{2}}{1} = \frac{29{,}7302\,\text{cm}}{x\,\text{cm}}$ $x = b_4 = \frac{29{,}7302\,\text{cm}}{\sqrt{2}} = 21{,}0224$ cm

b) $b_3 = h_4 = 29{,}7302$ cm

$h_3 = \sqrt{2}\, b_3 = \sqrt{2}\, h_4 \quad \rightarrow b_2$

$h_2 = \sqrt{2}\, b_2 = \sqrt{2} \cdot \sqrt{2}\, b_3 = 2h_4 \quad \rightarrow b_1$

$h_1 = \sqrt{2}\, b_1 = \sqrt{2} \cdot 2h_4 = 2 \cdot \sqrt{2}\, h_4 \quad \rightarrow b_0$

$h_0 = \sqrt{2}\, b_0 = \sqrt{2} \cdot 2 \cdot \sqrt{2}\, h_4 = 4h_4$

$h_0 = 4h_4 = 4 \cdot 29{,}7302 \text{ cm} = 118{,}9208 \text{ cm}$

$b_0 = 2 \cdot \sqrt{2}\, h_4 = 84{,}0897 \text{ cm}$

$A_0 = 4h_4 \cdot 2 \cdot \sqrt{2}\, h_4 = 8\sqrt{2}\, h_4^2 = 10000{,}01 \text{ cm}^2 \approx 1 \text{ m}^2$

c) $\frac{A_0}{A_1} = \frac{8{h_4}^2\sqrt{2}}{4{h_4}^2\sqrt{2}} = \frac{2}{1}$

A_0	A_1	A_2	A_3	A_4	A_5	A_6
1 m²	0,5 m²	0,25 m²	0,125 m²	0,0625 m²	0,03125 m²	0,015625 m²

BA 12

a, b) Die Folge $a_{n+1} = \sin a_n$ nähert sich unabhängig vom Startwert dem Wert 0.

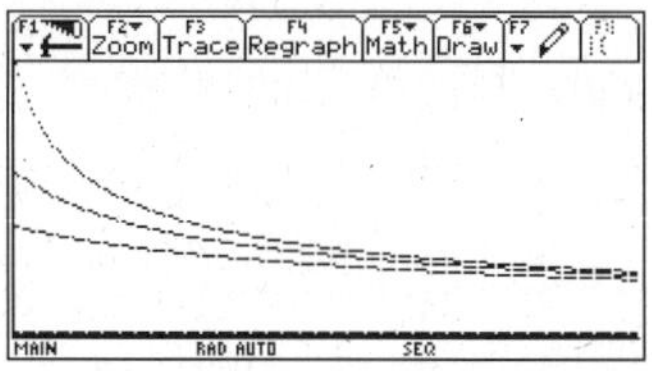

c) Die Folge $a_{n+1} = \cos a_n$ strebt unabhängig vom Startwert gegen 0,739, die Zahlen der Folge $a_{n+1} = \tan a_n$ werden immer größer.

d) Die Folge $a_{n+1} = {a_n}^2$ nähert sich beliebig dicht an null.

BA 13 Für $n = 0; \ldots; 9$ folgt: $(a_n) = (1, 1, 2, 3, 5, 8, 13, 21, 34, 55, \ldots)$; (Es ergibt sich die FIBONACCI-Folge).

BA 14

a) Sei n die Anzahl der Stufen. Die zugehörige Anzahl der Möglichkeiten betrage a_n.
Es ergibt sich:

n	1	2	3	4	5	6
a_n	1	2	3	5	8	13

b) (Es ergibt sich die FIBONACCI-Folge.)
Es gilt: $a_n = a_{n-1} + a_{n-2}$, $a_1 = 1$, $a_2 = 1$; denn am Anfang kann man mit einem Schritt entweder eine oder zwei Stufen nehmen und hat dann noch (n – 1) Stufen bzw. (n – 2) Stufen vor sich.

c) $a_{34} = 3524578$

B 2 Eigenschaften von Zahlenfolgen

B 2.1 Monotonie und Beschränktheit von Zahlenfolgen

B 2.2 Partialsummen und Partialsummenfolgen

BA 15

	Vorschrift a_n	Folgenglieder $a_1; a_2; a_3; a_4; a_5; a_6; \ldots$	Monotonie
a)	$2n$	2; 4; 6; 8; 10; 12; …	streng monoton wachsend
b)	$3n - 7$	–4; –1; 2; 5; 8; 11; …	streng monoton wachsend
c)	$10 - n$	10; 9; 8; 7; 6; 5; …	streng monoton fallend
d)	$(n - 3)^2$	4; 1; 0; 1; 4; 9; …	nicht monoton
e)	$(n + 3)^2$	16; 25; 36; 49; 64; 81; …	streng monoton wachsend
f)	$(n - \frac{3}{2})^2$	$\frac{1}{4}; \frac{1}{4}; \frac{9}{4}; \frac{25}{4}; \frac{49}{4}; \frac{81}{4}; \ldots$	monoton wachsend
g)	$\frac{2}{n^2 + n}$	$1; \frac{1}{3}; \frac{1}{6}; \frac{1}{10}; \frac{1}{15}; \frac{1}{21}; \ldots$	streng monoton fallend
h)	$(-\frac{1}{n})^n$	$-1; \frac{1}{4}; -\frac{1}{27}; \frac{1}{256}; -\frac{1}{3125}; \frac{1}{46656}; \ldots$	nicht monoton
i)	$(-2)^n$	–2; 4; –8; 16; –32; 64; …	nicht monoton
	Vorschrift a_n	Folgenglieder $a_1; a_2; a_3; a_4; a_5; a_6; \ldots$	Monotonie
j)	$(-\frac{1}{2})^{n+1}$	$\frac{1}{4}; -\frac{1}{8}; \frac{1}{16}; -\frac{1}{32}; \frac{1}{64}; -\frac{1}{128}; \ldots$	nicht monoton

k)	$a_n = 1$	1; 1; 1; 1; 1; 1; …	konstante Zahlenfolge
l)	n + n mod 2 (n modulo m)	2; 2; 4; 4; 6; 6; …	monoton wachsend
m)	$\frac{n}{2n-1}$	$1; \frac{2}{3}; \frac{3}{5}; \frac{4}{7}; \frac{5}{9}; \frac{6}{11}; \ldots$	streng monoton fallend
n)	$\frac{3n-1}{n+\frac{1}{2}}$	$\frac{4}{3}; 2; \frac{16}{7}; \frac{22}{9}; \frac{28}{11}; \frac{34}{13}; \ldots$	streng monoton wachsend
o)	$\frac{n^2-10n+26}{n^2+4n+4}$	$\frac{17}{9}; \frac{5}{8}; \frac{1}{5}; \frac{1}{18}; \frac{1}{49}; \frac{1}{32}; \ldots$	nicht monoton

BA 16

a) $(a_n) = (2n^2 - 2)$; $a_{n+1} - a_n = 2(n+1)^2 - 2 - (2n^2 - 2) = 4n + 2 > 0 \Rightarrow (a_n)$ ist streng monoton wachsend.

b) $(b_n) = (\frac{1}{4n-3})$; $a_{n+1} - a_n = \frac{1}{4n+1} - \frac{1}{4n-3} = \frac{-4}{(4n+1)(4n-3)} < 0 \Rightarrow (a_n)$ ist streng monoton fallend.

c) $(c_n) = (\frac{n}{2n^2-n}) = (\frac{1}{2n-1})$; $a_{n+1} - a_n = \frac{1}{2(n+1)-1} - \frac{1}{2n-1} = \frac{-2}{4n^2-1} < 0 \Rightarrow (a_n)$ ist streng monoton fallend.

d) $(d_n) = ((5n-3)^2)$; $a_{n+1} - a_n = (5n+2)^2 - (5n-3)^2 = 50n - 5 > 0 \Rightarrow (a_n)$ ist streng monoton wachsend.

e) $(e_n) = ((n-6)^2 + 5)$; $a_{n+1} - a_n = (n-5)^2 + 5 - ((n-6)^2 + 5) = 2n - 11 \begin{cases} < 0 \text{ für } n < 5 \\ > 0 \text{ für } n \geq 6 \end{cases} \Rightarrow (a_n)$ ist nicht monoton.

f) $(f_n) = (\frac{3n-3}{n+2})$; $a_{n+1} - a_n = \frac{3n}{n+3} - \frac{3n-3}{n+2} = \frac{9}{(n+3)(n+2)} > 0 \Rightarrow (a_n)$ ist streng monoton wachsend.

BA 17

Monoton wachsende Zahlenfolgen: c), d), e)
Monoton fallende Zahlenfolgen: a), f), h)
Nicht monotone Zahlenfolen: b), g)

BA 18

a) $a_{n+1} - a_n = 16 - 2^{n+1} - 16 + 2^n = 2^n - 2^{n+1} = 2^n(1-2) < 0$ Die Folge (a_n) ist für alle $n \in \mathbb{N}$ streng monoton fallend.

b) $a_{n+1} - a_n = 12(n+1) - (n+1)^2 - (12n - n^2) = 12n + 12 - n^2 - 2n - 1 - 12n + n^2 = -2n + 11$.
$-2n + 1 > 0$ für n = 1; 2; 3; 4; 5. Da $-2n + 1 < 0$ für $n > 6$, ist (a_n) ab dem 6. Folgenglied streng monoton fallend.

c) $a_{n+1} - a_n = \frac{(n+1)^3}{3^{n+1}} - \frac{n^3}{3^n} = \frac{(n+1)^3 - 3n^3}{3 \cdot 3^n} = \frac{-2n^3 + 3n^2 + 3n + 1}{3 \cdot 3^n}$
Der Nenner ist für alle $n \in \mathbb{N}$ positiv, der Zähler ist für $n \geq 3$ negativ. Daher ist (a_n) vom 3. Folgenglied an streng monoton fallend.

BA 19

wachsend: $(a_n) = n^3$; $(a_n) = 7 - \frac{1}{n^2}$ fallend: $(a_n) = 7 + \frac{1}{n}$; $(a_n) = -n^2$

nicht monoton: $(a_n) = (-2)^n$; $(a_n) = \cos(0{,}5\pi n)$

BA 20

a) $\frac{a_{n+1}}{a_n} = \frac{\frac{n+5}{n+1}}{\frac{n+4}{n}} = \frac{n+5}{n+1} \cdot \frac{n}{n+1} = \frac{n^2+5n}{n^2+2n+1} > 1$, da $5n > 2n + 1$ für alle $n \in \mathbb{N}$. (a_n) ist also streng monoton wachsend.

b) $\frac{a_{n+1}}{a_n} = \frac{\sqrt{(n+1)-1}}{\sqrt{n-1}} = \frac{\sqrt{n}}{\sqrt{n-1}} > 1,\ n \neq 1$ Damit ist (a_n) streng monoton wachsend.

c) $\frac{a_{n+1}}{a_n} = \frac{\frac{3^{n+2}}{4^{n+1}}}{\frac{3^{n+1}}{4^n}} = \frac{3^{n+2}}{4^{n+1}} \cdot \frac{4^n}{3^{n+1}} = \frac{3}{4} < 1$ (a_n) ist streng monoton fallend.

BA 21

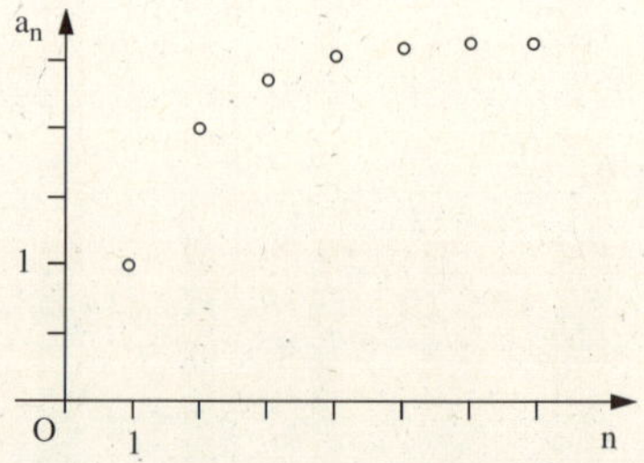

a) $a_1 = 1$; $a_2 = 2$; $a_3 = \frac{7}{3}$; $a_4 = \frac{5}{2}$; $a_5 = \frac{13}{5}$; $a_6 = \frac{8}{3}$; $a_7 = \frac{19}{7}$

b) $1; \frac{1}{2}; 0; -5$ u.a. sind untere Schranken.

c) 3; 5; 10; 100 u.a. sind obere Schranken.

d) Die Zahlenfolge ist nach oben beschränkt, weil sie obere Schranken besitzt, und sie ist nach unten beschränkt, weil sie untere Schranken besitzt.

BA 22

	Vorschrift a_n	Folgenglieder $a_1; a_2; a_3; a_4; a_5; a_6; \dots$	Beschränktheit
a)	$4n$	$4; 8; 12; 16; 20; 24; \dots$	nach unten beschränkt $s_{u,\,max} = 4$
b)	$3 - 5n$	$-2; -7; -12; -17; -22; -27; \dots$	nach oben beschränkt $s_{o,\,min} = -2$
c)	$(-3)^n$	$-3; 9; -27; 81; -234; 729; \dots$	nicht beschränkt
d)	$1 + (-1)^n$	$0; 2; 0; 2; 0; 2; \dots$	beschränkt $s_{o,\,min} = 0$, $s_{u,\,max} = 2$
e)	$\frac{12}{n}$	$12; 6; 4; 3; 2{,}4; 2; \dots$	beschränkt $s_{o,\,min} = 12$, $s_{u,\,max} = 0$
f)	$\frac{n^2}{n^2+1}$	$\frac{1}{2}; \frac{4}{5}; \frac{9}{10}; \frac{16}{17}; \frac{25}{26}; \frac{36}{37}; \dots$	beschränkt $s_{o,\,min} = \frac{1}{2}$, $s_{u,\,max} = 1$
g)	$(\frac{n-4}{n+3})^2$	$\frac{9}{16}; \frac{4}{25}; \frac{1}{36}; 0; \frac{1}{64}; \frac{4}{81}; \dots$	beschränkt $s_{o,\,min} = 1$, $s_{u,\,max} = 0$
h)	$2 + \frac{n-2}{n+2}$	$\frac{5}{3}; 2; \frac{11}{5}; \frac{7}{3}; \frac{17}{7}; \frac{5}{2}; \dots$	beschränkt $s_{o,\,min} = 3$, $s_{u,\,max} = \frac{5}{3}$

BA 23

a) Die Primzahlen unter 1000 sind 2, 3, 5, 7, 11, 13, … 991, 997, d.h. die kleinste obere Schranke für a) ist 997.

b) $x^2 - 10x$ mit $|x| \le 10$; $|x| \le 10 \Leftrightarrow -10 \le x \le 10$ und
$x^2 - 10x = x^2 - 2 \cdot 5x + 25 - 25 = (x-5)^2 - 25$
offensichtlich ist die kleinste obere Schranke für b) $(-10-5)^2 = 225 - 25 = 200$.

zu b)
Geometrisch:

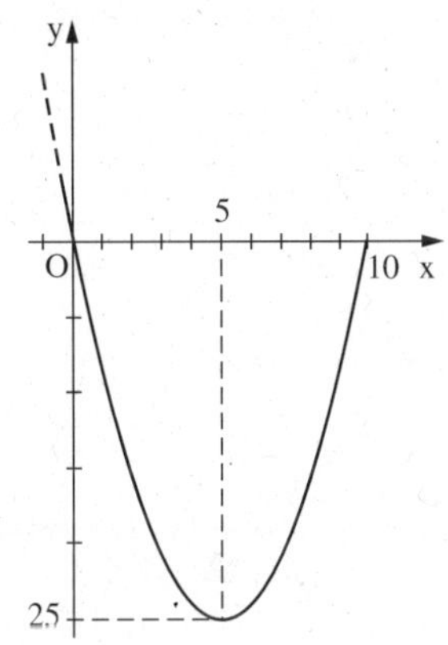

c) $a_k = 2\sin\frac{k\pi}{6}$, $k = 1, 2, 3, \dots, 12$

$a_1 = 2\sin\frac{\pi}{6}$, $a_2 = 2\sin\frac{\pi}{3}$, $a_3 = 2\sin\frac{\pi}{2} = 2$
Die Funktion $\sin t$ erfüllt die Ungleichung $|\sin t| \le 1$ für alle reelle t; d.h. die kleinste obere Schranke für c) ist 2.

d) $a_k = 1 - \frac{1}{k}$, $k = 1, 2, 3, \dots$

$a_1 = 1 - \frac{1}{1} = 0$; $a_2 = 1 - \frac{1}{2} = \frac{1}{2}$; $a_3 = 1 - \frac{1}{3} = \frac{2}{3}$; … $a_{100} = 1 - \frac{1}{100} = \frac{99}{100}$; … $a_{1000} = 1 - \frac{1}{1000} = \frac{999}{1000}$
Offensichtlich ist die Zahl 1 die kleinste obere Schranke für d).

BA 24

a) wahre Aussage; $s_u = a_1$

b) falsche Aussage; Gegenbeispiel $(a_n) = ((-1)^n \cdot \frac{2}{n})$

c) falsche Aussage; Gegenbeispiel $(a_n) = ((-1)^n \cdot \frac{2}{n})$ oder $(a_n) = (n^2 - 2n - 4)$

d) falsche Aussage; Gegenbeispiel $(a_n) = ((-2)^n)$

e) wahre Aussage; $s_o = a_1$

BA 25

a) $(a_n) = (\frac{n-1}{n})$ b) $(a_n) = (3 - n)$ c) $(a_n) = (1 + \frac{1}{n})$ d) $(a_n) = ((-1)^n \cdot \frac{5}{n})$

BA 26

a) (a_n) ist streng monoton fallend:

$$a_{n+1} - a_n = \left(\frac{2}{3}\right)^{n+1} - \left(\frac{2}{3}\right)^n = \frac{2}{3} \cdot \left(\frac{2}{3}\right)^n = \left(\frac{2}{3} - 1\right)\left(\frac{2}{3}\right)^n = -\frac{1}{3}\left(\frac{2}{3}\right)^n < 0 \text{ für alle } n \in \mathbb{N}.$$

Damit ist z.B. $\frac{2}{3}$ eine obere Schranke. Nach unten ist die Folge z.B. durch 0 beschränkt.

b) Man sieht sofort, dass 1 eine obere Schranke ist. (a_n) ist streng monoton wachsend, da

$$a_{n+1} - a_n = 1 - \left(\frac{2}{3}\right)^{n+1} - \left(1 - \left(\frac{2}{3}\right)^n\right) = -\frac{2}{3} \cdot \left(\frac{2}{3}\right)^n + \left(\frac{2}{3}\right)^n = \left(1 - \frac{2}{3}\right)\left(\frac{2}{3}\right)^n = \frac{1}{3}\left(\frac{2}{3}\right)^n > 0.$$

Damit ist z.B. $\frac{1}{3}$ eine untere Schranke von (a_n).

BA 27 Unter Verwendung eines GTA können die Eigenschaften der Folgen an der Wertetabelle oder dem Graphen abgelesen werden.

a)

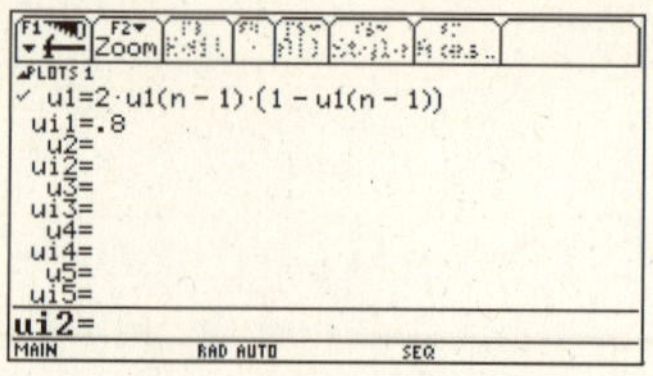

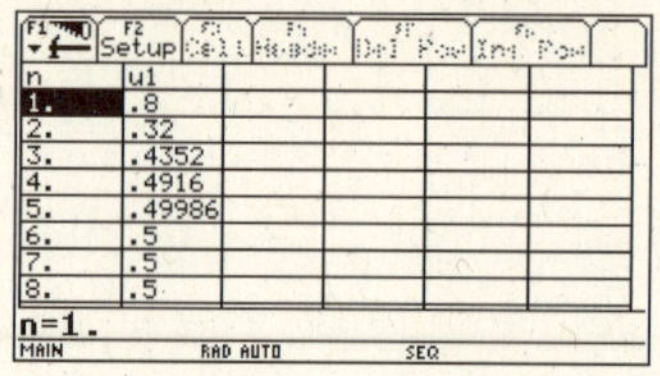

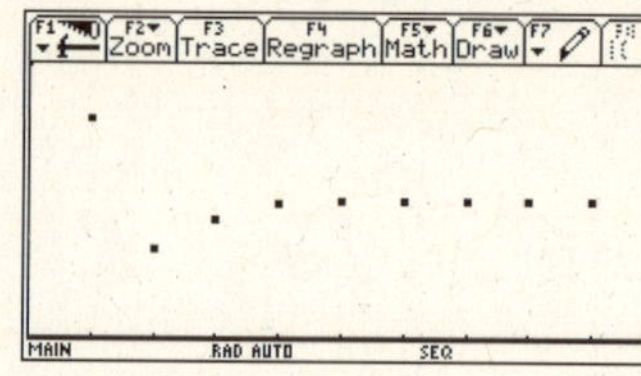

Die Folge ist beschränkt durch 0,8 nach oben und z.B. 0,3 nach unten. Sie ist nicht monoton.

b)

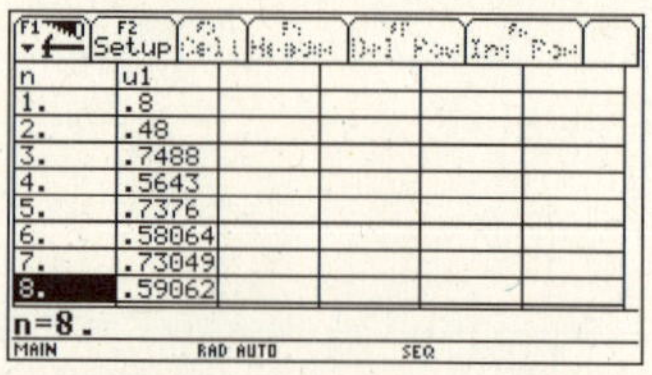

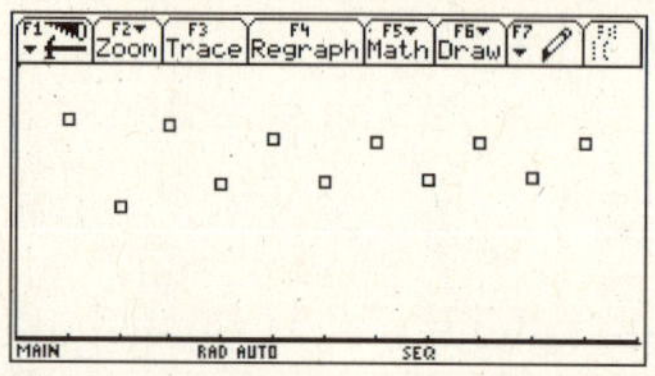

Die Folge ist beschränkt durch z.B. 0,8 nach oben und 0,48 nach unten. Sie ist alternierend.

c)

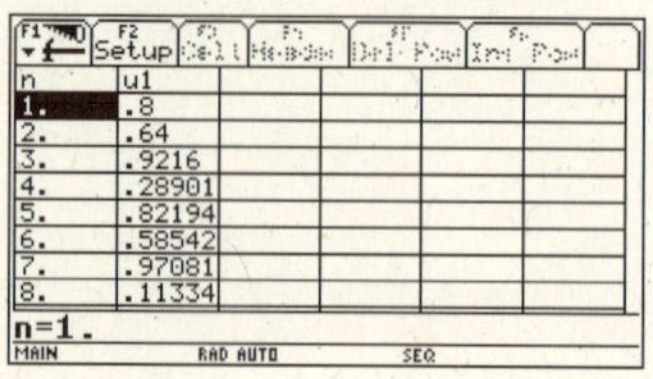

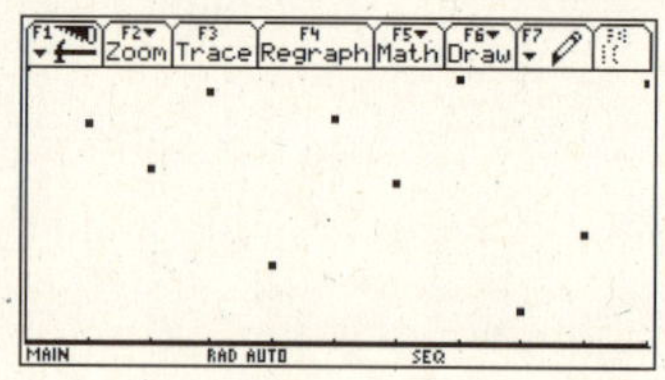

d) Für den Startwert $a_1 = 0{,}5$ ist die Folge in a) konstant, also nach oben und unten durch 0,5 beschränkt und monoton wachsend und steigend.
Für die Folge in b) ergibt sich keine Monotonie, 0,5 ist eine untere, 0,75 eine obere Schranke.
Für die Folge in c) findet sich ebenfalls keine Monotonie; 0,5 und 1 sind Schranken für die Folge.

BA 28 Ja, denn $\frac{5n}{n+1} = 5 \cdot \frac{n}{n+1} < 5$ für alle $n \in \mathbb{N}$, da $n < n + 1$.

BA 29

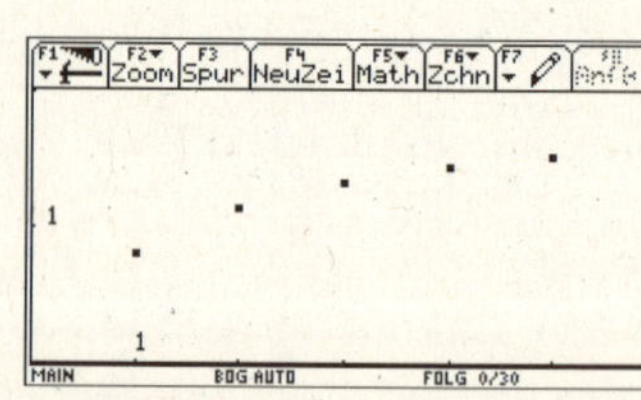

a) $a_1 = 0{,}8$ $\quad a_2 = 1{,}14$ $\quad a_3 = 1{,}33$ $\quad a_4 = 1{,}45$ $\quad a_5 = 1{,}54$

Monotonie: $a_n = \frac{4n}{2n+3}$ $\qquad a_{n+1} = \frac{4(n+1)}{2(n+1)+3} = \frac{4n+4}{2n+5}$

$a_{n+1} - a_n = \frac{4n+4}{2n+5} - \frac{4n}{2n+3} = \frac{12}{(2n+5)\cdot(2n+3)} > 0$

Folge (a_n) ist monoton wachsend.

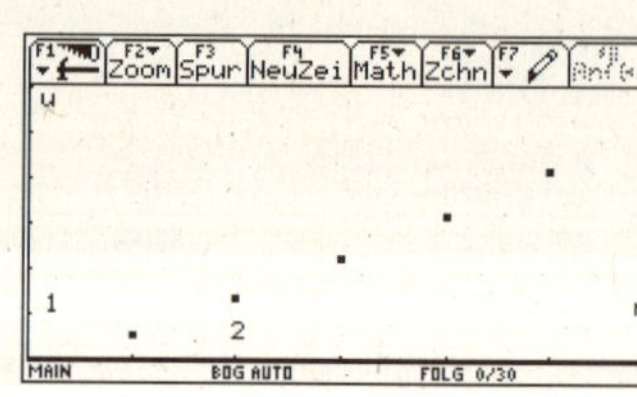

b) $a_1 = \frac{1}{2}$ $\quad a_2 = \frac{4}{3}$ $\quad a_3 = \frac{9}{4}$ $\quad a_4 = \frac{16}{5}$ $\quad a_5 = \frac{25}{6}$

Monotonie: $a_{n+1} \ge a_n$

$\frac{(n+1)^2}{n+2} \ge \frac{n^2}{n+1} \Leftrightarrow n^3 + 3n^2 + 3n + 1 \ge n^3 + 2n^2 \Leftrightarrow n^2 + 3n + 1 > 0$

Folge (a_n) ist monoton wachsend.

$a_n > 36$: $\frac{n^2}{n+1} > 36$

$n^2 > 36n + 36$

$n^2 - 36n - 36 > 0 \Rightarrow n > 36{,}97$ (Die zweite Lösung – 0,97 ist nicht sinnvoll). Für alle $n \ge 37$ ist $a_n > 36$.

B 3 Spezielle Zahlenfolgen

B 3.1 Arithmetische Zahlenfolgen

B 3.2 Geometrische Zahlenfolgen

BA 30

$(a_n) = 3; 4{,}5; 6; 7{,}5; 9; \ldots$

a) $4{,}5 - 3 = 1{,}5$; $\quad 6 - 4{,}5 = 1{,}5$; $\quad 7{,}5 - 6 = 1{,}5$; $\quad 9 - 7{,}5 = 1{,}5$ Die Differenz benachbarter Folgeglieder ist stets 1,5.

b) rekursive Bildungsvorschrift: $a_1 = 3$; $a_{n+1} = a_n + 1{,}5$; $d = 1{,}5$
$a_6 = a_5 + 1{,}5 = 9 + 1{,}5 = 10{,}5$; $\quad a_7 = 12$; $\quad a_8 = 13{,}5$; $\quad a_9 = 15$; $\quad a_{10} = 16{,}5$

c) explizite Bildungsvorschrift: $a_n = a_1 + (n-1)d = 3 + (n-1)\cdot 1{,}5 = 1{,}5n + 1{,}5$

$a_{15} = 1{,}5\cdot 15 + 1{,}5 = 24$; $a_{23} = 36$; $a_{38} = 58{,}5$; $a_{50} = 76{,}5$

BA 31

Für eine arithmetische Folge gilt $a_n = a_1 + (n-1)d$, also $a_5 = a_1 + 4d$, $a_9 = a_1 + 8d$.
Wegen $a_5 = 2$ und $a_9 = 8$ gilt $a_1 + 4d = 2$ und $a_1 + 8d = 8$.
Also ist $(a_1 + 8d) - (a_1 + 4d) = 8 - 2 = 6$ und $d = 1{,}5$.
Dann ist $a_1 = 2 - 4d = -4$ und $a_{10} = a_9 + d = 9{,}5$.

BA 32

a) $(a_n) = 7; 4; 1; -2; -5; \dots$; Die Differenz benachbarter Folgeglieder ist stets –3.

$a_1 = 7$; $a_{n+1} = a_n - 3$

$a_6 = -8$; $a_7 = -11$; $a_8 = -14$; $a_9 = -17$; $a_{10} = -20$

$a_n = -3n + 10$; $a_{15} = -35$; $a_{23} = -59$; $a_{38} = -104$; $a_{50} = -140$

b) $(b_n) = \frac{11}{3}; 4\frac{1}{6}; 4\frac{2}{3}; \frac{31}{6}; 5\frac{4}{6}; \dots$ $d = \frac{1}{2}$; $b_1 = \frac{11}{3}$; $b_{n+1} = b_n + \frac{1}{2}$

$b_6 = 6\frac{1}{6}$; $b_7 = 6\frac{2}{3}$; $b_8 = 7\frac{1}{6}$; $b_9 = 7\frac{2}{3}$; $b_{10} = 8\frac{1}{6}$

$b_n = \frac{1}{2}n + \frac{19}{6}$; $b_{15} = 10\frac{2}{3}$; $b_{23} = 14\frac{2}{3}$; $b_{38} = 22\frac{1}{6}$; $b_{50} = 28\frac{1}{6}$

c) $(c_n) = -4; -9; -14; -19; -24; \dots$ $d = -5$; $c_1 = -4$; $c_{n+1} = c_n - 5$

$c_6 = -29$; $c_7 = -34$; $c_8 = -39$; $c_9 = -44$; $c_{10} = -49$

$c_n = -5n + 1$; $c_{15} = -74$; $c_{23} = -114$; $c_{38} = -189$; $c_{50} = -249$

d) $(d_n) = -\sqrt{2}; \sqrt{2}; 3\sqrt{2}; 5\sqrt{2}; 7\sqrt{2}; \dots$ $d = 2\sqrt{2}$; $d_1 = -\sqrt{2}$; $d_{n+1} = d_n + 2\sqrt{2}$

$d_6 = 9\sqrt{2}$; $d_7 = 11\sqrt{2}$; $d_8 = 13\sqrt{2}$; $d_9 = 15\sqrt{2}$; $d_{10} = 17\sqrt{2}$

$d_n = 2\sqrt{2}\cdot n - 3\sqrt{2}$; $d_{15} = 27\sqrt{2}$; $d_{23} = 43\sqrt{2}$; $d_{38} = 73\sqrt{2}$; $d_{50} = 97\sqrt{2}$

e) $(e_n) = \frac{1}{5}; \frac{7}{10}; \frac{31}{30}; \frac{77}{60}; \frac{89}{60}; \dots$

$d_1 = \frac{7}{10} - \frac{1}{5} = \frac{1}{2}$

$d_2 = \frac{31}{30} - \frac{7}{10} = \frac{1}{3}$

$d_1 \neq d_2 \Rightarrow (e_n)$ ist keine arithmetische Zahlenfolge.

BA 33

$a_n = 3n + 1$, $(a_n) = 4; 7; 10; 13; 16; \dots$ $a_{41} = 124$

BA 34

a) $a_n = 8 + (n-1)\cdot(-2)$ $a_{10} = -10$ $a_{20} = -30$

b) $a_n = -72 + (n-1)\cdot 12$ $a_{10} = 36$ $a_{20} = 156$

c) $a_n = 13 + (n-1)\cdot(-12)$ $a_{10} = -95$ $a_{20} = -215$

d) $a_n = 26{,}5 + (n-1)\cdot(-1{,}5)$ $a_{10} = 13$ $a_{20} = -2$

e) $a_n = -2 + (n-1)\cdot(-\frac{1}{3})$ $a_{10} = -5$ $a_{20} = -8\frac{1}{3}$

f) $a_n = -3 + (n-1)\cdot\frac{2}{3}$ $a_{10} = 3$ $a_{20} = 9\frac{2}{3}$

BA 35

	a_1	a_2	a_3	a_4	a_{10}	a_{17}	a_{25}	d	a_n
a)	1	5	9	13	37	65	97	4	$4n - 3$
b)	–3	–5	–7	–9	–21	–35	–51	–2	$-1 - 2n$
c)	$2\frac{1}{10}$	$3\frac{7}{10}$	$5\frac{3}{10}$	$6\frac{9}{10}$	$16\frac{1}{2}$	$27\frac{7}{10}$	$40\frac{1}{2}$	$\frac{8}{5}$	$\frac{8}{5}n + \frac{1}{2}$
d)	–7	$-7\frac{1}{3}$	$-7\frac{2}{3}$	–8	–10	$-12\frac{1}{3}$	–15	$-\frac{1}{3}$	$-\frac{20}{3} - \frac{1}{3}n$
e)	–28	–24	–20	–16	8	36	68	4	$4n - 32$
f)	$-\frac{59}{15}$	$-\frac{53}{15}$	$-\frac{47}{15}$	$-\frac{41}{15}$	$-\frac{1}{3}$	$\frac{37}{15}$	$\frac{17}{3}$	$\frac{2}{5}$	$\frac{2}{5}n - \frac{13}{3}$
g)	–1	$\frac{1}{3}$	$\frac{5}{3}$	3	11	$\frac{61}{3}$	31	$\frac{4}{3}$	$\frac{4n^2 - 7n}{3n}$

BA 36

a) Wegen $a_n = a_1 + (n-1)\cdot d$ ist $a_{n+1} - a_n = a_1 + nd - (a_1 + (n-1)d) = nd - (n-1)d$
$= d$ und somit $a_{n+1} - a_n > 0$ für $d > 0$ w.z.b.w.

b) Wegen $a_n = a_1 + (n-1)\cdot d$ ist $a_{n+1} - a_n = a_1 + nd$ und damit $a_{n+1} - a_n = nd - (n-1)d = d$
$\Rightarrow\ a_{n+1} - a_n < 0$ für $d < 0$

BA 37

$s_1 = -3;\quad s_2 = -2;\quad s_3 = 3;\quad s_4 = 12;\quad s_5 = 25$
$a_1 = s_1 = -3;\quad a_2 = s_2 - s_1 = 1;\quad a_3 = s_3 - s_2 = 5;\quad a_4 = s_4 - s_3 = 9;\quad a_5 = s_5 - s_4 = 13$
$a_n = a_1 + (n-1)\,d = 4n - 7$

BA 38

a) $\sum_{n=1}^{4} \frac{1}{n} = 1 + \frac{1}{2} + \frac{1}{3} + \frac{1}{4}$

b) $\sum_{k=3}^{6} (-k + k^2) = 6 + 12 + 20 + 30$

c) $\sum_{m=0}^{4} a^2 m = a^2 + 2a^2 + 3a^2 + 4a^2$

d) $\sum_{n=1}^{4} (-1)^n \cdot \frac{n}{n+1} = -\frac{1}{2} + \frac{2}{3} - \frac{3}{4} + \frac{4}{5}$

e) $\sum_{r=0}^{3} cr^2 \cdot c^r = 0 + c^2 + 4c^3 + 9c^4$

f) $\sum_{k=0}^{5} \frac{1}{k+1} = 1 + \frac{1}{2} + \frac{1}{3} + \frac{1}{4} + \frac{1}{5} + \frac{1}{6}$

BA 39

a) $\sum_{n=2}^{k} (n-1)^2$

b) $\sum_{i=1}^{5} (-1)^{i+1} \cdot i^2$

c) $\sum_{i=1}^{32} \frac{1}{i^2}$

d) $\sum_{i=0}^{4} (-1)^{i+1} \cdot 3 \cdot 10^{-i}$

e) $\sum_{i=0}^{6} \sin(i \cdot \frac{\pi}{6})$

f) $\sum_{i=1}^{5} \frac{1}{2}(2^n + 1)$

BA 40 Von 2 Uhr nachts bis 12 Uhr mittags gibt es 11 volle Stunden und 10 „Halbstunden",
d.h. $11 \cdot 2 + 10 \cdot 1 = 32$ Glockenschläge.

BA 41

a) $a_1 = 98{,}3;\ a_2 = 94{,}7;\quad d = 94{,}7 - 98{,}3 = -3{,}6$
$a_k = 22{,}7 = a_1 + (k-1)\,d = 98{,}3 + (k-1)\cdot(-3{,}6)$
$22{,}7 = 98{,}3 - 3{,}6k + 3{,}6$
$-79{,}2 = -3{,}6k$
$k = \frac{-79{,}2}{-3{,}6} = 2{,}2$
Nach der Summenformel $S_k = \frac{a_1 + a_k}{2} \cdot k$ erhalten wir: $S_{22} = \frac{98{,}3 + 22{,}7}{2} \cdot 22 = 1331$

b) $-201{,}5$

c) $60{,}8$

d) -189

BA 42

$a_1 = 1;\quad a_2 = 4;\quad a_3 = 7;\quad a_4 = 10;\quad a_5 = 13$
$s_1 = 1;\quad s_2 = 1 + 4 = 5;\quad s_3 = 1 + 4 + 7 = 12;\quad s_4 = 1 + 4 + 7 + 10 = 22;\quad s_5 = 22 + 13 = 35$
$s_8 = s_5 + 16 + 19 + 22 = 92;\quad s_{12} = s_8 + 25 + 28 + 31 + 34 = 210$
$(s_n) = 1;\ 5;\ 12;\ 22;\ 35;\ \ldots;\ s_n;\ \ldots$
$a_1 = 1;\quad d = 3;\quad s_n = n \cdot 1 + \frac{n(n-1)\cdot 3}{2} = \frac{3n^2 - n}{2}$

BA 43

a) Aus $a_1 = 2,\ a_2 = 5,\ a_3 = 8,\ \ldots,\ a_k = x\ (k \in \mathbb{N})$ und $S_k = 155$ mit $a_2 - a_1 = d = 3$ folgt
$a_k = x = a_1 + (k-1)\,d = 2 + (k-1)\cdot 3 = 2 + 3k - 3 = 3k - 1;$
$S_k = 155 = \frac{a_1 + a_k}{2} \cdot k = \frac{2 + 3k - 1}{2}$
$155 = \frac{3k+1}{2} \cdot k \Rightarrow 310 = 3k^2 + k \Rightarrow 3k^2 + k - 310 = 0$
$k_{1,2} = \frac{-1 \pm \sqrt{1 + 4 \cdot 3 \cdot 310}}{6} = \frac{-1 \pm 61}{6}$
$k_1 = \frac{-1-61}{6} < 0\ (\notin \mathbb{N})$ $\quad k_2 = \frac{-1+61}{6} = 10.$ $\quad$ Also ist $x = 3k - 1 = 3 \cdot 10 - 1 = 29.$

b) $\frac{x-1}{x} + \frac{x-2}{x} + \frac{x-3}{x} + \ldots + \frac{1}{x} = \frac{1}{x}(x-1+x-2+x-3+\ldots+1) = 3$

$\frac{1}{x}\underbrace{(1+2+3+\ldots+(x-3)+(x-2)+(x-1))}=3$

Summe von k Gliedern einer arithmetischen Folge mit $a_1 = 1$; $a_2 = 2$; …; $a_k = x - 1$:

$S_k = \frac{1+x-1}{2} \cdot k = \frac{x}{2} \cdot k$, also $\frac{1}{x} \cdot \frac{x}{2} \cdot k = 3 \Rightarrow k = 6$

Ferner ist $x - 1 = a_6 = a_1 + 5d = 1 + 5 = 6$, also $x = 7$.

BA 44 2075 € monatlich im 10. Jahr. Er muss 14 Jahre tätig gewesen sein.

BA 45 $a_1 = 12$; $d = 6 \Rightarrow$
a) In der letzten Reihe stehen $12 + 29 \cdot 6 = 186$ Bäume.
b) In den ersten 4 Reihen stehen $12 + 18 + 24 + 30 = 84$ Bäume.

BA 46 Die letzte Person erhält 300 €.

BA 47 a) Es sind 8 Ratenzahlungen zu tätigen. b) Die letzte Rate beträgt 2 875 €.

BA 48

a) $a_1 = 0{,}7$; $q = 2$; $a_n = a_1 \cdot q^{n-1}$; $a_n = 0{,}7 \cdot 2^{n-1}$; $a_5 = 11{,}2$; $a_{15} = 11\,468{,}8$

b) $a_1 = \frac{5}{3}$; $q = 3$; $a_n = \frac{5}{3} \cdot 3^{n-1} = 5 \cdot 3^{n-2}$; $a_5 = 135$; $a_{15} = 7\,971\,615$

c) $a_1 = 2$; $q = -1$; $a_n = 2 \cdot (-1)^{n-1}$; $a_5 = 2$; $a_{15} = 2$

d) $a_1 = -16$; $q = -\frac{1}{4}$; $a_n = -16 \cdot (-\frac{1}{4})^{n-1}$; $a_5 = -0{,}0625$; $a_{15} \approx -5{,}96 \cdot 10^{-8}$

BA 49

a) $(a_n) = 1; 3; 9; 27; 81; 243; 729; \ldots; 3^{n-1}; \ldots$

b) $(b_n) = -2; -1; -\frac{1}{2}; -\frac{1}{4}; -\frac{1}{8}; -\frac{1}{16}; -\frac{1}{32}; \ldots; -2 \cdot (\frac{1}{2})^{n-1}; \ldots$

c) $(c_n) = 2; -1; \frac{1}{2}; -\frac{1}{4}; \frac{1}{8}; -\frac{1}{16}; \frac{1}{32}; \ldots; 2 \cdot (-\frac{1}{2})^{n-1}; \ldots$

BA 50

Für eine geometrische Zahlenfolge gilt $b_n = b_1 \cdot q^{n-1}$

Wegen $b_3 = b_1q^2 = 4$ und $b_5 = b_1q^4 = 8$ gilt $\frac{b_5}{b_3} = \frac{b_1q^4}{b_1q^2} = q^2 = \frac{8}{4} = 2$, also $q = \sqrt{2}$ oder $q = -\sqrt{2}$.

Dann ist $b_1 = \frac{4}{q^2} = \frac{4}{2} = 2$ und $b_6 = b_1q^5 = 2 \cdot (\sqrt{2})^5 = 2 \cdot (\sqrt{2})^4 \cdot \sqrt{2} = 2 \cdot 4 \cdot \sqrt{2} = 8\sqrt{2}$ oder

$b_6 = 2 \cdot (-\sqrt{2})^5 = 2 \cdot (-\sqrt{2})^4 \cdot (-2) = -8\sqrt{2}$.

BA 51

	a_1	a_2	a_3	a_5	a_8	a_{11}	q	a_n
a)	6	3	1,5	$\frac{3}{8}$	$\frac{3}{64}$	$\frac{3}{512}$	$\frac{1}{2}$	$\frac{12}{2^n}$
b)	$-\frac{27}{4}$	$\frac{9}{4}$	$-\frac{3}{4}$	$-\frac{1}{12}$	$\frac{1}{324}$	$-\frac{1}{8748}$	$-\frac{1}{3}$	$\frac{81}{4}\ (-\frac{1}{3})^n$
c)	$\frac{4}{3}$	$\frac{4}{\sqrt{3}}$	4	12	$36\sqrt{3}$	324	$\sqrt{3}$	$4(\sqrt{3})^{n-3}$
d)	1,31072	–3,2768	8,192	51,2	–800	12 500	–2,5	$1{,}31072 \cdot (-\frac{5}{2})^{n-1}$
e)	$\frac{3}{1280}$	$\frac{3}{640}$	$\frac{3}{320}$	$\frac{3}{80}$	$\frac{3}{10}$	$\frac{12}{5}$	2	$\frac{3}{1280} \cdot 2^{n-1}$
f)	$\frac{5}{8}$	$\frac{1}{4}$	$\frac{1}{10}$	$\frac{2}{125}$	$\frac{16}{15625}$	$6{,}55 \cdot 10^{-5}$	$\frac{2}{5}$	$2^{n-4} \cdot 5^{2-n}$

BA 52

a) $(a_n) = ((\frac{1}{2})^{n-1})$

$a_1 = 1$; $a_2 = \frac{1}{2}$; $a_3 = \frac{1}{4}$; $a_4 = \frac{1}{8}$; $a_5 = \frac{1}{16}$

$s_1 = 1$; $s_2 = \frac{3}{2}$; $s_3 = \frac{7}{4}$; $s_4 = \frac{15}{8}$; $s_5 = \frac{31}{16}$

$s_n = a_1 \cdot \frac{q^n - 1}{q - 1} = 1 \cdot \frac{\left(\frac{1}{2}\right)^n - 1}{-\frac{1}{2}} = 2 - (\frac{1}{2})^{n-1}$

b) $(b_n) = (\frac{3}{8} \cdot 4^n)$

$b_1 = 1{,}5;\quad b_2 = 6;\quad b_3 = 24;\quad b_4 = 96;\quad b_5 = 384$

$s_1 = 1{,}5;\quad s_2 = 7{,}5;\quad s_3 = 31{,}5;\quad s_4 = 127{,}5;\quad s_5 = 511{,}5$

$s_n = 1{,}5 \cdot \frac{4^n - 1}{3}$

c) $(c_n) = ((2\sqrt{2})^{n+1})$

$c_1 = 8;\quad c_2 = 16\sqrt{2};\quad c_3 = 64;\quad c_4 = 128\sqrt{2};\quad c_5 = 512$

$s_1 = 8;\quad s_2 = 8 + 16\sqrt{2};\quad s_3 = 72 + 16\sqrt{2};\quad s_4 = 72 + 144\sqrt{2};\quad s_5 = 584 + 144\sqrt{2}$

$s_n = 8 \cdot \frac{(2\sqrt{2})^n - 1}{2\sqrt{2} - 1}$

d) $(d_n) = (\frac{1}{2^n})$

$d_1 = \frac{1}{2};\quad d_2 = \frac{1}{4};\quad d_3 = \frac{1}{8};\quad d_4 = \frac{1}{16};\quad d_5 = \frac{1}{32}$

$s_1 = \frac{1}{2};\quad s_2 = \frac{3}{4};\quad s_3 = \frac{7}{8};\quad s_4 = \frac{15}{16};\quad s_5 = \frac{31}{32}$ $\qquad s_n = 1 - \frac{1}{2^n}$

BA 53

	n	0	1	2	3	4	5	
a)	a in cm	24	12	6	3	1,5	0,75	$q = \frac{1}{2}$ ⇒ geometrische Folge
b)	u in cm	72	36	18	9	4,5	2,25	$q = \frac{1}{2}$ ⇒ geometrische Folge
c)	$A = \frac{a^2}{4}\sqrt{3}$ in cm^2	249,4	62,4	15,6	3,9	0,97	0,24	$q = \frac{1}{4}$ ⇒ geometrische Folge

BA 54

a) $b_1 = 2\pi,\quad b_2 = \pi,\quad b_3 = \frac{\pi}{2};\quad b_4 = \frac{\pi}{4}$

b) (b_n) mit $b_n = 2\pi \cdot (\frac{1}{2})^{n-1} = \pi \cdot (\frac{1}{2})^{n-2}$

c) Für beliebige Glieder geometrischer Zahlenfolgen (mit Ausnahme des ersten Gliedes) gilt: Jedes Glied ist das geometrische Mittel seiner Nachbarglieder. Bezüglich (b_n) ist $b_{n-1} = \pi \cdot (\frac{1}{2})^{n-3}$ und $b_{n+1} = \pi \cdot (\frac{1}{2})^{n-1}$

$$\sqrt{b_{n-1} \cdot b_{n+1}} = \sqrt{\pi^2 \cdot \left(\frac{1}{2}\right)^{n-3} \cdot \left(\frac{1}{2}\right)^{n-1}} = \sqrt{\pi^2 \cdot \left(\frac{1}{2}\right)^{2n-4}} = \pi \cdot (\tfrac{1}{2})^{n-2} = b_n$$

d) $\sum_{n=1}^{6} b_n = 2\pi + \pi + \frac{\pi}{2} + \frac{\pi}{4} + \frac{\pi}{8} + \frac{\pi}{16} = \frac{63}{16}\pi$

Für (s_n) gilt mit $s_n = s_1 \cdot \frac{1-q^n}{1-q}$: $\quad s_n = 2\pi \cdot \frac{1 - \left(\frac{1}{2}\right)^n}{1 - \frac{1}{2}} = 4\pi \cdot (1 - (\frac{1}{2})^n)$ ⇒ Mit n = 6 ergibt sich $s_6 = 4\pi \cdot (1 - \frac{1}{64}) = \frac{63}{16}\pi$.

BA 55

a) $a_1 + d = 10;\quad q = \frac{10}{a_1};\quad a_1^2 - 29a_1 + 100 = 0$

Arithmetische Zf.: 4; 10; 16; …; $4 + 6(n-1)$ Geometrische Zf.: 4; 10; 25; …; $4 \cdot 2{,}5^{n-1}$

b) $a_1 + d = 27;\quad q = \frac{27}{a_1};\quad a_1^2 - 90a_1 + 27^2 = 0$

Arithmetische Zf.: 9; 27; 45; …; $9 + 18(n-1)$ Geometrische Zf.: 9; 27; 81; …; $9 \cdot 3^{n-1}$

BA 56

a) Nach der Zinseszinsformel ergibt sich: $K_{10} = K_0(1 + \frac{p}{100})^{10} = 5000 \cdot 1{,}07^{10} \approx 9835$ (€)

b) Hier gilt $K_n = K_0 \cdot 1{,}05^n$ mit $K_n = 2K_0$

Auflösen nach n: $\ln(1{,}05^n) = \ln 2$

$n \cdot \ln 1{,}05 = \ln 2 \Rightarrow n \approx 14{,}21$

Die Verdopplung des Anfangskapitals tritt also im 15. Jahr ein.

c) Aus der Zinseszinsformel folgt $30000 = 20000 \cdot (1 + \frac{p}{100})^5$

Auflösung nach p: $(1 + \frac{p}{100})^5 = 1{,}5 \qquad (1 + \frac{p}{100}) = \sqrt[5]{1{,}5}$

$\frac{p}{100} \approx 0{,}0845 \Rightarrow p \approx 8{,}45\,\%$

Es liegt also ein so genannter Effektivzins von 8,45 % vor.

BA 57

a) $K_5 \approx 175319$ € b) $K_0 \approx 116500$ € c) $p \approx 2{,}74$ % d) $n = 10$ Jahre

BA 58

a) Durch Anwendung der Zinseszinsformel erhält man $K_{10} = 4000 \cdot 1{,}05^{10} \approx 6515{,}58$. Das Endkapital beträgt also 6515,58 €.

b) Aus der Zinseszinsformel erhält man $p = 100\left(\sqrt[n]{\frac{K_n}{K_0}} - 1\right)$. Damit ergibt sich

$p = 100\left(\sqrt[3]{\frac{91293{,}29}{80000}} - 1\right) \approx 4{,}5$. Das ausgeliehene Kapital war mit 4,5% verzinst.

c) Mittels der Formel $n = \frac{\ln K_n - \ln K_0}{\ln\left(1 + \frac{p}{100}\right)}$ und wegen des Endkapitals $K_n = 2K_0$ erhält man:

$$\frac{\ln(2K_0) - \ln K_0}{\ln 1{,}0875} = \frac{\ln 2\frac{K_0}{K_0}}{\ln 1{,}0875} = \frac{\ln 2}{\ln 1{,}0875} \approx 8{,}26.$$

Nach etwa $8\frac{1}{4}$ Jahren verdoppelt sich unter den angegebenen Bedingungen das Kapital.

d) Nach der Formel $K_0 = \frac{K_n}{\left(1 + \frac{p}{100}\right)^n}$ erhält man $K_0 = \frac{12000}{1{,}06^{10}} \approx 6700{,}73$.

Man müsste also etwa 6700 € anlegen, damit das Guthaben unter den angegebenen Bedingungen nach 10 Jahren auf 12 000 € angewachsen ist.

BA 59

a) Die Einzahlungsbeträge führen zur geometrischen Zahlenfolge
$(a_n) = 5; 10; 20; 40; 80; \dots; (5 \cdot 2^{n-1}); \dots$ mit $a_1 = 5$ und $q = 2$. Nach Satz B 4 erhält man somit
$s_{10} = 5 \cdot \frac{2^{10} - 1}{2 - 1} = 5 \cdot 1023 = 5115.$
Bis zum 10. Geburtstag zahlte der Vater also 5115 € ein.

b) Wir wenden nach Satz B 4 die Summenformel für die n-te geometrische Partialsumme an und erhalten
$5 \cdot \frac{2^n - 1}{2 - 1} = 163\,835$. Nach Umformung entsteht die Gleichung $2^n = 32768$ mit der Lösung $n = 15$. Der Betrag von 163835 € wird also bis zum 15. Geburtstag eingezahlt.

BA 60

a) Nach der ersten Faltung ist die Papierlage $0{,}1 \text{ mm} \cdot 2 = 0{,}2$ mm stark, nach der zweiten $0{,}1 \text{ mm} \cdot 2^2 = 0{,}4$ mm, nach der dritten $0{,}1 \text{ mm} \cdot 2^3 = 0{,}8$ mm usw. Die Verfahrensweise führt zu einer geometrischen Zahlenfolge mit $a_1 = 0{,}1$ und $q = 2$.
Das Bildungsgesetz heißt also $a_n = 0{,}1 \cdot 2^n$, wobei der Index n zugleich die Anzahl der Faltungen anzeigt.
$a_{10} = 0{,}1 \cdot 2^{10} = 102{,}4$. Die Stärke der Lage beträgt nach 10 Faltungen 0,1024 m.

b) Aus $a_n = 104857{,}6$ folgt $104857{,}6 = 0{,}1 \cdot 2^n$ und daraus die Gleichung $2^n = 1048576$.
Durch Logarithmieren erhält man $n \cdot \ln 2 = \ln 1048576$ und daraus $n = 20$. Die angegebene Lage war also 20-mal gefaltet worden.

BA 61

a) $a_{100} \approx 305$ °C
b) Wasser siedet etwa in einer Tiefe von 3025 m.
c) Tiefe der Thermalquelle etwa 1200 m.

Arithmetische Folge mit $a_n = 25 + 100(n - 1) = 100n - 75$

Tiefe	Temperatur
$a_1 = 25$ m	10 °C
$a_2 = 125$ m	13 °C
$a_3 = 225$ m	16 °C
⋮	⋮
$a_n = 100n \cdot 75$	(3n + 7)

BA 62

a) $(a_n) = 1000; 2000; 4000; 8000; \dots;$ $a_1 = 1000;$ $q = 2$ (a_n) geometrische Folge mit $a_n = 1000 \cdot 2^{n-1}$

b) $a_{49} = 1000 \cdot 2^{49-1}$
$= 1 \cdot 10^3 \cdot 2^{48} = 1 \cdot 10^3 \cdot 2{,}81475 \cdot 10^{14}$
$\approx 2{,}81475 \cdot 10^{17}$ Einzeller

Länge: $2{,}81475 \cdot 10^{14}$ mm $= 2{,}81475 \cdot 10^{11}$ m
$= 281{,}475 \cdot 10^6$ km
$= 281\,475\,000$ km

c) Aus $10^7 = 10^3 \cdot 2^{n-1}$ folgt $n \approx 14{,}3$.
Da es im Durchschnitt alle 30 Minuten zur Teilung kommt, sind *nach mehr als 7 Stunden* 10 Millionen Einzeller vorhanden.

d) z. B. Nährstoffmangel, ungünstige Temperaturen, …

BA 63 Ist $q = 1$, so gilt wegen $a_1 = a_2 = a_3 = \dots a_n$: $s_n = a_1 + a_2 + a_3 + \dots a_n = a_1 + a_1 + \dots + a_1 = n \cdot a_1$

BA 64

Geometrische Folge: $a_n = a_1 \cdot q^{n-1}$
Verdopplung nach 30 Stunden: $2a_1 = a_1 \cdot q^{30} \Rightarrow q \approx 1{,}0234$
Mit $q = 1 + \frac{p}{100}$ folgt $p \approx 2{,}34\,\%$

BA 65 Wir geben den Amplituden nach links, also $a_1, a_3, a_5, \dots$, positives Vorzeichen und den Amplituden nach rechts, also $a_2, a_4, a_6, \dots$, negatives Vorzeichen.

Es gilt: $a_1 \xrightarrow{\cdot(-0{,}75)} \underbrace{-a_1 \cdot 0{,}75}_{a_2} \xrightarrow{\cdot(-0{,}75)} \underbrace{a_1 \cdot (0{,}75)^2}_{a_3} \xrightarrow{\cdot(-0{,}75)} \underbrace{-a_1 \cdot (0{,}75)^3}_{a_4} \dots$

Also ist die Bildungsvorschrift: $a_n = a_1 \cdot (-0{,}75)^{n-1}$
und damit $a_1 = 30$ cm; $a_2 = -22{,}500$ cm; $a_3 = 16{,}875$ cm; $a_4 = -12{,}656$ cm; $a_5 = 9{,}492$ cm.

BA 66 Wir geben den Amplituden oberhalb der Gleichgewichtslage, also $a_1, a_3, a_5, \dots$, positives Vorzeichen, unterhalb der Gleichgewichtslage, also $a_2, a_4, a_6, \dots$, negatives Vorzeichen.

$a_n = a_1 \cdot q^{n-1}$ $a_n = 40 \cdot (-\frac{2}{3})^{n-1}$
$|a_1| = 40$ cm; $|a_2| = 26{,}67$ cm; $|a_3| = 17{,}78$ cm; $|a_4| = 11{,}85$ cm; $|a_5| = 7{,}90$ cm

BA 67

a) Bestand zur Zeit $t = 0$: b_0
nach 1 Zeiteinheit: $b_1 = b_0 + b_0 \cdot \frac{p}{100} = b_0 \cdot (1 + \frac{p}{100})$
nach 2 Zeiteinheiten: $b_2 = b_1 + b_1 \cdot \frac{p}{100} = b_1 \cdot (1 + \frac{p}{100}) = b_0 \cdot (1 + \frac{p}{100})(1 + \frac{p}{100}) = b_0 \cdot (1 + \frac{p}{100})^2$
nach 3 Zeiteinheiten: $b_3 = b_0 \cdot (1 + \frac{p}{100})^3$
$\vdots$
nach n Zeiteinheiten: $b_n = b_0 \cdot (1 + \frac{p}{100})^n$ mit $b_{k+1} : b_k = (1 + \frac{p}{100}) = q$

b) Bestand zur Zeit $t = 0$: b_0
nach 1 Zeiteinheit: $b_1 = b_0 - b_0 \cdot \frac{p}{100} = b_0 \cdot (1 - \frac{p}{100})$
nach 2 Zeiteinheiten: $b_2 = b_1 - b_1 \cdot \frac{p}{100} = b_1 \cdot (1 - \frac{p}{100}) = b_0 \cdot (1 - \frac{p}{100})(1 - \frac{p}{100}) = b_0 \cdot (1 - \frac{p}{100})^2$
nach 3 Zeiteinheiten: $b_3 = b_0 \cdot (1 - \frac{p}{100})^3$
$\vdots$
nach n Zeiteinheiten: $b_n = b_0 \cdot (1 - \frac{p}{100})^n$ mit $b_{k+1} : b_k = (1 - \frac{p}{100}) = q$

BA 68

	Einsatz	summ. Einsatz	Auszahlung	Gewinn
1. Runde	5	5	$10 = 2^1 \cdot 5$	5
2. Runde	$2 \cdot 5$	$5 + 2 \cdot 5$	$20 = 2^2 \cdot 5$	5
3. Runde	$2^2 \cdot 5$	$5 + 2 \cdot 5 + 2^2 \cdot 5$	$40 = 2^3 \cdot 5$	5
n. Runde	$2^{n-1} \cdot 5$	$5 \sum_{k=0}^{n-1} 2^k$	$2^n \cdot 5$	5

Zu zeigen bleibt: $2^n \cdot 5 - 5 \sum_{k=0}^{n-1} 2^k = 5 \Rightarrow 2^n - \sum_{k=0}^{n-1} 2^k = 1 \Rightarrow 2^n - (2^n - 1) = 1$
Damit ist gezeigt, dass der Gewinn stets nur 5 € beträgt.

BA 69

a) rekursive Bildungsvorschrift: $x_{n+1} = 0{,}5x_n + 2$ mit $x_0 = 8$

b) 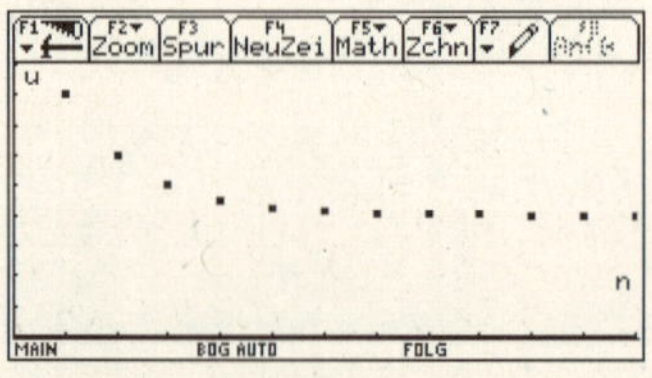

Der Sauerstoffgehalt nähert sich einem Wert von 4 l an.

c) $x_n = 8 \cdot 2^{-(n+1)} + 4$

BA 70 $160 \cdot 10^6 \cdot 1{,}005^{2000} \approx 3{,}437 \cdot 10^{12}$. Dies ist etwa 570-mal mehr als heute auf der Erde tatsächlich leben.

BA 71

a)

t	0	2	5	10	20	40	60
θ(t)	90	84,3	76,7	65,9	50	32,9	25,5

b) Je länger man die Temperatur beobachtet, stellt man fest, dass sie sich – wie zu erwarten ist – der Zimmertemperatur von 20°C annähert.

BA 72

a) Zunächst wächst der Bestand während des Jahres auf $1{,}5 \cdot n_0 = 7500$, von denen 35 % gefangen werden. Es bleiben am Jahresende $n_1 = 0{,}65 \cdot 1{,}5 \cdot n_0 = 4875$.

Allgemein: $n_t = n_0 \left(1 + \frac{50}{100}\right)^t \left(1 - \frac{35}{100}\right)^t$

t = 2: 4753 Fische; t = 5: 4405 Fische; t = 10: 3881 Fische

b) Man betrachte die Folge (b_n) der Fischanzahlen am Jahresende:

t	1	2	3	4	5	6
n(t)	4875	4753	4634	4518	4405	4295

Zu vermuten ist eine geometrische Folge. Dies wird bestätigt durch Betrachtung der Quotienten $\frac{n_{t+1}}{n_t}$. Es ergibt sich $\frac{n_{t+1}}{n_t} = 0{,}975$.
Somit ist $(b_n) = 5000 \cdot 0{,}975^n$. Diese Folge konvergiert gegen 0, d.h. auf lange Sicht wird der Bestand aussterben.

BA 73

a) $A_0 = a_0 \cdot b_0$; $A_1 = a_0 \cdot \frac{b_0}{2}$; $A_2 = \frac{a_0}{2} \cdot \frac{b_0}{2}$; $A_3 = \frac{a_0}{2} \cdot \frac{b_0}{4}$; $A_4 = \frac{a_0}{4} \cdot \frac{b_0}{4}$

$A_4 = 0{,}297 \cdot 0{,}210\ \text{m}^2 = 0{,}06244\ \text{m}^2 \approx 624{,}4\ \text{cm}^2$

b) $1\ \text{m}^2$; $\frac{1}{2}\ \text{m}^2$; $\frac{1}{4}\ \text{m}^2$; $\frac{1}{8}\ \text{m}^2$; $\frac{1}{16}\ \text{m}^2$; $\frac{1}{32}\ \text{m}^2$; $\frac{1}{64}\ \text{m}^2$; $\frac{1}{128}\ \text{m}^2$

c) Sei n die Anzahl der Faltungen, d die Dicke in mm. $d_1 = 0{,}25 \cdot 2\ \text{mm} = 0{,}5\ \text{mm}$; $d_n = 0{,}25 \cdot 2^n\ \text{mm}$.
Damit ergibt sich : Nach 10 Faltungen ist der Stapel $d_{10} = 0{,}25 \cdot 1024\ \text{mm} = 256\ \text{mm}$ hoch.
$0{,}25 \cdot 2^n > 3{,}84 \cdot 10^{11}\ \text{mm} \Rightarrow 2^n > 1{,}524 \cdot 10^{12} \Rightarrow n > 40{,}47$
Nach 41 Faltungen reicht der Stapel über den Mond hinaus.

BA 74

Eine lineare Funktion f(x): $y = mx + b$ ist eine Abbildung der reellen Zahlen in sich. Eine arithmetische Folge $a_n = a_1 + (n-1)\,d = a_1 + nd - d = nd + (a_1 - d)$ kann als Abbildung der natürlichen Zahlen in die Menge der reellen Zahlen interpretiert werden. Dabei entspricht die Differenz d dem Steigungsfaktor m bei linearen Funktionen und $(a_1 - d)$ dem Achsenabschnitt b.

BA 75

a)

Tiefe in m	1	2	3	4	5
Lichtintensität in %	25	6,25	1,56	0,39	0,098

b) explizite Bildungsvorschrift: $a_n = 0{,}25 \cdot (1 - 0{,}75)^{n-1} = 0{,}25 \cdot 0{,}25^{n-1} = 0{,}25^n$
rekursive Bildungsvorschrift: $a_1 = 0{,}25$; $a_{n+1} = 0{,}25 \cdot a_n$

c) $0{,}001 = 0{,}25^n$, also $n = \frac{\ln(0{,}001)}{\ln(0{,}25)} = 4{,}98$ (m)

BA 76

a) explizites Bildungsgesetz: $a_n = 400 \cdot 6^{n-1}$
rekursives Bildungsgesetz: $a_1 = 400$; $a_{n+1} = a_n \cdot 6^n$

b)

Jahr	1994	1995	1996	1997	1998
Fläche in ha	400	2400	14400	86400	518400

c) $302\,000\,000 = 400 \cdot 6^{n-1} \Rightarrow \ln(302\,000\,000) = \ln(400 \cdot 6^{n-1})$
$= \ln(400) + (n-1)\ln(6)$, also $n = \frac{\ln 302000000 \ln 400}{\ln 69} = 8{,}55$

Demnach müsste das Mittelmeer im Jahr 2003 mit Killeralgen zugewuchert sein. Dass dies nicht so ist, liegt daran, dass zum einen die Annahme des exponentiellen Wachstums als falsch angesehen werden muss, zum anderen die Alge nur an Küsten heimisch ist.

BA 77

$0{,}2 > 2 \cdot 0{,}9^n$

$\ln 0{,}1 > n \cdot \ln 0{,}9$

$n > \frac{\ln 0{,}1}{\ln 0{,}9}$, also $n > 21{,}9$ Nach dem zweiundzwanzigsten Aufprall wird die Höhe von 20 cm nicht mehr erreicht.

Aufgaben zur Selbstkontrolle

BA 78 Eine Zahlenfolge ist eine Funktion, deren Definitionsbereich die Menge der natürlichen Zahlen ist (bzw. eine Teilmenge davon, wenn es sich um eine endliche Zahlenfolge handelt).

BA 79

a) $a_1 = 2$; $a_2 = 3\frac{1}{2}$; $a_3 = 2\frac{2}{3}$; $a_4 = 3\frac{1}{4}$; $a_5 = 2\frac{4}{5}$; $a_6 = 3\frac{1}{6}$; $a_7 = 2\frac{6}{7}$; $a_8 = 3\frac{1}{8}$; $a_9 = 2\frac{8}{9}$; $a_{10} = 3\frac{1}{10}$

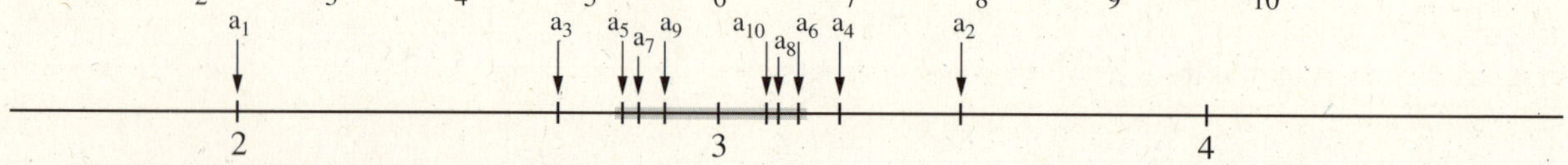

Fast alle Glieder konzentrieren sich um die Zahl 3.

b) $b_1 = 6{,}5$; $b_2 = 6{,}75$; $b_3 = 6{,}875$; $b_4 = 6{,}9375$; $b_5 = 6{,}96875$; $b_6 = 6{,}984375$; $b_7 = 6{,}99219875$; $b_8 = 6\frac{255}{256} \approx 6{,}9961$; $b_9 = 6\frac{511}{512} \approx 6{,}9980$; $b_{10} = 6\frac{1023}{1024} \approx 6{,}9990$

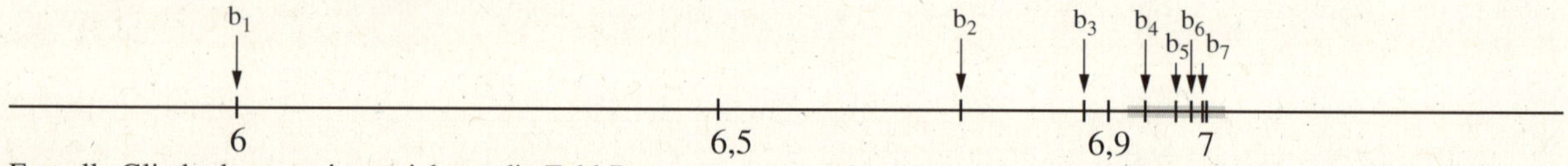

Fast alle Glieder konzentrieren sich um die Zahl 7.

BA 80

a) Es handelt sich um ein Polynom vom Grad 20.
$16x^4 + 25x^5 + 36x^6 + 49x^7 + 64x^8 + 81x^9 + 100x^{10} + 121x^{11} + 144x^{12} + 169x^{13} + 196x^{14} + 225x^{15} + 256x^{16} + 289x^{17} + 324x^{18} + 361x^{19} + 400x^{20}$

b) $\sum_{n=1}^{10} n^2$

BA 81

a) Wahr, das erste Folgeglied ist die untere Schranke.
b) Falsch, Gegenbeispiel: $a_n = (-1)^n$
c) Falsch: streng monoton wachsend heißt $a_{n+1} > a_n$ für alle n, was ein Widerspruch zu streng monoton fallend ist.
d) Falsch, Gegenbeispiel: $a_n = -(\frac{1}{n})$; obere Schranke z.B. $s_0 = 0$
e) Falsch, Gegenbeispiel: $(a_n) = -1; 1; -1; 1; \ldots$
f) $a_n = a_1 + (n-1)d$. Sind a_1 und d gegeben, so kann man jedes Folgenglied berechnen.
Sind a_k und d gegeben, so lässt sich $a_1 = a_k - (k-1)d$ bestimmen. Damit ist die Folge eindeutig definiert.
Sind a_k und a_m gegeben, ist das Gleichungssystem $\left| \begin{aligned} a_k &= a_1 + (k-1) \cdot d \\ a_m &= a_1 + (m-1) \cdot d \end{aligned} \right|$ zu lösen. Daraus ergeben sich a_1 und d.
g) $a_n = a_1 \cdot q^{n-1}$. Sind a_1 und q gegeben, so kann man jedes Folgenglied berechnen. Sind a_k und q gegeben, so ist $a_1 = \frac{a_k}{q^{k-1}}$. Damit ist die Folge eindeutig bestimmt.
Sind a_k und a_m gegeben, ist das Gleichungssystem $\left| \begin{aligned} a_k &= a_1 q^{k-1} \\ a_m &= a_1 q^{m-1} \end{aligned} \right|$ zu lösen. Daraus ergeben sich a_1 und q.

BA 82

a) $a_n = n^2$; ($a_n = -n^2$; $a_n = n(-1)^n$)
b) $a_n = 6n - n^2$ mit oberer Schranke 9 für n = 3; ($a_n = 3^n$ mit unterer Schranke $s_n = 3$; $a_n = \frac{n + (-1)^n}{n}$ mit $s_n = 0$ und $s_0 = 1{,}5$)
c) i) 2; 3,5; 5; 6,5; 8; … d = 1,5 ii) 0,4; 0,7; 1; 1,3; 1,6; … d = 0,3
d) Für die Folgen von Aufgabe c gilt:
i) $a_n = 2 + (n-1) \cdot 1{,}5$ ii) $a_n = 0{,}4 + (n-1) \cdot 0{,}3$
e) Arithmetische Folgen sind spezielle lineare Funktionen mit der Menge der natürlichen Zahlen als Definitionsbereich.
f) Viele Wachstums- und Zerfallsprozesse; Verzinsungen;
g) i) (16; 8; 4; 2; 1; 0,5; …) q = 0,5 ii) (5; 7; 9,8; 13,72; 19,208; 26,8912…) q = 1,4
h) i) $a_n = 16 \cdot 0{,}5^{n-1}$ ii) $a_n = 5 \cdot 1{,}4^{n-1}$

C Grenzwerte von Zahlenfolgen und Funktionen

C 1 Konvergenz und Grenzwerte von Zahlenfolgen

CA 1

a) $|a_n - g| = |-\frac{n+1}{n} - (-1)| = \frac{1}{n}$ Abstand des n-ten Zahlenfolgengliedes von g

Für $\frac{1}{n} < \frac{1}{10}$, folgt n > 10, d.h., alle Zahlenfolgenglieder ab a_{11} haben einen Abstand von g = –1, der kleiner als $\frac{1}{10}$ ist.

Nur die ersten zehn Glieder haben einen größeren Abstand von –1.

b) ab a_{101}

c) ab a_{1001}

CA 2

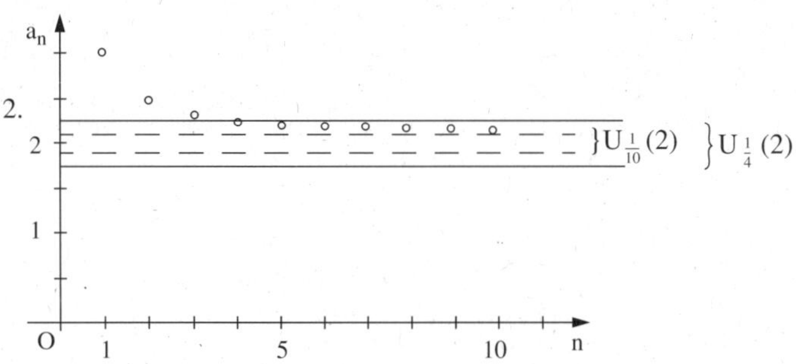

a) $(a_n) = (2 + \frac{1}{n})$

b) Die Folgenglieder nähern sich bei wachsendem n der Zahl 2.

c) außerhalb von $U_{\frac{1}{4}}(2)$ liegen 4 Folgenglieder;

außerhalb von $U_{\frac{1}{10}}(2)$ liegen 10 Folgenglieder

d) außerhalb $U_{\frac{1}{10\,000}}(2)$ liegen 10 000 Folgenglieder

e) Ab n = 1 000 001 liegen die Folgenglieder in $U_{\frac{1}{10^6}}(2)$;

f) $|2 + \frac{1}{n} - 2| < \varepsilon \Rightarrow \frac{1}{n} < \varepsilon \Rightarrow n > \frac{1}{\varepsilon}$ (ist erfüllt für fast alle n bei beliebigem $\varepsilon > 0$) $\Rightarrow \lim\limits_{n \to \infty} (2 + \frac{1}{n}) = 2$

CA 3

	$(\frac{2n-1}{2n})$	$((-1)^n \cdot \frac{2}{n})$	$(\frac{4n-3}{3n})$	$(\frac{4-n}{2n})$
a)	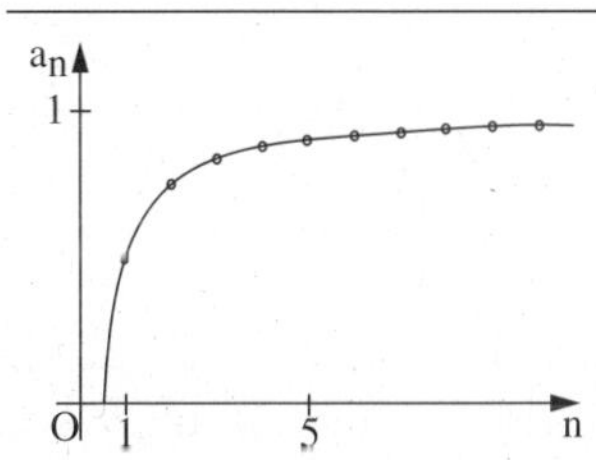	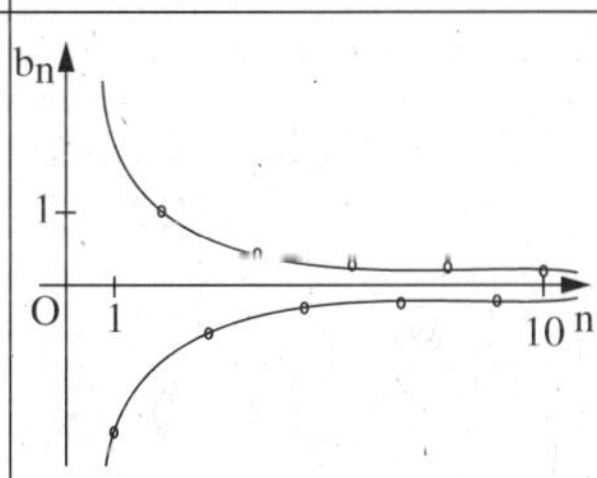	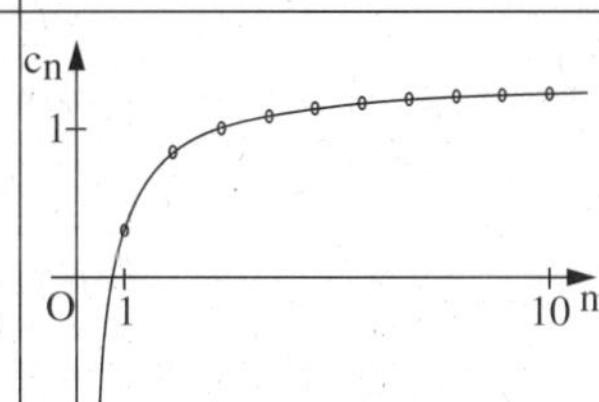	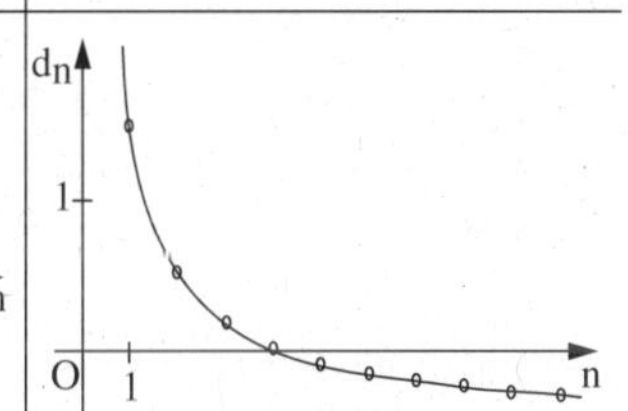
b)	a_n nähern sich 1	b_n nähern sich 0	c_n nähern sich $\frac{4}{3}$	d_n nähern sich $-\frac{1}{2}$
c)	außerhalb $U_{\frac{1}{4}}(1)$: 2 außerhalb $U_{\frac{1}{10}}(1)$: 5	$U_{\frac{1}{4}}(0)$: 8 $U_{\frac{1}{10}}(0)$: 20	$U_{\frac{1}{4}}(\frac{4}{3})$: 4 $U_{\frac{1}{10}}(\frac{4}{3})$: 10	$U_{\frac{1}{4}}(-\frac{1}{2})$: 8 $U_{\frac{1}{10}}(-\frac{1}{2})$: 20
d)	5 000	20 000	10 000	20 000
e)	n = 500 001	n = 2 000 001	n = 1 000 001	n = 2 000 001
f)	$\lvert\frac{2n-1}{2n} - 1\rvert = \lvert\frac{-1}{2n}\rvert = \frac{1}{2n}$ $\frac{1}{2n} < \varepsilon \Rightarrow n > \frac{1}{2\varepsilon}$	$\lvert(-1)^n \cdot \frac{2}{n}\rvert = \frac{2}{n}$ $\frac{2}{n} < \varepsilon \Rightarrow n > \frac{2}{\varepsilon}$	$\lvert\frac{4n-3}{3n} - \frac{4}{3}\rvert = \frac{1}{n}$ $\frac{1}{n} < \varepsilon \Rightarrow n > \frac{1}{\varepsilon}$	$\lvert\frac{4-n}{2n} + \frac{1}{2}\rvert = \frac{2}{n}$ $\frac{2}{n} < \varepsilon \Rightarrow n > \frac{2}{\varepsilon}$

CA 4 Beweis (indirekt):

Gegenannahme: (a_n) habe zwei Grenzwerte g_1 und g_2; $g_1 \neq g_2$

Nach Def. C 2 liegen dann unendlich viele Glieder der Folge (a_n) in der betrachteten ε-Umgebung von g_1 wie auch in der ε-Umgebung von g_2. Damit liegen außerhalb der ε-Umgebung von g_1 auch unendlich viele Folgenglieder. Das ist aber ein Widerspruch zur Definition des Grenzwertbegriffs. Somit ist die Gegenannahme falsch und die Behauptung wahr.

CA 5 a) 0 b) 0 c) 0 d) –2 e) 4 f) $\sqrt{15}$

CA 6

a) $a_{100} = 2{,}99 \quad a_{1000} = 2{,}999 \quad \Rightarrow \quad g = 3$

$\left|\frac{3n-1}{n} - 3\right| < \varepsilon \Rightarrow \left|\frac{3n-1-3n}{n}\right| < \varepsilon; \quad \left|-\frac{1}{n}\right| < \varepsilon \quad \Rightarrow \quad \frac{1}{n} < \varepsilon$ und $n > \frac{1}{\varepsilon}$

D.h., es gibt für beliebig kleine ε ($\varepsilon > 0$) unendlich viele n, die die Ungleichung erfüllen. Also liegen unendlich viele Glieder a_n der Zahlenfolge in der ε-Umgebung von g und nur endlich viele außerhalb. Demzufolge ist $g = 3$ Grenzwert.

b) $a_{100} = 0{,}34 \quad a_{1000} = 0{,}33 \quad \Rightarrow \quad g = 0{,}\overline{3} = \frac{1}{3}$

$\left|\frac{2n+2}{6n} - \frac{1}{3}\right| < \varepsilon \Rightarrow \left|\frac{2n+2-2n}{6n}\right| < \varepsilon; \quad \left|\frac{2}{6n}\right| < \varepsilon \quad \Rightarrow \quad \frac{2}{6n} < \varepsilon$ und $n > \frac{1}{3\varepsilon}$ für fast alle n; $\quad g = \frac{1}{3}$ ist Grenzwert.

c) $a_{10} = 0{,}33\,(\frac{49}{150}) \quad a_{100} = 0{,}33\,(\frac{4999}{15000}) \quad \Rightarrow \quad g = \frac{1}{3}$

$\left|\frac{n^2-2}{3n^2} - \frac{1}{3}\right| < \varepsilon \Rightarrow \left|\frac{n^2-2-n^2}{3n^2}\right| < \varepsilon; \quad \left|\frac{-2}{3n^2}\right| < \varepsilon \quad \Rightarrow \quad \frac{2}{3n^2} < \varepsilon; \quad n^2 > \frac{2}{3\varepsilon}$ und $n > \frac{\sqrt{2}}{\sqrt{3}\cdot\sqrt{\varepsilon}}$; $\quad g = \frac{1}{3}$ ist Grenzwert.

d) $(\frac{(-1)^n+n}{n} - 1) = 0; \frac{3}{2}; \frac{2}{3}; \frac{5}{4}; \frac{4}{5}; \frac{7}{5}; \frac{6}{7}; \ldots,$ d.h. a_n abwechselnd größer und kleiner $1 \Rightarrow$ Vermutung: $g = 1$

Nachweis: $\left|\frac{(-1)^n+n}{n} - 1\right| < \varepsilon \Rightarrow \left|\frac{(-1)^n+n-n}{n}\right| < \varepsilon; \quad \left|\frac{(-1)^n}{n} - 1\right| < \varepsilon \Rightarrow \frac{1}{n} < \varepsilon$ und $n > \frac{1}{\varepsilon}$ für fast alle n

$g = 1$ ist Grenzwert

CA 7

a) $\left|\frac{5n+3}{2n} - \frac{5}{2}\right| = \frac{3}{2n} \quad < \varepsilon \quad \Rightarrow \quad n > \frac{3}{2\varepsilon}$ (für fast alle n erfüllt) $\quad \Rightarrow \quad \lim\limits_{n\to\infty} (a_n)_1 = \frac{5}{2}$

b) $\left|\frac{7}{3} - \frac{4}{3n} - \frac{7}{3}\right| = \frac{4}{3n} \quad < \varepsilon \quad \Rightarrow \quad n > \frac{4}{3\varepsilon}$ (für fast alle n erfüllt) $\quad \Rightarrow \quad \lim\limits_{n\to\infty} (a_n)_2 = \frac{7}{3}$

c) $\left|\frac{4-3n}{5n} - \frac{3}{5}\right| = \frac{6}{5} - \frac{4}{5n} \quad < \varepsilon \quad \Rightarrow \quad n < \frac{4}{6-5\varepsilon}$ (nur für endlich viele n erfüllt)

d) $\left|\frac{10+n}{n^2} - 0\right| = \frac{10+n}{n^2} \quad < \varepsilon \quad \Rightarrow \quad \frac{10}{n^2} + \frac{1}{n} < \varepsilon$ (für fast alle n erfüllt) $\quad \Rightarrow \quad \lim\limits_{n\to\infty} (a_n)_4 = 0$

e) $\left|\frac{9n+7}{8n} - 1\right| = \frac{n+7}{8n} \quad < \varepsilon \quad \Rightarrow \quad \frac{7}{8\varepsilon - 1} > n$ (nur für endlich viele n erfüllt)

f) $\left|\frac{n}{10^7} - 1\right| \quad < \varepsilon \quad \Rightarrow \quad |n - 10^7| < \varepsilon \cdot 10^7$ (nur für endlich viele n erfüllt)

g) $\lim\limits_{n\to\infty} (a_n)_3 = -\frac{3}{5}$, denn: $\quad \left|\frac{4-3n}{5n} + \frac{3}{5}\right| = \frac{4}{5n} \quad < \varepsilon \quad \Rightarrow \quad n > \frac{4}{5\varepsilon}$ (für fast alle n erfüllt)

$\lim\limits_{n\to\infty} (a_n)_5 = -\frac{9}{8}$, denn: $\quad \left|\frac{9n+7}{8n} - \frac{9}{8}\right| = \frac{7}{8n} \quad < \varepsilon \quad \Rightarrow \quad n > \frac{7}{8\varepsilon}$ (für fast alle n erfüllt)

$\lim\limits_{n\to\infty} (a_n)_6$ existiert nicht.

CA 8

(a_n) $\quad \left|\frac{2n+1}{n} - 2\right| < \varepsilon; \quad \left|\frac{2n+1-2n}{n}\right| < \varepsilon; \quad \left|\frac{1}{n}\right| < \varepsilon;$ mit $n \in \mathbb{N} \Rightarrow \frac{1}{n} < \varepsilon$ (bzw. $n > \frac{1}{\varepsilon}$)

Wählt man $\varepsilon = \frac{1}{10}$, dann ist die Ungleichung ab $n = 11$ erfüllt. Zu jedem beliebig kleinen ε gibt es eine natürliche Zahl n, so dass $\frac{1}{n} < \varepsilon$. Das bedeutet, dass (a_n) konvergent ist und den Grenzwert 2 besitzt.

(b_n) $\quad \left|\frac{2n^2-18}{3n^2} - \frac{2}{3}\right| < \varepsilon; \quad \left|\frac{2n^2-18-2n^2}{3n^2}\right| < \varepsilon; \quad \left|\frac{-6}{n^2}\right| < \varepsilon; \quad \frac{6}{n^2} < \varepsilon$ bzw. $n > \sqrt{\frac{6}{\varepsilon}}$

Wählt man $\varepsilon = \frac{1}{10}$, dann ist die Ungleichung ab $n = 8$ erfüllt.

(c_n) $\quad \left|\frac{n^2+n+1}{5n^2+n} - 0{,}2\right| < \varepsilon; \quad \left|\frac{n^2+n+1-\frac{1}{5}(5n^2+n)}{5n^2+n}\right| < \varepsilon; \quad \left|\frac{\frac{4}{5}n+1}{5n^2+n}\right| < \varepsilon$

Abschätzung für $\varepsilon = \frac{1}{10}$: $\quad \frac{\frac{4}{5}n+1}{5n^2+n} < \frac{1}{10}; \quad \frac{4}{5}n + 1 < \frac{1}{2}n^2 + 0{,}1; \quad -0{,}5n^2 + 0{,}7n + 1 < 0; \quad n^2 - \frac{7}{5}n - 2 > 0$

$n_{1/2} > \frac{7}{10} \pm \sqrt{\frac{49}{100} + \frac{200}{100}}; \quad n_{1/2} > \frac{7}{10} \pm \frac{15{,}8}{10}$

$n_1 > 2{,}28 \Rightarrow$ Ungleichung ab $n = 3$ erfüllt ($n_2 > -0{,}88$ entfällt)

(d_n) $\left|\frac{12n^2+3}{(2n+1)^2} - 3\right| < \varepsilon$; $\left|\frac{12n^2+3-3(2n+1)^2}{(2n+1)^2}\right| < \varepsilon$; $\left|\frac{12n^2+3-12n^2-12n-3}{(2n+1)^2}\right| < \varepsilon$; $\left|\frac{-12n}{(2n+1)^2}\right| < \varepsilon$; $\frac{12n}{(2n+1)^2} < \varepsilon$

Abschätzung für $\varepsilon = \frac{1}{10}$: $\frac{12n}{(2n+1)^2} < \frac{1}{10}$; $12n < \frac{1}{10}(2n+1)^2$; $12n < \frac{2}{5}n^2 + \frac{2}{5}n + \frac{1}{10}$; $n^2 - 29n + \frac{1}{4} > 0$

$n_{1/2} > \frac{29}{2} \pm \sqrt{\frac{841}{4} - \frac{1}{4}}$; $n_{1/2} > \frac{29}{2} \pm \sqrt{210}$; $n_{1/2} > 14{,}5 \pm 14{,}4914$

$n_1 > 28{,}9914 \Rightarrow$ Ungleichung ist ab $n = 29$ erfüllt ($n_2 > 0{,}0086$ entfällt)

Weniger aufwändig ist die Lösung über Nullfolgen:

$(a_n - g) = (\frac{2n+1}{n} - 2) = (\frac{2n+1-2n}{n}) = (\frac{1}{n})$; Nullfolge, d.h. $g = 2$

$(b_n - g) = (\frac{2n^2-18}{3n^2} - \frac{2}{3}) = (\frac{2n^2}{3n^2} - \frac{18}{3n^2} - \frac{2}{3}) = (\frac{6}{n^2})$; Nullfolge

$(c_n - g) = (\frac{n^2+n+1}{5n^2+n} - \frac{1}{5}) = (\frac{0{,}8n+1}{5n^2+n})$; Nullfolge, da $0 < \frac{0{,}8n+1}{5n^2+n} < \frac{1}{n} \Rightarrow 0{,}8n^2 < 5n^2 \Rightarrow 0{,}8 < 5$ für alle $n \in \mathbb{N}$

$(d_n - g) = (\frac{12n^2+3}{(2n+1)} - 3) = (\frac{-12n}{4n^2+4n+1})$; Nullfolge, da $0 > \frac{-12n}{4n+4+\frac{1}{n}} > -\frac{3}{n}$

CA 9

	monoton wachsend	monoton fallend
$g = 3$	$(3 - \frac{2}{n})$	$(3 + \frac{2}{n})$
$g = -2$	$(-2 - \frac{1}{n})$	$(-2 + \frac{1}{n})$
$g = 5$	$(5 - \frac{1}{n^2})$	$(5 + \frac{1}{n^2})$
$g = -1$	$(-1 - \frac{1}{2^n})$	$(-1 + \frac{1}{2^n})$

CA 10

a)

n	1	2	3	4	5	6	…
a_n	2	4	8	16	32	64	…
b_n	−2	−4	−8	−16	−32	−64	…
c_n	−2	4	−8	16	−32	64	…
d_n	$\frac{1}{2}$	$\frac{1}{4}$	$\frac{1}{8}$	$\frac{1}{16}$	$\frac{1}{32}$	$\frac{1}{64}$	…
e_n	$-\frac{1}{2}$	$-\frac{1}{4}$	$-\frac{1}{8}$	$-\frac{1}{16}$	$-\frac{1}{32}$	$-\frac{1}{64}$	…
f_n	$-\frac{1}{2}$	$\frac{1}{4}$	$-\frac{1}{8}$	$\frac{1}{16}$	$-\frac{1}{32}$	$\frac{1}{64}$	…

b) (a_n) ist monoton wachsend
(b_n) ist monoton fallend
(c_n) ist nicht monoton
(d_n) ist monoton fallend
(e_n) ist monoton wachsend
(f_n) ist monoton wachsend

c) (a_n), (b_n), (c_n) sind divergent (d_n), (e_n), (f_n) sind konvergent.

CA 11 $(a_n) \rightarrow$ divergent $(b_n) \rightarrow$ konvergent; $g = 0$ für $n = 1$ nicht definiert $(c_n) \rightarrow$ divergent
$(d_n) \rightarrow$ konvergent; $g = 1$ $(e_n) \rightarrow$ divergent $(f_n) \rightarrow$ konvergent; $g = 0$

CA 12 a) divergent b) divergent c) divergent

CA 13 Nein. Sowie die Schnecke über eine Höhe von 4 m hinausgeht, rutscht sie mehr als 2 m zurück. Bei einem täglichen Höhenzuwachs von nur 2 m kann sie die ursprüngliche Höhe nicht wieder erreichen. Die zu erreichende Höchstgrenze ist 4 m.

Zahlenfolge zur Beschreibung der Höhe:

$a_0 = 2$ $a_1 = 3$ $a_2 = \frac{7}{2} = 4 - \frac{1}{2}$ $a_3 = \frac{15}{4} = 4 - \frac{1}{4}$ $a_4 = (4 - \frac{1}{4}) : 2 + 2 = 4 - \frac{1}{8}$ … $a_n = 4 - \frac{1}{2^{n-1}}$

CA 14

a) 1; 1; 2; 3; 5; 8; 13; 21; 34; 55; 89; 144
b) 1; 0,5; 0,667; 0,6; 0,625; 0,615; 0,619; 0,617; 0,618; 0,618; …
c) Vermutung: Die Folge der Quotienten konvergiert gegen 0,618 ($\approx \frac{1}{2}(\sqrt{5} - 1)$).

$q_n = \frac{a_n}{a_{n+1}}$ bzw. $\frac{1}{q_n} = \frac{a_{n+1}}{a_n} = \frac{a_n + a_{n-1}}{a_n} = 1 + q_{n-1}$

Falls es einen Grenzwert gibt, gilt $\lim\limits_{n \to \infty} q_n = \lim\limits_{n \to \infty} q_{n-1} = q$.

Wegen $\frac{1}{q} = 1 + q$ folgt $q^2 + q - 1 = 0$

mit der Lösung $q_1 = \frac{1}{2}(\sqrt{5} - 1)$ ($\approx 0{,}618$) ($q_2 = -\frac{1}{2}(\sqrt{5} - 1)$).

C 2 Grenzwertsätze für Zahlenfolgen

CA 15

$\lim\limits_{n \to \infty} \frac{1}{3^n} = 0$, da 3^n für $n \to \infty$ über alle Grenzen wächst.

$$\lim_{n \to \infty} \frac{1}{n^2} = \lim_{n \to \infty} \frac{1}{n \cdot n} = \lim_{n \to \infty} \frac{1}{n} \cdot \lim_{n \to \infty} \frac{1}{n} = 0 \cdot 0 = 0; \quad \lim_{n \to \infty} \frac{-n}{2n^2 + 2} = \lim_{n \to \infty} \frac{n^2\left(-\frac{1}{n}\right)}{n^2\left(2 + \frac{2}{n^2}\right)} = \lim_{n \to \infty} \frac{-\frac{1}{n}}{2 + \frac{2}{n^2}} = \frac{0}{2 + 0} = 0$$

CA 16 (b_n) ist Nullfolge, wenn $\lim\limits_{n \to \infty} (b_n) = 0$.

Dazu muss gelten: $\frac{r^2 + 1}{8 + 6r} \leq 1 \qquad (r > 0)$

$r^2 + 1 \leq 8 + 6r; \quad r^2 - 6r - 7 \leq 0$

$r_{1;\,2} \leq 3 \pm \sqrt{9 + 7}$

$\leq 3 \pm 4 \qquad \Rightarrow \quad r_1 < 7 \quad (r_2 < -1$ entfällt)

CA 17 *(↗Beispiel C 3)*

$$\lim_{n \to \infty} (1 + \frac{1}{n} - 1) = \lim_{n \to \infty} \frac{1}{n} = 0$$

CA 18 *(↗Beispiel C 3)*

a) $\lim\limits_{n \to \infty} (4 - \frac{1}{n^2}) = 4; \qquad \lim\limits_{n \to \infty} (2 + \frac{1}{n}) = 2$

b) $a_n + b_n = 6 + \frac{1}{n} - \frac{1}{n^2}; \qquad \lim\limits_{n \to \infty} a_n + b_n = 6$

$a_n - b_n = 2 - \frac{1}{n} + \frac{1}{n^2}; \qquad \lim\limits_{n \to \infty} a_n - b_n = 2$

$a_n \cdot b_n = 8 + \frac{4}{n} - \frac{2}{n^2} - \frac{1}{n^3}; \qquad \lim\limits_{n \to \infty} a_n \cdot b_n = 8$

$\frac{a_n}{b_n} = 2 - \frac{1}{n}; \qquad \lim\limits_{n \to \infty} \frac{a_n}{b_n} = 2$

CA 19

a) $$\lim_{n \to \infty} \frac{6n - 7}{n + 1} = \lim_{n \to \infty} \frac{n(6 - \frac{7}{n})}{n(1 + \frac{1}{n})} = \frac{\lim\limits_{n \to \infty} 6 - \lim\limits_{n \to \infty} \frac{7}{n}}{\lim\limits_{n \to \infty} 1 + \lim\limits_{n \to \infty} \frac{1}{n}} = \frac{6 - 0}{1 + 0} = 6$$

b) $$\lim_{n \to \infty} \frac{2 - n^2}{1 + n^2} = \lim_{n \to \infty} \frac{\left(\frac{2}{n^2} - 1\right)n^2}{\left(\frac{1}{n^2} + 1\right)n^2} = \frac{0 - 1}{0 + 1} = -1$$

c) $$\lim_{n \to \infty} \frac{3\sqrt{n} - 1}{4\sqrt{n} + 4} = \lim_{n \to \infty} \frac{\sqrt{n}\left(3 - \frac{1}{\sqrt{n}}\right)}{\sqrt{n}\left(4 + \frac{4}{\sqrt{n}}\right)} = \frac{3 - 0}{4 + 0} = \frac{3}{4}$$

d) $$\lim_{n \to \infty} \frac{3 - \sqrt{2}}{\sqrt{n} + 2} = \lim_{n \to \infty} \frac{\left(\frac{3}{\sqrt{n}} - 1\right)\sqrt{n}}{\left(1 + \frac{2}{\sqrt{n}}\right)\sqrt{n}} = \frac{0 - 1}{1 + 0} = -1$$

e) $$\lim_{n \to \infty} \frac{5 - n^2}{n^2} = \lim_{n \to \infty} \frac{n^2\left(\frac{5}{n^2} - 1\right)}{n^2 \cdot 1} = \frac{0 - 1}{1} = -1$$

f) $$\lim_{n \to \infty} \frac{n^2 + -1^n}{3n^2} = \lim_{n \to \infty} \frac{n^2\left(1 + \frac{(-1)^n}{n^2}\right)}{n^2 \cdot 3} = \frac{1 + 0}{3} = \frac{1}{3}$$

g) $$\lim_{n \to \infty} \frac{2^n - 2}{2^{n+1}} = \lim_{n \to \infty} \frac{2^n\left(1 - \frac{2}{2^n}\right)}{2^n \cdot 2} = \lim_{n \to \infty} \frac{1 - \frac{1}{2^{n-1}}}{2} = \frac{1 - 0}{2} = \frac{1}{2}$$

h) $$\lim_{n \to \infty} \frac{2 - 2^n}{3 \cdot 2^n} = \lim_{n \to \infty} \frac{2^n\left(\frac{1}{2^{n-1}} - 1\right)}{2^n \cdot 3} = \frac{0 - 1}{3} = -\frac{1}{3}$$

i) $$\lim_{n \to \infty} \frac{4 - 4n}{1 + n} = \lim_{n \to \infty} \frac{n(\frac{4}{n} - 4)}{n(\frac{1}{n} + 1)} = \frac{0 - 4}{0 + 1} = -4$$

CA 20 *(↗Beispiel C 3)*

a) $$\lim_{n \to \infty} \frac{2 - n}{3 + n} = \lim_{n \to \infty} \frac{n \cdot (\frac{2}{n} - 1)}{n \cdot (\frac{3}{n} + 1)} = \lim_{n \to \infty} \frac{\frac{2}{n} - 1}{\frac{3}{n} + 1} = -1$$

b) $$\lim_{n \to \infty} \frac{3n^2 + 4n + 7}{9n^2 + 7n} = \lim_{n \to \infty} \frac{3 + \frac{4}{n} + \frac{7}{n^2}}{9 + \frac{7}{n}} = \frac{1}{3}$$

c) $$\lim_{n \to \infty} \frac{(4n + 1) \cdot (2n + 3)}{7n^2 + 4n + 2} = \lim_{n \to \infty} \frac{8n^2 + 14n + 3}{7n^2 + 4n + 2} = \frac{8}{7}$$

CA 21

a) 2	b) 0	c) −3	d) 2	e) 1	f) $\frac{5}{4}$
g) 2	h) 4	i) $\frac{1}{3}$	j) 0	k) 1	l) $-\frac{3}{4}$
m) 0	n) $\frac{4}{5}$	o) 2			

CA 22

a) Es ist $\lim\limits_{n\to\infty}(2+\frac{1}{n})=2,\ \lim\limits_{n\to\infty}(2-\frac{1}{n})=2$ und somit $\lim\limits_{n\to\infty}(2+\frac{1}{n})\cdot(2-\frac{1}{n})=\lim\limits_{n\to\infty}(2+\frac{1}{n})\cdot\lim\limits_{n\to\infty}(2-\frac{1}{n})=2\cdot 2=4$

b) Anwendung des Grenzwertsatzes für Quotientenfolgen ist zunächst nicht möglich, da die Einzelgrenzwerte nicht existieren. Aber Ausklammern der höchsten Potenz von n im Zähler und Nenner und anschließendes Kürzen ergibt:

$$\lim_{n\to\infty}\frac{3n^2+4n+7}{9n^2+7n}=\lim_{n\to\infty}\frac{n^2\left(3+\frac{4}{n}+\frac{7}{n^2}\right)}{n^2\left(9+\frac{7}{n}\right)}=\frac{\lim\limits_{n\to\infty}3+\lim\limits_{n\to\infty}\frac{4}{n}+\lim\limits_{n\to\infty}\frac{7}{n^2}}{\lim\limits_{n\to\infty}9+\lim\limits_{n\to\infty}\frac{7}{n}}=\frac{1}{3}$$

CA 23

a) $\lim\limits_{n\to\infty}\frac{n^2-3n+1}{2+n-n^2}=-1$ b) $\lim\limits_{n\to\infty}\frac{3n+4}{n-1}=3$ c) $\lim\limits_{n\to\infty}\frac{1}{2^n}=0$ d) Zahlenfolge divergent

e) Zahlenfolge divergent f) Zahlenfolge divergent g) $\lim\limits_{n\to\infty}\frac{8n^5-3n^3+n}{2n^5+n^4-3n}=4$ h) $\lim\limits_{n\to\infty}\frac{n^2(2-n)}{n^3(n-1)}=0$

i) $\lim\limits_{n\to\infty}\frac{3n}{3^n}=0$ j) $\lim\limits_{n\to\infty}\frac{1+2+3+\ldots+n}{n^2}=\frac{1}{2}$ k) $\lim\limits_{n\to\infty}\frac{1+4+9+\ldots+n^2}{n^3}=\frac{1}{3}$

CA 24

a) $\lim\limits_{n\to\infty}\frac{5n+1}{7-9n}=\lim\limits_{n\to\infty}\frac{n(5+\frac{1}{n})}{n(\frac{7}{n}-9)}=\lim\limits_{n\to\infty}\frac{5+\frac{1}{n}}{\frac{7}{n}-9}=-\frac{5}{9}$

b) $\lim\limits_{n\to\infty}\frac{2n-1}{n^2+1}=\lim\limits_{n\to\infty}\frac{\frac{2n-1}{n^2}}{\frac{n^2+1}{n^2}}=\lim\limits_{n\to\infty}\frac{\frac{2}{n}-\frac{1}{n^2}}{1+\frac{1}{n^2}}=0$

c) $\lim\limits_{n\to\infty}\frac{3n^2+2n-3}{2n^2-n+4}=\lim\limits_{n\to\infty}\frac{\frac{3n^2+2n-3}{n^2}}{\frac{2n^2-n+4}{n^2}}=\lim\limits_{n\to\infty}\frac{3-\frac{2}{n}-\frac{3}{n^2}}{2-\frac{1}{n}+\frac{4}{n^2}}=\frac{3}{2}$

d) $\lim\limits_{n\to\infty}(\sqrt{n+1}-\sqrt{n})=\lim\limits_{n\to\infty}\frac{(\sqrt{n+1}-\sqrt{n})(\sqrt{n+1}+\sqrt{n})}{\sqrt{n+1}+\sqrt{n}}=\lim\limits_{n\to\infty}\frac{n+1-n}{\sqrt{n+1}+\sqrt{n}}=\lim\limits_{n\to\infty}\frac{1}{\sqrt{n+1}+\sqrt{n}}=0$

e) $\lim\limits_{n\to\infty}\frac{1+2+4+8+\ldots+2^n}{1+5+25+125+\ldots+5^n}=\lim\limits_{n\to\infty}\frac{\frac{1\cdot(2^{n+1}-1)}{2-1}}{\frac{1\cdot(5^{n+1}-1)}{5-1}}=\lim\limits_{n\to\infty}\frac{2^{n+1}-1}{5^{n+1}-1}\cdot 4=4\cdot\lim\limits_{n\to\infty}\frac{2^{n+1}-1}{5^{n+1}-1}=4\cdot\lim\limits_{n\to\infty}\frac{\frac{2^{n+1}-1}{5^{n+1}}}{\frac{5^{n+1}-1}{5^{n+1}}}$

$=4\cdot\lim\limits_{n\to\infty}\frac{(\frac{2}{5})^{n+1}-(\frac{1}{5})^{n+1}}{1-(\frac{1}{5})^{n+1}}=4\cdot\frac{0-0}{1}=0$

CA 25

a) $\lim\limits_{n\to\infty}a_n=\lim\limits_{n\to\infty}(\frac{2}{n}+\frac{1}{n^2})$

$=\lim\limits_{n\to\infty}\frac{2}{n}+\lim\limits_{n\to\infty}\frac{1}{n^2}=0+0=0$

b) $\lim\limits_{n\to\infty}\frac{3n+1}{n+2}=3$ c) $\lim\limits_{n\to\infty}\frac{8n+2}{n^2+n}=0$

d) $\lim\limits_{n\to\infty}\frac{n^2+n+4}{n(n+2)}=1$ e) $\lim\limits_{n\to\infty}(1-\frac{1}{n^2})(\frac{n+1}{n})=1$ f) $\lim\limits_{n\to\infty}\frac{n-\frac{1}{n}}{n^2-\frac{1}{n^2}}=0$

CA 26

a) $\lim\limits_{n\to\infty}\frac{2n+3}{3n-1}=\lim\limits_{n\to\infty}\frac{2+\frac{3}{n}}{3-\frac{1}{n}}=\frac{\lim\limits_{n\to\infty}\left(2+\frac{3}{n}\right)}{\lim\limits_{n\to\infty}\left(3-\frac{1}{n}\right)}=\frac{\lim\limits_{n\to\infty}2+\lim\limits_{n\to\infty}\frac{3}{n}}{\lim\limits_{n\to\infty}3+\lim\limits_{n\to\infty}\frac{1}{n}}=\frac{2+0}{3-0}=\frac{2}{3}$

b) $\lim\limits_{n\to\infty}\frac{6n-2}{2n^2-n+1}=0$ c) $\lim\limits_{n\to\infty}\frac{2n(n+1)}{(1-n^2)\cdot 10^n}=0$

CA 27

a) $\lim\limits_{n\to\infty}(3-\frac{2}{n^2})=3-0=3;\quad\lim\limits_{n\to\infty}(1-\frac{2}{n})=1-0=1$

$\lim\limits_{n\to\infty}(s_n)=3+1=4;\quad\lim\limits_{n\to\infty}(d_n)=3-1=2;\quad\lim\limits_{n\to\infty}(p_n)=3\cdot 1=3;\quad\lim\limits_{n\to\infty}(q_n)=\frac{3}{1}=3$

b) $\lim\limits_{n\to\infty}(2+\frac{1}{n}-\frac{3}{n^2})=2+0-0=2;\quad\lim\limits_{n\to\infty}(1-\frac{1}{n})=1-0=1$

$\lim\limits_{n\to\infty}(s_n)=2+1=3;\quad\lim\limits_{n\to\infty}(d_n)=2-1=1;\quad\lim\limits_{n\to\infty}(p_n)=2\cdot 1=2;\quad\lim\limits_{n\to\infty}(q_n)=\frac{2}{1}=2$

c) $\lim\limits_{n\to\infty}(5) = 5$ $\quad\lim\limits_{n\to\infty}\left(2+\frac{3}{n}\right) = 2+0 = 2$

$\lim\limits_{n\to\infty}(s_n) = 5+2 = 7;\quad \lim\limits_{n\to\infty}(d_n) = 5-2 = 3$ $\quad\lim\limits_{n\to\infty}(p_n) = 5\cdot 2 = 10;\quad \lim\limits_{n\to\infty}(q_n) = \frac{5}{2}$

d) $\lim\limits_{n\to\infty}\left(2-\frac{(-1)^n}{n}\right) = 2-0 = 2;$ $\quad\lim\limits_{n\to\infty}\left(\frac{1}{n}\right) = 0$

$\lim\limits_{n\to\infty}(s_n) = 2+0 = 2;\quad \lim\limits_{n\to\infty}(d_n) = 2-0 = 2$ $\quad\lim\limits_{n\to\infty}(p_n) = 2\cdot 0 = 0;\quad \lim\limits_{n\to\infty}(q_n) = \frac{2}{0}$ (nicht erklärt)

CA 28

	Summe	Differenz	Produkt	Quotient
a)	3	1	2	2
b)	5	1	6	$\frac{3}{2}$
c)	7	–1	12	$\frac{3}{4}$
d)	1	1	0	existiert nicht

CA 29

a) $\lim\limits_{n\to\infty}\left(\frac{1}{n}+\frac{1}{n^2}\right) = 0+0 = 0$

b) $\lim\limits_{n\to\infty}\frac{2n+1}{n+3} = \lim\limits_{n\to\infty}\frac{n\left(2+\frac{1}{n}\right)}{n\left(1+\frac{3}{n}\right)} = \frac{2+0}{1+0} = 2$

c) $\lim\limits_{n\to\infty}\frac{6n+2}{n^2+n} = \lim\limits_{n\to\infty}\frac{n^2\left(\frac{6}{n}+\frac{2}{n^2}\right)}{n^2\left(1+\frac{1}{n}\right)} = \frac{0+0}{1+0} = 0$

d) $\lim\limits_{n\to\infty}\frac{2n^2+n+3}{n(n+1)} = \lim\limits_{n\to\infty}\frac{n^2\left(2+\frac{1}{n}+\frac{3}{n^2}\right)}{n^2\left(1+\frac{1}{n}\right)} = \frac{2+0+0}{1+0} = 2$

e) $\lim\limits_{n\to\infty}\frac{n+2}{(n+1)\cdot 2^n} = \frac{\lim\limits_{n\to\infty}1+\lim\limits_{n\to\infty}\frac{2}{n}}{\lim\limits_{n\to\infty}2^n+\lim\limits_{n\to\infty}\frac{1}{n}} = \frac{\lim\limits_{n\to\infty}1+0}{\lim\limits_{n\to\infty}2^n+0} = \lim\limits_{n\to\infty}\frac{1}{2^n} = 0$

f) $\lim\limits_{n\to\infty}\frac{n+\frac{2}{n}}{n^2-\frac{3}{n^2}} = \lim\limits_{n\to\infty}\frac{n^2\left(\frac{1}{n}+\frac{2}{n^3}\right)}{n^2\left(1-\frac{3}{n^4}\right)} = \frac{0+0}{1+0} = 0$

g) $\lim\limits_{n\to\infty}\left(\left(4-\frac{1}{n^2}\right)\cdot\left(\frac{n+3}{2n}\right)\right) = \lim\limits_{n\to\infty}\left(4-\frac{1}{n^2}\right)\cdot\lim\limits_{n\to\infty}\frac{n+3}{2n} = (4-0)\cdot\lim\limits_{n\to\infty}\frac{n\left(1+\frac{3}{n}\right)}{2n} = 4\cdot\frac{1+0}{2} = 2$

h) $\lim\limits_{n\to\infty}\frac{\frac{2}{n}}{\frac{4}{n^2}-\frac{2}{n}} = \lim\limits_{n\to\infty}\frac{\frac{2}{n}\cdot n}{\left(\frac{4}{n^2}-\frac{2}{n}\right)\cdot n} = \lim\limits_{n\to\infty}\frac{2}{\frac{4}{n}-2} = -1$

CA 30

a) (a_n) und (b_n) sind Nullfolgen; Grenzwert der Quotientenfolge führt auf den unbestimmten Ausdruck $\frac{0}{0}$.
b) Grenzwertbildung führt auf Division durch 0
c) Grenzwert von (a_n) ist 2, aber Grenzwert von (b_n) existiert nicht.

CA 31

a) konvergent; $g = 3$ b) konvergent; $g = 0$ c) divergent d) konvergent; $g = 1$
e) divergent f) konvergent; $g = 0{,}2$ g) divergent h) konvergent; $g = \sqrt{2}$

CA 32 a) 70 b) 1 290 c) 0 d) 16

CA 33 a) $a_{15\,001}$ b) b_{52} c) c_{11} d) $d_{3\,125}$

CA 34

a) $(a_n) = \frac{3}{1}; \frac{3}{4}; \frac{3}{9}; \frac{3}{16}; \frac{3}{25}; \frac{3}{36}; \frac{3}{49}; \frac{3}{64}; \frac{3}{81}; \ldots$ $\quad U_\varepsilon(0)$ mit $\frac{3}{81} < \varepsilon < \frac{3}{64}$

b) $(b_n) = \frac{3}{1}; \frac{4}{2}; \frac{5}{3}; \frac{6}{4}; \frac{7}{5}; \frac{8}{6}; \frac{9}{7}; \frac{10}{8}; \frac{11}{9}; \ldots$ $\quad U_\varepsilon(1)$ mit $\frac{2}{9} < \varepsilon < \frac{1}{4}$

c) $(c_n) = \frac{1}{7}; \frac{2}{9}; \frac{3}{11}; \frac{4}{13}; \frac{5}{15}; \frac{6}{17}; \frac{7}{19}; \frac{8}{21}; \frac{9}{23}; \ldots$ $\quad U_\varepsilon\left(\frac{1}{2}\right)$ mit $\frac{5}{46} < \varepsilon < \frac{5}{42}$

CA 35 a) $\pi\cdot r\cdot(n+1)$ b) nein

CA 36 Es handelt sich um einen Trugschluss, der aus der Unkenntnis der Tatsache resultiert, dass eine konvergente Zahlenfolge eine endliche Summe besitzen kann.
Weg des Achilles bis zum Einholen der Schildkröte (in Stadion): $s = 1 + \frac{1}{12} + \frac{1}{12^2} + \ldots = \frac{12}{11}$

CA 37

a)

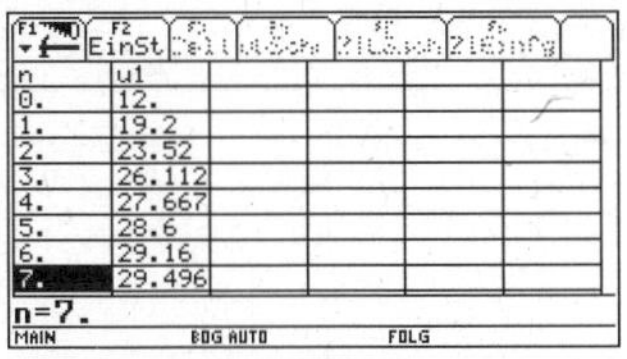

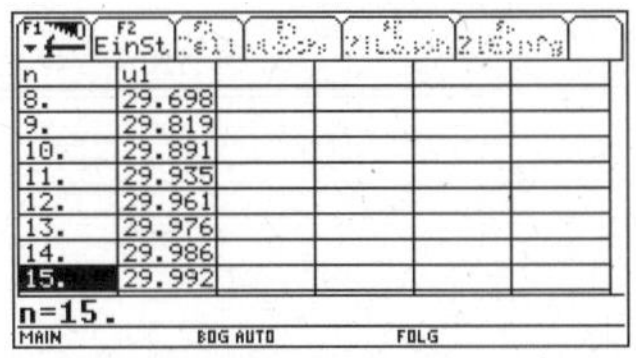

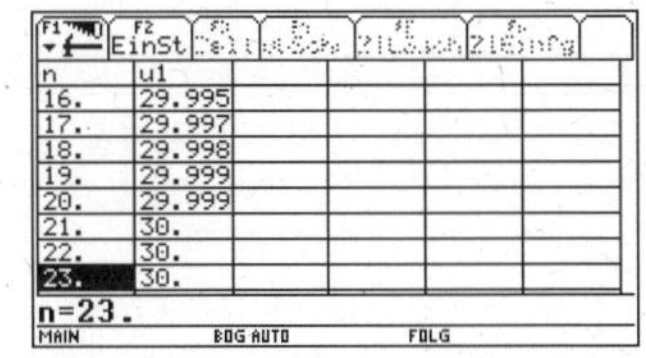

b) $a_1 = 12$; $a_n = 0{,}6a_{n-1} + 12$

c)

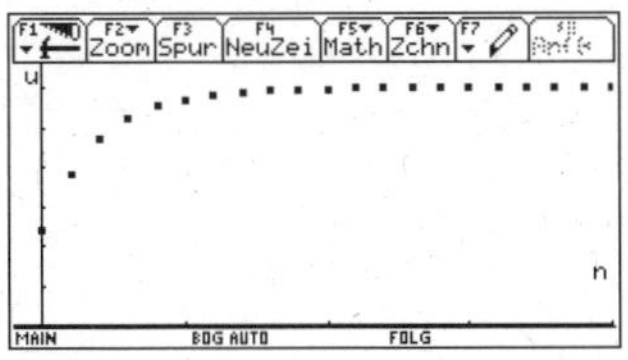

d) Die Folge ist konvergent, der Grenzwert beträgt 30 mg.

CA 38

a)

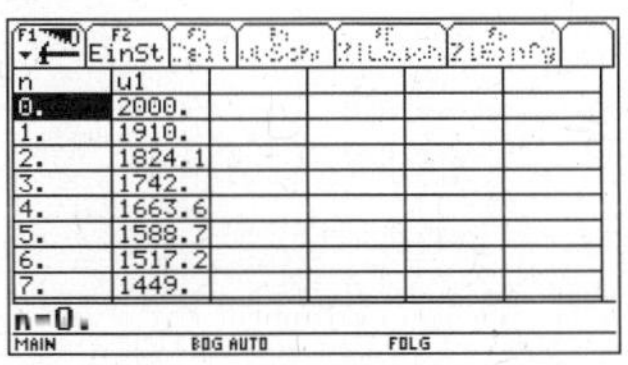

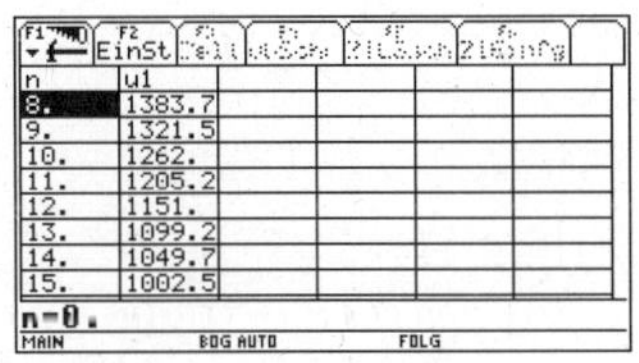

c)

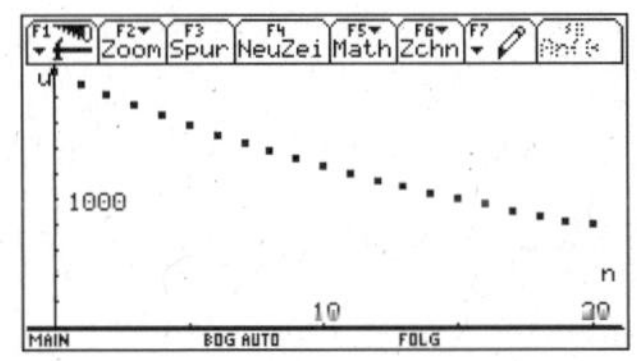

b) rekursiv: $a_0 = 2000$; $a_n = 0{,}955a_{n-1}$ explizit: $a_n = 2000\ 0{,}955^n$

d) Zu lösen ist z. B. die Gleichung $1000 = 2000 \cdot 0{,}955^n$. Es ergeben sich n = 15,05 Tage.

CA 39

a) $a_1 = 30$; $a_{n+1} = 0{,}7 \cdot a_n + 30$

b) Nach 8 Wochen befinden sich 95,965 kg auf dem Feld.

c) Der Zerfall des Herbizides kann in expliziter Form mit der Folge $a_n = 95{,}965 \cdot 0{,}7^n$ beschrieben werden. Zu lösen ist die Ungleichung $1 \geq 95{,}965 \cdot 0{,}7^n$. Es ergeben sich $n \geq 12{,}8$ Wochen.

d) Die Herbizidkonzentration stabilisiert sich auf 100 kg.

CA 40

a) $a_n = \frac{b}{2}\pi(\frac{1}{2})^{n-1}$ b) $s_n = \sum_{k=1}^{n} \frac{b}{2}\pi(\frac{1}{2})^{k-1} = b\pi(1 - (\frac{1}{2})^n)$ c) $\sum_{k=1}^{\infty} \frac{b}{2}\pi(\frac{1}{2})^{k-1} = b\pi$ d) $\sum_{k=1}^{\infty} b(\frac{1}{2})^{k-1} = 2b$

CA 41

$a_1 = a = \frac{a}{\sqrt{2}^0}$ $A_1 = a_1^{\,2} = a^2$

$a_2 = \frac{a}{\sqrt{2}} = \frac{a}{\sqrt{2}^1}$ $A_2 = a_2^{\,2} = \frac{a^2}{2}$

$a_3 = \frac{a}{2} = \frac{a}{\sqrt{2}^2}$ $A_3 = a_3^{\,2} = \frac{a^2}{4}$

$\vdots$ $\vdots$

$a_n = \frac{a}{\sqrt{2}^{n-1}} = a \cdot (\frac{1}{\sqrt{2}})^{n-1}$ $A_n = a_n^{\,2} = a^2 \cdot (\frac{1}{2})^{n-1}$

$$s_n = \sum_{i=1}^{n} A_i = a^2 \cdot \frac{1-(\frac{1}{2})^n}{1-\frac{1}{2}} = 2a^2 \cdot (1 - \frac{1}{2^n}); \quad \lim_{n\to\infty} s_n = \lim_{n\to\infty} 2a^2 \cdot (1 - \frac{1}{2^n}) = 2a^2$$

CA 42

a_i – Seitenlänge (Durchmesser) des i-ten einbeschriebenen Quadrates (Kreises) i = 1, 2, …, n

$a_1 = 1$ $a_2 = \frac{a}{\sqrt{2}}$ … $a_n = a \cdot (\frac{1}{\sqrt{2}})^{n-1}$

a) Quadratumfänge

$U_1 = 4a_1 = 4a$ $U_2 = 4a_2 = 4a \cdot \frac{1}{\sqrt{2}}$ … $U_n = 4a \cdot (\frac{1}{\sqrt{2}})^{n-1}$

$$s_n = \sum_{i=1}^{n} U_i = 4a \cdot \frac{1-\left(\frac{1}{\sqrt{2}}\right)^n}{1-\frac{1}{\sqrt{2}}} = \frac{4\sqrt{2}a}{\sqrt{2}-1} \cdot (1 - (\frac{1}{\sqrt{2}})^n); \quad \lim_{n\to\infty} s_n = \frac{4\sqrt{2}a}{\sqrt{2}-1} = 4a \cdot (2 + \sqrt{2})$$

b) Kreisumfänge

$U_1 = \pi a_1 = \pi a \qquad U_2 = \pi a_2 = \pi a \cdot \frac{1}{\sqrt{2}} \qquad \ldots \qquad U_n = \pi a \cdot (\frac{1}{\sqrt{2}})^{n-1}$

$s_n = \sum_{i=1}^{n} U_i = \pi a \cdot \frac{1-\left(\frac{1}{\sqrt{2}}\right)^n}{1-\frac{1}{\sqrt{2}}} = \frac{\pi\sqrt{2}a}{\sqrt{2}-1} \cdot (1-(\frac{1}{\sqrt{2}})^n); \qquad \lim_{n\to\infty} s_n = \frac{\pi\sqrt{2}a}{\sqrt{2}-1} = \pi a \cdot (2+\sqrt{2})$

c) Quadratflächeninhalte (vgl. *CA 41*)

$s_n = \sum_{i=1}^{n} (a^2 \cdot \frac{1}{2^{i-1}}) = a^2 \cdot \frac{1-(\frac{1}{2})^n}{1-\frac{1}{2}} = 2a^2 \cdot (1-\frac{1}{2^n}); \qquad \lim_{n\to\infty} s_n = 2a^2$

d) Kreisflächeninhalte

$A_1 = \frac{\pi}{4} a_1{}^2 = \frac{\pi}{4} a^2 \qquad \ldots \qquad A_n = \frac{\pi}{4} a_n{}^2 = \frac{\pi}{4} a^2 \cdot (\frac{1}{2})^{n-1}$

$s_n = \sum_{i=1}^{n} A_i = \frac{\pi}{4} a^2 \cdot \sum_{i=1}^{n} (\frac{1}{2})^{i-1} = \frac{\pi}{2} a^2 \cdot (1-(\frac{1}{2})^n); \qquad \lim_{n\to\infty} s_n = \frac{\pi}{2} a^2$

CA 43

a) ja; z.B. $a_n = n;\ b_n = -n \Rightarrow a_n + b_n = 0$
b) nein
c) ja; z.B. $a_n = n;\ b_n = \frac{1}{n} \Rightarrow a_n b_n = 1$
d) ja; z.B. $a_n = (-1)^n;\ b_n = (-1)^{n-1}$, also $(a_n) = (-1; 1; -1; 1; -1; 1; \ldots)$; $(b_n) = (1; -1; 1; -1; 1; -1; \ldots)$
und $(a_n + b_n) = (0; 0; 0; 0; 0; 0; \ldots)$
e) ja; z.B. $a_n \cdot b_n = (-1)^n \cdot (-1)^{n-1} = (-1)^{2n-1}$ und wir erhalten $(a_n \cdot b_n) = (-1; -1; -1; -1; \ldots)$
f) ja; z.B. $(a_n) = (n)$; $(b_n) = (-n)$ divergieren, aber $(a_n + b_n)$ konvergiert gegen 0;
oder $(-1)^n$ und $(-1)^{n-1}$ divergieren, aber $(-1)^n + (-1)^{n-1}$ konvergiert gegen 0
g) ja; z.B. $(-1)^n$, $(-1)^{n-1}$ divergieren, aber $(-1)^n \cdot (-1)^{n-1} = (-1)^{2n-1}$ konvergiert gegen –1

CA 44

a) 0 b) $\lim_{n\to\infty} \frac{2n-1}{2} = +\infty$ (uneigentlicher Grenzwert) c) 0 d) 2 e) 0
f) 1 g) 1 h) 1 i) 2 j) 0 k) $\frac{1}{2}$ l) 1

CA 45

a) 2,3 b) 1,7 c) 0,6 d) $6\frac{2}{3}$ e) 10,075
f) $6\frac{13}{23}$ g) $\frac{135}{17}$ h) $\frac{14{,}09}{5{,}2} \approx 2{,}7096$ i) $-\frac{3{,}91}{7} \approx -0{,}5586$ j) $\frac{4{,}09}{4{,}3} \approx 0{,}9512$

C 3 Grenzwerte von Funktionen

CA 46 (↗*Beispiel C 6)*

$f(x_n) = \frac{x_n^2-1}{x_n+1} = \frac{(x_n+1)\cdot(x_n-1)}{(x_n+1)} = x_n - 1; \quad x_n \neq -1; \quad \lim_{n\to\infty} x_n = -1; \quad \lim_{n\to\infty} f(x_n) = \lim_{n\to\infty}(x_n - 1) = \lim_{n\to\infty} x_n - \lim_{n\to\infty} 1 = -2$

CA 47

a) $\lim_{x\to 2} x^2+1 = 5$ b) $\lim_{x\to 1} |x| = 1$ c) $\lim_{x\to -3} \frac{x^2-9}{x+3} = -6$ d) $\lim_{x\to -3} \frac{x^2+6x+9}{x+3} = 0$
e) $\lim_{x\to 1} \frac{5x^2-5}{x-1} = 10$ f) $\lim_{x\to -2} \frac{(x+2)^2}{x+2} = 0$ g) $\lim_{x\to 3} \frac{x^2-2x-3}{x-3} = 4$ h) $\lim_{x\to -1} \frac{6x^2+21x+15}{x+1} = 9$

CA 48 (↗*Beispiel C 7)*

$f(x) = \frac{1}{x-1};\ x \neq -1$

1. Für (x_n) mit $x_n = 1 - \frac{1}{n}$ und $\lim_{n\to\infty} x_n = 1$ ist $f(x_n) = \frac{1}{x_n - 1} = \frac{1}{1-\frac{1}{n}-1} = \frac{1}{-\frac{1}{n}} = -n$, demzufolge $\lim_{n\to\infty} f(x_n) = -\infty$.
2. Für (x'_n) mit $x'_n = 1 + \frac{1}{n}$ ist $\lim_{n\to\infty} f(x'_n) = +\infty$. Feststellung: Es existiert kein Grenzwert an der Stelle $x_0 = 1$.

CA 49 $f(x) = \frac{x+1}{x}$; $x \neq 0$

1. Für $(x_n) = (\frac{1}{n})$ mit $\lim\limits_{n \to \infty} x_n = 0$ erhält man $\lim\limits_{n \to 0} \frac{x+1}{x} = \lim\limits_{n \to \infty} \frac{\frac{1}{n}+1}{\frac{1}{n}} = \lim\limits_{n \to \infty} (1+n) = \infty$.

2. Mit $(x'_n) = (-\frac{1}{n})$ und wegen $\lim\limits_{n \to \infty} x'_n = 0$ ergibt sich $\lim\limits_{x \to 0} \frac{x+1}{x} = \lim\limits_{n \to \infty} \frac{-\frac{1}{n}+1}{-\frac{1}{n}} = \lim\limits_{n \to \infty} (1-n) = -\infty$

Feststellung: Es existiert kein Grenzwert an der Stelle $x_0 = 0$.

CA 50

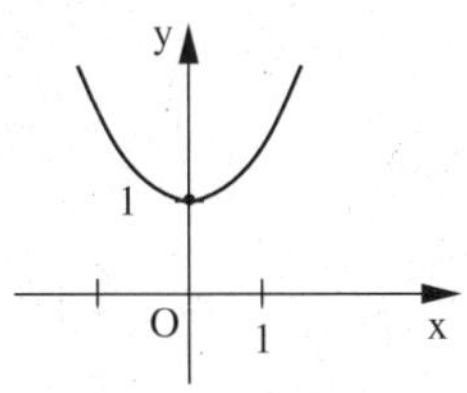

$f(x) = x^2 + 1$

$D_f = \mathbb{R}$

$W_f = [1; \infty[$

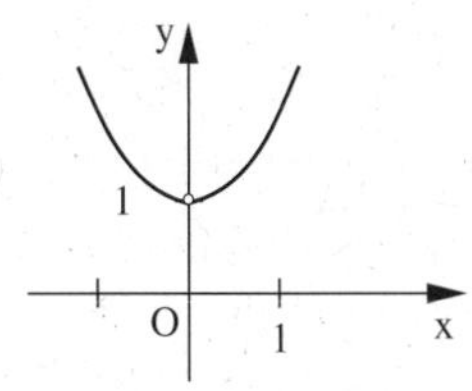

$g(x) = \frac{x^3 + x}{x}$; $x \neq 0$

$D_g = \mathbb{R} \setminus \{0\}$

$W_g =]1; \infty[$

(x_n) mit $\lim\limits_{n \to \infty} x_n = 0$ ergibt:

$$\lim_{n \to \infty} f(x_n) = \lim_{n \to \infty} (x_n^2 + 1) = 1$$

(x_n) mit $\lim\limits_{n \to \infty} x_n = 0$ ergibt:

$$\lim_{n \to \infty} g(x_n) = \lim_{n \to \infty} \frac{x_n^2 + x_n}{x_n} = 1$$

CA 51 *(↗ Beispiel C 8)*

$\lim\limits_{\substack{x \to 2 \\ x < 2}} f(x) = \lim\limits_{\substack{x \to 2 \\ x < 2}} (5x - 6) = 4 = g_l$; $\lim\limits_{\substack{x \to 2 \\ x > 2}} f(x) = \lim\limits_{\substack{x \to 2 \\ x > 2}} x^2 = 4 = g_r$; Vergleich: $g_l = g_r = g = 4$

CA 52

a) $\lim\limits_{x \to 5} \frac{x^2 - 25}{5x + 25} = \frac{5^2 - 25}{5 \cdot 5 + 25} = \frac{0}{50} = 0$

b) $\lim\limits_{x \to 0} \frac{x^2 - 25}{5x + 25} = \frac{0^2 - 25}{5 \cdot 0 + 25} = \frac{-25}{25} = -1$

c) $\lim\limits_{x \to -5} \frac{x^2 - 25}{5x + 25} = \lim\limits_{x \to -5} \frac{(x-5)(x+5)}{5(x+5)} = \lim\limits_{x \to -5} \frac{x-5}{5} = \frac{-10}{5} = -2$

d) $\lim\limits_{x \to 6} \frac{x^2 - x - 6}{x - 3} = \lim\limits_{x \to 6} \frac{6^2 - 6 - 6}{6 - 3} = \frac{36 - 12}{3} = 8$

e) $\lim\limits_{x \to 0} \frac{x^2 - x - 6}{x - 3} = \frac{0^2 - 0 - 6}{0 - 3} = \frac{-6}{-3} = 2$

f) $\lim\limits_{x \to 3} \frac{x^2 - x - 6}{x - 3} = \lim\limits_{x \to 3} \frac{(x-3)(x+2)}{x-3} = \lim\limits_{x \to 3} (x+2) = 3 + 2 = 5$

g) $\lim\limits_{x \to 1} \frac{x^3 - 1000}{x - 10} = \lim\limits_{x \to 1} \frac{1 - 1000}{1 - 10} = \frac{-999}{-9} = 111$

h) $\lim\limits_{x \to 0} \frac{x^3 - 1000}{x - 10} = \frac{-1000}{-10} = 100$

i) $\lim\limits_{x \to 10} \frac{x^3 - 1000}{x - 10} = \lim\limits_{x \to 10} \frac{(x-10)(x^2 + 10x + 100)}{x - 10} = \lim\limits_{x \to 10} (10^2 + 10 \cdot 10 + 100) = 300$

j) $\lim\limits_{x \to 8} \frac{x-3}{\sqrt{x+1} - 2} = \lim\limits_{x \to 8} \frac{8-3}{\sqrt{8+1} - 2} = \lim\limits_{x \to 8} \frac{5}{3-2} = \frac{5}{1} = 5$

k) $\lim\limits_{x \to 0} \frac{x-3}{\sqrt{x+1} - 2} = \frac{0-3}{1-2} = \frac{-3}{-1} = 3$

l) $\lim\limits_{x \to 3} \frac{x-3}{\sqrt{x+1} - 2} = \lim\limits_{x \to 3} \frac{(x-3)(\sqrt{x+1} + 2)}{(\sqrt{x+1} - 2)(\sqrt{x+1} + 2)} = \lim\limits_{x \to 3} \frac{(x-3)(\sqrt{x+1} + 2)}{x + 1 - 4} = \lim\limits_{x \to 3} (\sqrt{x+1} + 2) = 2 + 2 = 4$

CA 53

a) (1) $\lim\limits_{x \to 2} \frac{3x^2 - 12}{x - 2} = \lim\limits_{x \to 2} \frac{3(x^2 - 4)}{x - 2} = 3 \lim\limits_{x \to 2} \frac{(x-2)(x+2)}{x-2} = 3 \lim\limits_{x \to 2} (x+2) = 3 \cdot 4 = 12$

(2) $\lim\limits_{x \to -3} \frac{x^2 + 5x + 6}{x + 3} = \lim\limits_{x \to -3} \frac{(x+2)(x+3)}{x+3} = \lim\limits_{x \to -3} (x+2) = -3 + 2 = -1$

(3) $\lim\limits_{x \to \infty} \frac{11x^2 + 22}{x^2 + 20} = \lim\limits_{x \to \infty} \frac{11 + \frac{22}{x^2}}{1 + \frac{20}{x^2}} = 11$

Aus (1) + (2) = (3) folgt die Richtigkeit der Gleichung.

b) (1) $\lim\limits_{x \to 2} \frac{x - 2}{\sqrt{x} - \sqrt{2}} = \lim\limits_{x \to 2} \frac{(\sqrt{x} - \sqrt{2})(\sqrt{x} + \sqrt{2})}{\sqrt{x} - \sqrt{2}} = \lim\limits_{x \to 2} (\sqrt{x} + \sqrt{2}) = 2\sqrt{2}$

(2) $\lim\limits_{x \to \infty} \frac{\sqrt{2}x^3 + 3}{\sqrt{20} + x^3} = \lim\limits_{x \to \infty} \frac{\sqrt{2} + \frac{3}{x^3}}{\frac{\sqrt{20}}{x^3} + 1} = \sqrt{2}$

$2\sqrt{2} - 2\sqrt{2} = 0$, d.h. die Gleichung b) ist richtig.

CA 54 (↗ *Beispiel C 9*)

$f(x) = \frac{x^2 - 5x}{x^2 + 8x} = \frac{x(x-5)}{x(x+8)}$; $x \neq 0$; $\lim\limits_{x \to 0} f(x) = \lim\limits_{x \to 0} \frac{x-5}{x+8} = -\frac{5}{8}$

CA 55 a) 2 b) −7 c) 2 d) 16

CA 56 a) $-\frac{2}{5}$ b) 2 c) $2x_0$ d) 0

CA 57

a) 13 b) −7 c) −3 d) 40 e) −12
f) $\frac{1}{2}$ g) $\frac{1}{2}$ h) $-3\sqrt{2}$ i) 1 j) 1

CA 58

a) $\lim\limits_{x \to x_0} (x+4) = 8$ b) $\lim\limits_{x \to x_0} (2x-1) = -2$ c) $\lim\limits_{x \to x_0} 4x = -4$ d) $\lim\limits_{x \to x_0} \frac{2}{3}(x+4) = \frac{16}{3}$

CA 59

a) $f_1(x) = \frac{5x}{x-2}$; nicht definiert für $x = 2$; $\lim\limits_{\substack{x \to 2 \\ x > 2}} \frac{5x}{x-2} = \infty$; $\lim\limits_{\substack{x \to 2 \\ x < 2}} \frac{5x}{x-2} = -\infty$

Es existiert kein Grenzwert an der Stelle $x_0 = 2$.

b) $f_2(x) = \frac{2-x^2}{x+1}$; nicht definiert für $x = -1$; $\lim\limits_{x \to -1} f_2(x) = 4$.

c) $f_3(x) = 3^{\frac{1}{x}}$; nicht definiert für $x = 0$; $\lim\limits_{x \to 0} f_3(x)$ existiert nicht.

d) $f_4(x) = \frac{x^2 + x}{|x|}$; nicht definiert für $x = 0$; $\lim\limits_{x \to 0} f_4(x)$ existiert nicht.

CA 60 $\lim\limits_{x \to +0} f(x) = +\infty$; $\lim\limits_{x \to -0} f(x) = -\infty$

$x_0 = 0$ bezeichnet man als Polstelle der Funktion $f(x) = \frac{1}{x}$ (Polstellen werden manchmal auch Unendlichkeitsstellen genannt). In diesem Beispiel ist die y-Achse eine senkrechte Asymptote, auch Polgerade oder Polasymptote genannt.

CA 61 Wir wählen eine beliebige Folge (x_n) mit $x_n \neq -1$ und $\lim\limits_{n \to \infty} x_n = -1$.

Wir bilden die Folge der zugehörigen Funktionswerte $(f(x_n))$ mit $f(x_n) = \frac{x_n^2 - 1}{x_n + 1} = x_n - 1$

Wir untersuchen die Folge auf Konvergenz:

$\lim\limits_{n \to \infty} f(x_n) = \lim\limits_{n \to \infty} (x_n - 1) = \lim\limits_{n \to \infty} x_n - \lim\limits_{n \to \infty} 1 = -1 - 1 = -2$. Also gilt: $\lim\limits_{x \to -1} \frac{x_n^2 - 1}{x_n + 1} = -2$

CA 62 Dazu zeigen wir, dass für verschiedene Folgen (x_n) die Folge $(f(x_n))$ gegen verschiedene Zahlen konvergiert. Wir wählen zwei Folgen (x_n) und $(\overline{x}_n)$ mit dem Grenzwert

$\lim\limits_{x \to \infty} x_n = \lim\limits_{x \to \infty} \overline{x}_n = 1$ und $x_n \neq 1$, z.B. $x_n = 1 + \frac{1}{n}$; $\overline{x}_n = 1 - \frac{1}{n}$

Wir bilden die Folgen der zugehörigen Funktionswerte:

$f(x_n) = \frac{\left|1 + \frac{1}{n} - 1\right|}{1 + \frac{1}{n} - 1} = \frac{\left|\frac{1}{n}\right|}{\frac{1}{n}} = 1$ und $f(\overline{x}_n) = \frac{\left|1 - \frac{1}{n} - 1\right|}{1 - \frac{1}{n} - 1} = \frac{\left|-\frac{1}{n}\right|}{-\frac{1}{n}} = -1$.

Die Folgen $(f(x_n))$ und $f((\overline{x}_n))$ konvergieren gegen verschiedene Zahlen. Die Funktion f hat deshalb an der Stelle x_0 keinen Grenzwert.

CA 63 wahr: a), c) falsch: b), d), e)

CA 64 Für eine beliebige Folge (x_n) mit $\lim\limits_{n \to \infty} x_n = 2$ und $x_n > 2$ ist $f(x_n) = 1{,}5x_n$ und $\lim\limits_{n \to \infty} f(x_n) = 3$.

Für eine beliebige Folge (x'_n) mit $\lim\limits_{n \to \infty} x'_n = 2$ und $x'_n < 2$ ist $f(x'_n) = 0{,}5x_n + 2$ und $\lim\limits_{n \to \infty} f(x'_n) = 3$.

Das heißt also: $\lim\limits_{x \to 2} f(x) = 3$

CA 65 (*↗ Beispiel C 10*)

a) $\frac{1}{4}$ b) $\frac{3}{4}$ c) 0 d) $\frac{1}{5}$ e) $-\frac{1}{4}$ f) -3

CA 66

a) $\lim\limits_{x\to\infty}\frac{10x-2x^2}{x^2+5} = \lim\limits_{x\to\infty}\frac{x^2(\frac{10}{x}-2)}{x^2(1+\frac{5}{x^2})} = 2$

b) $\lim\limits_{x\to\infty}\frac{1-x-x^2-x^3}{x^3} = \lim\limits_{x\to\infty}\frac{x^3(\frac{1}{x^3}-\frac{1}{x^2}-\frac{1}{x}-1)}{x^3} = -1$

c) $\lim\limits_{x\to\infty}\frac{x^2(1-\frac{3}{x}-\frac{2}{x^2})}{x^2(1+\frac{1}{x}-\frac{6}{x^2})} = 1$

d) $\lim\limits_{x\to\infty}\frac{x(5-\frac{10}{x})}{x(3+\frac{5}{x})} = \frac{5}{3}$

CA 67

a) $\lim\limits_{x\to\pm\infty}\frac{x^2+3}{x+1} = \lim\limits_{x\to\pm\infty}\frac{x^2-1+4}{x+1} = \lim\limits_{x\to\pm\infty}\frac{(x+1)(x-1)+4}{x+1} = \lim\limits_{x\to\pm\infty}(x-1+\frac{4}{x+1}) = \pm\infty$ Die Funktion ist bestimmt divergent.

b) / c) Die Funktionen sind unbestimmt divergent.
$f(x) = \sin x$ durchläuft in periodischer Aufeinanderfolge immer wieder alle Funktionswerte zwischen +1 und –1, bzw. bei $f(x) = x\cdot\sin x$ jeden Wert zwischen $+\infty$ und $-\infty$.

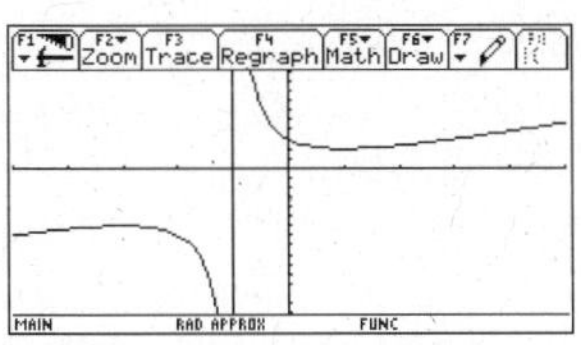

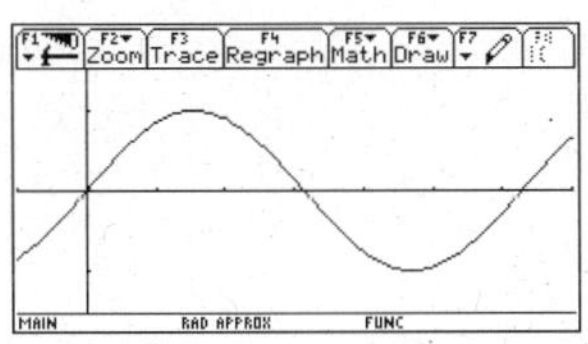

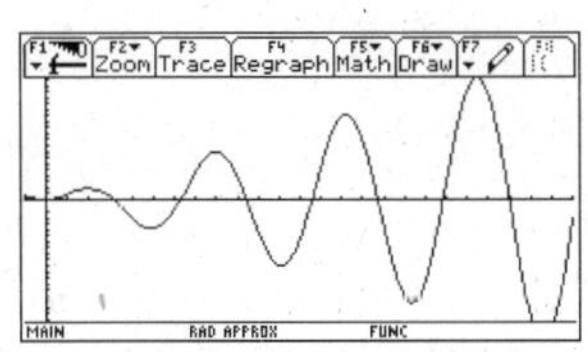

CA 68

a) Wegen $\lim\limits_{x\to\infty} = \lim\limits_{x\to\infty}\frac{3}{x^2} = 0$ folgt $\lim\limits_{x\to\infty}(5-\frac{1}{x}+\frac{3}{x^2}) = \lim\limits_{x\to\infty}5 - \lim\limits_{x\to\infty}\frac{1}{x} + \lim\limits_{x\to\infty}\frac{3}{x^2} = 5-0+0 = 5.$

b) $\lim\limits_{x\to\infty}\frac{3x^2-x+6}{x^2} = \lim\limits_{x\to\infty}(3-\frac{1}{x}+\frac{6}{x^2}) = 3$

c) $\lim\limits_{x\to\infty}\frac{(x+1)(x+2)(x+3)}{x^3} = \lim\limits_{x\to\infty}(\frac{x+1}{x}\cdot\frac{x+2}{x}\cdot\frac{x+3}{x}) = \lim\limits_{x\to\infty}(1+\frac{1}{x})(1+\frac{2}{x})(1+\frac{3}{x}) = 1\cdot1\cdot1 = 1$

d) $\lim\limits_{x\to\infty}\frac{(2x-3)(3x+5)(4x-6)}{3x^3+x-1} = \lim\limits_{x\to\infty}\frac{\frac{(2x-3)(3x+5)(4x-6)}{x^3}}{\frac{3x^3+x-1}{x^3}} = \lim\limits_{x\to\infty}\frac{\frac{2x-3}{x}\cdot\frac{3x+5}{x}\cdot\frac{4x-6}{x}}{3+\frac{1}{x^2}-\frac{1}{x^3}} = \lim\limits_{x\to\infty}\frac{(2-\frac{3}{x})(3+\frac{5}{x})(4-\frac{6}{x})}{3} = \frac{2\cdot3\cdot4}{3} = 8$

e) $\lim\limits_{x\to\infty}\frac{1+3^x}{1-3^x} = \lim\limits_{x\to\infty}\frac{3^x(\frac{1}{3^x}+1)}{3^x(\frac{1}{3^x}-1)} = -1$, weil $\lim\limits_{x\to\infty}\frac{1}{3^x} = 0$

f) $\lim\limits_{x\to\infty}\frac{x+(-1)^x}{x-(-1)^x} = \lim\limits_{x\to\infty}\frac{x(1+\frac{(-1)^x}{x})}{x(1-\frac{(-1)^x}{x})} = \lim\limits_{x\to\infty}\frac{1+\frac{(-1)^x}{x}}{1-\frac{(-1)^x}{x}} = 1$, weil $\lim\limits_{x\to\infty}\frac{(-1)^x}{x} = 0$

CA 69

a) $\lim\limits_{x\to\infty}5^{\frac{2x}{x+3}} = 5^{\lim\limits_{x\to\infty}\frac{2x}{x+3}} = 5^2 = 25$

b) $\lim\limits_{x\to0}(2^x-2^{-x}) = 2^0-2^{-0} = 1-1 = 0$

c) $\lim\limits_{x\to+0}5^{\frac{1}{x}} = 5^{\lim\limits_{x\to+0}\frac{1}{x}} = +\infty$

d) $\lim\limits_{x\to-0}5^{\frac{1}{x}} = 5^{\lim\limits_{x\to-0}\frac{1}{x}} = 0$

e) Es sei $\log_2 x = t$, dann ist $x = 2^t$. Wenn $x\to+0$, gilt auch $2^t\to+0$ und folglich $t\to-\infty$.
Also ist $\log_2 x = t\to-\infty$ und $\lim\limits_{x\to+0}\log_2 x = -\infty$.

f) Es sei $\log_{\frac{1}{2}} x = z$, dann ist $x = (\frac{1}{2})^z$.
Für $x\to+\infty$ folgt: $(\frac{1}{2})^z\to+\infty$; $2^{-z}\to+\infty$, also $z\to-\infty$
Folglich ist $\lim\limits_{x\to+\infty}\log_{\frac{1}{2}} x = -\infty$.

g) $\lim\limits_{x\to 0}\dfrac{\sin 3x+\sin 4x}{x}=\lim\limits_{x\to 0}\dfrac{2\sin\frac{3x+4x}{2}\cos\frac{3x-4x}{2}}{x}\,^{1)}=2\lim\limits_{x\to 0}\dfrac{\sin\frac{7x}{2}\cos\frac{x}{2}}{x}=2\lim\limits_{x\to 0}\left(\dfrac{\sin\frac{7x}{2}}{x}\cdot\cos\frac{x}{2}\right)^{2)}$

$=2\lim\limits_{x\to 0}\left(\dfrac{\sin 3{,}5x}{3{,}5x}\cdot 3{,}5\right)\cdot\lim\limits_{x\to 0}\cos\frac{x}{2}=2\cdot 3{,}5\cdot 1=7$

Anmerkung: 1) Dieser Schritt folgt aus $\sin\alpha+\sin\beta=2\sin\frac{\alpha+\beta}{2}\cos\frac{\alpha-\beta}{2}$; vgl. Formeln und Tabellen, S. 36.

2) Wegen $\lim\limits_{x\to 0}\frac{\sin x}{x}=1$ wird weiter umgeformt: $\dfrac{\sin\frac{7x}{2}}{x}=\sin\dfrac{3{,}5x}{3{,}5}\cdot 3{,}5$

h) $\lim\limits_{x\to 0}\dfrac{1-\cos 2x}{2x^2}=\lim\limits_{x\to 0}\dfrac{2\sin^2 x}{2x^2}=\lim\limits_{x\to 0}\dfrac{\sin^2 x}{x^2}=\lim\limits_{x\to 0}\left(\dfrac{\sin x}{x}\cdot\dfrac{\sin x}{x}\right)=1\cdot 1=1$

CA 70

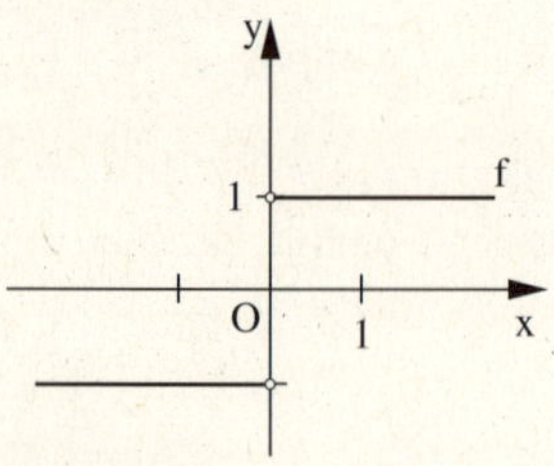

$\lim\limits_{\substack{x\to 0\\ x>0}} f(x)=1$ und $\lim\limits_{\substack{x\to 0\\ x<0}} f(x)=-1$; Es existiert kein Grenzwert an der Stelle $x_0=0$.

$\lim\limits_{x\to+\infty} f(x)=\lim\limits_{x\to+\infty}\dfrac{|x|}{x}=\lim\limits_{x\to\infty}\dfrac{x}{x}=1;\qquad \lim\limits_{x\to-\infty} f(x)=\lim\limits_{x\to-\infty}\dfrac{-x}{x}=-1$

$x<0$: $f(x)=-1$; $x>0$: $f(x)=1$

CA 71

a) $\lim\limits_{x\to\pm\infty} f_1(x)=0$ b) $\lim\limits_{x\to\pm\infty} f_2(x)=0$ c) $\lim\limits_{x\to\pm\infty} f_3(x)=\pm 1$ d) $\lim\limits_{x\to\pm\infty} f_4(x)=\pm\infty$

e) $\lim\limits_{x\to\pm\infty} f_5(x)=0$ f) $\lim\limits_{x\to\infty} 2^x\cdot 4^{-x}=\lim\limits_{x\to\infty} 2^x\cdot\dfrac{1}{4^x}=\lim\limits_{x\to\infty}\left(\dfrac{1}{2}\right)^x=0\qquad\lim\limits_{x\to-\infty} 2^x\cdot 4^{-x}=\infty$

CA 72

a) $f(x)=\dfrac{2x-3}{x}=2-\dfrac{3}{x}$ Für jede Folge (x_n) mit $x_n\to\pm\infty$ ist $\dfrac{3}{x_n}$ eine Nullfolge und somit $\lim\limits_{x\to+\infty}\dfrac{2x-3}{x}=\lim\limits_{x\to-\infty}\dfrac{2x-3}{x}=2$

b) $f(x)=\dfrac{6x-1}{x+1}=\dfrac{6(x+1)-7}{(x+1)}=6-\dfrac{7}{x+1}$; $\lim\limits_{x\to+\infty}\dfrac{6x-1}{x+1}=\lim\limits_{x\to-\infty}\dfrac{6x-1}{x+1}=6$

c) $f(x)=\dfrac{2^x+1}{2^x}=1+\dfrac{1}{2^x}=1+2^{-x}$; $\lim\limits_{x\to+\infty}\dfrac{2^x+1}{2^x}=1$; $\lim\limits_{x\to-\infty}\dfrac{2^x+1}{2^x}=+\infty$

CA 73

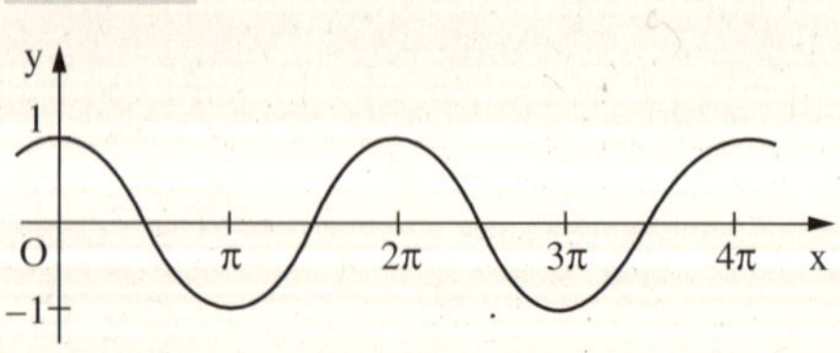

$(x_n)=(n\cdot\pi)$ kein Grenzwert
$(x_n)=(n\cdot 2\pi)$ Grenzwert 1
$(x_n)=((2n-1)\cdot\pi)$ Grenzwert -1

D.h.: $\cos x$ hat für $x\to+\infty$ keinen Grenzwert.

CA 74

a) (x_n) mit $\lim\limits_{x\to\infty} x_n=\infty$

$f(x_n)=\dfrac{(1-x_n^2)}{(1+x_n^2)}=\dfrac{\frac{1}{x_n^2}-1}{\frac{1}{x_n^2}+1}$

$\lim\limits_{x\to\infty} f(x_n)=-1$ d.h. $\lim\limits_{x\to+\infty} f(x)=-1$

$\lim\limits_{x\to-\infty} f(x)=-1$

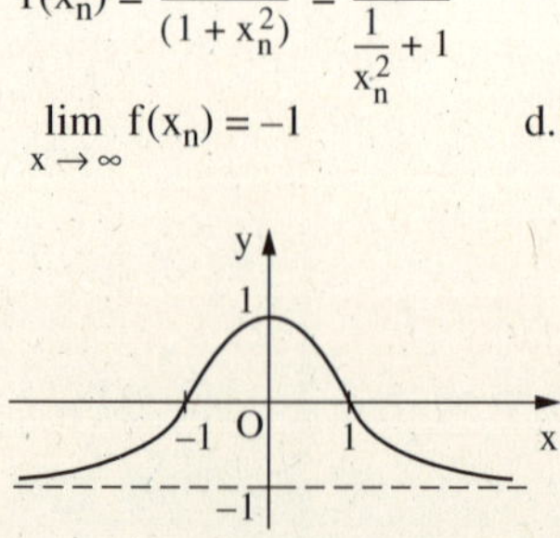

b) $\lim\limits_{x\to+\infty}\dfrac{x^2+1}{x}=+\infty\qquad\lim\limits_{x\to-\infty}\dfrac{x^2+1}{x}=-\infty$

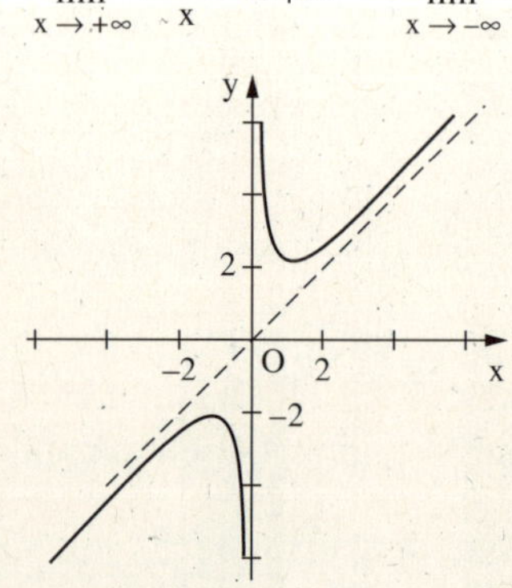

c) $\lim\limits_{x \to \pm\infty} \frac{2x^3 - 1}{x^3 + x} = 2$

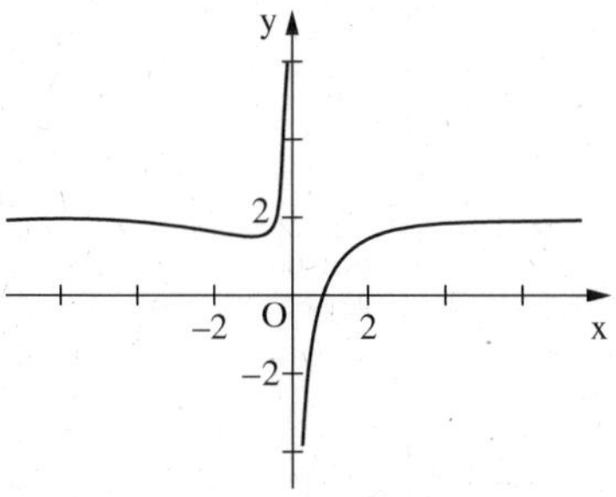

d) $\lim\limits_{x \to +\infty} (x^2 - x^5) = \lim\limits_{x \to +\infty} x^5(\frac{1}{x^3} - 1) = -\infty$

$\lim\limits_{x \to -\infty} x^5(\frac{1}{x^3} - 1) =$

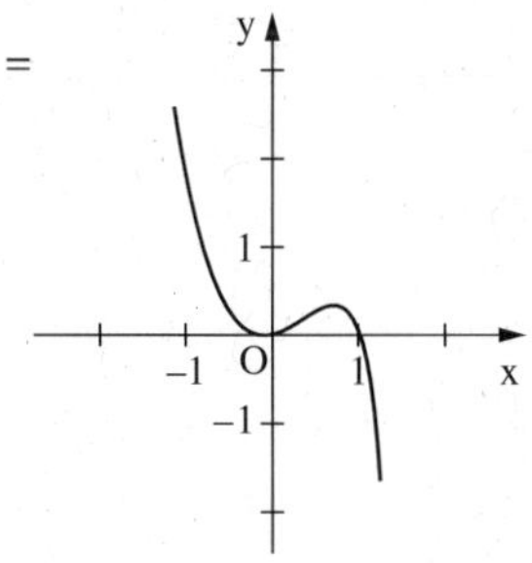

e) $\lim\limits_{x \to \pm\infty} \frac{x^3 - x}{x + 1} = \lim\limits_{x \to \pm\infty} \frac{x^3\left(1 - \frac{1}{x^2}\right)}{x(1 + \frac{1}{x})} = +\infty$

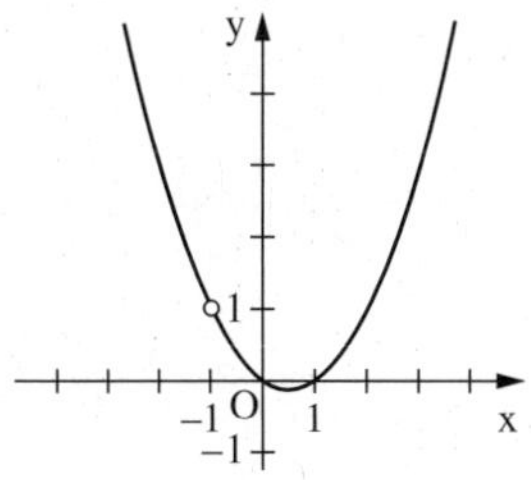

CA 75

a) $\lim\limits_{x \to +\infty} \frac{3x - 1}{1 + 5x} = \frac{3}{5}$ b) $\lim\limits_{x \to +\infty} \frac{4 - x^2}{1 + 2x^2} = -\frac{1}{2}$ c) $\lim\limits_{x \to +\infty} (4 \cdot \frac{1 + 2x}{2 - x}) = -8$ d) $\lim\limits_{x \to -\infty} \frac{2(1 + 3x^2)}{5x^2 - 1} = \frac{6}{5}$

e) $\lim\limits_{x \to -\infty} \frac{2x}{x^2 + 1} = 0$ f) $\lim\limits_{x \to -\infty} \frac{4x(1 + x)}{x^3 + 1} = 0$ g) $\lim\limits_{x \to \infty} \frac{a}{3 + x^2} = 0$ h) $\lim\limits_{x \to 0} (2^{-x} + x^2) = 1$

CA 76

a) $\lim\limits_{\substack{x \to 1 \\ x > 1}} \frac{1 + 2x}{1 - x} = -\infty$; $\lim\limits_{\substack{x \to 1 \\ x < 1}} \frac{1 + 2x}{1 - x} = +\infty$;

$\lim\limits_{x \to +\infty} \frac{1 + 2x}{1 - x} = -2$

b) $\lim\limits_{\substack{x \to -0{,}5 \\ x < -0{,}5}} \frac{1 + x}{1 + 2x} = -\infty$; $\lim\limits_{\substack{x \to -0{,}5 \\ x > -0{,}5}} \frac{1 + x}{1 + 2x} = +\infty$;

$\lim\limits_{x \to -1} \frac{1 + x}{1 + 2x} = 0$

c) $\lim\limits_{x \to 0} \frac{\sqrt{x}}{x + \sqrt{x}} = 1$; $\lim\limits_{x \to 4} \frac{\sqrt{x}}{x + \sqrt{x}} = \frac{1}{3}$

d) $\lim\limits_{\substack{x \to -3 \\ x < -3}} \frac{-x^2 - 11x + 3}{x + 3} = -\infty$; $\lim\limits_{\substack{x \to -3 \\ x > -3}} \frac{-x^2 - 11x + 3}{x + 3} = +\infty$;

$\lim\limits_{x \to +\infty} \frac{-x^2 - 11x + 3}{x + 3} = -\infty$

CA 77

a) $\lim\limits_{x \to \pm\infty} f(x) = -1$; Asymptote $y = -1$ b) $\lim\limits_{x \to -\infty} f(x) = \infty$; $\lim\limits_{x \to \infty} = -\infty$

c) $\lim\limits_{x \to \pm\infty} f(x) = 0$; Asymptote $y = 0$ d) $\lim\limits_{x \to \pm\infty} f(x) = 0$; Asymptote $y = 0$

CA 78

a) −64 b) $\frac{1}{16}$ c) 100 d) −125

CA 79 $f(x) = x^3 - \frac{x + 5}{x - 4}$

$\lim\limits_{x \to 7} f(x) = \lim\limits_{x \to 7} (x^3 - \frac{x + 5}{x - 4}) = \lim\limits_{x \to 7} x^3 - \frac{\lim\limits_{x \to 7} x + \lim\limits_{x \to 7} 5}{\lim\limits_{x \to 7} x - \lim\limits_{x \to 7} 4} = (\lim\limits_{x \to 7} x)^3 - \frac{7 + 5}{7 - 4} = 7^3 - 4 = 339$

CA 80

a) $f(x) = \frac{4}{x^2} - 3$

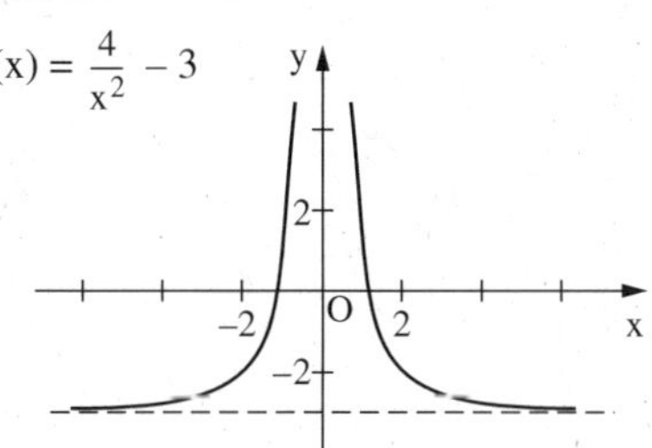

b) $f(x) = \frac{1}{x}$

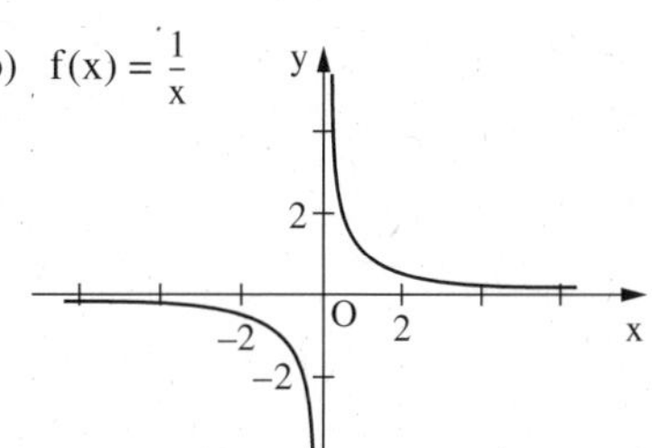

CA 81

a) $f_1(x) = 2 + \frac{1}{x^2}$

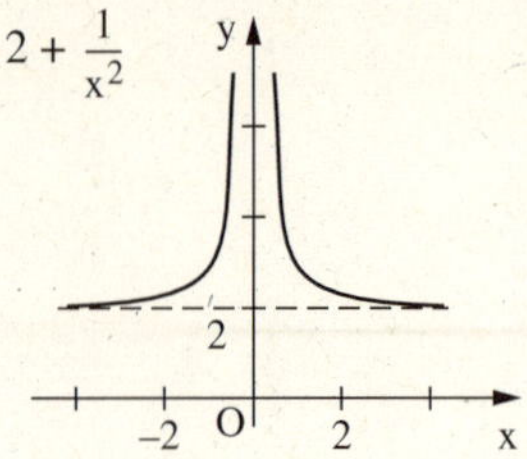

b) $f_2(x) = \frac{2|x| + 1}{x}$

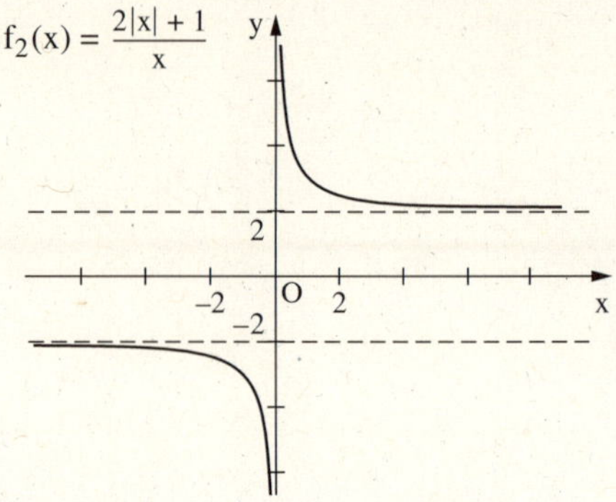

c) $f_3(x) = 2^{-x}$

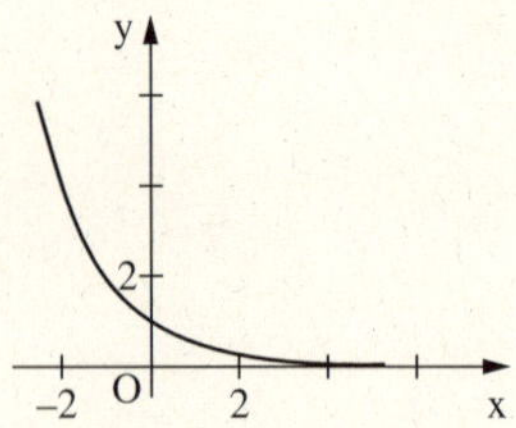

d) $f_4(x) = \sin x$

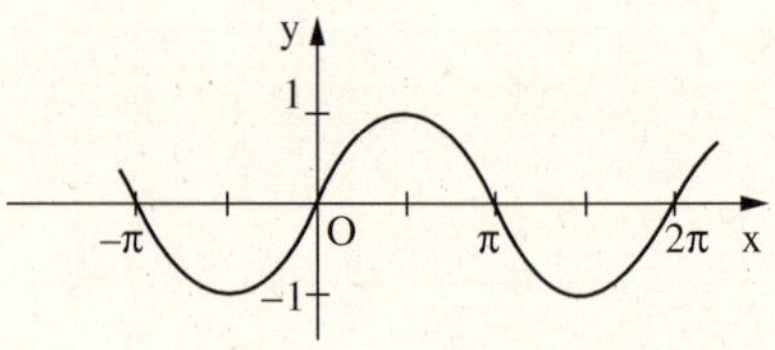

CA 82

a) $\lim\limits_{x \to \pm\infty} \frac{2}{2x - 1} = 0$; da $\lim\limits_{x \to \pm\infty} (2x - 1) = \pm\infty$ — Die Gerade mit der Gleichung $y = 0$ ist waagerechte Asymptote.

b) $\lim\limits_{x \to \pm\infty} (3 - \frac{2}{x}) = 3$; da $\lim\limits_{x \to \pm\infty} \frac{2}{x} = 0$ — Die Gerade mit der Gleichung $y = 3$ ist waagerechte Asymptote.

c) $\lim\limits_{x \to +\infty} (\frac{1}{2}x + \frac{1}{x}) = +\infty$; $\lim\limits_{x \to -\infty} (\frac{1}{2}x + \frac{1}{x}) = -\infty$

d) $\lim\limits_{x \to +\infty} (1 - \sqrt{x}) = -\infty$ — Für negative Argumente ist $f_4(x)$ nicht definiert.

CA 83

$$\lim_{x \to \infty} \frac{kx^2 + 6x}{3x^2 - 1} = \lim_{x \to \infty} \frac{x^2\left(k + \frac{6}{x}\right)}{3x^2\left(3 - \frac{1}{x^2}\right)} = \frac{k}{9};\quad \text{aus } \frac{k}{9} = 1 \text{ folgt } k = 9.$$

CA 84

a) Der Graph der Funktion wird im Intervall [–1; 1], [–0,1; 0,1] und [–0,01; 0,01] dargestellt. Der Kurvenverlauf gibt keinen Aufschluss über das Verhalten der Funktion in der Nähe von 0. Die Existenz eines Grenzwertes scheint möglich.

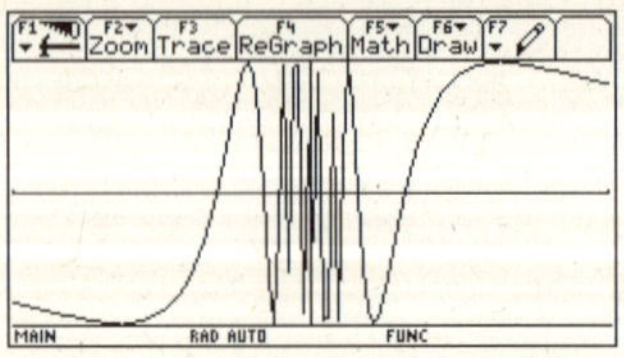

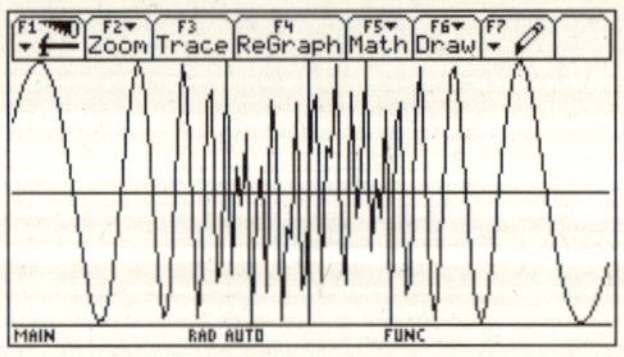

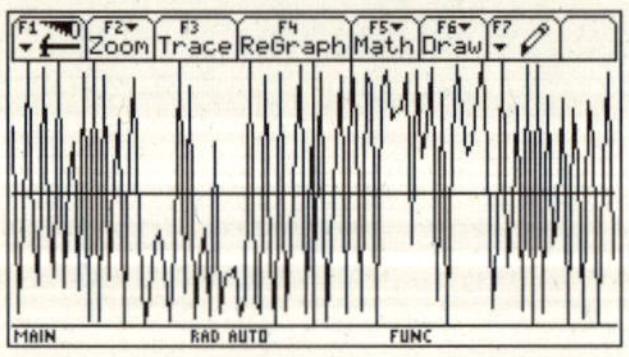

b) $f(x) \to +\infty$ für $x \to 0$, $x > 0$ und $f(x) \to -\infty$ für $x \to 0$, $x < 0$. Rechnung zeigt, dass die Funktion in x_0 keinen Grenzwert besitzt.

c) Der GTA liefert für *limit (sin(1/x),x , 0)* die Antwort *undef.* Dies besagt jedoch nicht, dass es keinen Grenzwert gibt, sondern lediglich, dass das System keinen eindeutigen Wert liefert. Die Verwendung des CAS hilft für unser Problem nicht weiter.

d) $\lim\limits_{x \to 0} g(x) = 0$.

CA 85

a)

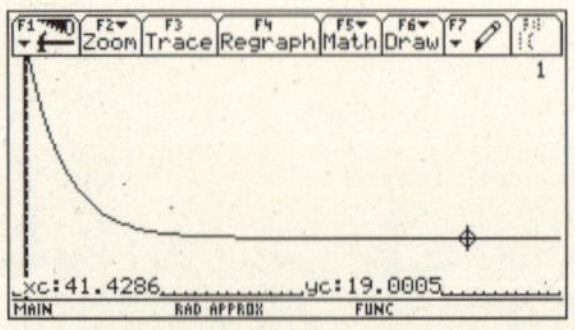

Vermuteter Grenzwert: $g = 19$

b) 19 (° C) – Grenzwerttemperatur (Umgebung)
70 (° C) – Temperaturdifferenz zwischen Anfangs- und Umgebungstemperatur
0,75 – Abkühlungskonstante; abhängig von Flüssigkeit, Volumen und Oberfläche

c) Veränderung der Basis 0,75

CA 86

a) $t_0 = 2$

rechtsseitig: $\lim\limits_{t \to 2^+} \frac{4t}{t-2} = \infty$
linksseitig: $\lim\limits_{t \to 2^-} \frac{4t}{t-2} = -\infty$
$\Rightarrow$ es existiert kein Grenzwert

b) $s_0 = -1$

rechtsseitig: $\lim\limits_{s_0 \to -1^+} \frac{2-s^2}{s+1} = \infty$
linksseitig: $\lim\limits_{s_0 \to -1^-} \frac{2-s^2}{s+1} = -\infty$
$\Rightarrow$ es existiert kein Grenzwert

c) $x_0 = 0$ $\quad f(x) = \begin{cases} x+1 & \text{für } x > 0 \\ -(x+1) & \text{für } x < 0 \end{cases}$

rechtsseitig: $\lim\limits_{x \to 0^+} \frac{x(x+1)}{|x|} = 2$
linksseitig: $\lim\limits_{x \to 0^-} \frac{x(x+1)}{|x|} = -2$
$\Rightarrow$ es existiert kein Grenzwert.

CA 87

a) $t \to 0 \quad f(t) \to \infty$
$t \to \infty \quad f(t) \to 0$
$t \to -\infty f(t) \to 0$

b) $t \to 0 \quad f(t) \to \infty$ für $t > 0$
$f(t) \to -\infty$ für $t < 0$
$t \to \infty \quad f(t) \to 0$
$t \to -\infty f(t) \to -1$

c) $t \to 0 \quad f(t) \to \infty$ für $t > 0$
$f(t) \to -\infty$ für $t < 0$
Für $t \to \pm\infty$ ist die Funktion divergent.

CA 88

a) $f(r) = r + 3;\ g = 6$ b) $f(x) = 2x - 1;\ g = -2$ c) $f(x) = 4x;\ g = -4$ d) $f(t) = t + \frac{1}{2};\ g = 0$

CA 89

a) h – Anfangshöhe; n – Aufschlagzahl; $h_n = 0{,}9^n \cdot h$
Aus $h_n = 0{,}05h$ folgt $0{,}9^n h \cdot = 0{,}05h$, also $n = \frac{\ln 0{,}05}{\ln 0{,}9} \approx 28{,}43 \Rightarrow n = 29$ Aufschläge.

b) $s_n = h(1 + 2 \cdot 0{,}9 \cdot (1 + 0{,}9 + 0{,}9^2 + \ldots + 0{,}9^{n-1}) = h + 1{,}8h \cdot \frac{1 - 0{,}9^{n-1}}{0{,}05} = h(1 + 38(1 - 0{,}9^{n-1}))$ für $n > 1$
$s_6 = h(1 + 38(1 - 0{,}9^5)) = 16{,}56\ h$

c) $s = \lim\limits_{n \to \infty} (1 + 38(1 - 0{,}9^{n-1})) \cdot h = 39\ h$ (für $n > 1$)

CA 90

a) n – Anzahl der Jahre; a_0 – Ausgangsmenge = 200g
$a_1 = 200 \cdot q;\ \ldots;\ a_n = 200 \cdot q^n$ (in Gramm); $a_{10} = 156{,}87$ g; $a_{20} = 123{,}03$ g; $a_{100} = 17{,}62$ g

b) $200 \cdot 0{,}976^n = 100;\quad n = \frac{\ln 0{,}5}{\ln 0{,}976} = 28{,}533$ (Jahre)

c) $200 \cdot q^n = 0{,}2;\quad n = \frac{\ln 0{,}001}{\ln 0{,}976} = 284{,}36$ (Jahre)

CA 91

a) Für $x \to \pm\infty$ gilt $\frac{3}{x} \to 0$. Waagerechte Asymptote mit $y = 0$.

b) Für $x \to \pm\infty$ gilt $x^2 \to \pm\infty$. Somit $\frac{5}{x^2} \to 0$ und $1 - \frac{5}{x^2} \to 0$. Waagerechte Asymptote mit $y = 1$.

c) Für $x \to \pm\infty$ gilt $\frac{3}{2x-1} \to 0$. Waagerechte Asymptote mit $y = 0$.

d) Für $x \to \pm\infty$ gilt $\frac{1}{\sqrt{x+5}} \to 0$. Waagerechte Asymptote mit $y = 0$.

CA 92

a) 0 b) 0 c) $\lim\limits_{x \to \infty} \frac{x}{sx - t} = \lim\limits_{x \to \infty} \frac{x}{x(s - \frac{t}{x})} = \frac{1}{s}$ d) 0 e) 0 f) r g) ∞ h) ∞

CA 93

a) $f(x) \to \infty$ für $x \to -\infty$, $f(x) \to 0$ für $x \to +\infty$ b) $f(x) \to 0$ für $x \to \pm\infty$ c) $f(x) \to -2$ für $x \to \pm\infty$
d) $f(x) \to 1$ für $x \to \infty$ und $f(x) \to 1$ für $x \to -\infty$ (für $x < 0$ ist die Funktion nicht stetig)

CA 94

a) $D_f = \mathbb{R}\setminus\{5\}$

b) Für $x \to 5$ und $x < 5$ gilt $(x-5) \to 0$ und $(x-5) < 0$. Also $\frac{-1}{x-5} \to +\infty$.

Für $x \to 5$ und $x > 5$ gilt $(x-5) \to 0$ und $(x-5) > 0$. Also $\frac{-1}{x-5} \to -\infty$.

c) Senkrechte Asymptote ist $x = 5$.

CA 95

a) $D_g = \mathbb{R}\setminus\{-1,1\}$

b) $g(x) \to +\infty$ für $x \to 1$ und $x > 1$

$g(x) \to -\infty$ für $x \to 1$ und $x < 1$

$g(x) \to +\infty$ für $x \to -1$ und $x < -1$

$g(x) \to -\infty$ für $x \to 1$ und $x > -1$

c) $\lim\limits_{x \to \pm\infty} (g(x)) = 0$

d) (siehe nebenstehende Zeichnung)

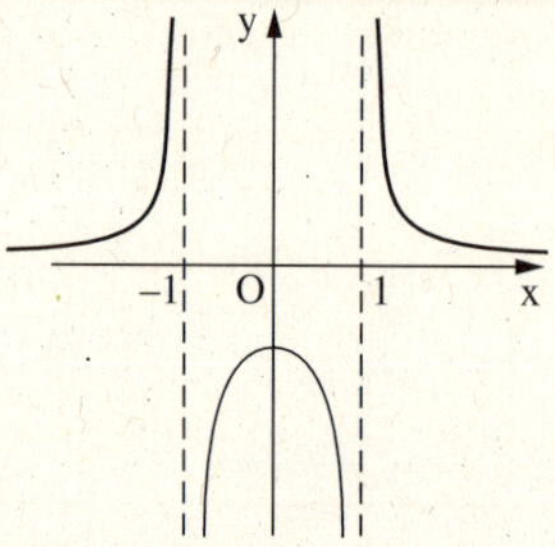

CA 96

a) $f(x) = \frac{x^2-4}{(x-2)\cdot(x+3)}$; $D_f = \mathbb{R}\setminus\{2; -3\}$ $\qquad h(x) = \frac{3}{(x+2)^2}$; $D_h = \mathbb{R}\setminus\{-2\}$

b) (1) $\lim\limits_{x\to 2} f(x) = \lim\limits_{x \to 2} \frac{x^2-4}{(x-2)(x+3)} = \lim\limits_{x\to 2} \frac{(x-2)\cdot(x+2)}{(x-2)\cdot(x+3)} = \lim\limits_{x \to 2} \frac{x+2}{x+3} = \frac{4}{5}$

$\lim\limits_{x \to -3} \frac{x+2}{x+3}$

Annäherung von rechts: $x \to -3 + h$ $\qquad \lim\limits_{h\to 0} \frac{-3+h+2}{-3+h+3} = \lim\limits_{h \to 0} \frac{-1+h}{h} = -\infty$

Annäherung von links: $x \to -3 - h$ $\qquad \lim\limits_{h\to 0} \frac{-3-h+2}{-3-h+3} = \lim\limits_{h \to 0} \frac{1+h}{h} = +\infty$

(2) $\lim\limits_{x\to -2} h(x) = \lim\limits_{x \to -2} \frac{3}{(x+2)^2} = +\infty$, sowohl bei Annäherung von links als auch von rechts.

c) Für f: Senkrechte Asymptote ist die Gerade mit der Gleichung $x = -3$.
Waagerechte Asymptote ist die Parallele zur Achse durch $y = 1$.

Für h: Senkrechte Asymptote ist die Gerade mit der Gleichung $x = -2$. Waagerechte Asymptote ist die x-Achse ($y = 0$).

d)

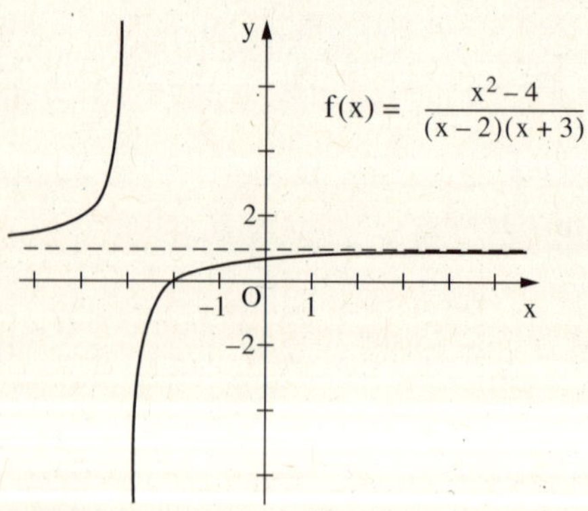

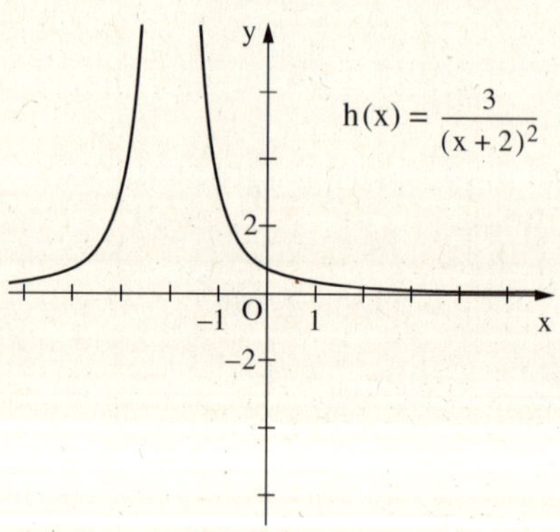

CA 97

a) $f(x) = \frac{1}{4-x^2}$ $\qquad$ b) $f(x) = \frac{1}{(x+1)(x-1)} + 1$ $\qquad$ c) $f(x) = \frac{1}{(x-4)} - 3$

CA 98

a) $f_1(x) = \frac{x^2-4}{x+2} = x - 2$ für $x \neq -2$ $\qquad$ Definitionslücke $x_2 = -2$ ist zu schließen durch $f(-2) = -4$.

b) $f_2(x) = \frac{x^2+x-6}{x-2} = x + 3$ für $x \neq 2$ $\qquad$ Definitionslücke $x_2 = 2$ ist zu schließen durch $f(2) = 5$.

c) $f_3(x) = \frac{8+x^3}{x+2} = x^2 - 2x + 4$ für $x \neq -2$ $\qquad$ Definitionslücke $x_2 = -2$ ist zu schließen durch $f(-2) = 12$.

d) $f_4(x) = \frac{(x+1)(x+2)}{(x-2)(x+1)} = \frac{x+2}{x-2}$; senkrechte Asymptote: $y = 2$

e) $f_5(x) = \frac{(x-2)(x+2)}{(x+1)(x-2)(x-3)} = \frac{x+2}{(x+1)(x-3)}$ für $x \neq 2$; senkrechte Asymptoten: $y = -1$ und $y = 3$

Definitionslücke $x_2 = 2$ ist zu schließen durch $f(2) = -\frac{4}{3}$.

Aufgaben zur Selbstkontrolle

CA 99

a) $a_n = \frac{12n+8}{6n}$ lässt sich vereinfachen zu $a_n = 2 + \frac{4}{3n}$. Hieraus lässt sich bereits der Grenzwert g = 2 vermuten.

$a_1 = \frac{10}{3}$, $a_2 = \frac{8}{3}$, $a_3 = \frac{22}{9}$, $a_4 = \frac{7}{3}$, $a_5 = \frac{34}{15}$, $a_6 = \frac{20}{9}$, $a_7 = \frac{46}{21}$, $a_8 = \frac{13}{6}$, $a_9 = \frac{58}{27}$, $a_{10} = \frac{32}{15}$

b) Zu zeigen: Für ein beliebiges $\varepsilon > 0$ gilt $|a_n - 2| < \varepsilon$. D.h.: $|2 + \frac{4}{3n} - 2| = |\frac{4}{3n}| < \varepsilon$

Das bedeutet $\frac{4}{3n} < \varepsilon$. Diese Ungleichung ist für alle $n > \frac{4}{3\varepsilon}$ erfüllt. Wählt man z.B. $\varepsilon = 0{,}01$, dann folgt $n > \frac{400}{3} = 133\frac{1}{3}$.
Das bedeutet, alle Folgeglieder ab n = 134 liegen in der $U_\varepsilon(2)$.

CA 100

a) Falsch. Gegenbeispiel: (a_n) mit $a_n = \frac{1}{n}$.
b) Richtig. Wählt man z.B. $\varepsilon = 0{,}5$, so sind nicht *fast alle* Glieder von der Zahl 0 weniger als ε entfernt.
c) Richtig. Wäre die Zahl a < 0 der Grenzwert, dann lässt sich wie bei b) argumentierten. Wenn man z.B. ε = a wählt, liegen sogar alle Folgeglieder außerhalb der $U_\varepsilon(a)$.
d) Falsch, denn wenn ein Grenzwert existiert, dann ist er auch eindeutig bestimmt.
e) Richtig. Zum Beispiel (a_n) mit $a_n = (-\frac{1}{n})^n$ ist beschränkt und konvergent, aber nicht monoton. (a_n) ist eine Nullfolge.
f) Falsch. Gegenbeispiel: (a_n) mit $a_n = (-1)^n + 1$ ist eine Folge mit unendlich vielen Nullen für n ungerade. Sie besitzt keinen Grenzwert, da für gerades n auch die 2 unendlich oft auftritt.

CA 101

a) $\lim\limits_{n\to\infty} \frac{8n+7}{2n+5} = \lim\limits_{n\to\infty} \frac{8+\frac{7}{n}}{2+\frac{5}{n}} = \frac{\lim\limits_{n\to\infty}\left(8+\frac{7}{n}\right)}{\lim\limits_{n\to\infty}\left(2+\frac{5}{n}\right)} = \frac{8}{2} = 4$

b) $\lim\limits_{n\to\infty} \frac{\left(\frac{1}{2}\right)^n + 7}{\left(\frac{1}{4}\right)^n + 2} = \frac{\lim\limits_{n\to\infty}\left(\left(\frac{1}{2}\right)^n + 7\right)}{\lim\limits_{n\to\infty}\left(\left(\frac{1}{4}\right)^n + 2\right)} = \frac{0+7}{0+2} = 3{,}5$

CA 102

a) akzeptabel, so man damit die Folge der Funktionswerte meint
b) f(x) oder f ist konvergent zum Grenzwert g
c) nicht ausreichend
d) falsch
e) akzeptabel, im Sinne der Definition, aber besser f

CA 103

a) Jede ganzrationale Funktion kann zerlegt werden in eine Summe bzw. Differenz von Produkten konstanter Funktionen und der identischen Funktion. Für diese Funktionen existiert der Grenzwert für jede reelle Zahl.
b) Der Grenzwertsatz für den Quotienten zweier Funktionen ist eingeschränkt auf diejenigen Stellen, an denen die Nennerfunktion nicht den Grenzwert 0 annimmt.

CA 104

a) 25
b) 0
c) wegen $\frac{1}{h}\left(\frac{1}{(x+h)^2} - \frac{1}{x^2}\right) = \frac{1}{h} \cdot \frac{x^2-(x+h)^2}{(x+h)^2 \cdot x^2} = \frac{1}{h} \cdot \frac{-2x \cdot h - h^2}{x^2(x+h)^2} = \frac{-2x-h}{x^2(x+h)^2}$

ist $\lim\limits_{h\to 0} \frac{1}{h}\left(\frac{1}{(x+h)^2} - \frac{1}{x^2}\right) = \lim\limits_{h\to 0} \frac{-2x-h}{x^2(x+h)^2} = -\frac{2}{x^3}$

d) Aus $\frac{x+1}{x^2-1} = \frac{x+1}{(x+1)(x-1)} = \frac{1}{x-1}$, da $x \neq -1$, folgt $\lim\limits_{h\to -1} \frac{x+1}{x^2-1} = \lim\limits_{h\to -1} \frac{1}{x-1} = -\frac{1}{2}$

CA 105

a) $\lim\limits_{x\to\infty} \frac{x^2+x+1}{7x^2+2} = \lim\limits_{x\to\infty} \frac{1+\frac{1}{x}+\frac{1}{x^2}}{7+\frac{2}{x^2}} = \frac{1}{7}$

b) $\lim\limits_{x\to\infty} \frac{2+x}{1-x} = \lim\limits_{x\to\infty} \frac{\frac{2}{x}+1}{\frac{1}{x}-1} = -1$

c) $\lim\limits_{x\to\infty} \frac{1}{1+x^2} = \lim\limits_{x\to\infty} \frac{\frac{1}{x^2}}{\frac{1}{x^2}+1} = \frac{0}{0+1} = 0$

d) $\lim\limits_{x\to\infty} (1+\frac{1000}{x})^{1000} = (\lim\limits_{x\to\infty} 1 + \lim\limits_{x\to\infty} \frac{1000}{x})^{1000} = 1$

CA 106

Für die Existenz von $\lim\limits_{x\to x_0} f(x)$ ist das Definiertsein von f an der Stelle x_0 weder notwendig noch hinreichend.
Für die Existenz von $\lim\limits_{x\to x_0} f(x)$ ist die Stetigkeit von f an der Stelle x_0 hinreichend, aber nicht notwendig.

D Grundfragen der Differentialrechnung und ihrer Anwendung

D 1 Anliegen und Grundbegriffe der Differentialrechnung

D 1.1 Der Begriff *Ableitung einer Funktion*

DA 1

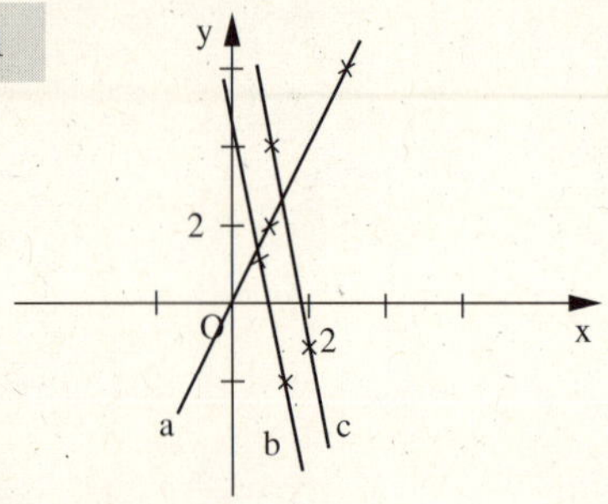

a) $m = \tan\alpha = 2;\ \alpha \approx 63{,}4°$
b) $m = \tan\alpha = -4{,}24;\ \alpha \approx 103{,}3°$
c) $m = \tan\alpha = -5;\ \alpha \approx 101{,}3°$

DA 2 a) $\alpha \approx 63{,}4°$ b) $\alpha \approx 153{,}4°$

DA 3

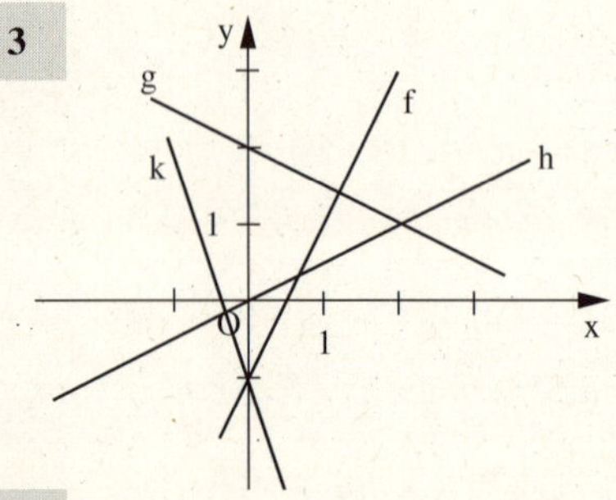

DA 4

a) m: bestimmt den Anstieg bzw. die Steigung n: P(0; n) ist der Schnittpunkt mit der y-Achse
b) (1) $f(x) = x + 1$; (2) $f(x) = 2$; (3) $f(x) = -\frac{3}{2}x - 3$

DA 5 Der Anstieg der Kurve ist ein Maß für die Geschwindigkeit:

Für 0 m bis 100 m nimmt der Anstieg und damit die Geschwindigkeit zu,
für 100 m bis 700 m bleiben Anstieg und Geschwindigkeit konstant,
für 700 m bis 800 m nimmt der Anstieg zu, d.h. die Geschwindigkeit steigt (Endspurt).

DA 6

a) absoluter Luftdruckunterschied zwischen der Höhe h und der Höhe h_0
b) Durchschnittliche Änderung des Luftdrucks zwischen den Höhen h und h_0
c) punktuelle Luftdruckänderung in der Höhe h_0

DA 7 Es sei $t \to W(t)$ die Wachstumsgeschwindigkeit in Abhängigkeit von t. Dann gibt W'(t) die momentane Wachstumsgeschwindigkeit, also die Änderungsrate der Virenkultur an.

DA 8

a) $\overline{m}_1 = \frac{f_1(x_2) - f_1(x_1)}{x_2 - x_1} = 0$ b) $\overline{m}_2 = 0$ c) $\overline{m}_3 = 1$ d) $\overline{m}_4 = -\frac{1}{2}$ e) $\overline{m}_5 = \sqrt{2} - 1 \approx 0{,}414$ f) $\overline{m}_6 = -1{,}4$

DA 9

Differenzenquotient an der Stelle x_0: $d(h) = \frac{2 \cdot x_0 \cdot h + h^2}{h}$; $x_0 = 0{,}5$

$d_1(-1) = 0$
$d_2(-0{,}1) = 0{,}9$
$d_3(0{,}1) = 1{,}1$
$d_4(1) = 2$

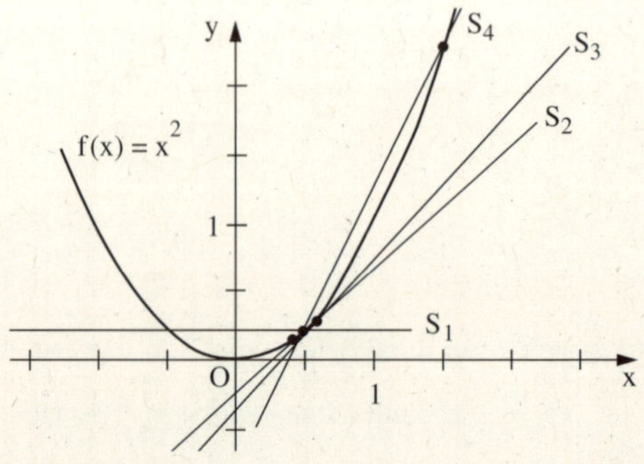

DA 10 $d(h) = \frac{f(x_0+h)-f(x_0)}{h} = \frac{(x_0+h)^3-x_0^3}{h} = \frac{x_0^3+3x_0^2h+3x_0h^2+h^3-x_0^3}{h} = 3x_0^2+3x_0h+h^2$

a) $x_0 = 1$: $d_1(-1) = 1$; $d_2(-0{,}5) = 1{,}75$; $d_3(0{,}5) = 4{,}75$; $d_4(1) = 7$
b) $x_0 = -1$: $d_1(-1) = 7$; $d_2(-0{,}5) = 4{,}75$; $d_3(0{,}5) = 1{,}75$; $d_4(1) = 1$

a)
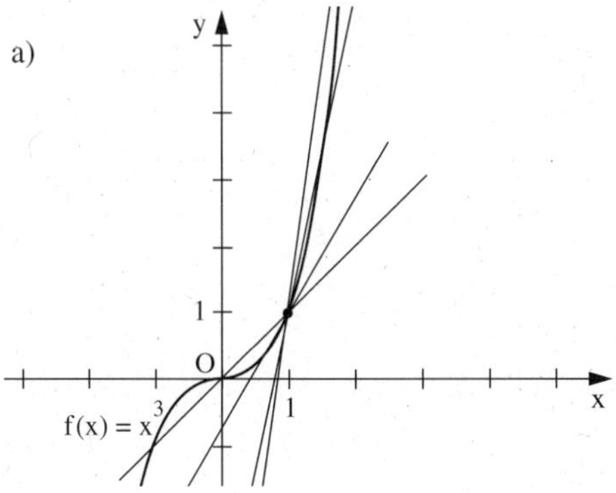

b)
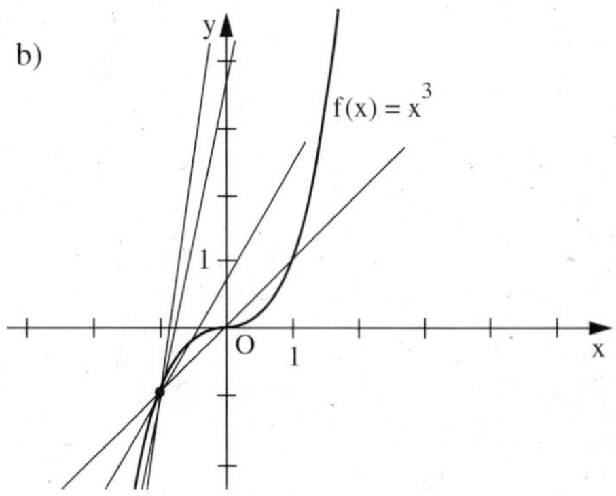

DA 11

a) $d_1(h) = \frac{f_1(x_0+h)-f_1(x_0)}{h} = 2x_0+h-4$ $\quad h = 1 \Rightarrow m_s = -7 \quad h = 0{,}01 \Rightarrow m_s = -7{,}99$
b) $d_2(h) = -\frac{1}{4}(2x_0+h-2)$ $\quad h = 1 \Rightarrow m_s = 0{,}75 \quad h = 0{,}01 \Rightarrow m_s = 0{,}9975$
c) $d_3(h) = 2x_0+h$ $\quad h = 1 \Rightarrow m_s = -2 \quad h = 0{,}01 \Rightarrow m_s = -2{,}99$
d) $d_4(h) = 3x_0^2+3x_0h+h^2-\frac{1}{2}x_0^4-x_0^3h-x_0^2h^2-\frac{1}{2}x_0h^3-\frac{1}{10}h^4$ $\quad h = 1 \Rightarrow m_s = -2{,}1 \quad h = 0{,}01 \Rightarrow m_s \approx 3{,}98$

DA 12

Für den Differentialquotienten gilt: $\frac{f(x_0+h)-f(x_0)}{h} = \frac{\frac{1}{6}(2+h)^3-\frac{1}{6}2^3}{h} \quad (h \neq 0)$

$$= \frac{8+12h+6h^2+h^3-8}{6h} = \frac{12h+6h^2+h^3}{6h}$$

$$= 2+h+\frac{1}{6}h^2 \text{ und damit } \lim_{h\to 0}(2+h+\frac{1}{6}h^2) = 2$$

Das heißt, die Tangente an den Graphen von $f(x) = \frac{1}{6}x^3$ im Punkt$(2; \frac{4}{3})$ hat den Anstieg 2. Für dir Tangente in P_0 erhält man wegen $y = f'(x_0)\cdot(x-x_0)+f(x_0)$ die Gleichung $y = 2(x-2)+\frac{4}{3}$ bzw. $y = 2x-\frac{8}{3}$.

DA 13

$d(h) = \frac{(1{,}5+h)^3-1{,}5^3}{h}$ $\quad d(h) = 6{,}75+4{,}5h+h^2$ $\quad \lim_{h\to 0} d(h) = \lim_{h\to 0}(6{,}75+4{,}5h+h^2) = 6{,}75 = f'(1{,}5)$

DA 14

a) $d(h) = 3 \Rightarrow f'(x_0) = f'(1) = 3$ b) $h'(-\frac{1}{2}) = 2$ c) $g'(-1) = -2$
d) $f'(-0{,}5) = -4$ e) $f'(2) = -2$ f) $d(h) = 4x_0+h \Rightarrow f'(-1) = -4$
g) $k'(2) = 48$ h) $d(h) = \frac{(x_0+h)^3-2(x_0+h)^2+1-(x_0^3-2x_0^2+1)}{h} = 3x_0^2-4x_0+3x_0h-2h+h^2$

$\lim_{h\to 0} d(h) = 3x_0^2-4x_0 = f'(x_0)$; $f'(2) = 20$

i) $f'(1) = 5$ j) $f'(0) = 0$

DA 15

a) $f'(x_0) = 2$; für alle $x_0 \in \mathbb{R}$ b) $g'(x_0) = x_0$; für alle $x_0 \in \mathbb{R}$ c) $h'(x_0) = -2x_0$; für alle $x_0 \in \mathbb{R}$ d) $k'(x_0) = 2x_0$; für alle $x_0 \in \mathbb{R}$

DA 16

a) $d(h) = \frac{\frac{1}{3}(x_0+h)^2-\frac{1}{3}x_0}{h} = \frac{\frac{1}{3}(x_0^2+2x_0h+h^2)-\frac{1}{3}x_0^2}{h} = \frac{\frac{1}{3}x_0^2+\frac{2}{3}x_0h+\frac{h^2}{3}-\frac{1}{3}x_0^2}{h} = \frac{h\left(\frac{2}{3}x_0+\frac{h}{3}\right)}{h} = \frac{2}{3}x_0+\frac{h}{3}$

$\lim_{h\to 0} d(h) = \lim_{h\to 0}(\frac{2}{3}x_0+\frac{h}{3}) = \frac{2}{3}x_0 \Rightarrow f'(x) = \frac{2}{3}x$

b) $d(h) = \frac{2-(s_0+h)^2-(2-s_0^2)}{h} = \frac{2-s_0^2-2s_0h-h^2-2+s_0^2}{h} = \frac{-2s_0h-h^2}{h} = -2s_0-h$

$\lim\limits_{h\to 0} d(h) = -2s_0 \quad\Rightarrow\quad f'(s) = -2s$

c) $d(h) = \frac{\frac{1}{2}(t_0+h)^2-(t_0+h)-\frac{1}{2}(t_0^2-t_0)}{h} = \frac{\frac{1}{2}t_0^2+t_0h+\frac{1}{2}h^2-t_0-h-\frac{1}{2}t_0^2+t_0}{h} = \frac{t_0h+\frac{1}{2}h^2-h}{h} = t_0+\frac{1}{2}h-1$

$\lim\limits_{h\to 0} d(h) = t_0-1 \quad\Rightarrow\quad f'(t) = t-1$

d) $d(h) = \frac{(1-(r_0+h))^2-(1-r_0)^2}{h} = \frac{(r_0^2-2r_0+2r_0h-2h+1+h^2)-(1-2r_0+r_0^2)}{h} = \frac{2r_0h-2h+h^2}{h} = 2r_0-2+h$

$\lim\limits_{h\to 0} d(h) = 2r_0-2 \quad\Rightarrow\quad f'(r) = 2r-2$

e) $d(h) = \frac{\frac{1}{4}(b_0+h)^2-\frac{1}{4}b_0}{h} = \frac{\frac{1}{4}(b_0^2+2b_0h+h^2)-\frac{1}{4}b_0^2}{h} = \frac{\frac{1}{4}b_0^2+\frac{1}{2}b_0h+\frac{h^2}{4}-\frac{1}{4}b_0^2}{h} = \frac{h\left(\frac{1}{2}b_0+\frac{h}{4}\right)}{h} = \frac{1}{2}b_0+\frac{h}{4}$

$\lim\limits_{h\to 0} d(h) = \lim\limits_{h\to 0}\left(\frac{1}{2}b_0+\frac{h}{4}\right) = \frac{1}{2}b_0 \quad\Rightarrow\quad f'(b) = \frac{1}{2}b$

f) $d(h) = \frac{a(x_0+h)^2+b(x_0+h)+c-(ax_0^2+bx_0+c)}{h} = \frac{ax_0^2+2ax_0h+ah^2+bx_0+bh+c-ax_0^2-bx_0-c}{h} = \frac{2ax_0h+ah^2+bh}{h} = 2ax_0+ah+b$

$\lim\limits_{h\to 0} d(h) = 2x_0+b \quad\Rightarrow\quad f'(x) = 2ax+b$

DA 17 Wegen $x \geq 0$ kann der Differenzenquotient auch nur für $x_0 \geq 0$ untersucht werden.

Es gilt $d(h) = \frac{f(x_0+h)-f(x_0)}{h} = \frac{\sqrt{x_0+h}-\sqrt{x_0}}{h}$ $(h \neq 0;\ x_0+h \geq 0)$. Erweitern mit $\sqrt{x_0+h}+\sqrt{x_0}$ ergibt

$d(h) = \frac{(\sqrt{x_0+h}-\sqrt{x_0})\cdot(\sqrt{x_0+h}+\sqrt{x_0})}{h\cdot(\sqrt{x_0+h}+\sqrt{x_0})} = \frac{x_0+h-x_0}{h\cdot(\sqrt{x_0+h}+\sqrt{x_0})} = \frac{1}{\sqrt{x_0+h}+\sqrt{x_0}}$.

Wir bilden zunächst den Grenzwert des Differenzenquotienten an der Stelle $x_0 = 0$. Für $h > 0$ gilt: $\lim\limits_{h\to 0}\frac{1}{\sqrt{0+h}+\sqrt{0}} = \lim\limits_{h\to 0}\frac{1}{\sqrt{h}} = +\infty$

Mit anderen Worten: Die Funktion $f(x) = \sqrt{x}$ ist an der Stelle $x_0 = 0$ *nicht differenzierbar.* Betrachtet man dagegen nur Stellen $x_0 > 0$, dann erhält man $\lim\limits_{h\to 0}\frac{1}{\sqrt{x_0+h}+\sqrt{x_0}} = \frac{1}{2\cdot\sqrt{x_0}}$. Das heißt: Die Quadratwurzelfunktion $f(x) = \sqrt{x}$ ist für beliebige $x_0 > 0$ stets differenzierbar. Ihre Ableitung ist $f'(x_0) = \frac{1}{2\sqrt{x_0}}$.

DA 18 Der Differenzenquotient dieser Funktion ist $d(h) = \frac{|0+h|-|0|}{h} = \frac{|h|}{h}$ (für $h \neq 0$).

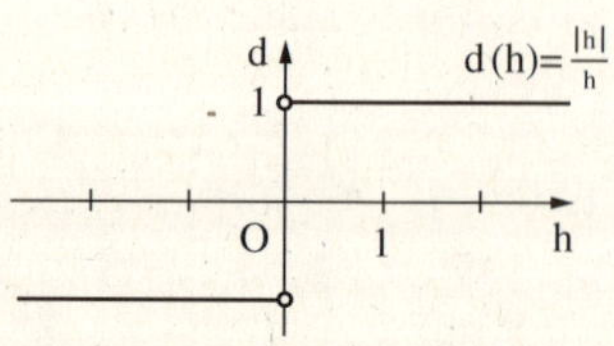

Das heißt, für $h > 0$ ist $d(h) = 1$ und für $h < 0$ ist $d(h) = -1$. Nebenstehende Figur zeigt den Graphen der Differenzenquotientenfunktion.

Bei der Bildung des Grenzwertes des Differenzenquotienten sind wiederum zwei Fälle zu untersuchen.

1. Fall: $h > 0$, d.h., man nähert sich der Stelle $x_0 = 0$ nur mit Nullfolgen (h_n) mit $h_n > 0$, also von rechts. Dann gilt $\lim\limits_{h\to 0} d(h) = 1$ (rechtsseitiger Grenzwert).

2. Fall: $h < 0$, d.h., man nähert sich der Stelle $x_0 = 0$ nur mit Nullfolgen (h_n) mit $h_n < 0$, also von links. Dann gilt $\lim\limits_{h\to 0} d(h) = -1$ (linksseitiger Grenzwert).

Da der rechtsseitige und der linksseitige Grenzwert nicht übereinstimmen, existiert der Grenzwert des Differenzenquotienten an der Stelle $x_0 = 0$ nicht. Mit anderen Worten: Die Betragsfunktion ist an der Stelle $x_0 = 0$ *nicht differenzierbar.*

DA 19 Gleichung der Tangente: $y = 3x-4$

DA 20

a) Gleichung der Tangente: – in P: $y = 4x-2$; – in Q: $y = -2x-\frac{1}{2}$

b) Gleichung der Tangente: – in P: $y = -\frac{1}{4}x+1$; – in Q: $y = -\frac{1}{4}x-1$

DA 21

$d(h) = \frac{2(x_0+h)^3-2x_0^3}{h} = 6x_0^2+6x_0h+2h^2$; $f'(x_0) = \lim\limits_{h\to 0}(6x_0^2+6x_0h+2h^2) = 6x_0^2$; $m_t = 6$; $\alpha \approx 80{,}5°$

Tangente: $y = 6x+n$; $P_0(1\,;\,2) \Rightarrow 2 = 6+n \Rightarrow n = -4 \Rightarrow y = f_t(x) = 6x-4$

DA 22 $s(3) = 5 \cdot 3^2\ \text{m} = 45\ \text{m}$

Damit ist $\lim\limits_{t \to 3} \left(\frac{s(t) - s(t_0)}{t - t_0}\right) = \lim\limits_{t \to 3} \left(\frac{5t^2 - 45}{t - 3}\right) = \lim\limits_{t \to 3} (5(t + 3)) = 30$. Die Momentangeschwindigkeit des Körpers beträgt $30\ \frac{\text{m}}{\text{s}}$.

DA 23

a)

t_0	0	1	2	3	4	5	6	7	8	9	10
s(t)	0	19	36	51	64	75	84	91	96	99	100

b) $\lim\limits_{t \to 4} \left(\frac{s(t) - 64}{t - 4}\right) = \lim\limits_{t \to 4} \left(\frac{20t - t^2 - 64}{t - 4} = \lim\limits_{t \to 4} (16 - x) = 12.\right.$

Zum Zeitpunkt t = 4 beträgt die Momentangeschwindigkeit noch $12\ \frac{\text{m}}{\text{s}}$.

Zum Zeitpunkt t = 8 beträgt sie $4\ \frac{\text{m}}{\text{s}}$.

DA 24

a) Durchschnittsgeschwindigkeit für $1 < t < 2$: $\frac{s(2) - s(1)}{2 - 1} = \frac{(3 \cdot 2^2 + 2) - (3 + 2)}{1} = 14 - 5 = 9\ (\frac{\text{m}}{\text{s}})$;

für $1 \le t \le 1{,}1$: $\frac{s(1{,}1) - s(1)}{1{,}1 - 1} = \frac{(3 \cdot 1{,}1^2 + 2) - (3 + 2)}{0{,}1} = \frac{5{,}63 - 5}{0{,}1} = 6{,}3\ (\frac{\text{m}}{\text{s}})$;

für $1 \le t \le 1{,}01$: $\frac{s(1{,}01) - s(1)}{1{,}01 - 1} = \frac{(3 \cdot 1{,}01^2 + 2) - 5}{0{,}01} = 6{,}03\ (\frac{\text{m}}{\text{s}})$;

für $1 \le t \le 1{,}001$: $\frac{s(1{,}001) - s(1)}{1{,}001 - 1} = \frac{5{,}006003 - 5}{0{,}001} = 6{,}003\ (\frac{\text{m}}{\text{s}})$;

b) Momentangeschwindigkeit für t = 1 s: $s'(t) = 6t$; $s'(1) = 6 \cdot 1 = 6\ (\frac{\text{m}}{\text{s}})$.

DA 25

a) Die mittlere Geschwindigkeit wird durch den Differenzenquotienten angegeben: $v = \frac{0{,}5g \cdot \sin\alpha \cdot t_1^2 - 0{,}5g \cdot \sin\alpha \cdot t_0^2}{t_1 - t_0}$

b) Die Momentangeschwindigkeit ist der Grenzwert des Differenzenquotienten für $t \to t_0$:

$$\lim_{t \to t_0} \frac{0{,}5g \cdot \sin\alpha \cdot t^2 - 0{,}5g \cdot \sin\alpha \cdot t_0^2}{t - t_0} = g \cdot \sin\alpha \cdot t_0$$

c)

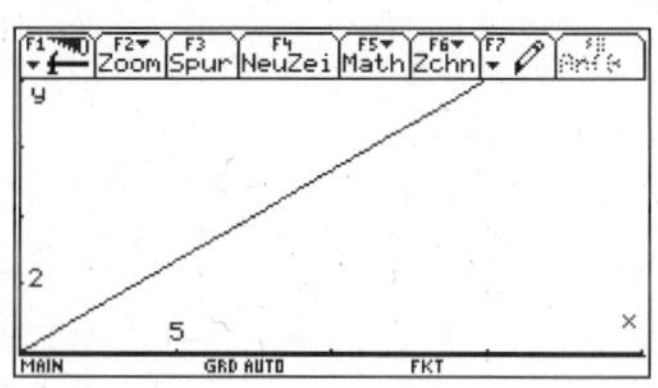

d) Die durchschnittliche Beschleunigung wird durch den Differenzenquotienten angegeben:

$$a = \frac{g \cdot \sin\alpha \cdot t^2 - g \cdot \sin\alpha \cdot t_0^2}{t - t_0}$$

e) Die Beschleunigung zum Zeitpunkt t_0 ist der Grenzwert des Differenzenquotienten:

$a = g \cdot \sin\alpha$

f)

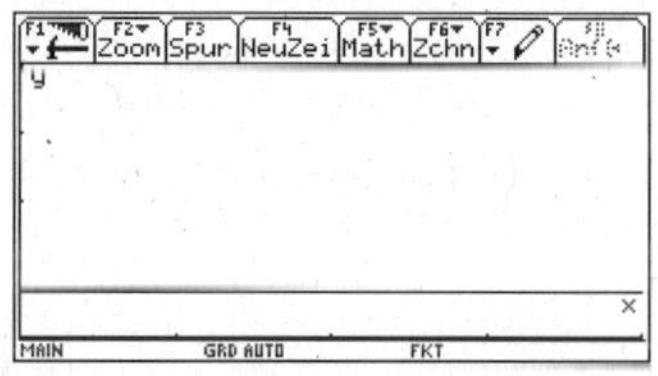

DA 26 Die Ableitung ist der Grenzwert des Differenzenquotienten:

$$\lim_{h \to 0} \frac{\pi(r + h)^2 - \pi r^2}{(r + h) - r} = \lim_{h \to 0} \frac{\pi r^2 + 2\pi rh + \pi h^2 - \pi r^2}{h} = \lim_{h \to 0} \frac{2\pi rh + \pi h^2}{h} = \lim_{h \to 0} \frac{h(2\pi r + \pi h)}{h} = \lim_{h \to 0} (2\pi r + \pi h) = 2\pi r$$

DA 27

$$\lim_{h \to 0} \frac{\frac{4}{3}\pi(r + h)^3 - \frac{4}{3}\pi r^3}{(r + h) - r} = \lim_{h \to 0} \frac{\frac{4}{3}\pi(r^3 + 3r^2h + 3rh^2 + h^3) - \frac{4}{3}\pi r^3}{h} = \lim_{h \to 0} \frac{\frac{4}{3}\pi(3r^2h + 3rh^2 + h^3)}{h} = \lim_{h \to 0} \frac{\frac{4}{3}\pi h(3r^2 + 3rh + h^2)}{h} = 4\pi r^2$$

DA 28 Der Graph von $f(x) = x^3$ hat den Anstieg $m = 6$ an den Stellen: $x_1 = \sqrt{2}$; $x_2 = -\sqrt{2}$

Die Gleichungen der Tangenten lauten: $y = 6x - 4\sqrt{2}$; $y = 6x + 4\sqrt{2}$

DA 29

a) Der Temperaturunterschied ist $T(x + h) - T(x)$.

b) Das durchschnittliche Temperaturgefälle beträgt $\frac{T(x + h) - T(x)}{h}$.

c) Das punktuelle Temperaturgefälle beträgt $T'(x_0)$.

DA 30

$p(x) - p(x_0)$ ist der Druckunterschied zwischen den Höhen x und x_0. $\frac{p(x)-p(x_0)}{x-x_0}$ ist das durchschnittliche Druckgefälle zwischen den Höhen x und x_0, $p'(x_0)$ ist das punktuelle Druckgefälle in der Höhe x_0.

DA 31 Anstieg der Sekante: $m_s = 3$.

Aus $m_s = m_t = f'(x_0) = 3x_0^2 = 3$ folgt für die gesuchten Stellen $x_{01} = 1$; $x_{02} = -1$

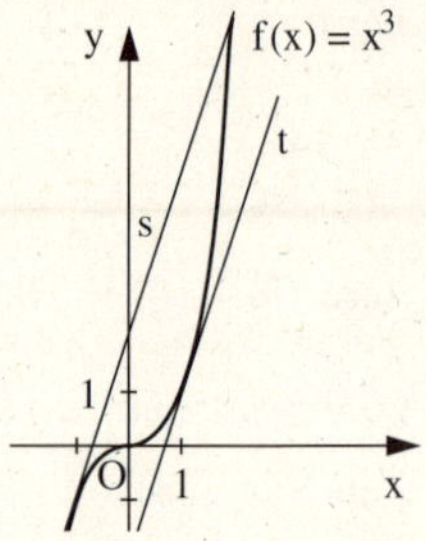

DA 32

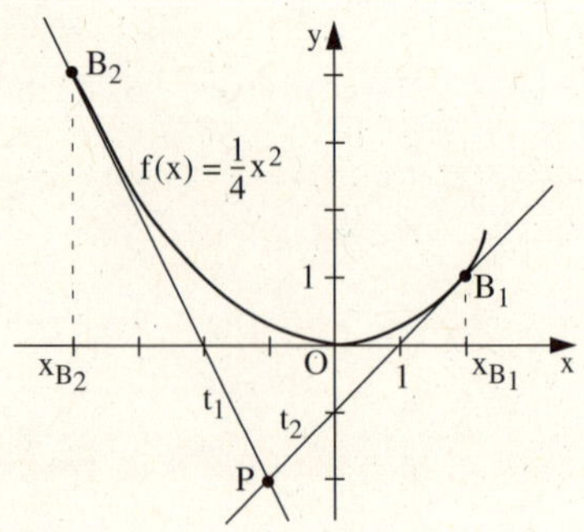

Es gibt zwei Tangenten von P aus.

Es sei $B(x_B; y_B)$ ein Punkt des Graphen von $f(x) = \frac{1}{4}x^2$, durch den eine Tangente verläuft, die außerdem durch $P(x_P; y_P)$ bestimmt ist. Dann gilt:

(1) $m_t = f'(x_B) = \frac{1}{2}x_B$ (2) $m_t = \frac{y_B - y_P}{x_B - x_P} = \frac{\frac{1}{4}x_B^2 - (-2)}{x_B - (-1)}$

Aus (1) = (2), also $\frac{1}{2}x_B = \frac{\frac{1}{4}x_B^2 - (-2)}{x_B - (-1)}$, folgt:

$x_{B1} = 2$; $x_{B2} = -4$; $B_1(2; 1)$; $B_2(-4; 4)$

$\Rightarrow$ Tangentengleichungen: $y = x - 1$; $y = -2x - 4$

DA 33 Wenn g Tangente an f ist, dann gibt es einen Berührungspunkt $B(x_B; y_B)$ mit $f'(x_B) = -4$; also $\frac{2}{3}x_B - 2 = -4$

$\Rightarrow x_B = -3$; $y_B = 9$. Berührungspunkt $B(-3; 9)$

DA 34 $f'(x_0) = g'(x_0)$, also $-3x_0^2 + x_0 = 3x_0^2 \Rightarrow x_{01} = 0; x_{02} = \frac{1}{6}$. f und g besitzen an den Stellen x_{01} und x_{02} den gleichen Anstieg.

DA 35 Aus g || t folgt $m_t = \frac{3}{2}$. Damit ist $f'(x_0) = x_0 = \frac{3}{2}$.

Der Berührungspunkt der Tangente hat die Koordinaten $P_0(\frac{3}{2}; f(\frac{3}{2}))$; $P_0(\frac{3}{2}; \frac{9}{8})$. Für die Tangentengleichung t ergibt sich: $y = \frac{3}{2}x - \frac{9}{8}$.

DA 36 Für den Schnittpunkt S gilt: $f(x_S) = g(x_S)$ also

$0{,}1x_S^2 = \frac{1}{0{,}1x_S} \Rightarrow 0{,}01x_S^3 = 1$; $x_S^3 = 100$; $x_S \approx 4{,}64 \Rightarrow y_S = 0{,}1 \cdot 4{,}64^2 = 2{,}15 \Rightarrow S(4{,}64; 2{,}15)$

Anstieg: $f'(x) = 0{,}2x \Rightarrow m = f'(x_S) = 0{,}93$

$g'(x) = -10\frac{1}{x^2} \Rightarrow m = g'(x_S) = -0{,}46$

Schnittwinkel: $\tan\alpha_1 = f'(x_S) = 0{,}93 \Rightarrow \alpha_1 = 42{,}9°$

$\tan\alpha_2 = g'(x_S) = -0{,}46 \Rightarrow \alpha_2 = -24{,}7°$

$\Rightarrow \delta = \alpha_1 - \alpha_2 = 42{,}9° - (-24{,}7°) = 67{,}6°$

DA 37 Für die Normale in $P(a; 4 - a^2)$ gilt:

Normalengleichung: $y = \frac{1}{2a}(x - a) + 4 - a^2$

Mit O(0; 0) folgt $0 = \frac{1}{2a}(0 - a) + 4 - a^2$, also $a = \pm\sqrt{3{,}5}$ und $b = 4 - a^2 = 4 - 3{,}5 = 0{,}5$

$\Rightarrow P_{1;2}(\pm\sqrt{3{,}5}; 0{,}5)$

DA 38 Für die Schnittpunkte gilt: $f(t_S) = g(t_S) \Rightarrow x_1 = 0{,}5; x_2 = -0{,}5$, also $S_1(0{,}5; 0{,}25)$; $S_2(-0{,}5; 0{,}25)$

Für die Steigung der Tangenten im Punkt S_1 gilt: $m_f = \tan\alpha_1 = f'(0{,}5) = 1$; $m_g = \tan\alpha_2 = g'(0{,}5) = -1$

Daraus folgt $m_1 = -\frac{1}{m_2}$, also $t_f \perp t_g$.

Da f(t) und g(t) symmetrisch zur y-Achse, gilt die Überlegung auch für S_2.

DA 39 $V = \pi r^2 h = 2\pi r^3$. Durch Bildung des Grenzwertes des Differenzenquotienten für $h \to 0$ ergibt sich $V'(r) = 6\pi r^2$.

$V' = 6\pi r^2 = 2\pi r^2 + 4\pi r^2 = 2\pi r^2 + 2\pi r \cdot 2r = 2\pi r^2 + 2\pi rh = 2A_G + A_M = A_O$ Die Ableitung ist die Oberfläche des archimedischen Zylinders.

DA 40

a) Die Ableitung des Volumens nach der Höhe ergibt die Querschnittsfläche des Glases.

b) Sektkelch: $V(h) = \frac{1}{3}\pi r^2 h \quad V'(h) = \frac{1}{3}\pi r^2$ Saftglas: $V(h) = \pi r^2 h \quad V'(h) = \pi r^2$

DA 41 *(1. Auflage)*

a) Der Temperaturunterschied ist $T(x + h) - T(x)$.
b) Das durchschnittliche Temperaturgefälle beträgt $\frac{T(x+h) - T(x)}{h}$.
c) Das punktuelle Temperaturgefälle beträgt $T'(x_0)$.

(Ab 2. Auflage)

a) $v(t) = h'(t) = -9{,}81\ t$, also $v(0{,}5) = -17{,}3\ \frac{km}{h}$ $\left(v(1) = -34{,}6\ \frac{km}{h}\right)$

b) $h(t) = 0 \Rightarrow t = 1{,}44\ s$ (da $t > 0$) $\quad v(1{,}44) = -50{,}9\ \frac{km}{h}$ Die negativen Vorzeichen ergeben sich aus der Fallbewegung.

DA 42

a) mittlere Füllgeschwindigkeit des Behälters
b) durchschnittliche Abkühlgeschwindigkeit des Tees
c) durchschnittliche Anzahl der passierenden Autos
d) durchschnittliche Pegeländerung des Flusses
e) durchschnittliche Steiggeschwindigkeit des Geschosses

D 1.2 Differenzierbarkeit und Ableitungsfunktion

DA 43 Die Funktion $f(x) = \frac{1}{6}x^3$ ist für alle $x \in \mathbb{R}$ definiert. Für ihren Differenzenquotienten gilt:

$$\frac{f(x_0+h) - f(x_0)}{h} = \frac{\frac{1}{6}(x_0+h)^3 - \frac{1}{6}x_0^3}{h} = \frac{(x_0+h)^3 - x_0^3}{6h} = \frac{x_0^3 + 3x_0^2h + 3x_0h^2 + h^3 - x_0^3}{6h} = \frac{3x_0^2h + 3x_0h^2 + h^3}{6h} = \frac{1}{2}x_0^2 + \frac{1}{2}x_0h + \frac{1}{6}h^2$$

und damit $\lim\limits_{h \to 0} \frac{f(x_0+h) - f(x_0)}{h} = \lim\limits_{h \to 0}\left(\frac{1}{2}x_0^2 + \frac{1}{2}x_0h + \frac{1}{6}h^2\right) = \frac{1}{2}x_0^2$

f ist also für alle $x \in \mathbb{R}$ differenzierbar und es gilt $f'(x) = \frac{1}{2}x^2$.

DA 44

a) $$\lim_{h \to 0} \frac{f(x_0+h) - f(x_0)}{h} = \lim_{h \to 0} \frac{1 - (x_0+h)^2 - (1 - x_0^2)}{h} = \lim_{h \to 0} \frac{1 - x_0^2 - 2x_0h - h^2 - 1 + x_0^2}{h} = \lim_{h \to 0} \frac{-2x_0h - h^2}{h} = \lim_{h \to 0}(-2x_0 - h) = -2x_0$$

Damit ist f für alle $x \in \mathbb{R}$ differenzierbar und es gilt $f'(x) = -2x$.

b) $\lim\limits_{h \to 0} \frac{f(x_0+h) - f(x_0)}{h} = \lim\limits_{h \to 0}\left(-\frac{1}{2}x_0 - \frac{1}{4}h + 4\right) \Rightarrow f'(x) = -\frac{1}{2}x_0 + 4$

DA 45

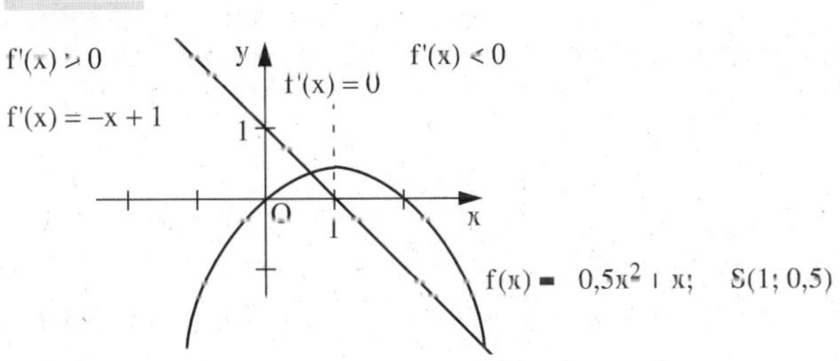

Der Graph von f'(x) könnte näherungsweise ermittelt werden, indem man an verschiedenen Stellen x_i jeweils den Tangens des Steigungswinkels der Tangente an den Graphen von f berechnet.

DA 46

– für $-\infty < x < -2$ ist der Anstieg von f(x) negativ, d.h., f(x) ist streng monoton fallend;
– für $-2 < x < \infty$ ist der Anstieg von f(x) positiv, d.h., f(x) ist streng monoton wachsend;
– für $x = -2$ ist $f'(-2) = 0$, d.h., der Graph von f(x) hat an dieser Stelle eine horizontale Tangente.

DA 47

a) Die Tangenten an den Graphen von f verlaufen an den Stellen $x_1 = -1$ und $x_2 = 3$ parallel zur x-Achse; $m_t = 0$.
b) f'(x) ist in $]-1; 3[$ monoton fallend.
c) In den Intervallen $]-\infty; -1[$ und $]3; +\infty[$ ist $f'(x) > 0$.

DA 48

Graphen:

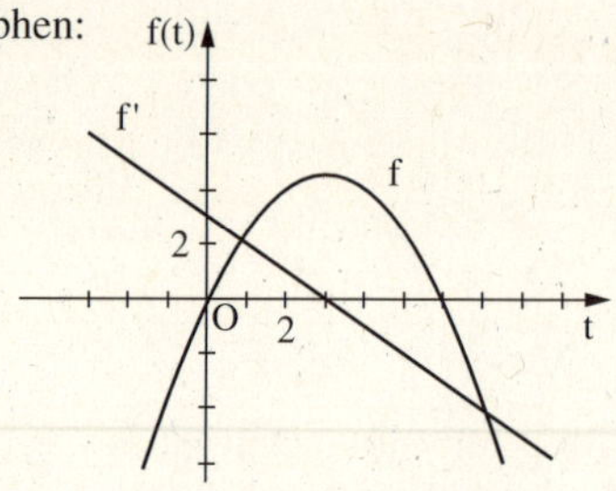

$$d(h) = \frac{3(t_0+h) - \frac{1}{2}(t_0+h)^2 - \left(3t_0 - \frac{1}{2}t_0^2\right)}{h} = \frac{3t_0 + 3h - \frac{1}{2}t_0^2 - t_0h - \frac{1}{2}h^2 - 3t_0 + \frac{1}{2}t_0^2}{h}$$

$$= \frac{3h - t_0h - \frac{1}{2}h^2}{h} = 3 - t_0 - \frac{1}{2}h$$

$\lim\limits_{h \to 0} d(h) = -t_0 + 3 \quad \Rightarrow \quad f'(t) = -t + 3$; abgelesen: $m_{t_{(0,5)}} = 2{,}5 \qquad m_{t_{(4,5)}} = -1{,}5$

Für die Winkelhalbierende des 1. Quadranten gilt: $f'(t_P) = \tan 45° = 1$; aus $1 = -t_P + 3$ folgt $t_P = 2$ und $y_P = 4 \Rightarrow P_{1Qu}(2; 4)$

Für die Winkelhalbierende des 2. Quadranten gilt: $f'(t_P) = \tan 135° = -1$; aus $-1 = -t_P + 3$ folgt $t_P = 4$ und $y_P = 4 \Rightarrow P_{2Qu}(4; 4)$

DA 49

a) Wahre Aussage, denn eine Funktion kann an einer Stelle stetig sein, ohne dass sie dort auch differenzierbar ist.
b) Wahre Aussage
c) Falsche Aussage, denn es gibt Funktionen, die sind in x_0 stetig, aber nicht differenzierbar.
d) Wahre Aussage (vgl. Def. D 3 und Anmerkung im Lehrbuch, S. 82)
e) Wahre Aussage (vgl. Satz D 18)

D 2 Regeln zur Ableitung von Funktionen

D 2.1 Konstantenregel, Faktorregel und Potenzregel

DA 50 $f(x) = 3x^4$; $f'(x) = 3 \cdot 4 \cdot x^{4-1}$ (Faktorregel, Potenzregel); $f'(x) = 12x^3$

DA 51

a) $f_1'(x) = \lim\limits_{h \to 0} \frac{2-2}{h} = 0$ b) $f_2'(x) = 0$ c) $f_3'(x) = 0$
d) $f_4'(x) = 2$ e) $f_5'(x) = -\sqrt{3}$ f) $f_6'(x) = -\frac{1}{2x^2}$

DA 52 a) $f_1'(x) = 1$ b) $f_2'(x) = 24x^2$ c) $f_3'(x) = 20x^4$ d) $f_4'(x) = x$

DA 53 a) $f'(x) = 3x^2$; $f'(x_0) = 27$; d.h. $x_{01} = 3$; $x_{02} = -3$ b) $g'(x) = 20x^3$; $g'(x_0) = 20$; d.h. $x_0 = 1$

DA 54 a) $f_1'(x) = zx^{z-1}$ b) $f_2'(x) = (n+3)x^{n+2}$ c) $f_3'(x) = (t-3)x^{t-2}$ d) $f_4'(x) = 0$

DA 55

a) $f_1(x) = x^4$ b) $f_2(x) = x^8$ c) $f_3(x) = a;\ a \in \mathbb{R}$ d) $f_4(t) = t^5$
e) $f_5(z) = z^{n-1}$ f) $f_6(x) = 3x^5$ g) $f_7(b) = 2ab^2$ h) $f_8(m) = 2\,m + am$

DA 56

a) $f'(x) = -3r^2 + 6r + 1$ b) $g'(t) = 6t^3 - 9t - 0{,}5$ c) $f'(x) = -6x^2 - 6x + 2$
d) $f'(x) = -12x + 3c - 2$ e) $g'(t) = -2b^t - 1{,}5$ f) $f'(t) = 2bdt + ad + bc$

DA 57

Der Anstieg der Tangente in A(1; 1) ist gleich $f'(1)$. $f'(x) = 5x^4$ und damit $f'(1) = 5$.
Tangentengleichung: $t\colon y = 5x - 4$.
Schnittpunkt: Zu lösen ist die Gleichung $x^5 = 5x - 4$. Der gesuchte Schnittpunkt liegt etwa bei S(–1,65; –12,25). (GTA)

DA 58

a) $f'(x) = 2 - 2x$ $N_1(0; 0)$, $N_2(2; 0)$, S(0; 0) $f'(0) = 2$; $f'(2) = -2$
b) $f'(x) = 3x^2 - 3$ $N_1(-1; 0)$, $N_2(2; 0)$, S(0; –2) $f'(-1) = 0$; $f'(2) = 9$; $f'(0) = -3$
c) $f'(x) = 3x^2 + 5x - 2$ $N_1(-0{,}5; 0)$, $N_2(1; 0)$, $N_3(-3; 0)$, S(0; –1,5) $f'(-0{,}5) = -3{,}75$; $f'(1) = 6$; $f'(-3) = 10$; $f'(0) = -2$

DA 59 $f_t(x) = tx^2 + 3tx - 4t$; $f_t'(x) = 2tx + 3t$.

Die Nullstellen liegen bei $x_1 = -4$ und $x_2 = 1$. Die Tangenten sind orthogonal zueinander, wenn für ihre Steigungen gilt: $m_1 \cdot m_2 = -1$.
$m_1 = f_t'(-4) = -5t$, $m_2 = f_t'(1) = 5t$.
Aus $-5t \cdot 5t = -1$ folgt $-25t^2 = -1$ also $t^2 = \frac{1}{25}$ und $t = \pm\frac{1}{5}$.
Für t = 0,2 oder t = – 0,2 sind die Tangenten zueinander orthogonal.

DA 60 $g'(x) = 5x^4 - 4$. Die Tangente in O(0; 0) hat den Anstieg $g'(0) = -4$.

Damit beträgt der Normalenanstieg $m_n = 0{,}25$ und die Normale hat die Gleichung $y = 0{,}25x$.
Berechnung der Schnittpunkte P und Q: $x^5 - 4x = 0{,}25x$, also $x(x^4 - 4{,}25) = 0 \Rightarrow x_1 = -\sqrt[4]{4{,}25}$, $x_2 = 0$ und $x_3 = \sqrt[4]{4{,}25}$.
Die Tangenten in den von O(0; 0) verschiedenen Punkten sind parallel, wenn ihre Anstiege gleich sind.
Da $f'(-\sqrt[4]{4{,}25}) = 17{,}25 = f'(\sqrt[4]{4{,}25})$, sind die Tangenten parallel.

DA 61

a) In den Intervallen [0; 1], [9; 11], [19; 21] etc. ist die Funktion eine Gerade mit Anstieg 10 bzw. –10, deshalb ist die Ableitung eine Parallele zur Zeit-Achse durch 10 bzw. –10. In den restlichen Intervallen ist die Funktion eine Parallele zur Zeit-Achse, die Ableitung ist dort also null.

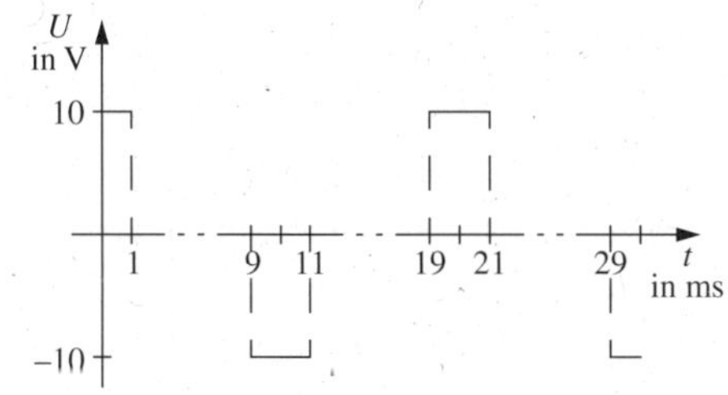

b) Die Amplitude beträgt 10 V.

Die Schwingungsdauer T beträgt 20 ms.

Für die Frequenz gilt $f = \frac{1}{T} = \frac{1}{20\,\text{ms}} = \frac{1000}{20\,\text{s}} = 50\,\text{Hz}$

DA 62

a) h(1) = 45 (m); h(2) = 30 (m); h(3) = 5 (m)

Für den Aufprall gilt: $0 = 50 - \frac{1}{2} \cdot 10 \cdot t^2$ also $t = \sqrt{10}$ (s)

b) $v(1) = 10\,(\frac{m}{s})$; $v(2) = 20\,(\frac{m}{s})$ $v(3) = 30\,(\frac{m}{s})$

Für den Aufprall gilt: $v(\sqrt{10}) = 10 \cdot \sqrt{10} \approx 31{,}6\,(\frac{m}{s})$

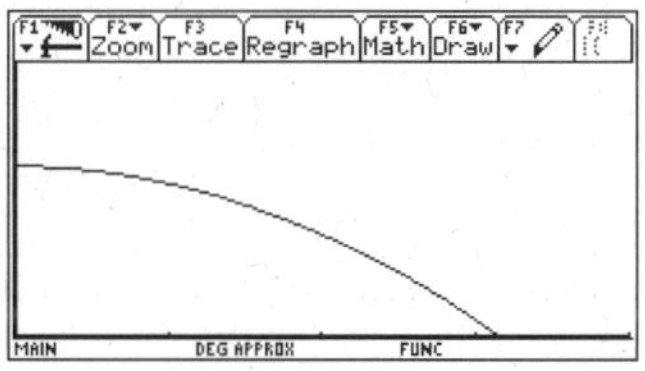

DA 63

a) $s'(t) = 2at + b = v(t)$; $s''(t) = 2a = a(t)$
c: Weg zum Zeitpunkt t = 0; b: Anfangsgeschwindigkeit; a: Hälfte der Beschleunigung

b) $v(t) = 2 \cdot \frac{a}{2} t = a \cdot t$
Mit $90\,\frac{km}{h} = \frac{90}{3{,}6}\,\frac{m}{s}$ folgt: $\frac{90}{3{,}6} = 0{,}3 \cdot t$, also $t = \frac{90}{3{,}6 \cdot 0{,}3} = 83{,}\overline{3}$ (s)

D 2.2 Summen-, Produkt- und Quotientenregel

DA 64

a) $f'(x) = 3x^2 + 4x$

b) $g(x) = (x^2 - 7x)(x^3 + 5)$; $u(x) = x^2 - 7x$; $u'(x) = 2x - 7$; $v(x) = x^3 + 5$; $v'(x) = 3x^2$; $g'(x) = 5x^4 - 28x^3 + 10x - 35$

c) $h(x) = \frac{2x^2 + 1}{x}$; $x \neq 0$; $u(x) = 2x^2 + 1$; $u'(x) = 4x$; $v(x) = x$; $v'(x) = 1$; $h'(x) = \frac{4 \cdot x \cdot x - (2 \cdot x^2 + 1) \cdot 1}{x^2} = \frac{2 \cdot x^2 - 1}{x^2} = 2 - \frac{1}{x^2}$

DA 65

a) $f_1'(x) = 3x^2 + x$ b) $f_2'(z) = z^2 + 2z$ c) $f_3'(x) = 1 - \frac{1}{x^2}$ d) $f_4'(x) = \frac{1}{2}x + 1$ e) $f_5'(x) = 4x$ f) $f_6'(x) = 3t^2 - 2t - 2$

In allen Aufgaben wurden die Summen- und die Potenzregel verwendet. Die Faktorregel wurde in den Aufgaben a), b), d), e) und f), die Konstantenregel in den Aufgaben a), b), e) und f) und die Produktregel nur in f) verwendet.

DA 66

a) $f'(x) = x^4 + x^3 - 6x$

b) $f'(x) = 6x^2(3x^2 + 2) + (2x^3 - 3) \cdot 6x = 6x(3x^3 + 2x + 2x^3 - 3) = 6x(5x^3 + 2x - 3) = 30x^4 + 12x^2 - 18x$

c) $f'(x) = 2 + 40x + 200 \cdot 20\,x^{19} = 2 + 40x + 4000x^{19}$

DA 67

a) $f_1'(x) = 2x + 1$ b) $f_2'(x) = 7x^6 + 12x^5$ c) $f_3'(x) = 5x^4 + 3x^3 - 2x$ d) $f_4'(x) = 9x^2 - 4x + 7{,}5\sqrt{x^3} - 3\sqrt{x} + \frac{1}{2\sqrt{x}} + 1$

DA 68

a) $h'(s) = 2as$ b) $f'(r) = 3c\sqrt{2}\,r^2$ c) $f'(x) = 14x^6$ d) $f'(z) = 2{,}4z^3$
e) $r'(s) = 3\sqrt{2} + 5s^4$ f) $f'(x) = 3ax^2 + 2bx + c$ g) $f'(x) = 2at^3x + t^2$ h) $f'(t) = -2t + 2$ i) $o'(r) = 4\pi r + 2\pi h$

DA 69

a) $f'(x) = 3x^2 + 4x - 1$ b) $g'(x) = 6x^3 + 9x^2 - \frac{1}{2}$ c) $h'(x) = 3x^2 - 2x - 1$
d) $f'(s) = -2s^3 + 7{,}5\,s^2 - 4s$ e) $g'(t) = -6t^2 - 6t + 2$ f) $k'(x) = -2bdx + ad - bc$

DA 70

a) $f'(x) = \frac{7}{2}x^2 \cdot \sqrt{x}$ b) $f'(x) = \frac{15x - 2}{2\sqrt{x}}$ c) $g'(t) = (t^2 - 1)\cos t + 2t\sin t$
d) $h'(x) = \cos x - x \cdot \sin x$ e) $f'(t) = \frac{at + 1}{2\sqrt{t}}$

DA 71

a) $f'(x) = \frac{-2}{(x-1)^2}$ b) $g'(x) = \frac{3x^2 + 12x + 12}{(3x+6)^2}$ c) $h'(x) = \frac{-8x}{(x^2+1)^2}$ d) $k'(x) = \frac{1}{2}x$

DA 72 a) $f'(x) = \frac{-x(x^3 + 3x + 2)}{(x^2+1)^2}$ b) $f'(x) = \frac{-3\cos x}{x^4} - \frac{\sin x}{x^3}$ c) $f'(x) = \frac{1}{2\sqrt{x}}$ d) $f'(x) = -\frac{\cos x}{(\sin x)^2}$

DA 73

Produktregel:
Voraussetzung: $u(x)$ und $v(x)$ sind an der Stelle x_0 differenzierbar
Behauptung: $p(x) = u(x) \cdot v(x)$ ist an der Stelle x_0 differenzierbar, und es gilt: $p'(x_0) = u'(x_0) \cdot v(x_0) + u(x_0) \cdot v'(x_0)$
Beweis: Differenzenquotient von p an der Stelle x_0:

$$d(h) = \frac{p(x_0+h) - p(x_0)}{h} = \frac{u(x_0+h)\cdot v(x_0+h) - u(x_0)\cdot v(x_0)}{h}$$

$$= \frac{u(x_0+h)\cdot v(x_0+h) - u(x_0)\cdot v(x_0) + u(x_0)\cdot v(x_0+h) - u(x_0)\cdot v(x_0+h)}{h}$$

$$= \frac{(u(x_0+h) - u(x_0))\cdot v(x_0+h) + u(x_0)\cdot(v(x_0+h) - v(x_0))}{h} = \frac{u(x_0+h) - u(x_0)}{h}v(x_0+h) + u(x_0)\frac{v(x_0+h) - v(x_0)}{h}$$

Grenzwerte der Differenzenquotienten für u und v existieren nach Voraussetzung.
Damit ist $\lim\limits_{h \to 0} d(h) = p'(x_0) = u'(x_0) \cdot v(x_0) + u(x_0) \cdot v'(x_0)$. w.z.b.w.

Quotientenregel:
Voraussetzung: $u(x)$ und $v(x)$ sind an der Stelle x_0 differenzierbar und $v(x_0) \neq 0$
Behauptung: $q(x) = \frac{u(x)}{v(x)}$ ist an x_0 differenzierbar, und es gilt: $q'(x_0) = \frac{u'(x_0)\cdot v(x_0) - u(x_0)\cdot v'(x_0)}{(v(x_0))^2}$
Beweis: Differenzenquotient von q an der Stelle x_0:

$$d(h) = \frac{q(x_0+h) - q(x_0)}{h} = \frac{1}{h}\left(\frac{u(x_0+h)}{v(x_0+h)} - \frac{u(x_0)}{v(x_0)}\right) = \frac{1}{h}\left(\frac{u(x_0+h)\cdot v(x_0) - (u(x_0)\cdot v(x_0+h))}{v(x_0+h)\cdot v(x_0)}\right)$$

$$= \frac{1}{h}\left(\frac{u(x_0+h)\cdot v(x_0) - u(x_0)\cdot v(x_0) + u(x_0)\cdot v(x_0) - u(x_0)\cdot v(x_0+h)}{v(x_0+h)\cdot v(x_0)}\right)$$

$$= \frac{1}{h}\,\frac{[u(x_0+h) - u(x_0)]\cdot v(x_0) - [v(x_0+h) - v(x_0)]\cdot u(x_0)}{v(x_0+h)\cdot v(x_0)}$$

$$= \frac{1}{v(x_0+h)\cdot v(x_0)}\left[\frac{u(x_0+h) - u(x_0)}{h}\cdot v(x_0) - \frac{v(x_0+h) - v(x_0)}{h}\cdot u(x_0)\right]$$

Die Grenzwerte für u und v existieren nach Voraussetzung. Damit ist $\lim\limits_{h \to 0} d(h) = q'(x_0) = \frac{u'(x_0)\cdot v(x_0) - u(x_0)\cdot v'(x_0)}{(v(x_0))^2}$. w.z.b.w.

DA 74

Voraussetzung: $u(x)$, $v(x)$, $w(x)$ sind in x_0 differenzierbar
Behauptung: $p(x) = u(x) \cdot v(x) \cdot w(x)$ ist in x_0 differenzierbar, und es ist
$p'(x_0) = u'(x_0) \cdot v(x_0) \cdot w(x_0) + u(x_0) \cdot v'(x_0) \cdot w(x_0) + u(x_0) \cdot v(x_0) \cdot w'(x_0)$
Beweis: Wir setzen $z(x) = u(x) \cdot v(x)$. Dann gilt $z'(x_0) = u'(x_0) \cdot v(x_0) + u(x_0) \cdot v'(x_0)$.
Damit folgt für $p(x) = z(x) \cdot w(x)$ unter Anwendung der Produktregel und der Voraussetzung
$p'(x_0) = z'(x_0) \cdot w(x_0) + z(x_0) \cdot w'(x_0) = [u'(x_0) \cdot v(x_0) + u(x_0) \cdot v'(x_0)] \cdot w(x_0) + u(x_0) \cdot v(x_0) \cdot w'(x_0)$
$p'(x_0) = u'(x_0) \cdot v(x_0) \cdot w(x_0) + u(x_0) \cdot v'(x_0) \cdot w(x_0) + u(x_0) \cdot v(x_0) \cdot w'(x_0)$ w.z.b.w.
Der Beweis für n Faktoren kann durch vollständige Induktion erbracht werden.

DA 75

a) $4x^3 - 6x^2 - 10x + 4$ b) $6x^5 - 5x^4 - 12x^3 - 15x^2 - 20x - 6$ c) $\sin(x)\cos(x) + x\cos^2(x) - x\sin^2(x)$

DA 76 $\frac{(fgh)'}{fgh} = \frac{f'gh + gg'h + fgh'}{fgh} = \frac{f'}{f} + \frac{g'}{g} + \frac{h'}{h}$

DA 77

a) $f'(x) = \frac{3}{(x+1)^2}$ b) $f'(x) = \frac{2(x^2+x+1)}{(2x+1)^2}$

DA 78 a) $f'(x) = (n-1)x^{n-2}$ b) $g'(x) = (k+1)x^k + (k-1)x^{k-2}$ c) $h'(x) = 2nx^{2n-1} + rx^{r-1}$ d) $k'(x) = x^n$

DA 79

a) $f'(x) = \frac{1\cdot(2x+1) - x\cdot 2}{(2x+1)^2} = \frac{2x+1-2x}{(2x+1)^2} = \frac{1}{(2x+1)^2}$; $f'(0) = \frac{1}{(2\cdot 0+1)^2} = \frac{1}{1} = 1$

b) $g'(x) = 3 - \frac{-1}{(x+1)^2} = 3 + \frac{1}{(x+1)^2}$; $g'(1) = 3 + \frac{1}{4} = 3\frac{1}{4}$

c) $h'(x) = \frac{6x(2x^2+3) - (3x^2-2)\cdot 4x}{(2x^2+3)^2} = \frac{12x^3 + 18x - 12x^3 + 8x}{(2x^2+3)^2} = \frac{26x}{(2x^2+3)^2}$; $h'(2) = \frac{26\cdot 2}{(2\cdot 4+3)^2} = \frac{52}{121}$

DA 80

a) $f'(x) = 3x^2$; $x^3 = 3x^2$ Aus $x^3 - 3x^2 = 0$ folgt $x^2(x-3) = 0$ und $x_1 = 0, x_2 = 3$

b) $\varphi'(x) = 6x$ $\varphi'(a+b) = 6(a+b) = 6a + 6b$;
Da $\varphi'(a) = 6a$ und $\varphi'(b) = 6b$, folgt, dass $\varphi'(a+b) = \varphi'(a) + \varphi'(b)$.

DA 81

a) $f'(x) = \frac{-21x^2}{(x^3+1)^2}$ für $x \neq -1$ b) $g'(x) = \frac{x^2 - 12x - 2}{(x^2+2)^2}$ für alle $x \in \mathbb{R}$ c) $h'(x) = \frac{-3}{4x^4}$ für $x \neq 0$

d) $j'(r) = 0$ für $r \neq \pm 2$ e) $k'(r) = -\frac{7}{x^8}$ für $x \neq 0$ f) $m'(t) = -\frac{4}{t^5} - \frac{2}{t^3}$ für $t \neq 0$

DA 82 a) $f'(x) = \frac{6x^4 - 4x^3 - 2}{(2x-1)^2}$; $m = f'(2) \approx 6{,}9$ b) $g'(x) = \frac{-x^2-1}{x^2}$; $m = g'(-1) = -2$

DA 83

a) $f_1'(-1) = -1$ $t_{11}: y = -x - 2$
$f_1'(2) = -\frac{1}{4}$ $t_{12}: y = -\frac{1}{4}x + 1$

b) $f_2'(-1) = 3$ $t_{21}: y = 3x + 4{,}5$
$f_2'(2) = -\frac{3}{8}$ $t_{22}: y = -\frac{3}{8}x + \frac{9}{8}$

c) $f_3'(-1) = -\frac{1}{4}$ $t_{31}: y = -\frac{1}{4}x + \frac{1}{4}$
$f_3'(2) = -1$ $t_{32}: y = -x + 4$

DA 84

a) $f'(x) = 2x$; $f'(x_0) = 0$; $x_0 = 0$

b) $f(x) = 0$; $0 = x^2 - 9 \rightarrow x_1 = 3$; $x_2 = -3$; $P_1(3; 0)$; $P_2(-3; 0)$

c) $m_1 = f'(3) = 6$; $t_1: y = 6x - 18$
$m_2 = f'(-3) = -6$; $t_2: y = -6x - 18$

d) $\alpha_1 \approx 81°$; $\alpha_2 \approx 99°$

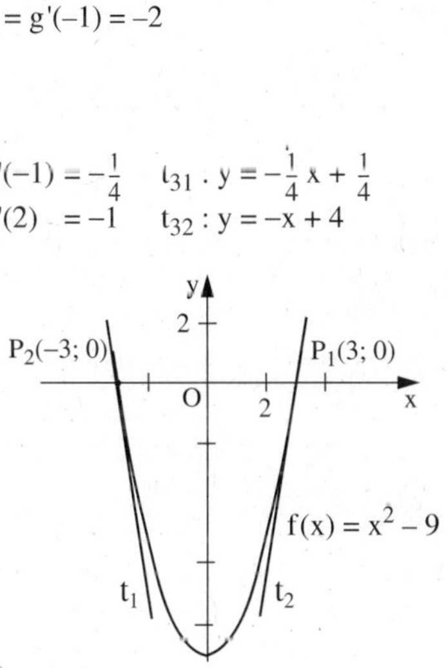

DA 85 $P_1(-3; 37{,}1)$; $P_2(-2; 14{,}8)$; $P_3(2; -2)$

DA 86 a) $x_1 = 1$; $x_2 = \frac{1}{3}$ b) $x_{1/2} = \pm\sqrt{0{,}5}$; $x_{3/4} = \pm\sqrt{0{,}1}$

DA 87 $f'(x) = \frac{-2}{(x-1)^2} = g'(x)$; die Ableitungen stimmen überein, da sich die Funktionswerte nur um eine Konstante unterscheiden.
Es ist nämlich $\frac{2x}{x-1} - \frac{x+1}{x-1} = \frac{x-1}{x-1} = 1$ $(x \neq 1)$.

DA 88

a) $Q_1(1; 0)$; t_1: $y = -2x + 2$; n_1: $y = 0{,}5x - 0{,}5$ b) $Q_2(-2; -5)$; t_2: $y = 11{,}5x + 18$; n_2: $y \approx -0{,}087x - 5{,}147$

c) $Q_3(0; -1)$; t_3: $y = 2t - 1$; n_3: $y = -0{,}5t - 1$ d) $Q_4(2; 11\frac{2}{3})$; t_4: $y = 11\frac{2}{3}$; n_4: $x = 2$ (keine Fkt.)

DA 89

a) $f'(x) = 2ax$; $P_1(x_1; y_1)$: Anstieg $f'(x_1)$; $P_2(x_2; y_2)$: Anstieg $f'(x_2)$; die Orthogonalitätsbedingung ergibt $2ax_2 = -\frac{1}{2ax_1}$, also $x_1 \cdot x_2 = -\frac{1}{4a^2}$. Wegen $y_1 = y_2$ gilt $x_1 = -x_2$ und deshalb $x_{1/2} = \pm\frac{1}{2a}$.

b) Für beliebige Punkte P_i, P_k müsste nach Aufgabe a) $x_i \cdot x_k = -\frac{1}{4a^2}$ gelten. Für $(P_i; P_k) = ((x_i; f(x_i); (-\frac{1}{4a^2 x_i}); f(\frac{1}{4a^2 x_i}))$ ist diese Bedingung erfüllt. Anmerkung: Wird auch hier $f(x_i) = f(x_k)$ gefordert, so gibt es nur die Lösung aus Aufgabe a).

DA 90

a) $f'(x) = x^2 + (x+3) \cdot 2x$;
$x^2 + 2x^2 + 6x = 3$, also $3x^2 + 6x - 3 = 0$ bzw. $x^2 + 2x - 1 = 0$ $\Rightarrow x_{1,2} = -1 \pm \sqrt{1+1} = -1 \pm \sqrt{2}$

b) $\varphi'(t) = \frac{1}{2\sqrt{t}} + 3 = 4$, also $\frac{1}{2\sqrt{t}} = 1$ bzw. $2\sqrt{t} = 1$ $\Rightarrow \sqrt{t} = \frac{1}{2}$; $t = \frac{1}{4}$

DA 91

a)
$$f'(x) = 3x^2(4x+3) + 4x^3 = 0$$
$$16x^3 + 9x^2 = 0$$
$$x^2(16x+9) = 0$$
$$x_1 = 0 \quad \text{oder} \quad x_2 = -\frac{9}{16}$$

b)
$$\varphi'(t) = 3(t-3)^2 \cdot t + (t-3)^3 \cdot 1 = 0$$
$$(t-3)^2 \cdot (3t + t - 3) = 0$$
$$(t-3)^2 \cdot (4t-3) = 0$$
$$t_1 = 3 \quad \text{oder} \quad 4t - 3 = 0, \quad t_2 = \frac{3}{4}$$

c) $f'(x) = 3x^2 \cdot \ln x + x^3 \cdot \frac{1}{x} = 3x^2 \ln x + x^2$
Aus $f'(x) - \frac{2}{x} f(x) = 3x^2 \ln x + x^2 - \frac{2}{x} \cdot x^3 \ln x = 0$ folgt $x^2 \ln x + x^2 = x^2(\ln x + 1) = 0$,
also $x_1 = 0$ oder $\ln x + 1 = 0$; $\ln x = -1$ $\Rightarrow x_2 = e^{-1} = \frac{1}{e}$
$x_1 = 0$ ist keine Lösung, weil für $x = 0$ $\ln x$ nicht existiert.

d) $\varphi'(t) = \frac{0-(-1)}{(1-t)^2} = \frac{1}{(1-t)^2}$
Aus $1 + 5\varphi(t) + 6\varphi'(t) = 1 + 5 \cdot \frac{1}{1-t} + 6 \cdot \frac{1}{(1-t)^2} = 0$ folgt $(1-t)^2 + 5(1-t) + 6 = 0$ $\Rightarrow t^2 - 7t + 12 = 0$, also $t_1 = 3$; $t_2 = 4$

DA 92 $f'(x) = 2x - \frac{1}{x^2}$; $g'(x) = 5 - \frac{1}{x^2}$

Mit $f'(x) < g'(x)$ $(x \neq 0)$ folgt $2x - \frac{1}{x^2} < 5 - \frac{1}{x^2}$, also $2x < 5$; $x < \frac{5}{2}$ $(x \neq 0)$.

D 2.3 Kettenregel

DA 93

innere Funktion: $u(x) = 5x^3 + 3x^2 - 7x + 4$ Ableitung der inneren Funktion: $u'(x) = 15x^2 + 6x - 7$
äußere Funktion: $v(x) = z^{15}$ Ableitung der äußeren Funktion: $v'(x) = 15z^{14}$
Ableitung von f nach der Kettenregel: $f'(x) = 15(5x^3 + 3x^2 - 7x + 4)^{14}(15x^2 + 6x - 7)$

DA 94

a) $f_1'(x) = 12 + 18x$ b) $f_2'(x) = -8 + 2x$ c) $f_3'(x) = (2x^2 - 2)(1 - x + \frac{1}{3}x^3)$

DA 95

a) $f'(t) = \frac{-4t}{(t^2+1)^3}$ b) $g'(x) = 3(4+x)^2(x-5)^4 + 4(4+x)^3(x-5)^3$ c) $h'(r) = 3(\frac{2r+5}{3r-1})^2(\frac{-17}{(3r-1)^2})$

d) $k'(x) = 4[(x^2+1)(x-7)]^3(3x^2 - 14x + 1)$

DA 96

a) $\varphi_1'(x) = 10(x^3 + x^2 + x + 1)^9 \cdot (3x^2 + 2x + 1)$ b) $\varphi_2'(x) = 50(x^{10} + \frac{1}{9}x^9 + \frac{1}{6}x^6 + 3)^4 \cdot (10x^9 + x^8 + x^5)$

c) $\varphi_3'(x) = 2 \cdot (-1) \cdot (x^3 + x^2 + 7)^{-2} \cdot (3x^2 + 2x)$ d) $\varphi_4'(x) = \frac{10(x^2+1)^9 \cdot 2x(x^2+10) - (x^2+1)^{10} \cdot 2x}{(x^2+10)^2}$

DA 97

a) $f_1'(x) = 3(x^3 - 2x^2)^2(3x^2 - 4x) = 3x^5(x-2)^2(3x-4)$ b) $f_2'(x) = 2(1+x^5)5x = 10x(1+x^5)$

c) $f_3'(x) = 12x(x^2+3)^5$ d) $f_4'(x) = \frac{-4x(3x-4)}{(x^3 - 2x^2 + 2)^5}$

DA 98

a) $g'(x) = 6(2-3x)^{-3}$
b) $f'(x) = 16x(1-2x^2)^{-5}$
c) $f'(t) = (-\frac{3}{2} + 45t^2)(\frac{1}{2}t - 5t^3)^{-4}$
d) $r'(s) = -60s(1+3s^2)^{-5}$
e) $f'(x) = -\sqrt{3}\,(1+4x)(x+2x^2)^{-4}$
f) $h'(x) = (2+2b-4x-4bx)(b^2-x+x^2)^{-3}$

DA 99

a) $f_1'(x) = -\frac{3(5x^2+2)}{(x^2-2)^4}$
b) $f_2'(x) = \frac{x^2(6x^2+x-3)}{(3x+1)^3}$
c) $f_3'(x) = \frac{-4(2x+7)}{(2x+1)^4}$
d) $f_4'(x) = \frac{-24(4x-1)}{(x-1)^3}$
e) $f_5'(x) = \frac{2a}{(x+1)^2}$

D 3 Ableitung elementarer Funktionen

D 3.1 Ableitung von Potenzfunktionen

DA 100 $f(x) = \frac{2}{x^4} = 2 \cdot x^{-4}$ $f'(x) = 2 \cdot (-4) \cdot x^{-4-1} = -8 \cdot x^{-5} = -\frac{8}{x^{-5}}$

DA 101 a) $f'(x) = -3 \cdot \frac{4}{3} \cdot x^{-4} = (-4) \cdot \frac{4}{3} \cdot x^{-4} = -4x^{-4}$ b) $f'(x) = \frac{2}{3}\,x^{-\frac{1}{3}} = \frac{2}{3\sqrt[3]{x}}$

DA 102

a) $f_1'(x) = -\frac{8}{x^5}$; $x \neq 0$
b) $f_2'(x) = -\frac{3a}{x^4}$; $x \neq 0$
c) $f_3'(x) = \frac{7}{4}\sqrt[4]{x^3}$; $x \geq 0$
d) $f_4'(x) = -\frac{a}{n}\,\frac{a}{\sqrt[n]{x^{n+1}}}$; $x > 0$
e) $f_5'(t) = 2(t - \sqrt{t})(1 - \frac{1}{2\sqrt{t}})$; $t > 0$
f) $f_6'(z) = \frac{1}{\sqrt{z}} + \frac{1}{\sqrt[3]{z^2}} + \frac{1}{\sqrt[4]{z^3}}$; $z > 0$
g) $f_7'(x) = 2x \cdot \sqrt[3]{x} + \frac{x^2+1}{3\sqrt[3]{x^2}}$; $x > 0$
h) $f_8'(x) = \frac{-\sqrt{x}}{2x^2}$; $x > 0$

DA 103

a) $f_1'(1) = 0{,}5$; $f_1'(10) = 0{,}16$; $f_1'(100) = 0{,}05$
b) $f_2'(1) = \frac{2}{3}$; $f_2'(10) \approx 0{,}3$; $f_2'(100) \approx 0{,}14$
c) $f_3'(\frac{1}{2}) = \sqrt{3}$
d) $f_5'(b^3) = \frac{2}{3b^2}$

DA 104 a) $f'(x) = np(px+q)^{n-1}$; $n \in \mathbb{N}^*$ b) $g'(x) = \frac{p}{n}\sqrt[n]{(px+q)^{1-n}}$; $n \in \mathbb{N}^*$, $px + q > 0$

DA 105 a) $m = f'(2) = 27634932$ b) $m = g'(1{,}5) = 0{,}83$

DA 106

a) $f(x) = \sqrt{25-x^2}$; D_f: $-5 \leq x \leq 5$

$f'(x) = \frac{-x}{\sqrt{25-x^2}}$; $D_{f'}$: $-5 < x < 5$

b) $P(r; s)$; $s = f(r) = \sqrt{25-r^2}$

t: $y = \frac{-r}{\sqrt{25-r^2}}\,x + \frac{r^2}{\sqrt{25-r^2}} + \sqrt{25-r^2}$

c)

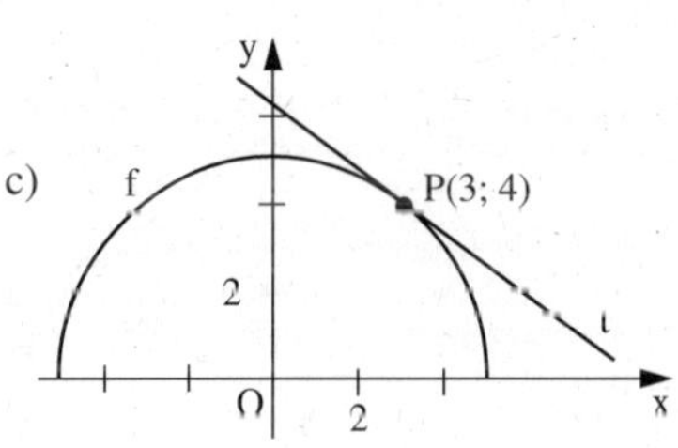

D 3.2 Ableitung von trigonometrischen Funktionen

DA 107

a) $f_1'(x) = 3x^2 - 3\cos x$
b) $f_2'(x) = -2\sin 2x$ $v'(z) = -\sin z$; $u'(x) = 2$
c) $f_3'(x) = \tan x + \frac{x}{\cos^2 x}$ $u'(x) = 1$; $v'(x) = \frac{1}{\cos^2 x}$

DA 108

a) $f_1'(x) = \cos x$
b) $f_2'(x) = -2\sin x$
c) $f_3'(x) = 0{,}9\cos(1{,}2\,x)$
d) $f_4'(x) = 6x^2\cos(3x) - x\sin(3x)$
e) $f_5'(z) = \frac{\pi}{2}\cos(\pi \cdot z)$
f) $f_6'(t) = -\frac{k}{2} \cdot \sin\frac{t}{2}$
g) $f_7'(x) = 2\cos 2x$
h) $f_8'(x) = -\frac{\pi}{4}\sin(\frac{\pi}{4}x)$
i) $f_9'(x) = \frac{1}{2}\cos(\frac{1}{2}x) + 2\sin(-x)$

DA 109

a) $f_1'(x) = \frac{2}{\cos^2 x}$
b) $f_2(x) = 2x \cdot \tan x + \frac{x^2}{\cos^2 x}$
c) $f_3'(x) = \frac{\sin x \cdot \cos x - x}{\sin^2 x}$
d) $f_4'(x) = \frac{-2x \cdot \sin x - 4\cos x}{x^3}$
e) $f_5'(x) = a$

DA 110

$f(x) = \sin x;$ $f'(x) = \cos x;$ $m_1 = f'(0) = 1;$ $m_2 = f'(\frac{\pi}{2}) = 0;$ $m_3 = f'(\pi) = -1;$ $m_4 = f'(\frac{3}{2}\pi) = 0;$ $m_5 = f'(2\pi) = 1$

$g(x) = \cos x;$ $g'(x) = -\sin x;$ $m_1 = g'(0) = 0;$ $m_2 = g'(\frac{\pi}{2}) = -1;$ $m_3 = g'(\pi) = 0;$ $m_4 = g'(\frac{3}{2}\pi) = 1;$ $m_5 = g'(2\pi) = 0$

DA 111

$S(\frac{\pi}{4}; \frac{1}{2}\sqrt{2})$

$\alpha_s = 70{,}5°$

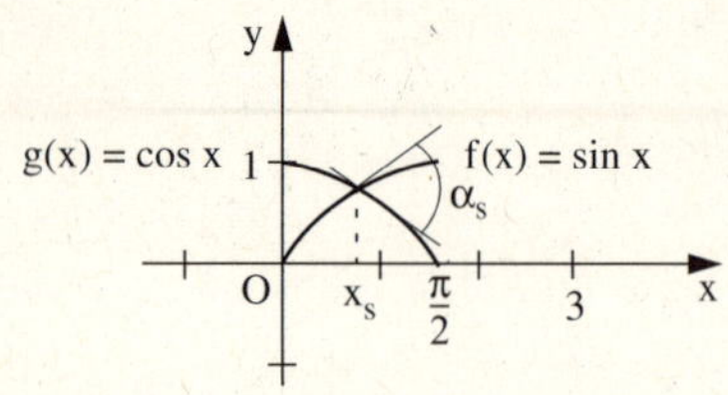

DA 112

a) $f'(x_0) = (\sin x)'\big|_{x_0} = \cos x_0 = 1;\ x_0 = k \cdot 2\pi;\ k \in \mathbb{Z}$ b) $f'(x_0) = (\cos x)'\big|_{x_0} = -\sin x_0 = 0{,}5;\ x_{01} = \frac{7}{6}\pi + k \cdot 2\pi;\ x_{02} = \frac{11}{6}\pi + k \cdot 2\pi;\ k \in \mathbb{Z}$

DA 113 t: $y = 0{,}85x - 0{,}96$

DA 114 a) t: $y = -x + \frac{\pi}{2}$ b) t: $y = x$ c) t: $y = 1$ d) t: $y = 1$

DA 115

a) $f'(x) = \cos\frac{1}{x} \cdot (-\frac{1}{x^2}) + \frac{-\cos x}{\sin^2 x} = -\frac{1}{x^2}\cos\frac{1}{x} - \frac{\cos x}{\sin^2 x}$

b) $g'(\varphi) = \frac{(\cos\varphi - \sin\varphi) \cdot e^{\varphi} - (\sin\varphi + \cos\varphi) \cdot e^{\varphi}}{e^{2\varphi}} = \frac{e^{\varphi}(\cos\varphi - \sin\varphi - \sin\varphi - \cos\varphi)}{e^{2\varphi}} = \frac{-2\sin\varphi}{e^{\varphi}}$

c) $r'(t) = \frac{\cos t}{\sin t} + (\cos \ln t)\frac{1}{t} = \cot(t) + \frac{\cos \ln t}{t}$ d) $z'(\alpha) = \frac{2\alpha + 1}{\cos^2(\alpha^2 + \alpha + 1)}$ e) $s'(t) = \frac{2\tan t \cdot \frac{1}{\cos^2 t}}{2\sqrt{3 + \tan^2 t}} = \frac{\tan t}{(\cos^2 t) \cdot \sqrt{3 + \tan^2 t}}$

DA 116

a) $y' = 1 + \cos x$ b) $y' = \cos 3x \cdot 3 = 3\cos 3x$ c) $y' = 3\sin^2 x \cdot \cos x$ d) $y' = \sin x + x\cos x$

e) $y' = -\sin\frac{1}{x}\,(-\frac{1}{x^2}) = \frac{1}{x^2}\sin\frac{1}{x}$

f) $y' = 2\cos 2x \cdot \cos 3x - 3\sin 2x \cdot \sin 3x$

g) $y' = \frac{1}{3}\,3\tan^2 x\,\frac{1}{\cos^2 x} - \frac{1}{\cos^2 x} + 1 = \frac{\tan^2 x}{\cos^2 x} - \frac{1}{\cos^2 x} + 1 = \frac{\tan^2 x - 1}{\cos^2 x} + 1 = (\tan^2 x - 1)\frac{1}{\cos^2 x} + 1 = (\tan^2 x - 1)(1 + \tan^2 x) + 1$

$= \tan^4 x - 1 + 1 = \tan^4 x.$

DA 117

a) $f'(x) = 4\tan^3 x\,\frac{1}{\cos^2 x};$ $f'(0) = 4 \cdot 0 \cdot 1 = 0;$ $f'(\frac{\pi}{4}) = 4 \cdot 1 \cdot \frac{1}{\left(\frac{\sqrt{2}}{2}\right)^2} = \frac{4}{\frac{1}{2}} = 8;$ $f'(\frac{\pi}{6}) = 4 \cdot (\frac{\sqrt{3}}{3})^3\,\frac{1}{\left(\frac{\sqrt{3}}{2}\right)^2} = 4\,\frac{3\sqrt{3}}{27} \cdot \frac{4}{3} = \frac{16\sqrt{3}}{27}$

b) $f'(x) = \frac{2\cos 2x(1 - \sin 2x) - (1 + \sin 2x)(-\cos 2x) \cdot 2}{(1 - \sin 2x)^2} = \frac{2\cos 2x(1 - \sin 2x + 1 + \sin 2x)}{(1 - \sin 2x)^2} = \frac{4\cos 2x}{(1 - \sin 2x)^2};$

$f'(0) = \frac{4\cos 0}{(1 - \sin 0)^2} = \frac{4}{1} = 4;$ $f'(\frac{\pi}{4}) = \frac{4\cos\frac{\pi}{2}}{\left(1 - \sin\frac{\pi}{2}\right)^2} = \frac{0}{0}$ (undefinierter Ausdruck)

$f'(\frac{\pi}{6}) = \frac{4\cos\frac{\pi}{3}}{\left(1 - \sin\frac{\pi}{3}\right)^2} = \frac{4 \cdot \frac{1}{2}}{\left(1 - \frac{\sqrt{3}}{2}\right)^2} = \frac{4 \cdot \frac{1}{2} \cdot 4}{\left(1 - \frac{\sqrt{3}}{2}\right)^2 \cdot 4} = \frac{8}{\left(\left(1 - \frac{\sqrt{3}}{2}\right) \cdot 2\right)^2} = \frac{8}{(2 - \sqrt{3})^2}$

DA 118

a) $f'(x) = \frac{-\sin x(1 + \sin x) - \cos x \cdot \cos x}{(1 + \sin x)^2} = \frac{-\sin x - \sin^2 x - \cos^2 x}{(1 + \sin x)^2} = \frac{-1 - \sin x}{(1 + \sin x)^2} = -\frac{1 + \sin x}{(1 + \sin x)^2}$

$\varphi'(x) = \frac{-\sin x(1 + 2x) - \cos x \cdot 2}{(1 + 2x)^2} = \frac{-\sin x - 2x\sin x - 2\cos x}{(1 + 2x)^2}$

$f'(\pi) = -\frac{1 + 0}{(1 + 0)^2} = -1;$ $\varphi(0) = \frac{-0 - 0 - 2}{(1 + 0)^2} = \frac{-2}{1} = -2,$ also $f'(\pi) > \varphi'(0)$

b) $f'(x) = \cos x + x(-\sin x) = \cos x - x\sin x;$ $\varphi'(x) = \frac{1}{\cos^2 x};$ $f'(\pi) = -1 - 0 = -1;$ $\varphi'(0) = \frac{1}{1} = 1,$ also $f'(\pi) < \varphi'(0)$

DA 119

a) $f_1'(x) = \cos\frac{x}{3}$ b) $f_2'(x) = -\sin\frac{x}{2}$ c) $f_3'(x) = -2\sin(2x)$ d) $f_4'(x) = 3\cos(x - \frac{\pi}{2})$

e) $f_5'(x) = -4\sin x$ f) $f_6'(x) = -\pi \cdot r \cdot \sin(\pi \cdot x)$ g) $f_7'(x) = \frac{2}{\cos^2(2x)}$ h) $f_8'(x) = \frac{2\pi}{a} \cdot \cos[\frac{2\pi}{a}(x - t)]$

DA 120

$$\tan'(x) = (\frac{\sin x}{\cos x})' = \frac{\sin'x\cos x - \sin x\cos'x}{\cos^2 x} = \frac{\cos^2 x + \sin^2 x}{\cos^2 x} = 1 + (\frac{\sin x}{\cos x})^2 = 1 + \tan^2 x$$

D 3.3 Ableitung von Exponential- und Logarithmusfunktionen

DA 121

a) $f_1'(x) = e^x$ b) $f_2'(x) = -e^{-x}$ c) $f_3'(x) = e^x(x^2 + 2x)$ d) $f_4'(x) = \frac{2x - x^2}{e^x}$

e) $f_5'(z) = \frac{2e^z}{(e^z + 1)^2}$; f) $f_6'(x) = 2e^x + e^x x^2 + 2xe^x - 4x$ g) $f_7'(x) = ke^{kx}$ h) $f_8'(x) = \frac{e^x}{(1 + e^x)^2}$

DA 122

a) $f_1'(x) = \frac{2}{x}$ b) $f_2'(x) = x \cdot (2 \cdot \ln x + 1)$ c) $f_3'(x) = \frac{1 - \ln x}{x^2}$ d) $f_4'(x) = \frac{-2}{x^3} + \frac{3}{x} - \frac{1 - \ln x}{x^2}$

DA 123

a) $f'(x) = e^x \ln x + e^x(\ln x + \frac{1}{x})$ b) $f'(x) = 2x\ln x + x^2 \cdot \frac{1}{x} = 2x\ln x + x = x(2\ln x + 1)$

c) $f'(x) = 4x^3 \cdot 2x + x^4 \cdot 2x\ln 2 = 2x \cdot x^3(4 + x\ln 2)$ d) $f'(x) = a^x \ln a \cdot e^x + a^x \cdot e^x = a^x e^x(1 + \ln a)$

e) $f'(x) = \frac{e^x(e^x + 2) - e^x \cdot e^x}{(e^x + 2)^2} = \frac{e^{2x} + 2e^x - e^{2x}}{(e^x + 2)^2} = \frac{2e^x}{(e^x + 2)^2}$

f) $f'(x) = \frac{(1 + e^x)(x - e^x) - (x + e^x)(1 - e^x)}{(x - e^x)^2} = \frac{x + xe^x - e^x - e^{2x} - x - e^x + xe^x - e^{2x}}{(x - e^x)^2} = \frac{2xe^x - 2e^x - 2e^{2x}}{(x - e^x)^2} = \frac{2e^x(x - 1 - e^x)}{(x - e^x)^2}$

g) $f'(x) = 2\ln x \cdot \frac{1}{x} = \frac{2\ln x}{x}$ h) $f'(x) = \frac{2x}{x^2} = \frac{2}{x}$

i) $f'(x) = \frac{-\frac{1}{x^2}}{\frac{1}{x}} = -\frac{1}{x}$ j) $f'(x) = 2\ln x^2 \cdot \frac{2x}{x^2} = 2\ln x^2 \cdot \frac{2}{x} = \frac{4\ln x^2}{x}$

DA 124

a) $u'(x) = 4^x \cdot \ln 4$ $v'(x) = 4x^3$
$f'(x) = 4^x \cdot x^3 \cdot (x \cdot \ln 4 + 4)$

b) $u'(x) = 2x$ $v'(x) = \frac{1}{x\ln 10}$
$g'(x) = 2x \cdot \lg x + \frac{x}{\ln 10}$

DA 125

a) $f_1'(x) = \ln 3 \cdot 3^x$ b) $f_2'(x) = \frac{1}{2} \cdot \ln 3 \cdot 3^x$ c) $f_3'(x) = 3^x(3x^2 + x^3 \cdot \ln 3)$ d) $f_4'(x) = \frac{x \cdot 3^x \cdot \ln 3 - 2 \cdot 3^x}{x^3}$

DA 126

$$f'(x) = \frac{e^x(e^x - 1) - (e^x + 1) \cdot e^x}{(e^x - 1)^2} = \frac{e^x(e^x - 1 - e^x - 1)}{(e^x - 1)^2} = \frac{-2e^x}{(e^x - 1)^2}$$

$f'(1) = \frac{-2e}{(e - 1)^2} \approx \frac{-5{,}4366}{2{,}9525} \approx -1{,}8414$ $f'(-1) = \frac{-2e^{-1}}{(e^{-1} - 1)^2} \approx \frac{-0{,}7358}{0{,}3996} \approx -1{,}8414$ $f'(0) = \frac{-2e^0}{(e^0 - 1)^2} = \frac{-2}{(1 - 1)^2}$
existiert nicht (Division durch 0!)

DA 127

a) $f_1'(x) = \frac{1}{x\ln 10}$ b) $f_2'(x) = \frac{3}{x\ln 10}$ c) $f_3'(x) = \log_{10} x + \frac{1}{\ln 10}$ d) $f_4'(x) = \frac{nx^{n-1}}{x^n} = \frac{n}{x}$

e) $f_5'(x) = 2 \cdot \lg x \cdot \frac{1}{x\ln 10}$ f) $f_6'(x) = 1 + \ln x$ g) $f_7'(x) = \frac{3}{2x\ln 10}$ h) $f_8'(x) = \frac{2x}{x^2 - 5}$

DA 128

a) $f_1'(x) = \frac{1}{x\ln 3}$ b) $f_2'(x) = \frac{1}{(x - 1)\ln 3}$ c) $f_3'(x) = \frac{1}{x\ln 2}$ d) $f_4'(x) = \frac{4}{x\ln 2}$

DA 129

$m_t = m_s = \frac{1}{e-1}$

$m_t = f'(x_0) = \frac{1}{x_0} = \frac{1}{e-1}$

$P((e-1);\ \ln(e-1))$

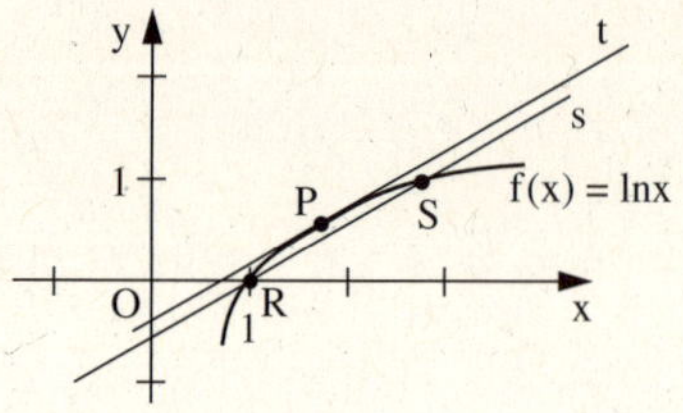

DA 130

$$f'(x) = \frac{\frac{1}{x}e^x - \ln(x)e^x}{(e^x)^2} = \left(\frac{1}{x} - \ln(x)\right)e^{-x}$$

DA 131

a) $f_1'(x) = 3e^{3x}$

b) $f_2'(x) = e^{\frac{x}{3}}$

c) $f_3'(x) = 3x^2e^{x^3}$

d) $f_4'(x) = 4x\,e^{2x^2-4}$

e) $f_5'(x) = 2x\,e^{2x}(x+1)$

f) $f_6'(x) = e^{-x}(-x^2+2x-1)$

g) $f_7'(x) = 2x\,e^{2x+1}(x+1)$

h) $f_8'(x) = (x^2-2)\,e^x$

DA 132

a) $f'(x) = \frac{e^x}{2\sqrt{e^x}} = \frac{1}{2}\sqrt{e^x}$

b) $v'(t) = 10^{\frac{t-1}{t+1}} \cdot \ln 10 \left(\frac{t-1}{t+1}\right)' = 10^{\frac{t-1}{t+1}} \cdot \ln 10 \,\frac{(t+1)-(t-1)}{(t+1)^2} = 10^{\frac{t-1}{t+1}} \cdot \ln 10 \,\frac{2}{(t+1)^2}$

c) $w'(t) = (t^4 \cdot 4^t \cdot 4^4)' = 4^4(t^4 \cdot 4^t)' = 4^4(4t^3 \cdot 4^t + t^4 \cdot 4^t \ln 4) = 4^4(4^{t+1} \cdot t^3 + 4^t \cdot t^4 \cdot \ln 4) = 4^4 \cdot 4^t \cdot t^3(4 + t\ln 4) = 4^{t+4} \cdot t^3(4 + t\ln 4)$

d) $g'(x) = 10 \cdot 0{,}1 \cdot x^{-0{,}9} + 100 \cdot 0{,}01 \cdot x^{-0{,}99} - 10 \cdot 0{,}1 \cdot x^{-1{,}1} + 100 \cdot 0{,}01 \cdot x^{-1{,}01} = x^{-0{,}9} + x^{0{,}99} - x^{-1{,}1} + x^{-1{,}01}$

DA 133

a) $y' = -2e^{-2x}$

b) $y' = e^{\sqrt{x}}\,\frac{1}{2\sqrt{x}} + \frac{e^x}{2\sqrt{e^x}} = \frac{e^{\sqrt{x}}}{2\sqrt{x}} + \frac{e^x}{2\sqrt{e^x}} = \frac{e^{\sqrt{x}}}{2\sqrt{x}} + \frac{1}{2}\sqrt{e^x}$

c) $y' = e^{-x}(-1)(x^2+6x+6) + e^{-x}(2x+6)$
$= e^{-x}(2x+6-x^2-6x-6)$
$= e^{-x}(-x^2-4x)$

d) $y' = 3(e^{3x}-1)^2(e^{3x}-1)'$
$= 3(e^{3x}-1)^2 e^{3x} \cdot 3$
$= 9e^{3x}(e^{3x}-1)^2$

e) $z' = \frac{3}{3x} = \frac{1}{x}$

f) $z' = \frac{3x^2}{x^3} = \frac{3}{x}$

g) $z' = 3(\ln x)^2\,\frac{1}{x} = \frac{3(\ln x)^2}{x} = \frac{3\ln^2 x}{x}$

DA 134

a) $f'(x) = x^2 - 2x + 1;\quad f'(0) = 1;\quad f'(1) = 0;\quad f'(-1) = 4$

b) $\varphi'(x) = \ln x + 1$

$\varphi'(1) = 1;\quad \varphi'(e) = 2;\quad \varphi'(\frac{1}{e}) = 0;\quad \varphi'(\frac{1}{e^2}) = -1$

DA 135

a) $\varphi'(x) = \frac{\frac{1}{x}}{(\ln x)\cdot \ln 10} = \frac{1}{(\ln x)\cdot \ln 10}$

b) $g'(x) = \frac{1}{2\sqrt{\lg x}} \cdot \frac{1}{x\ln 10} = \frac{1}{2x\ln 10\sqrt{\lg x}}$

c) $h'(x) = \frac{-\frac{1}{x^2}}{\left(1+\frac{1}{x}\right)\cdot \ln 2} = \frac{-1}{x^2\left(1+\frac{1}{x}\right)\cdot \ln 2} = \frac{-1}{(x^2+x)\ln 2}$

d) $w'(x) = 2^x \ln 2 + 2x + \frac{2x}{(x^2+1)\ln 2}$

DA 136 $g'(x) = e^{ax^2+bx+c}(2ax+b),\quad g'(0) = e^c \cdot b;\quad g(0) = e^c;\quad g(1) = e^{a+b+c}$

Nach der Voraussetzung gilt: $e^c = e^{a+b+c} = e^c \cdot b$

Das heißt: $e^c = e^a \cdot e^b \cdot e^c = e^c \cdot b;\quad 1 = e^a \cdot e^b = b,$ also $b = 1$

Daraus folgt: $e^a \cdot e = 1;\quad e^{a+1} = 1;\quad a + 1 = 0,$ also $a = -1$

DA 137

$h'(x) = e^{ax^3 + 3x^2 + x}(3ax^2 + 6x + 1)$

$h'(x) > 0$ liefert $e^{ax^3 + 3x^2 + x}(3ax^2 + 6x + 1) > 0$, also $3ax^2 + 6x + 1 > 0$.

Mit $a > 0$ folgt $D = 6^2 - 4 \cdot 3a \cdot 1 < 0$.

$D = 36 - 12a < 0$; $36 < 12a$, also $a > 3$ (und damit $a > 0$).

DA 138

$f'(x) = 0{,}5 \dfrac{3x^2}{2\sqrt{x^3+1}} = \dfrac{3x^2}{4\sqrt{x^3+1}}$; $g'(x) = e^{-x} + x \cdot e^{-x}(-1) = e^{-x}(1 - x)$

Da $f'(2) = \dfrac{3 \cdot 4}{4 \cdot \sqrt{8+1}} = \dfrac{3}{3} = 1$ und $g'(1) = e^{-1}(1 - 1) = 0$, ist $1 = f'(2)$ die Lösung der Gleichung $g'(x) = 0$.

D 3.4 Ableitungen höherer Ordnung

DA 139

$f'(x) = 4x^3 + 6x + 2$ $f''(x) = 12x^2 + 6$ $f'''(x) = 24x$

DA 140

a) $f'(x) = 2x - 3$; $f'' = 2$

b) $f'(x) = 4x^3 + 6x^2 - 2$; $f''(x) = 12x^2 + 12x$

c) $f'(x) = -x^2(7x^4 + 4x - 3)$; $f''(x) = -6x(7x^4 + 2x - 1)$

d) $f'(x) = 64x^3 - 12x^2 - 20$; $f''(x) = 192x^2 - 24x$

e) $f'(x) = \dfrac{-3x^2}{(x^3+2)^2}$; $f''(x) = \dfrac{12x(x^3-1)}{(x^3+2)^3}$

f) $f'(x) = \dfrac{-25}{x^6}$; $f''(x) = \dfrac{150}{x^7}$

DA 141

a) $f'(x) = \dfrac{-(8x-1)(\sqrt{x-4x^2}+2)}{\sqrt{x-4x^2}}$; $f''(x) = \dfrac{8x(4x+1)(\sqrt{x-4x^2}+2)}{\sqrt{(x-4x^2)^3}}$

b) $f'(t) = \dfrac{-t}{\sqrt{36-t^2}}$; $f''(t) = \dfrac{-t}{\sqrt{36-t^2}} - \dfrac{t^2}{\sqrt{(36-t^2)^3}}$

c) $f'(x) = -6\sin(3x)\cos(3x)$; $f''(t) = 18 - 36(\cos(3x))^2$

d) $f'(x) = \dfrac{-18(18x+1)}{x^3(9x+1)^3}$; $f''(x) = \dfrac{54(270x^2+30x+1)}{x^4(9x+1)^4}$

DA 142

a) $f_1'(x) = (x + 1)e^x$, $f_1''(x) = (x + 2)e^x$

b) $f_2'(x) = (2x + 1)e^{2x}$; $f_2''(x) = 4e^{2x}(x + 1)$

c) $f_3'(x) = \ln(x) + 1$; $f_3''(x) = \dfrac{1}{x}$

d) $f_4'(x) = (x^2 + 2x + 1)e^x$; $f_4''(x) = (x^2 + 4x + 3)e^x$

DA 143

a) Die Ableitung gibt die Änderungsrate des Bestandes in Abhängigkeit von der Zeit an.
$P'(t) = 100e^{0,1t - 0,005t^2}(0{,}1 - 0{,}01t) = (10 - t)e^{0,1t - 0,005t^2}$

b) $P''(t) = (-1)e^{0,1t - 0,005t^2} + (10 - t)\, e^{0,1t - 0,005t^2}(0{,}1 - 0{,}01\,t) = (-0{,}2t + 0{,}01t^2)e^{-0,1t - 0,005t^2}$

DA 144

a) $f_1'(x) = 3x^2 - 6x - 0{,}5$ $f_1''(x) = 6x - 6$ $f_1'''(x) = 6$

b) $f_2'(x) = 7x^6 - 12x^3 - \frac{1}{2}x$ $f_2''(x) = 42x^5 - 36x^2 - \frac{1}{2}$ $f_2'''(x) = 210x^4 - 72x$

c) $f_3'(x) = 2x - 0{,}5$ $f_3''(x) = 2$ $f_3'''(x) = 0$

d) $f_4'(x) = 18x^2 + 4$ $f_4''(x) = 36x$ $f_4'''(x) = 36$

DA 145

$f(x) = 3x^5 + 4x^4 - 3x^2 + \sqrt{2}\,x + 1$ $f'(x) = 15x^4 + 16x^3 - 6x + \sqrt{2}$ $f''(x) = 60x^3 + 48x^2 - 6$

$f'''(x) = 180x^2 + 96x$ $f^{(4)}(x) = 360x + 96$ $f^{(5)}(x) = 360$

$f^{(6)}(x) = 0$; $\Rightarrow$ 5 von 0 verschiedene Ableitungen existieren, d.h., für $n \geq 6$ gilt $f^{(n)}(x) = 0$.

DA 146

a)

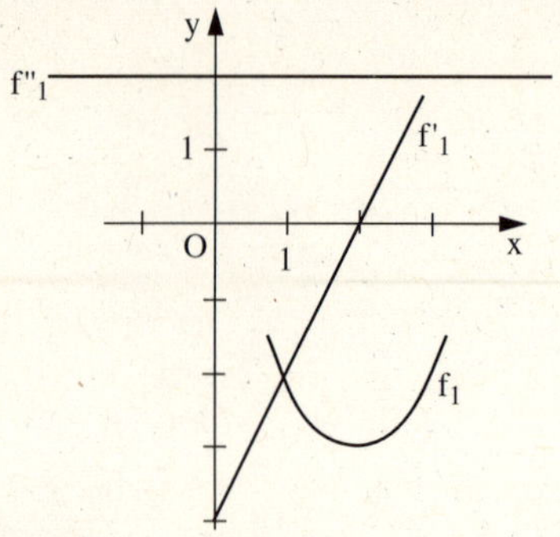

$f_1(x) = x^2 - 4x + 1$

$S(2; -3)$

$f_1'(x) = 2x - 4$

$f_1''(x) = 2$

b)

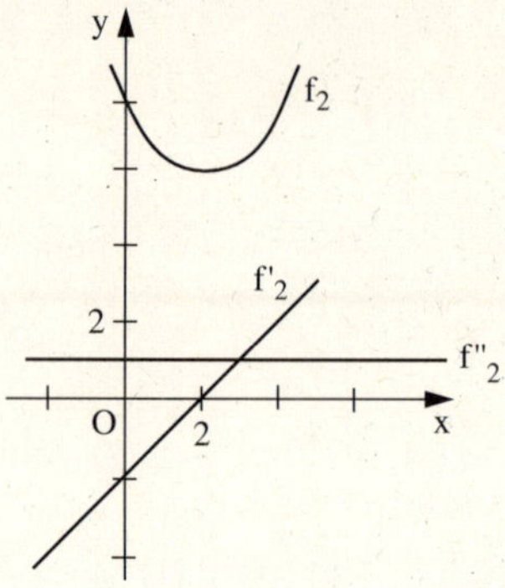

$f_2(x) = \frac{1}{2}x^2 - 2x + 8$

$S(2; -6)$

$f_2'(x) = x - 2$

$f_2''(x) = 1$

DA 147

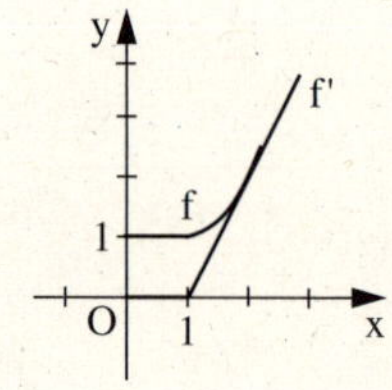

$f(x) = \begin{cases} 1, & 0 \le x \le 1 \\ x^2 - 2x, & x > 1 \end{cases}$ $\qquad f'(x) = \begin{cases} 0, & 0 \le x \le 1 \\ 2x - 2, & x > 1 \end{cases}$

Der Anstieg von $f'(x)$ ist links von $x_0 = 1$ stets 0 und rechts von $x_0 = 1$ immer 2.

Das bedeutet: Der Grenzwert $\lim\limits_{x \to 1} f'(x)$ existiert nicht bzw. $f'(x)$ ist in $x_0 = 1$ nicht weiter differenzierbar.

DA 148

a) $v_1'(r) = 4\pi \cdot r^2$ $\quad v_1''(r) = 8\pi \cdot r$ $\quad v_1'''(r) = 8\pi$

b) $v_2'(a) = 3a^2$ $\quad v_2''(a) = 6a$ $\quad v_2'''(a) = 6$

c) $v_3'(r) = \frac{2}{3}\pi \cdot r \cdot h$ $\quad v_3''(r) = \frac{2}{3}\pi \cdot h$ $\quad v_3'''(r) = 0$

d) $v_4'(a) = \frac{2}{3}a \cdot h$ $\quad v_4''(a) = \frac{2}{3}h$ $\quad v_4'''(a) = 0$

DA 149 a) $x_0 = 0; \pi; 2\pi$ $\qquad$ b) $x_0 = \pi$ $\qquad$ c) $x_0 = 0; 2\pi$

DA 150

a) $f_1'(x) = -e^{-x}$ $\quad f_1''(x) = e^{-x}$ $\quad f_1'''(x) = -e^{-x}$

b) $f_2'(x) = e^x \cdot (x^2 + 2x)$ $\quad f_2''(x) = e^x \cdot (x^2 + 4x + 2)$ $\quad f_2'''(x) = e^x \cdot (x^2 + 6x + 6)$

c) $f_3'(x) = 8\, e^{\frac{1}{2}x + 3}$ $\quad f_3''(x) = 4\, e^{\frac{1}{2}x + 3}$ $\quad f_3'''(x) = 2\, e^{\frac{1}{2}x + 3}$

d) $f_4'(x) = a \cdot b \cdot e^{bx + c}$ $\quad f_4''(x) = a \cdot b^2 \cdot e^{bx + c}$ $\quad f_4'''(x) = a \cdot b^3 \cdot e^{bx + c}$

e) $f_5'(x) = 3\cos x$ $\quad f_5''(x) = -3\sin x$ $\quad f_5'''(x) = -3\cos x$

f) $f_6'(x) = -\sin x - \cos(2x)$ $\quad f_6''(x) = -\cos x + 2\sin(2x)$ $\quad f_6'''(x) = \sin x + 4\cos(2x)$

g) $f_7'(x) = \frac{1}{x}$ $\quad f_7''(x) = -\frac{1}{x^2}$ $\quad f_7'''(x) = \frac{2}{x^3}$

h) $f_8'(x) = 3^x \cdot \ln 3$ $\quad f_8''(x) = 3^x \cdot (\ln 3)^2$ $\quad f_8'''(x) = 3^x \cdot (\ln 3)^3$

DA 151 $f'(x) = e^{ax} + axe^{ax}$; $\; f''(x) = 2ae^{ax} + a^2xe^{ax}$; $\; f'''(x) = 3a^2e^{ax} + a^3xe^{ax}$; $\; f^{(4)}(x) = 4a^3e^{ax} + a^4x\, e^{ax}$

Vermutung: $f^{(n)}(x) = na^{n-1} \cdot e^{a \cdot x} + a^n \cdot x \cdot e^{a \cdot x}$

DA 152 $f(x) = ax^2e^{-bx}$ $\qquad f'(x) = e^{-bx}(2ax - abx^2)$ $\qquad f''(x) = e^{-bx}(ab^2x^2 - 4abx + 2a)$

$$\begin{aligned} f''(x) + 2b \cdot f'(x) + b^2 \cdot f(x) - 2a\, e^{-bx} &= e^{-bx}(ab^2x^2 - 4abx + 2a) + 2b(e^{-bx}(2ax - abx^2)) + b^2ax^2e^{-bx} - 2ae^{-bx} \\ &= e^{-bx}(ab^2x^2 - 4abx + 2a) + e^{-bx}\,(4abx - 2ab^2x^2) + ab^2x^2e^{-bx} - 2ae^{-bx} \\ &= 2ab^2x^2\, e^{-bx} - 2ab^2x^2\, e^{-bx} + 4abxe^{-bx} - 4abxe^{-bx} + 2ae^{-bx} - 2ae^{-bx} = 0 \end{aligned}$$

DA 153 $g(x) = -\frac{6}{x}(1 - \ln(ax))$; $\; g'(x) = \frac{6}{x^2}(2 - \ln(ax))$; aus $g'(1) = 0$ folgt $a = e^2$. Damit ist: $g_1(x) = -\frac{6}{x}(1 - \ln(e^2x)) = \frac{6}{x}(1 + \ln x)$

DA 154

a) $(f \cdot g)' = f' \cdot g + f \cdot g'$

$(f \cdot g)'' = f'' \cdot g + f' \cdot g' + f' \cdot g' + f \cdot g'' = f'' \cdot g + 2f' \cdot g' + f \cdot g''$

$(f \cdot g)''' = f''' \cdot g + f'' \cdot g + 2(f'' \cdot g + f' \cdot g'') + f' \cdot g'' + f \cdot g''' = f''' \cdot g + 3f'' \cdot g' + 3\,f' \cdot g'' + f \cdot g'''$

$(f \cdot g)'''' = f'''' \cdot g + f''' \cdot g' + 3(f''' \cdot g + f'' \cdot g'') + 3\,(f'' \cdot g'' + f' \cdot g''') + f' \cdot g''' + f \cdot g'''' = f'''' \cdot g + 4f''' \cdot g + 6f'' \cdot g'' + 4f' \cdot g''' + f \cdot g''''$

b) $(f \cdot g)^{(n)} = f^{(n)}g + \binom{n}{1} f^{(n-1)}g' + \binom{n}{2} f^{(n-2)}g'' + \ldots + \binom{n}{n-2} f''g^{(n-2)} + \binom{n}{n-1} f'g^{(n-1)} + f \cdot g^{(n)}$

DA 155 $f'(x) = e^x - e^{-x}$; $f''(x) = e^x + e^{-x}$; $f'''(x) = e^x - e^{-x}$; $f^{(n)} = e^x - (-1)^n e^{-x}$

DA 156

a) $f^{(n)}(x) = \begin{cases} \cos(x) \text{ für } n \bmod 4 = 1 \\ -\sin(x) \text{ für } n \bmod 4 = 2 \\ -\cos(x) \text{ für } n \bmod 4 = 3 \\ \sin(x) \text{ für } n \bmod 4 = 0 \end{cases}$

b) $f^{(n)}(x) = \begin{cases} -\sin(x) \text{ für } n \bmod 4 = 1 \\ -\cos(x) \text{ für } n \bmod 4 = 2 \\ \sin(x) \text{ für } n \bmod 4 = 3 \\ \cos(x) \text{ für } n \bmod 4 = 0 \end{cases}$

DA 157

a) $f'(x) = 1 - \sin(x)$; $f''(x) = -\cos(x)$

b) $f'(x) = \cos(x) - \sin(x)$ $f''(x) = -\sin(x) - \cos(x)$

c) $f'(x) = -\sin(x) + 1 + \tan^2(x)$ $f''(x) = -\cos(x) + 2(\tan(x))^3 + 2\tan(x)$

d) $f'(x) = e^x - 0{,}5\cos(x)$ $f''(x) = e^x + 0{,}5\sin(x)$

e) $f'(x) = 6\cos(2x)$; $f''(x) = -12\sin(2x)$

f) $f'(x) = -4\sin(2x)\cos(2x) + 2\sin(x)\cos(x)$ $f''(x) = -16(\cos(2x))^2 + 4(\cos(x))^2 + 6$

DA 158

a) $\sin(x) + \sin''(x) = \sin(x) - \sin(x) = 0$

b) $\cos(x) + \cos''(x) = \cos(x) - \cos(x) = 0$

DA 159

a) $f'(r) = 2r^3 + 6r - 1$; $f''(r) = 6r^2 + 6$

b) $f'(x) = \frac{2}{3}x^3 - x$; $f''(x) = 2x^2 - 1$

c) $f'(t) = 2t^2 - \frac{1}{3}$; $f''(t) = 4t$

d) $g'(s) = 5a_5s^4 + 4a_4s^3 + 3a_3s^2 + a_1$ $g''(s) = 20a_5s^3 + 12a_4s^2 + 6a_3s$

e) $f'(x) = 3nx^{3n-1} + kx^{k-1}$; $f''(x) = 3n(3n-1)x^{3n-2} + k(k-1)x^{k-2} = (9n^2 - 3n)x^{3n-2} + (k^2 - k)x^{k-2}$

f) $g'(t) = 2(2-r)t^{1-r} + 5(2r-n)t^{2r-n-1} = (4-2r)t^{1-r} + (10r-5n)t^{2r-n-1}$;

$g''(t) = (4-2r)(1-r)t^{-r} + (10r-5n)(2r-n-1)t^{2r-n-2}$

g) $f'(x) = \frac{1}{(k-1)(k-2)}((k-1)x^{k-2} - (k-2)x^{k-3}) = \frac{x^{k-2}}{k-2} - \frac{x^{k-3}}{k-1}$;

$f''(x) = \frac{1}{(k-1)(k-2)}((k-1)(k-2)x^{k-3} - (k-2)(k-3)x^{k-4}) = \frac{1}{k-1}((k-1)x^{k-3} - (k-3)x^{k-4}) = x^{k-3} - \frac{k-3}{k-1}x^{k-4}$

D 4 Sätze über differenzierbare Funktionen

DA 160

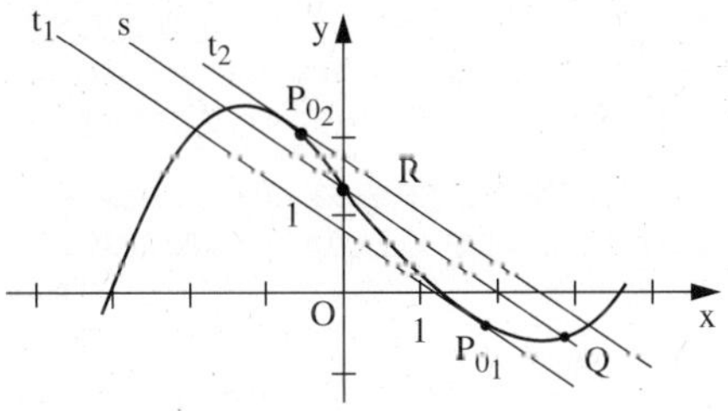

$m_s = -0{,}7$

$f'(x) = 0{,}3x^2 - 0{,}4x - 1$

$f'(x_0) = -0{,}7$

P_{0_1}: $x_{0_1} \approx 1{,}9$; $y_{0_1} \approx -0{,}4$

P_{0_2}: $x_{0_2} \approx -0{,}5$; $y_{0_2} \approx 1{,}9$

DA 161 $f(-1) = 0$; $f(2) = 3 \Rightarrow m_s = 1$; $f'(x) = 2x \Rightarrow x_0 = 0{,}5$

DA 162 f ist in [–2; 3] differenzierbar und demzufolge in [–1; 2,5] stetig. Wegen $f(-1) = f(2{,}5) = 0$ existiert nach Satz D 14 mindestens ein $1 < c < 2{,}5$ derart, dass $f'(c) = 0$ ist. Das heißt, die Zahl 0 kommt mit Sicherheit im Wertebereich von f' vor.

DA 163 Aus dem Mittelwertsatz der Differentialrechnung folgt: Zwischen zwei Nullstellen einer differenzierbaren Funktion f(x) liegt mindestens eine Nullstelle der Ableitungsfunktion f'(x).

a) Nullstellen von f_1: $x_1 = -3$; $x_2 = 1$ und $x_3 = 2{,}5$ — Intervalle für Nullstellen von $f_1'(x)$:]–3; 1[und]1; 2,5[

b) Nullstellen von f_2: $x_1 = -3$; $x_2 = -1$; $x_3 = 0$; $x_4 = 2$ — Intervalle für Nullstellen von $f_2'(x)$:]–3; –1[;]–1; 0[;]0; 2[

DA 164

a) $3c^2 = f_1'(c) = \frac{3^3 - 1^3}{3-1} = 13 \Rightarrow c = \sqrt{\frac{13}{3}} \approx 2{,}08$

b) $\cos c = f_2'(c) = \frac{0{,}5\sqrt{3} - 0{,}5}{\frac{2\pi}{3} - \frac{\pi}{6}} \approx \frac{0{,}366}{1{,}571} \approx 0{,}233 \Rightarrow c \approx 1{,}336$

c) $\frac{1}{c} = f_3'(c) \approx \frac{0{,}406 - (-0{,}693)}{1{,}5 - 0{,}5} \approx 1{,}099 \Rightarrow c \approx 0{,}91$

DA 165

$\bar{v} = \frac{s(4) - s(0)}{4\ \text{s}} = -9{,}6\ \frac{\text{m}}{\text{s}}$; $v(t_0) = s'(t_0) = 1{,}2t_0^2 - 8t_0 = \bar{v} \Rightarrow 1{,}2t_0^2 - 8t_0 - 9{,}6 = 0$;

$t_{0_1} = 5{,}09$ s ist nicht möglich, da $t_0 \in [0; 4]$; $t_{0_2} = 1{,}57$ s ist Lösung, d. h., zum Zeitpunkt $t_0 = 1{,}57$ s gilt $\bar{v} = v_m$

D 5 Anwenden der Differentialrechnung zur Untersuchung von Funktionseigenschaften

D 5.1 Monotonieverhalten

DA 166

	monoton fallend	monoton wachsend	achsen-	punkt-symmetrisch
a)	$x \le 0$	$x \ge 0$	×	
b)	–	$x \in D_f$		×
c)	$x \ge 0$	$x \le 0$	×	
d)	$x \in D_f$	–		×
e)	$x \in D_f$	–		×
f)	$x < 0$	$x > 0$	×	

a)
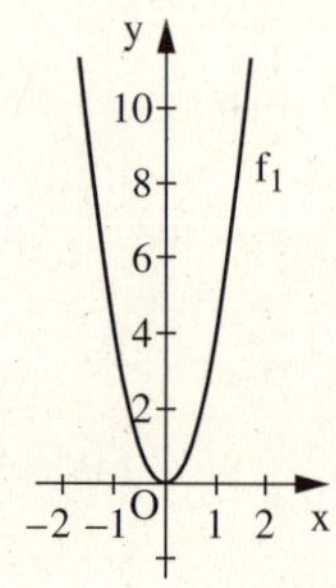

b)
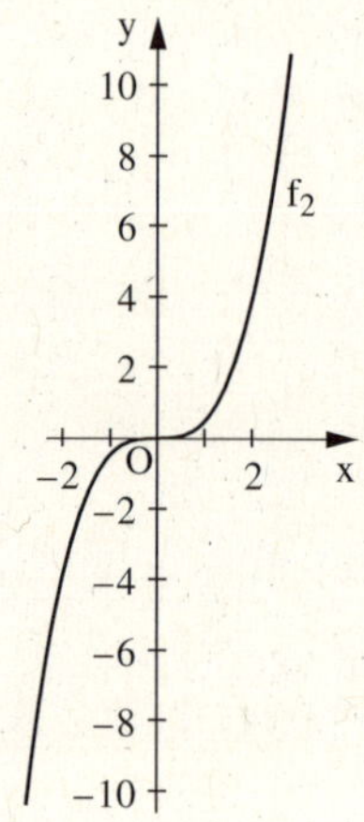

c)
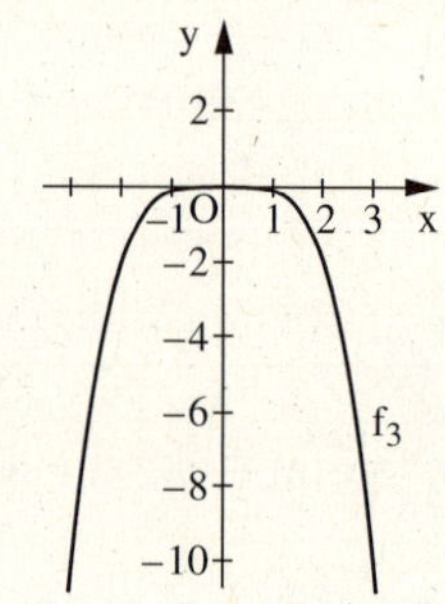

d)
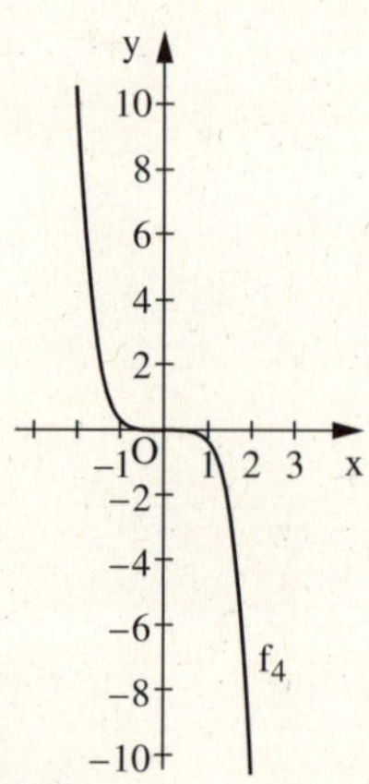

e)
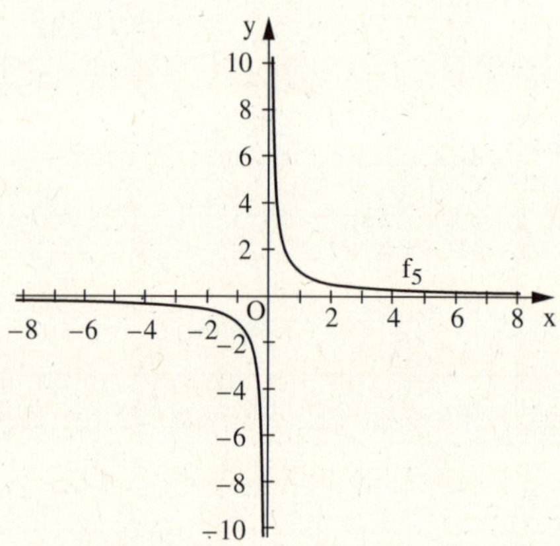

f)
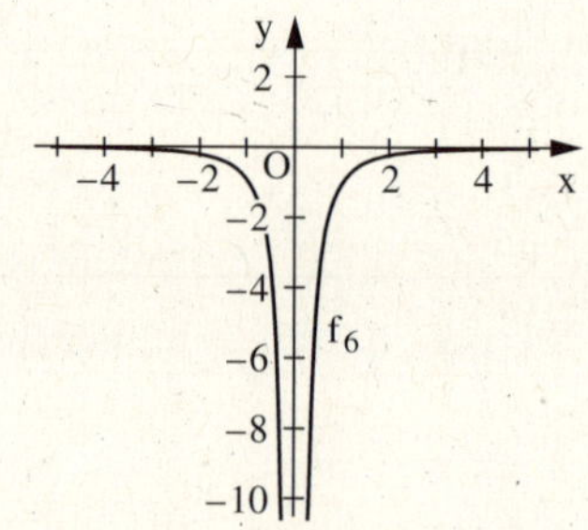

DA 167

a) f:

x	–2	–1,5	–1	–0,5	0	0,5	1	1,5	2
y	0	–7,4	–9	–8,4	–8	–8,4	–9	–7,4	0

monoton fallend $-2 \le x \le -1$ und $0 \le x \le 1$
monoton wachsend $-1 \le x \le 0$ und $1 \le x \le 2$

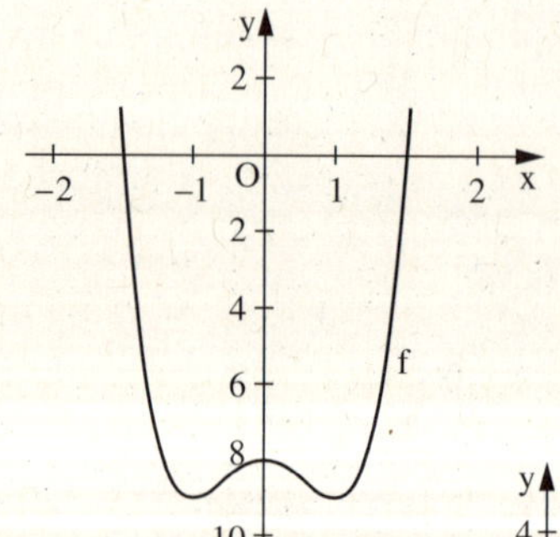

b) g:

x	–2,5	–2	–1,5	–1	–0,5	0	0,5	1	1,5	2	2,5
y	+2,8	0	–1,3	–1,5	–0,9	0	0,9	1,5	1,3	0	–2,8

monoton fallend $-2{,}5 \le x \le -1{,}2$ und $1{,}2 \le x \le 2{,}5$
monoton wachsend $-1{,}2 \le x \le 1{,}2$

(Die Extremstellen liegen bei ±1,1547.)

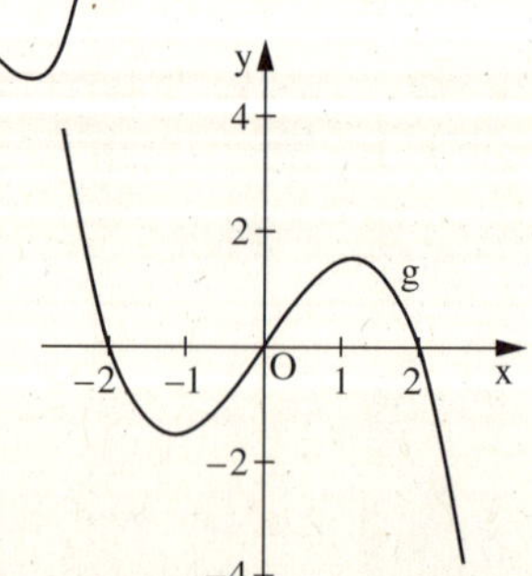

DA 168

a) $f_1'(x) = -4x^4 \le 0$ für alle $x \in D_f \Rightarrow$ monoton fallend

b) $f_2'(x) = \frac{1}{8}x^6 \ge 0$ für alle $x \in D_f \Rightarrow$ monoton wachsend

c) $f_3'(x) = -\frac{1}{5}x^2 \le 0$ für alle $x \in D_f \Rightarrow$ monoton fallend

d) $f_4'(x) = \frac{18}{7}x^8 \ge 0$ für alle $x \in D_f \Rightarrow$ monoton wachsend

e) $f_5'(x) = -\frac{1}{3}x^{-4} \le 0$ für alle $x \in D_f \Rightarrow$ monoton fallend

f) $f_6'(x) = \frac{1}{5}x^{-6} \ge 0$ für alle $x \in D_f \Rightarrow$ monoton wachsend

g) $f_7'(x) = 5x^{-2} \ge 0$ für alle $x \in D_f \Rightarrow$ monoton wachsend

h) $f_8'(x) = -\frac{7}{2}x^{-8} \le 0$ für alle $x \in D_f \Rightarrow$ monoton fallend

DA 169

a) $f_1'(x) \ge 0$; d.h. $f_1(x)$ ist monoton wachsend für
1. Fall $x - 4 \ge 0$ und $x + 2 \ge 0$
$x \ge 4$ $x \ge -2$ d.h. für $x \ge 4$
2. Fall $x - 4 \le 0$ und $x + 2 \le 0$
$x \le 4$ $x \le -2$ d.h. für $x \le -2$

$f_1'(x) \le 0$; d.h. $f_1(x)$ ist monoton fallend für
1. Fall $x - 4 \ge 0$ und $x + 2 \le 0$
$x \ge 4$ $x \le -2$ d.h. $L = \emptyset$
2. Fall $x - 4 \le 0$ und $x + 2 \ge 0$
$x \le 4$ $x \ge -2$ d.h. für $-2 \le x \le 4$

b) $f_2'(x) \ge 0$; d.h. $f_2(x)$ ist monoton wachsend für
1. Fall $x - 6 \ge 0$ und $x - 8 \ge 0$
$x \ge 6$ $x \ge 8$ d.h. für $x \ge 8$
2. Fall $x - 6 \le 0$ und $x - 8 \le 0$
$x \le 6$ $x \le 8$ d.h. für $x \le 6$

$f_2'(x) \le 0$; d.h. $f_2(x)$ ist monoton fallend für
1. Fall $x - 6 \ge 0$ und $x - 8 \le 0$
$x \ge 6$ $x \le 8$ d.h. für $6 \le x \le 8$
2. Fall $x - 6 \le 0$ und $x - 8 \ge 0$
$x \le 4$ $x \ge 8$ d.h. $L = \emptyset$

c) $f_3'(x) \ge 0$; d.h. $f_3(x)$ ist monoton wachsend für
1. Fall $x + 1 \ge 0$ und $x + 10 \ge 0$
$x \ge -1$ $x \ge -10$ d.h. für $x \ge -1$
2. Fall $x + 1 \le 0$ und $x + 10 \le 0$
$x \le -1$ $x \le -10$ d.h. für $x \le -10$

$f_3'(x) \le 0$; d.h. $f_3(x)$ ist monoton fallend für
1. Fall $x + 1 \ge 0$ und $x + 10 \le 0$
$x \ge -1$ $x \le -10$ d.h. $L = \emptyset$
2. Fall $x + 1 \le 0$ und $x + 10 \ge 0$
$x \le 1$ $x \ge 10$ d.h. für $1 \le x \le 10$

d) $f_4'(x) \ge 0$; d.h. $f_4(x)$ ist monoton wachsend für
1. Fall $x \ge 0$ und $x \ge 5$ d.h. für $x \ge 5$
2. Fall $x \le 0$ und $x \le 5$ d.h. für $x \le 0$

$f_4'(x) \le 0$; d.h. $f_4(x)$ ist monoton fallend für
1. Fall $x \le 0$ und $x \ge 5$ d.h. $L = \emptyset$
2. Fall $x \ge 0$ und $x \le 5$ d.h. für $0 \le x \le 5$

e) $f_5'(x) > 0$ für alle x, weil $e^x > 0$ und $x^2 + 2 > 0$ für alle x; d.h. $f_5(x)$ ist stets monoton wachsend

f) $f_6'(x) > 0$; d.h. $f_6(x)$ ist monoton wachsend für
1. Fall $\ln x < 0$ und $x - 2 < 0$
$0 < x < 1$ $x < 2$ d.h. für $0 < x < 1$
2. Fall $\ln x > 0$ und $x - 2 > 0$
$x > 1$ $x > 2$ d.h. für $x > 2$

$f_6'(x) < 0$; d.h. $f_6(x)$ ist monoton fallend für
1. Fall $\ln x > 0$ und $x - 2 < 0$
$x > 1$ $x < 2$ d.h. für $1 < x < 2$
2. Fall $\ln x < 0$ und $x - 2 > 0$
$0 < x < 1$ $x > 2$ d.h. $L = \emptyset$

DA 170

a) $f'(x) = x^2 - 3x - 4$; $0 = x^2 - 3x - 4 \Rightarrow x_1 = 4$; $x_2 = -1$; $L = \{4; -1\}$
$f'(x) = (x + 1)(x - 4) \ge 0$
1. Fall: $x + 1 \ge 0$ und $x - 4 \ge 0$
$x \ge -1$ und $x \ge 4 \Rightarrow x \ge 4$
2. Fall: $x + 1 \le 0$ und $x - 4 \le 0$
$x \le -1$ und $x \le 4 \Rightarrow x \le -1$
Ergebnis: f ist monoton wachsend (m.w.) in den Intervallen: $-\infty < x \le -1$ und $4 \le x < \infty$.

$f'(x) = (x + 1)(x - 4) \le 0$
1. Fall: $x + 1 \ge 0$ und $x - 4 \le 0$
$x \ge -1$ und $x \le 4$
2. Fall: $x + 1 \le 0$ und $x - 4 \ge 0$
$x \le -1$ und $x \ge 4 \Rightarrow$ nicht erfüllt
Ergebnis: f ist monoton fallend (m.f.) im Intervall: $-1 \le x \le 4$

b) $f_2'(x) = x^2 - 5x + 6 = (x - 2)\cdot(x - 3)$
$f_2'(x) \ge 0$; d.h. $f_2(x)$ ist monoton wachsend für
1. Fall $x - 2 \ge 0$ und $x - 3 \ge 0$
$x \ge 2$ $x \ge 3$ d.h. für $x \ge 3$
2. Fall $x - 2 \le 0$ und $x - 3 \le 0$
$x \le 2$ $x \le 3$ d.h. für $x \le 2$

$f_2'(x) \le 0$; d.h. $f_2(x)$ ist monoton fallend für
1. Fall $x - 2 \ge 0$ und $x - 3 \le 0$
$x \ge 2$ $x \le 3$ d.h. für $2 \le x \le 3$
2. Fall $x - 2 \le 0$ und $x - 3 \ge 0$
$x \le 2$ $x \ge 3$ d.h. $L = \emptyset$

c) $f_3'(x) = x^2 + 9x + 20 = (x + 4)\cdot(x + 5)$
$f_3'(x) \ge 0$; d.h. $f_3(x)$ ist monoton wachsend für
1. Fall $x + 4 \ge 0$ und $x + 5 \ge 0$
$x \ge -4$ $x \ge -5$ d.h. für $x \ge -4$
2. Fall $x + 4 \le 0$ und $x + 5 \le 0$
$x \le -4$ $x \le -5$ d.h. für $x \le -5$

$f_3'(x) \le 0$; d.h. $f_3(x)$ ist monoton fallend für
1. Fall $x + 4 \ge 0$ und $x + 5 \le 0$
$x \ge -4$ $x \le -5$ d.h. $L = \emptyset$
2. Fall $x + 4 \le 0$ und $x + 5 \ge 0$
$x \le -4$ $x \ge -5$ d.h. für $-5 \le x \le -4$

DA 171

a) $f_1'(x) = x^2 + 2x - \frac{5}{4} = (x - \frac{1}{2})(x + \frac{5}{2})$; m.w.: $x \in [\frac{1}{2}; \infty[\cup]-\infty; -\frac{5}{2}]$; m.f.: $x \in [-\frac{5}{2}; \frac{1}{2}]$

b) $f_2'(x) = \frac{1}{2}x^2 - 4x + 6$; m.w.: $x \in]-\infty; 2] \cup [6; \infty[$; m.f.: $x \in [2; 6]$

c) $f_3'(x) = 3x^3 + 3x^2 - 6x = 3x(x-1)(x+2)$; m.w.: $x \in [1; \infty[\cup [-2; 0]$; m.f.: $x \in]-\infty; -2] \cup [0; 1]$

d) $f_4'(x) = -3x^2 + 4x - 4$; $f_4'(x)$ stets kleiner als 0; $f_4(x)$ für alle x m.f.

e) $f_5'(x) = -\frac{3x^2 + 12}{(x^2 - 4)^2} < 0$ für alle x; $f_5(x)$ für alle x m.f.

f) $f_6'(x) = \frac{4x^2 + 24}{(x^2 - 6)^2} > 0$ für alle x; $f_6(x)$ für alle x m.w.

g) $f_7'(x) = \frac{-5x^2 + 125}{(x^2 + 25)^2}$ m.w.: $x \in]-5; 5[$
m.f.: $x \in]-\infty; -5[\cup]5; \infty[$

h) $f_8'(x) = \frac{2x^2 - 18}{(x^2 + 9)^2}$ m.w.: $x \in]-\infty; -3[\cup]3; \infty[$
m.f.: $x \in]-3; 3[$

i) NST von $f'(x) = x^3 - 4{,}5x^2 - 19x + 60$ über TRACE bzw. ZERO mit GTA

für $x < -4$ und $2{,}5 < x < 6$ ist $f'(x) < 0$ m.f.
für $-4 < x < 2{,}5$ und $x > 6$ ist $f'(x) > 0$ m.w.

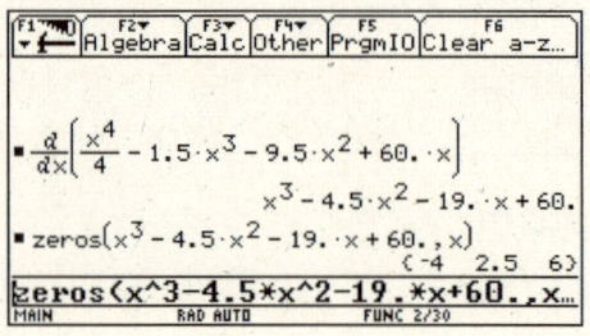

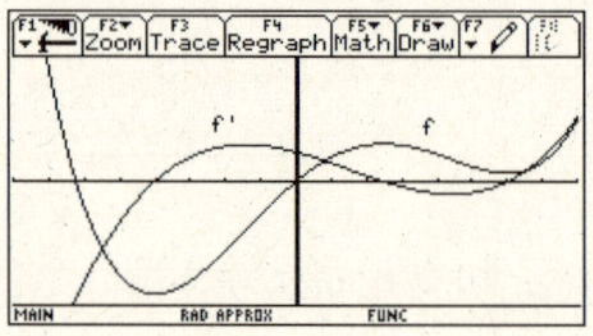

DA 172

a) $f_1'(x) = 1 - \ln x$; m.w.: $x \in]0; e]$; m.f.: $x \in [e; \infty[$

b) $f_2'(x) = e^x(x - 3)$; m.w.: $x \in [3; \infty[$; m.f.: $x \in]-\infty; 3]$

c) $f_3'(x) = 2\sin x$; m.w.: $x \in [0; \pi]$; m.f.: $x \in [\pi; 2\pi]$

d) $f_4'(x) = 5\cos x$; m.w.: $x \in [0; \frac{\pi}{2}]$, $x \in [\frac{3}{2}\pi; \frac{5}{2}\pi]$ u. $x \in [\frac{7}{2}\pi; 4\pi]$
m.f.: $x \in [\frac{\pi}{2}; \frac{3}{2}\pi]$ und $x \in [\frac{5}{2}\pi; \frac{7}{2}\pi]$

e) $f_5'(x) = e^x(1 + x)$ m.w.: $x \in [-1; \infty[$ m.f.: $x \in]-\infty; -1]$

f) $f_6'(x) = x\ln x - 4x = x(\ln x - 4)$
m.w.: $x \in [e^4; \infty[$ m.f.: $x \in]0; e^4]$

g) $f_7'(x) = xe^x$ m.w. für $x \geq 0$ m.f. für $x \leq 0$

h) $f_8'(x) = x\ln x$ m.w. für $x \geq 1$ m.f. für $0 < x \leq 1$

i) $f_9'(x) = (2x + 6)e^x$ m.w. für $x \in]-3; \infty[$
m.f. für $x \in]-\infty; -3[$

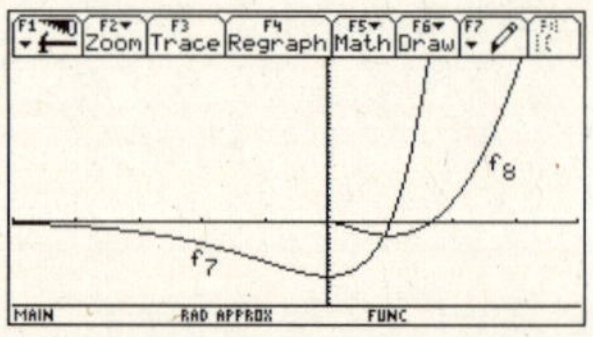

DA 173 *Beispiellösungen*

a)

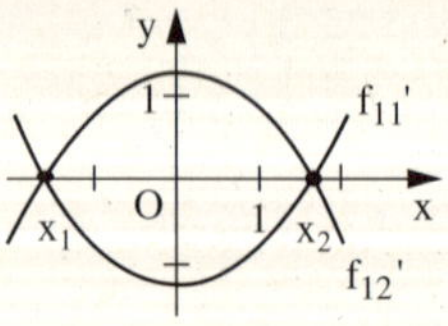

f_{11} m.w. für $x \leq x_1$ und $x \geq x_2$
m.f. für $x_1 \leq x \leq x_2$
oder
f_{12} m.w. für $x_1 \leq x \leq x_2$
m.f. für $x \leq x_1$ und $x \geq x_2$

b)

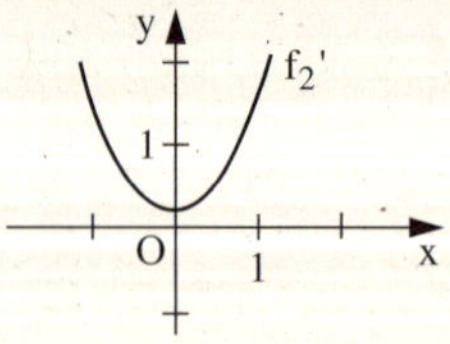

f_2 ist streng m.w.

c)

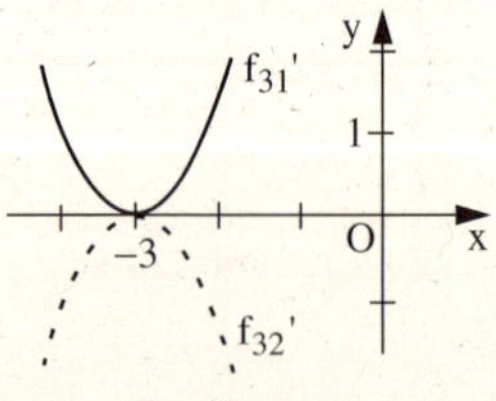

f_{31} nur m.w.
oder
f_{32} nur m.f.

oder

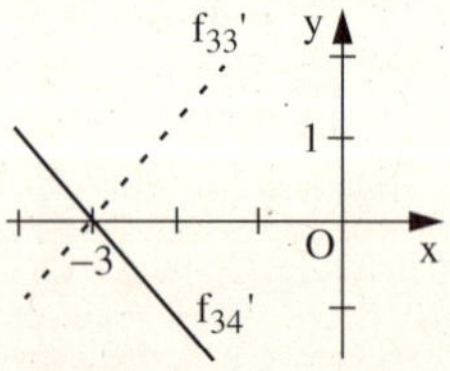

f_{33} m.w. für $x \geq -3$
m.f. für $x \leq -3$
f_{34} m.w. für $x \leq -3$
m.f. für $x \geq -3$

oder

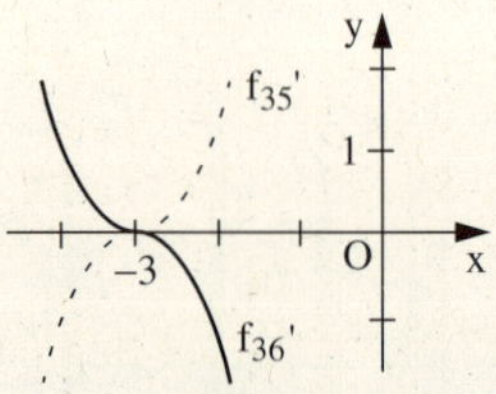

f_{35} m.w. für $x \geq -3$
m.f. für $x \leq -3$
oder
f_{36} m.w. für $x \leq -3$
m.f. für $x \geq -3$

d)

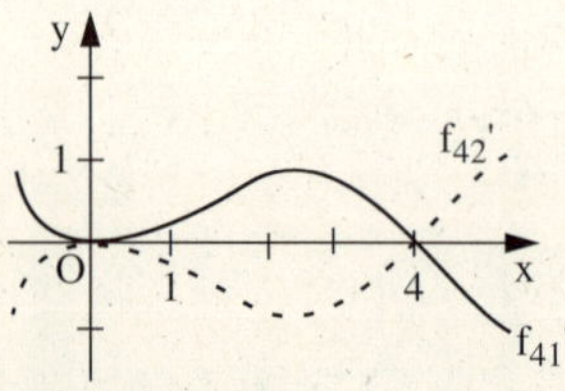

f_{41} m.w. für $x \leq 4$
m.f. für $x \geq 4$
oder
f_{42} m.w. für $x \geq 4$
m.f. für $x \leq 4$

D 5.2 Extrema

DA 174

$f'(x) = 3x^2 - 10x - 8$; $f''(x) = 6x - 10$

$0 = 3x^2 - 10x - 8$; $0 = x^2 - \frac{10}{3}x - \frac{8}{3}$ $\Rightarrow$ $x_{E_1} = 4$; $x_{E_2} = -\frac{2}{3}$; x_{E_1} und x_{E_2} sind mögliche[1] Extremstellen der Funktion f.

$f''(4) = 14$ $\Rightarrow$ in $x_{E_1} = 4$ hat f ein lokales Minimum; $f''(-\frac{2}{3}) = -14$ $\Rightarrow$ in $x_{E_2} = -\frac{2}{3}$ hat f ein lokales Maximum

$f(4) = -46$; $P_{min}(4; -46)$; $f(-\frac{2}{3}) = \frac{130}{27}$; $P_{max}(-\frac{2}{3}; \frac{130}{27})$

DA 175

		x_E			$f''(x_E)$	P_{max}, P_{min}
a)	$f_1'(x) = 3x^2 + 12x$ $f_1''(x) = 6x + 12$	$x_{E1} = 0$	$x_{E2} = -4$		$f''(0) = 12$ $f''(-4) = -12$	$P_{min}(0; -4)$ $P_{max}(-4; 28)$
b)	$f_2'(x) = 4x^3 - 8x$ $f_2''(x) = 12x^2 - 8$	$x_{E1} = 0$	$x_{E2} = \sqrt{2}$	$x_{E3} = -\sqrt{2}$	$f''(0) = -8$ $f''(\sqrt{2}) = +16$ $f''(-\sqrt{2}) = +16$	$P_{max}(0; 4)$ $P_{min\,1}(\sqrt{2}; 0)$ $P_{min2}(-\sqrt{2}; 0)$
c)	$f_3'(x) = 3x^3 - 24$ $f_3''(x) = 9x^2$	$x_E = 2$			$f''(2) = 36$	$P_{min}(2; -36)$
d)	$f_4'(x) = x^4 - 16$ $f_4''(x) = 4x^3$	$x_{E1} = 2$	$x_{E2} = -2$		$f''(2) = 32$ $f''(-2) = -32$	$P_{min}(2; -15,6)$ $P_{max}(-2; 35,6)$
e)	$A'(u) = 2u^3 - 3u$ $A''(u) = 6u^2 - 3$	$u_{E1} = \sqrt{\frac{3}{2}}$	$u_{E2} = -\sqrt{\frac{3}{2}}$	$u_{E3} = 0$	$A''(u_{E1}) = 6$ $A''(u_{E2}) = 6$ $A''(u_{E3}) = -3$	$P_{min\,1}(\sqrt{\frac{3}{2}}; -1,125)$ $P_{min2}(-\sqrt{\frac{3}{2}}; -1,125)$ $P_{max}(0; 0)$
f)	$z'(k) = 3k^2 - 24k + 44$ $z''(k) = 6k - 24$	$k_{E1} \approx 2,8$	$k_{E2} \approx 5,2$		$z''(k_{E1}) \approx -7,2$ $z''(k_{E2}) \approx +7,2$	$P_{max}(2,8; 3,072)$ $P_{min}(5,2; -3,072)$
g)	$V'(l) = 12l^2 - 80l + 100$ $V''(l) = 24l - 80$	$l_{E1} = \frac{10}{6}$	$l_{E2} = 5$		$V''(\frac{10}{6}) = -40$ $V''(5) = 40$	$P_{max}(\frac{10}{6}; 74,07)$ $P_{min}(5; 0))$
h)	$d'(a) = -3a^2 + 2a + 9$ $d''(a) = -6a + 2$	$a_{E1} \approx 2,1$	$a_{E2} \approx -1,42$		$d''(a_{E1}) \approx -10,6$ $d''(a_{E2}) \approx +10,6$	$P_{max}(2,1; \approx 5)$ $P_{min}(-1,42; \approx -16,9)$
i)	$v'(r) = 12\pi r^2 - 108\pi h^2$ $v''(r) = 24\pi r$	$r_{E1} = 3h$	$r_{E2} = -3h$		$v''(3h) = 72\pi h$ $v''(-3h) = -72\pi h$	$P_{min}(3h; -108\pi h^3)$ $P_{max}(-3h; +108\pi h^3)$

DA 176

	f'; f''	x_E	$f''(x_E)$	$P_{max}; P_{min}$
a)	$f_1'(x) = x^2 - 4x - 5$ $f_1''(x) = 2x - 4$	$x_{E_1} = -1$; $x_{E_2} = 5$	$f_1''(-1) = -6$; $f_1''(5) = 6$	$P_{max}(-1; \frac{8}{3})$; $P_{min}(5; -\frac{100}{3})$
b)	$f_2'(x) = 3x^3 - 3x^2 - 6x$ $f_2''(x) = 9x^2 - 6x - 6$	$x_{E_1} = 0$ $x_{E_2} = 2$; $x_{E_3} = -1$	$f_2''(0) = -6$ $f_2''(2) = 18$; $f_2''(-1) = 9$	$P_{max}(0; 0)$ $P_{min}(2; -8)$; $P_{max}(-1; -\frac{5}{4})$
c)	$f_3'(x) = -24 + 18x - 3x^2$ $f_3''(x) = 18 - 6x$	$x_{E_1} = 2$; $x_{E_2} = 4$	$f_3''(2) = 6$; $f_3''(4) = -6$	$P_{min}(2; 10)$; $P_{max}(4; 14)$
d)	$f_4'(x) = 8x^3 - 64x$ $f_4''(x) = 24x^2 - 64$	$x_{E_1} = 0$ $x_{E_2} = 2\sqrt{2}$; $x_{E_3} = -2\sqrt{2}$	$f_4''(0) = -64$ $f_4''(2\sqrt{2}) = 128$; $f_4''(-2\sqrt{2}) = 128$	$P_{max}(0; -10)$ $P_{min}(2\sqrt{2}; -138)$; $P_{min}(-2\sqrt{2}; -138)$
e)	$f_5'(x) = x^4 - \frac{19}{5}x^2 - \frac{4}{5}$ $f_5''(x) = 4x^3 - \frac{38}{5}x$	$x_{E_1} = 2$; $x_{E_2} = -2$	$f_5''(2) = 16,8$; $f_5''(-2) = -16,8$	$P_{min}(2; -\frac{16}{3})$; $P_{max}(-2; \frac{16}{3})$
f)	$f_6'(x) = 4x^3 - 12x^2$ $f_6''(x) = 12x^2 - 24x$	$x_{E_1} = 0$; $x_{E_2} = 3$	$f_6''(0) = 0$; $f_6''(3) = 36$	in x_{E_1} kein Extremum; $P_{min}(3; -26)$

[1] Aus Platzgründen wird hier und nachfolgend bei der Bestimmung von Extrem- und Wendepunkten i. Allg. nicht ausdrücklich zwischen „möglichen" (da notwendige Bedingung erfüllt) und „nachgewiesenen" Stellen (notwendige und hinreichende Bedingung erfüllt) unterschieden.

g) $f_7'(x) = x^6 - 9x^4 - 16x^2$ $f_7''(x) = 6x^5 - 36x^3 - 32x$	$x_{E_1} = 0;\ x_{E_2} = -3{,}24$ $x_{E_3} = 3{,}24$	$f_7''(0) = 0;\ f_7''(3{,}24) = 821{,}84$ $f_7''(-3{,}24) = -821{,}84$	in x_{E_1} kein Extremum $P_{min}(3{,}24; -144{,}6)$; $P_{max}(-3{,}24; 432{,}6)$
h) $f_8'(x) = \frac{1}{2}x^3 + \frac{9}{2}x^2 + 4x$ $f_8''(x) = \frac{3}{2}x^2 + 9x + 4$	$x_{E_1} = 0$ $x_{E_2} = -1;\ x_{E_3} = -8$	$f_8''(0) = 4$ $f_8''(-1) = -3{,}5;\ f_8''(-8) = 28$	$P_{min}(0; \frac{4}{5})$ $P_{max}(-1; 1{,}425)$; $P_{min}(-8; -127{,}2)$
i) $f_9'(x) = x^3 - 9x^2 + 10{,}5x + 24{,}5$ $f_9''(x) = 3x^2 - 18x + 10{,}5$	$x_{E_1} = 7;\ x_{E_2} \approx -1{,}12$ $x_{E_3} \approx 3{,}12$	$f_9''(7) = 31{,}5 > 0$ $f_9''(3{,}12) \approx -16{,}5 < 0$ $f_9''(-1{,}12) \approx 34 > 0$	$P_{min\,1}(7; 0)$ $P_{min\,2}(-1{,}12; -16{,}25)$ $P_{max}(3{,}12; 60{,}12)$
j) $f_{10}'(x) = -4x^4 - 6x^2 + 10$ $f_{10}''(x) = -16x^3 - 12x$	$x_{E_1} = 1$ $x_{E_2} \approx -1$	$f_{10}''(1) = -28 < 0$ $f_{10}''(-1) = +28 > 0$	$P_{max}(1; 7{,}2)$ $P_{min}(-1; -7{,}2)$

Mit dem GTA erhält man die Extrempunkte u.a. im Grafikbildschirm über [F5](math) [3] (Minimum) bzw. [4] (Maximum). Fig. 1 zeigt eine Lösung von Aufgabe g), Fig. 2 eine Lösung von Aufgabe i) und Fig. 3 und Fig. 4 je eine Lösung von Aufgabe h). Fig. 4 entstand nach Anwenden der ZOOM-Funktion [F2][1].

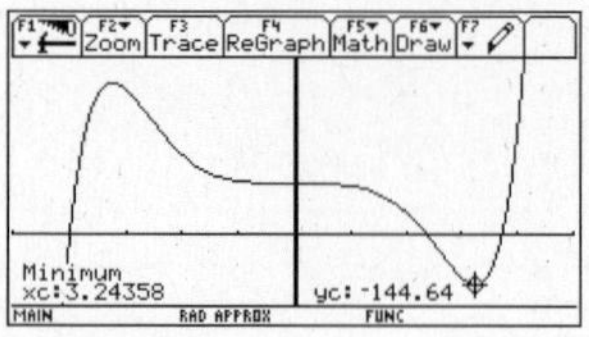

Fig. 1

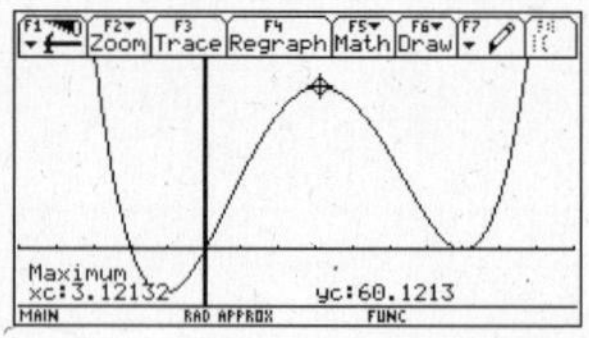

Fig. 2

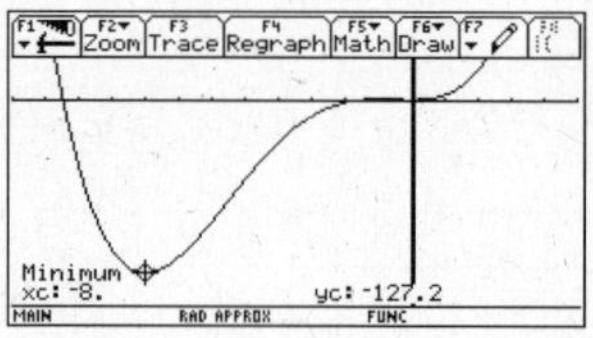

Fig. 3

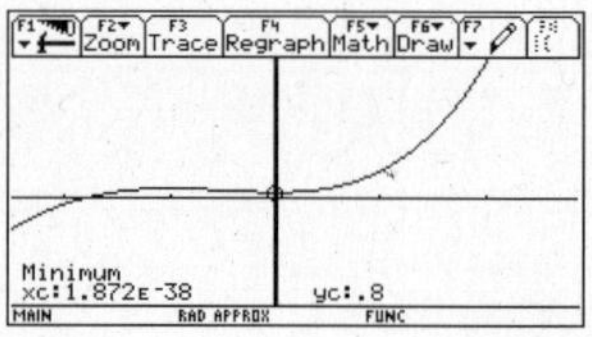

Fig. 4

DA 177

	f'	f''	x_E	$f''(x_E)$	P_{max}; P_{min}
a)	$f_1'(x) = \frac{4x}{(x^2+1)^2}$	$f_1''(x) = \frac{-12x^2+4}{(x^2+1)^3}$	$x_E = 0$	$f_1''(0) = 4$	$P_{min}(0; -1)$
b)	$f_2'(x) = \frac{24x}{(x^2+2)^2}$	$f_2''(x) = \frac{-72x^2+48}{(x^2+2)^3}$	$x_E = 0$	$f_2''(0) = 6$	$P_{min}(0; -4)$
c)	$f_3'(x) = \frac{x^2-7x+6}{(x-3{,}5)^2}$	$f_3''(x) = \frac{12{,}5}{(x-3{,}5)^3}$	$x_{E_1} = 1$ $x_{E_2} = 6$	$f_3''(1) = -0{,}8$ $f_3''(6) = 0{,}8$	$P_{max}(1; 2)$ $P_{min}(6; 12)$
d)	$f_4'(x) = \frac{2x^2-10x+6}{(2x-5)^2}$	$f_4''(x) = \frac{26}{(2x-5)^3}$	$x_{E_1} \approx 4{,}3$ $x_{E_2} \approx 0{,}7$	$f_4''(4{,}3) \approx 0{,}6$ $f_4''(0{,}7) \approx -0{,}6$	$P_{min}(4{,}3; 4{,}3)$ $P_{max}(0{,}7; 0{,}7)$
e)	$f_5'(x) = \frac{x^2-4x-32}{(x-2)^2}$	$f_5''(x) = \frac{72}{(x-2)^3}$	$x_{E_1} = 8$ $x_{E_2} = -4$	$f_5''(8) = \frac{72}{216}$ $f_5''(-4) = -\frac{72}{216}$	$P_{min}(8; 21)$ $P_{max}(-4; -3)$
f)	$f_6'(x) = \frac{5x-12}{x^3}$	$f_6''(x) = \frac{-10x+36}{x^4}$	$x_E = \frac{12}{5}$	$f_6''(\frac{12}{5}) \approx 0{,}36$	$P_{min}(\frac{12}{5}; -\frac{1}{24})$
g)	$f_7'(x) = \frac{-10x}{(4-x^2)^2}$	$f_7''(x) = \frac{-40-30x^2}{(4-x^2)^3}$	$x_E = 0$	$f_7''(0) = \frac{-40}{4^3}$	$P_{max}(0; -\frac{4}{9})$
h)	$f_8'(x) = \frac{28x}{(x^2+2)^2}$	$f_8''(x) = \frac{-84x^2+56}{(x^2+3)^3}$	$x_E = 0$	$f_8''(0) = \frac{56}{27}$	$P_{min}(0; -4)$
i)	$A'(a) = 4a - \frac{32}{a^2}$	$A''(a) = 4 + \frac{64}{a^3}$	$a_E = 2$	$A''(2) = 12 > 0$	$P_{min}(2; 24)$
j)	$u'(r) = 2 - \frac{128}{r^2}$	$u''(r) = \frac{256}{r^3}$	$r_{E_1} = 8$ $r_{E_2} = -8$	$u''(8) = 0{,}5$ $u''(-8) = -0{,}5$	$P_{min}(8; 32)$ $P_{max}(-8; -32)$
k)	$z'(l) = 4\pi l - \frac{2}{l^2}$	$z''(l) = 4\pi + \frac{4}{l^3}$	$l_E = \sqrt[3]{\frac{1}{2\pi}} \approx 0{,}542$	$z''(\sqrt[3]{\frac{1}{2\pi}}) \approx 38$	$P_{min}(\sqrt[3]{\frac{1}{2\pi}}; \approx 5{,}54$
l)	$D'(k) = 6k - \frac{10}{3k^2}$	$D''(k) = 6 + \frac{20}{3k^3}$	$k_E \approx 0{,}82$	$D''(0{,}82) \approx 18$	$P_{min}(0{,}82; \approx 6{,}1)$

DA 178

	f'	f''	x_E	$f''(x_E)$	P_{max}; P_{min}
a)	$f_1'(x) = e^x \cdot (1+x)$	$f_1''(x) = e^x \cdot (2+x)$	$x_E = -1$	$f_1''(-1) = \frac{1}{e}$	$P_{min}(-1; -\frac{1}{e})$
b)	$f_2'(x) = x \cdot (2\ln x + 1)$	$f_2''(x) = 2\ln x + 3$	$x_E = \frac{1}{\sqrt{e}}$	$f_2''(\frac{1}{\sqrt{e}}) = 2$	$P_{min}(\frac{1}{\sqrt{e}}; -\frac{1}{2e})$

c)	$f_3'(x) = -1 + \frac{1}{\sqrt{x}}$	$f_3''(x) = -\frac{1}{2x\sqrt{x}}$	$x_E = 1$	$f_3''(1) = -\frac{1}{2}$	$P_{max}(1; 4)$
d)	$f_4'(x) = (x^2 + 2x) \cdot e^x$	$f_4''(x) = (x^2 + 4x + 2) \cdot e^x$	$x_{E_1} = 0$ $x_{E_2} = -2$	$f_4''(0) = 2$ $f_4''(-2) = -2 \cdot e^{-2}$	$P_{min}(0; 0)$ $P_{max}(-2; 4 \cdot e^{-2})$
e)	$f_5'(x) = (2x + 3) \cdot e^x$	$f_5''(x) = (2x + 5) \cdot e^x$	$x_E = -\frac{3}{2}$	$f_5''(-\frac{3}{2}) = 2 \cdot e^{-\frac{3}{2}}$	$P_{min}(-\frac{3}{2}; -2 \cdot e^{-\frac{3}{2}}$
f)	$f_6'(x) = (-\frac{1}{2}x - 3{,}75) \cdot e^{-2x}$	$f_6''(x) = (x + 7)\, e^{-2x}$	$x_E = -7{,}5$	$f_6''(-7{,}5) = -0{,}5 \cdot e^{15}$	$P_{max}(-7{,}5; \frac{1}{8} e^{15})$
g)	$f_7'(x) = -4x \cdot e^{-2x^2}$	$f_7''(x) = (16x^2 - 4) \cdot e^{-2x^2}$	$x_E = 0$	$f_7''(0) = -4$	$P_{max}(0; 1)$
h)	$f_8'(x) = \frac{1}{4} e^x(x^2 - 4x)$	$f_8''(x) = \frac{1}{4} e^x(x^2 - 2x - 4)$	$x_{E_1} = 0$ $x_{E_2} = 4$	$f_8''(0) = -1$ $f_8''(4) = e^4$	$P_{max}(0; \frac{3}{2})$ $P_{min}(4; -\frac{1}{2} e^4$
i)	$f_9'(x) = \ln x - 1$	$f_9''(x) = \frac{1}{x}$	$x_E = e$	$f_9''(e) = \frac{1}{e} > 0$	$P_{min}(e; -e)$
j)	$f_{10}'(x) = -\ln(4 - x) - 1$	$f_{10}''(x) = \frac{1}{4 - x}$	$x_E = 4 - \frac{1}{e}$	$f_{10}''(4 - \frac{1}{e}) = e$	$P_{min}(4 - \frac{1}{e}; -\frac{1}{e})$
k)	$f_{11}'(x) = \frac{-3 - \ln x}{x^2}$	$f_{11}''(x) = \frac{2 \cdot \ln x + 5}{x^3}$	$x_E = e^{-3}$	$f_{11}''(e^{-3}) = -e^{+9}$	$P_{max}(e^{-3}; e^3)$
l)	$f_{12}'(x) = x \cdot (2 - \ln x)$ (x = 0 entfällt)	$f_{12}''(x) = 1 - \ln x$	$x_E = e^2$	$f_{12}''(e^2) = -1$	$P_{max}(e^2; \frac{1}{4} e^4)$
m)	$f_{13}'(x) = \frac{2x}{x^2 - 1}$	$f_{13}''(x) = \frac{-2 \cdot (x^2 + 1)}{(x^2 - 1)^2}$	(x = 0 entfällt); f hat keine Extrempunkte		

DA 179

- Wenn f eine Funktion 3. Grades ist, so muss die 1. Ableitung von f eine quadratische Funktion sein.
- Wenn bei $x = -4$ und $x = 3$ lokale Extremstellen sein sollen, so muss die 1. Ableitung an diesen Stellen Nullstellen besitzen.
- Ein allgemeiner Ansatz (ohne Beachtung der Art der Extrema) lautet: $f'(x) = a \cdot (bx + 4b) \cdot (cx - 3c)$ $a, b, c \neq 0$
- Auf grund der offenen Aufgabenstellung wählt man z.B.: $a = b = c = 1$; so dass $f'(x) = (x + 4) \cdot (x - 3) = x^2 + x - 12$ folgt.
- Für f ergibt sich somit (im Prinzip: Integration von f'(x)) $f(x) = \frac{1}{3}x^3 + \frac{1}{2}x^2 - 12x + c$ $c \in \mathbb{R}$
- Man wählt z.B. $c = 0$
- Prüft man nun die Art der Extrema über $f''(x) = 2x + 1$ $f''(-4) = -7 < 0$ und $f''(3) = +7 > 0$ so ergibt sich, dass die Art der Extrema vertauscht sind.
- Die richtige Zuordnung der Art der Extrema erhält man, wenn man eine Spiegelung an der x-Achse vornimmt.
- Die gesuchte Funktion konnte also $f_S(x) = -f(x) = -\frac{1}{3}x^3 - \frac{1}{2}x^2 + 12x - c$ heißen.

DA 180

a) $f_1'(x) = (ax + a)(bx - 3b)(cx - 5c)$; $a, b, c \neq 0$

b) $f_2'(x) = (ax + 2a)(bx - b)$; $a \cdot b < 0$

D 5.3 Krümmungsverhalten und Wendestellen

DA 181

$f'(x) = 3x^2 - 10x - 8$ $f''(x) = 6x - 10$ $f'''(x) = 6$

$f'''(\frac{5}{3}) = 6 \Rightarrow x_W = \frac{5}{3}$ ist eine Wendestelle von f.

$0 = 6x - 10 \Rightarrow x_W = \frac{5}{3}$ ist mögliche Wendestelle.

$f(\frac{5}{3}) = -\frac{556}{27} \Rightarrow P_W(\frac{5}{3}; -\frac{556}{27})$

DA 182

	f''	f'''	x_W	$f'''(x_W)$	P_W
a)	$f_1''(x) = 2x - 4$	$f_1'''(x) = 2$	$x_W = 2$	$f_1'''(2) = 2$	$P_W(2; -\frac{46}{3})$
b)	$f_2''(x) = 9x^2 - 6x - 6$	$f_2'''(x) = 18x - 6$	$x_{W_1} = 1{,}2$ $x_{W_2} = -0{,}5$	$f_2'''(1{,}2) = 15{,}6$ $f_2'''(-0{,}5) = -15$	$P_{W_1}(1{,}2; -4{,}6)$ $P_{W_2}(-0{,}5; -0{,}7)$
c)	$f_3''(x) = 4x^3 - \frac{38}{5}x$	$f_3'''(x) = 12x^2 - \frac{38}{5}$	$x_{W_1} = 0$ $x_{W_2} = \sqrt{\frac{19}{10}} \approx 1{,}4$ $x_{W_3} = -\sqrt{\frac{19}{10}} \approx -1{,}4$	$f_3'''(0) = -\frac{38}{5}$ $f_3'''(\sqrt{\frac{19}{10}}) \approx \frac{76}{5}$ $f_3'''(-\sqrt{\frac{19}{10}}) \approx \frac{76}{5}$	$P_{W_1}(0; 0)$ $P_{W_2}(1{,}4; -3{,}42)$ $P_{W_3}(-1{,}4; 3{,}42)$

d) $f_4''(x) = 12x^2 - 24x$	$f_4'''(x) = 24x - 24$	$x_{W_1} = 0$ $x_{W_2} = 2$	$f_4'''(0) = -24$ $f_4'''(2) = 24$	$P_{W_1}(0;\ 1)$ $P_{W_2}(2;\ -15)$
e) $f_5''(x) = \frac{-8x+4}{(x+1)^4}$	$f_5'''(x) = \frac{24x-24}{(x+1)^5}$	$x_W = \frac{1}{2}$	$f_5'''(\frac{1}{2}) = \frac{128}{81}$	$P_W(\frac{1}{2};\ 0{,}\overline{2})$
f) $f_6''(x) = \frac{-8x+36}{x^4}$	$f_6'''(x) = \frac{24(x-6)}{x^5}$	$x_W = 4{,}5$	$f_6''(4{,}5) = -0{,}019509$	$P_W(4{,}5;\ 3{,}907)$
g) $f_7''(x) = \frac{-60x^2+120}{(x^2+6)^3}$	$f_7'''(x) = \frac{240x^3-1440}{(x^2+6)^4}$	$x_{W_1} = \sqrt{2}$ $x_{W_2} = -\sqrt{2}$	$f_7'''(\sqrt{2}) \approx -0{,}33$ $f_7''(-\sqrt{2}) \approx 0{,}33$	$P_{W_1}(\sqrt{2};\ -\frac{1}{4})$ $P_{W_2}(-\sqrt{2};\ -\frac{1}{4})$
h) $f_8''(x) = \frac{96x^2-192}{(x^2+6)^3}$	$f_8'''(x) = \frac{-384x^3+2304}{(x^2+6)^4}$	$x_{W_1} = \sqrt{2}$ $x_{W_2} = -\sqrt{2}$	$f_8'''(\sqrt{2}) \approx 0{,}53$ $f_8'''(-\sqrt{2}) \approx -0{,}53$	$P_{W_1}(\sqrt{2};\ 0)$ $P_{W_2}(-\sqrt{2};\ 0)$
i) $f_9''(x) = (x^2+4x+2)e^x$	$f_9'''(x) = (x^2+6x+6)e^x$	$x_{W_1} \approx -3{,}41$ $x_{W_2} \approx -0{,}6$	$f_9'''(-3{,}41) = -0{,}0935$ $f_9'''(-0{,}6) = 1{,}51$	$P_{W_1}(\approx -3{,}41;\ \approx 0{,}384)$ $P_{W_2}(\approx -0{,}6;\ \approx 0{,}191)$
j) $f_{10}''(x) = e^x(x^2-6)$	$f_{10}'''(x) = e^x(x^2+2x-6)$	$x_{W_1} = \sqrt{6}$ $x_{W_2} = -\sqrt{6}$	$f_{10}'''(\sqrt{6}) \approx 56{,}7421$ $f_{10}'''(-\sqrt{6}) \approx -0{,}423$	$P_{W_1}(\sqrt{6};\ \approx 1{,}364)$ $P_{W_2}(-\sqrt{6};\ \approx -43{,}99)$
k) $f_{11}''(x) = 1 - 2\ln x$	$f_{11}'''(x) = -\frac{2}{x}$	$x_W = e^{\frac{3}{2}} \approx 4{,}48$	$f_{11}'''(e^{\frac{3}{2}}) = -2 \cdot e^{-\frac{3}{2}}$	$P_W(e^{\frac{3}{2}};\ \frac{1}{2}e^3)$
l) $f_{12}''(x) = \frac{1}{x^3}(2\ln x - 1)$	$f_{12}'''(x) = \frac{1}{x^4}(5 - 6\ln x)$	$x_W = e^{\frac{1}{2}}$	$f_{12}'''(e^{\frac{1}{2}}) = 2e^{-\frac{1}{2}}$	$P_W(e^{\frac{1}{2}};\ \frac{1}{2}e^{-\frac{1}{2}})$

DA 183

a) $f_1'(x) = 2x^3 + 3x^2$	$f_1''(x) = 6x^2 + 6x$	$x_{W_1} = 0$ $x_{W_2} = -1$	$f_1'''(x) = 12x + 6$	$P_{W_1}(0;\ 0)$ $P_{W_2}(-1;\ -\frac{1}{2})$
		Wendetangenten:	t_1: $m = f_1'(0) = 0$; t_2: $m = f_1'(-1) = 1$;	$y = 0$ $y = x + \frac{1}{2}$
b) $f_2'(x) = 3x^2 + 12x + 10$	$f_2''(x) = 6x + 12$	$x_W = -2$	$f_2'''(x) = 6$	$P_W(-2;\ -4)$
		Wendetangente:	$m = f_2'(-2) = -2$	$y = -2x - 8$
c) $f_3'(x) = x^4 - 8x^2$	$f_3''(x) = 4x^3 - 16x$	$x_{W_1} = -2$ $x_{W_2} = 0$ $x_{W_3} = +2$	$f_3'''(x) = 12x^2 - 16$	$P_{W_1}(-2;\ 14{,}933)$ $P_{W_2}(0;\ 0)$ $P_{W_3}(2;\ -14{,}933)$
		Wendetangenten:	t_1: $m = f_3'(-2) = -16$ t_2: $m = f_3'(0) = 0$ t_3: $m = f_3'(2) = -16$	$y = -16x - 17{,}067$ $y = 0$ $y = -16x + 17{,}067$
d) $f_4'(x) = e^x(1 + x)$	$f_4''(x) = e^x(2 + x)$	$x_W = -2$	$f_4'''(x) = e^x(3 + x)$	$P_W(-2;\ -\frac{2}{e^2})$
		Wendetangente:	$m = f_4'(-2) = -\frac{1}{e^2}$	$y = -\frac{1}{e^2}x - \frac{4}{e^2}$
e) $f_5'(x) = x - 2x\ln x$	$f_5''(x) = -2\ln x - 1$	$x_W = e^{-\frac{1}{2}}$	$f_5'''(x) = -\frac{2}{x}$	$P_W(e^{-\frac{1}{2}};\ \frac{3}{2}e^{-1})$
		Wendetangente:	$m = f_5'(e^{-\frac{1}{2}}) = 2e^{-\frac{1}{2}}$	$y = 2 \cdot e^{-\frac{1}{2}}x - \frac{1}{2} \cdot e^{-1}$ $(y = 1{,}2x - 0{,}1839)$
f) $f_6'(x) = e^x - \frac{1}{8}e^x(x + 1)$ $f_6'(x) = e^x(-\frac{1}{8}x + \frac{7}{8})$	$f_6''(x) = e^x - \frac{1}{8}e^x(x + 2)$ $f_6''(x) = e^x(-\frac{1}{8}x + \frac{3}{4})$	 $x_W = 6$	$f_6'''(x) = e^x - \frac{1}{8}e^x(x + 3)$ $f_6'''(x) = e^x(-\frac{1}{8}x + \frac{5}{8})$	 $P_W(6;\ \frac{1}{4}e^6)$
		Wendetangente:	$m = f_6'(6) = \frac{1}{8}e^6$	$y = \frac{1}{8}e^6x - \frac{1}{2}e^6$
g) $f_7'(x) = \frac{-8x+12}{x^3}$	$f_7''(x) = \frac{16x-36}{x^4}$	$x_W = 2{,}25$	$f_7'''(x) = \frac{-48x+144}{x^5}$	$P_W(2{,}25;\ 2{,}37)$
		Wendetangente:	$m = f_7'(2{,}25) = -0{,}52675$	$y = -0{,}52675x + 3{,}555$
h) $f_8'(x) = \frac{7x-28}{x^3}$	$f_8''(x) = \frac{-14x+84}{x^4}$	$x_W = 6$	$f_8'''(x) = \frac{42x-336}{x^5}$	$P_W(6;\ 0{,}\overline{2})$
		Wendetangente:	$m = f_8'(6) = 0{,}064815$	$y = 0{,}064815x - 0{,}1\overline{6}$
i) $f_9'(x) = \frac{-4x^2+64}{(x^2+16)^2}$	$f_9''(x) = \frac{8x^3-384x}{(x^2+16)^3}$	$x_{W_1} = 0$ $x_{W_2} \approx 6{,}93$ $x_{W_3} \approx -6{,}93$	$f_9'''(x) = \frac{-24x^4+2304x^2-6144}{(x^2+16)^4}$	$P_{W_1}(0;\ 0)$ $P_{W_2}(\approx 6{,}93;\ \approx 0{,}433)$ $P_{W_3}(\approx -6{,}93;\ \approx -0{,}433)$

Wendetangenten: t_1: $m = f_9'(0) = \frac{1}{4}$ $\quad y = \frac{1}{4}x$

t_2: $m = f_9'(6{,}93) = -0{,}03125$ $\quad y = -0{,}03125x + 0{,}65$

t_3: $m = f_9'(-6{,}93) = -0{,}03125$ $\quad y = -0{,}03125x - 0{,}65$

j) $f_{10}'(x) = \frac{x^3 + 6x - 20}{x^3}$ $\quad f_{10}''(x) = \frac{-12x + 60}{x^4}$ $\quad x_W = 5$ $\quad f_{10}'''(x) = \frac{36x - 24}{x^5}$ $\quad P_W(5; 4{,}2)$

Wendetangente: $m = f_{10}'(5) = 1{,}08$ $\quad y = 1{,}08x - 1{,}2$

k) $f_{11}'(x) = (2x + 6)e^x$ $\quad f_{11}''(x) = (2x + 8)e^x$ $\quad x_W = -4$ $\quad f_{11}'''(x) = (2x + 10)e^x$ $\quad P_W(-4; -4e^{-4})$

Wendetangente: $m = f_{11}'(-4) = -2e^{-4}$ $\quad y = -2e^{-4}x - 12e^{-4}$

l) $f_{12}'(x) = x(2\ln x - 3)$ $\quad f_{12}''(x) = 2\ln x - 1$ $\quad x_W = e^{\frac{1}{2}}$ $\quad f_{12}'''(x) = \frac{2}{x}$ $\quad P_W(e^{\frac{1}{2}}; -1{,}5e)$

Wendetangente: $m = f_{12}'(e^{\frac{1}{2}}) = -2e^{\frac{1}{2}}$ $\quad y = -2e^{\frac{1}{2}}x + 0{,}5e$

DA 184

a)

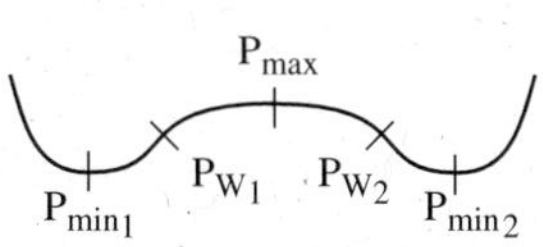

b)

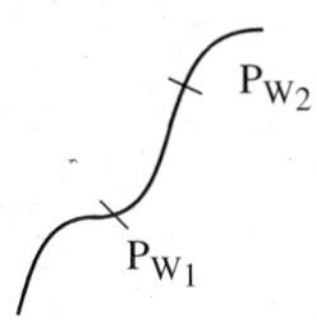

c)

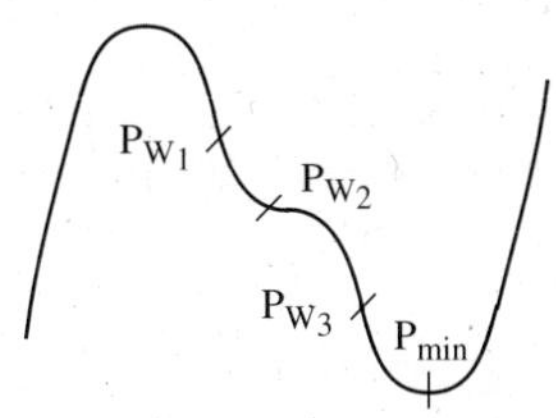

d)

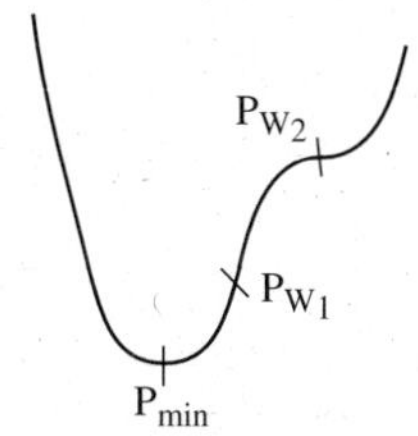

DA 185

a) $f_1'(x) = 3x^2 + 12x + 9$ $\quad f_1''(x) = 6x + 12$ $\quad f_1'''(x) = 6$

Lokale Extrempunkte: $0 = 3x^2 + 12x + 9$; $\quad x_{E_1} = -3$; $f_1''(-3) = -6$; $P_{max}(-3; 0)$; $\quad x_{E_2} = -1$; $f_1''(-1) = 6$; $P_{min}(-1; -4)$

Wendepunkt: $0 = 6x + 12$; $\quad x_W = -2$; $f_1'''(-2) = 6$; $P_W(-2; -2)$

b) $f_2'(x) = 12x^2 - 8x - 4$ $\quad f_2''(x) = 24x - 8$ $\quad f_2'''(x) = 24$

Lokale Extrempunkte: $0 = 12x^2 - 8x - 4$ $\quad x_{E_1} = 1$; $f_2''(1) = 16$; $P_{min}(1; -4)$ $\quad x_{E_2} = -\frac{1}{3}$; $f_2''(-\frac{1}{3}) = -16$; $P_{max}(-\frac{1}{3}; 0{,}741)$

Wendepunkt: $x_W = \frac{1}{3}$; $f_2'''(\frac{1}{3}) = 24$; $P_W(\frac{1}{3}; -1{,}63)$

c) $f_3'(x) = \frac{16x}{(x + 2)^3}$ $\quad f_3''(x) = \frac{-32x + 32}{(x + 2)^4}$ $\quad f_3'''(x) = \frac{96x - 192}{(x + 2)^5}$

Lokaler Extrempunkt: $x_E = 0$; $f_3''(0) = 2$; $P_{min}(0; 0)$

Wendepunkt: $x_W = 1$; $f_3'''(1) = -0{,}395$; $P_W(1; 0{,}444)$

d) $f_4'(x) = \frac{-12x - 24}{(x - 1)^4}$ $\quad f_4''(x) = \frac{36x + 108}{(x - 1)^5}$ $\quad f_4'''(x) = \frac{-144x - 576}{(x - 1)^6}$

Lokaler Extrempunkt: $0 = -12x - 24$ $\quad x_E = -2$; $f_4''(-2) = 0{,}148$; $P_{max}(2; 0{,}\overline{2})$

Wendepunkt: $0 = 36x + 108$; $\quad x_W = -3$; $f_4'''(-3) \approx -0{,}035$; $P_W(-3; 0{,}1875)$

e) $f_5'(x) = \frac{3}{4}e^x - \frac{1}{4}x \cdot e^x$ $\quad f_5''(x) = \frac{1}{2}e^x - \frac{1}{4}x \cdot e^x$ $\quad f_5'''(x) = \frac{1}{4}e^x - \frac{1}{4}x \cdot e^x$

Lokaler Extrempunkt: $0 = \frac{3}{4} - \frac{1}{4}x$ $\quad x_E = 3$; $f_5''(3) = -\frac{1}{4}e^3$; $P_{max}(3; \frac{1}{4}e^3)$

Wendepunkt: $x_W = 2$; $f_5'''(2) = -\frac{1}{4}e^2$; $P_W(2; \frac{1}{2}e^2)$

f) $f_6'(x) = x \cdot (2\ln x + 1)$ $\quad f_6''(x) = 2 \cdot \ln x + 3$ $\quad f_6'''(x) = 2 \cdot \frac{1}{x}$

Lokaler Extrempunkt: $x_E = e^{-\frac{1}{2}}$; $f_6''(e^{-\frac{1}{2}}) = 2$; $P_{min}(e^{-\frac{1}{2}}; -\frac{1}{2}e^{-1})$

Wendepunkt: $x_W = e^{-\frac{3}{2}}$; $f_6'''(e^{-\frac{3}{2}}) = 2 \cdot e^{\frac{3}{2}}$; $P_W(e^{-\frac{3}{2}}; -\frac{2}{3}e^{-3})$

a)

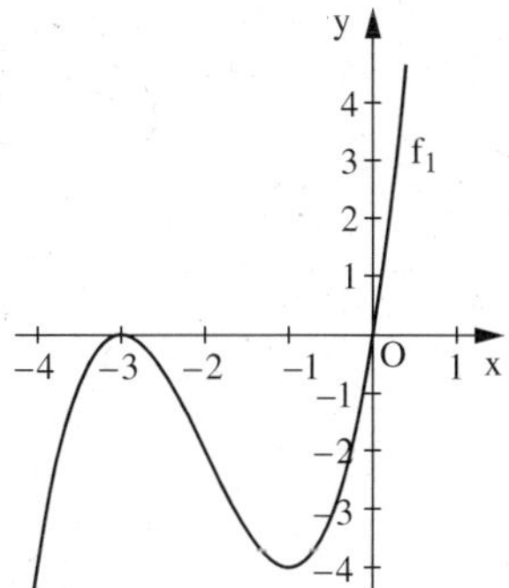

b)

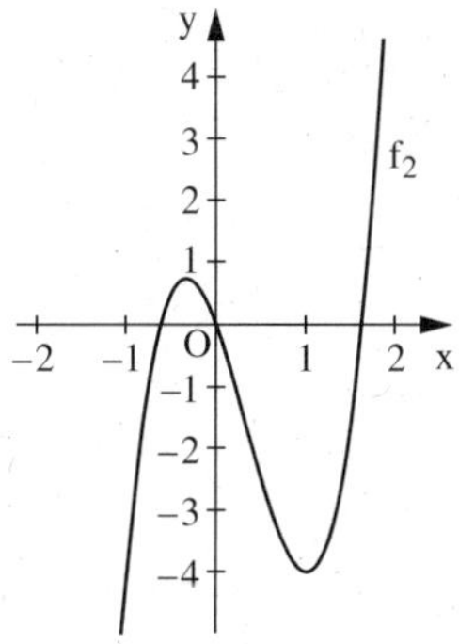

c)

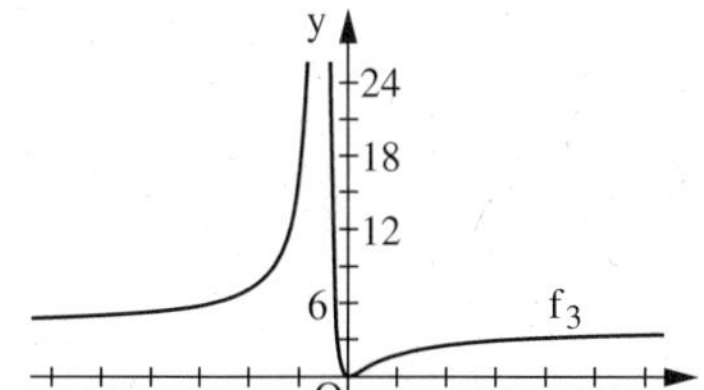

d)

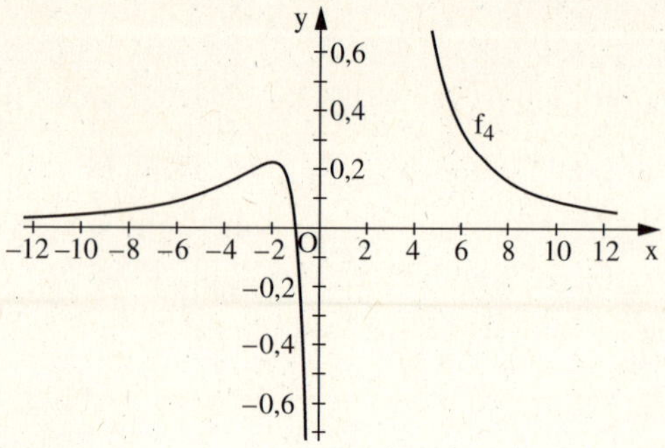

e)

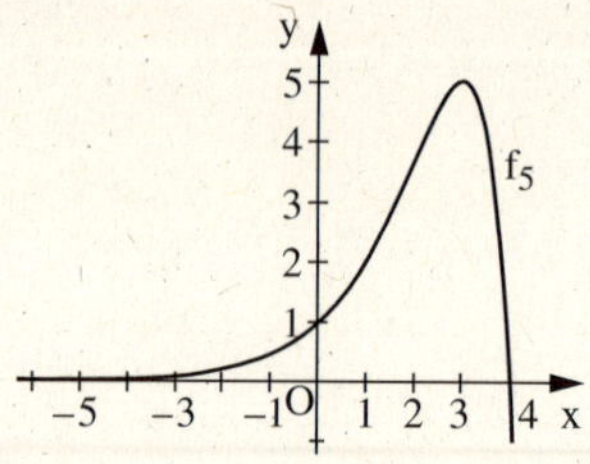

f)

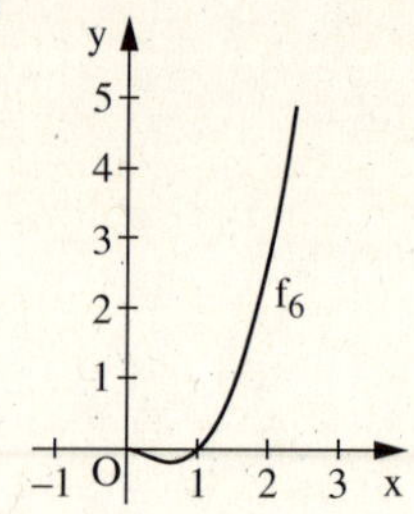

DA 186

a) Funktion f:
- besitzt drei lokale Extrema ($x_{E_1} = -4$ lokales Max.; $x_{E_2} = 0$ lokales Min.; $x_{E_3} = 4$ lokales Max.)
- ist streng monoton fallend in $]-4; 0[$ und $]4; \infty[$
- ist streng monoton wachsend in $]-\infty; -4[$ und $]0; 4[$
- besitzt zwei Wendepunkte an den Stellen $x_{W_1} = -2$ und $x_{W_2} = 2$
- Graph geht in x_{W_1} von konkav zu konvex und in x_{W_2} von konvex zu konkav über.

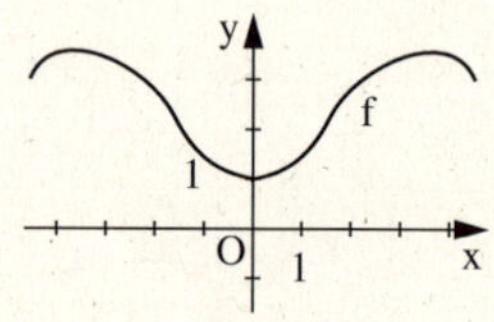

b) Funktion f:
- besitzt keine lokalen Extrema
- ist streng monoton wachsend im gesamten Definitionsbereich
- besitzt einen Wendepunkt an der Stelle $x_W = 0$
- Graph geht in x_W von konkav zu konvex über.

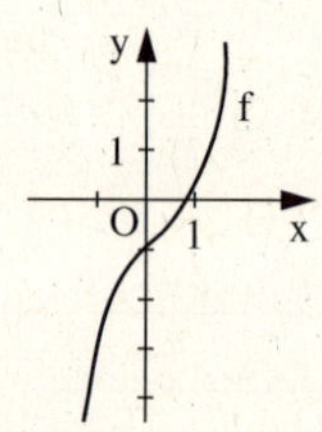

DA 187 Da die Existenz des Wendepunktes vorausgesetzt wird, entfällt der Nachweis mithilfe von f'''(x)!

a)	$f_1'(x) = 12x^2 + 48x + 30$	$f_1''(x) = 24x + 48$	$x_W = -2$ $P_W(-2; 19)$	$m = f_1'(-2) = -18$	$y = -18x - 17$
b)	$f_2'(x) = \frac{3}{2}x^2 - 9x + 2$	$f_2''(x) = 3x - 9$	$x_W = 3$ $P_W(3; -21)$	$m = f_2'(3) = -11{,}5$	$y = -11{,}5x + 13{,}5$
c)	$f_3'(x) = \frac{x^3 + 3x - 4}{x^3}$	$f_3''(x) = \frac{-6x + 12}{x^4}$	$x_W = 2$ $P_W(2; 1)$	$m = f_3'(2) = 1{,}25$	$y = 1{,}25x - 1{,}5$ kein Horizontalwendepunkt
d)	$f_4'(x) = \frac{-6x^2 - 24}{(x^2 - 4)^2}$	$f_4''(x) = \frac{12x^3 + 144x}{(x^2 - 4)^3}$	$x_W = 0$ $P_W(0; 0)$	$m = f_4'(0) = -1{,}5$	$y = -1{,}5x$ kein Horizontalwendepunkt
e)	$f_5'(x) = (x - 5) \cdot e^x$	$f_5''(x) = (x - 4) \cdot e^x$	$x_W = 4$ $P_W(4; -2e^4)$	$m = f_5'(4) = -1 \cdot e^4$	$y = -e^4x + 2e^4$ kein Horizontalwendepunkt
f)	$f_6'(x) = 11x^2 - 3x^2 \cdot \ln x$	$f_6''(x) = x \cdot (19 - 6 \cdot \ln x)$	$x_W \approx 23{,}72$ $P_W(23{,}72; 11133{,}1)$	$m = f_6'(23{,}72) = 844{,}545$	$y = 844{,}545x - 8900$ kein Horizontalwendepunkt

D 5.4 Verhalten im Unendlichen

DA 188

a) 1) $f_1(x) = 3x^3 - 4x^2 + 7x = x^3(3 - \frac{4}{x} + \frac{7}{x^2})$

2) $\lim\limits_{x \to \pm\infty} f_1(x) = \lim\limits_{x \to \pm\infty} x^3 \cdot \lim\limits_{x \to \pm\infty}\left(3 - \frac{4}{x} + \frac{7}{x^2}\right) = 3 \lim\limits_{x \to \pm\infty} x^3$

3) $\lim\limits_{x \to +\infty} f_1(x) = +\infty;\ \lim\limits_{x \to -\infty} f_1(x) = -\infty$

b) 1) $f_2(x) = \frac{2x^3 + 4x^2 - 4}{4x^3 + 6x + 3} = \frac{x^3\left(2 + \frac{4}{x} - \frac{4}{x^2}\right)}{x^3\left(4 + \frac{6}{x} + \frac{3}{x^2}\right)} = \frac{1\left(2 + \frac{4}{x} - \frac{4}{x^2}\right)}{1\left(4 + \frac{6}{x} + \frac{3}{x^2}\right)}$

2) $\lim\limits_{x \to \pm\infty} f_2(x) = \lim\limits_{x \to \pm\infty} 1 \cdot \frac{\lim\limits_{x \to \pm\infty}\left(2 + \frac{4}{x} - \frac{4}{x^2}\right)}{\lim\limits_{x \to \pm\infty}\left(4 + \frac{6}{x} + \frac{3}{x^2}\right)}$

3) $\lim\limits_{x \to +\infty} f_2(x) = \lim\limits_{x \to -\infty} f_2(x) = \frac{2}{4} = \frac{1}{2}$

4) Asymptote: $y = \frac{1}{2}$

DA 189

a) $\lim\limits_{x\to\pm\infty} f_1(x) = \lim\limits_{x\to\pm\infty} x^3\left(\frac{1}{3} - \frac{2}{x} - \frac{5}{x^2}\right) = \pm\infty$

b) $\lim\limits_{x\to\pm\infty} f_2(x) = \lim\limits_{x\to\pm\infty} x^4\left(\frac{3}{4} - \frac{1}{x} - \frac{3}{x^2}\right) = +\infty$

c) $\lim\limits_{x\to\pm\infty} f_3(x) = \frac{1}{5}\lim\limits_{x\to\pm\infty} x^5\left(1 - \frac{19}{3x^2} - \frac{4}{x^4}\right) = \pm\infty$

d) $\lim\limits_{x\to\pm\infty} f_4(x) = \lim\limits_{x\to\pm\infty} x^3\cdot\left(-5 + \frac{2}{x} + \frac{4}{x^3}\right) = \mp\infty$

e) $\lim\limits_{x\to\pm\infty} f_5(x) = \lim\limits_{x\to\pm\infty} x^6\cdot\left(-\frac{1}{8} + \frac{1}{9x^3} + \frac{1}{x^5}\right) = -\infty$

f) $\lim\limits_{x\to\pm\infty} f_6(x) = \lim\limits_{x\to\pm\infty} x^3\cdot\left(-\frac{5}{12} + \frac{1}{3x^2}\right) = \mp\infty$

DA 190

a) $\lim\limits_{x\to\pm\infty} f_1(x) = \lim\limits_{x\to\pm\infty} \frac{1-\frac{1}{x^2}}{1+\frac{1}{x^2}} = 1$; Asymptote: $y = 1$

b) $\lim\limits_{x\to\pm\infty} f_2(x) = \lim\limits_{x\to\pm\infty} \frac{2-\frac{8}{x^2}}{1+\frac{2}{x^2}} = 2$ Asymptote: $y = 2$

c) $\lim\limits_{x\to\pm\infty} f_3(x) = 0$ Asymptote: $y = 0$

d) $\lim\limits_{x\to\pm\infty} f_4(x) = 0$ Asymptote: $y = 0$

e) $\lim\limits_{x\to\pm\infty} f_5(x) = \pm\infty$ Asymptote: $y = x + 7$

f) $\lim\limits_{x\to\pm\infty} f_6(x) = \pm\infty$ Asymptote: $y = x + 2 + \frac{5}{x+2}$

D 5.5 Definitionslücken

DA 191

a) $f_1(x) = \frac{x-2}{x+3}$;	$0 = x + 3$;	$x = -3$ und $z(-3) = -5$	$x_P = -3$
b) $f_2(x) = \frac{x^2+x}{2x-4}$;	$0 = 2x - 4$;	$x = 2$ und $z(2) = 6$	$x_P = 2$
c) $f_3(x) = \frac{x}{x^3+2x^2} = \frac{1}{x^2+2x}$;	$0 = x^2 + 2x$;	$x_1 = 0$ und $z(0) = 1$ $x_2 = -2$ und $z(-2) = 1$	$x_{P_1} = 0$ $x_{P_2} = -2$
d) $f_4(x) = \frac{3x+4}{x^2+2}$;	$0 = x^2 + 2$; $x^2 = -2$;	keine Lösung; keine Polstelle	
e) $f_5(x) = \frac{2x-1}{x^2-4}$;	$0 = x^2 - 4$;	$x_1 = 2$ und $z(2) = 3$ $x_2 = -2$ und $z(-2) = -5$	$x_{P_1} = 2$ $x_{P_2} = -2$
f) $f_6(x) = \frac{x+2}{(x-1)\cdot(x+3)}$;	$0 = (x-1)\cdot(x+3)$;	$x_1 = 1$ und $z(1) = 3$ $x_2 = 3$ und $z(3) = 5$	$x_{P_1} = 1$ $x_{P_2} = 3$
g) $f_7(x) = \frac{x+1}{x^2}$;	$0 = x^2$;	$x = 0$ und $z(0) = 1$	$x_P = 0$
h) $f_8(x) = \frac{x^2+1}{(x-3)\cdot(x+4)}$;	$0 = (x-3)\cdot(x+4)$;	$x_1 = 3$ und $z(3) = 10$ $x_2 = -4$ und $z(-4) = 17$	$x_{P_1} = 3$ $x_{P_2} = -4$
i) $f_9(x) = \frac{8x-2}{x}$;	$0 = x$;	$x = 0$ und $z(0) = -2$	$x_P = 0$
j) $f_{10}(x) = \frac{2x-5}{x^4-4x^3+4x^2}$;	$0 = x^4 - 4x^3 + 4x^2$;	$x_1 = 0$ und $z(0) = -5$ $x_2 = 2$ und $z(2) = -1$	$x_{P_1} = 0$ $x_{P_2} = 2$
k) $f_{11}(x) = \frac{e^{2x}}{x^2-4}$;	$0 = x^2 - 4$;	$x_1 = 2$ und $z(2) = e^4$ $x_2 = -2$ und $z(-2) = e^{-4}$	$x_{P_1} = 2$ $x_{P_2} = -2$
l) $f_{12}(x) = \frac{x^2+6}{x^4-1}$;	$0 = x^4 - 1$;	$x_1 = 1$ und $z(1) = 7$ $x_2 = -1$ und $z(-1) = 7$	$x_{P_1} = 1$ $x_{P_2} = -1$

DA 192

a) $x_P = \ln 2$ b) $x_P = e$ c) $x_P = 3$ d) $x_P = e^{-\frac{1}{4}}$ e) $x_P = \ln\frac{1}{2}$ f) $x_{P_1} = 2$, $x_{P_2} = -2$

DA 193 *Beispiele:*

a) $h_1(x) = \frac{2x+4}{x+3}$ b) $h_2(x) = 2x + 4 + \frac{1}{x} = \frac{2x^2+4x+1}{x}$ c) $h_3(x) = \frac{1}{x-3}$ d) $h_4(x) = x - 3 + \frac{1}{x-2} = \frac{x^2-5x+7}{x-2}$

D 5.6 Kurvendiskussion an Beispielen

DA 194

$f'(x) = 4x^3 - 10x \qquad f''(x) = 12x^2 - 10 \qquad f'''(x) = 24x \qquad D_f = \mathbb{R}$

$f(x) = f(-x)$, denn $f(-x) = (-x)^4 - 5(-x)^2 + 4 = x^4 - 5x^2 + 4 = f(x)$; axialsymmetrisch zur y-Achse

$\lim\limits_{x \to \pm\infty} f(x) = +\infty \qquad f(x) = x^4 - 5x^2 + 4 = (x^2 - 4)(x^2 - 1) = (x + 2)(x - 2)(x + 1)(x - 1)$

$\Rightarrow x_{N_1} = 2, P_{N_1}(2; 0); \quad x_{N_2} = -2, P_{N_2}(-2; 0); \quad x_{N_3} = 1, P_{N_3}(1; 0); \quad x_{N_4} = -1, P_{N_4}(-1; 0)$

$f'(x) = 4x^3 - 10x = 4x(x^2 - 2{,}5)$

$\Rightarrow x_{E_1} = 0;\ f''(0) = -10 < 0 \ \Rightarrow\ P_{max}(0; 4)$

$x_{E_2} = \sqrt{\frac{5}{2}};\ f''(\sqrt{\frac{5}{2}}) = 20 > 0 \Rightarrow P_{min}(\sqrt{\frac{5}{2}}; -\frac{9}{4})$

$x_{E_3} = -\sqrt{\frac{5}{2}};\ f''(-\sqrt{\frac{5}{2}}) = 20 > 0 \Rightarrow P_{min}(-\sqrt{\frac{5}{2}}; -\frac{9}{4})$

$0 = 12x^2 - 10 \ \Rightarrow\ x_{W_1} = \sqrt{\frac{5}{6}},\ f'''(\sqrt{\frac{5}{6}}) = 24\sqrt{\frac{5}{6}} \neq 0 \Rightarrow P_{W_1}(\sqrt{\frac{5}{6}}; \frac{19}{36})$;

$x_{W_2} = -\sqrt{\frac{5}{6}},\ f'''(-\sqrt{\frac{5}{6}}) = -24\sqrt{\frac{5}{6}} \neq 0 \Rightarrow P_{W_2}(-\sqrt{\frac{5}{6}}; \frac{19}{36})$

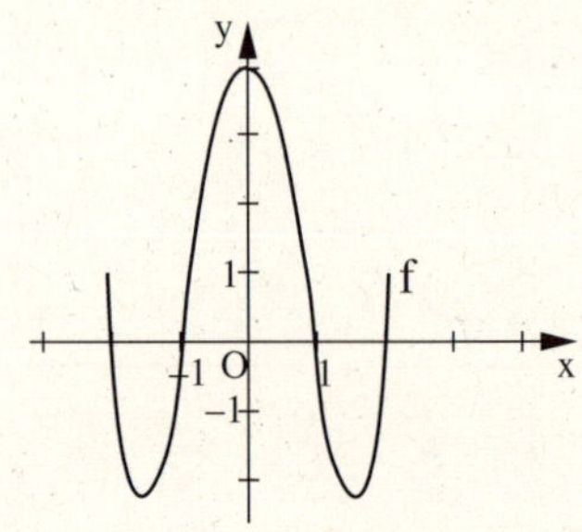

DA 195

a) (a) $f_1'(x) = 3x^2 + 12x + 9 \quad f_1''(x) = 6x + 12 \quad f_1'''(x) = 6x$ (b) $D_f = \mathbb{R}$ (c) keine Symmetrie
(d) $\lim\limits_{x \to \pm\infty} f_1(x) = \pm\infty$ (e) $P_{N_1}(0; 0); P_{N_2}(-3; 0)$ (f) $P_{max}(-3; 0); P_{min}(-1; -4)$ (g) $P_W(-2; -20)$

b) (a) $f_2'(x) = \frac{1}{2}x^3 - \frac{3}{2}x^2 \quad f_2''(x) = \frac{3}{2}x^2 - 3x \quad f_2'''(x) = 3x - 3$ (b) $D_f = \mathbb{R}$ (c) keine Symmetrie
(d) $\lim\limits_{x \to \pm\infty} f_2(x) = +\infty$ (e) $P_{N_1}(0; 0); P_{N_2}(4; 0)$ (f) $P_{min}(3; -\frac{27}{8})$ (g) $P_{W_1}(0; 0); P_{W_2}(2; -2)$

c) (a) $f_3'(x) = 4x^3 - 4x \quad f_3''(x) = 12x^2 - 4 \quad f_3'''(x) = 24x$ (b) $D_f = \mathbb{R}$ (c) achsensymmetrisch zur y-Achse
(d) $\lim\limits_{x \to \pm\infty} f_3(x) = +\infty$ (e) $P_{N_1}(2; 0); P_{N_2}(-2; 0)$ (f) $P_{max}(0; -8)$; $P_{min_1}(1; -9); P_{min_2}(-1; -9)$ (g) $P_{W_1}(\frac{1}{3}\sqrt{3}; -\frac{77}{9})$ $P_{W_2}(-\frac{1}{3}\sqrt{3}; -\frac{77}{9})$

(h)

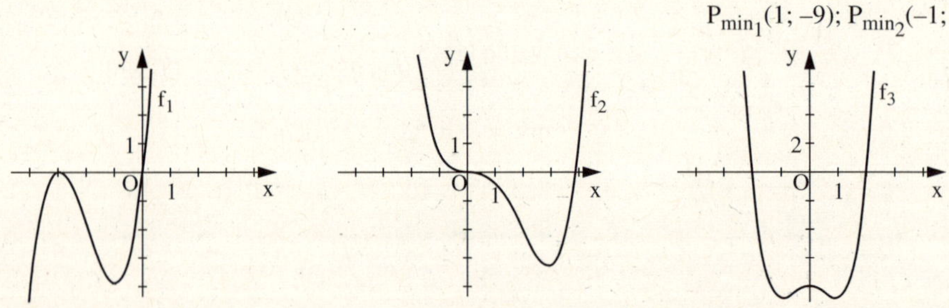

Hinweis: Bei der Lösung zu DA 195 d) bis o) wurde auf die Angabe der Graphen verzichtet.

d) (a) $f_4'(x) = 4x^3 - 8x \quad f_4''(x) = 12x^2 - 8 \quad f_4'''(x) = 24x$ (b) $D_f = \mathbb{R}$ (c) punktsymmetrisch zu (0; 0)
(d) $\lim\limits_{x \to \pm\infty} f_4(x) = \pm\infty$ (e) $P_{N_1}(0{,}5; 0)$ $P_{N_2}(-0{,}5; 0)$ $P_{N_3}(1{,}9; 0)$; $P_{N_4}(-1{,}9; 0)$ (f) $P_{max}(0; 1)$ $P_{min_1}(1{,}4; -3)$ $P_{min_2}(-1{,}4; -3)$ (g) $P_{W_1}(\sqrt{\frac{2}{3}}; -\frac{11}{9})$ $P_{W_2}(-\sqrt{\frac{2}{3}}; -\frac{11}{9})$

e) (a) $f_5'(x) = 3x^2 - 4 \quad f_5''(x) = 6x \quad f_5'''(x) = 6$ (b) $D_f = \mathbb{R}$ (c) punktsymmetrisch zu (0; 0)
(d) $\lim\limits_{x \to \pm\infty} f_5(x) = \pm\infty$ (e) $P_{N_1}(0; 0)$ $P_{N_2}(2; 0)$; $P_{N_3}(-2; 0)$ (f) $P_{max}(-1{,}15; 3{,}079)$ $P_{min}(1{,}15; -3{,}079)$ (g) $P_W(0; 0)$

f) (a) $f_6'(x) = 4x^3 - 16x \quad f_6''(x) = 12x^2 - 16 \quad f_6'''(x) = 24x$ (b) $D_f = \mathbb{R}$ (c) achsensymmetrisch zur y-Achse
(d) $\lim\limits_{x \to \pm\infty} f_6(x) = +\infty$ (e) $P_{N_1}(3; 0)$ $P_{N_2}(-3; 0)$ (f) $P_{max}(0; 9)$ $P_{min_1}(2; -25)$ $P_{min_2}(-2; -25)$ (g) $P_{W_1}(\frac{2}{3}\sqrt{3}; -\frac{161}{9})$ $P_{W_2}(-\frac{2}{3}\sqrt{3}; -\frac{161}{9})$

g) (a) $f_7'(x) = x^3 - 5x \quad f_7''(x) = 3x^2 - 5 \quad f_7'''(x) = 6x$ (b) $D_f = \mathbb{R}$ (c) achsensymmetrisch zur y-Achse
(d) $\lim\limits_{x \to \pm\infty} f_7(x) = +\infty$ (e) $P_{N_1}(3; 0)$ $P_{N_2}(-3; 0)$ $P_{N_3}(1; 0)$; $P_{N_4}(-1; 0)$ (f) $P_{max}(0; \frac{9}{4})$ $P_{min_1}(\sqrt{5}; -4)$ $P_{min_2}(-\sqrt{5}; -4)$ (g) $P_{W_1}(1{,}3; -1{,}3)$ $P_{W_2}(-1{,}3; -1{,}3)$

h) (a) $f_8'(x) = 4x^3 - 6x$ $\quad f_8''(x) = 12x^2 - 6$ $\quad f_8'''(x) = 12$ $\quad$ (b) $D_f = \mathbb{R}$ $\quad$ (c) achsensymmetrisch zur y-Achse

(d) $\lim\limits_{x \to \pm\infty} f_8(x) = +\infty$ $\quad$ (e) $P_{N_1}(2; 0)$, $P_{N_2}(-2; 0)$ $\quad$ (f) $P_{max}(0; -4)$, $P_{min_1}(\sqrt{\frac{3}{2}}; -\frac{25}{4})$, $P_{min_2}(-\sqrt{\frac{3}{2}}; -\frac{25}{4})$ $\quad$ (g) $P_{W_1}(\frac{1}{2}\sqrt{2}; -\frac{21}{4})$, $P_{W_2}(-\frac{1}{2}\sqrt{2}; -\frac{21}{4})$

i) (a) $f_9'(x) = \frac{1}{3}x^2 - 4x + 9$ $\quad f_9''(x) = \frac{2}{3}x - 4$ $\quad f_9'''(x) = \frac{2}{3}$ $\quad$ (b) $D_f = \mathbb{R}$ $\quad$ (c) keine Symmetrie

(d) $\lim\limits_{x \to \pm\infty} f_9(x) = \pm\infty$ $\quad$ (e) $P_{N_1}(0; 0)$, $P_{N_2}(9; 0)$ $\quad$ (f) $P_{max}(3; 12)$, $P_{min}(9; 0)$ $\quad$ (g) $P_W(6; 6)$

j) (a) $f_{10}'(x) = x^4 - 3x^2$ $\quad f_{10}''(x) = 4x^3 - 6x$ $\quad f_{10}'''(x) = 12x^2 - 6$ $\quad$ (b) $D_f = \mathbb{R}$ $\quad$ (c) punktsymmetrisch zu (0; 0)

(d) $\lim\limits_{x \to \pm\infty} f_{10}(x) = \pm\infty$ $\quad$ (e) $P_{N_1}(0; 0)$, $P_{N_2}(\sqrt{5}; 0)$, $P_{N_3}(-\sqrt{5}; 0)$ $\quad$ (f) $P_{max}(-\sqrt{3}; 2{,}1)$, $P_{min}(\sqrt{3}; -2{,}1)$ $\quad$ (g) $P_{W_1}(0; 0)$, $P_{W_2}(\sqrt{\frac{3}{2}}; -1{,}3)$, $P_{W_3}(-\sqrt{\frac{3}{2}}; 1{,}3)$

k) (a) $f_{11}'(x) = \frac{4}{9}x^3 - \frac{4}{3}x^2$ $\quad f_{11}''(x) = \frac{4}{3}x^2 - \frac{8}{3}x$ $\quad f_{11}'''(x) = \frac{8}{3}x - \frac{8}{3}$ $\quad$ (b) $D_f = \mathbb{R}$ $\quad$ (c) keine Symmetrie

(d) $\lim\limits_{x \to \pm\infty} f_{11}(x) = +\infty$ $\quad$ (e) $P_N(3; 0)$ $\quad$ (f) $P_{min}(3; 0)$ $\quad$ (g) $P_{W_1}(0; 3)$, $P_{W_2}(2; 1{,}2)$

l) (a) $f_{12}'(x) = 3x^2 + 2x - 3$ $\quad f_{12}''(x) = 6x + 2$ $\quad f_{12}'''(x) = 6$ $\quad$ (b) $D_f = \mathbb{R}$ $\quad$ (c) keine Symmetrie

(d) $\lim\limits_{x \to \pm\infty} f_{12}(x) = \pm\infty$ $\quad$ (e) $P_N(-2{,}82; 0)$ $\quad$ (f) $P_{max}(-1{,}4; 9{,}4)$, $P_{min}(0{,}72; 4{,}7)$ $\quad$ (g) $P_W(-\frac{1}{3}; 7{,}1)$

m) (a) $f_{13}'(x) = 3x^2 - 6x - 9$ $\quad f_{13}''(x) = 6x - 6$ $\quad f_{13}'''(x) = 6$ $\quad$ (b) $D_f = \mathbb{R}$ $\quad$ (c) keine Symmetrie

(d) $\lim\limits_{x \to \pm\infty} f_{13}(x) = \pm\infty$ $\quad$ (e) $P_{N_1}(\frac{3 + \sqrt{45}}{2}; 0)$, $P_{N_2}(\frac{3 - \sqrt{45}}{2}; 0)$; $P_{N_3}(0; 0)$ $\quad$ (f) $P_{max}(-1; 5)$, $P_{min}(3; -27)$ $\quad$ (g) $P_W(1; -11)$

n) (a) $f_{14}'(x) = 4x^3 - 12x^2$ $\quad f_{14}''(x) = 12x^2 - 24x$ $\quad f_{14}'''(x) = 24x - 24$ $\quad$ (b) $D_f = \mathbb{R}$ $\quad$ (c) keine Symmetrie

(d) $\lim\limits_{x \to \pm\infty} f_{14}(x) = +\infty$ $\quad$ (e) $P_{N_1}(0; 0)$, $P_{N_2}(4; 0)$ $\quad$ (f) $P_{min}(3; -27)$ $\quad$ (g) $P_{W_1}(0; 0)$, $P_{W_2}(2; -16)$

o) (a) $f_{15}'(x) = x^4 - \frac{19}{5}x^2 - \frac{4}{5}$ $\quad f_{15}''(x) = 4x^3 - \frac{38}{5}x$ $\quad f_{15}'''(x) = 12x^2 - \frac{38}{5}$ $\quad$ (b) $D_f = \mathbb{R}$ $\quad$ (c) punktsymmetrisch zu (0; 0)

(d) $\lim\limits_{x \to \pm\infty} f_{15}(x) = \pm\infty$ $\quad$ (e) $P_{N_1}(0; 0)$, $P_{N_2}(2{,}63; 0)$; $P_{N_3}(-2{,}63; 0)$ $\quad$ (f) $P_{max}(-2; 5{,}\overline{3})$, $P_{min}(2; -5{,}\overline{3})$ $\quad$ (g) $P_{W_1}(\sqrt{\frac{19}{10}}; -3{,}43)$, $P_{W_2}(-\sqrt{\frac{19}{10}}; 3{,}43)$

DA 196

$0 = \frac{1}{3}x^3 - ax$ $\quad x_{N_1} = 0$ $\quad x_{N_2} = \sqrt{3a}$ $\quad x_{N_3} = -\sqrt{3a}$

$f(-x) = -f(x)$, punktsymmetrisch zum Koordinatenursprung

$f'(x) = x^2 - a$ $\quad x_{E_1} = \sqrt{a}$ $\quad x_{E_2} = -\sqrt{a}$

$f''(x) = 2x$ $\quad f''(x_{E_1}) = 2 \cdot \sqrt{a} > 0$ lokales Minimum $\quad P_{min}(\sqrt{a}; -\frac{2}{3}a \cdot \sqrt{a})$

$f''(x_{E_2}) = -2 \cdot \sqrt{a} < 0$ lokales Maximum $\quad P_{max}(-\sqrt{a}; \frac{2}{3}a \cdot \sqrt{a})$

$f''(x) = 0$ für $x = 0$ $\quad f'''(0) = 2$ $\quad P_W(0, 0)$

$\lim\limits_{x \to \pm\infty} f(x) = \pm\infty$

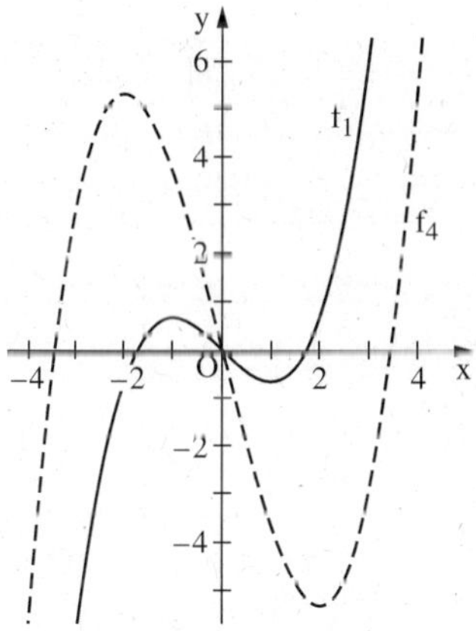

DA 197

a) (1) $f_1'(x) = \frac{2x}{(3 - x^2)^2}$ $\quad f_1''(x) = \frac{6x^2 + 6}{(3 - x^2)^3}$ $\quad f_1'''(x) = \frac{24x^3 + 72x}{(3 - x^2)^4}$ $\quad$ (2) $D_f = \mathbb{R}\setminus\{\sqrt{3}; -\sqrt{3}\}$

(3) achsensymmetrisch zur y-Achse $\quad$ (4) $\lim\limits_{x \to \pm\infty} f_1(x) = -1$ Asymptote: $y = -1$

(5) $x_{N_1} = \sqrt{2}$; $x_{N_2} = -\sqrt{2}$ $\quad P_{N_1}(\sqrt{2}; 0)$; $P_{N_2}(-\sqrt{2}; 0)$

(6) $x_{P_1} = \sqrt{3}$; $x_{P_2} = -\sqrt{3}$ $\quad$ (7) $P_{min}(0; -\frac{2}{3})$ $\quad$ (8) keine Wendepunkte

b) (1) $f_2'(x) = \frac{-10x}{(x^2 - 9)^2}$ $\quad f_2''(x) = \frac{30x^2 + 90}{(x^2 - 9)^3}$ $\quad f_2'''(x) = \frac{-120x^3 - 1080x}{(x^2 - 9)^4}$ $\quad$ (2) $D_f = \mathbb{R}\setminus\{-3; 3\}$

(3) achsensymmetrisch zur y-Achse $\quad$ (4) $\lim\limits_{x \to \pm\infty} f_2(x) = 1$ Asymptote: $y = 1$

(5) $x_{N_1} = 2$; $x_{N_2} = -2$ $\quad P_{N_1}(2; 0)$; $P_{N_2}(-2; 0)$

(6) $x_{P_1} = -3$ $\quad x_{P_2} = 3$ $\quad$ (7) $P_{max}(0; 0{,}\overline{4})$ $\quad$ (8) keine Wendepunkte

c) (1) $f_3'(x) = \frac{-3x^2 - 12}{(x^2-4)^2}$ $f_3''(x) = \frac{6x^3 + 72x}{(x^2-4)^3}$ $f_3'''(x) = \frac{-18x^4 - 432x^2 - 288}{(x^2-4)^4}$ (2) $D_f = \mathbb{R}\setminus\{-2; 2\}$

(3) punktsymmetrisch zum Koordinatenursprung (4) $\lim\limits_{x \to \pm\infty} f_3(x) = 0$ Asymptote: $y = 0$

(5) $x_N = 0$ $P_N(0; 0)$

(6) $x_{P_1} = 2$ $x_{P_2} = -2$

(7) keine Extremstellen (8) $P_W(0; 0)$

d) (1) $f_4'(x) = \frac{-2x^2 - 18}{(x^2-9)^2}$ $f_4''(x) = \frac{4x^3 + 108x}{(x^2-9)^3}$ $f_4'''(x) = \frac{-12x^4 - 648x^2 - 972}{(x^2-9)^4}$ (2) $D_f = \mathbb{R}\setminus\{3; 3\}$

(3) punktsymmetrisch zum Koordinatenursprung (4) $\lim\limits_{x \to \pm\infty} f_4(x) = 0$ Asymptote: $y = 0$

(5) $x_N = 0$ $P_N(0; 0)$

(6) $x_{P_1} = -3$ $x_{P_2} = 3$

(7) keine Extrema (8) $P_W(0; 0)$

e) (1) $f_5'(x) = \frac{(x-3) \cdot (x-1)}{(x-2)^2}$ $f_5''(x) = \frac{2}{(x-2)^3}$ $f_5'''(x) = \frac{-6}{(x-2)^4}$ (2) $D_f = \mathbb{R}\setminus\{2\}$

(3) keine Symmetrie (4) $\lim\limits_{x \to \pm\infty} f_5(x) = \pm\infty$ Asymptote: $y = x$

(5) $x_N = 1$ $P_N(1; 0)$

(6) $x_P = 2$

(7) $P_{min}(3; 4)$ $P_{max}(1; 0)$ (8) keine Wendepunkte

f) (1) $f_6'(x) = \frac{14x}{(x^2+3)^2}$ $f_6''(x) = \frac{-42x^2 + 42}{(x^2+3)^3}$ $f_6'''(x) = \frac{168x^3 - 504x}{(x^2+3)^4}$ (2) $D_f = \mathbb{R}$

(3) achsensymmetrisch zur y-Achse (4) $\lim\limits_{x \to \pm\infty} f_6(x) = 1$ Asymptote: $y = 1$

(5) $x_{N_1} = -2;$ $x_{N_2} = 2$ $P_{N_1}(-2; 0)$ $P_{N_2}(2; 0)$

(6) keine Polstellen

(7) $P_{min}(0; -\frac{4}{3})$ (8) $P_{W_1}(-1; -0{,}75)$ $P_{W_2}(1; 0{,}75)$

g) (1) $f_7'(x) = \frac{-2x^2 + 8}{(x^2+4)^2}$ $f_7''(x) = \frac{4x^3 - 48x}{(x^2+4)^3}$ $f_7'''(x) = \frac{-12x^4 + 288x^2 - 192}{(x^2+4)^4}$ (2) $D_f = \mathbb{R}$

(3) punktsymmetrisch zum Koordinatenursprung (4) $\lim\limits_{x \to \pm\infty} f_7(x) = 0$ Asymptote: $y = 0$

(5) $x_N = 0$ $P_N(0; 0)$

(6) keine Polstellen

(7) $P_{max}(2; 0{,}5)$ $P_{min}(-2; -0{,}5)$ (8) $P_W(0; 0)$

h) (1) $f_8'(x) = \frac{12x}{(x+1)^3}$ $f_8''(x) = \frac{-24x + 12}{(x+1)^4}$ $f_8'''(x) = \frac{72 \cdot (x-1)}{(x+1)^5}$ (2) $D_f = \mathbb{R}\setminus\{1\}$

(3) keine Symmetrie (4) $\lim\limits_{x \to \pm\infty} f_8(x) = 6$ Asymptote: $y = 6$

(5) $x_N = 0$ $P_N(0; 0)$

(6) $x_P = -1$ (7) $P_{min}(0; 0)$ (8) $P_W(0{,}5; \frac{2}{3})$

a)
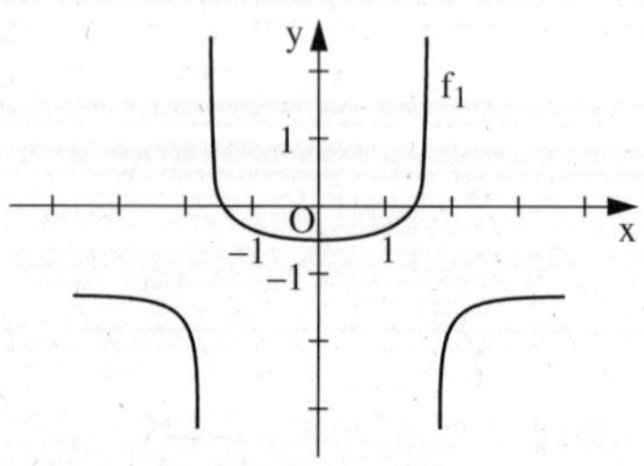

b)
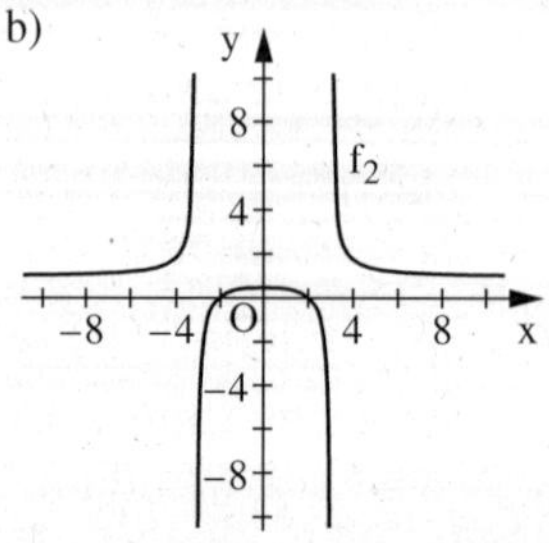

c)
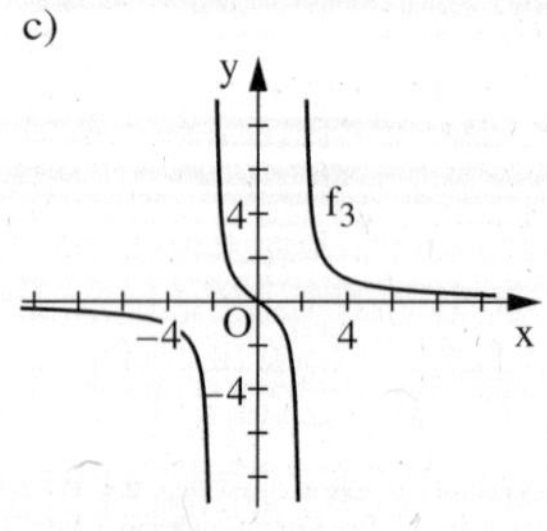

d)
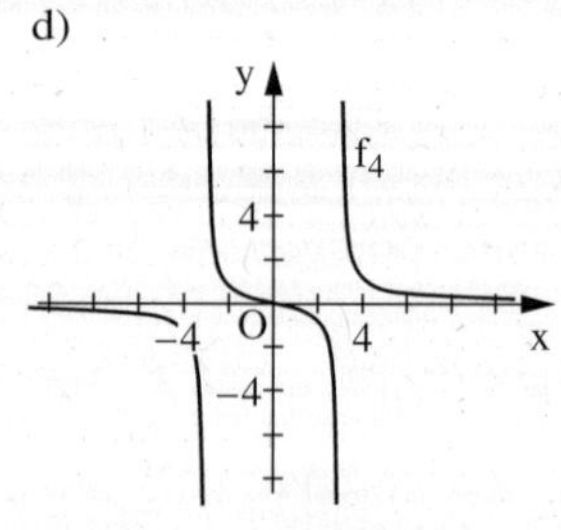

e)
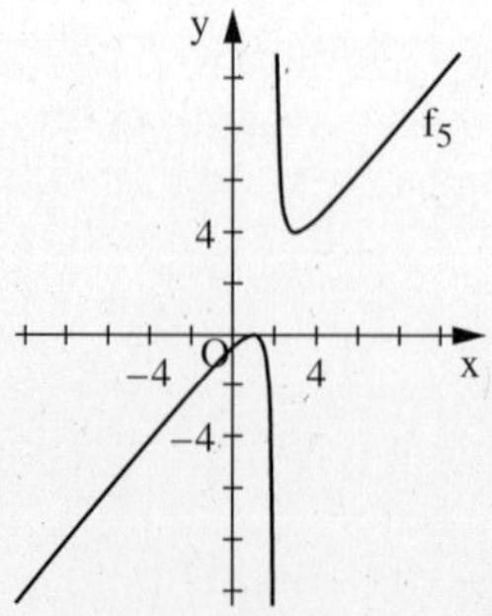

f)
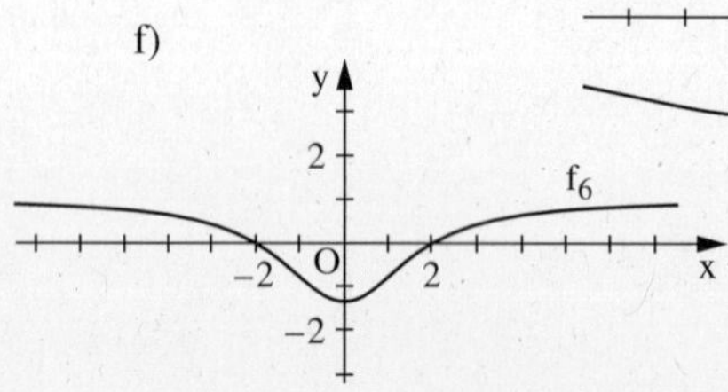

g)
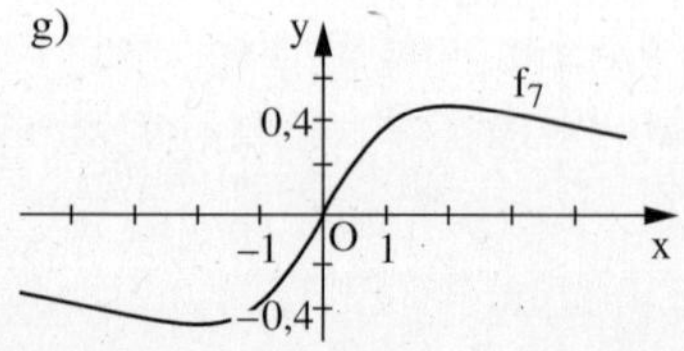

h)
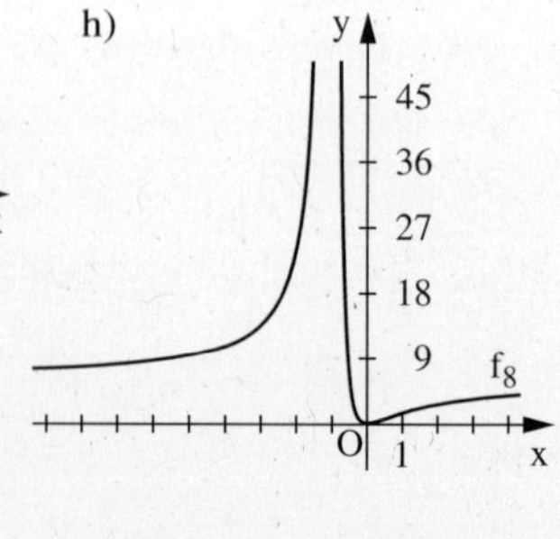

DA 198

a) (a) $f_1'(x) = \frac{-24x}{(x^2+3)^2}$ $f_1''(x) = \frac{72x^2 - 72}{(x^2+3)^3}$ $f_1'''(x) = \frac{-288x^3 + 864x}{(x^2+3)^4}$
(b) $D_f = \mathbb{R}$
(c) $f_1(x) = f_1(-x)$ (achsensym. z. y-Achse)
(d) $\lim\limits_{x \to \pm\infty} f_1(x) = -1$; Asymptote: $y = -1$
(e) $x_{N1} = 3$; $x_{N2} = -3$; $P_{N1}(3; 0)$; $P_{N2}(-3; 0)$
(f) keine Polstellen
(g) $P_{max}(0; 3)$
(h) $P_{W1}(1; 2)$; $P_{W2}(-1; 2)$

b) (a) $f_2'(x) = \frac{2 - 2x^2}{(x^2+1)^2}$ $f_2''(x) = \frac{4x^3 - 12x}{(x^2+1)^2}$ $f_2'''(x) = \frac{-12x^4 + 72x^2 - 12}{(x^2+1)^3}$
(b) $D_f = \mathbb{R}$
(c) keine Symmetrie
(d) $\lim\limits_{x \to \pm\infty} f_2(x) = 1$; Asymptote: $y = 1$
(e) $x_N = -1$; $P_{N1}(-1; 0)$
(f) keine Polstellen
(g) $P_{max}(1; 2)$; $P_{min}(-1; 0)$
(h) $P_{W1}(0; 1)$; $P_{W2}(\sqrt{3}; 1{,}9)$; $P_{W3}(-\sqrt{3}; 0{,}1)$

c) (a) $f_3'(x) = \frac{x^2 - 6x + 5}{(x-3)^2}$ $f_3''(x) = \frac{8}{(x-3)^3}$ $f_3'''(x) = \frac{-24}{(x-3)^4}$
(b) $D_f = \mathbb{R}\setminus\{3\}$
(c) keine Symmetrie
(d) $\lim\limits_{x \to \pm\infty} f_3(x) = \pm\infty$;
Asymptote: $y = x + 3$
(e) $x_{N1} = \sqrt{5}$; $x_{N2} = -\sqrt{5}$;
$P_{N1}(\sqrt{5}; 0)$; $P_{N2}(-\sqrt{5}; 0)$
(f) $x_P = 3$
(g) $P_{min}(5; 10)$; $P_{max}(1; 2)$
(h) keine Wendestelle

d) (a) $f_4'(x) = \frac{4x}{(x+1)^3}$ $f_4''(x) = \frac{-8x + 4}{(x+1)^4}$ $f_4'''(x) = \frac{24x - 24}{(x+1)^5}$
(b) $D_f = \mathbb{R}\setminus\{-1\}$
(c) keine Symmetrie
(d) $\lim\limits_{x \to \pm\infty} f_4(x) = 2$; Asymptote: $y = 2$
(e) $x_N = 0$; $P_N(0; 0)$
(f) $x_P = 1$
(g) $P_{min}(0; 0)$
(h) $P_W(\frac{1}{2}; 0{,}2\overline{2})$

e) (a) $f_5'(x) = \frac{-4x}{(x^2-1)^2}$ $f_5''(x) = \frac{12x^2 + 4}{(x^2-1)^3}$
(b) $D_f = \mathbb{R}\setminus\{-1, 1\}$
(c) achsensymmetrisch zur y-Achse
(d) $\lim\limits_{x \to \pm\infty} f_5(x) = 1$; Asymptote: $y = 1$
(e) keine NST
(f) $x_{P_1} = 1$; $x_{P_2} = -1$
(g) $P_{max}(0; -1)$
(h) keine Wendepunkte

f) (a) $f_6'(x) = \frac{x^3 - 8}{x^3}$ $f_6''(x) = \frac{24}{x^4}$ $f_6'''(x) = -\frac{96}{x^5}$
(b) $D_f = \mathbb{R}\setminus\{0\}$
(c) keine Symmetrie
(d) $\lim\limits_{x \to \pm\infty} f_6(x) = \pm\infty$; Asymptote: $y = x$
(e) $x_N = -\sqrt[3]{4}$; $P_N(-\sqrt[3]{4}; 0)$
(f) $x_P = 0$
(g) $P_{min}(2; 3)$
(h) keine Wendepunkte

g) (a) $f_7'(x) = \frac{-x^2 + 1}{(x^2+1)^2}$ $f_7''(x) = \frac{2x^3 - 6x}{(x^2+1)^3}$ $f_7'''(x) = \frac{-6x^4 + 36x^2 - 6}{(x^2+1)^4}$
(b) $D_f = \mathbb{R}$
(c) punktsymmetrisch zu (0; 0)
(d) $\lim\limits_{x \to \pm\infty} f_7(x) = 0$; Asymptote: $y = 0$
(e) $x_N = 0$; $P_N(0; 0)$
(f) keine Polstellen
(g) $P_{min}(-1; -\frac{1}{2})$
$P_{max}(1; \frac{1}{2})$
(h) $P_{W_1}(0; 0)$
$P_{W_2}(1{,}73; 0{,}43)$; $P_{W_3}(-1{,}73; -0{,}43)$

h) (a) $f_8'(x) = \frac{-6x}{(1-x^2)^2}$ $f_8''(x) = \frac{-18x^2 - 6}{(1-x^2)^3}$
(b) $D_f = \mathbb{R}\setminus\{-1, 1\}$
(c) achsensymmetrisch zur y-Achse
(d) $\lim\limits_{x \to \pm\infty} f_8(x) = -1$; Asymptote: $y = -1$
(e) $P_{N_1}(-2; 0)$, $P_{N_2}(2; 0)$
(f) $x_{P_1} = -1$; $x_{P_2} = 1$
(g) $P_{max}(0; -4)$
(h) keine Wendepunkte

i) (a) $f_9'(x) = \frac{-4x + 2}{(x-2)^3}$ $f_9''(x) = \frac{8x + 2}{(x-2)^4}$ $f_9'''(x) = \frac{-24x - 24}{(x-2)^5}$
(b) $D_f = \mathbb{R}\setminus\{2\}$
(c) keine Symmetrie
(d) $\lim\limits_{x \to \pm\infty} f_9(x) = 1$; Asymptote: $y = 1$
(e) $P_{N_1}(1; 0)$, $P_{N_2}(-1; 0)$
(f) $x_P = 2$
(g) $P_{min}(\frac{1}{2}; -\frac{1}{3})$
(h) $P_W(-\frac{1}{4}; -0{,}19)$

j) (a) $f_{10}'(x) = \frac{x^2 - 4x - 32}{(x-2)^2}$ $f_{10}''(x) = \frac{72}{(x-2)^3}$
(b) $D_f = \mathbb{R}\setminus\{2\}$
(c) keine Symmetrie zur y-Achse bzw. zum Ursprung (drehsymmetrisch zum Punkt P(2; 9))
(d) $\lim\limits_{x \to \pm\infty} f_{10}(x) = +\infty$;
Asymptote: $y = x + 7$
(e) keine NST
(f) $x_P = 2$
(g) $P_{max}(-4; -3)$; $P_{min}(8; 21)$
(h) keine Wendepunkte

k) (a) $f_{11}'(x) = \frac{-6x}{(x^2+1)^2}$ $f_{11}''(x) = \frac{18x^2 - 6}{(x^2+1)^3}$ $f_{11}'''(x) = \frac{-72x^3 + 72x}{(x^2+1)^4}$
(b) $D_f = \mathbb{R}$
(c) achsensymmetrisch zur y-Achse
(d) $\lim\limits_{x \to \pm\infty} f_{11}(x) = -1$;
Asymptote: $y = -1$
(e) $P_{N_1}(\sqrt{2}; 0)$, $P_{N_2}(-\sqrt{2}; 0)$
(f) keine Polstellen
(g) $P_{max}(0; 2)$
(h) $P_{W_1}(\sqrt{\frac{1}{3}}; 1{,}25)$ $P_{W_2}(-\sqrt{\frac{1}{3}}; 1{,}25)$

l) (a) $f_{12}'(x) = \frac{5x-12}{x^3}$ $f_{12}''(x) = \frac{-10x+36}{x^4}$ $f_{12}'''(x) = \frac{30x-144}{x^5}$ (b) $D_f = \mathbb{R}\backslash\{0\}$
(c) keine Symmetrie (d) $\lim\limits_{x \to \pm\infty} f_{12}(x) = 1$; Asymptote: $y = 1$ (e) $P_{N_1}(2; 0)$, $P_{N_2}(3; 0)$
(f) $x_P = 0$ (g) $P_{min}(\frac{12}{5}; -\frac{6}{144})$ (h) $P_W(3{,}6; 0{,}07)$

---

m) (a) $f_{13}'(x) = \frac{-3x+4}{x^3}$ $f_{13}''(x) = \frac{6x-12}{x^4}$ $f_{13}'''(x) = \frac{-18x+48}{x^5}$ (b) $D_f = \mathbb{R}\backslash\{0\}$
(c) keine Symmetrie (d) $\lim\limits_{x \to \pm\infty} f_{12}(x) = 0$; Asymptote: $y = 0$ (e) $x_N = \frac{2}{3}$, $P_N(\frac{2}{3}; 0)$
(f) $x_P = 0$ (g) $P_{max}(\frac{4}{3}; 1{,}125)$ (h) $P_W(2; 1)$ Wendetangente $y = -\frac{1}{4}x + \frac{3}{2}$

---

n) (a) $f_{14}'(x) = \frac{x^2-6x-26}{(x-3)^2}$ $f_{14}''(x) = \frac{70}{(x-3)^3}$ $f_{14}'''(x) = \frac{-210}{(x-4)^4}$ (b) $D_f = \mathbb{R}\backslash\{3\}$
(c) keine Symmetrie (d) $\lim\limits_{x \to \pm\infty} f_{14}(x) = \pm\infty$; Asymptote: $y = x + 9$ (e) $x_{N_1} = -2$, $x_{N_2} = -4$
(f) $x_P = 3$ (g) $P_{max}(\approx -2{,}916; \approx 0{,}168)$ $P_{min}(\approx 8{,}916; \approx 23{,}832)$ (h) keine Wendepunkte

---

o) (a) $f_{15}'(x) = \frac{-(7x+17)}{(x-1)^3}$ $f_{15}''(x) = \frac{2(7x+29)}{(x-1)^4}$ $f_{15}'''(x) = \frac{-6(7x+41)}{(x-1)^5}$ (b) $D_f = \mathbb{R}\backslash\{1\}$
(c) keine Symmetrie (d) $\lim\limits_{x \to \pm\infty} f_{15}(x) = 1$; Asymptote: $y = 1$ (e) $x_{N_1} = -3$, $x_{N_2} = -2$ $P_{x_1}(-3; 0)$, $P_{x_2}(-2; 0)$
(f) $x_P = 1$ (g) $P_{min}(-\frac{17}{7}; -\frac{1}{48})$ (h) $P_W(-\frac{29}{7}; \frac{5}{54})$
Wendetangente $y = -\frac{343}{3888}x - \frac{1061}{3888}$
$y = -0{,}088x - 0{,}273$

a)
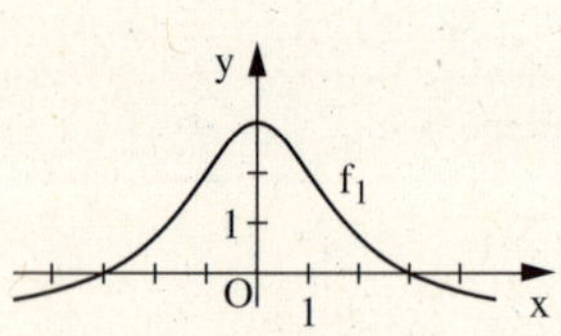
b)
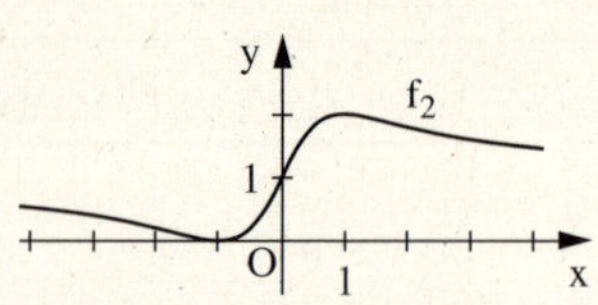
c)
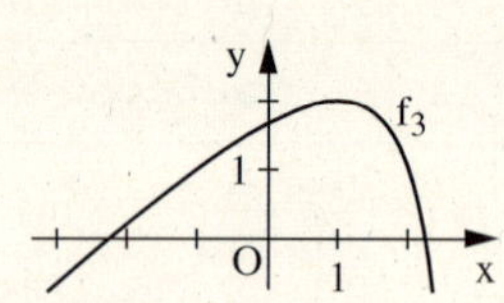
d)
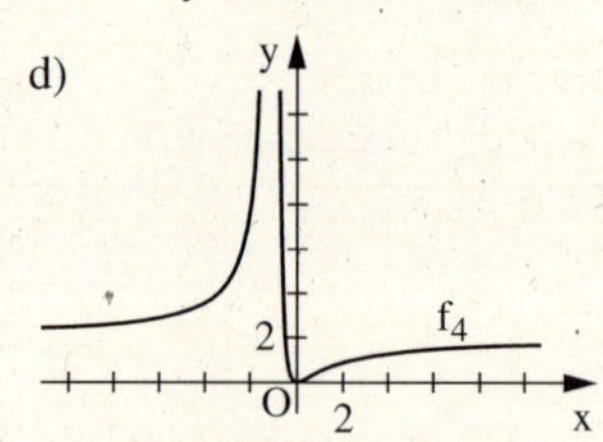
e)
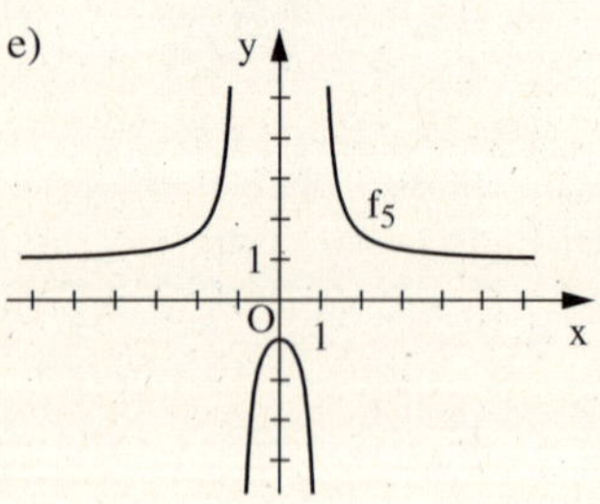
f)
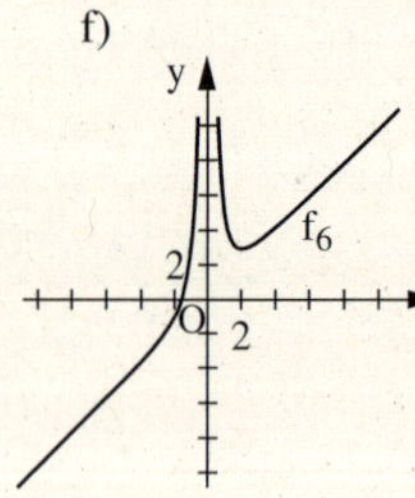
g)
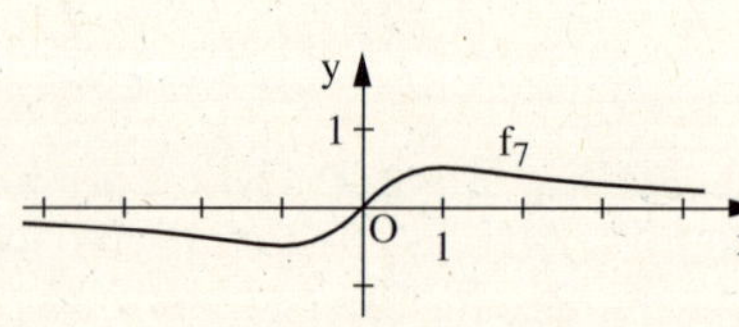
h)
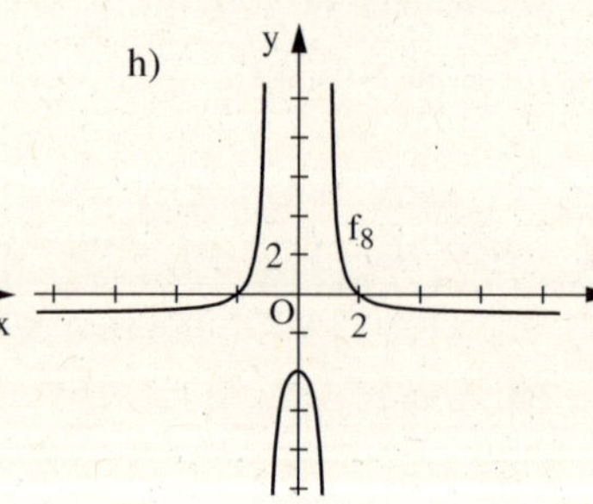
i)
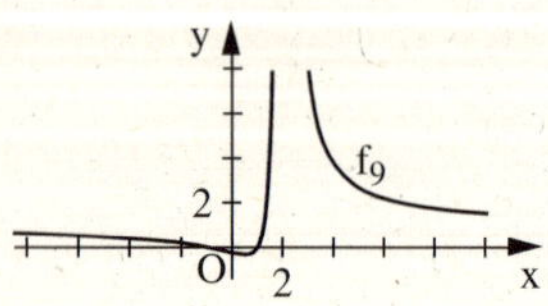
j)
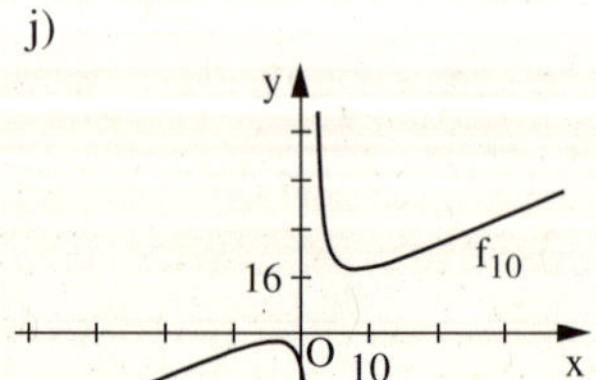
k)
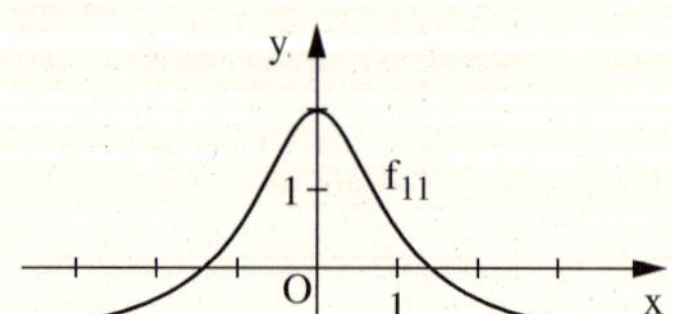
l)
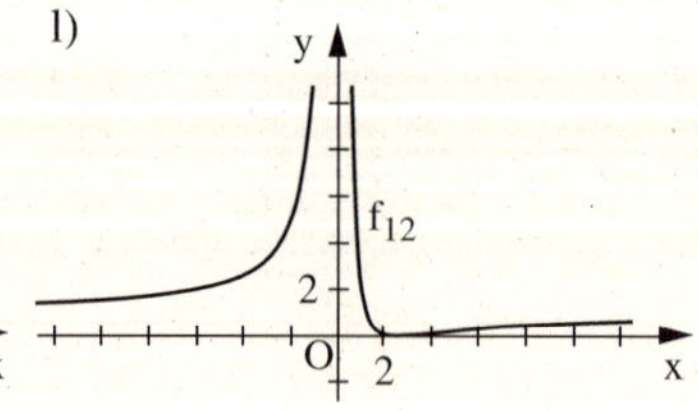
m)
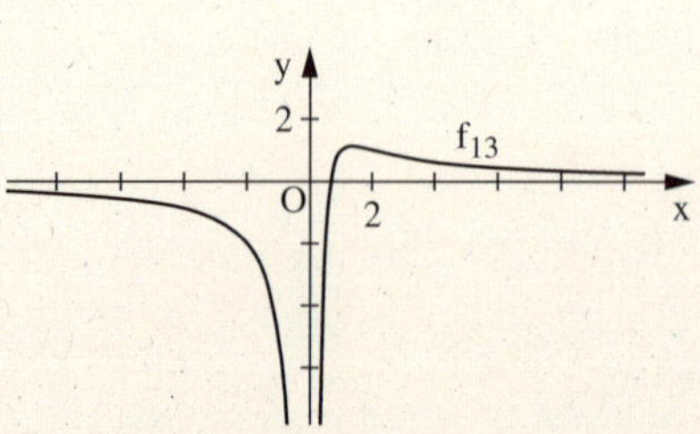
n)
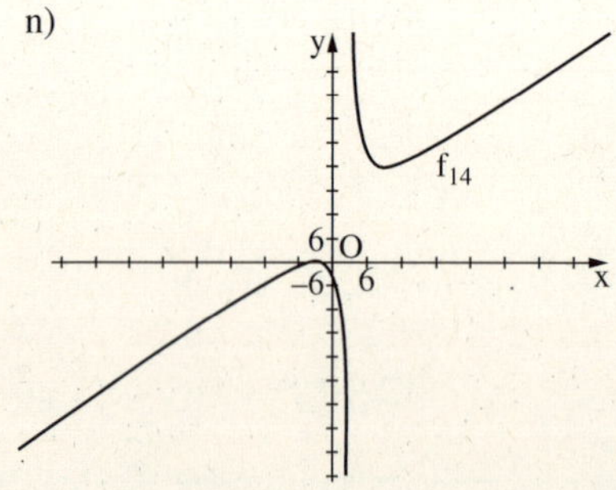
o)
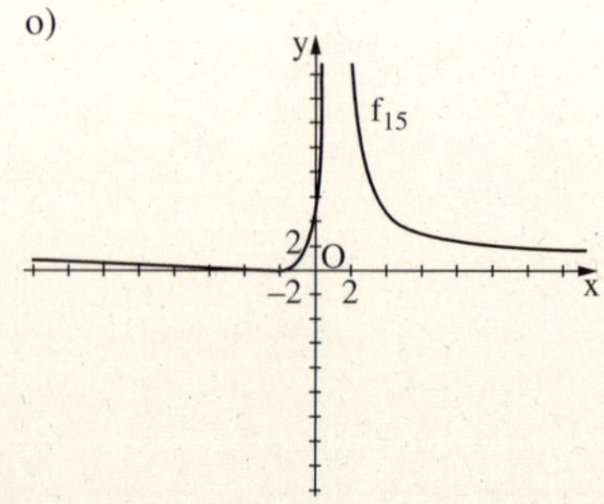

DA 199

a) $f_1(x) = \frac{x^2 - 1}{x^2 + 1}$; $x_{N_1} = -1$; $x_{N_2} = -1$; keine Polstellen

$P_{W_1}(\frac{1}{3}\sqrt{3}; -\frac{1}{2})$; $P_{W_2}(-\frac{1}{3}\sqrt{3}; -\frac{1}{2})$

b) $f_2(x) = \frac{2x^2 - 8}{x^2 + 2}$; $x_{N_1} = -2$; $x_{N_2} = 2$; keine Polstellen

$P_{W_1}(\sqrt{\frac{2}{3}}; -\frac{5}{2})$; $P_{W_2}(-\sqrt{\frac{2}{3}}; -\frac{5}{2})$

c) $f_3(x) = \frac{x^2 - 6}{x - 3{,}5}$ $x_{N_1} = -\sqrt{6}$; $x_{N_2} = \sqrt{6}$

$x_P = 3{,}5$

keine Wendepunkte

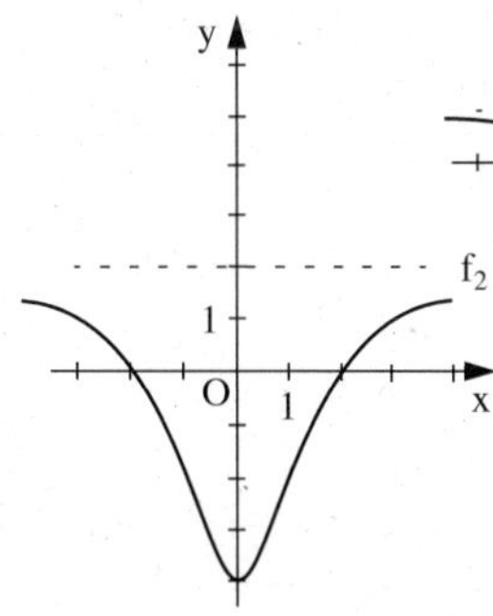

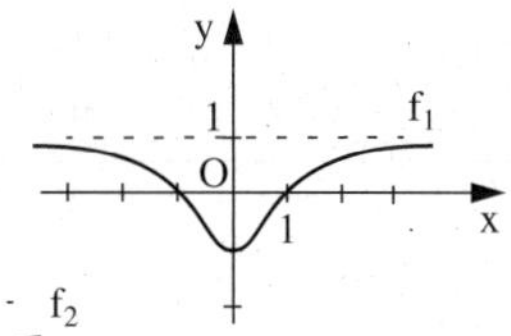

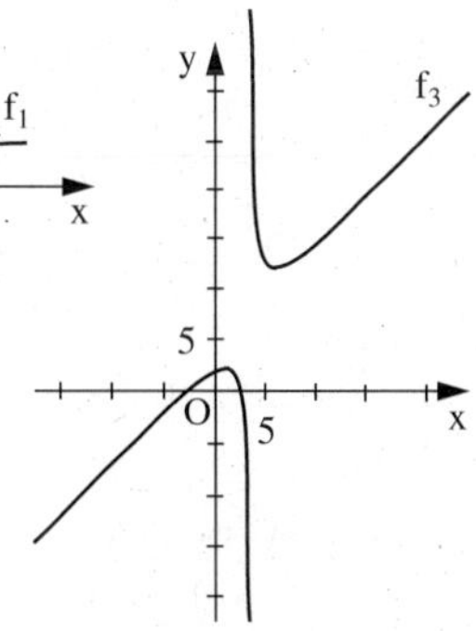

DA 200

a) $f_1'(x) = (1 + x) \cdot e^x$ | $f_1''(x) = (2 + x) \cdot e^x$ | $f_1'''(x) = (3 + x) \cdot e^x$

$P_X(0; 0)$ $P_Y(0; 0)$ | $P_{min}(-1; -\frac{1}{e})$ | $P_W(-2; -\frac{2}{e^2})$ | Wendetangente: $y = -\frac{1}{e^2}x - \frac{4}{e^2}$

b) $f_2'(x) = 2x \cdot \ln x + x$ | $f_2''(x) = 2 \cdot \ln x + 3$ | $f_2'''(x) = 2 \cdot \frac{1}{x}$

($x_{N_1} = 0$ entfällt) | $x_{N_2} = 1$ | $P_X(1; 0)$ | P_Y existiert nicht

$P_{min}(e^{-\frac{1}{2}}; -\frac{1}{2e})$ | $P_W(e^{-\frac{3}{2}}; -\frac{3}{2e^3})$ | Wendetangente: $y = -2e^{-\frac{3}{2}}x + \frac{1}{2}e^{-3}$

c) $f_3'(x) = (2x + x^2) \cdot e^x$ | $f_3''(x) = (2 + 4x + x^2) \cdot e^x$ | $f_3'''(x) = (6 + 6x + x^2) \cdot e^x$

$P_X(0; 0)$ $P_Y(0; 0)$ | $P_{min}(0; 0)$ | $P_{W_1}(\approx -3{,}4; \approx 0{,}4)$ | Wendetangenten: $y = 0{,}16x + 0{,}994$

$P_{max}(-2; \frac{4}{e^2})$ | $P_{W_2}(\approx -0{,}6; \approx 0{,}2)$ | $y = -0{,}46x - 0{,}077$

d) $f_4'(x) = e^{-x}(-x + 1)$ | $f_4''(x) = e^{-x}(+x - 2)$ | $f_4'''(x) = e^{-x}(-x + 3)$

$P_X(0; 0)$ $P_Y(0; 0)$ | $P_{max}(1; \frac{1}{e})$ | $P_W(2; \frac{2}{e^2})$ | Wendetangente: $y = -\frac{1}{e^2}x + \frac{4}{e^2}$

e) $f_5'(x) = (2x - x^2) \cdot e^{-x}$ | $f_5''(x) = (2 - 4x + x^2) \cdot e^{-x}$ | $f_5'''(x) = (-6 + 6x - x^2) \cdot e^{-x}$

$P_X(0; 0)$ $P_Y(0; 0)$ | $P_{min}(0; 0)$ | $P_{W_1}(\approx 3{,}4; \approx 0{,}4)$ | Wendetangenten: $y_1 = -0{,}16x + 0{,}994$

$P_{max}(2; 4 \cdot e^{-2})$ | $P_{W_2}(\approx 0{,}6; \approx 0{,}2)$ | $y_2 = 0{,}46x - 0{,}077$

f) $f_6'(x) = -\frac{x + 2}{e^x}$ | $f_6''(x) = \frac{x + 1}{e^x}$ | $f_6'''(x) = \frac{-x}{e^x}$

$x_N = -3$ | $P_X(-3; 0)$ | $P_Y(0; 3)$

$P_{max}(-2; e^2)$ | $P_W(-1; 2e)$ | Wendetangente: $y = -ex + e$

g) $f_7'(x) = \frac{2x}{1 + x^2}$ | $f_7''(x) = \frac{-2x^2 + 2}{(1 + x^2)^2}$ | $f_7'''(x) = \frac{4x^3 - 12x}{(1 + x^2)^3}$

$P_X(0; 0)$ $P_Y(0; 0)$ | $P_{min}(0; 0)$ | $P_{W_1}(1; \ln 2)$ | Wendetangenten: $y_1 = x - (1 - \ln 2) = x - 0{,}3$

$P_{W_2}(-1; \ln 2)$ | $y_2 = -x - (1 - \ln 2) = -x - 0{,}3$

h) $f_8'(x) = (2 - \frac{1}{4}x) \cdot e^{\frac{1}{4}x}$ | $f_8''(x) = (\frac{1}{4} - \frac{1}{16}x) \cdot e^{\frac{1}{4}x}$ | $f_8'''(x) = -\frac{1}{64}x \cdot e^{\frac{1}{4}x}$

$P_X(12; 0)$ $P_Y(0; 12)$ | $P_{max}(8; 4e^2)$ | $P_W(4; 8e)$ | Wendetangente: $y = ex + 4e$

a)

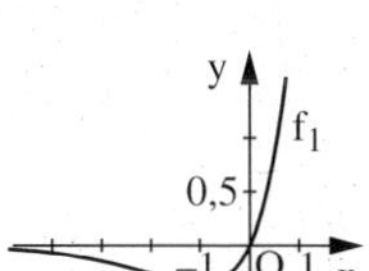

b)

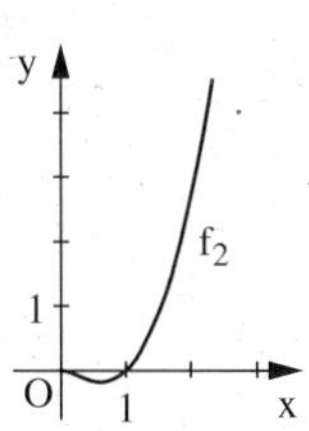

c)

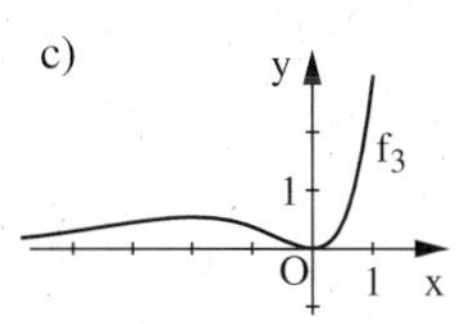

d)

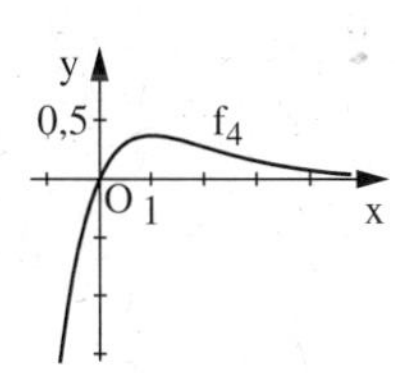

e)

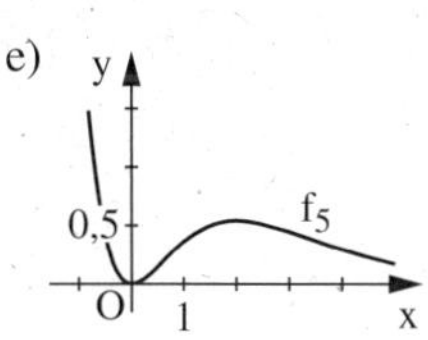

f)

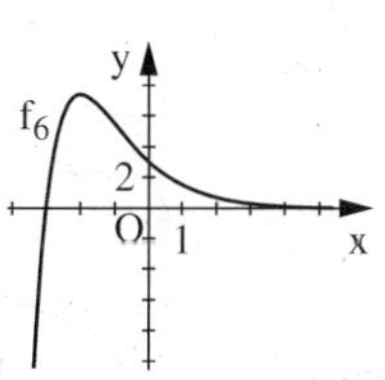

g)

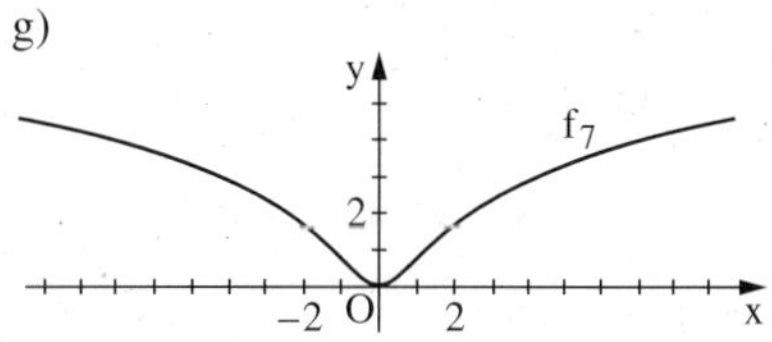

h)

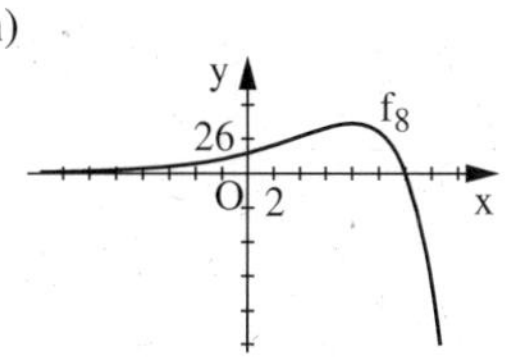

DA 201

a) $f_1'(x) = e^x(x^2 - 2)$ $\quad$ $f_1''(x) = e^x(x^2 + 2x - 2)$ $\quad$ $f_1'''(x) = e^x(x^2 + 4x)$

$x_{N_1} = 0$; $x_{N_2} = 2$ $\quad$ $P_{max}(-\sqrt{2}; 1{,}2)$; $P_{min}(\sqrt{2}; -3{,}4)$ $\quad$ $P_{W_1}(0{,}73; -1{,}93)$; $P_{W_2}(-2{,}73; 0{,}84)$

b) $f_2'(x) = x(2\ln x - 1)$ $\quad$ $f_2''(x) = 2\ln x + 1$ $\quad$ $f_2'''(x) = 2x^{-1}$

$x_N = e$ $\quad$ $P_{min}(\sqrt{e}; -0{,}5e)$ $\quad$ $P_W(\frac{1}{\sqrt{e}}; -\frac{3}{2e})$

c) $f_3'(x) = \frac{1}{2} e^{\frac{1}{2}x} - e^{-x}$ $\quad$ $f_3''(x) = \frac{1}{4} e^{\frac{1}{2}x} + e^{-x}$ $\quad$ $f_3'''(x) = \frac{1}{8} e^{\frac{1}{2}x} - e^{-x}$

keine Nullstellen $\quad$ $P_{min}(\frac{2}{3}\ln 2; \frac{3}{2}\sqrt[3]{2})$ $\quad$ keine Wendepunkte

d) $f_4'(x) = e^x(x - 3)$ $\quad$ $f_4''(x) = e^x(x - 2)$ $\quad$ $f_4'''(x) = e^x(x - 1)$

$x_N = 4$ $\quad$ $P_{min}(3; -e^3)$ $\quad$ $P_W(2; -2e^2)$

e) $f_5'(x) = 1 - \ln x$ $\quad$ $f_5''(x) = -\frac{1}{x}$ $\quad$ $f_5'''(x) = \frac{1}{x^2}$

$x_N = e^2$ $\quad$ $P_{max}(e; e)$ $\quad$ kein Wendepunkt

f) $f_6'(x) = \frac{2\ln x}{x}$ $\quad$ $f_6''(x) = \frac{2 - 2\ln x}{x^2}$ $\quad$ $f_6'''(x) = \frac{4\ln x - 6}{x^3}$

$x_N = 1$ $\quad$ $P_{min}(1; 0)$ $\quad$ $P_W(e; 1)$

g) $f_7'(x) = \ln x + 1$ $\quad$ $f_7''(x) = \frac{1}{x}$ $\quad$ $f_7'''(x) = -\frac{1}{x^2}$

$x_N = 1$ $\quad$ $P_{min}(\frac{1}{e}; -\frac{1}{e})$ $\quad$ keine Wendepunkte

h) $f_8'(x) = 1 - \frac{1}{x}$ $\quad$ $f_8''(x) = \frac{1}{x^2}$ $\quad$ $f_8'''(x) = -\frac{2}{x^3}$

keine Nullstellen $\quad$ $P_{min}(1; 1)$ $\quad$ keine Wendestellen

i) $f_9'(x) = (3x^2 - x^3) \cdot e^{-x}$ $\quad$ $f_9''(x) = (6x - 6x^2 + x^3) \cdot e^{-x}$ $\quad$ $f_9'''(x) = (6 - 18x + 9x^2 - x^3) \cdot e^{-x}$

$x_N = 0$ $\quad$ $P_{max}(3; \frac{27}{e^3})$ $\quad$ $P_{W_1}(0; 0)$ (Sattelpunkt)

$P_{W_2}(\approx 4{,}7; \approx 0{,}9)$ $\quad$ $P_{W_3}(\approx 1{,}3; \approx 0{,}6)$

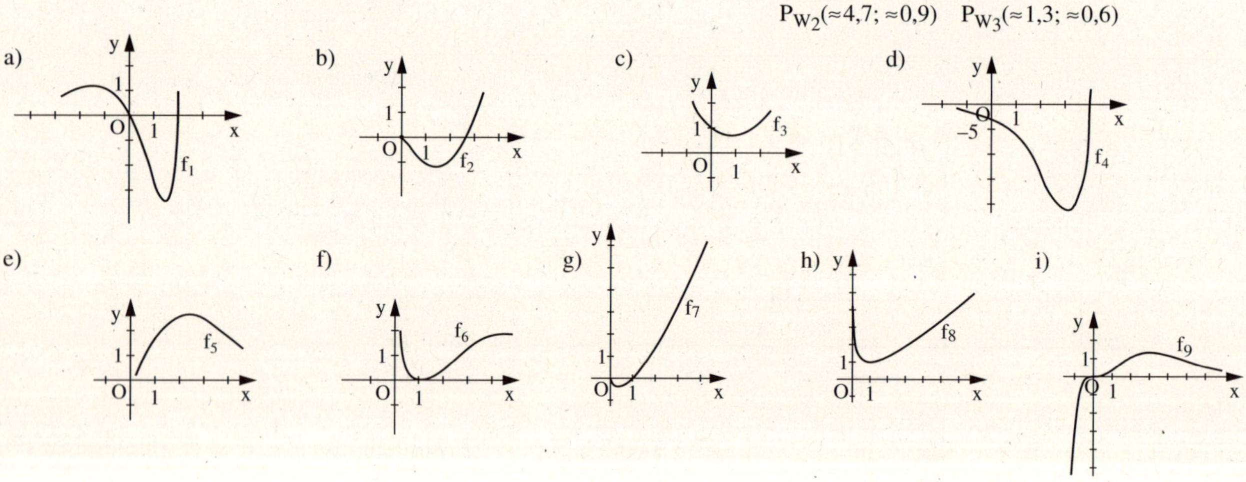

DA 202

a) $P_{x1}(2; 0)$ $\quad$ $P_{x2}(-1; 0)$

$f'(x) = \frac{3x + 12}{x^3}$; $\quad$ $f''(x) = \frac{-6x - 36}{x^4}$ $\quad$ $f'''(x) = \frac{18x + 144}{x^5}$

$x_E = -4$ $\quad$ $f''(-4) = -\frac{3}{64} < 0 \Rightarrow$ lokales Maximum

$x_W = -6$ $\quad$ $f'''(-6) \neq 0$

$P_{max}(-4; 3{,}375)$; $\quad$ $P_W(-6; 3{,}\overline{3})$

$\lim\limits_{x \to \pm\infty} f(x) = 3$

$W_f = \{y; y \in \mathbb{R}; y \leq 3{,}375\}$

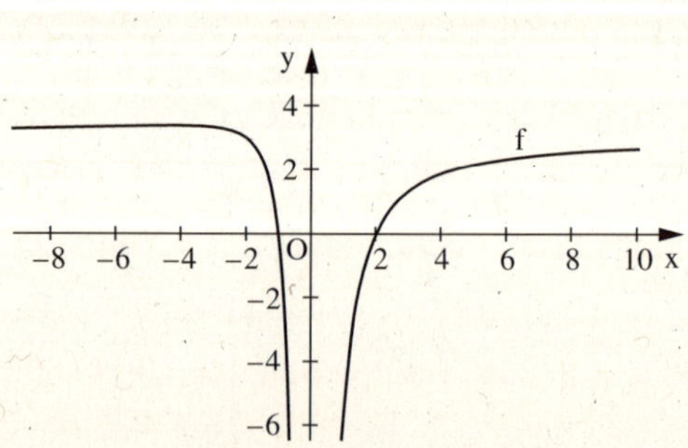

b) $\frac{3x^2 - 3x - 6}{x^2} = -80 \Rightarrow x_1 \approx 0{,}2875 \quad x_2 \approx -0{,}2514$ (GTA)

oder: z.B. $f(x)$ ist für $x > 0$ streng monoton wachsend ($f'(x) = \frac{3x + 12}{x^3} > 0$ für $x > 0$) und stetig. Wegen der Nullstelle bei $x = 2$ werden deshalb im Intervall $(0 < x < 2)$ alle Werte im Intervall $-\infty < y < 0$ von f angenommen und somit auch -80.

c) $f'(-1) = -9$ $\qquad$ $P(-1; 0)$ $\quad$ t: $y = -9x - 9$

$f'(x) = \frac{3x + 12}{x^3} = -9 \quad \Rightarrow \quad L = \{-1\}$

oder: z.B. Da f(x) für alle $x \neq 0$ stetig ist, folgt:

- für $-\infty < x < 3$ kann f nicht den Anstieg -9 haben, da $P(-3; f(-3))$ Maximumpunkt ist.
- für $-3 < x < 0$ kann f kein zweites mal den Anstieg -9 haben, da keine weiteren Extremstellen existieren.
- für $0 < x < \infty$ kann f nie den Anstieg -9 haben, da f für alle $x > 0$ monoton wachsend ist. ($f'(x) > 0$ für $x > 0$)

d) $m = f'(-2) = -\frac{3}{4}$; $\qquad f(-2) = 3$

$3 = (-\frac{3}{4}) \cdot (-2) + n \quad \Rightarrow \quad n = \frac{3}{2}$

t: $y = -\frac{3}{4}x + \frac{3}{2}$

Schnittwinkel: $\tan\alpha = -\frac{3}{4} \quad \Rightarrow \quad \alpha \approx 143°$

DA 203

a) $f(x) = -0{,}5x^3 + 2x^2$ $\qquad f'(x) = -1{,}5x^2 + 4x$ $\qquad f''(x) = -3x + 4$ $\qquad f'''(x) = -3$

Nullstellen: $x_{01} = 0 \quad \Rightarrow \quad P_1(0; 0)$

$x_{02} = 4 \quad \Rightarrow \quad P_2(4; 0)$

$x_{E1} = 0 \quad x_{E2} = 2{,}\overline{6}$

$f''(0) = 4 > 0 \quad \Rightarrow$ lokales Minimum $\qquad f''(2{,}\overline{6}) = -4 < 0 \quad \Rightarrow$ lokales Maximum

Extrempunkte: $P_1(0; 0)$ Minimum $\qquad P_2(2{,}\overline{6}; 4{,}7)$ Maximum

Wendepunkt: $x_W = \frac{4}{3}$

$f'''(\frac{4}{3}) = -3 \neq 0$ $\qquad P_3(\frac{4}{3}; 2{,}4)$

b)

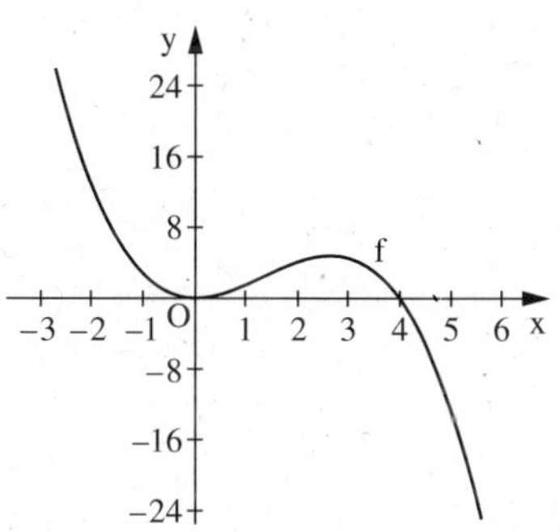

c) Anstieg der Tangente: $f'(\frac{4}{3}) = -1{,}5(\frac{4}{3})^2 + 4\frac{4}{3} = 2{,}\overline{6}$

Berechnung von n: $n = -1{,}1\overline{5}$

Gleichung der Tangente: $f(x) = 2{,}\overline{6}x - 1{,}1\overline{5}$

d) Ermittlung des Punktes P: $P(3; 4{,}5)$

Anstieg: entspricht dem Anstieg der Wendetangente

Gleichung der Geraden g: $g(x) = 2{,}\overline{6}x - 3{,}5$

DA 204

a)

a	−1	−0,5	−0,25	0,25	0,5	1
Nullstellen	0 und 1	0 und 2	0 und 4	0 und −4	0 und −2	0 und −1
P_{min}	keiner	keiner	keiner	(−2; −1)	(−1; −0,5)	(−0,5; −0,25)
P_{max}	(0,5; 0,25)	(1; 0,5)	(2; 1)	keiner	keiner	keiner

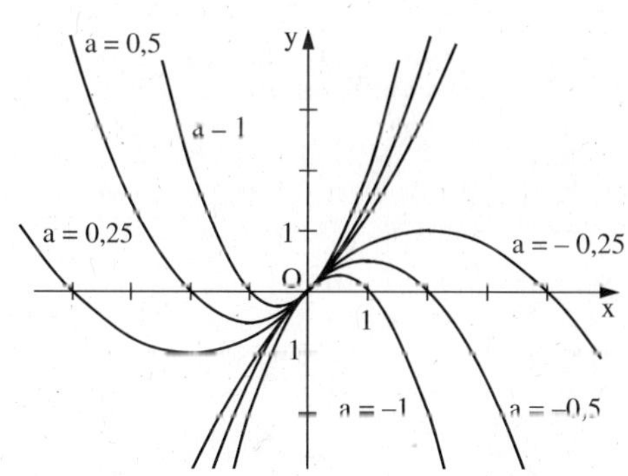

b) $f_a'(x) = 2ax + 1$ und $f_a''(x) = 2a \neq 0 \Rightarrow$ lokale Extrema existieren,

und zwar für $x = -\frac{1}{2a}$; $P_{Ex}(-\frac{1}{2a}; -\frac{1}{4a})$.

Die Elimination des Parameters a ergibt $a = -\frac{1}{2x}$ bzw. $y = -\frac{1}{4 \cdot \left(-\frac{1}{2x}\right)} = \frac{1}{2}x$, also eine Geradengleichung.

c) Die Nullstellen sind $x_1 = 0$ und $x_2 = -\frac{1}{a}$. Es gilt $f_a'(0) = 1 = \tan\alpha_1$, also $\alpha_1 = 45°$, sowie $f_a'(-\frac{1}{a}) = 2a(-\frac{1}{a}) + 1 = -1 = \tan\alpha_2$, also $\alpha_1 = 135°$. Die Abszissenachse wird unabhängig vom Parameter a stets unter dem gleichen Winkel geschnitten.

d) Einsetzen der Koordinaten von $P(3; -15)$ in die Funktionsgleichung ergibt $-15 = a \cdot 3^2 + 3$ und somit $a = -2$.

e) Tangentengleichung $y = 5x - 2 \Rightarrow m_t = 5$. Sei $P_0(x_0; y_0)$ der Berührpunkt, dann muss $f_a'(x_0) = 2ax_0 + 1 = m_t = 5$ gelten. Durch Auflösen nach x_0 ergibt sich $x_0 = \frac{2}{a}$ und Einsetzen in die Funktionsgleichung bringt $y_0 = a \cdot (\frac{2}{a})^2 + \frac{2}{a} = \frac{6}{a}$. Einsetzen von x_0 und y_0 in die Tangentengleichung liefert $\frac{6}{a} = \frac{10}{a} - 2$, also $a = 2$.

DA 205

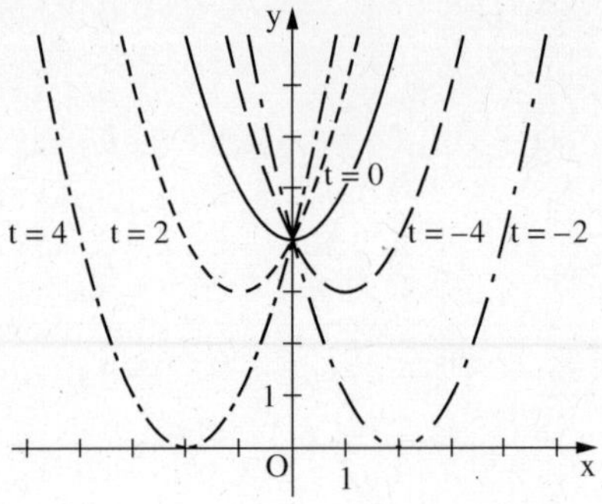

a) $x_{N1/2} = -\frac{t}{2} \pm \sqrt{\frac{t^2}{4} - 4}$

$f'(x) = 2x + t$

$x_E = -\frac{t}{2}$

$P_{min}(-\frac{t}{2}; -\frac{t^2}{4} + 4)$

b) $y = -x^2 + 4$

c) Eine NST, wenn $\frac{t^2}{4} - 4 = 0$; d.h. für $t_1 = 4$ und $t_2 = -4$

DA 206

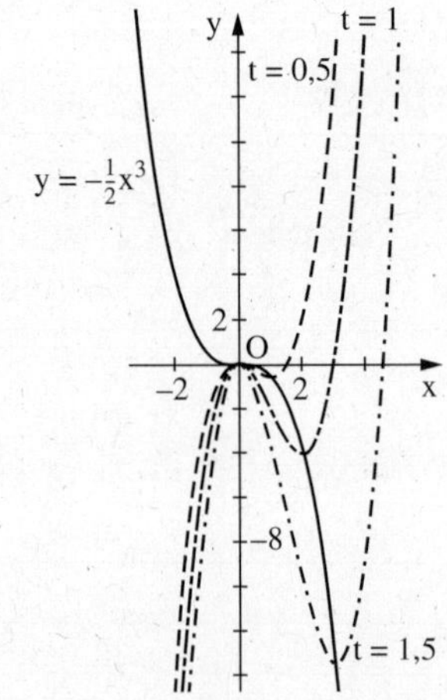

a) Nullstellen: $0 = x^3 - 3t \cdot x^2 = x^2 \cdot (x - 3t)$

$x_{N1} = 0, \quad x_{N2} = 3t$

Lokale Extrempunkte: $f'(x) = 3x^2 - 6tx \quad f''(x) = 6x - 6t \quad f'''(x) = 6$

$f'(x) = 0 \Rightarrow 0 = 3x^2 - 6tx = x \cdot (3x - 6t)$

$x_{E1} = 0 \quad x_{E2} = 2t$

$f''(0) = -6t < 0 \Rightarrow$ f hat in x = 0 ein lokales Maximum

$f''(2t) = 6t > 0 \Rightarrow$ f hat in x = 2t ein lokales Minimum

$f(0) = 0 \Rightarrow P_{max}(0; 0)$

$f(2t) = -4t^3 \Rightarrow P_{min}(2t; -4t^3)$

Wendepunkte: $f''(x) = 0 \Rightarrow 0 = 6x - 6t \quad x_W = t$

$f'''(t) = 6 \neq 0; \quad f(t) = -2t^3 \Rightarrow P_W(t; -2t^3)$

b) Um die Gleichung der gesuchten Kurve zu erhalten, muss der Parameter t eliminiert werden. Die x-Koordinate der Maxima x = 2t nach t aufgelöst ergibt $t = \frac{x}{2}$. Setzt man diesen Wert in den Ausdruck für die y-Koordinate $y = -4t^3$ (oder in die Funktionsgleichung $y = f_t(x) = x^3 - 3tx^2$) ein, so ergibt sich die Gleichung der gesuchten Ortskurve zu $y = -\frac{1}{2}x^3$, weil auch der Maximumpunkt auf dieser Kurve liegt.

c) In analoger Weise substituiert man in $y = -2t^3$ (bzw. $y = x^3 - 3tx^2$) den Parameter t (hier durch t = x) und erhält als Ortskurve $y = -2x^3$.

d) – t_1: Einsetzen von A(1; −5) in die Funktionsgleichung führt zu $-5 = 1^3 - 3t_1 \cdot 1^2$, also $t_1 = 2$.

– t_2: Da für die Tangente die Gleichung $y = -3x + 1$ gelten soll, beträgt der Anstieg der Wendetangente im Wendepunkt $P_W(t; -2t^3)$ −3. D.h. $f_{t_2}'(t_2) = -3t_2^2 = -3$, also $t_2 = 1$ $(t > 0)$.
(Setzt man den zu $t_2 = 1$ entsprechenden Wendepunkt $P_W(1; -2)$ in die Geradengleichung $y = -3x + n$ ein, so folgt $y = -3x + 1$.)

– t_3: Die positive x-Achse wird in Punkt $P_x(3t; 0)$ geschnitten. Der Anstieg beträgt dort $f_{t_3}'(3t_3) = 9t_3^2$. Für den Anstieg soll wegen $m = \tan 45° = 1$ also $9t_3^2 = 1$ gelten. Damit erhält man den gesuchten Parameter $t_3 = \frac{1}{3}$ (da $t > 0$).

DA 207

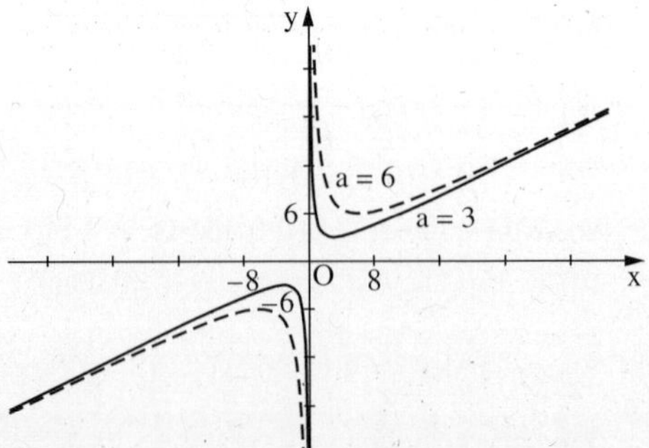

Nullstellen: $0 = x^2 + a^2 \Rightarrow L = \emptyset$; keine Nullstellen

Polstellen: $x_P = 0$

Extrema: $f'(x) = \frac{x^2 - a^2}{2x^2} \quad f''(x) = \frac{a^2}{x^3}$

$x_{E1} = a \quad x_{E2} = -a$

$f''(a) = \frac{1}{a} > 0 \Rightarrow P_{min}(a; a)$

$f''(-a) = -\frac{1}{a} < 0 \Rightarrow P_{max}(-a; -a)$

Symmetrie: $f(-x) = \frac{(-x)^2 + a^2}{-2x} = -\frac{x^2 + a^2}{2x} = -f(x)$

punktsymmetrisch zum Koordinatenursprung

Verhalten im Unendlichen: $\lim_{x \to \pm\infty} f(x) = \pm\infty$ Asymptote: $y = \frac{x}{2}$

DA 208

a) $P_x(\frac{2}{a}; 0)$ $\qquad f_a'(x) = \frac{ax-4}{x^3}$; $\qquad f_a''(x) = \frac{-2ax+12}{x^4}$; $\qquad f_a'''(x) = \frac{6ax-48}{x^5}$

$x_E = \frac{4}{a}$; $f_a''(\frac{4}{a}) = \frac{a^4}{4^3} > 0$, lokales Minimum; $P_{min}(\frac{4}{a}; -\frac{1}{8}a^2)$; $x_W = \frac{6}{a}$; $f_a'''(\frac{6}{a}) = \frac{-12}{6^5} \cdot a^5 \neq 0$; $P_W(\frac{6}{a}; -\frac{1}{9}a^2)$

$\lim_{x \to \pm\infty} f(x) = 0$

a = 1	a = 2	a = 3
$P_x(2; 0)$	$P_x(1; 0)$	$P_x(\frac{2}{3}; 0)$
$P_{min}(4; -\frac{1}{8})$	$P_{min}(2; -\frac{1}{2})$	$P_{min}(\frac{4}{3}; -\frac{9}{8})$
$P_W(6; -\frac{1}{9})$	$P_W(3; -\frac{4}{9})$	$P_W(2; -1)$

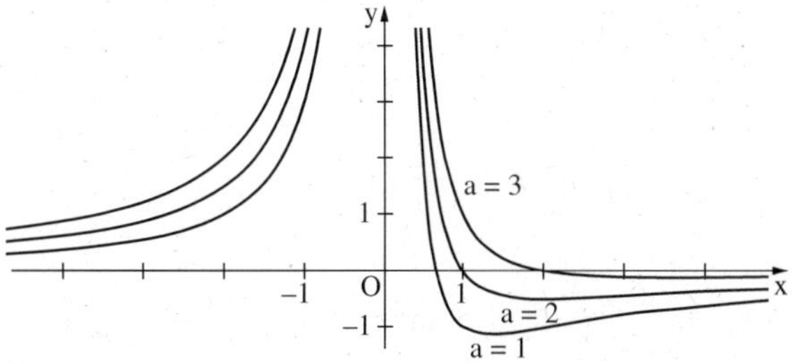

b) $P_x(a; 0)$

$f_a'(x) = \frac{2a \cdot (x-a)}{x^3}$; $\quad f_a''(x) = \frac{-4ax+6a^2}{x^4}$; $\quad f_a'''(x) = \frac{12ax-24a^2}{x^5}$

$x_E = a$; $f_a''(a) = \frac{2}{a^2} > 0$ lokales Minimum; $P_{min}(a; 0)$; $x_W = \frac{3a}{2}$; $f_a'''(\frac{3a}{2}) = -\frac{192}{243a^3} \neq 0$; $P_W(\frac{3a}{2}; \frac{1}{9})$

$\lim_{x \to \pm\infty} f(x) = 1$

DA 209

a) $f_a'(x) = 1 \cdot e^{ax} + x \cdot a \cdot e^{ax} = (1 + a \cdot x) \cdot e^{ax}$

$f_a''(x) = a \cdot e^{ax} + a \cdot (e^{ax} + x \cdot a \cdot e^{ax})$

$= a \cdot e^{ax} + a \cdot e^{ax} + x \cdot a^2 \cdot e^{ax}$

$= (2a + x \cdot a^2) \cdot e^{ax}$

$ax + 1 = 0 \qquad x_E = -\frac{1}{a}$

$f_a''(-\frac{1}{a}) = a \cdot e^{-1} > 0 \qquad P_{min}(-\frac{1}{a}; -\frac{1}{a} \cdot e^{-1})$

a = 0,5: $\quad P_{min}(-2; -\frac{2}{e})$

a = 4: $\quad P_{min}(-\frac{1}{4}; -\frac{1}{4e})$

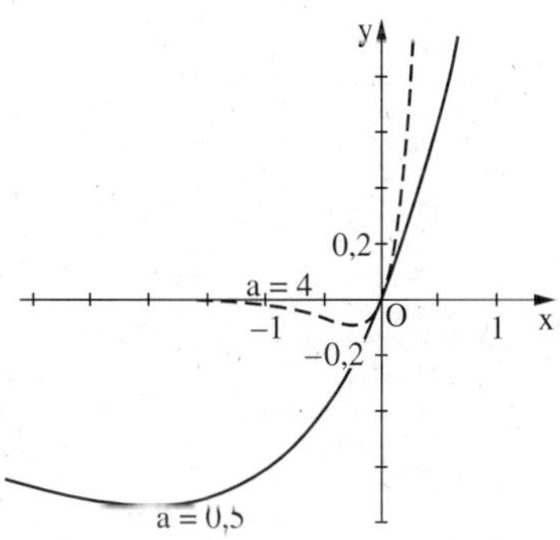

b) $f_k'(x) = 2x \cdot \ln(k \cdot x) + x^2 \cdot \frac{1}{x}$

$= 2x \cdot \ln(k \cdot x) + x$

$= x \cdot (2\ln(k \cdot x) + 1)$

$f_k''(x) = 2 \cdot \ln(k \cdot x) + 2x\frac{1}{x} + 1$

$= 2\ln(k \cdot x) + 3$

$0 = 2\ln(k \cdot x) + 1 \qquad x = \frac{1}{k} \cdot e^{-\frac{1}{2}}$

$f_k''(\frac{1}{k} \cdot e^{-\frac{1}{2}}) = 2\ln e^{-\frac{1}{2}} + 3 = 2 > 0$

$P_{min}(\frac{1}{k} e^{-\frac{1}{2}}; -\frac{1}{k^2} \cdot \frac{1}{2e})$

$k = \frac{1}{4}$: $\quad P_{min}(4 \cdot e^{-\frac{1}{2}}; -\frac{16}{2e})$

$k = \frac{1}{8}$: $\quad P_{min}(8 \cdot e^{-\frac{1}{2}}; -\frac{64}{2e})$

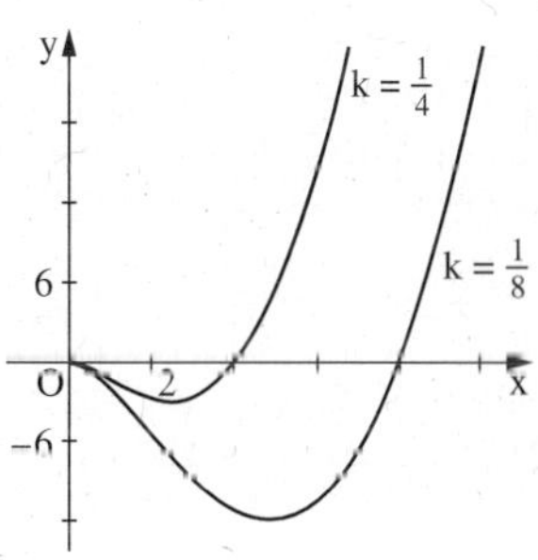

Hinweis: Untersuchung für a = 1 bzw. k = 1 vgl. DA 200a bzw. DA 200b.

DA 210

Weil $e^{kx} \neq 0$ für alle $x \in \mathbb{R}$ gilt, hat $f_k(x) = x \cdot e^{kx}$ nur die Nullstelle $x_N = 0$.
Es gilt $f_k'(x) = e^{kx}(1 + kx)$, $f_k''(x) = ke^{kx}(2 + kx)$ sowie $f_k'''(x) = k^2e^{kx}(3 + kx)$.
Es ist $f_k'(x) = 0$, falls $x = -\frac{1}{k}$, und wegen $f_k''(-\frac{1}{k}) = ke^{-1} < 0$, weil $k < 0$, ist $P_{max}(-\frac{1}{k}; -\frac{1}{ke})$ ein Maximumpunkt. Ferner ist $f_k''(x) = 0$, falls $x = -\frac{2}{k}$, und da $f_k'''(-\frac{2}{k})\ k^2e^{-2} \neq 0$, ist $P_W(-\frac{2}{k}; -\frac{1}{ke^2})$ der Wendepunkt. Für die Extrempunkte der Schar gilt $y = \frac{1}{e}x$ und für die Wendepunkte $y = \frac{1}{e^2}x$.

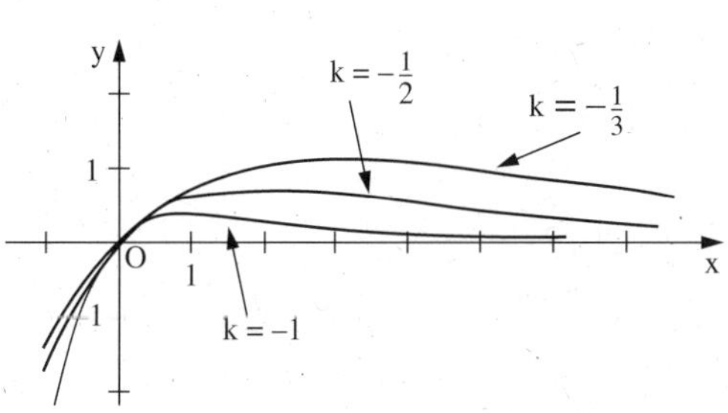

DA 211

a) $f(x) = -\frac{1}{12}x^3 + \frac{3}{4}x^2$

$f(0) = 0$	$P_y(0; 0)$	$0 = -\frac{1}{12}x^3 + \frac{3}{4}x^2 = x^2 \cdot (-\frac{1}{12}x + \frac{3}{4})$	$x_1 = 0$	$P_{x1}(0; 0)$
			$x_2 = 9$	$P_{x2}(9; 0)$
$f'(x) = -\frac{1}{4}x^2 + \frac{3}{2}x$		$0 = x \cdot (-\frac{1}{4}x + \frac{3}{2})$	$x_1 = 0$	
			$x_2 = 6$	
$f''(x) = -\frac{1}{2}x + \frac{3}{2}$		$f''(0) = \frac{3}{2} > 0$	lokales Minimum	$P_{min}(0; 0)$
		$f''(6) = -\frac{3}{2} < 0$	lokales Maximum	$P_{max}(6; 9)$
$f''(x) = 0$		$0 = -\frac{1}{2}x + \frac{3}{2}$	$x_W = 3$	
$f'''(x) = -\frac{1}{2}$;		$f'''(3) = -\frac{1}{2} \neq 0$;		$P_W(3; 4{,}5)$

b) nicht symmetrisch, denn $f(-x) \neq f(x)$ bzw. $f(-x) \neq -f(x)$

$\lim\limits_{x \to +\infty} f(x) = -\infty \quad \lim\limits_{x \to -\infty} f(x) = +\infty$

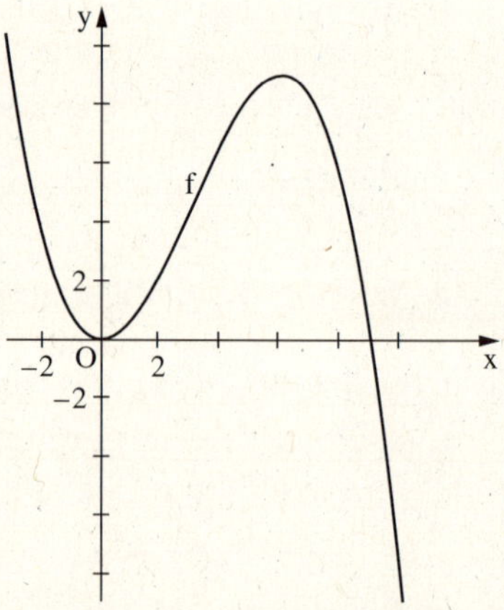

c) $f'(x) = 3ax^2 + 2bx$

$0 = 3ax^2 + 2bx = x \cdot (3ax + 2b)$

$x_{E1} = 0 \qquad x_{E2} = -\frac{2b}{3a}$

$f''(x) = 6ax + 2b; \qquad f''(0) = 2b$

Bei x = 0 ist lokales Maximum, wenn b < 0 und lokales Minimum, wenn b > 0.

$f''(-\frac{2b}{3a}) = -\frac{2b}{3a} \cdot 6a^2 + 2b = -2b$

Bei $x = -\frac{2b}{3a}$ ist lokales Maximum, wenn b > 0 und lokales Minimum, wenn b < 0.

d) Bei x = 0 ist lokales Maximum, wenn b < 0.

Aus $x = -\frac{2b}{3a} = -4$ folgt $a = \frac{1}{6}b \Rightarrow$ z.B. b = –6 und a = –1.

D 6 Ermitteln der Gleichungen ganzrationaler Funktionen

DA 212

Gesucht ist $f(x) = ax^2 + bx + c$ mit $f(0) = 1$; $f'(2{,}5) = 0$; $f(6) = 0{,}7$

Daraus folgt für a, b und c:

1. $f(0) = 1$, d.h. $c = 1$
2. $f'(2{,}5) = 0$, d.h. $5a + b = 0$; $b = -5a$
3. $f(6) = 0{,}7$, d.h. $36a + 6b + 1 = 36a - 30a + 1 = 0{,}7 \Rightarrow a = -0{,}05$; $b = 0{,}25$

Die gesuchte Funktion ist $f(x) = -0{,}05x^2 + 0{,}25x + 1$.

Für den höchsten Punkt der Flugbahn des Körperschwerpunktes erhält man $H_{max}(2{,}5; 1{,}3125)$.

DA 213

$f'(2) = 0$	I) $12a + 4b + c = 0$	I) $3a + 6 = -6$	V) (III – I) $6a = 6 \Rightarrow a = 1$
$f(3) = 8$	II) $27a + 9b + 3c + d = 8$	II) $27a + 9b + d = -64$	III) $b = -9$
$f''(3) = 0$	III) $18a + 2b = 0$	III) $9a + b = 0$	VI) (II – 3III) $-54 + d = -64 \Rightarrow d = -10$
$f'(0) = 24$	IV) $c = 24$		Lösungen: $a = 1$; $b = -9$; $c = 24$; $d = -10$
			$f'''(3) = 6 \neq 0$; x = 3 ist Wendestelle

$f''(2) = 12 - 18 = -6 \neq 0$; x = 2 ist lokale Extremstelle

Funktionsgleichung: $y = x^3 - 9x^2 + 24x - 10$

DA 214

$f'(0) = 0$	I) $d = 0$	III) $8a + 3b = 0$	VI) (III – 3IV) $5a - 3e = 1{,}5$
$f''(0) = 0$	II) $2c = 0 \Rightarrow c = 0$	IV) $a + b + e = -0{,}5$	VII) (III – V) $4a = 6$
$f'(2) = 0$	III) $32a + 12b + 4c + d = 0$	V) $4a + 3b = -6$	
$f(1) = -0{,}5$	IV) $a + b + c + d + e = -0{,}5$		Lösungen: $a = 1{,}5$; $b = -4$;
$f'(1) = -6$	V) $4a + 3b\ 2c + d = -6$		$c = 0$; $d = 0$; $e = 2$;

$f''(2) = 72 - 48 = 24 \neq 0$; $x_1 = 2$ ist lokale Extremstelle;

$f''(0) = 0$; $f'''(0) = -24 \neq 0$; $x_2 = 0$ ist Terrassenstelle (Abszisse eines Sattelpunktes)

Funktionsgleichung: $y = 1{,}5x^4 - 4x^3 + 2$

DA 215

a)

$f(0) = 1$	I)	$d = 1$	
$f(1) = 0$	II)	$a + b + c + d = 0$	
$f(-1) = -4$	III)	$-a + b - c + d = -4$	
$f(2) = -1$	IV)	$8a + 4b + 2c + d = -1$	
		$y = x^3 - 3x^2 + x + 1$	

b)

$f(0) = 3$	I)	$d = 3$
$f(1) = 1$	II)	$a + b + c + d = 1$
$f(2) = -3$	III)	$8a + 4b + 2c + d = -3$
$f(4) = 7$	IV)	$64a + 16b + 4c + d = 7$
		$y = x^3 - 4x^2 + x + 3$

c)

$f(1) = 5$	I)	$a + b + c + d = 5$
$f'(1) = 0$	II)	$3a + 2b + c = 0$
$f(-1) = 1$	III)	$-a + b - c + d = 1$
$f'(-1) = 0$	IV)	$3a - 2b + c = 0$
		$y = -x^3 + 3x + 3$

d)

$f(1) = 6$	I)	$a + b + c + d = 6$
$f'(1) = 0$	II)	$3a + 2b + c = 0$
$f(3) = 2$	III)	$27a + 9b + 3c + d = 2$
$f'(3) = 0$	IV)	$27a + 6b + c = 0$
		$y = x^3 - 6x^2 + 9x + 2$

e)

$f(0) = 0$	I)	$d = 0$
$f''(0) = 0$	II)	$2b = 0$
$f'(0) = -0{,}9$	III)	$c = -0{,}9$
$f(3) = 0$	IV)	$27a + 9b + 3c + d = 0$
		$y = 0{,}1x^3 - 0{,}9x$

f)

$f(0) = 3$	I)	$d = 3$
$f''(0) = 0$	II)	$2b = 0$
$f(2) = 9$	III)	$8a + 4b + 2c + d = 9$
$f'(2) = 11$	IV)	$12a + 4b + c = 11$
		$y = x^3 - x + 3$

g)

$f(3) = -10$	I)	$27a + 9b + 3c + d = -10$
$f''(3) = 0$	II)	$18a + 2b = 0$
$f'(5) = 0$	III)	$75a + 10b + c = 0$
$f(5) = -26$	IV)	$125a + 25b + 5c + d = -26$
		$y = x^3 - 9x^2 + 15x - 1$

h)

$f(1) = 1$	I)	$a + b + c + d + e = 1$
$f'(1) = 0$	II)	$4a + 3b + 2c + d = 0$
$f(-1) = 1$	III)	$a - b + c - d + e = 1$
$f'(-1) = 0$	IV)	$-4a + 3b - 2c + d = 0$
$f(0) = 2$	V)	$e = 2$
		$y = x^4 - 2x^2 + 2$

(Wegen der Achsensymmetrie könnte bei h) auch sofort $f(x) = ax^4 + cx^2 + e$ angesetzt werden)

i)

$f(1) = -1$	I)	$a + b + c + d = -1$
$f''(1) = 0$	II)	$6a + 2b = 0$
$f'(1) = 2$	III)	$3a + 2b + c = 2$
$f(0) = 1$	IV)	$d = 1$
		$y = -4x^3 + 12x^2 - 10x + 1$

j)

$f(0) = 1$	I)	$e = 1$
$f'(0) = 0$	II)	$d = 0$
$f''(0) = 0$	III)	$2c = 0$
$f(-2) = -5$	IV)	$16a - 8b + 4c - 2d + e = -5$
$f'(-2) = 0$	V)	$-32a + 12b - 4c + d = 0$
		$y = \frac{9}{8}x^4 + 3x^3 + 1$

k)

$f(1) = -3$	I)	$a + b + c + d = -3$
$f'(1) = 0$	II)	$3a + 2b + c = 0$
$f(-1) = 3$	III)	$-a + b - c + d = 3$
$f'(-1) = 0$	IV)	$3a - 2b + c = 0$
		$y = 1{,}5x^3 - 4{,}5x$

l)

$f(2) = 6$	I)	$8a + 4b + 2c + d = 6$
$f'(2) = 19$	II)	$12a + 4b + c = 19$
$f(-2) = -6$	III)	$-8a + 4b - 2c + d = -6$
$f'(-2) = 19$	IV)	$12a - 4b + c = 19$
		$y = 2x^3 - 5x$

m)

$f'(0) = 0$	I)	$d = 0$
$f(1) = 0$	II)	$a + b + c + d + e = 0$
$f'(1) = 0$	III)	$4a + 3b + 2c + d = 0$
$f'(2) = 24$	IV)	$32a + 12b + 4c + d = 24$
$f(2) = 9$	V)	$16a + 8b + 4c + 2d + e = 9$
		$y = x^4 - 2x^2 + 1$

n)

$f(1) = 1$	I)	$a + b + c + d + e = 1$
$f'(1) = 0$	II)	$4a + 3b + 2c + d = 0$
$f'(-2) = 0$	III)	$-32a + 12b - 4c + d = 0$
$f(0) = 5$	IV)	$e = 5$
$f'(0) = -4$	V)	$d = -4$
		$y = x^4 + 2x^3 - 3x^2 - 4x + 5$

o)

$f'(0) = 0$	I)	$d = 0$
$f'(-1) = 0$	II)	$-4a + 3b - 2c + d = 0$
$f''(-1) = 0$	III)	$12a - 6b + 2c = 0$
$f(-2) = 1$	IV)	$16a - 8b + 4c - 2d + e = 1$
$f'(-2) = -24$	V)	$-32a + 12b - 4c + d = -24$
		$y = 3x^4 + 8x^3 + 6x^2 - 7$

DA 216

Die gesuchte Funktion hat die Form $f(x) = ax^3 + bx^2 + cx + d$ mit $f'(x) = 3ax^2 + 2bx + c$ und $f''(x) = 6ax + 2b$

$f(-1) = 0$:	$-a + b - c + d = 0$	I
$f''(-2) = 0$:	$-12a + 2b = 0$	II
$m = 3$ für $x_W = -2$: $f'(-2) = 3$;	also $12a - 4b + c = 3$	III
$W(-2; -3{,}5)$: $f(-2) = -3{,}5$;	also $-8a + 4b - 2c + d = -3{,}5$	IV

I – IV:	$7a - 3b + c = 3{,}5$	(1)
II:	$-6a + b = 0$	(2)
III:	$12a - 4b + c = 3$	(3)
(1) – (3):	$-5a + b = 0{,}5$	
(2):	$-6a + b = 0$	
	$a = 0{,}5$ $\Rightarrow$ $b = 3$; $c = 9$; $d = 6{,}5$	

Damit ergibt sich $f(x) = 0{,}5x^3 + 3x^2 + 9x + 6{,}5$

Kontrolle: $f'''(x) = 3$ damit ist $f'''(-2) = 3\ (\neq 0)$ d.h. $x_W = -2$ ist tatsächlich Wendestelle.

DA 217

a) Man erhält im einzelnen aus

$f(0) = 0$: $d = 0$

$f'(0) = 0$: $c = 0$

$f''(-1) = 0$: $-6a + 2b = 0 \Rightarrow b = 3a$

$f(-1) = -2$: $-a + 3a = -2 \Rightarrow a = -1;\ b = -3$

Damit ist $f''(0) = -6\ (< 0)$ d.h. dort hat f ein lokales Maximum. Die Funktionsgleichung lautet: $f(x) = -x^3 - 3x^2$.

b) $f(-2) = 0$: $-8a + 4b - 2c + d = 0$

$f''(0) = 0$: $2b = 0 \Rightarrow b = 0$

mit $m = \frac{1}{3}$ für $x_W = 0$: $f'(0) = \frac{1}{3} \Rightarrow c = \frac{1}{3}$; W(0; 2): $d = 2$

Aus $-8a + 4b - 2c + d = 0$ folgt $-8a + 0 - \frac{2}{3} + 2 = 0$, also $a = \frac{1}{6}$.

Ergebnis: $f(x) = \frac{1}{6}x^3 + \frac{1}{3}x + 2$

DA 218

$f(x) = a \cdot x^3 + bx^2 + cx + d$; $f'(x) = 3ax^2 + 2bx + c$; $f''(x) = 6ax + 2b$

Es gilt:

$f(0) = 0$:	d	$= 0$
$f(5) = 100$:	$125a + 25b + 5c$	$= 100$
$f'(5) = 0$:	$75a + 10b + c$	$= 0$
$f''(2) = 0$:	$12a + 2b$	$= 0$

Lösung des Gleichungssystems ergibt $a = -1$, $b = 6$ und $c = 15$.

Prüfung: $f'(5) = 0$ und $f''(5) = -18 < 0 \Rightarrow$ An der Stelle $x_E = 5$ besitzt die Funktion ein Maximum

$f''(2) = 0$ und $f'''(5) = -6 \neq 0 \Rightarrow x_W = 2$ ist Wendestelle

Demzufolge ist die gesuchte Funktion $f(x) = -x^3 + 6x^2 + 15x$.

Interpretation des Graphen:

Ist der Arbeitseinsatz 0, dann ist die Produktionsmenge ebenfalls 0. Bei Zunahme des Arbeitseinsatzes steigt die Produktion rasch an, verlangsamt, erreicht einen höchsten Wert und nimmt dann wieder ab, weil zu viele Beschäftigte vorhanden sind, die nicht ausgelastet werden können. Für die Wirtschaftlichkeit des Betriebes ist der Bereich vor dem Maximum interessant.

DA 219 Beweis (indirekt):

Annahme: f sei durch die Polynome p_1 und p_2 mit $p_1(x) \neq p_2(x)$ darstellbar:

$p_1(x) = a_n x^n + a_{n-1}x^{n-1} + \ldots + a_1 x + a_0$; $p_2(x) = b_m x^m + b_{m-1}x^{m-1} + \ldots + b_1 x + b_0$; $a_n, b_m \neq 0$

Wegen der angenommenen Verschiedenheit der Polynome müsste $n \neq m$ oder – falls $n = m$ – wenigstens für ein Koeffizientenpaar $a_i \neq b_i$ gelten.

$p(x) = (a_n x^n + a_{n-1}x^{n-1} + \ldots + a_1 x + a_0) - (b_m x^m + b_{m-1}x^{m-1} + \ldots + b_1 x + b_0)$ ist ein Polynom, das sich nach Potenzen von x ordnen lässt. p(x) besitzt wenigstens einen von 0 verschiedenen Koeffizienten. Der Grad von p(x) ist höchstens so groß wie die größere der beiden Zahlen n bzw. m. Demzufolge stellt p(x) eine ganzrationale Funktion dar, die entsprechend ihrem Grade nur *an endlich vielen Stellen* den Wert 0 annimmt. Wenn aber sowohl $p_1(x)$ als auch $p_2(x)$ die Funktion f(x) darstellen sollen, muss $p(x) = p_1(x) - p_2(x)$ identisch 0 und damit $p_1(x)$ identisch $p_2(x)$ sein für *alle* x. Aus diesem Widerspruch folgt: Die Annahme ist falsch und ihr Gegenteil, die in der Aufgabe formulierte Aussage, ist wahr. w.z.b.w.

DA 220

a) $a_3 = \sqrt{2}$, $a_2 = \pi$, $a_1 = -\frac{2}{3}$, $a_0 = 4$, also alle $a_i \in \mathbb{R}$, d.h.: f(x) ist ganzrational.

b) $g(x) = 2x^4 - 4x^2 + 2 + \pi x^3 - \pi x^2 = 2x^4 + \pi x^3 - (4 + \pi)x^2 + 2$,
also $a_4 = 2$, $a_3 = \pi$, $a_2 = -(4 + \pi)$, $a_1 = 0$; $a_0 = 2 \Rightarrow g(x)$ ganzrational.

c) $h(x) = x^2 + 1 - \frac{x^2 - 1}{(x + 1)^2} = x^2 + 1 - \frac{\cancel{(x+1)}(x - 1)}{\cancel{(x+1)}(x + 1)}$ $(x \neq -1)$

$= \frac{(x^2 + 1)(x + 1) - x + 1}{x + 1} = \frac{x^3 + x^2 + 2}{x + 1} \Rightarrow h(x)$ ist keine ganzrationale Funktion.

d) $k(x) = (x - 2)^2 + 3x = x^2 - x + 4$, $x > 2 \Rightarrow k(x)$ ist ganzrational.

DA 221

a) $f_1(x) = 2x^3 + 3x^2 - 25x - 1$ b) $f_2(x) = 4x^3 - 25x + 20$ c) $f_3(x) = x^3 - 11x + 22$ d) $f_4(x) = 0{,}8x^3 + 0{,}5x^2 - 2x + 1$

DA 222 $f(x) = x^3 - 2x^2 + x + 1$

DA 223 Es sei $f(x) = a_4 \cdot x^4 + a_3 \cdot x^3 + a_2 \cdot x^2 + a_1 \cdot x + a_0$.

Daraus resultiert das Gleichungssystem:

(I) $a_4 + a_3 + a_2 + a_1 + a_0 = 2$

(II) $16a_4 + 8a_3 + 4a_2 + 2a_1 + a_0 = 4$

(III) $81a_4 + 27a_3 + 9a_2 + 3a_1 + a_0 = 8$

(IV) $256a_4 + 64a_3 + 16a_2 + 4a_1 + a_0 = 16$

(V) $625a_4 + 125a_3 + 25a_2 + 5a_1 + a_0 = 30$

Lösung des Gleichungssystems:
$a_4 = 0,\ a_3 = \frac{1}{3},\ a_2 = -1,\ a_1 = \frac{8}{3},\ a_0 = 0$

Funktionsgleichung: $f(x) = \frac{1}{3}x^3 - x^2 + \frac{8}{3}x$

DA 224 Näherungsfunktion: $p(x) = a_2x^2 + a_1x + a_0$

(I) $0 + 0 + a_0 = 0$

(II) $a_2(\frac{\pi}{6})^2 + a_1\frac{\pi}{6} + a_0 = \frac{1}{2}$

(III) $a_2(\frac{\pi}{2})^2 + a_1\frac{\pi}{2} + a_0 = 1$

Lösung des Gleichungssystems:
$a_0 = 0,\ a_1 = \frac{7}{2\pi},\ a_2 = -\frac{3}{\pi^2},$

Funktionsgleichung: $p(x) = -\frac{3}{\pi^2}x^2 + \frac{7}{2\pi}x$

DA 225

Aufgrund der Symmetrie der Kosinusfunktion betrachtet man als Näherungspolynom $p(x) = a_4x^4 + a_2x^2 + a_0$ und erhält das Gleichungssystem:

(I) $a_0 = 1$

(II) $\frac{\pi^4}{81}a_4 + \frac{\pi^2}{9}a_2 + 1 = \frac{1}{2}$

(III) $\frac{\pi^4}{16}a_4 + \frac{\pi^2}{4}a_2 + 1 = 0$

Lösung: $a_4 = \frac{18}{5\pi^4},\ a_2 = \frac{-49}{10\pi^2}$ und $a_0 = 1$

Näherungsfunktion: $p(x) = \frac{18}{5\pi^4}x^4 - \frac{49}{10\pi^2}x^2 + 1$

DA 226

Es ist $f(0) = 1,\ f(1) = \sqrt{2},\ f(2) = \sqrt{3}$ und $f(3) = 2$.

Für ein Näherungspolynom $p(x) = a_3 \cdot x^3 + a_2 \cdot x^2 + a_1 \cdot x + a_0$ ergibt sich das Gleichungssystem:

(I) $a_0 = 1$

(II) $a_3 + a_2 + a_1 + 1 = \sqrt{2}$

(III) $8a_3 + 4a_2 + 2a_1 + 1 = \sqrt{3}$

(IV) $27a_3 + 9a_2 + 3a_1 + 1 = 2$

Lösung: $a_3 = \frac{1}{6} + \frac{\sqrt{2}}{2} - \frac{\sqrt{3}}{2};\ a_2 = 2\sqrt{3} - \frac{5}{2}\sqrt{2}$

$a_1 = -\frac{7}{6} + 3\sqrt{2} - \frac{3}{2}\sqrt{3}$

$\Rightarrow p(x) = (\frac{1}{6} + \frac{\sqrt{2}}{2} - \frac{\sqrt{3}}{2})x^3 + (2\sqrt{3} - \frac{5}{2}\sqrt{2})x^2 + (-\frac{7}{6} + 3\sqrt{2} - \frac{3}{2}\sqrt{3})x + 1$

D 7 Extremwertprobleme

DA 227 Nebenbedingungen: $a \cdot b = 450$ bzw. $a = \frac{450}{b}$

Skizze:

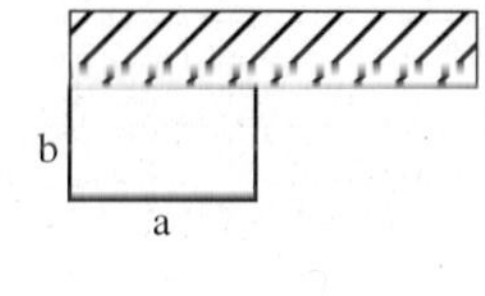

$l(a, b) = a + 2b$

$l(b) = \frac{450}{b} + 2b$ Definitionsbereich: D_l: $0 < b < 450$
(wobei vorausgesetzt wird, dass a nicht kleiner 1)

$l'(b) = -\frac{450}{b^2} + 2 \quad l''(b) = \frac{900}{b^3}$

$0 = -\frac{450}{b^2} + 2;\quad b_1 = 15;\ b_2 = -15$ entfällt wegen D_l; $\quad l''(15) = \frac{4}{15} > 0 \Rightarrow$ lokales Minimum für $b = 15$

$b = 15$ ist globales Minimum im D_f, da die Zielfunktion stetig ist und nur ein lokales Minimum im D_f existiert, das gleichzeitig globales Minimum ist.

$a = \frac{450}{15} = 30;\ l = 30 + 2 \cdot 15 = 60$

Bei einer Länge von 30 m und einer Breite von 15 m wird eine minimale Zaunlänge von 60 m erreicht.

DA 228

$l = 40$ m; $A = a \cdot b$, $l = 2a + 2b \Rightarrow b = \frac{l}{2} - a$; es ergibt sich als Funktion: $A(a) = a(\frac{l}{2} - a) = a\frac{l}{2} - a^2$

$A'(a) = \frac{l}{2} - 2a \Rightarrow a = \frac{l}{4}$; $A''(\frac{l}{4}) = -2 < 0 \Rightarrow a = \frac{l}{4}$ lokales Maximum und auch globales Maximum, da für $a < \frac{l}{2}$ gilt $A'(a) > 0$.

Die Funktion ist also streng monoton wachsend, und für $a > \frac{l}{2}$ gilt $A'(a) < 0$

Die Funktion ist also streng monoton fallend. Der maximale Flächeninhalt ergibt sich also bei $a = b = 10$ m und beträgt 100 m^2.

DA 229

$u = 2a + 2b$; mit $A = a \cdot b = 64$ bzw. $b = \frac{64}{a}$ folgt:

$u(a) = 2a + \frac{128}{a}$ $(a > 0)$; $u'(a) = 2 - \frac{128}{a^2}$; $u''(a) = \frac{256}{a^3}$ $u'(a) = 0$ für $a_{E_1} = 8$ und $(a_{E_2} = -8)$ entfällt

$u''(8) = 0{,}5 > 0$ $\Rightarrow$ lokales Minimum

Das lokale Minimum ist zugleich das globale Minimum, weil die Zielfunktion u(a) für $a > 0$ keine Definitionslücken hat und keine weiteren Extremstellen existieren.
(Verallgemeinerung möglich: Das Quadrat (hier mit a = 8 cm) ist das Rechteck mit dem kleinsten Umfang.)

DA 230

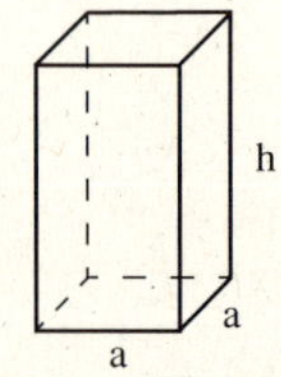

$A = 2a^2 + 4a \cdot h$; mit $V = a^2 \cdot h = 8$ bzw. $h = \frac{8}{a^2}$ folgt:

$A(a) = 2a^2 + \frac{32}{a}$; $A'(a) = 4a - \frac{32}{a^2}$; $A''(a) = 4 + \frac{64}{a^3}$ $A'(a) = 0$ für $a_E = 2$

$A''(2) = 12 > 0$ $\Rightarrow$ lokales Minimum

(Verallgemeinerung möglich: Der Würfel (hier mit a = 2 dm) ist der Quader mit dem kleinsten Oberflächeninhalt.

DA 231

$A(a, b, c) = 2(ab + ac + bc)$; mit $b = \frac{a}{2}$ folgt $A(a, c) = 2(\frac{a^2}{2} + ac + \frac{ac}{2}) = a^2 + 3ac$; mit $abc = 12$ bzw. $c = \frac{24}{a^2}$ gilt dann

$A(a) = a^2 + \frac{72}{a}$; D_A: $0 < a < 12$; $A'(a) = 2a - \frac{72}{a^2}$; $0 = 2a - \frac{72}{a^2}$ $\Rightarrow$ $a = \sqrt[3]{36}$; $A''(a) = 2 + \frac{144}{a^3}$; $A''(\sqrt[3]{36}) = 6$

$\Rightarrow$ lokales Minimum in $a = \sqrt[3]{36}$; dieses lokale Minimum in $a = \sqrt[3]{36}$ ist gleichzeitig globales Minimum im D_A.

Ferner gilt: $b = \frac{1}{2}\sqrt[3]{36}$ und $c = \frac{24}{(\sqrt[3]{36})^2}$. Ein Container mit einer Länge von etwa 3,30 m, einer Breite von etwa 1,65 m und einer Höhe von etwa 2,20 m hat bei einem Volumen von 12 m³ die minimale Oberfläche.

DA 232

Nebenbedingungen: $a : b = 2 : 3$ bzw. $b = \frac{3}{2}a$
$48 = 4 \cdot (a + b + c)$ bzw. $c = 12 - a - b = 12 - \frac{5}{2}a$

$V = a \cdot b \cdot c$

$V = a \cdot \frac{3}{2}a \cdot (12 - \frac{5}{2}a)$

$V(a) = 18a^2 - \frac{15}{4}a^3$ $a > 0$; $V'(a) = 36a - \frac{45}{4}a^2$; $V''(a) = 36 - \frac{45}{2}a$; $a_{E_1} = 3{,}2$ $(a_{E_2} = 0)$ entfällt

$V''(3{,}2) = -36 < 0$ $\Rightarrow$ lokales Maximum

Für a = 3,2 dm; b = 4,8 dm und c = 4 dm ist das Volumen des Quaders maximal und beträgt 61,44 dm³.

DA 233

1. Quader: $V = a \cdot b \cdot c = a \cdot 80 \cdot (40 - a) = -80a^2 + 3200a$; $V'(a) = -160a + 3200$; $V''(a) = -160$
$V'(a) = 0$ für $a = 20$ $V''(20) < 0$ $\Rightarrow$ lokales Maximum

   Das lokale Maximum ist das globale Maximum, weil der Graph der Zielfunktion V(a) eine nach unten geöffnete Parabel ist. Für a = 20 cm; b = 20 cm und c = 80 cm hat die Kiste maximales Volumen.

2. Würfel: $V(a) = a \cdot a \cdot (120 - 2a) = -2a^3 + 120a^2$ $V'(a) = -6a^2 + 240a$; $V''(a) = -12a$
$V'(a) = 0$ für $a = 40$ $V''(40) < 0$ $\Rightarrow$ lokales Maximum

   Der Würfel mit der Kantenlänge 40 cm hat bei den gestellten Forderungen maximales Volumen.

DA 234

$A_O = 2ab + 2bc + 2ac$; mit $c = \frac{V}{a \cdot b} = \frac{1}{a \cdot b}$ und $a : b = 2 : 3$ folgt:

$A_O = 2a \cdot \frac{3}{2}a + 2b \cdot \frac{1}{a \cdot b} + 2a \cdot \frac{1}{a \cdot b} = 3a^2 + \frac{2}{a} + \frac{2}{b}$

$A_O(a) = 3a^2 + \frac{2}{a} + \frac{4}{3a} = 3a^2 + \frac{10}{3}a^{-1}$ $(a > 0)$; $A_O'(a) = 6a - \frac{10}{3}a^{-2}$; $A_O''(a) = 6 + \frac{20}{3}a^{-3}$

$A_O'(a) = 0$ für $a_E = \sqrt[3]{\frac{5}{9}} \approx 0{,}82$ $A_O''(a_E) = > 0$ $\Rightarrow$ lokales Minimum

Maße der Box: $a \approx 0{,}82$ dm; $b \approx 1{,}23$ dm; $c = h \approx 0{,}99$ dm

DA 235

$A = A_{ges} - 2 \cdot 576\ cm^2 \Rightarrow A = (2x + 36) \cdot (y + 24) - 1152$; mit $x \cdot y = 576$ folgt:

$A = 2xy + 48x + 36y - 288$

$A(x) = \frac{20736}{x} + 48x + 864 \ (x > 0);$ $\quad A'(x) = -20736 \cdot x^{-2} + 48;$ $\quad A''(x) = \frac{41472}{x^3}$

$A'(x) = 0$ für $x_{E1} = \sqrt{432}$ $\quad (x_{E2} = -\sqrt{432}$) entfällt $\quad A''(x_{E1}) > 0 \ \Rightarrow$ lokales Minimum

Für $x \approx 21$ cm und $y \approx 27$ cm wird der Materialverbrauch minimal.

DA 236 Das Volumen wird bei größtmöglicher Querschnittsfläche maximal.

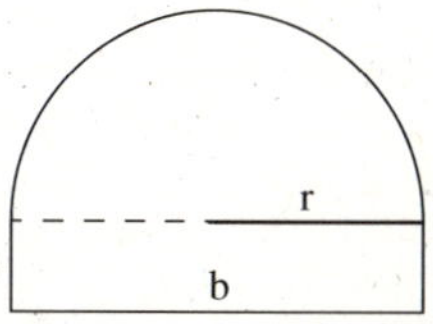

$A(a, b, r) = a \cdot b + \frac{1}{2}\pi r^2;$ mit $b = 2r$: $A(a, r) = 2ar + \frac{1}{2}\pi r^2$

Aus $18 = 2a + b + \pi r$ bzw. $a = 9 - r - \frac{1}{2}\pi r$ folgt:

$A(r) = 18r - 2r^2 - \frac{1}{2}\pi r^2;\ D_A: 0 < r < 9$

$A'(r) = 18 - 4r - \pi r;\quad A''(r) = -4 - \pi \Rightarrow r = \frac{18}{4+\pi} \approx 2{,}52; \Rightarrow$ lokales Maximum

Das Tunnelvolumen wird bei einem Halbkreisradius von etwa 2,52 m maximal.

DA 237

$u(r, b) = 2r + b;$ mit $100 = \frac{1}{2}$ br bzw. $b = \frac{200}{r}$ gilt $u(r) = 2r + \frac{200}{r}$, wobei D_u: $0 < r$; $u'(r) = 2 - \frac{200}{r^2}$; $u''(r) = \frac{400}{r^3}$

$\Rightarrow$ bei $r = 10$ lokales Maximum, dafür gilt $b = 20$. Der Umfang des Kreisbogens wird minimal für $r = 10$ cm und $b = 20$ cm.

DA 238 Nebenbedingung: $\quad a^2 + (\frac{b}{2})^2 = r^2$ bzw. $b = 2 \cdot \sqrt{r^2 - a^2} = 2 \cdot \sqrt{100 - a^2}$

$A = a \cdot b$

$A = a \cdot 2 \cdot \sqrt{100 - a^2};$ $\quad A'(a) = 2 \cdot \sqrt{100 - a^2} - \frac{2a^2}{\sqrt{100 - a^2}} = \frac{200 - 4a^2}{\sqrt{100 - a^2}} \ (a > 0)$

$A'(a) = 0 \quad a_{E1} = \sqrt{50} \quad (a_{E2} = -\sqrt{50})$ entfällt $\quad b = \sqrt{2} \cdot 10$

Für $a \approx 7{,}07$ cm und $b \approx 14{,}14$ cm ist der Flächeninhalt des Rechtecks maximal. Er beträgt 100 cm².

DA 239 Nebenbedingung: $\quad (H - h) : b = H : B$ bzw. $b = B - (\frac{B}{H}) \cdot h$

$b = 8 - \frac{4}{3} \cdot h$

$A(b, h) = b \cdot h$

$A(h) = (8 - \frac{4}{3}h) \cdot h = -\frac{4}{3}h^2 + 8h \ (h > 0);$ $\quad A'(h) = -\frac{8}{3}h + 8;$ $\quad A''(h) = -\frac{8}{3}$

$h_E = 3 \quad A''(3) < 0 \quad \Rightarrow$ lokales Maximum

Das lokale Maximum ist auch das globale Maximum, weil der Graph der Zielfunktion eine nach unten geöffnete Parabel ist. Der Querschnitt des Zimmers wird maximal, wenn man als Breite 4 m und als Höhe 3 m wählt.

DA 240 Nebenbedingung: $\quad (b - x) : y = 6 : 6$ d.h. $y = 6 - x$

$A(x) = x \cdot (6 - x) = -x^2 + 6x \ (x > 0);$ $\quad A'(x) = -2x + 6;$ $\quad A''(x) = -2$

$x_E = 3 \quad A''(3) < 0 \quad \Rightarrow$ lokales Maximum

Das lokale Maximum ist auch das globale Maximum, weil der Graph der Zielfunktion eine nach unten geöffnete Parabel ist. Für $x = y = 3$ cm ist der Flächeninhalt des Rechtecks AEFG maximal.

DA 241 Nebenbedingung: $\quad (12 - y) : 12 = x : 9$

$x = 9 - 0{,}75y$

$A = x \cdot y = y \cdot (9 - 0{,}75y) = -0{,}75y^2 + 9y;$ $\quad A'(y) = -1{,}5y + 9$

$0 = -1{,}5y + 9$

$y_E = 6 \quad A''(y_E) = -1{,}5 < 0 \quad \Rightarrow$ lokales Maximum

Das lokale Maximum ist auch das globale Maximum, weil der Graph der Zielfunktion eine nach unten geöffnete Parabel ist. Für $x = 4{,}5$ cm und $y = 6$ cm beträgt der maximale Flächeninhalt 27 cm².

DA 242

$A = x \cdot y;$ mit $\frac{x}{g} = \frac{h - y}{h}$ bzw. $y = h - \frac{h}{g} \cdot x$ folgt:

$A(x) = x \cdot (h - \frac{h}{g} \cdot x) = -\frac{h}{g} \cdot x^2 + x \cdot h;$ $\quad A'(x) = -\frac{2h}{g} \cdot x + h;$ $\quad A''(x) = -\frac{2h}{g}$

$x_E = \frac{g}{2};\ y_E = \frac{h}{2} \quad A''(x_E) < 0 \quad \Rightarrow$ lokales Maximum

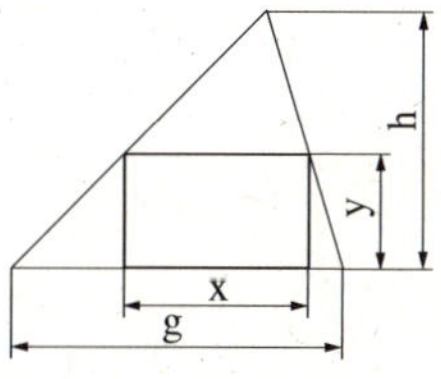

Das lokale Maximum ist auch das globale Maximum, weil der Graph der Zielfunktion A(x) eine nach unten geöffnete Parabel ist. $A_{max} = \frac{1}{4} g \cdot h$

DA 243

1. Variante: $A(x) = a^2 - x^2 - (a - x)^2 = -2x^2 + 2ax$

2. Variante: $A(x) = \sqrt{x^2 + x^2} \cdot \sqrt{(a - x)^2 + (a - x)^2} = -2x^2 + 2ax$

$A'(x) = -4x + 2a \Rightarrow x_E = \frac{a}{2}$

$A''(x) = -4 < 0 \Rightarrow$ lokales Maximum

DA 244 $p(x) = (4x + 6)\cdot(2x - 7) = 8x^2 - 16x - 42$

$p'(x) = 16x - 16 \Rightarrow x_E = 1$

$p''(x) = 16 > 0 \Rightarrow$ lokales Minimum

DA 245 $p(x) = \frac{x}{3}(x + 12) = \frac{1}{3}x^2 + 4x$

$p'(x) = \frac{2}{3}x + 4 \Rightarrow x_E = -6;\ p(x_E) = -12$

$p''(x) = \frac{2}{3} > 0 \Rightarrow$ lokales Minimum

DA 246

$V(r, h) = \pi r^2 \cdot h$; mit $48 = 2h + 2r$ bzw. $h = 24 - 2r$ folgt:

$V(r) = \pi r^2 \cdot (24 - 2r) = -2\pi r^3 + 24\pi r^2\ (r > 0)$; $V'(r) = 48\pi r - 6\pi r^2$; $V''(r) = 48\pi - 12\pi r$

$V'(r) = 0$ für $r_{E1} = 8$ und $(r_{E2} = 0)$ entfällt

$V''(8) = -48\pi > 0 \Rightarrow$ lokales Maximum

Für r = h = 8 cm hat der Zylinder das größte Volumen.

DA 247

$V(r, h) = \pi r^2 \cdot h$; mit $A_D = 2\pi r^2 + 2\pi rh = 500$ bzw. $h = \frac{500 - 2\pi r^2}{2\pi r}$ folgt:

$V(r) = \pi r^2 \cdot \frac{500 - 2\pi r^2}{2\pi r}$ bzw. $V(r) = -\pi r^3 + 250r\ (r > 0)$; $V'(r) = -3\pi r^2 + 250$; $V''(r) = -6\pi r$

$V'(r) = 0$ für $r_1 = \sqrt{\frac{500}{6\pi}}$ $(r_2 = -\sqrt{\frac{500}{6\pi}})$ entfällt

$V''(r_1) < 0 \Rightarrow$ lokales Maximum

Für $r \approx 5{,}15$ cm und $h \approx 10{,}3$ cm hat die Dose mit 500 cm^2 Oberflächeninhalt maximales Volumen.

DA 248

$A_O = 2\pi r^2 + 2\pi rh$; mit $V = \pi r^2 \cdot h$ bzw. $h = \frac{5}{\pi r^2}$ folgt:

$A_O(r) = 2\pi r^2 + 2\pi r \cdot \frac{5}{\pi r^2} = 2\pi r^2 + \frac{10}{r}\ (r > 0)$; $A_O'(r) = 4\pi r - \frac{10}{r^2}$; $A_O''(r) = 4\pi + \frac{20}{r^3}$

$A_O'(r) = 0$ für $r_E = \sqrt[3]{\frac{10}{4\pi}} \approx 0{,}93$

$A_O''(r_E) \approx 29 > 0 \Rightarrow$ lokales Minimum

Für $r \approx 0{,}9$ dm und $h \approx 1{,}8$ dm ist der Oberflächeninhalt minimal. (Hinweis: Verallgemeinerung des Problems h = 2r)

DA 249

$V(r, h) = \pi r^2 \cdot h$; mit $A = A_M + A_G = 2\pi rh + \pi r^2 = 10$ bzw. $h = \frac{10 - \pi r^2}{2\pi r}$ folgt:

$V(r) = \pi r^2 \cdot (\frac{10 - \pi r^2}{2\pi r})$ bzw. $V(r) = -\frac{\pi}{2}r^3 + 5r\ (r > 0)$; $V'(r) = -\frac{3}{2}\pi r^2 + 5$; $V''(r) = -3\pi r$

$V'(r) = 0$ für $r_1 = \sqrt{\frac{10}{3\pi}} \approx 1{,}03$ $(r_2 = -\sqrt{\frac{10}{3\pi}})$ entfällt

$V''(r_1) < 0 \Rightarrow$ lokales Maximum

Für $r = h \approx 1$ m hat die Säule mit der „Werbefläche“ von 10 m^2 das maximale Volumen.

DA 250

$V(r, h) = \frac{1}{3}\pi r^2 \cdot h$; mit $r^2 + h^2 = 36$ bzw. $r^2 = 36 - h^2$ folgt:

$V(h) = \frac{1}{3}\pi(36 - h^2) \cdot h = -\frac{1}{3}\pi h^3 + 12\pi h\ (h > 0)$; $V'(h) = 12\pi - \pi h^2$; $V''(h) = -2\pi h$

$V'(h) = 0$ für $h_{E1} = +\sqrt{12}$ $(h_{E2} = -\sqrt{12})$ entfällt

$V''(h_{E1}) < 0 \Rightarrow$ lokales Maximum

Für $h = \sqrt{12}$ cm $\approx 3{,}5$ cm und $r = \sqrt{24}$ cm $\approx 4{,}9$ cm ist das Kegelvolumen maximal.

DA 251

$E(x) = (50 - x)\cdot(8000 + 200x) = -200x^2 + 2000x + 400000$

$E'(x) = -400x + 2000 \quad \Rightarrow \quad x_E = 5$

$E''(x) = -400 \quad \Rightarrow$ lokales Maximum

Ein Stückpreis von 45 € ist für die Firma am günstigsten.

DA 252

Ermittlung der Funktionsgleichung der Parabel: $f(x) = ax^2 + 80$, und wegen $f(16\sqrt{5}) = 0$ gilt $f(x) = -\frac{1}{16}x^2 + 80$.

Für die Oberfläche gilt $A_O(r, h) = 2\pi r^2 + 2\pi rh$ und mit $h = f(r)$ gilt $A_O(r) = 2\pi r^2 - \frac{\pi}{8}r^3 + 160\pi r;\ 0 < r < 16\sqrt{5}$

$A_O'(r) = 4\pi r - \frac{3\pi}{8}r^2 + 160\pi;\ A_O''(r) = 4\pi - \frac{3\pi}{4}r \Rightarrow r_1 = \frac{80}{3},\ r_2 = -\frac{48}{3} < 0$

Der Zylinder mit den gewünschten Eigenschaften ist $\frac{320}{9}$ (LE) hoch und hat einen Radius von $\frac{80}{3}$ (LE).

DA 253

$K_{ges} = K_1 + K_2 + K_3 = 1200 \cdot 60 + 160 \cdot k + 4{,}8 \cdot x$

K_1 – Kosten für die Platten
K_2 – Transportkosten
K_3 – Kosten für die Zwischenlagerung

Nebenbedingung: $k \cdot x = 1200$; d.h. $x = \frac{1200}{k}$

$K_{ges}(x) = 1200 \cdot 60 + 160 \cdot k + 4{,}8 \cdot \frac{1200}{k}$

$= 72000 + 160 \cdot k + \frac{5760}{k}\quad (k > 0);$ $\qquad K_{ges}'(x) = 160 - \frac{5760}{k^2};$ $\qquad K_{ges}''(x) = 160 + \frac{11520}{k^3}$

$K_{ges}'(x) = 0$ für $k_1 = 6$ $(k_2 = -6)$ entfällt

$K_{ges}''(6) = 213{,}3 > 0 \quad \Rightarrow$ lokales Minimum

$K_{min} = K_{ges}(6) = 73920$ € bei 6 Lieferungen zu je 200 Platten

DA 254

$E(x) = (24 - x)\cdot(600 + 100x) = -100x^2 + 1800x + 14400$

$E'(x) = -200x + 1800 \quad \Rightarrow \quad x_E = 9$

$E''(x) = -200 \quad \Rightarrow$ lokales Maximum

Die Tageseinnahmen sind bei einem Eintrittspreis von 15 € maximal ($E_{max} = 22500$ €).

DA 255

$G(x) = 74x - k(x) = 74x - (\frac{2}{3}x^3 - 10x^2 + 52x + 20) = -\frac{2}{3}x^3 + 10x^2 + 22x - 20\quad (x > 0)$

$G'(x) = -2x^2 + 20x + 22;$ $\qquad G''(x) = -4x + 20$

$G'(x) = 0$ für $x_1 = 11$ und $(x_2 = -1)$ entfällt

$G''(11) = -24 < 0 \quad \Rightarrow$ lokales Maximum

$G_{max} = G(11) = 544{,}67$ €

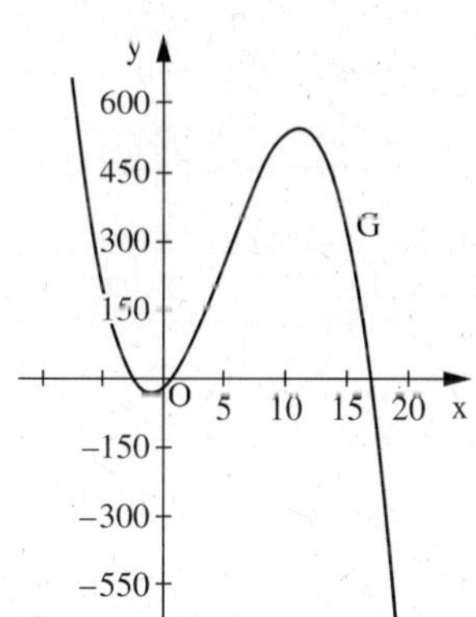

DA 256

b) $A(u) = \frac{1}{2}u \cdot (-\frac{2}{3}u + 6) = -\frac{1}{3}u^2 + 3u;\ u_E = 4{,}5$ $\qquad$ c) $A_{max} = 6{,}75$ (FE)

DA 257

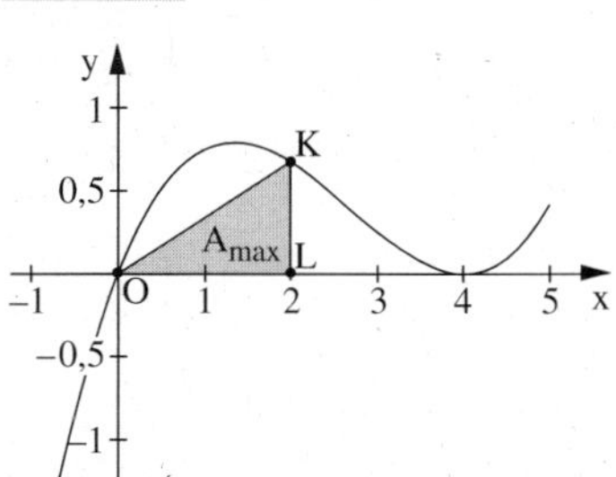

$A(u) = \frac{1}{2}u \cdot f(u) = \frac{1}{2}u \cdot (\frac{1}{12}u^3 - \frac{2}{3}u^2 + \frac{4}{3}u) = \frac{1}{24}u^4 - \frac{1}{3}u^3 + \frac{2}{3}u^2$

$A'(u) = \frac{1}{6}u^3 - u^2 + \frac{4}{3}u;$ $\qquad A''(u) = \frac{1}{2}u^2 - 2u + \frac{4}{3}$

$A'(u) = 0$ für $0 = u^3 - 6u^2 + 8u$ $(u_1 = 0)$ entfällt, $(u_2 = 4)$ entfällt, $u_3 = 2$

$A''(2) = -\frac{2}{3} < 0 \quad \Rightarrow$ lokales Maximum

$A_{max} = A(2) = \frac{2}{3}$ (FE)

DA 258

$A(t) = \frac{(|g(t)| + f(t))(2-t)}{2}$

$A(t) = \frac{\left(\frac{1}{2}t^2 + 2t^2\right)(2-t)}{2} = \frac{\frac{5}{2}t^2(2-t)}{2} = \frac{5}{2}t^2 - \frac{5}{4}t^3;$ $\quad A'(t) = 5t - \frac{15}{4}t^2;$ $\quad A''(t) = 5 - \frac{15}{2}t$

$0 = t(5 - \frac{15}{4})$ $\quad (t_1 = 0)$ entfällt, $t_2 = \frac{4}{3}$ $\quad A''(\frac{4}{3}) = -5 < 0 \Rightarrow$ lokales Maximum

$A_{max} = \frac{40}{27}$ (FE)

DA 259

$u(x) = 2x + 2 \cdot f(x) = 3x + \frac{9}{x};$ $\quad u'(x) = 3 - \frac{9}{x^2};$ $\quad u''(x) = \frac{18}{x^3}$

$u'(x) = 0$ für $x_{E1} = \sqrt{3}$ und $(x_{E2} = -\sqrt{3})$ entfällt $\quad u''(\sqrt{3}) > 0 \Rightarrow$ lokales Minimum

$u_{min} = 6 \cdot \sqrt{3}$ (LE) $\approx 10{,}4$ (LE)

DA 260

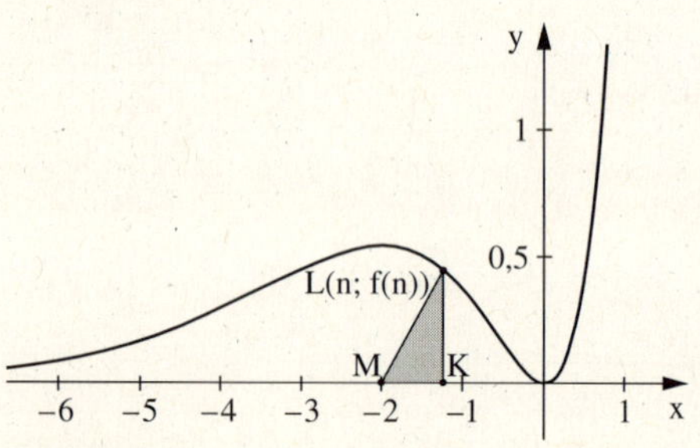

$A(n) = \frac{1}{2} n \cdot f(n) = \frac{1}{2}(n+2)n^2e^n = \frac{1}{2}(n^3 + 2n^2)e^n$

$A'(n) = \frac{1}{2}(n^3 + 5n^2 + 4n)\,e^n;$ $\quad A''(n) = \frac{1}{2}(n^3 + 8n^2 + 14n + 4)e^n$

$A'(n) = 0$ für $n_1 = -1$, $(n_2 = 0)$ entfällt, $(n_3 = -4)$ entfällt

$A''(-1) = -\frac{3}{2}e^{-1} < 0 \Rightarrow$ lokales Maximum

$A_{max} = A(2) = 8e^2$ (FE)

DA 261

a)

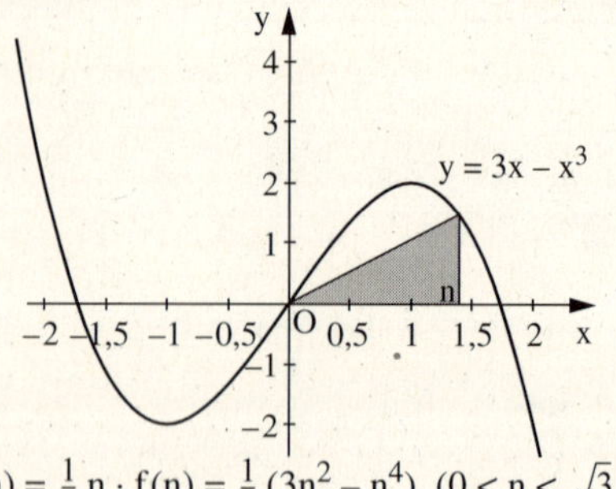

$A(n) = \frac{1}{2} n \cdot f(n) = \frac{1}{2}(3n^2 - n^4)$ $\quad (0 < n < \sqrt{3})$

$A'(n) = 3n - 2n^3;$ $\quad A''(n) = 3 - 6n^2$

$A'(n) = 0$ für $n_{E1} = \sqrt{\frac{3}{2}}$ und $(n_{E2} = -\sqrt{\frac{3}{2}})$ entfällt

$A''(n_{E1}) \approx -5{,}6 < 0 \Rightarrow$ lokales Maximum

$A_{max} \approx 1{,}1$ (FE)

b)

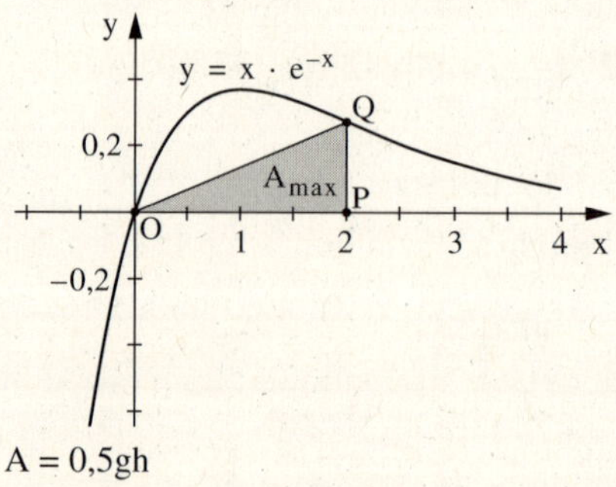

$A = 0{,}5gh$

$A(x) = 0{,}5x^2e^{-x}$

$A'(x) = 0{,}5e^{-x}(2x - x^2);$ $\quad A''(x) = 0{,}5\,e^{-x}(x^2 - 4x + 2)$

$A'(x) = 0$ für $x_1 = 2$ und $(x_2 = 0)$ entfällt

$A''(2) = -e^{-2} < 0 \Rightarrow$ lokales Maximum

Bei x = 2 ist der Flächeninhalt des Dreiecks OPQ maximal.

$A_{max} \approx 0{,}27$ (FE)

DA 262

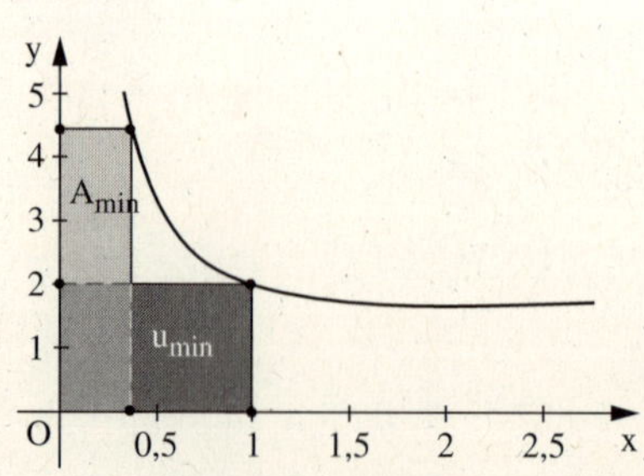

a) $A(k) = k \cdot f(k) = 2 + u \cdot \ln u$

$A'(k) = \ln k + 1;$ $\quad k_E = \frac{1}{e}$ $\quad A''(k) = \frac{1}{k};$ $\quad A''(k_E) = e > 0$

$P(\frac{1}{e}; 2e - 1);$ $\quad A_{min} = (2 - \frac{1}{e})$ (FE) $\approx 1{,}632$ (FE)

b) $u(k) = 2(k + \frac{k \cdot \ln k + 2}{k}) = 2(k + \ln k + \frac{2}{k})$

$u'(k) = 2 + \frac{2}{k} - \frac{4}{k^2};$ $\quad u''(k) = -\frac{2}{k} + \frac{8}{k^3}$

$u'(k) = 0$ für $k^2 + k - 2$; $k_{E1} = 1$ und $(k_{E2} = -2)$ entfällt

$u''(1) = 6 > 0 \Rightarrow$ lokales Minimum $\quad P(1; 2)$ $\quad u_{min} = 6$ (LE)

DA 263

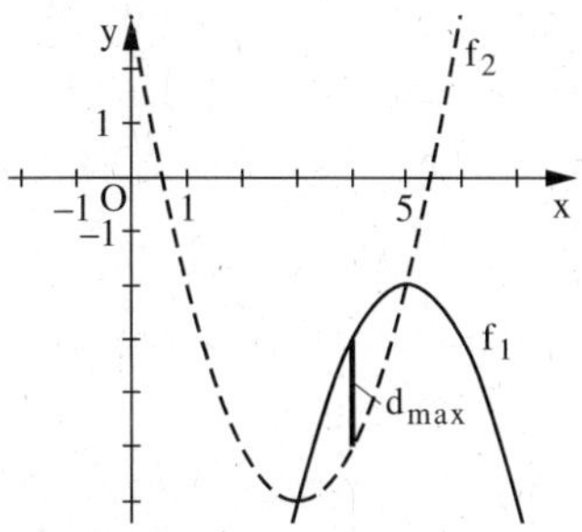

$d(n) = -(n-5)^2 - 2 - ((n-3)^2 - 6) = -2n^2 + 16n - 30$

$d'(n) = -4n + 16$

$n_E = 4$

$d''(n) = -4 < 0 \quad \Rightarrow$ lokales Maximum

$d_{max} = d(4) = 2$ (LE)

DA 264

a) $z(x) = x^2 - 1 - (x-2) = x^2 - x + 1$

$z'(x) = 2x - 1; \quad z''(x) = 2$

$z'(x) = 0 \qquad x_E = \frac{1}{2}$

$z''(\frac{1}{2}) > 0 \quad \Rightarrow$ lokales Minimum $\qquad z_{min} = \frac{3}{4}$ (LE)

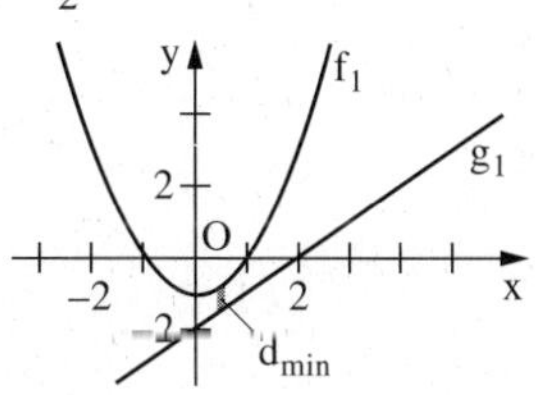

b) $z(x) = x \cdot \ln x - (x-2)$

$z'(x) = \ln x; \quad z''(x) = x^{-1}$

$z'(x) = 0 \qquad x = 1$

$z''(1) > 0 \quad \Rightarrow$ lokales Minimum $\qquad z_{min} = 1$ (LE)

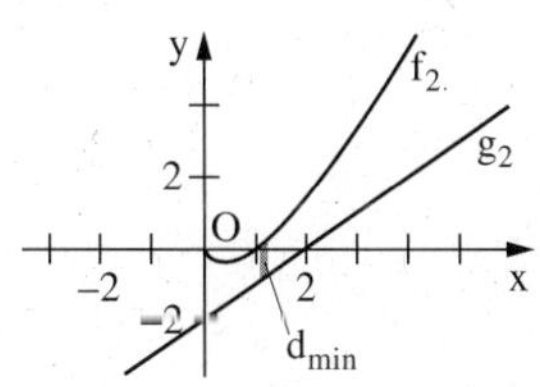

DA 265

I. 1. Variante: $f(2) = g(2) = 2;\ f(4) = g(4) = 2;\ f(6) = g(6) = 10$

2. Variante: $f(x) = g(x);\ x^3 - 11x^2 + 38x - 38 = x^2 - 6x + 10;$

$0 = x^3 - 12x^2 + 44x - 48$

mit GTA: $x_1 = 2;\ x_2 = 4;\ x_3 = 6$ siehe Variante 1.

mit Polynomdivision: $\frac{x^3 - 12x^2 + 44x - 48}{x - 2} = x^2 - 10x + 24$

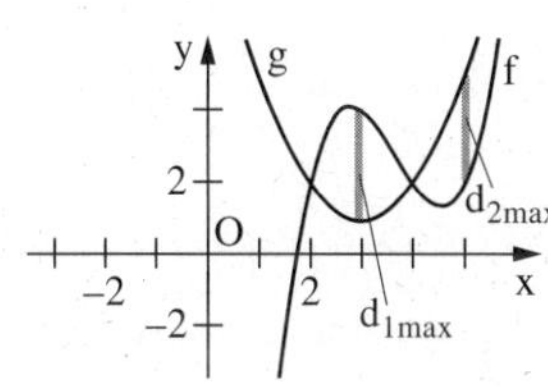

II. $d(n) = n^3 - 11n^2 + 38n - 38 - (n^2 - 6n + 10) = n^3 - 12n^2 + 44n - 48$

$d'(n) = 3n^2 - 24n + 44; \qquad d''(n) = 6n - 24$

$d'(n) = 0$ für $n_{E1} = 2{,}8$ und $n_{E2} = 5{,}2$

$d''(n_{E1}) = -7{,}2 < 0 \quad \Rightarrow$ lokales Maximum $\qquad d''(n_{E2}) = 7{,}2 > 0 \quad \Rightarrow$ lokales Minimum

An der Stelle $n_{E1} = 2{,}8$ ist der Abstand maximal und beträgt 3,072 (LE). Im Intervall [4; 6] ist der Abstand an der Stelle $n_{E2} = 5{,}2$ maximal und beträgt auch 3,072 (LE).

DA 266

$d(x) = \frac{10}{9}x - \frac{x^2 - 2x - 1}{x - 2}; \qquad d'(x) = \frac{10}{9} - \frac{x^2 - 4x + 5}{(x-2)^2}; \qquad d''(x) = \frac{+2}{(x-2)^3}$

$d'(x) = 0$ für $0 = \frac{10}{9} - \frac{x^2 - 4x + 5}{(x-2)^2}$

$10(x-2)^2 = 9(x^2 - 4x + 5)$

$10x^2 - 40x + 40 = 9x^2 - 36x + 45$

$x^2 - 4x + 5 = 0$

$(x_1 = -1)$ entfällt; $\quad x_2 = 5; \quad d''(5) = +\frac{2}{27} < 0 \quad \Rightarrow$ lokales Minimum

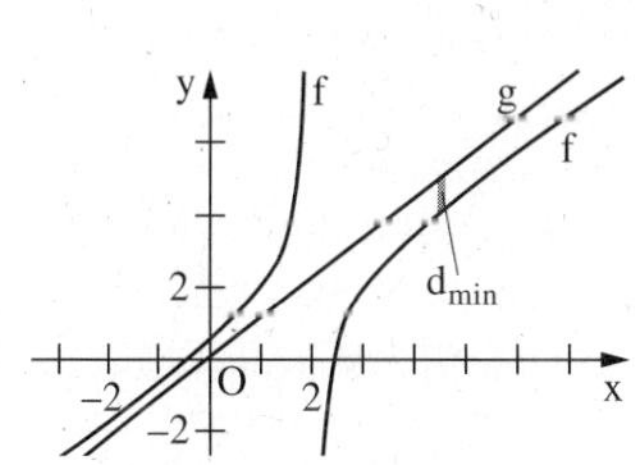

$d_{min} = d(5) = 0{,}\overline{8}$ (LE)

DA 267

$d(u) = f_1(u) - f_2(u) = u - \ln u - (-(u-3)^2) = -\ln u - 5u + u^2 + 9$

$d'(u) = -\frac{1}{u} - 5 - 2u; \qquad d''(u) = \frac{1}{u^2} + 2$

$d'(u) = 0$ für $0 = 2u^2 - 5u - 1 \qquad u_1 \approx 2{,}7$ und $(u_2 \approx -0{,}19)$ entfällt

$d''(u_1) > 0 \quad \Rightarrow$ lokales Minimum

$d_{min} = d(2{,}7) \approx 1{,}8$ (LE)

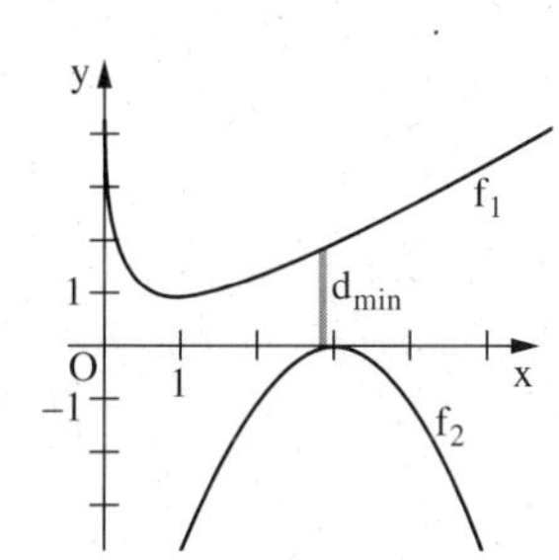

DA 268 Vorüberlegung: Es wird dann wenig Beton benötigt, wenn die Querschnittsfläche minimal wird.

$A(b, h) = 2 \cdot 10 \cdot h + (b + 20) \cdot 10 = 20h + 10b + 200$

Nebenbedingung: $b \cdot h = 2000$; $b = \frac{2000}{h}$

$A(h) = 20h + 10 \cdot \frac{2000}{h} + 200 = 20h + \frac{20\,000}{h} + 200$ $A'(h) = 20 - \frac{20\,000}{h^2}$

Aus $20 - \frac{20\,000}{h^2} = 0$ folgt $h_E \approx 31{,}6$ (cm) $A''(h) = \frac{40\,000}{h^3}$; $A''(h_E) \approx 1{,}3 > 0 \Rightarrow$ lokales Minimum

Der Betonverbrauch ist minimal, wenn $h \approx 31{,}6$ cm und $b \approx 63{,}2$ cm betragen.

Aufgaben zur Selbstkontrolle

DA 269

a) falsch; Gegenbeispiel: $f(x) = 2x + 1$ $g(x) = 2x - 4$
$f'(x) = 2$ $g'(x) = 2$, aber $f \neq g$

b) richtig

c) richtig

d) falsch; Gegenbeispiel: $f(x) = \frac{1}{x}$; $f'(x) = -\frac{1}{x^2} < 0$

DA 270

a) $f'(x) = 1 - x + x^2 - x^3$

b) $f'(x) = \frac{4x^3(x^2-1) - 2x(x^4-1)}{(x^2-1)^2} = \frac{2x^5 - 4x^3 + 2x}{x^4 - 2x^2 + 1} = 2x$ oder $f(x) = \frac{(x^2+1)(x^2-1)}{(x^2-1)} = x^2 + 1$ $(|x| \neq 1)$ und damit $f'(x) = 2x$

c) $f'(x) = b(a - bx) + (a + bx)(-b) = -2b^2x$

d) $f'(x) = \frac{-2bx(b - ax^2) - (a - bx^2)(-2ax)}{(b - ax^2)^2} = \frac{2a^2x - 2b^2x}{(b - ax^2)^2} = \frac{2x(a^2 - b^2)}{(b - ax^2)^2}$

e) $y = z^3$; $z = 2x^2 - 4$; $\frac{dy}{dz} = 3z^2$; $\frac{dz}{dx} = 4x$
$f'(x) = \frac{dy}{dx} = \frac{dy}{dz} \cdot \frac{dz}{dx} = 3z^2 4x = 12z^2x = 12x(2x^2 - 4)^2$

DA 271

Im Punkt (1; 0) kann man keine Tangente an den Graphen der Funktion $y = |x - 1|$ zeichnen.

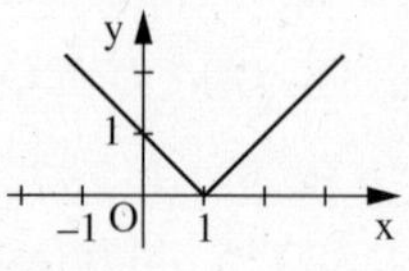

DA 272

a) Nein; klassisches Beispiel: $y = |x|$ ist stetig für alle $x \in \mathbb{R}$, aber nicht differenzierbar an der Stelle $x = 0$.
Es gilt: $\lim\limits_{x \to x_0} \frac{|x| - |x_0|}{x - x_0}$ mit $x_0 = 0$, d.h. $\lim\limits_{x \to 0} \frac{|x| - 0}{x - 0} = \lim\limits_{x \to 0} \frac{|x|}{x} = \begin{cases} 1, & \text{falls } x \to 0,\ x > 0 \\ -1, & \text{falls } x \to 0,\ x < 0 \end{cases}$ Also existiert y'(0) nicht.

b) Ja.
Es gilt $\lim\limits_{x \to x_0} \frac{f(x) - f(x_0)}{x - x_0} = f'(x_0) = k$ $(k \in \mathbb{R})$.
Das heißt, für $x \to x_0$ strebt der Differenzenquotient $\frac{f(x) - f(x_0)}{x - x_0}$ gegen k. In einer hinreichend kleinen Umgebung einer beliebigen Stelle x_0 ist demzufolge $\frac{f(x) - f(x_0)}{x - x_0} \approx k$ und $f(x) - f(x_0) \approx k(x - x_0)$.
Daraus folgt: Strebt x gegen x_0 $(x \to x_0)$, dann streben die Funktionswerte f(x) gegen $f(x_0)$. Im Grenzfall $x = x_0$ ist also $f(x) = f(x_0)$.
Da eine derartige Überlegung für jede Stelle des Definitionsbereiches einer differenzierbaren Funktion angestellt werden kann, kann daraus auf deren Stetigkeit geschlossen werden (s. Lehrbuch, S. 72).

DA 273
f gerade: Aus $f(x) = f(-x)$ folgt nach der Kettenregel $f'(x) = -f'(-x)$.
f ungerade: Aus $f(x) = -f(-x)$ folgt demzufolge $f'(x) = f'(-x)$.

DA 274 Ja, z.B. $f(x) = 2x$. Dann gilt $\lim\limits_{x \to +\infty} f'(x) = \lim\limits_{x \to +\infty} 2 = 2$, während $\lim\limits_{x \to +\infty} f(x)$ nicht existiert. (f ist bestimmt divergent.)

DA 275

a) Eine (geradlinige) Bewegung ist gleichförmig, wenn die Geschwindigkeit v konstant (also unabhängig von t) ist: $v = s'(t) = 2at + b$
Der Ausdruck $2at + b$ ist unabhängig von t, wenn $a = 0$. Also ist die gegebene Bewegung für $a = 0$ gleichförmig $(v = b)$.
(Ist außerdem $b = 0$, dann bewegt sich der Körper nicht.)

b) Die Bewegung ist gleichmäßig beschleunigt, wenn die entsprechende Beschleunigung konstant und positiv ist: $s''(t) = (2at + b)' = 2a > 0$. Die Bewegung ist für $a > 0$ gleichmäßig beschleunigt.

c) Die Bewegung ist gleichmäßig verlangsamt (verzögert), wenn die Beschleunigung konstant und negativ ist: $s''(t) = (2at + b)' = 2a < 0$. Die Bewegung ist für $a < 0$ gleichmäßig verlangsamt.

DA 276 Vorüberlegung: Für das Weg-Zeit-Gesetz $s = s(t)$ gilt: $s'(t) = v$ (Momentangeschwindigkeit); $s''(t) = a$ (Beschleunigung)

a) Die Geschwindigkeit ist konstant; die Bewegung ist gleichförmig.
b) Die Geschwindigkeit ($v = 2t$) ist proportional zur Zeit; die Bewegung ist gleichmäßig beschleunigt.
c) Die Beschleunigung ist null; die Bewegung ist gleichförmig.
d) Die Beschleunigung ist größer null; die Geschwindigkeit vergrößert sich.
e) Die Beschleunigung ist negativ; die Geschwindigkeit verringert sich.

DA 277

a) Für $a = e$ gilt: $f(x) = e^x \Rightarrow f'(x) = e^x$; $g(x) = \ln x \Rightarrow g'(x) = \frac{1}{x}$
b) $10^x = e^z$ mit $z = x \cdot \ln 10$

DA 278 Vorüberlegung: Für den Schnittpunkt der Graphen gilt $f(x_0) = g(x_0)$ und für die Steigungen der senkrecht aufeinanderstehenden Tangenten in x_0 gilt $f'(x_0) \cdot g'(x_0) = -1$.

a) Es ist $a^x = a^{-x}$ für $x_0 = 0$. Mit $f'(x) = a^x \cdot \ln a$ sowie $g'(x) = -a^{-x} \cdot \ln a$ ergibt sich $(a^{x_0} \cdot \ln a) \cdot (-a^{-x_0} \cdot \ln a) = -1$, also $(\ln a)^2 = 1$ und somit $a = e$ bzw. $a = e^{-1}$.
b) Aus $a^x = b^x$ folgt $x_0 = 0$. Mit $(a^{x_0} \cdot \ln a) \cdot (b^x \cdot \ln b) = -1$ folgt $\ln a \cdot \ln b = -1$.

DA 279 Mit $u = x$ und $v = (x + 4)^3$ ergibt sich nach der Produktregel: $1 \cdot (x + 4)^3 + x \cdot 3(x + 4)^2 = 0$

Durch Ausklammern von $(x + 4)^2$ erhält man:
$$(x + 4)^2 \cdot (x + 4 + 3x) = 0$$
$$(x + 4)^2 \cdot (4x + 4) = 0$$
$$4(x + 4)^2 \cdot (x + 1) = 0 \quad \Rightarrow \quad x_1 = -4;\; x_2 = -1$$

Lösungsvariante:
Aus $(a + b)^3 = a^3 + 3a^2b + 3ab^2 + b^3$ folgt $x(x + 4)^3 = x(x^3 + 3x^2 \cdot 4 + 3x \cdot 16 + 64) = x^4 + 12x^3 + 48x^2 + 64x$.

Bilden der Ableitung:
$$(x^4 + 12x^3 + 48x^2 + 64x)' = 0$$
$$4x^3 + 36x^2 + 96x + 64 = 0$$
$$x^3 + 9x^2 + 24x + 16 = 0$$

Durch Probieren: $x_1 = -1$
Polynomdivision: $(x^3 + 9x^2 + 24x + 16) : (x + 1) = x^2 + 8x + 16$
Aus $x^2 + 8x + 16 = (x + 4)^2 = 0$ folgt $x_2 = -4$.

DA 280

$\varphi'(x) = 3 \cdot 3\cos 3x = 9\cos 3x$

$\varphi'(-\frac{\pi}{3}) = 9\cos(-3 \cdot \frac{\pi}{3}) = 9\cos(-\pi) = 9 \cdot (-1) = -9$

$\varphi'(\frac{\pi}{2}) = 9\cos(3 \cdot \frac{\pi}{2}) = 9 \cdot 0 = 0 \quad \Rightarrow \quad \varphi'(\frac{\pi}{2}) > \varphi'(-\frac{\pi}{3})$

DA 281

	$f(x) = \sin x$	$f(x) = \cos x$	
	$f'(x) = \cos x$	$f'(x) = -\sin x$	
	$f''(x) = -\sin x$	$f''(x) = -\cos x$	
	$f'''(x) = -\cos x$	$f'''(x) = \sin x$	
	$f''''(x) = \sin x$	$f''''(x) = \cos x$	Also:
allgemein:	$f^{(4n)}(x) = \sin x$	$f^{(4n)}(x) = \cos x$	$(\sin x)^{(7)} = (\sin x)^{(4+3)} = -\cos x$
	$f^{(4n+1)}(x) = \cos x$	$f^{(4n+1)}(x) = -\sin x$	$(\cos x)^{(7)} = (\cos x)^{(4+3)} = \sin x$
	$f^{(4n+2)}(x) = -\sin x$	$f^{(4n+2)}(x) = -\cos x$	$(\sin x)^{(10)} = (\sin x)^{(4 \cdot 2+2)} = -\sin x$
	$f^{(4n+3)}(x) = -\cos x$	$f^{(4n+3)}(x) = \sin x$	$(\cos x)^{(10)} = (\cos x)^{(4 \cdot 2+2)} = -\cos x$

DA 282

a) $f_1'(x) = 6x$ — für $x > 0$ gilt $f_1'(x) \geq 0$; d.h., f_1 ist monoton wachsend.
für $x < 0$ gilt $f_1'(x) \leq 0$; d.h., f_1 ist monoton fallend.

$f_2'(x) = -\frac{1}{2}x^2$ — $f_2'(x) \leq 0$ für alle $x \in D_f$, d.h., f_2 ist für alle x monoton fallend.

b) g ist monton wachsend für $x \le -3$ und $x \ge 5$.
g ist monoton fallend für $-3 \le x \le 5$.

c) h ist monoton wachsend für $x \le 3$ und $x \ge 9$.
h ist monoton fallend für $3 \le x \le 9$.

d) $k'(x) < 0$ heißt, k(x) ist für alle $x \in D_f$ monton fallend.

DA 283

a) 1. Ableitung bilden: $f'(x) = \frac{2}{3}x^2 - 8x + 18$

1. Ableitung gleich null setzen: $0 = \frac{2}{3}x^2 - 8x + 18$

Gleichung lösen: $0 = x^2 - 12x + 27$

⇒ vermutliche Extremstellen: $x_{E_1} = 9;\quad x_{E_2} = 3$

2. Ableitung bilden: $f''(x) = \frac{4}{3}x - 8$

Prüfung der hinreichenden Bedingung $f''(x_E) \neq 0$ und Analyse der Art der Extrema: $f''(9) = 4 > 0$ lokales Minimum
$f''(3) = -4 < 0$ lokales Maximum

Extremstellen in Ausgangsfunktion einsetzen und Extrempunkte angeben: $P_{min}(9;\ 10)$, $P_{max}(3;\ 34)$

b) lokales Maximum: $f'(x_E) = 0$; $f''(x_E) < 0$ In der Umgebung von x_E ist f'(x) monoton fallend, d.h. $f''(x) < 0$.
lokales Minimum: $f'(x_E) = 0$; $f''(x_E) > 0$ In der Umgebung von x_E ist f'(x) monoton wachsend, d.h. $f''(x) > 0$.

Anmerkung: Weitergehende Untersuchungen würden zeigen, dass u. U. erst für eine höhere geradzahlige (4., 6., … (2n).) Ableitung von f $f^{(n)}(x_E) > 0$ bzw. $f^{(n)}(x_E) < 0$ gilt.

DA 284

a) 1., 2. und 3. Ableitung bilden:

$f'(x) = \frac{4}{3}x^2 - 16x + 36$

$f''(x) = \frac{8}{3}x - 16$

$f'''(x) = \frac{8}{3}$

2. Ableitung gleich null setzen: $0 = \frac{8}{3}x - 16$

Gleichung lösen: $x_W = 6$

Vermutliche Wendestelle in 3. Ableitung einsetzen und hinreichendes Kriterium überprüfen: $f'''(6) = \frac{8}{3} \neq 0$
Wendestelle in Ausgangsfunktion einsetzen und Wendepunkt angeben: $P_W(6;\ 24)$
Wendestelle in 1. Ableitung einsetzen, um Anstieg m der Wendetangente zu erhalten: $f'(6) = -12 = m$
Absolutes Glied n der Wendetangente durch Einsetzen des Wendepunktes und des Anstiegs m aus $y = mx + n$ bzw. $n = y - mx$ ermitteln: $n = 24 - (-12) \cdot 6 = 96$
Gleichung der Wendetangente aufstellen: $y = -12x + 96$

b) $f'(x_W) = 0$; $f''(x_W) = 0$; $f'''(x_W) \neq 0$;
f'(x) wechselt bei x_W die Monotonie bzw. hat dort eine Extremstelle.

Anmerkung: Weitergehende Untersuchungen würden zeigen, dass u. U. erst eine höhere ungeradzahlige Ableitung von f an der Stelle x_W ungleich 0 ist.

DA 285

a) $\lim_{x \to \pm\infty} f_1(x) = +\infty$ $\lim_{x \to \pm\infty} f_2(x) = -\infty$ $\lim_{x \to \pm\infty} f_3(x) = \pm\infty$ $\lim_{x \to \pm\infty} f_4(x) = \mp\infty$

b) $\lim_{x \to \pm\infty} g_1(x) = 0$, Asymptote $y = 0$; $\lim_{x \to \pm\infty} g_2(x) = 4{,}5$, Asymptote $y = 4{,}5$; $\lim_{x \to \pm\infty} g_3(x) = \pm\infty$, Asymptote $y = x + 4$

DA 286

a) x_P heißt Polstelle der gebrochenrationalen Funktion $f(x) = \frac{u(v)}{v(x)}$, wenn $v(x_P) = 0$ und $u(x_P) \neq 0$ gilt.

b)

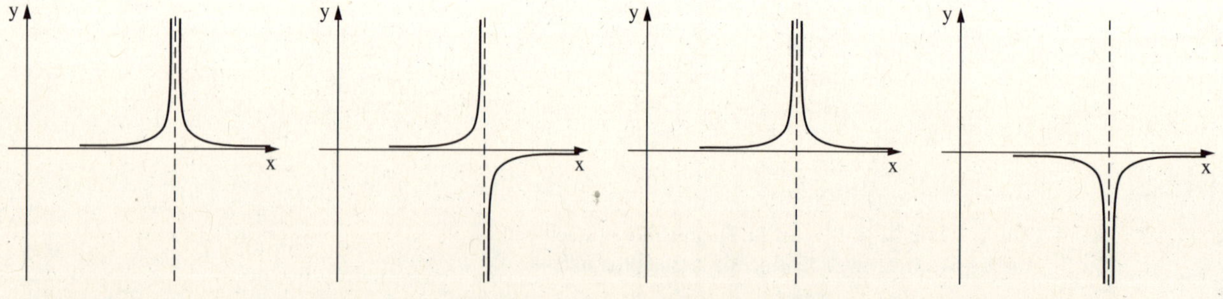

c) $x_{P_1} = 3$; $x_{P_2} = 2$; $x_{P_{3_1}} = -4$; $x_{P_{3_2}} = 5$

DA 287

(1) $D_f = \mathbb{R}$

(2) $f(x) \neq -f(-x)$; $f(x) \neq f(-x)$; keine Symmetrie

(3) $\lim\limits_{x \to \pm\infty} f(x) = \pm\infty$

(4) keine Definitionslücken

(5) Nullstellen: $x_1 = 0$; $x_2 = 9$

(6) Schnittpunkt mit der y-Achse: $P_y(0; 0)$

(7) Lokale Extremstellen:
$f'(x) = \frac{8}{3}x^2 - 32x + 72$
$f'(x) = 0$ für $x_1 = 3$; $x_2 = 9$
$f''(x) = \frac{16}{3}x - 32$
$f''(3) = -16 < 0$; lokales Maximum $\Rightarrow P_{max}(3; 96)$
$f''(9) = +16 > 0$; lokales Minimum $\Rightarrow P_{min}(9; 0)$

(8) Wendepunkte:
$f''(x) = 0$ für $x_W = 6$
$f'''(x) = \frac{16}{3}$; $f'''(6) \neq 0 \Rightarrow P_W(6; 48)$

Wendetangente: $f'(x_W) = m = -24$; $y = -24x + 192$

(9) Graph:

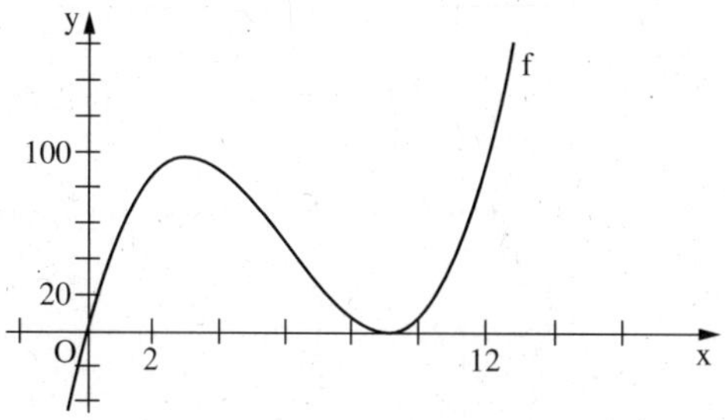

DA 288

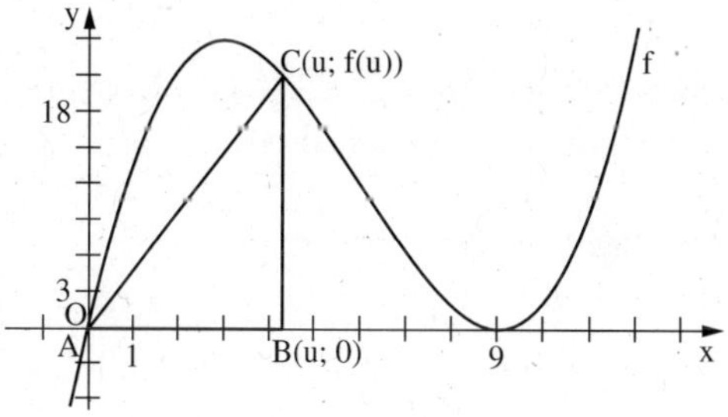

(1) Gegeben: $\triangle ABC$ (siehe Skizze)
Gesucht: u, so dass A maximal wird

(2) Zielfunktion: $A = \frac{xy}{2}$

(3) Nebenbedingungen: $x = u$; $y = f(u) = \frac{2}{9}u^3 - 4u^2 + 18u$

(4) $A(u) = \dfrac{u(\frac{2}{9}u^3 - 4u^2 + 18u)}{2} = \frac{1}{9}u^4 - 2u^3 + 9u^2$

(5) $D_A =]0; 9[$

(6) $A'(u) = \frac{4}{9}u^3 - 6u^2 + 18u$

(7) $A'(u) = 0$ für $0 = \frac{4}{9}u^3 - 6u^2 + 18u$; $u_{E_1} = 0$ entfällt; $u_{E_2} = 4{,}5$; $u_{E_3} = 9$ entfällt
$A''(u) = \frac{4}{3}u^2 - 12u + 18$; $A''(4{,}5) = -9 < 0$; lokales Maximum

(8) Das lokale Maximum ist auch das globale Maximum in D_A, weil die Zielfunktion dort stetig ist und keine weiteren Extremstellen existieren.

(9) Für $u = 4{,}5$ wird der Flächeninhalt maximal, er beträgt $A_{max} \approx 45{,}6$ FE (exakt 45, 5625 FE).

E Integralrechnung

E 1 Das unbestimmte Integral

E 1.1 Die Begriffe *Stammfunktion* und *unbestimmtes* Integral

E 1.2 Regeln für das Ermitteln von unbestimmten Integralen

EA 1

a) $F(x) = \frac{1}{5}x^5$ Probe: $F'(x) = x^4$

b) $F(x) = x^3$ Probe: $F'(x) = 3x^2$

EA 2 *(Beispiellösungen)*

a) $F_1(x) = 5x^2 + 4$
b) $F_2(x) = -2x^2 - 5$
c) $F_3(a) = 0{,}2a^2 - 1{,}5$
d) $F_4(a) = -5ab + c$
e) $F_5(x) = 2x^2 + x + 1$
f) $F_6(b) = -\frac{3}{2}b^2 - 2b$
g) $F_7(x) = 2x^2 + 12x$
h) $F_8(b) = -3b^2 + 18b - d$
i) $F_9(x) = \frac{1}{3}x^3 - x + 5$
j) $F_{10}(k) = \frac{3}{2}k^2 + xk$
k) $F_{11}(x) = \sqrt{x} + 1$
l) $F_{12}(z) = 3\sqrt{z} + 4$
m) $F_{13}(x) = \sqrt[3]{x}$
n) $F_{14}(p) = 4\sqrt[3]{p} + 2$
o) $F_{15}(x) = \frac{1}{3}x^3 - x + \frac{1}{x} + 5$
p) $F_{16}(r) = \frac{1}{2}ar^2 + a^2r + b$
q) $V(t) = \frac{1}{2}g \cdot t^2 + 1$
r) $A(t) = g \cdot t$

(Hinweis: Unter Berücksichtigung der (eventuellen) physikalischen Bedeutung der Funktionsterme q) und r) kann man anstelle von V(t) auch s(t) und von A(t) auch v(t) schreiben.)

EA 3

a) $f_1(x) = x^4 - 2 + \frac{1}{x^4}$
b) $f_2(a) = -x$
c) $f_3(t) = 5t + 4 - \frac{2}{t^3}$
d) $f_4(x) = a + b + 2x$
e) $f_5(s) = 1 - x$

EA 4

a) $F_1'(x) = 3x^5 - x^2 + 2x = f_1(x)$
b) $F_2'(x) = \frac{1}{4\sqrt{x}} + 7 = f_2(x)$
c) $F_3'(a) = x^5 \neq f_3(a)$
d) $F_4'(t) = \frac{x^2 - 5}{x - 3} = f_4(t)$
e) $F_5'(x) = x^2 - x - 12 = f_5(x)$
f) $F_6'(d) = 10d^4 - 8d^3 + 6d - 3 \neq f_6(d)$
g) $F_7'(x) = \frac{x^2 - 2}{3x^2} = f_7(x)$
h) $F_8'(x) = \frac{-x - 4}{3x^3} = f_8(x)$

EA 5

	f	f'	F
a)		$-\frac{2}{x^3}$	$-\frac{1}{x}$
b)	$2x^2$		$\frac{2}{3}x^3$
c)	$24x^3 - 10x$	$72x^2 - 10$	
d)	$\frac{1}{2\sqrt{x}}$	$-\frac{1}{4\sqrt{x^3}}$	
e)		$2x$	$\frac{x^3}{3} - x$

EA 6 *(Beispiellösungen)*

a) $F_1(x) = x^2 - 3x + 1$ $F_2(x) = x^2 - 3x - 3$ $F_3(x) = x^2 - 3x$
b) $F_1(x) = -x^3$ $F_2(x) = -x^3 - 1$ $F_3(x) = -x^3 + 2$
c) $F_1(x) = 4x - 5$ $F_2(x) = 4x + 3$ $F_3(x) = 4x + 1$
d) $F_1(x) = x^4$ $F_2(x) = x^4 - 2$ $F_3(x) = x^4 + 3$

EA 7

a) nein; $F_1'(x) = \frac{-1}{(2x-1)^2} \neq F_2'(x) = \frac{-2}{(x-1)^2}$ b) ja; $F_1'(x) = F_2'(x) = \frac{2}{(3x-1)^2} = f(x)$ c) ja; $F_1'(x) = F_2'(x) = \frac{8x}{(x^2+4)^2} = f(x)$

d) ja; $F_1'(x) = F_2'(x) = 1 - \frac{1}{(x+1)^2} = f(x)$ e) nein; $F_1'(x) = 2x + \frac{2}{x^3} \neq F_2'(x) = \frac{2x^4-2}{x^3}$

EA 8 *(Beispiellösungen)*

a) $F_{11}(x) = -\frac{x^4}{2} + \frac{x^3}{3} - x$ $F_{12}(x) = -\frac{x^4}{2} + \frac{x^3}{3} - x - 1$ b) $F_{21}(x) = \frac{5x^4}{4} - \frac{4x^3}{3}$ $F_{22}(x) = \frac{5x^4}{4} - \frac{4x^3}{3} + 1$

c) $F_{31}(x) = -\frac{x^3}{3} - \frac{1}{x^2}$ $F_{32}(x) = -\frac{x^3}{3} - \frac{1}{x^2} + 2$ d) $F_{41}(x) = 8\sqrt{x} + \frac{3}{x}$ $F_{42}(x) = 8\sqrt{x} + \frac{3}{x} - 2$

e) $F_{51}(x) = x + \frac{1}{x}$ $F_{52}(x) = x + \frac{1}{x} - 1$ f) $F_{61}(x) = -\frac{3x^{12}}{4} + \frac{5x^8}{8}$ $F_{62}(x) = -\frac{3x^{12}}{4} + \frac{5x^8}{8} + 1$

EA 9

$F_1'(x) = 3x + 4 = f(x)$ $F_2'(x) = 3x + 4 = f(x)$ $F_3'(x) = 3x^2 - 9 = f(x)$ $F_4'(x) = 3x^2 - 9 = f(x)$

EA 10 *(Beispiellösungen)*

a) $F_{11}(x) = \frac{x^4}{2} + \frac{4}{3}x^3 - x + 3$ b) $F_{21}(x) = \frac{2}{3}(x+1)^{\frac{3}{2}} - 1$ c) $F_{31}(x) = -\frac{1}{x}$ d) $F_{41}(x) = x^2 - \frac{2}{3}x^{\frac{3}{2}}$

$F_{12}(x) = \frac{x^4}{2} + \frac{4}{3}x^3 - x - 2$ $F_{22}(x) = \frac{2}{3}(x+1)^{\frac{3}{2}} + 2$ $F_{32}(x) = -\frac{1}{x} + 2$ $F_{42}(x) = x^2 - \frac{2}{3}x^{\frac{3}{2}} + \frac{3}{2}$

$F_{13}(x) = \frac{x^4}{2} + \frac{4}{3}x^3 - x$ $F_{23}(x) = \frac{2}{3}(x+1)^{\frac{3}{2}} - \frac{5}{2}$ $F_{33}(x) = -\frac{1}{x} - 1$ $F_{43}(x) = x^2 - \frac{2}{3}x^{\frac{3}{2}} - 2$

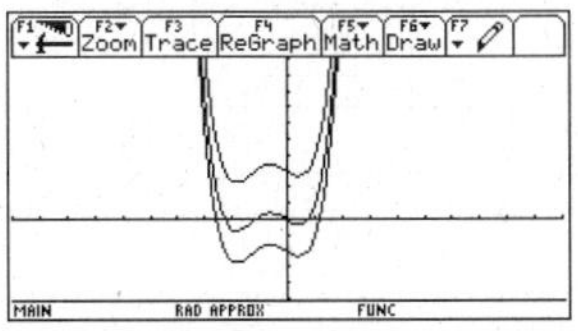

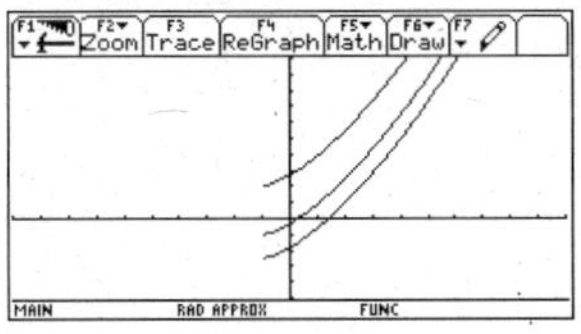

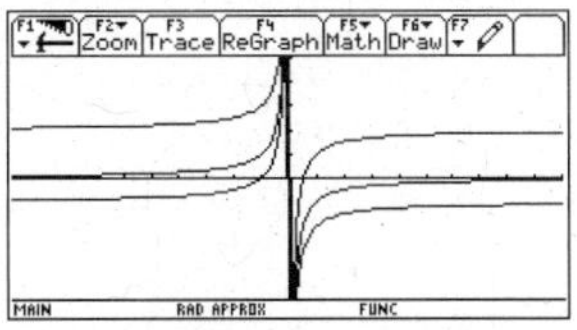

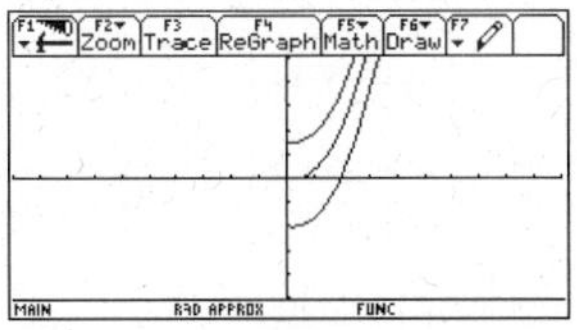

EA 11

a) $F(x) = x^4 - \frac{3}{2}x^2 + \frac{1}{2}x + C$ b) $F(a) = \frac{1}{3}a^3x - \frac{a^2}{2x} + C$

c) $G(t) = \frac{1}{2}t^2 - 2\sqrt{t} - 3t + C$ d) $F(r) = \frac{1}{3}r^3 + \frac{1}{r} + C$

e) $F(x) = x^4 - 10x^2 + C$ f) $H(s) = asx + \frac{1}{2}as^2 - 3s + C$

g) $F(b) = \frac{1}{2}ab^2 + abx + C$ h) $F(x)\,dx = \frac{1}{4}x^4 - x^3 - \frac{1}{2}x^2 + C$

i) $G(h) = -\frac{3}{ch} + C$ j) $F(r) = \frac{1}{3}r^3 - r + C$

k) $G(t) = -\frac{1}{t} + \frac{1}{2t^2} + \frac{t^2}{2} + C$ l) $F(x) = \frac{2}{11}x^{11} - x^5 + C$

EA 12

a) $\frac{1}{3}x^3 - x + C$ b) $\frac{1}{2}at^2 + C$ c) $\frac{1}{3}x^3 + \frac{3}{2}x^2 + x + C$

d) $\sqrt{a}\,x - \frac{1}{2}\sqrt{b}\,x^2 + C$ e) $\frac{1}{3}\sqrt{x^3} + C$ f) $\frac{1}{2}x^2 - \frac{1}{x} - \frac{1}{2x^2} + C$

g) $3\sqrt[3]{x} + C$ h) $\frac{2}{3}\sqrt{x^3} + \frac{3}{4}\sqrt[3]{x^4} - \frac{4}{5}\sqrt[4]{x^5} + 4x + C$ i) $-\frac{1}{x^3} - \frac{1}{x^2} - \frac{1}{x} + C$

j) $\frac{1}{2}ab^2 + \frac{1}{5}b^5 + C$ k) $\frac{1}{3}t^3 - 2t^2 + 4t + C$ l) $-\frac{3}{5x^4} + C$

EA 13

a) $\frac{3}{2}x^2 - x + C$ b) $t - \frac{1}{2t} + C$ c) $a^2 - 6a + C$

d) $\frac{a^3}{3} - a^2 + C$ e) $\frac{x^3}{3} + 5x + C$ f) $-\frac{1}{2x^2} + \frac{1}{5x^5} + C$

EA 14

a) $\frac{625x^9}{9} + \frac{1000x^7}{7} + 120x^5 + \frac{160x^3}{3} + 16x + C$

b) $\ln\left|\sqrt{x^2+2} + x\right| + \frac{x\sqrt{x^2+2}}{2} + C$

c) $\frac{-3[\sqrt{2}\ln(\sqrt{2x^2-1} + \sqrt{2}x) - 2x\sqrt{2x^2-1}(4x^2-1)]}{32} + C$

d) $\frac{-\ln\left(\frac{|x+1|}{|x-1|}\right)}{2} + C$

e) $\frac{k^{10}}{10} + \frac{4k^9}{9} + \frac{3k^8}{4} + \frac{4k^7}{7} + \frac{k^6}{6} + C$

f) $-\frac{64}{7}x^7 - 32x^6 - 48x^5 - 40x^4 - 20x^3 - 6x^2 + \frac{3}{4}x^{\frac{4}{3}} - x + C$

g) $2a^4 + \frac{24\sqrt{2}a^{\frac{7}{2}}}{7} + 4a^3 + \frac{4\sqrt{2}a^{\frac{5}{2}}}{5} + C$

h) $\frac{v^9}{9} - \frac{8v^{\frac{15}{2}}}{15} + v^6 - \frac{8v^{\frac{9}{2}}}{9} + \frac{v^3}{3} + C$

i) $-\frac{1}{5x^5} - \frac{3}{7x^7} - \frac{1}{3x^9} - \frac{1}{11x^{11}} + C$

EA 15

a) $14x$

b) $\frac{1}{2\sqrt{x^3}}$

c) $\frac{1}{2\sqrt{x}}$

d) 1

e) $-5t^{-6} + 4t$

f) a

g) $2b + 2$

h) $-\frac{4}{x^5} + \frac{2}{x^3}$

i) $\frac{1}{\pi}$

j) $21s^2 - \frac{s}{2}$

k) $\frac{1}{2\sqrt{x}}$

l) $\frac{1}{2\sqrt{x}}$

EA 16

Es sei F eine Stammfunktion von f, also $\int f(x)\,dx = F(x) + C_1$, und G eine Stammfunktion von g, also $\int g(x)\,dx = G(x) + C_2$.

Es gilt $(F + G)' = f + g$ (Ableitung einer Summe). $\Rightarrow$ $(F + G)$ ist eine Stammfunktion von $(f + g)$, also

$\int (f(x) + g(x))\,dx = F(x) + G(x) + C_3 \quad (C_1, C_2, C_3 \in \mathbb{R}) \Rightarrow \int (f(x) + g(x))\,dx = \int f(x)\,dx + \int g(x)\,dx.$

EA 17

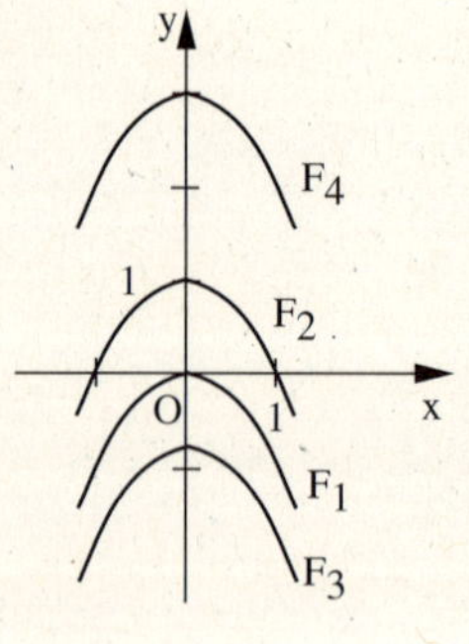

Die Lage der Tangente in einem Punkt an den Graphen einer Funktion wird durch den Anstieg bestimmt. Der Anstieg ergibt sich aus der 1. Ableitung.
$\Rightarrow F_1'(x) = F_2'(x) = F_3'(x) = F_4'(x) = -2x$

Für die Punkte mit dem gleichen Argument ergibt sich der gleiche Anstieg. Die Tangenten verlaufen somit parallel.

EA 18

$F(x) = \int (2x - 3)\,dx = x^2 - 3x + C \qquad F(-1) = 1 + 3 + C = \frac{9}{2} \quad \Rightarrow C = \frac{1}{2};\quad F(x) = x^2 - 3x + \frac{1}{2}$

EA 19

a) $F(x) = \frac{1}{3}x^3 + 3x + \frac{2}{3}$

b) $F(x) = \frac{1}{20}x^2 + 4$

c) $F(x) = \frac{1}{5}x^5 - x + \frac{7}{5}$

d) $F(x) = \frac{4}{5}\sqrt[4]{x^5}$

e) $F(t) = \frac{\pi}{4}t^2 - \frac{\pi}{3}t + \frac{13}{12}\pi$

f) $F(a) = 0{,}2a^3 - 0{,}1a^2 + a$

g) $F(x) = \sqrt{x} - 1$

h) $F(b) = -\frac{1}{b} + 1$

EA 20

a) $F_1(x) = -\frac{1}{3}x^3 + 2x^2 \qquad F_2(x) = -\frac{1}{3}x^3 + 2x^2 + 2$

b) $F_1(x) = x^2; \qquad F_2(x) = x^2 + 2$

c) $F_1(x) = \frac{1}{4}x^4 + \frac{1}{3}x^3 - x^2 \qquad F_2(x) = \frac{1}{4}x^4 + \frac{1}{3}x^3 - x^2 + 2$

d) $F_1 = \frac{2}{3}\sqrt{x^3} + x^2 \qquad F_2(x) = \frac{2}{3}\sqrt{x^3} + x^2 + 2$

e) $F_1(x) = \frac{1}{3}x^3 - x^2 + x \qquad F_2(x) = \frac{1}{3}x^3 - x^2 + x + 2$

f) $F_1(x) = \frac{1}{3}x^3 - x^2 + x \qquad F_2(x) = \frac{1}{3}x^3 - x^2 + x + 2$

EA 21 $F(x) = \frac{1}{4}x^4 - \frac{2}{3}x^3 + x + \frac{17}{12}$

EA 22 $F(x) = -x^2 + 3x + C$ hat ein Maximum in $S(\frac{3}{2}; \frac{9}{4} + C)$.
Nur negative Funktionswerte nimmt die Stammfunktion $F(x)$ für $C < -\frac{9}{4}$ $(C \in \mathbb{R})$ an.

EA 23 a) $F_1(x) = \frac{1}{3}x^3 - x^2 + 1$ b) $m = -1$ c) $F_2(x) = \frac{1}{3}x^3 - x^2 + \frac{5}{3}$

EA 24 a) $a = \frac{1}{3}$ b) $a = \frac{1}{5}$

E 2 Das bestimmte Integral

E 2.1 Flächeninhalt unter der Normalparabel

E 2.2 Der Begiff *bestimmtes Integral*

E 2.3 Begriffserweiterung und Eigenschaften bestimmter Integrale

EA 25

	Figur (1)	Figur (2)	Figur (3)	Figur (4)
a)	$u = (8 + 4\pi)$ cm $\approx 20{,}6$ cm $A = (16 - \frac{\pi}{4})$ cm² $\approx 3{,}4$ cm²	$u = 4\pi$ cm $\approx 12{,}6$ cm $A = (16 - \frac{\pi}{4})$ cm² $\approx 3{,}4$ cm²	$u = 4\pi$ cm $\approx 12{,}6$ cm $A = (8\pi - 16)$ cm² $\approx 9{,}1$ cm²	$u = 8\pi$ cm $\approx 25{,}1$ cm $A \approx 9{,}1$ cm²
b)	$u = (24 + 12\pi)$ cm $\approx 61{,}7$ cm $A = (144 - 36\pi)$ cm² $\approx 30{,}9$ cm²	$u = 12\pi$ cm $\approx 37{,}7$ cm $A = (144 - 36\pi)$ cm² $\approx 30{,}9$ cm²	$u = 12\pi$ cm $\approx 37{,}7$ cm $A = (72\pi - 144)$ cm² $\approx 82{,}2$ cm²	$u = 24\pi$ cm $\approx 75{,}4$ cm $A \approx 82{,}2$ cm²
c)	$u = (2a + \pi a) = a(2 + \pi)$ $A = a^2 - \frac{\pi}{4}a^2 = a^2(1 - \frac{\pi}{4})$	$u = \pi a$ $A = a^2 - \frac{\pi}{4}a^2 = a^2(1 - \frac{\pi}{4})$	$u = \pi a$ $A = -a^2 + \frac{\pi}{2}a^2 = a^2(\frac{\pi}{2} - 1)$	$u = 2\pi a$ $A = \frac{\pi}{2}a^2 - a^2 = a^2(\frac{\pi}{2} - 1)$

EA 26 a) $A = 36$ cm² b) $A = (32 + 12\pi)$ cm² $\approx 69{,}7$ cm² c) $A = 15{,}75\pi$ cm² $\approx 49{,}5$ cm² d) $A = 20{,}25\pi \approx 63{,}6$ cm²

EA 27 $A \approx 20{,}5$ cm² $A \approx 8{,}5$ cm²

EA 28 $\int_{-1}^{2}(x^2 + 2)\,dx = \int_{-1}^{0}(x^2 + 2)\,dx + \int_{0}^{2}(x^2 + 2)\,dx$

Berechnung von $\int_{-1}^{0}(x^2 + 2)\,dx$:

1) Zerlegen des Integrationsintervalls [-1; 0] in n gleich lange Teilintervalle: $\Delta x = \frac{1}{n}$
2) Bilden der Summen s_n und S_n:

$x_{i-1} = (i - 1) \cdot \frac{1}{n}$

$f(x_{i-1}) = [(i - 1) \cdot \frac{1}{n}]^2 + 2 = (i - 1)^2 \cdot \frac{1}{n^2} + 2$

$s_n = \sum_{i=1}^{n} f(x_{i-1}) \cdot \Delta x = \sum_{i=1}^{n} [(i - 1)^2 \cdot \frac{1}{n^2} + 2] \cdot \frac{1}{n}$

$= \frac{1}{n^3} \cdot \frac{2n^3 - 3n^2 + n}{6} + 2 = \frac{1}{3} - \frac{1}{2n} + \frac{1}{6n^2} + 2$

$x_i = i \cdot \frac{1}{n}$

$f(x_i) = [i \cdot \frac{1}{n}]^2 + 2 = i^2 \cdot \frac{1}{n^2} + 2$

$S_n = \sum_{i=1}^{n} f(x_i) \cdot \Delta x = \sum_{i=1}^{n} [i^2 \cdot \frac{1}{n^2} + 2] \cdot \frac{1}{n}$

$= \frac{1}{n^3} \cdot \frac{2n^3 + 3n^2 + n}{6} + 2 = \frac{1}{3} + \frac{1}{2n} + \frac{1}{6n^2} + 2$

3) Berechnen der Grenzwerte: $\lim_{n \to \infty} s_n = \frac{7}{3}$ und $\lim_{n \to \infty} S_n = \frac{7}{3}$ $\Rightarrow \int_{-1}^{0}(x^2 + 2)\,dx = \frac{7}{3}$

Analog $\int_{0}^{2}(x^2 + 2)\,dx = \frac{20}{3}$ $\Rightarrow \int_{-1}^{2}(x^2 + 2)\,dx = 9$

EA 29

a) $\int_{-2}^{2}(-x^2 + 4)\,dx = \int_{-2}^{0}(-x^2 + 4)\,dx + \int_{0}^{2}(-x^2 + 4)\,dx = \frac{16}{3} + \frac{16}{3} = \frac{32}{3}$

b) $\int_{0}^{2}(2x + 1)\,dx = 6$ c) $\int_{0}^{1}(x^3 + 1)\,dx = \frac{5}{4}$ d) $\int_{1}^{3}4x^2\,dx = \int_{0}^{3}4x^2\,dx - \int_{0}^{1}4x^2\,dx = 36 - \frac{4}{3} = \frac{104}{3}$

EA 30 a) $A = 7{,}5$ FE b) $A = 24$ FE c) $A = 28$ FE

EA 31

a) $A = \frac{26}{3}$ FE b) $A = \frac{125}{3}$ FE c) $A = \frac{8}{3}$ FE d) $A = \frac{2}{3}$ FE

EA 32

a) $A = \left|-\frac{11}{3}\right|$ FE $= \frac{11}{3}$ FE b) $A = \frac{47}{12}$ FE c) $A = \frac{11}{3}$ FE d) $A = \frac{39}{24}$ FE

EA 33

a) $A = (2 + \frac{8}{3})$ FE $= \frac{14}{3}$ FE b) $A = (8 - \frac{8}{3})$ FE $= \frac{16}{3}$ FE c) $A = (\frac{1}{2} - \frac{1}{3})$ FE $= \frac{1}{6}$ FE

d) $A = 2(\frac{1}{2} - \frac{1}{4})$ FE $= \frac{1}{2}$ FE e) $A = (3 \cdot \sqrt{3} - \sqrt{3})$ FE $= 2\sqrt{3}$ FE f) $A = (1 - \frac{1}{3} - \frac{1}{3})$ FE $= \frac{1}{3}$ FE

EA 34

a) $A = \frac{1}{4}$ FE b) $A = \left|-\frac{7}{8}\right|$ FE $= \frac{7}{8}$ FE

EA 35

a) nein, $f(x) \leq 0$ für $x \in [1; 3]$ b) nein, $f(x) \leq 0$ für $x \in [1; 2]$ c) ja, $f(x) \geq 0$ für $x \in [-2; 1]$

EA 36

a) $A = \int_0^2 (x-2)^2\,dx$ b) $A = \int_{-2}^0 (-\frac{3}{2}x + 3)\,dx$ c) $A = \int_0^\pi \sin x\,dx$

EA 37

a) $A = \int_0^3 (-\frac{5}{3}x + 5)\,dx$ b) $A = \int_0^6 4\,dx$ c) $A = \int_0^2 2x\,dx + \int_2^7 4\,dx + \int_7^9 (-2x)\,dx$

EA 38

a) $A_2 = 4 \cdot A_1$ b) $A_2 = 8 \cdot A_1$ c) $A_2 = 4 \cdot A_1$ d) $A_2 = 16 \cdot A_1$

EA 39

a) $b = 6$ b) $b = 5$

EA 40

a) wahre Aussage b) wahre Aussage c) falsche Aussage

EA 41

a) $\int_c^d (x-c)^2\,dx + \int_d^c x^2\,dx - c\int_c^d (-2x+c)\,dx = \int_c^d [(x-c)^2 - x^2 - c(-2x+c)]\,dx = \int_c^d 0\,dx = 0$

b) $\int_{-2}^3 (2x+4)\,dx - 2 \cdot \int_7^4 (x+2)\,dx - \frac{1}{2} \cdot \int_4^3 (4x+8)\,dx = \int_{-2}^3 (2x+4)\,dx + \int_4^7 (2x+4)\,dx + \int_3^4 (2x+4)\,dx =$

$\int_{-2}^7 (2x+4)\,dx = [x^2 + 4x]_{-2}^7 = 49 + 28 - (4 - 8) = 77 + 4 = 81$

EA 42

a) 0 b) 0 c) 0 d) 0 e) $\frac{x^2}{2}$ f) $-\frac{b^2}{2}$ g) $\frac{b^2}{2}$ h) 0

i) 0 j) 0 k) 0 l) $\int_0^5 x^3\,dx = \frac{625}{4}$

EA 43

a) 0 b) -40 c) $\frac{2}{3}$ d) $8\sqrt{2} - 2$ e) $2\sqrt{5}$ f) $\frac{4095}{4096}$

g) $\frac{a^3}{2}$ h) $\frac{1}{12}$ i) $6\sqrt[3]{36} - 1$ j) $-\frac{15}{16}$

E 3 Beziehungen zwischen bestimmten und unbestimmten Integralen

E 3.1 Das bestimmte Integral als Funktion der oberen Integrationsgrenze
E 3.2 Hauptsatz der Diffential- und Integralrechnung

EA 44 a) $\Phi(x) = \frac{x^2}{2}$ b) $\Phi(a) = a^3$

EA 45

a) $\Phi(a) = a$ b) $\Phi(x) = -3x$ c) $\Phi(t) = \frac{1}{3}at^3 + \frac{1}{2}bt^2 + ct$

d) $\Phi(x) = 2x + \frac{1}{4}x^4 + \frac{1}{5}x^5 + \frac{1}{6}x^6$ e) $\Phi(c) = -\frac{k}{4c^4}$ f) $\Phi(a) = \frac{1}{2}a^2 - a - \frac{4}{a}$

g) $\Phi(x) = \frac{1}{3}x^3 - x$ h) $\Phi(x) = -\frac{2}{3x^3} + \frac{3}{4x^4} - \frac{1}{5x^5}$ i) $\Phi(t) = -\frac{1}{2}t^{-2}$

j) $\Phi(a) = -\frac{w^4}{a}$ k) $\Phi(x) = \frac{x^2}{20}$ l) $\Phi(a) = \frac{1}{n+1}a^{n+1}$

EA 46

a) z. B. $f_1(x) = x^2 + 4$ und $[-1; 2]$, $[0; 3]$, $[-4; 1]$
$f_2(x) = x + 2$ und $[-3; 0]$, $[-1; 1]$, $[5; 8]$
$f_3(x) = (x-2)^2$ und $[0; 2]$, $[-3; 0]$, $[3; 5]$

b) z. B. $f_1(x) = x - 1$ und $[0; 2]$, $[\frac{1}{2}; \frac{3}{2}]$, $[-1; 3]$
$f_2(x) = x^3$ und $[-3; 3]$, $[-2; 2]$, $[-1; 1]$
$f_3(x) = x^3 - x$ und $[-1; 1]$, $[-2; 2]$, $[-\frac{1}{2}; \frac{1}{2}]$

c) z. B. $f_1(x) = x^4 - 2x^2$ und $[0; 1]$, $[-1; 1]$, $[-1; 0]$
$f_2(x) = 4x - 6$ und $[0; 1]$, $[0; 2]$, $[-5; 3]$
$f_3(x) = (x-1)^2 - 4$ und $[-3; 3]$, $[-1; 1]$, $[0; 4]$

EA 47 a) $\int_a^x t^2\,dt = \frac{1}{3}x^3 - \frac{1}{3}a^3$ b) $\int_2^b (a-2)\,da = \frac{1}{2}b^2 - 2b + 2$

EA 48

a) $\pi b - \pi a = \pi(b-a)$ b) $\frac{3}{2}s^2 - 4s - \frac{3}{2}r^2 + 4r$ c) $\frac{a}{3}x^3 - \frac{a}{3} = \frac{a}{3}(x^3 - 1)$ d) $\frac{1}{2}a^2t\cos\alpha - 2t\cos\alpha$

e) $\frac{335}{3} - \frac{1}{3}a^3 - 2a^2 - 4a$ f) $\frac{1}{5}x^5 - x$ g) $2x^4 + 8x^3 + \frac{26}{3}x^2$ h) $2\sqrt{a}$

EA 49

a) $\int_1^2 8x\,dx = 12$ b) $\int_1^1 2bx\,dx = 0$ c) $\int_0^3 2dt = 6$

d) $\int_{-1}^2 8\,dx = 24$ e) $\int(-4x^2 + \frac{1}{3}x)\,dx = -\frac{4}{3}x^3 + \frac{1}{6}x^2 + c$ f) $\int \frac{3}{x^4}\,dx = -\frac{1}{x^3} + c$

E 4 Berechnen bestimmter Integrale

EA 50 a) $\int_3^5 (x^2 - 3)\,dx = [\frac{1}{3}x^3 - 3x]_3^5 = \frac{80}{3}$ b) $\int_{-1}^4 t\cdot\sin\alpha\,dt = [\frac{1}{2}t^2\sin\alpha]_{-1}^4 = \frac{15}{2}\sin\alpha$

EA 51

a) 2 b) 3 c) $\frac{1}{6}$ d) -2 e) 42 f) 1,5

g) $\frac{16}{9}$ h) 3 i) 60 j) $\frac{1}{4}$

EA 52

a) $\frac{351}{15} = \frac{117}{5}$ b) $\frac{1}{2}b^3$ c) 1 d) $\frac{73}{6}$ e) 18,627 f) $2\cos\alpha$

g) $\int_0^1 2v^{\frac{1}{4}}\,dv = \int_0^1 2\sqrt[4]{v}\,dv = [2\cdot\frac{4}{5}\cdot v^{\frac{5}{4}}]_0^1 = [\frac{8}{5}\sqrt[4]{v}\,]_0^1 = \frac{8}{5}$ (Hinweis: Da Potenzen mit gebrochenen Exponenten nur für positive Basen erklärt sind, sollte hier der Integrand in der Form „$2\sqrt[4]{v}$" angegeben werden)

h) 6 i) $\frac{1}{12}$ j) 9 k) $\frac{1}{3}a^4$ l) a^2b^2

EA 53

a) $2\int_1^3 5x\,dx = \int_1^3 10x\,dx = 40$ b) $\int_0^2 (x^2-4)\,dx < \int_0^2 (x-2)^2\,dx;\ -\frac{16}{3} < \frac{8}{3}$ c) $\int_{-2}^{2} (a^2+2)da = 2\int_{-2}^{2} (\frac{a^2}{2}+1)\,da = \frac{40}{3}$

d) $\int_{-1}^{1} x^3\,dx = \int_{-1}^{1} x\,dx = 0$ e) $\int_2^3 (x-a)\,dx = -a+\frac{5}{2};\ a\int_2^3 (x-\frac{1}{a})\,dx = \frac{5}{2}a-1$

$-a+\frac{5}{2} = \frac{5}{2}a-1$ für $a = 1$
$-a+\frac{5}{2} < \frac{5}{2}a-1$ für $a > 1$
$-a+\frac{5}{2} > \frac{5}{2}a-1$ für $a < 1$

f) $\int_1^5 25x\,dx > \int_1^4 30x\,dx;\ 300 > 225$

EA 54

a) $\int_1^k (x-2)\,dx = \frac{3}{2}$ $[\frac{1}{2}x^2-2x]_1^k = \frac{3}{2}$ $\Rightarrow k^2-4k = 0$ $\Rightarrow k_1 = 0;\ k_2 = 4$

b) $\int_k^1 2(2x-1)\,dx = \frac{1}{2}$ $[2x^2-2x]_1^k = \frac{1}{2}$ $\Rightarrow k^2-k+\frac{1}{4} = 0$ $\Rightarrow k = \frac{1}{2}$

EA 55

a) $k_1 = -4\quad k_2 = 4$ b) $k_1 = 2\quad k_2 = -8$ c) $k = 3$ d) $k = \sqrt[3]{6}$

EA 56

a) $k = 2$ b) $k = -3$ c) $k_1 = -2\quad k_2 = 2$ d) $k = 5$

EA 57

$F(7) = \int_a^7 (5t+3)\,dt = \frac{5}{2}(49-a^2)+3(7-a)$

$F(7) = 3{,}5 \Rightarrow a^2+\frac{6}{5}a-56 = 0$ $a_1 \approx 6{,}907;\ a_2 \approx -8{,}107$

EA 58

a) Nullstellen: $x_1 = 6$ $x_2 = -2$ $\int_{-2}^{6} (-2x^2+8x+24)\,dx = 170\frac{2}{3}$

b) Nullstellen: $x_1 = -2$ $x_2 = 2$ $\int_{-2}^{2} (x^4-16)\,dx = -51\frac{1}{5}$

c) Nullstellen: $x_1 = 0$ $x_2 = -3$ $\int_{-3}^{0} (x^3+3x^2)\,dx = \frac{27}{4}$

d) Nullstellen: $x_1 = 5$ $x_2 = 3$ $\int_3^5 (\frac{1}{2}x^2-4x+\frac{15}{2})\,dx = -\frac{2}{3}$

EA 59 $\int_{-5}^{b} (\frac{1}{3}x^4-5x^2+6)\,dx = 30 \Rightarrow b^5-25b^3+90b = 0$ für $b > 0 \Rightarrow b = \sqrt{\frac{25+\sqrt{265}}{2}} \approx 4{,}54$

EA 60 Die Beweisidee für die beiden Beweise besteht in der Anwendung des Hauptsatzes der Differential- und Integralrechnung und der entsprechenden Regeln für unbestimmte Integrale.

a) Beweis der Faktorregel: $\int_a^b k\cdot f(x)\,dx = k\cdot\int_a^b f(x)\,dx$

Zur Ermittlung des bestimmten Integrals $\int_a^b k\cdot f(x)\,dx$ wenden wir den Hauptsatz der Differential- und Integralrechnung an und ermitteln zunächst das unbestimmte Integral $\int k\cdot f(x)\,dx$.

$\int k\cdot f(x)\,dx = k\cdot\int f(x)\,dx$ nach Satz E 4
$= k\cdot F(x),$ wobei F(x) eine Stammfunktion von f(x) ist.

Die Integrationsgrenzen werden eingesetzt und die Differenz gebildet:

$$\int_a^b kf(x)\,dx = k \cdot F(b) - k \cdot F(a) \quad \text{nach dem Hauptsatz der Differential- und Integralrechnung}$$

$$= k \cdot [F(b) - F(a)] \quad \text{Umformen}$$

$$= k \cdot \int_a^b f(x)\,dx$$

b) Beweis der Summenregel: $\int_a^b [f(x) + g(x)]\,dx = \int_a^b f(x)\,dx + \int_a^b g(x)\,dx$

Ermittlung des unbestimmten Integrals $\int [f(x) + g(x)]\,dx$:

$\int [f(x) + g(x)]\,dx = \int f(x)\,dx + \int g(x)\,dx\,dx$ nach Satz E 4

$= F(x) + G(x),$ wobei F(x) eine Stammfunktion von f(x) und G(x) eine Stammfunktion von g(x) ist

$\int_a^b [f(x) + g(x)]\,dx = [F(b) + G(b)] - [F(a) + G(a)]$ nach dem Hauptsatz der Diff.- und Integralrechnung

$= F(b) - F(a) + G(b) - G(a)$ Umformen

$= \int_a^b f(x)\,dx + \int_a^b g(x)\,dx$ nach dem Hauptsatz der Diff.- und Integralrechnung

EA 61 $\int_0^a (3x^2 + 4x - 5)\,dx = a^3 - 2 \Rightarrow a^2 - \frac{5}{2}a + 1 = 0$ $a_1 = 2;\ a_2 = \frac{1}{2}$

EA 62 $\int_0^a (2 - 4x + 3x^2)\,dx \le a \Rightarrow a^2 - 2a + 1 \le 0$ $a = 1$

EA 63

a) $-\frac{1}{2}$ b) 4,50597 c) 2,92851 d) $-\sqrt{3} + 2$ e) 14,4296

f) 0,846039 g) 2,16667 h) 1,0458 i) 3,66531 j) 31,299

EA 64 a) $\int f_t(x)\,dx - t\,(\frac{x^3}{3}\quad \frac{x^2}{2})$ b) $\int_0^2 f_t(x)\,dx = \frac{2}{3}t$ c) Γ_{12} d) $t - \frac{1}{2}$

EA 65 a) $f(x) = -x^2 + 2x + 3$ b) $f(x) = \frac{1}{2}x^2 - 4{,}5$

EA 66

a)

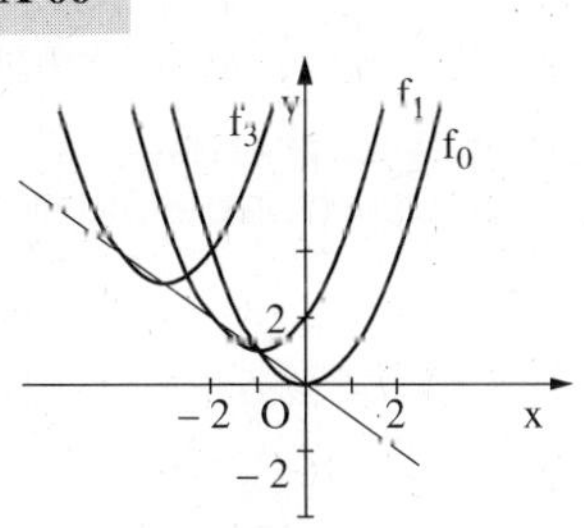

b) $y = -x$

c) $\int_{-1}^0 f_a(x)\,dx = a^2 + \frac{1}{3}$

d) $a = 2$

E 5 Weitere Integrationsmethoden

E 5.1 Integration durch lineare Substitution
E 5.2 Partielle Integration

EA 67 a) $\int (2x - 1)^{10}\,dx = \frac{1}{22}(2x - 1)^{11} + C$ b) $\int \frac{1}{(ax + b)^5}\,dx = -\frac{1}{4a(ax + b)^4} + C$

EA 68

a) $\frac{1}{15}(3x - 2)^5 + C$ b) $-\frac{1}{2(2x + 1)} + C$ c) $\frac{2}{15}\sqrt{(5a - 1)^3} + C$

d) $-\frac{5}{4}(1 - \frac{1}{5}x)^4 + C$ e) $\frac{1}{4}(3 - 2t)^{-2} + C$ f) $-\frac{4}{5}\sqrt{(1 - x)^5} + C$

EA 69

a) $20\frac{2}{3}$ b) $-0{,}5$ c) 405 d) $\approx 2{,}3$ e) $\approx 78{,}8$ f) $\frac{4}{9}$ g) $\frac{1}{5}\sqrt{7^5}-\sqrt{3^3} \approx 22{,}8$

h) 0 i) $\frac{3}{20}(\sqrt[3]{9^5}-1) \approx 5{,}7$ j) 2 k) $\frac{32}{3}$ l) $-0{,}25$

EA 70

a) $-\frac{65}{4} = -16{,}25$ b) $\frac{122}{5} = 24{,}4$ c) $\frac{7a^2+9ab+3b^2}{3}$ d) $\frac{3843}{2} = 1921{,}5$

EA 71

$\int_{-a}^{a} f(x)\,dx = \int_{-a}^{0} f(x)\,dx + \int_{0}^{a} f(x)\,dx$ Wegen $f(x) = f(-x)$ folgt $\int_{-a}^{0} f(x)\,dx = \int_{0}^{a} f(x)\,dx \Rightarrow \int_{-a}^{a} f(x)\,dx = 2\cdot\int_{0}^{a} f(x)\,dx$

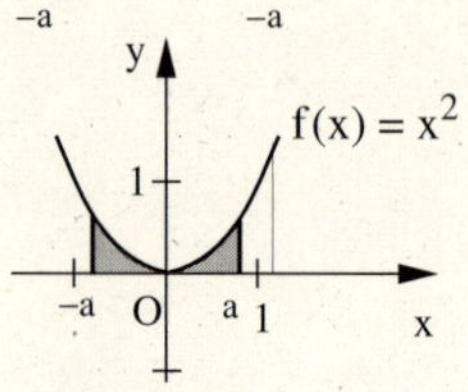

$y = f(x) = x^2$ ist eine gerade Funktion.

$\int_{-a}^{a} x^2\,dx = 2\cdot\int_{0}^{a} x^2\,dx$

Die beiden Teilflächen werden addiert.

EA 72

$\int_{-a}^{a} g(x)\,dx = \int_{-a}^{0} g(x)\,dx + \int_{0}^{a} g(x)\,dx$ Wegen $g(-x) = -g(x)$ folgt $\int_{-a}^{0} g(x)\,dx = -\int_{0}^{a} g(x)\,dx \Rightarrow \int_{-a}^{a} g(x)\,dx = 0$

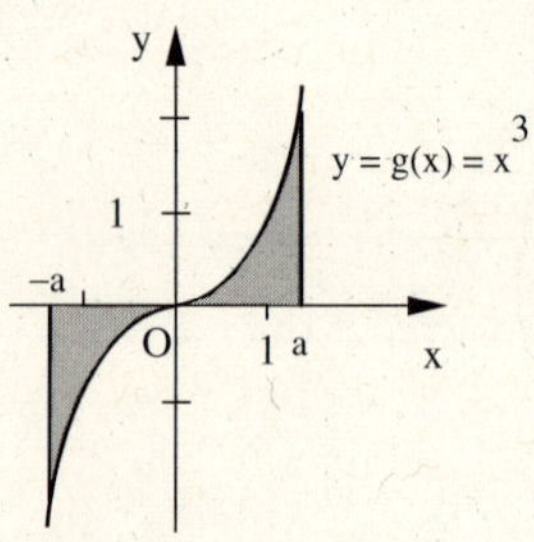

$y = g(x) = x^3$ ist eine ungerade Funktion.

$\int_{-a}^{a} g(x)\,dx = 0$

Die beiden Teilflächeninhalte heben einander auf.

EA 73

a) falsche Aussage b) wahre Aussage

EA 74

a) $k = \frac{1}{3}$ b) $k = 1$ c) $k = 5$

EA 75

a) $\frac{2}{3}(22\sqrt{22}-7\sqrt{7}) \approx 56{,}446$ b) $\frac{5120\cdot\sqrt{5}}{3} \approx 3816{,}223$ c) $20\sqrt{30}-4\sqrt{6} \approx 99{,}747$

d) $\approx 0{,}2679$ e) $84\sqrt{2} \approx 118{,}794$ f) $\frac{2\sqrt{(a+1)^3}}{3a} - \frac{2b}{3a}$

EA 76

Wir setzen $u(x) = 1 - x^3$ und $v'(x) = 3x^2$. Dann ist $u'(x) = -3x^2$ und $v(x) = x^3$.

a) $\int (1-x^3)\cdot 3x^2\,dx = x^3 - \frac{1}{2}x^6 + C$ b) $\frac{2x(x+1)^{\frac{3}{2}}}{5} - \frac{4(x+1)^{\frac{3}{2}}}{15} + C$

c) $\frac{2x^2(x+1)^{\frac{3}{2}}}{7} + \frac{8x(x-1)^{\frac{3}{2}}}{35} + \frac{16(x-1)^{\frac{3}{2}}}{105} + C$ d) $\frac{4(3x+2)(x-1)^{\frac{3}{2}}}{15} + C$

EA 77

a) 2656 b) $438\frac{2}{3} = \frac{1316}{3} \approx 438{,}67$ c) $\frac{1758}{7} \approx 251{,}14$

E 6 Anwendung der Integralrechnung

E 6.1 Ermitteln von Flächeninhalten
E 6.2 Physikalische Probleme
E 6.3 Berechnen des Volumens von Rotationskörpern

EA 78

a)

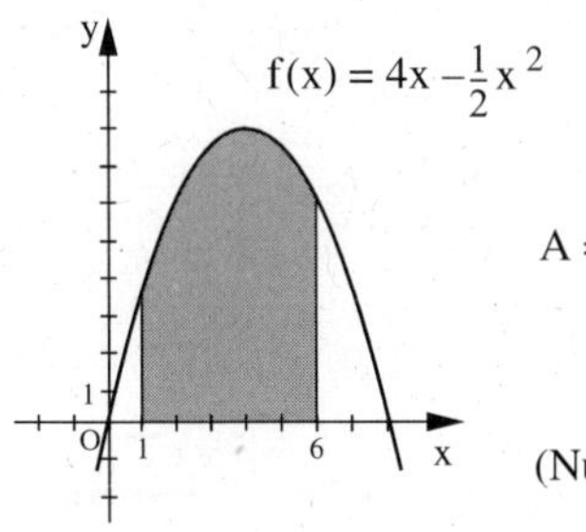

$$A = \int_1^6 (4x - \tfrac{1}{2}x^2)\,dx = 34\tfrac{1}{6}\ \text{(FE)} \approx 34{,}17\ \text{(FE)}$$

(Nullstellen: $x_1 = 0$; $x_2 = 8$)

b)

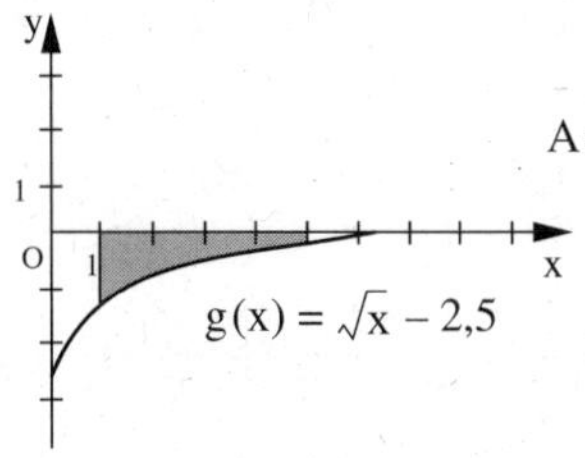

$$A = \left|\int_1^5 (\sqrt{x} - 2{,}5)\,dx\right| \approx 3{,}21\ \text{(FE)}$$

(Nullstelle: $x = 6{,}25$)

c)

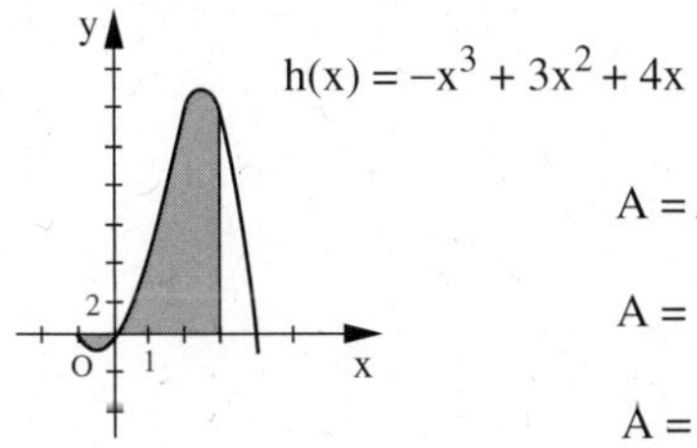

$$A = A_1 + A_2$$

$$A = \left|\int_{-1}^{0} (-x^3 + 3x^2 + 4x)\,dx\right| + \int_0^3 (-x^3 + 3x^2 + 4x)\,dx = \left|-\tfrac{3}{4}\right| + \tfrac{99}{4} = \tfrac{51}{2}\ \text{(FE)}$$

$A = 25{,}5$ FE

(Nullstellen: $x_1 = -1$, $x_2 = 0$, $x_3 = 4$)

EA 79

a) $A = 7{,}5$ FE (keine Nullstelle im Intervall)

b) $A = \frac{135}{12}$ FE $\approx 11{,}25$ FE (keine Nullstelle im Intervall)

c) $A \approx 20\frac{2}{3}$ FE (Nullstellen bei $x_1 = -1$; $x_2 = 5$)

d) $A = 28$ FE (Nullstellen bei $x_1 = 0$; $x_2 = -3$; $x_3 = 3$)

e) $A = 97{,}25$ FE (Nullstellen bei $x_1 = -1$; $x_2 = 0$; $x_3 = 4$)

f) $A \approx 2{,}01$ FE (keine Nullstelle im Intervall)

g) $A = \frac{16}{9}$ FE $\approx 3{,}21$ FE (keine Nullstelle im Intervall)

h) $A \approx 0{,}75$ FE (Nullstelle bei $x = 4{,}25$)

i) $A \approx 4{,}79$ FE (keine Nullstelle im Intervall)

EA 80

a)

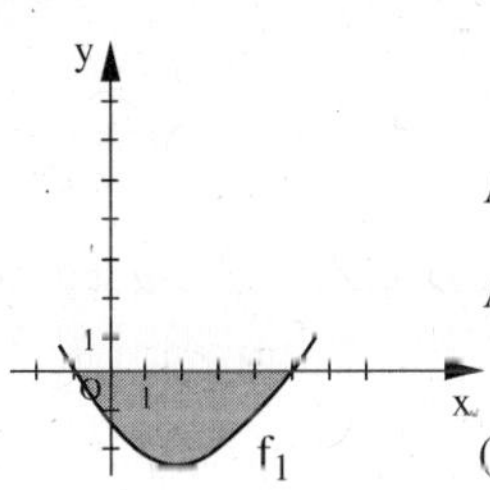

$$A = \int_{-1}^{5} ((0{,}5x - 1)^2 - \tfrac{9}{4})\,dx$$

$A = 9$ FE

(Nullstellen: $x_1 = -1$; $x_2 = 5$)

b)

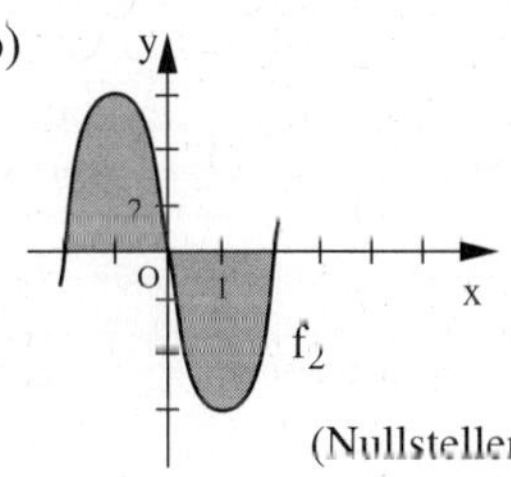

$$A = 2\int_0^2 (2x^3 - 8x)\,dx$$

$A = 16$ FE

(Nullstellen: $x_1 = -2$; $x_2 = 2$; $x_3 = 0$)

EA 81

a) $A = \int_{-2}^{2} (-x^2 + 4)\,dx = \frac{32}{3}$ (FE)

b) $A = \int_{-3}^{3} (-\frac{1}{2}x^2 + 4{,}5)\,dx = 18$ (FE)

c) $A = \int_{-5}^{-1} (-x^2 - 6x - 5)\,dx = 10\frac{2}{3}$ (FE)

d) $A = \int_0^5 (5x^2 - x^3)\,dx = \frac{625}{12} \approx 52{,}08$ (FE)

e) $A = \int_{-2}^{2} (x^4 - 8x^2 + 16)\,dx = \frac{512}{15} \approx 34{,}13$ (FE)

f) $A = \left|\int_{-1}^{5} (x^2 - 4x - 5)\,dx\right| = 36$ (FE)

g) $A = \left|\int_0^6 (x^2 - 6x)\,dx\right| = 36$ (FE)

h) $A = \left|\int_{-4}^{0} (x^2 + 4x)\,dx\right| = \frac{32}{3}$ (FE)

i) $A = \left|\int_0^3 (x^3 - 3x^2)\,dx\right| = 6{,}75$ (FE)

j) $A = \left|\int_0^4 (x - 4)\sqrt{x}\,dx\right| = \frac{128}{15} \approx 8{,}53$ (FE)

EA 82

a) $A = \int_{-2}^{0} (3x^3 - 12x)\,dx + \left| \int_{0}^{2} (3x^3 - 12x)\,dx \right| = 12 + 12 = 24$ (FE)

b) $A = \left| \int_{0}^{1} (-x^3 + 6x^2 - 5x)\,dx \right| + \int_{1}^{5} (-x^3 + 6x^2 - 5x)\,dx = \frac{3}{4} + 32 = 32{,}75$ (FE)

c) $A = \int_{0}^{3} (x^3 - 8x^2 + 15x)\,dx + \left| \int_{3}^{5} (x^3 - 8x^2 + 15x)\,dx \right| = \frac{63}{4} + \frac{16}{3} \approx 21{,}08$ (FE)

d) $A = \left| \int_{-3}^{-1} (x^4 - 10x^2 + 9)\,dx \right| + \int_{-1}^{1} (x^4 - 10x^2 + 9)\,dx + \left| \int_{1}^{3} (x^4 - 10x^2 + 9)\,dx \right| = \frac{304}{15} + \frac{176}{15} + \frac{304}{15} = \frac{784}{15} \approx 52{,}27$ (FE)

e) $A = \int_{-\sqrt{3}}^{0} (x^5 + x^3 - 12x)\,dx + \left| \int_{0}^{\sqrt{3}} (x^5 + x^3 - 12x)\,dx \right| = 2 \cdot \frac{90}{8} = \frac{45}{2}$ (FE)

f) $A = \int_{-3}^{0} (x^3 - 9x)\,dx + \left| \int_{0}^{3} (x^3 - 9x)\,dx \right| = 2 \cdot 20{,}25 = 40{,}5$ (FE)

g) $A = \int_{2}^{5} (\sqrt{5 - x})(x - 2)\,dx \approx 4{,}2$ (FE)

h) $A = \int_{-3}^{-1} (x^5 - 10x^3 + 9x)\,dx + \left| \int_{-1}^{0} (x^5 - 10x^3 + 9x)\,dx \right| + \int_{0}^{1} (x^5 - 10x^3 + 9x)\,dx + \left| \int_{1}^{3} (x^5 - 10x^3 + 9x)\,dx \right|$

$A = 2 \cdot 42\frac{2}{3} + 2 \cdot 2\frac{1}{6} = 89\frac{2}{3}$ (FE)

i) $A = \int_{0}^{2} (x^3 - 6x^2 + 8x)\,dx + \left| \int_{2}^{4} (x^3 - 6x^2 + 8x)\,dx \right| = 2 \cdot 4 = 8$ (FE)

j) $A = \int_{-2}^{1} (x^3 - x^2 - 4x + 4)\,dx + \left| \int_{1}^{2} (x^3 - x^2 - 4x + 4)\,dx \right| = 11\frac{1}{4} + \frac{7}{12} \approx 11{,}83$ (FE)

EA 83

a) $A = \left| \int_{-1}^{\sqrt{2}} (x^2 - 2)\,dx \right| \approx 3{,}55$ (FE)

b) $A = \int_{-2}^{2} (0{,}5x^3 + 4)\,dx = 16$ (FE)

c) $A = \int_{-2}^{4} \sqrt{x + 2}\,dx \approx 9{,}8$ (FE)

d) $A = \int_{-3}^{-1} (x^2 - 9)(x + \frac{1}{2})\,dx = 11\frac{1}{3}$ (FE)

e) $A = \left| \int_{-2}^{1} (\frac{1}{4}x^4 - 4)\,dx \right| = 10{,}35$ (FE)

EA 84

a) $A = \int_{0}^{8} (-\frac{1}{2}x + 4)\,dx = 16$ (FE)

b) $A = \int_{-2}^{0} \sqrt{2 + x}\,dx = \frac{4}{3}\sqrt{2}$ (FE)

c) $A = \int_{0}^{9} (3 - \frac{1}{3}x)\,dx = \frac{27}{2}$ (FE)

d) $A = \int_{0}^{1} \sqrt[3]{1 - x}\,dx = \frac{3}{4}$ (FE)

e) $A = \left| \int_{0}^{9} (x - 3\sqrt{x})\,dx \right| = 13{,}5$ (FE)

f) $A = \left| \int_{0}^{1} (x - 1)(x - 2)(x - 3)\,dx \right| = 2{,}25$ (FE)

g) $A = \int_{0}^{2} (8 - x)^3 dx = 12$ (FE)

EA 85

a) $a = -1{,}68$ b) $a = -2$ c) $a = -1$

EA 86

a) $k = 1$ b) $k_1 = 2\sqrt[3]{3}$; $k_2 = -2\sqrt[3]{3}$ c) $k = 4$ d) $k = 3$ e) $k_1 = 9$; $k_2 = -9$ f) $k_1 = 4$; $k_2 = -4$

(Anmerkung zu b): Für $A = \frac{4}{3}$ (FE) ergäbe sich $k = 2$.)

EA 87 Abstand: $d = \sqrt[3]{16} \approx 2{,}52$

EA 88 $f(x) = \frac{1}{2}x + 1$

EA 89

a) $f(x) = \frac{1}{5}x^3 - \frac{9}{5}x$

b) $A = \int_{-3}^{0} (\frac{1}{5}x^3 - \frac{9}{5}x)\,dx = 4{,}05$ (FE)

c) $g(x) = x^3 - 9x$

d) $A = \left| \int_{0}^{3} (x^3 - 9x)\,dx \right| = \frac{81}{4}$ (FE)

EA 90

$$A = 2 \cdot [\int_{-2}^{-1} (2x + 4)\,dx + \int_{-1}^{0} (x^2 + 1)\,dx] = 2 \cdot (1 + 1\tfrac{1}{3}) = 4\tfrac{2}{3} \text{ (FE)}$$

$$A = \int_{0}^{2} x\,dx + \int_{2}^{4} (-\tfrac{1}{2}x^2 + 2x)\,dx = 2 + 2\tfrac{2}{3} = 4\tfrac{2}{3} \text{ (FE)}$$

$$A = \int_{0,5}^{2,5} \sqrt{2x - 1}\,dx + \int_{2,5}^{4,5} (-x + 4{,}5)\,dx \approx 2{,}67 + 2 \approx 4{,}67 \text{ (FE)}$$

EA 91

a)

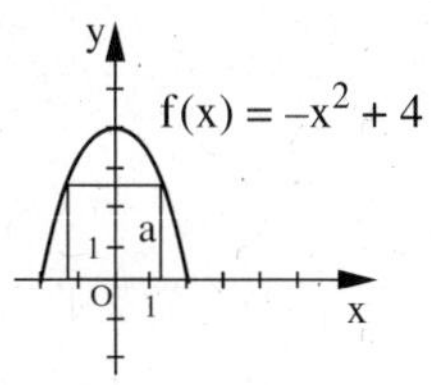

$$A = \int_{-2}^{2} (-x^2 + 4)\,dx$$

$$A = 10\tfrac{2}{3} \text{ FE}$$

b) Für das Quadrat muss gelten: $f(\frac{a}{2}) = a \quad \Rightarrow a \approx 2{,}47$

$A_{Qu} \approx 6{,}11$ FE

EA 92 a) $k = 3$ b) $k = 4$ c) $k = 2$

EA 93 Funktionsgleichung $f(x) = \frac{1}{2}x^3 - \frac{3}{2}x + 1$; $A = \int_{-2}^{1} (\frac{1}{2}x^3 - \frac{3}{2}x + 1)\,dx = 3{,}375$ (FE)

EA 94 Funktionsgleichung $f(x) = -\frac{3}{4}x^2 - \frac{3}{4}x + 9$

EA 95 Funktionsgleichung $f(x) = x^3 - 3x$; $A = \int_{-\sqrt{3}}^{0} (x^3 - 3x)\,dx + \left| \int_{0}^{\sqrt{3}} (x^3 - 3x)\,dx \right| = 2 \cdot \frac{9}{4} = \frac{9}{2}$ (FE)

EA 96

a)

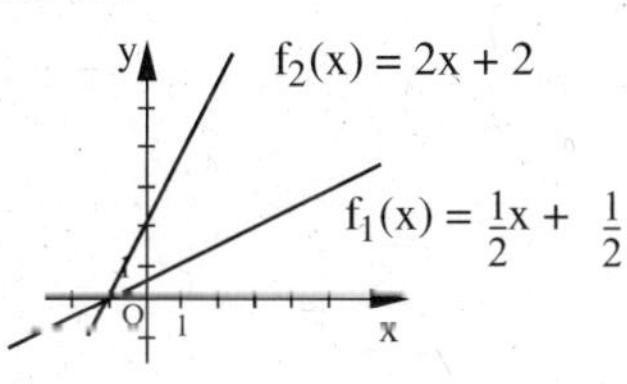

b) $A = \int_{-1}^{2} (\frac{3}{2}x + \frac{3}{2})\,dx = 6{,}75$ (FE)

c) $k = 2$

EA 97

a)

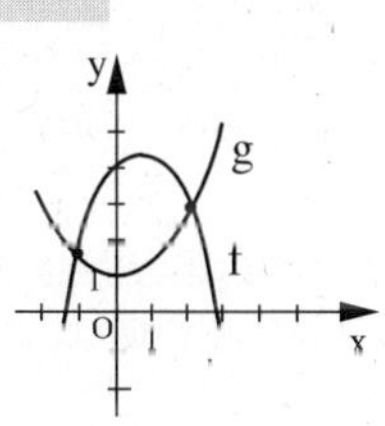

Integrationsgrenzen: $x_1 = -1$ und $x_2 = 2$

$$A = \int_{-1}^{2} (-x^2 + \tfrac{3}{2}x + 4 - \tfrac{1}{2}x^2 - 1)\,dx \approx 6{,}75 \text{ (FE)}$$

b) $A = \int_{1}^{3} (\frac{1}{6}x^2 + 1 + x^2 - 2x + 1)\,dx = 6\frac{1}{9} \approx 6{,}11$ (FE)

EA 98

a) Integrationsgrenzen: $x_1 = -\sqrt{5}$; $x_2 = \sqrt{5}$ $A = \int_{-\sqrt{5}}^{\sqrt{5}} (5 - x^2)\,dx \approx 14{,}9$ (FE)

b) Integrationsgrenzen: $x_1 = -2$; $x_2 = 0$; $x_3 = 2$ $A = \int_{-2}^{0} (x^3 - 4x)\,dx + \left| \int_{0}^{2} (x^3 - 4x)\,dx \right| = 2 \cdot 4 = 8$ (FE)

c) Integrationsgrenzen: $x_1 = 0$; $x_2 = 2$ $A = \int_{0}^{2} (-\frac{1}{2}x^4 + 4x)\,dx = 4{,}8$ (FE)

d) $A = \int_{0}^{9} \sqrt{4x}\,dx - \int_{6}^{9} \sqrt{12x - 72}\,dx = 24$ (FE) e) $A = \int_{-1}^{2} (x + 2 - x^2)\,dx = 4{,}5$ (FE)

f) $A = \int_{0}^{3} (x^3 - 7x^2 + 12x)\,dx + \left| \int_{3}^{4} (x^3 - 7x^2 + 12x)\,dx \right| = \frac{45}{4} + \frac{7}{12} \approx 11{,}83$ (FE)

g) $A = \int_{-2}^{0} (x^3 - 2x^2 - 8x)\,dx + \left| \int_{0}^{4} (x^3 - 2x^2 - 8x)\,dx \right| = \frac{20}{3} + \frac{128}{3} = 49\frac{1}{3}$ (FE)

EA 99

a) $A = \int_0^3 (-x^2 + 3x + 4)\,dx = 16{,}5$ (FE)

b) $A = \left| \int_1^3 (\frac{1}{2}x^3 - x^2 - 6x)\,dx \right| = 22\frac{2}{3}$ (FE)

c) $A = \int_{-1}^1 (x^4 - 0{,}5x^3 - 4x^2 + 6{,}5)\,dx \approx 10{,}73$ (FE)

d) $A = \int_{-3}^0 (-\frac{5}{4}x^2 - 6x + \frac{5}{2})\,dx = 23\frac{1}{4}$ (FE)

e) $A = \left| \int_{-1}^2 (\frac{1}{2}x^2 - 4 - \sqrt{2 + x}\,)\,dx \right| \approx 15{,}17$ (FE)

EA 100

a) $A_1 = \int_{-4}^{-1} [f(x) - g(x)\,]\,dx = \int_{-4}^{-1} (-x^2 - 5x - 4)\,dx = 4{,}5$ (FE)

b) $A_2 = \int_{-1}^{0} [g(x) - f(x)\,]\,dx = \int_{-1}^{0} (x^2 + 5x + 4)\,dx = \frac{11}{6}$ (FE)

c) $A_3 = \int_{-4}^{-2} [f(x) - g(x)\,]\,dx - \int_{-2-\sqrt{2}}^{-2} f(x)\,dx \approx 1{,}45$ (FE) oder $A_3 = \left| \int_{-4}^{-2} g(x)\,dx \right| - \left| \int_{-4}^{-2-\sqrt{2}} f(x)\,dx \right|$

d) $A_4 = A_1 - A_3 \approx 3{,}05$ (FE) oder $\int_{-2-\sqrt{2}}^{-1} f(x)\,dx - \int_{-2}^{-1} g(x)\,dx$

EA 101

a) $A_1 = \frac{9}{2} = \int_0^k (kx - x^2)\,dx \quad \Rightarrow k_1 = 3$

b) $A_2 = \frac{16}{3} = \int_{-\frac{k}{2}}^{\frac{k}{2}} (-4x^2 + k^2)\,dx \Rightarrow k_2 = 2$

c) $A_3 = \frac{16}{3} = \int_{-2k}^{2k} (-\frac{1}{2}x^2 + 2k^2)\,dx \quad \Rightarrow k_3 = 1$

EA 102

a)

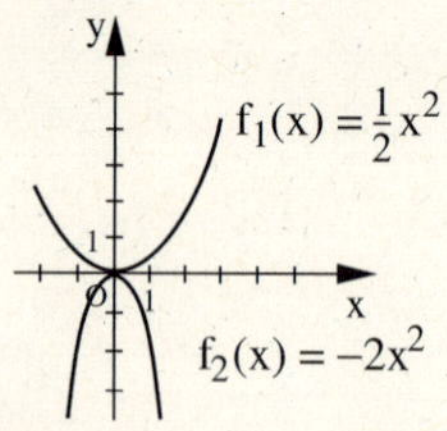

$A = \int_{-2}^{2} (\frac{1}{2}x^2 - (-2x^2))\,dx = \int_{-2}^{2} \frac{5}{2}x^2\,dx = \frac{40}{3}$ FE

b) $A = \int_0^3 (1 - a)x^2\,dx = 36 \quad \Rightarrow a = -3$

EA 103

$h'(1) = 2A + B \quad \Rightarrow$ (I.) $\quad 2A + B = 8$

$h(2) + h''(3) = 6A + 2B + C \quad \Rightarrow$ (II.) $\quad 6A + 2B + C = 33$

$\int_0^1 h(x)\,dx = \frac{A}{3} + \frac{B}{2} + C \quad \Rightarrow$ (III.) $\quad \frac{A}{3} + \frac{B}{2} + C = \frac{7}{3}$

$\Rightarrow A = 7;\ B = -6;\ C = 3; \qquad h(x) = 7x^2 - 6x + 3$

EA 104 Schnittpunkte der Graphen bei $x_1 = 0$ und $x_2 = m$

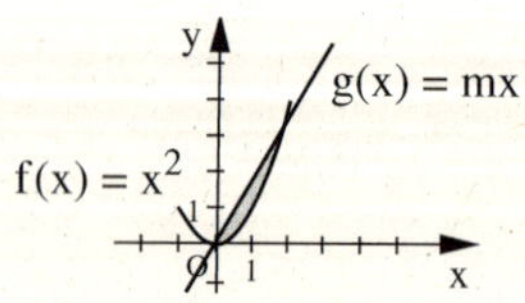

$A = \int_0^m (mx - x^2)\,dx = \frac{4}{3}$ (FE) $\Rightarrow m_1 = 2;\ m_2 = -2$ (Symmetrie)

EA 105

a) $k_1 = -1;\ k_2 = 1$

b) $k = 9$

c) $k = -\frac{1}{9}$

d) $k = -2$

e) $k_1 = 3;\ k_2 = -3$

f) $k = 0{,}5$

EA 106

Für $f(x) = (x - 4)^2 - 1$; $g(x) = x^2 - 4x + 5$ und $h(x) = x^2 - 12x + 37$ sind die x-Koordinaten der Schnittpunkte der Graphen der Funktionen

1. g und h: $x_1 = 4$ 2. g und f: $x_2 = 2{,}5$ 3. f und h: $x_3 = 5{,}5$

$A = \int_{2,5}^{4} (g(x) - f(x))\,dx + \int_{4}^{5,5} (h(x) - f(x))\,dx = 4{,}5 + 4{,}5 = 9$ (FE)

EA 107 x-Koordinaten der Schnittpunkte der beiden Graphen: $x_1 = 0$ und $x_2 = 4 - m$

$$\int_0^{4-m} (-x^2 + 4x - mx)\,dx = \int_{4-m}^{4} (mx + x^2 - 4x)\,dx \quad \Rightarrow m = \frac{4}{3}$$

EA 108

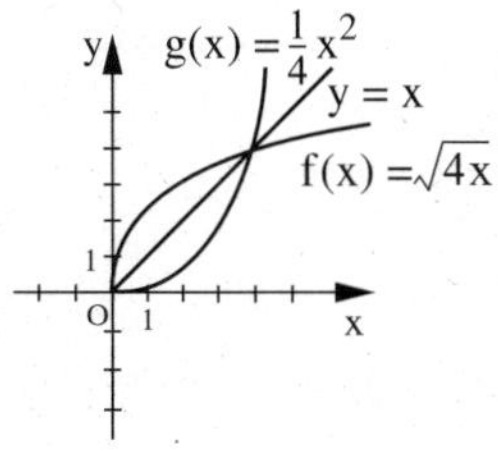

1. Gleichung der Funktion (inverse Funktion), die durch Spiegelung des Graphen der Funktion f an y = x entsteht: $y = g(x) = \frac{1}{4}x^2$
2. x-Koordinaten der Schnittpunkte der Graphen der Funktionen f und g: $x_1 = 0$ und $x_2 = 4$.
3. $A = \int_0^4 (f(x) - g(x))\,dx = \frac{16}{3}$ (FE)

EA 109 Gleichung der Tangente $y = 4{,}75x + 1{,}25$ $\quad A = \int_{-0,5}^{5} (g(x) - f(x))\,dx \approx 76{,}3$ (FE)

EA 110 Gleichung der Tangente $y = -1{,}375x + 2{,}625$ $\quad A = \int_{-2,\bar{3}}^{1,5} (g(x) - f(x))\,dx \approx 9{,}0$ (FE)

EA 111 a) Parallele zur x-Achse: $y = 3$ b) Parallele zur y-Achse: $x = 2$

EA 112 a) $m = 3$ b) $m = 4$

EA 113 $A = \int_0^4 (-x^2 + 4x)\,dx = \frac{32}{3}$ (FE)

$$\int_0^{4-m} (-x^2 + 4x - mx)\,dx = \frac{-(m-4)^3}{6} = \frac{16}{3} \quad \Rightarrow \quad m = 4 - \sqrt[3]{32} \approx 0{,}825$$

EA 114 $x = 2\sqrt{3}$

EA 115

a) Gleichungen der Tangenten

t_1: $y = 0$
t_2: $y = 6x - 9$ $\}$ C(1,5; 0)

$A_{\Delta ABC} = \frac{1{,}5 \cdot 9}{2}$ (FE)

$A_{Parab.} = \int_0^3 (3x - x^2)\,dx = \frac{9}{2}$ (FE)

$A_{Parab.} : A_{\Delta ABC} = 1 : 1{,}5 = 2 : 3$

b) Gleichungen der Tangenten

t_1: $y = -2x - 1$
t_2: $y = 2x - 1$ $\}$ C(0; 1)

$A_{\Delta ABC} = \frac{2 \cdot 2}{2} = 2$ (FE)

$A_{Parab.} = \int_1^1 (1 - x^2)\,dx = \frac{4}{3}$ (FE)

$A_{Parab.} : A_{\Delta ABC} = \frac{4}{3} : 2 = 2 : 3$

EA 116 a) $A = \int_0^2 \sqrt{x}\,dx = \frac{4}{3}\sqrt{2}$ (FE) b) $x = \sqrt[3]{2}$

EA 117 a) $A = \int_1^2 \frac{1}{x^2}\,dx = \frac{1}{2}$ (FE) b) $x = \frac{4}{3}$ c) $y = \frac{1}{4}$

EA 118 a) $A = \int_1^4 \frac{1}{\sqrt{x}}\,dx = 2$ (FE) b) $x = \frac{9}{4}$ c) $y = \frac{1}{3}$

EA 119

a)

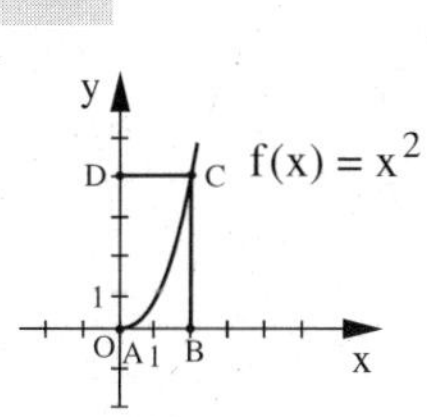

b) $A_R = 8$ FE

$A_P = \frac{8}{3}$ FE $\Rightarrow$ Verhältnis 2 : 1

EA 120

a)

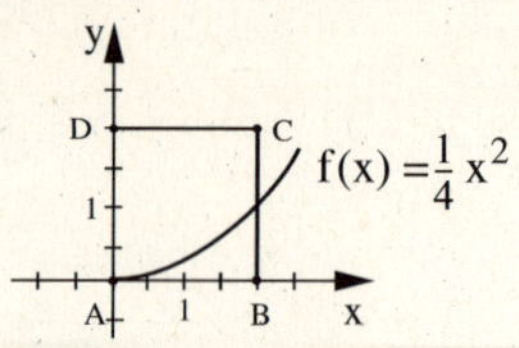

b) $A_{QU} = 4$ FE

$A_P = \frac{2}{3}$ FE $\Rightarrow$ Verhältnis 5 : 1

EA 121

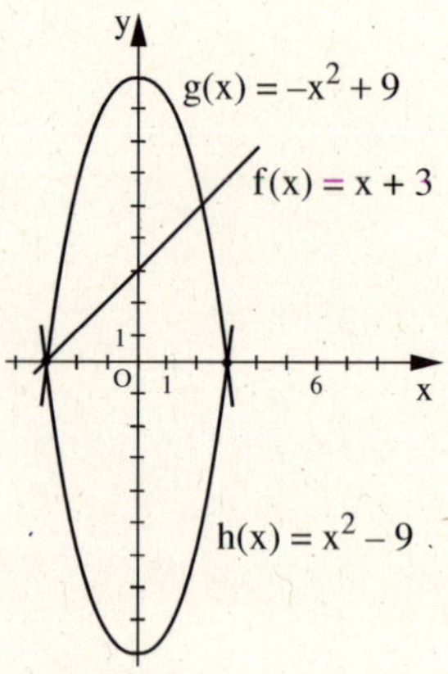

A_1: Fläche zwischen den beiden Parabeln
A_2: Fläche zwischen den Graphen der Funktionen f und g

1. x-Koordinaten der Schnittpunkte der Graphen der Funktionen
a) h und g: $x_1 = -3$ und $x_2 = 3$; b) g und f: $x_3 = -3$ und $x_4 = 2$

2. $A_1 = \int_{-3}^{3} (g(x) - h(x))\,dx = 72$ (FE)

$A_2 = \int_{-3}^{2} (g(x) - f(x))\,dx = \frac{125}{6}$ (FE)

$\Rightarrow$ Verhältnis: 125 : 307

EA 122 Skizze:

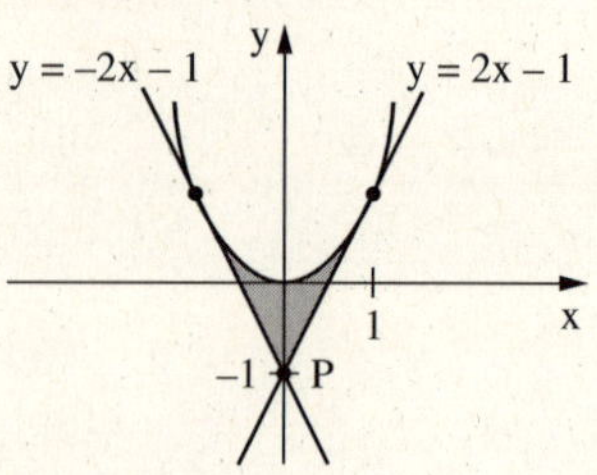

$A = 2 \cdot \int_{0}^{1} (x^2 - 2x + 1)\,dx$

$= \frac{2}{3}$ (FE)

EA 123 Gleichung der Sekante:

$y = 2x + 3$

$A = \int_{-1}^{3} (2x + 3 - x^2)\,dx$

$= \frac{32}{3}$ (FE)

EA 124

a) $S_{x_1}(4; 0)$ $S_{x_2}(-4; 0)$ $S_y(0; -8)$
b) $P_{Min}(0; -8)$
c) Skizze: Intervall $-5 \le x \le 5$ einhalten!
d) $A = \frac{128}{3}$ FE

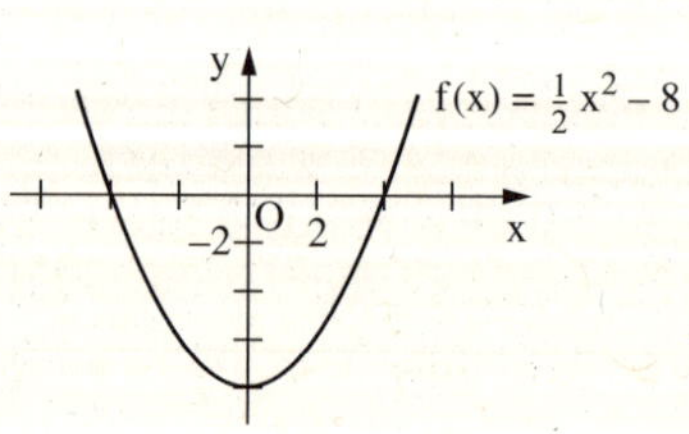

EA 125

a) $x_1 = 5$ $x_2 = -1$
b) nicht symmetrisch zur y-Achse $\lim\limits_{x \to \pm\infty} h(x) = -\infty$
c) $P_{Max}(2; 9)$
d) Skizze:
$A = \frac{128}{3}$ FE

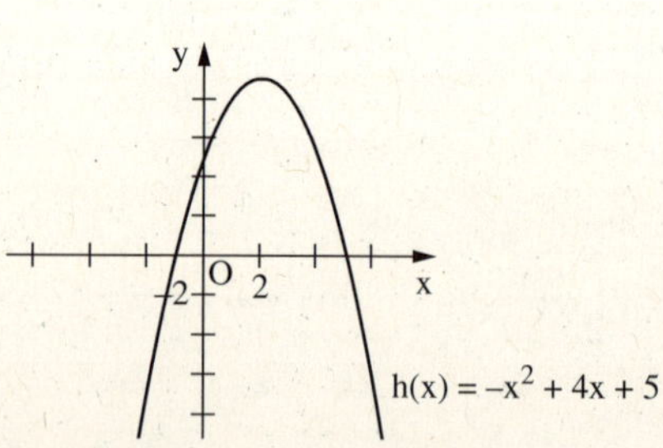

EA 126

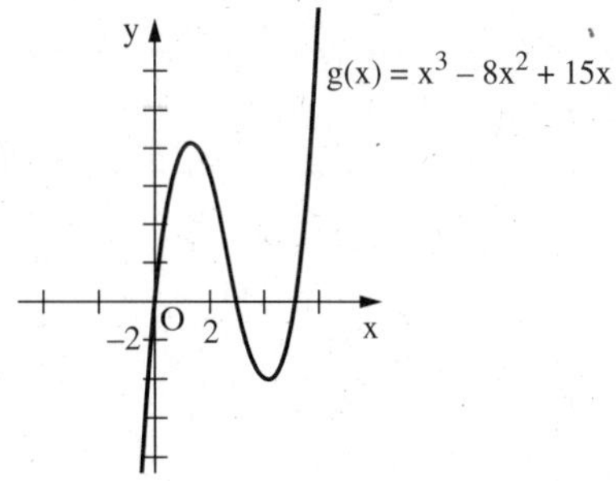

a) $S_{x_1}(0; 0)$ $S_{x_2}(3; 0)$ $S_{x_3}(5; 0)$

$S_y(0; 0)$

b) Skizze nebenstehend

c) $A_1 = \frac{63}{4}$ FE

$A_2 = \frac{16}{3}$ FE

EA 127

a) $f(-x) = f(x)$ achsensymmetrisch

$x_{0_1} = 3$

$x_{0_2} = -3$

$\lim\limits_{x \to \pm\infty} f(x) = +\infty$

b) $P_{Min_1}(2; -25)$

$P_{min_2}(-2; -25)$

$P_{Max}(0; -9)$

$P_{W_1}(\sqrt{\frac{4}{3}} \approx 1{,}15; -17\frac{8}{9} \approx -17{,}89)$

$P_{W_2}(-\sqrt{\frac{4}{3}}; -17\frac{8}{9} \approx -17{,}89)$

c) $A = 100{,}8$ FE

EA 128

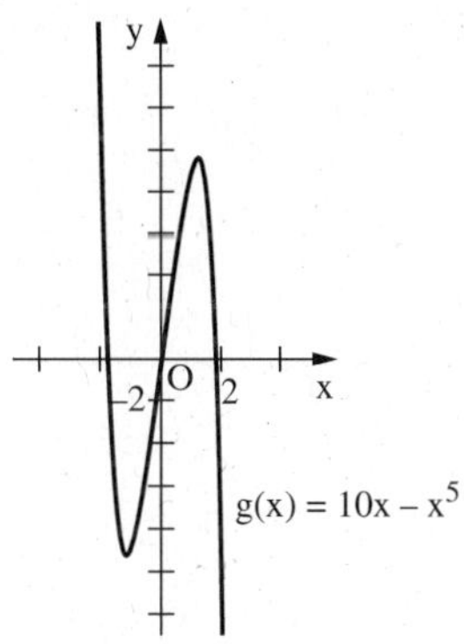

a) $g(-x) = -g(x)$ punktsymmetrisch

$x_{0_1} = 0$ $x_{0_2} = \sqrt[4]{10} \approx 1{,}78$ $x_{0_3} = -\sqrt[4]{10} \approx -1{,}78$

$P_{Max}(\sqrt[4]{2}; 8\sqrt[4]{2} \approx 9{,}51)$ $P_{Min}(-\sqrt[4]{2}; -8\sqrt[4]{2} \approx -9{,}51)$

$P_W(0; 0)$

Wendetangente $y = 10x$

b) Skizze nebenstehend

c) $A = \frac{20}{3}\sqrt{10}$ FE

EA 129

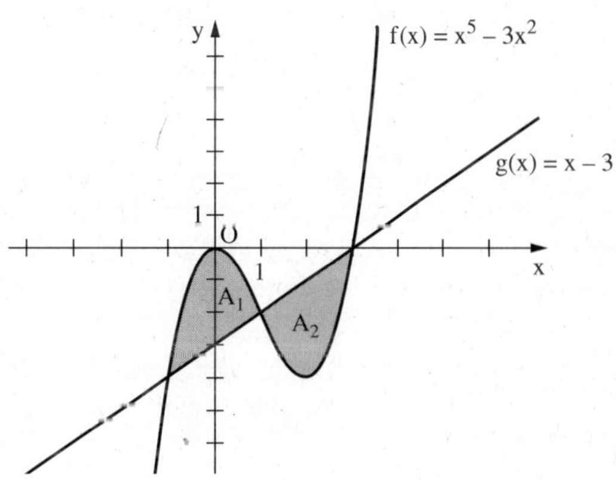

a) $x_{0_1} = 0$ $x_{0_2} = 3$

Der Graph ist nicht achsensymmetrisch und nicht punktsymmetrisch zum Koordinatenursprung (aber punktsymmetrisch zum Wendepunkt).

$\lim\limits_{x \to \pm\infty} f(x) = \pm\infty$

b) $P_{Max}(0; 0)$ $P_{Min}(2; -4)$ $P_W(1; -2)$

Gleichung der Wendetangente: $y = -3x + 1$

c) Skizze nebenstehend

d) $S_1(-1; -4)$ $S_2(1; -2)$ $S_3(3; 0)$

$A_1 = 4$ FE $A_2 = 4$ FE $A_1 : A_2 = 1 : 1$

EA 130

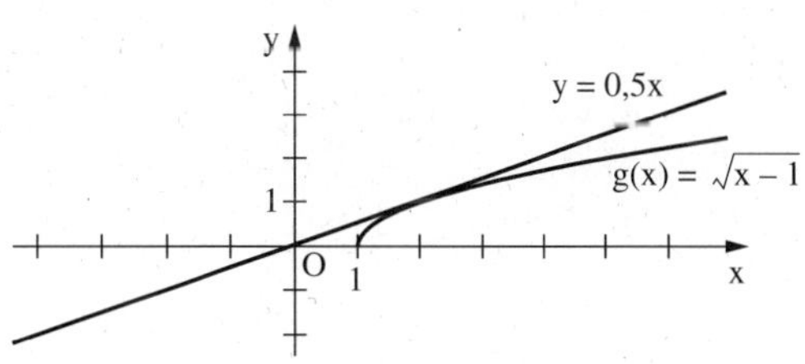

a) DB: $x \in \mathbb{R}$ $x \geq 1$ Nullstelle: $x_0 = 1$

b) $y = 0{,}5x$

c) Skizze nebenstehend

d) $A = \frac{1}{3}$ FE

EA 131

a) Gleichung: $f(x) = -0{,}12x^2 + 12$

b) Nullstellen: $x_1 = -10$ und $x_2 = 10$ $\Rightarrow A = \int_{-10}^{10} (-0{,}12x^2 + 12)\,dx = 160\ (m^2)$

c) $V = 4800\ m^3$

EA 132 x-Koordinaten der Schnittpunkte der Graphen: $x_1 = 0$ und $x_2 = 2$

$A = \int_0^2 (\sqrt{\frac{x}{8}} - \frac{1}{8}x^2)\,dx = \frac{1}{3} \approx 0{,}33\ (m^2)$

EA 133 Den Inhalt der Querschnittsfläche erhält man näherungsweise durch Zerlegung in Rechtecke.

Untere Rechtecksumme: $A_u \approx 10{,}2\ m^2$
Obere Rechtecksumme: $A_o \approx 12{,}6\ m^2$
Mittelwert: $A \approx 11{,}4\ m^2$

EA 134 $y = f(x) = -\frac{1}{2}x^2 + 4{,}5$

EA 135 $y = f(x) = \frac{1}{3}x^3 - 4x$

EA 136

a) Skizze nebenstehend

b) $\int_0^{\frac{1}{k}} (kx^2 - x)\,dx = \frac{2}{3}$

$\Rightarrow k = \frac{1}{2}$

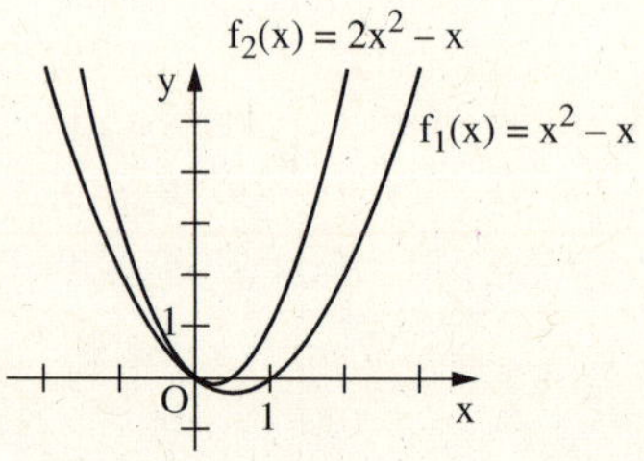

EA 137 Für die Funktion f_a mit $f_a(x) = x^3 - ax^2$ $(a \neq 0)$ gilt:

$\left|\int_0^a (x^3 - ax^2)dx\right| = \frac{27}{4}$ $\left|\left[\frac{x^4}{4} - \frac{a}{3}x^3\right]_0^a\right| = \left|\frac{1}{4}a^4 - \frac{1}{3}a^4\right| = \frac{1}{12}a^4 = \frac{27}{4}$ $\Rightarrow$ $a = 3$

EA 138

a) $\left|\int_0^a (x^4 - a^2x^2)dx\right| = 32{,}40$

$\left|\left[\frac{1}{5}x^5 - \frac{1}{3}a^2x^3\right]_0^a\right| = \left|\frac{1}{5}a^5 - \frac{1}{3}a^5\right| = \frac{2}{15}a^5 = 32{,}4$

$\Rightarrow a^5 = 243$, also $a = 3$

b) Skizze nebenstehend

c) $f_3(-x) = -f_3'(x)$ $\Rightarrow$ achsensymmetrisch

$x_{0_1} = 0$ $x_{0_2} = 3$ $x_{0_2} = -3$

$P_{Max}(0;\,0)$ $P_{Min_1}(\frac{3}{2}\sqrt{2};\,-20{,}25)$ $P_{Min_2}(-\frac{3}{2}\sqrt{2};\,-20{,}25)$

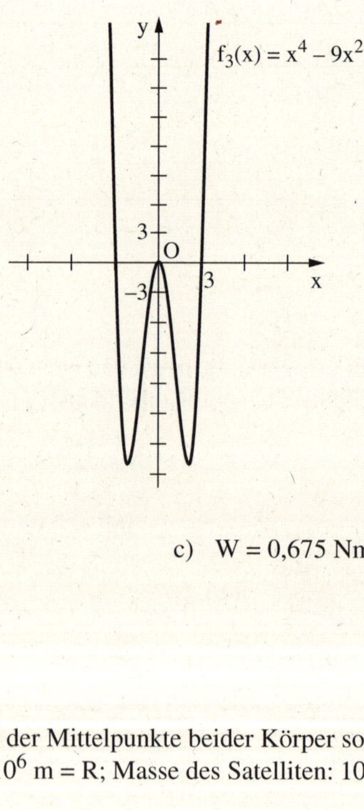

EA 139 a) $W = 0{,}10$ Nm b) $W = 0{,}2$ Nm c) $W = 0{,}675$ Nm

EA 140

Nach dem Gravitationsgesetz gilt $F(r) = \gamma \cdot \frac{m_1 \cdot m_2}{r^2}$.

Dabei sind $\gamma = 6{,}67 \cdot 10^{-11}\ Nm^2\,kg^{-2}$ die Gravitationskonstante, r der Abstand der Mittelpunkte beider Körper sowie m_1 und m_2 die Massen der beiden Körper. Erdmasse: $5{,}98 \cdot 10^{24}\ kg = m_1$; Erdradius: $6{,}37 \cdot 10^6\ m = R$; Masse des Satelliten: $10^4\ kg = m_2$; Höhe des Satelliten: $5 \cdot 10^6\ m = h$

$$W = \int_R^{R+h} \gamma \cdot \frac{m_1 \cdot m_2}{r^2}\,dr = \gamma \cdot m_1 \cdot m_2 \int_{6{,}37 \cdot 10^6}^{11{,}37 \cdot 10^6} \frac{1}{r^2}\,dr \approx 2{,}76 \cdot 10^{11}\ Nm$$

EA 141 $W = \int_R^{2R} \gamma \cdot \frac{m_1 \cdot m_2}{r^2}\,dr \approx 3{,}13 \cdot 10^{11}\ Nm$

EA 142

Mondmasse: $m_1 = 7{,}35 \cdot 10^{22}$ kg; Mondradius: $r = 1{,}74 \cdot 10^6$ m; Masse der Sonde: $m_2 = 5 \cdot 10^2$ kg;
Höhe der Sonde: $h = 10^5$ m

$$W = \int_r^{r+h} \gamma \cdot \frac{m_1 \cdot m_2}{r^2}\,dr \approx 7{,}7 \cdot 10^7\ Nm$$

EA 143 $W = 500\ \text{Nm}$

EA 144 *(Beispiellösung)*

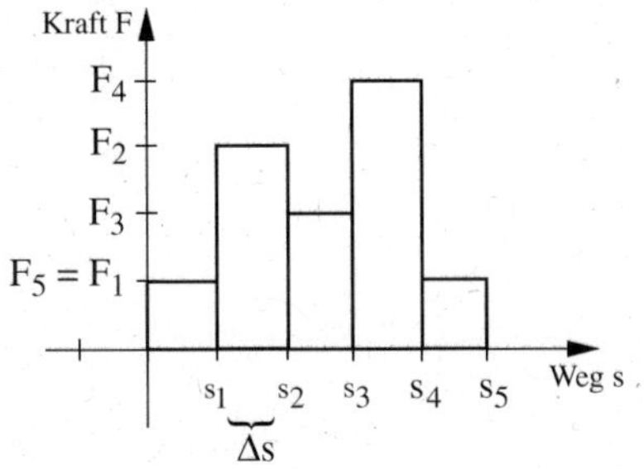

$$W = F_1 \cdot \Delta s + F_2 \cdot \Delta s + F_3 \cdot \Delta s + F_4 \cdot \Delta s + F_5 \cdot \Delta s = \sum_{i=1}^{5} F_i \cdot \Delta s$$

EA 145

$$v(t) = v_0 + \int_0^t k \cdot t\,dt \qquad a(t) = k \cdot t$$

$$= v_0 + 0{,}5\,kt^2 \qquad k = 2\ \text{ms}^{-3}$$

$$= 4\ \text{ms}^{-1} + 0{,}5(2\ \text{ms}^{-3})t^2 = 4\text{ms}^{-1} + 1\text{ms}^{-3}t^2$$

$$s(t) = \int_0^t (v_0 + 0{,}5\,kt^2)\,dt = v_0t + \frac{1}{6}kt^3$$

Für $v_0 = 4\ \text{ms}^{-1}$; $k = 2\ \text{ms}^{-3}$ und $t = 3$ s ergibt sich: $s(3) = 4\ \text{ms}^{-1} \cdot 3\text{s} + \frac{1}{6}(2\ \text{ms}^{-3}) \cdot 27\text{s}^3 = 21\ \text{m}$

EA 146

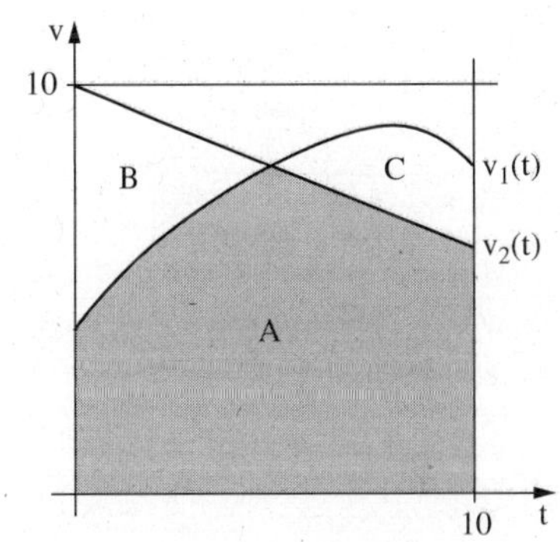

Da $s = \int_{v_1}^{v_2} v\,dt$, charakterisieren die Flächen unter den Kurven v(t) die jeweils zurückgelegten Wege. Demnach sind für das gegebene Diagramm die Flächen unter den beiden Kurven für $0 \le t \le 10$ miteinander zu vergleichen.

Offensichtlich ist, dass Flächenstück A zu beiden Flächen gehört und Flächenstück B größer ist als Flächenstück C.

Also ist der im Zeitintervall $0 \le t \le 10$ s zurückgelegte Weg für den zweiten Körper größer als der für den ersten Körper.

EA 147

a) Für die beschriebene Bewegung gilt $v = v_0 + at$ und $s = v_0t + \frac{1}{2}at^2$ $(a < 0)$.

Für eine Endgeschwindigkeit $v = 0$ (Stillstand), einen Weg $s \le 50$ m und eine Reaktionszeit $t_R = 0$ folgt:

$$v_0 + at = 0 \quad \Rightarrow \quad v_0 = -at \quad (a < 0)$$

$$s = -at^2 + \frac{1}{2}at^2 = -\frac{1}{2}at^2 \le 50\ \text{m}$$

$$t^2 \le \frac{100\ \text{m}}{a}$$

$$t \le \sqrt{\frac{50}{3}}\ \text{s}$$

Dann gilt für die Anfangsgeschwindigkeit: $v_0 \le 6 \cdot \sqrt{\frac{50}{3}}\ \frac{\text{m}}{\text{s}} \approx 24{,}5\ \frac{\text{m}}{\text{s}} \approx 88{,}2\ \frac{\text{km}}{\text{h}}$

b) Bei einer Reaktionszeit $t_R = 1$ s erhält man:

$s = s_R + v_0t + \frac{1}{2}at^2$ mit $s_R = v_0 \cdot t_R = -at \cdot t_R$ und $a < 0$

$s = -at \cdot t_R - at^2 + \frac{1}{2}at^2 = -at \cdot t_R - \frac{1}{2}at^2 \le 50\ \text{m}$

Mit $t_R = 1$ und $a = -6$ folgt

$$3t^2 + 6t - 50 \le 0$$

$$t^2 + 2t - \frac{50}{3} \le 0$$

$$t = -1 \pm \sqrt{1 + \frac{50}{3}} \quad (t > 0)$$

$$t \approx 3{,}2\ \text{s}$$

$$v_0 = 19{,}2\ \frac{\text{m}}{\text{s}} \approx 69{,}12\ \frac{\text{km}}{\text{h}}$$

c) Wendet man die Faustregel für die in a) bzw. in b) ermittelten Geschwindigkeiten an, so sieht man, dass der Abstand $\frac{88{,}2}{2} = 44{,}1\,(\text{m})$ bzw. $\frac{69{,}12}{2} \approx 34{,}56\,(\text{m})$ beträgt.
Da beide Abstände kleiner als 50 m sind, kann die Faustregel als sinnvoll angesehen werden.

EA 148

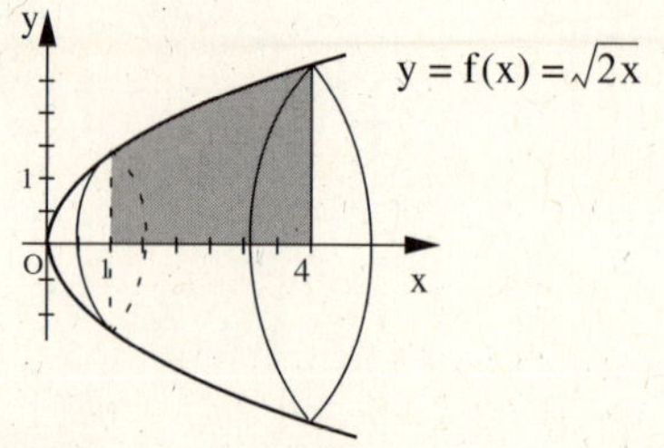

$$V = \pi \cdot \int_1^4 y^2\,dx = \pi \cdot \int_1^4 2x\,dx \approx 47{,}1\ (\text{VE})$$

EA 149

a)

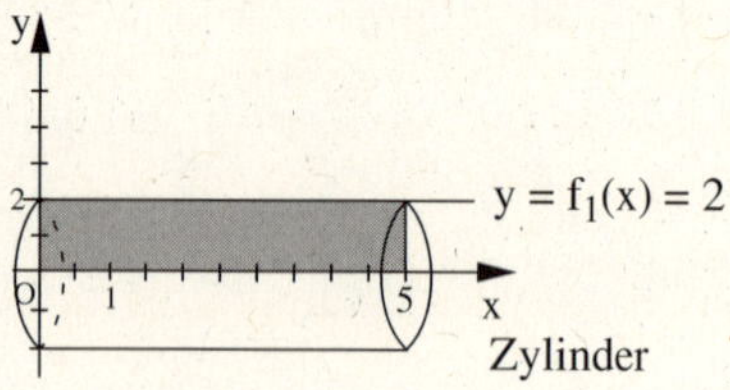

$V = 20\,\pi$ VE $\approx 62{,}8$ VE

b)

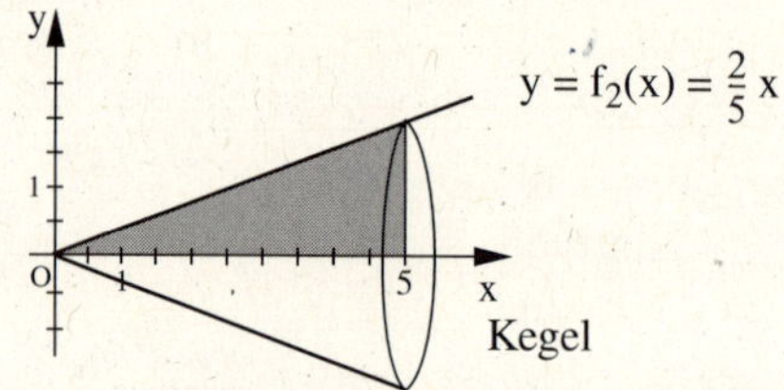

$V = \frac{20}{3}\pi$ VE $\approx 20{,}9$ VE

c)

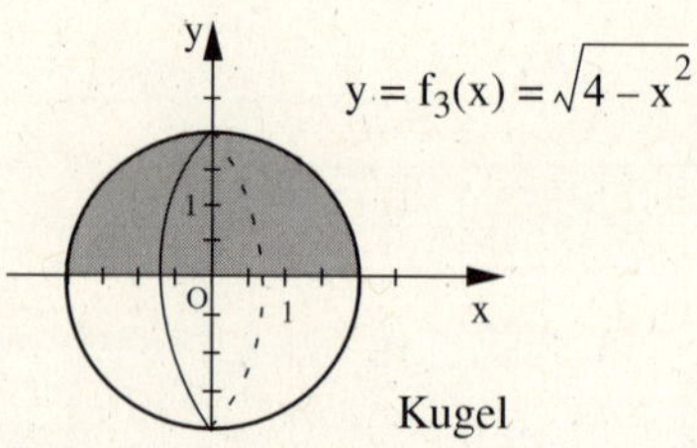

$V = \frac{32}{3}\pi$ VE $\approx 33{,}5$ VE

d)

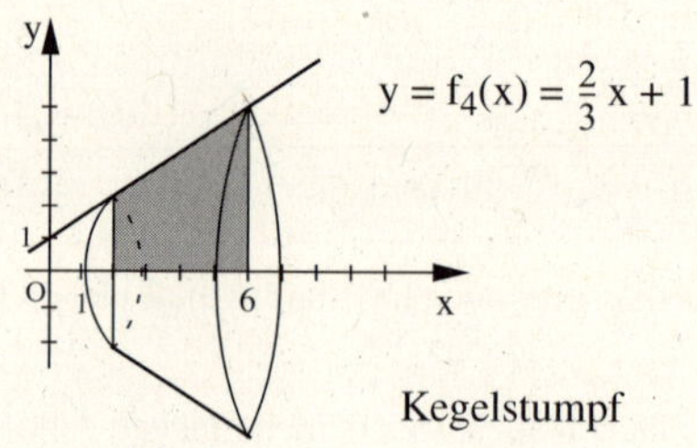

$V \approx 176{,}4$ VE

e)

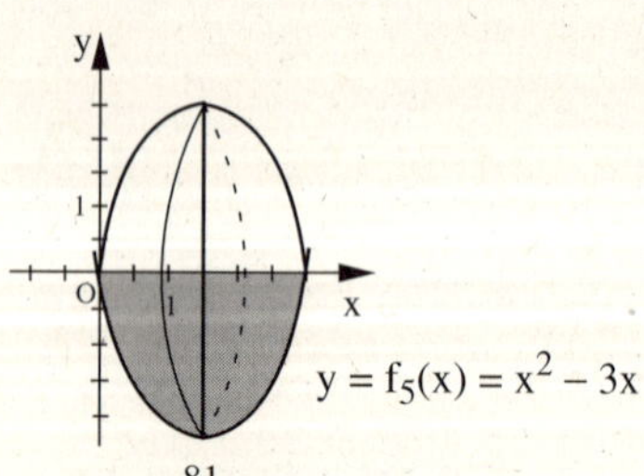

$V = \frac{81}{10}\pi$ VE $\approx 25{,}4$ VE

f)

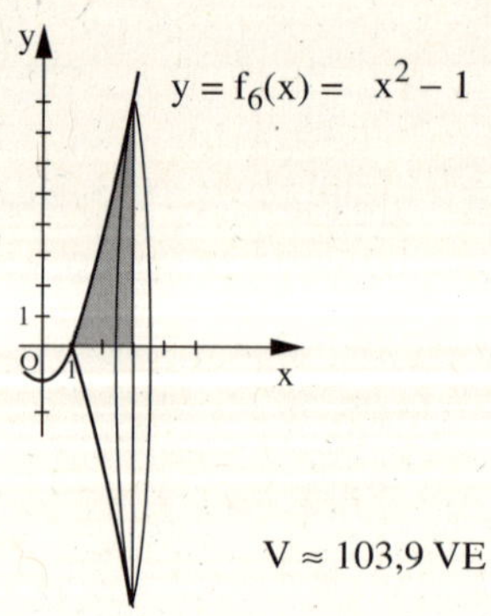

$V \approx 103{,}9$ VE

g)

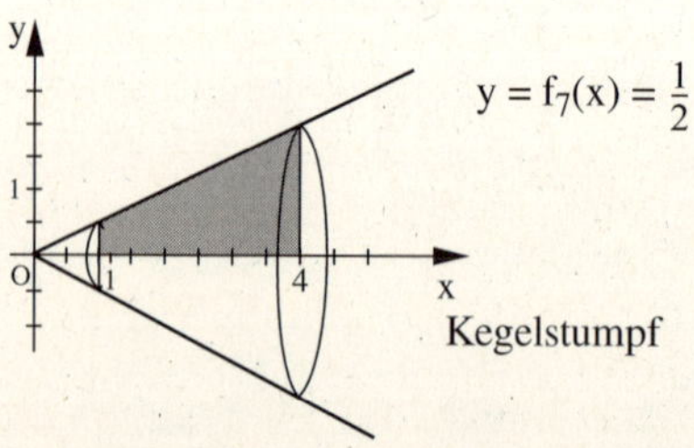

$V = \frac{63}{12}\pi \approx 16{,}5$ VE

h)

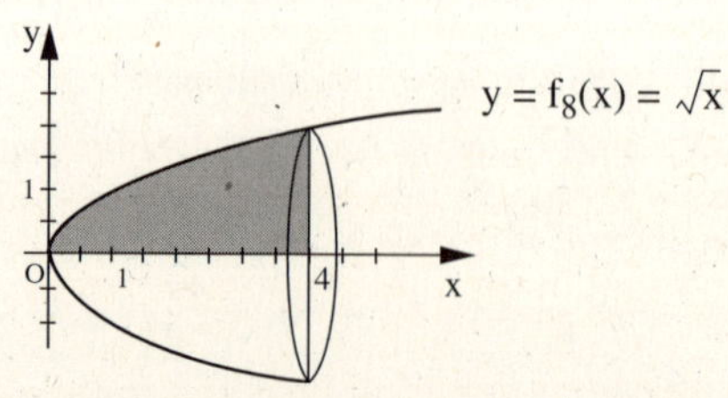

$V = 8\pi \approx 25{,}1$ VE

i)

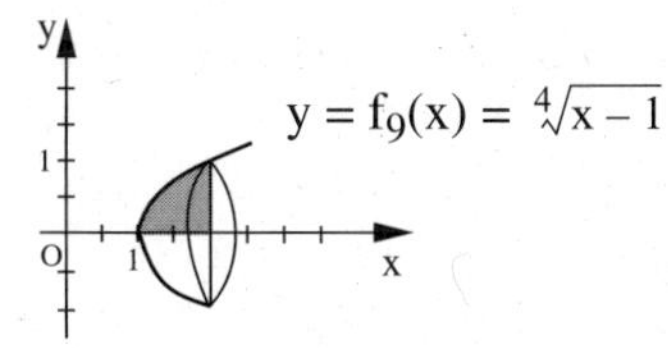

$V = \frac{2}{3}\pi$ VE ≈ 2,1 VE

j)

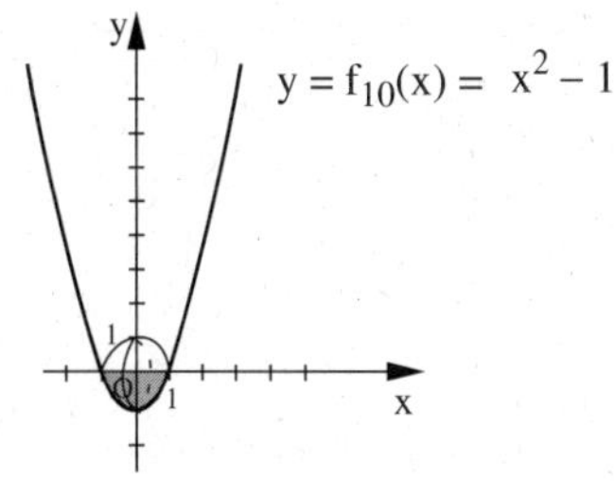

$V = \frac{16}{15}\pi$ VE ≈ 3,4 VE

EA 150

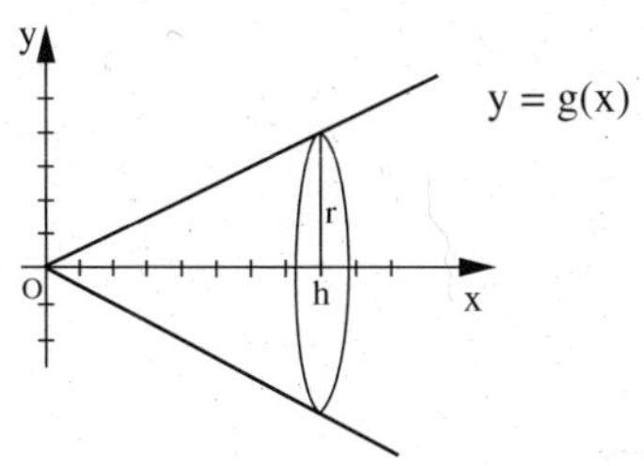

Gleichung der Funktion g:

$y = mx = \frac{r}{h} \cdot x$

$V = \pi \int_0^h \frac{r^2}{h^2} \cdot x^2 \, dx = \pi \, \frac{r^2 \cdot h}{3} = \frac{1}{3} \pi r^2 h$

EA 151

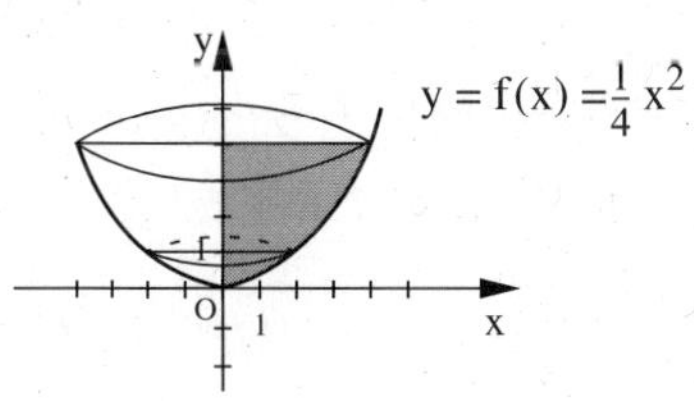

$V = \pi \int_c^d x^2 \, dy$ $\quad$ c = f(2) = 1; d = f(4) = 4

Umkehrfunktion: $x = g(y) = \sqrt{4y}$

$V = \pi \int_1^4 4y \, dy = 30\pi \approx 94{,}2$ (VE)

EA 152

a) $V = 15\pi$ VE ≈ 47,1 VE $\quad$ b) $V = 10\pi$ VE ≈ 31,4 VE $\quad$ c) V ≈ 6,2 VE $\quad$ d) V ≈ 60 VE

EA 153

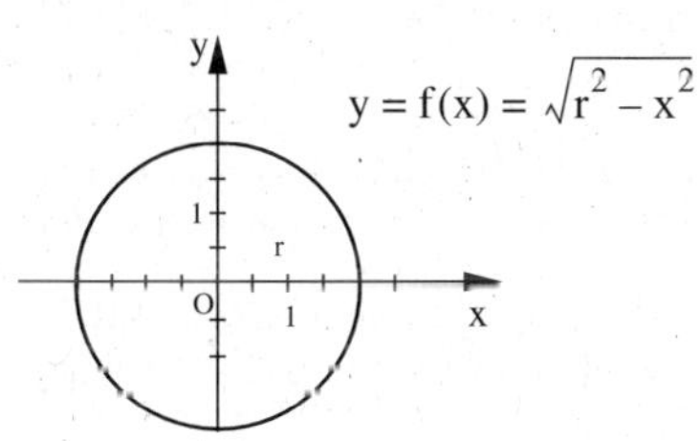

Mittelpunktsgleichung des Kreises: $x^2 + y^2 = r^2$

$V = \pi \int_{-r}^{r} (r^2 - x^2) \, dx = \pi \left[r^2 x - \frac{1}{3} x^3\right]_{-r}^{r}$

$V = \frac{4}{3} \pi r^3$

EA 154

a)

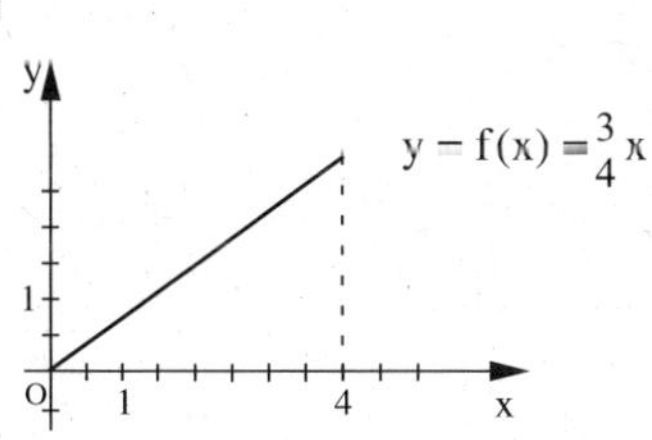

b) $V = \pi \int_0^h \left(\frac{3}{4}x\right)^2 dx = 12\pi \approx 37{,}7$ (VE)

c) r = 2 LE und $h = \frac{4}{3}$ LE

EA 155 a) $y = g(x) = \frac{2}{15} x^2$

b) $V = \pi \int_0^{30} \frac{15}{2} y \, dy = 3375\pi$ (cm³) ≈ 10602,8 (cm³) ≈ 10,6 (dm³) ≈ 10,6 (*l*)

EA 156 a) $V = \pi \int_0^4 x \, dx = 8\pi$ (dm³) ≈ 25,1 (dm³)

b) $\pi \int_0^a x \, dx = 4\pi \quad \Rightarrow a = \sqrt{8}$ (≈ 2,83 dm)

EA 157

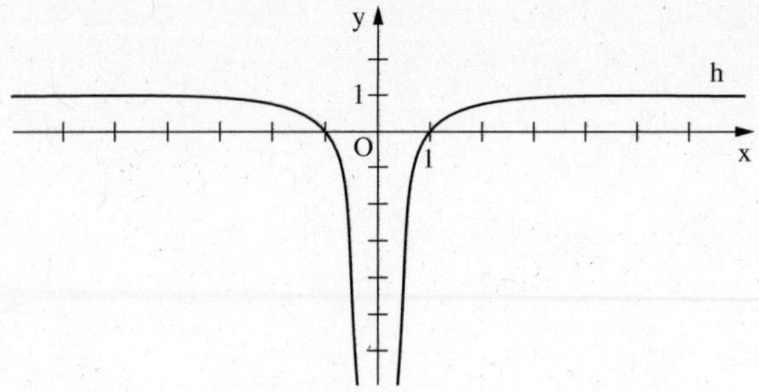

a) $x_{0_1} = -1$ $x_{0_2} = 1$ $x_p = 0$

b) $\lim\limits_{x \to \pm\infty} h(x) = 1$

c) Skizze nebenstehend

d) A = 2,25 FE

e) $V = \frac{117}{64}\pi$ VE ≈ 5,74 VE

E 7 Integration weiterer Funktionen

E 7.1 Integration trigonometrischer Funktionen

E 7.2 Integration von Exponential- und Logarithmusfunktionen

EA 158

a) $F_1(x) = -2\cos x + \sin x + C$
b) $F_2(x) = \frac{1}{3}\sin 3x + C$
c) $F_3(a) = -\cos(a + \frac{\pi}{2}) + C$
d) $F_4(x) = -2\cos\frac{1}{2}x + C$
e) $F_5(x) = -\frac{a}{b}\cos(bx + c) + C$
f) $F_6(x) = -2\cos x - 9\sin\frac{1}{3}x + C$
g) $F_7(x) = \frac{1}{4}e^{4x} + C$
h) $F_8(t) = e^{3t+2} + C$
i) $F_9(x) = -\frac{1}{2}e^{-x+1} + C$
j) $F_{10}(x) = \frac{1}{3}x^3 + e^x + C$
k) $F_{11}(x) = e^x + 2ex + C$
l) $F_{12}(t) = -2e^{-t} + t + C$
m) $F_{13}(x) = \frac{2}{\ln 3}\cdot 3^x + C$
n) $F_{14}(a) = \frac{1}{\ln 2}\cdot 2^{a+1} + C$
o) $F_{15}(x) = \frac{1}{2\ln 5}\cdot 5^{2x} + C$

EA 159

a) ja
b) ja
c) ja (s. Definition E 1, Lb. S. 128)
d) nein

EA 160

a) $\int a\cdot e^{-a}\,da = -ae^{-a} + \int e^{-a}\,da = -ae^{-a} - e^{-a} + C$

b) $\int x\cdot\sin 2x\,dx = -\frac{1}{2}x\cos 2x + \int\frac{1}{2}\cos 2x\,dx = -\frac{1}{2}x\cos 2x + \frac{1}{4}\sin 2x + C$

c) $\int 2x\cdot\ln x\,dx = x^2\ln x - \int x\,dx = x^2\ln x - \frac{1}{2}x^2 + C$

d) $\int t\cdot\cos(2t+1)\,dt = \frac{1}{2}t\sin(2t+1) - \int\frac{1}{2}\sin(2t+1)\,dt = \frac{1}{2}t\sin(2t+1) + \frac{1}{4}\cos(2t+1) + C$

e) $\int x\cdot e^{5x+2}\,dx = \frac{1}{5}xe^{5x+2} - \int\frac{1}{5}e^{5x+2}\,dx = \frac{1}{5}xe^{5x+2} - \frac{1}{25}e^{5x+2} + C$

f) $\int\frac{\ln 2x}{x}\,dx = (\ln 2x)^2 - \int\frac{\ln 2x}{x}\,dx = \frac{1}{2}(\ln 2x)^2 + C$

EA 161

a) $\frac{6^x}{\ln 6} + C$
b) $\frac{6^x}{\ln 6} + \frac{1}{2^x\ln 2} + C$
c) $\frac{1}{6}e^x + \frac{1}{3}x + C$
d) $\frac{4}{9}u - \frac{4}{9}\ln|u| - \frac{1}{9u} + C$
e) $\frac{1}{2}\sqrt{x} + C$
f) $\sin\Phi - \cos\Phi + C$
g) $t - \cos t + C$
h) $\frac{1}{2}\tan\varphi + C$

EA 162

a) 6,2
b) $2\ln 2 - \frac{3}{4} \approx 0{,}64$
c) π
d) $e^2 \approx 7{,}39$
e) ≈ 0,46
f) $-3e^{-1} + 2e^{-0{,}5} \approx 0{,}109$
g) $-\frac{1}{3}\ln 3 + \frac{2}{3} \approx 0{,}3$
h) $e^1 + e^{-1} \approx 3{,}09$

i) Mit $u(x) = x$; $u'(x) = 1$ sowie $v'(x) = \sqrt{2x+1}$ und $v(x) = \frac{1}{3}(2x+1)^{\frac{3}{2}}$ folgt:

$$\int x\sqrt{2x+1}\,dx = \frac{1}{3}x(2x+1)^{\frac{3}{2}} - \frac{1}{3}\int (2x+1)^{\frac{3}{2}}\,dx = \frac{1}{3}x(2x+1)^{\frac{3}{2}} - \frac{1}{15}(2x+1)^{\frac{5}{2}} = \frac{1}{15}(2x+1)^{\frac{3}{2}}(3x-1)$$

Somit gilt: $\int_0^2 x\sqrt{2x+1}\,dx = [\frac{1}{15}((2x+1)\sqrt{2x+1}(3x-1)]_0^2 = \frac{1}{15}(5\sqrt{5}\cdot 5+1) \approx 3{,}8$

(Hinweis: Wesentlich einfacher zu lösen wäre die Aufgabe: $\int_0^2 \sqrt{2x+1}\,dx = [\frac{1}{3}(2x+1)\sqrt{2x+1}]_0^2 \approx 3{,}39$)

j) -2π k) $\frac{3}{4}e^3 + \frac{1}{4}e^{-1} \approx 15{,}16$ l) 2,13

EA 163

a) 2   b) 1   c) $\frac{\pi}{2} + 1 \approx 2{,}57$ d) $\approx 0{,}4597$

e) 2   f) $\frac{\pi}{8} + \frac{1}{4} \approx 0{,}64$ g) $e \approx 2{,}72$ h) $\approx 0{,}59$

i) $\approx 10{,}02$ j) $\approx 3{,}69$ k) $\approx 1{,}33$ l) $\approx 1{,}13$

EA 164 a) $k = \frac{e}{e^2-1}$ b) $k = \ln(e+1)$ c) $k = 4 - e$ d) $k = \frac{1}{3}$

EA 165 a) A = 2 FE   b) A = 2 FE   c) A = 2 FE   d) $A = \frac{\pi}{2}$ FE $\approx 1{,}57$ FE

EA 166

a) $F_1(x) = \frac{1}{4}\ln|4x-1| + C$ b) $F_2(x) = \frac{1}{2}x^2\cdot\ln 3 + C$ c) $F_3(x) = \frac{1}{a}\ln|ax+b| + C$

d) $F_4(x) = -\frac{1}{2}\ln|3-2x| + C$ e) $F_5(x) = \frac{2}{5}\ln|5x-1| + \frac{3}{2}x^2 + C$ f) $F_6(x) = \ln 2\cdot\ln x + C$

EA 167

a) $e \approx 2{,}72$ b) $0{,}5e^2 + 1{,}5 \approx 5{,}19$ c) $2(\ln 5 - \ln 3) \approx 1{,}02$

d) $\ln 2 + \frac{7}{8} \approx 1{,}57$ e) $\approx 0{,}6$ f) $[0{,}5x + 3\ln x]_1^2 \approx 2{,}58$

EA 168

a) A ≈ 1,38 FE   b) A ≈ 2,35 FE   c) A ≈ 3,59 FE   d) A ≈ 5,5 FE   e) A ≈ 12,4 FE

EA 169

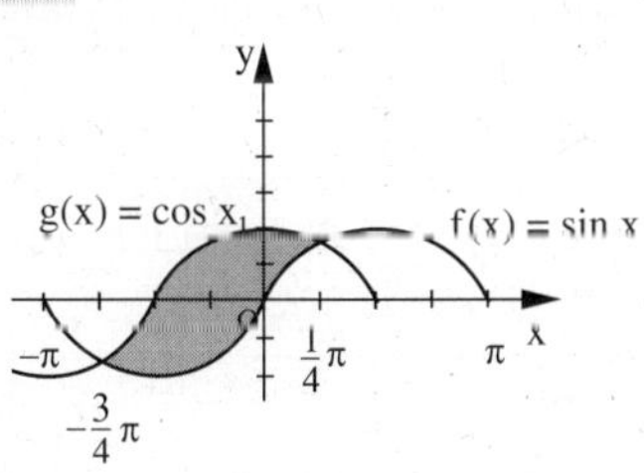

$A = 2\sqrt{2}$ FE $\approx 2{,}83$ FE

EA 170

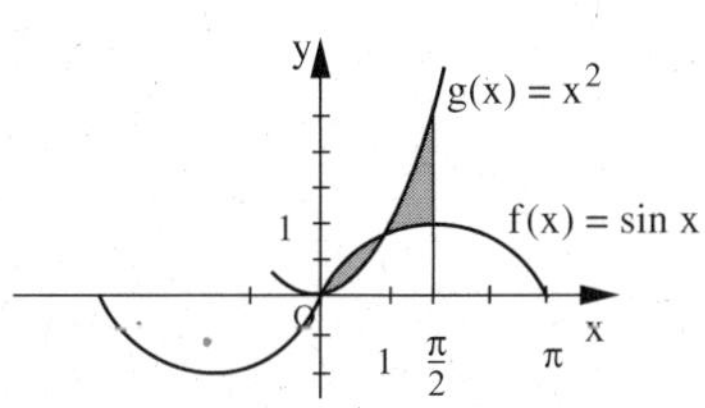

$$A = \int_0^{0{,}877} [f(x) - g(x)]\,dx + \int_{0{,}877}^{0{,}5\pi} [g(x) - f(x)]\,dx \approx 0{,}136 + 0{,}428 \approx 0{,}564 \text{ (FE)}$$

Hinweis: Die Schnittpunktabszisse wurde mit dem NEWTON-Verfahren näherungsweise ermittelt.
Gegebenenfalls kann man sich auch mit einem zeichnerisch bestimmten Näherungswert begnügen.

EA 171

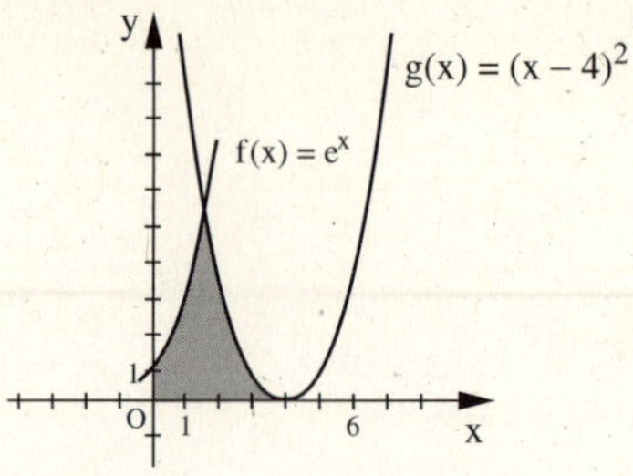

$A = \int_0^{1,68} e^x \, dx + \int_{1,68}^{4} (x-4)^2 \, dx \approx 4{,}37 + 4{,}16 \approx 8{,}53$ (FE)

Hinweis: Die Schnittpunktabszisse wurde mit dem NEWTON-Verfahren näherungsweise ermittelt.
Gegebenenfalls kann man sich auch mit einem zeichnerisch bestimmten Näherungswert begnügen.

EA 172

a) $a_1 = \frac{\pi}{4}$ und $a_2 = -\frac{\pi}{4}$

b) $a_1 = \pi$ und $a_2 = -\pi$

EA 173

$f'(x) = A \cdot \cos(\pi x) \cdot \pi$

$f'(1) = 2 \qquad \Rightarrow \quad A = -\frac{2}{\pi}$

$\int_0^2 f(x) \, dx = 4 \qquad \Rightarrow \quad B = 2$

$f(x) = -\frac{2}{\pi} \sin(\pi x) + 2$

EA 174

$M = \int_1^2 \log_{0,1} x \, dx$

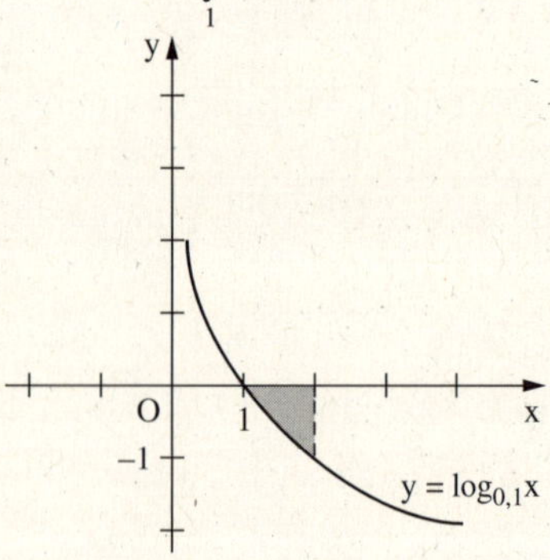

$M < 0$

$N = \int_1^2 0{,}1^x \, dx$

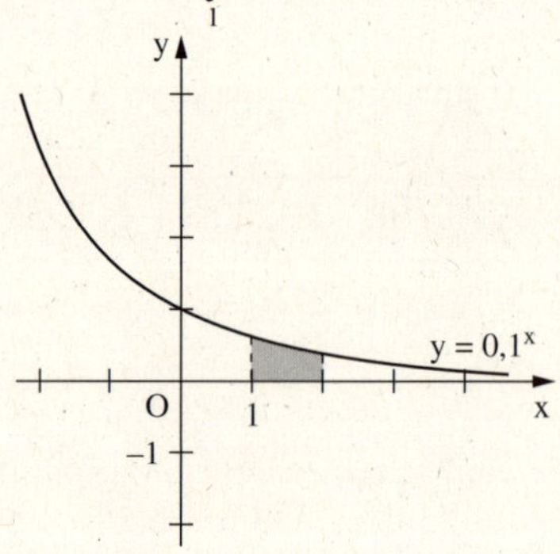

$N > 0$

Die Aussage A ist gültig.

EA 175

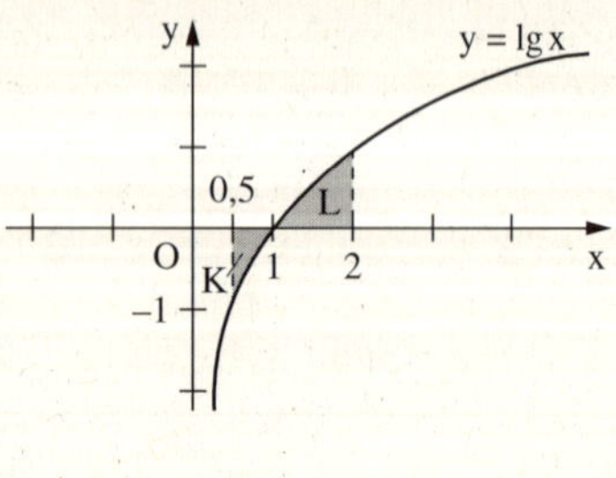

$K < 0, \; L > 0$

Die Aussage E ist gültig.

EA 176

a) $A = \int_0^1 (-0{,}5x^2 + 2 - \sin x) \, dx \approx 1{,}4$ (FE)

b) $A = \int_1^{2,7} (\frac{1}{x} - \cos x) \, dx \approx 1{,}41$ (FE)

Hinweis: Die obere Grenze bei b) wurde näherungsweise aus der Skizze ermittelt.

c) $A = \int_0^1 (e^x + x^2) \, dx \approx 2{,}05$ (FE)

d) $A = \int_0^1 x^3 \, dx + \int_1^e \frac{1}{x} \, dx = 0{,}25 + 1 = 1{,}25$ (FE)

EA 177

a) Graph 1: $g(x) = 2^x$ Graph 2: $f(x) = x^3$

b) $S(1{,}37347; 2{,}59092)$

c) $A = \int_0^{1,37347} (2^x - x^3) \, dx \approx 1{,}41$ (FE)

EA 178

a)

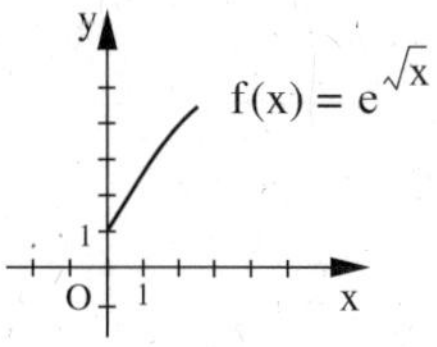

b) $V = \pi \int_0^2 (e^{\sqrt{x}})^2\,dx \approx 20{,}1$ (VE)

EA 179 $\int_0^k (e^k - e^x)\,dx = \int_k^2 (e^x - e^k)\,dx \quad \Rightarrow k \approx 1{,}16$

EA 180

a) $f(x) = g(x)$

$e^{x+2} = 2e - e^{-x}$

$x = -1$ erfüllt diese Gleichung.

$e^{-1+2} = 2e^1 - e^1$

$e^1 = e^1$

b)

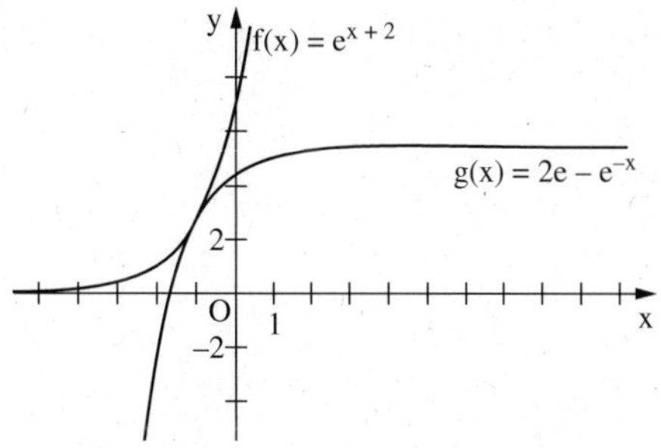

c) $A = \int_{-1}^{0} (e^{x+2} - 2e + e^{-x})\,dx = (e^2 - 2e - 1)$ (FE)

$\approx 0{,}95$ (FE)

EA 181

a)

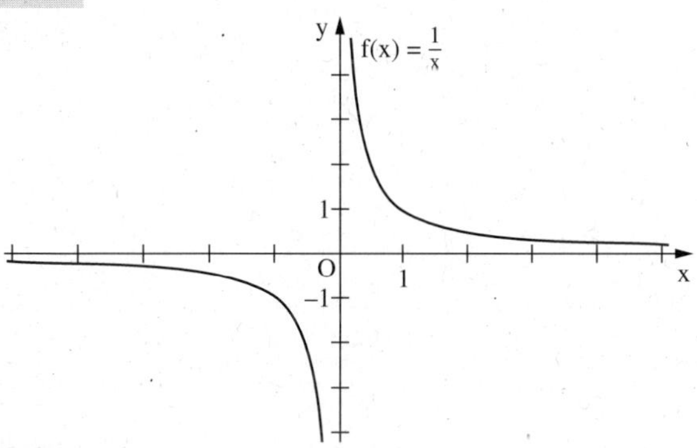

b) $A = \int_1^k \frac{1}{x}\,dx = [\ln|x|]_1^k = \ln(k)$

c) $\lim\limits_{k \to \infty} \ln(k) = \infty$

d) $V = \pi \int_1^k \frac{1}{x^2}\,dx = \pi[-\frac{1}{x}]_1^k = \pi \frac{k-1}{k}$ (VE)

EA 182

a) Beide Funktionen sind achsensymmetrisch.

b)

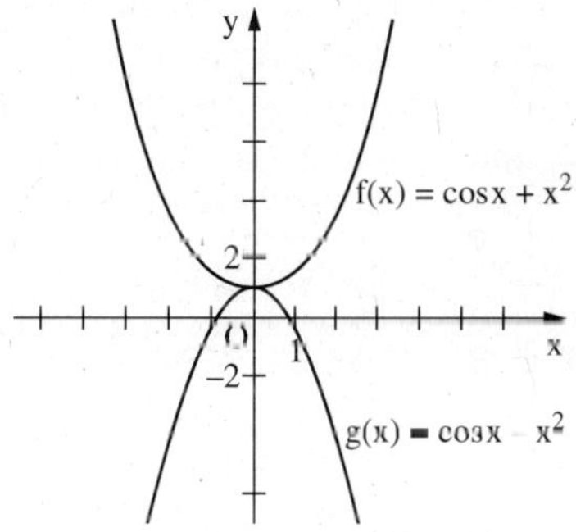

c) $A = \int_0^2 (\cos x + x^2 - (\cos x - x^2))\,dx = \int_0^2 2x^2\,dx = \frac{16}{3}$ (FE)

EA 183

a)

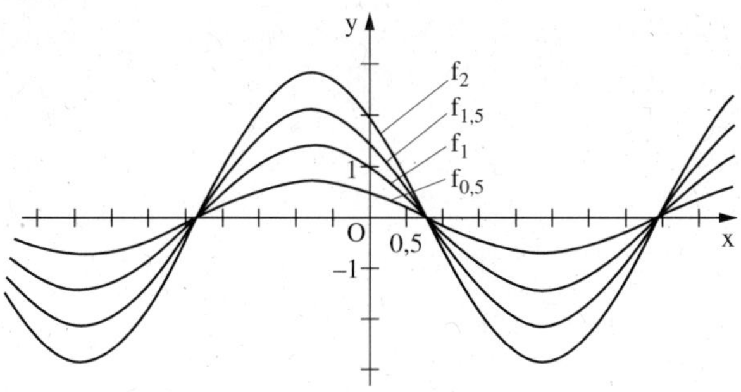

b) $f_k(x) = k \cdot \cos x - k \cdot \sin x$

$f_k'(x) = -k \cdot \sin x - k \cdot \cos x$

$f_k''(x) = -k \cdot \cos x + k \cdot \sin x$

Nullstellen: $k(\cos x - \sin x) = 0$

$\cos x - \sin x = 0$

$x_1 = \frac{\pi}{4};\ x_2 = \frac{5}{4}\pi$

Extremstellen: $-k(\sin x + \cos x) = 0$

$\cos x + \sin x = 0$

$x_1 = \frac{3}{4}\pi;\ x_2 = \frac{7}{4}\pi$

Wendestellen: $k(\sin x - \cos x) = 0$

$\sin x - \cos x = 0$

$x_1 = \frac{\pi}{4};\ x_2 = \frac{5}{4}\pi$

} von k unabhängig!

c) $A = \int_{\frac{\pi}{4}}^{\frac{5}{4}\pi} (k \cdot \cos x - k \cdot \sin x)\,dx = [k \cdot \sin x + k \cdot \cos x]_{\frac{\pi}{4}}^{\frac{5}{4}\pi} = 2 \cdot k \cdot \sqrt{2}$ (FE)

EA 184

a) Nullstellen: $f_t(x) = t^2 \cdot \sin x$

$t^2 \cdot \sin x = 0$

$\sin x = 0 \Rightarrow x_0 = k \cdot \pi \quad (k \in \mathbb{Z})$

Extrempunkte: $f_t'(x) = t^2 \cdot \cos x$

$t^2 \cdot \cos x = 0 \Rightarrow x_E = \frac{\pi}{2} + k \cdot \pi$

$f_t''(x) = -t^2 \cdot \sin x$

$P_{Max}(\frac{\pi}{2} + 2k\pi;\ t^2)$

$P_{Min}(\frac{\pi}{2} + (2k-1)\pi;\ -t^2)$

$g_t(x) = t^2 \cdot \cos x$

$t^2 \cdot \cos x = 0$

$\cos x = 0 \Rightarrow x_0 = \frac{\pi}{2} + k \cdot \pi \quad (k \in \mathbb{Z})$

$g_t'(x) = -t^2 \cdot \sin x$

$-t^2 \cdot \sin x = 0 \Rightarrow x_E = k \cdot \pi$

$g_t''(x) = -t^2 \cdot \cos x$

$P_{Max}(2k\pi;\ t^2)$

$P_{Min}((2k-1)\pi;\ -t^2)$

b)

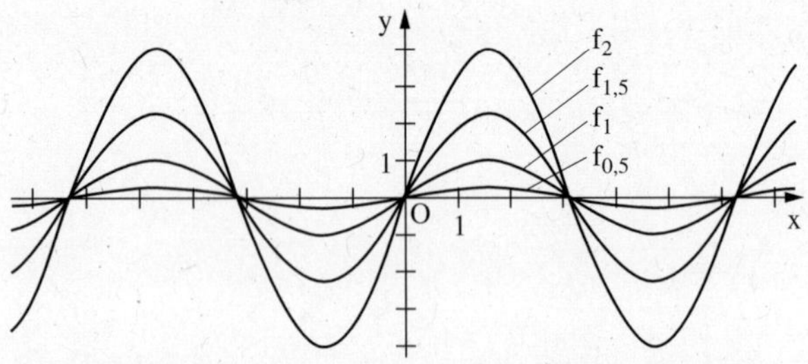

$f_t(x) = t^2 \cdot \sin x$

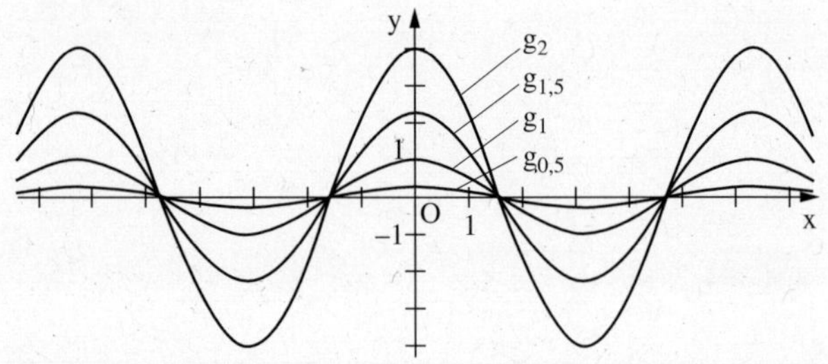

$g_t(x) = t^2 \cdot \cos x$

c) $A = \int_0^{\pi} t^2 \cdot \sin x\,dx = [-t^2 \cos x]_0^{\pi} = t^2 + t^2 = 2t^2$ (FE)

EA 185

a) $f(x) = g(x)$

$ex = xe^{x^2}$

$x(e - e^{x^2}) = 0 \quad \Rightarrow \quad x_1 = 0$

$e = e^{x^2}$

$x^2 = 1 \quad \Rightarrow \quad x_2 = -1;\ x_3 = 1$

Schnittpunkte: $P_1(0;\ 0)$; $P_2(-1;\ -e)$; $P_3(1;\ e)$

b) $A = 2\int_0^1 (ex - xe^{x^2})\,dx = 1$ (FE)

c) $V = \pi \int_0^1 (xe^{x^2})^2\,dx \approx 3{,}95$ (VE)

EA 186

a) Nullstelle: $x_0 = 1$

Extremstelle: $x_E = e$

$A = \int_0^e (\frac{\ln x}{x})\,dx = [\frac{(\ln(x))^2}{2}]_1^e = \frac{1}{2}$ (FE)

b) $-\frac{1}{2} = \int_k^1 \frac{(\ln x)}{x}\,dx$

$-\frac{1}{2} = [\frac{(\ln(x))^2}{2}]_k^1$

$-\frac{1}{2} = -\frac{(\ln(k))^2}{2}$

$k \approx 0{,}367879$

EA 187

a) $\frac{x}{2} + \frac{2}{x} = 0 \quad \Rightarrow \quad x^2 = -4 \quad \Rightarrow$ keine Nullstellen!

$x_p = 0$; $y = \frac{1}{2}x$

b) $H(-2;\ -2)$; $T(2;\ 2)$

c) Skizze nebenstehend

d) $A \approx 6{,}52$ FE

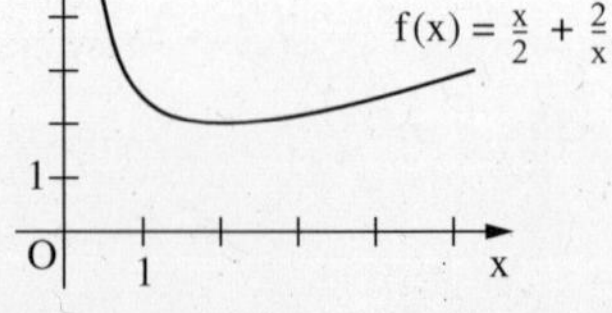

EA 188

a) $x \in \mathbb{R}$

b) Skizze nebenstehend

c) Graph von f_{-2} und Graph von f_2 verlaufen symmetrisch zur y-Achse

d) A = 6,96 FE

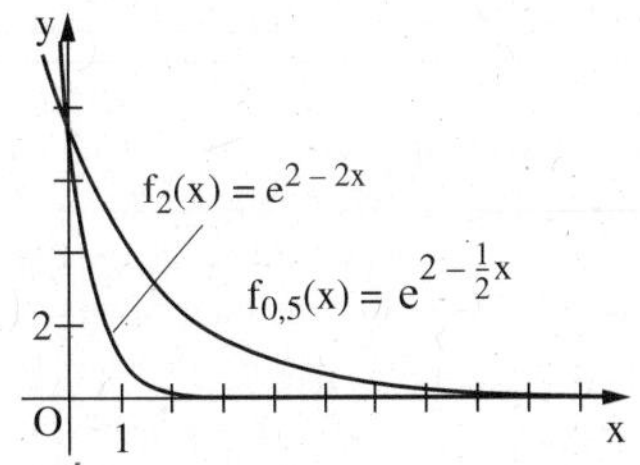

EA 189

a) $x_0 = e^k$

b) k = 1

c) Skizze nebenstehend

d) für $g_{2,5}$: A ≈ 15,88 FE

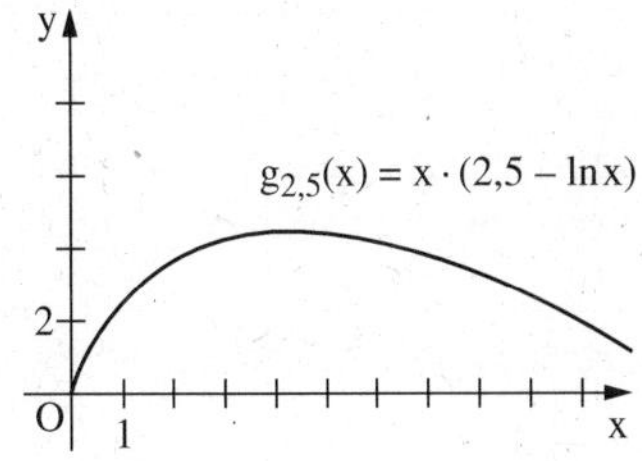

Aufgaben zur Selbstkontrolle

EA 190

a) $f(x) = 3x^2 + 4x - 3$
Stammfunktion: $F(x) = x^3 + 2x^2 - 3x$, denn es gilt $F'(x) = f(x)$ und $D_F = D_f$.
Menge aller Stammfunktionen: $\int (3x^2 + 4x - 3)\,dx = x^3 + 2x^2 - 3x + C$.
Die Stammfunktion F zu einer gegebenen Funktion f ist eine Funktion F, für die im gemeinsamen Definitionsbereich D_f gilt: $F' = f$.
Die Menge aller Stammfunktionen einer Funktion f ist das unbestimmte Integral dieser Funktion f im gemeinsamen Definitionsbereich D_f: $\int f(x)\,dx$.

b) Das Differential im unbestimmten Integral gibt an, nach welcher Variablen integriert werden soll.
$\int da = a + C$, aber $\int dx = x + C$.

c) Wenn untersucht werden soll, ob eine Funktion F Stammfunktion zu einer gegebenen Funktion f ist, so wird die Ableitungsfunktion der Funktion F gebildet und diese mit f verglichen. Gilt $F' = f$ und besitzen F und f einen gemeinsamen Definitionsbereich D_f, dann ist F Stammfunktion zu f.

d) $\int (x^3 - 2x + 4)\,dx = \int x^3\,dx - \int 2x\,dx + \int 4\,dx$ Summenregel
$= \frac{x^4}{4} - 2 \cdot \frac{x^2}{2} + 4x + C$ Potenz- und Faktorregel
$= \frac{x^4}{4} - x^2 + 4x + C$

e) Zu folgenden Differentiationsregeln gibt es entsprechende Integrationsregeln:
Konstantenregel, Faktorregel, Potenzregel, Summenregel.
Aus der Produktregel der Differentialrechnung ergibt sich die Formel für die partielle Integration. Die Kettenregel führt für den Fall, dass die innere Funktion eine lineare Funktion ist, zur Integration durch lineare Substitution. Für die Quotientenregel der Differentialrechnung gibt es keine entsprechende Integrationsregel.

EA 191

a) Das bestimmte Integral $\int_a^b f(x)\,dx$ existiert:
– wenn f im Intervall [a; b] monoton ist,
– wenn f im Intervall [a; b] stetig ist.

b) Der Hauptsatz der Differential- und Integralrechnung lautet:
Ist f eine im Intervall [a; b] stetige Funktion und F eine zu f gehörende Stammfunktion, so gilt $\int_a^b f(x)\,dx = F(b) - F(a)$.
Dieser Satz stellt den Zusammenhang zwischen der Differentialrechnung und der Integralrechnung her. Er ermöglicht die Berechnung bestimmter Integrale mithilfe von Stammfunktionen. Dieser Weg ist kürzer als der Weg über die Grenzwerte von Zahlenfolgen.

c) $\int_1^2 (6x^2 + e^x)\,dx$
Wir ermitteln eine Stammfunktion: $= [2x^3 + e^x]_1^2$
Wir setzen die obere und die untere Integrationsgrenze für x ein und subtrahieren:
$= 2 \cdot 2^3 + e^2 - (2 \cdot 1^3 + e^1)$
$= 14 + e^2 - e$
$\approx 18,67$

d) Das unbestimmte Integral ist eine Menge von Funktionen (Stammfunktionen), das bestimmte Integral ist eine reelle Zahl.

EA 192

a) Anwendungen der Integralrechnung:
   1. Berechnung von Flächeninhalten
      – Inhalt von Flächen unter Funktionsgraphen
      – Inhalt von Flächen zwischen Funktionsgraphen
   2. Berechnung des Volumens von Rotationskörpern
   3. Berechnung der physikalischen Arbeit
   4. Berechnung von Weg und Geschwindigkeit bei Bewegungsabläufen

b) Bei der Berechnung des Inhalts von Flächen, die vom Graphen einer Funktion und der x-Achse vollständig oder in gegebenen Grenzen eingeschlossen werden, sind zunächst die Nullstellen dieser Funktion zu berechnen. Liegen Nullstellen im Intervall, so muss die Gesamtfläche „stückweise" berechnet werden.

c) Ist der Inhalt der Fläche zwischen zwei Funktionsgraphen zu berechnen, so müssen zunächst die x-Koordinaten der Schnittpunkte der Graphen ermittelt werden. Diese bilden jeweils die Integrationsgrenzen.

d) Ein Rotationskörper entsteht, wenn ein Flächenstück unter einer Kurve um eine Achse rotiert.
Rotiert die Fläche unter dem Graphen einer Funktion f über dem Intervall [a; b] um die x-Achse, so berechnet sich das Volumen des Rotationskörpers nach der Formel:

$$V = \pi \cdot \int_a^b (f(x))^2\,dx.$$

Komplexe Aufgaben zu den Kapiteln D und E

EA 193

a) $f(x) = -\frac{1}{9}x^3 + x$

b) $P_{Max}(\sqrt{3};\ \frac{2}{3}\sqrt{3})$
   $P_{Min}(-\sqrt{3};\ -\frac{2}{3}\sqrt{3})$
   $P_W(0;\ 0)$
   $\lim\limits_{x \to \pm\infty} f(x) = \mp\infty$

c) Skizze nebenstehend

d) $A = 4{,}5$ FE

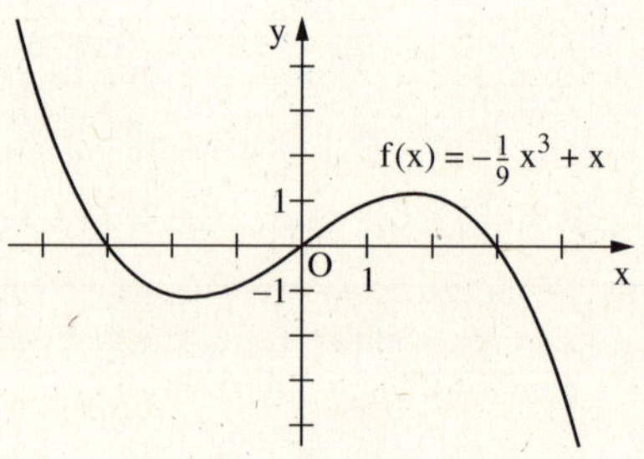

EA 194

a) $f(0) = -9$ $\qquad P_y(0;\ -9)$

$0 = x^4 - 8x^2 - 9$

$0 = z^2 - 8z - 9$

$z_1 = 9 \quad (z_2 = -1)$ entfällt $\quad\Rightarrow\quad x_1 = 3 \quad P_{x_1}(3;\ 0)$
$\qquad x_2 = -3 \quad P_{x_2}(-3;\ 0)$

$f'(x) = 4x^3 - 16x; \qquad f''(x) = 12x^2 - 16$

$0 = 4x^3 - 16x \qquad f''(0) = -16 < 0 \quad\Rightarrow$ lokales Maximum $P_1(0;\ -9)$

$x_{E1} = 0;\quad x_{E2} = 2;\quad x_{E3} = -2 \qquad f''(2) = f''(-2) = 32 > 0 \quad\Rightarrow$ lokale Minima
$P_2(2;\ -25)$, $P_3(-2;\ -25)$

Symmetrie: achsensymmetrisch zur y-Achse

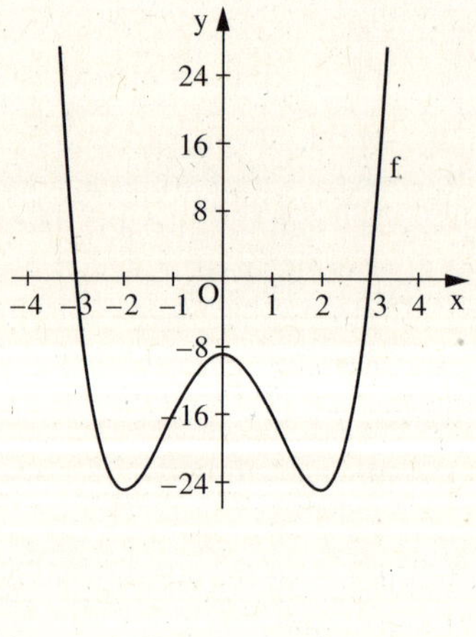

b)

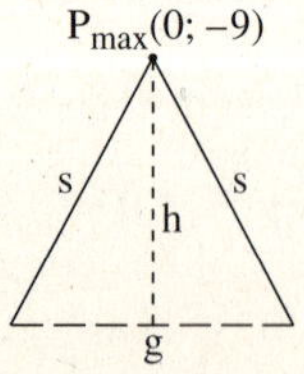

$s = \sqrt{16^2 + 2^2} = \sqrt{260} \approx 16{,}1$

$u = 4 + 2 \cdot \sqrt{260} = 36{,}2$ (LE)

$P_{min1}(-2;\ -25)$; $\quad P_{min2}(2;\ -25)$

Höhe des Dreiecks: $\qquad h = -9 - (-25) = 16$

Grundseite des Dreiecks: $g = 2 - (-2) = 4 \qquad\Rightarrow\quad A = \frac{16 \cdot 4}{2} = 32$ (FE)

c) $\left|\int_{-3}^{3} f(x)\,dx\right| = \left|\left[\frac{1}{5}x^5 - \frac{8}{3}x^3 - 9x\right]_{-3}^{3}\right| = \left|\frac{1}{5}(+3)^5 - \frac{8}{3}(+3)^3 - 27 - (\frac{1}{5}(+3)^5 - \frac{8}{3}(-3)^3 + 27)\right|$

$= \left|2 \cdot \int_0^3 f(x)\,dx\right| = \left|2 \cdot (\frac{1}{5}3^5 - \frac{8}{3}3^3 - 27\right| = \left|2 \cdot (-50{,}4)\right|$

$A = 100{,}8$ FE

d) $m_1 = f'(3) = 4 \cdot 3^3 - 16 \cdot 3 = 60$

$m_2 = f'(-3) = 4 \cdot (-3)^3 - 16 \cdot (-3) = -60$

$m_1 + m_2 = 0 \quad \Rightarrow \quad$ oder

Da die Funktion achsensymmetrisch ist gibt es zu jeder Nullstelle $x_{N1} > 0$ eine betragsmäßig gleich große Nullstelle x_{N2} im negativen Bereich.
In diesen Punkten sind die Tangentenanstiege entgegengesetzt gleich groß!
$\Rightarrow$ Die Summe aller Tangentenanstiege ist stets 0.

EA 195

Für f_1 gilt:

a) $D_{f_1} = \{x; x \in \mathbb{R}; x \neq 0\}$

$P_{x1}(-2; 0)$; $P_{x2}(2; 0)$; P_y existiert nicht

Symmetrie: $f(-x) = f(x)$ $\Rightarrow$ achsensymmetrisch zur y-Achse

Polstelle: $x_P = 0$ Polgerade $x = 0$

lokale Extrema: keine $f'(x) = \frac{4}{x^2} \neq 0$

Wendepunkte: keine $f''(x) = -\frac{8}{x^3} \neq 0$

$\lim\limits_{x \to \pm\infty} f(x) = 1$ Asymptote $y = 1$

b)

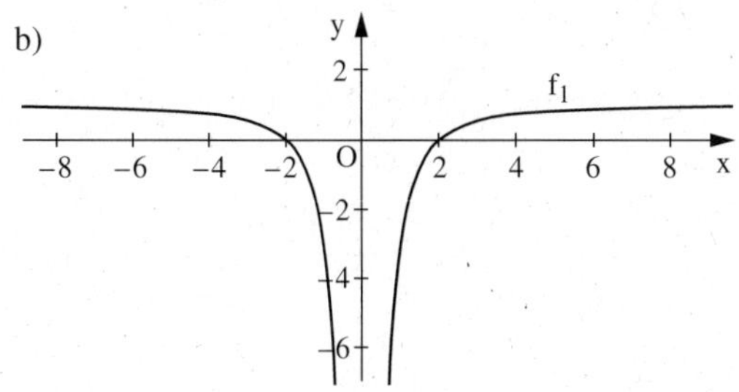

c) t: $y = 4x + 9$

d) $A = \int\limits_1^3 f(x)dx = \int\limits_1^3 (1 - \frac{4}{x})dx = [x - 4\ln x]_1^3 = (2 - 4\ln 3)$ (FE)

Für f_2 gilt:

a) $D_{f_2} = \{x; x \in \mathbb{R}; x \neq 0\}$

P_x existiert nicht; P_y existiert nicht

Symmetrie: $f(-x) = -f(x)$ punktsymmetrisch zum Koordinatenursprung

Polstelle: $x_P = 0$ Polgerade $x = 0$

lokale Extrema: $f'(x) = \frac{x^2 - 2}{x^2}$; $f''(x) = \frac{4}{x^3}$; $x_{E1/2} = \pm\sqrt{2}$

$f''(\sqrt{2}) = \sqrt{2} > 0 \quad \Rightarrow$ lokales Minimum

$f''(-\sqrt{2}) = -\sqrt{2} < 0 \quad \Rightarrow$ lokales Maximum

$P_{min}(\sqrt{2}; 2 \cdot \sqrt{2})$ $P_{max}(-\sqrt{2}; -2 \cdot \sqrt{2})$

Wendepunkte: keine $f''(x) = \frac{4}{x^3} \neq 0$

$\lim\limits_{x \to \pm\infty} f(x) = \pm\infty$ Asymptote $y = x$

b)

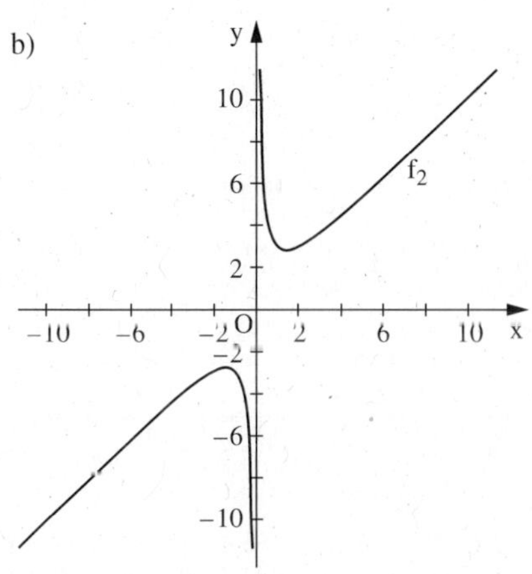

c) t: $y = -x - 4$

d) $A = \int\limits_1^3 f(x)dx = \int\limits_1^3 (x + \frac{2}{x})dx = [\frac{x^2}{2} + 2 \cdot \ln x]_1^3 = (4 + 2 \cdot \ln 3)$ (FE)

EA 196

a) Nullstellen: keine

Polstellen: $x = 0$ Polgerade $x = 0$

lokale Extrema: $f'(x) = \frac{x^2 - 36}{2x^2}$; $f''(x) = \frac{36}{x^3}$; $x_{E1} = 6$ $x_{E2} = -6$

$f''(6) = \frac{1}{6} > 0 \quad \Rightarrow$ lokales Minimum

$f''(-6) = -\frac{1}{6} < 0 \quad \Rightarrow$ lokales Maximum

$P_{min}(6; 6)$ $P_{max}(-6; -6)$

Symmetrie: $f(-x) = -f(x)$ punktsymmetrisch zum Koordinatenursprung

$\lim\limits_{x \to \pm\infty} f(x) = \pm\infty$

$\frac{x^2 + 36}{2x} = \frac{x}{2} + \frac{36}{2x}$ Asymptote $y = \frac{x}{2}$

b) $f'(x) = -1$

$\frac{x^2 - 36}{2x^2} = -1 \;\Rightarrow\; x_1 = \sqrt{12} \approx 3{,}46 \quad x_2 = -\sqrt{12} \approx -3{,}46$

$P_1(\sqrt{12}\,;\, 2 \cdot \sqrt{12}) \qquad t_1\!: \; y_1 = -x + 3 \cdot \sqrt{12}$

$P_2(-\sqrt{12}\,;\, -2 \cdot \sqrt{12}) \qquad t_2\!: \; y_2 = -x - 3 \cdot \sqrt{12}$

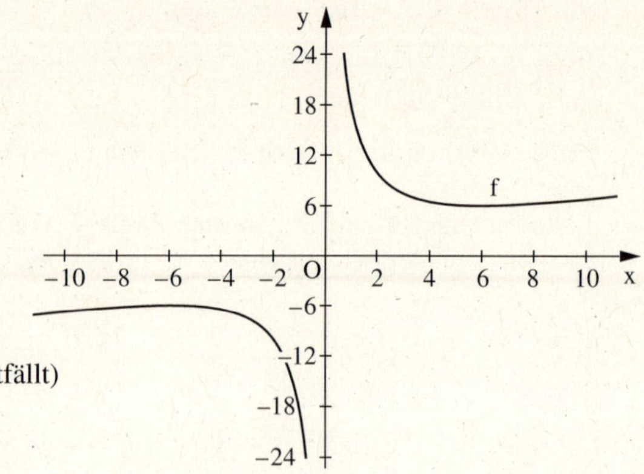

c) $u = 2x + 2 \cdot \frac{x^2 + 36}{2x} = 3x + \frac{36}{x} \quad (x > 0)$

$u'(x) = 3 - \frac{36}{x^2}; \qquad u''(x) = \frac{72}{x^3} \qquad x_{E1/2} = \pm\sqrt{12}$ (negative Lösung entfällt)

$u''(\sqrt{12}) = \frac{72}{(\sqrt{12})^3} > 0 \quad \Rightarrow$ lokales Minimum

$u(\sqrt{12}) = 3 \cdot \sqrt{12} + \frac{36}{\sqrt{12}} = 6 \cdot \sqrt{12}$ (LE)

d) Integrationsgrenzen:

$\frac{x}{2} + 4 = \frac{x^2 - 36}{2x} \quad \Rightarrow \quad x = 4{,}5$

$\int_2^{4,5} \left(\frac{x^2 - 36}{2x} - \left(\frac{x}{2} + 4\right)\right)dx = \int_2^{4,5} \left(\frac{18}{x} - 4\right)dx = [18 \cdot \ln|x| - 4x]_2^{4,5} \approx 4{,}6 \text{ (FE)}$

e) $\int_2^a \left(\frac{x^2 - 36}{2x} - \frac{x}{2}\right)dx = \int_2^a \frac{18}{x}\,dx = [18 \cdot \ln|x|]_2^a = 18\ln a - 18\ln 2 = 22{,}5 \quad \Rightarrow \quad a \approx 7$

EA 197

a) $x^2 e^{-x} = 0;\; x = 0 \qquad P_x(0; 0)$

$f'(x) = 2x\,e^{-x} - x^2 e^{-x} = e^{-x}(2x - x^2) \qquad x_1 = 0;\; x_2 = 2$

$f''(x) = -e^{-x}(2x - x^2) + e^{-x}(2 - 2x) = e^{-x}(x^2 - 4x + 2)$

$f''(0) = 2 > 0$ lok. Min. $T\,(0; 0) \qquad f''(2) = e^{-2}(-2) < 0$ lok. Max. $H\left(2; \frac{4}{e^2}\right)$

b)

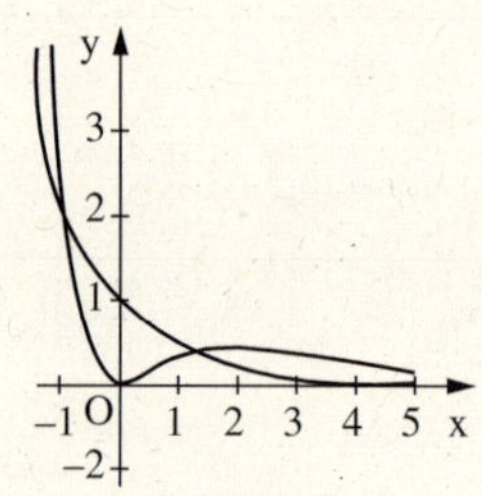

c) $e^{-x} = x^2 e^{-x} \;\Rightarrow\; x^2 = 1; \quad S_1\left(1; \frac{1}{e}\right); S_2(-1; e)$

$A = \int_{-1}^{1} (e^{-x} - x^2 e^{-x})\,dx = \left[-e^{-x} - \left(-e^{-x} x^2 - \int -e^{-x}\,2x\,dx\right)\right]_{-1}^{1} = \left[-e^{-x} + x^2 e^{-x} - \left(-e^{-x}\,2x - \int -e^{-x}\,2\,dx\right)\right]_{-1}^{1}$

$= [-e^{-x} + x^2 e^{-x} + 2x\,e^{-x} + 2e^{-x}]_{-1}^{1} = \left(-\frac{1}{e} + \frac{1}{e} + \frac{2}{e} + \frac{2}{e}\right) - (-e + e - 2e + 2e) = \frac{4}{e}$ (FE)

EA 198

a) Nullstellen: $x_{0_1} \approx -2{,}4142;\; x_{0_2} \approx 2{,}4142;\; x_{0_3} \approx -0{,}4142;\; x_{0_4} \approx 0{,}4142$

Funktion ist gerade, Graph ist achsensymmetrisch

Extrempunkte: $P_{Min_1}(-\sqrt{3}\,; -4);\; P_{Min_2}(\sqrt{3}\,; -4);\; P_{Max}(0; 0{,}5)$

Wendepunkte: $P_{w_1}(-1; -2);\; P_{w_1}(1; -2);$

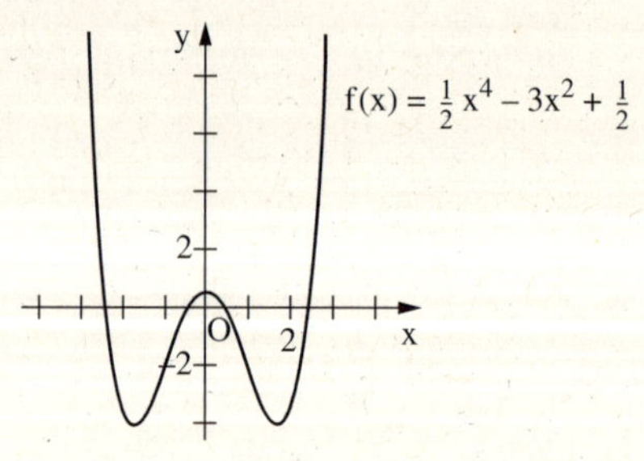

b) $g(x) = -4$

$A = \int_{-\sqrt{3}}^{\sqrt{3}} (f(x) - g(x))\,dx \approx 8{,}31$ (FE)

c) Wendetangenten: $t_1(x) = -4x + 2;\; t_2(x) = 4x + 2$

$A_\triangle = 4$ FE; $A_1 = \int_{-1}^{1} (f(x) + 2)\,dx = 3{,}2$ (FE); $A_2 = 0{,}8$ FE; $A_1 : A_2 = 3{,}2 : 0{,}8 = 4 : 1$

EA 199

a) $f(x) = ax^2 + bx + c$

- achsensymmetrisch $\Rightarrow b = 0$
- $2{,}5 = 4a + c$
  $1{,}75 = a + c$
  $0{,}75 = 3a \qquad \Rightarrow a = 0{,}25;\; c = 1{,}5$

$f(x) = 0{,}25x^2 + 1{,}5$

b) $V = \pi \int_{-3}^{3} (0{,}25x^2 + 1{,}5)^2\,dx = \frac{1323}{40}\pi\text{ (VE)} \approx 103{,}9\text{ (VE)}$

EA 200

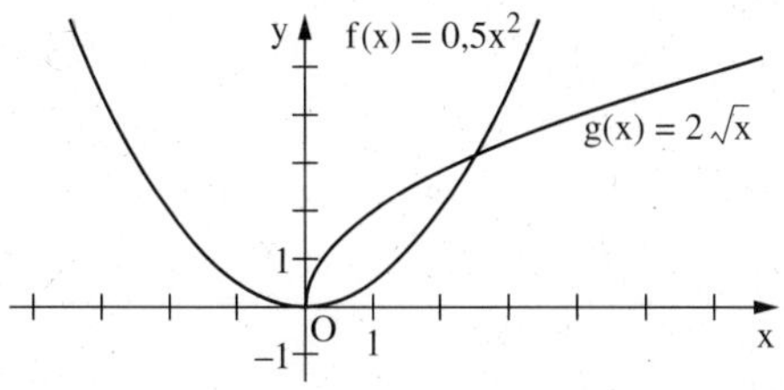

a) Schnittstellen: $x_1 = 0;\quad x_2 = \sqrt[3]{16} \approx 2{,}52$

$A = \int_{0}^{\sqrt[3]{16}} \left(2\sqrt{x} - \frac{1}{2}x^2\right)dx = 2\frac{2}{3}\text{ (FE)}$

b) $V = \pi \int_{0}^{\sqrt[3]{16}} \left(2\sqrt{x} - \frac{1}{2}x^2\right)dx \approx 10{,}26\text{ (VE)}$

EA 201

a)

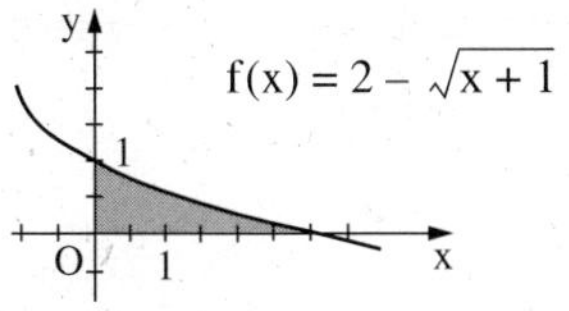

b) $A = \frac{4}{3}$ (FE)

c) $V = \frac{5}{6}\pi \approx 2{,}62$ (VE)

d) $A = \frac{38}{15}\pi \approx 7{,}96$ (VE)

EA 202

a) $S_x(-4{,}5;\,0);\ S_y(0;\,3);\quad x \geq -4{,}5;\ x \in \mathbb{R}$

b) $f'(x) = \frac{1}{\sqrt{2x+9}}$; kein Extremwert, da $f'(x) > 0$

c) Skizze nebenstehend

d) $A = 9$ FE

e) $V = 20{,}25\pi$ VE

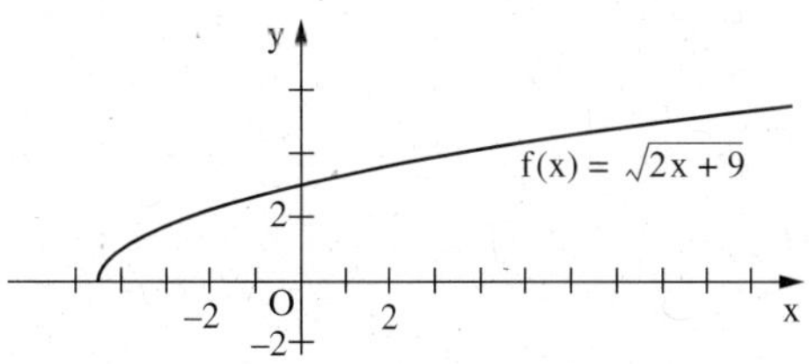

EA 203

a) Funktion ist ungerade

$f(-x) = -f(x) \quad\Rightarrow\quad$ punktsymmetrisch

Nullstelle: $x_0 = 0$

Extrempunkte: $P_{Min}(-0{,}7071;\,-0{,}429)$

$P_{Max}(0{,}7071;\,0{,}429)$

Wendepunkte: $P_{W_1}(0;\,0)$

$P_{W_2}(-1{,}2247;\,-0{,}273)$

$P_{W_3}(1{,}2247;\,0{,}273)$

b)

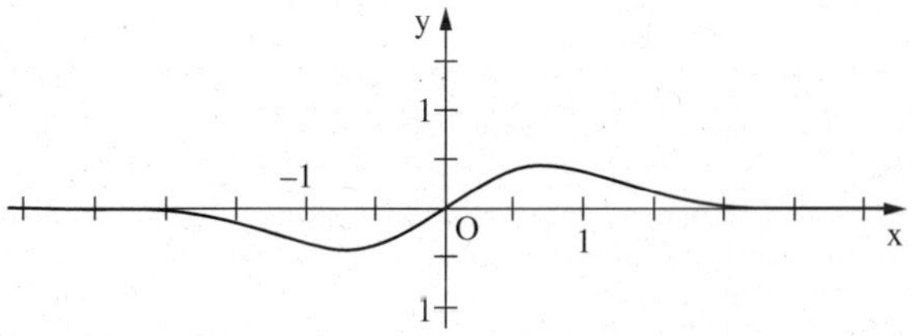

c) $A = \int_{0}^{0{,}7071} (0{,}429 - f(x))\,dx \approx 0{,}11\text{ (FE)}$

d) $A = \int_{0}^{k} f(x)\,dx = \left[\frac{-e^{-x^2}}{2}\right]_0^k = \left(\frac{-e^{-k^2}}{2} + \frac{1}{2}\right)\text{ (FE)};\qquad \lim_{k\to\infty}\left(\frac{-e^{-k^2}}{2} + \frac{1}{2}\right) = \frac{1}{2}$

EA 204

a)

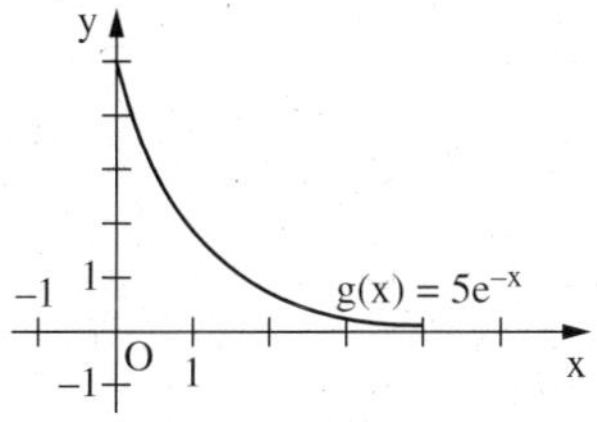

b) $n = 1$

c) $A \approx 1{,}59$ FE

EA 205

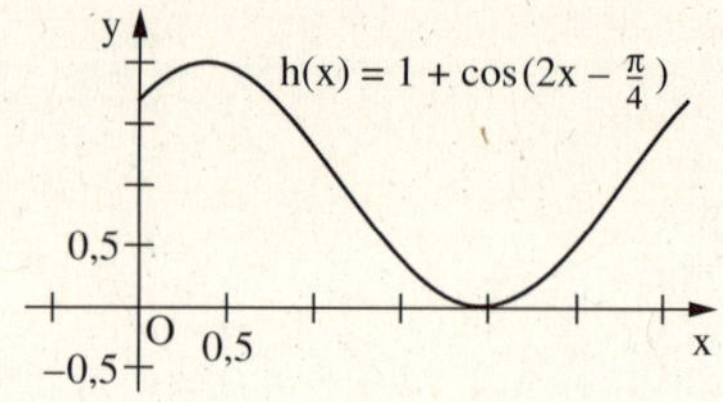

a) $x_0 = \frac{5\pi}{8}$

b) $H(\frac{\pi}{8}; 2)$, $T(\frac{5}{8}\pi; 0)$

c) Skizze nebenstehend

d) A = 2,317 FE

EA 206

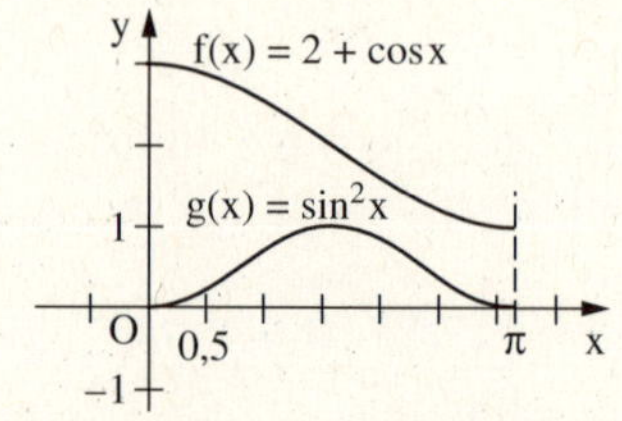

a) f(x) keine Nullstellen: $H(0; 3)$, $T(\pi; 1)$

g(x) $x_{01} = 0$; $x_{02} = \pi$; $T_1(0; 0)$; $H(\frac{\pi}{2}; 1)$; $T_2(\pi; 0)$

b) Skizze nebenstehend

c) $x = \frac{2}{3}\pi$

d) $A = 2\pi$ FE

EA 207

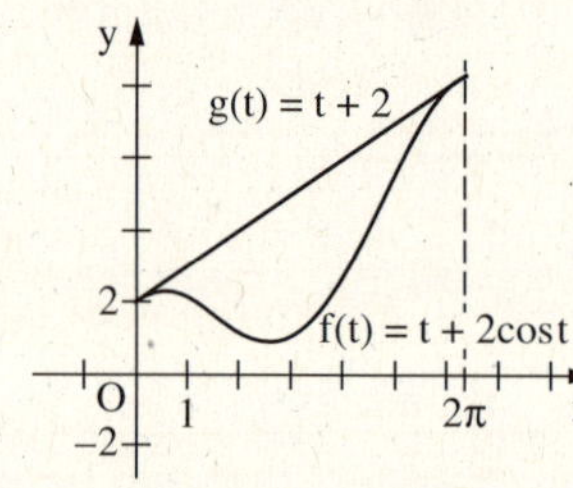

a) $H(\frac{\pi}{6}; 2{,}26)$; $T(\frac{5}{6}\pi; 0{,}89)$

b) $S_1(0; 2)$; $S_2(2\pi; 2 + 2\pi)$

c) Skizze nebenstehend

d) $A = 4\pi$ FE

EA 208

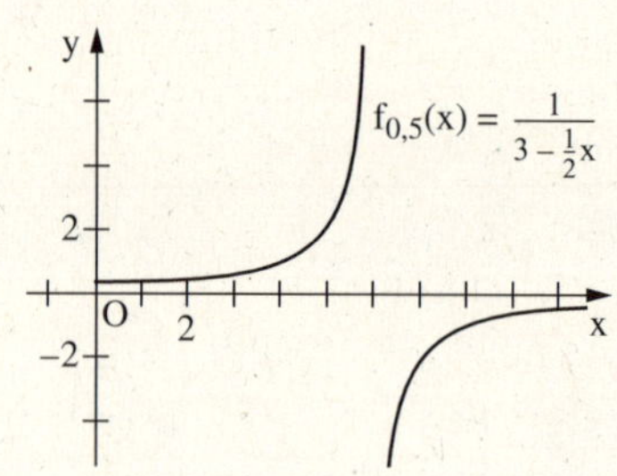

a) $f_a'(x) = \frac{a}{(3 - ax)^2} \neq 0 \Rightarrow$ kein Extremwert!

b) a = 1,5

c) Skizze nebenstehend

d) $A \approx 3{,}58$ FE

EA 209

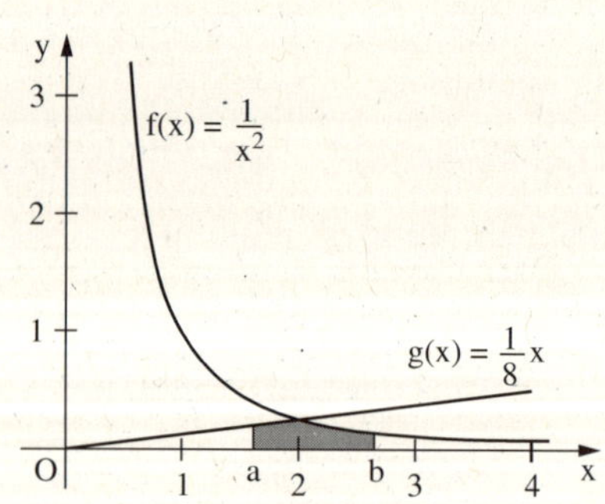

Schnittpunkt der Graphen: $\frac{1}{x^2} = \frac{1}{8}x$; $x_S = 2$

$$A(a, b) = \int_a^2 \frac{1}{8}x\,dx + \int_2^b \frac{1}{x^2}\,dx = [\tfrac{1}{16}x^2]_a^2 + [-\tfrac{1}{x}]_2^b$$

Mit b = a + 1 folgt: $A(a) = -\frac{1}{16}a^2 - \frac{1}{a+1} + \frac{3}{4}$

$A'(a) = -\frac{1}{8}a + \frac{1}{(a+1)^2} = \frac{-a^3 - 2a^2 - a + 8}{8(a+1)^2}$

$0 = a^3 + 2a^2 + a - 8 \Rightarrow a_E \approx 1{,}4$; also I: [1,4; 2,4]

$A''(a) = -\frac{1}{8} - 2 \cdot \frac{1}{(a+1)^2}$

$A''(a) < 0$ für alle a $\Rightarrow$ lokales Maximum: $A_{max} \approx 0{,}21$ FE

Das lokale Maximum ist auch das globale Maximum, weil A(a) für a > 0 stetig ist und keine weiteren Extremstellen existieren.

EA 210

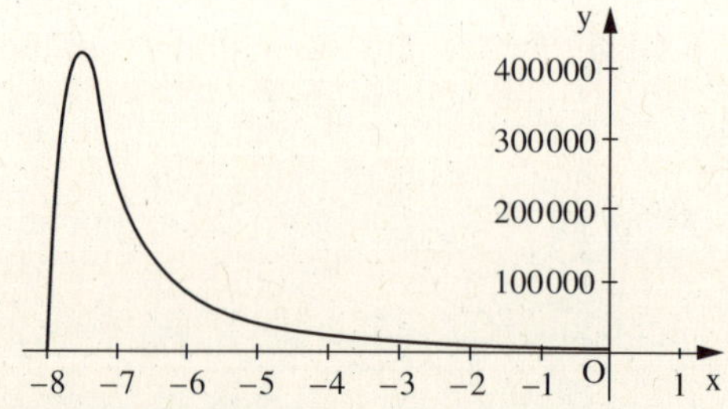

a) $P_x(-8; 0)$ $P_y(0; 2)$

$f'(x) = (-\frac{1}{2}x - 3{,}75) \cdot e^{-2x}$ $f''(x) = (x + 7) \cdot e^{-2x}$ $f'''(x) = (-2x - 13) \cdot e^{-2x}$

$x_E = -7{,}5$ $f''(-7{,}5) = -\frac{1}{2}e^{15} < 0 \Rightarrow$ lokales Maximum

$x_W = -7$ $f'''(-7) = e^{14} \neq 0$

$P_{max}(-7{,}5; \frac{1}{8}e^{15})$; $P_W(-7; \frac{1}{4}e^{14})$

$W_f = \{y;\ y \in \mathbb{R};\ y \leq \frac{1}{8}e^{15}\}$

b) $F'(x) = -\frac{1}{8} \cdot \{e^{-2x} + (x + \frac{17}{2}) \cdot (-2) \cdot e^{-2x}\}$

$= -\frac{1}{8} \cdot \{e^{-2x} + (-2x - 17) \cdot e^{-2x}\}$

$= -\frac{1}{8} \cdot \{(-2x - 16) \cdot e^{-2x}\}$

$= (\frac{1}{4}x + 2) \cdot e^{-2x} = f(x) \quad \Rightarrow \quad$ F(x) ist eine Stammfunktion von f(x).

c) $m = f'(-1) = -3{,}25 \cdot e^2$

$P(-1;\, 1{,}75\, e^2) \quad \Rightarrow \quad y = -3{,}25 \cdot e^2 \cdot x - 1{,}5e^2$

$\tan\alpha = m \qquad \widehat{\alpha} \approx -88° \quad \Rightarrow \quad \varphi \approx 2°$

d) $A = \int_{-7,5}^{0} (\frac{1}{8} e^{15} - f(x))\,dx$

$A = \int_{-7,5}^{0} \frac{1}{8} e^{15} - [F(x)]_{-7,5}^{0}$

$A = \frac{15}{16} e^{15} - \{-\frac{17}{16} + \frac{1}{8} e^{15}\}$

$A = (\frac{13}{16} e^{15} + \frac{17}{16})$ FE

e) $A(a) = \frac{a+8}{2} \cdot f(a) = \frac{a+8}{2} \cdot (\frac{1}{4}a + 2) \cdot e^{-2a}$

$A(a) = (\frac{1}{8}a^2 + 2a + 8) \cdot e^{-2a}$

$A'(a) = (-\frac{1}{4}a^2 - 3{,}75a - 14) \cdot e^{-2a}$

$(a_{E1} = -8)$ entfällt $\quad a_{E2} = -7 \quad \Rightarrow \quad B \mathrel{\hat=} P_W \quad B(-7;\, \frac{1}{4} e^{14})$

f)

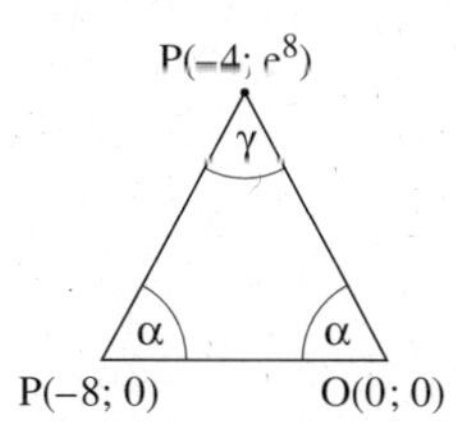

$\cos\alpha = \frac{\overrightarrow{NP} \cdot \overrightarrow{NO}}{|\overrightarrow{NP}| \cdot |\overrightarrow{NO}|}$

$= \frac{\binom{4}{e^8} \cdot \binom{8}{0}}{\sqrt{16 + e^{16}} \cdot 8}$

$\approx 0{,}00134 \quad \Rightarrow \quad \alpha \approx 89{,}9° \quad \Rightarrow \quad \gamma \approx 0{,}2°$

Das Dreieck P_xOP ist gleichschenklig und deshalb zwei Winkel gleich groß.

EA 211

a) $x_{01} = 0$; $x_{02} = -k$

b) Skizze nebenstehend

c) $A = 5\frac{1}{3}$ FE

d) $k = 8$

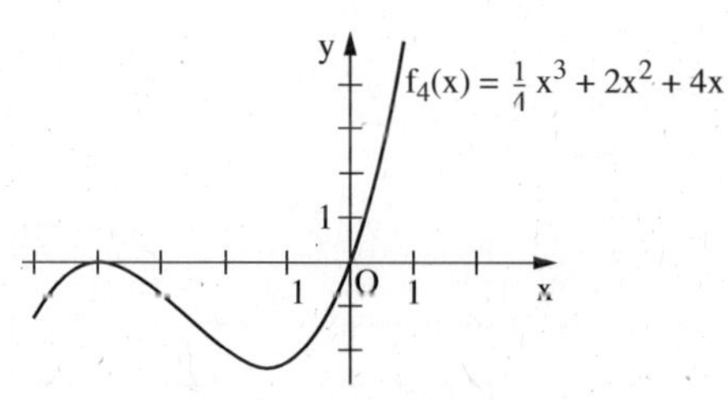

EA 212

a) $f_k(x) \;= -\frac{1}{k}x^5 + kx^3$

$f_k'(x) = -\frac{5}{k}x^4 + 3kx^2$

$f_k''(x) = -\frac{20}{k}x^3 + 6kx$

$f_k'''(x) = -\frac{60}{k}x^2 + 6k$

Nullstellen: $\quad x_1 = 0;\; x_2 = -k;\; x_3 = k$

Extremstellen: $x_{E1} = -\sqrt{\frac{3}{5}}\,k \quad$ (lokales Min., da $f''(x_{E1}) > 0$)

$x_{E2} = \sqrt{\frac{3}{5}}\,k \quad$ (lokales Max., da $f''(x_{E2}) < 0$)

$x_{E3} = 0 \quad$ (entfällt, da Sattelpunkt)

b)

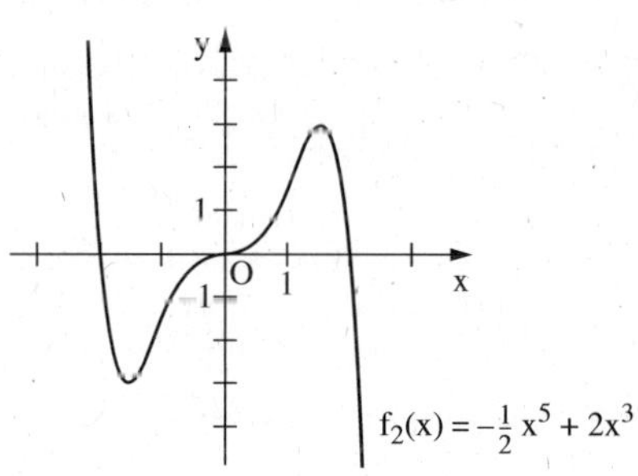

c) $A = 2\int_0^2 (-\frac{1}{2}x^5 + 2x^3)\,dx = 5\frac{1}{3}$ (FE)

d) $\frac{81}{4} = \int_0^k (-\frac{1}{k}x^5 + kx^3)\,dx$

$\frac{81}{4} = [-\frac{1}{6k}x^6 + \frac{k}{4}x^4]_0^k$

$\frac{81}{4} = \frac{k^5}{12}$

$k^5 = 243 \quad \Rightarrow \quad k = 3$

EA 213

a) $f_k(x) = \frac{x}{x^2 + k^2}$

$f_k'(x) = \frac{-(x^2 - k^2)}{(x^2 + k^2)^2}$

$f_k(x) = 0 \quad \Rightarrow \quad x_0 = 0$

$f_k'(x) = 0 \quad \Rightarrow \quad x_{E1} = k \qquad x_{E2} = -k$

$P_{Max}(k; \frac{1}{2k}) \qquad P_{Min}(-k; -\frac{1}{2k})$

b)

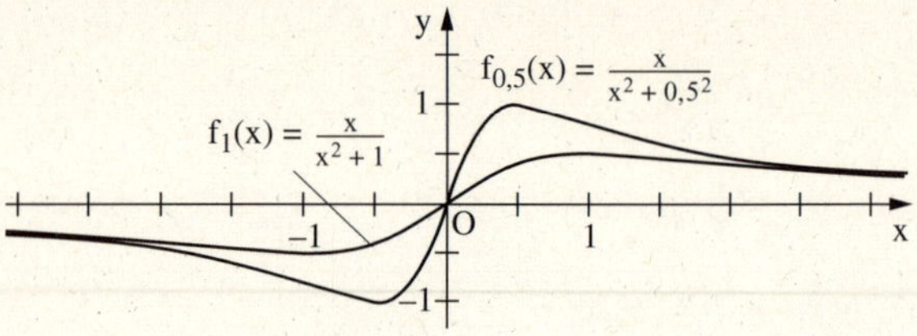

c) $A = \int_0^k \frac{x}{x^2 + k^2}\,dx = \frac{\ln(2)}{2}$ (FE) Dieser Flächeninhalt ist unabhängig vom Parameter k.

EA 214 $f_a(x) = a\sqrt{x + 2}$

a) Def.: $x \geq -2 \qquad x_0 = -2$

$f'_a(x) = \frac{a}{2\sqrt{x + 2}} \quad \Rightarrow$ keine Extrema

b)

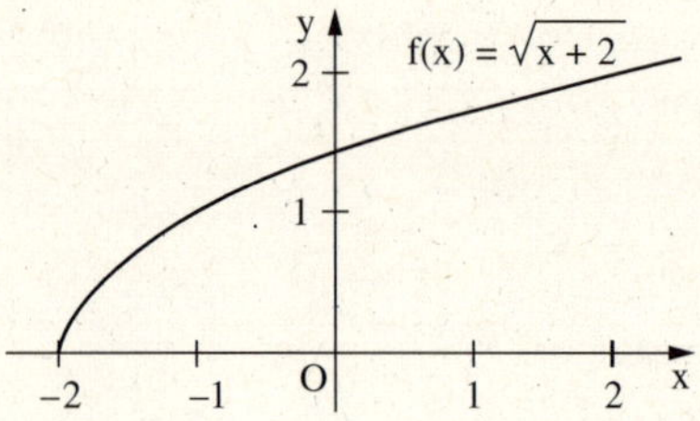

c) $A = \int_{-2}^{0} \sqrt{x + 2}\,dx = [\frac{2}{3}(x + 2)^{\frac{3}{2}}]_{-2}^{0} \approx 1{,}89$ (FE)

d) $V = \pi \int_{-2}^{0} (\sqrt{x + 2})^2\,dx = \pi[\frac{1}{2}x^2 + 2x]_{-2}^{0} = 1{,}5\pi$ (VE)

F Analytische Geometrie und lineare Algebra

F 1 Vektoren im Anschauungsraum

F 1.1 Pfeile und Vektoren

FA 1

a) $\vec{a} = \overrightarrow{AE} = \overrightarrow{EB} = \overrightarrow{DG} = \overrightarrow{GC} = \overrightarrow{HS} = \overrightarrow{SF}$

b) $\vec{b} = \overrightarrow{AS} = \overrightarrow{SC} = \overrightarrow{HG} = \overrightarrow{EF}$

FA 2

a) $\vec{a}_1 = \overrightarrow{EH} = \overrightarrow{AD}$

b) $\vec{a}_2 = \overrightarrow{DH} = \overrightarrow{AE} = \overrightarrow{BF} = \overrightarrow{CG}$

c) $\vec{a}_3 = \overrightarrow{CD} = \overrightarrow{FE}$

d) $\vec{a}_4 = \overrightarrow{AH} = \overrightarrow{BG}$

e) $\vec{a}_5 = \overrightarrow{HG} = \overrightarrow{AB}$

f) $\vec{a}_6 = \overrightarrow{AF}$

$\overrightarrow{AB}$ und $\overrightarrow{FE}$ sind gleich lang, parallel, aber entgegengesetzt orientiert.

FA 3 $\overrightarrow{DM}$, $\overrightarrow{MA}$ und $\overrightarrow{CB}$ sind zu $\overrightarrow{EF}$ gleich lang, parallel und gleich orientiert.

FA 4

a) $\vec{a} = \overrightarrow{HM} = \overrightarrow{EJ} = \overrightarrow{DH} = \overrightarrow{JN} = \overrightarrow{KO} = \ldots$

$\vec{b} = \overrightarrow{NG} = \overrightarrow{JC} = \overrightarrow{MF} = \overrightarrow{HB} = \overrightarrow{LE}$

b) $\overrightarrow{GN} = \overrightarrow{CJ} = \overrightarrow{FM} = \overrightarrow{BH} = \overrightarrow{EL}$

c) $\overrightarrow{HM}$, $\overrightarrow{DM}$, $\overrightarrow{AN}$, $\overrightarrow{LH}$, $\overrightarrow{LE}$, $\overrightarrow{LB}$, $\overrightarrow{LM}$, $\overrightarrow{LN}$, $\overrightarrow{LO}$, $\overrightarrow{LA}$

FA 5 $\vec{a} = \overrightarrow{AB} = \overrightarrow{DC} = \overrightarrow{EF} = \overrightarrow{HG}$; $\vec{b} = \overrightarrow{AC} = \overrightarrow{EG}$; $\vec{c} = \overrightarrow{AE} = \overrightarrow{BF} = \overrightarrow{CG} = \overrightarrow{DH}$

FA 6

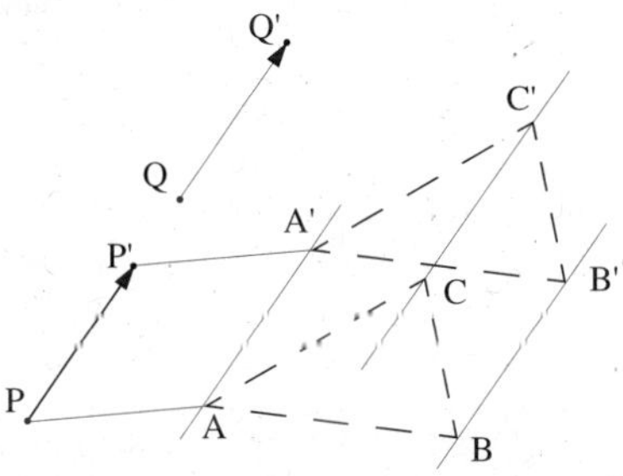

F 1.2 Addition und Vervielfachung von Vektoren

FA 7

a) $\vec{a} + \vec{c} = \vec{b}$
$\vec{b} + \vec{d} = \vec{a}$

b) $\vec{c} = \vec{b} - \vec{a}$
$\vec{d} = \vec{a} - \vec{b}$

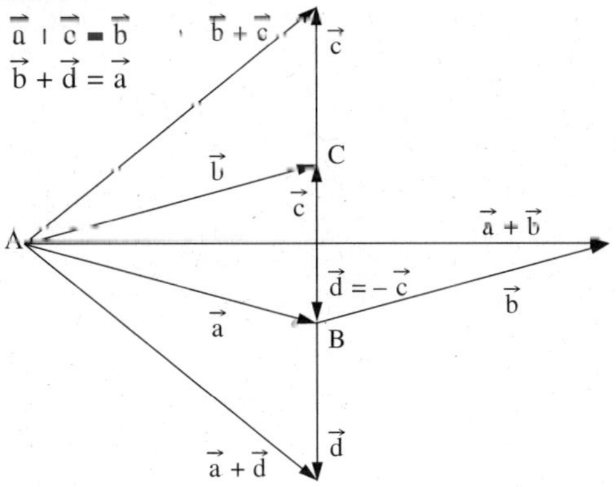

FA 8

$\overrightarrow{BK} = \vec{a} - \vec{b}$, $\overrightarrow{BD} = 2\vec{a}$, $\overrightarrow{BE} = 2\vec{a} - \vec{b}$, $\overrightarrow{AD} = \vec{b} + 2\vec{a}$, $\overrightarrow{HK} = \vec{b} + \frac{1}{2}\vec{a}$, $\overrightarrow{CG} = -\vec{b} + \frac{1}{2}\vec{a} - \vec{b} = \frac{1}{2}\vec{a} - 2\vec{b} = \overrightarrow{BH}$,

$\overrightarrow{JD} = \frac{1}{2}\vec{a} + \vec{b} + \vec{a} = \frac{3}{2}\vec{a} + \vec{b}$, $\overrightarrow{GC} = 2\vec{b} - \frac{1}{2}\vec{a}$, $\overrightarrow{LD} = \frac{3}{2}\vec{b} + \vec{a}$, $\overrightarrow{LA} = \frac{1}{2}\vec{b} - \vec{a}$

FA 9

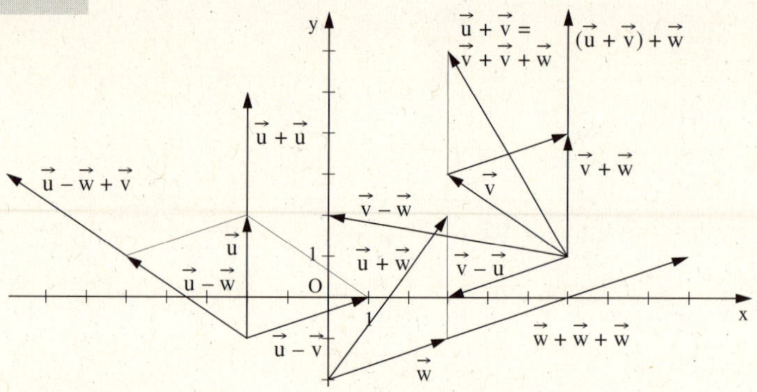

FA 10 $\vec{u} = \vec{b} - \vec{a}$; $\vec{v} = \vec{c} - \vec{b}$; $\vec{w} = \vec{a} - \vec{c}$ $(\vec{u} + \vec{v} + \vec{w} = \vec{o})$

FA 11 $\overrightarrow{AF} = \vec{a} + \vec{c}$, $\overrightarrow{CH} = \overrightarrow{BE} = \vec{c} - \vec{a}$, $\overrightarrow{FH} = \overrightarrow{BD} = \vec{b} - \vec{a}$, $\overrightarrow{FD} = -\vec{a} + \vec{b} - \vec{c}$, $\overrightarrow{HB} = \vec{a} - \vec{b} - \vec{c}$

FA 12

a)

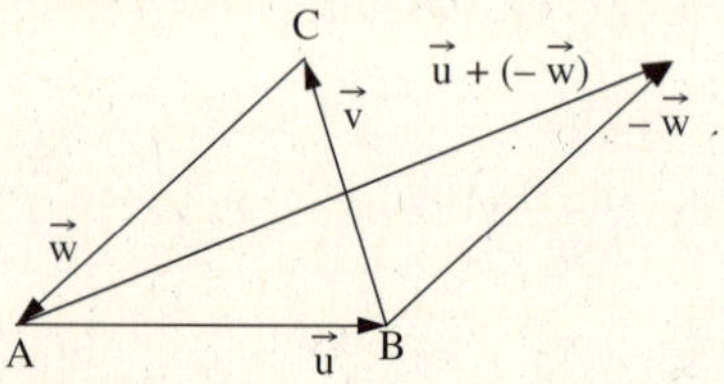

b) $\vec{u} + \vec{v} = \overrightarrow{AC} = -\vec{w}$

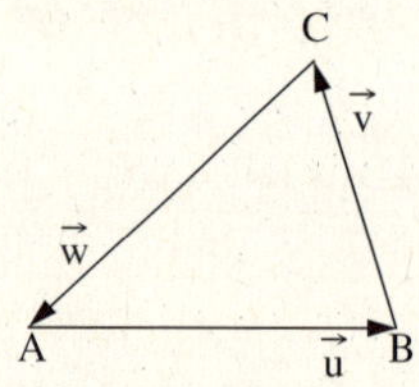

c)

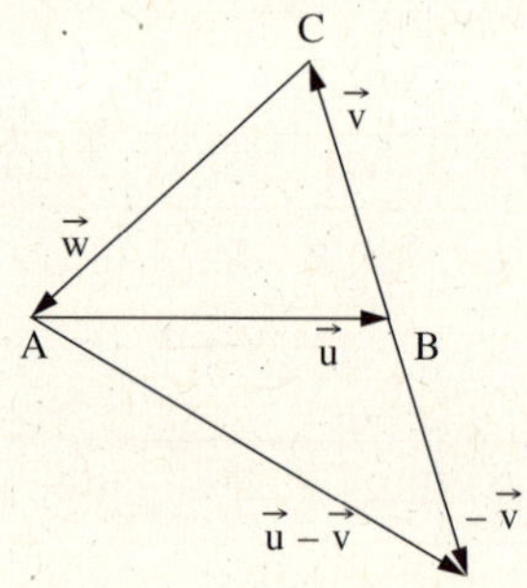

d)

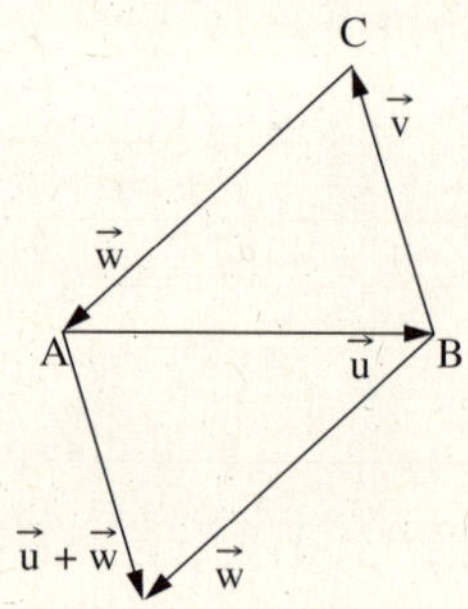

FA 13

a) $\overrightarrow{AC} = \vec{a} + \vec{b}$ b) $\overrightarrow{BD} = \vec{b} - \vec{a}$ c) $\overrightarrow{CB} = -\vec{b}$ d) $\overrightarrow{CD} = -\vec{a}$

e) $\overrightarrow{CA} = -\vec{a} + (-\vec{b}) = -\vec{a} - \vec{b} = -(\vec{a} + \vec{b})$ f) $\overrightarrow{DB} = -(\vec{b} - \vec{a}) = \vec{a} - \vec{b}$

FA 14

a)

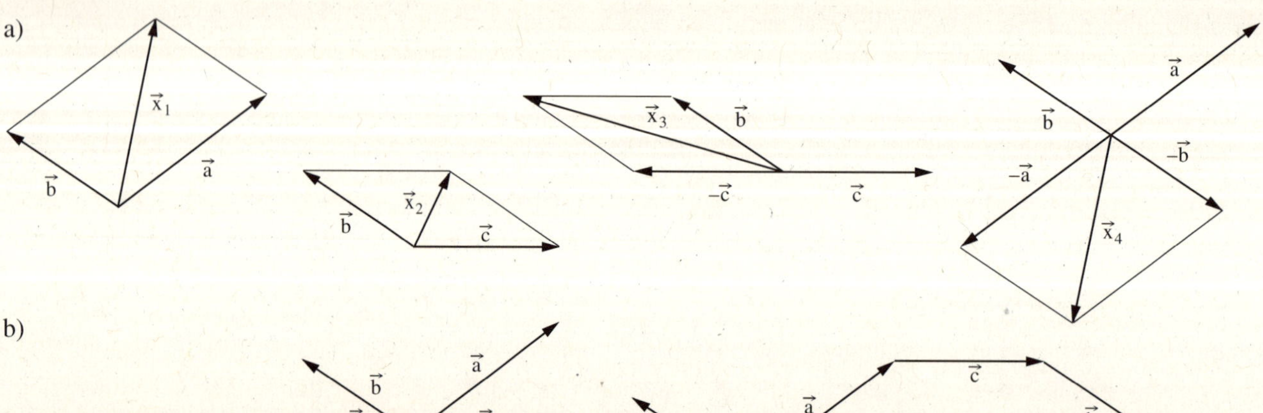

b)

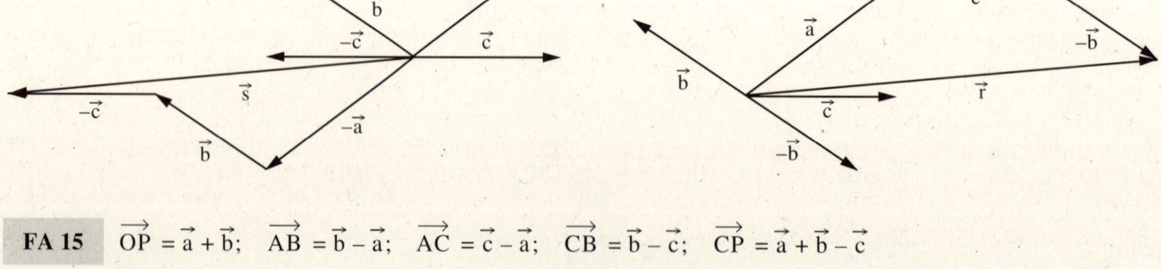

FA 15 $\overrightarrow{OP} = \vec{a} + \vec{b}$; $\overrightarrow{AB} = \vec{b} - \vec{a}$; $\overrightarrow{AC} = \vec{c} - \vec{a}$; $\overrightarrow{CB} = \vec{b} - \vec{c}$; $\overrightarrow{CP} = \vec{a} + \vec{b} - \vec{c}$

FA 16 $F_r^2 = 30^2 + 30^2 - 2 \cdot 30^2 \cdot \cos 40°$, $F_r \approx 20{,}52$ (N).

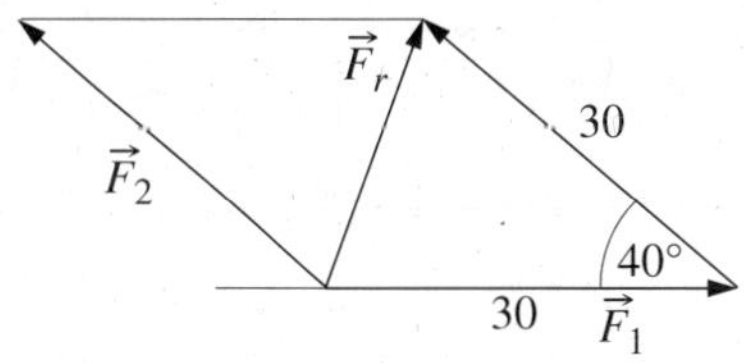

FA 17

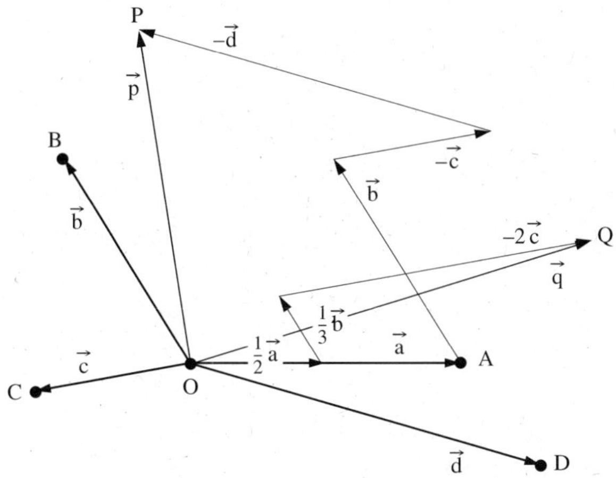

FA 18

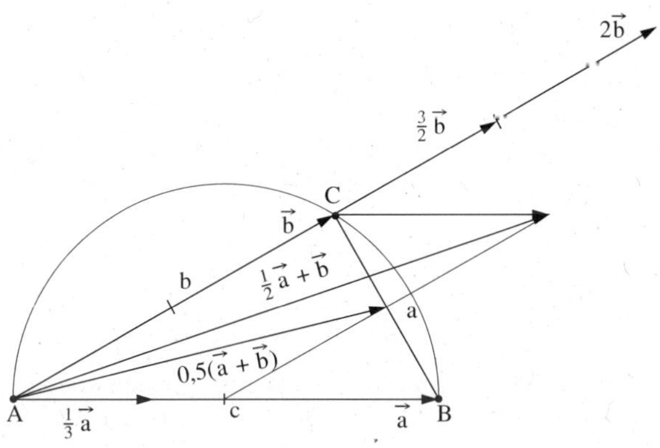

FA 19

a) $k = 2{,}5$ ($k = |\overline{ZA'}| : |\overline{ZA}| = 12{,}5 : 5$ und A liegt zwischen Z und A'.)

b) $|\overline{A'B'}| = 2{,}5 \cdot |\overline{AB}| = 2{,}5 \cdot 3 = 7{,}5$

c) Für die Seitenlängen des Dreiecks gilt $5^2 = 3^2 + 4^2$; rechtwinklig nach der Umkehrung des Satzes von Pythagoras.

FA 20

a) $k = 1{,}4$ ($k = |\overline{ZA'}| : |\overline{ZA}| = 11{,}2 : 8$)

b) $|\overline{ZB'}| = 14$; $|\overline{BB'}| = 4$; $|\overline{A'B'}| = 7$

c) Es gilt $10^2 \neq 5^2 + 8^2$.
In einem rechtwinkligen Dreieck müsste dem rechten Winkel die längste Seite gegenüberliegen, also könnte nur der Winkel $\sphericalangle$ ZAB ein rechter sein.
Nach dem Satz von Pythagoras (seine Kontraposition!) folgt aus der obigen Ungleichung, dass das Dreieck nicht rechtwinklig ist.

FA 21

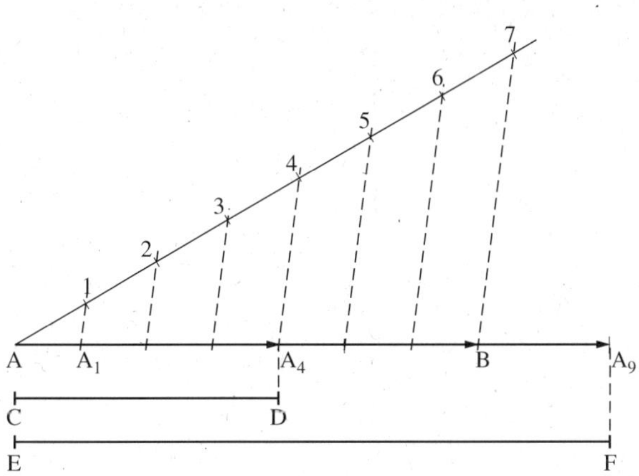

$|\overline{CD}| = \frac{4}{7}s$

$|\overline{EF}| = \frac{9}{7}s$

b) $\overrightarrow{AA_4} = \frac{4}{7}\overrightarrow{AB}$

$\overrightarrow{AA_9} = \frac{9}{7}\overrightarrow{AB}$

FA 22

a)

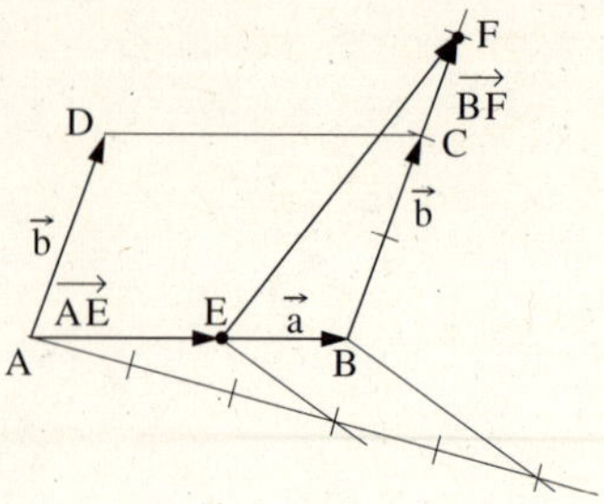

b) $\overrightarrow{EF} = \frac{2}{5}\vec{a} + \frac{3}{2}\vec{b}$

FA 23

a) Maßstab 1 : 2

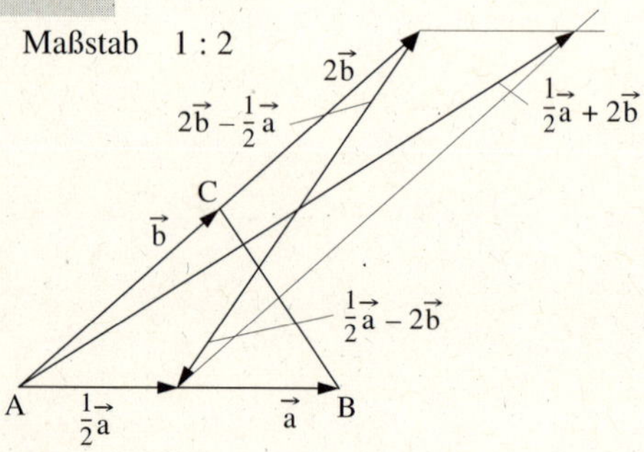

b) Maßstab 1 : 2

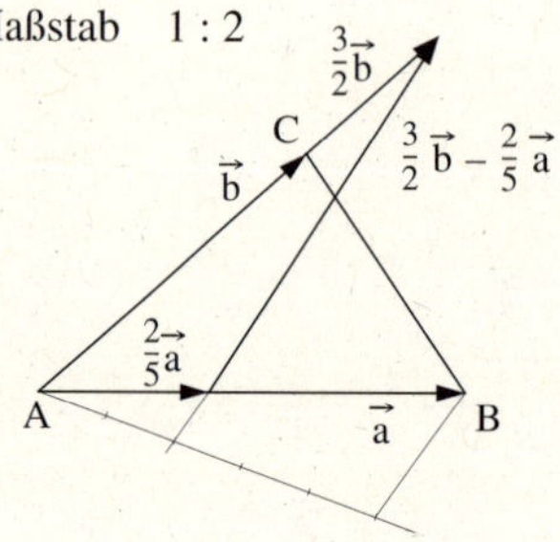

FA 24

a) $|\vec{a}+\vec{b}| = \sqrt{65} \approx 8{,}1$; $|\sphericalangle DAB| \approx 60{,}3°$; $|\sphericalangle CAD| \approx 29{,}7°$

b) $|\vec{a}+\vec{b}| = 7$; $|\sphericalangle DAB| \approx 38{,}2°$; $|\sphericalangle CAD| \approx 21{,}8°$

c) $|\vec{a}+\vec{b}| = \sqrt{20} \approx 4{,}5$; $|\sphericalangle DAB| \approx 18{,}4°$; $|\sphericalangle CAD| \approx 26{,}6°$

FA 25

zu b) $|\vec{a}-\vec{b}| = |\vec{b}-\vec{a}| = \sqrt{19}$; $|\sphericalangle AEC| = 58{,}4°$; $|\sphericalangle BEA| = 121{,}6°$;

zu c) $|\vec{a}-\vec{b}| = |\vec{b}-\vec{a}| = 2$; $|\sphericalangle AEC| = 63{,}8°$; $|\sphericalangle BEA| = 116{,}2°$;

FA 26

a) $3\vec{a} + 6\vec{b} + 2\vec{b} - \vec{a} - 3\vec{b} = 2\vec{a} + 5\vec{b}$

b) $\frac{3}{2}\vec{r} - \frac{8}{3}\vec{s} - \frac{4}{3}\vec{r} + \frac{5}{4}\vec{s} - 1{,}5\vec{s} = \frac{1}{6}\vec{r} - \frac{35}{12}\vec{s}$

c) $\frac{4}{15}\vec{t} - \frac{1}{10}\vec{t} - \frac{1}{10}\vec{u} = \frac{1}{6}\vec{t} - \frac{1}{10}\vec{u}$

d) $v\vec{a} + 2v\vec{b} - v\vec{c} + \vec{b} - v\vec{b} + 2\vec{c} - 2v\vec{c}$

$= v\vec{a} + v\vec{b} - 3v\vec{c} + \vec{b} + 2\vec{c} = v(\vec{a} + \vec{b} - 3\vec{c}) + \vec{b} + 2\vec{c}$

e) $\vec{b} - 4\vec{b} - 4\vec{a} - 4\vec{a} + 2\vec{b} - \vec{a} + \vec{b} = -9\vec{a}$

FA 27

a) $3\vec{a} + 5(\vec{a} + 3\vec{b}) + 2((\vec{a} + 2\vec{b}) + 2\vec{a}) = 3\vec{a} + 5\vec{a} + 15\vec{b} + 6\vec{a} + 4\vec{b} = 14\vec{a} + 19\vec{b}$

b) $\frac{3}{2}\vec{a} + 5(\frac{1}{3}\vec{a} + \frac{1}{5}\vec{b}) = \frac{3}{2}\vec{a} + \frac{5}{3}\vec{a} + \vec{b} = \frac{19}{6}\vec{a} + \vec{b}$

c) $\frac{5}{3}\vec{b} + 3(\frac{1}{2}\vec{a} + \frac{2}{3}\vec{b}) + \frac{3}{5}\vec{a} = \frac{5}{3}\vec{b} + \frac{3}{2}\vec{a} + 2\vec{b} + \frac{3}{5}\vec{a} = \frac{21}{10} + \frac{11}{3}\vec{b}$

d) $3r(\vec{a} + 2\vec{b}) + t((5\vec{a} + \vec{b}) + (2r + 3t)\vec{b} = 3r\vec{a} + 6r\vec{b} + 5t\vec{a} + t\vec{b} + 2r\vec{b} + 3t\vec{b} = (3r + 5t)\vec{a} + (8r + 4t)\vec{b} = (3r + 5t)\vec{a} + 4(2r + t)\vec{b}$

e) $\frac{5}{4}r(2\vec{a} + 8\vec{b}) + \frac{4}{3}s(\frac{1}{2}\vec{a} + \frac{1}{3}\vec{b}) = \frac{5}{2}r\vec{a} + 10r\vec{b} + \frac{3}{2}s\vec{a} + \frac{4}{9}s\vec{b} = (\frac{5}{2}r + \frac{3}{2}s)\vec{a} + (10r + \frac{4}{9}s)\vec{b}$

f) $7r\vec{a} + \frac{7}{3}s(5\vec{a} + 12\vec{b}) + 10t(\frac{1}{7}\vec{a} + \frac{3}{7}\vec{b}) = 7r\vec{a} + \frac{35}{3}s\vec{a} + 28s\vec{b} + \frac{10}{7}t\vec{a} + \frac{30}{7}t\vec{b} = (7r + \frac{35}{3}s + \frac{10}{7}t)\vec{a} + (28s + \frac{30}{7}t)\vec{b}$

FA 28

a) $\vec{x} = 3\vec{b} - 2\vec{a}$ b) $\vec{x} = \frac{1}{3}(\vec{e} - \vec{d})$ c) $\vec{x} = 2\vec{c} - \vec{a}$ d) $\vec{x} = \vec{a} - 5\vec{e}$ e) $\vec{x} = \frac{2}{3}\vec{c} - \vec{a}$ f) $\vec{x} = \frac{3}{4}\vec{p} - \frac{1}{8}\vec{q}$

g) $\vec{r} = \vec{s}$ und $\vec{x}$ beliebig erfüllt die Gleichung.

FA 29

a) $5\vec{b} - 3\vec{a} + 6(\vec{x} - \vec{b}) = 2\vec{b}$

$5\vec{b} - 3\vec{a} + 6\vec{x} - 6\vec{b} = 2\vec{b}$

$6\vec{x} = 3\vec{a} + 3\vec{b}$

$\vec{x} = \frac{1}{2}(\vec{a} + \vec{b})$

b) $\frac{1}{2}\vec{a} + \frac{3}{4}(\vec{b} + \vec{x}) + \frac{1}{4}(\vec{a} + \vec{x}) = \frac{3}{2}\vec{b}$

$\frac{1}{2}\vec{a} + \frac{3}{4}\vec{b} + \frac{3}{4}\vec{x} + \frac{1}{4}\vec{a} + \frac{1}{4}\vec{x} = \frac{3}{2}\vec{b}$

$\vec{x} = \frac{3}{4}\vec{b} - \frac{3}{4}\vec{a}$

$\vec{x} = \frac{3}{4}(\vec{b} - \vec{a})$

c) $\frac{1}{3}(\vec{a} - \vec{x}) + \frac{1}{2}(\vec{b} + \vec{x}) = 2\vec{a} + 3\vec{b}$

$\frac{1}{3}\vec{a} - \frac{1}{3}\vec{x} + \frac{1}{2}\vec{b} + \frac{1}{2}\vec{x} = 2\vec{a} + 3\vec{b}$

$\frac{1}{6}\vec{x} = \frac{5}{3}\vec{a} + \frac{5}{2}\vec{b}$

$\vec{x} = 10\vec{a} + 15\vec{b}$

F 1.3 Vektoren in der Ebene und im Raum: Parallelität, Kollinearität, Komplanarität

FA 30 $\overrightarrow{JL}$ $(=-\vec{b})$; $\overrightarrow{LH}$ $(=2\vec{b})$; $\overrightarrow{HL}$ $(=-2\vec{b})$; $\overrightarrow{AG}$ $(=3\vec{b})$ und $\overrightarrow{GA}$ $(=-3\vec{b})$

FA 31

a) $\vec{b} = \overrightarrow{CF} = \overrightarrow{QO} = \overrightarrow{AD} = \overrightarrow{BE} = \overrightarrow{DG} = \overrightarrow{EH} = \overrightarrow{FK} = \overrightarrow{GJ} = \overrightarrow{OL} = \overrightarrow{PM}$

b) $\overrightarrow{CK}$ $(=2\vec{b})$; $\overrightarrow{AJ}$ $(=3\vec{b})$; $\overrightarrow{FC}$ $(=-\vec{b})$; $\overrightarrow{KC}$ $(=-2\vec{b})$; $\overrightarrow{JA}$ $(=-3\vec{b})$

FA 32

a) (1) $\vec{b} = \overrightarrow{AB} = \overrightarrow{CD} = \overrightarrow{GF} = \overrightarrow{IH}$ (2) $\vec{b} = \overrightarrow{AC} = \overrightarrow{BD} = \overrightarrow{CE} = \overrightarrow{HF} = \overrightarrow{IG} = \overrightarrow{JH}$ (3) $\vec{b} = \overrightarrow{AH} = \overrightarrow{CF}$

b) (1) $\overrightarrow{JC}$ $(=2\vec{b})$; $\overrightarrow{JD}$ $(=3\vec{b})$; $\overrightarrow{BA}$ $(=-\vec{b})$; $\overrightarrow{CJ}$ $(=-2\vec{b})$; $\overrightarrow{DJ}$ $(=-3\vec{b})$

(2) $\overrightarrow{AE}$ $(=2\vec{b})$; $\overrightarrow{CA}$ $(=-\vec{b})$; $\overrightarrow{EA}$ $(=-2\vec{b})$ (3) $\overrightarrow{AG}$ $(=1{,}5\vec{b})$; $\overrightarrow{HA}$ $(=-\vec{b})$; $\overrightarrow{GA}$ $(=-1{,}5\vec{b})$

FA 33

a) In Figur (1) sind $\vec{a}_1, \vec{a}_2, \ldots, \vec{a}_5$ nicht kollinear, da beispielsweise eingezeichnete Pfeile für $\vec{a}_4$ und $\vec{a}_5$ mit einem gemeinsamen Anfangspunkt nicht auf einer Geraden liegen.
In Figur (2) sind $\vec{a}_1, \vec{a}_2, \ldots, \vec{a}_5$ kollinear, da alle Pfeile auf zueinander parallelen Geraden liegen. (Man kann alle 5 Vektoren durch Pfeile auf ein- und derselben Geraden repräsentieren.)

b) zur Figur (1): $\vec{a}_2 = 2\vec{a}_1$; $\vec{a}_1 = \vec{a}_5$; $\vec{a}_3 = -\vec{a}_4$ zur Figur (2): $\vec{a}_1 = 2\vec{a}_2$; $\vec{a}_1 = -\vec{a}_3$; $\vec{a}_1 = \frac{1}{2}\vec{a}_4$; $\vec{a}_1 = -2\vec{a}_5$

FA 34

a) In Figur (1) sind $\vec{a}_1, \vec{a}_2, \ldots, \vec{a}_6$ komplanar. Die 6 Vektoren werden durch Pfeile dargestellt, die sämtlich in der Ebene ε(ACE) liegen.
In Figur (2) sind $\vec{a}_1, \vec{a}_2, \ldots, \vec{a}_5$ nicht komplanare Vektoren. Es gilt $\vec{a}_1 = \frac{1}{2}\overrightarrow{DB}$, $\vec{a}_3 = \overrightarrow{DF}$, $\vec{a}_4 = \frac{1}{2}\overrightarrow{DH}$. Die repräsentierenden Pfeile mit Anfangspunkt D liegen in der Ebene ε(DBH) und nur in dieser. Der Pfeil $\overrightarrow{DC}$, für den $\overrightarrow{DC} = \vec{a}_2$ gilt, gehört dieser Ebene nicht an.

b) $\{\vec{a}_1, \vec{a}_2, \vec{a}_3\}$, $\{\vec{a}_1, \vec{a}_2, \vec{a}_4\}$, $\{\vec{a}_2, \vec{a}_3, \vec{a}_4\}$ sind alle Dreiermengen nicht komplanarer Vektoren.

c) Alle repräsentierenden Pfeile haben D als Anfangspunkt. Die Pfeile $\overrightarrow{DB}$ $(=2\vec{a}_1)$ und $\overrightarrow{DC}$ $(=\vec{a}_2)$ liegen in der durch sie eindeutig bestimmten Ebene ε(DBC), der xy-Koordinatenebene. Die Pfeile $\overrightarrow{DF}$ $(=\vec{a}_3)$ bzw. $\overrightarrow{DH}$ $(=2\vec{a}_4)$ gehören der xy-Ebene nicht an. Zu $\{\vec{a}_2, \vec{a}_3, \vec{a}_4\}$: Die Pfeile $\overrightarrow{DF}$ $(=\vec{a}_3)$ und $\overrightarrow{DH}$ $(=2\vec{a}_4)$ gehören der durch sie festgelegten Ebene ε(DBH) an; der Pfeil $\overrightarrow{DC}$ $(=\vec{a}_2)$ liegt nicht in dieser Ebene.

FA 35 *(zu den Begründungen vergleiche man die analogen Argumentationen in Aufgabe **FA 34** c)*

a) nicht komplanar b) komplanar c) nicht komplanar d) nicht komplanar e) nicht komplanar

FA 36 *(zu den Begründungen vergleiche man die analogen Argumentationen in Aufgabe **FA 34** c)*

a) komplanar b) nicht komplanar c) komplanar d) komplanar e) nicht komplanar

F 1.4 Linearkombination von Vektoren; Basen in der Ebene und im Raum

FA 37 $\overrightarrow{OP_1} = \vec{a}_1 + 2\vec{a}_2$; $\overrightarrow{OP_2} = 2\vec{a}_1 + \vec{a}_2$; $\overrightarrow{OP_3} = 2\vec{a}_1 - \vec{a}_2$; $\overrightarrow{OP_4} = \vec{a}_1$; $\overrightarrow{OP_5} = \vec{a}_1 - \vec{a}_2$; $\overrightarrow{OP_6} = 2\vec{a}_1 - 2\vec{a}_2$

FA 38

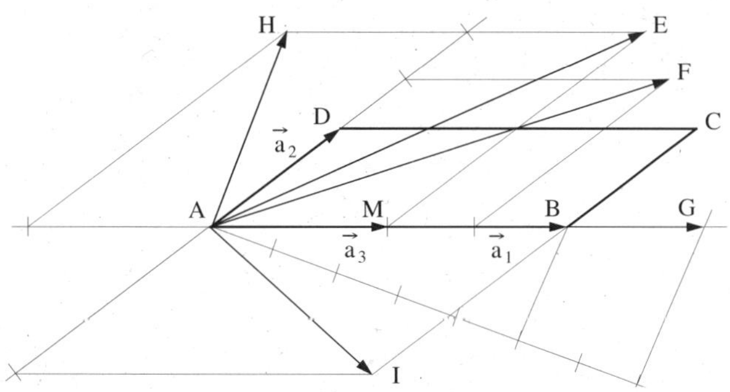

FA 39

a) $\overrightarrow{OM} = 1{,}5\vec{a}_1$; $\overrightarrow{ON} = 3\vec{a}_1 + 2{,}5\vec{a}_2$; $\overrightarrow{OP} = 1{,}5\vec{a}_1 + 5\vec{a}_2$; $\overrightarrow{OQ} = 2{,}5\vec{a}_2$

b) $\overrightarrow{MN} = \overrightarrow{ON} - \overrightarrow{OM} = 3\vec{a}_1 + 2{,}5\vec{a}_2 - 1{,}5\vec{a}_1 = 1{,}5\vec{a}_1 + 2{,}5\vec{a}_2$

$\overrightarrow{QP} = \overrightarrow{OP} - \overrightarrow{OQ} = 1{,}5\vec{a}_1 + 5\vec{a}_2 - 2{,}5\vec{a}_2 = 1{,}5\vec{a}_1 + 2{,}5\vec{a}_2$ $\quad (\Rightarrow \overrightarrow{MN} = \overrightarrow{QP})$

c) $\overrightarrow{OM} = 1{,}5\begin{pmatrix}1\\0\end{pmatrix} = \begin{pmatrix}1{,}5\\0\end{pmatrix}$; $\overrightarrow{ON} = 3\begin{pmatrix}1\\0\end{pmatrix} + 2{,}5\begin{pmatrix}0\\1\end{pmatrix} = \begin{pmatrix}3\\2{,}5\end{pmatrix}$; $\overrightarrow{OP} = 1{,}5\begin{pmatrix}1\\0\end{pmatrix} + 5\begin{pmatrix}0\\1\end{pmatrix} = \begin{pmatrix}1{,}5\\5\end{pmatrix}$; $\overrightarrow{OQ} = 2{,}5\begin{pmatrix}0\\1\end{pmatrix} = \begin{pmatrix}0\\2{,}5\end{pmatrix}$;

$\overrightarrow{MN} = 1{,}5\begin{pmatrix}1\\0\end{pmatrix} + 2{,}5\begin{pmatrix}0\\1\end{pmatrix} = \begin{pmatrix}1{,}5\\2{,}5\end{pmatrix}$

FA 40 $\overrightarrow{BE} = -\vec{a} + \frac{2}{3}\vec{b}$; $\overrightarrow{BF} = \vec{b} - \frac{1}{2}\vec{a}$; $\overrightarrow{BM} = \frac{1}{2}(\overrightarrow{BE} + \overrightarrow{BF}) = -\frac{3}{4}\vec{a} + \frac{5}{6}\vec{b}$

FA 41 *(ohne Abbildung)*

M ist Mittelpunkt der Seitenfläche BCGF; N ist Mittelpunkt der Seitenfläche DCGH; P ist Mittelpunkt der Deckfläche EFGH

FA 42 *(ohne Abbildung)*

a) $\overrightarrow{DE} = 4\vec{a}_1 + 7\vec{a}_3$; $\overrightarrow{DM} = 4\vec{a}_1 + 3{,}5\vec{a}_3$; $\overrightarrow{DN} = 4\vec{a}_1 + 5\vec{a}_2 + 3{,}5\vec{a}_3$; $\overrightarrow{DP} = 2{,}5\vec{a}_2 + 3{,}5\vec{a}_3$

b) $\overrightarrow{OM}$, $\overrightarrow{ON}$ und $\overrightarrow{OP}$ komplanar: Alle repräsentierenden Pfeile haben O als Anfangspunkt und liegen in der Ebene ε(OMP), denn auch N ∈ ε(OMP).

$\overrightarrow{OM}$, $\overrightarrow{ON}$ und $\overrightarrow{OF}$ nicht komplanar: Alle repräsentierenden Pfeile haben O als Anfangspunkt und O, M, N bestimmen eindeutig eine Ebene ε(OMN), in der F nicht liegt. Also gibt es keine Ebene, die die drei Pfeile $\overrightarrow{OM}$, $\overrightarrow{ON}$, $\overrightarrow{OF}$ enthält.

FA 43

a) $\overrightarrow{DA} = \begin{pmatrix}4\\0\\0\end{pmatrix}$; $\overrightarrow{DC} = \begin{pmatrix}0\\5\\0\end{pmatrix}$; $\overrightarrow{DH} = \begin{pmatrix}0\\0\\7\end{pmatrix}$; $\overrightarrow{DF} = \begin{pmatrix}4\\5\\7\end{pmatrix}$; $\overrightarrow{DM} = \begin{pmatrix}4\\0\\3{,}5\end{pmatrix}$; $\overrightarrow{DN} = \begin{pmatrix}4\\5\\3{,}5\end{pmatrix}$; $\overrightarrow{DP} = \begin{pmatrix}0\\2{,}5\\3{,}5\end{pmatrix}$

b) $\overrightarrow{DF} = \overrightarrow{DA} + \overrightarrow{DC} + \overrightarrow{DH} = \begin{pmatrix}4\\0\\0\end{pmatrix} + \begin{pmatrix}0\\5\\0\end{pmatrix} + \begin{pmatrix}0\\0\\7\end{pmatrix} = \begin{pmatrix}4\\5\\7\end{pmatrix}$; $\overrightarrow{DM} = \overrightarrow{DA} + \frac{1}{2}\overrightarrow{DH} = \begin{pmatrix}4\\0\\0\end{pmatrix} + \frac{1}{2}\begin{pmatrix}0\\0\\7\end{pmatrix} = \begin{pmatrix}4\\0\\3{,}5\end{pmatrix}$;

$\overrightarrow{DN} = \overrightarrow{DA} + \overrightarrow{DC} + \frac{1}{2}\overrightarrow{DH} = \ldots = \begin{pmatrix}4\\5\\3{,}5\end{pmatrix}$; $\overrightarrow{DP} = \frac{1}{2}\overrightarrow{DC} + \frac{1}{2}\overrightarrow{DH} = \ldots = \begin{pmatrix}0\\2{,}5\\3{,}5\end{pmatrix}$

FA 44

a) Angenommen, es existiert ein r mit $\vec{b}_1 = r\vec{b}_2$: $\begin{pmatrix}4\\-1\end{pmatrix} = r\begin{pmatrix}-1\\4\end{pmatrix} = \begin{pmatrix}-r\\4r\end{pmatrix}$, also $-r = 4$ und $4r = -1$ bzw. $r = -4$ und $r = -\frac{1}{4}$ – ein Widerspruch.

Die Annahme $\vec{b}_2 = s\vec{b}_1$ führt ebenfalls zum Widerspruch (wegen $\vec{b}_1 \neq \vec{o}$ genügt 1. Überlegung; kurz: $\vec{b}_1$ ist kein Vielfaches von $\vec{b}_2$ und umgekehrt), folglich $\vec{b}_1 \nparallel \vec{b}_2$).

b) Mit $r = -\frac{1}{2}$ gilt $\vec{b}_1 = r\vec{b}_2$, d.h. $\vec{b}_1 \parallel \vec{b}_2$. c) $\vec{b}_1 \nparallel \vec{b}_2$.

FA 45

a) Mit dem Ansatz $\vec{b}_1 = r\vec{b}_2$ folgt aus dem Vergleich der ersten Koordinaten $r = 1$ und aus dem Vergleich der zweiten/dritten Koordinaten $r = -1$ – ein Widerspruch. Damit ist $\vec{b}_1 \nparallel \vec{b}_2$.

b) $\vec{b}_1 \parallel \vec{b}_2$, da $\vec{b}_2 = -2\vec{b}_1$ ist.

c) Aus $\vec{b}_1 = r\vec{b}_2$ folgt aus dem Koordinatenvergleich $3 = r \cdot 1$ und $1 = r \cdot 3$ sofort ein Widerspruch, also $\vec{b}_1 \nparallel \vec{b}_2$.

FA 46 *1. Auflage:*

Nach Def. F 9 sind $\vec{b}_1$ und $\vec{b}_2$ parallel, wenn $\vec{b}_2 = r\vec{b}_1$ oder $\vec{b}_1 = s\vec{b}_2$. Dann hat die Gleichung $r\vec{b}_1 + s\vec{b}_2 = \vec{o}$ für r und s von null verschiedene Lösungen. Entsprechend sind $\vec{b}_1$ und $\vec{b}_2$ nicht parallel, wenn die Gleichung $r\vec{b}_1 + s\vec{b}_2 = \vec{o}$ nur die Lösung $r = s = 0$ hat.
Anschaulich: Ein Vielfaches von b_1 kann durch ein Vielfaches von b_2 nur „ausgeglichen" werden, wenn $r = s = 0$ ist.
Beispielsweise für a:

Aus $r\vec{b}_1 + s\vec{b}_2 = \vec{o}$, d.h. (I) $3r + 3s = 0$ folgt $r = s = 0$ und damit $\vec{b}_1 \nparallel \vec{b}_2$.
(II) $-2r + 2s = 0$
(III) $4r - 4s = 0$

Ab 2. Auflage: a) $t = -\frac{1}{2}$ b) n.l. c) $t = \frac{10}{3}$

FA 47 a) $\vec{i} \parallel \vec{j}$ b) $\vec{k} \parallel \vec{l}$ c) $\vec{p} \nparallel \vec{q}$ d) $\vec{e} \parallel \vec{f}$ e) $\vec{g} \parallel \vec{h}$ f) $\vec{r} \nparallel \vec{t}$ g) $\vec{a} \parallel \vec{b}$ h) $\vec{m} \nparallel \vec{n}$ i) $\vec{c} \nparallel \vec{d}$

FA 48

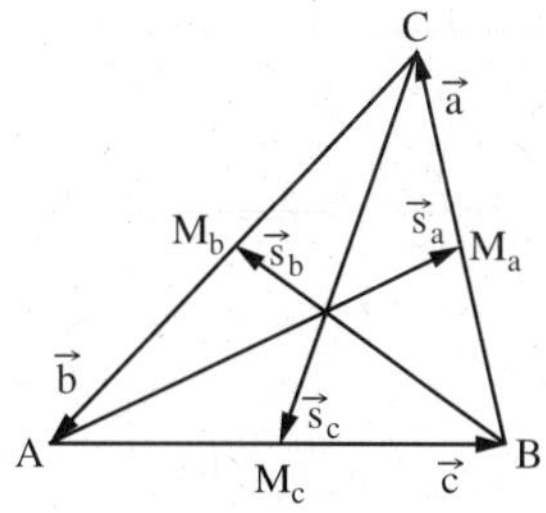

Voraussetzungen: $\vec{a} + \vec{b} + \vec{c} = \vec{o}$; M_a, M_b und M_c Mittelpunkte von $\overline{BC}$, $\overline{AC}$ bzw. $\overline{AB}$;

$\vec{s}_a = \overrightarrow{AM_a}$, $\vec{s}_b = \overrightarrow{BM_b}$, $\vec{s}_c = \overrightarrow{CM_c}$

Behauptung: $\vec{s}_a + \vec{s}_b + \vec{s}_c = \vec{o}$

Beweis: Es gilt $\vec{s}_a = \vec{c} + \frac{1}{2}\vec{a}$

$\vec{s}_b = \vec{a} + \frac{1}{2}\vec{b}$

$\vec{s}_c = \vec{b} + \frac{1}{2}\vec{c}$

Zusammengefasst gilt $\vec{s}_c + \vec{s}_c + \vec{s}_c + = \ldots = \frac{3}{2}(\vec{a} + \vec{b} + \vec{c}) = \vec{o}$ wegen $\vec{a} + \vec{b} + \vec{c} = \vec{o}$.

FA 49

Voraussetzungen: $\vec{a} + \vec{b} - \vec{c} - \vec{d} = \vec{o}$; Diagonalen halbieren einander, d.h., der Mittelpunkt M von $\overrightarrow{AC}$ ist auch Mittelpunkt von $\overrightarrow{BD}$.

Behauptung: $\vec{a} = \vec{c}$; $\vec{b} = \vec{d}$

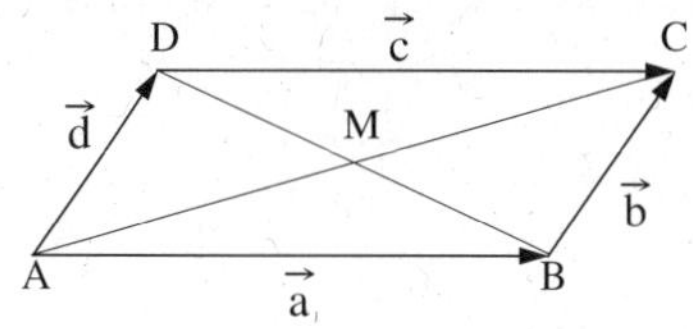

Beweis: $\overrightarrow{AM} = \frac{1}{2}(\vec{a} + \vec{b})$, da M der Mittelpunkt von $\overrightarrow{AC}$ ist.

$\overrightarrow{AM} = \vec{a} + \frac{1}{2}(\vec{d} - \vec{a}) = \frac{1}{2}(\vec{a} + \vec{d})$, da M der Mittelpunkt von $\overrightarrow{BD}$ ist.

Es folgt $\vec{b} = \vec{d}$ und schließlich mit $\vec{a} + \vec{b} - \vec{c} - \vec{d} = \vec{a} - \vec{c} = \vec{o}$ auch $\vec{a} = \vec{c}$.

FA 50

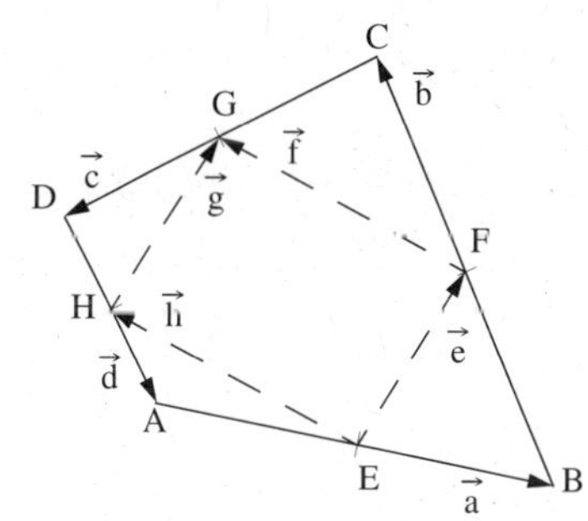

Voraussetzungen: $\vec{a} + \vec{b} + \vec{c} + \vec{d} = \vec{o}$; $\overrightarrow{AE} = \overrightarrow{EB} = \frac{1}{2}\vec{a}$; $\overrightarrow{BF} = \overrightarrow{FC} = \frac{1}{2}\vec{b}$

$\overrightarrow{CG} = \overrightarrow{GD} = \frac{1}{2}\vec{c}$; $\overrightarrow{DH} = \overrightarrow{HA} = \frac{1}{2}\vec{d}$

Behauptung: $\vec{e} = \vec{g}$; $\vec{f} = \vec{h}$

Beweis: $\vec{e} = \frac{1}{2}\vec{a} + \frac{1}{2}\vec{b}$; $\vec{g} = -\frac{1}{2}\vec{c} - \frac{1}{2}\vec{d}$

Folglich ist $\vec{e} - \vec{g} = \frac{1}{2}(\vec{a} + \vec{b} + \vec{c} + \vec{d}) = \vec{o}$ und somit $\vec{e} = \vec{g}$.

Analog folgt $\vec{f} = \vec{h}$.

FA 51

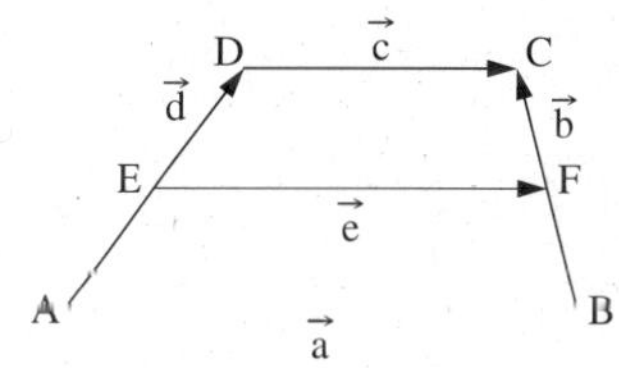

Voraussetzungen: $\vec{a} + \vec{b} - \vec{c} - \vec{d} = \vec{o}$; $\vec{a} \parallel \vec{c}$; $\overrightarrow{AE} = \frac{1}{2}\vec{d}$; $\overrightarrow{BF} = \frac{1}{2}\vec{b}$

Behauptung: $\vec{e} = \frac{1}{2}(\vec{a} + \vec{c})$

Beweis: Es gilt: $\vec{a} + \frac{1}{2}\vec{b} - \vec{e} - \frac{1}{2}\vec{d} = \vec{o}$; $\vec{e} + \frac{1}{2}\vec{b} - \vec{c} - \frac{1}{2}\vec{d} = \vec{o}$,

Daraus folgt: $\vec{e} = \vec{a} + \frac{1}{2}\vec{b} - \frac{1}{2}\vec{d}$ bzw. $\vec{e} = \vec{c} + \frac{1}{2}\vec{d} - \frac{1}{2}\vec{b}$.

Addiert man die beiden Gleichungen und dividiert die Summe durch 2, so ergibt sich $\vec{e} = \frac{1}{2}(\vec{a} + \vec{c})$.

FA 52

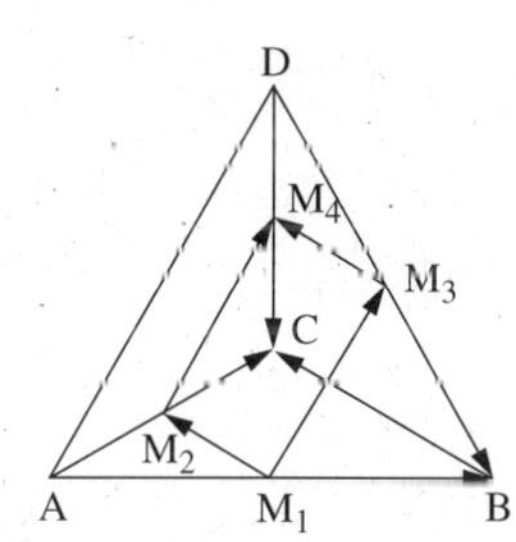

Voraussetzungen: M_1, M_2, M_3 und M_4 sind die in der Aufgabe beschriebenen Mittelpunkte.

Behauptung: $\overrightarrow{M_1M_2} = \overrightarrow{M_3M_4}$; $\overrightarrow{M_1M_3} = \overrightarrow{M_2M_4}$

Beweis: Es gilt: $\overrightarrow{BC} = \overrightarrow{AC} - \overrightarrow{AB}$ bzw. $\overrightarrow{BC} = \overrightarrow{DC} - \overrightarrow{DB}$

$\overrightarrow{M_1M_2} = \overrightarrow{AM_2} - \overrightarrow{AM_1} = \frac{1}{2}\overrightarrow{AC} - \frac{1}{2}\overrightarrow{AB} = \frac{1}{2}(\overrightarrow{AC} - \overrightarrow{AB}) = \frac{1}{2}\overrightarrow{BC}$

$\overrightarrow{M_3M_4} = \overrightarrow{DM_4} - \overrightarrow{DM_3} = \frac{1}{2}\overrightarrow{DC} - \frac{1}{2}\overrightarrow{DB} = \frac{1}{2}(\overrightarrow{DC} - \overrightarrow{DB}) = \frac{1}{2}\overrightarrow{BC}$

Es folgt: $\overrightarrow{M_1M_2} = \overrightarrow{M_3M_4}$. Analog zeigt man $\overrightarrow{M_1M_3} = \frac{1}{2}\overrightarrow{AD} = \overrightarrow{M_2M_4}$.

F 1.5 Koordinatensysteme

FA 53

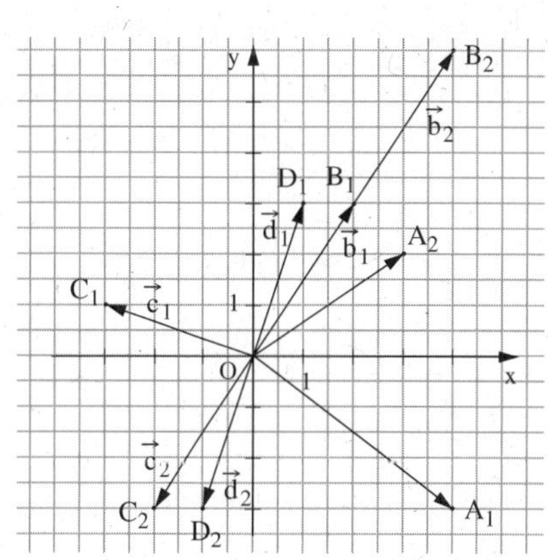

$\{\vec{a}_1, \vec{a}_2\}$ ist Basis, da $\vec{a}_1$ und $\vec{a}_2$ nicht parallel sind.
$\{\vec{b}_1, \vec{b}_2\}$ ist keine Basis, da $2\vec{b}_1 = \vec{b}_2$, d.h. $\vec{b}_2 \parallel \vec{b}_1$.
$\{\vec{c}_1, \vec{c}_2\}$ ist Basis, da $\vec{c}_1$ und $\vec{c}_2$ nicht parallel sind.
$\{\vec{d}_1, \vec{d}_2\}$ ist keine Basis, da $-\vec{d}_1 = \vec{d}_2$, d.h. $\vec{d}_2 \parallel \vec{d}_1$.

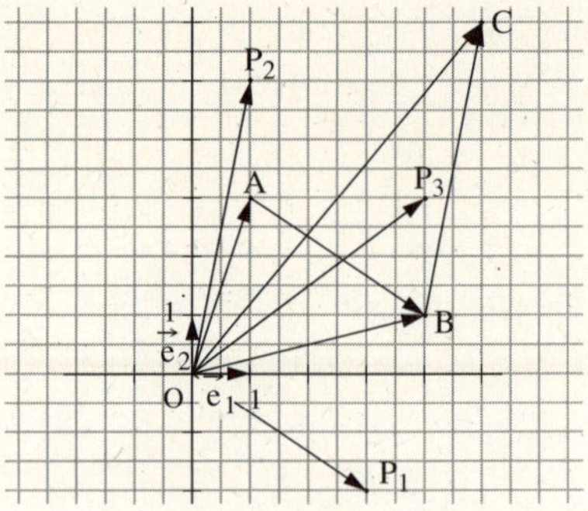

FA 54

a) $\overrightarrow{OA} = \vec{e}_1 + 3\vec{e}_2$; $\overrightarrow{OB} = 4\vec{e}_1 + \vec{e}_2$; $\overrightarrow{OC} = 5\vec{e}_1 + 6\vec{e}_2$

b) $\overrightarrow{AB} = \overrightarrow{OB} - \overrightarrow{OA} = 3\vec{e}_1 - 2\vec{e}_2$;

$\overrightarrow{BC} = \overrightarrow{OC} - \overrightarrow{OB} = \vec{e}_1 + 5\vec{e}_2$;

$\overrightarrow{AC} = \overrightarrow{OC} - \overrightarrow{OA} = 4\vec{e}_1 + 3\vec{e}_2$;

$P_1(3; -2)$; $P_2(1; 5)$; $P_3(4; 3)$

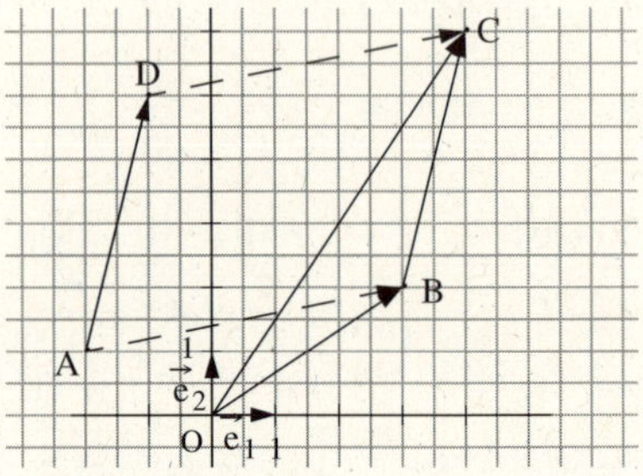

FA 55

a) $\overrightarrow{OB} = 3\vec{e}_1 + 2\vec{e}_2$; $\overrightarrow{OC} = 4\vec{e}_1 + 6\vec{e}_2$; $\overrightarrow{BC} = \overrightarrow{OC} - \overrightarrow{OB} = \vec{e}_1 + 4\vec{e}_2$

b) $\overrightarrow{AD} = \overrightarrow{OD} - \overrightarrow{OA}$; $\overrightarrow{OD} = \overrightarrow{OA} + \overrightarrow{AD}$

Mit $\overrightarrow{AD} = \overrightarrow{BC}$ folgt:

$\overrightarrow{OD} = -2\vec{e}_1 + \vec{e}_2 + \vec{e}_1 + 4\vec{e}_2$; $D(-1; 5)$;

$\overrightarrow{DC} = 5\vec{e}_1 + \vec{e}_2 = \overrightarrow{AB}$

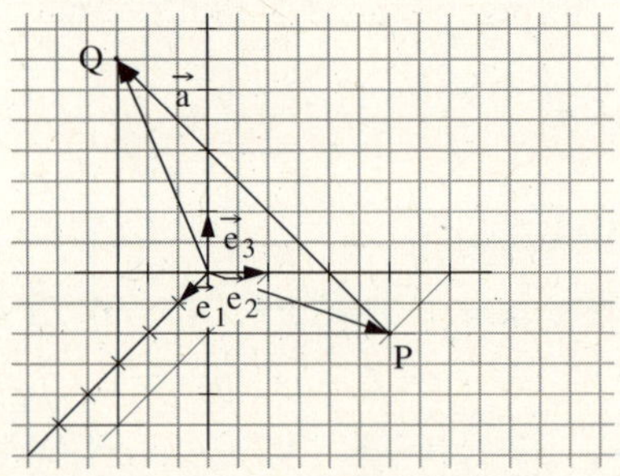

FA 56

a) $\overrightarrow{OP} = 2\vec{e}_1 + 4\vec{e}_2$; $\overrightarrow{OQ} = 5\vec{e}_1 + \vec{e}_2 + 6\vec{e}_3$

b) $\vec{a} = \overrightarrow{PQ} = \overrightarrow{OQ} - \overrightarrow{OP} = 3\vec{e}_1 - 3\vec{e}_2 + 6\vec{e}_3$

FA 57

a) $\overrightarrow{AB} = \begin{pmatrix} 2 \\ 2 \end{pmatrix}$; $\overrightarrow{BC} = \begin{pmatrix} -8 \\ -8 \end{pmatrix}$; $\overrightarrow{AC} = \begin{pmatrix} -6 \\ -6 \end{pmatrix}$ b) $\overrightarrow{AB} = \begin{pmatrix} 3 \\ -3 \end{pmatrix}$; $\overrightarrow{BC} = \begin{pmatrix} -3 \\ 0 \end{pmatrix}$; $\overrightarrow{AC} = \begin{pmatrix} 0 \\ -3 \end{pmatrix}$

c) $\overrightarrow{AB} = \begin{pmatrix} -4 \\ -2 \\ 1 \end{pmatrix}$; $\overrightarrow{BC} = \begin{pmatrix} -2 \\ -4 \\ -10 \end{pmatrix}$; $\overrightarrow{AC} = \begin{pmatrix} -6 \\ -6 \\ -9 \end{pmatrix}$ d) $\overrightarrow{AB} = \begin{pmatrix} 1 \\ 1 \\ 1 \end{pmatrix}$; $\overrightarrow{BC} = \begin{pmatrix} 1 \\ 1 \\ 1 \end{pmatrix}$ $\overrightarrow{AC} = \begin{pmatrix} 2 \\ 2 \\ 2 \end{pmatrix}$

FA 58

a) $2(\vec{a} + 3\vec{b}) - (\vec{a} + \vec{b}) = \vec{a} + 5\vec{b}$ b) $-3(-\vec{a} - \vec{b}) + 5(2\vec{a} - 3\vec{b}) = 13\vec{a} - 12\vec{b}$ c) $\begin{pmatrix} 1 \\ 3 \end{pmatrix} + \begin{pmatrix} 1 \\ -1 \end{pmatrix} = \begin{pmatrix} 2 \\ 2 \end{pmatrix}$

d) $3\begin{pmatrix} 2 \\ -1 \end{pmatrix} + 2\begin{pmatrix} 1 \\ 3 \end{pmatrix} - 4\begin{pmatrix} -1 \\ 1 \end{pmatrix} = \begin{pmatrix} 12 \\ -1 \end{pmatrix}$ e) $2\begin{pmatrix} 1 \\ 2 \\ 3 \end{pmatrix} + 3\begin{pmatrix} 1 \\ 1 \\ -1 \end{pmatrix} = \begin{pmatrix} 5 \\ 7 \\ 3 \end{pmatrix}$ f) $\begin{pmatrix} 15 \\ 20 \\ 10 \end{pmatrix} - 3\begin{pmatrix} 2 \\ 1 \\ 2 \end{pmatrix} = \begin{pmatrix} 9 \\ 17 \\ 4 \end{pmatrix}$

FA 59 a) $\vec{x} = \begin{pmatrix} 12 \\ 11 \end{pmatrix}$ b) $\vec{x} = \begin{pmatrix} 2 \\ 7 \end{pmatrix}$ c) $\vec{x} = \begin{pmatrix} 4 \\ 1 \end{pmatrix}$ d) $\vec{x} = \begin{pmatrix} 5 \\ 5 \end{pmatrix}$ e) $\vec{x} = \begin{pmatrix} 10 \\ 12 \\ 6 \end{pmatrix}$ f) $\vec{x} = \begin{pmatrix} 2 \\ 3 \\ 3 \end{pmatrix}$

FA 60 a) $\vec{x} = \begin{pmatrix} 1 \\ -5 \end{pmatrix}$ b) $\vec{x} = \begin{pmatrix} -1 \\ 1 \end{pmatrix}$ c) $\vec{x} = \begin{pmatrix} -3 \\ -1 \end{pmatrix}$ d) $\vec{x} = \begin{pmatrix} 2 \\ -4 \\ 1 \end{pmatrix}$ e) $\vec{x} = \begin{pmatrix} 2 \\ -1 \\ 1 \end{pmatrix}$

FA 61 a) $\begin{pmatrix} 5 \\ -2 \\ 17 \end{pmatrix}$ b) $\begin{pmatrix} -4 \\ 8 \\ 20 \end{pmatrix}$ c) $\begin{pmatrix} -11 \\ -2 \\ 25 \end{pmatrix}$ d) $\begin{pmatrix} -10 \\ -8 \\ -5 \end{pmatrix}$ e) $\begin{pmatrix} 1{,}5 \\ 7 \\ 7 \end{pmatrix}$ f) $\begin{pmatrix} 5{,}1 \\ -1{,}8 \\ 1{,}4 \end{pmatrix}$

FA 62

a) $\begin{pmatrix} -1 \\ 3 \\ -1 \end{pmatrix}$, $\begin{pmatrix} -3{,}2 \\ -0{,}2 \\ 6{,}7 \end{pmatrix}$, $\begin{pmatrix} -5{,}7 \\ 4{,}2 \\ -0{,}5 \end{pmatrix}$, $\begin{pmatrix} -3{,}5 \\ 7{,}4 \\ -8{,}2 \end{pmatrix}$, $\begin{pmatrix} -2{,}2 \\ -3{,}2 \\ 7{,}7 \end{pmatrix}$, $\begin{pmatrix} 2{,}2 \\ 3{,}2 \\ -7{,}7 \end{pmatrix}$, $\vec{a} + \vec{e}$ nicht ausführbar, $\begin{pmatrix} 1{,}5 \\ -4{,}6 \\ 11{,}8 \end{pmatrix}$, $\begin{pmatrix} -6{,}7 \\ 6{,}2 \\ -6{,}5 \end{pmatrix}$, $\begin{pmatrix} 4{,}5 \\ -9{,}4 \\ 14{,}2 \end{pmatrix}$, $\begin{pmatrix} 4{,}7 \\ -4{,}4 \\ 5{,}1 \end{pmatrix}$

b) $\begin{pmatrix} -4 \\ 11 \\ -9 \end{pmatrix}$, $\begin{pmatrix} 6{,}2 \\ -4{,}1 \\ -1{,}8 \end{pmatrix}$, $\begin{pmatrix} -9{,}9 \\ 8{,}7 \\ -7{,}9 \end{pmatrix}$

FA 63 $\vec{x} = \begin{pmatrix} 5 \\ 6 \end{pmatrix}$; zeichnerische Lösung: Resultatvektor $\vec{x}$ z.B. analog zu Fig. F 44 ermitteln, dann bez. $\{\vec{e}_1; \vec{e}_2\}$ zerlegen.

FA 64 Fasst man $\vec{a}, \ldots, \vec{h}$ als Ortsvektoren auf, so gilt:

$\vec{a}$ liegt in der xy-Ebene; $\vec{b}$ liegt auf der z-Achse; $\vec{c}$ liegt auf der x-Achse; $\vec{d}$ liegt in der xz-Ebene; $\vec{e}$ liegt in der yz-Ebene; $\vec{f}$ liegt in den Symmetrieebenen x = y, y = z, z = x; $\vec{g}$ zeigt vom Ursprung in den 1. Oktanten; $\vec{h}$ liegt in der Symmetrieebene x = y.

FA 65

a) $\overrightarrow{AB} \parallel \overrightarrow{CD}$, d.h., ABCD ist ein Trapez.

b) $\overrightarrow{AB} \nparallel \overrightarrow{CD}$ und $\overrightarrow{BC} \nparallel \overrightarrow{AD}$, d.h., ABCD ist kein Trapez.

c) $\overrightarrow{AB} \nparallel \overrightarrow{CD}$, aber $\overrightarrow{BC} \parallel \overrightarrow{AD}$, d.h., ABCD ist ein Trapez.

FA 66

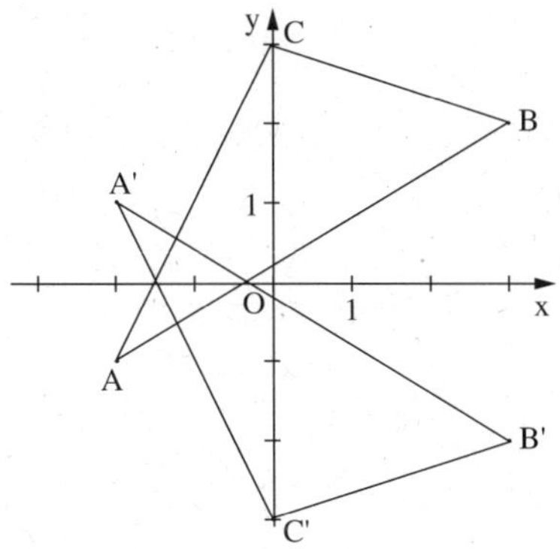

A'(–2; 1), B'(3; –2); C'(0; –3)

FA 67

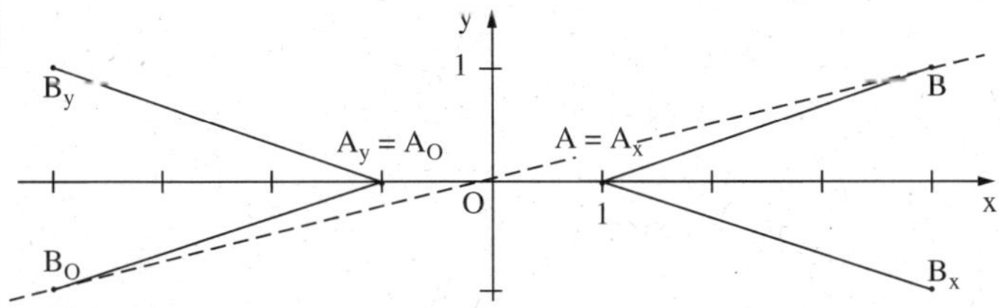

a) $A_x(1; 0)$; $B_x(4; -1)$
b) $A_y(-1; 0)$; $B_y(-4; 1)$
c) $A_o(-1; 0)$; $B_o(-4; -1)$

FA 68 A(0; 0), B(5; 0), C(2,5; 4,3)

FA 69 A(3; 0), B(–3; 0), C(–6; –5,2), D(–3; –10,4), E(3; –10,4), F(6; –5,2) und M(0; –5,2)

FA 70 $P_1(2; 4; 3)$, $P_2(2; 4; -2)$, $P_3(4; 3; -2)$, $P_4(-3; 4; 0)$, $P_5(-3; 4; 2)$, $P_6(-2; -3; 2)$, $P_7(3; -2; -1)$, $P_8(2; 0; 3)$, $P_9(0; 0; 2)$

FA 71
a) Prisma: A(2; –2; 0), B(2; 2; 0), C(0; 2; 0), D(0; –2; 0), E(0; –2; 2), F(0; 2; 2), H(1; 0; 1)
b) Turm: A(2; –2; 0), B(2; 2; 0), C(–2; 2; 0), D(–2; –2; 0), E(2; –2; 4), F(2; 2; 4), G(–2; 2; 4), H(–2; –2; 4), S(0; 0; 6)

FA 72

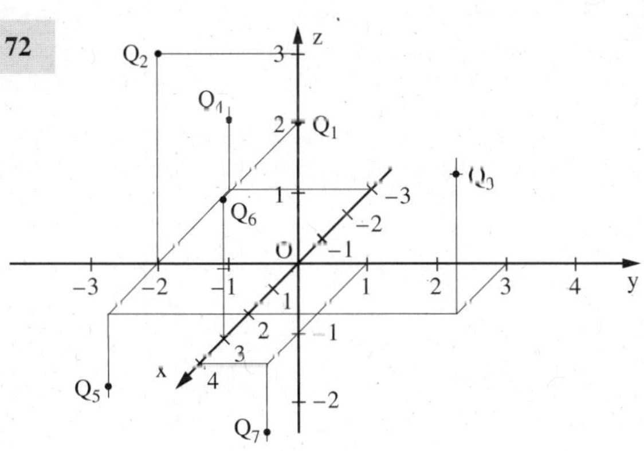

FA 73

A(2; –2; –1)
B(2; 3; –1)
C(–3; 3; –1)
D(–3; –2; –1)
E(2; –2; 4)
F(2; 3; 4)
G(–3; 3; 4)
H(–3; –2; 4)

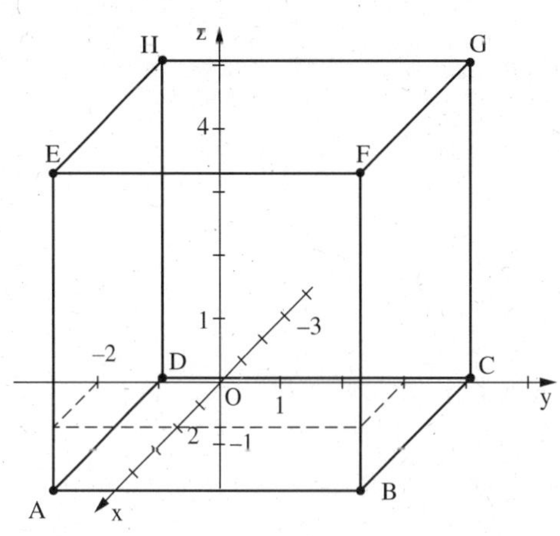

FA 74

a) P(x; y; z) liegt im Würfel, falls $0 \le x \le 2$, $0 \le y \le 2$ und $0 \le z \le 2$.
b) P(x; y; z) liegt im Würfel, falls $-4 \le x \le -2$, $1 \le y \le 3$ und $-2 \le z \le 0$.

FA 75

a) $P_1(1; 1; 1)$, $P_2(7; 1; 1)$, $P_3(7; 13; 1)$, $P_4(1; 13; 1)$, $P_5(1; 1; 5)$, $P_6(7; 1; 5)$; $P_7(7; 13; 5)$, $P_8(1; 13; 5)$
$F_1(4; 4; 7)$, $F_2(4; 10; 7)$
b)

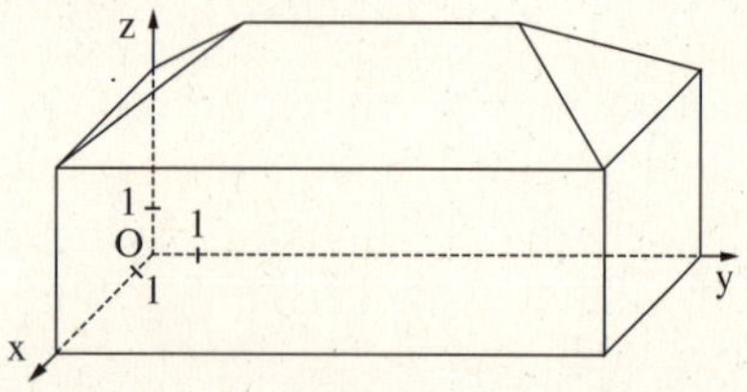

F 1.6 Punkte, Strecken und Dreiecke in einem Koordinatensystem

FA 76 $M(\frac{1+5}{2}; \frac{1+3}{2})$, M(3; 2)

FA 77

a) M(3; 3), b) M(7,5; 4), c) M(2; –3) d) $M(\frac{7}{24}; \frac{1}{4})$

FA 78 $M_1(3; 2{,}5)$, $M_2(-\frac{7}{2}; \frac{7}{4})$ (ohne Konstruktion)

FA 79

a) M(3; 1) b) M(2,4; 2,8) c) B(4; 8) d) A(5; –6) e) B(–5; –8) f) A(7; 1); B(–7; –1)

FA 80 A'(5; 0), B'(1; 3), C'(–2; –4) (ohne Konstruktion)

FA 81

a) $P_2(3; -1)$ b) $P_2(-3; 2)$ c) $P_1(-7; 0)$

FA 82 A'(5; 5), B'(2; 6), C'(0; 0), D'(4; 2) (ohne Zeichnung)

FA 83 $M_a(1; 2)$, $M_b(-3; 0)$, $M_c(3; -2)$: $\overrightarrow{M_aM_b} = \begin{pmatrix}-4\\-2\end{pmatrix}$; $\overrightarrow{M_cM_b} = \begin{pmatrix}-6\\2\end{pmatrix}$

Ortsvektoren von A, B, C:

$\vec{a} = \vec{m}_c + \overrightarrow{M_aM_b} = \begin{pmatrix}3\\-2\end{pmatrix} + \begin{pmatrix}-4\\-2\end{pmatrix} = \begin{pmatrix}-1\\-4\end{pmatrix}$, A(–1; –4); $\vec{b} = \vec{m}_c - \overrightarrow{M_aM_b} = \begin{pmatrix}3\\-2\end{pmatrix} - \begin{pmatrix}-4\\-2\end{pmatrix} = \begin{pmatrix}7\\0\end{pmatrix}$, B(7; 0)

$\vec{c} = \vec{b} + 2\overrightarrow{M_cM_b} = \begin{pmatrix}7\\0\end{pmatrix} + \begin{pmatrix}-12\\4\end{pmatrix} = \begin{pmatrix}-5\\4\end{pmatrix}$, C(–5; 4)

FA 84

Für A(0; 0), B(a; 0), $C(x_c; y_c)$ und $D(x_c - a; y_c)$ ist der Mittelpunkt von $\overline{AC}$: $M_1(\frac{x_c}{2}; \frac{y_c}{2})$

von $\overline{BD}$: $M_2(\frac{a + x_c - a}{2}; \frac{y_c}{2}) = M_2(\frac{x_c}{2}; \frac{y_c}{2})$, also $M_1 = M_2$

FA 85 a) M(0; 2); D(–4; 3) b) M(3,5; 2,5); D(0; 2)

FA 86 a) M(2; 1; 3), b) M(–2; –2,5; –1,5), c) $M(0; 0; \frac{9}{2})$, d) $M(4; -\frac{3}{4}; \frac{9}{4})$

FA 87 $P_0(-1; -1; -1)$, $P_x(1; -1; -1)$, $P_{yz}(-1; 1; 1)$ (ohne Zeichnung)

FA 88 $|\overline{P_1P_2}| = \sqrt{(9-1)^2 + (8-2)^2} = 10$; $|\overline{P_3P_4}| = \sqrt{(7+2)^2 + (-2-4)^2} \approx 10{,}8$ (ohne Zeichnung)

FA 89 a) $|\overline{P_1P_2}| \approx 5{,}4$; b) $|\overline{P_3P_4}| = 9$ c) $|\overline{P_5P_6}| = \sqrt{13} \approx 3{,}6$; d) $|\overline{P_7P_8}| \approx 1{,}14$

FA 90 $|\overline{AB}| = 10$; $|\overline{BC}| = 5$; $|\overline{CA}| \approx 8{,}1$; Umfang $u \approx 23{,}1$.

FA 91

a) $|\overline{AB}| = 5$, $|\overline{BC}| = 13$, $|\overline{CD}| = \sqrt{80}$, $|\overline{AD}| = \sqrt{74}$, $|\overline{AC}| = \sqrt{226}$, $|\overline{BD}| = \sqrt{97}$

b) $|\overline{AB}| = 8$, $|\overline{BC}| = 5$, $|\overline{CD}| = 15$, $|\overline{AD}| = 12$, $|\overline{AC}| = \sqrt{153}$, $|\overline{BD}| = \sqrt{208} = 4\sqrt{13}$

FA 92 Aus $(5 + 3)^2 + (2 - y)^2 = 100$ folgt $y = 8$ bzw. $B(-3; 8)$ oder $y = -4$ bzw. $B(-3; -4)$.

FA 93 $C(x; 0)$, $A(0; 1)$, $B(2; 5)$. Aus $x^2 + 1 = (x - 2)^2 + 25$ folgt $x = 7$ und somit $C(7; 0)$.

FA 94 $|\overline{AB}|^2 = 2$. Aus $x^2 + y^2 = 2$ und $(x - 1)^2 + (y - 1)^2 = 2$ folgt $x_1 = \frac{1}{2}(1 + \sqrt{3})$, $x_2 = \frac{1}{2}(1 - \sqrt{3})$ und $y_1 = x_2$; $y_2 = x_1$.
Schließlich $C_1(\frac{1}{2}(1 + \sqrt{3}); \frac{1}{2}(1 - \sqrt{3}))$ und $C_2(\frac{1}{2}(1 - \sqrt{3}); \frac{1}{2}(1 + \sqrt{3}))$.

FA 95 $|\overline{AC}|^2 + |\overline{CB}|^2 = 65 = |\overline{AB}|^2$; folglich ist Dreieck ABC nach der Umkehrung des Satzes des PYTHAGORAS bei C rechtwinklig.

FA 96 $M(3; 0)$ ist Mittelpunkt von $\overline{AB}$, $|\overline{MC}| = 3$.
C liegt auf einem Halbkreis mit $\overline{AB}$ als Durchmesser, d. h., Dreieck ABC ist nach dem Satz des THALES bei C rechtwinklig.

FA 97 $C(x; y)$ mit $x > 0$ und $y > 0$. Dreieck ABC ist gleichschenklig, d. h. $x = 5$. Dreieck ABC ist bei C rechtwinklig, d. h. $y = 5$.
($x = 5$ folgt auch aus $x^2 + y^2 = (x - 10)^2 + y^2$, $y = 5$ folgt dann auch aus $(25 + y^2) + (25 + y^2) = 100$.)

FA 98 Aus $U(x; y)$ mit $|\overline{AU}| = |\overline{BU}| = |\overline{CU}|$ folgt $x = 1$ und $y = 1$. $|\overline{AU}| = R = 5$.

FA 99 a) $s = |\overline{P_1P_2}| = 9$ b) $|\overline{OP_1}| \approx 13{,}0$; $|\overline{OP_2}| \approx 5{,}9$ c) $z_3 = 13$ oder $z_3 = -3$

FA 100

a) $|\overline{PQ}| = |\overline{PR}|$, $\sqrt{2^2 + 3^2 + 1^2} = \sqrt{(a + 1)^2 + 2^2 + 1^2}$, folglich: $a^2 + 2a - 8 = 0$; $a_1 = -4$, $a_2 = 2$.

b) Die Ungleichung $|\overline{PQ}| > |\overline{PR}|$ führt auf $a^2 + 2a - 8 < 0$, also $(a + 4)(a - 2) < 0$ bzw. $-4 < a < 2$.

FA 101 $B(2; 1; 0)$; $G(1; 1; 1)$; $|\overline{BG}|^2 + |\overline{GO}|^2 = ([-1]^2 + 0^2 + 1^2) + (1^2 + 1^2 + 1^2) = 5$; $|\overline{OB}|^2 = 2^2 + 1^2 + 0^2 = 5$

$\Rightarrow$ Das Dreieck OBG ist rechtwinklig.

FA 102 a) $M_a(3; 3)$ Mittelpunkt von $\overline{BC}$, $s_a = |\overline{AM_a}| = \sqrt{45} = 3\sqrt{5} \approx 6{,}7$ b) $s_b = \frac{3}{2}\sqrt{26} \approx 7{,}6$ c) $s_c = \frac{3}{2}\sqrt{34} \approx 8{,}7$

FA 103 a) $|\vec{a}_1| = 5$; $|\vec{a}_2| = 10$; $|\vec{a}_3| \approx 6{,}4$; $|\vec{a}_4| \approx 14{,}9$ b) $|\vec{b}_1| = 2$; $|\vec{b}_2| = 7$; $|\vec{b}_3| = \sqrt{3}$; $|\vec{b}_4| \approx 6{,}6$

FA 104 $|\vec{a}| = \sqrt{41}$, $|\vec{b}| = \sqrt{5}$, $|\vec{c}| = \sqrt{4{,}5}$, $|\vec{d}| = \sqrt{14}$, $|\vec{e}| = \sqrt{10{,}75}$, $|\vec{f}| = \sqrt{17{,}81}$

FA 105

a) $|\vec{a}| = |\vec{b}| = 5$, $|\vec{c}| = \sqrt{18{,}5}$, $|\vec{d}| = \sqrt{313}$

b) $|\vec{a}| = \sqrt{14}$, $|\vec{b}| = \sqrt{86}$, $|\vec{c}| = \sqrt{33{,}5}$, $|\vec{d}| = 14$, $|\vec{e}| = \sqrt{20} = 2\sqrt{5}$ – alle Beträge unterschiedlich

FA 106 a) $\vec{a}^\circ = \frac{1}{\sqrt{13}}\begin{pmatrix}2\\-3\end{pmatrix}$ b) $\vec{b}^\circ = \frac{1}{3}\begin{pmatrix}2\\2\\1\end{pmatrix}$ c) $\vec{c}^\circ = \frac{1}{\sqrt{2}}\begin{pmatrix}1\\0\\1\end{pmatrix}$

FA 107

a) $r = 0$ b) $r_1 = \frac{1}{2}\sqrt{2}$; $r_2 = -\frac{1}{2}\sqrt{2}$ c) $r_1 = 1$; $r_2 = -1$

d) für kein r e) $r_1 = \frac{1}{3}\sqrt{3}$; $r_2 = -\frac{1}{3}\sqrt{3}$ f) $r_1 = \frac{1}{2}\sqrt{2}$; $r_2 = -\frac{1}{2}\sqrt{2}$

FA 108

a) $\sqrt{2^2 + t^2 + (-1)^2} = 6$, folglich $t^2 = 31$, also: $t_1 = \sqrt{31}$ oder $t_2 = -\sqrt{31}$

b) $\sqrt{1^2 + (2t)^2 + (-t)^2} = \sqrt{21}$, folglich $t^2 = 4$, also: $t_1 = 2$ oder $t_2 = -2$

c) $\sqrt{t^2 + (-t)^2} = t^2$, folglich $2t^2 = t^4$ bzw. $t^2(t^2 - 2) = 0$ also: $t_1 = 0$ oder $t_2 = \sqrt{2}$ oder $t_3 = -\sqrt{2}$

F 1.7 Lineare Abhängigkeit und lineare Unabhängigkeit

FA 109 $\vec{a}_1$ und $\vec{a}_2$ sind linear abhängig in a) und d). In den anderen Teilaufgaben sind die Vektoren linear unabhängig.

FA 110 Es muss drei reelle Zahlen r, s, t geben, die nicht alle gleich null sind, sodass $r\vec{a}_1 + s\vec{a}_2 + t\vec{a}_3 = 0$ gilt.

a) $\left.\begin{array}{lrcrcrcl} \text{(I)} & r & + & s & + & t & = & 0 \\ \text{(II)} & -2r & + & 2s & & & = & 0 \\ \text{(III)} & 3r & + & s & + & t & = & 0 \end{array}\right\}$ Lösung: $r = s = t = 0$; Damit sind $\vec{a}_1, \vec{a}_2, \vec{a}_3$ linear unabhängig.

b) $\left.\begin{array}{lrcrcrcl} \text{(I)} & r & + & s & + & 2t & = & 0 \\ \text{(II)} & 7r & + & 2s & - & t & = & 0 \\ \text{(III)} & 2r & + & s & + & t & = & 0 \end{array}\right\}$ Lösung: $3r = 3t = -s$, also z.B. $s = 3$; $r = t = -1$; Damit sind $\vec{a}_1, \vec{a}_2, \vec{a}_3$ linear abhängig.

c) $\left.\begin{array}{lrcrcrcl} \text{(I)} & r & & & + & 2t & = & 0 \\ \text{(II)} & & & s & + & t & = & 0 \\ \text{(III)} & r & & & + & 2t & = & 0 \end{array}\right\}$ Lösung: $-2s = 2t = -r$, also z.B. $r = 2$; $s = 1$; $t = -1$; Damit sind $\vec{a}_1, \vec{a}_2, \vec{a}_3$ linear abhängig.

FA 111

a) $\left.\begin{array}{rcrcrcl} 3r_1 & + & 2r_2 & + & r_3 & = & 0 \\ -2r_1 & + & r_2 & + & 4r_3 & = & 0 \\ 8r_1 & + & 3r_2 & + & 2r_3 & = & 0 \end{array}\right\}$ eindeutige Lösung $r_1 = r_2 = r_3 = 0$; Vektoren linear unabhängig

b) $\left.\begin{array}{rcrcrcl} r_1 & + & r_2 & + & 2r_3 & = & 0 \\ r_1 & + & r_2 & & & = & 0 \\ & & r_2 & + & r_3 & = & 0 \end{array}\right\}$ eindeutige Lösung $r_1 = r_2 = r_3 = 0$; Vektoren linear unabhängig

c) $\left.\begin{array}{rcrcrcl} -r_1 & + & r_2 & & & = & 0 \\ 3r_1 & & & + & r_3 & = & 0 \\ -2r_1 & + & 2r_2 & & & = & 0 \end{array}\right\}$ nichttrivial lösbar $\begin{pmatrix} r_1 \\ r_2 \\ r_3 \end{pmatrix} = t\begin{pmatrix} 1 \\ 1 \\ -3 \end{pmatrix}$,

Beispielsweise $\vec{a}_1 + \vec{a}_2 - 3\vec{a}_3 = \vec{o}$. Vektoren linear abhängig.

d) $\vec{a}_1 = \vec{e}_3$; $\vec{a}_2 = \vec{e}_1$; $\vec{a}_3 = \vec{e}_2$
$\{\vec{e}_1, \vec{e}_2, \vec{e}_3\}$ (orthonormierte) Basis, d.h., die angegebenen Vektoren sind linear unabhängig.

e) $\left.\begin{array}{rcrcrcl} r_1 & + & r_2 & + & r_3 & = & 0 \\ r_1 & + & r_2 & + & r_3 & = & 0 \\ -r_1 & & & + & r_3 & = & 0 \end{array}\right\}$ nichttrivial lösbar $\begin{pmatrix} r_1 \\ r_2 \\ r_3 \end{pmatrix} = t\begin{pmatrix} 1 \\ -2 \\ 1 \end{pmatrix}$,

Beispielsweise $\vec{a}_1 - 2\vec{a}_2 + \vec{a}_3 = \vec{o}$. Vektoren linear abhängig.

f) $\left.\begin{array}{rcrcrcl} r_1 & + & 2r_2 & - & r_3 & = & 0 \\ & & 2r_2 & - & 4r_3 & = & 0 \\ 2r_1 & + & 3r_2 & & & = & 0 \end{array}\right\}$ nichttrivial lösbar $\begin{pmatrix} r_1 \\ r_2 \\ r_3 \end{pmatrix} = t\begin{pmatrix} -3 \\ 2 \\ 1 \end{pmatrix}$,

Beispielsweise $-3\vec{a}_1 + 2\vec{a}_2 + \vec{a}_3 = \vec{o}$. Vektoren linear abhängig.

FA 112

a) $\left.\begin{array}{rcrcrcl} 4r_1 & + & 2r_2 & + & 2r_3 & = & 0 \\ r_1 & + & 3r_2 & & & = & 0 \\ & & 2r_2 & + & 3r_3 & = & 0 \end{array}\right\}$ eindeutige Lösung $r_1 = r_2 = r_3 = 0$; d.h., die Ortsvektoren $\vec{a}, \vec{b}, \vec{c}$ sind linear unabhängig

b)

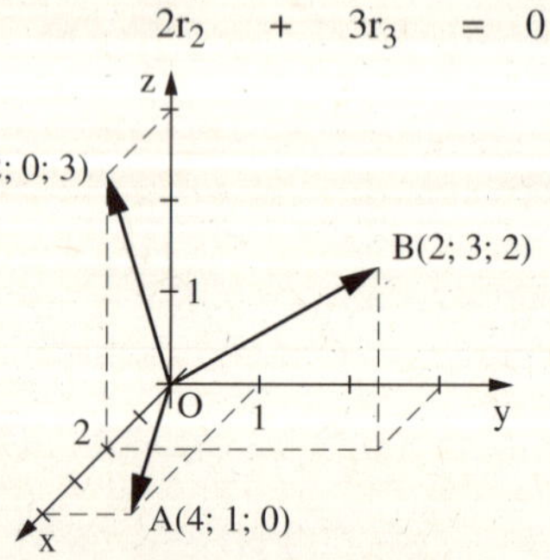

F 1.8 Praktische Anwendungen

FA 113

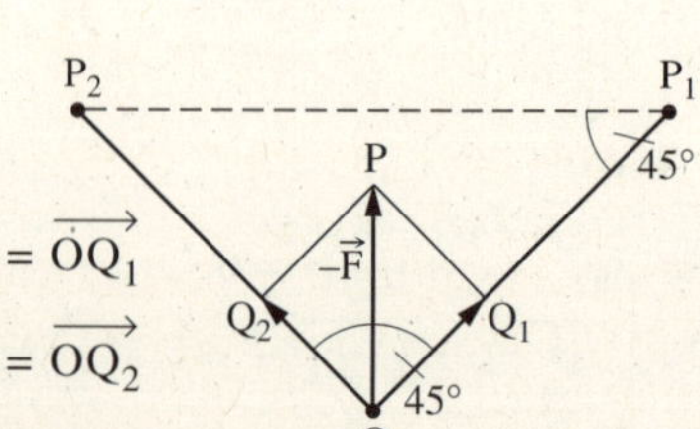

$\vec{F}_1 = \overrightarrow{OQ_1}$

$\vec{F}_2 = \overrightarrow{OQ_2}$

Für das Dreieck OQ_1P gilt $|\sphericalangle POQ_1| = |\sphericalangle Q_1PO| = 45°$ und $|\sphericalangle OQ_1P| = 90°$.
Das Kräfteparallelogramm ist ein Quadrat.

Es gilt $\cos 45° = \dfrac{\frac{1}{2}|\vec{F}|}{|\vec{F}_1|}$ und folglich $|\vec{F}_1| = \frac{1}{2}\,\dfrac{|\vec{F}|}{\cos 45°} = \frac{1}{2}\sqrt{2}\cdot 75 \approx 53$.

Die Zugkräfte ($\vec{F}_1$ und $\vec{F}_2$) auf die beiden Seile der Aufhängung (bei $\alpha = 45°$) betragen jeweils rund 53 N.

FA 114

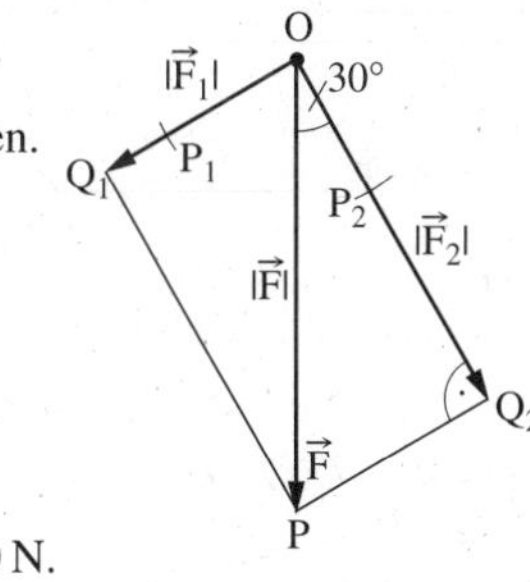

Die Gewichtskraft F wird in die Kräfte $\vec{F}_1$ und $\vec{F}_2$ zerlegt, die in Richtung von $\overrightarrow{OP_1}$ bzw. von $\overrightarrow{OP_2}$ wirken. Das Kräfteprallelogramm OQ_1PQ_2 ist ein Rechteck; das Teildreieck OPQ_2 ist rechtwinklig. Somit gilt:

$\sin 30° = \frac{|\vec{F}_1|}{|\vec{F}|}$ bzw. $|\vec{F}_1| = |\vec{F}| \sin 30° = 150 \cdot \frac{1}{2} = 75$

$\cos 30° = \frac{|\vec{F}_2|}{|\vec{F}|}$ bzw. $|\vec{F}_2| = |\vec{F}| \cos 30° = 150 \cdot \frac{1}{2}\sqrt{3} \approx 129{,}9.$

Auf den Flächenpunkt P_1 drückt eine Kraft von 75 N und auf den Flächenpunkt P_2 eine Kraft von rund 130 N.

FA 115

a) $\vec{a}_1 = \overrightarrow{PP_1} = \begin{pmatrix}-5\\10\\15\end{pmatrix} - \begin{pmatrix}0\\0\\10\end{pmatrix} = \begin{pmatrix}-5\\10\\5\end{pmatrix}$; $\vec{a}_2 = \overrightarrow{PP_2} = \begin{pmatrix}-10\\-10\\5\end{pmatrix}$;

b)

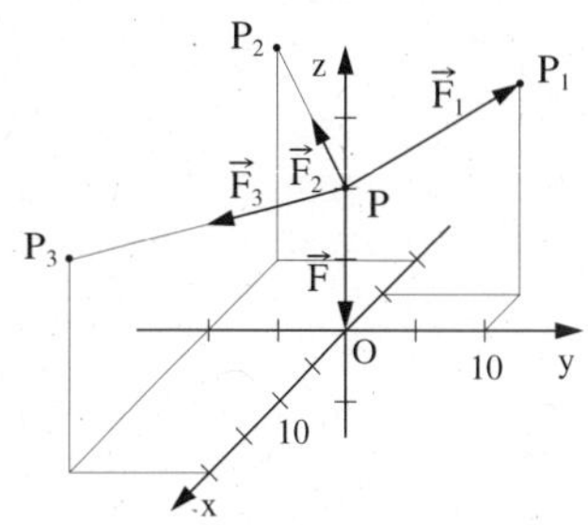

$\vec{a}_3 = \overrightarrow{PP_3} = \begin{pmatrix}20\\-10\\5\end{pmatrix}$

$\Rightarrow \quad x_1\begin{pmatrix}-5\\10\\5\end{pmatrix} + x_2\begin{pmatrix}-10\\-10\\5\end{pmatrix} + x_3\begin{pmatrix}20\\-10\\5\end{pmatrix} = \begin{pmatrix}0\\0\\10\end{pmatrix}$ (Angabe in 1000 N)

$\Rightarrow \quad x_1 = 1;\quad x_2 = \frac{1}{2};\quad x_3 = \frac{1}{2}$

$|\vec{F}_1| = |x_1\vec{a}_1| = \sqrt{150} \approx 12{,}25;\quad |\vec{F}_2| = |x_2\vec{a}_2| = \frac{1}{2}\sqrt{225} = 7{,}5;\quad |\vec{F}_3| = |x_3\vec{a}_3| = \frac{1}{2}\sqrt{525} \approx 11{,}46$

($F_1 \approx 12\,250$ N; $F_2 \approx 7\,500$ N; $F_3 \approx 11\,460$ N)

FA 116

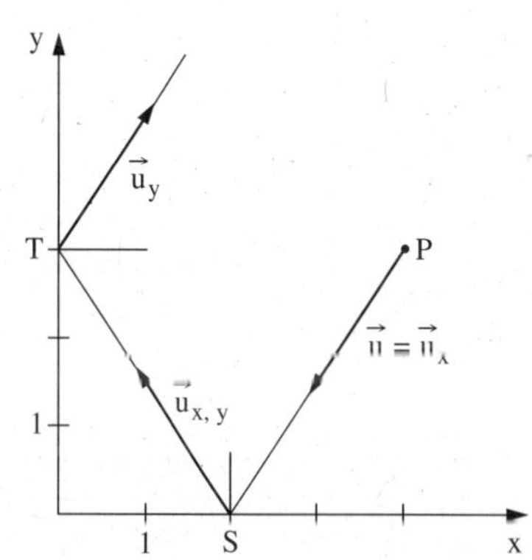

a) Der Auftreffpunkt S auf die x-Achse hat die Koordinaten $S(x_S; 0)$, also muss mit den Ortsvektoren $\vec{p} = \begin{pmatrix}4\\3\end{pmatrix}$, $\vec{s} = \begin{pmatrix}x_s\\0\end{pmatrix}$ gelten:

$\vec{p} + t\vec{u} = \vec{s},\quad \begin{pmatrix}4\\3\end{pmatrix} + t\begin{pmatrix}-1\\-1{,}5\end{pmatrix} = \begin{pmatrix}x_s\\0\end{pmatrix}$

(I) $4 - \quad t = x_S$

(II) $3 - 1{,}5t = 0$

(II) $\Rightarrow$ $t = 2$; (I); $t = 2 \rightarrow x_S = 2 \quad S(2; 0)$

Richtung: Da nach dem Reflexionsgesetz der Einfallswinkel und der Ausfallswinkel gleich groß sind, lässt sich mit $\vec{u} = \vec{u}_x = \begin{pmatrix}-1\\-1{,}5\end{pmatrix}$ die Richtung des Ausfallsstrahls durch $\vec{u}_{x,y} = \begin{pmatrix}-1\\1{,}5\end{pmatrix}$ aus der Abbildung ablesen.

b) Für den Auftreffpunkt $T(0; y_T)$ gilt (analog zu a) zu S):

$\vec{s} = r\vec{u}_{x,y} = \vec{t};\quad \begin{pmatrix}2\\0\end{pmatrix} + r\begin{pmatrix}-1\\1{,}5\end{pmatrix} = \begin{pmatrix}0\\y_T\end{pmatrix},$ (I) $2 - \quad r = 0$

(II) $1{,}5r = y_T$

$\Rightarrow$ $r = 2$, $y_T = 3$ und T(0; 3).

Richtung des Lichtstrahls nach der Reflexion an der y-Achse: $u_y = \begin{pmatrix}1\\1{,}5\end{pmatrix}$

FA 117

a) $|\overrightarrow{OA}| = |\overrightarrow{CB}| = 3$, $|\overrightarrow{AB}| = |\overrightarrow{OC}| = 4$ und $\measuredangle AOC = 90°$ (rechtwinkliges Koordinatensystem)

OABC liegt in der xy-Koordinatenebene. Für jede parallele Ebene dazu gilt für all ihre Punkte z = konstant. Dies trifft für D, E, F und G nicht zu: Grund- und Deckfläche sind nicht parallel.

b)

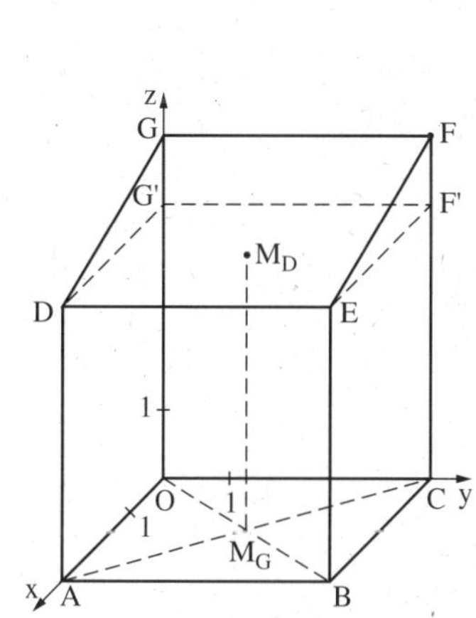

c) F'(0; 4; 4), G'(0; 0; 4)

Masse von OABCDEF'G': $m = \rho \cdot V$

$V = (3 \cdot 4 \cdot 40)\ \text{cm}^3 = 480\ \text{cm}^3,\quad m = 7{,}8\ \frac{\text{g}}{\text{cm}^3} \cdot 480\ \text{cm}^3 = 3744\ \text{g} \approx 3{,}75\ \text{kg}$

d) Mittelpunktskoordinaten:

M_G Mittelpunkt von $\overline{AC}$: $M_G(\frac{3+0}{2}; \frac{0+4}{2}; 0) = M_G(1{,}5; 2; 0)$

M_D Mittelpunkt von $\overline{DF'}$: $M_D(1{,}5; 2; 4)$ [über M_G, z = 4]

FA 118

$\vec{s}_1 = \overrightarrow{SS_1} = \begin{pmatrix}4\\0\\0\end{pmatrix} - \begin{pmatrix}0\\4\\8\end{pmatrix} = \begin{pmatrix}4\\-4\\-8\end{pmatrix}; \quad \vec{s}_2 = \begin{pmatrix}0\\8\\-8\end{pmatrix}; \quad \vec{s}_3 = \begin{pmatrix}-4\\-4\\-8\end{pmatrix}$

$\vec{F}_1 = x_1\vec{s}_1; \quad \vec{F}_2 = x_2\vec{s}_2; \quad \vec{F}_3 = x_3\vec{s}_3; \quad \vec{F} = t\cdot\overrightarrow{SP} = t\cdot\begin{pmatrix}8\\6\\-8\end{pmatrix} \quad \Rightarrow \quad x_1 = \frac{13}{12}t; \quad x_2 = \frac{5}{6}t; \quad x_3 = -\frac{11}{12}t$

Auf die Stange $\overline{S_3S}$ wirkt eine Zugkraft und auf die Stangen $\overline{S_1S}$ und $\overline{S_2S}$ eine Druckkraft.

Die Faktoren x_1, x_2, x_3 mit dem Parameter t geben die Verhältnisse bezogen auf die Längen der Stangen an.

Aufgaben zur Selbstkontrolle

FA 119

a) $\vec{a} = \overrightarrow{A_1B_2} = \overrightarrow{AC_1} = \overrightarrow{C_2C}$ $\qquad \vec{b} = \overrightarrow{A_1C_2} = \overrightarrow{A_2D} = \overrightarrow{BB_1} = \overrightarrow{B_1B_2} = \overrightarrow{DC_1} = \overrightarrow{B_2C}$

b) $\overrightarrow{AC_2}$ $(=\frac{1}{2}\vec{a})$; $\overrightarrow{AC}$ $(=1{,}5\vec{a})$; $\overrightarrow{C_2A}$ $(=-\frac{1}{2}\vec{a})$; $\overrightarrow{C_1A}$ $(=-\vec{a})$; $\overrightarrow{CA}$ $(=-1{,}5\vec{a})$

FA 120

a) *(hier ohne Konstruktion)*

b) Grundlage: Kosinussatz $a^2 = b^2 + c^2 - 2bc\cos\alpha$ bzw. $\cos\alpha = \frac{b^2+c^2-a^2}{2bc}$

Winkel $\alpha = |\sphericalangle BZA|$ $\qquad \cos\alpha = \frac{10^2+8^2-5^2}{2\cdot 10\cdot 8} = \frac{139}{160}$

$\alpha' = |\sphericalangle B'ZA| = 180° - \alpha$ $\qquad \cos\alpha' = \cos(180° - \alpha) = -\cos\alpha$

$|\overline{AB'}|^2 = 5^2 + 8^2 - 2\cdot 5\cdot 8\cdot\cos\alpha' = 25 + 64 + 80\cdot\frac{139}{160} = \frac{317}{2}$; $|\overline{AB'}| \approx 12{,}6$ cm

FA 121

a) $\frac{1}{5}\vec{b} + \frac{1}{2}(\vec{a} - 2\vec{b}) + \frac{1}{2}(\vec{c} - 3\vec{b}) + \frac{1}{5}(11\vec{b} - \vec{a} - \vec{c}) = \frac{1}{5}\vec{b} + \frac{1}{2}\vec{a} - \vec{b} + \frac{1}{2}\vec{c} - \frac{3}{2}\vec{b} + \frac{11}{5}\vec{b} - \frac{1}{5}\vec{a} - \frac{1}{5}\vec{c} = \frac{3}{10}\vec{a} - \frac{1}{10}\vec{b} + \frac{3}{10}\vec{c}$

$(= 0{,}3\vec{a} - 0{,}1\vec{b} + 0{,}3\vec{c})$

b) $25r(2s\vec{a} + 5s\vec{b}) - 3s(15r\vec{a} + 45r\vec{b}) = 50rs\vec{a} + 125rs\vec{b} - 45rs\vec{a} - 135rs\vec{b} = 5rs\vec{a} - 10rs\vec{b}$ $(= 5rs(\vec{a} - 2\vec{b}))$

FA 122

$$\begin{aligned} 5(\vec{a} - (\vec{b} - \vec{x})) + 3(\vec{a} + \vec{x}) + 2(\vec{b} + \vec{x}) &= 7(4\vec{a} + \vec{b}) \\ 5\vec{a} - 5\vec{b} + 5\vec{x} + 3\vec{a} + 3\vec{x} + 2\vec{b} + 2\vec{x} &= 28\vec{a} + 7\vec{b} \\ 10\vec{x} &= 20\vec{a} + 10\vec{b} \\ \vec{x} &= 2\vec{a} + \vec{b} \end{aligned}$$

FA 123

$$5\left[\begin{pmatrix}1\\3\end{pmatrix} - \begin{pmatrix}x\\y\end{pmatrix}\right] + 2\left[\begin{pmatrix}5\\2\end{pmatrix} - \left[\begin{pmatrix}x\\y\end{pmatrix} - \begin{pmatrix}1\\3\end{pmatrix}\right]\right] + 3\left[\begin{pmatrix}5\\2\end{pmatrix} + 2\begin{pmatrix}x\\y\end{pmatrix}\right] = \begin{pmatrix}0\\0\end{pmatrix}$$

$$\begin{pmatrix}5\\10\end{pmatrix} - 5\begin{pmatrix}x\\y\end{pmatrix} + \begin{pmatrix}10\\4\end{pmatrix} - 2\begin{pmatrix}x\\y\end{pmatrix} + \begin{pmatrix}2\\6\end{pmatrix} + \begin{pmatrix}15\\6\end{pmatrix} + 6\begin{pmatrix}x\\y\end{pmatrix} = \begin{pmatrix}0\\0\end{pmatrix}$$

$$-\begin{pmatrix}x\\y\end{pmatrix} + \begin{pmatrix}32\\26\end{pmatrix} = \begin{pmatrix}0\\0\end{pmatrix}; \qquad \begin{pmatrix}x\\y\end{pmatrix} = \begin{pmatrix}32\\26\end{pmatrix}$$

FA 124

a) Verhältnis 2 : 1

Teilstrecke Schwerpunkt S – Eckpunkt beträgt $\frac{2}{3}$ der Länge der Seitenhalbierenden.

Teilstrecke Schwerpunkt S – Seitenmitte beträgt $\frac{1}{3}$ der Länge der Seitenhalbierenden.

b) $\vec{m} = \overrightarrow{OM} = \frac{1}{2}(\overrightarrow{OA} + \overrightarrow{OB}) = \frac{1}{2}(5\vec{e}_1 + 5\vec{e}_2) = \frac{5}{2}\begin{pmatrix}1\\1\\0\end{pmatrix} = \begin{pmatrix}2{,}5\\2{,}5\\0\end{pmatrix}$

c) $\vec{s} = \overrightarrow{OS} = \overrightarrow{OM} + \frac{1}{3}\overrightarrow{MC} = \overrightarrow{OM} + \frac{1}{3}(\overrightarrow{OC} - \overrightarrow{OM}) = \frac{2}{3}\overrightarrow{OM} + \frac{1}{3}\overrightarrow{OC}$

$= \frac{2}{3}\cdot\frac{1}{2}(5\vec{e}_1 + 5\vec{e}_2) + \frac{1}{3}\cdot 5\vec{e}_3 = \frac{1}{3}(5\vec{e}_1 + 5\vec{e}_2 + 5\vec{e}_3)$; $\qquad \vec{s} = \frac{5}{3}\begin{pmatrix}1\\1\\1\end{pmatrix}$ $\qquad S(x_s; y_s; z_s) = S(\frac{5}{3}; \frac{5}{3}; \frac{5}{3})$

Komplexe Aufgaben zu Abschnitt F 1

FA 125

a) $\overrightarrow{DB} = \vec{a}_1 + \vec{a}_2$; $\overrightarrow{DF}$ $(= \overrightarrow{EB} = \overrightarrow{DB} - \overrightarrow{DE}) = \vec{a}_1 + \vec{a}_2 - \vec{a}_3$ ( ) bedeutet: Andere Zwischenschritte sind möglich.
$\overrightarrow{AE} = \vec{a}_3 - \vec{a}_1$; $\overrightarrow{BF} = \overrightarrow{ED} = -\vec{a}_3$

b) $\overrightarrow{OA} = \overrightarrow{P_1P_3} = \overrightarrow{OP_3} - \overrightarrow{OP_1} = \vec{a}_3 - \vec{a}_1$
$\overrightarrow{OB} = -\overrightarrow{OA} = \vec{a}_1 - \vec{a}_3$
$\overrightarrow{OC} = \overrightarrow{OP_2} + \overrightarrow{P_2C} = \overrightarrow{OP_2} + \overrightarrow{P_1P_4} = \overrightarrow{OP_2} + (\overrightarrow{OP_4} - \overrightarrow{OP_1}) = \vec{a}_2 + \vec{a}_2 + \vec{a}_3 - \vec{a}_1 = -\vec{a}_1 + 2\vec{a}_2 + \vec{a}_3$
$\overrightarrow{OP_4} = \vec{a}_2 + \vec{a}_3$
$\overrightarrow{OP_5} = \overrightarrow{P_1P_4} = \overrightarrow{OP_4} - \overrightarrow{OP_1} = -\vec{a}_1 + \vec{a}_2 + \vec{a}_3$
(Zur Rechtfertigung: Verbindungsstrecken von Kantenmitten liegen nach dem Strahlensatz parallel zu einer Kante. Deshalb entstehen als Teilfiguren aus dem Oktaeder $OP_1 \ldots P_5$ Parallelogramme)

FA 126

a) *(hier ohne Abbildung)*

b) (verschiedene Möchglichkeiten – auch gegebenenfalls unter Nutzung von Teil c) (!) –; stets ist der Bezug zu den Symmetrien (Deckabbildungen) des Oktaeders möglich)
Da die Dreieckflächen des Oktaeder paarweise spiegelbildlich zu den Koordinatenebenen liegen, sind sämtliche Kanten von PQ...W parallel zu einer Koordinatenachse. d.h., PQ...W ist ein Quader (Seitenflächen sind Rechtecke bzw. in einem Eckpunkt stehen die Kanten paarweise senkrecht)
Da eine 90°-Drehung um eine Koordinatenachse das Oktaeder auf sich abbildet, sind auch benachbarte Kanten in einer Seitenfläche gleich lang. D.h., die Seitenflächen sind sogar Quadrate.
Insgesamt: Der Quader PQ...W mit Quadraten als Seitenflächen ist ein Würfel.

c) (vgl. auch Aufgabe ***FA 124***) $U(\frac{5}{3}; \frac{5}{3}; \frac{5}{3})$; $V(-\frac{5}{3}; \frac{5}{3}; \frac{5}{3})$; $P(\frac{5}{3}; -\frac{5}{3}; -\frac{5}{3})$; ...

FA 127 Sei M der Mittelpunkt von $\overline{AB}$; $\vec{m} = \overrightarrow{OM}$.

$\vec{m} = \frac{1}{2}(\vec{a} + \vec{b})$
$\vec{s} = \overrightarrow{OS} = \vec{m} + \frac{1}{3}\overrightarrow{MC} = \vec{m} + \frac{1}{3}(\overrightarrow{OC} - \overrightarrow{OM}) = \vec{m} + \frac{1}{3}(\vec{c} - \vec{m}) = \frac{2}{3}\vec{m} + \frac{1}{3}\vec{c} = \frac{2}{3}(\frac{1}{2}(\vec{a} + \vec{b})) + \frac{1}{3}\vec{c} = \frac{1}{3}(\vec{a} + \vec{b} + \vec{c})$

FA 128

a) (Längenberechnungen über Koordinaten der Punkte möglich; auch Nutzung der Formelsammlung:
regelmäßige sechsseitige Pyramide): $|\overline{P_1P_2}| = \sqrt{3^2 + 3^2} = \sqrt{18} = 3\sqrt{2}$
Höhe h in einem (gleichseitigen) Teildreieck des Sechsecks. $h = \sqrt{18 - \frac{9}{2}} = \sqrt{\frac{27}{2}} = \sqrt{\frac{54}{4}} = \frac{3}{2}\sqrt{6}$
Flächeninhalt des Sechsecks: $A_6 = 6 \cdot \frac{1}{2} \cdot 3\sqrt{2} \cdot \frac{3}{2}\sqrt{6} = \frac{27}{2}\sqrt{12} = 27\sqrt{3}$

b) $|\overline{DF}| = \sqrt{|\overline{DB}|^2 + |\overline{BF}|^2} = \sqrt{72 + 36} = 6\sqrt{3}$; $|\overline{DB}| = \sqrt{36 + 36} = 6\sqrt{2}$; $V = \frac{1}{3} \cdot 27\sqrt{3} \cdot 6\sqrt{3} = 162$

c) Der Mittelpunkt der Raumdiagonalen $\overline{DF}$ ist das Symmetriezentrum des Würfels; er ist damit auch Mittelpunkt von $\overline{P_1P_4}$.
Zur Orthogonalität beispielsweise:
Das Dreieck P_1P_4F ist gleichschenklig (wegen der Kongruenz von FGP_4 und FBP_1 gilt $|\overline{FP_1}| = |\overline{FP_4}|$).
$\overline{FM}$ ist Seitenhalbierende in P_1P_4F bezüglich der Basis des gleichschenkligen Dreiecks P_1P_4F und somit Mittelsenkrechte von $\overline{P_1P_4}$ (im Dreieck P_1P_4F).
$\varepsilon = \varepsilon(MP_1P_2)$ ist die zu g(DF) senkrechte Ebene durch M (nachfolgend zwei „parallele" Argumente.
- ε enthält alle zu g(DF) senkrechten Geraden durch M.
- P_4 liegt auf der Geraden $g(MP_1)$, die in ε enthalten ist.
  P_5 liegt auf der Geraden $g(MP_2)$, die in ε enthalten ist.
  P_3 und P_6 liegen auf der Parallelen durch M zu $g(P_1P_2)$ und damit gilt $P_3, P_4 \in \varepsilon$.)

FA 129 *(hier ohne Konstruktion zu b))*

a) Bemerkung: Unabhängig von Aufgabe ***FA 128*** und von Teil b) sollten über die Koordinaten von $P_2(3; 6; 0)$; $P_4(0; 3; 6)$ und $P_6(6; 0; 3)$ Längen von Strecken und der Inhalt A_3 von $P_2P_4P_6$ berechnet werden. Teil b) zeigt auf, dass $A_3 = \frac{1}{2}A_6$ ist (vgl. ***FA 128***).
$|\overline{P_2P_4}| = \sqrt{3^2 + 3^2 + 6^2} = \sqrt{54} = 3\sqrt{2}\sqrt{3}$ (= a); $A_3 = \frac{a^2}{4}\sqrt{3} = \frac{54}{4}\sqrt{3} = \frac{27}{2}\sqrt{3}$

b) (Konstruktion und Diskussion hier nicht ausgeführt)

c) $|\overline{DF}| = 6\sqrt{3}$; $V = \frac{1}{3} \cdot \frac{27}{2}\sqrt{3} \cdot 6\sqrt{3} = 81\ (\text{cm}^3)$

FA 130

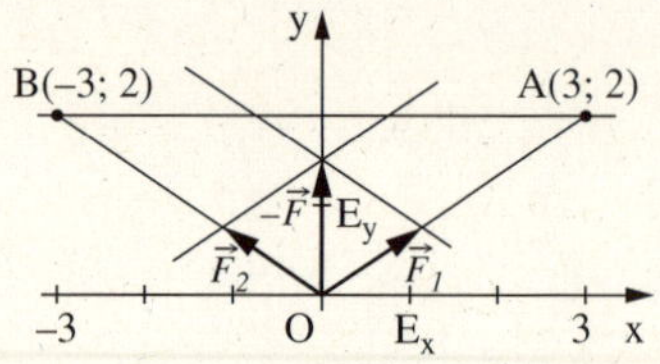

a) Koordinatisierung (s. Fig.)

$\overrightarrow{OA} = \binom{3}{2}$, $\overrightarrow{OB} = \binom{-3}{2}$, $\vec{F_1} + \vec{F_2} = -\vec{F}$, $r\overrightarrow{OA} + s\overrightarrow{OB} = -\vec{F}$, $-\vec{F} = \binom{0}{300}$

$\Rightarrow$ $3r - 3s = 0$

$2r + 2s = 300, \quad r = s = 75$

$\Rightarrow$ $\vec{F_1} = \binom{225}{150}$, $\vec{F_2} = \binom{-225}{150}$; $|\vec{F_1}| = |\vec{F_2}| \approx 270{,}4$ (N)

b) Änderungsfaktor $\frac{5}{3}$ ergibt:

$\vec{F_1} = \binom{375}{250}$; $\vec{F_2} = \binom{-375}{250}$; $|\vec{F_1}| = |\vec{F_2}| \approx 450{,}7$ (N)

c) vgl. oben: Es gilt $r = s$ und $4r + 4s = 300$, also $r = s = 37{,}5$ und somit:

$\vec{F_1} = \binom{112{,}5}{150}$, $\vec{F_2} = \binom{-112{,}5}{150}$; $|\vec{F_1}| = |\vec{F_2}| \approx 187{,}5$ (N)

d) Die geforderte Bedingung über die Komponenten ist genau dann erfüllt, wenn gilt: $|\sphericalangle AOE_x| = 45°$. Äquivalent: h = 3 m.

e) $|\vec{F_1}| = |\vec{F_2}| = |\vec{F}|$ gilt genau dann, wenn $|\sphericalangle AOE_y| = 60°$ bzw. $|\sphericalangle AOE_x| = 30°$.

$h = 3\text{ m} \cdot \tan 30° = 3 \cdot \frac{1}{3}\sqrt{3}\text{ m} \approx 1{,}73\text{ m}$

2. Weg: $\overrightarrow{OA} = \binom{3}{h}$, $\overrightarrow{OB} = \binom{-3}{h}$; $\binom{3r-3s}{hr+hs} = \binom{0}{300} \Rightarrow r = s;\ h(r+s) = 300,\ h = \frac{150}{r}$

Mit $300 = r\sqrt{9 + h^2}$ erhält man: $r = \sqrt{7500} = s$; $h = \frac{150}{\sqrt{7500}} = \sqrt{3} \approx 1{,}73$ (m)

F 2 Geraden in Ebene und Raum

F 2.1 Punktrichtungsgleichung einer Geraden

FA 131

	Gleichung der Geraden	t = 1	t = –1	t = 0	$t = \frac{1}{2}$	t = –3	t = 20
a)	$\vec{x} = \binom{0}{3} + t\binom{-1}{-3}$	$P_1(-1; 0)$	$P_2(1; 6)$	$P_3(0; 3)$	$P_4(-\frac{1}{2}; \frac{3}{2})$	$P_5(3; 12)$	$P_6(-20; -57)$
b)	$\vec{x} = \binom{4}{-2} + t\binom{0}{2}$	$P_1(4; 0)$	$P_2(4; -4)$	$P_3(4; -2)$	$P_4(4; -1)$	$P_5(4; -8)$	$P_6(4; 38)$
c)	$\vec{x} = \binom{1}{1} + t\binom{5}{-5}$	$P_1(6; -4)$	$P_2(-4; 6)$	$P_3(1; 1)$	$P_4(\frac{7}{2}; -\frac{3}{2})$	$P_5(-14; 16)$	$P_6(101; -99)$
d)	$\vec{x} = \binom{0}{0} + t\binom{-3}{0}$	$P_1(-3; 0)$	$P_2(3; 0)$	$P_3(0; 0)$	$P_4(-\frac{3}{2}; 0)$	$P_5(9; 0)$	$P_6(-60; 0)$
e)	$\vec{x} = \binom{2}{0} + t\begin{pmatrix}\frac{1}{2}\\3\end{pmatrix}$	$P_1(\frac{5}{2}; 3)$	$P_2(\frac{3}{2}; -3)$	$P_3(2; 0)$	$P_4(\frac{1}{4}; \frac{3}{2})$	$P_5(\frac{1}{2}; -9)$	$P_6(12; 60)$

FA 132

a) $\vec{x} = \binom{0}{0} + t\binom{-2}{1} = t\binom{-2}{1}$ b) $\vec{x} = \binom{-2}{3} + t\binom{1}{1}$ c) $\vec{x} = \binom{-1}{5} + t\binom{-1}{-1}$

d) $\vec{x} = \binom{2}{-3} + t\binom{2}{-3}$ e) $\vec{x} = \begin{pmatrix}1\\3\\5\end{pmatrix} + t\begin{pmatrix}-2\\3\\1\end{pmatrix}$ f) $\vec{x} = \begin{pmatrix}1\\1\\1\end{pmatrix} + t\begin{pmatrix}1\\-2\\0\end{pmatrix}$

FA 133 Punkte, die jeweils auf einer der Geraden liegen: $A \in g_1$; $A \in g_5$; $B \in g_1$; $B \in g_5$; $C \in g_1$; $C \in g_5$ $\Rightarrow$ $g_1 = g_5$

FA 134

a) $m = 3$ b) $m = \frac{7}{4}$ c) $m = \frac{8}{3}$ d) $m = \frac{1}{2}$ e) $m = -\frac{3}{10}$

f) $m = \infty$ (Sonderfall; Steigungswinkel 90°) g) $m = 0$ h) $m = -1$ i) $m = 1$

FA 135

$\vec{u} = \vec{p}_0 + 2\vec{a} = \binom{-2}{1} + 2\binom{1}{2} = \binom{0}{5} \Rightarrow U(0; 5)$ $\vec{v} = \vec{p}_0 - 2\vec{a} = \binom{-2}{1} - 2\binom{1}{2} = \binom{-4}{-3} \Rightarrow V(-4; -3)$

$\vec{w} = \vec{p}_0 + \vec{a} = \binom{-2}{1} + \binom{1}{2} = \binom{-1}{3} \Rightarrow W(-1; 3)$

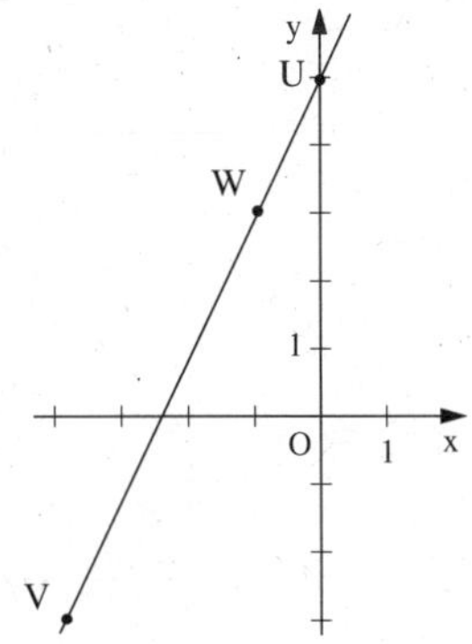

Geradengleichung: $\vec{x} = \vec{p}_0 + t\vec{a};\ t \in \mathbb{R} \Rightarrow \vec{x} = \binom{-2}{1} + t\binom{1}{2}$

$x = -2 + t$
$y = 1 + 2t$
$y - 2x = 5 \Rightarrow -2x + y - 5 = 0$ oder $y = 2x + 5$

Die Probe zeigt, dass U, V und W auf der Geraden liegen.

FA 136

$\vec{u} = \begin{pmatrix}-3\\2\\2\end{pmatrix} + 2\begin{pmatrix}1{,}5\\-1\\2\end{pmatrix} = \begin{pmatrix}0\\0\\6\end{pmatrix} \Rightarrow U(0; 0; 6)$

$\vec{v} = \begin{pmatrix}-3\\2\\2\end{pmatrix} - 2\begin{pmatrix}1{,}5\\-1\\2\end{pmatrix} = \begin{pmatrix}-6\\4\\-2\end{pmatrix} \Rightarrow V(-6; 4; -2)$

$\vec{w} = \begin{pmatrix}-3\\2\\2\end{pmatrix} + \begin{pmatrix}1{,}5\\-1\\2\end{pmatrix} = \begin{pmatrix}-1{,}5\\1\\4\end{pmatrix} \Rightarrow W(-1{,}5; 1; 4)$

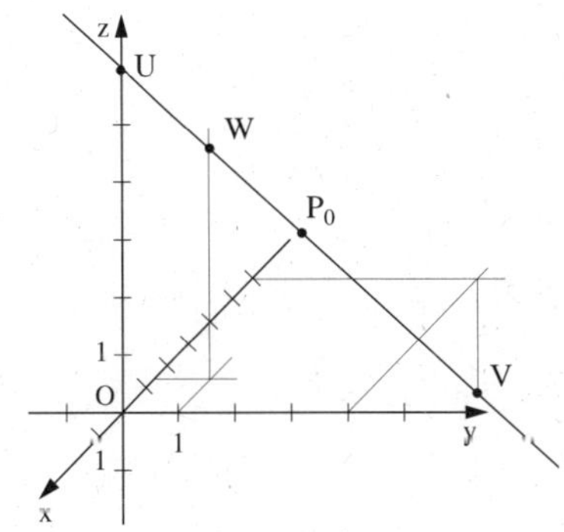

Geradengleichung: $\vec{x} = \vec{p}_0 + t\vec{a};\ t \in \mathbb{R} \Rightarrow \vec{x} = \begin{pmatrix}-3\\2\\2\end{pmatrix} + t\begin{pmatrix}1{,}5\\-1\\2\end{pmatrix}$

Die Probe zeigt, dass U, V und W zur Geraden gehören.

FA 137 Die folgenden Gleichungen sind mögliche Gleichungen der Geraden in parameterfreier Form:

a) $y = 5$ b) $x + y - 3 = 0$ c) $x - y - 3 = 0$
d) $x + 5y + 10 = 0$ e) $x = 4$ f) $x + y - 3 = 0$

FA 138

a) Für $t = -1$ erhält man einen Punkt $P(-3; 5)$
b) Durch diese Parametereinschränkung wird ein Strahl beschrieben, der vom Punkt $A(-2; 3)$ für $t = 0$ ausgeht und den Punkt $P(-3; 5)$ für $t = -1$ enthält.
c) Hier wird der Strahl beschrieben, der in $A(-2; 3)$ beginnt und den Punkt $P(-3; 5)$ nicht enthält.
d) Es wird eine Strecke mit den Endpunkten $U(-4; 7)$ und $V(0; -1)$ beschrieben.
e) Es wird eine Strecke beschrieben, die im Unterschied zu d) die Punkte U und V nicht enthält.
f) Es wird eine Strecke beschrieben, die im Unterschied zu d) den Punkt V nicht enthält.

FA 139 *(ohne grafische Darstellung)*

a) $P_3, P_4, P_7 \in g_1 \begin{cases} S_x(3; 0) \\ S_y(0; -3) \end{cases}$ b) $P_4, P_6 \in g_2 \begin{cases} S_x(-\frac{13}{12}; 0) \\ S_y(0; 2{,}6) \end{cases}$ c) $P_1, P_5 \in g_3 \begin{cases} S_x(-20; 0) \\ S_y(0; 5) \end{cases}$

d) $P_1, P_2 \in g_4 \begin{cases} S_x(-2; 0) \\ S_y(0; -1) \end{cases}$ e) keiner der Punkte liegt auf $g_5 \begin{cases} S_x(\frac{2}{3}; 0) \\ S_y(0; 2) \end{cases}$ f) $P_2, P_5 \in g_6 \begin{cases} S_x(0; 0) \\ S_y(0; 0) \end{cases}$

FA 140

a) $A(5; 1{,}5)$: (I) $5 = 1 - 2t$
(II) $-1{,}5 = 0{,}5 + t$
Lösung: $t = -2 \Rightarrow A \in g_1$
Analog erhält man: $B \notin g_1$; $C \in g_1$

c) (Beispiele)

b) $U(2; -1; 3)$: $t = -1 \Rightarrow U$, also $U \in g_2$.
$V(2; -1; 9)$: (I) $2 = 1 - t$
(II) $-1 = -1 + 0 \cdot t$
(III) $9 = 0 - 3t$
keine Lösung $\Rightarrow V \notin g_2$.
$W(0; 2; -3)$: Weil für jeden Punkt von g_2 die z-Koordinate den Wert -1 hat, folgt $W \notin g_2$.

FA 141

a) g_1: $y = x + 5$ b) g_2: $y = 3$ c) g_3: $x = -2$ d) g_4: $y = 3x + 9$

FA 142

a) $x = 3;\ y = 4$ b) $x = 0;\ y = -\frac{5}{7}$ c) $x = -\frac{4}{9};\ y = 0$ d) $x = 0;\ y = 0$ e) $x = -2;\ y = -3$ f) $x = 0{,}5;\ y = -\frac{1}{3}$

FA 143 a) $y = 3x - 4$ b) $y = \frac{1}{3}\sqrt{3}\,x$

FA 144 a) $y = \frac{1}{2}x - 2$ b) $y = -x + 2$ c) $y = -\sqrt{3}\,x + 2\sqrt{3}$ d) $y = -2$

FA 145

a) $\alpha_1 \approx 71{,}6°;\ S_x(-\frac{2}{3};\ 0);\ S_y(0;\ 2)$
b) $\alpha_2 = 45°;\ S_x(\frac{4}{3};\ 0);\ S_y(0;\ -\frac{4}{3})$
c) $\alpha_3 = 0°$; kein Schnittpunkt mit der x-Achse; $S_y(0;\ -1)$
d) $\alpha_4 \approx 116{,}6°;\ S_x(3;\ 0);\ S_y(0;\ 6)$
e) $\alpha_5 = 135°;\ S_x(-2;\ 0);\ S_y(0;\ -2)$
f) $\alpha_6 = 90°;\ S_x(2;\ 0)$; kein Schnittpunkt mit der y-Achse
g) $\alpha_7 = 150°;\ S_x(2 \cdot \sqrt{3};\ 0);\ S_y(0;\ 2)$
h) $\alpha_8 = 60°;\ S_x(-1;\ 0);\ S_y(0;\ \sqrt{3})$

FA 146

a) h_1: $y = \frac{1}{2}x - \frac{3}{2}$ b) h_2: $y = -2x + 4$ c) h_3: $y = -\frac{1}{3}x$ d) h_4: $y = \frac{1}{4}x - 3$

FA 147

a) ε_1: $x + y + 3z = 0$; In der Gleichung von n erhält man für $t = 0$: $P_1(2;\ 4;\ -2)$ und für $t = 2$: $P_2(0;\ 0;\ 0)$.
Probe $\Rightarrow$ $P_1 \in \varepsilon_1$; $P_2 \in \varepsilon_1$; $P_3(2;\ -2;\ 0)$, $P_4(-2;\ 2;\ 0)$; $P_3 \in \varepsilon_1$; $P_4 \in \varepsilon_1$
Wir überprüfen, ob P_3 und P_4 auf n liegen:

P_3:
(I) $2 = 2 - t$
(II) $-2 = 4 - 2t$
(III) $0 = -2 + t$
keine Lösung $\Rightarrow$ $P_3 \notin n$

P_4:
(I) $-2 = 2 - t$
(II) $2 = 4 - 2t$
(III) $0 = -2 + t$
keine Lösung $\Rightarrow$ $P_4 \notin n$

b) ε_2: $x + z = 0$; Wir stellen fest, dass $P_1(2;\ 4;\ -2)$ und $P_2(0;\ 0;\ 0)$ aus a) auch die Gleichung von ε_2 erfüllen, also $P_1 \in \varepsilon_2$ und $P_2 \in \varepsilon_2$. Nun betrachten wir die Punkte $P_3'(0;\ 1;\ 0)$ und $P_4'(0;\ 2;\ 0)$, die zu ε_2 gehören. Wir zeigen, dass diese beiden Punkte nicht auf n liegen:

P_3':
(I) $0 = 2 - t$
(II) $1 = 4 - 2t$
(III) $0 = -2 + t$
keine Lösung $\Rightarrow$ $P_3' \notin n$

P_4':
(I) $0 = 2 - t$
(II) $2 = 4 - 2t$
(III) $0 = -2 + t$
keine Lösung $\Rightarrow$ $P_4' \notin n$

F 2.2 Zweipunktegleichung einer Geraden

FA 148

a) $\vec{x} = \begin{pmatrix}1\\2\end{pmatrix} + t\begin{pmatrix}4\\5\end{pmatrix}$
b) $\vec{x} = \begin{pmatrix}0\\0\end{pmatrix} + t\begin{pmatrix}1\\1\end{pmatrix};\ \vec{x} = t\begin{pmatrix}1\\1\end{pmatrix}$
c) $\vec{x} = \begin{pmatrix}1\\-3\end{pmatrix} + t\begin{pmatrix}0\\-6\end{pmatrix}$
d) $\vec{x} = \begin{pmatrix}-2\\-2\end{pmatrix} + t\begin{pmatrix}-7\\0\end{pmatrix}$
e) $\vec{x} = \begin{pmatrix}1\\3\\5\end{pmatrix} + t\begin{pmatrix}1\\3\\5\end{pmatrix}$
f) $\vec{x} = \begin{pmatrix}2\\3\\-5\end{pmatrix} + t\begin{pmatrix}4\\0\\0\end{pmatrix}$

FA 149

a) g_1: $y = 3x + 2;\ S_x(-\frac{2}{3};\ 0)$ b) g_2: $y = 6x - 3;\ S_x(\frac{1}{2};\ 0)$ c) g_3: $y = -2x;\ S_x(0;\ 0)$ d) g_4: $y = x - 2;\ S_x(2;\ 0)$

FA 150

$m = \frac{1-2}{1-(-3)} = -\frac{1}{4};\quad 1 = -\frac{1}{4} \cdot 1 + n$, also $n = \frac{5}{4}$

$y = -\frac{1}{4}x + \frac{5}{4};\quad \frac{x}{5} + \frac{y}{\frac{5}{4}} = 1$

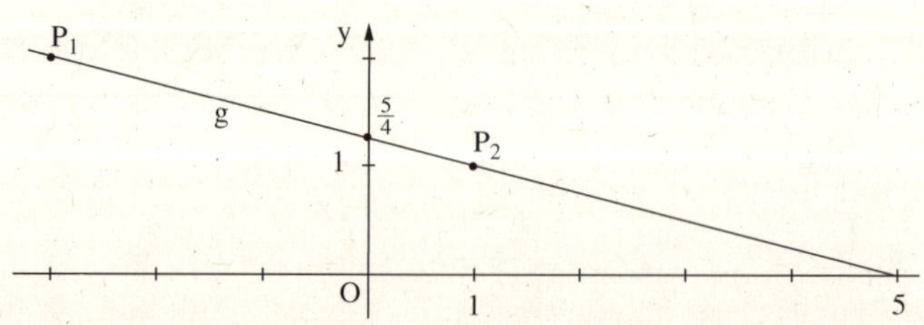

FA 151

a) $y = x - 1;\ \frac{x}{1} + \frac{y}{-1} = 1$ b) $y = -\frac{2}{3}x + 2;\ \frac{x}{3} + \frac{y}{2} = 1$ c) $y = -\frac{1}{6}x - \frac{1}{6};\ \frac{x}{-1} + \frac{y}{-\frac{1}{6}} = 1$ d) $y = 3x + 1;\ \frac{x}{-\frac{1}{3}} + \frac{y}{1} = 1$

FA 152

a) $y = \frac{1}{2}x;\ m = \frac{1}{2};\ \alpha \approx 26{,}6°$ b) $y = 3x;\ m = 3;\ \alpha \approx 71{,}6°$
c) $y = -x;\ m = -1;\ \alpha = 135°$ d) $y = -\sqrt{3}\,x;\ m = \sqrt{3};\ \alpha = 120°$

FA 153

a) $\frac{x}{3} + \frac{y}{8} = 1;\ S_x(3; 0);\ S_y(0; 8)$

b) $\frac{x}{5} + \frac{y}{1} = 1;\ S_x(5; 0);\ S_y(0; 1)$

c) $\frac{x}{-2} + \frac{y}{3} = 1;\ S_x(-2; 0);\ S_y(0; 3)$

d) $\frac{x}{-\frac{1}{2}} + \frac{y}{-\frac{5}{2}} = 1;\ S_x(-\frac{1}{2}; 0);\ S_y(0; -\frac{5}{2})$

FA 154

a) $y = \frac{3}{2}x - \frac{5}{4};\quad C \in g$ Die drei Punkte liegen auf ein und derselben Geraden.

b) $y = \frac{2}{3}x + 1{,}1;\quad C \notin g$ Die drei Punkte liegen nicht auf ein und derselben Geraden.

FA 155

a) g: $\begin{pmatrix} 2 \\ y_{c_1} \end{pmatrix} = \begin{pmatrix} 5 \\ 1 \end{pmatrix} + t\begin{pmatrix} 3 \\ 2 \end{pmatrix} \Rightarrow t = -1 \Rightarrow y_{c_1} = -1 \Rightarrow C_1(2; -1)$

b) $t = 11;\quad x_{c_2} = 19;\quad C_2(19; -6)$

c) $t = 2;\quad y_{c_3} = -1;\quad z_{c_3} = 1;\quad C_3(2; -1; 1)$

d) $t = -1;\quad x_{c_4} = -15;\quad z_{c_4} = -20;\quad C_4(-15; -13; -20)$

e) $t = -1;\quad x_{c_5} = 10;\quad y_{c_5} = 1;\quad C_5(10; 1; 20)$

FA 156 Gleichung der Geraden durch P_1 und P_2: g: $\vec{x} = \begin{pmatrix} 3 \\ 4 \\ -2 \end{pmatrix} + t\begin{pmatrix} -1{,}5 \\ -2 \\ 2 \end{pmatrix}$

a) $X_1 = \vec{x}(t) \Rightarrow$ keine Lösung, d. h. $X_1 \notin g$

b) $X_2 = \vec{x}(t) \Rightarrow t = \frac{2}{3}$, d. h. $X_2 \in g$

c) $X_3 = \vec{x}(t) \Rightarrow t = -1$, d. h. $X_3 \in g$

d) $X_4 = \vec{x}(t) \Rightarrow t = 2$, d. h. $X_4 \in g$

zu b) $\begin{pmatrix} 2 \\ \frac{8}{3} \\ -\frac{2}{3} \end{pmatrix} = t_1\begin{pmatrix} 3 \\ 4 \\ -2 \end{pmatrix} + t_2\begin{pmatrix} 1{,}5 \\ 2 \\ 0 \end{pmatrix}$ mit $t_1 + t_2 = 1 \Rightarrow t_1 = \frac{1}{3}; t_2 = \frac{2}{3} \Rightarrow \lambda = -\frac{t_2}{t_1} = -2$

X_2 teilt $\overline{P_1P_2}$ innen im Verhältnis 2 : 1.

zu c) $\begin{pmatrix} 4{,}5 \\ 6 \\ -4 \end{pmatrix} = t_1\begin{pmatrix} 3 \\ 4 \\ -2 \end{pmatrix} + t_2\begin{pmatrix} 1{,}5 \\ 2 \\ 0 \end{pmatrix} \Rightarrow t_1 = 2; t_2 = -1 \Rightarrow \lambda = -\frac{t_2}{t_1} = \frac{1}{2};$

X_3 teilt $\overline{P_1P_2}$ außen im Verhältnis 1 : 2.

zu d) $\begin{pmatrix} 0 \\ 0 \\ 2 \end{pmatrix} = t_1\begin{pmatrix} 3 \\ 4 \\ -2 \end{pmatrix} + t_2\begin{pmatrix} 1{,}5 \\ 2 \\ 0 \end{pmatrix} \Rightarrow t_1 = -1; t_2 = 2 \Rightarrow \lambda = -\frac{t_2}{t_1} = 2;$

X_4 teilt $\overline{P_1P_2}$ außen im Verhältnis 2 : 1.

FA 157

Aus der Darstellung folgt, dass L, M und N nicht auf einer Geraden liegen.
Rechnerische Überprüfung:

Gerade g(M, N) durch M und N: $\vec{x} = \begin{pmatrix} -2 \\ 0 \end{pmatrix} + t\begin{pmatrix} 5 \\ 1 \end{pmatrix};\quad t \in \mathbb{R}$

$t - \frac{1}{2} \to P(0{,}5; 2) \subset g \Rightarrow L(1; 2) \not\subset g$

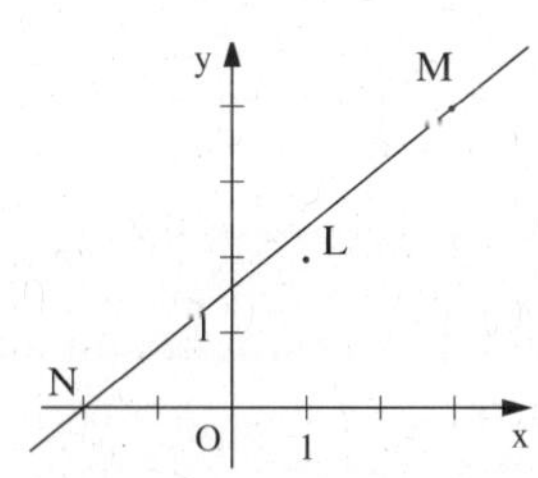

FA 158

a) g: $\vec{x} = \begin{pmatrix} 0 \\ 0 \end{pmatrix} + t\begin{pmatrix} -4 \\ 2 \end{pmatrix};\quad t \in \mathbb{R}$

$x = -4t$
$y = 2t \quad | \cdot 2 \quad +$

$x + 2y = 0$

b) l: $\vec{x} = \begin{pmatrix} -2 \\ 1 \end{pmatrix} + t\begin{pmatrix} 1 \\ -3 \end{pmatrix};\quad t \in \mathbb{R}$

$x = -2 + t \quad | \cdot 3$
$y = 1 - 3t \quad +$

$3x + y = -5 \Rightarrow 3x + y + 5 = 0$

c) Für g: $2x - y - 3 = 0$ ist $\vec{a} = \begin{pmatrix} 1 \\ 2 \end{pmatrix}$ ein Richtungsvektor.

m: $\vec{x} = \begin{pmatrix} 1 \\ -3 \end{pmatrix} + t\begin{pmatrix} 1 \\ 2 \end{pmatrix};\quad t \in \mathbb{R}$

$x = 1 + t \quad | \cdot (-2)$
$y = -3 + 2t \quad +$

$-2x + y = -5 \Rightarrow 2x - y - 5 = 0$

d) n: $\vec{x} = \begin{pmatrix} 0 \\ 0 \end{pmatrix} + t\begin{pmatrix} 1 \\ 0 \end{pmatrix};\quad t \in \mathbb{R}$

$\Rightarrow y = 0$

FA 159

a) g: $\vec{x} = \begin{pmatrix} 0 \\ 0 \\ 0 \end{pmatrix} + t\begin{pmatrix} -2 \\ 3 \\ -1 \end{pmatrix};\quad t \in \mathbb{R}$

b) l: $\vec{x} = \begin{pmatrix} -2 \\ 1 \\ 3 \end{pmatrix} + t\begin{pmatrix} 1 \\ -3 \\ 0 \end{pmatrix};\quad t \in \mathbb{R}$; l verläuft parallel zur xy-Ebene im Abstand 3.

c) m: $\vec{x} = \begin{pmatrix} 1 \\ -3 \\ 3 \end{pmatrix} + t\begin{pmatrix} -1 \\ 1 \\ 3 \end{pmatrix};\quad t \in \mathbb{R}$

d) n: $\vec{x} = \begin{pmatrix} 0 \\ 0 \\ 0 \end{pmatrix} + t\begin{pmatrix} 1 \\ 0 \\ 0 \end{pmatrix};\quad t \in \mathbb{R}$

FA 160

a) $\frac{1}{2}\,\overrightarrow{P_1P_3}$ ist Richtungsvektor der Geraden, auf der sich P bewegt. $|\frac{1}{2}\,\overrightarrow{P_1P_3}|$ ist der Weg, der in 1 s zurückgelegt wird.

$\Rightarrow\quad \vec{p}_0 = \vec{p}_1 - \frac{1}{2}\,\overrightarrow{P_1P_3} = \begin{pmatrix}5\\-4\\7\end{pmatrix} - \frac{1}{2}\begin{pmatrix}-4\\6\\-3\end{pmatrix} = \begin{pmatrix}7\\-7\\8,5\end{pmatrix}$ ist der Ortsvektor zum Punkt $P_0(7; -7; 8,5)$, in dem der Punkt P zum Zeitpunkt t = 0 (s) war.

b) $\vec{x}(t) = \vec{p}_0 + t \cdot \frac{1}{2}\,\overrightarrow{P_1P_3}$ ist der Ortsvektor des Punktes X_t, in dem sich P zum Zeitpunkt t (in Sekunden) befindet.
P erreicht die xy-Ebene im Punkt $P' = X_{t'}(x'; y'; 0)$, für den sich ergibt:

$\begin{pmatrix}x'\\y'\\0\end{pmatrix} = \begin{pmatrix}7\\-7\\8,5\end{pmatrix} + t'\begin{pmatrix}-2\\3\\-1,5\end{pmatrix}$. Daraus folgt: $t' = \frac{8,5}{1,5} = \frac{17}{3} \approx 5,67$ (s); $x' = -\frac{13}{3}$; $y' = 10$; $P'(-\frac{13}{3}; 10; 0)$.

FA 161

a) g: $\begin{pmatrix}2\\y_{c_1}\end{pmatrix} = \begin{pmatrix}5\\1\end{pmatrix} + t\begin{pmatrix}3\\2\end{pmatrix} \quad\Rightarrow\quad t = -1 \quad\Rightarrow\quad y_{c_1} = -1 \quad\Rightarrow\quad C_1(2; -1)$

b) $t = 11$; $x_{c_2} = 19$; $C_2(19; -6)$ c) $t = 2$; $y_{c_3} = -1$; $z_{c_3} = 1$; $C_3(2; -1; 1)$

d) $t = -1$; $x_{c_4} = -15$; $z_{c_4} = -20$; $C_4(-15; -13; -20)$ e) $t = -1$; $x_{c_5} = 10$; $y_{c_5} = 1$; $C_5(10; 1; 20)$

FA 162

$\vec{p}_1 = \vec{a} + \frac{1}{3}(\vec{b} - \vec{a}) = \begin{pmatrix}-9\\15\\-2\end{pmatrix} + \frac{1}{3}\begin{pmatrix}-3\\-21\\6\end{pmatrix} = \begin{pmatrix}-10\\8\\0\end{pmatrix}$ $P_1(-10; 8; 0)$

$\vec{p}_2 = \vec{a} + \frac{2}{3}(\vec{b} - \vec{a}) = \begin{pmatrix}-9\\15\\-2\end{pmatrix} + \frac{2}{3}\begin{pmatrix}-3\\-21\\6\end{pmatrix} = \begin{pmatrix}-11\\1\\2\end{pmatrix}$ $P_2(-11; 1; 2)$

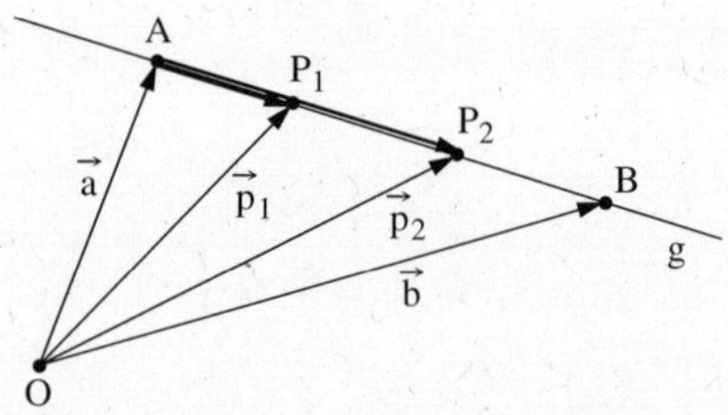

FA 163

g_1: $\vec{x} = \begin{pmatrix}0\\2\end{pmatrix} + t\begin{pmatrix}3\\-2\end{pmatrix}$; $y = -\frac{2}{3}x + 2$ g_2: $\vec{x} = \begin{pmatrix}0\\0\end{pmatrix} + t\begin{pmatrix}1\\1\end{pmatrix}$; $y = x$

g_3: $\vec{x} = \begin{pmatrix}0\\-2\end{pmatrix} + t\begin{pmatrix}4\\0\end{pmatrix}$; $y = -2$ g_4: $\vec{x} = \begin{pmatrix}0\\2,5\end{pmatrix} + t\begin{pmatrix}6\\2,5\end{pmatrix}$; $y = \frac{5}{12}x - 2,5$

g_5: $\vec{x} = \begin{pmatrix}6\\0\end{pmatrix} + t\begin{pmatrix}0\\-3\end{pmatrix}$; $x = 6$

F 2.3 Lagebeziehung zweier Geraden

FA 164 S(3; 4), h: $y = -4x$

FA 165

a) g_1: $y = -\frac{1}{4}x + 4$; g_2: $y = -\frac{1}{4}x - 1$; g_3: $y = x - 1$; g_4: $y = -\frac{1}{4}x + 4$

$g_1 \parallel g_2$, da $m_1 = m_2$.
$g_1 = g_4$, da $m_1 = m_4$ und $n_1 = n_4$.
$g_2 \parallel g_4$, da $m_2 = m_4$ (bzw. $g_1 = g_4$ und $g_1 \parallel g_2$).
g_1 und g_3 schneiden einander in $S_1(4; 3)$.
g_2 und g_3 schneiden einander in $S_2(0; -1)$.
g_3 und g_4 schneiden einander in $S_1(4; 3)$.

b) g_1: $y = 2x + 4$; g_2: $y = -2x + 4$; g_3: $y = \frac{1}{2}x + 2$; g_4: $y = \frac{1}{2}x$

g_1, g_2 schneiden einander in $S_1(0; 4)$.
g_1, g_3 schneiden einander in $S_2(-\frac{4}{3}; \frac{4}{3})$.
g_1, g_4 schneiden einander in $S_3(-\frac{8}{3}; -\frac{4}{3})$.
g_2, g_3 schneiden einander in $S_4(\frac{4}{5}; \frac{12}{5})$.
g_2, g_4 schneiden einander in $S_5(\frac{8}{5}; \frac{4}{5})$.
g_3, g_4 sind echt parallel, da $m_3 = m_4$ und $n_3 \neq n_4$ ist.

FA 166

g: $\vec{x} = \begin{pmatrix}1\\0\\-3\end{pmatrix} + t\begin{pmatrix}2\\-1\\3\end{pmatrix}$; $t \in \mathbb{R}$ n: $\vec{x} = \begin{pmatrix}7\\2\\-5\end{pmatrix} + t\begin{pmatrix}3\\1\\-1\end{pmatrix}$; $t \in \mathbb{R}$

A(7; –3; 6): Für t = 3 folgt $A \in g$. Für t = 0 folgt $P(7; 2; -5) \in n$, also $A \notin n$.

B(–3; 2; –6): Für t = –2 folgt $P(-3; 2; -9) \in g$, also $B \notin g$.

C(1; 0; –3): Für t = 0 folgt $C \in g$. Für t = –2 folgt $C \in n$.

FA 167

$g_1\colon\ \vec{x} = \begin{pmatrix}1\\1\\1\end{pmatrix} + t\begin{pmatrix}2\\1\\1\end{pmatrix}$; $\quad g_2\colon\ \vec{x} = \begin{pmatrix}-4\\0\\1\end{pmatrix} + t\begin{pmatrix}2\\-2\\-4\end{pmatrix}$

Da die Richtungsvektoren nicht parallel sind, sind auch die Geraden g_1 und g_2 nicht parallel, d.h., es kann ein gemeinsamer Punkt S existieren.

$\vec{s} = \begin{pmatrix}1\\1\\1\end{pmatrix} + t_1\begin{pmatrix}2\\1\\1\end{pmatrix} = \begin{pmatrix}-4\\0\\1\end{pmatrix} + t_2\begin{pmatrix}2\\-2\\-4\end{pmatrix}$. Wir erhalten ein Gleichungssystem für t_1, t_2:

$$\begin{array}{lrcl} \text{(I)} & -5 & = & 2t_1 - 2t_2 \\ \text{(II)} & -1 & = & t_1 + 2t_2 \\ \text{(III)} & 0 & = & t_1 + 4t_2 \end{array}$$

Die Lösung lautet: $t_1 = -2;\ t_2 = \frac{1}{2}$. $\Rightarrow$ S(–3; –1; –1) ist der gemeinsame Punkt der Geraden.

FA 168

a) Ist S ein eventuell gemeinsamer Punkt von g_1 und g_2, so muss $\begin{pmatrix}1\\2\end{pmatrix} + t_1\begin{pmatrix}-1\\3\end{pmatrix} = \begin{pmatrix}5\\-6\end{pmatrix} + t_2\begin{pmatrix}2\\-2\end{pmatrix}$ sein.
Wir erhalten das Gleichungssystem:

$$\begin{array}{lrcl} \text{(I)} & 4 & = & -t_1 - 2t_2 \\ \text{(II)} & -8 & = & 3t_1 + 2t_2 \end{array}$$

Die Lösung lautet: $t_1 = -2;\ t_2 = -1$. $\Rightarrow$ S(3; –4) ist der gemeinsame Punkt der Geraden.

b) $g_1\colon\ \vec{x} = \begin{pmatrix}1\\2\end{pmatrix} + t\begin{pmatrix}-1\\2\end{pmatrix}$ und $g_2\colon\ \vec{x} = \begin{pmatrix}5\\-6\end{pmatrix} + t\begin{pmatrix}1\\-2\end{pmatrix}$ sind parallel.
$P(1; 2) \in g_1$; $P(1; 2) \notin g_2$ $\Rightarrow$ g_1 und g_2 fallen nicht zusammen.

c) $g_1\colon\ 2x + y - 4{,}5 = 0$; $g_2\colon\ \vec{x} = \begin{pmatrix}1{,}5\\1{,}5\end{pmatrix} + t\begin{pmatrix}-3\\6\end{pmatrix}$ $\Rightarrow$ $2x + y - 4{,}5 = 0$ $\quad g_1$ und g_2 fallen also zusammen.

d) Die Richtungsvektoren sind linear abhängig. $P(0; 1) \in g_1$, aber $P(0; 1) \notin g_2$, d.h., g_1 und g_2 sind echt parallel.

e) S(3; 2) f) $S(1; -\frac{7}{4})$ g) S(0; 6)

h) Das abgeleitete Gleichungssystem hat keine Lösung. Damit existiert kein gemeinsamer Punkt. Da die Richtungsvektoren nicht parallel sind, liegen die Geraden g_1 und g_2 windschief zueinander.

i) g_1 und g_2 sind windschief. j) g_1 und g_2 sind parallel. k) g_1 und g_2 sind windschief.

l) S(3; 2; –3) m) g_1 und g_2 sind identisch.

FA 169

a) g_1 und g_2 besitzen den gemeinsamen Punkt S(3; 2; 4), $(t_1 = 1;\ t_2 = \frac{1}{2})$.

Senkrechte Projektion in die xy-Ebene: $g_1'\colon\ \vec{x} = \begin{pmatrix}2\\0\\0\end{pmatrix} + t\begin{pmatrix}1\\2\\0\end{pmatrix}$, $\quad g_2'\colon\ \vec{x} = \begin{pmatrix}2\\3\\0\end{pmatrix} + t\begin{pmatrix}2\\-2\\8\end{pmatrix}$.

g_1' und g_2' schneiden einander in S'(3; 2; 0).

b) g_1 und g_2 sind windschief zueinander.

Senkrechte Projektion in die xy-Ebene: $g_1'\colon\ \vec{x} = \begin{pmatrix}2\\0\\0\end{pmatrix} + t\begin{pmatrix}1\\2\\0\end{pmatrix}$, $\quad g_2'\colon\ \vec{x} = \begin{pmatrix}2\\3\\0\end{pmatrix} + t\begin{pmatrix}1\\-1\\0\end{pmatrix}$.

g_1' und g_2' schneiden einander in S'(3; 2; 0).

c) g_1 und g_2 sind windschief zueinander.

Senkrechte Projektion in die xy-Ebene: $g_1'\colon\ \vec{x} = \begin{pmatrix}2\\0\\0\end{pmatrix} + t\begin{pmatrix}1\\2\\0\end{pmatrix}$, $\quad g_2'\colon\ \vec{x} = \begin{pmatrix}4\\1\\0\end{pmatrix} + t\begin{pmatrix}1\\2\\0\end{pmatrix}$.

g_1' und g_2' sind parallel zueinander.

d) Solche Geraden findet man, indem man in g_1 und g_2 denselben Richtungsvektor sowie Trägerpunkte verwendet, die sich nur in der z-Koordinate unterscheiden, z.B. $g_1\colon\ \vec{x} = \begin{pmatrix}2\\3\\5\end{pmatrix} + t\begin{pmatrix}2\\-2\\1\end{pmatrix}$, $\quad g_2\colon\ \vec{x} = \begin{pmatrix}2\\3\\4\end{pmatrix} + t\begin{pmatrix}2\\-2\\1\end{pmatrix}$.

FA 170 Wir weisen nach, dass ABCD ein ebenes Viereck ist. Dazu zeigen wir

$AB \parallel CD$: $\vec{b} - \vec{a} = \begin{pmatrix}2\\2\\2\end{pmatrix}$; $\vec{c} - \vec{d} = \begin{pmatrix}2\\2\\2\end{pmatrix}$, also $\overrightarrow{AB} = \overrightarrow{DC}$. $\qquad AD \parallel BC$: $\vec{d} - \vec{a} = \begin{pmatrix}-2\\2\\0\end{pmatrix}$; $\vec{c} - \vec{b} = \begin{pmatrix}-2\\2\\0\end{pmatrix}$, also $\overrightarrow{AD} = \overrightarrow{BC}$.

Außerdem ist $|AB| = 2\sqrt{3}$ und $|AD| = 2\sqrt{2}$. Damit ist ABCD ein ebenes Viereck, ein Parallelogramm, aber kein Quadrat.
Analog zeigen wir, dass EFGH ein ebenes Viereck ist:

$EF \parallel HG$: $\vec{f} - \vec{e} = \begin{pmatrix}1\\1\\1\end{pmatrix}$; $\vec{g} - \vec{h} = \begin{pmatrix}1\\1\\1\end{pmatrix}$, also $\overrightarrow{EF} = \overrightarrow{HG}$. $\qquad EH \parallel FG$: $\vec{h} - \vec{e} = \begin{pmatrix}-1\\1\\0\end{pmatrix}$; $\vec{g} - \vec{f} = \begin{pmatrix}-1\\1\\0\end{pmatrix}$, also $\overrightarrow{EH} = \overrightarrow{FG}$.

Damit ist EFGH auch ein ebenes Viereck.
Weil $AB \parallel EF$ ($\overrightarrow{AB} = 2\,\overrightarrow{EF}$) und $AD \parallel EH$ ($\overrightarrow{AD} = 2\,\overrightarrow{EH}$) ist, liegen diese beiden Vierecke in zueinander parallelen Ebenen.

Wir bestimmen nun noch die gemeinsamen Punkte der Geraden g(AE), g(BF), g(CG) und g(DH) untereinander, falls diese existieren. Wir erwarten genau einen solchen Punkt.

g(AE): $\vec{x} = \begin{pmatrix}0\\0\\0\end{pmatrix} + t\begin{pmatrix}-\frac{5}{2}\\-\frac{3}{2}\\\frac{11}{2}\end{pmatrix}$ g(BF): $\vec{x} = \begin{pmatrix}2\\2\\2\end{pmatrix} + t\begin{pmatrix}-\frac{7}{2}\\-\frac{5}{2}\\\frac{9}{2}\end{pmatrix}$ mit t = 2 ist S(–5; –3; 11) der gemeinsame Punkt

g(CG): $\vec{x} = \begin{pmatrix}0\\4\\2\end{pmatrix} + t\begin{pmatrix}-\frac{5}{2}\\-\frac{7}{2}\\\frac{9}{2}\end{pmatrix}$ g(DH): $\vec{x} = \begin{pmatrix}-2\\2\\0\end{pmatrix} + t\begin{pmatrix}-\frac{3}{2}\\-\frac{5}{2}\\\frac{11}{2}\end{pmatrix}$ mit t = 2 ist S(–5; –3; 11) der gemeinsame Punkt

Folglich gehen alle vier Geraden durch einen Punkt und ABCDEFGH ist ein Pyramidenstumpf, dessen Grundfläche ein Parallelogramm, aber kein Quadrat ist.

F 2.4 Schnittpunkt zweier Geraden

FA 171

a) $S(4; -2)$, $h_1\colon y = -\frac{1}{4}x$
b) $g_1 = g_2$, $h_1\colon y = 4x$
c) $S(\frac{5}{2}; 0)$, $h_1\colon y = -x$
d) $g_1 \parallel g_2$, $h_1\colon y = \frac{7}{3}x$
e) $S(-9; -3)$, $h_1\colon y = 3x$
f) $g_1 = g_2$, $h_1\colon y = \frac{2}{3}x$

FA 172

a) g: $m_g = \frac{1}{2}$, $y = \frac{1}{2}x - 3$; h: $m_h = -1$, $y = -x + 3$ } g und h schneiden einander, da $m_g \neq m_h$ gilt; S(4; –1).

b) g: $m_g = 8$, $y = 8x - 7$; h: $m_h = 8$, $y = 8x - 7$ } g und h sind identisch.

c) g: $m_g = -\frac{2}{3}$, $y = -\frac{2}{3}x + 5$; h: $m_h = -\frac{2}{3}$, $y = -\frac{2}{3}x - 5$ } g und h sind echt parallel, da $m_g = m_h$ und $n_g \neq n_h$ gilt.

d) g: $m_g = -\frac{1}{3}$, $y = -\frac{1}{3}x - 1$; h: $m_h = 0$, $y = 2{,}4$ } g und h schneiden einander, da $m_g \neq m_h$ gilt; S(–10,2; 2,4).

FA 173

a) A(–3, –1); B(6; 2); C(–1; 9)
b) $s_a\colon y = \frac{13}{11}x + \frac{28}{11}$; $s_b\colon y = -\frac{1}{4}x + \frac{7}{2}$; $s_c\colon y = -\frac{17}{5}x + \frac{28}{5}$
c) $S(\frac{2}{3}; \frac{10}{3})$

FA 174

a) g: $\vec{x} = \begin{pmatrix}1\\4\end{pmatrix} + t_1\begin{pmatrix}1\\-1\end{pmatrix}$; h: $\vec{x} = \begin{pmatrix}3\\3\end{pmatrix} + t_2\begin{pmatrix}2\\7\end{pmatrix}$ $\Rightarrow$ $S(\frac{29}{9}; \frac{34}{9})$

b) g: $\vec{x} = \begin{pmatrix}3\\1\\2\end{pmatrix} + t_1\begin{pmatrix}2\\2\\2\end{pmatrix}$; h: $\vec{x} = \begin{pmatrix}2\\1\\1\end{pmatrix} + t_2\begin{pmatrix}1\\2\\1\end{pmatrix}$ $\Rightarrow$ S(1; –1; 0)

c) g: $\vec{x} = \begin{pmatrix}4\\1\\5\end{pmatrix} + t_1\begin{pmatrix}2\\-1\\1\end{pmatrix}$; h: $\vec{x} = \begin{pmatrix}-3\\-6\\0\end{pmatrix} + t_2\begin{pmatrix}1\\3\\1\end{pmatrix}$ $\Rightarrow$ g und h sind windschief zueinander.

FA 175

a) $P_1(\frac{10}{3}; \frac{7}{3})$; $P_2(\frac{5}{2}; \frac{3}{2})$; $P_3(4; 3)$; $P_4(5; -1)$; $P_5(3; 3)$; $P_6(1; 3)$

b) $M_1(\frac{13}{6}; \frac{8}{3})$; $M_2(\frac{11}{4}; \frac{9}{4})$; $M_3(\frac{9}{2}; 1)$

$g(M_1M_2)\colon 10x + 14y - 59 = 0$, M_3 erfüllt diese Geradengleichung.

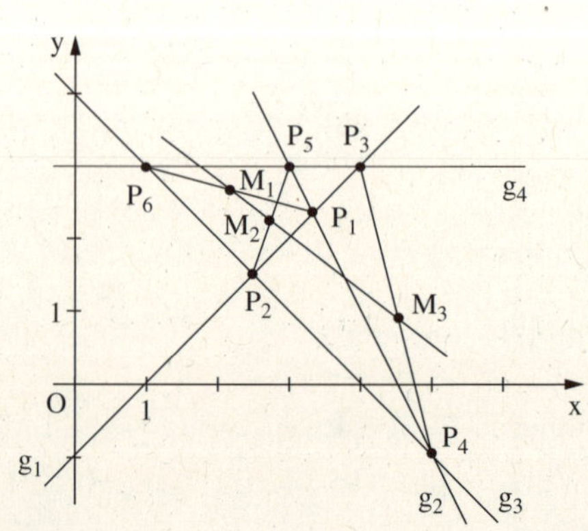

FA 176 Mittelpunkte der drei Raumdiagonalen (ohne Skizze):
Mittelpunkt von $\overline{AG}$: $M_1(2; 4; 2)$; Mittelpunkt von $\overline{DF}$: $M_2(2; 4; 2)$; Mittelpunkt von $\overline{EC}$: $M_3(2; 4; 2)$
Folglich schneiden die Raumdiagonalen des angegebenen Spats einander im Punkt M(2; 4; 2).

FA 177

a) $g_1 = g(AC)$: $\vec{x} = \begin{pmatrix} 2 \\ 1 \\ 2 \end{pmatrix} + t_1 \begin{pmatrix} 4 \\ 4 \\ 1 \end{pmatrix}$; $g_2 = g(BD)$: $\vec{x} = \begin{pmatrix} 5 \\ 2 \\ 1 \end{pmatrix} + t_2 \begin{pmatrix} -5 \\ 1 \\ 4 \end{pmatrix}$ g_1 und g_2 schneiden einander. Das Viereck ist eben.

b) $g_1 = g(AC)$: $\vec{x} = \begin{pmatrix} 2 \\ 2 \\ 4 \end{pmatrix} + t_1 \begin{pmatrix} 4 \\ 7 \\ -3 \end{pmatrix}$; $g_2 = g(BD)$: $\vec{x} = \begin{pmatrix} 5 \\ 3 \\ 2 \end{pmatrix} + t_2 \begin{pmatrix} -2 \\ 5 \\ 3 \end{pmatrix}$ g_1 und g_2 schneiden einander nicht.
Das Viereck ist nicht eben.

FA 178 Zur Bestimmung der Schnittpunkte von g mit den Koordinatenebenen müssen Punkte $P_{xy}(x; y; 0)$, $P_{yz}(0; y; z)$, $P_{zx}(x; 0; z)$ von g bestimmt werden. Aus der Gleichung von g erhält man:
$t_1 = 1$: $P_{yz}(0; y; z) = (0; 1; 2)$; $t_2 = -1$: $P_{xy}(x; y; 0) = (2; 3; 0)$; $t_3 = 2$: $P_{zx}(x; 0; z) = (-1; 0; 3)$

FA 179

a) $\vec{x} = \vec{p}_0 + t \cdot \vec{a} = \begin{pmatrix} 3 \\ 4{,}5 \\ 1 \end{pmatrix} + t \begin{pmatrix} 2 \\ 3 \\ -1 \end{pmatrix}$ $t \in \mathbb{R}$ b) $t = 1$: $P_{xy}(5; 7{,}5; 0)$ c) $t = -1{,}5$: $P_z(0; 0; 2{,}5)$

FA 180

a) g(AA'): $y = -\frac{1}{2}x$, g(BB'): $y = 1$ g(CC'): $y = x + 3$. Dann ist $P_0(-2; 1)$ ein Punkt, der auf allen drei Geraden liegt.

b) g(AB): $y = \frac{1}{2}x + 1$ g(A'B'): $y = 2x - 5$
g(AB) ∩ g(A'B') = {C*}, C*(4; 3),

g(BC): $y = -x + 1$ g(B'C'): $y = -\frac{2}{3}x + 3$
g(BC) ∩ g(B'C') = {A*}, A*(−6; 7),

g(CA): $x = -1$ g(C'A'): $y = -2x + 3$
g(CA) ∩ g(C'A') = {B*}, B*(−1; 5),

c) Auch hier müssen die entsprechenden Schnittpunkte auf einer Geraden liegen.
(vgl. Satz von DESARGUES)

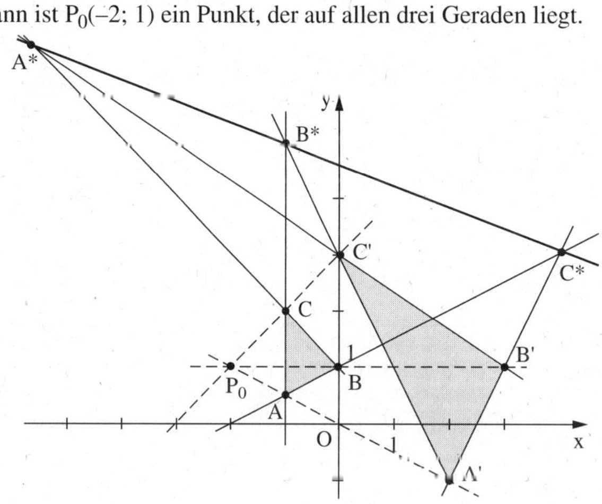

FA 181

a) A ∈ a für t = +1 C ∈ c für t = −2 b) D(2; 2; 5) für t = 0 in a und t = −1 in c

c) g(BD): $\vec{x} = \vec{b} + t(\vec{d} - \vec{b}) = \begin{pmatrix} 4 \\ 5 \\ 0 \end{pmatrix} + t\left[\begin{pmatrix} 2 \\ 2 \\ 5 \end{pmatrix} - \begin{pmatrix} 4 \\ 5 \\ 0 \end{pmatrix}\right] = \begin{pmatrix} 4 \\ 5 \\ 0 \end{pmatrix} + t \begin{pmatrix} -2 \\ -3 \\ 5 \end{pmatrix}$

FA 182 Wir nehmen an, dass g und h einen Schnittpunkt haben, dann gilt:

$t_1 \begin{pmatrix} 0 \\ 0 \\ p \end{pmatrix} = \begin{pmatrix} 1 \\ 0 \\ -2 \end{pmatrix} + t_2 \begin{pmatrix} 1 \\ -2 \\ 3 \end{pmatrix}$, also $t_1 \begin{pmatrix} 0 \\ 0 \\ p \end{pmatrix} - t_2 \begin{pmatrix} 1 \\ -2 \\ 3 \end{pmatrix} = \begin{pmatrix} 1 \\ 0 \\ -2 \end{pmatrix}$ bzw.

(I) $0 \cdot t_1 - 1 \cdot t_2 = 1$
(II) $0 \cdot t_1 + 2 \cdot t_2 = 0$
(III) $p \cdot t_1 - 3 \cdot t_2 = -2$

Aus (I) folgt sofort $t_2 = -1$. $t_2 = -1$ erfüllt aber (II) nicht. Folglich gibt es kein solches p.

F 2.5 Schnittwinkel von zwei Geraden in der Ebene

FA 183 $m_1 = \frac{1}{3}$, $\alpha_1 \approx 18{,}4°$, $m_2 = \frac{3}{2}$, $\alpha_2 \approx 56{,}3°$; $\psi = \alpha_2 - \alpha_1 \approx 37{,}9°$

FA 184

a) $m_2 = -\frac{5}{3}$ b) $m_2 = 4$ c) $m_2 = -\frac{1}{2}\sqrt{2}$ d) $m_2 = \frac{1}{3}$ e) $m_2 = \frac{4}{3}$ f) $m_2 = 10$

FA 185

$g_1 \perp g_2$, da $m_1 \cdot m_2 = -1$;
$g_1 \perp g_4$, da $m_1 \cdot m_4 = -1$;
$g_2 \parallel g_4$, da $m_2 = m_4$;

g_1 und g_3 schneiden einander; $g_1 \not\perp g_3$, da $m_1 \cdot m_3 \neq -1$;
g_2 und g_3 schneiden einander; $g_2 \not\perp g_3$, da $m_2 \cdot m_3 \neq -1$;
g_3 und g_4 schneiden einander; $g_3 \not\perp g_4$, da $m_3 \cdot m_4 \neq -1$.

FA 186 $y = -\frac{1}{3}x + \frac{8}{3}$ ($g \perp h$ und $P_0 \in h$).

FA 187

a) l_1: $y = -\frac{1}{2}x + \frac{5}{2}$; $L_1(-\frac{3}{5}; \frac{14}{5})$ b) l_2: $y = 4x - 16$; $L_2(4; 0)$ c) l_3: $y = \frac{3}{4}x - \frac{7}{8}$; $L_3(-\frac{3}{2}; -2)$ d) l_4: $x = 2{,}5$; $L_4(2{,}5; -3)$

FA 188

a) l_1: $y = -2x$ ($l_1 \perp g_1$ und $O \in l_1$), $L_1(\frac{6}{5}; -\frac{12}{5})$, $a_1 = |\overline{OL_1}| \approx 2{,}68$

b) l_2: $y = \frac{4}{5}x$ ($l_2 \perp g_2$ und $O \in l_2$), $L_2(\frac{100}{41}; \frac{80}{41})$, $a_2 = |\overline{OL_2}| \approx 3{,}12$

c) l_3: $x = 0$ ($l_3 \perp g_3$ und $O \in l_3$), $L_3(0; 4)$, $a_3 = |\overline{OL_3}| = 4$

d) l_4: $y = \frac{4}{3}x$ ($l_4 \perp g_4$ und $O \in l_4$), $L_4(\frac{36}{25}; \frac{48}{25})$, $a_4 = |\overline{OL_4}| = \frac{12}{5}$

FA 189 a) $H(0; 1)$ b) $H(\frac{5}{3}; \frac{5}{3})$

FA 190

a) $m_1 = \frac{1}{2}$, $\alpha_1 \approx 26{,}6°$; $m_2 = \frac{3}{2}$, $\alpha_2 \approx 56{,}3°$ } $\psi = |\alpha_2 - \alpha_1| \approx 29{,}7°$

b) $m_1 = 4$, $\alpha_1 \approx 76{,}0°$; $m_2 = \frac{1}{3}$, $\alpha_2 \approx 18{,}4°$ } $\psi = |\alpha_2 - \alpha_1| \approx 57{,}6°$

c) $m_1 = -0{,}1$, $\alpha_1 \approx 174{,}3°$; $m_2 = \frac{1}{3}$, $\alpha_2 \approx 18{,}4°$ } $|\alpha_1 - \alpha_2| \approx 155{,}9°$, $\psi \approx 24{,}1°$

d) $m_1 = \frac{2}{3}$, $\alpha_1 \approx 33{,}7°$; $m_2 = 0{,}01$, $\alpha_2 \approx 0{,}6°$ } $|\alpha_1 - \alpha_2| \approx 33{,}1°$, $\psi \approx 33{,}1°$

e) $m_1 = -2$, $\alpha_1 \approx 116{,}6°$; $m_2 = \frac{1}{5}$, $\alpha_2 \approx 11{,}3°$ } $|\alpha_1 - \alpha_2| \approx 105{,}3°$, $\psi \approx 74{,}7°$

f) $m_1 = -\frac{1}{5}$, $\alpha_1 \approx 168{,}7°$; $m_2 = 1$, $\alpha_2 \approx 45°$ } $|\alpha_1 - \alpha_2| \approx 123{,}7°$, $\psi \approx 56{,}3°$

FA 191 α_1: g_2: $y = \frac{1}{3}\sqrt{3}\,x + (1 - \frac{2}{3}\sqrt{3})$ α_2: g_2: $y = x - 1$ α_3: g_2: $y = \sqrt{3}\,x + (1 - 2\sqrt{3})$

Aufgaben zur Selbstkontrolle

FA 192

a) $\vec{a} = \overrightarrow{AB} = \begin{pmatrix}-5\\-4\end{pmatrix}$; $\vec{b} = \overrightarrow{CD} = \begin{pmatrix}0\\-4\end{pmatrix}$; $\vec{c} = \overrightarrow{BC} = \begin{pmatrix}4\\4\end{pmatrix}$

b) $\vec{a} + \vec{b} = \begin{pmatrix}-5\\-8\end{pmatrix}$; $2\vec{b} - \vec{c} = \begin{pmatrix}0\\-8\end{pmatrix} - \begin{pmatrix}4\\4\end{pmatrix} = \begin{pmatrix}-4\\-12\end{pmatrix}$ Da $\frac{-5}{-4} \neq \frac{-8}{-12}$ ist, sind die Vektoren $\vec{a} + \vec{b}$ und $2\vec{b} - \vec{c}$ nicht kollinear.

c) $|\vec{a}| = \sqrt{5^2 + 4^2} = \sqrt{25 + 16} = \sqrt{41}$

d)

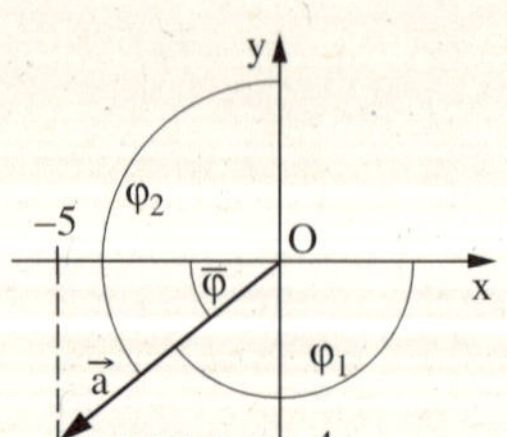

$\tan\overline{\varphi} = \frac{-4}{-5}$ $\overline{\varphi} \approx 38{,}7°$

$\varphi_1 = 180° - \overline{\varphi} \approx 141{,}3°$

$\varphi_2 = 90° + \overline{\varphi} \approx 128{,}7°$

e) Wir betrachten die Vektoren $\overrightarrow{AD}$ und $\overrightarrow{CB}$:

$\overrightarrow{AD} = \begin{pmatrix}-1\\-4\end{pmatrix}$, $\overrightarrow{CB} = \begin{pmatrix}-4\\-4\end{pmatrix}$ } $\Rightarrow$ $\overrightarrow{AD} \neq \overrightarrow{CB}$, $\overrightarrow{AD} \neq -\overrightarrow{CB}$; d.h., ADBC ist kein Parallelogramm.

FA 193

a) $\vec{a} = \begin{pmatrix}2\\1\\-3\end{pmatrix}$; $\vec{b} = \begin{pmatrix}1\\-1\\2\end{pmatrix}$; $\vec{c} = \begin{pmatrix}2\\-1\\-2\end{pmatrix}$; $\vec{a} + \vec{b} = \begin{pmatrix}3\\0\\-1\end{pmatrix}$ und $|\vec{a} + \vec{b}| = \sqrt{3^2 + 0^2 + (-1)^2} = \sqrt{10}$

b) $\vec{a} - \vec{c} = \begin{pmatrix}0\\2\\-1\end{pmatrix}$; $\vec{b} = \begin{pmatrix}1\\-1\\2\end{pmatrix}$; $\frac{0}{1} \neq \frac{2}{-1} \neq \frac{-1}{2}$, $\vec{a} - \vec{c}$ und $\vec{b}$ sind nicht kollinear.

c) $\vec{a}+\vec{b}=\begin{pmatrix}3\\0\\-1\end{pmatrix}$; $\vec{a}+\vec{c}=\begin{pmatrix}4\\0\\-1\end{pmatrix}$; $(\vec{a}+\vec{b})\cdot(\vec{a}+\vec{c})=3\cdot4+0\cdot0+(-1)(-1)=13\neq0$,

die Vektoren $\vec{a}+\vec{b}$ und $\vec{a}+\vec{c}$ sind nicht orthogonal.

d) $\vec{a}-\vec{b}=\begin{pmatrix}1\\2\\-1\end{pmatrix}$; $\vec{a}+\vec{c}=\begin{pmatrix}4\\0\\-1\end{pmatrix}$; $\cos\varphi=\dfrac{1\cdot4+2\cdot0+(-1)(-1)}{\sqrt{1^2+2^2+(-1)^2}\cdot\sqrt{4^2+0^2+(-1)^2}}=\dfrac{5}{\sqrt5\cdot\sqrt{17}}=\dfrac{\sqrt5}{\sqrt{17}}\approx0{,}5423$; $\varphi\approx57{,}2°$

FA 194

a) $2x-ky+2=0$

$ky=2x+2$

Für $k\neq0$ erhalten wir:

$y=\frac{2}{k}x+\frac{2}{k}\quad(m_1=\frac{2}{k})$

$2x+3y+k=0$

$2y=-2x-k$

$y=-\frac{2}{3}x-\frac{k}{3}\quad(m_2=-\frac{2}{3})$

Parallelitätsbedingung: $m_1=m_2$,

d.h.: $\frac{2}{k}=-\frac{2}{3}\Rightarrow k=-3$

b) Orthogonalitätsbedingung: $m_1\cdot m_2=-1$, d.h.: $\frac{2}{k}\cdot(-\frac{2}{3})=-1$; $\frac{4}{3}k=1$; $k=\frac{3}{4}$

c) Die Gerade $2x-ky+2=0$ ist parallel zur y-Achse nur für $k=0$.

FA 195 a) Parallel zur x-Achse: $a+2=0$; $a=-2$ b) Parallel zur y-Achse: $a^2-9=0$; $a=\pm3$

FA 196

a) Die Laufbahn bestimmen wir als Zweipunktegleichung einer Geraden: $P_1(-6;1)$, $P_2(-4;3)$.

$$\frac{y-y_1}{y_2-y_1}=\frac{x-x_1}{x_2-x_1}$$

$$\frac{y-1}{3-1}=\frac{x+6}{-4+6}$$

$$\frac{y-1}{2}=\frac{x+6}{2}$$

$$y-1=x+6$$

$$y=x+7\quad(*)$$

(1; 8) liegt auf der Geraden (*), weil $8=1+7$;
(3; 4) liegt nicht auf dieser Geraden: $4\neq3+7$

b) Die Gerade (*) $y=x+7$ hat den Steigungswinkel 45°, weil $m=1$ $(\tan\alpha=\tan45°=1)$

FA 197

a) Für g(A, B) mit $\vec{x}=\begin{pmatrix}1\\2\\1\end{pmatrix}+t\begin{pmatrix}-1\\2\\1\end{pmatrix}$ und h müsste gelten: $\begin{pmatrix}-1\\2\\1\end{pmatrix}=k\begin{pmatrix}1\\1\\-1\end{pmatrix}$. Gleichung ist für kein $k\in\mathbb{R}$ lösbar und

$1-t=2+s$
$2+2t=5+s$
$1+t=3-s$ → keine Lösung, also sind die Geraden windschief.

b) Punktprobe: $\begin{pmatrix}1\\4\\4\end{pmatrix}=\begin{pmatrix}2\\5\\3\end{pmatrix}+s\begin{pmatrix}1\\1\\-1\end{pmatrix}\Rightarrow s=-1$, also $S\in h$, $\begin{pmatrix}1\\4\\4\end{pmatrix}=\begin{pmatrix}1\\2\\1\end{pmatrix}+t\begin{pmatrix}-1\\2\\1\end{pmatrix}$ ist für kein $t\in\mathbb{R}$ lösbar, also $S\notin g$.

c) Maßzahl der Fläche des Dreiecks PSO:

Wegen $|\overrightarrow{OP}|=\left|\begin{pmatrix}4\\-2\\1\end{pmatrix}\right|=\sqrt{21}$, $|\overrightarrow{OS}|=\left|\begin{pmatrix}1\\4\\4\end{pmatrix}\right|=\sqrt{33}$, $|\overrightarrow{PS}|=\left|\begin{pmatrix}-3\\6\\3\end{pmatrix}\right|=\sqrt{54}$ und $|PS|^2=|\overrightarrow{OP}|^2+|\overrightarrow{OS}|^2$

folgt, dass $\overrightarrow{OP}$ und $\overrightarrow{OS}$ die Katheten des Dreiecks bilden. Also gilt: $A=\frac{1}{2}|\overline{OP}|\cdot|\overline{OS}|=\frac{1}{2}\sqrt{21}\cdot\sqrt{33}\approx13{,}2$

Maßzahl des Umfangs des Dreiecks PSO: $u=\sqrt{21}+\sqrt{33}+\sqrt{54}\approx17{,}7$

F 3 Lineare Gleichungssysteme

F 3.1 Lineare Gleichungssysteme mit drei Variablen; GAUSSsches Eliminierungsverfahren

FA 198

(I') = (I)	$x+2y+z=9$	(I'') = (I') = (I)	$x+2y+z=9$
(II') = (I) − (II)	$3y-z=7$ ⇒	(II'') = (II')	$3y-z=7$
(III') = (III) − 2(I)	$-7y+z=-19$	(III'') = 7(II') + 3(III')	$-4z=-8$

Lösung: $z=2$; $y=3$; $x=1$

FA 199

a) $x=-\frac{2}{7};\quad y=z=\frac{6}{7}$
b) $x=2;\quad y=1;\quad z=-2$
c) $x=-1;\quad y=1;\quad z=2$
d) $x=2;\quad y=-5;\quad z=-1$
e) $x=-1;\quad y=\frac{3}{2};\quad z=\frac{2}{3}$
f) $x=6;\quad y=7;\quad z=8$
g) $x=2;\quad y=\frac{2}{3};\quad z=6$
h) $x=2;\quad y=\frac{2}{3};\quad z=6$

FA 200

a) $x=2;\ y=-8;\ z=-7$
b) $x=3;\ y=-6;\ z=-2$
c) $x=-3;\ y=1;\ z=3$
d) $x=2;\ y=-1;\ z=3$

F 3.2 Lösbarkeit und Lösungsmenge von Gleichungssystemen

FA 201 $x=4-2t;\ y=-2+3t;\ z=t$ für beide Gleichungssysteme

FA 202

a) Das System hat keine Lösung.

b) $\begin{pmatrix}x\\y\\z\end{pmatrix}=\begin{pmatrix}-1\\\frac{1}{2}\\0\end{pmatrix}+t\begin{pmatrix}2\\-\frac{3}{4}\\1\end{pmatrix};\quad t\in\mathbb{R}$

c) $\begin{pmatrix}x\\y\\z\end{pmatrix}=\begin{pmatrix}4\\0\\0\end{pmatrix}+t_1\begin{pmatrix}-2\\1\\0\end{pmatrix}+t_2\begin{pmatrix}2\\0\\1\end{pmatrix};\quad t_1,t_2\in\mathbb{R}$

d) $x=3;\quad y=1;\quad z=4$

FA 203

a) $x=-\frac{5}{4}t;\ y=-\frac{7}{4}t;\ z=t;\quad t\in\mathbb{R}$

b) $x=-\frac{1}{4}t;\ y=-\frac{3}{4}t;\ z=t;\quad t\in\mathbb{R}$

c) $x=\frac{2}{5}t;\ y=-\frac{1}{5}t;\ z=t;\quad t\in\mathbb{R}$

d) $x=y=z=0$

FA 204

a) $x_1=1;\ x_2=0;\ x_3=-2;\ x_4=3$
b) $x_1=1+2t;\ x_2=2-t;\ x_3=3+2t;\ x_4=t$
c) $x_1=-15+13t_1-17t_2;\ x_2=10-7t_1+6t_2;\ x_3=t_1;\ x_4=t_2$
d) $x_1=-5-2t_1-t_2;\ x_2=4+t_1+2t_2;\ x_3=2-3t_1+t_2;\ x_4=t_1;\ x_5=t_2$

FA 205 Mit $a=1$ und $b=2$ gilt:

$$\begin{array}{rcl|l} x+3y-2z & = & 4 & \\ y-z & = & 2 & z=t;\ t\in\mathbb{R} \\ \hline x+3y & = & 4+2t & \\ y & = & 2+t & \cdot(-3)\uparrow \\ z & = & t & \\ \hline x & = & -2-t & \\ y & = & 2+t & \\ z & = & t & \end{array}$$

bzw. $\begin{pmatrix}x\\y\\z\end{pmatrix}=\begin{pmatrix}-2\\2\\0\end{pmatrix}+t\begin{pmatrix}-1\\1\\1\end{pmatrix}$

FA 206

a)
$$\begin{array}{rcl|ll} 2x+3y+z & = & 1 & \cdot(-2)\downarrow & \cdot(-5)\downarrow \\ 4x-7y+az & = & 1 & & \\ 5x+y+az & = & 2 & & \cdot 2 \\ \hline 2x+3y+z & = & 1 & & \\ -13y+(a-2)z & = & -1 & \cdot(-1)\downarrow & \\ -13y+(2a-5)z & = & -1 & & \\ \hline 2x+3y+z & = & 1 & & \\ -13y+(a-2)z & = & -1 & & \\ (a-3)z & = & 0 & & \end{array}$$

1) Wenn $a\neq 3$, so ist das System eindeutig lösbar.
2) Das System ist für alle $a\in\mathbb{R}$ lösbar.
3) Wenn $a=3$, so gibt es unendlich viele Lösungen.

b) a = 3:

$$\begin{array}{rcll} 2x + 3y + z &=& 1 & \\ -13y + z &=& -1 & \quad z = t;\ t \in \mathbb{R} \\ \hline 2x + 3y &=& 1 - t & \cdot 13 \\ -13y &=& -1 - t & \cdot 3 \\ \hline 26x &=& 10 - 16t & \\ -13y &=& -1 - t & \end{array}$$

$$x = \frac{5}{13} - \frac{8}{13}t \qquad y = \frac{1}{13} + \frac{1}{13}t \qquad z = t \qquad \text{bzw.} \quad \begin{pmatrix} x \\ y \\ z \end{pmatrix} = \begin{pmatrix} \frac{5}{13} \\ \frac{1}{13} \\ 0 \end{pmatrix} + t \begin{pmatrix} -\frac{8}{13} \\ \frac{1}{13} \\ 1 \end{pmatrix}$$

c) Für $a \neq 3$ gilt $z = 0$ und: $-13y = -1$, d.h. $y = \frac{1}{13}$; $\quad 2x + 3 \cdot \frac{1}{13} = 1$, d.h. $x = \frac{5}{13}$

F 3.3 Koeffizientenmatrix; Matrizen und Vektoren

FA 207

a) richtig

b) $\begin{pmatrix} 1 & -1 & 2 \\ -1 & 2 & -3 \\ 1 & 0 & 1 \end{pmatrix} \cdot \begin{pmatrix} x \\ y \\ z \end{pmatrix} = \begin{pmatrix} -1 \\ 3 \\ 1 \end{pmatrix}$

c) $\begin{pmatrix} 1 & -1 & 2 \\ -1 & 2 & -3 \\ 1 & 0 & 1 \end{pmatrix} \cdot \begin{pmatrix} 0 \\ 3 \\ 1 \end{pmatrix} = \begin{pmatrix} -1 \\ 3 \\ 1 \end{pmatrix}$; $\begin{pmatrix} 1 & -1 & 2 \\ -1 & 2 & -3 \\ 1 & 0 & 1 \end{pmatrix} \cdot \begin{pmatrix} 2 \\ 1 \\ -1 \end{pmatrix} = \begin{pmatrix} -1 \\ 3 \\ 1 \end{pmatrix}$

FA 208

a) $\begin{pmatrix} 3 & 1 & -5 \\ -2 & -2 & 3 \\ 5 & 3 & -7 \end{pmatrix} \cdot \begin{pmatrix} x \\ y \\ z \end{pmatrix} = \begin{pmatrix} 1 \\ -1 \\ 3 \end{pmatrix}$

b) $\begin{pmatrix} 2 & -3 & 1 \\ -5 & 2 & -8 \\ -1 & 3 & 1 \end{pmatrix} \cdot \begin{pmatrix} x \\ y \\ z \end{pmatrix} = \begin{pmatrix} 1 \\ 2 \\ 1 \end{pmatrix}$

c) $\begin{pmatrix} 5 & 1 & 8 \\ 4 & -3 & -5 \\ -1 & 2 & 5 \end{pmatrix} \cdot \begin{pmatrix} x \\ y \\ z \end{pmatrix} = \begin{pmatrix} 7 \\ 17 \\ -8 \end{pmatrix}$

d) $\begin{pmatrix} 2 & 3 & -1 \\ 1 & 0 & 2 \\ 1 & -1 & 0 \end{pmatrix} \cdot \begin{pmatrix} x \\ y \\ z \end{pmatrix} = \begin{pmatrix} 3 \\ 4 \\ 2 \end{pmatrix}$

FA 209

a) $\begin{pmatrix} 3 \\ 5 \\ 8 \end{pmatrix}$ b) $\begin{pmatrix} 10 \\ -2 \end{pmatrix}$ c) $\begin{pmatrix} 13 \\ 5 \end{pmatrix}$ d) $\begin{pmatrix} 5 \\ 7 \\ -11 \end{pmatrix}$ e) $\begin{pmatrix} 20 \\ 7 \\ -5 \end{pmatrix}$ f) $\begin{pmatrix} 7 \\ 4 \end{pmatrix}$

FA 210

Mit $A = \begin{pmatrix} 0 & -5 \\ 2 & 3 \\ 4 & -1 \\ -6 & 0 \end{pmatrix}$ gilt:

$A \cdot \vec{x}_1 = \begin{pmatrix} 0 \\ -2 \\ 4 \\ -6 \end{pmatrix}$; $A \cdot \vec{x}_2 = \begin{pmatrix} -5 \\ 3 \\ -1 \\ 0 \end{pmatrix}$; $A \cdot \vec{x}_3 = \begin{pmatrix} -5 \\ -11 \\ 27 \\ -42 \end{pmatrix}$;

$A \cdot \vec{x}_4 = \begin{pmatrix} 5 \\ -7 \\ 9 \\ -12 \end{pmatrix}$; $A \cdot \vec{x}_5 = \begin{pmatrix} 5 \\ -1 \\ -3 \\ 6 \end{pmatrix}$; $A \cdot \vec{x}_6 = \begin{pmatrix} 10 \\ -26 \\ 42 \\ -60 \end{pmatrix}$

FA 211

a) $\begin{pmatrix} 5 & 3 & 1 \\ 4 & 6 & 5 \\ 7 & 9 & 2 \end{pmatrix} \cdot \begin{pmatrix} 1 \\ 1 \\ 1 \end{pmatrix} = \begin{pmatrix} 9 \\ 15 \\ 18 \end{pmatrix}$ Das Produkt ist also ein dreigliedriger Spaltenvektor; Einträge stellen die Zeilensummen dar.

b) Zeilenvektor (1, 1, 1) mit Matrix multiplizieren (oder transponierte Matrix mit $\begin{pmatrix} 1 \\ 1 \\ 1 \end{pmatrix}$ multiplizieren).

FA 212

$\begin{pmatrix} 6 & 7 & 5 & 4 \\ 7 & 5 & 6 & 4 \\ 5 & 6 & 7 & 5 \end{pmatrix} \cdot \begin{pmatrix} 40 \\ 25 \\ 30 \\ 50 \end{pmatrix} = \begin{pmatrix} 765 \\ 785 \\ 810 \end{pmatrix}$: Mit 765 ME liegt Anbieter 1 am günstigsten.

FA 213

$\begin{pmatrix} 120 & 150 & 180 & 320 & 500 \\ 100 & 150 & 200 & 430 & 630 \\ 90 & 150 & 170 & 820 & 940 \end{pmatrix} \cdot \begin{pmatrix} 30 \\ 22 \\ 12 \\ 15 \\ 8 \end{pmatrix} = \begin{pmatrix} 17860 \\ 20190 \\ 27860 \end{pmatrix}$; Hersteller 1 unterbreitet das günstigste Angebot.

FA 214

$$\begin{pmatrix} 6 & 4 \\ 3 & 7 \end{pmatrix} \cdot \begin{pmatrix} 2 & 1 & 2 \\ 1 & 3 & 1 \end{pmatrix} = \begin{pmatrix} 16 & 18 & 16 \\ 13 & 24 & 13 \end{pmatrix} \Rightarrow$$

	R_1	R_2	R_3
E_1	16	18	16
E_2	13	24	13

FA 215

$$\begin{pmatrix} E_1 \\ E_2 \end{pmatrix} = \begin{pmatrix} 1 & 2 & 0 \\ 3 & 1 & 0 \end{pmatrix} \cdot \begin{pmatrix} R_1 \\ R_2 \\ R_3 \end{pmatrix} + \begin{pmatrix} 4 & 3 \\ 1 & 5 \end{pmatrix} \cdot \begin{pmatrix} 2 & 1 & 2 \\ 1 & 3 & 1 \end{pmatrix} \cdot \begin{pmatrix} R_1 \\ R_2 \\ R_3 \end{pmatrix} = \begin{pmatrix} 1 & 2 & 0 \\ 3 & 1 & 0 \end{pmatrix} \cdot \begin{pmatrix} R_1 \\ R_2 \\ R_3 \end{pmatrix} + \begin{pmatrix} 11 & 13 & 11 \\ 7 & 16 & 7 \end{pmatrix} \cdot \begin{pmatrix} R_1 \\ R_2 \\ R_3 \end{pmatrix}$$

$$= \begin{pmatrix} 12 & 15 & 11 \\ 10 & 17 & 7 \end{pmatrix} \cdot \begin{pmatrix} R_1 \\ R_2 \\ R_3 \end{pmatrix} \Rightarrow$$

	R_1	R_2	R_3
E_1	12	15	11
E_2	10	17	7

Aufgaben zur Selbstkontrolle

FA 216

a)
$$\begin{array}{rcl|l} x - 4y + 2z &=& -9 & \cdot 3 \downarrow \quad \cdot(-4) \downarrow \\ -3x + y &=& 6 & \\ 4x + 2y - 2z &=& -2 & \\ \hline x - 4y + 2z &=& -9 & \\ -11y + 6z &=& -21 & \cdot 9 \downarrow \\ 18y - 10z &=& -34 & :2 \\ \hline 9y - 5z &=& 17 & \cdot 11 \\ \hline x - 4y + 2z &=& -9 & \\ -11y + 6z &=& -21 & \\ -z &=& -2 & \Rightarrow z = 2;\ y = 3;\ x = -1 \end{array}$$

b)
$$\begin{array}{rcl|l} x + 2y - 2z &=& 3 & \cdot(-5) \downarrow \quad \cdot(-4) \downarrow \\ 5x + 9y - 13z &=& 19 & \\ 4x + 7y - 11z &=& 16 & \\ \hline x + 2y - 2z &=& 3 & \\ -y - 3z &=& 4 & \\ -y - 3z &=& 4 & \\ \hline x + 2y &=& 3 + 2t & \uparrow \\ -y &=& 4 + 3t & \cdot 2 \\ z &=& t & \\ \hline x &=& 11 + 8t & \\ y &=& -4 - 3t & \\ z &=& t & \end{array}$$

bzw. $\begin{pmatrix} x \\ y \\ z \end{pmatrix} = \begin{pmatrix} 11 \\ -4 \\ 0 \end{pmatrix} + t \begin{pmatrix} 8 \\ -3 \\ 1 \end{pmatrix} \quad t \in \mathbb{R}$

c)
$$\begin{array}{rcl|l} x + y + z &=& 4 & \cdot(-2) \downarrow \quad \cdot(-6) \downarrow \\ 2x + y &=& 0 & \\ 6x + 3y + 4z &=& 12 & \\ \hline x + y + z &=& 4 & \\ -3y - 2z &=& -8 & \\ -3y - 2z &=& -12 & \end{array}$$

Widerspruch, d.h., das System hat keine Lösung

FA 217

a)
$$\begin{array}{rcl|l} 4x + 2y - 4z &=& 3 & \cdot 2 \downarrow \\ -8x - 3y + 2z &=& 2 & \\ 2x + y + az &=& -1 & \cdot(-2) \downarrow \\ \hline 4x + 2y - 4z &=& 3 & \\ y - 6z &=& 8 & \\ -(2a+4)z &=& 5 & \end{array}$$

1) Für $2a + 4 \neq 0$, also $a \neq -2$, ist das Gleichungssystem eindeutig lösbar (Dreiecksform: $z = \ldots$, usw.).
2) Für $2a + 4 = 0$ $(a = -2)$ hat das System keine Lösung.
3) Für kein a gibt es unendlich viele Lösungen.

b)
$$\begin{array}{rcl|l} 4x + 2y - 4z &=& 2 & \cdot 2 \downarrow \\ -8x - 3y + 2z &=& 2 & \\ 2x + y + az &=& 1 & \cdot(-2) \downarrow \\ \hline 4x + 2y - 4z &=& 2 & \\ y - 6z &=& 6 & \\ -(2a+4)z &=& 0 & \end{array}$$

1) Für $2a + 4 \neq 0$, also $a \neq -2$, ist das Gleichungssystem eindeutig lösbar ($z = 0$; $y = 6$; $x = -\frac{5}{2}$).
2) Das System ist für alle $a \in \mathbb{R}$ lösbar.
3) Für $2a + 4 = 0$ ($a = -2$; letzte Gleichung: $0 = 0$) hat das System unendlich viele Lösungen.

FA 218

Matrix B für die Belieferung und der Preisvektor $\vec{p}$ ergeben: $B \cdot \vec{p} = \begin{pmatrix} 5 & 3 & 10 \\ 10 & 5 & 0 \\ 15 & 0 & 10 \\ 10 & 4 & 6 \end{pmatrix} \cdot \begin{pmatrix} 30 \\ 25 \\ 35 \end{pmatrix} = \begin{pmatrix} 575 \\ 425 \\ 800 \\ 610 \end{pmatrix}$

Komplexe Aufgaben zu Abschnitt F 3

FA 219

a)

$$\begin{array}{rrrl} x+2y & -2z & = & 1 \\ 5x+9y & -13z & = & 1 \\ -5x-6y & +az & = & b \end{array} \quad \Big| \cdot(-5)\downarrow \;\; \cdot 5 \downarrow$$

$$\begin{array}{rrrl} x+2y & -2z & = & 1 \\ -y & -3z & = & -4 \\ 4y+ & (a-10)z & = & b+5 \end{array} \quad \Big| \cdot 4 \downarrow \;\; \cdot(-1)$$

$$\begin{array}{rrrl} x+2y & -2z & = & 1 \\ y & +3z & = & 4 \\ & (a-22)z & = & b-11 \end{array}$$

Auswertung der letzten Gleichung:

1) Für $a \neq 22$ ist das Gleichungssystem eindeutig lösbar (Dreiecksform: $z = \ldots$, usw.).
2) Für $a = 22$ und $b \neq 11$ hat das System keine Lösung.
3) Für $a = 22$ und $b = 11$ gibt es unendlich viele Lösungen.

b) Vgl. a), mit $z = t$, $t \in \mathbb{R}$ gilt (bei $a = 22$ und $b = 11$):

$$\begin{array}{rcl} x+2y & = & 1+2t \\ y & = & 4-3t \end{array} \quad \Big| \cdot(-2) \uparrow$$

$$\begin{array}{rcl} x & = & -7+8t \\ y & = & 4-3t \\ z & = & t \end{array} \quad \text{bzw.} \quad \begin{pmatrix} x \\ y \\ z \end{pmatrix} = \begin{pmatrix} -7 \\ 4 \\ 0 \end{pmatrix} + t \begin{pmatrix} 8 \\ -3 \\ 1 \end{pmatrix}; \; t \in \mathbb{R}$$

c) Mit $a \neq 22$ gilt:

$$z = \frac{b-11}{a-22};$$

$$y = 4 - 3\frac{b-11}{a-22} = \frac{4a-3b-55}{a-22};$$

$$x = -7 + 8\frac{b-11}{a-22} = \frac{-7a+8b+66}{a-22}$$

FA 220

a)

$$\begin{array}{rrrrl} x_1 & & +x_3 & +x_4 & = 1 \\ x_1 & +x_2 & +3x_3 & & = 1 \\ -x_1 & -x_2 & -x_3 & +2x_4 & = a \\ 2x_1 & +2x_2 & +9x_3 & +3x_4 & = 17 \end{array} \quad \Big| \cdot(-1)\downarrow \;\; \cdot(-2)\downarrow$$

$$\begin{array}{rrrrl} x_1 & & +x_3 & +x_4 & = 1 \\ & x_2 & +2x_3 & -x_4 & = 0 \\ & -x_2 & & +3x_4 & = a+1 \\ & 2x_2 & +7x_3 & +x_4 & = 15 \end{array} \quad \Big| \cdot(-2)\downarrow$$

$$\begin{array}{rrrrl} x_1 & & +x_3 & +x_4 & = 1 \\ & x_2 & +2x_3 & -x_4 & = 0 \\ & & 2x_3 & +2x_4 & = a+1 \\ & & 3x_3 & +3x_4 & = 15 \end{array} \quad \begin{array}{l} \\ \\ :2 \\ :3 \end{array}$$

$$\begin{array}{rrl} x_3 & +x_4 & = \frac{a+1}{2} \\ x_3 & +x_4 & = 5 \end{array}$$

Das System ist genau dann lösbar, wenn $\frac{a+1}{2} = 5$ gilt. D.h., es hat keine Lösung, falls $a \neq 9$ (Fall 2), und es hat für $a = 9$ unendlich viele Lösungen (Fall 3). Es ist für alle Werte a nicht eindeutig lösbar (Fall 1).

b)

$$\begin{array}{rrrrl} x_1 & & +x_3 & +x_4 & = 1 \\ & x_2 & +2x_3 & -x_4 & = 0 \\ & & x_3 & +x_4 & = 5 \end{array} \qquad x_4 = t \in \mathbb{R}$$

$$\begin{array}{rrrl} x_1 & & +x_3 & = 1-t \\ & x_2 & +2x_3 & = t \\ & & x_3 & = 5-t \end{array} \quad \Big| \cdot(-2)\uparrow \;\; \cdot(-1)\uparrow$$

$$\begin{array}{rrrl} x_1 & & & = -4 \\ & x_2 & & = -10+3t \\ & & x_3 & = 5-t \end{array} \qquad x_4 = t \in \mathbb{R}$$

Lösungsmenge: $\begin{pmatrix} x_1 \\ x_2 \\ x_3 \\ x_4 \end{pmatrix} = \begin{pmatrix} -4 \\ -10 \\ 5 \\ 0 \end{pmatrix} + t \begin{pmatrix} 0 \\ 3 \\ -1 \\ 1 \end{pmatrix}; \quad t \in \mathbb{R}$

FA 221 Die Auswertung der Informationen führt auf ein Gleichungssystem in den Variablen x_1, x_2, x_3 und x_4 (für die Stückzahlen E_1, E_2, E_3 bzw. E_4):

$$\begin{array}{rrrrl} 5x_1 + & 10x_2 + & 8x_3 + & 4x_4 & = 6000 \\ 5x_1 + & 5x_2 & & & = 1400 \\ & & 2x_3 + & 3x_4 & = 900 \end{array} \quad \Big| \cdot(-1)\downarrow$$

$$\begin{array}{rrrrl} 5x_1 + & 10x_2 + & 8x_3 + & 4x_4 & = 6000 \\ & 5x_2 + & 8x_3 + & 4x_4 & = 4600 \\ & & 2x_3 + & 3x_4 & = 900 \end{array} \quad \Big| \; (x_4 = t)$$

$$\begin{array}{rrrl} 5x_1 + & 10x_2 + & 8x_3 & = 6000-4t \\ & 5x_2 + & 8x_3 & = 4600-4t \\ & & 2x_3 & = 900-3t \end{array} \quad \Big| \cdot(-4)\uparrow \quad :2$$

$$\begin{array}{rrrl} 5x_1 + & 10x_2 & & = 2400+8t \\ & 5x_2 & & = 1000+8t \\ & & x_3 & = 450-\frac{3}{2}t \end{array} \quad \Big| \cdot(-2)\uparrow \quad \begin{array}{l} :5 \\ :5 \\ \end{array}$$

(1) $x_1 = 80 - \frac{8}{5}t$

(2) $x_2 = 200 + \frac{8}{5}t$

(3) $x_3 = 450 - \frac{3}{2}t$

(4) $x_4 = t$

Da die Stückzahlen x_i natürliche Zahlen sind, gilt wegen (1) $t \leq 50$ (also $x_4 \leq 50$; für $x_4 = 50$ ist $x_1 = 0$, $x_2 = 280$ und $x_3 = 375$). Andererseits bedingt die erforderliche Ganzzahligkeit der Werte, dass $x_4 = t$ wegen (1) bis (3) durch 2 und 5, also durch 10 teilbar sein muss. Das heißt, x_4 kann nur die 10er-Werte von 0 bis 50 annehmen. Aus diesen Überlegungen erhält man die nebenstehenden möglichen Produktionszahlen für die einzelnen Erzeugnisse:

x_4	x_3	x_2	x_1
50	375	280	0
40	390	264	16
30	405	248	32
20	420	232	48
10	435	216	64
0	450	200	80

FA 222

a) Die Mischung bestehe aus x_1 kg F_1, x_2 kg F_2 und x_3 kg F_3. Es ergibt sich das Gleichungssystem

$$\begin{aligned} &(I) & 4x_1 + 6x_2 + 5x_3 &= 290 \\ &(II) & 3x_1 + 4x_2 + 2x_3 &= 180 \\ &(III) & x_1 + x_2 + x_3 &= 62 \end{aligned}$$

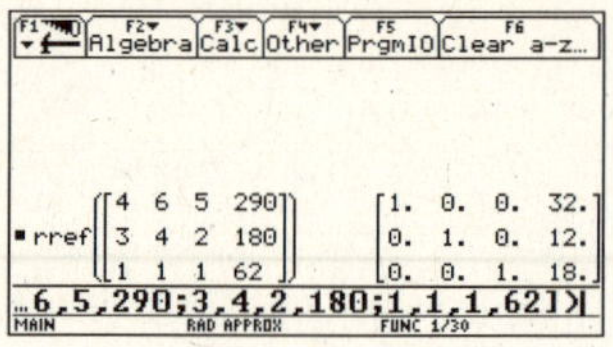

Bemerkungen:

1. Erfolgt die Lösung nach dem GAUSSschen Algorithmus, so bringt die Wahl der Gleichung (III) als erste Gleichung Rechenvorteile.
2. Unter der Voraussetzung, dass ganzzahlige Kilogramm-Mengen verwendet werden, besteht eine Einheit Mischfutter (falls sie realisiert werden kann, vgl. b) aus 62 kg.

Ergebnis: $x_3 = 18$, $x_2 = 12$, $x_1 = 32$

b)
$$\begin{aligned} 4x_1 + 6x_2 + 5x_3 &= 250 \\ 3x_1 + 4x_2 + 2x_3 &= 150 \\ x_1 + x_2 + x_3 &= 40 \end{aligned}$$

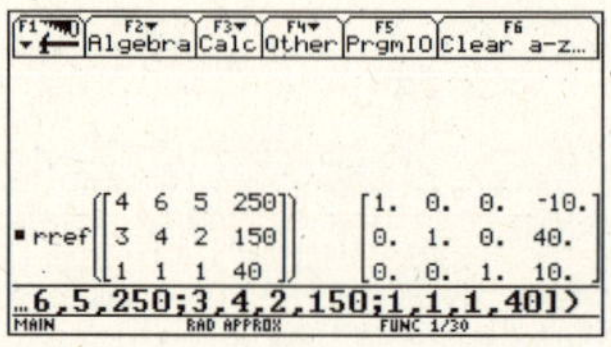

hat eine eindeutig bestimmte Lösung: $x_1 = -10$, $x_2 = 40$, $x_3 = 10$

Wegen $x_1 < 0$ ist diese Mischung nicht realisierbar.

c)
$$\begin{aligned} x_1 + 2x_2 + 3x_3 &= 110 \quad \big| \cdot(-4) \downarrow \; \big| \cdot(-3) \downarrow \\ 4x_1 + 6x_2 + 5x_3 &= 290 \\ 3x_1 + 4x_2 + 2x_3 &= 180 \\ \hline x_1 + 2x_2 + 3x_3 &= 110 \\ -2x_2 - 7x_3 &= -150 \\ -2x_2 - 7x_3 &= -150 \\ \hline x_1 + 2x_2 &= 110 - 3x_3 \quad \big| \uparrow \\ -2x_2 &= -150 - 7x_3 \\ \hline x_1 &= -40 + 4x_3 \\ x_2 &= 75 - \frac{7}{2}x_3 \end{aligned}$$

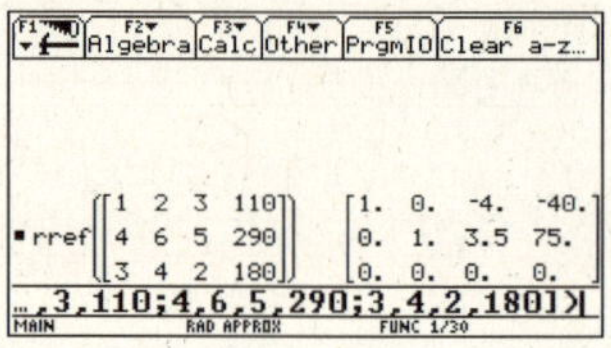

Beispielsweise hat man mit $x_3 = 20$ und damit $x_1 = 40$ und $x_2 = 5$ eine Lösung.
$x_1 = -40 + 4x_3$ zeigt, dass für die Realisierung des gewünschten Mischfutters mindestens x_3 kg = 10 kg der Sorte G_3 zum Einsatz kommen muss. D.h., mit den Werten $x_3 = 10$, $x_1 = 0$ und $x_2 = 40$ wird die Verwendung von G_3 minimiert.

F 4 Ebenen im Raum

F 4.1 Gleichungen einer Ebene in Vektorform

FA 223

Gleichung der Ebene	P_1 r = 1, s = 1	P_2 r = 0, s = 0	P_3 r = 0, s = –2	P_4 r = –1, s = 2
a) $\vec{x} = \begin{pmatrix}1\\2\\3\end{pmatrix} + r\begin{pmatrix}-1\\-2\\-3\end{pmatrix} + s\begin{pmatrix}1\\0\\2\end{pmatrix}$	$P_1(1; 0; 2)$	$P_2(1; 2; 3)$	$P_3(-1; 2; -1)$	$P_4(4; 4; 10)$
b) $\vec{x} = \begin{pmatrix}2\\0\\2\end{pmatrix} + r\begin{pmatrix}1\\0\\3\end{pmatrix} + s\begin{pmatrix}-2\\0\\3\end{pmatrix}$	$P_1(1; 0; 8)$	$P_2(2; 0; 2)$	$P_3(6; 0; -4)$	$P_4(-3; 0; 5)$
c) $\vec{x} = r\begin{pmatrix}1\\5\\3\end{pmatrix} + s\begin{pmatrix}-2\\1\\0\end{pmatrix}$	$P_1(-1; 6; 3)$	$P_2(0; 0; 0)$	$P_3(4; -2; 0)$	$P_4(-5; -3; -3)$
d) $\vec{x} = \begin{pmatrix}-2\\1\\0\end{pmatrix} + r\begin{pmatrix}2\\2\\2\end{pmatrix} + s\begin{pmatrix}-1\\\frac{1}{2}\\1\end{pmatrix}$	$P_1(-1; \frac{7}{2}; 3)$	$P_2(-2; 1; 0)$	$P_3(0; 0; 0)$	$P_4(-6; 0; 0)$
e) $\vec{x} = \begin{pmatrix}2\\2\\2\end{pmatrix} + r\begin{pmatrix}1\\2\\3\end{pmatrix} + s\begin{pmatrix}-2\\-4\\-3\end{pmatrix}$	$P_1(1; 0; 2)$	$P_2(2; 2; 2)$	$P_3(6; 10; 8)$	$P_4(-1; -8; -7)$

FA 224 ε: $\vec{x} = \begin{pmatrix}1\\4\\0\end{pmatrix} + r\begin{pmatrix}-2\\-2\\3\end{pmatrix} + s\begin{pmatrix}0\\-4\\0\end{pmatrix}$; $r, s \in \mathbb{R}$

FA 225 a) ε_1: $\vec{x} = \begin{pmatrix}5\\-3\\0\end{pmatrix} + r\begin{pmatrix}2\\4\\5\end{pmatrix} + s\begin{pmatrix}-7\\3\\1\end{pmatrix}$ b) ε_2: $\vec{x} = \begin{pmatrix}0\\0\\-2\end{pmatrix} + r\begin{pmatrix}3\\5\\9\end{pmatrix} + s\begin{pmatrix}-1\\-2\\-1\end{pmatrix}$ c) ε_3: $\vec{x} = \begin{pmatrix}0\\4\\-1\end{pmatrix} + r\begin{pmatrix}3\\4\\-1\end{pmatrix} + s\begin{pmatrix}-7\\-5\\-5\end{pmatrix}$

FA 226 $T \notin \varepsilon$; $U \in \varepsilon$; $V \in \varepsilon$; $W \notin \varepsilon$

FA 227 $\vec{x} = \begin{pmatrix}2\\2\\2\end{pmatrix} + r\begin{pmatrix}1\\-2\\3\end{pmatrix} + s\begin{pmatrix}-1\\2\\3\end{pmatrix}$ ist die Gleichung der Ebene, die g und h enthält.

FA 228 $\vec{x} = \begin{pmatrix}1\\1\\-2\end{pmatrix} + r\begin{pmatrix}-2\\1\\3\end{pmatrix} + s\begin{pmatrix}-5\\2\\0\end{pmatrix}$ ist die Gleichung der Ebene, die durch g und P bestimmt ist.

F 4.2 Gleichung einer Ebene in Koordinatenschreibweise

FA 229 Es gilt: $U \in \eta$, $V \in \eta$ und $W \in \eta$ sowie $U \in \varepsilon$ und $V \in \varepsilon$.
ε und η schneiden einander in einer Geraden, die durch U und V bestimmt ist.

FA 230

a) $r = \frac{1}{3}z \Rightarrow x + \frac{2}{3}z - 1 = 0$
b) $\eta \parallel$ y-Achse; y-Achse nicht in η $\Rightarrow$ kein Schnittpunkt; $r = 0$; $s = 1$: $P_x(1; 0; 0)$; $r = \frac{1}{2}$; $s = -\frac{3}{4}$: $P_z(0; 0; 1{,}5)$

FA 231 *Beispiellösungen:*

a) $x - 11y + 7z + 28 = 0$ b) $9x - 9 = 0$ c) $-6x + 6z = 0$ d) $2x - 2z = 0$ e) $-y - 2 = 0$

FA 232 *Beispiellösungen:*

a) $\vec{x} = \begin{pmatrix}0\\0\\-\frac{1}{2}\end{pmatrix} + r\begin{pmatrix}0\\4\\3\end{pmatrix} + s\begin{pmatrix}3\\2\\0\end{pmatrix}$ b) $\vec{x} = \begin{pmatrix}0\\0\\\frac{5}{4}\end{pmatrix} + r\begin{pmatrix}0\\3\\0\end{pmatrix} + s\begin{pmatrix}4\\4\\-3\end{pmatrix}$ c) $\vec{x} = \begin{pmatrix}0\\0\\\frac{1}{2}\end{pmatrix} + r\begin{pmatrix}3\\-4\\0\end{pmatrix} + s\begin{pmatrix}0\\2\\3\end{pmatrix}$

d) $\vec{x} = \begin{pmatrix}\frac{5}{4}\\0\\0\end{pmatrix} + r\begin{pmatrix}0\\1\\3\end{pmatrix} + s\begin{pmatrix}0\\1\\-7\end{pmatrix}$ e) $\vec{x} = \begin{pmatrix}0\\0\\0\end{pmatrix} + r\begin{pmatrix}2\\5\\0\end{pmatrix} + s\begin{pmatrix}-3\\6\\0\end{pmatrix}$ f) $\vec{x} = \begin{pmatrix}4\\0\\0\end{pmatrix} + r\begin{pmatrix}-4\\-2\\0\end{pmatrix} + s\begin{pmatrix}-3\\0\\1\end{pmatrix}$

FA 233

Schnittpunkte von ε mit den Koordinatenachsen:
$r = 1; s = 1 \Rightarrow P_z(0; 0; 4) \in \varepsilon$;
$r = -1; s = -1 \Rightarrow P_y(0; 2; 0) \in \varepsilon$;
$r = -1; s = 1 \Rightarrow P_x(3; 0; 0) \in \varepsilon$.
Damit ist $\frac{x}{3} + \frac{y}{2} + \frac{z}{4} = 1$ die Achsenabschnittsgleichung von ε.

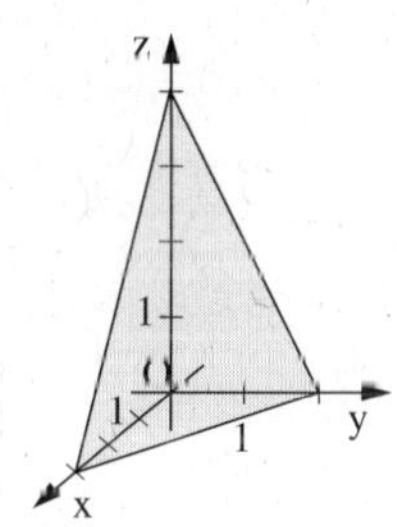

FA 234 $t_1 = 0$: $P_1(4; 1; 0{,}5) \in g$; $t_2 = -1$: $P_2(0; -1; 1{,}5) \in g$; außerdem: $P_1 \in \varepsilon$; $P_2 \in \varepsilon$.

FA 235

a) Schnittpunkte der Ebene mit den Koordinatenachsen: $S_x(8; 0; 0)$; $S_y(0; 4; 0)$; $\varepsilon_1 \parallel$ z-Achse.
$\Rightarrow g_{xy}$: $\vec{x} = \begin{pmatrix}8\\0\\0\end{pmatrix} + t\begin{pmatrix}-8\\4\\0\end{pmatrix}$; g_{xz}: $\vec{x} = \begin{pmatrix}8\\0\\0\end{pmatrix} + t\begin{pmatrix}0\\0\\1\end{pmatrix}$; g_{yz}: $\vec{x} = \begin{pmatrix}0\\4\\0\end{pmatrix} + t\begin{pmatrix}0\\0\\1\end{pmatrix}$.

b) Schnittpunkte der Ebene mit den Koordinatenachsen: $S_x(8; 0; 0)$; $S_y(0; 4; 0)$; $S_z(0; 0; 6)$.
$\Rightarrow g_{xy}$: $\vec{x} = \begin{pmatrix}8\\0\\0\end{pmatrix} + t\begin{pmatrix}-8\\4\\0\end{pmatrix}$; g_{xz}: $\vec{x} = \begin{pmatrix}8\\0\\0\end{pmatrix} + t\begin{pmatrix}-8\\0\\6\end{pmatrix}$; g_{yz}: $\vec{x} = \begin{pmatrix}0\\4\\0\end{pmatrix} + t\begin{pmatrix}0\\-4\\6\end{pmatrix}$.

c) Schnittpunkte der Ebene mit den Koordinatenachsen: $\varepsilon_3 \parallel$ x-Achse; $S_y(0; 2; 0)$; $\varepsilon_3 \parallel$ z-Achse.
$\Rightarrow g_{xy}$: $\vec{x} = \begin{pmatrix}0\\2\\0\end{pmatrix} + t\begin{pmatrix}1\\0\\0\end{pmatrix}$; g_{xz}: existiert nicht; g_{yz}: $\vec{x} = \begin{pmatrix}0\\2\\0\end{pmatrix} + t\begin{pmatrix}0\\0\\1\end{pmatrix}$.

F 4.3 Spezielle Ebenen

FA 236 Von der gesuchten Ebene ε betrachten wir die Schnittgerade g mit der xy-Ebene. Wenn ε durch P(2; 3; 5) geht, muss g durch P'(2; 3; 0) gehen.

Für g in der xy- Ebene ist $ax + by + d = 0 \ (a^2 + b^2 > 0)$ eine allgemeine Gleichung. Nun müssen die Koordinaten von P' diese Gleichung erfüllen, so dass man $ax + by - 2a - 3b = 0$ erhält.

Damit ist ε: $ax + by - 2a - 3b = 0$, für alle z, $a^2 + b^2 > 0$ eine allgemeine Gleichung der gesuchten Ebene.

FA 237 a) $z = z_0$ für alle x, y b) $x = x_0$ für alle y, z c) $y = y_0$ für alle x, z

FA 238

a) $S_1(0; 3; 3)$
b) g liegt in der betrachteten Ebene, d. h., alle Punkte von g sind gemeinsame Punkte.
c) $S_3(-2; 5; 3)$

FA 239

- senkrecht zur xy-Ebene: $-3x + y + 4 = 0$ für alle z.
- senkrecht zur zx-Ebene: $2x + z - 5 = 0$ für alle y.
- senkrecht zur yz-Ebene: $2y + 3z - 7 = 0$ für alle x.

FA 240 Mit $t \in \mathbb{R}$ gilt für die Schnittgerade

a) mit yz-Ebene: $x = 0$, $y = 3 + 2t$, $z = -t$,
mit xz-Ebene: $x = -2t$, $y = 0$, $z = -\frac{3}{2}$,
mit xy-Ebene: $x = t$, $y = 3$, $z = 0$,

b) mit yz-Ebene: $x = 0$, $y = 3$ $z = 3t$
mit xz-Ebene: $x = -\frac{9}{2}$, $y = 0$ $z = 2t$
mit xy-Ebene: $x = -3t$, $y = 3 - 2t$ $z = 0$

c) mit yz-Ebene: $\varepsilon_c \neq \varepsilon_{yz}$ und $\varepsilon_c \parallel \varepsilon_{yz}$, d. h., es gibt keine Schnittpunkte
mit xz-Ebene: $x = \frac{37}{2}$, $y = 0$, $z = 2t$
mit xy-Ebene: $x = \frac{37}{2}$, $y = -2t$, $z = 0$

d) mit yz-Ebene: $x = 0$, $y = 2 + 2t$ $z = -3t$
mit xz-Ebene: $x = 1 - 2t$, $y = 0$ $z = 6t$
mit xy-Ebene: $x = 3t$, $y = 2 - 6t$ $z = 0$

e) mit yz-Ebene: $x = 0$, $y = t$, $z = -3$
mit xz-Ebene: $x = t$, $y = 0$, $z = -3$
mit xy-Ebene: $\varepsilon_d \neq \varepsilon_{xy}$ und $\varepsilon_d \parallel \varepsilon_{xy}$, d. h., es gibt keine Schnittpunkte

F 4.4 Lagebeziehungen von Gerade und Ebene

FA 241 Nehmen wir an, dass g und ε einen gemeinsamen Punkt haben, dann muss es reelle Zahlen r_1, s_1 und t_1 geben, sodass

$$\begin{pmatrix}2\\1\\6\end{pmatrix} + r_1 \cdot \begin{pmatrix}-3\\0\\4\end{pmatrix} + s_1 \begin{pmatrix}-2\\1\\3\end{pmatrix} = \begin{pmatrix}1\\0\\2\end{pmatrix} + t_1 \begin{pmatrix}-1\\-1\\-1\end{pmatrix}$$

ist. Wir erhalten:

$$\begin{array}{lrcrcrcr} \text{(I)} & -3r_1 & - & 2s_1 & + & t_1 & = & -1 \\ \text{(II)} & 0 \cdot r_1 & + & s_1 & + & t_1 & = & -1 \\ \text{(III)} & 4r_1 & + & 3s_1 & + & t_1 & = & -4 \end{array}$$

mit der Lösung $r_1 = -\frac{3}{2}$; $s_1 = \frac{3}{2}$; $t_1 = -\frac{5}{2}$ $\Rightarrow$ Schnittpunkt: $S(\frac{7}{2}; \frac{5}{2}; \frac{9}{2})$.

FA 242 $t = -1$: $P_{xy}(3; -1; 0)$; $g \parallel$ xz-Ebene; $t = 2$: $P_{yz}(0; -1; 9)$

FA 243

Achsenabschnittsgleichung der Ebene durch die gegebenen Punkte: $-\frac{1}{3}x - y - \frac{1}{2}z = 1 \Rightarrow 2x + 6y + 3z + 6 = 0$

Vektorielle Gleichung durch Berechnung zweier Richtungsvektoren (Beispiellösung):

$$\vec{x} = \vec{p}_x + r(\vec{p}_y - \vec{p}_x) + s(\vec{p}_z - \vec{p}_x) \quad \text{bzw.} \quad \vec{x} = \begin{pmatrix}-3\\0\\0\end{pmatrix} + r\begin{pmatrix}3\\-1\\0\end{pmatrix} + s\begin{pmatrix}3\\0\\-2\end{pmatrix}$$

FA 244

g: $x = -1 + t$; $y = -1 - 3t$; $z = 2 + 2t$
$\Rightarrow \varepsilon$: $6(-1 + t) + 4(-1 - 3t) + 3(2 + 2t) = 12$
$\Rightarrow -4 = 12$
g und ε haben also keinen gemeinsamen Punkt.

l: $t = 1$: Durchstoßpunkt $S_1(2; 3; -4)$
h: $t = -1$: Durchstoßpunkt $S_2(2; 3; -4)$
m: Die Gerade m liegt in der Ebene ε, es existiert kein Durchstoßpunkt.

FA 245

a) Durchstoßpunkt P(1; –2; –2) b) g_2 liegt in ε; kein Durchstoßpunkt c) $g_3 \parallel \varepsilon$; kein Durchstoßpunkt

FA 246

a) ε: $\vec{x} = \vec{p}_0 + r\vec{u} + s\vec{v}$, wobei $P_0 \notin$ g und $\vec{u}$, $\vec{v}$ nichtparallele Richtungsvektoren sind, die mit dem Richtungsvektor der Geraden ein linear abhängiges System bilden. $\Rightarrow$ z.B. $\vec{x} = \begin{pmatrix}2\\6\\7\end{pmatrix} + r\begin{pmatrix}1\\1\\2\end{pmatrix} + s\begin{pmatrix}3\\1\\4\end{pmatrix}$

b) g: $\vec{x} = \vec{p}_0 + r\vec{a}$, wobei $P_0 \notin$ ε und $\vec{a}$ ein Vektor ist, der mit zwei Vektoren $\vec{u}$, $\vec{v}$, die die Ebene aufspannen, linear abhängig ist. $\Rightarrow$ z.B. $\vec{x} = \begin{pmatrix}0\\0\\5\end{pmatrix} + r\begin{pmatrix}3\\2\\0\end{pmatrix}$

FA 247

a) $g_1 \parallel \varepsilon_{yz}$ b) $g_2 \parallel \varepsilon_{xz}$ c) $g_3 \parallel \varepsilon_{xz}$; $g_3 \parallel \varepsilon_{yz}$; $g_3 \parallel$ z-Achse

FA 248 ε(D(2; 0; 0), E(0; 0; 2), G(2; 2; 2)): $\frac{1}{2}(x - y + z) = 1$;

g(B(0; 2; 0), H(2; 0; 2)): $\vec{x} = \begin{pmatrix}0\\2\\0\end{pmatrix} + t\begin{pmatrix}2\\-2\\2\end{pmatrix}$; für $t = \frac{2}{3}$ erhält man den Durchstoßpunkt $S(\frac{4}{3}; \frac{2}{3}; \frac{4}{3})$.

FA 249

Koordinaten der Eckpunkte des Tetraeders: A(0; 0; 0), B(0; 4; 0), $C(2\sqrt{3}; 2; 0)$, $D(\frac{2}{3}\sqrt{3}; 2; \frac{4}{3}\sqrt{6})$.

Koordinaten der Mittelpunkte: $U(\sqrt{3}; 3; 0)$, $V(\frac{4}{3}\sqrt{3}; 2; \frac{2}{3}\sqrt{6})$, $W(\frac{1}{3}\sqrt{3}; 1; \frac{2}{3}\sqrt{6})$.

Gleichung von ε: $\frac{2}{3}\sqrt{6}\,x - \frac{2}{3}\sqrt{18}\,y - \frac{4}{3}\sqrt{3}\,z + \frac{4}{3}\sqrt{18} = \frac{2}{3}\sqrt{6}\,x - 2\sqrt{2}\,y - \frac{4}{3}\sqrt{3}\,z + 4\sqrt{2} = 0$

a) $\overrightarrow{AC} = \begin{pmatrix}2\sqrt{3}\\2\\0\end{pmatrix}$ und $\overrightarrow{WV} = \begin{pmatrix}\sqrt{3}\\1\\0\end{pmatrix}$ sind parallel. b) $\varepsilon \cap g(AB)$: S(0; 2; 0) $\varepsilon \cap g(BD) = \emptyset$

FA 250

a) Ebenengleichung: ε: $x = \begin{pmatrix}0\\1\\2\end{pmatrix} + r\begin{pmatrix}0\\1\\-1\end{pmatrix} + s\begin{pmatrix}1\\1\\-2\end{pmatrix}$; Geradengleichung: g: $x = t\begin{pmatrix}2\\2\\2\end{pmatrix}$

S(1; 1; 1) ist der gesuchte Schnittpunkt, er ergibt sich in ε mit r = –1, s = 1 und in g mit $t = \frac{1}{2}$.

b) Es gilt $|\overline{M_iS}| = \frac{1}{2}\sqrt{8} = \sqrt{2}$; i = 1, 2, …, 6.

c) Es gilt $|\overline{M_1M_2}| = |\overline{M_2M_3}| = |\overline{M_3M_4}| = |\overline{M_4M_5}| = |\overline{M_5M_6}| = |\overline{M_6M_1}| = \sqrt{2}$. Zusammen mit b) folgt die Behauptung.

F 4.5 Lagebeziehungen von zwei Ebenen

FA 251

η_1: Schnittpunkte von ε und η_1 für: $\begin{pmatrix}3\\0\\1\end{pmatrix} + r_1\begin{pmatrix}-1\\3\\3\end{pmatrix} + s_1\begin{pmatrix}2\\-1\\0\end{pmatrix} = \begin{pmatrix}0\\2\\3\end{pmatrix} + r_2\begin{pmatrix}-1\\1\\2\end{pmatrix} + s_2\begin{pmatrix}-2\\-1\\-1\end{pmatrix} \Rightarrow r_2 + s_2 = -1$

Folglich haben ε und η_1 unendlich viele Punkte gemeinsam, die auf einer Geraden liegen, deren Gleichung sich aus η_1 ergibt: $\vec{x} = \begin{pmatrix}0\\2\\3\end{pmatrix} + (-1 - s_2)\begin{pmatrix}-1\\1\\2\end{pmatrix} + s_2\begin{pmatrix}-2\\-1\\-1\end{pmatrix} \Rightarrow \vec{x} = \begin{pmatrix}1\\1\\1\end{pmatrix} + s_2\begin{pmatrix}-1\\-2\\-3\end{pmatrix}$

Bemerkung: Umformung des Gleichungssystems auf einen Zusammenhang zwischen r_1 und s_1 führt ebenfalls auf die Schnittgeradengleichung, aber unter Verwendung der Gleichung von ε.

η_2: Die parameterfreie Gleichung von ε lautet: 3x + 6y – 5z – 4 = 0. Es ergibt sich damit $\eta_2 = \varepsilon$.

η_3: $\vec{x} = \begin{pmatrix}2\\2\\3\end{pmatrix} + r\begin{pmatrix}2\\4\\6\end{pmatrix} + s\begin{pmatrix}4\\-2\\0\end{pmatrix} \Rightarrow$ Das aus der Gleichsetzung der Ebenengleichungen resultierende Gleichungssystem ist nicht lösbar, d.h., ε und η_3 haben keine gemeinsamen Punkte ($\varepsilon \parallel \eta_3$).

FA 252 ε_1: 4x – 5y – z – 14 = 0; ε_2: 4x – 5y – z – 5 = 0; ε_3: x + z – 5 = 0

ε_1 und ε_2 sind parallel, d.h., es existiert keine Schnittgerade g_1.

ε_1 und ε_3 sind nicht parallel: g_2: $\vec{x} = \begin{pmatrix}5\\1{,}2\\0\end{pmatrix} + t\begin{pmatrix}-1\\-1\\1\end{pmatrix}$; ε_2 und ε_3 sind nicht parallel: g_3: $\vec{x} = \begin{pmatrix}5\\3{,}4\\0\end{pmatrix} + t\begin{pmatrix}-1\\-1\\1\end{pmatrix}$

Es existiert kein gemeinsamer Punkt aller drei Ebenen.

FA 253 Beispiellösungen: η_1: –x + 2y – z + 4 = 0; Schnittgerade g: $\vec{x} = \begin{pmatrix}0\\0\\4\end{pmatrix} + t\begin{pmatrix}0\\1\\2\end{pmatrix}$; η_2: x + 2y – z + 6 = 0

FA 254

ε: $\vec{x} = \begin{pmatrix}0\\0\\0\end{pmatrix} + r\begin{pmatrix}1\\2\\-1\end{pmatrix} + s\begin{pmatrix}2\\1\\-1\end{pmatrix}$; η: $\vec{x} = \begin{pmatrix}0\\0\\0\end{pmatrix} + r\begin{pmatrix}1\\2\\-1\end{pmatrix} + s\begin{pmatrix}-1\\1\\1\end{pmatrix}$

Schnittpunkte: $r_1\begin{pmatrix}1\\2\\-1\end{pmatrix} + s_1\begin{pmatrix}2\\1\\-1\end{pmatrix} = r_2\begin{pmatrix}1\\2\\-1\end{pmatrix} + s_2\begin{pmatrix}-1\\1\\1\end{pmatrix} \Rightarrow s_1 = s_2 = 0;\ r_1 = r_2 = t,\ t \in \mathbb{R}$

Aus der Gleichung von ε ergibt sich die Gleichung der Schnittgeraden $\vec{x} = t\begin{pmatrix}1\\2\\-1\end{pmatrix}$.

FA 255

Mithilfe des Skalarproduktes erhält man eine Gleichung von η: $(\vec{x} - \vec{p_0}) \cdot \vec{b} = 0$, also y: $\left[\begin{pmatrix}x\\y\\z\end{pmatrix} - \begin{pmatrix}10\\10\\5\end{pmatrix}\right] \cdot \begin{pmatrix}10\\10\\5\end{pmatrix} = 0$.

Dann ist $10x + 10y + 5z - 225 = 0$ die Gleichung von η in Normalform.

Für $z = 0$ erhalten wir die Gleichung der Schnittgeraden g_0 von h mit ε_0 bzw. mit der xy-Ebene.

g_0: $10x + 10y - 225 = 0$.

Aus dieser Gleichung lesen wir einen Richtungsvektor $\vec{a} = \begin{pmatrix}-10\\10\\0\end{pmatrix}$ für g_0 und damit auch für alle Geraden g_h, $0 \le h \le 50$ ab.

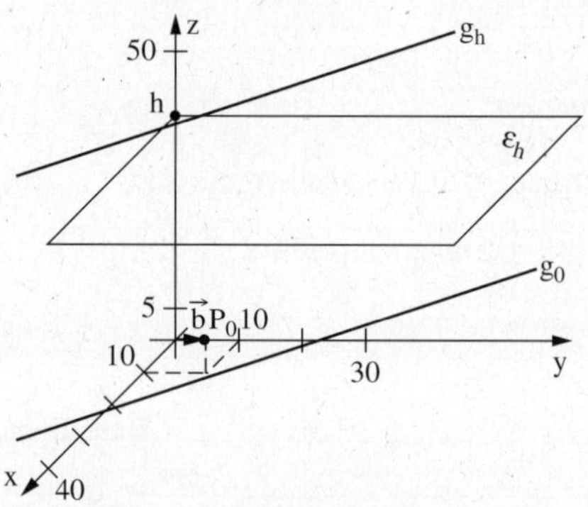

Zur Beschreibung der Schnittgeraden g_h müssen wir noch einen Stützpunkt P_h bestimmen. Diesen Punkt wählen wir in der xz-Ebene. Wir erhalten unter Verwendung der Normalform der Gleichung von η mit $y = 0$ und $z = h$:
$P_h(\frac{225 - 5h}{10}; 0; h)$.

Damit ist g_h: $\vec{x} = \begin{pmatrix}\frac{225-5h}{10}\\0\\h\end{pmatrix} + t\begin{pmatrix}-10\\10\\0\end{pmatrix}$; $0 \le h \le 50$; $t \in \mathbb{R}$, eine Gleichung für die gesuchte Schnittgerade.

F 4.6 Geometrische Interpretation von linearen Gleichungssystemen

FA 256

a) $\begin{pmatrix}x\\y\\z\end{pmatrix} = \begin{pmatrix}2\\2\\0\end{pmatrix} + t\begin{pmatrix}-\frac{1}{3}\\-\frac{1}{3}\\1\end{pmatrix}$; $t \in \mathbb{R}$

b) ε_1: $\frac{x}{6} + \frac{y}{3} + \frac{z}{6} = 1$; ε_2: $\frac{x}{3} + \frac{y}{6} + \frac{z}{6} = 1$;

Schnittgerade g aus den Punkten P(2; 2; 0), Q(0; 0; 6): $\begin{pmatrix}x\\y\\z\end{pmatrix} = \begin{pmatrix}2\\2\\0\end{pmatrix} + t\begin{pmatrix}-2\\-2\\6\end{pmatrix}$

Wegen $\begin{pmatrix}-2\\-2\\6\end{pmatrix} = 6\begin{pmatrix}-\frac{1}{3}\\-\frac{1}{3}\\1\end{pmatrix}$ beschreiben die unter a) und b) erhaltenen Gleichungen dieselbe Menge.

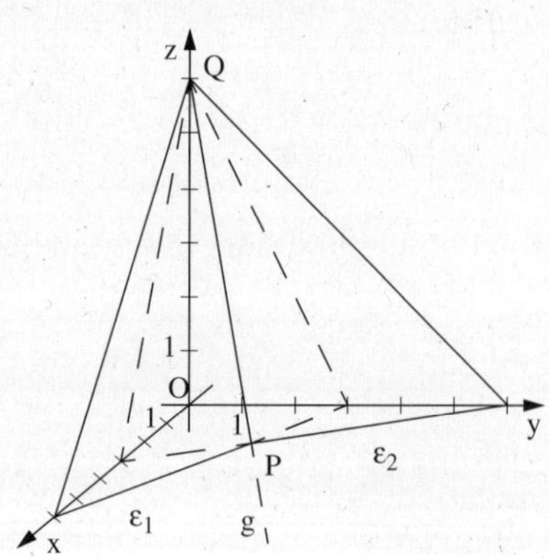

FA 257

a) $\begin{pmatrix}x\\y\\z\end{pmatrix} = \begin{pmatrix}4\\2\\0\end{pmatrix} + t\begin{pmatrix}-\frac{4}{3}\\-\frac{1}{3}\\1\end{pmatrix}$; $t \in \mathbb{R}$

ε_1: $\frac{1}{8}(x + 2y + 2z) = 1$; ε_2: $z = -3y + 6$;

Schnittgerade g: $\begin{pmatrix}x\\y\\z\end{pmatrix} = \begin{pmatrix}4\\2\\0\end{pmatrix} + t\begin{pmatrix}-4\\-1\\3\end{pmatrix}$

b) $\begin{pmatrix}x\\y\\z\end{pmatrix} = \begin{pmatrix}5\\6\\0\end{pmatrix} + t\begin{pmatrix}-5\\-2\\1\end{pmatrix}$; $t \in \mathbb{R}$

ε_1': $x = -5z + 5$; ε_2': $y = -2z + 6$;

Schnittgerade g': $\begin{pmatrix}x\\y\\z\end{pmatrix} = \begin{pmatrix}5\\6\\0\end{pmatrix} + t\begin{pmatrix}-5\\-2\\1\end{pmatrix}$

zu a):

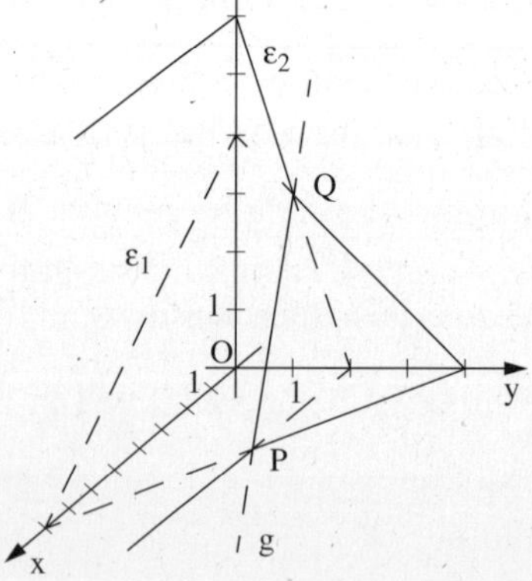

zu b):

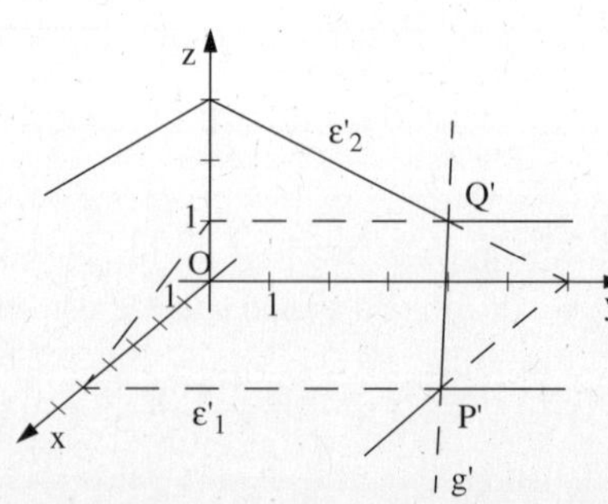

FA 258

a) $x = 0; \quad y = \frac{16}{3}; \quad z = 2$

ε_1: $\frac{x}{6} + \frac{y}{4} + \frac{z}{-6} = 1$

ε_2: $2x + 3z = 6$

ε_3: $x = 0$ (yz-Ebene)

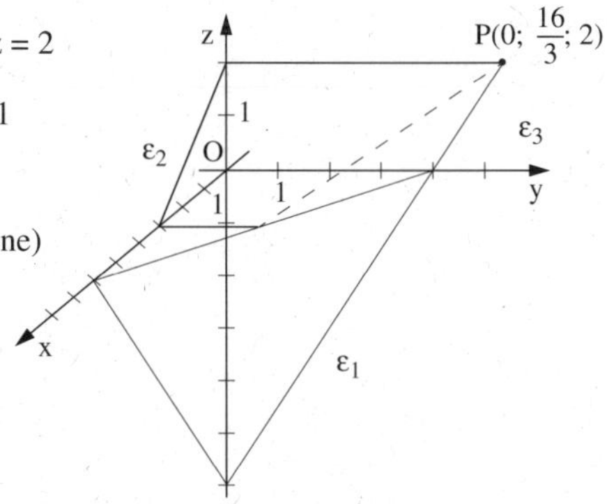

b) $x = 0; \quad y = 1; \quad z = -3$

ε_1: $\frac{x}{8} + \frac{y}{2} + \frac{z}{-6} = 1$

ε_2: $3x - 4z = 12$

ε_3: $z = -3$

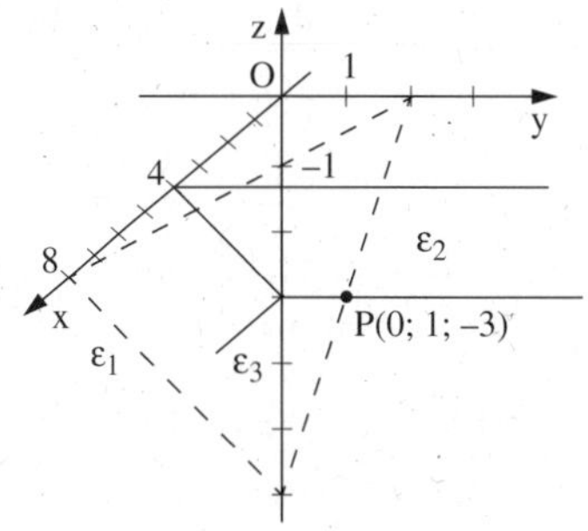

Aufgaben zur Selbstkontrolle

FA 259

a) *Variante 1: Aufstellen einer Ebenengleichung in Koordinatenschreibweise*

A, B und C erfüllen die Ebenengleichung $ax + by + cz + d = 0$:

$$\begin{array}{lrrrrl} A: & 2a & -1b & +3c & +1d & = 0 \\ B: & 1a & +2b & +1c & +1d & = 0 \quad \cdot(-2) \downarrow \quad \cdot(-1) \\ C: & 2a & +2b & +2c & +1d & = 0 \quad \downarrow \end{array}$$

$$\begin{array}{rrrrl} 2a & -1b & +3c & +1d & = 0 \\ & -5b & +1c & -1d & = 0 \quad \cdot 3 \\ & 3b & -1c & & = 0 \quad \cdot 5 \downarrow \end{array}$$

$$\begin{array}{rrrrl} 2a & -1b & +3c & +1d & = 0 \\ & -5b & +1c & -1d & = 0 \\ & & -2c & -3d & = 0 \end{array}$$

mit $d = t \in \mathbb{R}$ als Parameter erhalten wir

$$\begin{array}{rrrl} 2a & -1b & +3c & = -t \\ & -5b & +1c & = t \\ & & -2c & = 3t \end{array}$$

Wir erhalten $d = t$; $c = -\frac{3}{2}t$; $b = -\frac{1}{2}t$ und $a = \frac{3}{2}t$ mit $t \in \mathbb{R}$.

Damit ist $\frac{3}{2}tx - \frac{1}{2}ty - \frac{3}{2}tz + t = 0$ die gesuchte Gleichung. Setzen wir $t \neq 0$ voraus, dann erhalten wir (nach Division durch t):

$\frac{3}{2}x - \frac{1}{2}y - \frac{3}{2}z + 1 = 0$ bzw.

$3x - 1y - 3z + 2 = 0$ als eine Gleichung für die gesuchte Ebene.

Variante 2: Aufstellen einer Ebenengleichung in Vektorschreibweise

Die gegebenen Punkte A, B, C sind bestimmt durch die Ortsvektoren $\vec{a} = \begin{pmatrix} 2 \\ -1 \\ 3 \end{pmatrix}$, $\vec{b} = \begin{pmatrix} 1 \\ 2 \\ 1 \end{pmatrix}$, $\vec{c} = \begin{pmatrix} 2 \\ 2 \\ 2 \end{pmatrix}$.

Daraus kann sofort eine Dreipunktegleichung aufgestellt werden:

$\vec{x} = \vec{a} + r(\vec{b} - \vec{a}) + s(\vec{c} - \vec{a})$

$\vec{x} = \begin{pmatrix} 2 \\ -1 \\ 3 \end{pmatrix} + r\begin{pmatrix} -1 \\ 3 \\ -2 \end{pmatrix} + s\begin{pmatrix} 0 \\ 3 \\ -1 \end{pmatrix}$

b) Wir erhalten sofort die Ebenengleichung in Vektorschreibweise und daraus ein Gleichungssystem:

$\vec{x} = \begin{pmatrix} 1 \\ 1 \\ 3 \end{pmatrix} + u\begin{pmatrix} 1 \\ 2 \\ 3 \end{pmatrix} + v\begin{pmatrix} -1 \\ -1 \\ 2 \end{pmatrix}$, $\quad u, v \in \mathbb{R}$

Zur Umformung in Koordinatenschreibweise wird aus der Vektordarstellung ein Gleichungssystem aufgestellt:

(I) $x = 1 + 1u - 1v$

(II) $y = 1 + 2u - 1v$

(III) $z = 3 + 3u + 2v$

Aus (I) und (II) folgt

$$\begin{array}{rl} 1u - 1v & = x - 1 \quad \cdot(-1) \\ 2u - 1v & = y - 1 \quad \downarrow \end{array}$$

$$\begin{array}{rl} 1u - 1v & = x - 1 \\ 1u & = y - x, \end{array}$$

also $u = y - x$ und $v = y - 2x + 1$

Diese beiden Ergebnisse werden in (III) eingesetzt und wir erhalten:

$z = 3 + 3(y - x) + 2(y - 2x + 1)$, also $z = 5 + 5y - 7x$ bzw. $-7x + 5y - z + 5 = 0$

c) Weil g_1 und g_2 denselben Richtungsvektor haben, sind g_1 und g_2 parallel zueinander. Außerdem fallen beide Geraden nicht zusammen. Folglich bestimmen g_1 und g_2 genau eine Ebene.
Als Stützpunkt der Ebene wählen wir den Stützpunkt von g_1. Die Spannvektoren der Ebenen erhalten wir aus dem Richtungsvektor von g_1 bzw. g_2 und einem Vektor, der durch die beiden Stützpunkte von g_1 und g_2 gebildet wird.

$$\vec{x} = \begin{pmatrix}0\\2\\1\end{pmatrix} + u\begin{pmatrix}1\\2\\2\end{pmatrix} + v\begin{pmatrix}1\\0\\-1\end{pmatrix}, \quad u, v \in \mathbb{R}$$

Für eine Ebenengleichung in Koordinatenschreibweise wird ein Gleichungssystem aufgestellt:

(I) $x = 0 + 1u + 1v$
(II) $y = 2 + 2u + 0v$
(III) $z = 1 + 2u - 1v$

Aus (II) folgt sofort $u = \frac{y-2}{2}$ und damit aus (I) $v = x - \frac{y-2}{2} = \frac{2x-y+2}{2}$.

Mit (III) erhalten wir dann $z = 1 + 2 \cdot \frac{y-2}{2} - \frac{2x-y+2}{2}$ oder $2z = 2 + 2y - 4 - 2x + y - 2$ oder $-2x + 3y - 2z - 4 = 0$

FA 260

a) Eine solche Gerade lässt sich sehr einfach angeben. Wir betrachten die Gerade, die durch P_0 und durch den Stützpunkt von ε geht. Diese Gerade schneidet dann ε in diesem Stützpunkt.

$$g\colon \vec{x} = \begin{pmatrix}0\\0\\0\end{pmatrix} + t\left[\begin{pmatrix}1\\1\\2\end{pmatrix} - \begin{pmatrix}0\\0\\0\end{pmatrix}\right] \quad \text{also} \quad g\colon \vec{x} = t\begin{pmatrix}1\\1\\2\end{pmatrix}, \; t \in \mathbb{R}$$

b) Eine Parallele zu ε durch P_0 muss einen Richtungsvektor $\vec{a}$ haben, der eine Linearkombination der Spannvektoren von ε ist.

Wir nehmen $\vec{a} = \begin{pmatrix}-1\\2\\-1\end{pmatrix} + \begin{pmatrix}2\\1\\2\end{pmatrix} = \begin{pmatrix}1\\3\\1\end{pmatrix}$. Damit ist $g\colon \vec{x} = \begin{pmatrix}0\\0\\0\end{pmatrix} + t\begin{pmatrix}1\\3\\1\end{pmatrix}$ die Gleichung einer Parallelen zu ε durch P_0.

FA 261 $\varepsilon\colon 6x + 3y + 2z - 1 = 0$

Für den Schnitt mit der xy-Ebene ist $z = 0$, d.h. $g_{xy}\colon 6x + 3y - 1 = 0$ ist die Gleichung der Schnittgeraden mit der xy-Ebene.

Diese Schnitgerade hat (im Raum) den Richtungsvektor $\vec{a} = \begin{pmatrix}3\\-6\\0\end{pmatrix}$ und schneidet die y-Achse im Punkt $P_y(0; \frac{1}{3}; 0)$.

Folglich ist $\vec{x} = \begin{pmatrix}0\\\frac{1}{3}\\0\end{pmatrix} + t\begin{pmatrix}3\\-6\\0\end{pmatrix}$, $t \in \mathbb{R}$ eine Gleichung der Schnittgeraden von ε mit der xy-Ebene.

Für den Schnitt mit der yz-Ebene ist $x = 0$, d.h., $g_{yz}\colon 3y + 2z - 1 = 0$, und wir erhalten $\vec{x} = \begin{pmatrix}0\\0\\\frac{1}{2}\end{pmatrix} + t\begin{pmatrix}0\\2\\-3\end{pmatrix}$, $t \in \mathbb{R}$.

Für den Schnitt mit der xz-Ebene ist $y = 0$, d.h., $g_{xz}\colon 6x + 2z - 1 = 0$, und wir erhalten $\vec{x} = \begin{pmatrix}\frac{1}{6}\\0\\0\end{pmatrix} + t\begin{pmatrix}-2\\0\\6\end{pmatrix}$, $t \in \mathbb{R}$.

F 5 Skalarprodukt von Vektoren

F 5.1 Definition und Eigenschaften

FA 262 $\vec{a} \cdot \vec{b} = |\vec{a}| \cdot |\vec{b}| \cdot \cos\sphericalangle(\vec{a}, \vec{b}) = 4 \cdot \sqrt{3} \cdot \cos 60° = 2 \cdot \sqrt{3}$

FA 263

a) $\vec{a} \cdot \vec{b} = 3 + 4 = 7$
b) $\vec{u} \cdot \vec{v} = 2 + 12 = 14$
c) $\vec{p} \cdot \vec{l} = -2 + 3 + 0 = 1$
d) $\vec{f} \cdot \vec{v} = -6 - 6 + 0 = -12$
e) $\vec{f} \cdot \vec{k} = 0 + 0 - 10 = -10$
f) $\vec{u} \cdot \vec{v} = -12 + 9 = -3$

FA 264

a) –38 b) –18 c) 2 d) 25 e) –16 f) 11

FA 265 $\vec{a} \cdot \vec{b} = |\vec{a}| \cdot |\vec{b}| \cdot \cos\alpha \;\Rightarrow\; \cos\alpha = \frac{-6}{3 \cdot 4} = -\frac{1}{2} \;\Rightarrow\; \alpha = 120°$

FA 266 Der Betrag von $\vec{b}$ ist durch α eindeutig festgelegt. $|\vec{b}| = \frac{2}{\cos\alpha}$

Die senkrechte Projektion von $\vec{b}$ auf $\vec{a}$ ist konstant, wenn das Skalarprodukt vorgegeben ist. $|\vec{b}|\cos\alpha = 2$

FA 267

$\vec{a} = \begin{pmatrix} 0 \\ 1 \end{pmatrix}$; $\vec{b} = \begin{pmatrix} 1 \\ 0 \end{pmatrix}$ $\Rightarrow$ $\vec{a} \cdot \vec{b} = 0$ $\Rightarrow$ $(\vec{a} \cdot \vec{b})^2 = 0$. Außerdem: $\vec{a}^2 = \vec{b}^2 = 1$ $\Rightarrow$ $\vec{a}^2 \cdot \vec{b}^2 = 1 \neq 0 = (\vec{a} \cdot \vec{b})^2$

Wenn $(\vec{x} \cdot \vec{y})^2 = \vec{x}^2 \cdot \vec{y}^2$ sein soll, so muss $(|\vec{x}| \cdot |\vec{y}| \cdot \cos\sphericalangle(\vec{x}, \vec{y}))^2 = |\vec{x}|^2 \cdot |\vec{y}|^2$ gelten.

Falls $\vec{x} \neq \vec{o}, \vec{y} \neq \vec{o} \Rightarrow \cos\sphericalangle(\vec{x}, \vec{y}) = \pm 1$ $\Rightarrow$ Das Assoziativgesetz gilt nur im Spezialfall linear abhängiger Vektoren.

FA 268

$\vec{a} \perp \vec{v} \Leftrightarrow \vec{a} \cdot \vec{v} = 0$, $\begin{pmatrix} 2 \\ 3 \\ 1 \end{pmatrix} \cdot \begin{pmatrix} u \\ 3 \\ v \end{pmatrix} = 0$, $2u + v = -9$ (I)

$\vec{b} \perp \vec{v} \Leftrightarrow \vec{b} \cdot \vec{v} = 0$, $\begin{pmatrix} -2 \\ 1 \\ -3 \end{pmatrix} \cdot \begin{pmatrix} u \\ 3 \\ v \end{pmatrix} = 0$, $-2u - 3v = -3$ (II)

$\Rightarrow$ $u = -\frac{15}{2}$, $v = 6$, also $\vec{v} = \begin{pmatrix} -\frac{15}{2} \\ 3 \\ 6 \end{pmatrix}$

FA 269

a) $2t^2 + 4t + 2 = 0 \Rightarrow t = -1$

b) $4t = 1 \Rightarrow t = \frac{1}{4}$

c) $3t - 2 = 7 \Rightarrow t = 3$

d) $t^2 + 1{,}5t + 0{,}5 = 0 \Rightarrow t_1 = -0{,}5$; $t_2 = -1$

e) $10t^2 + 9 = 49 \Rightarrow t_1 = 2$; $t_2 = -2$

f) $3t^2 - 4t - 4 = 0 \Rightarrow t_1 = 2$; $t_2 = -\frac{2}{3}$

F 5.2 Anwendungen des Skalarprodukts

FA 270 Beispiellösungen:

a) $\begin{pmatrix} 1 \\ 2 \end{pmatrix} \cdot \vec{b}_1 = 0 \Rightarrow \vec{b}_1 = \begin{pmatrix} -2 \\ 1 \end{pmatrix}$ b) $\vec{b}_2 = \begin{pmatrix} 7 \\ 0 \end{pmatrix}$ c) $\vec{b}_3 = \begin{pmatrix} 1 \\ -1 \\ -1 \end{pmatrix}$ d) $\vec{b}_4 = \begin{pmatrix} 2 \\ \sqrt{5} \\ -1 \end{pmatrix}$ e) $\vec{b}_5 = \begin{pmatrix} \sqrt{3} \\ -3 \\ \sqrt{3} \end{pmatrix}$

FA 271

a) $\overrightarrow{AB} = \begin{pmatrix} 1 \\ 1 \\ 1 \end{pmatrix}$; $\overrightarrow{AC} = \begin{pmatrix} x_C - 2 \\ y_C - 2 \\ z_C - 1 \end{pmatrix}$; $\overrightarrow{AB} \cdot \overrightarrow{AC} = 0 \Rightarrow x_C + y_C + z_C - 5 = 0 \Rightarrow$ z.B. C(0; 0; 5)

b) $11x_C - 10z_C + 83 = 0 \Rightarrow$ z.B. C(0; 3; 8,3) c) $2x_C + 3y_C + 2z_C - 4 = 0 \Rightarrow$ z.B. C(0; 0; 2)

FA 272 $\triangle$ABC ist rechtwinklig bei C, wenn $\overrightarrow{CA} \cdot \overrightarrow{CB} = 0$ ist.

a) $0 = \begin{pmatrix} x_C \\ -y_C \\ 1 - z_C \end{pmatrix} \cdot \begin{pmatrix} 3 - x_C \\ 3 - y_C \\ -1 - z_C \end{pmatrix} \Rightarrow$ z.B. C(0; 0; 1) b) $0 = \begin{pmatrix} -2 - x_C \\ 3 - y_C \\ 1 - z_C \end{pmatrix} \cdot \begin{pmatrix} 2 - x_C \\ -1 - y_C \\ -z_C \end{pmatrix} \Rightarrow$ z.B. C(1; 3; 0)

c) $0 = \begin{pmatrix} 2 - x_C \\ 2 - y_C \\ -z_C \end{pmatrix} \cdot \begin{pmatrix} -1 - x_C \\ -3 - y_C \\ 2 - z_C \end{pmatrix} \Rightarrow$ z.B. C(2; 3; 2)

FA 273 $W = \vec{F} \cdot \vec{s} = 2{,}1\ (\text{kN}) \cdot 10\ (\text{km}) \cdot \cos 20° \approx 1{,}97 \cdot 10^7\ (\text{Nm})$

FA 274

a) $\cos\alpha = \frac{1}{2}$; $\alpha = 60°$

b) $\cos\alpha = -\frac{1}{2}$; $\alpha = 120°$

c) $\cos\alpha = \frac{-2 + \sqrt{30}}{20} \approx 0{,}1739$; $\alpha \approx 80{,}0°$

d) $\cos\alpha = -1$; $\alpha = 180°$

e) $\cos\alpha = -\frac{1}{2}\sqrt{3}$; $\alpha = 150°$

f) $\cos\alpha = \frac{5}{\sqrt{59}\sqrt{35}} \approx 0{,}1100$; $\alpha \approx 83{,}7°$

FA 275

a) $\overrightarrow{AB} = \begin{pmatrix} 4 \\ -2 \end{pmatrix}$; $\overrightarrow{AC} = \begin{pmatrix} 1 \\ 3 \end{pmatrix}$; $\overrightarrow{BC} = \begin{pmatrix} -3 \\ 5 \end{pmatrix}$; $\cos(\sphericalangle CAB) = \frac{-2}{\sqrt{20}\sqrt{10}} \approx -0{,}1414 \Rightarrow \sphericalangle CAB \approx 98{,}1°$;

$\cos(\sphericalangle BCA) = \frac{12}{\sqrt{34}\sqrt{10}} \approx 0{,}6508 \Rightarrow \sphericalangle BCA \approx 49{,}4°$; $\sphericalangle ABC + \sphericalangle BCA + \sphericalangle CAB = 180° \Rightarrow \sphericalangle ABC \approx 32{,}5°$

b) $\overrightarrow{AB} = \begin{pmatrix} 6 \\ 4 \\ 2 \end{pmatrix}$; $\overrightarrow{AC} = \begin{pmatrix} -4 \\ 2 \\ 2 \end{pmatrix}$; $\overrightarrow{BC} = \begin{pmatrix} -10 \\ -2 \\ 0 \end{pmatrix}$; $\cos(\sphericalangle CAB) = \frac{-12}{\sqrt{56}\sqrt{24}} \approx -0{,}3272 \Rightarrow \sphericalangle CAB \approx 109{,}1°$;

$\cos(\sphericalangle BCA) = \frac{6}{\sqrt{24}\sqrt{104}} \approx 0{,}7206 \Rightarrow \sphericalangle BCA \approx 43{,}9°$; $\sphericalangle ABC \approx 27{,}0°$

c) $\overrightarrow{AB} = \begin{pmatrix} -4 \\ -2 \end{pmatrix}$; $\overrightarrow{AC} = \begin{pmatrix} -6 \\ 0 \end{pmatrix}$; $\overrightarrow{BC} = \begin{pmatrix} -2 \\ 2 \end{pmatrix}$; $\cos(\sphericalangle CAB) = \frac{24}{\sqrt{20}\sqrt{36}} \approx 0{,}8944 \Rightarrow \sphericalangle CAB \approx 26{,}6°$;

$\cos(\sphericalangle BCA) = \frac{12}{\sqrt{36}\sqrt{8}} \approx 0{,}7071 \Rightarrow \sphericalangle BCA \approx 45°$; $\sphericalangle ABC \approx 108{,}4°$

d) $\overrightarrow{AB} = \begin{pmatrix} 4 \\ 7 \\ 2 \end{pmatrix}$; $\overrightarrow{AC} = \begin{pmatrix} 1 \\ 5 \\ 4 \end{pmatrix}$; $\overrightarrow{BC} = \begin{pmatrix} -3 \\ -2 \\ 2 \end{pmatrix}$; $\cos(\sphericalangle CAB) = \frac{47}{\sqrt{69}\sqrt{42}} \approx 0{,}8731 \Rightarrow \sphericalangle CAB \approx 29{,}2°$;

$\cos(\sphericalangle BCA) = \frac{-5}{\sqrt{42}\sqrt{17}} \approx -0{,}1871 \Rightarrow \sphericalangle BCA \approx 100{,}8°$; $\sphericalangle ABC \approx 50{,}0°$

FA 276

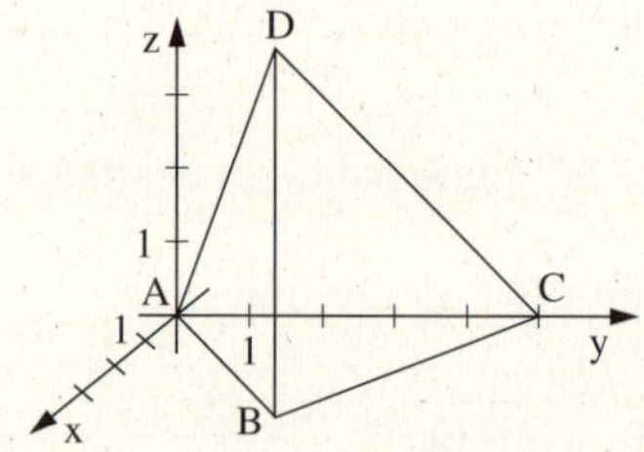

- Weil D senkrecht über B liegt, ist $|\sphericalangle ABD| = |\sphericalangle CBD| = 90°$.
- Weil $|\overline{AB}| = \sqrt{3^2 + 4^2} = 5$ und $|\overline{BD}| = 5$ gilt, ist ABD ein gleichschenkliges Dreieck. Mit $|\sphericalangle ABD| = 90°$ folgt dann: $|\sphericalangle BAD| = |\sphericalangle BDA| = 45°$.
- Ebenso ist ABC ein gleichschenkliges Dreieck, denn es ist auch $|\overline{AC}| = 5$.

$\cos(\sphericalangle BAC) = \frac{\overrightarrow{AB} \cdot \overrightarrow{AC}}{|\overrightarrow{AB}||\overrightarrow{AC}|} = 0{,}6 \Rightarrow |\sphericalangle BAC| \approx 53{,}1°$

Wegen der Gleichschenkligkeit des Dreiecks gilt: $|\sphericalangle ABC| = |\sphericalangle ACB| \approx 63{,}5°$.

$\cos(\sphericalangle CAD) \approx 0{,}4243$; $|\sphericalangle CAD| \approx 64{,}9°$; $\cos(\sphericalangle ACD) \approx 0{,}2981$; $|\sphericalangle ACD| \approx 72{,}7°$

$\cos(\sphericalangle BCD) = \frac{2}{3}$; $|\sphericalangle BCD| \approx 48{,}2° \Rightarrow |\sphericalangle ADC| \approx 42{,}45°$; $|\sphericalangle BDC| \approx 41{,}8°$

FA 277

Betrachtet man ein kartesisches Koordinatensystem mit dem Ursprung A, der x-Achse g(AB), der y-Achse g(AD) und der z-Achse g(AG), so ergeben sich die Punkte: A(0; 0; 0); K(0; 300; 250) und C(450; 300; 0).

Es gilt: $\cos(\sphericalangle CKA) = \frac{\overrightarrow{KA} \cdot \overrightarrow{KC}}{|\overrightarrow{KA}||\overrightarrow{KC}|} = \frac{62500}{\sqrt{152500}\sqrt{265000}} \approx 0{,}3109 \Rightarrow |\sphericalangle CKA| \approx 71{,}9°$.

F 5.3 Schnittwinkel zweier Geraden

FA 278

a) $\cos|\sphericalangle(g, h)| = \frac{\left|\begin{pmatrix} 3 \\ 1 \end{pmatrix} \cdot \begin{pmatrix} -2 \\ 4 \end{pmatrix}\right|}{\sqrt{10}\sqrt{20}} \approx 0{,}1414 \Rightarrow |\sphericalangle(g, h)| \approx 81{,}9°$

b) $\cos|\sphericalangle(g, h)| \approx 0{,}8165 \Rightarrow |\sphericalangle(g, h)| \approx 35{,}3°$

c) $\cos|\sphericalangle(g, h)| \approx 0{,}1351 \Rightarrow |\sphericalangle(g, h)| \approx 82{,}2°$

d) $\cos|\sphericalangle(g, h)| \approx 0{,}8944 \Rightarrow |\sphericalangle(g, h)| \approx 26{,}6°$

e) $\cos|\sphericalangle(g, h)| = 1 \Rightarrow |\sphericalangle(g, h)| = 0°$

f) $\cos|\sphericalangle(g, h)| \approx 0{,}9286 \Rightarrow |\sphericalangle(g, h)| \approx 21{,}8°$

g) $\cos|\sphericalangle(g, h)| = 0{,}5 \Rightarrow |\sphericalangle(g, h)| = 60°$

h) $\cos|\sphericalangle(g, h)| = 1 \Rightarrow |\sphericalangle(g, h)| = 0°$

In e) und h) sind die Geraden jeweils identisch oder parallel.

FA 279

a) g_1: $\vec{x} = \begin{pmatrix} 2 \\ 1 \\ 1 \end{pmatrix} + t\begin{pmatrix} 1 \\ 1 \\ 1 \end{pmatrix}$; g_2: $\vec{x} = \begin{pmatrix} 2 \\ 7 \\ -2 \end{pmatrix} + t\begin{pmatrix} 2 \\ -2 \\ 4 \end{pmatrix} \Rightarrow$ S(5; 4; 4); $|\sphericalangle(g_1, g_2)| \approx 61{,}9°$

b) g_1: $\vec{x} = \begin{pmatrix} 3 \\ 2 \\ 5 \end{pmatrix} + t\begin{pmatrix} 2 \\ 4 \\ -2 \end{pmatrix}$; g_2: $\vec{x} = \begin{pmatrix} 4 \\ 3 \\ 7 \end{pmatrix} + t\begin{pmatrix} -6 \\ -9 \\ -3 \end{pmatrix} \Rightarrow$ S(2; 0; 6); $|\sphericalangle(g_1, g_2)| \approx 40{,}2°$

c) g_1: $\vec{x} = \begin{pmatrix} 3 \\ 4 \\ 0 \end{pmatrix} + t\begin{pmatrix} 3 \\ -6 \\ 3 \end{pmatrix}$; g_2: $\vec{x} = \begin{pmatrix} 4 \\ 5 \\ 4 \end{pmatrix} + t\begin{pmatrix} 2 \\ -2 \\ 4 \end{pmatrix} \Rightarrow$ S(1; 8; –2); $|\sphericalangle(g_1, g_2)| \approx 67{,}1°$

FA 280 Richtungsvektor der x-Achse: $\vec{e}_1 = \begin{pmatrix}1\\0\\0\end{pmatrix}$, der y- Achse: $\vec{e}_2 = \begin{pmatrix}0\\1\\0\end{pmatrix}$, der z-Achse: $\vec{e}_3 = \begin{pmatrix}0\\0\\1\end{pmatrix}$.

a) $\vec{p} = \begin{pmatrix}3\\3\\1\end{pmatrix}$; $|\sphericalangle(\vec{p}, \vec{e}_1)| \approx 46{,}5°$; $|\sphericalangle(\vec{p}, \vec{e}_2)| \approx 46{,}5°$; $|\sphericalangle(\vec{p}, \vec{e}_3)| \approx 76{,}7°$

b) $\vec{p} = \begin{pmatrix}-4\\5\\-2\end{pmatrix}$; $|\sphericalangle(\vec{p}, \vec{e}_1)| \approx 53{,}4°$; $|\sphericalangle(\vec{p}, \vec{e}_2)| \approx 41{,}8°$; $|\sphericalangle(\vec{p}, \vec{e}_3)| \approx 72{,}7°$

c) $\vec{p} = \begin{pmatrix}4\\-1\\5\end{pmatrix}$; $|\sphericalangle(\vec{p}, \vec{e}_1)| \approx 51{,}9°$; $|\sphericalangle(\vec{p}, \vec{e}_2)| \approx 81{,}1°$; $|\sphericalangle(\vec{p}, \vec{e}_3)| \approx 39{,}5°$

FA 281 Wir betrachten einen Einheitswürfel, legen diesen wie im Bild gezeigt in ein Koordinatensystem und bestimmen den Winkel zwischen den Raumdiagonalen $\overline{AG}$ und $\overline{EC}$.

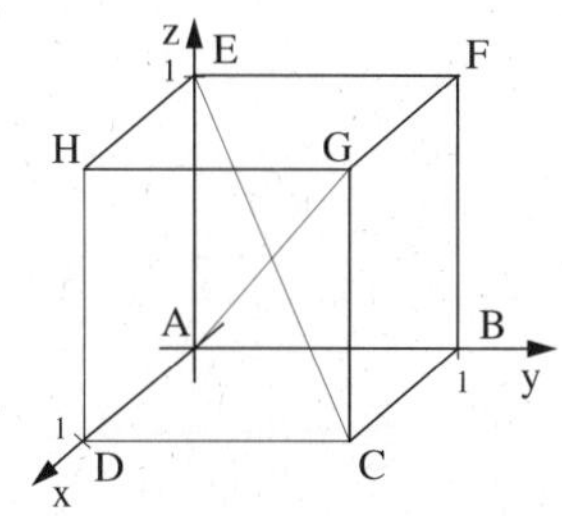

Mit $\overrightarrow{AG} = \begin{pmatrix}1\\1\\1\end{pmatrix}$ und $\overrightarrow{EC} = \begin{pmatrix}1\\1\\-1\end{pmatrix}$ folgt: $\cos|\sphericalangle(\overrightarrow{AG}, \overrightarrow{EC})| = \frac{1}{3}$.

Damit hat der Schnittwinkel zweier Raumdiagonalen im Würfel die Größe 70,53°.

FA 282 A(4; 0; 0); B(4; 5; 0); E(4; 0; 3); G(0; 5; 3); M(2; 2,5; 1,5) ist der Mittelpunkt von $\overline{AG}$.
$\cos\alpha \approx 0{,}9055 \Rightarrow \alpha \approx 25{,}1°$; $\cos\beta = 0 \Rightarrow \beta = 90°$; ΔABM ist gleichschenklig, deshalb gilt $\gamma = 45°$.

FA 283

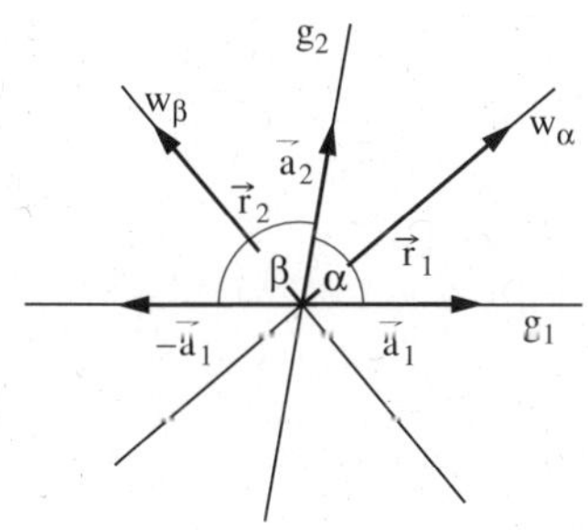

Sind α und β die beiden Nebenwinkel, so können wir uns diese durch die beiden Geraden g_1 und g_2 gebildet (s. Abb.) vorstellen. Wir bezeichnen mit $\vec{a}_1$ und $\vec{a}_2$ Richtungseinheitsvektoren von g_1 und g_2. Dann ist $\vec{r}_1 = \vec{a}_1 + \vec{a}_2$ der Richtungsvektor der einen und $\vec{r}_2 = -\vec{a}_1 + \vec{a}_2$ der Richtungsvektor der anderen Winkelhalbierenden.
Es gilt $\vec{r}_1 \cdot \vec{r}_2 = (\vec{a}_1 + \vec{a}_2)\cdot(-\vec{a}_1 + \vec{a}_2) = -\vec{a}_1^{\,2} + \vec{a}_2^{\,2} = 0$, da $|\vec{a}_1| = |\vec{a}_1| = 1$ ist.
Folglich ist $\vec{r}_1 \perp \vec{r}_2$ und damit auch $w_\alpha \perp w_\beta$.

FA 284 Zu beweisen ist: $\overrightarrow{AC} \cdot \overrightarrow{BD} = 0$.

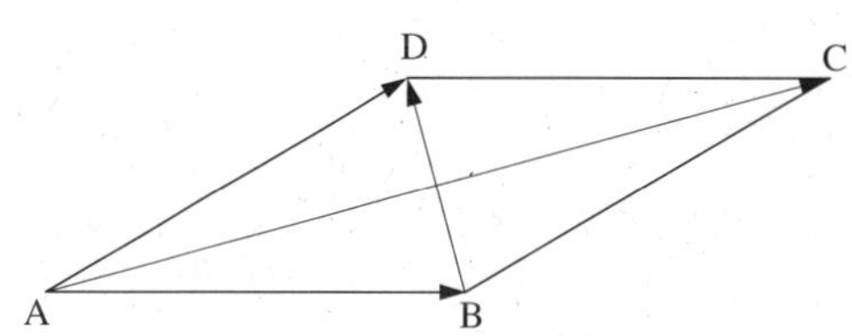

$\overrightarrow{AC} = \overrightarrow{AB} + \overrightarrow{AD}$; $\overrightarrow{BD} = \overrightarrow{AD} - \overrightarrow{AB}$; $|\overrightarrow{AB}| = |\overrightarrow{AD}|$
$\overrightarrow{AC} \cdot \overrightarrow{BD} = (\overrightarrow{AB} + \overrightarrow{AD})\cdot(\overrightarrow{AD} - \overrightarrow{AB}) = |\overrightarrow{AD}|^2 - |\overrightarrow{AB}|^2 = 0$
Folglich stehen die Diagonalen des Rhombus senkrecht aufeinander.

Aufgaben zur Selbstkontrolle

FA 285

a) $\binom{2}{1}\cdot\binom{2}{0} = 2\cdot 2 + 1\cdot 0 = 4$; $0° < \alpha < 90°$

b) $\begin{pmatrix}3\\1\\1\end{pmatrix}\cdot\begin{pmatrix}-1\\3\\0\end{pmatrix} = 3\cdot(-1) + 1\cdot 3 + 1\cdot 0 = 0$; $\alpha = 90°$

c) $\binom{2}{1}\cdot\binom{-2}{2} = 2\cdot(-2) + 1\cdot 2 = -2$; $90° < \alpha < 180°$

FA 286

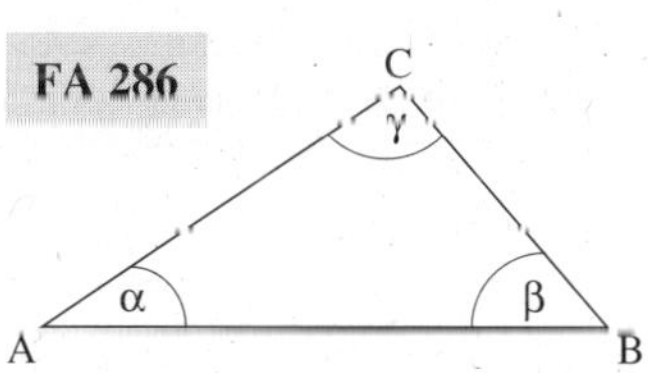

Zur Bestimmung von α betrachten wir die beiden Vektoren $\overrightarrow{AB} = \begin{pmatrix}-1\\1\\-1\end{pmatrix}$ und $\overrightarrow{AC} = \begin{pmatrix}-3\\3\\4\end{pmatrix}$.

Dann ist $\overrightarrow{AB}\cdot\overrightarrow{AC} = \begin{pmatrix}-1\\-1\\-1\end{pmatrix}\cdot\begin{pmatrix}-3\\-3\\4\end{pmatrix} = 3 + 3 - 4 = 2$.

Andererseits ist $\overrightarrow{AB}\cdot\overrightarrow{AC} = |\overrightarrow{AB}|\cdot|\overrightarrow{AC}|\cos\alpha$, woraus $\cos\alpha = \frac{\overrightarrow{AB}\cdot\overrightarrow{AC}}{|\overrightarrow{AB}|\cdot|\overrightarrow{AC}|}$ folgt. Mit $|\overrightarrow{AB}| = \sqrt{3}$ und $|\overrightarrow{AC}| = \sqrt{34}$ folgt

$\cos\alpha = \frac{2}{\sqrt{3}\cdot\sqrt{34}} \approx 0{,}1980$ und damit $\alpha \approx 78{,}58°$.

Analog erhalten wir für β: $\beta \approx 84{,}23°$ Für γ gilt: $\gamma = 180° - (\alpha + \beta) \approx 17{,}19°$

F 6 Weitere Anwendungen des Skalarprodukts von Vektoren

F 6.1 Gleichungen von Geraden und Ebenen in HESSEscher Normalform

FA 287

a) $\vec{x} = \binom{1}{-2} + t_1\binom{4}{5}$; $\frac{-5x + 4y + 13}{\sqrt{41}} = 0$; $\left[\vec{x} - \binom{1}{-2}\right]\cdot\frac{1}{\sqrt{41}}\binom{-5}{4} = 0$

b) $\vec{x} = \begin{pmatrix} 0 \\ 0 \end{pmatrix} + t_2\begin{pmatrix} -2 \\ 1 \end{pmatrix}$; $\frac{x + 2y}{\sqrt{5}} = 0$; $\left[\vec{x} - \begin{pmatrix} 0 \\ 0 \end{pmatrix}\right] \cdot \frac{1}{\sqrt{5}}\begin{pmatrix} 1 \\ 2 \end{pmatrix} = 0$

c) $\vec{x} = \begin{pmatrix} -2 \\ 3 \end{pmatrix} + t_3\begin{pmatrix} 1 \\ 2 \end{pmatrix}$; $\frac{2x - y + 7}{\sqrt{5}} = 0$; $\left[\vec{x} - \begin{pmatrix} -2 \\ 3 \end{pmatrix}\right] \cdot \frac{1}{\sqrt{5}}\begin{pmatrix} 2 \\ -1 \end{pmatrix} = 0$

FA 288

a) $\vec{x} = \begin{pmatrix} 2 \\ 2 \\ 2 \end{pmatrix} + r_1\begin{pmatrix} 2 \\ 1 \\ 0 \end{pmatrix} + s_1\begin{pmatrix} -2 \\ 2 \\ 2 \end{pmatrix}$
b) $\vec{x} = \begin{pmatrix} -1 \\ -1 \\ 2 \end{pmatrix} + r_2\begin{pmatrix} -6 \\ -4 \\ 0 \end{pmatrix} + s_2\begin{pmatrix} -3 \\ 0 \\ -2 \end{pmatrix}$
c) $\vec{x} = \begin{pmatrix} 0 \\ 0 \\ 0 \end{pmatrix} + r_3\begin{pmatrix} 1 \\ 0 \\ 2 \end{pmatrix} + s_3\begin{pmatrix} 2 \\ 2 \\ 2 \end{pmatrix}$

$\frac{x - 2y + 3z - 4}{\sqrt{14}} = 0$ $\frac{2x - 3y - 3z + 5}{\sqrt{22}} = 0$ $\frac{-2x + y + z}{\sqrt{6}} = 0$

$\left[\vec{x} - \begin{pmatrix} 2 \\ 2 \\ 2 \end{pmatrix}\right] \cdot \frac{1}{\sqrt{14}}\begin{pmatrix} 1 \\ -2 \\ 3 \end{pmatrix} = 0$ $\left[\vec{x} - \begin{pmatrix} -1 \\ -1 \\ 2 \end{pmatrix}\right] \cdot \frac{1}{\sqrt{22}}\begin{pmatrix} 2 \\ -3 \\ -3 \end{pmatrix} = 0$ $\left[\vec{x} - \begin{pmatrix} 0 \\ 0 \\ 0 \end{pmatrix}\right] \cdot \frac{1}{\sqrt{6}}\begin{pmatrix} -2 \\ 1 \\ 1 \end{pmatrix} = \frac{1}{\sqrt{6}}\vec{x} \cdot \begin{pmatrix} -2 \\ 1 \\ 1 \end{pmatrix} = 0$

FA 289 *(Beispiellösungen)*

a) $\vec{n}_1 = \begin{pmatrix} 5 \\ -2 \end{pmatrix}$ b) $\vec{n}_2 = \begin{pmatrix} -2 \\ 1 \end{pmatrix}$ c) $\vec{n}_3 = \begin{pmatrix} -2 \\ -1 \end{pmatrix}$ d) $\vec{n}_4 = \begin{pmatrix} -1 \\ -3 \end{pmatrix}$ e) $\vec{n}_5 = \begin{pmatrix} 0 \\ 1 \end{pmatrix}$

f) $\vec{n}_6 = \begin{pmatrix} 1 \\ 0 \end{pmatrix}$ g) $\vec{n}_7 = \begin{pmatrix} 1 \\ 5 \end{pmatrix}$ h) $\vec{n}_8 = \begin{pmatrix} 3 \\ -1 \end{pmatrix}$ i) $\vec{n}_9 = \begin{pmatrix} 0 \\ -1 \end{pmatrix}$ k) $\vec{n}_{10} = \begin{pmatrix} -1{,}2 \\ 0{,}4 \end{pmatrix}$

F 6.2 Abstand eines Punktes von einer Geraden in der Ebene bzw. von einer Ebene im Raum

FA 290

Normalform von g: $2x - y + 3 = 0$. Dann ist $\vec{n} = \begin{pmatrix} 2 \\ -1 \end{pmatrix}$ ein Normalenvektor und $P_0(0; 3)$ ein Punkt von g.

Für den Abstand des Punktes P(2; –1) erhält man: $d = \left[\begin{pmatrix} 2 \\ -1 \end{pmatrix} - \begin{pmatrix} 0 \\ 3 \end{pmatrix}\right] \cdot \frac{\begin{pmatrix} 2 \\ -1 \end{pmatrix}}{\sqrt{5}} = \frac{8}{\sqrt{5}}$.

Damit hat der Punkt P(2; –1) von der gegebenen Geraden g den Abstand $\frac{8}{\sqrt{5}} = 1{,}6 \cdot \sqrt{5} \approx 3{,}58$.

FA 291 $P_0 \in g$; $\vec{n}_i$ Normalenvektor von g_i

a) $P_0(1; 1)$; $\vec{n}_1 = \begin{pmatrix} 2 \\ -3 \end{pmatrix}$; $d_1 = -\frac{3}{\sqrt{13}} \approx -0{,}83$ b) $P_0(1; 3)$; $\vec{n}_2 = \begin{pmatrix} 4 \\ -1 \end{pmatrix}$; $d_2 = -\frac{11}{\sqrt{17}} \approx -2{,}67$

c) $P_0(1; -1)$; $\vec{n}_3 = \begin{pmatrix} -3 \\ -1 \end{pmatrix}$; $d_3 = 0$ d) $P_0(5; 1)$; $\vec{n}_4 = \begin{pmatrix} -2 \\ 1 \end{pmatrix}$; $d_4 = \frac{9}{\sqrt{5}} \approx 4{,}02$

e) $P_0(-1; -2)$; $\vec{n}_5 = \begin{pmatrix} 2 \\ 3 \end{pmatrix}$; $d_5 = \frac{7}{\sqrt{13}} \approx 1{,}94$ f) $P_0(3; -2)$; $\vec{n}_6 = \begin{pmatrix} -2 \\ 6 \end{pmatrix}$; $d_6 = \frac{5}{\sqrt{10}} \approx 1{,}58$

FA 292

a) h_a: g(BC): $\vec{x} = \begin{pmatrix} 5 \\ 4 \end{pmatrix} + t\begin{pmatrix} -4 \\ -3 \end{pmatrix}$; $B(5; 4) \mathrel{\hat=} P_0 \in g$; $\vec{n}_g = \begin{pmatrix} 3 \\ -4 \end{pmatrix}$; A(–4; 1) $\Rightarrow h_a = |-\frac{15}{5}| = 3$

h_b: $\overline{AC}$ liegt parallel zur x-Achse im Abstand 1. $\Rightarrow h_b = 3$

h_c: g(AB): $\vec{x} = \begin{pmatrix} -4 \\ 1 \end{pmatrix} + t\begin{pmatrix} -9 \\ -3 \end{pmatrix}$; $A(-4; 1) \mathrel{\hat=} P_0 \in g$; $\vec{n}_g = \begin{pmatrix} 3 \\ -9 \end{pmatrix}$; C(1; 1) $\Rightarrow h_c = \frac{5}{\sqrt{10}} \approx 1{,}58$

b) $h_a = |-\frac{25}{5}| = 5$; $h_b = \frac{31}{5}$; $h_c = |-\frac{25}{\sqrt{50}}| = \frac{5}{2}\sqrt{2} \approx 3{,}54$ c) $h_a = |-\frac{6}{1}| = 6$; $h_b = \frac{4}{1} = 4$; $h_c = |-\frac{12}{\sqrt{13}}| \approx 3{,}33$

FA 293 Bestimmt wird der Abstand eines Punktes $P \in g_i$ von der Geraden h_i: $P \in g_i$; $P_0 \in h_i$; $d_i(g_i, h_i) = d_i(P, h_i)$.

a) P(1; –1); $P_0(1; -3)$; $\vec{n}_h = \begin{pmatrix} 5 \\ 2 \end{pmatrix}$; $d_1 = \frac{4}{\sqrt{29}}$ b) P(1; –4); $P_0(1; 2)$; $\vec{n}_h = \begin{pmatrix} 2 \\ -1 \end{pmatrix}$; $d_2 = \frac{6}{\sqrt{5}}$

c) P(1; 0); $P_0(-2; 1)$; $\vec{n}_h = \begin{pmatrix} 1 \\ -2 \end{pmatrix}$; $d_3 = \frac{5}{\sqrt{5}} = \sqrt{5}$ d) P(0; 1); $P_0(3; 0)$; $\vec{n}_h = \begin{pmatrix} 1 \\ -3 \end{pmatrix}$; $d_4 = -\frac{6}{\sqrt{10}}$

e) P(2; 1); $P_0(3; 5)$; $\vec{n}_h = \begin{pmatrix} -2 \\ 1 \end{pmatrix}$; $d_5 = -\frac{2}{\sqrt{5}}$ f) P(0; 1); $P_0(6; 5)$; $\vec{n}_h = \begin{pmatrix} 2 \\ 3 \end{pmatrix}$; $d_6 = -\frac{24}{\sqrt{13}}$

FA 294 HESSEsche Normalform der Ebenengleichung ε: $\frac{3x + 6y - 2z - 14}{7} = 0 \Rightarrow h_A = 4; h_B = -1; h_C = 0; h_D = -2$

FA 295 HESSEsche Normalform der Ebenengleichung ε: $\frac{x - y + z - 3}{\sqrt{3}} = 0 \Rightarrow h_U = 0; h_V = -\sqrt{3}; h_W = -\sqrt{3}; h_R = 2; h_S = \sqrt{3}$

FA 296 ε: $\frac{3x + 4y - 2z - 3}{\sqrt{29}} = 0 \Rightarrow$ Abstand von P_1 zu ε: $d_1 = -\frac{58}{\sqrt{29}}$; Abstand von P_2 zu ε: $d_2 = \frac{116}{\sqrt{29}}$

$|\overline{P_1P_2}| = |\overrightarrow{P_1P_2}| = \left|\begin{pmatrix} 18 \\ 24 \\ -12 \end{pmatrix}\right| = \frac{174}{\sqrt{29}} \approx 32{,}3.$ Wegen $|d_1| + |d_2| = |\overline{P_1P_2}|$ ist $\overline{P_1P_2}$ senkrecht zu ε.

FA 297 η: $\vec{x} = \begin{pmatrix} 12 \\ 9 \\ 4 \end{pmatrix} + r\begin{pmatrix} -1 \\ -2 \\ 5 \end{pmatrix} + s\begin{pmatrix} 2 \\ 2 \\ 1 \end{pmatrix}$; ε: $\frac{12x - 11y - 2z - 55}{\sqrt{269}} = 0$; $d(\varepsilon, \eta) = d(\varepsilon, P_0) = -\frac{2}{\sqrt{269}} \approx -0{,}12$

FA 298 Vektorgleichung von ε: z.B. $\vec{x} = \begin{pmatrix} 1 \\ 1 \\ 2 \end{pmatrix} + r\begin{pmatrix} 2 \\ 1 \\ 5 \end{pmatrix} + s\begin{pmatrix} -4 \\ 0 \\ -6 \end{pmatrix}$

a) g: $\vec{x} = \begin{pmatrix} -3 \\ -6 \\ 11 \end{pmatrix} + t\begin{pmatrix} 2 \\ 1 \\ 5 \end{pmatrix}$, b) Normalenvektor von ε: z.B. $\vec{n} = \begin{pmatrix} 3 \\ 4 \\ -2 \end{pmatrix} \Rightarrow h \perp \varepsilon$: $\vec{x} = \begin{pmatrix} -3 \\ -6 \\ 11 \end{pmatrix} + t\begin{pmatrix} 3 \\ 4 \\ -2 \end{pmatrix}$

FA 299 ε ist eine zur yz-Ebene parallele Ebene, die durch $P_x(1; 0; 0)$ geht. ε: x – 1 = 0 (HESSEsche Normalform)

a) $P_1 \in \varepsilon \Rightarrow h_1 = 0$; $L_1(1; 3; 4)$ b) $h_2 = 2$; $L_2(1; 7; 5)$

FA 300 ε: $\frac{10x + 14y - z - 34}{3\sqrt{33}} = 0$ (HESSEsche Normalform); Normalenvektor von ε: $\vec{n} = \begin{pmatrix} 10 \\ 14 \\ -1 \end{pmatrix}$

$h_P = 3\sqrt{33} \approx 17{,}23$; $h_Q = -3\sqrt{33} \approx -17{,}23$; $h_R = \sqrt{33} \approx 5{,}74$

$\vec{l}_P = \vec{p} - h_P \cdot \frac{\vec{n}}{|\vec{n}|} = \begin{pmatrix} 9 \\ 17 \\ -3 \end{pmatrix} - 3\sqrt{33}\begin{pmatrix} 10 \\ 14 \\ -1 \end{pmatrix} \cdot \frac{1}{3\sqrt{33}} \Rightarrow L_P(-1; 3; -2)$; analog: $L_Q(1; 2; 4)$; $L_R(2; 1; 0)$

FA 301

a) ε_1: $2x + 3y + 6z + d = 0$ $(\vec{a} \perp \varepsilon_1)$, $P_1 \in \varepsilon_1 \Rightarrow d = -19 \Rightarrow \varepsilon_1$: $\frac{2x + 3y + 6z - 19}{7} = 0$ (HESSEsche Normalform)

b) $h_O = -\frac{19}{7} \approx -2{,}71$; $\vec{l}_1 = -h_O \frac{\vec{a}}{|\vec{a}|}$; $L_1(\frac{38}{49}; \frac{57}{49}; \frac{114}{49})$

c) $\vec{a}$ ist auch ein Normalenvektor von ε_2; $h_O' = 7 \Rightarrow L_2(-2; -3; -6) \Rightarrow d = 49 \Rightarrow \varepsilon_2$: $\frac{2x + 3y + 6z - 49}{7} = 0$

d) $q = -2 \cdot h_O' \frac{\vec{a}}{|\vec{a}|} \Rightarrow Q(-4; -6; -12)$

F 6.3 Schnittwinkel zweier Ebenen

FA 302

a) $\vec{n}_1 = \begin{pmatrix} 2 \\ 1 \\ 2 \end{pmatrix} \perp \varepsilon_1$; $\vec{n}_2 = \begin{pmatrix} 6 \\ -3 \\ 2 \end{pmatrix} \perp \varepsilon_2 \Rightarrow \cos\alpha = \frac{\vec{n}_1 \cdot \vec{n}_2}{|\vec{n}_1| \cdot |\vec{n}_2|} = \frac{13}{21} \Rightarrow \alpha \approx 51{,}8°$

b) $\vec{n}_1 = \begin{pmatrix} 1 \\ 1 \\ 1 \end{pmatrix} \perp \varepsilon_1$; $\vec{n}_2 = \begin{pmatrix} 1 \\ -5 \\ 1 \end{pmatrix} \perp \varepsilon_2$ (wegen ε_2: $x - 5y + z + 5 = 0$) $\Rightarrow \cos\alpha = \frac{\vec{n}_1 \cdot \vec{n}_2}{|\vec{n}_1| \cdot |\vec{n}_2|} = -\sqrt{\frac{3}{27}} = -\frac{1}{3} \Rightarrow \alpha \approx 109{,}5°$

FA 303

$\vec{n} = \begin{pmatrix} 4 \\ 3 \\ 12 \end{pmatrix} \perp \varepsilon$ (wegen ε: $\frac{x}{6} + \frac{y}{8} + \frac{z}{2} = 1$, also $4x + 3y + 12z - 24 = 0$)

$\vec{n}_z = \begin{pmatrix} 0 \\ 0 \\ 1 \end{pmatrix} \perp$ xy-Ebene; $\vec{n}_y = \begin{pmatrix} 0 \\ 1 \\ 0 \end{pmatrix} \perp$ xz-Ebene; $\vec{n}_x = \begin{pmatrix} 1 \\ 0 \\ 0 \end{pmatrix} \perp$ yz-Ebene

$\Rightarrow \cos\alpha_z = \frac{12}{13}$; $\alpha_z \approx 22{,}6°$; $\cos\alpha_y = \frac{3}{13}$; $\alpha_y \approx 76{,}7°$; $\cos\alpha_x = \frac{4}{13}$; $\alpha_x \approx 72{,}1°$

FA 304

a) A(0; 0; 0), B(0; 2; 0), C(2; 2; 0), D(2; 0; 0) $S_1(1; 1; \sqrt{2})$, $S_2(1; 1; -\sqrt{2})$

b) Der Schnittwinkel der beiden Ebenen, die durch die Punkte A, D, S_1 bzw. A, D, S_2 bestimmt sind, beträgt $\varphi \approx 70{,}53°$

FA 305

a) Wir bestimmen die Abstände $|\overline{AB}|$, $|\overline{BC}|$, $|\overline{CA}|$, $|\overline{DA}|$, $|\overline{DB}|$, $|\overline{DC}|$ und erhalten für jeden dieser sechs Abstände den Wert $2\sqrt{2}$. folglich ist ABCD ein regelmäßiges Tetraeder.

b) Wir bestimmen die Gleichungen der beiden Ebenen.

ε_{ABC}: $\vec{x} = \vec{a} + r(\vec{b} - \vec{a}) + s(\vec{c} - \vec{a})$, also

$$\vec{x} = \begin{pmatrix} 2 \\ 0 \\ 0 \end{pmatrix} + r\begin{pmatrix} 0 \\ 2 \\ 2 \end{pmatrix} + s\begin{pmatrix} -2 \\ 0 \\ 2 \end{pmatrix},$$ woraus wir $x - y + z - 2 = 0$ erhalten.

Aus dieser Gleichung lesen wir einen Normalenvektor $\vec{n}_1 = \begin{pmatrix} 1 \\ -1 \\ 1 \end{pmatrix}$ dieser Ebene ab.

ε_{BCD}: $\vec{x} = \vec{d} + r(\vec{b} - \vec{d}) + s(\vec{c} - \vec{d})$, also

$$\vec{s} = \begin{pmatrix} 0 \\ 2 \\ 0 \end{pmatrix} + r\begin{pmatrix} 2 \\ 0 \\ 2 \end{pmatrix} + s\begin{pmatrix} 0 \\ -2 \\ 2 \end{pmatrix},$$ woraus wir $x - y - z + 2 = 0$ erhalten.

Aus dieser Gleichung lesen wir einen Normalenvektor $\vec{n}_2 = \begin{pmatrix} 1 \\ -1 \\ -1 \end{pmatrix}$ ab.

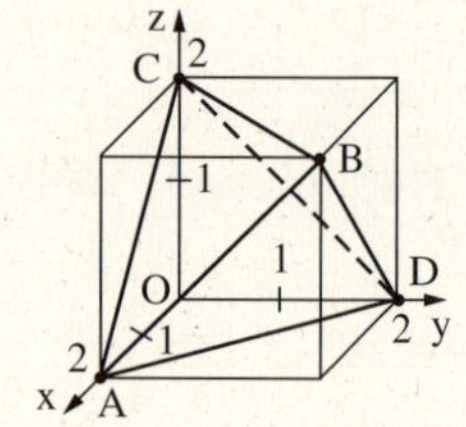

Nun bestimmen wir den Winkel α, den die beiden Normalenvektoren $\vec{n}_1$ und $\vec{n}_2$ einschließen:

$$\cos\alpha = \frac{\vec{n}_1 \cdot \vec{n}_2}{|\vec{n}_1| \cdot |\vec{n}_2|} = \frac{1}{\sqrt{3} \cdot \sqrt{3}} = \frac{1}{3},$$ woraus $\alpha \approx 70{,}5°$ folgt.

F 6.4 Abstand eines Punktes von einer Geraden im Raum

FA 306

a) $P_0(7; 0; -1) \in g$; $\vec{a} = \begin{pmatrix} 2 \\ -1 \\ -2 \end{pmatrix}$ ist ein Richtungsvektor von g; $\vec{b} = \overrightarrow{P_0P_1} = \begin{pmatrix} -1 \\ 4 \\ 6 \end{pmatrix}$

$\Rightarrow$ $\varepsilon_1(g, P_1)$: $\vec{x} = \begin{pmatrix} 7 \\ 0 \\ -1 \end{pmatrix} + r\begin{pmatrix} 2 \\ -1 \\ -2 \end{pmatrix} + s\begin{pmatrix} -1 \\ 4 \\ 6 \end{pmatrix}$ bzw. $2x - 10y + 7z = 7$ $\Rightarrow$ $\vec{n}_1 = \begin{pmatrix} 2 \\ -10 \\ 7 \end{pmatrix} \perp \varepsilon_1$

$\Rightarrow$ $\varepsilon(g, \vec{n}_1)$: $\vec{x} = \begin{pmatrix} 7 \\ 0 \\ -1 \end{pmatrix} + r\begin{pmatrix} 2 \\ -1 \\ -2 \end{pmatrix} + s\begin{pmatrix} 2 \\ -10 \\ 7 \end{pmatrix}$ bzw. $\frac{3x + 2y + 2z - 19}{\sqrt{17}} = 0$ (HESSEsche Normalform)

$\Rightarrow$ $d = d(\varepsilon, P_1) = \frac{3 \cdot 6 + 2 \cdot 4 + 2 \cdot 5 - 19}{\sqrt{17}} = \sqrt{17} \approx 4{,}12$

b) $X \in g \Rightarrow d(t) = |\overrightarrow{XP_1}| = \left|\begin{pmatrix} -1 \\ 4 \\ 6 \end{pmatrix} - t\begin{pmatrix} 2 \\ -1 \\ -2 \end{pmatrix}\right| = \sqrt{9t^2 + 36t + 53}$ ist minimal für $t_m = -2$ $\Rightarrow$ $d = d(-2) = \sqrt{17}$

FA 307 Es ist A(0; 0; 0), $S_1(1; 1; \sqrt{2})$ und C(2; 2; 0). Für $g(AS_1)$ erhält man: $\vec{x} = t\begin{pmatrix} 1 \\ 1 \\ \sqrt{2} \end{pmatrix}$, $t \in \mathbb{R}$.

Ist L der Lotfußpunkt von C auf $g(AS_1)$, so gibt es ein $t_L \in \mathbb{R}$, für das $\vec{l} = t_L\begin{pmatrix} 1 \\ 1 \\ \sqrt{2} \end{pmatrix}$ ist.

Weil $\overrightarrow{LC} \perp \overrightarrow{AS_1}$ ist, gilt $\left[\begin{pmatrix} 2 \\ 2 \\ 0 \end{pmatrix} - t_L\begin{pmatrix} 1 \\ 1 \\ \sqrt{2} \end{pmatrix}\right] \cdot \begin{pmatrix} 1 \\ 1 \\ \sqrt{2} \end{pmatrix} = 0$, also $4 - 4t_L = 0$, $t_L = 1$. Damit wird wird $\vec{l} = 1\begin{pmatrix} 1 \\ 1 \\ \sqrt{2} \end{pmatrix}$ bzw. $L(1; 1; \sqrt{2})$

und damit $|\overline{CL}| = \sqrt{1^2 + 1^2 + (\sqrt{2})^2} = 2$.

Schlussfolgerung:

Weil $L = S_1$ ist auch $CS_1 \perp AS_1$. Damit ist aber das Viereck AS_1CS_2 ein Quadrat mit der Seitenlänge 2.

FA 308

a) Wir berechnen den Abstand von H zu g(CE).

g(CE): $\vec{x} = \begin{pmatrix} 0 \\ 2 \\ 0 \end{pmatrix} + t\begin{pmatrix} 2 \\ -2 \\ 2 \end{pmatrix}$, wobei $\vec{a} = \overrightarrow{CE} = \begin{pmatrix} 2 \\ -2 \\ 2 \end{pmatrix}$ ein Richtungsvektor von g(CE) ist.

Der Fußpunkt L des Lotes von H auf g(CE) kann dann wie folgt dargestellt werden: $\vec{l} = \begin{pmatrix}0\\2\\0\end{pmatrix} + t_L\begin{pmatrix}2\\-2\\2\end{pmatrix}$, wobei t_L der zugehörige Parameter ist.

Damit wird aber $\overrightarrow{LH} = \begin{pmatrix}0\\0\\2\end{pmatrix} - \left[\begin{pmatrix}0\\2\\0\end{pmatrix} + t_L\begin{pmatrix}2\\-2\\2\end{pmatrix}\right] = \begin{pmatrix}0\\-2\\2\end{pmatrix} - t_L\begin{pmatrix}2\\-2\\2\end{pmatrix}$.

Weil $\overrightarrow{LH} \perp \overrightarrow{CE}$ ist, gilt $\left[\begin{pmatrix}0\\-2\\0\end{pmatrix} - t_L\begin{pmatrix}2\\-2\\2\end{pmatrix}\right] \cdot \begin{pmatrix}2\\-2\\2\end{pmatrix} = 0$, woraus $t_L = \frac{2}{3}$ folgt.

Mit diesem Wert erhält man den Punkt $L(\frac{4}{3}; \frac{2}{3}; \frac{4}{3})$ und schließlich ist $|\overline{HL}| = \sqrt{\left(\frac{4}{3}\right)^2 + \left(\frac{2}{3}\right)^2 + \left(2 - \frac{4}{3}\right)^2} = \frac{1}{3}\sqrt{24} = \frac{2}{3}\sqrt{6}$ der gesuchte Abstand.

Die Abstände der Punkte G, F, B, A, D zu g(CE) haben alle denselben Abstand $\frac{2}{3}\sqrt{6}$, was sofort aus der Kongruenz der entsprechenden rechtwinkligen Dreiecke, die alle die Hypotenuse $\overline{CE}$ haben, folgt.

b) Den Abstand des Punktes H von g(CE) können wir auch als Höhe im rechtwinkligen Dreieck EHC berechnen.
Weil $\overline{CH}$ eine Diagonale im Quadrat mit der Seitenlänge 2 ist, folgt $|\overline{CH}| = 2\sqrt{2}$. Damit ist aber $|\overline{CE}| = \sqrt{12}$.
Mit dem Höhensatz ergibt sich die gesuchte Höhe h: $h^2 = p \cdot q$.
p und q können wir über die Kathetensätze ermitteln:

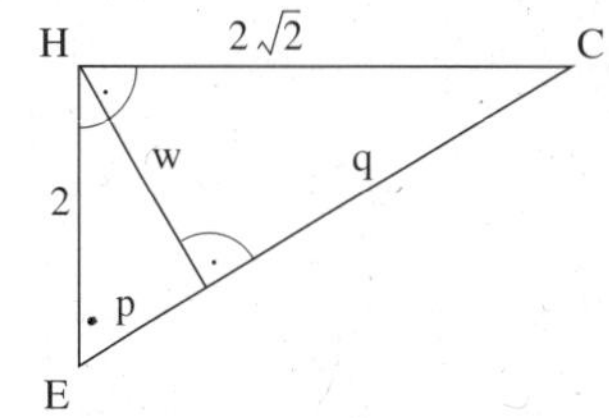

$$2^2 = p \cdot \sqrt{12} \quad \Rightarrow \quad p = \frac{4}{\sqrt{12}}$$

$$(2\sqrt{2})^2 = q \cdot \sqrt{12} \quad \Rightarrow \quad q = \frac{8}{\sqrt{12}}.$$

Folglich ist $h^2 = p \cdot q = \frac{4}{\sqrt{12}} \cdot \frac{8}{\sqrt{12}} = \frac{32}{12} = \frac{8}{3}$, woraus $h = \sqrt{\frac{8}{3}} = \sqrt{\frac{8 \cdot 3}{3 \cdot 3}} = \frac{1}{3}\sqrt{24} = \frac{2}{3}\sqrt{6}$ folgt.

F 6.5 Abstand windschiefer Geraden

FA 309

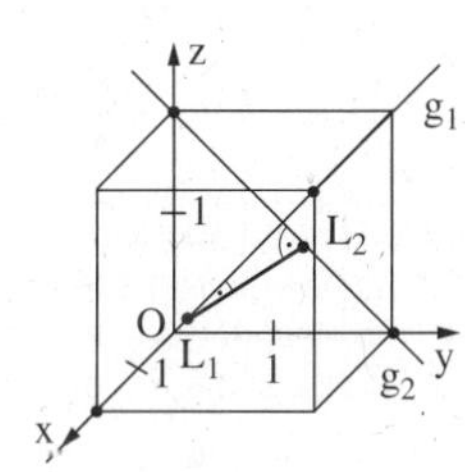

L_1 und L_2 bezeichnen die gesuchten Lotfußpunkte auf g_1 und g_2. Dann gibt es

ein t_1 für g_1 mit $\vec{l}_1 = \begin{pmatrix}2\\0\\0\end{pmatrix} + t_1\begin{pmatrix}0\\2\\2\end{pmatrix}$ und ein t_2 für g_2 mit $\vec{l}_2 = \begin{pmatrix}0\\2\\0\end{pmatrix} + t_2\begin{pmatrix}0\\-2\\2\end{pmatrix}$.

Weil $\overrightarrow{L_1L_2} \cdot \vec{a}_1 = 0$ und $\overrightarrow{L_1L_2} \cdot \vec{a}_2 = 0$ ist, ergibt sich mit $\overrightarrow{L_1L_2} = \vec{l}_2 - \vec{l}_1 = \begin{pmatrix}-2\\2\\0\end{pmatrix} + t_2\begin{pmatrix}0\\2\\2\end{pmatrix} - t_1\begin{pmatrix}0\\2\\2\end{pmatrix}$ nun

$\left[\begin{pmatrix}-2\\2\\0\end{pmatrix} + t_2\begin{pmatrix}0\\-2\\2\end{pmatrix} - t_1\begin{pmatrix}0\\2\\2\end{pmatrix}\right] \cdot \begin{pmatrix}0\\2\\2\end{pmatrix} = 4 - 8t_1 = 0$ und $\left[\begin{pmatrix}-2\\2\\0\end{pmatrix} + t_2\begin{pmatrix}0\\-2\\2\end{pmatrix} - t_1\begin{pmatrix}0\\2\\2\end{pmatrix}\right] \cdot \begin{pmatrix}0\\-2\\2\end{pmatrix} = -4 + 8t_2 = 0.$

Folglich ist $t_2 = \frac{1}{2}$ und damit $t_1 = \frac{1}{2}$.

Damit erhalten wir $\vec{l}_1 = \begin{pmatrix}2\\0\\0\end{pmatrix} + \frac{1}{2}\begin{pmatrix}0\\2\\2\end{pmatrix} = \begin{pmatrix}2\\1\\1\end{pmatrix}$, also $L_1(2; 1; 1)$ und $\vec{l}_2 = \begin{pmatrix}0\\2\\0\end{pmatrix} + \frac{1}{2}\begin{pmatrix}0\\-2\\2\end{pmatrix} = \begin{pmatrix}0\\1\\1\end{pmatrix}$, also $L_2(0; 1; 1)$.

Folglich ist $|\overline{L_1L_2}| = \sqrt{2^2 + 0^2 + 0^2} = 2$. Die beiden Geraden g_1 und g_2 haben den Abstand 2.

FA 310 Weil $\overline{AB}$ und $\overline{CD}$ Diagonalen von Seitenflächen des Würfels sind, die parallel zueinander sind, stimmt der Abstand der beiden Strecken mit dem Abstand dieser Ebenen überein. Dieser Abstand ist 2.
Die zugehörigen Lotfußpunkte auf $\overline{AB}$ bzw. $\overline{CD}$ sind jeweils die Mittelpunkte dieser Strecken.

FA 311 Es ist A(0; 0; 0), $S_1(1; 1; \sqrt{2})$, B(0; 2; 0), C(2; 2; 0).

Damit erhält man g(AB): $\vec{x} = t\begin{pmatrix}0\\2\\0\end{pmatrix}$, $t \in \mathbb{R}$ und g(CS_1): $\vec{x} = \begin{pmatrix}2\\2\\0\end{pmatrix} + t\begin{pmatrix}-1\\-1\\\sqrt{2}\end{pmatrix}$, $t \in \mathbb{R}$.

Wir bezeichnen mit L_1 den Lotfußpunkt auf g(AB), Parameter t_1, und mit L_2 den Lotfußpunkt auf g(CS_1), Parameter t_2. Dann gilt

$\vec{l}_1 = t_1\begin{pmatrix}0\\2\\0\end{pmatrix}$ und $\vec{l}_2 = \begin{pmatrix}2\\2\\0\end{pmatrix} + t_2\begin{pmatrix}-1\\-1\\\sqrt{2}\end{pmatrix}$ und folglich $\overrightarrow{L_1L_2} = \vec{l}_2 - \vec{l}_1 = \begin{pmatrix}2\\2\\0\end{pmatrix} + t_2\begin{pmatrix}-1\\-1\\\sqrt{2}\end{pmatrix} - t_1\begin{pmatrix}0\\2\\0\end{pmatrix}$.

Weil $\overrightarrow{L_1L_2} \perp \overrightarrow{AB}$ ist, gilt: $\left[\begin{pmatrix}2\\2\\0\end{pmatrix} + t_2\begin{pmatrix}-1\\-1\\\sqrt{2}\end{pmatrix} - t_1\begin{pmatrix}0\\2\\0\end{pmatrix}\right] \cdot \begin{pmatrix}0\\2\\0\end{pmatrix} = 0$, also $4 - 2t_2 - 4t_1 = 0$.

Weil $\overrightarrow{L_1L_2} \perp \overrightarrow{CS_1}$ ist, gilt: $\left[\begin{pmatrix}2\\2\\0\end{pmatrix} + t_2\begin{pmatrix}-1\\-1\\\sqrt{2}\end{pmatrix} - t_1\begin{pmatrix}0\\2\\0\end{pmatrix}\right] \cdot \begin{pmatrix}-1\\-1\\\sqrt{2}\end{pmatrix} = 0$, also $-4 + 4t_2 + 2t_1 = 0$.

Damit erhält man das Gleichungssystem $4t_1 + 2t_2 = 4$, $2t_1 + 4t_2 = 4$ für t_1 und t_2. Man erhält $t_1 = t_2 = \frac{2}{3}$.

Folglich ist $\vec{l}_1 = \frac{2}{3}\begin{pmatrix}0\\2\\0\end{pmatrix} = \begin{pmatrix}0\\\frac{4}{3}\\0\end{pmatrix}$ und damit $L_1(0; \frac{4}{3}; 0)$, sowie $\vec{l}_2 = \begin{pmatrix}2\\2\\0\end{pmatrix} + \frac{2}{3}\begin{pmatrix}-1\\-1\\\sqrt{2}\end{pmatrix} = \begin{pmatrix}\frac{4}{3}\\\frac{4}{3}\\\frac{2}{3}\sqrt{2}\end{pmatrix}$, also $L_2(\frac{4}{3}; \frac{4}{3}; \frac{2}{3}\sqrt{2})$.

Damit erhält man den gesuchten Abstand $|\overrightarrow{L_1L_2}| = \sqrt{\left(\frac{4}{3}\right)^2 + 0^2 + \left(\frac{2}{3}\sqrt{2}\right)^2} = \sqrt{\frac{16}{9} + \frac{8}{9}} = \frac{1}{3}\sqrt{24} = \frac{2}{3}\sqrt{6}$.

Aufgaben zur Selbstkontrolle

FA 312 ε: $2x + 3y - 2z + 3 = 0$

in HESSEscher Normalform: $\frac{2x + 3y - 2z + 3}{\sqrt{2^2 + 3^2 + (-2)^2}} = 0$, also $\frac{2x + 3y - 2z + 3}{\sqrt{17}} = 0$

Abstand von O(0; 0; 0) zu ε: $d_0 = \frac{2 \cdot 0 + 3 \cdot 0 - 2 \cdot 0 + 3}{\sqrt{17}} = \frac{3}{\sqrt{17}} \approx 0{,}73$

Ein Punkt Q(0; 0; 2) hat von ε den Abstand $d_Q = \frac{2 \cdot 0 + 3 \cdot 0 - 2 \cdot 2 + 3}{\sqrt{17}} = -\frac{1}{\sqrt{17}} \approx -0{,}24$.

(Damit liegt Q auf der anderen Seite von ε wie O.)

FA 313 Die Vektorgleichung wird in die HESSEsche Normalform umgeformt:

(I) $x = 1 + 2r - 1s$
(II) $y = 0 + 2r - 1s$
(III) $z = 1 + 2r - 1s$

Aus (I) und (II) folgt: $x - y = 1$,
aus (II) und (III) folgt: $z - y = 1$ und damit $x - 2y + z - 2 = 0$.

In HESSEscher Normalform: $\frac{x - 2y + z - 2}{\sqrt{6}} = 0$

Damit hat O(0; 0; 0) den Abstand $d_0 = -\frac{2}{\sqrt{6}} \approx -0{,}82$ von ε.

FA 314 Zur Bestimmung der Schnittwinkel von ε mit den Koordinatenebenen ermitteln wir zuerst die Schnittpunkte von ε mit den Koordinatenachsen.

Wir erhalten $S_x(\frac{1}{6}; 0; 0)$, $S_y(0; \frac{1}{3}; 0)$, $S_z(0; 0; \frac{1}{2})$.

Nun bestimmen wir den Schnittwinkel von ε mit der xy-Ebene.

g_{xy}: $\vec{x} = \begin{pmatrix}0\\\frac{1}{3}\\0\end{pmatrix} + t\begin{pmatrix}3\\-6\\0\end{pmatrix}$, $t \in \mathbb{R}$ ist die Gleichung der Schnittgeraden und

$\vec{n}_{xy} = \begin{pmatrix}6\\3\\0\end{pmatrix}$ ein in der xy-Ebene liegender Normalenvektor dieser Schnittgeraden, der in der xy-Ebene liegt.

Wir bestimmen nun auf g_{xy} einen Punkt L_{xy}, der Fußpunkt des Lotes von O auf g_{xy} ist.

Dazu benutzen wir den Normalenvektor $\vec{n}_{xy}$. Es muss gelten: $t_1\begin{pmatrix}6\\3\\0\end{pmatrix} = \begin{pmatrix}0\\\frac{1}{3}\\0\end{pmatrix} + t_2\begin{pmatrix}3\\-6\\0\end{pmatrix}$

Damit folgt $6t_1 - 3t_2 = 0$
$3t_1 + 6t_2 = \frac{1}{3}$, woraus sich $t_2 = \frac{2}{45}$ ergibt. Damit erhalten wir

L_{xy}: $\vec{l}_{xy} = \begin{pmatrix}0\\\frac{1}{3}\\0\end{pmatrix} + \frac{2}{45}\begin{pmatrix}3\\-6\\0\end{pmatrix} = \begin{pmatrix}\frac{2}{15}\\\frac{1}{15}\\0\end{pmatrix}$, also $L_{xy}(\frac{2}{15}; \frac{1}{15}; 0)$.

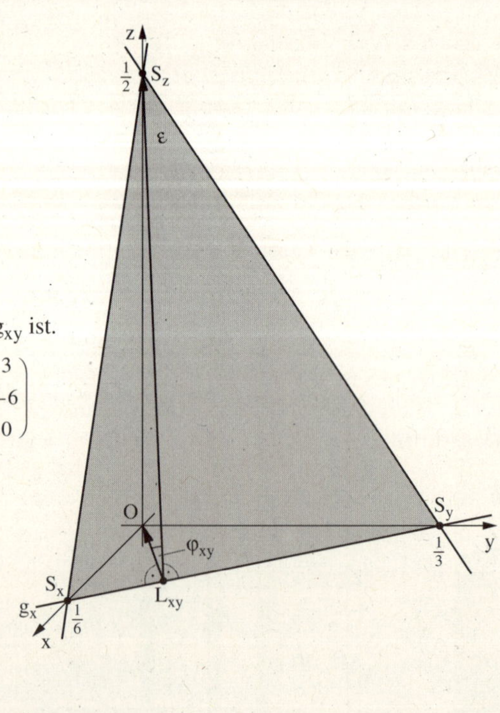

Nun bestimmen wir mit $\overrightarrow{L_{xy}O}$ und $\overrightarrow{L_{xy}S_z}$ zwei Vektoren, die in der xy-Ebene bzw. in ε liegen und senkrecht zu g_{xy} sind. Folglich entspricht der Winkel zwischen diesen beiden Vektoren dem gesuchten Schnittwinkel von ε mit der xy-Ebene.

Den gesuchten Winkel bestimmen wir über $\cos\varphi_{xy} = \frac{\overrightarrow{L_{xy}O} \cdot \overrightarrow{L_{xy}S_z}}{\left|\overrightarrow{L_{xy}O}\right| \cdot \left|\overrightarrow{L_{xy}S_z}\right|}$, wobei $\overrightarrow{L_{xy}O} = \begin{pmatrix} -\frac{2}{15} \\ -\frac{1}{15} \\ 0 \end{pmatrix}$ und $\overrightarrow{L_{xy}S_z} = \begin{pmatrix} -\frac{2}{15} \\ -\frac{1}{15} \\ \frac{1}{2} \end{pmatrix}$ ist.

Damit wird $\cos\varphi_{xy} = \frac{\frac{1}{45}}{\frac{1}{15}\sqrt{5} \cdot \frac{7}{30}\sqrt{5}} = \frac{2}{7}$, also $\varphi_{xy} \approx 73{,}4°$.

Für die beiden anderen Schnittwinkel erhält man analog $\varphi_{yz} \approx 31{,}0°$ und $\varphi_{xz} \approx 64{,}2°$.

F 7 Kreis und Kugel

F 7.1 Definitionen und Gleichungen

FA 315

	Gleichung	P(1; 3) liegt …
k_1	$(x-3)^2 + (y-4)^2 = 9$	im Inneren von k_1
k_2	$x^2 + y^2 = 10$	auf dem Rand von k_2
k_3	$(x-3)^2 + (y+2)^2 = 10$	außerhalb von k_3
k_4	$(x+2)^2 + (y+1)^2 = 37$	im Inneren von k_4
k_5	$(x+1) + (y-4)^2 = 17$	im Inneren von k_5

FA 316

a) k_1: $x^2 + (y+2)^2 = 16$; $Q \in k_1$. R ist innerer und P ist äußerer Punkt von k_1.
b) k_2: $(x-4)^2 + (y-2)^2 = 20$; $R \in k_2$. P ist innerer und Q ist äußerer Punkt von k_2.
c) k_3: $(x+4)^2 + (y-5)^2 = 25$; $Q \in k_3$. P ist innerer und R ist äußerer Punkt von k_3.

FA 317

a) $M_1(3; -4)$, $r_1 = 5$, $(x-3)^2 + (y+4)^2 = 25$
b) $M_2(-6; 1)$, $r_2 = 13$, $(x+6)^2 + (y-1)^2 = 169$
c) $M_3(-1; 1)$, $r_3 = 10$, $(x+1)^2 + (y-1)^2 = 100$

Hinweis: Durch Einsetzen von P_1, P_2, P_3 in die Kreisgleichung erhält man ein Gleichungssystem von 3 Gleichungen und 3 Unbekannten. Durch Subtraktion erhält man 2 Gleichungen mit 2 Unbekannten, in denen keine der gesuchten Größen quadratisch auftritt.

FA 318

Der gesuchte Kreis k hat seinen Mittelpunkt in O(0; 0) und geht durch Q(−6; 8).
Folglich gilt für den Radius r von k: $r = |\overline{OQ}| = \sqrt{(-6)^2 + 8^2} = 10$.
Daher heißt die Kreisgleichung für alle Teilaufgaben a) bis d): $x^2 + y^2 = 100$.
Da auch der Punkt $P(x_p; y_p)$ diese Gleichung erfüllt, ergibt sich $x_p^2 + y_p^2 = 100$, woraus $x_p = \pm\sqrt{100 - y_p^2}$ und $y_p = \pm\sqrt{100 - x_p^2}$ folgt. Weil von $P(x_p; y_p)$ immer eine Koordinate vorgegeben ist, erhalten wir zu jeder Teilaufgabe zwei Lösungen:

a) $x_p = \pm\sqrt{50}$; $P_1(5\sqrt{2}; 5\sqrt{2})$ und $P_2(-5\sqrt{2}; 5\sqrt{2})$
b) $y_p = \pm\sqrt{75}$; $P_1(-5; 5\sqrt{3})$ und $P_2(-5; -5\sqrt{3})$
c) $y_p = \pm\sqrt{25}$; $P_1(5\sqrt{3}; 5)$ und $P_2(5\sqrt{3}; -5)$
d) $y_p = \pm\sqrt{9}$; $P_1(\sqrt{91}; 3)$ und $P_2(\sqrt{91}; -3)$

FA 319 Lösungsbeispiele:

	ist Punkt des Kreises	ist innerer Punkt des Kreises	ist äußerer Punkt des Kreises
$P_1(-3; 7)$	$x^2 + (y-7)^2 = 9$	$(x+1)^2 + (y-7)^2 = 9$	$(x-1)^2 + (y-7)^2 = 9$
$P_2(\sqrt{2}; \sqrt{3})$	$x^2 + (y-\sqrt{3})^2 = 2$	$(x-1)^2 + (y-\sqrt{3})^2 = 2$	$(x+1)^2 + (y-\sqrt{3})^2 = 2$
$P_3(-\frac{1}{3}; \frac{4}{5})$	$x^2 + (y-\frac{4}{5})^2 = \frac{1}{9}$	$(x+\frac{1}{5})^2 + (y-\frac{4}{5})^2 = \frac{1}{9}$	$(x-\frac{1}{5})^2 + (y-\frac{4}{5})^2 = \frac{1}{9}$

FA 320 Lösungsbeispiele:

	ist Punkt des Kreises	ist innerer Punkt des Kreises	ist äußerer Punkt des Kreises
$P_1(-1; -1)$ $c = d = 1 > 0$	$(x-1)^2 + (y-1)^2 = 8$	$(x-1)^2 + (y-1)^2 = 9$	$(x-1)^2 + (y-1)^2 = 7$
$P_2(2; -1)$ $c = d = -1 < 0$	$(x+1)^2 + (y+1)^2 = 9$	$(x+1)^2 + (y+1)^2 = 10$	$(x+1)^2 + (y+1)^2 = 5$

FA 321 $x^2 + (y-4{,}5)^2 = 4{,}5^2$ oder $x^2 + (y+4{,}5)^2 = 4{,}5^2$

FA 322 $\overline{MP}$ ist der Radius des gesuchten Kreises. $|\overline{MP}| = \sqrt{5^2+1^2} = \sqrt{26}$. k: $(x-1)^2 + (y-1)^2 = 26$.

FA 323

a) $x^2 + y^2 - 4x + 2y - 4 = 0$
$(x-2)^2 + (y+1)^2 - 4 = +4 + 1$
$(x-2)^2 + (y+1)^2 = 9$

Diese Gleichung beschreibt einen Kreis mit dem Mittelpunkt M(2; – 1) und dem Radius r = 3.

b) $x^2 + y^2 - 8x + 6y + 25 = 0$
$(x-4)^2 + (y+3)^2 = 0$

Diese Gleichung beschreibt keinen Kreis, es wird nur der Punkt P(4; –3) beschrieben (ein Kreis mit dem Mittelpunkt M(4; –3) und dem Radius r = 0).

c) $x^2 + y^2 + 2x + 2y + 1 = 0$
$(x+1)^2 + (y+1)^2 = 1$

Diese Gleichung beschreibt einen Kreis mit dem Mittelpunkt M(–1; –1) und dem Radius r = 1.

d) $x^2 + y^2 + 2x + 2y + 3 = 0$
$(x+1)^2 + (y+1)^2 = -1$

Diese Gleichung beschreibt keinen Kreis.

FA 324

Koordinatenschreibweise: k: $(x-3)^2 + (y-4)^2 = 4$

Vektorielle Schreibweise: k: $\left[\vec{x} - \begin{pmatrix} 3 \\ 4 \end{pmatrix}\right]^2 = 4$

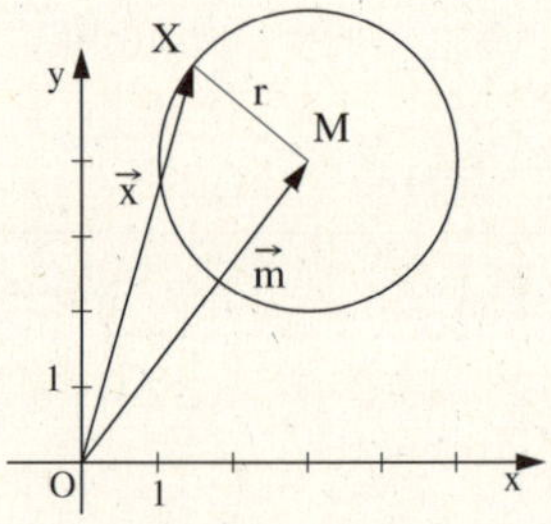

FA 325

a) $(x+1)^2 + (y-3)^2 + (z-2)^2 = 16$ b) $(x+2)^2 + (y+2)^2 + z^2 = 8$ c) $(x-1)^2 + y^2 + (z+2)^2 = 1$

FA 326

M(3; –1; 2) ist Mittelpunkt der gegebenen Kugel. Wir berechnen für die gegebenen Punkte A_1, A_2, A_3 die Abstände $|\overline{MA_i}|$ (i = 1, 2, 3) und vergleichen diese mit dem Kugelradius r = 4.

Für A_1: $|\overline{MA_1}| = \sqrt{3} < 4$, daher liegt A_1 in der Kugel k. Für A_2: $|\overline{MA_2}| = 3 < 4$, daher liegt A_2 in der Kugel k.

Für A_3: $|\overline{MA_3}| = \sqrt{14} < 4$, daher liegt A_3 in der Kugel k.

Bemerkung: Natürlich hätte man die Koordinaten der Punkte A_1, A_2, A_3 auch in die Gleichung von k einsetzen können. Die „linke" Seite dieser Gleichung gibt gerade den Abstand eines Punktes P(x, y, z) vom Mittelpunkt M an.

FA 327

a) $\left[\vec{x} - \begin{pmatrix} -2 \\ 3 \\ 1 \end{pmatrix}\right]^2 = 4$; $(x+2)^2 + (y-3)^2 + (z-1)^2 = 4$ b) $\vec{x}^2 = 4$; $x^2 + y^2 + z^2 = 4$

c) $\vec{x}^2 = \frac{3}{4}$; $x^2 + y^2 + z^2 = \frac{3}{4}$ d) $\vec{x}^2 = 25$; $x^2 + y^2 + z^2 = 25$

FA 328

a) $r = |\overline{MP}| = \sqrt{126}$; $\left[\vec{x} - \begin{pmatrix} 2 \\ 1 \\ -3 \end{pmatrix}\right]^2 = 126$ b) $r = \sqrt{3}$; $\left[\vec{x} - \begin{pmatrix} -1 \\ -1 \\ -1 \end{pmatrix}\right]^2 = 3$ c) $r = \sqrt{90}$; $\left[\vec{x} - \begin{pmatrix} 5 \\ 8 \\ -1 \end{pmatrix}\right]^2 = 90$

$(x-2)^2 + (y-1)^2 + (z+3)^2 = 126$ $(x+1)^2 + (y+1)^2 + (z+1)^2 = 3$ $(x-5)^2 + (y-8)^2 + (z+1)^2 = 90$

FA 329

	P_i ist Punkt der Kugel …	P_i ist innerer Punkt der Kugel …	P_i ist äußerer Punkt der Kugel …
a) $P_1(1; -1; 2)$	$\left[\vec{x} - \begin{pmatrix} 0 \\ -1 \\ 2 \end{pmatrix}\right]^2 = 1$	$\left[\vec{x} - \begin{pmatrix} 0,5 \\ -1 \\ 2 \end{pmatrix}\right]^2 = 1$	$\left[\vec{x} - \begin{pmatrix} -2 \\ -1 \\ 2 \end{pmatrix}\right]^2 = 1$
b) $P_2(-1; 0; 3)$	$\left[\vec{x} - \begin{pmatrix} -1 \\ 2 \\ 3 \end{pmatrix}\right]^2 = 4$	$\left[\vec{x} - \begin{pmatrix} -1 \\ 1 \\ 3 \end{pmatrix}\right]^2 = 4$	$\left[\vec{x} - \begin{pmatrix} -1 \\ -3 \\ 3 \end{pmatrix}\right]^2 = 4$
c) $P_3(\sqrt{2}; 1; 1)$	$\left[\vec{x} - \begin{pmatrix} \sqrt{2} \\ 0 \\ 1 \end{pmatrix}\right]^2 = 1$	$\left[\vec{x} - \begin{pmatrix} \sqrt{2} \\ 0,5 \\ 1 \end{pmatrix}\right]^2 = 1$	$\left[\vec{x} - \begin{pmatrix} \sqrt{2} \\ 0 \\ -1 \end{pmatrix}\right]^2 = 1$

F 7.2 Kreis und Gerade

FA 330 k: $(x - 3)^2 + (y + 2)^2 = 16$

- Schnittpunkte mit der x-Achse:
  Wenn k die x-Achse schneidet, ist die y-Koordinate dieses Schnittpunktes 0.
  $(x_s - 3)^2 + (0 + 2)^2 = (x_s - 3)^2 + 4 = 16 \Rightarrow (x_s - 3)^2 = 12$, also $|x_s - 3| = \sqrt{12}$ und damit
  $x_{s_1} = 3 + \sqrt{12} \approx 6{,}46$; $S_{x_1}(6{,}46; 0)$ und $x_{s_2} = 3 - \sqrt{12} \approx -0{,}46$; $S_{x_2}(-0{,}46; 0)$.
- Schnittpunkte mit der y-Achse:
  $(0 - 3)^2 + (y_s + 2)^2 = 16$, also $|y_s + 2| = \sqrt{7} \Rightarrow y_{s_1} = \sqrt{7} - 2 \approx 0{,}65$; $S_{y_1}(0; 0{,}65)$ und $y_{s_2} = -\sqrt{7} - 2 \approx -4{,}65$; $S_{y_2}(0; -4{,}65)$.

FA 331 Für den Radius r der gesuchten Kugel gilt

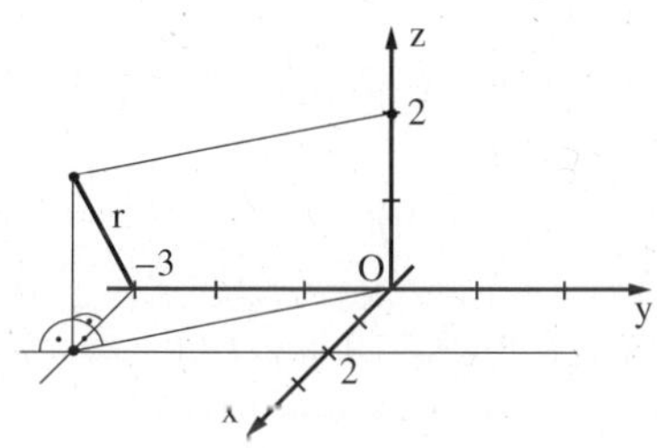

$r = \sqrt{2^2 + 2^2} = 2\sqrt{2} \Rightarrow$ k: $(x - 2)^2 + (y + 3)^2 + (z - 2)^2 = 8$.
Für Punkte der x-Achse gilt $y = z = 0$, daher ist
$(x_s - 2)^2 + 3^2 + 2^2 = 8$, also $(x_s - 2)^2 = -5$
eine Gleichung zur Bestimmung der Schnittpunkte von k mit der x-Achse. Da diese Gleichung aber keine reelle Lösung hat, besitzt k mit der x-Achse keine gemeinsamen Punkte. Ebenso hat k mit der z-Achse keine gemeinsamen Punkte.
Zur Überprüfung, dass k mit der y-Achse nur einen gemeinsamen Punkt hat, betrachten wir die Gleichung
$(0 - 2)^2 + (y_s + 3)^2 + (0 - 2)^2 = 8$, also $(y_s + 3)^2 = 0$.
Diese Gleichung hat $y_s = 3$ als einzige Lösung und folglich ist $P_y(0; 3; 0)$ der einzige Punkt der y-Achse, der auch zu k gehört.

FA 332 Bezeichnen wir mit $P(x_s; y_s)$ einen eventuell vorhandenen Schnittpunkt von g und k, so erhalten wir das folgende Gleichungssystem:

(I) $y_s = -\frac{11}{3} x_s + \frac{9}{2}$

(II) $(x_s + 2)^2 + (y_s - 1)^2 = 16{,}25$

Dieses Gleichungssystem hat zwei Lösungen: $x_{s_1} = 1{,}5$, $y_{s_1} = -1$ und $x_{s_2} = 0$, $y_{s_2} = 4{,}5$.
Daher sind $P_1(1{,}5; -1)$ und $P_2(0; 4{,}5)$ die gesuchten Schnittpunkte.

FA 333

a) Schnittpunkte von g_1 und k_1: $P_1(2{,}4; 3{,}2)$; $P_2(-4; 0)$
b) g_2 und k_2 haben genau einen gemeinsamen Punkt $P(\frac{4}{5}; -\frac{24}{15})$. Folglich ist g_2 Tangente an k_2.
c) Schnittpunkte von g_3 und k_3: $P_1(4; 4)$; $P_2(\frac{4}{5}; \frac{12}{5})$
d) Es gibt keine gemeinsamen Punkte von g_4 und k_4.
e) g_5 ist die Parallele zur x-Achse im Abstand 3, die die positive y-Achse schneidet. Folglich sind $P_1(-3; 3)$ und $P_2(3; 3)$ die gemeinsamen Punkte von g_5 und k_5.

FA 334 k: $(x + 2)^2 + (y - 1)^2 = 16{,}25$
Mit $x = 0$ folgt $4 + (y - 1)^2 = 16{,}25$, also $y_1 = 4{,}5$ und $y_2 = -2{,}5$. Daher sind $A(0; 4{,}5)$ und $B(0; -2{,}5)$ Punkte von k.

Tangenten:
t_A: $(x + 2) \cdot (0 + 2) + (y - 1)(4{,}5 - 1) = 16{,}25 \Rightarrow 2x + 3{,}5y - 15{,}75 = 0$
t_B: $(x + 2)(0 + 2) + (y - 1)(-2{,}5 - 1) = 16{,}25 \Rightarrow 2x - 3{,}5y - 8{,}75 = 0$

FA 335

a) k: $x^2 + y^2 - 2x - 24 = 0$ bzw. $(x-1)^2 + (y-0)^2 = 25$

Tangentengleichungen:

in A(4; 4): t_A: $(x-1)(4-1) + (y-0)(4-0) = 25$, also $3(x-1) + 4y = 25$ bzw. $3x + 4y - 28 = 0$

$\Rightarrow y = -\frac{3}{4}x + 7 \Rightarrow m_1 = -\frac{3}{4}$

in B(−3; 3): t_B: $(x-1)(-3-1) + (y-0)(3-0) = 25 \Rightarrow y = \frac{4}{3}x + 7 \Rightarrow m_2 = \frac{4}{3}$

b) $m_1 \cdot m_2 = -\frac{3}{4} \cdot \frac{4}{3} = -1$; g_1 und g_2 stehen daher senkrecht aufeinander.

FA 336 Die beiden zur x-Achse parallelen Tangenten an k haben die Gleichungen t_1: $y = 4$, t_2: $y = -6$. Die beiden zur y-Achse parallelen Tangenten an k haben die Gleichungen t_3: $x = 7$, t_4: $x = -3$.

F 7.3 Kugel und Ebene

FA 337

a) ε: $(\vec{x} - \vec{p}_0) \cdot (\vec{p}_0 - \vec{m}) = 0 \Rightarrow \left[\begin{pmatrix} x \\ y \\ z \end{pmatrix} - \begin{pmatrix} 3 \\ 0 \\ 0 \end{pmatrix}\right] \cdot \left[\begin{pmatrix} 3 \\ 0 \\ 0 \end{pmatrix} - \begin{pmatrix} 2 \\ 3 \\ 0 \end{pmatrix}\right] = \begin{pmatrix} x-3 \\ y \\ z \end{pmatrix} \cdot \begin{pmatrix} 1 \\ -3 \\ 0 \end{pmatrix} = 0 \Rightarrow x - 3y - 3 = 0$

b) ε ist senkrecht zur xy-Ebene. $x - 3y - 3 = 0$ ist eine Gleichung der Schnittgeraden ($z = 0$).

FA 338 $\vec{n} = \begin{pmatrix} 2 \\ 4 \\ -5 \end{pmatrix}$ ist ein Normalenvektor von ε. Dann gilt für die beiden Berührungspunkte P_1, P_2:

$\vec{p}_{1/2} = \vec{m}_1 \pm r\frac{\vec{n}}{|\vec{n}|}$, also $P_1(\frac{2}{3}\sqrt{5} + 2; \frac{4}{3}\sqrt{5} + 3; -\frac{5}{3}\sqrt{5} + 5)$ und $P_2(-\frac{2}{3}\sqrt{5} + 2; -\frac{4}{3}\sqrt{5} + 3; \frac{5}{3}\sqrt{5} + 5)$.

Damit erhalten wir ϑ_1: $2x + 4y - 5z + 9 - 15\sqrt{5} = 0$; ϑ_2: $2x + 4y - 5z + 9 + 15\sqrt{5} = 0$.

FA 339 Mögliche Mittelpunkte: $M_1(3; 2; 6)$; $M_2(3; 2; -2)$ $\Rightarrow$ k_1: $\left[\vec{x} - \begin{pmatrix} 3 \\ 2 \\ 6 \end{pmatrix}\right]^2 = 16$; k_2: $\left[\vec{x} - \begin{pmatrix} 3 \\ 2 \\ -2 \end{pmatrix}\right]^2 = 16$

F 8 Vektorprodukt von Vektoren

F 8.1 Definition und Eigenschaften

F 8.2 Anwendungen des Vektorproduktes

FA 340 a) $\begin{pmatrix} 1 \\ 7 \\ 16 \end{pmatrix}$ b) $\begin{pmatrix} 0 \\ 0 \\ 5 \end{pmatrix}$ c) $\begin{pmatrix} 0 \\ 0 \\ -5 \end{pmatrix}$

FA 341 Sind C_0, A, B drei Punkte, dann beschreibt $\overrightarrow{C_0A} \times \overrightarrow{C_0B}$ einen Vektor $\vec{v}$, der senkrecht auf der Ebene steht, die durch A, B, C_0 bestimmt ist und dessen Betrag dem Flächeninhalt des Parallelogramms, das von $\overrightarrow{C_0A}$ und $\overrightarrow{C_0B}$ gebildet wird, entspricht.

Darüber hinaus bilden $\overrightarrow{C_0A}$, $\overrightarrow{C_0B}$, $\vec{v}$ ein Rechtssystem.

Damit muss ein Punkt C, für den $\overrightarrow{CA} \times \overrightarrow{CB} = \overrightarrow{C_0A} \times \overrightarrow{C_0B}$ gilt, in der von A, B und C_0 bestimmten Ebene liegen und der Flächeninhalt des Parallelogramms, das von $\overrightarrow{CA}$ und $\overrightarrow{CB}$ bestimmt wird, muss dem mit C_0 als Ecke entsprechen.

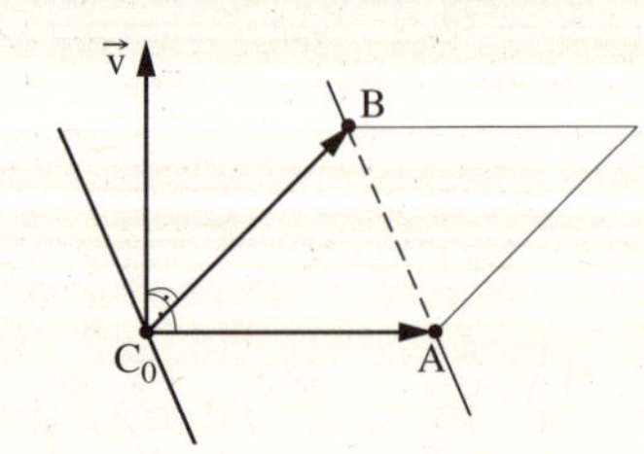

Damit kann C nur auf der Parallelen durch C_0 zu g(AB) liegen.

Da für jeden Punkt dieser Geraden der Flächeninhalt des Parallelogrmms sich nicht ändert, ist diese Parallele die gesuchte Punktmenge.

Alle Punkte, für die $|\overrightarrow{CA} \times \overrightarrow{CB}| = |\overrightarrow{C_0A} \times \overrightarrow{C_0B}|$ gilt, bilden dann die Oberfläche eines Kreiszylinders durch C_0 mit der Achse g(AB).

FA 342 $\vec{n}_\varepsilon = \begin{pmatrix} 2 \\ 2 \\ 1 \end{pmatrix} \times \begin{pmatrix} -2 \\ 3 \\ 0 \end{pmatrix} = \begin{pmatrix} -3 \\ -2 \\ 10 \end{pmatrix}$ $\vec{n}_\eta = \begin{pmatrix} 0 \\ 5 \\ 1 \end{pmatrix} \times \begin{pmatrix} 4 \\ -1 \\ 1 \end{pmatrix} = \begin{pmatrix} 6 \\ 4 \\ -20 \end{pmatrix}$

Beide Ebenen sind zueinander parallel, denn $\vec{n}_\eta = -2\vec{n}_\varepsilon$.

FA 343 $\vec{n}_1$, $\vec{n}_2$ seien Normalenvektoren von ε_1 bzw. ε_2. $\vec{n}_1 = \begin{pmatrix} 1 \\ 1 \\ 2 \end{pmatrix} \times \begin{pmatrix} -1 \\ 1 \\ 2 \end{pmatrix} = \begin{pmatrix} 0 \\ -4 \\ 2 \end{pmatrix}$; $\vec{n}_2 = \begin{pmatrix} 3 \\ -2 \\ 1 \end{pmatrix}$

$\cos\varphi = \frac{\vec{n}_1 \cdot \vec{n}_2}{|\vec{n}_1| \cdot |\vec{n}_2|} = \frac{10}{\sqrt{20}\sqrt{14}} = \frac{\sqrt{280}}{28} \Rightarrow \varphi \approx 53{,}3°$ ist der Schnittwinkel der Ebenen.

G Wahrscheinlichkeitstheorie und Grundfragen ihrer Anwendung

G 1 Zufallsexperimente

G 1.1 Ein- und mehrstufige Zufallsexperimente; Ergebnismengen; Baumdiagramme

GA 1

a) zufällig, z. B. die Koordinaten des getroffenen Punktes (Breiten- und Längengradangaben)
b) zufällig, wenn z. B. vor der Entnahme nicht feststeht, ob das Teil normgerecht, nachbesserungswürdig, Ausschuss ist
c) zufällig, wenn z. B. vor der Befragung nicht feststeht, ob Befragter Partei A oder nicht Partei A gewählt hat
d) zufällig, denn vor der Ziehung steht nicht fest, welche sechs Gewinnzahlen gezogen werden
e) zufällig, wenn vor Dienstantritt nicht bekannt ist, welche Gäste zu bedienen sind und/oder wie „freigiebig" sie sein werden
f) zufällig, wenn das Kind bei einer Spontangeburt geboren wird, steht vor der Geburt z. B. nicht fest, zu welchem Zeitpunkt das Kind geboren wird
g) zufällig, z. B. ihre Ausbreitungsfläche
h) zufällig, z. B. der Flüssigkeitsstand in der Flasche
i) zufällig, wenn z. B. die Spielansetzungen durch ein Losverfahren ermittelt werden

GA 2

ungeeignet Ω_2 (3 ist zweimal erfasst)
Ω_3 (1 ist nicht erfasst)
Ω_9 (nur einelementig)

GA 3

nicht geeignet:
Ω_2, weil die Wahl des Lehrers M nicht erfasst wäre
Ω_4, weil L durch „J oder L" und durch „weder J noch K" erfasst wäre

GA 4

a) Baumdiagramm:

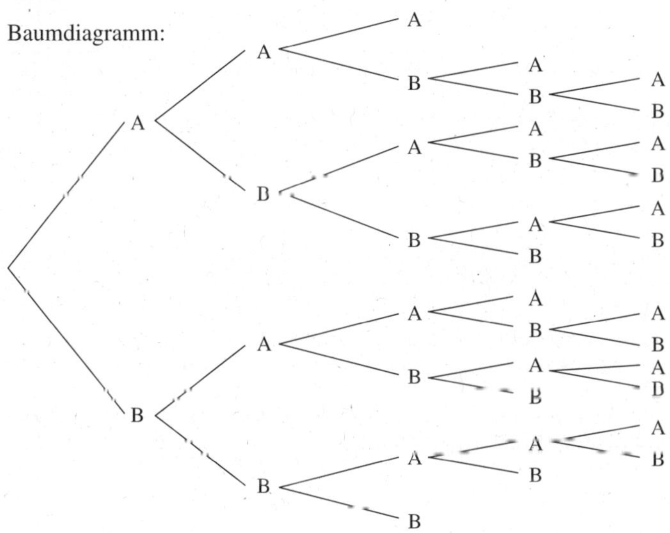

$\Omega = \{(A; A; A), (A; A; B; A), (A; A; B; B; A), (A; A; B; B; B), \ldots\}$

$|\Omega| = 20$

b) Baumdiagramm:

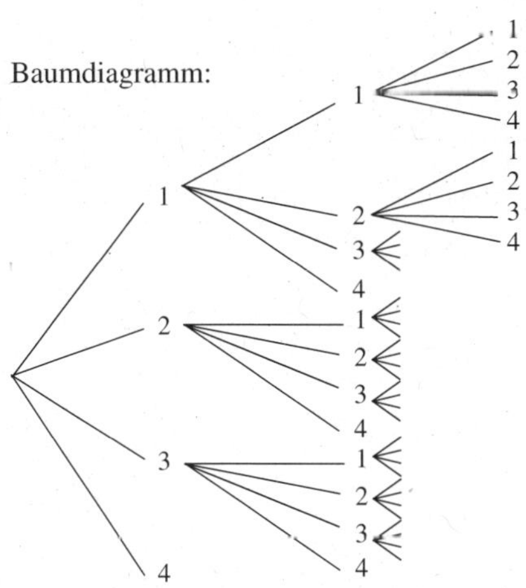

$\Omega = \{(1; 1; k), (1; 2; k), (1; 3; k), (1; 4), (2; 1; k), (2; 2; k), (2; 3; k), (2; 4), (3; 1; k), (3; 2; k), (3; 3; k), (3; 4), 4 \mid k \in \{1; 2; 3; 4\}\}$

$|\Omega| = 40$

c) Baumdiagramm:

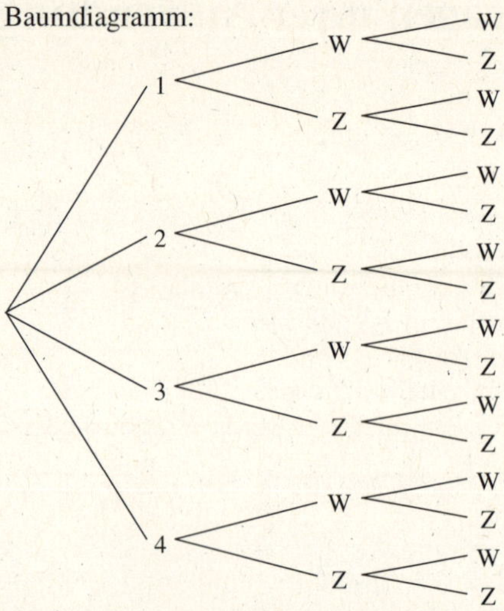

Ω = {(1; W; W), (1; W; Z), (1; Z; W), (1; Z; Z),
(2; W; W), (2; W; Z), (2; Z; W), (2; Z; Z),
(3; W; W), (3; W; Z), (3; Z; W), (3; Z; Z),
(4; W; W), (4; W; Z), (4; Z; W), (4; Z; Z)}

= {(i, j, k) | i ∈ {1; 2; 3; 4} und j, k ∈ {W; Z}}

|Ω| = 16

d) Baumdiagramm:

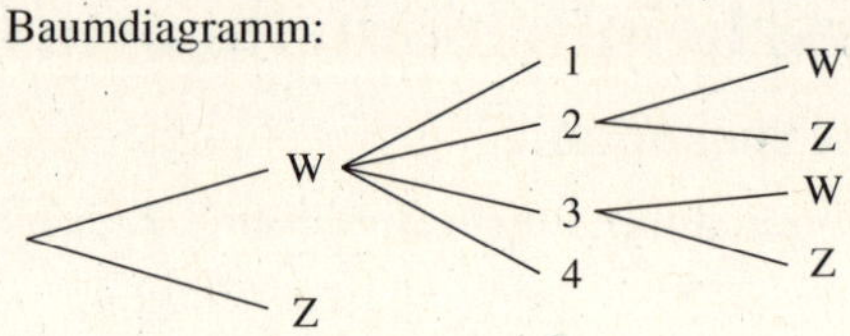

Ω = {(W; 1), (W; 2; W), (W; 2; Z), (W; 3; W),
(W; 3; Z), (W; 4), Z}

|Ω| = 7

e) Baumdiagramm:

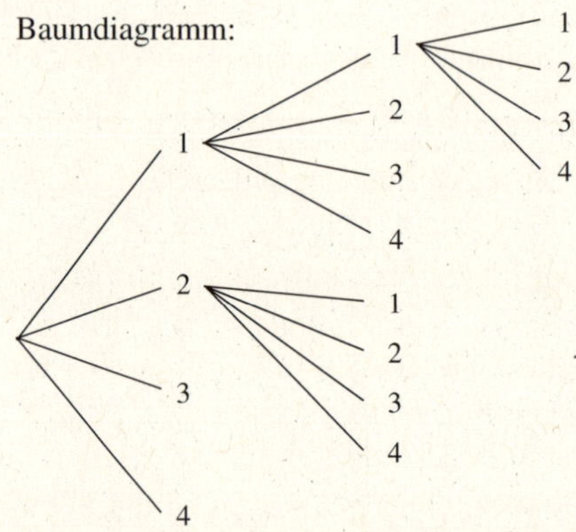

Ω = {(1; 1; 1), (1; 1; 2), (1; 1; 3), (1; 1; 4), (1; 2), (1; 3), (1; 4),
(2; 1), (2; 2), (2; 3), (2; 4), 3; 4}

|Ω| = 13

f) Baumdiagramm:

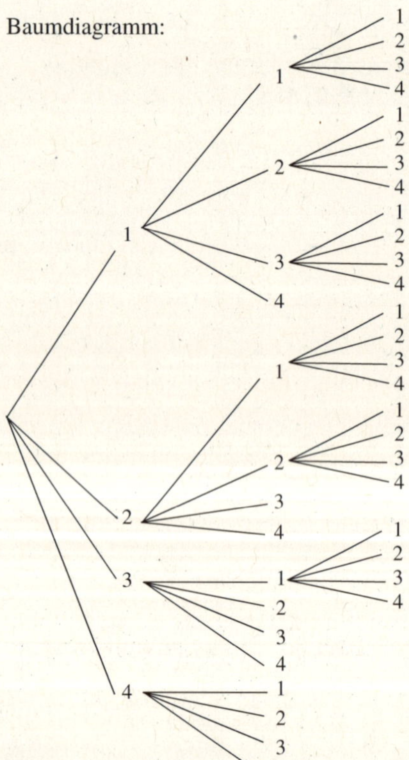

Ω = {(1; 1; k), (1; 2; k), (1; 3; k), (1; 4), (2; 1; k), (2; 2; k), (2; 3),
(2; 4), (3; 1; k), (3; j), (4; k) | j ∈ {2; 3; 4} und k ∈ {1; 2; 3; 4} }

|Ω| = 34

g) Baumdiagramm:

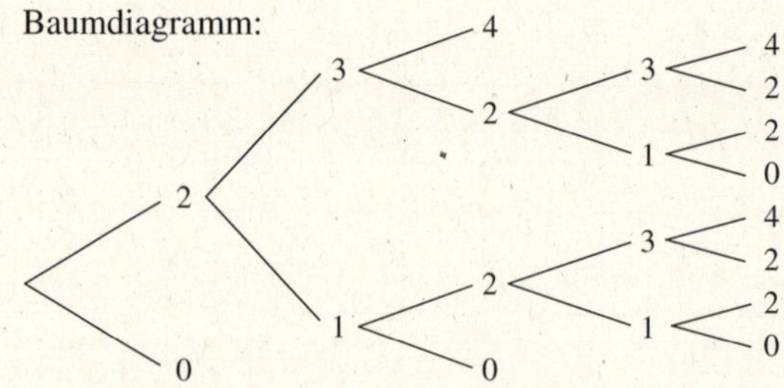

Ω = {(2; 3; 4), (2; 3; 2; 3; 4), (2; 3; 2; 3; 2), (2; 3; 2; 1; 2),
(2; 3; 2; 1; 0), (2; 1; 2; 3; 4), (2; 1; 2; 3; 2), (2; 1; 2; 1; 2),
(2; 1; 2; 1; 0), (2; 1; 0), 0}

|Ω| = 11

GA 5

a) Ω = {(w_1; w_2) | w_1, w_2 ∈ {W; Z}} = {(W; W), (W; Z), (Z; W); (Z; Z)}
b) Ω = {0; 1; 2; 3}
c) Ω = {(t_1; t_2; t_3; t_4; t_5) | t_1, t_2, t_3, t_4, t_5 ∈ {1; 2; 3; 4} }
d) Ω = {{1}, {1; 2}, {1; 3}, {1; 4}, {2}, {2; 3}, {2; 4}, {3}, {3; 4}, {4}}
= {(1; 1), (1; 2), (1; 3), (1; 4), (2; 2), (2; 3), (2; 4), (3; 3), (3; 4), (4; 4)}
e) Ω = {(w; w; r), (w; r; w), (r; w; w)}
f) Ω = {(w; w; w), (w; w; r), (w; r; w), (r; w; w), (w; r; r), (r; w; r), (r; r; w), (r; r; r)}

G 1.2 Zufällige Ereignisse; Verknüpfen von Ereignissen

GA 6

a) A = {2; 3; 5} B = {1; 2; 5} C = {1; 2; 3; 4; 6} = Ω D = {4; 6} E = ∅ F = {3}

b) A, B c) B, C d) C, D

GA 7

a) A = {3; 6; 9; 12}
B = {2; 4; 6; 8; 10; 12}
C = {1; 2; 3; 4; 5}

b) D = {6; 12} = {Nummer ist durch 6 teilbar}
E = {2; 3; 4; 6; 8; 9; 10; 12} = {Nummer ist durch 2 oder 3 teilbar}
F = {6; 7; 8; 9; 10; 11; 12} = {Nummer ist größer als 5}
G = {2; 4; 8; 10} = {Nummer ist gerade und nicht durch 3 teilbar}
H = {6; 12} ∪ {1; 5; 7; 11} = {1; 5; 6; 7; 11; 12}
= {Nummer ist durch 6 oder weder durch 2 noch durch 3 teilbar}

c)

	B	$\overline{B}$
A	6 12	3 9
$\overline{A}$	2 8 4 10	1 5 7 11

d)

	C	$\overline{C}$
A	3	6 9 12
$\overline{A}$	1 2 4 5	8 7 11 10

GA 8 Das Ereignis B ist sicher und das Ereignis C unmöglich.

GA 9

a) A ∪ C = {1; 2; 3; 5}
b) A ∪ B = {1; 2; 3; 4; 5} = Ω
c) $\overline{A}$ = {2; 4}
d) A ∩ B = {3}
e) A ∪ $\overline{C}$ = {1; 3; 5} ∪ {3; 4; 5} = {1; 3; 4; 5}
f) A\C = {3; 5}
g) Unvereinbar sind die Ereignisse A und $\overline{A}$, B und $\overline{B}$, C und $\overline{C}$ sowie $\overline{A}$ und $\overline{B}$.
h)

	C	$\overline{C}$
B	2	3 4
$\overline{B}$	1	5

GA 10 *Hinweis:* Laut Aufgabenstellung ist *nur* die jeweilige Vierfeldertafel gesucht.

$E_1 = \overline{A}$

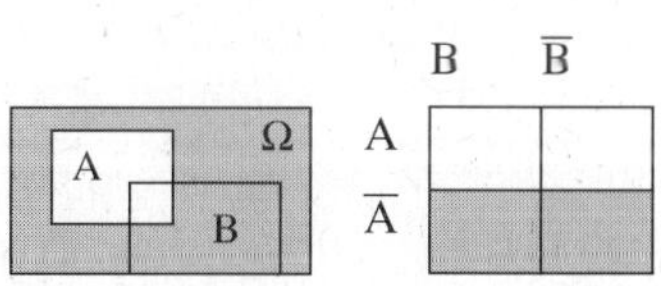

$E_2 = A \cap B$

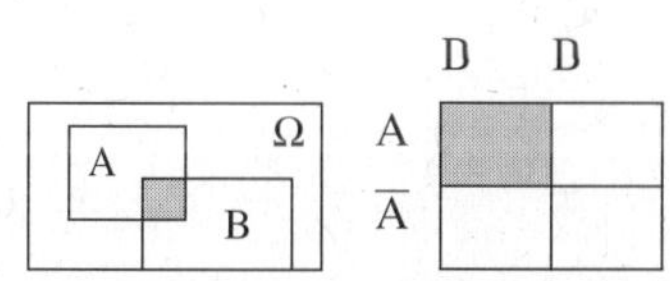

$E_3 = \overline{A \cup B} = \overline{A} \cap \overline{B}$

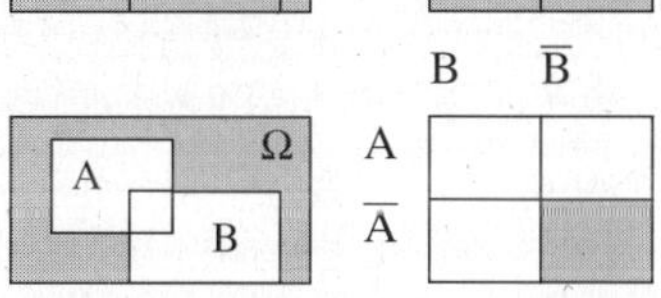

$E_4 = (A \cap \overline{B}) \cup (\overline{A} \cap B)$
$= (A \cup B) \setminus (A \cap B)$

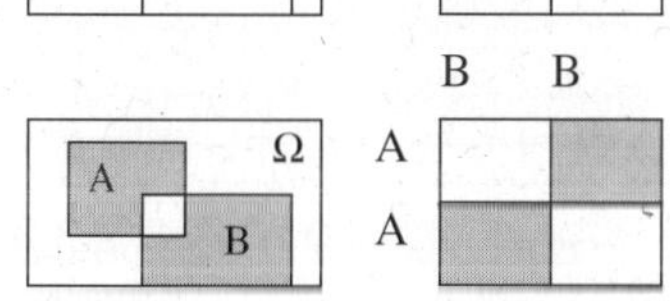

$E_5 = \overline{A \cap B}$

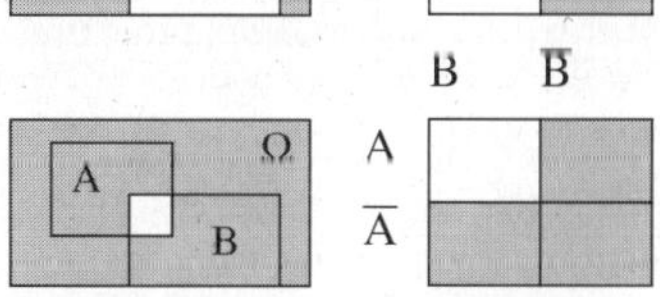

$F_6 = F_4$

$E_7 = A \cup B$

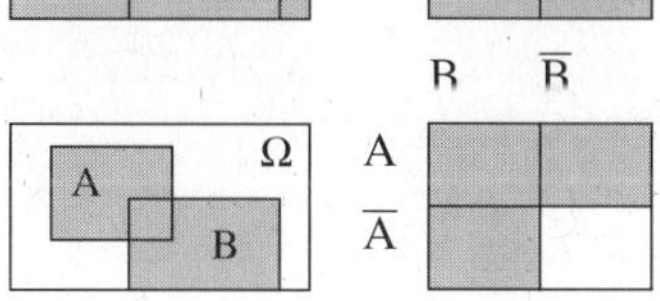

$E_8 = E_5$
$E_9 = E_3$
$E_{10} = E_2$

GA 11

a) … A und B eintreten.

b) … das Ereignis, das genau dann eintritt, wenn A oder B eintreten, d.h., wenn wenigstens eines der Ereignisse A, B eintritt.

c) … die Menge aller der Ergebnisse aus Ω, die nicht zu A gehören.

d)

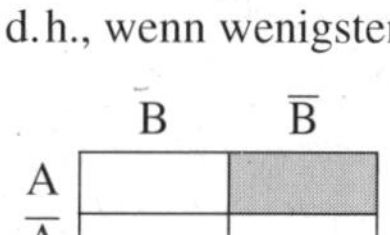

e) … A ∪ B …

f) … A ∩ B = ∅ …

GA 12

$F_1 = \overline{A}$ $F_2 = A \cup \overline{B}$ $F_3 = \overline{A} \cup B$

$F_4 = (A \cap B) \cup (\overline{A} \cap \overline{B})$ $F_5 = \overline{\overline{A} \cap B} = A \cup \overline{B}$ $F_6 = A \cap \overline{B}$

GA 13

a) $A = \{1; 4\}$ $B = \{1; 4\}$ $C = \emptyset$ $D = \{4\}$
$E = \{1; 2\}$ $F = \{3\}$ $G = \{1; 2; 3\}$ $H = \{1; 2\}$ $I = \{4\}$

b) $\{1\}, \{1; 2\}, \{1; 3\}, \{1; 4\}, \{1; 2; 3\}, \{1; 2; 4\}, \{1; 3; 4\}, \{1; 2; 3; 4\} = \Omega$

c) $\Omega_g = \{2; \text{keine } 2\}$

GA 14 $\Omega = \{2; 3; 4; 5; 6; 7; 8\}$

$A = \{2; 4; 5; 6; 7; 8\}$ $B = \{3; 5; 7\}$ $C = \emptyset$ $D = \Omega$
$E = \{3\}$ $F = \{5; 7\}$ $G = \emptyset$ $H = \emptyset$

paarweise unvereinbare Ereignisse: A, C; B, C; C, D

GA 15

a) $\Omega = \{(m; t_1; t_2) \mid m \in \{W; Z\}, t_1, t_2 \in \{1; 2; 3; 4\}\}$

b) $A = \{(W; 2; 4), (W; 4; 2)\}$ $C = \{(Z; 1; 1), (Z; 1; 4), (Z; 4; 1), (Z; 4; 4)\}$
$B = \{(W; 3; 3), (Z; 3; 3)\}$ $D = \emptyset$

GA 16 $\Omega = \{\{a; b\}, \{a; c\}, \{a; d\}, \{a; e\}, \{b; c\}, \{b; d\}, \{b; e\}, \{c; d\}, \{c; e\}, \{d; e\}\}$

$A = \{\{a; b\}, \{a; c\}, \{a; d\}, \{a; e\}\}$
$B = \{\{a; b\}, \{a; d\}, \{b; c\}, \{b; d\}, \{b; e\}, \{c; d\}, \{d; e\}\}$
$C = \{\{a; c\}, \{a; d\}, \{a; e\}, \{b; d\}, \{c; d\}, \{c; e\}, \{d; e\}\}$
$D = \{\{a; b\}, \{a; c\}, \{a; d\}, \{a; e\}, \{b; c\}, \{b; e\}, \{c; d\}, \{c; e\}, \{d; e\}\}$
$E = \{\{a; b\}, \{a; c\}, \{a; d\}, \{a; e\}, \{b; c\}, \{b; d\}, \{c; d\}\}$

GA 17

a) $\Omega = \{(g; g; g), (g; g; n), (g; n; g), (n; g; g), (g; n; n), (n; g; n), (n; n; g), (n; n; n)\}$
$= \{(l_1; l_2; l_3) \mid l_1; l_2; l_3 \in \{g; n\}\}$

b) $A = \{(g; g; g), (g; g; n), (g; n; g), (n; g; g), (g; n; n), (n; g; n), (n; n; g)\}$
$B = (g; n; n\}, (n; g; n), (n; n; g)\}$
$C = \{(g; n; n), (n; g; n), (n; n; g), (n; n; n)$
$D = (g; g; g), (g; g; n), (g; n; g), (g; n; n)\}$
$E = \{(g; n; n)\}$
$F = \{(g; g; n), (g; n; g), (n; g; g), (g; n; n), (n; g; n), (n; n; g), (n; n; n)\}$
Die Ereignisse D und F sind im Sinne von „mindestens das erste Los …" bzw. „mindestens ein Los …" interpretiert worden.

c) Wenn das Ergebnis (n; g; g) eintritt, treten die Ereignisse A und F ein.

d) G tritt genau dann ein, wenn (g; g; n), (g; n; g), (n; g; g), (g; n; n), (n; g; n) oder (n; n; g) eintritt.

e) $\overline{A} = \{(n; n; n)\}$ Beate zieht drei Nieten.
$A \cap C = \{(g; n; n), (n; g; n), (n; n; g)\} = B$ Beate zieht genau einen Gewinn.
$A \cup C = \Omega$ (Das ist das sichere Ereignis.)
$A \cap \overline{B} = \{(g; g; g), (g; g; n), (g; n; g), (n; g; g)\}$ Beate zieht mindestens zwei Gewinne.
$D \setminus E = \{(g; g; g), (g; g; n), (g; n; g)\}$ Das erste sowie mindestens eins vom zweiten und dritten Los sind Gewinne.

f) $A \cap C = \{(g; n; n), (n; g; n), (n; n; g)\} \neq \emptyset$ A und C sind nicht unvereinbar.

GA 18

a) $|\Omega| = |\{(i; k) \mid i, k \in \{1; 2; 3; 4; 5; 6\}\}| = 6 \cdot 6 = 36$

b) $A = \{(1; 1), (2; 2), (3; 3), (4; 4), (5; 5), (6; 6)\} = \{(i; k) \in \Omega \mid i = k\}$
$B = \{(6; 6)\} = \{(i; k) \in \Omega \mid i = k = 6\}$
$C = \{(2; 2), (2; 4), (2; 6), (4; 2), (4; 4), (4; 6), (6; 2), (6; 4), (6; 6)\} = \{(i; k) \in \Omega \mid i, k \in \{2; 4; 6\}\}$
$D = \{(4; 6), (5; 5), (5; 6), (6; 4), (6; 5), (6; 6)\} = \{(i; k) \in \Omega \mid i + k \geq 10\}$
$E = \{(1; 6), (2; 5), (3; 4), (4; 3), (5; 2), (6; 1)\} = \{(i; k) \in \Omega \mid i + k = 7\}$

c) Baumdiagramm:

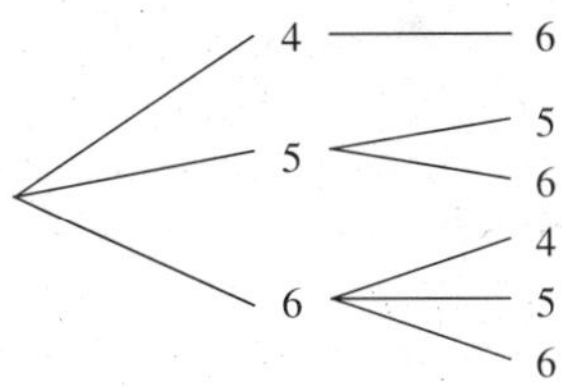

d) $\overline{C} = \{(i; k) \in \Omega \mid i \cdot k$ ist nicht durch 4 teilbar$\}$

$= \{(i; k) \in \Omega \mid$ entweder i gerade und k ungerade oder i ungerade und k gerade oder i und k ungerade$\}$

$B \cup E = \{(1; 6), (2; 5), (3; 4), (4; 3), (5; 2), (6; 1), (6; 6)\}$

$C \cap D = \{(6; 6), (6; 4), (4; 6)\}$

$E \backslash A$ = {Augensumme 7 und keinen Pasch gewürfelt} = {Augensumme 7} = E

e) $\Omega_g = \{2; 3; 4; \ldots; 10; 11; 12\}$ Interpretation der Ergebnisse: Augensummen

$B = \{12\}$ $D = \{10; 11; 12\}$ $E = \{7\}$

G 1.3 Absolute und relative Häufigkeiten; empirisches Gesetz der großen Zahlen

GA 19

		Ergebnis 1	Ergebnis 2	Ergebnis 3	Ergebnis 4	Bemerkungen
a)	z.B.	Augenzahl 1	Augenzahl 2	Augenzahl 3	Augenzahl 4	Seiten des Tetraeders sind mit den Augenzahlen 1 bis 4 durchnummeriert
b)	z.B.	Funktionswert 1	Funktionswert 2	Funktionswert 3	Funktionswert 4	Wertebereich $W_{rand} = \{1; 2; 3; 4\}$
c)	z.B.	Augenzahl 1, d.h. ungerade, nicht prime Augenzahl	Augenzahl 2, d.h. gerade, prime Augenzahl	Augenzahl 3 oder 5, d.h. ungerade, prime Augenzahl	Augenzahl 4 oder 6, d.h. gerade, nicht-prime Augenzahl	Seiten des Würfels sind mit den Augenzahlen 1 bis 6 durchnummeriert
d)	z.B.	Augenzahl 1, 5 oder 9	Augenzahl 2, 6 oder 10	Augenzahl 3, 7 oder 11	Augenzahl 4, 8 oder 12	Seiten des Dodekaeders sind mit den Augenzahlen 1 bis 12 durchnummeriert;
	z.B.	Rest 1	Rest 2	Rest 3	Rest 0	die Reste werden bezüglich der Division durch 4 betrachtet.
e)	z.B.	entnommene Kugel ist blau	entnommene Kugel ist grün	entnommene Kugel ist gelb	entnommene Kugel ist weiß	
f)	z.B.	erste Kugel blau, zweite Kugel blau	erste Kugel blau, zweite Kugel weiß	erste Kugel weiß, zweite Kugel blau	erste Kugel weiß, zweite Kugel weiß	
g)	z.B.	kein Fehler tritt auf	genau eine Fehlerart tritt auf	genau zwei Fehlerarten treten auf	drei Fehlerarten treten auf	

GA 20 Individuelle Ergebnisse

Beispiel für das Werfen eines RIEMER-Quaders

Urliste: 3 4 1 3 1 3 4 3 6 5 4 3 3 4 4 1 4 3 4 4 2 3 4 4 4 4 5 4 3 4

Strichliste	1	2	3	4	5	6
	|||	|	卌 ||||	卌 卌 ||||	||	|

e	1	2	3	4	5	6
$H_{30}(\{e\})$	3	1	9	14	2	1
$h_{30}(\{e\})$	0,1	$0{,}0\overline{3}$	0,3	$0{,}4\overline{6}$	$0{,}0\overline{6}$	$0{,}0\overline{3}$

GA 21

a)

Ereignis	A	B	C	D
relative Häufigkeit	0,182	0,464	0,382	0,828

b) Die Auswertungstabelle – insbesondere das „(Quasi-)Nicht-Gewürfelt-Werden" einer 1 – spricht dafür, dass Petra einen L-Würfel benutzt hat.

c) Addiert man die relativen Häufigkeiten für die geraden Zahlen, so erhält man (wenn auch recht *unzuverlässig* aufgrund der verhältnismäßig kleinen Wurfanzahlen)

(1) *beim Spat* $0{,}21 + 0{,}050 + 0{,}19 = 0{,}45 \approx 0{,}5$, woraus (nur sehr vage) zu schlussfolgern wäre, dass die beiden zu betrachtenden Wahrscheinlichkeiten einander gleich sind. Betrachten wir daher zum Vergleich noch die relative Häufigkeit, eine ungerade Zahl zu würfeln ($0{,}26 + 0{,}051 + 0{,}25 = 0{,}561$).

Ohne jegliche Würfelergebnisse, nur aufgrund der Symmetrie des Spats und seiner Beschriftung (ein „Zinken" sei ausgeschlossen) ist abzulesen, dass die Wahrscheinlichkeit, 1, 3 oder 5 zu werfen, gleich ist der Wahrscheinlichkeit, 2, 4 oder 6 zu werfen. Somit ist die Wahrscheinlichkeit, eine gerade Augenzahl zu werfen, gleich der Wahrscheinlichkeit, eine ungerade Augenzahl zu werfen.

(2) *beim kurzen L-Würfel* $0{,}15 + 0{,}38 + 0{,}068 \approx 0{,}598$. Daraus ist nicht zu schließen, dass die beiden zu betrachtenden Wahrscheinlichkeiten gleich sind.

(3) *beim kurzen U-Würfel* $0{,}19 + 0{,}34 + 0{,}052 \approx 0{,}582$. Aufgrund der gegebenen relativen Häufigkeiten wäre zu schließen, dass die beiden zu betrachtenden Wahrscheinlichkeiten nicht gleich sind.

d)

Augenzahl	1	2	3	4	5	6	
Wurfserie 1	5	42	36	78	38	10	kurzes U
	0,024	0,201	0,172	0,373	0,182	0,048	
Wurfserie 2	1	33	67	84	31	19	kurzes L
	0,004	0,140	0,285	0,357	0,132	0,081	

GA 22 Individuelle Lösungen, z.B.

a)

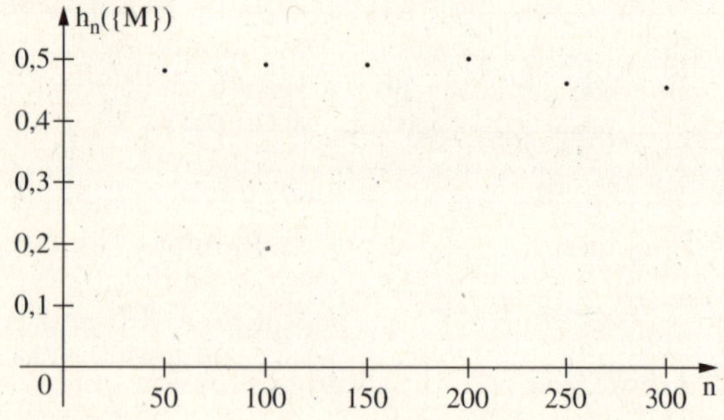

mit $h_{50}(\{M\}) = 0{,}48$
$h_{100}(\{M\}) = 0{,}49$
$h_{150}(\{M\}) = 0{,}48\overline{6}$
$h_{200}(\{M\}) = 0{,}495$
$h_{250}(\{M\}) = 0{,}456$
$h_{300}(\{M\}) = 0{,}45\overline{3}$

b)

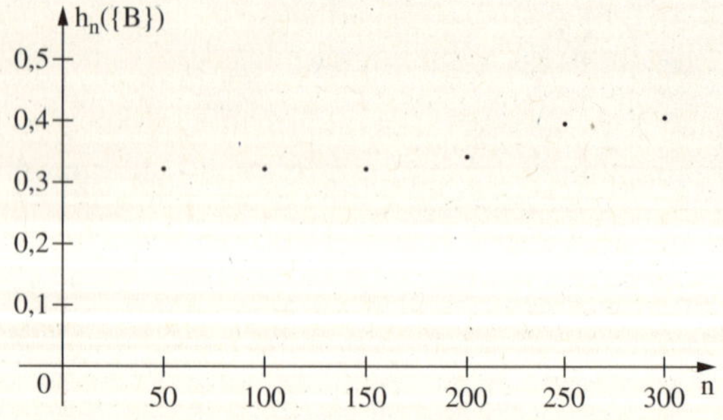

mit $h_{50}(\{B\}) = 0{,}32$
$h_{100}(\{B\}) = 0{,}32$
$h_{150}(\{B\}) = 0{,}32$
$h_{200}(\{B\}) = 0{,}34$
$h_{250}(\{B\}) = 0{,}392$
$h_{300}(\{B\}) = 0{,}40\overline{3}$

c)

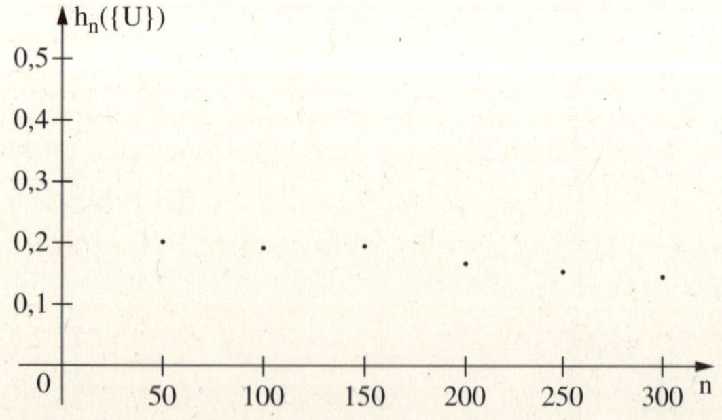

mit $h_{50}(\{U\}) = 0{,}20$
$h_{100}(\{U\}) = 0{,}19$
$h_{150}(\{U\}) = 0{,}19\overline{3}$
$h_{200}(\{U\}) = 0{,}165$
$h_{250}(\{U\}) = 0{,}152$
$h_{300}(\{U\}) = 0{,}14\overline{3}$

d) Es gilt $h_{300}(\{M\}) \cdot 1000 = 0{,}45\overline{3} \cdot 1000 \approx 453$, $h_{300}(\{B\}) \cdot 1000 = 0{,}40\overline{3} \cdot 1000 \approx 403$, $h_{300}(\{U\}) \cdot 1000 = 0{,}14\overline{3} \cdot 1000 \approx 143$.
Bei 1000 Durchführungen des Zufallsexperiments sind ca. 453-mal M, 403-mal B und 143-mal U zu erwarten.

GA 23

a)

Ergebnis e	1	2	3
$H_{100}(\{e\})$	44	28	28

$h_{100}(\emptyset) = 0$ $\quad h_{100}(\{1\}) = 0{,}44$ $\quad h_{100}(\{2\}) = h_{100}(\{3\}) = 0{,}28$

$h_{100}(\{1; 2\}) = h_{100}(\{1; 3\}) = 0{,}72$ $\quad h_{100}(\{2; 3\}) = 0{,}56$ $\quad h_{100}(\Omega) = 1$

b) Die relativen Häufigkeiten $h_n(A)$ erscheinen als ein in der Mathematik unbrauchbares Maß für die Zufälligkeit des Eintretens eines Ereignisses A, weil $h_n(A)$ nicht nur von A abhängig ist, sondern auch von der Anzahl n der Versuchsdurchführungen, und zwar so, dass trotz gleichem A und gleichem n unterschiedliche $h_n(A)$ auftreten. Jedoch stabilisiert sich $h_n(A)$ bei hinreichend großen n gegen einen nur noch von A abhängigen Wert.

G 1.4 Zufallsexperimente mit dem Taschenrechner

GA 24

- rand(2) –1 besitzt den Wertebereich {0; 1}, den man als Ergebnismenge Ω beim einmaligen Werfen einer Münze interpretieren kann, wobei 0 für das Ergebnis Wappen und 1 für das Ergebnis Zahl stehen soll.
- seq(rand(2) – 1, i, 1, n) ergibt für jedes $n \in \mathbb{N}\setminus\{0\}$ eine Liste von n Werten aus der Menge {0; 1}, die als die n Ergebnisse beim n-maligen Realisieren des „Taschenrechnermünzwurfes" zu deuten sind.
- sum(seq(rand(2) – 1, i, 1, n))/n bzw. mean(seq(rand(2) – 1, i, 1, n)) ergibt für jedes $n \in \mathbb{N}\setminus\{0\}$ die relativen Häufigkeiten $h_n(A)$, z. B.

n	7	20	50	100	200	1000
$h_n(A)$	0,571	0,65	0,50	0,46	0,495	0,502
$h_n(A)$	0,143	0,55	0,60	0,47	0,510	0,480
$h_n(A)$	0,429	0,50	0,48	0,40	0,495	0,509
$h_n(A)$	0,714	0,75	0,56	0,48	0,465	0,503

Hieraus lässt sich (gerundet auf eine Dezimale) 0,5 als stabiler Wert der relativen Häufigkeiten ablesen.

- Will man die soeben definierten Funktionen öfter nutzen, so kann man sie als Formel mithilfe von Define (aus Menü F4) im Home-Editor definieren, wodurch sie im APPS/Programm-Editor unter Type Function mit der gewählten Variablen gespeichert wird.

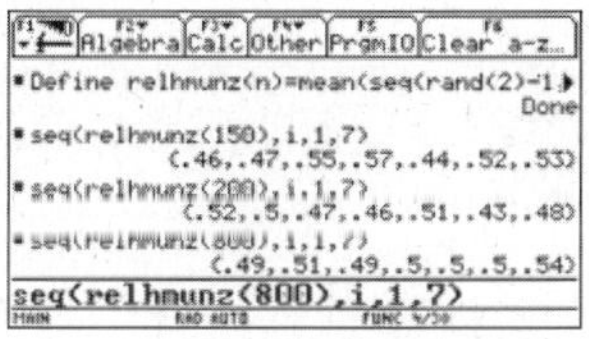

Definiert man beispielsweise
Define relhmunz(n) = sum(seq(rand(2) – 1, i, 1, n))/n = mean(seq(rand(2) – 1, i, 1, n))
so berechnet sich mit der Eingabe relhmunz(150) im Home-Editor eine relative Häufigkeit h_{150}({es fällt Zahl}).

GA 25

a) individuelle Lösung

b) Erster Schritt: Erstellen von Folgen der erteilten Zensuren

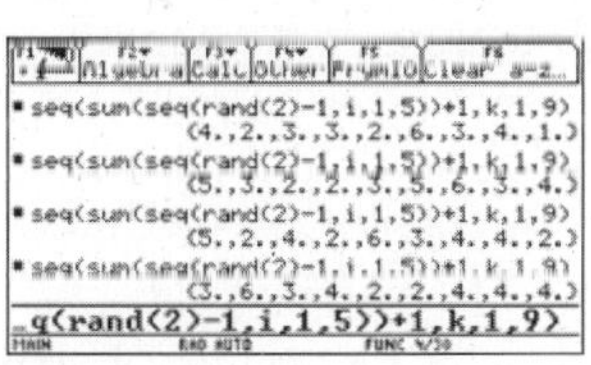

Zweiter Schritt: Definieren einer Funktion zum Ermitteln der gesuchten relativen Häufigkeiten

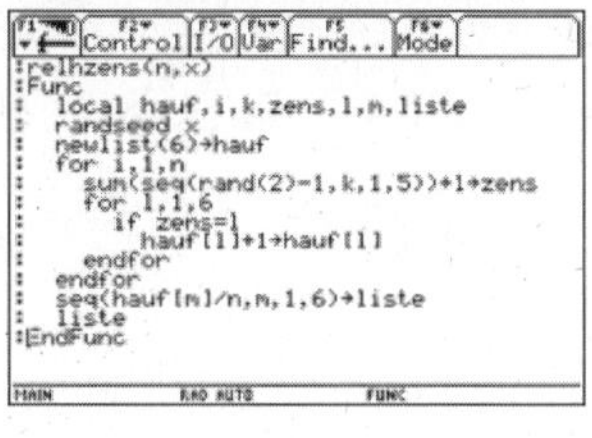

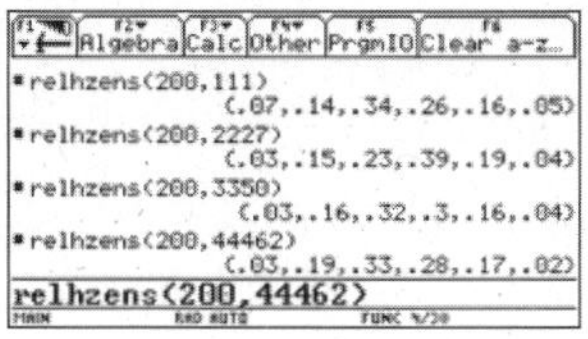

c) Simulation des Zensurendurchschnitts bei 200 Schülern

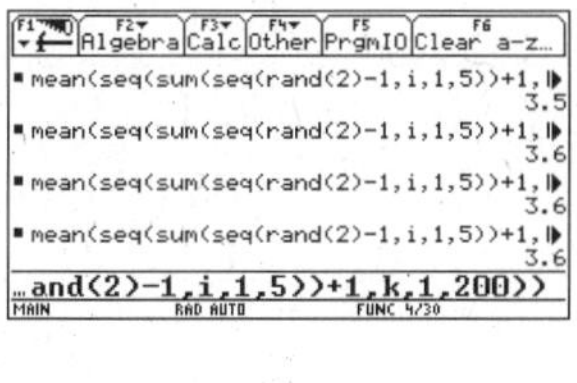

GA 26

a)]0; 5[;]1; 6[; $\{1; 2; 3; 4; 5\} = [1; 5] \cap \mathbb{N}$

b) Urliste: 6 1 1 1 2 3 7 1 1 3 1 3 1 2 3 3 7 5 4 5 2 3 1 5 7 3 4 4 7 6

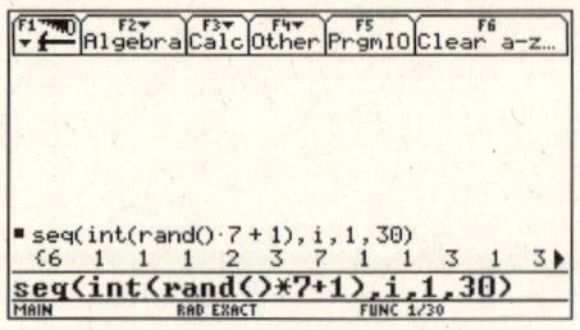

Strichliste:

1	2	3	4	5	6	7
𝍸 |||	|||	𝍸 ||	|||	|||	||	||||

c) $h_{30}(\{\text{Funktionswert ist eine Primzahl}\}) = h_{30}(\{2; 3; 5; 7\}) = \frac{17}{30} = 0{,}5\overline{6}$

$h_{30}(\{\text{Funktionswert ist nicht größer als 3}\}) = h_{30}(\{1; 2; 3\}) = \frac{18}{30} = 0{,}6$

$h_{30}(\{\text{Funktionswert ist eine durch 2 oder 3 teilbare Zahl}\}) = h_{30}(\{2; 3; 4; 6\}) = \frac{15}{30} = 0{,}5$

$h_{30}(\{\text{Funktionswert ist eine durch 2 und 3 teilbare Zahl}\}) = h_{30}(\{6\}) = \frac{2}{30} = 0{,}0\overline{6}$

GA 27 Lösung mithilfe des im Beispiel G 11, Lehrbuch, S. 278, definierten Funktionsterms abshauf(liste, ergebnis)

a)

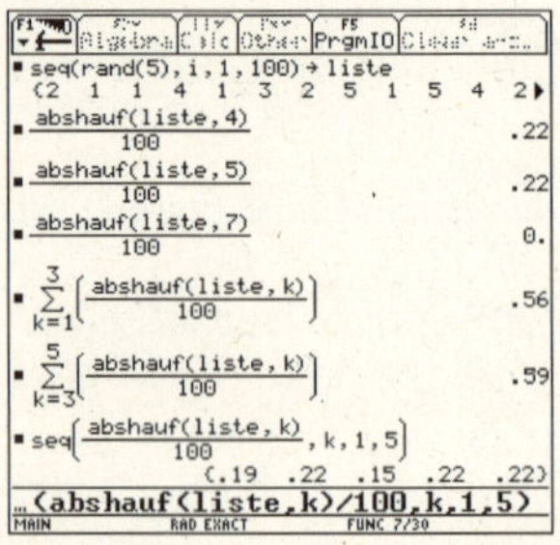

$h_{100}(A) = 0{,}22$
$h_{100}(B) = 0{,}22$
$h_{100}(C) = 0$
$h_{100}(D) = 0{,}56$
$h_{100}(E) = 0{,}59$

b)

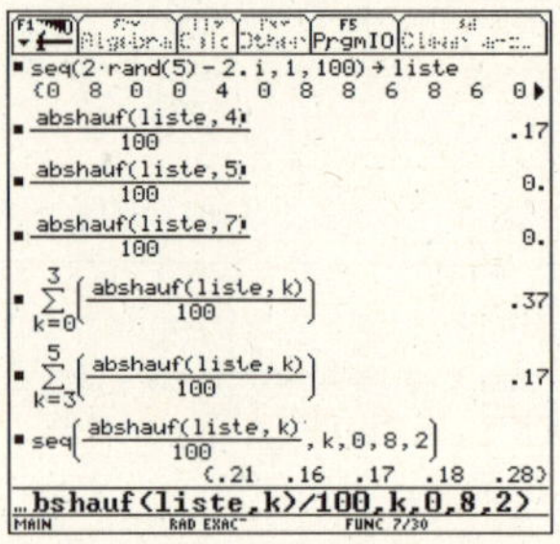

$h_{100}(A) = 0{,}17$
$h_{100}(B) = 0$
$h_{100}(C) = 0$
$h_{100}(D) = 0{,}37$
$h_{100}(E) = 0{,}17$

GA 28

Lösungsvariante 1 zu a) und b):
Definieren einer jeweils speziellen Funktion für $h_n(A)$, $h_n(B)$ und $h_n(C)$, z.B. $h_n(A) = h_n(\{2; 3; 5\})$ und berechnen spezieller Funktionswerte, z.B. $h_{30}(A)$, $h_{100}(A)$:

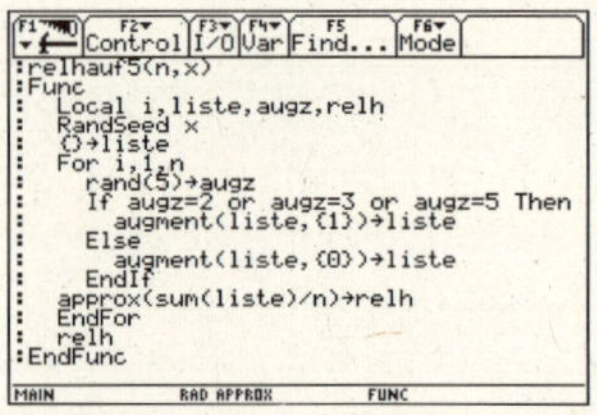

Lösungsvariante 2 zu a) und b):
Definieren einer Funktion, deren Funktionswerte Listen der absoluten Häufigkeiten $H_n(\{k\})$ für $k \in \{1; 2; 3; 4; 5\}$ sind und Rechnen mit den Listen-Werten, um $h_n(A)$, $h_n(B)$, $h_n(C)$ zu bestimmen, z.B. Liste absoluter Häufigkeiten $h_{100}(\{1\})$ bis $H_{100}(\{5\})$, $H_{100}(A)$, $H_{100}(B)$, $H_{100}(C)$:

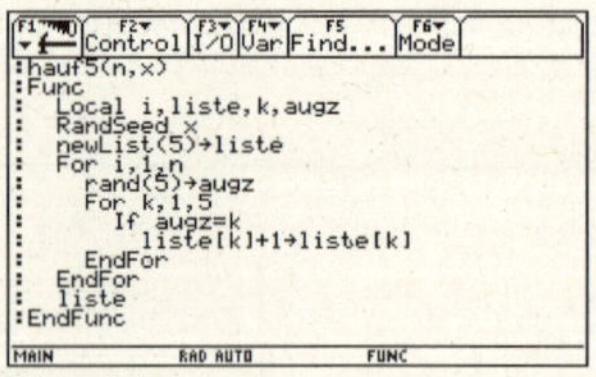

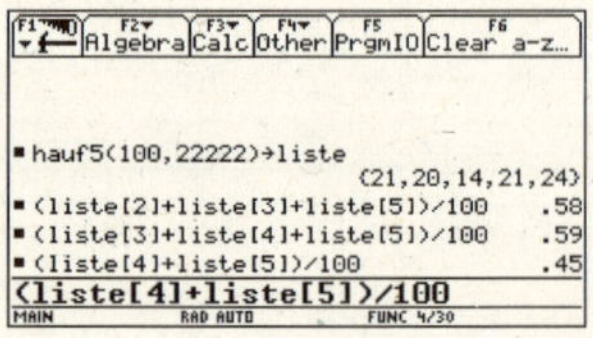

c) $H_{100}(\{rand(5) = 3\}) = H_{100}(B) - H_{100}(C) = 100 \cdot (h_{100}(B) - h_{100}(C)) = 14$

d) $D = \{1; 3; 5\}$

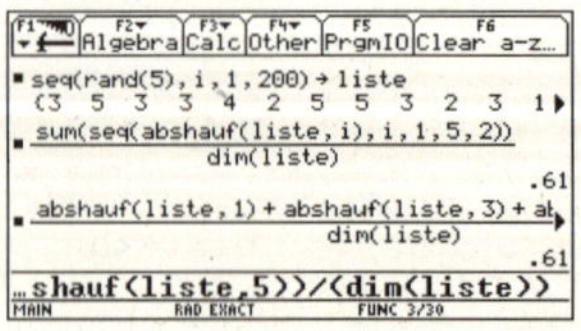

GA 29

a)

i	1	2	3	4	5	6	7	8	9	10	11	12	13	14	15	16	17	18	19	20
s	8	7	5	5	10	9	11	9	7	11	7	9	7	8	6	7	7	8	4	6
a	5	3	6	1	1	5	6	5	4	2	2	2	4	1	4	6	3	5	5	5
$\frac{s}{a}$	1,6	$2{,}\overline{3}$	$0{,}8\overline{3}$	5	10	1,8	$1{,}8\overline{3}$	1,8	1,75	5,5	3,5	4,5	1,75	8	1,5	$1{,}1\overline{6}$	$2{,}\overline{3}$	1,6	0,8	1,2
$\frac{s}{a} < 2$	j	n	j	n	n	j	j	j	j	n	n	n	j	n	j	j	n	j	j	j
$h_i(A)$	1	0,5	$0{,}\overline{6}$	0,5	0,4	0,5	0,57…	0,625	$0{,}\overline{6}$	0,6	$0{,}\overline{54}$	0,5	0,53…	0,5	$0{,}5\overline{3}$	0,5625	0,52…	$0{,}\overline{5}$	0,57…	0,6

Hypothese: $h_i(A) = 0{,}55$

b) 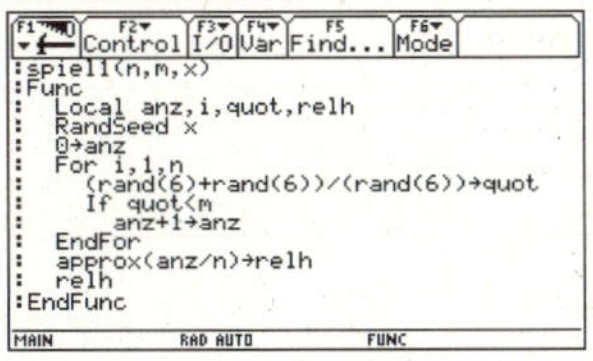

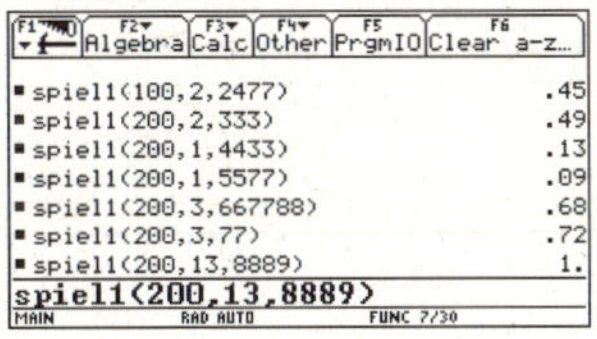

d) 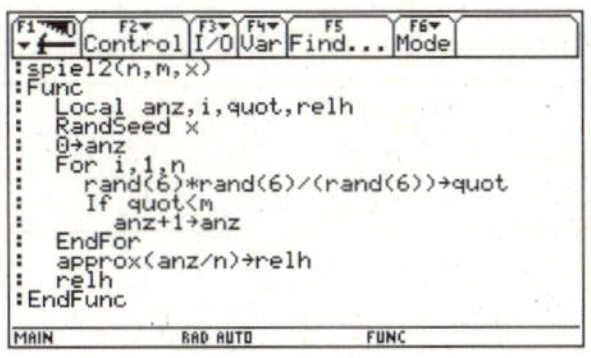

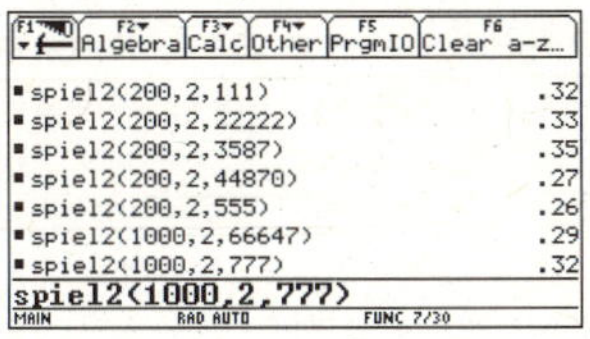

c) individuelle Lösung

G 1.5 Wahrscheinlichkeitsverteilung; Rechenregeln für Wahrscheinlichkeiten

GA 30

$P(A) = P(\{1; 3; 5\}) = \frac{1}{5} + \frac{2}{15} + \frac{1}{6} = 0{,}5 = \frac{1}{2}$

$P(B) = P(\{5; 6\}) = \frac{1}{6} + P(\{6\})$ mit $P(\{6\}) = 1 - \frac{1}{5} - \frac{1}{6} - \frac{2}{15} - \frac{2}{15} - \frac{1}{6} = 0{,}2 = \frac{1}{5} \Rightarrow P(B) = 0{,}3\overline{6} = \frac{11}{30}$

$P(C) = P(\{1; 2; 4\}) = \frac{1}{5} + \frac{1}{6} + \frac{2}{15} = 0{,}5 = \frac{1}{2}$

$P(\overline{A}) = 1 - P(A) = 0{,}5 = \frac{1}{2}$

$P(A \cap B) = P(\{5\}) = 0{,}1\overline{6} = \frac{1}{6}$

$P(A \cup B) = P(\{1; 3; 5; 6\})\ 1 - P(\{2; 4\}) = 1 - \frac{1}{6} - \frac{2}{15} = 0{,}7 = \frac{7}{10}$

$P(\overline{A} \cup B) = P(\{2; 4; 5; 6\}) = 1 - P(\{1; 3\}) = 1 - \frac{1}{5} - \frac{2}{15} = 0{,}\overline{6} = \frac{2}{3}$

$P(A \setminus B) = P(\{1; 3\}) = \frac{1}{5} + \frac{2}{15} = 0{,}\overline{3} = \frac{1}{3}$

GA 31

Diese Aufgabe ist nicht eindeutig lösbar.

Begründung: Die Summe der Wahrscheinlichkeiten der neun atomaren Ereignisse ist nicht 1. Es fehlt also (mindestens) ein Ergebnis in der Tabelle, von dem nicht bekannt ist, ob es eine gerade oder eine ungerade Zahl ist. Ω ist also ungleich der Menge {1; 2; 3; 4; 5; 6; 7; 8; 9}.

$P(G) = P(\{2; 4; 6; 8\}) = 0{,}20 + 0{,}05 + 0{,}10 + 0{,}10 = 0{,}45$

$P(U) = 1 - P(G) = 1 - 0{,}45 = 0{,}55$; aber $P(U) = P(\{1; 3; 5; 7; 9\}) = 0{,}10 + 0{,}15 + 0{,}12 + 0{,}03 + 0{,}10 = 0{,}50$

GA 32

a)

rot	grün	gelb	blau
$\frac{17}{46}$	$\frac{11}{46}$	$\frac{5}{46}$	$\frac{13}{46}$

b) $P(A) = P(\{\text{rot; grün; gelb}\}) = \frac{17}{46} + \frac{11}{46} + \frac{5}{46} = \frac{33}{46}$

oder

$P(A) = P(\overline{\{\text{blau}\}}) = 1 - P(\{\text{blau}\}) = 1 - \frac{13}{46} = \frac{33}{46}$

GA 33

a) nein, da $P(\{b\}) < 0$

b) nein, da $P(\{a\}) + P(\{b\}) + P(\{c\}) = P(\Omega) < 1$

c) ja, da alle atomaren Ereignisse positive Wahrscheinlichkeiten besitzen, deren Summe 1 beträgt.

d) nein, da $P(\{a; b\}) > 1$

GA 34

a) $P(\{1\}) = 1 - P(\overline{\{1\}})$ nach $P(\overline{A}) = 1 - P(A)$

$= 1 - P(\{2; 3; 4\}) = 1 - (P(\{2\}) + P(\{3\}) + P(\{4\})) \approx 0{,}17$ nach Additionssatz

b) $1 = P(\Omega) = P(\{1; 2; 3; 4\}) = P(\{1\}) + P(\{2\}) + P(\{3\}) + P(\{4\}) = 3 \cdot P(\{2\}) + P(\{2\}) + 0{,}1\overline{6} + 0{,}125$

$0{,}708\overline{3} = 4 \cdot P(\{2\})$

$P(\{2\}) \approx 0{,}177$ $P(\{1\}) \approx 0{,}531$

c) $P(\{1\}) = 1 - (P(\{2; 3\}) + P(\{4\})) \approx 0{,}33$

d) $P(\{2; 3\}) = P(\{2\}) + P(\{3\})$

$P(\{3\}) = 0{,}50$; $P(\{3; 4\}) = P(\{3\}) + P(\{4\})$

$P(\{4\}) = 0{,}25$; $P(\{1\}) = 1 - (0{,}1\overline{6} + 0{,}50 + 0{,}25) \approx 0{,}083$

GA 35

a) $P(\{2; 3\}) = 0{,}75 = \frac{3}{4}$; $P(\{3; 4\}) = 0{,}60 = \frac{3}{5}$; $P(\{2\}) = 0{,}1\overline{6} = \frac{1}{6}$;

$P(\{1\}) = 1 - P(\{2\}) - P(\{3; 4\}) = 1 - 0{,}1\overline{6} - 0{,}60 = 0{,}2\overline{3} = \frac{7}{30}$; $P(\{3\}) = P(\{2; 3\}) - P(\{2\}) = 0{,}75 - 0{,}1\overline{6} = 0{,}58\overline{3} = \frac{7}{12}$;

$P(\{4\}) = P(\{3; 4\}) - P(\{3\}) = 0{,}60 - 0{,}58\overline{3} = 0{,}01\overline{6} = \frac{1}{6}$; $P(\overline{\{2\}}) = 1 - P(\{2\}) = 1 - 0{,}01\overline{6} = 0{,}8\overline{3} = \frac{5}{6}$

b) $P(\{1; 3\}) = P(\{1\}) + P(\{3\}) = 0{,}30 + 0{,}35 = 0{,}65$, weil
$P(\{1\}) = P(\{1; 2\}) - P(\{2\}) = 0{,}40 - 0{,}10 = 0{,}30$ und weil
$P(\{3\}) = 1 - P(\{1; 4\}) - P(\{2\}) = 1 - 0{,}55 - 0{,}10 = 0{,}35$

c) $P(A) = P(\{1; 3\}) = 0{,}55$
$P(\overline{B}) = P(\{1; 4\}) = 0{,}50$
$P(A \cup B) = P(\{1; 2; 3\}) = 0{,}70$
$P(\{4\}) = 1 - P(\{1; 2; 3\}) = 1 - 0{,}70 = 0{,}30$ und $0{,}30 \cdot 360° = 108°$
$P(\{1\}) = P(\{1; 4\}) - P(\{4\}) = 0{,}50 - 0{,}30 = 0{,}20$ und $0{,}20 \cdot 360° = 72°$
$P(\{3\}) = P(\{1; 3\}) - P(\{1\}) = 0{,}55 - 0{,}20 = 0{,}35$ und $0{,}35 \cdot 360° = 126°$
$P(\{2\}) = P(\{1; 2; 3\}) - P(\{1\}) - P(\{3\}) = 0{,}70 - 0{,}20 - 0{,}35 = 0{,}15$ und $0{,}15 \cdot 360° = 54°$

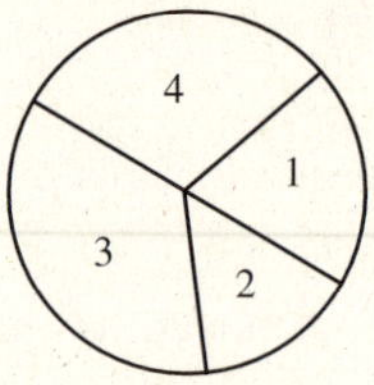

GA 36

1	2	3	4	5
p	3p	p	$\frac{1}{10}$	p
0,15	0,45	0,15	0,10	0,15
54°	162°	54°	36°	54°

a) $6p + \frac{1}{10} = 1 \Rightarrow 6p = 0{,}9 \Rightarrow p = 0{,}15$

b) $0{,}10 \cdot 360° = 36°$
$0{,}15 \cdot 360° = 54°$

c) $P(\{\text{ungerade Zahl}\}) = P(\{1; 3; 5\}) = 3 \cdot 0{,}15 = 0{,}45$
$P(\{\text{gerade Zahl}\}) = 1 - 0{,}45 = 0{,}55$
Um auf das Ereignis mit der höheren Eintrittswahrscheinlichkeit zu setzen, muss {gerade Zahl} gewählt werden.

GA 37 Für $P(\{i\}) = k \cdot i$ mit einer festen positiven Zahl k und $i \in \Omega$ muss gelten:

$$1 = P(\Omega) = \sum_{i=1}^{20} P(\{i\}) = \sum_{i=1}^{20} k \cdot i = k \cdot \sum_{i=1}^{20} i = k \cdot \frac{20 \cdot 21}{2} = 210 \cdot k \Rightarrow k = \frac{1}{210}$$

a) $P(A) = P(\{7\}) = \frac{1}{210} \cdot 7 = \frac{1}{30} = 0{,}0\overline{3}$ b) $P(B) = P(\{1; 2; \ldots; 12; 13\}) = \frac{1}{210} \sum_{i=1}^{13} i = \frac{1}{210} \cdot \frac{13 \cdot 14}{2} = \frac{13}{30} = 0{,}4\overline{3}$

GA 38

a)

A	{1}	{2}	{3}	{4}	{5}	{6}
P(A)	$\frac{3}{20}$	$\frac{1}{6}$	$\frac{1}{10}$	$\frac{1}{4}$	$\frac{1}{4}$	$\frac{1}{12}$

b) $P(E) = P(\{2\} \cup \{3\} \cup \{5\}) = P(\{2\}) + P(\{3\}) + P(\{5\})$
$= \frac{1}{6} + \frac{1}{10} + \frac{1}{4} = \frac{31}{60} = 0{,}51\overline{6}$

Chancenverhältnis von E: $\frac{P(E)}{P(\overline{E})} = \frac{\frac{31}{60}}{1 - \frac{31}{60}} = \frac{31}{29}$

c) $P(\{\text{Stammgast erhält das Geld}\}) = P(E) = 0{,}51\overline{6} > 0{,}5 \Rightarrow$ Die Wette ist nicht fair, sie begünstigt den Stammgast.

G 1.6 Vier- und Mehrfeldertafeln; Zerlegungen der Ergebnismenge

GA 39

a)

	B	$\overline{B}$	
A	0,10	0,10	0,20
$\overline{A}$	0,30	0,50	0,80
	0,40	0,60	

b)

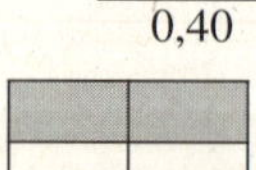 $P(A) = 0{,}20$

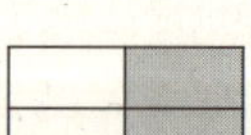 $P(\overline{B}) = 0{,}60$

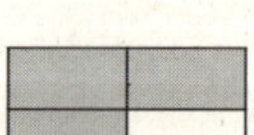 $P(A \cup B) = 0{,}50$

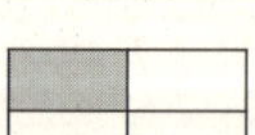 $P(A \cap B) = 0{,}10$

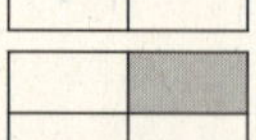 $P(A \cap \overline{B}) = 0{,}10$

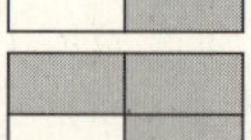 $P(A \cup \overline{B}) = 0{,}70$

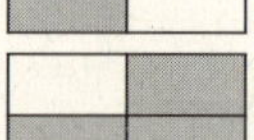 $P(\overline{A} \cup \overline{B}) = 0{,}90$

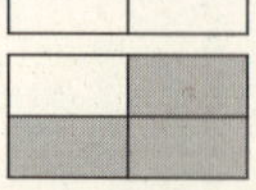
$P(\overline{A \cap B}) = 1 - P(A \cap B) = 0{,}90$ über Gegenereignis
oder $= P(\overline{A} \cup \overline{B}) = 0{,}90$ über MORGANsche Regel
oder $= 0{,}30 + 0{,}50 + 0{,}10 = 0{,}90$ über Vierfeldertafelveranschaulichung

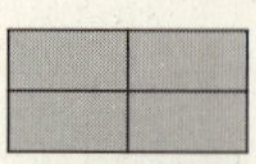 $P((\overline{A} \cup \overline{B}) \cup (A \cap B)) = P((\overline{A \cap B}) \cup (A \cap B)) = P(\Omega) = 1$

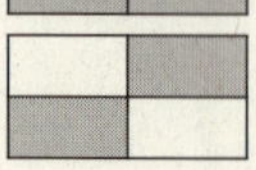 $P((A \cap \overline{B}) \cup (B \cap \overline{A})) = 0{,}30 + 0{,}10 = 0{,}40$

GA 40

	A	$\overline{A}$	
B	0,05	0,40	0,45
$\overline{B}$	0,30	0,25	0,55
	0,35	0,65	

$P(\overline{A}) = 0{,}65$

$P(A \cup B) = 0{,}30 + 0{,}05 + 0{,}40 = 0{,}75$

$P(\overline{A} \cup \overline{B}) = 0{,}40 + 0{,}25 + 0{,}30 = 0{,}95 = P(\overline{A \cap B})$

$P(\overline{A} \cup B) = 0{,}05 + 0{,}40 + 0{,}25 = 0{,}70$

$P(\overline{B}) = 0{,}55$

$P(A \cap B) = 0{,}05$

$P(\overline{A} \cap B) = 0{,}40$

$P(A \setminus B) = P(A \cap \overline{B}) = 0{,}30$

$P(B \setminus A) = P(B \cap \overline{A}) = 0{,}40$

$P((A \cap \overline{B}) \cup (B \cap \overline{A})) = 0{,}30 + 0{,}40 = 0{,}70$

$P((\overline{A} \cup \overline{B}) \cup (A \cap B)) = P(\Omega) = 1$

$P((\overline{\overline{A} \cap B}) \cup B) = P(\Omega) = 1$

	$P(\overline{(A \cap B) \cup \overline{A}}) = 1 - P((A \cap B) \cup \overline{A})$	Gegenereignis
	$= 1 - P((A \cup \overline{A}) \cap (B \cup \overline{A}))$	Distributivgesetz
	$= 1 - P(\Omega \cap (B \cup \overline{A}))$	sicheres Ereignis
	$= 1 - P(B \cup \overline{A}) = 1 - 0{,}70 = 0{,}30$	
oder	$= P(\overline{(A \cap B)} \cap A)$	MORGANsche Regel
	$= P((\overline{A} \cup \overline{B}) \cap A)$	MORGANsche Regel, Gegenereignis
	$= P((\overline{A} \cap A) \cup (\overline{B} \cap A)$	Distributivgesetz
	$= P(\emptyset) + P(\overline{B} \cap A)$	unmögliches Ereignis, Axiom 3
	$= 0 + 0{,}30 = 0{,}30$	
oder	$= 0{,}30$	durch Veranschaulichen in der Vierfeldertafel

GA 41

	A	$\overline{A}$	
B	0,3	0,1	0,4
$\overline{B}$	0	0,6	0,6
	0,3	0,7	

$P(\overline{A}) = 0{,}7$

$P(A \cup B) = 0 + 0{,}3 + 0{,}1 = 0{,}4$
$= 1 - 0{,}6 = 0{,}4$

$P(A \cap \overline{B}) = 0$ $\quad P(A \cap B) = 0{,}3$

$P(A \cup \overline{B}) = 0{,}3 + 0 + 0{,}6 = 0{,}9$
$= 1 - 0{,}1 = 0{,}9$

GA 42

a)

	A	$\overline{A}$
B		0,3
$\overline{B}$		n. m.
	0,8	0,2

Es ist nicht möglich (n. m.), bei den gegebenen Ausgangsdaten die Wahrscheinlichkeit von B zu berechnen, weil (z. B.) $P(\overline{A} \cap \overline{B}) < 0$ sein müsste.

b) Diese Aufgabe ist nicht lösbar, da (z. B.) $A \cap B$ als ein Teilereignis von B eine größere Wahrscheinlichkeit als B besitzen soll.

GA 43

	B	$\overline{B}$	
A	0,55	0,20	0,75
$\overline{A}$	0,05	0,20	0,25
	0,60	0,40	

$P(\overline{A}) = 0{,}25$

$P(A \cup B) = 0{,}05 + 0{,}55 + 0{,}20 = 0{,}80$
$= 1 - 0{,}20 = 0{,}80$

$P(A \cap \overline{B}) = 0{,}20$

$P(A \cup \overline{B}) = 0{,}55 + 0{,}20 + 0{,}20 = 0{,}95$
$= 1 - 0{,}05 = 0{,}95$

$P(\overline{A} \cup \overline{B}) = 0{,}05 + 0{,}20 + 0{,}20 = 0{,}45$
$= 1 - 0{,}55 = 0{,}45$

$P(\{\text{entweder A oder B}\}) = 0{,}20 + 0{,}05 = 0{,}25$

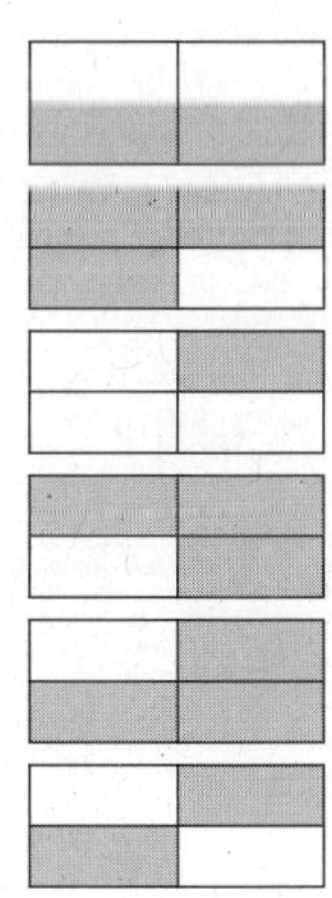

GA 44

	A	$\overline{A}$	
B	0,03	0,01	0,04
$\overline{B}$	0,80	0,16	0,96
	0,83	0,17	

$P(E) = P(A \cap \overline{B}) = 0{,}80$

$P(F) = P(\overline{A} \cap B) = 0{,}01$

$P(G) = P(\overline{A} \cap \overline{B}) = 0{,}16$

$P(H) = P(\overline{A} \cup \overline{B}) = 0{,}97$

$P(I) = P(A \cap \overline{B} \cup \overline{A} \cap B) = 0{,}81$

$P(K) = P([\overline{A} \cap (\overline{A \cap B})] \cup [\overline{\overline{A}} \cap (A \cap B)])$
$= P(\overline{A} \cup (A \cap B)) = 0{,}03 + 0{,}17 = 0{,}20$

GA 45

a)

	B	$\overline{B}$	
A	$\underline{0{,}004}$	y	$0{,}\overline{3}$
$\overline{A}$	x	0,125	$\underline{0{,}\overline{6}}$
	$0{,}545\overline{6}$	$0{,}454\overline{3}$	

$x + 0{,}004 + y = \frac{7}{8} = \underline{0{,}875}$

$x + 0{,}\overline{3} = 0{,}875$

$x = \frac{13}{24} = 0{,}541\overline{6}$

$y = 0{,}\overline{3} - 0{,}004 = \frac{247}{750} = 0{,}329\overline{3}$

Auf lange Sicht gesehen tritt in 125 von 1000 Fällen, d. h. in einem von 8 Fällen weder A noch B ein.

b)

	G	$\overline{G}$	
J	$0{,}23\overline{8}$	$0{,}\overline{1}$	0,35
$\overline{J}$	$0{,}42\overline{7}$	$\underline{0{,}\overline{2}}$	$\underline{0{,}65}$
	$0{,}\overline{6}$	$\underline{0{,}\overline{3}}$	

J = {Fahrer von höchstens 35 Jahren}
G = {alle Insassen angegurtet}
$P(J \cap G) = \frac{43}{180} = 0{,}23\overline{8}$
$23{,}\overline{8}$ % von 80 $= 0{,}23\overline{8} \cdot 80 = 19{,}\overline{1}$
Man rechnet mit ca. 19 derartigen PKW

GA 46

Es erscheint sinnvoll, bei 3000 beobachteten Durchläufen die durch die Tabelle indirekt gegebenen relativen Häufigkeiten als Näherungswerte für die entsprechenden Wahrscheinlichkeiten zu nutzen.

P({Maschine arbeitet einwandfrei}) = P({Teil nach dem 1. Arbeitsgang und nach dem 2. Arbeitsgang intakt})
$\approx h_{3000}$({Teil nach dem 1. Arbeitsgang und nach dem 2. Arbeitsgang intakt}) $= \frac{2343}{3000} \approx 0{,}78$

GA 47

a) $P(\overline{D}) = 0{,}51$ $\quad P(\overline{B}) = 0{,}72$ $\quad P(A \cup C) = 0{,}37 + 0{,}35 = 0{,}72$

$P(\overline{A} \cap D) = 0{,}07 + 0{,}30 = 0{,}37$ $\quad P(\overline{D} \cap (B \cup C)) = 0{,}21 + 0{,}05 = 0{,}26$

$P(D \cap A \cap B) = P(D \cap \emptyset) = P(\emptyset) = 0$ $\quad P(\overline{A} \cap \overline{B} \cap \overline{D}) = P(C \cap \overline{D}) = 0{,}05$

	A	B	C	
D	0,12	0,07	0,30	$\underline{0{,}49}$
$\overline{D}$	$\underline{0{,}25}$	0,21	$\underline{0{,}05}$	0,51
	$\underline{0{,}37}$	$\underline{0{,}28}$	0,35	

b) Bei der Einwahl ins Kurssystem müssen sich die Schülerinnen und Schüler des Ernst-Abbe-Gymnasiums ihre beiden Leistungskurse so auswählen, dass sie aus jedem der beiden Fächerbänder genau einen Kurs belegen. Dabei bilden Deutsch (D) und Mathematik ($\overline{D}$) das erste Fächerband und die erste bzw. zweite Fremdsprache (B), Geschichte (C), Physik, Chemie, Biologie (A) das zweite. Von den Oberstufenschülern entschieden sich bisher 49 % für Deutsch, 37 % für eine Naturwissenschaft, 28 % für eine Fremdsprache. 25 % wählten Mathematik und eine Naturwissenschaft, 5 % entschieden sich für Mathematik und Geschichte.

GA 48

	Eng	$\overline{Eng}$	
Ma	0,224	$\underline{0{,}400}$	$\underline{0{,}624}$
$\overline{Ma}$	0,188	0,188	0,376
	$\underline{0{,}412}$	0,588	

a) $P(Ma \cap Eng) = 0{,}224$

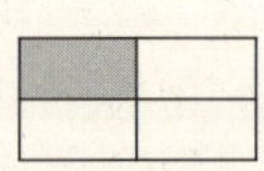

b) $1 - P(\overline{Ma} \cap \overline{Eng}) = 0{,}812$

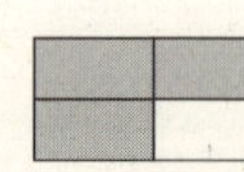

c) $1 - P(Ma \cap Eng) = 0{,}776$

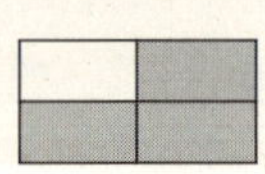

d) $P(Ma \cap \overline{Eng}) + P(\overline{Ma} \cap Eng) = 0{,}588$

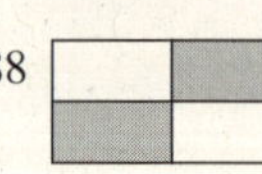

e) $P(\overline{Ma} \cap \overline{Eng}) = 0{,}188$

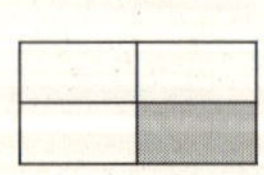

GA 49

S = {Skikurs gewählt}
T = {Tenniskurs gewählt}

	T	$\overline{T}$
S	x	$\underline{0{,}35}$
$\overline{S}$	y	z

$\underline{0{,}70} = 1 - z \Rightarrow z = 0{,}30$
$\underline{0{,}90} = 1 - x \Rightarrow x = 0{,}10$
$0{,}65 = x + y + z \Rightarrow y = 0{,}25$

	T	$\overline{T}$	
S	0,10	0,35	0,45
$\overline{S}$	0,25	0,30	0,55
	0,35	0,65	

a) 0,35

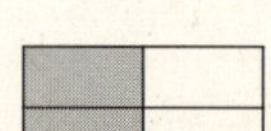

b) 0,45

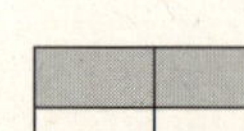

c) 0,30

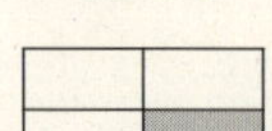

d) $0{,}25 + 0{,}35 = 0{,}60$

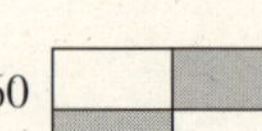

e) $1 - 0{,}25 = 0{,}75$

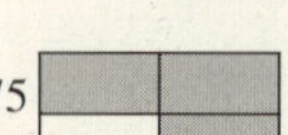

$(\overline{T} \cap \overline{T} \cap S) \cup (\overline{\overline{T}} \cap T \cap S)$

GA 50

Sowohl M und D als auch F, N und G bilden eine Zerlegung der Ergebnismenge. Mehrfeldertafel bez. der absoluten Häufigkeiten:

	F	N	G	
M	18	86	14	118
D	64	9	35	108
	82	95	49	226

$P(A) = P(M \cap \overline{G}) \approx \frac{18 + 86}{226} \approx 0{,}46$

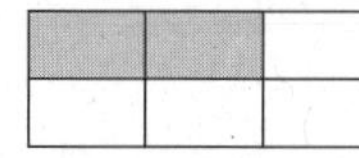

$P(B) = P(\overline{M \cup N}) \approx \frac{64 + 35}{226} \approx 0{,}44$

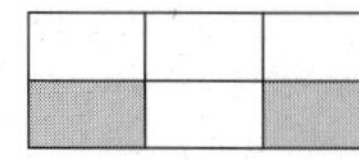

$P(C) = P(N \cap \overline{M}) \approx \frac{9}{226} \approx 0{,}04$

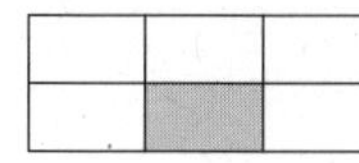

GA 51

	N	$\overline{N}$	
H	0,15	0,70	0,85
$\overline{H}$	0,05	0,10	0,15
	0,20	0,80	

a) $p = 0{,}85$

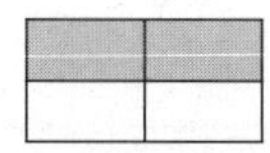

b) $p = 0{,}05 + 0{,}15 + 0{,}70 = 0{,}90$
$= 1 - 0{,}10 = 0{,}90$

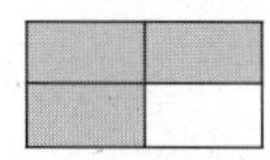

c) $p = 0{,}80$

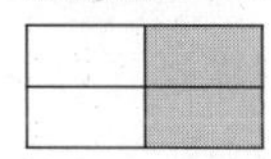

GA 52 *Aufgaben zur Selbstkontrolle*

a) Ein Ereignis ist stets eine Aussage über das Eintreten von Ergebnissen, d.h. eine Menge von Ergebnissen (einschließlich der leeren Menge als unmöglichem Ereignis) und damit eine Teilmenge der Ergebnismenge Ω, während ein Ergebnis stets ein Element der Ergebnismenge Ω ist.

b) Ein Ereignis, das nur ein Ergebnis enthält, d.h., jede einelementige Teilmenge der Ergebnismenge Ω heißt „Elementarereignis" oder auch „atomares Ereignis". Ω heißt sicheres Ereignis und $\emptyset$ unmögliches Ereignis.

c) (1) $A \cup B$: A oder B treten ein.
(2) $(A \cap \overline{B}) \cup (\overline{A} \cap B)$: Entweder A oder B tritt ein.
(3) $\overline{A} \cap \overline{B}$: Weder A noch B tritt ein.
(4) $\overline{A \cap B}$: A und B treten nicht gleichzeitig ein. Höchstens eines der Ereignisse A, B tritt ein.

d) $h_n(A)$ ist nicht nur abhängig vom Ereignis A, sondern auch von der Anzahl n der Durchführungen des Zufallsexperiments. Außerdem kann $h_n(A)$ bei gleichem A und gleichem n verschiedene Werte annehmen. $h_n(A)$ stabilisiert sich jedoch bei hinreichend großem n gegen einen nur von A abhängigen Wert, der aber nicht der Grenzwert $\lim\limits_{n \to \infty} h_n(A)$ ist.

e) (1) wahr (2) falsch (Der stabile Wert der relativen Häufigkeiten $h_n(A)$ ist gleich P(A).)
(3) falsch (Dies gilt nur für $A \cap B = \emptyset$.) (4) wahr (5) wahr (6) wahr

f)

	B	$\overline{B}$	
A	$P(A \cap B)$	$P(A \cap \overline{B})$	P(A)
$\overline{A}$	$P(\overline{A} \cap B)$	$P(\overline{A} \cap \overline{B})$	
	P(B)		

$$\begin{aligned} P(A \cup B) &= P(\overline{A} \cap B) + P(A \cap B) + P(A \cap \overline{B}) \\ &= [P(\overline{A} \cap B) + P(A \cap B)] + [P(A \cap \overline{B}) + P(A \cap B)] - P(A \cap B) \\ &= P(B) + P(A) - P(A \cap B) \\ &= P(A) + P(B) - P(A \cap B) \end{aligned}$$

g) Führt man ein Zufallsexperiment hinreichend oft durch und beobachtet jeweils, ob das Ereignis A eintritt, so stabilisieren sich die relativen Häufigkeiten $h_n(A)$ gegen einen nur noch von A abhängigen Wert. (Dieser Wert ist aber nicht der Grenzwert $\lim\limits_{n \to \infty} h_n(A)$, da auch bei sehr großen n-Werten immer mal wieder etwas größere Schwankungen der $h_n(A)$-Werte auftreten können, was der ε-Definition des Grenzwertes widerspricht.)

G 2 Gleichverteilung

G 2.1 Der Begriff *Gleichverteilung* (LAPLACE-Experimente)

GA 53 Mögliche Ergebnismengen sind nur Ω_1, Ω_2, Ω_4, Ω_6. Ergebnismengen mit LAPLACE-Annahme sind nur Ω_1, Ω_4.

GA 54

a) Mögliche Ergebnismengen sind nur Ω_1, Ω_2, Ω_3, Ω_4, Ω_6. Ergebnismengen mit LAPLACE-Annahme sind nur Ω_2, Ω_3, Ω_6.
b) Mögliche Ergebnismengen sind Ω_7, Ω_8. Ergebnismenge mit LAPLACE-Annahme ist nicht vorhanden.

GA 55 Ergebnismenge mit LAPLACE-Annahme ist nur Ω_2.

GA 56 a) z.B. $\Omega = \{1; 2_1; 2_2; 3_1; 3_2; 3_3\}$ b) $P(\{1\}) = P(\{2_1\}) = P(\{2_2\}) = P(\{3_1\}) = P(\{3_2\}) = P(\{3_3\}) = \frac{1}{6}$

G 2.2 Rechenregel für die Gleichverteilung (LAPLACE-Regel)

GA 57 $|\Omega| = |\{1; 2; 3; 4; 5; 6\}| = 6$

$P(A) = P(\{5\}) = \frac{1}{6} = 0{,}1\overline{6}$

$P(B) = P(\{2; 4; 6\}) = \frac{3}{6} = 0{,}5$

$P(C) = P(\{3; 4; 5; 6\}) = \frac{4}{6} = 0{,}\overline{6}$

$P(D) = P(\{1; 2; 3; 4; 5; 6\}) = \frac{6}{6} = 1$

$P(E) = P(\{1\}) = \frac{1}{6} = 0{,}1\overline{6}$

$P(A \cup B) = P(\{2; 4; 5; 6\}) = \frac{4}{6} = 0{,}\overline{6}$

$P(A \cap B) = P(\emptyset) = \frac{0}{6} = 0$

$P(B \cup C) = P(\{2; 3; 4; 5; 6\}) = \frac{5}{6} = 0{,}8\overline{3}$

$P(B \cap C) = P(\{4; 6\}) = \frac{2}{6} = 0{,}\overline{3}$

$P(\overline{B} \cup C) = P(\{1; 3; 4; 5; 6\}) = \frac{5}{6} = 0{,}8\overline{3}$

$P(\overline{B} \cap C) = P(\{3; 5\}) = \frac{2}{6} = 0{,}\overline{3}$

$P(\overline{A} \cap B \cap \overline{C}) = P(\{2\}) = \frac{1}{6} = 0{,}1\overline{6}$

$P(A \cup \overline{B} \cup C) = P(\{1; 3; 4; 5; 6\}) = \frac{5}{6} = 0{,}8\overline{3}$

$P(B \setminus \overline{C}) = P(B \cap \overline{\overline{C}}) = P(B \cap C) = \frac{2}{6} = 0{,}\overline{3}$

GA 58 $|\Omega| = |\{1; 3; 5; 7; 9; 11\}| = 6$ $P(A \setminus \overline{B}) = P(A \cap \overline{\overline{B}}) = P(A \cap B) = P(\{9\}) = \frac{1}{6} = 0{,}1\overline{6}$

GA 59 $\Omega = \{(t_1; t_2) \mid t_1, t_2 \in \{1; 2; 3; 4\}\}$; $|\Omega| = 4 \cdot 4 = 16$

a) $P(A \cap C) = P(\{(4; 4)\}) = \frac{1}{16} = 0{,}0625$
$P(B \cap C) = P(\{(2; 4), (4; 2), (4; 4)\}) = \frac{3}{16} = 0{,}1875$
$P(A \cap B) = P(A) = P(\{(1; 1), (2; 2), (3; 3), (4; 4)\}) = \frac{4}{16} = 0{,}25$
$P((A \cup B) \cap C) = P(\{(4; 4), (4; 2), (2; 4)\}) = \frac{3}{16} = 0{,}1875$
$P(A \cap \overline{B}) = P(\emptyset) = 0$
$P(A \cap \overline{C}) = P(\{(1; 1), (2; 2), (3; 3)\}) = \frac{3}{16} = 0{,}1875$

b) $P(D) = P(B \cap C \cap \overline{A}) = P(\{(2; 4), (4; 2)\}) = \frac{2}{16} = 0{,}125$

GA 60 Der zu treffenden Entscheidung liegen bezl. $\Omega = \{(i; k) \mid i, k \in \{1; \ldots ; 6\}\}$ mit $|\Omega| = 6 \cdot 6 = 36$ folgende Wahrscheinlichkeiten zu Grunde:

$P(\{\text{Augensumme } 8\}) = P(\{(2; 6), (3; 5), (4; 4), (5; 3), (6; 2)\}) = \frac{5}{36} = 0{,}13\overline{8}$

$P(\{\text{Augensumme } 7\}) = P(\{(1; 6), (2; 5), (3; 4), (4; 3), (5; 2), (6; 1)\}) = \frac{6}{36} = 0{,}1\overline{6}$

$P(\{\text{Augensumme } 6\}) = P(\{(1; 5), (2; 4), (3; 3), (4; 2), (5; 1)\}) = \frac{5}{36} = 0{,}13\overline{8}$

GA 61

$P(A) = P(\{8; 16; 24; 32; 40; 48; 56\}) = \frac{7}{60} = 0{,}11\overline{6}$

$P(B) = P(\{12; 24; 36; 48; 60\}) = \frac{5}{60} = 0{,}08\overline{3}$

$P(C) = P(\{15; 30; 45; 60\}) = \frac{4}{60} = 0{,}0\overline{6}$

$P(D) = P(A \cap C) = P(\emptyset) = \frac{0}{60} = 0$

$P(E) = P(A \cap B) = P(\{24; 48\}) = \frac{2}{60} = 0{,}0\overline{3}$

$P(F) = P(B \cap C) = P(\{60\}) = \frac{1}{60} = 0{,}01\overline{6}$

$P(G) = P(A \cup B) = P(\{8; 12; 16; 24; 32; 36; 40; 48; 56; 60\}) = \frac{10}{16} = 0{,}1\overline{6}$ oder

$= P(A \cup B) = P(A) + P(B) - P(A \cap B) = P(A) + P(B) - P(E) = \frac{7}{60} + \frac{5}{60} - \frac{2}{60} = \frac{10}{60} = 0{,}1\overline{6}$

$P(H) = P(A \cup C) = P(\{8; 15; 16; 24; 30; 32; 40; 45; 48; 56; 60\}) = \frac{11}{60} = 0{,}18\overline{3}$ oder

$= P(A \cup C) = P(A) + P(C) - P(A \cap C) = P(A) + P(C) = \frac{7}{60} + \frac{4}{60} = \frac{11}{60} = 0{,}18\overline{3}$

$P(I) = P(\overline{A} \cap \overline{C}) = P(\{1; 2; 3; 4; 5; 6; 7; 9; 10; 11; 12; 13; 14; 17; 18; 19; 20; 21; 22; 23; 25; 26; 27; 28; 29; 31; 33; 34; 35; 36; 37; 38; 39;$
$41; 42; 43; 44; 46; 47; 49; 50; 51; 52; 53; 54; 55; 57; 58; 59\}) = \frac{49}{60} = 0{,}81\overline{6}$ oder

$= P(\overline{A} \cap \overline{C}) = P(\overline{A \cup C}) = 1 - P(A \cup C) = 1 - P(H) = 1 - \frac{11}{60} = \frac{49}{60} = 0{,}81\overline{6}$

$P(K) = P(A \cap \overline{B}) = P(\{8; 16; 32; 40; 56\}) = \frac{5}{60} = 0{,}08\overline{3}$

$P(L) = P(\{14; 15; \ldots; 51; 52\}) = \frac{39}{60} = 0{,}65$

$P(M) = P(\overline{L}) = P(\{1; 2; \ldots; 12; 13; 53; 54; \ldots ; 59; 60\}) = \frac{21}{60} = 0{,}35$ oder

$= 1 - P(L) = \frac{21}{60} = 0{,}35$

GA 62

a)

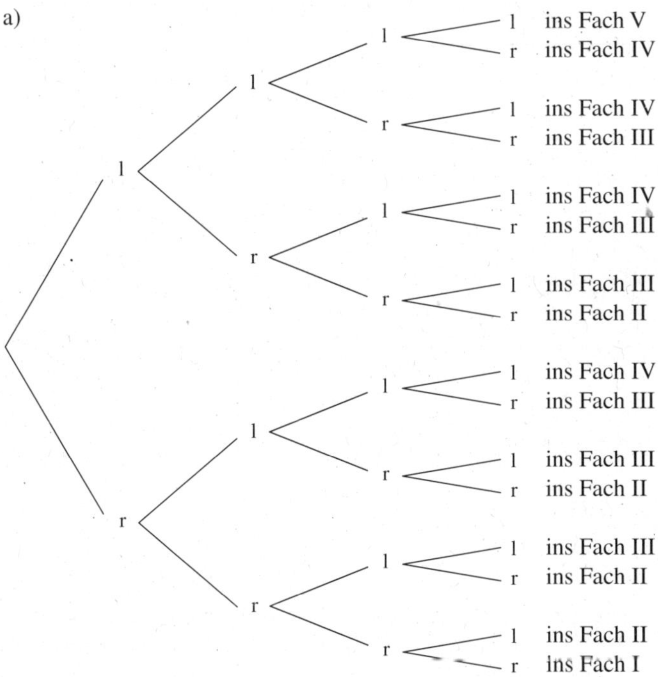

$|\Omega| = 16$

P(A) = P({ins Fach III})
= P({(l; l; r; r), (l; r; l; r), (l; r; r; l), (r; l; l; r), (r; l; r; l), (r; r; l; l)}) = $\frac{6}{16}$ = 0,375

P(B) = P({nicht ins Fach I und nicht ins Fach II})
= P($\overline{\{\text{ins Fach I oder ins Fach II}\}}$)
= 1 – P({ins Fach I oder ins Fach II})
= 1 – P({ins Fach I}) – P({ins Fach II})
= $1 - \frac{1}{16} - \frac{4}{16} = \frac{11}{16}$ = 0,6875

P(C) = P({ins Fach II}) = $\frac{4}{16}$ = 0,25

P(D) = P({nicht viermal nach links abgelenkt})
= P({nicht ins Fach V}) = 1 – P({ins Fach V})
= $1 - \frac{1}{16} = \frac{15}{16}$ = 0,9375

b) $|\Omega| = 64$

Fach I	Fach II	Fach III	Fach IV	Fach V	Fach VI	Fach VII
			(l; l; l; r; r; r)			
			(l; l; r; l; r; r)			
			(l; r; l; l; r; r)			
			(r; l; l; l; r; r)			
			(l; l; r; r; l; r)			
		(l; l; r; r; r; r)	(l; r; l; r; l; r)	(l; l; l; l; r; r)		
		(l; r; l; r; r; r)	(r; l; l; r; l; r)	(l; l; l; r; l; r)		
		(l; r; r; l; r; r)	(l; r; r; l; l; r)	(l; l; r; l; l; r)		
		(l; r; r; r; l; r)	(r; l; r; l; l; r)	(l; r; l; l; l; r)		
		(l; r; r; r; r; l)	(r; r; l; l; l; r)	(r; l; l; l; l; r)		
		(r; l; l; r; r; r)	(l; l; r; r; r; l)	(l; l; l; r; r; l)		
		(r; l; r; l; r; r)	(l; r; l; r; r; l)	(l; l; r; l; r; l)		
		(r; l; r; r; l; r)	(r; l; l; r; r; l)	(l; r; l; l; r; l)		
		(r; l; r; r; r; l)	(l; r; r; l; r; l)	(r; l; l; l; r; l)		
	(l; r; r; r; r; r)	(r; r; l; l; r; r)	(r; l; r; l; r; l)	(l; l; r; r; l; l)	(l; l; l; l; l; r)	
	(r; l; r; r; r; r)	(r; r; l; r; l; r)	(r; r; l; l; r; l)	(l; r; l; r; l; l)	(l; l; l; l; r; l)	
	(r; r; l; r; r; r)	(r; r; l; r; r; l)	(l; r; r; r; l; l)	(r; l; l; r; l; l)	(l; l; l; r; l; l)	
	(r; r; r; l; r; r)	(r; r; r; l; l; r)	(r; l; r; r; l; l)	(l; r; r; l; l; l)	(l; l; r; l; l; l)	
	(r; r; r; r; l; r)	(r; r; r; l; r; l)	(r; r; l; r; l; l)	(r; l; r; l; l; l)	(l; r; l; l; l; l)	
(r; r; r; r; r; r)	(r; r; r; r; r; l)	(r; r; r; r; l; l)	(r; r; r; l; l; l)	(r; r; l; l; l; l)	(r; l; l; l; l; l)	(l; l; l; l; l; l)

P(A) = P({ins Fach IV}) = $\frac{20}{64}$ = 0,3125

P(B) = P({nicht ins Fach I und nicht ins Fach II}) = 1 – P({ins Fach I oder ins Fach II})
= 1 – P({ins Fach I}) – P({ins Fach II}) = $1 - \frac{1}{64} - \frac{6}{64} = \frac{57}{64}$ = 0,890625

P(C) = P({ins Fach IV}) = $\frac{20}{64}$ = 0,3125

P(D) = P({nicht in eines der Fächer V, VI oder VII}) = $1 - \frac{15 + 6 + 1}{64} = \frac{42}{64}$ = 0,65625

GA 63

Modellvariante 1:

Entsprechend der Fragestellung interessiert nur die Unterscheidung Mädchen (M), Junge (J). Sie führt bei Berücksichtigung der Reihenfolge der Ziehung zu der vierelementigen Ergebnismenge Ω = {(M; M), (M; J), (J; M), (J; J)} sowie zu dem uns interessierenden Ereignis A = {es wird eine gemischte Besetzung geben} = {(M; J), (J; M)}. Die vier atomaren Ereignisse von Ω sind aber *nicht gleichwahrscheinlich.* Während es für das Eintreten des Ergebnisses (M; M) die *zwei* Realisierungsmöglichkeiten „zuerst Mädchen M_1 und dann Mädchen M_2 ausgelost" und „zuerst Mädchen M_2 und dann Mädchen M_1 ausgelost", d.h. die beiden geordneten Paare (M_1; M_2) und (M_2; M_1) gibt, existieren für das Ergebnis (M; J) die *vier* Realisierungsmöglichkeiten (M_1; J_1), (M_1; J_2), (M_2; J_1) und (M_2; J_2).

Analoges gilt auch für die beiden anderen Ergebniss (J; M) und (J; J) aus Ω. „Blasen" wir also die Ergebnismenge Ω künstlich auf, verfeinern wir die vierelementige Ergebnismenge zu der zwölfelementigen Ergebnismenge $\Omega_L = \{(M_1; M_2), (M_2; M_1), (M_1; J_1), (M_2; J_1), (M_1; J_2), (M_2; J_2), (J_1; M_1), (J_2; M_1), (J_1; M_2), (J_2; M_2), (J_1; J_2), (J_2; J_1)\}$, so ist jetzt die LAPLACE-Annahme gerechtfertigt. Für das uns interessierende Ereignis A gilt demzufolge

$$P(A) = P(\{(M_1; J_1), (M_2; J_1), (M_1; J_2), (M_2; J_2), (J_1; M_1), (J_2; M_1), (J_1; M_2), (J_2; M_2)\}) = \frac{|A|}{|\Omega|} = \frac{8}{12} = \frac{2}{3} = 0{,}\overline{6}.$$

Modellvariante 2:

Man zeichnet einen der am Auslosungsverfahren beteiligten Halbfinalisten (z.B. J_1) willkürlich aus und führt das folgende Zufallsexperiment durch: Ziehen „auf gut Glück" genau eines Zettels aus drei mit M_1, M_2 bzw. J_2 beschrifteten. Dann lassen sich die möglichen Ergebnisse dieses Zufallsexperiments als Angabe des möglichen Spielgegners von J_1 interpretieren. Dies führt zu der Ergebnismenge $\Omega = \{M_1; M_2; J_2\}$, für die die LAPLACE-Annahme gerechtfertigt ist. Somit ergibt sich die Wahrscheinlichkeit für das uns interessierende Ereignis, das J_1 gegen M_1 oder gegen M_2 zu spielen hat, als

$$P(A) = P(\{M_1; M_2\}) = \frac{|A|}{|\Omega|} = \frac{2}{3} = 0{,}\overline{6}.$$

G 2.3 Baumdiagramme; Pfadregeln

GA 64

a) $\Omega = \{(b_1; b_2), (b_1; b_3), (b_1; w), (b_2; b_1), (b_2; b_3), (b_2; w), (b_3; b_1), (b_3; b_2), (b_3; w), (w; b_1), (w; b_2), (w; b_3)\}$

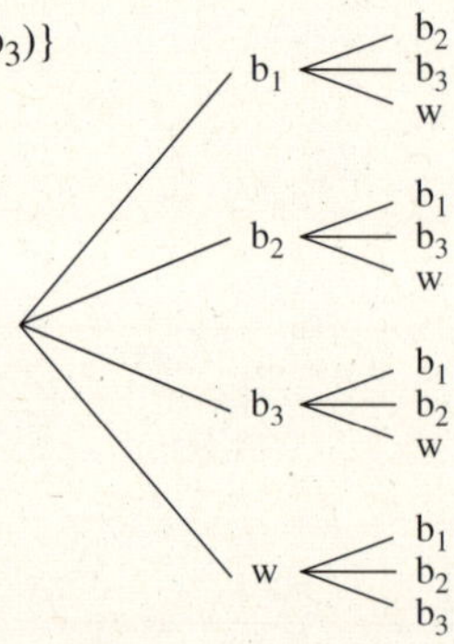

$|\Omega| = 12$

$$P(A) = \frac{|\{(b_1; w),(b_2; w),(b_3; w)\}|}{|\Omega|}$$

$$= \frac{3}{12} = \frac{1}{4} = 0{,}25$$

$$P(B) = \frac{|\{(b_1;\ b_2),(b_1;\ b_3),(b_2;\ b_1),(b_2;\ b_3),(b_3;\ b_1),(b_3;\ b_2)\}|}{|\Omega|}$$

$$= \frac{6}{12} = \frac{1}{2} = 0{,}5$$

b) $P(A) = \frac{3}{4} \cdot \frac{1}{3} = \frac{1}{4} = 0{,}25$

$P(B) = \frac{3}{4} \cdot \frac{2}{3} = \frac{1}{2} = 0{,}5$

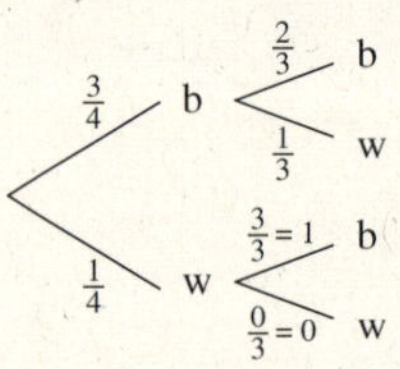

GA 65

a) $P(A) = \frac{3}{9} \cdot \frac{2}{8} = \frac{1}{12} = 0{,}08\overline{3}$

$P(B) = P(\emptyset) = 0$

$P(C) = \frac{5}{9} \cdot \frac{3}{8} = \frac{5}{24} = 0{,}208\overline{3}$

$P(D) = \frac{5}{9} \cdot \frac{3}{8} + \frac{3}{9} \cdot \frac{5}{8} = \frac{5}{12} = 0{,}41\overline{6}$

$P(E) = \frac{5}{9} \cdot \frac{4}{8} + \frac{3}{9} \cdot \frac{2}{8} = \frac{13}{36} = 0{,}36\overline{1}$

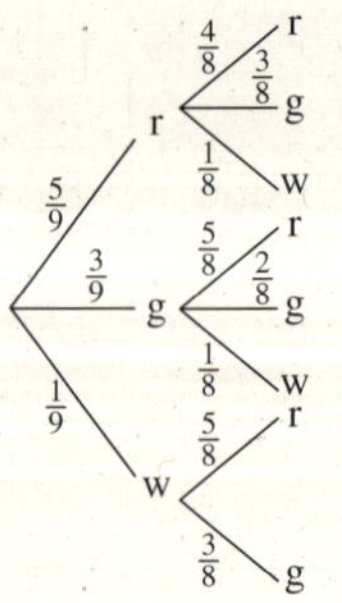

b) $P(A) = \frac{3}{9} \cdot \frac{3}{3} = \frac{1}{9} = 0{,}\overline{1}$

$P(B) = \frac{1}{9} \cdot \frac{1}{9} = \frac{1}{81} \approx 0{,}012$

$P(C) = \frac{5}{9} \cdot \frac{3}{9} = \frac{5}{27} = 0{,}\overline{185}$

$P(D) = \frac{5}{9} \cdot \frac{3}{9} + \frac{3}{9} \cdot \frac{5}{9} = \frac{10}{27} = 0{,}\overline{370}$

$P(E) = \frac{5}{9} \cdot \frac{5}{9} + \frac{3}{9} \cdot \frac{3}{9} + \frac{1}{9} \cdot \frac{1}{9} = \frac{35}{81} \approx 0{,}432$

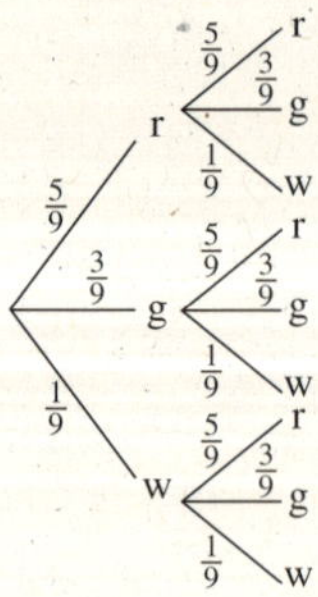

GA 66

$P(A) = P(\{(Z; 1)\})$	$= \frac{1}{2} \cdot \frac{1}{4}$	$= \frac{1}{8}$
$P(B) = P(\{(W; 3), (Z; 3)\})$	$= \frac{1}{2} \cdot \frac{1}{4} + \frac{1}{2} \cdot \frac{1}{4}$	$= \frac{1}{4}$
$P(C) = P(\{(Z; 1), (Z; 4)\})$	$= \frac{1}{2} \cdot \frac{1}{4} + \frac{1}{2} \cdot \frac{1}{4}$	$= \frac{1}{4}$
$P(D) = P(\{(W; 3), (Z; 1), (Z; 3), (Z; 4)\})$	$= 4 \cdot \frac{1}{2} \cdot \frac{1}{4}$	$= \frac{1}{2}$
$P(E) = P(\{(W; 3), (Z; 3)\})$	$= 2 \cdot \frac{1}{2} \cdot \frac{1}{4}$	$= \frac{1}{4}$

Baumdiagramm:

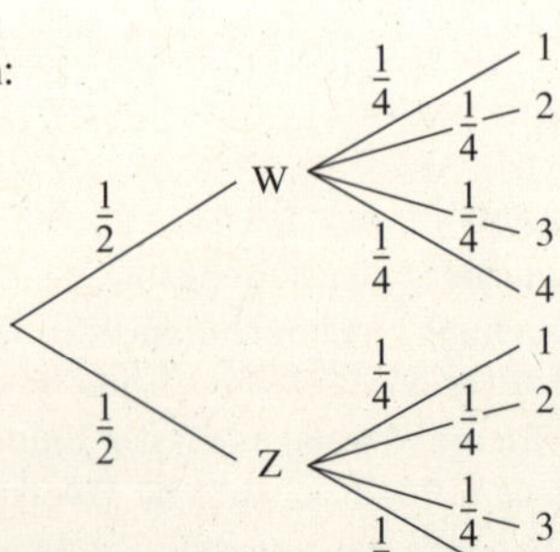

GA 67

Baumdiagramm:

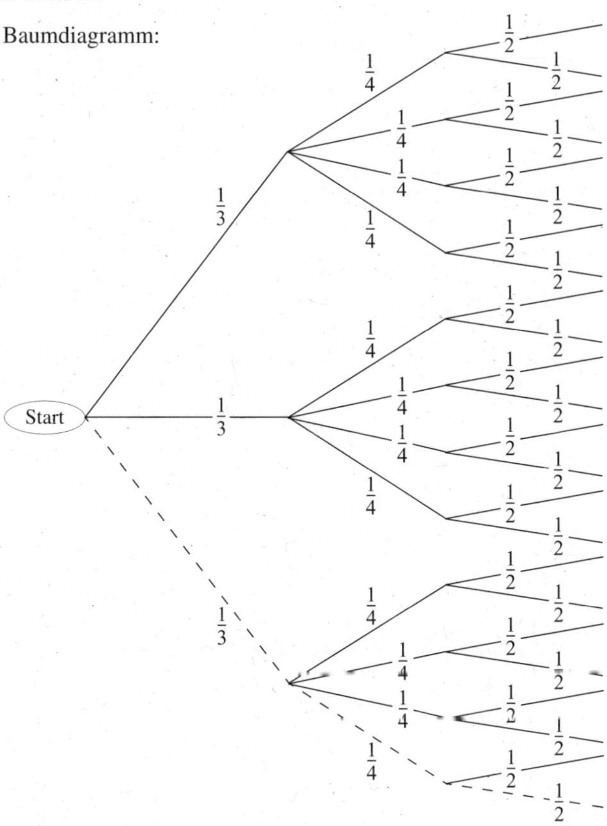

mittels erster Pfadregel:

P({gestrichelt markierter Weg gewählt})

$= \frac{1}{3} \cdot \frac{1}{4} \cdot \frac{1}{2} = \frac{1}{24}$

GA 68 $p = (\frac{1}{2})^n + (\frac{1}{2})^n = 2 \cdot \frac{1}{2^n} = \frac{1}{2^{n-1}} = 2^{1-n} = 0{,}5^{n-1}$

GA 69 Baumdiagramm:

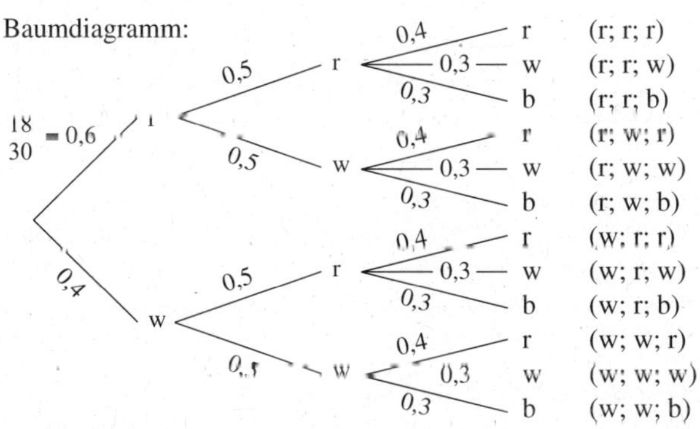

P(A) = P({(w; w; w)})
= 0,40 · 0,50 · 0,30 = 0,06

P(B) = P({(r; r; r), (w; w; w)})
= 0,60 · 0,50 · 0,40 + 0,40 · 0,50 · 0,30 = 0,18

P(C) = P({(w; r; r), (w; r; b), (r; w; r), (r; w; b), (r; r; w)})
= 0,40 · 0,50 · 0,40 + 0,40 · 0,50 · 0,30 + 0,60 · 0,50 · 0,40 + 0,60 · 0,50 · 0,30 + 0,60 · 0,50 · 0,30 = 0,44

oder

P(C) = P({(w; $\overline{w}$; $\overline{w}$), ($\overline{w}$; w; $\overline{w}$), ($\overline{w}$; $\overline{w}$; w)})
= 0,40 · 0,50 · 0,70 + 0,60 · 0,50 · 0,70 + 0,60 · 0,50 · 0,30 = 0,44

P(D) = P({(r; r; r), (r; r; b), (w; r; r), (w; r; b), (r; w; r), (r; w; b), (r; r; w)})
= 0,60 · 0,50 · 0,40 + 0,60 · 0,50 · 0,30 + 0,40 · 0,50 · 0,40 + 0,40 · 0,50 · 0,30 + 0,60 · 0,50 · 0,40 + 0,60 · 0,50 · 0,30
+ 0,60 · 0,50 · 0,30 = 0,65

oder

P(D) = P({($\overline{w}$; $\overline{w}$; $\overline{w}$), (w; $\overline{w}$; $\overline{w}$), ($\overline{w}$; w; $\overline{w}$), ($\overline{w}$; $\overline{w}$; w)})
= 0,60 · 0,50 · 0,70 + 0,40 · 0,50 · 0,70 + 0,60 · 0,50 · 0,70 + 0,60 · 0,50 · 0,30 = 0,65

P(E) = 1 – P({keine weiße Kugel gezogen})
= 1 – P({(r; r; r), (r; r; b)})
= 1 – (0,60 · 0,50 · 0,40 + 0,60 · 0,50 · 0,30) = 0,79

oder

P(E) = 1 – P({($\overline{w}$; $\overline{w}$; $\overline{w}$)})
= 1 – 0,60 · 0,50 · 0,70 = 0,79

P(F) = P({(r; w; r), (r; w; b)})
= 0,60 · 0,50 · 0,40 + 0,60 · 0,50 · 0,30 = 0,21

oder

P(F) = P({($\overline{w}$; w; $\overline{w}$)})
= 0,60 · 0,50 · 0,70 = 0,21

GA 70

a) $\Omega = \{(s_1; s_2) \mid s_1, s_2 \in \{M_1; \ldots; M_{15}; J_1; \ldots; J_{12}\}, s_1 \neq s_2\}$; $|\Omega| = 27 \cdot 26$

$P(\{\text{zweimal Junge hintereinander}\}) = P(\{(s_1; s_2) \in \Omega \mid s_1, s_2 \in \{J_1; \ldots; J_{12}\}\}) = \frac{12 \cdot 11}{27 \cdot 26} = \frac{22}{117} \approx 0{,}19$

oder Baumdiagramm:

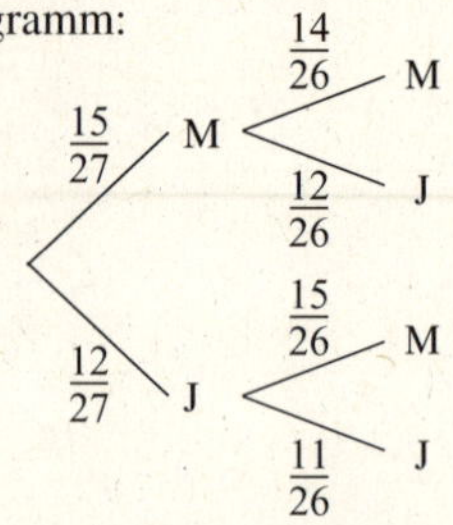

$P(\{(J; J)\}) = \frac{12}{27} \cdot \frac{11}{26} \approx 0{,}19$

b) $\Omega = \{(s_1; s_2) \mid s_1, s_2 \in \{M_1; \ldots; M_{15}; J_1; \ldots; J_{12}\}\}$; $|\Omega| = 27 \cdot 27$

$P(\{\text{zweimal Junge hintereinander}\}) = P(\{(s_1; s_2) \in \Omega \mid s_1, s_2 \in \{J_1; \ldots; J_{12}\}\}) = \frac{12 \cdot 12}{27 \cdot 27} = \frac{16}{81} \approx 0{,}20$

oder Baumdiagramm:

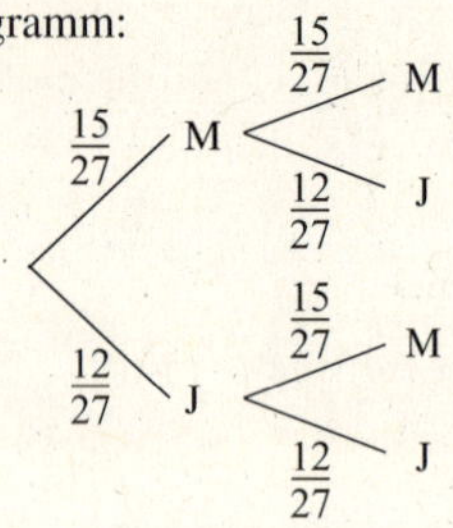

$P(\{(J; J)\}) = \frac{12}{27} \cdot \frac{12}{27} \approx 0{,}20$

GA 71

Baumdiagramm:

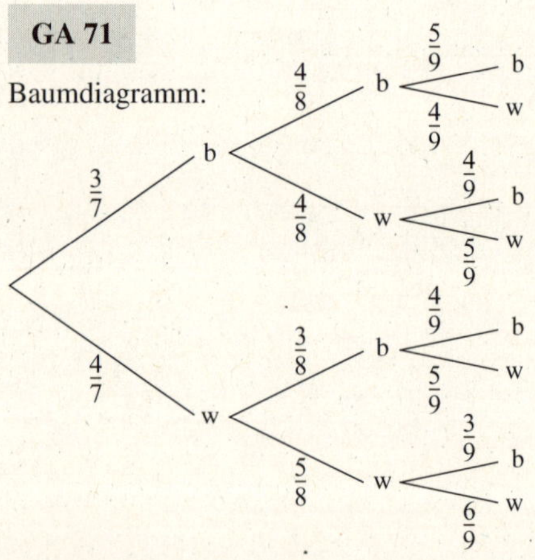

$P(A) = \frac{4}{7} \cdot \frac{5}{8} \cdot \frac{6}{9} = \frac{5}{21} \approx 0{,}24$

$P(B) = \frac{3}{7} \cdot \frac{4}{8} \cdot \frac{5}{9} = \frac{5}{42} \approx 0{,}12$

$P(C) = \frac{3}{7} \cdot \frac{4}{8} \cdot \frac{5}{9} + \frac{4}{7} \cdot \frac{3}{8} \cdot \frac{5}{9} + \frac{4}{7} \cdot \frac{5}{8} \cdot \frac{3}{9} = \frac{5}{14} \approx 0{,}36$

GA 72

Für die beiden Beutel gibt es folgende verschiedenartige Verteilungen der Kugeln (unter der Modellannahme, dass kein Beutel leer bleibt):

Baumdiagramm:

R	R, S, S

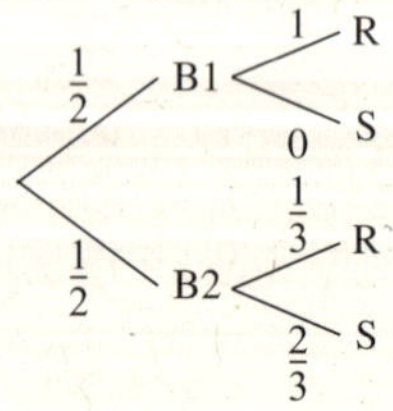

$\frac{1}{2} \cdot 0 + \frac{1}{2} \cdot \frac{2}{3} = \frac{1}{3}$

Baumdiagramm:

S, S	R, R

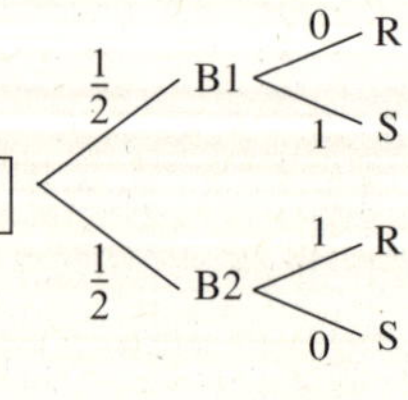

$\frac{1}{2} \cdot 1 + \frac{1}{2} \cdot 0 = \frac{1}{2}$

Baumdiagramm:

S	S, R, R

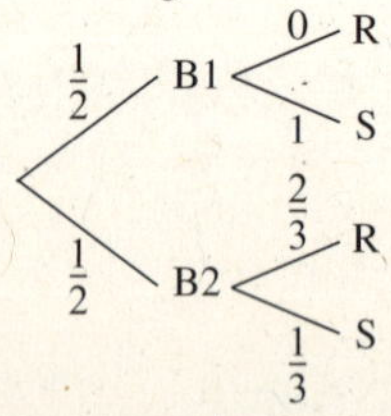

$\frac{1}{2} \cdot 1 + \frac{1}{2} \cdot \frac{1}{3} = \frac{2}{3}$

Baumdiagramm:

S, R	S, R

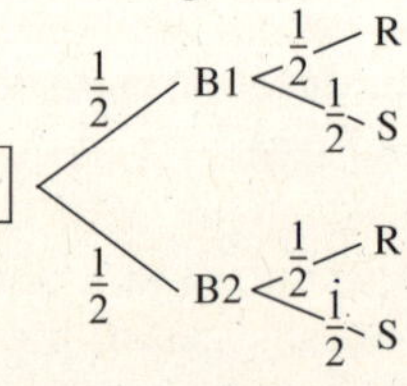

$\frac{1}{2} \cdot \frac{1}{2} + \frac{1}{2} \cdot \frac{1}{2} = \frac{1}{2}$

Ich würde demzufolge in einen der Beutel nur eine rote und in den anderen Beutel die zweite rote sowie die beiden schwarzen Kugeln legen, da sich hierfür die kleinste Wahrscheinlichkeit für das Ziehen einer schwarzen Kugel ergibt.

Ohne die obige Modellannahme ist die Kugelverteilung von null zu vier noch „schülerfreundlicher", da die Wahrscheinlichkeit, eine schwarze Kugel zu ziehen, nur $\frac{1}{2} \cdot 0 + \frac{1}{2} \cdot \frac{1}{2} = \frac{1}{4}$ beträgt.

GA 73

a) $\Omega = \{(s_1; s_2); (s_1; w); (s_2; s_1); (s_2; w); (w; s_1); (w; s_2)\}$; $P(A) = \frac{2}{6} = \frac{1}{3}$; $P(B) = \frac{4}{6} = \frac{2}{3}$

oder

Baumdiagramm:

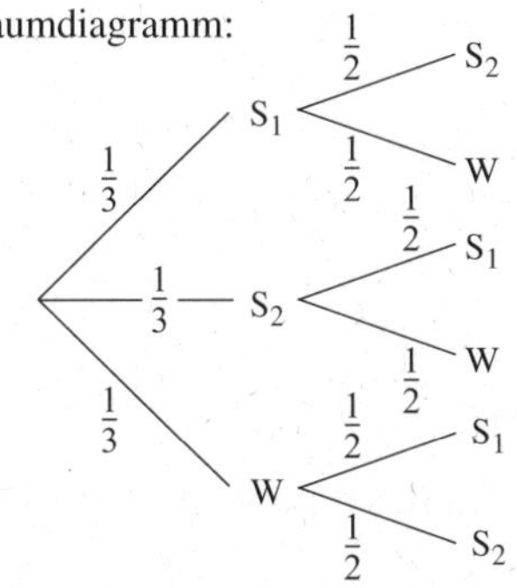

$P(A) = \frac{1}{3} \cdot \frac{1}{2} + \frac{1}{3} \cdot \frac{1}{2} = \frac{1}{3}$

$P(B) = \frac{1}{3} \cdot \frac{1}{2} + \frac{1}{3} \cdot \frac{1}{2} + \frac{1}{3} \cdot \frac{1}{2} + \frac{1}{3} \cdot \frac{1}{2} = \frac{2}{3}$

oder

Baumdiagramm:

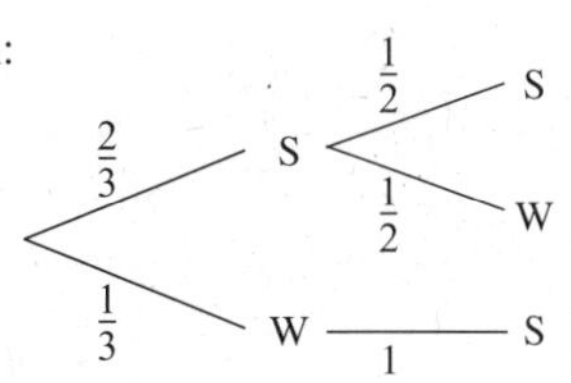

$P(A) = \frac{2}{3} \cdot \frac{1}{2} = \frac{1}{3}$

$P(B) = \frac{2}{3} \cdot \frac{1}{2} + \frac{1}{3} \cdot 1 = \frac{2}{3}$

b) Auf diese Frage erhält man spontan von den Schülern meist die Antwort, dass man eine weiße Kugel hinzufügen muss. Die Begründung liegt im Hinweis auf die dann vorhandene Symmetrie (weiße und schwarze Kugeln in gleicher Anzahl). Die Antwort ist aber falsch, was man leicht nachrechnen kann:

$\Omega = \{(w_1; s_1), (w_1; s_2), (w_2; s_1), (w_2; s_2), (s_1; w_1), (s_1; w_2), (s_2; w_1), (s_2; w_2), (w_1; w_2), (w_2; w_1), (s_1; s_2), (s_2; s_1)\}$

$P(A) = \frac{4}{12} = \frac{1}{3}$; $\quad P(B) = \frac{8}{12} = \frac{2}{3}$

Baumdiagramm:

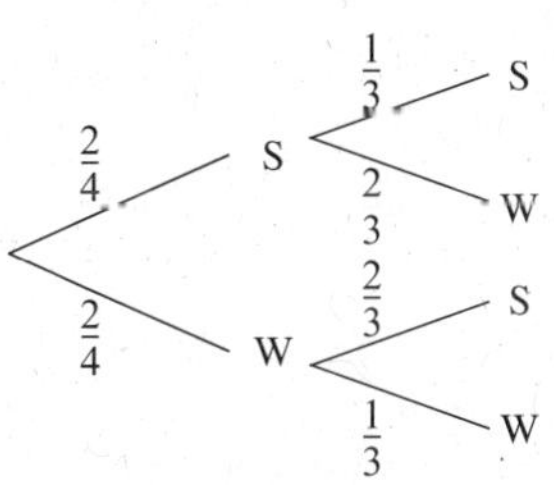

$P(A) = P(\{(s; s), (w; w)\}) = \frac{2}{4} \cdot \frac{1}{3} + \frac{2}{4} \cdot \frac{1}{3} = \frac{1}{3}$

$P(B) = P(\{(s; w), (w; s)\}) = \frac{2}{4} \cdot \frac{2}{3} + \frac{2}{4} \cdot \frac{2}{3} = \frac{2}{3}$

Durch Hinzunehmen einer schwarzen Kugel – im Behälter sind damit drei schwarze Kugeln und nur eine weiße Kugel – erreichen wir, dass die Wahrscheinlichkeiten der Ereignisse A und B gleich sind:

$\Omega = \{(w; s_1), (w; s_2), (w; s_3), (s_1; s_2), (s_1; s_3), (s_2; s_3), (s_1; w), (s_2; w), (s_3; w), (s_2; s_1), (s_3; s_1), (s_3; s_2)\}$

$P(A) = \frac{6}{12} = \frac{1}{2}$; $\quad P(B) = \frac{6}{12} = \frac{1}{2}$

Baumdiagramm:

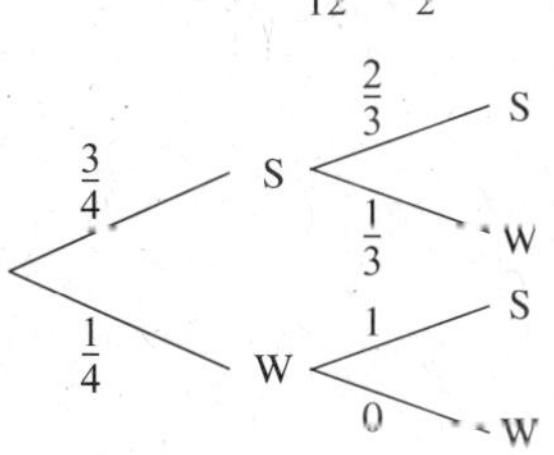

$P(A) = P(\{(s; s), (w; w)\}) = \frac{3}{4} \cdot \frac{2}{3} + \frac{1}{4} \cdot 0 = \frac{1}{2}$

$P(B) = P(\{(s; w), (w; s)\}) = \frac{3}{4} \cdot \frac{1}{3} + \frac{1}{4} \cdot 1 = \frac{1}{2}$

GA 74

a) $P(\{(B; A; A), (A; B; B)\}) = 0{,}75 \cdot 0{,}25 \cdot 0{,}75 + 0{,}25 \cdot 0{,}75 \cdot 0{,}75 \approx 0{,}28$

b) $P(\{(A; A), (A; B; A), (B; A; A)\}) = 0{,}25 \cdot 0{,}25 + 0{,}25 \cdot 0{,}75 \cdot 0{,}25 + 0{,}75 \cdot 0{,}25 \cdot 0{,}25 \approx 0{,}16$

Baumdiagramm:

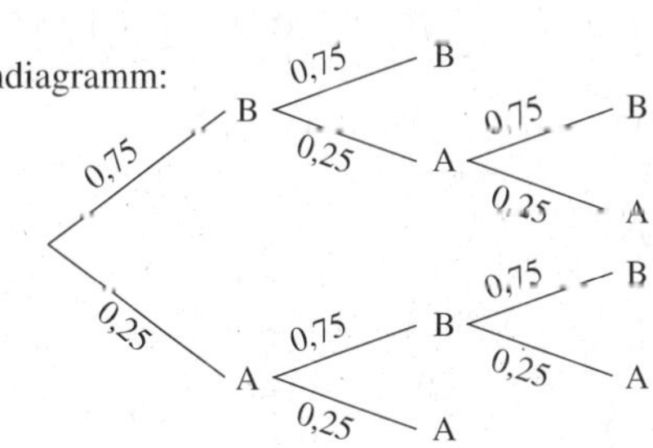

c) $F_2(p) = P(\{\text{Beate gewinnt}\}) = p^2 + 2p^2(1 - p) = 3p^2 - 2p^3$

Der Graph der Funktion F_2 im Vergleich zum Graphen von f mit $f(p) = p$ zeigt, dass die Wahrscheinlichkeit für einen Zweisatzsieg für $0{,}5 < p < 1$ größer als p ist, wobei das globale Maximum der Differenzen $F_2(p) - f(p)$ bei $p = \frac{\sqrt{3} + 3}{6} \approx 0{,}79$ angenommen wird.

Baumdiagramm:

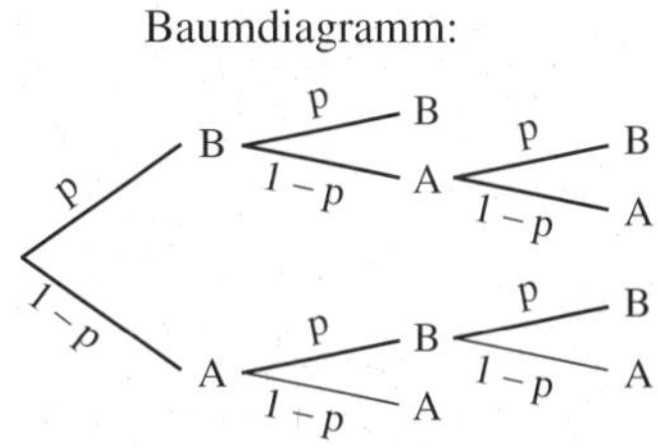

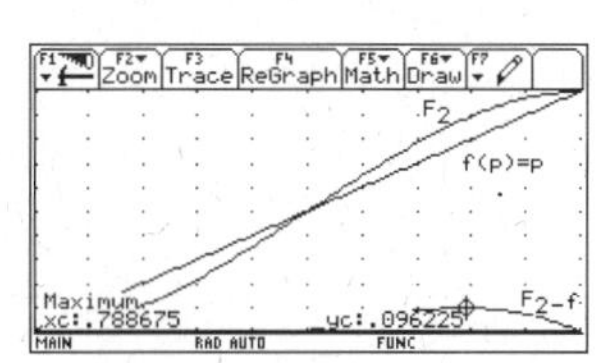

Außerdem gilt $F_2(0{,}5) = 0{,}5$. Die Siegchancen des spielstärkeren Spielers erhöhen sich im Match über zwei Gewinnsätze und zwar am stärksten, wenn seine Satzgewinnchance etwa 0,79 beträgt.

d) P({Beate gewinnt beim Spiel über 2 Gewinnsätze}) = $F_2(0{,}75) = 3 \cdot 0{,}75^2 - 2 \cdot 0{,}75^3 \approx 0{,}84$

Baumdiagramm:

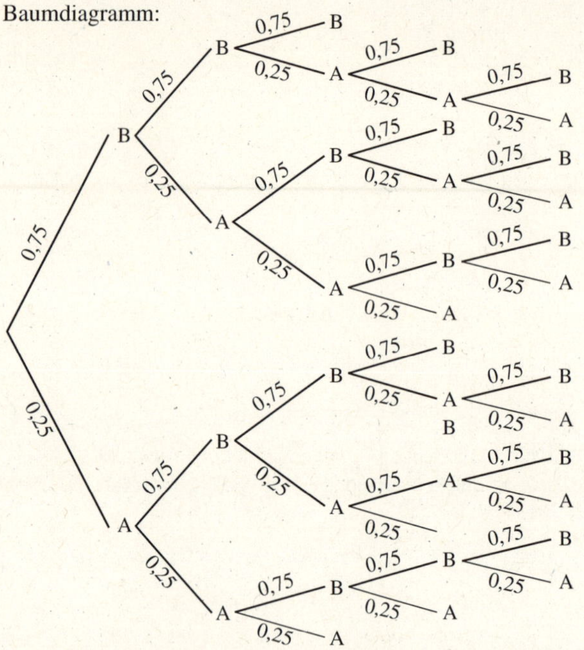

P({Beate gewinnt beim Spiel über 3 Gewinnsätze})

$= 0{,}75^3 + 0{,}75^2 \cdot 0{,}25 \cdot 0{,}75$
$+ 0{,}75^2 \cdot 0{,}25^2 \cdot 0{,}75$
$+ 0{,}75 \cdot 0{,}25 \cdot 0{,}75^2$
$+ 0{,}75 \cdot 0{,}25 \cdot 0{,}75 \cdot 0{,}25 \cdot 0{,}75$
$+ 0{,}75 \cdot 0{,}25^2 \cdot 0{,}75^2 + 0{,}25 \cdot 0{,}75^3$
$+ 0{,}25 \cdot 0{,}75^2 \cdot 0{,}25 \cdot 0{,}75$
$+ 0{,}25 \cdot 0{,}75 \cdot 0{,}25 \cdot 0{,}75^2 + 0{,}25^2 \cdot 0{,}75^3$
$= 0{,}75^3 + 3 \cdot 0{,}75^3 \cdot 0{,}25 + 6 \cdot 0{,}75^3 \cdot 0{,}25^2$
$\approx 0{,}90$

e) Wenn man 0,75 durch p ersetzt, ergibt sich entsprechend dem Baumdiagramm aus d):

$F_3(p) = p^3 + 3 \cdot p^3 \cdot (1-p) + 6 \cdot p^3 \cdot (1-p)^2$

Die Siegchancen für das Match steigen bei der spielstärkeren Spielerin in der 3-Satz-Gewinn-Variante im Vergleich zur 2-Satz-Gewinn-Variante, und zwar am stärksten bei p ≈ 0,72.

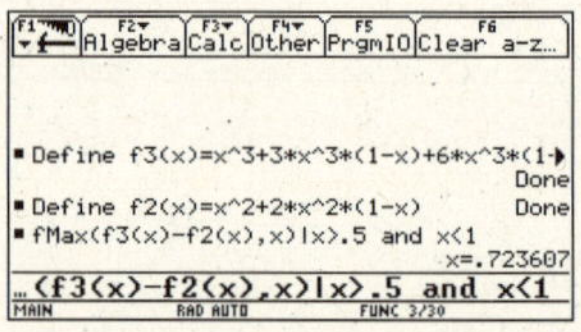

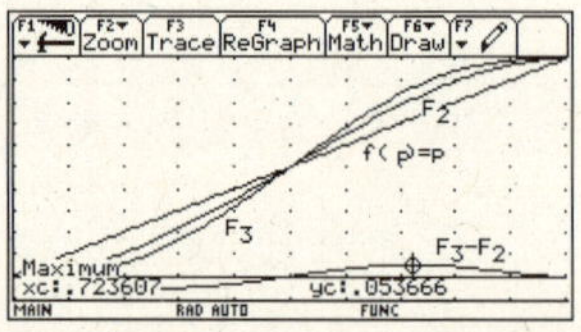

G 2.4 Zählprinzip bei k-Tupeln

GA 75 a) 8! = 40320 b) 6! = 720 c) $\frac{8!}{3!} = 6720$

GA 76

a) $|\Omega| = 6 \cdot 6 \cdot 6 = 216$ b) $|\Omega| = 4^5 = 1024$ c) $|\Omega| = \frac{10!}{3! \cdot 2! \cdot 2!} = 151200$ d) $|\Omega| = 26^5 = 11881376$

e) $|\Omega| = 3 \cdot 4 \cdot 4 \cdot 4 = 192$ f) $|\Omega| = 3 \cdot 3 \cdot 2 \cdot 1 = 18$ g) $|\Omega| = 5 \cdot 5 = 25$ h) $|\Omega| = 5 \cdot 4 \cdot 3 = 60$

i) $|\Omega| = 9 \cdot 9 \cdot 8 \cdot 7 \cdot 6 = 27216$ j) $|\Omega| = 7 \cdot 6 \cdot 5 \cdot 4 \cdot 3 \cdot 2 \cdot 1 = 7! = 5040$

GA 77 $2^6 = 64$

GA 78 a) $4 \cdot 3! = 4! = 24$ b) $4 \cdot 3! \cdot 3! = 144$ c) $4! = 24$

GA 79 a) $9 \cdot 8 \cdot 7 \cdot 6 \cdot 5 = 15120$ b) $8 \cdot 7 \cdot 1 \cdot 6 \cdot 5 = 1680$ c) $5 \cdot 4 \cdot 3 \cdot 2 \cdot 4 = 480$

GA 80

Lösungsvariante 1:

$P(A_0)$ = P({keine rote Kugel})

$= \frac{2}{6} \cdot \frac{1}{5} \cdot \frac{5}{6} + \frac{2}{6} \cdot \frac{3}{5} \cdot \frac{5}{6} + \frac{3}{6} \cdot \frac{2}{5} \cdot \frac{5}{6} + \frac{3}{6} \cdot \frac{2}{5} \cdot \frac{5}{6} = \frac{5}{9} = 0{,}\overline{5}$

$P(A_1)$ = P({genau eine rote Kugel})

$= \frac{1}{6} \cdot \frac{2}{5} \cdot \frac{5}{6} + \frac{1}{6} \cdot \frac{3}{5} \cdot \frac{5}{6} + \frac{2}{6} \cdot \frac{1}{5} \cdot \frac{5}{6} + \frac{2}{6} \cdot \frac{1}{5} \cdot \frac{1}{6} + \frac{2}{6} \cdot \frac{3}{5} \cdot \frac{1}{6} + \frac{3}{6} \cdot \frac{1}{5} \cdot \frac{5}{6} + \frac{3}{6} \cdot \frac{2}{5} \cdot \frac{1}{6} + \frac{3}{6} \cdot \frac{2}{5} \cdot \frac{1}{6} = \frac{7}{18} = 0{,}3\overline{8}$

$P(A_2)$ = P({genau zwei rote Kugeln})

$= \frac{1}{6} \cdot \frac{2}{5} \cdot \frac{1}{6} + \frac{1}{6} \cdot \frac{3}{5} \cdot \frac{1}{6} + \frac{2}{6} \cdot \frac{1}{5} \cdot \frac{1}{6} + \frac{3}{6} \cdot \frac{1}{5} \cdot \frac{1}{6} = \frac{1}{18} = 0{,}0\overline{5}$

$P(A_3)$ = P({drei rote Kugeln}) = P(∅) = 0

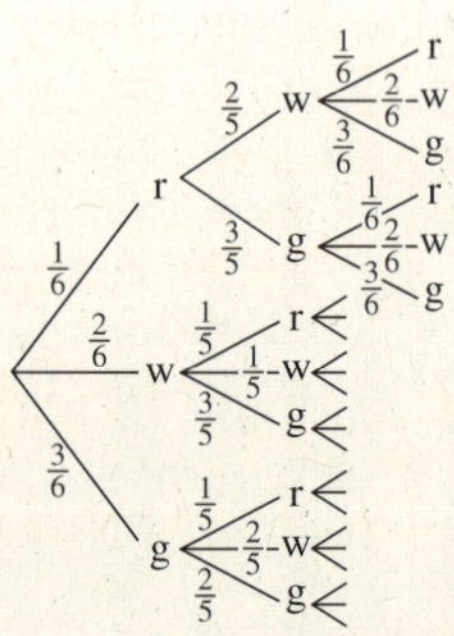

Lösungsvariante 2:

$\Omega \quad = \{(k_1; k_2; k_3) \mid k_1, k_2, k_3 \in \{r_1; w_1; w_2; g_1; g_2; g_3\} \text{ und } k_1 \neq k_2\}$

$|\Omega| \quad = 6 \cdot 5 \cdot 6$

$P(A_0) = P(\{\text{keine rote Kugel}\}) = \frac{5 \cdot 4 \cdot 5}{6 \cdot 5 \cdot 6} = \frac{5}{9} = 0{,}\overline{5}$

$P(A_1) = P(\{\text{genau eine rote Kugel}\}) = \frac{1 \cdot 5 \cdot 5 + 5 \cdot 1 \cdot 5 + 5 \cdot 4 \cdot 1}{6 \cdot 5 \cdot 6} = \frac{7}{18} = 0{,}3\overline{8}$

$P(A_2) = P(\{\text{genau zwei rote Kugeln}\}) = \frac{1 \cdot 5 \cdot 1 + 5 \cdot 1 \cdot 1}{6 \cdot 5 \cdot 6} = \frac{1}{18} = 0{,}0\overline{5}$

$P(A_3) = P(\{\text{genau drei rote Kugeln}\}) = 1 - P(A_0) - P(A_1) - P(A_2) = 1 - \frac{10}{18} - \frac{7}{18} - \frac{1}{18} = 0$

GA 81 Pasch: Augenzahlpaar $(n; n)$; Sequenz: Augenzahlpaar $(n; n + 1)$

a) $\frac{6 \cdot 1 \cdot 6 \cdot 1}{6 \cdot 6 \cdot 6 \cdot 6} = \frac{1}{36} \approx 0{,}028$ b) $\frac{5 \cdot 1 \cdot 5 \cdot 1}{6 \cdot 6 \cdot 6 \cdot 6} = \frac{25}{1296} \approx 0{,}019$ c) $\frac{6 \cdot 1 \cdot 5 \cdot 1}{6 \cdot 6 \cdot 6 \cdot 6} = \frac{5}{216} \approx 0{,}023$ d) $\frac{3 \cdot 3 \cdot 3 \cdot 3 \cdot 3 \cdot 3}{6 \cdot 6 \cdot 6 \cdot 6 \cdot 6 \cdot 6} = \frac{1}{64} \approx 0{,}016$

e) $\frac{5 \cdot 6 \cdot 5}{6 \cdot 6 \cdot 6 \cdot 6 \cdot 6 \cdot 6} = \frac{25}{7776} \approx 0{,}0032$

$6 = 1 + 5 = 2 + 4 = 3 + 3 = 4 + 2 = 5 + 1$

$7 = 1 + 6 = 2 + 5 = 3 + 4 = 4 + 3 = 5 + 2 = 6 + 1$

$8 = 2 + 6 = 3 + 5 = 4 + 4 = 5 + 3 = 6 + 2$

GA 82

a) $p = \frac{7 \cdot 2 \cdot 1 \cdot 6!}{8!} = 0{,}25$

b) $p = \frac{1}{6^5} \approx 1{,}3 \cdot 10^{-4}$

c) $p = P(\{z_1 + z_2 + z_3 \text{ ist geradzahlig}\}) = P(\{z_1 \text{ und } z_2 \text{ und } z_3 \text{ sind geradzahlig}\}) + P(\{\text{genau eine der Zahlen } z_1, z_2, z_3 \text{ ist geradzahlig}\})$

$\quad = \frac{2 \cdot 2 \cdot 3}{4 \cdot 4 \cdot 5} + \frac{2 \cdot 2 \cdot 2 + 2 \cdot 2 \cdot 2 + 2 \cdot 2 \cdot 3}{4 \cdot 4 \cdot 5} = 0{,}5$

d) $p = \frac{5^4}{9 \cdot 10^3} \approx 0{,}069\overline{4}$

e) $p = \frac{\binom{2}{2} \cdot \binom{2}{0} + \binom{2}{0} \cdot \binom{2}{2}}{\binom{4}{2}} = 0{,}\overline{3}$

GA 83

a) $p = \frac{2 \cdot 9!}{10!} = 0{,}2$

b) $p = 1 \cdot \frac{9!}{10!} = 0{,}1$

c) $p = \frac{2 \cdot 8! \cdot 1}{10!} = \frac{2}{90} \approx 0{,}02$

d) $p = \frac{2 \cdot 8! \cdot 1}{10!} + \frac{8 \cdot 2 \cdot 1 \cdot 7!}{10!} + \ldots + \frac{8! \cdot 2 \cdot 1}{10!} = 9 \cdot \frac{2 \cdot 8! \cdot 1}{10!} = \frac{2 \cdot 9!}{10!} = \frac{1}{5} = 0{,}2$

GA 84 $\Omega = \{(b_1; b_2; b_3) \mid b_1, b_2, b_3 \in \{S_1, S_2, T_1, T_2, O, C, H, A, I, K\} \text{ und } |\{b_1, b_2, b_3\}| = 3\}$

a) $p = \frac{1 \cdot 2 \cdot 2}{10 \cdot 9 \cdot 8} \approx 0{,}006$

b) $p = \frac{2 \cdot 1 \cdot 1}{10 \cdot 9 \cdot 8} \approx 0{,}003$

c) $p = \frac{1 \cdot 8 \cdot 2}{10 \cdot 9 \cdot 8} \approx 0{,}02$

d) $p = \frac{3 \cdot 2 \cdot 1}{10 \cdot 9 \cdot 8} \approx 0{,}008$

e) $p = \frac{7 \cdot 9 \cdot 8}{10 \cdot 9 \cdot 8} = 0{,}7$

f) $p = \frac{4 \cdot 8 \cdot 1}{10 \cdot 9 \cdot 8} \approx 0{,}04$

g) $p = \frac{(1 \cdot 9 \cdot 8) \cdot 3}{10 \cdot 9 \cdot 8} = 0{,}3$

h) $p = \frac{\binom{3}{1} \cdot 2 \cdot 8 \cdot 7 + \binom{3}{2} \cdot 2 \cdot 1 \cdot 8}{10 \cdot 9 \cdot 8} = 0{,}5\overline{3}$

i) *Lösungsweg 1:*

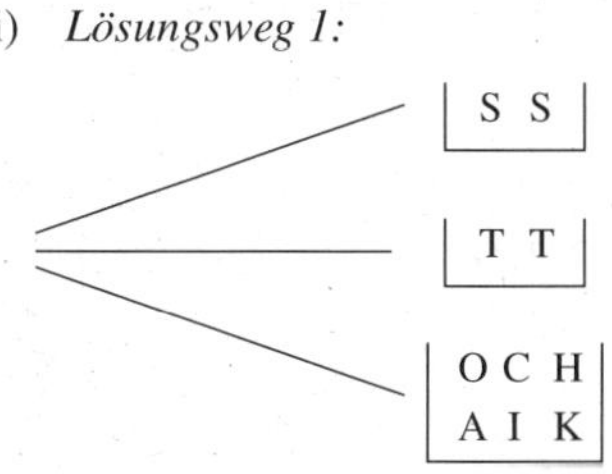

ohne S und ohne T:	$6 \cdot 5 \cdot 4$	= 120
ohne S und und genau ein T:	$3 \cdot 6 \cdot 5$	= 90
genau ein S und kein T:	$3 \cdot 6 \cdot 5$	= 90
genau ein S und genau ein T:	$3 \cdot 6 \cdot 2 \cdot 1$	= 36
genau ein S und zwei T:	$3 \cdot 1$	= 3
zwei S und genau ein T:	$3 \cdot 1 \cdot 1$	= 3
genau zwei S und kein T:	$3 \cdot 6 \cdot 1 \cdot 1$	= 18
kein S und genau zwei T:	$3 \cdot 6 \cdot 1 \cdot 1$	= 18
		378

Lösungsweg 2:

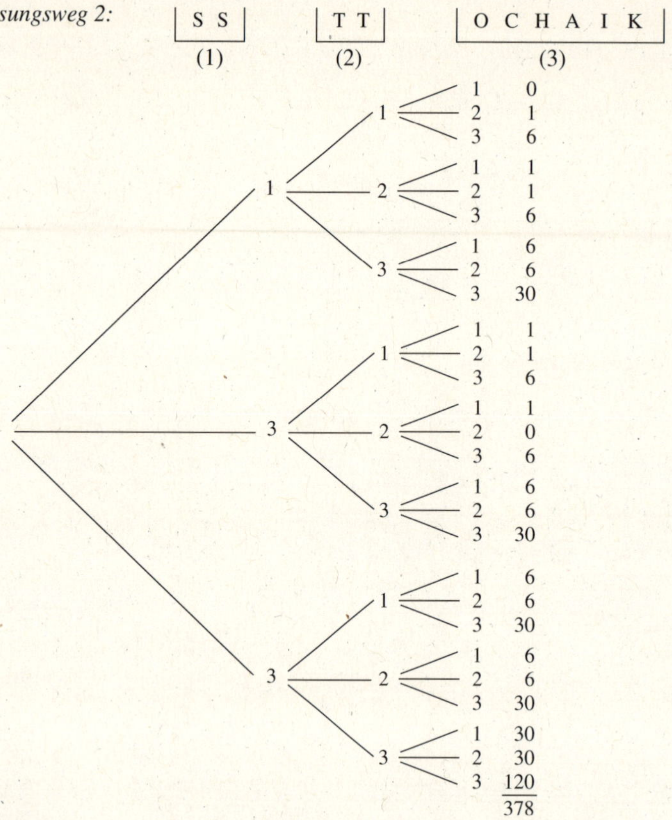

GA 85

a) $p = \frac{2 \cdot 11!}{12!} = 0{,}1\overline{6}$ b) $p = \frac{1 \cdot 11!}{12!} = 0{,}08\overline{3}$ c) $p = \frac{2 \cdot 10! \cdot 1}{12!} = 0{,}0\overline{15}$

d) $\frac{2 \cdot 1 \cdot 10!}{12!} + \frac{10 \cdot 2 \cdot 1 \cdot 9!}{12!} + \ldots + \frac{10! \cdot 2 \cdot 1}{12!} = 11 \cdot \frac{2 \cdot 1 \cdot 10!}{12!} = 0{,}1\overline{6}$ e) $\frac{12!}{2! \cdot 2! \cdot 2!} = 59\,875\,200$

GA 86

a) $p = \frac{1 \cdot 2 \cdot 2 \cdot 1}{12 \cdot 11 \cdot 10 \cdot 9} = \frac{1}{2970} \approx 0{,}00034$ b) $p = \frac{2 \cdot 10 \cdot 9 \cdot 2}{12 \cdot 11 \cdot 10 \cdot 9} = \frac{1}{33} = 0{,}\overline{03}$

c) $p = 1 - \frac{8 \cdot 7 \cdot 6 \cdot 5}{12 \cdot 11 \cdot 10 \cdot 9} = \frac{85}{99} = 0{,}\overline{85}$ (mindestens) einen Vokal d) $p = \frac{3 \cdot 10 \cdot 9 \cdot 1}{12 \cdot 11 \cdot 10 \cdot 9} = \frac{1}{44} = 0{,}02\overline{27}$

e) $p = 1 - \frac{11 \cdot 10 \cdot 9 \cdot 8}{12 \cdot 11 \cdot 10 \cdot 9} = \frac{\binom{4}{1} \cdot 1 \cdot 11 \cdot 10 \cdot 9}{12 \cdot 11 \cdot 10 \cdot 9} = \frac{\binom{1}{1} \cdot \binom{11}{3}}{\binom{12}{4}} = \frac{1}{3} = 0{,}\overline{3}$

f) $p = 1 - \frac{10 \cdot 9 \cdot 8 \cdot 7}{12 \cdot 11 \cdot 10 \cdot 9} = \frac{\binom{4}{1} \cdot 2 \cdot 10 \cdot 9 \cdot 8 + \binom{4}{2} \cdot 2 \cdot 1 \cdot 10 \cdot 9}{12 \cdot 11 \cdot 10 \cdot 9} = \frac{\binom{2}{1} \cdot \binom{10}{3} + \binom{2}{2} \cdot \binom{10}{2}}{\binom{12}{4}} = \frac{19}{33} = 0{,}\overline{57}$ (mindestens) ein A

g) $p = 1 - \frac{10 \cdot 9 \cdot 8 \cdot 7}{12 \cdot 11 \cdot 10 \cdot 9} - \frac{4 \cdot 3 \cdot 2 \cdot 1}{12 \cdot 11 \cdot 10 \cdot 9} - \frac{\binom{4}{1} \cdot 8 \cdot 4 \cdot 3 \cdot 2}{12 \cdot 11 \cdot 10 \cdot 9} = \frac{\binom{2}{1} \cdot \binom{8}{2} \cdot \binom{2}{1} + \binom{2}{2} \cdot \binom{8}{2} + \binom{2}{1} \cdot \binom{8}{3}}{\binom{12}{4}} = \frac{28}{55} = 0{,}5\overline{09}$

(mindestens) ein U und (mindestens) zwei Konsonanten

GA 87

$\Omega = \{(W_1; \ldots; W_9) \mid W_1; \ldots; W_9 \in \{Z_1; \ldots; Z_4; e_1; e_2; S_1; S_2; Sp\}$ und $|\{W_1; \ldots; W_9\}| = 9\}$

$|\Omega| = 9 \cdot 8 \cdot \ldots \cdot 2 \cdot 1 = 9! = 362\,880$

$p = P(\{(W_1; \ldots; W_9) \in \Omega : W_1, W_3 \in \{e_1; e_2\}, W_2 = Sp, W_4, \ldots, W_7 \in \{Z_1; \ldots; Z_4\}, W_8, W_9 \in \{S_1; S_2\}\})$

$p = \frac{2 \cdot 1 \cdot 1 \cdot 4 \cdot 3 \cdot 2 \cdot 1 \cdot 2 \cdot 1}{9!} = \frac{96}{9!} \approx 0{,}0003$

GA 88 $\Omega = \{(z_1; z_2; z_3) \mid z_1, z_2, z_3 \in \{0; 1; 2; 3; \ldots; 9\}$ und $z_1 \neq 0\}$

$|\Omega| = 9 \cdot 10 \cdot 10$

a) *Lösungsvariante 1:*

$p = P(\{(z_1; z_2; z_3) \in \Omega \mid z_1, z_2, z_3 \in \{0; 2; 4; 6; 8\}\}) = \frac{4 \cdot 5 \cdot 5}{9 \cdot 10 \cdot 10} = \frac{1}{9} = 0{,}\overline{1}$

Lösungsvariante 2:

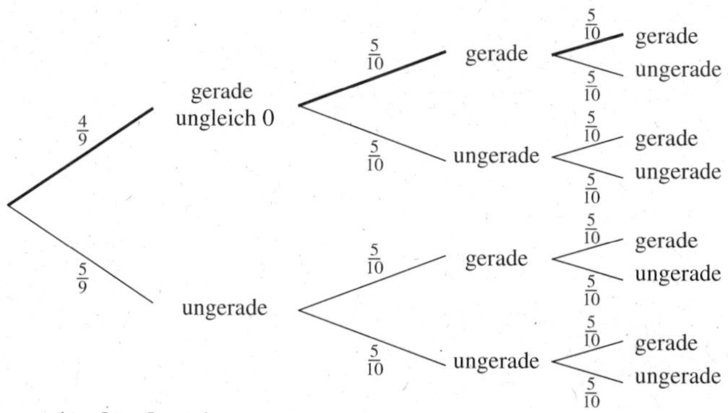

$p = \frac{4}{9} \cdot \frac{5}{10} \cdot \frac{5}{10} = \frac{1}{9} = 0{,}\overline{1}$

b) *Lösungsvariante 1:*

$p = P(\{(z_1; z_2; z_3) \in \Omega \mid z_1, z_2, z_3 \in \{1; 3; 5; 7; 9\} \text{ und } |\{z_1; z_2; z_3\}| = 3\}) = \frac{5 \cdot 4 \cdot 3}{9 \cdot 10 \cdot 10} = \frac{1}{15} = 0{,}0\overline{6}$

Lösungsvariante 2:

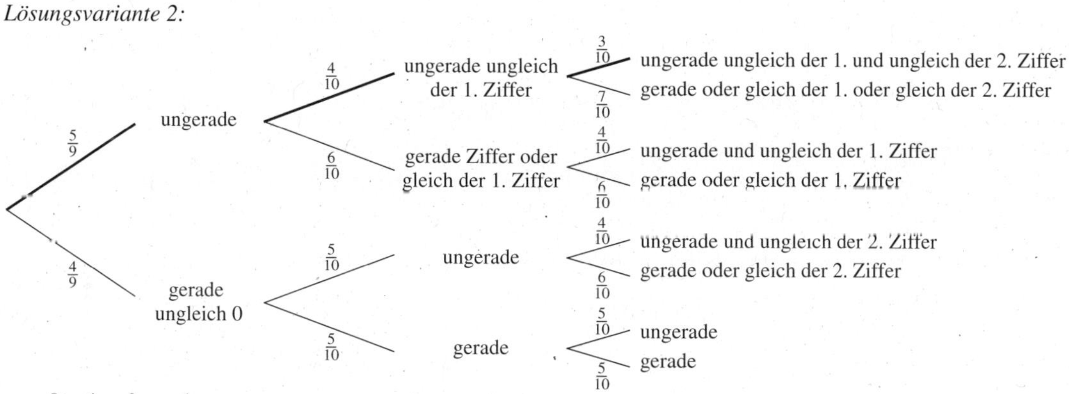

$p = \frac{5}{9} \cdot \frac{4}{10} \cdot \frac{3}{10} = \frac{1}{15} = 0{,}0\overline{6}$

GA 89 Anzahl der verschiedenen Sitzordnungen: 10! = 3 628 800
3 628 800 Tage sind ca. 9942 Jahre (!).

GA 90 a) $p = \frac{1}{3 \cdot 4 \cdot 5} < 0{,}017$ b) $p = \frac{1}{3 \cdot 4 \cdot 5 \cdot 5 \cdot 4 \cdot 3} < 0{,}00028$ c) $p = \frac{3 \cdot 4 \cdot 5 \cdot 4 \cdot 3 \cdot 2}{3 \cdot 4 \cdot 5 \cdot 5 \cdot 4 \cdot 3} = 0{,}4$

GA 91

P({Geheimnummer wird bei einem Mal „Raten" richtig gewählt}) = $\frac{1}{10^4} = 0{,}0001$

P({Geheimnummer wird nach maximal dreimal „Raten" richtig gewählt})

$= 0{,}0001 + 0{,}9999 \cdot 0{,}0001 + 0{,}9999^2 \cdot 0{,}0001 \approx 0{,}00030$

Baumdiagramm:

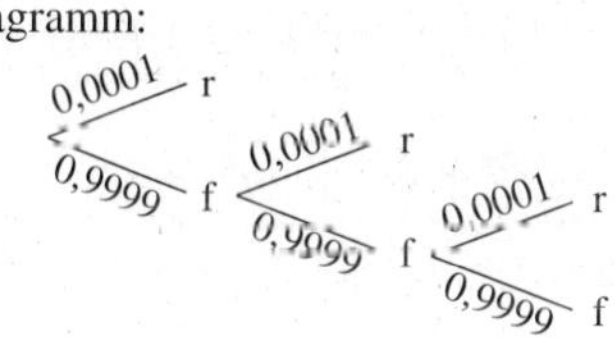

G 2.5 Zählprinzip bei n-elementigen Mengen

GA 92 Ergebnismenge $\Omega = \{\{z_1; \ldots; z_6\} \mid z_1, \ldots, z_6 \in \{1; \ldots; 49\} \text{ und } z_1 < z_2 < \ldots < z_6\}$ $|\Omega| = \binom{49}{6}$

a) $P(A) = P(\{\{z_1; \ldots; z_5; 41\} \mid z_1, \ldots, z_5 \in \{1; \ldots; 40\} \text{ und } z_1 < z_2 < \ldots < z_5\}) = \frac{\binom{40}{5}}{\binom{49}{6}} \approx 0{,}047$

b) $P(B) = P(\{\{11; z_2; \ldots; z_6\} \mid z_2, \ldots, z_6 \in \{12; \ldots; 49\} \text{ und } z_2 < \ldots < z_6\}) = \frac{\binom{38}{5}}{\binom{49}{6}} \approx 0{,}036$

c) $P(C) = P(\{\{z_1; \ldots; z_6\} \mid z_1, \ldots, z_6 \in \{1; \ldots; 41\} \text{ und } z_1 < z_2 < \ldots < z_6\}) = \frac{\binom{41}{6}}{\binom{49}{6}} \approx 0{,}32$

d) $P(D) = P(\{\{z_1; \ldots; z_6\} \mid z_1, \ldots, z_6 \in \{12; \ldots; 49\} \text{ und } z_1 < z_2 < \ldots < z_6\}) = \frac{\binom{38}{6}}{\binom{49}{6}} \approx 0{,}20$

GA 93

a) $\binom{20}{18} = 190$

b) $\binom{20}{18} + \binom{20}{19} + \binom{20}{20} = 211$

c) $\binom{7}{4} = 35$ Möglichkeiten zur Auswahl der vier Läuferinnen;

$\binom{7}{4} \cdot 4! = 7 \cdot 6 \cdot 5 \cdot 4 = 840$ Möglichkeiten, die Staffel unter Beachtung der Reihenfolge zusammenzustellen

d) $10^5 = 100000$

e) $2^{15} = 32768$

f) $\binom{20}{7} = 77520$ Möglichkeiten der Auswahl zu besetzender Plätze;

$\binom{20}{7} \cdot 7! = 20 \cdot 19 \cdot \ldots \cdot 14 = 390700800$ Möglichkeiten unter Beachtung, wer auf welchem Platz sitzt

g) Bei Dominospielen trägt jeder Dominostein genau zwei der n + 1 Punktzahlen 0 bis n. Für die gebräuchlichen n ergeben sich folgende Anzahlen:

n	Anzahl der Steine	
6	$\binom{7}{2} + \binom{7}{1}$	$= 28$
7	$\binom{8}{2} + \binom{8}{1}$	$= 36$
8	$\binom{9}{2} + \binom{9}{1}$	$= 45$
9	$\binom{10}{2} + \binom{10}{1}$	$= 55$
n	$\binom{n+1}{2} + \binom{n+1}{1}$	$= \frac{1}{2}n^2 + \frac{3}{2}n + 1$

GA 94 a) $|\Omega| = \binom{5}{1} = 5$ b) $|\Omega| = \binom{5}{1} + \binom{5}{2} = 15$ c) $|\Omega| = \binom{5}{1} + \binom{5}{2} \cdot 2! + \binom{5}{3} = 35$

GA 95

a) $6! = 720$ b) $3! \cdot 3! = 36$ c) $\binom{6}{2} \cdot 3 \cdot \binom{4}{2} \cdot 2 \cdot \binom{2}{2} \cdot 1 = 540$ d) $\left(\binom{6}{1} + \binom{6}{2} + \binom{6}{3}\right) \cdot 2! = 82$

GA 96 *Modellannahme:* Gleichverteilung

a) $\dfrac{\binom{30}{2} \cdot \binom{20}{3}}{\binom{50}{5}} \approx 0{,}23$ b) $\dfrac{\binom{30}{0} \cdot \binom{20}{5} + \binom{30}{1} \cdot \binom{20}{4} + \binom{30}{2} \cdot \binom{20}{3}}{\binom{50}{5}} \approx 0{,}31$ c) $1 - \dfrac{\binom{30}{0} \cdot \binom{20}{5} + \binom{30}{1} \cdot \binom{20}{4}}{\binom{50}{5}} \approx 0{,}92$

GA 97

a) $p = \dfrac{\binom{6}{4} \cdot \binom{10}{3}}{\binom{16}{7}} \approx 0{,}157$ b) $p = \dfrac{\binom{6}{0} \cdot \binom{10}{7} + \binom{6}{1} \cdot \binom{10}{6} + \binom{6}{2} \cdot \binom{10}{5}}{\binom{16}{7}} \approx 0{,}451$

c) $p = 1 - P(\{\text{kein oder genau ein defektes Teil entnommen}\}) = 1 - \dfrac{\binom{6}{0} \cdot \binom{10}{7} + \binom{6}{1} \cdot \binom{10}{6}}{\binom{16}{7}} \approx 0{,}879$

GA 98

Wette 1: $P(\{\text{Lars gewinnt}\}) = \dfrac{\binom{10}{1} \cdot \binom{10}{1} \cdot \binom{10}{1} \cdot \binom{10}{1}}{\binom{40}{4}} = \dfrac{1000}{9139}$ $\Rightarrow P(\{\text{Lars gewinnt}\}) : P(\{\text{Wettannehmer gewinnt}\}) = 1000 : 8139$

Wette 2: $P(\{\text{Lars gewinnt}\}) = \dfrac{\binom{4}{3} \cdot \binom{8}{4}}{\binom{12}{7}} = \dfrac{35}{99}$ $\Rightarrow P(\{\text{Lars gewinnt}\}) : P(\{\text{Wettannehmer gewinnt}\}) = 35 : 64$

individueller Antwortsatz (auch wenn bei Wette 1 die Gewinnchance des Wettannehmers etwa das Achtfache der des Anbieters beträgt, während sie bei Wette 2 nur etwa das Doppelte beträgt)

GA 99

a) $p = \dfrac{\binom{15}{6}}{\binom{30}{6}} \approx 0{,}008429$ b) $p = \dfrac{\binom{9}{6}}{\binom{30}{6}} \approx 0{,}000141$ c) $p = \dfrac{\binom{6}{6}}{\binom{30}{6}} \approx 0{,}000002$

d) $p = \dfrac{\binom{6}{2} \cdot \binom{9}{4}}{\binom{30}{6}} \approx 0{,}003183$ e) $p = \dfrac{\binom{15}{3} \cdot \binom{9}{2} \cdot \binom{6}{1}}{\binom{30}{6}} \approx 0{,}165517$

f) individuelle Aufgaben, z.B. mit den Lösungsideen
P(A) = P({unter den 14 „auf gut Glück“ und ohne Zurücklegen entnommenen Kugeln befinden sich genau zehn rote}) und
P(B) = P({unter den vier „auf gut Glück“ und ohne Zurücklegen entnommenen Kugeln befindet sich mindestens eine grüne Kugel})

GA 100 $\Omega = \{\{m_1; m_2; \ldots; m_9\} \mid m_1, \ldots, m_9 \in \{h_1; \ldots; h_5; n_1; \ldots; n_{13}\}\}$; $|\Omega| = \binom{18}{9}$

LAPLACE-Annahme gerechtfertigt

$P(A) = P(\{\text{in der ersten Gruppe sind genau fünf Mannschaften der höchsten Spielkl. oder keine}\}) = \frac{\binom{5}{5}\cdot\binom{13}{4}}{\binom{18}{9}} + \frac{\binom{5}{0}\cdot\binom{13}{9}}{\binom{18}{9}} \approx 0{,}029$

$P(B) = P(\{\text{in der ersten Gruppe sind genau zwei oder genau drei Mannschaften der höchsten Spielkl.}\}) = \frac{\binom{5}{2}\cdot\binom{13}{7}}{\binom{18}{9}} + \frac{\binom{5}{3}\cdot\binom{13}{6}}{\binom{18}{9}} \approx 0{,}706$

GA 101

$\Omega_T = \{(k_1; k_2; k_3) \mid k_1, k_2, k_3 \in \{w_1; w_2; w_3; w_4; b_1; \ldots; b_6\} \text{ und } |\{k_1; k_2; k_3\}| = 3\}$

$|\Omega_T| = 10 \cdot 9 \cdot 8$

$P(E) = \frac{\binom{3}{2}\cdot 6\cdot 5\cdot 4}{10\cdot 9\cdot 8} = 0{,}5$ $\qquad P(F) = \frac{4\cdot 3\cdot 2}{10\cdot 9\cdot 8} = 0{,}0\overline{3}$ $\qquad P(G) = 1 - P(\overline{G}) = 1 - \frac{6\cdot 5\cdot 4}{10\cdot 9\cdot 8} = 0{,}8\overline{3}$

$\Omega_M = \{\{k_1; k_2; k_3\} \mid k_1, k_2, k_3 \in \{w_1; w_2; w_3; w_4; b_1; \ldots; b_6\} \text{ und } |\{k_1; k_2; k_3\}| = 3\}$

$|\Omega_M| = \binom{10}{3}$

$P(E) = \frac{\binom{6}{2}\cdot\binom{4}{1}}{\binom{10}{3}} = 0{,}5$ $\qquad P(F) = \frac{\binom{4}{3}\cdot\binom{6}{0}}{\binom{10}{3}} = 0{,}0\overline{3}$ $\qquad P(G) = 1 - P(\overline{G}) = 1 - \frac{\binom{4}{0}\cdot\binom{6}{3}}{\binom{10}{3}} = 0{,}8\overline{3}$

GA 102

$\Omega_T = \{(s_1; \ldots; s_7) \mid s_1, \ldots, s_7 \in \{1_1; \ldots; 1_{24}; 0_1; \ldots; 0_5\} \text{ und } |\{s_1; \ldots; s_7\}| = 7\}$

$\Omega_M = \{\{s_1; \ldots; s_7\} \mid s_1, \ldots, s_7 \in \{1_1; \ldots; 1_{24}; 0_1; \ldots; 0_5\} \text{ und } |\{s_1; \ldots; s_7\}| = 7\}$

$|\Omega_T| = 29\cdot 28\cdot 27\cdot 26\cdot 25\cdot 24\cdot 23 = \frac{29!}{22!} = 7866331200$ $\qquad |\Omega_M| = \binom{29}{7} = 1560780$

a) P({kein Nichtschwimmer})

$= \frac{24\cdot 23\cdot 22\cdot 21\cdot 20\cdot 19\cdot 18}{29\cdot 28\cdot 27\cdot 26\cdot 25\cdot 24\cdot 23} = \frac{24!\cdot 22!}{17!\cdot 29!} \approx 0{,}222$ $\qquad = \frac{\binom{5}{0}\binom{24}{7}}{\binom{29}{7}}$

b) P({kein Schwimmer})

$= \frac{5\cdot 4\cdot 3\cdot 2\cdot 1\cdot 0\cdot 0}{29\cdot 28\cdot 27\cdot 26\cdot 25\cdot 24\cdot 23} = 0$ $\qquad = \frac{\binom{5}{7}\binom{24}{0}}{\binom{29}{7}}$

c) P({mindestens ein Nichtschwimmer}) = 1 – P({kein Nichtschwimmer}) ≈ 1 – 0,222 = 0,778

d) P({genau drei Nichtschwimmer})

$= \frac{\binom{7}{3}\cdot 5\cdot 4\cdot 3\cdot 24\cdot 23\cdot 22\cdot 21}{29\cdot 28\cdot 27\cdot 26\cdot 25\cdot 24\cdot 23} \approx 0{,}0681$ $\qquad = \frac{\binom{5}{3}\binom{24}{4}}{\binom{29}{7}}$

GA 103

a) $\frac{\binom{4}{3}\cdot\binom{4}{2}\cdot\binom{24}{5}}{\binom{32}{10}} \approx 0{,}016$ $\qquad$ b) $\frac{\binom{4}{2}}{\binom{32}{2}} \approx 0{,}012$ $\qquad$ c) $\frac{\binom{4}{4}\cdot\binom{28}{6}}{\binom{32}{10}} \approx 0{,}0058$

d) P({zwei Karokarten aus 22 Karten, unter denen sich genau 2 Karokarten befinden, nacheinander und ohne Zurücklegen entnehmen}) $= \frac{\binom{2}{2}\cdot\binom{20}{0}}{\binom{22}{2}} \approx 0{,}0043$

e) A: Aus einem vollständigen Skatspiel wird zehnmal nacheinander und mit Zurücklegen jeweils genau eine Karte „auf gut Glück" gezogen. (Interpretation des Nenners 32^{10} als $|\Omega| = |\{(k_1; k_2; \ldots; k_{10}) \mid k_1, \ldots, k_{10} \in \{1; 2; \ldots; 32\}\}|$ bei Gleichverteilung) Mit welcher Wahrscheinlichkeit P(A) tritt das Gegenereignis von {es werden zehn verschiedene Karten gezogen} ein, d.h. zieht man dabei mindestens eine Karte mindestens zweimal?

B: das Skatspiel wird willkürlich in zwei Stapel mit derselben Kartenzahl geteilt, d.h. aus den 32 Karten werden nacheinander und ohne Zurücklegen „auf gut Glück" 16 Karten ohne Beachtung der Reihenfolge ausgewählt. (Interpretation des Nenners $\binom{32}{16}$ als $|\Omega| = |\{\{k_1; k_2; \ldots; k_{16}\} \mid k_1, \ldots, k_{16} \in \{1; 2; \ldots; 32\} \text{ mit } |\{k_1; \ldots; k_{16}\}| = 16\}|$)

Mit welcher Wahrscheinlichkeit P(B) befindet sich unter diesen 16 ausgewählten Karten genau ein As?

f) P({mindestens einen Karo-Buben bei n Ziehungen gezogen})

$= 1 - P(\{\text{keinen der Karo-Buben gezogen}\})$

$= 1 - \frac{31^n}{32^n} = 1 - (\frac{31}{32})^n \geq 0{,}999$

$0{,}001 \geq (\frac{31}{32})^n$

$\ln 0{,}001 \geq n \ln \frac{31}{32}$

$\frac{\ln 0{,}001}{\ln \frac{31}{32}} \leq n$

$217{,}57\ldots \leq n$, also $218 \leq n$

g) $n = 2$ $\quad \frac{\binom{4}{1} \cdot \binom{8}{2}}{\binom{32}{2}} \approx 0{,}23 < 0{,}50$

$n = 3$ $\quad \frac{\binom{4}{3}\binom{8}{3} + \binom{4}{1}\binom{8}{2}\binom{24}{1}}{\binom{32}{3}} \approx 0{,}59 > 0{,}50$

GA 104

a) Zahlenlotto entspricht einer Ziehung *„auf gut Glück"* und *ohne* Zurücklegen.
Fußballtoto entspricht einer Ziehung *nicht „auf gut Glück"* und *mit* Zurücklegen.

b) $\Omega = \{(t_1; \ldots; t_{11}) \mid t_1, \ldots, t_{11} \in \{1; 2; 0\}\}$

$|\Omega| = 3^{11} = 177147$

c) $\Omega = \{\{z_1; \ldots; z_6\} \mid z_1, \ldots, z_6 \in \{1; 2; \ldots; 49\}$ und $|\{z_1; \ldots; z_6\}| = 6\}$

$|\Omega| = \binom{49}{6} = 13983816$

GA 105

a) $P(A) = \frac{1}{6!} = \frac{1}{720} \approx 0{,}0014$

b) $P(B) = \frac{1}{\binom{49}{6}} = \frac{1}{13983816} \approx 0{,}000000072$

c) $P(C) = \frac{\binom{15}{2} \cdot \binom{34}{4}}{\binom{49}{6}} = \frac{2635}{7567} \approx 0{,}35$

d) $P(D) = \frac{15 \cdot 46 \cdot 45 \cdot 44 \cdot 34 \cdot 33}{49 \cdot 48 \cdot 47 \cdot 46 \cdot 45 \cdot 44} = \frac{15 \cdot 34 \cdot 33}{49 \cdot 48 \cdot 47} = \frac{2805}{18424} \approx 0{,}15$

G 2.6 Urnenmodelle; Ziehen mit und ohne Zurücklegen

GA 106

a) Aus einer Urne mit genau vier Kugeln (zwei weißen für die als richtig anzukreuzenden Teilantworten und zwei schwarze für die als falsch einzustufenden Teilantworten) wird viermal nacheinander eine Kugel „auf gut Glück" entnommen, ohne dass eine Kugel wieder zurückgelegt wird; **viermaliges Ziehen *ohne* Zurücklegen und *mit* Beachtung der Reihenfolge**:

$P(\{(s; w; w; s)\}) = \frac{2 \cdot 2 \cdot 1 \cdot 1}{4 \cdot 3 \cdot 2 \cdot 1} = \frac{1}{6} = 0{,}1\overline{6}.$

b) Aus einer Urne mit genau vier Kugeln (zwei weißen für die richtigen Teilantworten und zwei schwarzen für die falschen Teilantworten) werden gleichzeitig, „auf gut Glück" genau zwei Kugeln entnommen; **zweimaliges Ziehen *ohne* Zurücklegen und *ohne* Beachtung der Reihenfolge**:

$P(\{w\}) = \frac{\binom{2}{2} \cdot \binom{2}{0}}{\binom{4}{2}} = \frac{1}{6} = 0{,}1\overline{6}.$

c) Aus einer Urne mit genau sechs Kugeln (wegen $P(\{w\}) = \frac{1}{6}$ nach Teilaufgabe b einer weißen für die richtig beantwortete Frage und fünf schwarzen Kugeln für die falsch beantwortete Frage) werden nacheinander genau fünf Kugeln „auf gut Glück" entnommen, wobei die entnommenen Kugeln vor der nächsten Entnahme wieder in die Urne zurückgelegt wird; **fünfmaliges Ziehen *mit* Zurücklegen und *mit* Beachtung der Reihenfolge:**

$P(\{(s; w; w; s; s)\}) = \frac{5 \cdot 1 \cdot 1 \cdot 5 \cdot 5}{6 \cdot 6 \cdot 6 \cdot 6 \cdot 6} = \frac{125}{7776} \approx 0{,}016$

d) Aus einer Urne mit genau sechs Kugeln (wegen $P(\{w\}) = \frac{1}{6}$ nach Teilaufgabe b einer weißen für die richtig beantwortete Frage und fünf schwarzen Kugeln für die falsch beantwortete Frage) werden nacheinander genau fünf Kugeln „auf gut Glück" entnommen, wobei die entnommene Kugel vor der nächsten Entnahme in die Urne zurückgelegt wird; **fünfmaliges Ziehen *mit* Zurücklegen und *ohne* Beachtung der Reihenfolge:**

P({(unter den fünf entnommenen Kugeln sind genau zwei weiße}) = P({(w; w; s; s; s), (w; s; w; s; s), (w; s; s; w; s), (w; s; s; s; w), (s; w; w; s; s), (s; w; s; w; s), (s; w; s; s; w), (s; s; w; w; s), (s; s; w; s; w), (s; s; s; w; w)})

$= \frac{1 \cdot 1 \cdot 5 \cdot 5 \cdot 5}{6 \cdot 6 \cdot 6 \cdot 6 \cdot 6} + \frac{1 \cdot 5 \cdot 1 \cdot 5 \cdot 5}{6 \cdot 6 \cdot 6 \cdot 6 \cdot 6} + \ldots + \frac{5 \cdot 5 \cdot 1 \cdot 5 \cdot 1}{6 \cdot 6 \cdot 6 \cdot 6 \cdot 6} + \frac{5 \cdot 5 \cdot 5 \cdot 5 \cdot 1}{6 \cdot 6 \cdot 6 \cdot 6 \cdot 6} = \binom{5}{2} \cdot \left(\frac{1}{6}\right)^2 \cdot \left(\frac{5}{6}\right)^3 = \frac{625}{3888} \approx 0{,}16$

GA 107 Für jedes der Kinder wird genau einer von 18 gleichartigen Zetteln mit seinem (und nur seinem) Namen versehen. In einer Urne werden alle diese Zettel gut gemischt.

Fall 1: (1) Aus der Urne wird ein Zettel gezogen und dem zugehörigen Kind die Eintrittskarte 1 übergeben.

(2) Der Zettel wird in die Urne zurückgelegt, die Zettel werden erneut gemischt. Es wird wieder ein Zettel gezogen und dem zugehörigen Kind die Karte 2 übergeben.

(3) Der Vorgang (2) wird noch dreimal wiederholt, und zwar für die Karten 3, 4 und 5.

Fall 2: (1) Aus der Urne wird ein Zettel gezogen und dem zugehörigen Kind die Eintrittskarte 1 übergeben.
(2) Aus den in der Urne verbliebenen Zetteln wird ein weiterer Zettel gezogen und dem zugehörigen Kind die Karte 2 übergeben.
(3) Der Vorgang (2) wird noch dreimal wiederholt, und zwar für die Karten 3, 4 und 5.

Fall 3: Aus der Urne werden fünf Zettel gleichzeitig gezogen und den zugehörigen fünf Kindern jeweils eine der fünf (gleichartigen) Karten übergeben.

GA 108

a) $p = \dfrac{\binom{6}{0}\cdot\binom{44}{5}+\binom{6}{1}\cdot\binom{44}{4}}{\binom{50}{5}} \approx 0{,}897$

b) $p = \dfrac{\binom{m}{s}\cdot\binom{k-m}{r-s}}{\binom{k}{r}}$

GA 109 $p = \dfrac{\binom{5}{0}\cdot\binom{45}{4}}{\binom{50}{4}} + \dfrac{\binom{5}{1}\cdot\binom{45}{3}}{\binom{50}{4}} \approx 0{,}955$

GA 110 $\Omega = \{\{L_1; L_2\} \mid L_1, L_2 \in \{G_1; G_2; N_1; \ldots; N_8\} \text{ und } L_1 \neq L_2\}$ $\qquad |\Omega| = \binom{10}{2}$

a) $P(A) = \dfrac{\binom{2}{0}\cdot\binom{8}{2}}{\binom{10}{2}} \approx 0{,}622$ $\qquad P(B) = \dfrac{\binom{2}{1}\cdot\binom{8}{1}}{\binom{10}{2}} \approx 0{,}356$ $\qquad P(C) = P(\overline{A}) = 1 - P(A) \approx 0{,}378$

b) mit D = {nicht genau ein Gewinnlos unter den vier der Lostrommel entnommenen Losen}
= {kein Gewinnlos oder beide Gewinnlose unter den vier der Lostrommel entnommenen Losen}

GA 111 $\Omega_1 = \{(t_1; t_2; t_3) \mid t_1, t_2, t_3 \in \{r_1; r_2; \bar{r}_1; \bar{r}_2; \ldots; \bar{r}_6\} \text{ und } |\{t_1; t_2; t_3\}| = 3\}$
$\Omega_2 = \{\{t_1; t_2; t_3\} \mid t_1, t_2, t_3 \in \{r_1; r_2; \bar{r}_1; \bar{r}_2; \ldots; \bar{r}_6\} \text{ und } |\{t_1; t_2; t_3\}| = 3\}$

Lösung mit Zählprinzip für Tupel:

$|\Omega_1| = 8 \cdot 7 \cdot 6 = 336$

A = {der Vertreter erwischt mindestens einen „Räuber"}

$|A| = \binom{3}{1} \cdot 2 \cdot 6 \cdot 5 + \binom{3}{2} \cdot 2 \cdot 1 \cdot 6 = 216$

$P(A) = \dfrac{|A|}{|\Omega_1|} = \dfrac{216}{336} \approx 0{,}643$

Lösung mit Zählprinzip für Mengen:

$|\Omega_2| = \binom{8}{3} = 56$

$|A| = \binom{2}{1}\cdot\binom{6}{2} + \binom{2}{2}\cdot\binom{6}{1} = 36$

$P(A) = \dfrac{|A|}{|\Omega_2|} = \dfrac{36}{56} \approx 0{,}643$

Lösung mit Baumdiagramm:

1. Auswahl 2. Auswahl 3. Auswahl

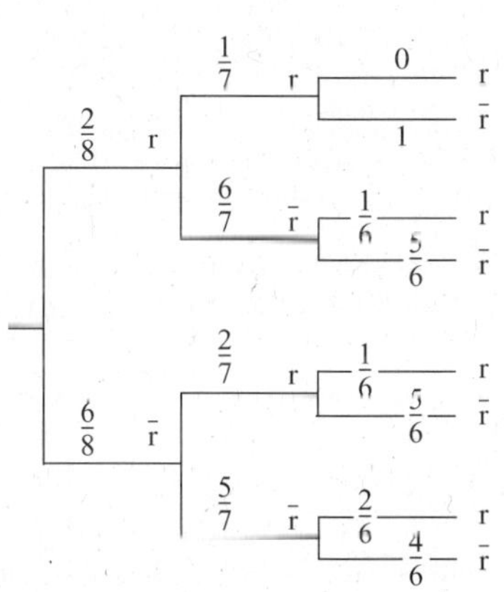

Ergebnisse	Wahrscheinlichkeiten
$(r; r; r)$	0
$(r; r; \bar{r})$	$\frac{2}{8}\cdot\frac{1}{7}$
$(r; \bar{r}; r)$	$\frac{2}{8}\cdot\frac{6}{7}\cdot\frac{1}{6}$
$(r; \bar{r}; \bar{r})$	$\frac{2}{8}\cdot\frac{6}{7}\cdot\frac{5}{6}$
$(\bar{r}; r; r)$	$\frac{6}{8}\cdot\frac{2}{7}\cdot\frac{1}{6}$
$(\bar{r}; r; \bar{r})$	$\frac{6}{8}\cdot\frac{2}{7}\cdot\frac{5}{6}$
$(\bar{r}; \bar{r}; r)$	$\frac{6}{8}\cdot\frac{5}{7}\cdot\frac{2}{6}$
$(\bar{r}; \bar{r}; \bar{r})$	$\frac{6}{8}\cdot\frac{5}{7}\cdot\frac{4}{6}$

$P(A) = \frac{2}{8}\cdot\frac{1}{7} + \frac{2}{8}\cdot\frac{6}{7}\cdot\frac{1}{6} + \frac{2}{8}\cdot\frac{6}{7}\cdot\frac{5}{6} + \frac{6}{8}\cdot\frac{2}{7}\cdot\frac{1}{6} + \frac{6}{8}\cdot\frac{2}{7}\cdot\frac{5}{6} + \frac{6}{8}\cdot\frac{5}{7}\cdot\frac{2}{6} \approx 0{,}643$ oder kürzer über das Gegenereignis $\overline{A}$

$P(A) = 1 - P(\overline{A}) = 1 - P(\{(\bar{r}; \bar{r}; \bar{r})\}) = 1 - \frac{6}{8}\cdot\frac{5}{7}\cdot\frac{4}{6} \approx 0{,}643$

GA 112

Modellannahmen: (1) Jedes Jahr habe 365 Tage, d.h., Schaltjahre sollen nicht berücksichtigt werden.
(2) Jeder Tag eines Jahres sei als Geburtstag einer Person gleichwahrscheinlich.

Simulationsmöglichkeit:

Das Zufallsexperiment „gemeinsamer Geburtstag" kann z.B. mit Hilfe der Funktion gebh simuliert werden. Ihre Funktionswerte gebh(n, x) geben jeweils die zufällige maximale Anzahl von Übereinstimmungen eines Geburtstages bei n Schülern an.

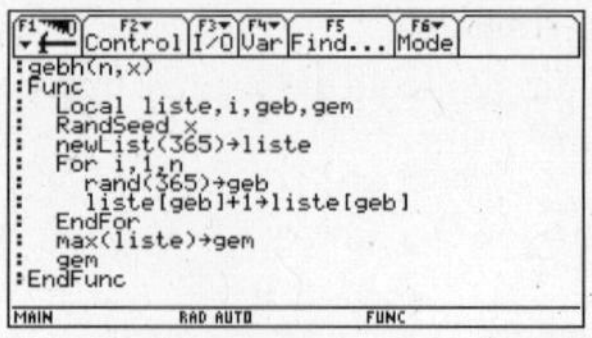

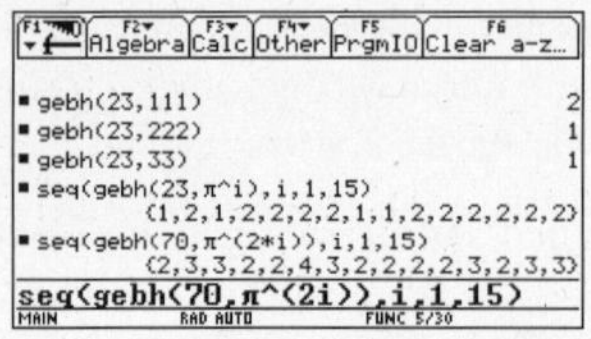

a) P({mindestens zwei von n Personen haben am gleichen Tag des Jahres Geburtstag})
= 1 – P({jede der n Personen hat an einem anderen Tag des Jahres Geburtstag})
(n ≤ 365, da ansonsten uninteressant, da gesuchte Wahrscheinlichkeit stets 1 beträgt))

$$= 1 - \frac{365 \cdot 364 \cdot \ldots \cdot (365 - n + 1)}{365^n}$$

$$= 1 - \frac{365!}{(365 - n)! \cdot 365^n} > 0{,}5 \text{ für } n \geq 23.$$

Katlen hat die größeren Gewinnchancen, wenn die Anzahl n der Lehrer der betrachteten Schule größer oder gleich 23 ist.

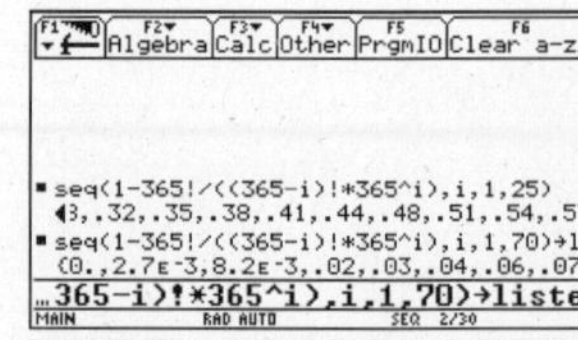

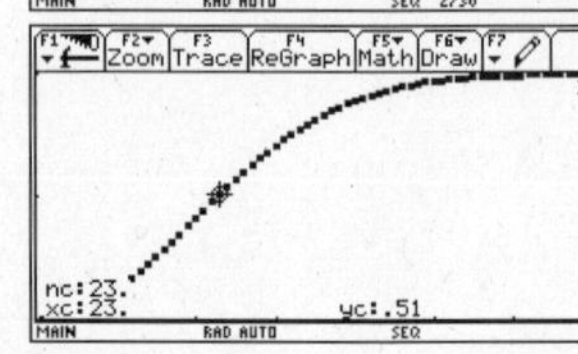

b) Simulationsmöglichkeit:

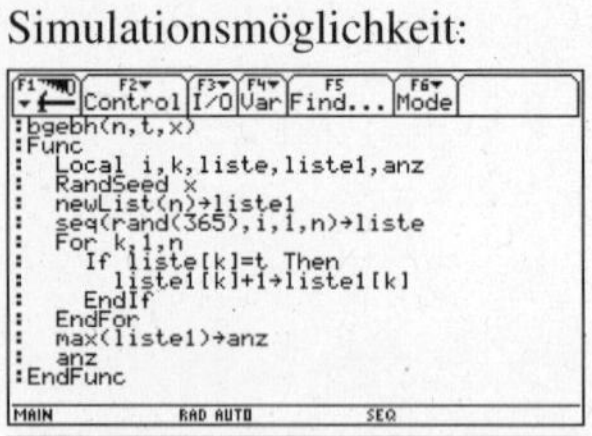

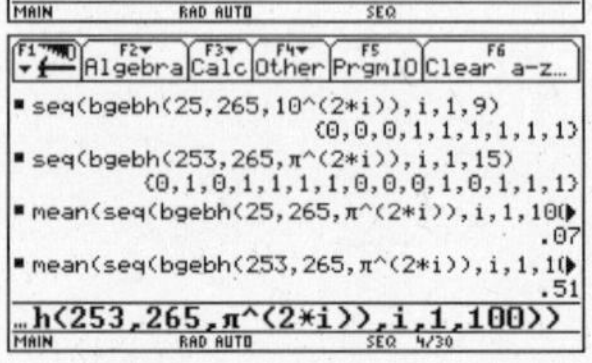

P({mindestens eine der n Personen habe am 22. September Geburtstag})
= 1 – P({keine der n Personen hat am 22. September Geburtstag})

$$\begin{aligned} 1 - \left(\frac{364}{365}\right)^n &> 0{,}5 \\ 0{,}5 &> \left(\frac{364}{365}\right)^n \\ \ln 0{,}5 &> n \cdot \ln\frac{364}{365} \\ 252{,}65\ldots = \frac{\ln 0{,}5}{\ln\frac{364}{365}} &< n \\ 253 &\leq n \end{aligned}$$

Karsten hat die größeren Gewinnchancen, wenn mehr als 252 Schüler an der Schule sind.

c)

$$\begin{aligned} 1 - \left(\frac{364}{365}\right)^n &> 0{,}90 \\ 0{,}10 &> \left(\frac{364}{365}\right)^n \\ \ln 0{,}10 &> n \cdot \ln\frac{364}{365} \\ 839{,}29\ldots = \frac{\ln 0{,}10}{\ln\frac{364}{365}} &< n \\ 840 &\leq n \end{aligned}$$

Mindestens 840 Personen wären zu befragen.

d) P({mindestens zwei von n Personen haben in demselben Monat Geburtstag})
= 1 – P({alle der n Personen haben in verschiedenen Monaten Geburtstag})

$$= \begin{cases} 1 & \text{für } n \geq 13 \\ 1 - \dfrac{12 \cdot 11 \cdot \ldots \cdot (12 - n + 1)}{12^n} = 1 - \dfrac{12!}{(12 - n)! \cdot 12^n} \end{cases}$$

GA 113

a) $P(\{3 \text{ Richtige}\}) = \dfrac{\binom{6}{3} \cdot \binom{43}{3}}{\binom{49}{6}} \approx 0{,}0177$

b) $P(\{4 \text{ Richtige}\}) = \dfrac{\binom{6}{4} \cdot \binom{43}{2}}{\binom{49}{6}} \approx 9{,}69 \cdot 10^{-4}$

c) $P(\{5 \text{ Richtige ohne Zusatzzahl}\}) = \dfrac{\binom{6}{5} \cdot \binom{43}{1}}{\binom{49}{6}} \approx 1{,}84 \cdot 10^{-5}$

d) $P(\{5 \text{ Richtige mit Zusatzzahl}\}) = \dfrac{\binom{6}{5} \cdot \binom{1}{1}}{\binom{49}{6}} \approx 4{,}29 \cdot 10^{-7}$

e) $P(A) = \dfrac{\binom{6}{6} \cdot \binom{43}{0}}{\binom{49}{6}} \approx 7{,}15 \cdot 10^{-8}$

$P(B) = \dfrac{1}{50^4} = 1{,}6 \cdot 10^{-7}$

$\Big\}\; P(B) > P(A)$

f) $P(\{(1;\, 1;\, 1;\, 1;\, 1;\, \text{Herz As})\}) = \dfrac{1}{6^3 \cdot 37^2 \cdot 52} \approx 6{,}50 \cdot 10^{-8}$

$P(\{6 \text{ Richtige im Zahlenlotto „6 aus 49"}\}) \approx 7{,}15 \cdot 10^{-8}$

GA 114

a) $P(\{\text{mindestens zwei Frauen}\}) = 1 - P(\{\text{keine oder genau eine Frau}\})$

$$= 1 - \frac{\binom{7}{3} \cdot \binom{5}{0}}{\binom{12}{3}} - \frac{\binom{7}{2} \cdot \binom{5}{1}}{\binom{12}{3}} = 0{,}\overline{36}$$

b) $P(\{\text{genau zwei Frauen}\}) = \dfrac{\binom{7}{1} \cdot \binom{5}{2}}{\binom{12}{3}} = 0{,}3\overline{18}$

c) P({höchstens eine Frau}) $= \dfrac{\binom{7}{3}\cdot\binom{5}{0}}{\binom{12}{3}} + \dfrac{\binom{7}{2}\cdot\binom{5}{1}}{\binom{12}{3}} = 0{,}\overline{63}$

d) P({mindestens eine Frau}) $= 1 - P(\{\text{keine Frau}\}) = 1 - \dfrac{\binom{7}{3}\cdot\binom{5}{0}}{\binom{12}{3}} = 0{,}84\overline{09}$

e) P({mehr Männer als Frauen}) = P({genau 3 Männer}) + P({genau zwei Männer}) $= \dfrac{\binom{7}{3}\cdot\binom{5}{0}+\binom{7}{2}\cdot\binom{5}{1}}{\binom{12}{3}} = 0{,}\overline{63}$

GA 115

a) $\dfrac{\binom{4}{2}\cdot\binom{n-4}{0}}{\binom{n}{2}} = \dfrac{\frac{4!}{2!2!}}{\frac{n!}{2!(n-2)!}} = \dfrac{3\cdot 2\cdot 2}{(n-1)\cdot n} = \dfrac{1}{63}$

oder $\quad 756 = n^2 - n$

$\dfrac{\binom{2}{2}\cdot\binom{n-2}{2}}{\binom{n}{4}} = \dfrac{1}{63}$ $\quad 0 = n^2 - n - 756$

$n_{1,2} = \frac{1}{2} \pm \sqrt{\frac{1}{4} + 576} = \frac{1}{2} \pm 27{,}5$ $\quad n_1 = 28 \quad n_2 = -27 \notin \mathbb{N}$

b) $\dfrac{\binom{4}{2}\cdot\binom{n-4}{1}}{\binom{n}{3}} = \dfrac{\frac{4!}{2!2!}\cdot(n-4)}{\frac{n!}{3!(n-3)!}} = \dfrac{6^2(n-4)}{(n-2)(n-1)n} = \dfrac{4}{91} \Rightarrow$ $\quad n_1 = 28$

oder $\quad n_2 \approx 4{,}03 \notin \mathbb{N}$

$\dfrac{\binom{3}{2}\cdot\binom{n-3}{2}}{\binom{n}{4}} = \dfrac{4}{91}$ $\quad n_3 \approx -29{,}03 \notin \mathbb{N}$

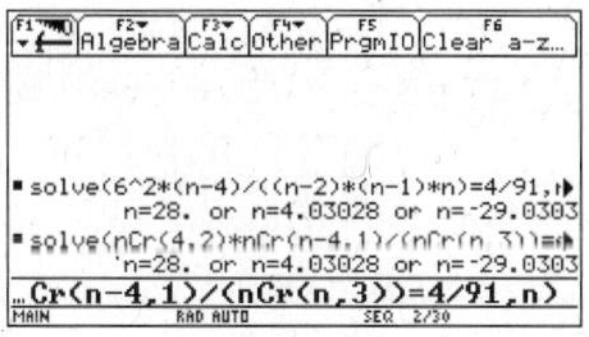

GA 116

P({genau 4 blaue Kugeln}) $= \dfrac{\binom{x}{4}\cdot\binom{20-x}{6}}{\binom{20}{10}} = 0{,}24$ $\quad x \in \mathbb{N},\ x \geq 4,\ 20 - x \geq 6 \ \Rightarrow\ 4 \leq x \leq 14$

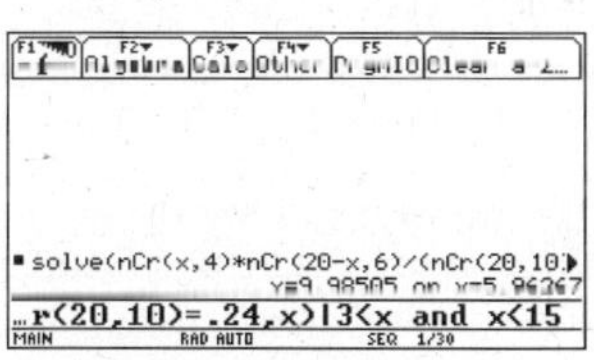

$x_1 \approx 9{,}99$

$x_2 \approx 5{,}96 \Rightarrow x = 10$ oder $x = 6$

GA 117

1	2		3	4		5	6		7	8
I			II			III			IV	

A = {beide auf dieselbe Bank}

Modellvariante 1.

Zuerst wählt Philipp Ka. eine *Bank* aus und dann entscheidet sich Philipp Ke. für eine *Bank*, und zwar jeweils „auf gut Glück“.

$\Omega_1 = \{(a; b) \mid a, b \in \{I; II; III; IV\}\}$ $\qquad |\Omega_1| = 4 \cdot 4 = 16$

$P(A) = P(\{(I; I), (II; II), (III; III), (IV; IV)\}) = \frac{4}{16} = 0{,}25$

Carolins Behauptung ist richtig, *wenn* man *Modellvariante 1* wählt.

Modellvariante 2:

Zuerst wählt Philipp Ka. einen *Sitzplatz* aus und dann entscheidet sich Philipp Ke. für einen der noch freien *Sitzplätze*, und dies jeweils „auf gut Glück“.

$\Omega_2 = \{(i; j) \mid i, j \in \{1; \ldots; 8\} \text{ und } i \neq j\}$ $\qquad |\Omega_2| = 8 \cdot 7 = 56$

$P(A) = P(\{(1; 2), (2; 1), (3; 4), (4; 3), (5; 6), (6; 5), (7; 8), (8; 7)\}) = \frac{8}{56} = \frac{1}{7} < 0{,}15$ und $\dfrac{P(A)}{P(\overline{A})} = \dfrac{\frac{1}{7}}{\frac{6}{7}} = 1:6$

Sowohl Karolines als auch Konstantins Behauptung ist richtig, *wenn* man *Modellvariante 2* wählt.

G 2.7 Simulation mithilfe von Zufallszahlen

GA 118

Lösung mithilfe des im Beispiel G 11, Lehrbuch, S. 278, definierten Funktionsterms abshauf(liste, ergebnis) oder relhauf(liste, k)

$h_{100}(\{5\}) = 0{,}19$

$h_{100}(\{2; 4\}) = 0{,}24$

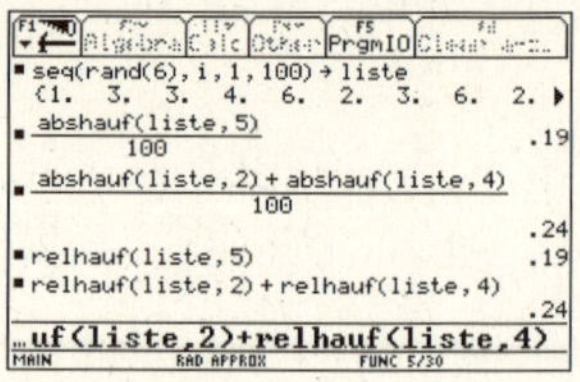

GA 119

a) z. B. einmaliges Werfen einer idealen Münze; 2 für Wappen und 1 für Zahl

b) z. B. zwanzigmaliges Drehen eines LAPLACE-Glücksrades mit genau 10 gleich großen Sektoren, die von 1 bis 10 durchnummeriert sind; zwanzigelementige Liste von Funktionswerten i für Sektor i mit $i \in \{1; 2; \ldots; 9; 10\}$

c) z. B. einhundertmaliges Werfen eines idealen Würfels, dessen Seitenflächen mit den Augenzahlen 1 bis 6 durchnummeriert sind, und eines idealen Tetraeders, dessen Seitenflächen mit den Augenzahlen 1 bis 4 durchnummeriert sind, sowie Registrieren der geworfenen Augensumme; 100-elementige Liste von Funktionswerten i für Augensumme i mit $i \in \{2; 3; \ldots; 9; 10\}$

d) z. B. einmaliges Werfen zweier idealer Würfel, deren Seitenflächen jeweils mit den Augenzahlen von 1 bis 6 durchnummeriert sind, und Registrieren der Augensummen; Funktionswert i für Augensumme i mit $i \in \{2; 3; \ldots; 11; 12\}$

e) z. B. einmaliges Werfen eines idealen Würfels, dessen Seitenflächen mit den Augenzahlen von 1 bis 6 durchnummeriert sind, und Registrieren des Doppelten der geworfenen Augenzahl; Funktionswert i für das Doppelte der Augenzahl $\frac{i}{2}$ für $i \in \{2; 4; 6; 8; 10; 12\}$

f) z. B. zweimaliges Werfen eines idealen Tetraeders, dessen Seitenflächen mit den Augenzahlen 1 bis 4 durchnummeriert sind, und Registrieren des geworfenen Augenzahlproduktes; Funktionswert i für geworfene Augenzahlen k und l mit $k \cdot l = i$, wobei $i \in \{1; 2; 3; 4; 6; 8; 9; 12; 16\}$

g) z. B. einmaliges Werfen eines idealen Tetraeders, dessen Seitenflächen mit den Augenzahlen 1 bis 4 durchnummeriert sind, und Registrieren des Quadrates der geworfenen Augenzahl; Funktionswert i für geworfene Augenzahl $\sqrt{i}$ mit $i \in \{1; 4; 9; 16\}$

h) z. B. dreimaliges Werfen eines schwarzen und eines weißen idealen Würfels, dessen Seitenflächen jeweils mit den Augenzahlen 1 bis 6 durchnummeriert sind, und Registrieren der beiden geworfenen Augenzahlen; dreizeilige Matrix von zweielementigen Funktionswertlisten {i; j} für geworfene Augenzahl i vom schwarzen und geworfene Augenzahl j vom weißen Würfel mit $i, j \in \{1; 2; 3; 4; 5; 6\}$

GA 120

a)

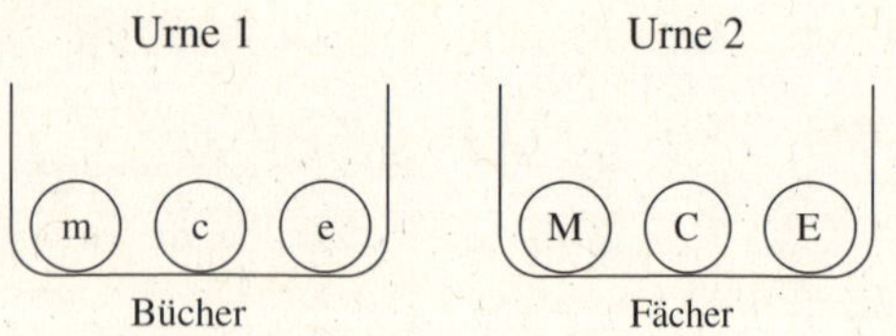

Variante 1:
Sowohl aus Urne 1 als auch aus der Urne 2 wird jeweils dreimal nacheinander und ohne Zurücklegen genau eine Kugel entnommen.
Variante 2:
Aus der Urne 1 wird dreimal nacheinander und ohne Zurücklegen genau eine Kugel entnommen. Dabei gebe die erst gezogene Kugel an, welches Buch in das Fach M, die zweitgezogene, welches Buch in das Fach C und die zuletzt gezogene Kugel, welches Buch in das Fach E gelegt wird.

b) mithilfe von Zufallszahlen (Lehrbuch S. 386)

Zufallszahlen	M	C	E	Anzahl der Übereinstimmungen
4 5̸ 5̸ 0̸ 0̸ 1 8	c	m	e	1
3 7 8̸ 0̸ 6	m	e	c	1
0̸ 8 6 7̸ 9̸ 2	e	c	m	1
0̸ 0̸ 5 7 7̸ 6̸ 6̸ 7̸ 2	c	e	m	0

1; 2; 3 Buch m
4; 5; 6 Buch c
7; 8; 9 Buch e
0 ignorieren

mithilfe von (Pseudo-)Zufallszahlen des TR

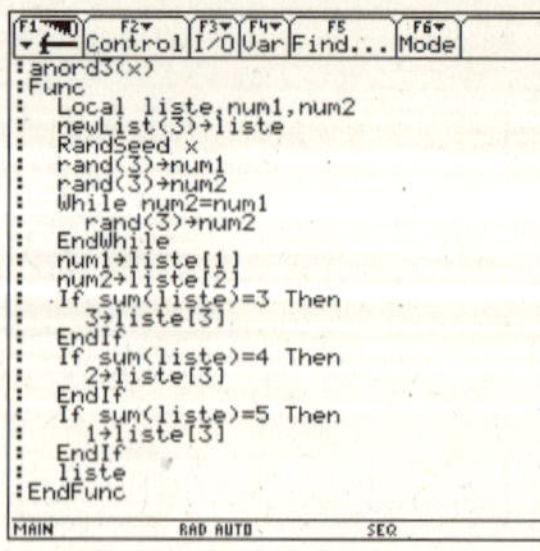

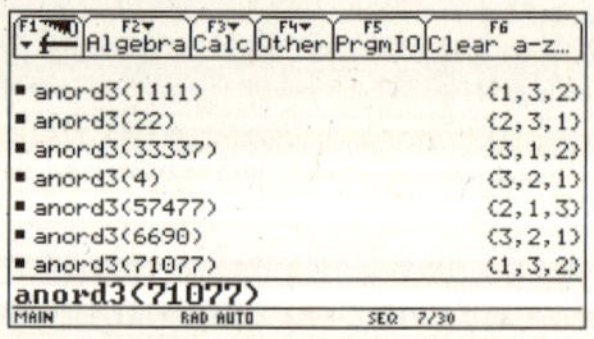

c) Baumdiagramm:

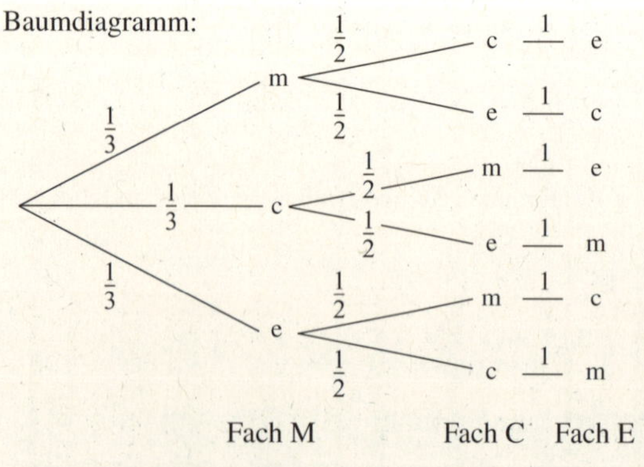

$(m; c; e) \in A_3$

$(m; e; c) \in A_1$

$(c; m; e) \in A_1$

$(c; e; m) \in A_0$

$(e; m; c) \in A_0$

$(e; c; m) \in A_1$

$|\Omega| = 6$

$P(A_0) = \frac{2}{6} = 0{,}\overline{3}$

$P(A_1) = \frac{3}{6} = 0{,}5$

$P(A_2) = \frac{0}{6} = 0$

$P(A_3) = \frac{1}{6} = 0{,}1\overline{6}$

GA 121 Wesentlich vereinfacht werden kann die Aufgabe durch folgenden Hinweis:
Die Menge aller Punkte P(x; y) mit $x^2 + y^2 \le r^2$ und x, y ∈ [0; r] liegen im Innern oder auf dem Rand des Viertelkreises im I. Quadranten mit dem Mittelpunkt im Koordinatenursprung und dem Radius r.

a) Mit „For i, 1, n
rand(101) – 1 → y
rand(101) – 1 → z“

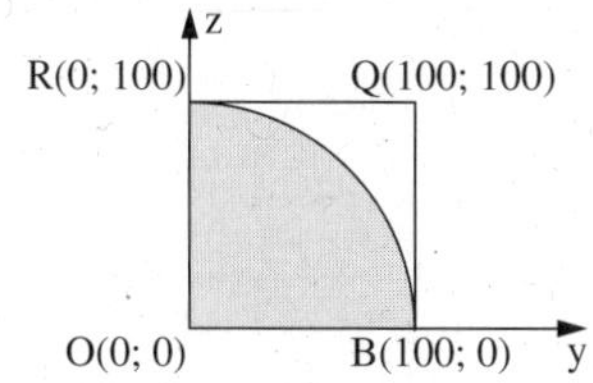

werden n (Gitternetz-)Zufallspunkte (y; z) auf dem Quadrat OBQR mit dem Flächeninhalt A_{Qu} erzeugt.
„anz“ gibt die Anzahl derjenigen Zufallspunkte an, die auf der schraffierten Viertelkreisfläche A_{Vk} liegen, da nach dem Satz des PYTHAGORAS bzw. der Kreisgleichung auf dem Viertelkreis alle erzeugten Punkte (y; z) mit $y^2 + z^2 = 100^2$ liegen.

Mit „$\frac{anz}{n}$“ wird die relative Häufigkeit $h_n(F)$ für das Ereignis F = {ein Zufallspunkt fällt auf die Viertelkreisfläche} errechnet.
Für die zugehörige (geometrische) Wahrscheinlichkeit gilt $P(F) = \frac{A_{Vk}}{A_{Qu}} = \frac{\frac{1}{4}\pi \cdot 100^2}{100^2} = \frac{1}{4}\pi \approx h_n(F) = \frac{anz}{n}$ für hinreichend große n-Werte.
Also wird mit $4 \cdot \frac{anz}{n}$ ein Näherungswert für π ermittelt, was zu begründen war.

b) 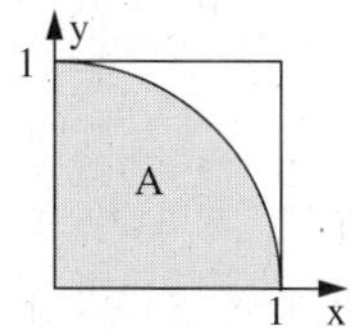

Es gilt $A = \frac{1}{4}\pi r^2$ mit $r = 1 \Rightarrow 4A = \pi$

$sum(int(liste1^2 + liste2^2))$ gibt die Anzahl der Punkte unter den 200 Zufallspunkten (liste1[i]; liste2[i]) (i ∈ {1; 2; …; 200}) des Einheitsquadrats an, die nicht innerhalb des Viertelkreises liegen, da nach dem Satz des PYTHAGORAS bzw. der Kreisgleichung auf dem Viertelkreis alle erzeugten Punkte (x; y) mit $x^2 + y^2 = 1$ liegen.

$200 - sum(int(liste1^2 + liste2^2))$ gibt die Anzahl der Punkte unter den 200 Zufallspunkten (x; y) = (liste1[i]; liste2[i]) (i ∈ {1; 2; …; 200}) des Einheitsquadrats an, die innerhalb des Viertelkreises liegen.

$\frac{200 - sum(int(liste1^2 + liste2^2))}{200}$ gibt die relative Häufigkeit $h_{200}(E)$ an, mit der ein im Einheitsquadrat erzeugter Zufallspunkt (liste1[i]; liste2[i]) im Viertelkreis liegt.

Damit gilt $h_{200}(E) \approx P(E) = \frac{A}{1^2} = A = \frac{1}{4}\pi$, d.h.

$\frac{200 - sum(int(liste1^2 + liste2^2)) \cdot 4}{200}$ als das Vierfache von $h_{200}(E)$ ist eine Näherung von π, was zu begründen war.

GA 122 *Aufgaben zur Selbstkontrolle*

a) Ein LAPLACE-Experiment ist ein Zufallsexperiment, dessen atomare Ereignisse alle dieselbe Wahrscheinlichkeit besitzen.

b) Für die Wahrscheinlichkeit eines derartigen Ereignisses A gilt $P(A) = \frac{|A|}{|\Omega|}$.

c) *Wahrscheinlichkeit eines atomaren Ereignisses* {e} als Pfadwahrscheinlichkeit, d.h. Produkt aller Wahrscheinlichkeiten längs des Pfades, der zu dem Ergebnis e führt, also durch Anwenden der ersten Pfadregel
Wahrscheinlichkeit eines zusammengesetzten Ereignisses A als Summe der Pfadwahrscheinlichkeiten aller zu A gehörenden Ergebnisse, d.h. durch Anwenden der zweiten Pfadregel

d) (1) $P(\{\text{genau k blaue Kugeln}\}) = \frac{\binom{K}{k} \cdot \binom{N-K}{n-k}}{\binom{N}{n}}$

(2) $P(\{\text{genau k blaue Kugeln}\}) = \frac{\binom{n}{k} \cdot K^k \cdot (N-K)^{n-k}}{N^n} = \binom{n}{k} \frac{K^k}{N^k} \cdot \frac{(N-K)^{n-k}}{N^{n-k}} = \binom{n}{k} \cdot \left(\frac{K}{N}\right)^k \cdot \left(1 - \frac{K}{N}\right)^{n-k}$

e) falsch f) falsch g) wahr

h) wahr (dabei meint man unter „Anordnen“ ein Anordnen in einer Reihe im Sinne des Bildens von n-Tupeln.)

i) … der n-Tupel, deren Koordinaten paarweise verschiedene Elemente einer n-elementigen Menge sind.

j) … der k-Tupel, für deren Koordinaten es jeweils n Auswahlmöglichkeiten gibt.

k) … der Möglichkeiten, k Elemente aus einer n-elementigen Menge auszuwählen.

l) n! ist das Produkt und $\binom{n+1}{2} = \frac{n \cdot (n+1)}{2}$ die Summe jeweils der ersten n positiven natürlichen Zahlen.

m) achtmaliges Werfen eines L-Tetraeders und eines L-Würfels, wobei jeweils die Augensumme registriert wird

G 3 Bedingte Wahrscheinlichkeiten

G 3.1 Der Begriff *bedingte Wahrscheinlichkeit;* allgemeiner Multiplikationssatz

GA 123

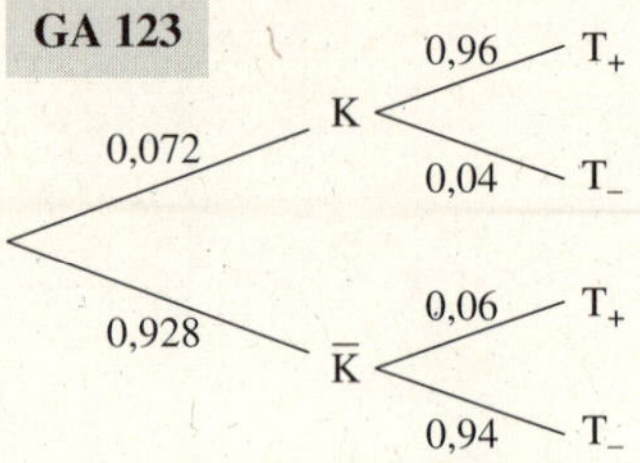

a) $P_{T_+}(K) = \frac{P(K \cap T_+)}{P(T_+)} = \frac{0{,}072 \cdot 0{,}96}{0{,}072 \cdot 0{,}96 + 0{,}928 \cdot 0{,}06} \approx 0{,}55$

b) $P_{T_-}(\overline{K}) = \frac{P(\overline{K} \cap T_-)}{P(T_-)} = \frac{0{,}928 \cdot 0{,}94}{0{,}072 \cdot 0{,}04 + 0{,}928 \cdot 0{,}94} = 0{,}9967\ldots \approx 1{,}0$

c) $P_{T1_+ \cap T2_+}(K) = \frac{P(K \cap T1_+ \cap T2_+)}{P(T1_+ \cap T2_+)} = \frac{0{,}072 \cdot 0{,}96^2}{0{,}072 \cdot 0{,}96^2 + 0{,}928 \cdot 0{,}06^2} \approx 0{,}95$

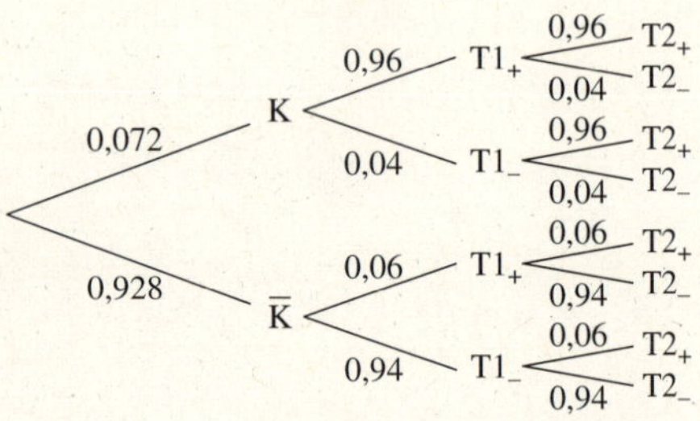

d)

$$P_{T_+}(K) = \frac{P(K \cap T_+)}{P(T_+)} = \begin{cases} \frac{0{,}0072 \cdot 0{,}96}{0{,}0072 \cdot 0{,}96 + 0{,}9928 \cdot 0{,}06} \approx 0{,}10 & \text{für } P(K) = 0{,}0072 \\ \frac{0{,}72 \cdot 0{,}96}{0{,}72 \cdot 0{,}96 + 0{,}28 \cdot 0{,}06} \approx 0{,}98 & \text{für } P(K) = 0{,}72 \end{cases}$$

$$P_{T_-}(\overline{K}) = \frac{P(\overline{K} \cap T_-)}{P(T_-)} = \begin{cases} \frac{0{,}9928 \cdot 0{,}94}{0{,}0072 \cdot 0{,}04 + 0{,}9928 \cdot 0{,}94} = 0{,}99969\ldots \approx 1{,}0 & \text{für } P(K) = 0{,}0072 \\ \frac{0{,}28 \cdot 0{,}94}{0{,}72 \cdot 0{,}04 + 0{,}28 \cdot 0{,}94} \approx 0{,}90 & \text{für } P(K) = 0{,}72 \end{cases}$$

GA 124

a) $\frac{1593{,}2}{1968{,}0} \approx 0{,}81$ b) $\frac{460{,}4}{1968{,}0} \approx 0{,}23$ c) $\frac{549{,}9}{1593{,}2} \approx 0{,}35$

d) $\frac{549{,}9 + 62{,}1 + 338{,}2}{1593{,}2} \approx 0{,}60$ e) $\frac{549{,}9}{549{,}9 + 62{,}1 + 338{,}2} \approx 0{,}58$ f) $\frac{549{,}9 + 338{,}2}{549{,}9 + 62{,}1 + 338{,}2} \approx 0{,}93$

g) $\frac{1968{,}0 - 1593{,}2}{1968{,}0} + \frac{1593{,}2 - 549{,}9 - 460{,}4 - 54{,}2 - 62{,}1 - 338{,}2}{1593{,}2} \approx 0{,}27$

GA 125

a)

	A	$\overline{A}$	
B	0,140	0,245	0,385
$\overline{B}$	0,235	0,380	0,615
	0,375	0,625	

b)

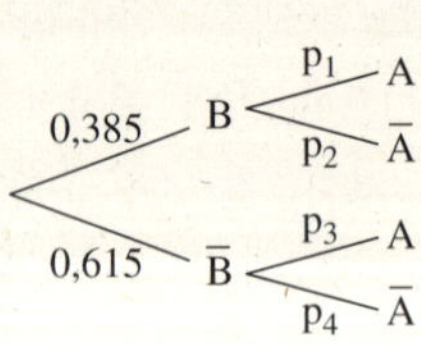

$p_1 = P_B(A) = \frac{P(B \cap A)}{P(B)} = \frac{0{,}140}{0{,}385} \approx 0{,}364$

$p_2 = P_B(\overline{A}) = 1 - p_1 \approx 0{,}636$

$p_3 = P_{\overline{B}}(A) = \frac{P(\overline{B} \cap A)}{P(\overline{B})} = \frac{0{,}235}{0{,}615} \approx 0{,}382$

$p_4 = P_{\overline{B}}(\overline{A}) = 1 - p_3 \approx 0{,}618$

c) Die B-Partei erreichte **38,5%** der abgegebenen gültigen Zweitstimmen. Diese Stimmen kamen überwiegend (zu **63,6%**) von Wählerinnen und Wählern bis zu 45 Jahren. Bei den Wählern der übrigen Parteien macht diese Altersgruppe im Mittel **61,8%** des Stimmenanteils aus.

d)

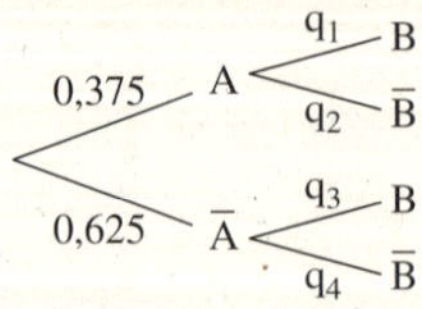

$q_1 = P_A(B) = \frac{P(A \cap B)}{P(A)} = \frac{0{,}140}{0{,}375} \approx 0{,}373$

$q_2 = P_A(\overline{B}) = 1 - q_1 \approx 0{,}627$

$q_3 = P_{\overline{A}}(B) = \frac{P(\overline{A} \cap B)}{P(\overline{A})} = \frac{0{,}245}{0{,}625} \approx 0{,}392$

$q_4 = P_{\overline{A}}(\overline{B}) = 1 - q_3 \approx 0{,}608$

Besäßen nur Bürgerinnen und Bürger über 45 Jahren das Wahlrecht, hätte die B-Partei nur etwas mehr als ein Drittel der Stimmen erreicht (nämlich **37,3%**). Unter den Wählerinnen und Wählern bis 45 Jahre, die **62,5%** der Wählerschaft stellen, erhält sie knapp 40% (**39,2%**).

GA 126

A: $\frac{15886{,}7}{82057{,}4} \approx 0{,}194$ B: $\frac{7732{,}0}{82057{,}4} \approx 0{,}0942$ C: $\frac{31837{,}6}{82057{,}4} \approx 0{,}388$ D: $\frac{8154{,}7 + 34333{,}1}{82057{,}4} \approx 0{,}518$

E: $1 - \frac{31837{,}6}{82057{,}4} \approx 0{,}612$ F: $\frac{34333{,}1}{82057{,}4} \approx 0{,}418$ G: $\frac{8154{,}7}{7732{,}0 + 8154{,}7} \approx 0{,}513$ H: $\frac{8154{,}7}{8154{,}7 + 31837{,}6} \approx 0{,}204$

GA 127

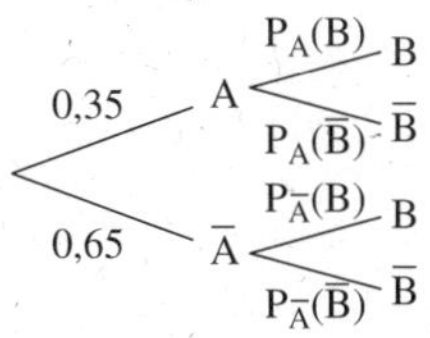

$0{,}10 \Rightarrow P_A(B) = \frac{P(A \cap B)}{P(A)} = \frac{0{,}10}{0{,}35} \approx 0{,}29$

$0{,}25 \Rightarrow P_A(\overline{B}) = 1 - P_A(B) \approx 0{,}71$

$0{,}20 \Rightarrow P_{\overline{A}}(B) = \frac{P(\overline{A} \cap B)}{P(\overline{A})} = \frac{0{,}20}{0{,}65} \approx 0{,}31$

$0{,}45 \Rightarrow P_{\overline{A}}(\overline{B}) = 1 - P_{\overline{A}}(B) \approx 0{,}69$

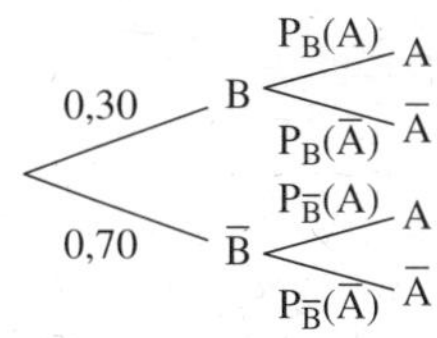

$0{,}10 \Rightarrow P_B(A) = \frac{P(B \cap A)}{P(B)} = \frac{0{,}10}{0{,}30} \approx 0{,}33$

$0{,}20 \Rightarrow P_B(\overline{A}) = 1 - P_B(A) \approx 0{,}67$

$0{,}25 \Rightarrow P_{\overline{B}}(A) = \frac{P(\overline{B} \cap A)}{P(\overline{B})} = \frac{0{,}25}{0{,}70} \approx 0{,}36$

$0{,}45 \Rightarrow P_{\overline{B}}(\overline{A}) = 1 - P_{\overline{B}}(A) \approx 0{,}64$

GA 128

	B	$\overline{B}$	
A	0,25	**0,45**	0,70
$\overline{A}$	**0,15**	**0,15**	**0,30**
	0,40	**0,60**	

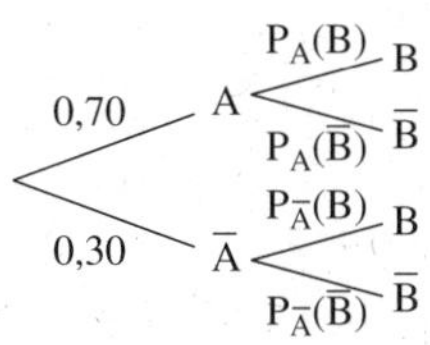

$0{,}25 \Rightarrow P_A(B) = \frac{P(A \cap B)}{P(A)} = \frac{0{,}25}{0{,}70} \approx 0{,}36$

$0{,}45 \Rightarrow P_A(\overline{B}) = 1 - P_A(B) \approx 0{,}64$

$0{,}15 \Rightarrow P_{\overline{A}}(B) = \frac{P(\overline{A} \cap B)}{P(\overline{A})} = \frac{0{,}15}{0{,}30} = 0{,}50$

$0{,}15 \Rightarrow P_{\overline{A}}(\overline{B}) = 1 - P_{\overline{A}}(B) = 0{,}50$

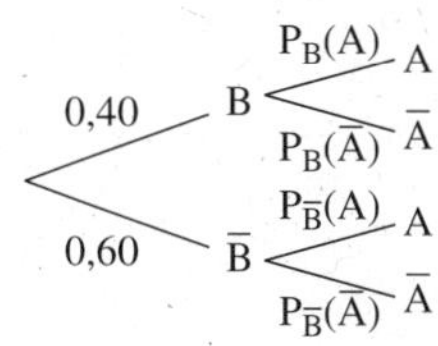

$0{,}25 \Rightarrow P_B(A) = \frac{P(B \cap A)}{P(B)} = \frac{0{,}25}{0{,}40} \approx 0{,}63$

$0{,}15 \Rightarrow P_B(\overline{A}) = 1 - P_B(A) \approx 0{,}37$

$0{,}45 \Rightarrow P_{\overline{B}}(A) = \frac{P(\overline{B} \cap A)}{P(\overline{B})} = \frac{0{,}45}{0{,}60} = 0{,}75$

$0{,}15 \Rightarrow P_{\overline{B}}(\overline{A}) = 1 - P_{\overline{B}}(A) = 0{,}25$

GA 129

a) *Lösungsvariante 1:*

$P_A(B) = \frac{P(A \cap B)}{P(A)} = \frac{0{,}37}{0{,}71} \approx 0{,}52$ $\qquad P_B(A) = \frac{P(B \cap A)}{P(B)} = \frac{0{,}37}{0{,}43} \approx 0{,}86$

$P(A \cup B) = P(A) + P(B) - P(A \cap B) = 0{,}71 + 0{,}43 - 0{,}37 = 0{,}77$

$P_{\overline{A}}(\overline{B}) = \frac{P(\overline{A} \cap \overline{B})}{P(\overline{A})} = \frac{P(\overline{A \cup B})}{1 - P(A)} = \frac{1 - P(A \cup B)}{1 - P(A)} = \frac{1 - 0{,}77}{1 - 0{,}71} \approx 0{,}79$

$P_{\overline{B}}(\overline{A}) = \frac{P(\overline{B} \cap \overline{A})}{P(\overline{B})} = \frac{P(\overline{A \cup B})}{1 - P(B)} = \frac{1 - P(A \cup B)}{1 - P(B)} = \frac{1 - 0{,}77}{1 - 0{,}43} \approx 0{,}40$

Lösungsvariante 2: Mittels der Vierfeldertafel

	B	$\overline{B}$	
A	<u>0,37</u>	0,34	<u>0,71</u>
$\overline{A}$	0,06	0,23	0,29
	<u>0,43</u>	0,57	

$P_A(B) = \frac{0{,}37}{0{,}71} \approx 0{,}52$ $\qquad P_B(A) = \frac{0{,}37}{0{,}43} \approx 0{,}86$

$P(A \cup B) = 0{,}06 + 0{,}37 + 0{,}34 = 1 - 0{,}23 = 0{,}77$

$P_{\overline{A}}(\overline{B}) = \frac{0{,}23}{0{,}29} \approx 0{,}79$ $\qquad P_{\overline{B}}(\overline{A}) = \frac{0{,}23}{0{,}57} \approx 0{,}40$

Lösungsvariante 3: Mittels der beiden zugehörigen Baumdiagramme

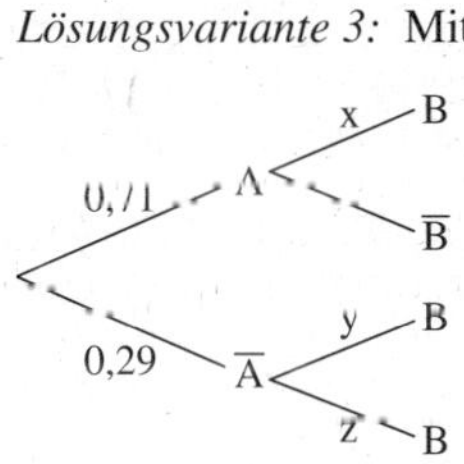

$P(A \cap B) = 0{,}71 \cdot x$

$0{,}37 = 0{,}71 \cdot x \qquad \Rightarrow x = P_A(B) = \frac{0{,}37}{0{,}71} \approx 0{,}52$

$P(B) = 0{,}71 \cdot x + 0{,}29 \cdot y$

$0{,}43 = 0{,}71 \cdot \frac{0{,}37}{0{,}71} + 0{,}29 \cdot y \qquad \Rightarrow y = (0{,}43 - 0{,}37) : 0{,}29 \approx 0{,}2069$

$z = P_{\overline{A}}(\overline{B}) = 1 - y \approx 0{,}79 \qquad P(A \cup B) = 0{,}71 + 0{,}29 \cdot y \approx 0{,}77$

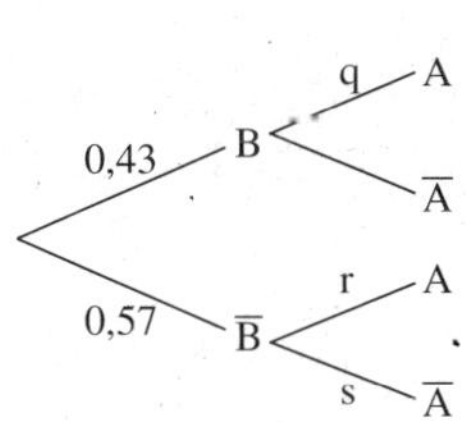

$P(A \cap B) = 0{,}43 \cdot q$

$0{,}37 = 0{,}43 \cdot q \qquad \Rightarrow q = P_B(A) = \frac{0{,}37}{0{,}43} \approx 0{,}86$

$P(A) = 0{,}43 \cdot q + 0{,}57 \cdot r$

$0{,}71 = 0{,}43 \cdot \frac{0{,}37}{0{,}43} + 0{,}57 \cdot r \qquad \Rightarrow r \approx (0{,}71 - 0{,}37) : 0{,}57 \approx 0{,}5965$

$P_{\overline{A}}(\overline{B}) = s = 1 - r \approx 0{,}40$

b) *Lösungsvariante 1:*

$P_A(B) = \frac{P(A \cap B)}{P(A)} = \frac{0{,}28}{0{,}39} \approx 0{,}72$

$P_B(A) = \frac{P(B \cap A)}{P(B)} = \frac{P(A \cap B)}{P(A \cup B) - P(A) + P(A \cap B)} = \frac{0{,}28}{0{,}81 - 0{,}39 + 0{,}28} = 0{,}40$

$P(A \cup B) = 0{,}81$

$P_{\overline{A}}(\overline{B}) = \frac{P(\overline{A} \cap \overline{B})}{P(\overline{A})} = \frac{P(\overline{A \cup B})}{1 - P(A)} = \frac{1 - P(A \cup B)}{1 - P(A)} = \frac{1 - 0{,}81}{1 - 0{,}39} \approx 0{,}31$

$$P_{\overline{B}}(\overline{A}) = \frac{P(\overline{B} \cap \overline{A})}{P(\overline{B})} = \frac{P(\overline{A \cup B})}{1 - P(B)} = \frac{1 - 0{,}81}{1 - (0{,}81 - 0{,}39 + 0{,}28)} \approx 0{,}63$$

Lösungsvariante 2: Mittels der Vierfeldertafel

	B	$\overline{B}$	
A	0,28	0,11	0,39
$\overline{A}$	0,81 – 0,39 = 0,42	0,19	0,61
	0,70	0,30	

$P_A(B) = \frac{0{,}28}{0{,}39} \approx 0{,}72$ $\qquad P_B(A) = \frac{0{,}28}{0{,}70} \approx 0{,}40$

$P(A \cup B) = 0{,}81$

$P_{\overline{A}}(\overline{B}) = \frac{0{,}19}{0{,}61} \approx 0{,}31$ $\qquad P_{\overline{B}}(\overline{A}) = \frac{0{,}19}{0{,}30} \approx 0{,}63$

Lösungsvariante 3: Mittels der beiden zugehörigen Baumdiagramme

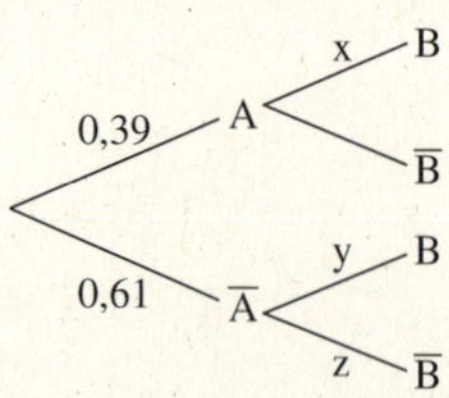

$P(A \cap B) = 0{,}39 \cdot x$

$0{,}28 = 0{,}39 \cdot x \qquad \Rightarrow x = P_A(B) = \frac{0{,}28}{0{,}39} \approx 0{,}72$

$P(A \cup B) = 0{,}81$

$P(A \cup B) = 0{,}39 + 0{,}61 \cdot y \qquad \Rightarrow y = (0{,}81 - 0{,}39) : 0{,}61 \approx 0{,}6885$

$z = P_{\overline{A}}(\overline{B}) = 1 - y \approx 0{,}31$

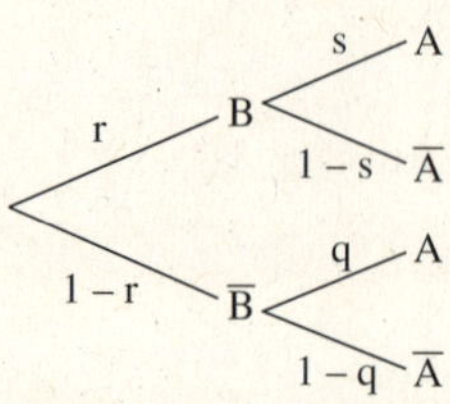

$P(A \cap B) = 0{,}28 = r \cdot s$

$P(A) = 0{,}39 = r \cdot s + (1 - r) \cdot q$

$P(A \cup B) = 0{,}81 = P(A \cup B) = r + (1 - r) \cdot q$

$$\begin{array}{rl} 0{,}39 = 0{,}28 + (1-r) \cdot q & \\ 0{,}81 = \quad r + (1-r) \cdot q & \Big| - \\ \hline -0{,}42 = 0{,}28 - r & \\ r = 0{,}70 & \\ q = (0{,}39 - 0{,}28) : (1 - 0{,}70) \approx 0{,}37 & \end{array}$$

$P_B(A) = s = \frac{0{,}28}{0{,}70} = 0{,}40$

$P_{\overline{B}}(\overline{A}) = 1 - q \approx 0{,}63$

c) Aussage 1 ist wahrscheinlicher:
P({Patrick ist Mitglied eines Segelclubs}) = P(A) ≥ P(A ∩ B) = P({Patrick ist Mitglied eines Segelclubs und studiert Informatik})
nach Eigenschaft (8), siehe Lehrbuch, S. 279, weil A ∩ B stets eine Teilmenge von A ist.
oder
nach

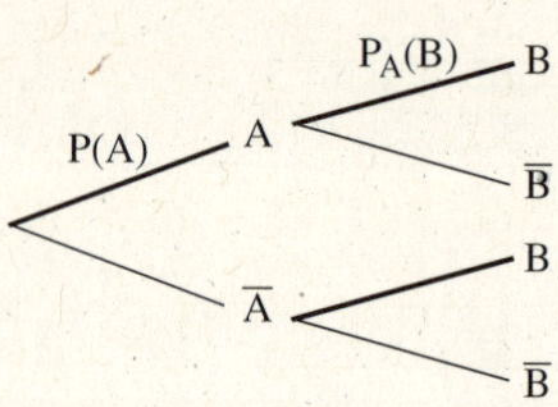

$P(A \cap B) = P(A) \cdot P_A(B) \le P(A) \cdot 1 = P(A)$

GA 130

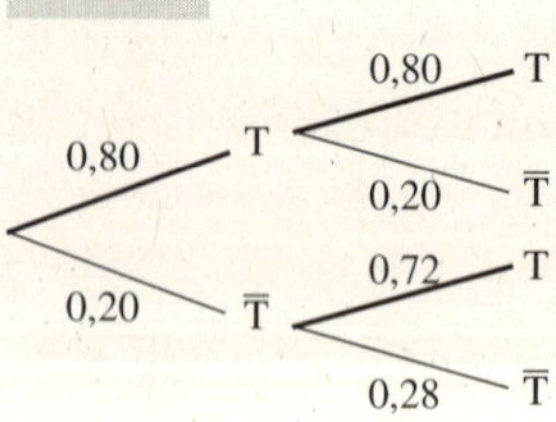

90% von 80 = 0,90 · 0,80 = 0,72

Lösungsvariante 1:
$P(E) = 0{,}80 + 0{,}20 \cdot 0{,}72 \approx 0{,}94$

Lösungsvariante 2:
$P(E) = 1 - P(\overline{E}) = 1 - 0{,}20 \cdot 0{,}28 \approx 0{,}94$

GA 131

a) $P(A) = \frac{25}{50} = 0{,}50$

$P(B) = \frac{16}{50} = 0{,}32$

$P(C) = \frac{12}{50} = 0{,}24$

$P(D) = \frac{4}{50} = 0{,}08$

b) $P_A(B) = \frac{P(A \cap B)}{P(A)} = \frac{\frac{8}{50}}{0{,}50} = 0{,}32$ $\qquad P_B(A) = \frac{P(A \cap B)}{P(B)} = \frac{\frac{8}{50}}{0{,}32} = 0{,}50$

$P_A(C) = \frac{P(A \cap C)}{P(A)} = \frac{P(C)}{P(A)} = \frac{0{,}24}{0{,}50} = 0{,}48$ $\qquad P_B(D) = \frac{P(B \cap D)}{P(B)} = \frac{P(D)}{P(B)} = \frac{0{,}08}{0{,}32} = 0{,}25$

$P_A(D) = \frac{P(A \cap D)}{P(A)} = \frac{P(D)}{P(A)} = \frac{0{,}08}{0{,}50} = 0{,}16$ $\qquad P_C(D) = \frac{P(C \cap D)}{P(C)} = \frac{P(D)}{P(C)} = \frac{0{,}08}{0{,}24} = 0{,}\overline{3}$

$P_D(B) = \frac{P(B \cap D)}{P(D)} = \frac{P(D)}{P(D)} = 1$

$P_A(B \backslash D) = P_A(B \cap \overline{D}) = \frac{P(A \cap B \cap \overline{D})}{P(A)} = \frac{P(\{\text{durch 6 teilbar und nicht durch 12}\})}{P(A)}$

$= \frac{P(\{6;\ 18;\ 30;\ 42\})}{P(A)} = \frac{0{,}08}{0{,}50} = 0{,}16$

GA 132

Baumdiagramm:

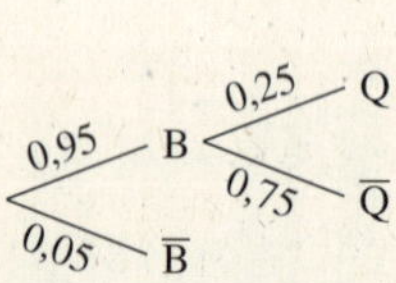

$P(Q) = 0{,}95 \cdot 0{,}25 \approx 0{,}24$

GA 133

Baumdiagramm:

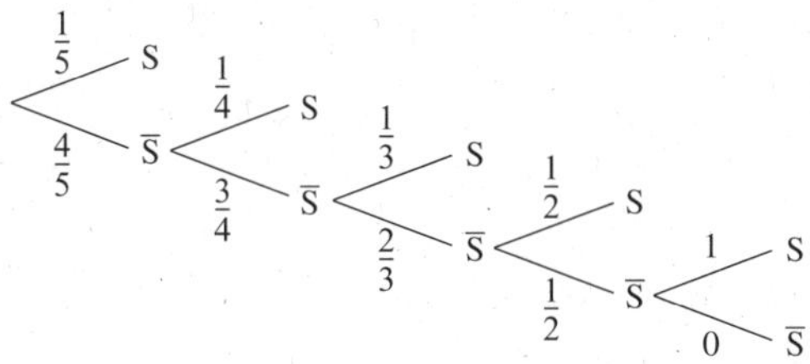

a) $P(\{\text{beim zweiten Griff}\}) = \frac{4}{5} \cdot \frac{1}{4} = \frac{1}{5} = 0{,}2$

b) $P(\{\text{beim dritten Griff}\}) = \frac{4}{5} \cdot \frac{3}{4} \cdot \frac{1}{3} = \frac{1}{5} = 0{,}2$

GA 134

a) $P(\{k > 2\}) = P(\{3\}) = \dfrac{\binom{3}{3} \cdot \binom{7}{1}}{\binom{10}{4}} = 0{,}0\bar{3}$

$P_{\{k \geq 1\}}(\{k = 3\}) = \dfrac{P(\{k \geq 1 \text{ und } k = 3\})}{P(\{k \geq 1\})} = \dfrac{P(\{3\})}{1 - P(\{0\})}$

$= \dfrac{0{,}0\bar{3}}{1 - \dfrac{\binom{3}{0} \cdot \binom{7}{4}}{\binom{10}{4}}} = 0{,}04$

b) Es werden von genau zehn vorhandenen Theaterkarten (drei für die Freitagsvorstellung und sieben für die Samstagsvorstellung) genau vier verlost, indem aus einem Strumpf mit genau drei weißen und sieben roten Kugeln nacheinander genau vier Kugeln „auf gut Glück" und ohne Zurücklegen gezogen werden.
- Mit welcher Wahrscheinlichkeit werden alle Karten für die Freitagsvorstellung verlost, d. h. alle drei weißen Kugeln bei dem Ziehungsvorgang entnommen?
- Mit welcher Wahrscheinlichkeit werden alle Karten für die Freitagsvorstellung verlost unter der Bedingung, dass höchstens drei Karten für die Samstagsvorstellung ausgelost worden sind?

GA 135

L_i = {Kerstin zieht das ihr „zugeteilte" Los L als i-te Schülerin}

Baumdiagramm:

$P(L_1) = \frac{1}{27}$

$P(L_2) = \frac{26}{27} \cdot \frac{1}{26} = \frac{1}{27}$

$P(L_3) = \frac{26}{27} \cdot \frac{25}{26} \cdot \frac{1}{25} = \frac{1}{27}$

⋮

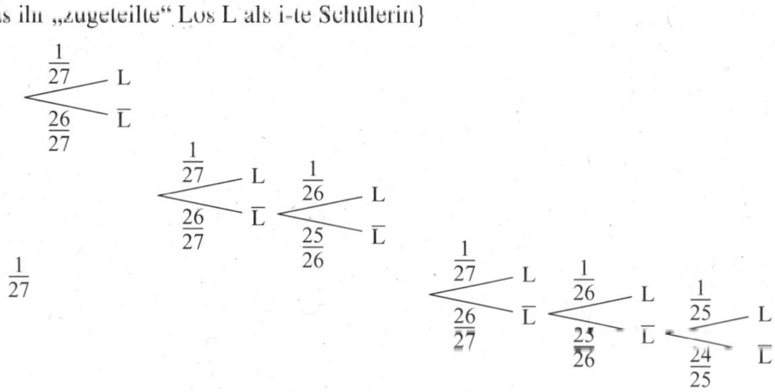

Die Wahrscheinlichkeit, ein bestimmtes Los zu ziehen, ist bei diesem Zufallsexperiment stets $\frac{1}{27}$, unabhängig davon, ob Kerstin als Erste oder gar als Letzte ziehen darf.

GA 136

a) $P(\{\text{a-Allel}\}) = \dfrac{|\{\text{Genotyp Aa}\}| + |\{\text{Genotyp aa}\}|}{1000} = \dfrac{400 + 500}{1000} = 0{,}9$

b) $P_{(\{\text{A-Allel}\})}(\{\text{a-Allel}\}) = \dfrac{P(\{\text{A}-\text{Allel}\} \cap \{\text{a}-\text{Allel}\})}{P(\{\text{A}-\text{Allel}\})} = \dfrac{P(\{\text{Genotyp Aa}\})}{P(\{\text{Genotyp AA}\} \cup \{\text{Genotyp Aa}\})} = \dfrac{\frac{400}{1000}}{\frac{100 + 400}{1000}} = 0{,}8$

GA 137

a) Baumdiagramm:

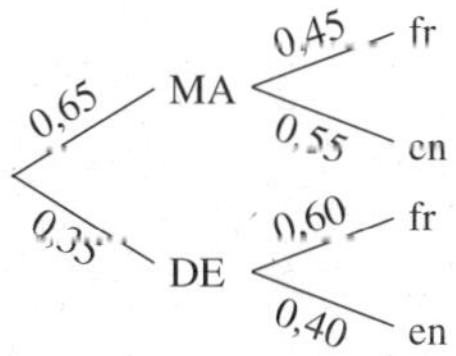

b)

	fr	en	
MA	0,293	0,357	0,65
DE	0,21	0,14	0,35
	0,503	0,497	

Baumdiagramm:

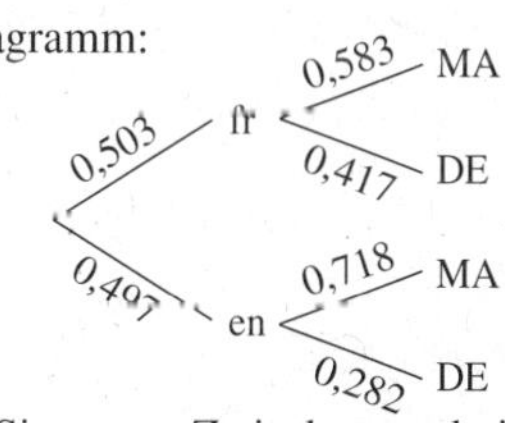

Bei den errechneten Daten wurde – im Sinne von Zwischenergebnissen – eine wesentliche Ziffer mehr als bei den gegebenen Ausgangsdaten mitgeführt. Dabei sind vom Rechenweg abhängige Abweichungen möglich.

c) Eine Schulstatistik eines Gymnasiums, in dem sich jeder Schüler für genau eines der Leistungsfächer Mathematik und Deutsch sowie für eines der Grundkursfächer Englisch und Französisch zu entscheiden hat, ist zu entnehmen, dass (mit der im Ausgangstext angegebenen Genauigkeit von zwei wesentlichen Ziffern) 50 % Englisch-Grundkurs gewählt haben. Den Mathematik-Leistungskurs wählten von den Französisch-Grundkursschülern 58 % und von den Englisch-Grundkursschülern 72 %.

GA 138

a) $P(F) \approx \dfrac{38 + 6}{1000} \approx 0{,}044$

b) $P_W(F) = \dfrac{P(W \cap F)}{P(W)} \approx \dfrac{\frac{6}{1000}}{\frac{520}{1000}} \approx 0{,}012$ bzw. $\approx \dfrac{6}{520} \approx 0{,}012$

GA 139

a) $P(A) = \frac{3}{8}\cdot\frac{2}{7} = \frac{3}{28} \approx 0{,}11$ oder $P(A) = \frac{\binom{3}{2}\cdot\binom{5}{0}}{\binom{8}{2}} = \frac{3}{28} \approx 0{,}11$

Baumdiagramm:

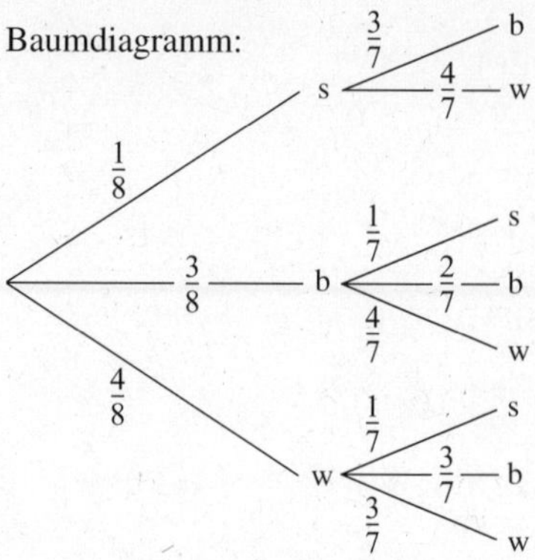

$P(B) = \frac{3}{8}\cdot\frac{7}{7} + \frac{1}{8}\cdot\frac{3}{7} + \frac{4}{8}\cdot\frac{3}{7} = \frac{9}{14} \approx 0{,}64$ oder $P(B) = \frac{\binom{3}{1}\cdot\binom{5}{1}+\binom{3}{2}\cdot\binom{5}{0}}{\binom{8}{2}} = \frac{9}{14} \approx 0{,}64$

$P(C) = 1 - P(\overline{C}) = 1 - P(\{\text{zwei weiße Kugeln}\}) = 1 - \frac{4}{8}\cdot\frac{3}{7} = \frac{11}{14} \approx 0{,}79$ oder

$P(C) = \frac{\binom{4}{0}\cdot\binom{4}{2}+\binom{4}{1}\cdot\binom{4}{1}}{\binom{8}{2}} = \frac{11}{14} \approx 0{,}79$

$P(D) = \frac{3}{8}\cdot\frac{2}{7} + \frac{4}{8}\cdot\frac{3}{7} = \frac{9}{28} \approx 0{,}32$ oder $P(D) = \frac{\binom{3}{2}\cdot\binom{5}{0}+\binom{4}{2}\cdot\binom{4}{0}}{\binom{8}{2}} = \frac{9}{28} \approx 0{,}32$

b) $P(\overline{A} \cap B) = P(\{\text{höchstens eine blaue Kugel und (die erste oder die zweite Kugel blau)}\})$

$= P(\{\text{genau eine blaue Kugel}\}) = \frac{3}{8}\cdot\frac{5}{7} + \frac{5}{8}\cdot\frac{3}{7} = \frac{15}{28} \approx 0{,}54$ oder $P(\{\text{genau eine blaue Kugel}\}) = \frac{\binom{3}{1}\cdot\binom{5}{1}}{\binom{8}{2}} = \frac{15}{28} \approx 0{,}54$

c) $P_D(A) = \frac{P(A \cap D)}{P(D)} = \frac{P(\{\text{beide Kugeln blau und beide gleiche Farbe}\})}{P(\{\text{beide Kugeln gleiche Farbe}\})} = \frac{P(A)}{P(D)} = \frac{\frac{3}{28}}{\frac{9}{28}} = \frac{1}{3} = 0{,}\overline{3}$

GA 140

Wir definieren folgende Ereignisse: $W_i = \{\text{die i-te gezogene Kugel ist weiß}\}$
$R_i = \{\text{die i-te gezogene Kugel ist rot}\}$ für $i \in \{1; 2\}$

Baumdiagramm 1:

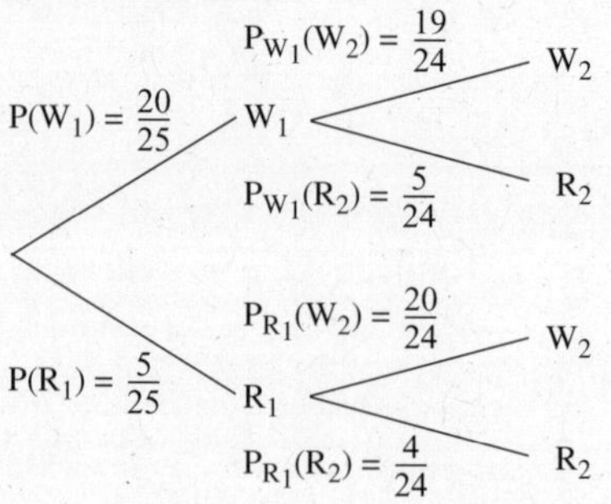

Baumdiagramm 2:

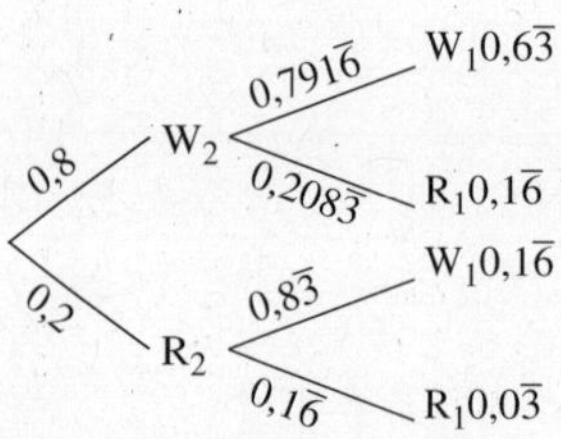

Vierfeldertafel:

	W_2	$R_2 = \overline{W_2}$	
W_1	$P(W_1)\cdot P_{W_1}(W_2) = \frac{20}{25}\cdot\frac{19}{24} = 0{,}6\overline{3}$	$P(W_1)\cdot P_{W_1}(R_2) = \frac{20}{25}\cdot\frac{5}{24} = 0{,}1\overline{6}$	0,8
$\overline{W_1} = R_1$	$P(R_1)\cdot P_{R_1}(W_2) = \frac{5}{25}\cdot\frac{20}{24} = 0{,}1\overline{6}$	$P(R_1)\cdot P_{R_1}(R_2) = \frac{5}{25}\cdot\frac{4}{24} = 0{,}0\overline{3}$	0,2
	0,8	0,2	

zu a) $P(R_1 \cap W_2) = \frac{5}{25}\cdot\frac{20}{24} = \frac{1}{6} = 0{,}1\overline{6}$ nach Definition G 11

zu b) $P_{\overline{W_1 \cap W_2}}(R_2) = \frac{P(R_2 \cap \overline{W_1 \cap W_2})}{P(\overline{W_1 \cap W_2})} = \frac{P(R_2)}{1 - P(W_1 \cap W_2)} = \frac{\frac{20}{25}\cdot\frac{5}{24}+\frac{5}{25}\cdot\frac{4}{24}}{1-\frac{20}{25}\cdot\frac{19}{24}} = \frac{6}{11} = 0{,}\overline{54}$ nach Vierfeldertafel

zu c) $P_{(W_1 \cap W_2)\cup(R_1 \cap R_2)}(R_1 \cap R_2) = \frac{P((((W_1 \cap W_2)\cup(R_1 \cap R_2))\cap R_1)\cap R_2)}{P((W_1 \cap W_2)\cup(R_1 \cap R_2))}$ nach Definition G 11

$= \frac{P(R_1 \cap R_2)}{P(W_1 \cap W_2) + P(R_1 \cap R_2)} = \frac{\frac{5}{25}\cdot\frac{4}{24}}{\frac{20}{25}\cdot\frac{19}{24}+\frac{5}{25}\cdot\frac{4}{24}} = \frac{1}{20} = 0{,}05$ nach Vierfeldertafel

GA 141

Baumdiagramm:

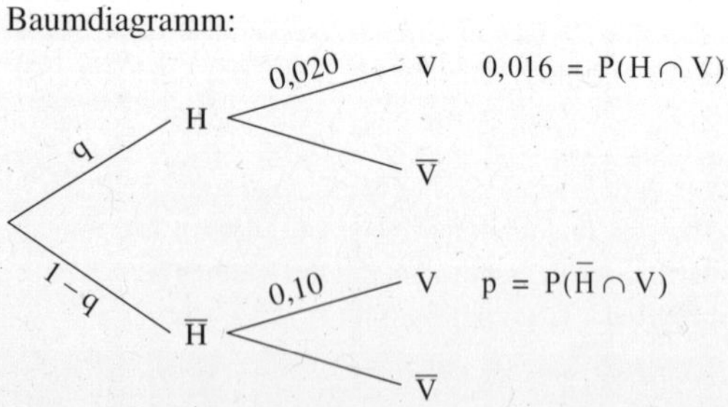

mit H = {ein „rein zufällig" ausgewählter Arbeiter des Betriebes trägt Sicherheitshandschuhe}
V = {ein „rein zufällig" ausgewählter Arbeiter des Betriebes verletzt sich an der Hand}

a) $P(H \cap V) = P(H)\cdot P_H(V)$

$0{,}016 = q \cdot 0{,}020$

$q = 0{,}80$

$p = P(\overline{H} \cap V) = P(\overline{H})\cdot P_{\overline{H}}(V) = (1 - q)\cdot 0{,}10 = 0{,}20 \cdot 0{,}10 = 0{,}020$

b) $P_V(\overline{H}) = \frac{P(\overline{H} \cap V)}{P(V)} = \frac{p}{0{,}016 + p} = \frac{0{,}020}{0{,}016 + 0{,}020} \approx 0{,}56$

GA 142

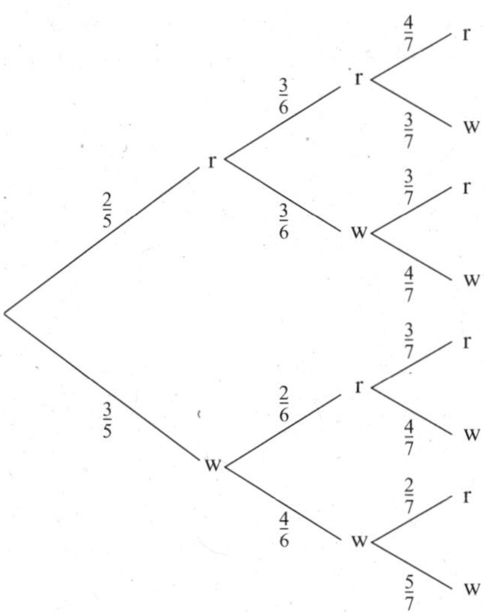

a) $\frac{2}{5}\cdot\frac{3}{6} = 0{,}2$ = P({die beiden ersten Ansteckungen führen zum Ausbruch der Krankheit})

b) $\frac{3}{5}\cdot\frac{4}{6} = 0{,}4$ = P({die beiden ersten Ansteckungen führen nicht zum Ausbruch der Krankheit})

c) $1-\frac{3}{5}\cdot\frac{4}{6}\cdot\frac{5}{7} \approx 0{,}71 \approx$ P({von den drei ersten Ansteckungen führt mindestens eine zum Ausbruch der Krankheit})

d) $\frac{2}{5}\cdot\frac{3}{6}\cdot\frac{4}{7}+\frac{3}{5}\cdot\frac{2}{6}\cdot\frac{4}{7}+\frac{3}{5}\cdot\frac{4}{6}\cdot\frac{2}{7} \approx 0{,}34 \approx$ P({von den drei ersten Ansteckungen führt genau eine zum Ausbruch der Krankheit})

e) $\frac{2}{5}\cdot\frac{3}{6}\cdot\frac{4}{7}+\frac{2}{5}\cdot\frac{3}{6}\cdot\frac{3}{7}+\frac{3}{5}\cdot\frac{2}{6}\cdot\frac{3}{7}+\frac{3}{5}\cdot\frac{4}{6}\cdot\frac{2}{7} = 0{,}4$ = P({die dritte Ansteckung führt zum Ausbruch der Krankheit})

Jeder Ausbruch der Krankheit erhöht die Wahrscheinlichkeit eines neuen Krankheitsausbruchs, z. B.:
P({dritte Ansteckung zum Krankheitsausbruch} | {bisher genau i Krankheitsfälle}) = $\frac{2+i}{7}$ (i ∈ {0; 1; 2})

GA 143

Baumdiagramm:

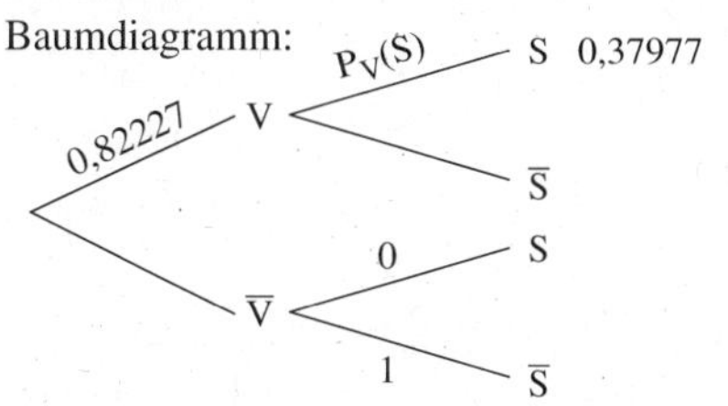

mit V = {eine „auf gut Glück" ausgewählte Person, die das zehnte Lebensjahr erreicht hat, wird älter als 40 Jahre}
S = {eine „auf gut Glück" ausgewählte Person, die das zehnte Lebensjahr erreicht hat, wird älter als 70 Jahre}

$$p = P_V(S) = \frac{P(V\cap S)}{P(V)} = \frac{0{,}37977}{0{,}82277} \approx 0{,}462$$

GA 144

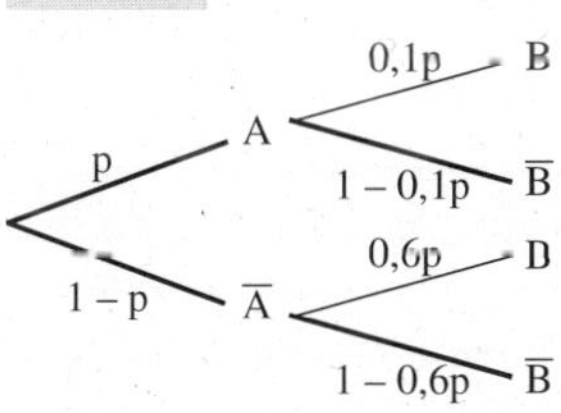

$P(\overline{B}) = p\cdot(1-0{,}1p)+(1-p)(1-0{,}6p) = p-0{,}1p^2+1-0{,}6p-p+0{,}6p^2$
$f(p) = 0{,}5p^2-0{,}6p+1$

Lösungsvariante 1:
Gesucht wird die Abszisse p_S des Scheitelpunktes der gestauchten und nach oben geöffneten quadratischen Parabel der Funktion f, die genau in der Mitte der beiden Nullstellen von g mit g(p) = f(p) – 1 liegt.

$0 = 0{,}5p^2-0{,}6p$
$0 = p(0{,}5p-0{,}6)$
$0 = p_1 \qquad 0 = 0{,}5p-0{,}6$
$\qquad\quad p_2 = 1{,}2$

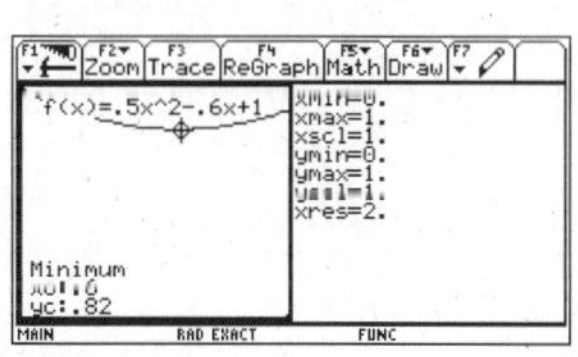

$\Rightarrow p_S = 0{,}6$
$\Rightarrow P(\overline{B})$ wird minimal für p = 0,6.

Lösungsvariante 2:
Gesucht wird die globale Minimumstelle von f aus [0; 1]:

$f'(p) = p-0{,}6$ $\qquad f''(p) = 1$
$0 = p-0{,}6$ $\qquad f''(0{,}6) = 1 > 0 \Rightarrow p = 0{,}6$ ist die lokale Minimumstelle von f
$p = 0{,}6$ $\qquad f(0{,}6) = 0{,}82$
$f(0) = 1$
$f(1) = 0{,}9$
$\Rightarrow p = 0{,}6$ ist die globale Mimimumstelle von f
$\Rightarrow P(\overline{B})$ wird minimal für p = 0,6

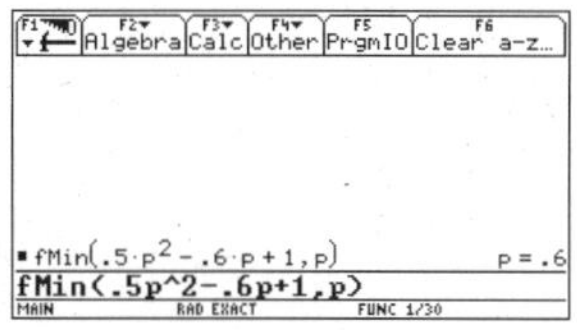

Lösungsvariante 3:
Gesucht wird die Abszisse p_s des Scheitelpunktes $S(-\frac{b}{2a};\ \frac{4ac-b^2}{4a})$ mit a = 0,5, b = –0,6 und c = 1.
$p_s = -\frac{-0{,}6}{1} = 0{,}6 \Rightarrow P(\overline{B})$ wird minimal für p = 0,6, da der Scheitelpunkt wegen a > 0 der Minimumpunkt ist.

GA 145 Es antworten genau n der N Befragten mit ja.

a) Baumdiagramm 1:

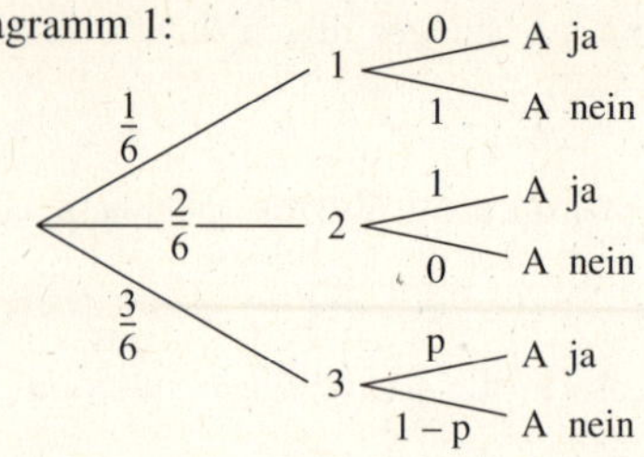

A ja: Antwort „ja" gegeben; A nein: Antwort „nein" gegeben
W ja: wahrheitsgemäß ist die Frage mit „ja" zu beantworten
W nein: wahrheitsgemäß ist die Frage mit „nein" zu beantworten

$$\frac{2}{6} + \frac{3}{6}p = \frac{n}{N} \quad \Rightarrow \quad p = \left(\frac{n}{N} - \frac{2}{6}\right) \cdot \frac{6}{3}$$

Baumdiagramm 2:

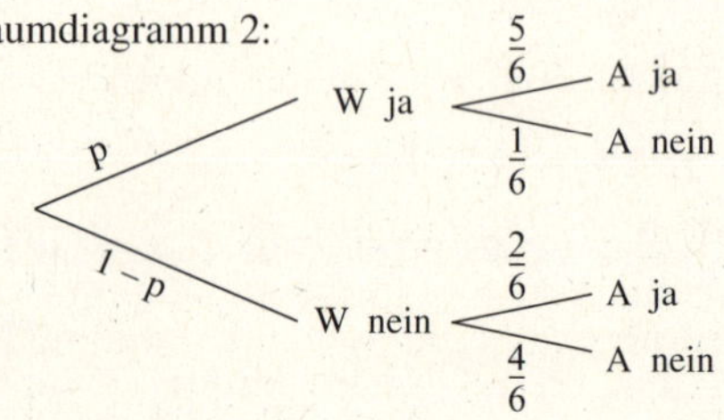

$$p \cdot \frac{5}{6} + (1-p) \cdot \frac{2}{6} = \frac{n}{N}$$

$$p \cdot \frac{5}{6} + \frac{2}{6} - p \cdot \frac{2}{6} = \frac{n}{N} \quad \Rightarrow \quad p = \left(\frac{n}{N} - \frac{2}{6}\right) \cdot \frac{6}{3}$$

b) $N = 276 - 11 = 265$ oder

$\frac{117}{265} \mathrel{\hat=} \frac{1}{6} + \frac{3}{6}(1-p)$ $\qquad$ $\frac{148}{265} \mathrel{\hat=} \frac{2}{6} + \frac{3}{6}p$

$\frac{117}{265} = \frac{4}{6} - \frac{3}{6}p$ $\qquad$ $\frac{148}{265} = \frac{2}{6} + \frac{3}{6}p$

$p \approx 0{,}450$ $\qquad$ $p \approx 0{,}450$

$$P_{\{A\ ja\}}(\{\text{wahrheitsgemäß ist die Frage mit ja zu beantworten}\}) = P_{\{A\ ja\}}(\{W\ ja\}) = \frac{P(\{A\ ja\} \cap \{W\ ja\})}{P(\{A\ ja\})} = \frac{\frac{5}{6}p}{\frac{2}{6} + \frac{3}{6}p} \approx 0{,}67$$

c) • $f(p) = P(A\ ja) = \frac{1}{6} \cdot 0 + \frac{2}{6} \cdot 1 + \frac{3}{6} \cdot p = \frac{1}{3} + \frac{1}{2} \cdot p$ mit $D_f = [0; 1]$

Da f streng monoton wachsend ist, ergibt sich der Wertebereich $W_f = [f(0); f(1)] = [\frac{1}{3}; \frac{5}{6}]$ oder

$y = P(A\ ja) = \frac{1}{6} \cdot 0 + \frac{2}{6} \cdot 1 + \frac{3}{6} \cdot p = \frac{1}{3} + \frac{1}{2} \cdot p \Rightarrow p = (y - \frac{1}{3}) \cdot 2$ mit $0 \le (y - \frac{1}{3}) \cdot 2 \le 1 \Rightarrow y \ge \frac{2}{3} : 2 = \frac{1}{3}$ und $y \le \frac{1}{2} + \frac{1}{3} = \frac{5}{6}$

• Als *Wahrscheinlichkeit* P(A ja) dürfte also der Wert $\frac{11}{13}$ nicht auftreten. Doch hier wurde mit einer dazugehörigen *relativen Häufigkeit* $h_{13}(A\ ja) = \frac{11}{13}$ gerechnet, die durchaus außerhalb von $W_f = [\frac{1}{3}; \frac{5}{6}]$ liegen kann. Bei einer so geringen Anzahl von befragten Personen (13) ist eine große Schwankung von $h_{13}(A\ ja)$ um P(A ja) zu erwarten.

• Die Durchführung eines derartigen Tests ist (in Ergänzung zum Aufgabenteil a)) nur sinnvoll bei hinreichend vielen Testpersonen.

G 3.2 Rechnen mit bedingten Wahrscheinlichkeiten

GA 146

a) Baumdiagramm:

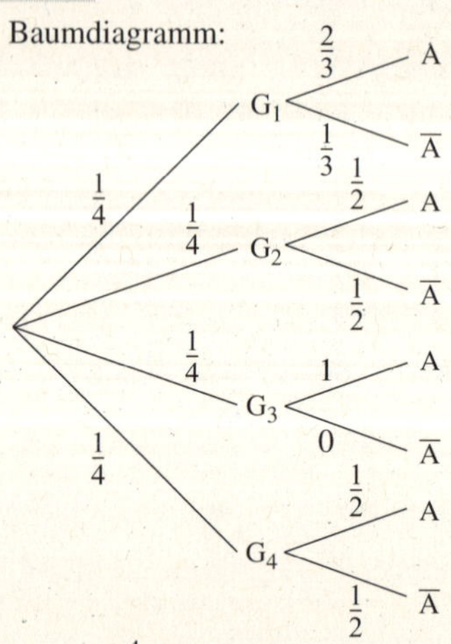

$$P(A) = \sum_{i=1}^{4} P(G_i) \cdot P_{G_i}(A)$$

$$= \frac{1}{4} \cdot \frac{2}{3} + \frac{1}{4} \cdot \frac{1}{2} + \frac{1}{4} \cdot 1 + \frac{1}{4} \cdot \frac{1}{2} = 0{,}\overline{6} = \frac{2}{3}$$

b) Baumdiagramm:

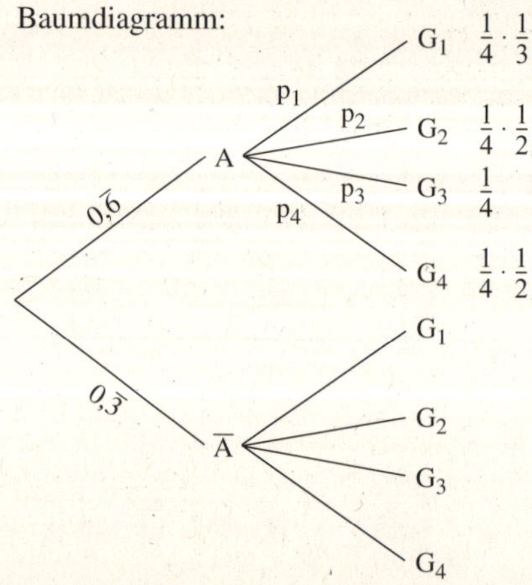

$p_4 = P_A(G_4) = (\frac{1}{4} \cdot \frac{1}{2}) : 0{,}\overline{6} = 0{,}1875 = \frac{3}{16}$

$p_3 = P_A(G_3) = \frac{1}{4} : 0{,}\overline{6} = 0{,}375 = \frac{3}{8}$

$p_2 = P_A(G_2) = (\frac{1}{4} \cdot \frac{1}{2}) : 0{,}\overline{6} = 0{,}1875 = \frac{3}{16}$

$p_1 = P_A(G_1) = (\frac{1}{4} \cdot \frac{2}{3}) : 0{,}\overline{6} = 0{,}25 = \frac{1}{4}$

GA 147 Modellannahme: Auswahl des Bauelements erfolgt „auf gut Glück“.

Baumdiagramm:

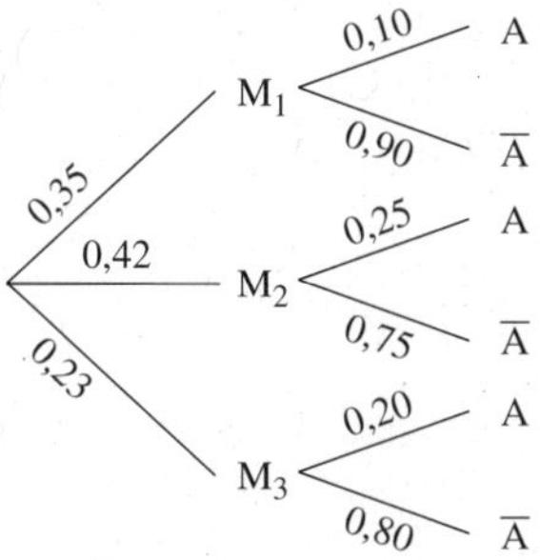

mit M_i = {das produzierte elektronische Bauelement stammt von M_i} für $i \in \{1; 2; 3\}$
A = {das von Jenchip produzierte elektronische Bauelement ist Ausschuss}

$$P(A) = P(M_1) \cdot P_{M_1}(A) + P(M_2) \cdot P_{M_2}(A) + P(M_3) \cdot P_{M_3}(A)$$
$$= 0{,}35 \cdot 0{,}10 + 0{,}42 \cdot 0{,}25 + 0{,}23 \cdot 0{,}20 \approx 0{,}19$$

nach Satz der totalen Wahrscheinlichkeit bzw. zweiter Pfadregel

GA 148

GB = {Garantiezeit mit Beanstandung}

Baumdiagramm:

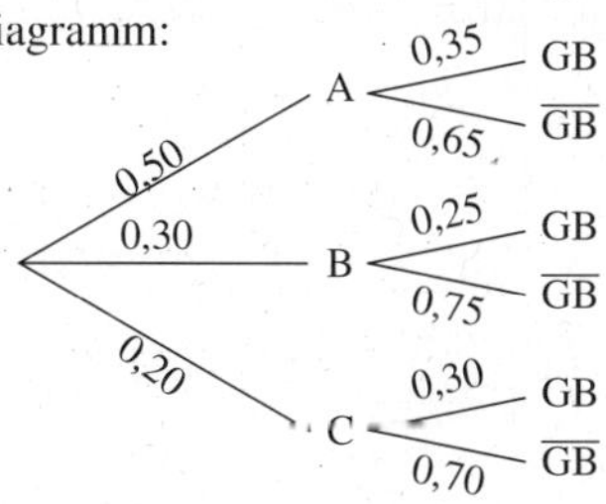

$$P(GB) = P(A) \cdot P_A(GB) + P(B) \cdot P_B(GB) + P(C) \cdot P_C(GB) =$$
$$= 0{,}50 \cdot 0{,}35 + 0{,}30 \cdot 0{,}25 + 0{,}20 \cdot 0{,}30 = 0{,}31$$
$$P_{GB}(A) = \frac{P(GB \cap A)}{P(GB)} = \frac{0{,}50 \cdot 0{,}35}{0{,}31} \approx 0{,}56$$

GA 149 $P(S) = 0{,}60 \cdot 0{,}25 + 0{,}35 \cdot 0{,}20 + 0{,}05 \cdot 0{,}40 = 0{,}24$

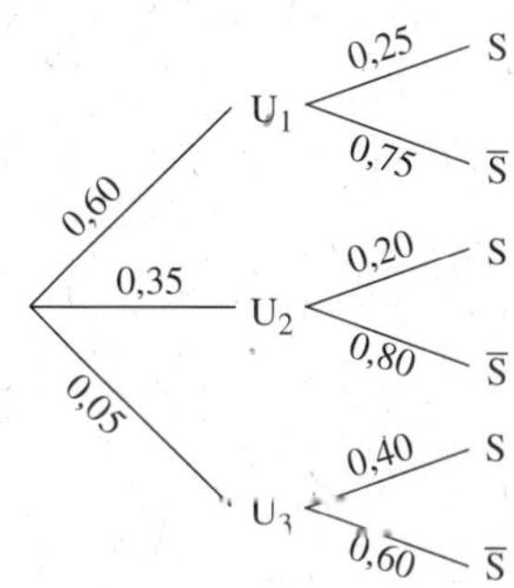

$$P_S(U_1) = \frac{P(U_1 \cap S)}{P(S)} = \frac{0{,}60 \cdot 0{,}25}{0{,}24} \approx 0{,}63$$
$$P_S(U_2) = \frac{P(U_2 \cap S)}{P(S)} = \frac{0{,}35 \cdot 0{,}20}{0{,}24} \approx 0{,}29$$
$$P_S(U_3) = \frac{P(U_3 \cap S)}{P(S)} = \frac{0{,}05 \cdot 0{,}40}{0{,}24} \approx 0{,}083$$

Bei Vorliegen des Symptoms S ist die Krankheitsursache U_1 die wahrscheinlichste.

GA 150 Wir definieren die Ereignisse:
H = {Patient wird mit M geheilt}; N = {M verursacht beim Patienten Nebenwirkungen}

Lösungsvariante 1:

Baumdiagramm 1:

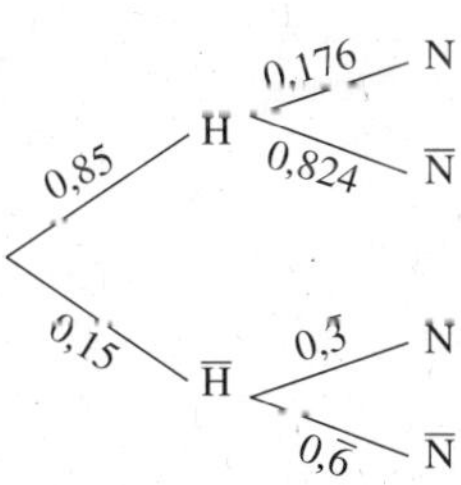

Vierfeldertafel:

	N	$\overline{N}$	
H	$0{,}15 = p_1$	$0{,}70 = p_2$	$0{,}85 = p_3$
$\overline{H}$	$0{,}05 = p_4$	$0{,}10 = p_5$	$0{,}15 = p_6$
	$0{,}20 = p_7$	$0{,}80 = p_8$	

$$P_N(\overline{H}) = \frac{P(N \cap \overline{H})}{P(N)}$$ nach Definition

$$= \frac{P(\overline{H}) \cdot P_{\overline{H}}(N)}{P(H) \cdot P_H(N) + P(\overline{H}) \cdot P_{\overline{H}}(N)}$$ nach BAYESscher Formel bzw. nach Pfadregeln

$$\approx \frac{0{,}15 \cdot 0{,}3}{0{,}85 \cdot 0{,}176 + 0{,}15 \cdot 0{,}\overline{3}} \approx 0{,}25$$

Lösungsvariante 2:

Baumdiagramm 2: (Das zum Baumdiagramm 1 gehörende andere Baumdiagramm 2 erhält man aus der Vierfeldertafel.)

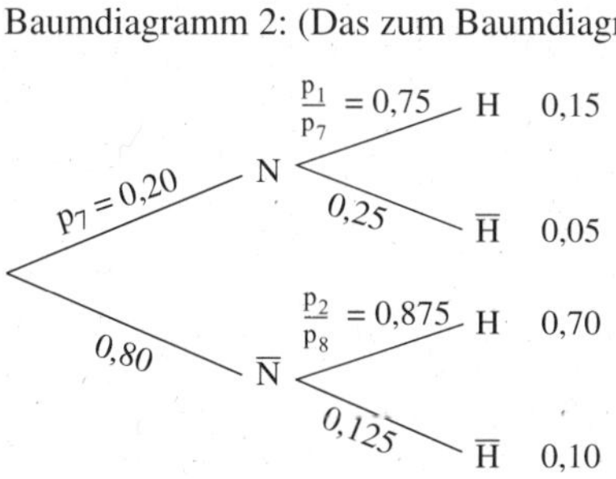

Die Wahrscheinlichkeit, dass das Medikament heilend wirkt, beträgt 0,85. Mit der Wahrscheinlichkeit 0,90 zeigt das Medikament irgendeine Wirkung. Nebenwirkungen treten mit der Wahrscheinlichkeit 0,20 auf. Die Wahrscheinlichkeit, dass das Medikament Nebenwirkungen verursacht, wenn es heilend wirkt, ergibt sich zu 0,18.

GA 151

a) $p = \frac{1}{2} \cdot \frac{2}{5} = 0{,}2$

$q = \frac{1}{2} \cdot \frac{4}{9} = 0{,}\overline{2}$

Baumdiagramm:

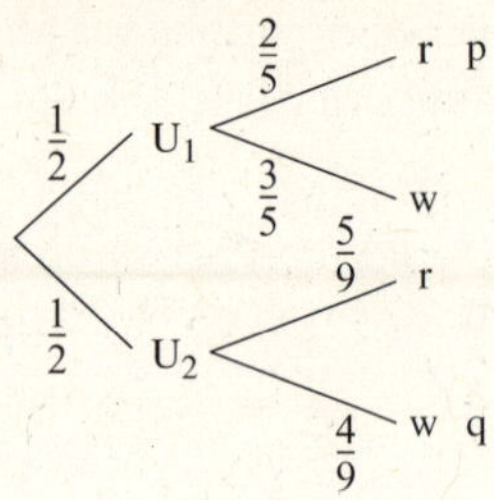

b) *Fall 1:*

$$P_w(U_1) = \frac{P(w \cap U_1)}{P(w)} = \frac{0{,}50 \cdot 0{,}75}{0{,}50 \cdot 0{,}75 + 0{,}50 \cdot 0{,}50} = 0{,}60$$

Fall 2:

$$P_w(U_1) = \frac{P(w \cap U_1)}{P(w)} = \frac{0{,}\overline{6} \cdot 0{,}75}{0{,}\overline{6} \cdot 0{,}75 + 0{,}\overline{3} \cdot 0{,}50} = 0{,}75$$

Baumdiagramm:

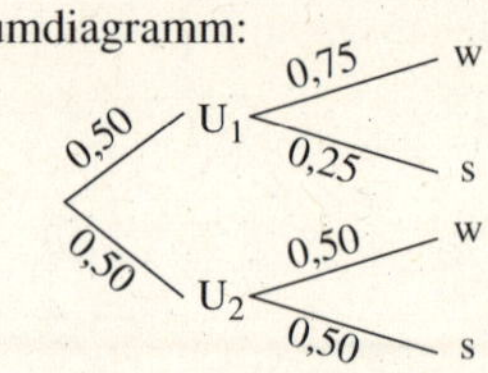

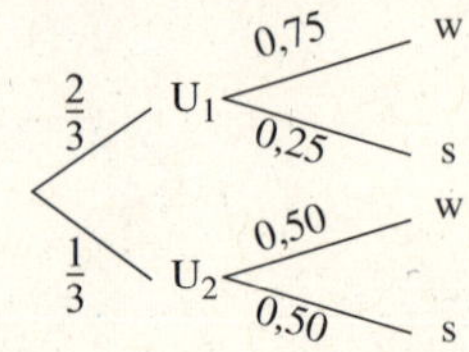

GA 152

a) V = {Person ist Verursacher}

D^+ = {Person besitzt vorgefundenes DNA-Profil}

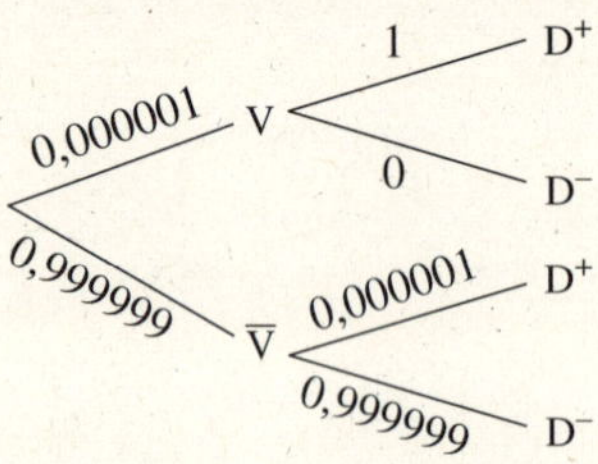

$$P_{D^+}(V) = \frac{P(D^+ \cap V)}{P(D^+)} = \frac{P(V) \cdot P_V(D^+)}{P(V) \cdot P_V(D^+) + P(\overline{V}) \cdot P_{\overline{V}}(D^+)}$$

$$= \frac{0{,}000001 \cdot 1}{0{,}000001 \cdot 1 + 0{,}999999 \cdot 0{,}000001} \approx 0{,}50000$$

b)

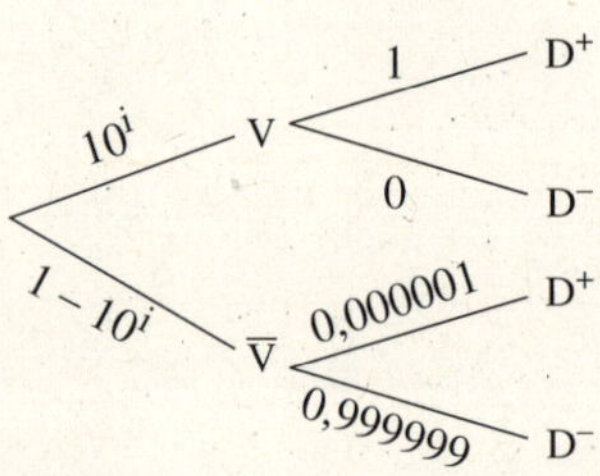

$$P_{D^+}(V) = \frac{10^{-i} \cdot 1}{10^{-i} \cdot 1 + (1 - 10^{-i}) \cdot 0{,}000001} \approx \begin{cases} 0{,}99999 & \text{für } i = 1 \\ 0{,}99990 & \text{für } i = 2 \\ 0{,}99900 & \text{für } i = 3 \\ 0{,}99010 & \text{für } i = 4 \\ 0{,}90909 & \text{für } i = 5 \end{cases}$$

GA 153

Baumdiagramm:

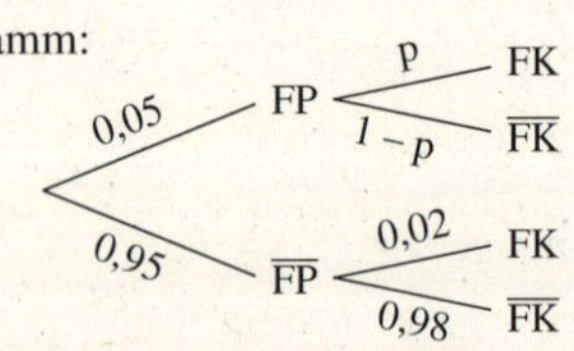

FP = {Diskette wird fehlerhaft produziert}

FK = {Diskette wird bei Prüfverfahren als fehlerhaft eingestuft}

$P(FK) = 0{,}06 = 0{,}05 \cdot p + 0{,}95 \cdot 0{,}02 \quad \Rightarrow \quad p = 0{,}82$

a) $P_{FP}(FK) = p = 0{,}82$

b) $P_{FK}(\overline{FP}) = \frac{P(FK \cap \overline{FP})}{P(FK)} = \frac{0{,}95 \cdot 0{,}02}{0{,}05 \cdot 0{,}82 + 0{,}95 \cdot 0{,}02} \approx 0{,}32$

c) $P(FP \cap \overline{FK}) = 0{,}05 \cdot (1 - 0{,}82) = 0{,}009$

d) $P(\overline{FP} \cap FK) = 0{,}95 \cdot 0{,}02 = 0{,}019$

e) $P_{\overline{FK}}(FP) = \frac{P(\overline{FK} \cap FP)}{P(\overline{FK})} = \frac{0{,}05 \cdot (1 - 0{,}82)}{0{,}05 \cdot (1 - 0{,}82) + 0{,}95 \cdot 0{,}98} \approx 0{,}0096$

GA 154

Baumdiagramm:

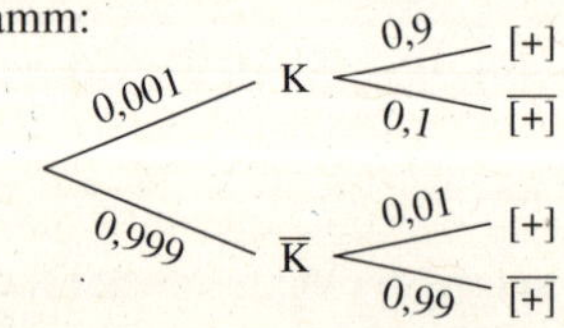

a) $P_{[+]}(K) = \frac{P([+] \cap K)}{P([+])} = \frac{0{,}001 \cdot 0{,}9}{0{,}001 \cdot 0{,}9 + 0{,}999 \cdot 0{,}01} \approx 0{,}08$

b) $P_{\overline{[+]}}(K) = \frac{P(\overline{[+]} \cap K)}{P(\overline{[+]})} = \frac{0{,}001 \cdot 0{,}1}{0{,}001 \cdot 0{,}1 + 0{,}999 \cdot 0{,}99} \approx 0{,}0001$

GA 155

Baumdiagramm:

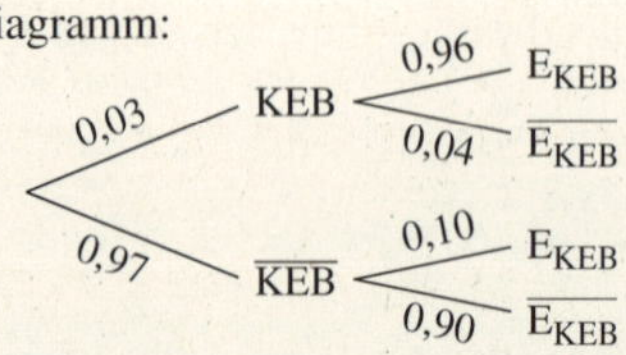

a) $P(E_{KEB}) = 0{,}03 \cdot 0{,}96 + 0{,}97 \cdot 0{,}10 \approx 0{,}13$

b) $P_{E_{KEB}}(KEB) = \frac{P(E_{KEB} \cap KEB)}{P(E_{KEB})} = \frac{0{,}03 \cdot 0{,}96}{0{,}1258} \approx 0{,}23$

c) $P_{\overline{E_{KEB}}}(KEB) = \frac{P(\overline{E_{KEB}} \cap KEB)}{P(\overline{E_{KEB}})} = \frac{0{,}03 \cdot 0{,}04}{1 - 0{,}1258} \approx 0{,}0014$

GA 156

Baumdiagramm für M_1:

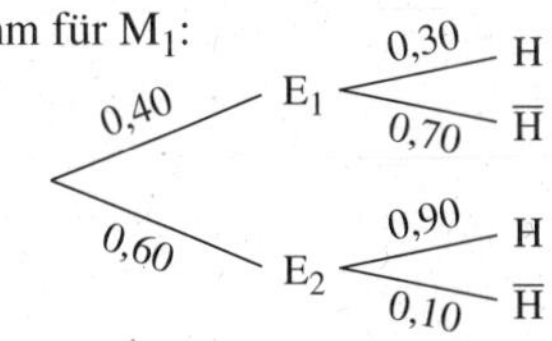

a) Für Medikament M_1: $P(H) = P(E_1) \cdot P_{E_1}(H) + P(E_2) \cdot P_{E_2}(H)$
$= 0{,}40 \cdot 0{,}30 + 0{,}60 \cdot 0{,}90 = 0{,}66$

Baumdiagramm für M_2:

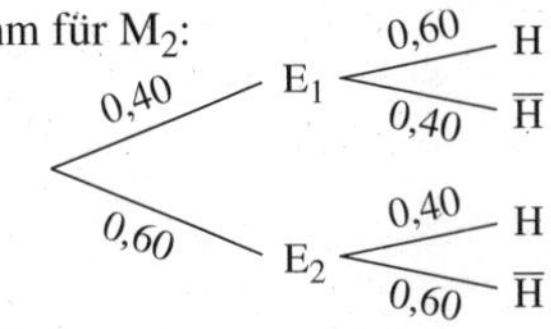

b) Für Medikament M_2: $P_H(E_1) = \dfrac{P(H \cap E_1)}{P(H)}$
$= \dfrac{0{,}40 \cdot 0{,}60}{0{,}40 \cdot 0{,}60 + 0{,}60 \cdot 0{,}40} = 0{,}50$

GA 157

Baumdiagramm:

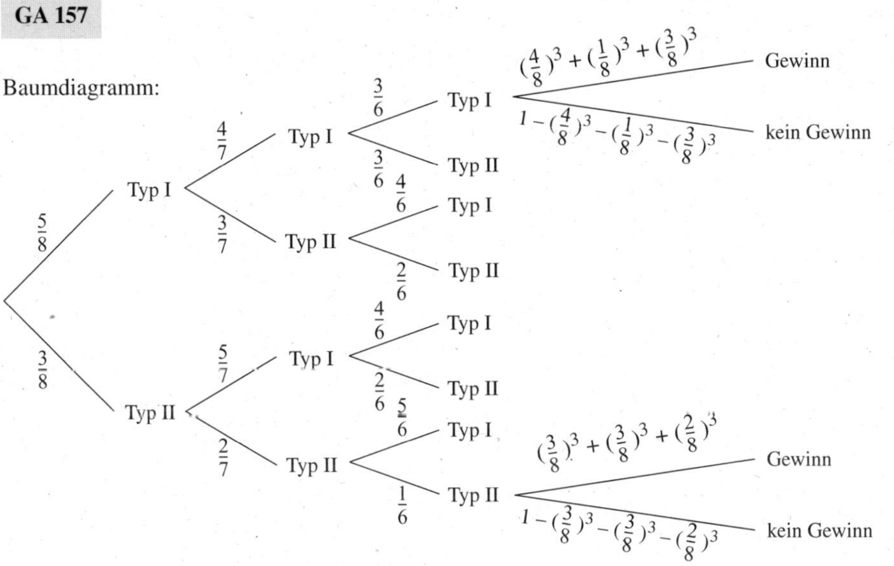

a) $P(\{\text{Gewinn}\}) = \frac{5}{8} \cdot \frac{4}{7} \cdot \frac{3}{6} \cdot ((\frac{4}{8})^3 + (\frac{1}{8})^3 + (\frac{3}{8})^3) + \frac{3}{8} \cdot \frac{2}{7} \cdot \frac{1}{6} \cdot ((\frac{3}{8})^3 + (\frac{3}{8})^3 + (\frac{2}{8})^3) \approx 0{,}034$

b) $P_{\{\text{kein Gewinn}\}}(\{3 \text{ Oktaeder vom Typ I}\}) = \dfrac{P(\{3 \times \text{Typ I und kein Gewinn}\})}{P(\{\text{kein Gewinn}\})} \approx \dfrac{\frac{5}{8} \cdot \frac{4}{7} \cdot \frac{3}{6} \cdot \left(1 - \left(\frac{4}{8}\right)^3 - \left(\frac{1}{8}\right)^3 - \left(\frac{3}{8}\right)^3\right)}{1 - 0{,}03425} \approx 0{,}15$

GA 158

a) Baumdiagramme:

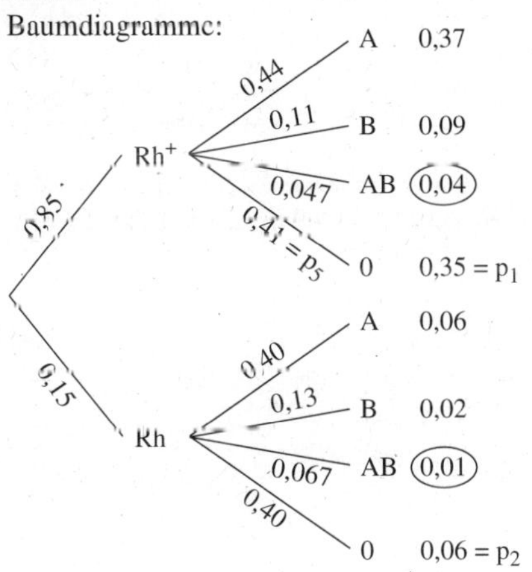

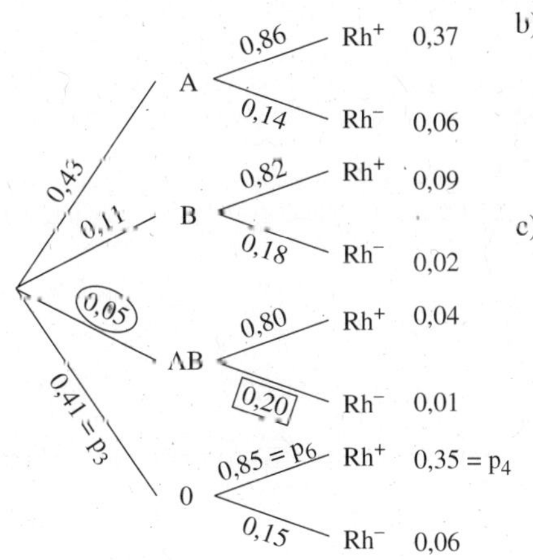

b)
- $P(0) = p_1 + p_2 = p_3 = 0{,}41$
- $P(0 \cap Rh^+) = p_1 = p_4 = 0{,}35$
- $P_{Rh^+}(0) = p_5 = 0{,}41$
- $P_0(Rh^+) = p_6 = 0{,}85$

c) 5 % der Bevölkerung besitzt die Blutgruppe AB. Der Anteil der Personen mit der Blutgruppe AB, die Rh-negativ sind, beträgt 20 %.

GA 159

a) 698 normal bildungsfähige Schüler würden durch diesen Test fälschlicherweise einer sonderpädagogischen Einrichtung empfohlen. Das ist mehr als die doppelte Anzahl der Kinder, die eine individuelle Förderung wirklich benötigen. Die Sonderschulen wären überfüllt und könnten keine optimale Bildung in kleinen Klassen ermöglichen. Der Test ist abzulehnen.

Baumdiagramm:

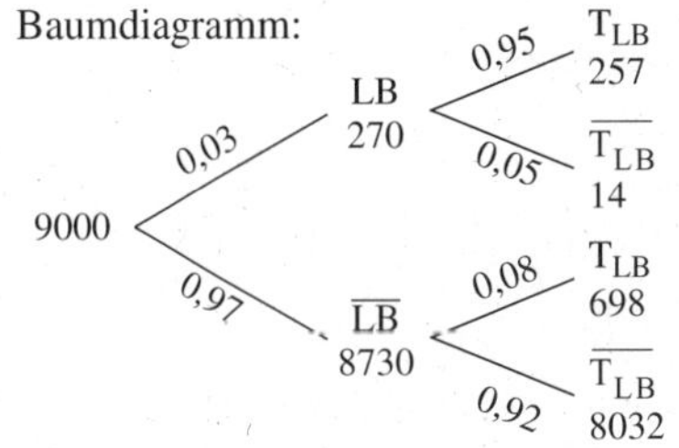

b) $P_{T_{LB}}(LB) = \frac{P(T_{LB} \cap LB)}{P(T_{LB})} = \frac{0{,}03 \cdot 0{,}95}{0{,}03 \cdot 0{,}95 + 0{,}97 \cdot 0{,}08} \approx 0{,}27$

Nur ca. 27 % der durch diesen Test als lernbehindert eingestuften Kinder sind es wirklich. Der Test ist also durch weitere Untersuchungen zu ergänzen.
Thomas sollte in die Grundschule eingeschult werden, wenn kein aussagefähigerer Test durchgeführt werden kann.

GA 160

a) $P(A_{70}) \;= \frac{N(70)}{N(0)} = \frac{68037}{100000} \approx 0{,}68$

b) $P_{A_{40}}(A_{60}) = \frac{P(A_{40} \cap A_{60})}{P(A_{40})} = \frac{P(A_{60})}{P(A_{40})} = \frac{N(60) : N(0)}{N(40) : N(0)} = \frac{N(60)}{N(40)} = \frac{85336}{96367} \approx 0{,}89$

c) $P_{A_x}(A_{90}) \;= \frac{N(90)}{N(x)}$ für $x \in \{0; 10; 20; \ldots; 90\}$

x	0	10	20	30	40	50	60	70	80	90
$P_{A_x}(A_{90})$	0,087	0,087	0,088	0,089	0,09	0,093	0,102	0,128	0,224	1

d) $P_{A_x}(A_{x+10}) = \frac{N(x+10)}{N(x)}$ für $x \in \{0; 10; \ldots; 80\}$

x	0	10	20	30	40	50	60	70	80
$P_{A_x}(A_{x+10})$	0,992	0,995	0,990	0,985	0,965	0,918	0,797	0,570	0,224

GA 161

A_i = {ein männliches Neugeborenes wird mindestens i Jahre alt}, wobei die jeweiligen Personen stets „auf gut Glück“ ausgewählt seien!

a) $P(A_{65}) = \frac{N(65)}{N(0)} \approx 0{,}78$

b) $P_{A_{20}}(A_{75}) \;= \frac{P(A_{20} \cap A_{75})}{P(A_{20})} = \frac{P(A_{75})}{P(A_{20})} = \frac{N(75)}{N(20)} \approx 0{,}56$

c) $P_{A_x}(A_{65}) \;= \frac{N(65)}{N(x)}$ für $x \in \{0; 5; 10; \ldots; 65\}$

Je älter ein (jünger als n Jahre alter) Mensch der BRD ist, um so größer ist die Wahrscheinlichkeit, n Jahre alt zu werden.

d) $P_{A_x}(A_{x+5}) \;= \frac{N(x+5)}{N(x)}$ für $x \in \{0; 5; 10; \ldots; 85\}$

Je jünger ein Mensch der BRD ist, um so größer ist die Wahrscheinlichkeit, eine gewisse Zeit (hier fünf Jahre) zu leben.

a), b)

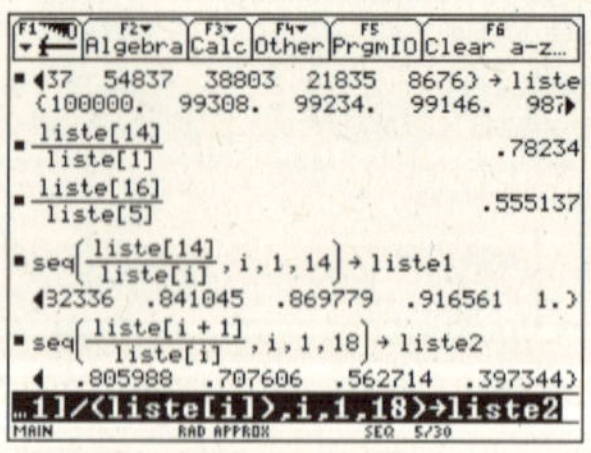

c)

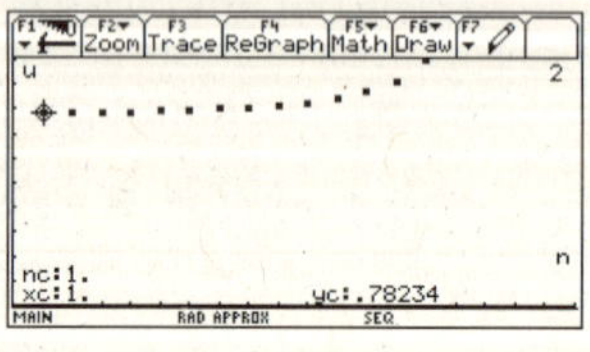

d)

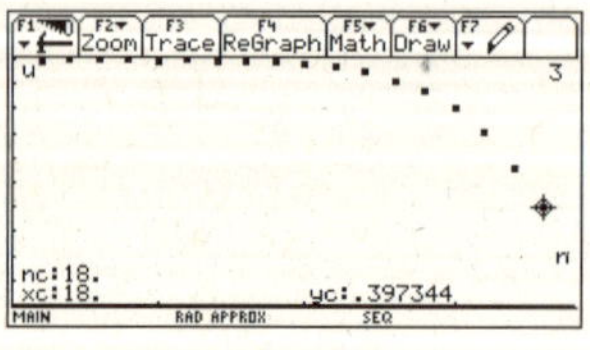

	Vollendetes Altersjahr x	N(x)
1	0	100000
2	5	99308
3	10	99231
4	15	99146
5	20	98781
6	25	98295
7	30	97827
8	35	97238
9	40	96367
10	45	95018
11	50	93020
12	55	89947
13	60	85356
14	65	78234
15	70	68037
16	75	54837
17	80	38803
18	85	21835
19	90	8676

Von 100000 männlichen Lebendgeborenen erreichten H(x) das Alter x (Sterbetafelauszug Deutschland 1995/97)

G 3.3 Unabhängigkeit von Ereignissen; spezieller Multiplikationssatz

GA 162

Variante 1:

$P(F) = \frac{38+6}{1000} = 0{,}044$

$P_W(F) = \frac{P(W \cap F)}{P(W)} = \frac{6}{520} \approx 0{,}012$

$\Rightarrow P(F) \neq P_W(F)$

Variante 2:

$P(W \cap F) = \frac{6}{1000} = 0{,}006$

$P(W) \cdot P(F) = \frac{520}{1000} \cdot \frac{44}{1000} \approx 0{,}023$

$\Rightarrow P(W \cap F) \neq P(W) \cdot P(F)$

Folglich sind Farbuntauglichkeit und Geschlecht von einander stochastisch abhängig.

GA 163

a)

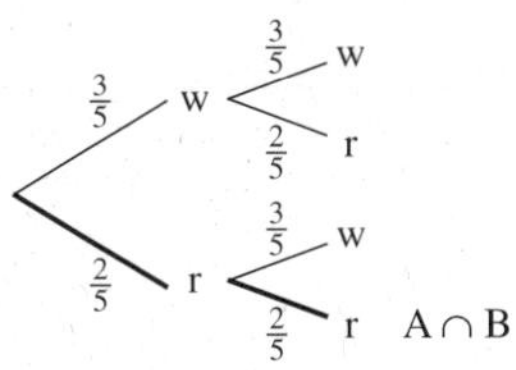

$P(A) = \frac{2}{5}$; $P(B) = \frac{3}{5}\cdot\frac{2}{5} + \frac{2}{5}\cdot\frac{2}{5} = \frac{2}{5}$

$\Rightarrow P(A \cap B) = P(A)\cdot P(B)$,
d.h., A und B sind voneinander (stochastisch) unabhängig.

b)

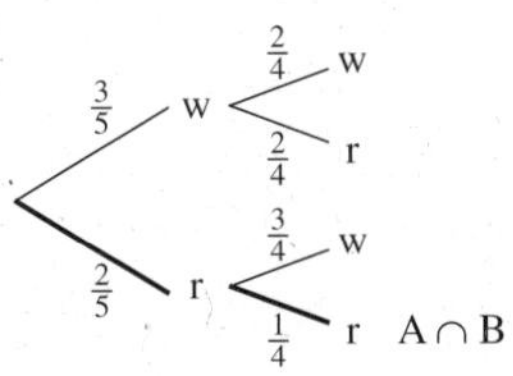

$P(A) = \frac{2}{5}$; $P(B) = \frac{3}{5}\cdot\frac{2}{4} + \frac{2}{5}\cdot\frac{1}{4} = \frac{2}{5}$

$P(A \cap B) = \frac{2}{5}\cdot\frac{1}{4} = \frac{1}{10}$

$\Rightarrow P(A \cap B) \neq P(A)\cdot P(B)$,
d.h., A und B sind nicht voneinander (stochastisch) unabhängig.

GA 164 Ergebnismenge: $\Omega = \{(w_1; w_2; w_3) \mid w_1, w_2, w_3 \in \{1; 2; 3; 4; 5; 6\}\}$ $\quad |\Omega| = 6\cdot 6\cdot 6 = 216$

Ereignisse als Teilmengen von Ω und deren Wahrscheinlichkeiten:

$A = \{(w_1; w_2; w_3) \in \Omega \mid w_1 = 3\}$ $\quad P(A) = \frac{1\cdot 6\cdot 6}{6\cdot 6\cdot 6} = \frac{1}{6}$

$B = \{(w_1; w_2; w_3) \in \Omega \mid w_2 \in \{2; 4; 6\}\}$ $\quad P(B) = \frac{6\cdot 3\cdot 6}{6\cdot 6\cdot 6} = \frac{1}{2}$

$C = \{(w_1; w_2; w_3) \in \Omega \mid w_1 \in \{1; 2; 3; 4\}\}$ $\quad P(C) = \frac{4\cdot 6\cdot 6}{6\cdot 6\cdot 6} = \frac{2}{3}$

a) $P(A \cap B) = \frac{1\cdot 3\cdot 6}{6\cdot 6\cdot 6} = \frac{1}{12}$

$P(A)\cdot P(B) = \frac{1}{6}\cdot\frac{1}{2} = \frac{1}{12}$ w.z.b.w.

b) $P(A \cap C) = P(A) = \frac{1}{6}$

$P(A)\cdot P(C) = \frac{1}{6}\cdot\frac{2}{3} \neq \frac{1}{6}$ w.z.b.w.

GA 165

$P(A) = 0{,}30 + 0{,}15 + 0{,}15 = 0{,}60$
$P(C) = 0{,}15 + 0{,}10 + 0{,}15 + 0{,}10 = 0{,}50$
$P(A \cap B) = P(\{6\}) = 0{,}15 \neq P(A)\cdot P(B) = 0{,}21$
$P(A \cap D) = P(\emptyset) = 0 \neq P(A)\cdot P(D) = 0{,}18$
$P(B \cap D) = P(\{5\}) = 0{,}10 \neq P(B)\cdot P(D) = 0{,}105$

$P(B) = 0{,}050 + 0{,}10 + 0{,}15 + 0{,}050 = 0{,}35$
$P(D) = 0{,}10 + 0{,}10 + 0{,}10 = 0{,}30$
$P(A \cap C) = P(\{3; 6\}) = 0{,}15 + 0{,}15 = 0{,}30 = P(A)\cdot P(C)$
$P(B \cap C) = P(\{5; 6\}) = 0{,}10 + 0{,}15 = 0{,}25 \neq P(B)\cdot P(C) = 0{,}175$
$P(C \cap D) = P(\{5; 8\}) = 0{,}10 + 0{,}10 = 0{,}20 \neq P(C)\cdot P(D) = 0{,}15$

Nur die Ereignisse A und C sind stochastisch unabhängig voneinander. Die Ereignisse B und D sind als stochastisch unabhängig anzusehen, da die gegebenen Wahrscheinlichkeiten auf zwei wesentliche Ziffern gerundet sind (und 0,105 würde nach der alten „Geradzahlregel" 0,10 ergeben).

GA 166

a)

	B	$\overline{B}$	
A	0,20	$0{,}1\overline{3}$	$0{,}\overline{3}$
$\overline{A}$	0,40	$0{,}2\overline{6}$	$0{,}\overline{6}$
	0,60	0,40	

(1) $P(B) = 1 - P(\overline{B}) = 1 - 0{,}40 = 0{,}60$

(2) $P(\overline{A} \cap B) = 0{,}60 - 0{,}20 = 0{,}40$

(3) $P(A \cap B) = P(A)\cdot P(B)$

$0{,}20 = P(A)\cdot 0{,}60 \Rightarrow P(A) = 0{,}\overline{3}$

(4) $P(A \cap \overline{B}) = 0{,}\overline{3} - 0{,}20 = 0{,}1\overline{3}$

(5) $P(\overline{A} \cap \overline{B}) = 0{,}40 - 0{,}1\overline{3} = 0{,}2\overline{6}$

(6) $P(\overline{A}) = 0{,}40 + 0{,}2\overline{6} = 0{,}\overline{6}$

(7) $P_{\overline{B}}(A) = \frac{P(\overline{B} \cap A)}{P(\overline{B})} = \frac{0{,}1\overline{3}}{0{,}40} = 0{,}\overline{3}$

b)

	B	$\overline{B}$	
A	0,15	0,35	0,50
$\overline{A}$	0,15	0,35	0,50
	0,30	0,70	

$P(C) = P(A \cap B) = 0{,}15$
$P(D) = P(\overline{A \cap B}) = 1 - P(A \cap B) = 1 - 0{,}15 = 0{,}85$
$P(E) = P(A \cup B) = 1 - P(\overline{A} \cap \overline{B}) = 1 - 0{,}35 = 0{,}65$
$= P(A) + P(B) - P(A \cap B) = 0{,}50 + 0{,}30 - 0{,}15 = 0{,}65$
$= P(A) + P(B \cap \overline{A}) = 0{,}50 + 0{,}15 = 0{,}65$

GA 167

A, B stochastisch unabhängig

a)

	B	$\overline{B}$	
A	0,24	0,56	<u>0,80</u>
$\overline{A}$	0,06	0,14	0,20
	<u>0,30</u>	0,70	

A, B unvereinbar

	B	$\overline{B}$	
A	0	0,80	<u>0,80</u>
$\overline{A}$	0,30		
	<u>0,30</u>	0,70	

Widerspruch: $P(A \cap \overline{B}) > P(\overline{B})$, obwohl $A \cap \overline{B} \subseteq \overline{B}$ gilt

b)

	B	$\overline{B}$	
A	0,12	0,28	<u>0,80</u>
$\overline{A}$	y	x	0,20
		x + 0,28	

$x = P(\overline{B} \cap \overline{A}) = P(\overline{B}) \cdot P(\overline{A})$

$x = (x + 0{,}28) \cdot 0{,}60$

$x = 0{,}42$

$y = 0{,}60 - 0{,}42 = 0{,}18$

	B	$\overline{B}$	
A	0	0,28	$1 - 0{,}60 = 0{,}40 \neq 0 + 0{,}28$ Widerspruch
$\overline{A}$			<u>0,60</u>

$\Rightarrow$ Der Fall, dass A, B unvereinbar sind, ist hier nicht möglich.

c)

	B	$\overline{B}$	
A	$0{,}0\overline{5}$	$0{,}0\overline{4}$	<u>0,1</u>
$\overline{A}$	0,5	0,4	0,9
	$0{,}\overline{5}$	$0{,}\overline{4}$	

$P(A \cup B) = \underline{0{,}6} = P(A) + P(B) - P(A) \cdot P(B)$

$0{,}6 = 0{,}1 + P(B) - 0{,}1 \cdot P(B)$

$0{,}5 = P(B)(1 - 0{,}1)$

$\frac{0{,}5}{0{,}9} = P(B)$

$P(B) = 0{,}\overline{5}$

	B	$\overline{B}$	
A	0	0,1	<u>0,1</u>
$\overline{A}$	0,5	0,4	<u>0,9</u>
	0,5	0,5	

$P(A \cup B) = \underline{0{,}6} = P(A) + P(B)$

$0{,}6 = 0{,}1 + P(B)$

$P(B) = 0{,}5$

d)

	B	$\overline{B}$	
A	0	p	p (p > 0)
$\overline{A}$	0	1 – p	
	0	1	

$P(A \cap B) = P(A) \cdot P(B) = 0$

$p \cdot P(B) = 0 \quad (p > 0)$

$\Rightarrow P(B) = 0$

GA 168

Fall 1:

	B	$\overline{B}$	
A	0,3	**0,4**	0,7
$\overline{A}$	**0,1**	0,2	0,3
	0,4	**0,6**	

$P(A) = 0{,}7$

$P_B(A) = \frac{P(B \cap A)}{P(B)} = \frac{0{,}3}{0{,}4} = 0{,}75$

$\Rightarrow P(A) < P_B(A)$

Fall 2:

	B	$\overline{B}$	
A	0,3	**0,4**	0,7
$\overline{A}$	**0,2**	**0,1**	0,3
	0,5	0,5	

$P(A) = 0{,}7$

$P_B(A) = \frac{P(B \cap A)}{P(B)} = \frac{0{,}3}{0{,}5} = 0{,}6$

$\Rightarrow P(A) > P_B(A)$

Fall 3:

$P_B(A) = \frac{P(B \cap A)}{P(B)} = \frac{P(B) \cdot P(A)}{P(B)}$

$\Rightarrow P(A) = P_B(A)$

Es sind also alle drei Größenrelationen zwischen P(A) und $P_B(A)$ möglich.

GA 169

Baumdiagramm:

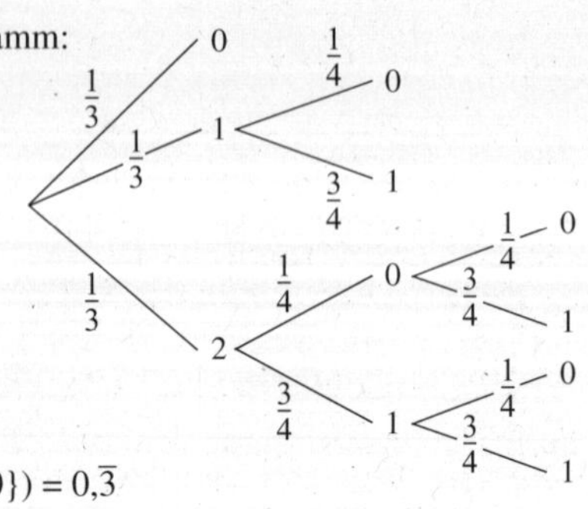

Augensumme	P({e})
0	$\frac{1}{3}$
1	$\frac{1}{3} \cdot \frac{1}{4}$
2	$\frac{1}{3} \cdot \frac{3}{4} + \frac{1}{3} \cdot \frac{1}{4} \cdot \frac{1}{4}$
3	$\frac{1}{3} \cdot \frac{1}{4} \cdot \frac{3}{4} + \frac{1}{3} \cdot \frac{3}{4} \cdot \frac{1}{4}$
4	$\frac{1}{3} \cdot \frac{3}{4} \cdot \frac{3}{4}$

$P(A) = P(\{0\}) = 0{,}\overline{3}$

$P(B) = P(\{(1;\,1),\,(2;\,0;\,0),\,(2;\,0;\,1),\,(2;\,1;\,0)\}) = \frac{1}{3} \cdot \frac{3}{4} + \frac{1}{3} \cdot \frac{1}{4} \cdot \frac{1}{4} + \frac{1}{3} \cdot \frac{1}{4} \cdot \frac{3}{4} + \frac{1}{3} \cdot \frac{3}{4} \cdot \frac{1}{4} = \frac{19}{48} = 0{,}3958\overline{3}$

$P(C) = P(\{(1;\,0),\,(2;\,0;\,0),\,(2;\,0;\,1),\,(2;\,1;\,0)\}) = \frac{1}{3} \cdot \frac{1}{4} + \frac{1}{3} \cdot \frac{1}{4} \cdot \frac{1}{4} + \frac{1}{3} \cdot \frac{1}{4} \cdot \frac{3}{4} + \frac{1}{3} \cdot \frac{3}{4} \cdot \frac{1}{4} = \frac{11}{48} = 0{,}2291\overline{6}$

GA 170

Modellannahmen: beide Ziehungen erfolgen unabhängig voneinander;
hypergeometrische Verteilung bei „6 aus 49“;
Gleichverteilung bei Ziehung der Superzahl

$$P(\{\text{Supergewinn}\}) = \frac{\binom{6}{6} \cdot \binom{43}{0}}{\binom{49}{6}} \cdot \frac{1}{10} \approx 7{,}15 \cdot 10^{-9}$$

GA 171

Unter der (sehr fragwürdigen) Modellannahme der Unabhängigkeit der beiden Ereignisse {Lehrer nörgelt} und {Schüler müssen eine Leistungskontrolle schreiben} gilt:
$p = 0{,}6 \cdot 0{,}7 \approx 0{,}4$

GA 172

a) $p = P(\{\text{der Wahlberechtigte hat gewählt und er hat A gewählt}\})$
$= 0{,}86 \cdot 0{,}39 \approx 0{,}34$ (bei Annahme der Unabhängigkeit)

b) $p = 0{,}86 \cdot (0{,}069 + 0{,}051 + 0{,}15) \approx 0{,}23$

c) $p = 0{,}86 \cdot 0{,}15 + 0{,}14 \approx 0{,}27$

GA 173

B = {ein „auf gut Glück" ausgewähltes Teil wird unter B-Verhältnissen produziert}
A = {ein „auf gut Glück" ausgewähltes Teil wird unter A-Verhältnissen produziert}
Q = {ein „auf gut Glück" ausgewähltes Teil ist von guter Qualität}
Die Vermutung des Ingenieurs stimmt, wenn $P_B(Q) \neq P(Q)$ gilt.

Baumdiagramm:

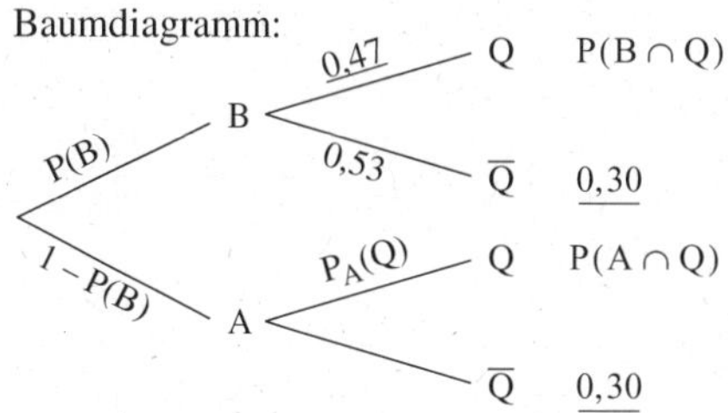

$P_B(Q) = 0{,}47$
$P(Q) = P(B) \cdot P_B(Q) + P(A) \cdot P_A(Q)$
$= P(B \cap Q) + P(A \cap Q)$

$P(B \cap \overline{Q}) = P(B) \cdot P_B(\overline{Q})$
$0{,}30 = P(B) \cdot 0{,}53$
$P(B) \approx 0{,}566$
$P(B \cap Q) = P(B) \cdot P_B(Q) \approx 0{,}566 \cdot 0{,}47 \approx 0{,}266$
$P(A \cap Q) = 1 - P(A \cap \overline{Q}) - P(B \cap \overline{Q}) - P(B \cap Q)$
$\approx 1 - 0{,}30 - 0{,}30 - 0{,}266 = 0{,}134$

$P(Q) \approx 0{,}266 + 0{,}134 = 0{,}40 \neq 0{,}47 \Rightarrow$ Die Vermutung des Ingenieurs stimmt.

GA 174 $G_i = \{\text{Glühlampe i arbeitet}\}$ für $i \in \{1; 2\}$ mit $P(G_1) = 0{,}75$ und $P(G_2) = 0{,}98$. S = {Schaltung arbeitet}
Modellannahme: Die Glühlampen funktionieren unabhängig voneinander.

a)

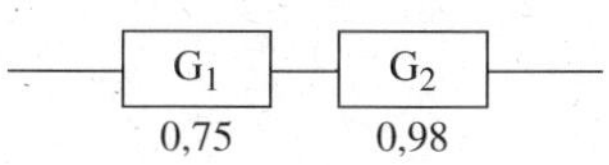

$P(S) = P(G_1 \cap G_2) = P(G_1) \cdot P(G_2) = 0{,}75 \cdot 0{,}98 \approx 0{,}74$

b)

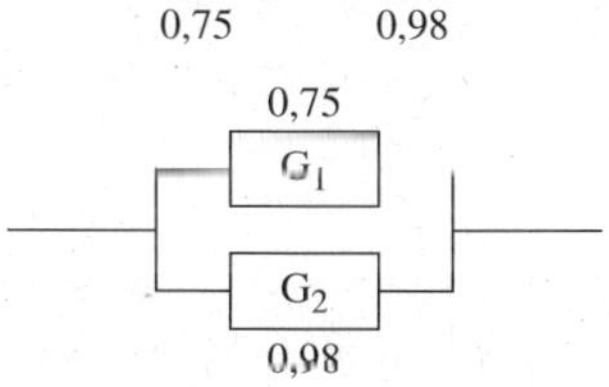

$P(S) = 1 - P(\overline{S}) = 1 - P(\overline{G_1} \cap \overline{G_2}) = 1 - P(\overline{G_1}) \cdot P(\overline{G_2}) = 1 - 0{,}25 \cdot 0{,}02 = 0{,}995 \approx 1{,}0$

oder

$P(S) = P(G_1 \cup G_2) = P(G_1) + P(G_2) - P(G_1 \cap G_2)$
$= P(G_1) + P(G_2) - P(G_1) \cdot P(G_2) = 0{,}75 + 0{,}98 - 0{,}75 \cdot 0{,}98$
$= 0{,}995 \approx 1{,}0$

GA 175

a) $p = P(\{\text{die Reihenschaltung von drei Glühlampen fällt nicht aus}\})$
$= P(\{\text{1. Lampe intakt und 2. Lampe intakt und 3. Lampe intakt}\})$
$= P(\{\text{1. Lampe intakt}\}) \cdot P(\{\text{2. Lampe intakt}\}) \cdot P(\{\text{3. Lampe intakt}\})$
$= 0{,}95 \cdot 0{,}95 \cdot 0{,}95 \approx 0{,}86$

b) $p = P(\{\text{die Reihenschaltung von fünf Glühlampen fällt aus}\})$
$= 1 - P(\{\text{Reihenschaltung von fünf Glühlampen fällt nicht aus}\})$
$= 1 - 0{,}95^5 \approx 0{,}23$ (vgl. ausführlichen Lösungsweg bei c))

c) $p = P(\{\text{die Reihenschaltung von vier Glühlampen fällt aus}\})$
$= P(\{\text{mindestens eine der vier Glühlampen fällt aus}\}) = 1 - P(\{\text{keine der vier Glühlampen fällt aus}\})$
$= 1 - P(\{\text{1. Lampe intakt und … und 4. Lampe intakt}\})$
$= 1 - 0{,}95^4 \approx 0{,}185$ (vgl. den unter Beachtung von a) gekürzten Lösungsweg bei b))

d) $P(\{\text{die Reihenschaltung von n Glühlampen fällt aus}\}) \leq 0{,}1$
$P(\{\text{mindestens eine der n Glühlampen fällt aus}\}) \leq 0{,}1$
$1 - P(\{\text{keine der n Glühlampen fällt aus}\}) \leq 0{,}1$
$1 - P(\{\text{1. Lampe intakt und … und n-te Lampe intakt}\}) \leq 0{,}1$
$1 - P(\{\text{1. Lampe intakt}\}) \cdot \ldots \cdot P(\{\text{n-te Lampe intakt}\}) \leq 0{,}1$
$1 - 0{,}95^n \leq 0{,}1 \quad \Rightarrow \quad 0{,}9 \leq 0{,}95^n$; $\ln 0{,}9 \leq n \cdot \ln 0{,}95$; also $\frac{\ln 0{,}9}{\ln 0{,}95} \geq n$ bzw. $2{,}05 \geq n$; d.h.: höchstens zwei Glühlampen

e) $p = P(\{\text{Parallelschaltung von zwei Glühlampen fällt aus}\}) = P(\{\text{1. Lampe fällt aus und 2. Lampe fällt aus}\})$
$= 0{,}05 \cdot 0{,}05 = 0{,}0025$

GA 176

a) 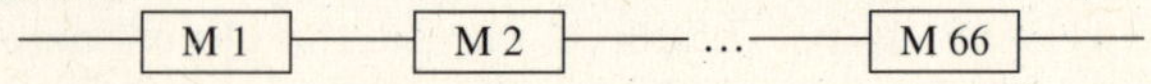

b) $P(\{\text{Orchester ist vollzählig}\}) = 0{,}99^{66} \approx 0{,}5151$ Ca. 50 % der Auftritte würden „ins Wasser fallen". w.z.b.w.

c) $p^{66} = 0{,}9 \quad \Rightarrow \quad p \approx 0{,}998$ Jeder Musiker muss mit einer Zuverlässigkeit von 99,8 % anwesend sein.

GA 177

(1) $p = P(\{\text{Anlage fällt nicht aus}\})$
$= P(\{\text{erster Doppelblock fällt nicht aus und zweiter Doppelblock fällt nicht aus}\})$
$= P(\{\text{erster Doppelblock fällt nicht aus}\}) \cdot P(\{\text{zweiter Doppelblock fällt nicht aus}\})$
$= (1 - P(\{\text{erster Doppelblock fällt aus}\})) \cdot (1 - P(\{\text{zweiter Doppelblock fällt aus}\}))$
$= (1 - 0{,}25^2) \cdot (1 - 0{,}25^2) \approx 0{,}88$

(2) $p = P(\{\text{Anlage fällt nicht aus}\})$
$= 1 - P(\{\text{Anlage fällt aus}\})$
$= 1 - P(\{\text{obere Reihe fällt aus und untere Reihe fällt aus}\})$
$= 1 - (1 - P(\{\text{obere Reihe fällt nicht aus}\})) \cdot (1 - P(\{\text{untere Reihe fällt nicht aus}\}))$
$= 1 - (1 - 0{,}75^2) \cdot (1 - 0{,}75^2) \approx 0{,}81$

GA 178 $F = \{\text{System ist funktionsfähig}\}$

a) $P(F) = P(A) \cdot P(B) \cdot P(C) = 0{,}98 \cdot 0{,}95 \cdot 0{,}97 \approx 0{,}90$

b) $P(F) = P(A) \cdot (1 - P(\overline{B}) \cdot P(\overline{C})) = 0{,}98 \cdot (1 - 0{,}05 \cdot 0{,}03) \approx 0{,}98$

oder

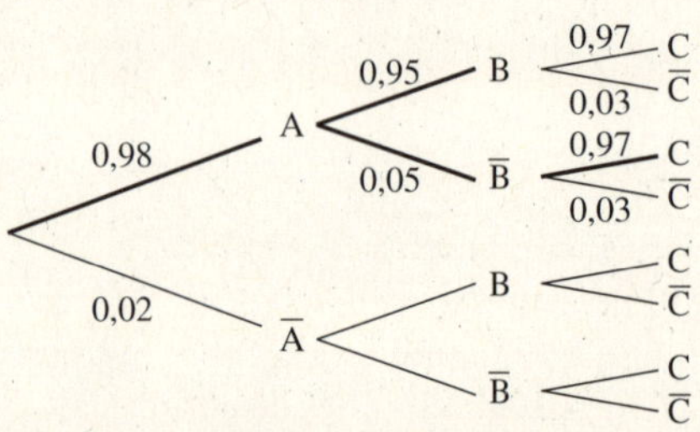

$= 0{,}98 \cdot 0{,}95 + 0{,}98 \cdot 0{,}05 \cdot 0{,}97 \approx 0{,}98$

c) $P(F) = 1 - (1 - P(A) \cdot P(B)) \cdot P(\overline{C}) = 1 - (1 - 0{,}98 \cdot 0{,}95) \cdot 0{,}03 = 0{,}99793 \approx 1{,}0$

oder

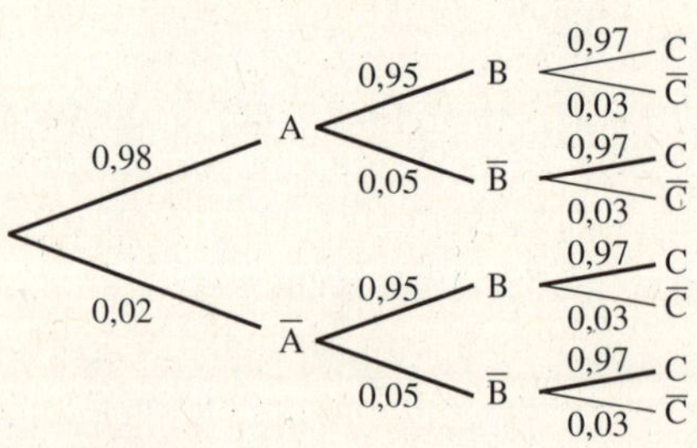

$= 0{,}98 \cdot 0{,}95 + 0{,}98 \cdot 0{,}05 \cdot 0{,}97 + 0{,}02 \cdot 0{,}95 \cdot 0{,}97 + 0{,}02 \cdot 0{,}05 \cdot 0{,}97 = 0{,}99793 \approx 1{,}0$

d) $1 - (P(\overline{B}))^n > P(A)$
$1 - 0{,}05^n > 0{,}98$
$0{,}02 > 0{,}05^n$
$\ln 0{,}02 > n \cdot \ln 0{,}05$
$\frac{\ln 0{,}02}{\ln 0{,}05} < n$
$1{,}305\ldots < n$ und $n \in \mathbb{N}$
$2 \leq n$ Mindestens zwei Bauteile B müssten parallel geschaltet werden.

GA 179 *Aufgaben zur Selbstkontrolle*

a) $P_B(A) = P(A \mid B) = \frac{P(A \cap B)}{P(B)}$ für $P(B) > 0$

Die bedingte Wahrscheinlichkeit $P_B(A)$ gibt an, mit welcher Wahrscheinlichkeit das Ereignis A eintritt unter der Bedingung, dass B eingetreten ist. $P_B(A)$ gibt das Verhältnis der Chance des Eintretens des Ereignisses A und B zur Chance des Eintretens des Ereignisses B an.

b) 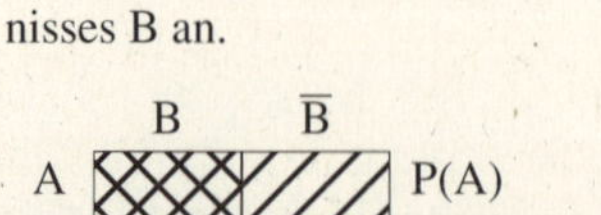

P(A) wird veranschaulicht als das mit /// markierte Rechteck von A.
$P_B(A)$ wird veranschaulicht als das Verhältnis des Teiles von A, der auch zu B gehört (d.h. $A \cap B$, mit XXX markiertes Rechteck) zum Rechteck, das zu B gehört und mit \\\ markiert ist.

c) Der allgemeine Multiplikationssatz entspricht der ersten Pfadregel für Baumdiagramme.

d) Der Satz der totalen Wahrscheinlichkeit entspricht der zweiten Pfadregel für Baumdiagramme.

e) erstes Baumdiagramm:

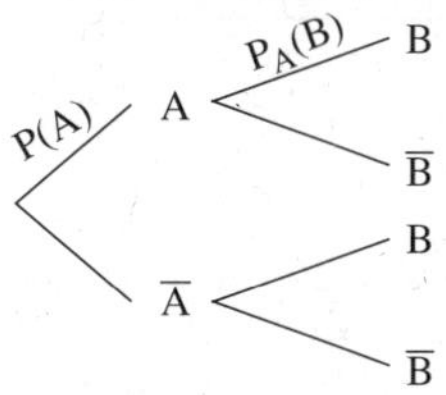

$\Rightarrow \quad P(A \cap B) = P(A) \cdot P_A(B)$

zweites Baumdiagramm:

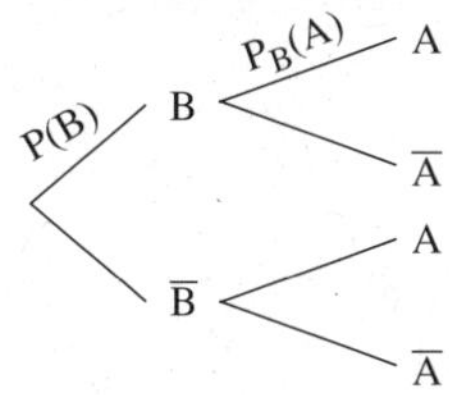

$\Rightarrow \quad P(A \cap B) = P(B) \cdot P_B(A)$

$\Rightarrow \quad P(A) \cdot P(A_B) = P(B) \cdot P_B(A) \quad \Rightarrow \quad P_A(B) = \frac{P(B) \cdot P_B(A)}{P(A)}$ Satz von BAYES

f) $P_B(A) = \frac{P(A \cap B)}{P(B)}$

$P(A \cap B) = \frac{P(A \cap B)}{1} = \frac{P(A \cap B)}{P(\Omega)}$

Außerdem gilt $P_B(A) = P(A \cap B)$ für $B = \Omega$ und auch für $A = \emptyset$.

g) A, B sind stochastisch unabhängig genau dann, wenn $P(A \cap B) = P(A) \cdot P(B)$ gilt.

h) Baumdiagramm

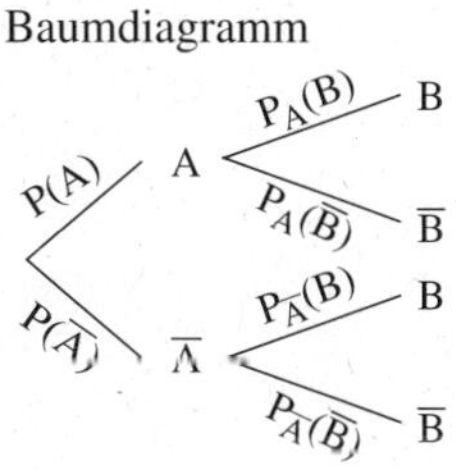

zugehöriges umgekehrtes Baumdiagramm

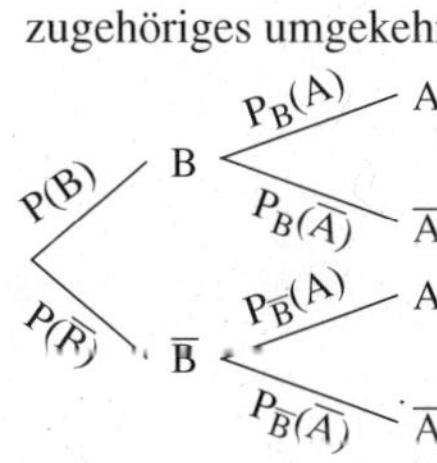

mit $P(B) = P(A) \cdot P_A(B) + P(\overline{A}) \cdot P_{\overline{A}}(B)$

$P(\overline{B}) = 1 - P(B)$

$P_B(A) = \frac{P(A) \cdot P_A(B)}{P(A) \cdot P_A(B) + P(\overline{A}) \cdot P_{\overline{A}}(B)}$

$P_B(\overline{A}) = 1 - P_B(A)$

$P_{\overline{B}}(A) = \frac{P(A) \cdot P_A(\overline{B})}{P(A) \cdot P_A(\overline{B}) + P(\overline{A}) \cdot P_{\overline{A}}(\overline{B})}$

$P_{\overline{B}}(\overline{A}) = 1 - P_{\overline{B}}(A)$

i) falsch, da z.B. $P_B(A) = 0$ für $A = \emptyset$ gilt.

j) wahr, da $P(A) = \frac{P(A)}{1} = \frac{P(A)}{P(\Omega)} = \frac{P(A \cap \Omega)}{P(\Omega)} = P_\Omega(A)$.

p) wahr nach dem Satz der totalen Wahrscheinlichkeit; dabei wird vorausgesetzt, dass alle Terme definiert sind, d.h., es muss $P(B) > 0$, $P(\overline{B}) > 0$ erfüllt sein.

r) falsch, wie folgendes Gegenbeispiel zeigt:

	B	$\overline{B}$	
A	0,12	0,28	0,4
$\overline{A}$	0,18	0,42	0,6
	0,3	0,7	

$P(A \cup B) = 0{,}18 + 0{,}12 + 0{,}28 = 0{,}58$ und

$P(A) + P(B) = 0{,}4 + 0{,}3 = 0{,}7 \quad \Rightarrow \quad P(A \cup B) \neq P(A) + P(B)$

Wenn A, B unvereinbar sind, so gilt $P(A \cup B) = P(A) + P(B)$.

G 4 Zufallsgrößen

G 4.1 Endliche Zufallsgrößen

GA 180

a) $P(X = -2) = P(\{e_3\}) = 0{,}40$

$P(X = 1) = P(\{e_1; e_2; e_5\}) = 0{,}25 + 0{,}05 + 0{,}15 = 0{,}45$

$P(X = 3) = P(\{e_4; e_5\}) = 0{,}10 + 0{,}05 = 0{,}15$

$X \mathrel{\widehat{=}} \begin{pmatrix} -2 & 1 & 3 \\ 0{,}40 & 0{,}45 & 0{,}15 \end{pmatrix}$

b)

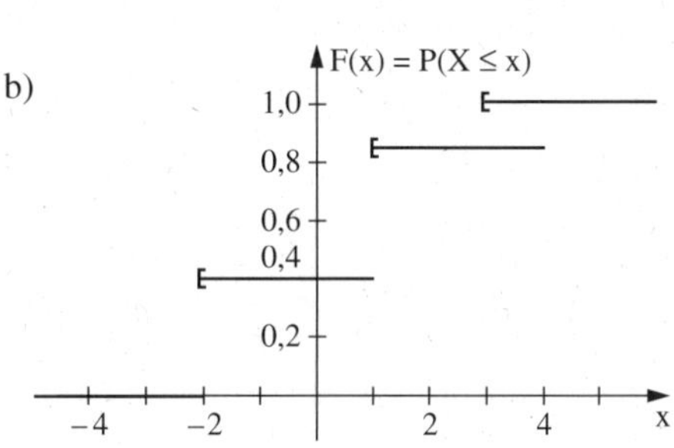

c) *Lösungsweg 1*

$P(X \le 2) = P(X = -2) + P(X = 1) = 0{,}40 + 0{,}45 = 0{,}85$
$P(X > 0{,}5) = P(X = 1) + P(X = 3) = 0{,}45 + 0{,}15 = 0{,}60$
$P(1 < X \le 2{,}5) = 0$

$P(1 \le X \le 2{,}5) = P(X = 1) = 0{,}45$

$P(0{,}5 < X \le 3{,}1) = P(X = 1) + P(X = 3) = 0{,}45 + 0{,}15 = 0{,}60$
$P(-1{,}5 < X \le 2{,}5) = P(X = 1) = 0{,}45$

Lösungsweg 2

$P(X \le 2) = F(2) = 0{,}85$
$P(X > 0{,}5) = 1 - P(X \le 0{,}5) = 1 - F(0{,}5) = 1 - 0{,}40 = 0{,}60$
$P(1 < X \le 2{,}5) = P(X \le 2{,}5) - P(X \le 1) = F(2{,}5) - F(1) = 0{,}85 - 0{,}85 = 0$
$P(1 \le X \le 2{,}5) = P(X \le 2{,}5) - P(X < 1) = F(2{,}5) - F(0{,}5) = 0{,}85 - 0{,}40 = 0{,}45$
$P(0{,}5 < X \le 3{,}1) = F(3{,}1) - F(0{,}5) = 1 - 0{,}40 = 0{,}60$
$P(-1{,}5 < X \le 2{,}5) = F(2{,}5) - F(-1{,}5) = 0{,}85 - 0{,}40 = 0{,}45$

GA 181

a) $\Omega = \{(t_1; t_2) \mid t_1, t_2 \in \{1; 2; 3; 4\}\}$

In das nebenstehende „Baumdiagramm der Ergebnisse" wurden die Wahrscheinlichkeiten der entsprechenden atomaren Ereignisse eingetragen.

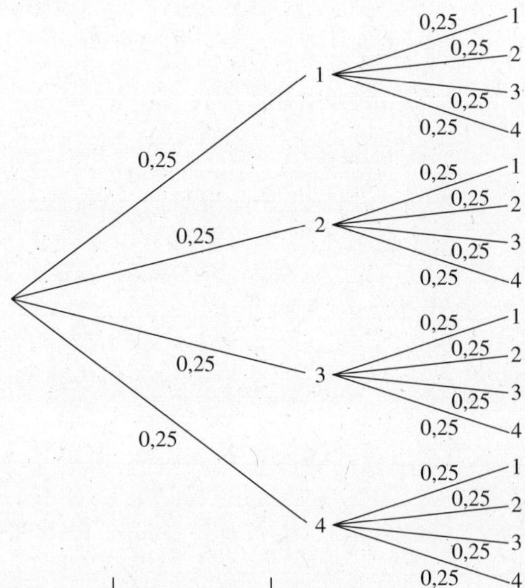

b)

x_i	1	2	3	4
$P(X = x_i)$	$\left(\frac{1}{4}\right)^2 = \frac{1}{16}$	$3 \cdot \left(\frac{1}{4}\right)^2 = \frac{3}{16}$	$5 \cdot \left(\frac{1}{4}\right)^2 = \frac{5}{16}$	$7 \cdot \left(\frac{1}{4}\right)^2 = \frac{7}{16}$

y_i	1	2	3	4
$P(Y = y_i)$	$7 \cdot \left(\frac{1}{4}\right)^2 = \frac{7}{16}$	$5 \cdot \left(\frac{1}{4}\right)^2 = \frac{5}{16}$	$3 \cdot \left(\frac{1}{4}\right)^2 = \frac{3}{16}$	$\left(\frac{1}{4}\right)^2 = \frac{1}{16}$

z_i	2	3	4	5	6	7	8
$P(Z = z_i)$	$\left(\frac{1}{4}\right)^2 = \frac{1}{16}$	$2 \cdot \left(\frac{1}{4}\right)^2 = \frac{2}{16}$	$3 \cdot \left(\frac{1}{4}\right)^2 = \frac{3}{16}$	$4 \cdot \left(\frac{1}{4}\right)^2 = \frac{4}{16}$	$3 \cdot \left(\frac{1}{4}\right)^2 = \frac{3}{16}$	$2 \cdot \left(\frac{1}{4}\right)^2 = \frac{2}{16}$	$\left(\frac{1}{4}\right)^2 = \frac{1}{16}$

c) $X = 3$ entspricht dem Ereignis $\{(1; 3), (2; 3), (3; 1), (3; 2), (3; 3)\}$;
$Y = 4$ entspricht dem Ereignis $\{(4; 4)\}$
$Z = 5$ entspricht dem Ereignis $\{(1; 4), (2; 3), (3; 2), (4; 1)\}$;
$Z > 6$ entspricht dem Ereignis $\{(3; 4), (4; 3), (4; 4)\}$

d) $P(X \le 3) = P(X = 1) + P(X = 2) + P(X = 3) = \frac{1}{16} + \frac{3}{16} + \frac{5}{16} = \frac{9}{16} = 0{,}5625$

$P(Y < 4) = P(Y = 1) + P(Y = 2) + P(Y = 3) = \frac{7}{16} + \frac{5}{16} + \frac{3}{16} = \frac{15}{16} = 0{,}9375$

$P(Z \ge 5) = P(Z = 5) + P(Z = 6) + P(Z = 7) + P(Z = 8) = \frac{4}{16} + \frac{3}{16} + \frac{2}{16} + \frac{1}{16} = \frac{5}{8} = 0{,}625$

$P(Z > 6) = P(Z = 7) + P(Z = 8) = \frac{2}{16} + \frac{1}{16} = \frac{3}{16} = 0{,}1875$

GA 182

a) $P(X \le 10) = \sum_{i=1}^{10} P(X = i) = 10 \cdot \frac{1}{12} = \frac{5}{6} = 0{,}8\overline{3}$

$P(6 \le X < 8) = P(X = 6) + P(X = 7) = 2 \cdot \frac{1}{12} = \frac{1}{6} = 0{,}1\overline{6}$

$P(X > 9) = P(X = 10) + P(X = 11) + P(X = 12) = 3 \cdot \frac{1}{12} = \frac{1}{4} = 0{,}25$

b)

y_i	zugehörige Ergebnisse	$P(Y = y_i)$
⋮		
6	(1; 5), (2; 4), (3; 3), (4; 2), (5; 1)	$5 \cdot \left(\frac{1}{6}\right)^2 = \frac{5}{36}$
7	(1; 6), (2; 5), (3; 4), (4; 3), (5; 2), (6; 1)	$6 \cdot \left(\frac{1}{6}\right)^2 = \frac{1}{6}$
8	(2; 6), (3; 5), (4; 4), (5; 3), (6; 2)	$5 \cdot \left(\frac{1}{6}\right)^2 = \frac{5}{36}$

y_i	zugehörige Ergebnisse	$P(Y = y_i)$
9	(3; 6), (4; 5), (5; 4), (6; 3)	$4 \cdot \left(\frac{1}{6}\right)^2 = \frac{1}{9}$
10	(4; 6), (5; 5), (6; 4)	$3 \cdot \left(\frac{1}{6}\right)^2 = \frac{1}{12}$
11	(5; 6), (6; 5)	$2 \cdot \left(\frac{1}{6}\right)^2 = \frac{1}{18}$
12	(6; 6)	$1 \cdot \left(\frac{1}{6}\right)^2 = \frac{1}{36}$

$P(Y \le 10) = 1 - P(Y > 10) = 1 - P(Y = 11) - P(Y = 12) = 1 - \frac{2}{36} - \frac{1}{36} = \frac{11}{12} = 0{,}91\overline{6}$

$P(6 \le Y < 8) = P(Y = 6) + P(Y = 7) = \frac{5}{36} + \frac{6}{36} = \frac{11}{36} = 0{,}30\overline{5}$

$P(Y > 9) = P(Y = 10) + P(Y = 11) + P(Y = 12) = \frac{3}{36} + \frac{2}{36} + \frac{1}{36} = \frac{1}{6} = 0{,}1\overline{6}$

c)

z_i	zugehörige Ergebnisse	$P(Z = z_i)$
6	(1; 1; 4), (1; 2; 3), (1; 3; 2), (1; 4; 1), (2; 1; 3), (2; 2; 2), (2; 3; 1), (3; 1; 2), (3; 2; 1), (4; 1; 1)	$10 \cdot \left(\frac{1}{4}\right)^3 = \frac{5}{32}$
7	(1; 2; 4), (1; 3; 3), (1; 4; 2), (2; 1; 4), (2; 2; 3), (2; 3; 2), (2; 4; 1), (3; 1; 3), (3; 2; 2), (3; 3; 1), (4; 1; 2), (4; 2; 1)	$12 \cdot \left(\frac{1}{4}\right)^3 = \frac{3}{16}$
8	(1; 3; 4), (1; 4; 3), (2; 2; 4), (2; 3; 3), (2; 4; 2), (3; 1; 4), (3; 2; 3), (3; 3; 2), (3; 4; 1), (4; 1; 3), (4; 2; 2), (4; 3; 1)	$12 \cdot \left(\frac{1}{4}\right)^3 = \frac{3}{16}$
9	(1; 4; 4), (2; 3; 4), (2; 4; 3), (3; 2; 4), (3; 3; 3), (3; 4; 2), (4; 1; 4), (4; 2; 3), (4; 3; 2), (4; 4; 1)	$10 \cdot \left(\frac{1}{4}\right)^3 = \frac{5}{32}$
10	(2; 4; 4), (3; 3; 4), (3; 4; 3), (4; 2; 4), (4; 3; 3), (4; 4; 2)	$6 \cdot \left(\frac{1}{4}\right)^3 = \frac{3}{32}$
11	(3; 4; 4), (4; 3; 4), (4; 4; 3)	$3 \cdot \left(\frac{1}{4}\right)^3 = \frac{3}{64}$
12	(4; 4; 4)	$1 \cdot \left(\frac{1}{4}\right)^3 = \frac{1}{64}$

$P(Z \leq 10) = 1 - P(Z > 10) = 1 - P(Z = 11) - P(Z = 12) = 1 - \frac{3}{64} - \frac{1}{64} = \frac{15}{16} = 0{,}9375$

$P(6 \leq Z < 8) = P(Z = 6) + P(Z = 7) = \frac{10}{64} + \frac{12}{64} = \frac{11}{32} = 0{,}34375$

$P(Z > 9) = P(Z = 10) + P(Z = 11) + P(Z = 12) = \frac{6}{64} + \frac{3}{64} + \frac{1}{64} = \frac{10}{64} = \frac{5}{32} \approx 0{,}1563$

GA 183

Ereignisse: A = {Mannschaft EAG gewinnt}
Z = {Mannschaft CZG gewinnt}

a)

x_i	2	3
$P(X = x_i)$	$2 \cdot 0{,}5^2 = 0{,}5$	$4 \cdot 0{,}5^3 = 0{,}5$

b)

x_i	3	4	5
$P(X = x_i)$	$2 \cdot 0{,}5^3 = 0{,}25$	$6 \cdot 0{,}5^4 = 0{,}375$	$12 \cdot 0{,}5^5 = 0{,}375$

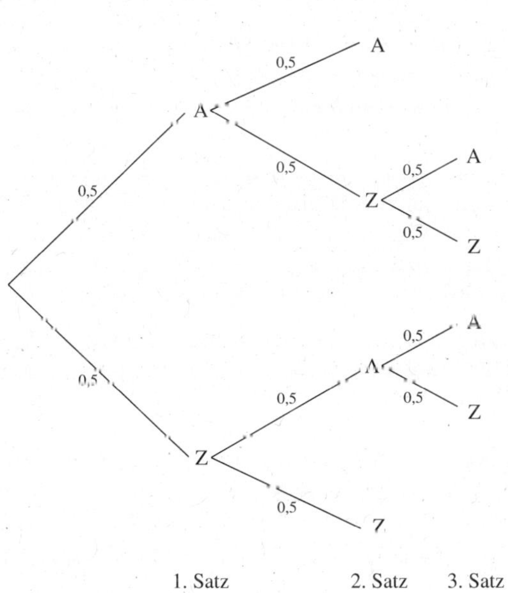

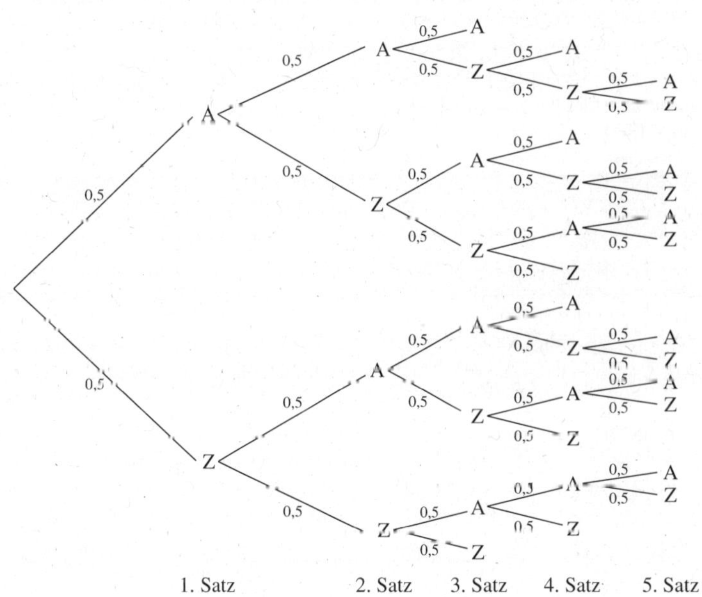

GA 184

1 = 1 · 1
2 = 1 · 2 = 2 · 1
3 = 1 · 3 = 3 · 1
4 = 1 · 4 = 4 · 1 = 2 · 2
6 = 2 · 3 = 3 · 2
8 = 2 · 4 = 4 · 2
9 = 3 · 3
12 = 3 · 4 = 4 · 3
16 = 4 · 4

$$X \triangleq \begin{pmatrix} 1 & 2 & 3 & 4 & 6 & 8 & 9 & 12 & 16 \\ \frac{1}{16} & \frac{2}{16} & \frac{2}{16} & \frac{3}{16} & \frac{2}{16} & \frac{2}{16} & \frac{1}{16} & \frac{2}{16} & \frac{1}{16} \end{pmatrix}$$

a) $P(X < 5) = P(X = 1) + P(X = 2) + P(X = 3) + P(X = 4) = \frac{1}{16} + \frac{2}{16} + \frac{2}{16} + \frac{3}{16} = \frac{8}{16} = 0{,}5$

$P(X \geq 9) = P(X = 9) + P(X = 12) + P(X = 16) = \frac{1}{16} + \frac{2}{16} + \frac{1}{16} = \frac{4}{16} = 0{,}25$

$P(3 < X \leq 17) = 1 - P(X = 1) - P(X = 2) - P(X = 3) = 1 - \frac{1}{16} - \frac{2}{16} - \frac{2}{16} = \frac{11}{16} = 0{,}6875$

b) $F(2) = P(X \leq 2) = P(X = 1) + P(X = 2) = \frac{1}{16} + \frac{2}{16} = \frac{3}{16} = 0{,}1875$

$F(4) = P(X \leq 4) = P(X = 1) + P(X = 2) + P(X = 3) + P(X = 4) = \frac{8}{16} = 0{,}5$

$F(-1) = P(X \leq -1) = 0$

$F(2\pi) = P(X \leq 2\pi) = P(X \leq 6) = \frac{10}{16} = 0{,}625$

$F(5\pi) = P(X \leq 5\pi) = P(X \leq 12) = 1 - P(X = 16) = \frac{15}{16} = 0{,}9375$

G 4.2 Erwartungswert

GA 185

a) $X \mathrel{\widehat{=}} \begin{pmatrix} 2 & 3 & 4 & 5 & 6 & 7 & 8 \\ \frac{1}{16} & \frac{2}{16} & \frac{3}{16} & \frac{4}{16} & \frac{3}{16} & \frac{2}{16} & \frac{1}{16} \end{pmatrix}$

$2 = 1 + 1$
$3 = 1 + 2 = 2 + 1$
$4 = 1 + 3 = 2 + 2 = 3 + 1$
$5 = 1 + 4 = 2 + 3 = 3 + 2 = 4 + 1$
$6 = 2 + 4 = 3 + 3 = 4 + 2$
$7 = 3 + 4 = 4 + 3$
$8 = 4 + 4$

b) 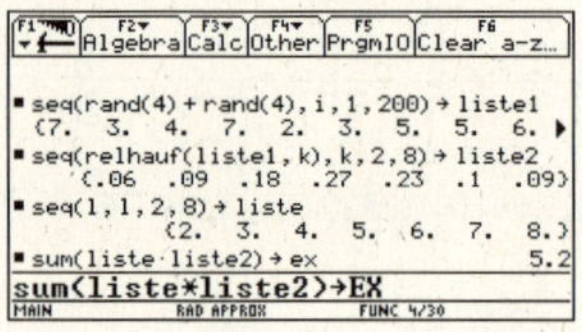

$EX = 2 \cdot \frac{1}{16} + 3 \cdot \frac{2}{16} + 4 \cdot \frac{3}{16} + 5 \cdot \frac{4}{16} + 6 \cdot \frac{3}{16} + 7 \cdot \frac{2}{16} + 8 \cdot \frac{1}{16} = 5$

$Y \mathrel{\widehat{=}} \begin{pmatrix} 0 & 1 & 2 \\ 0{,}75^2 = 0{,}5625 & 0{,}25 \cdot 0{,}75 + 0{,}75 \cdot 0{,}25 = 0{,}375 & 0{,}25^2 = 0{,}0625 \end{pmatrix}$

$EY = 0 \cdot 0{,}5625 + 1 \cdot 0{,}375 + 2 \cdot 0{,}0625 = 0{,}5$

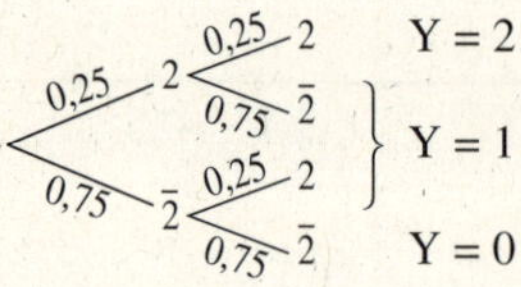

GA 186

a) $EX = (-7) \cdot 0{,}15 + (-4) \cdot 0{,}35 + 1 \cdot 0{,}20 + 4 \cdot 0{,}10 + 7 \cdot 0{,}20 = -0{,}45$

b) $EX = \sum_{k=1}^{6} k \cdot \frac{1}{6} = \frac{1}{6} \cdot \frac{6 \cdot 7}{2} = 3{,}5$

c) $EX = \sum_{k=1}^{4} k \cdot \frac{1}{4} = \frac{1}{4} \cdot \frac{4 \cdot 5}{2} = 2{,}5$

d) $P(X = -2) = \frac{1{,}2\text{ cm}}{(1{,}2 + 2{,}4 + 0{,}8 + 0{,}4 + 2)\text{ cm}} = \frac{3}{17}$

$P(X = 1) = \frac{2{,}4\text{ cm}}{(1{,}2 + 2{,}4 + 0{,}8 + 0{,}4 + 2)\text{ cm}} = \frac{6}{17}$

$P(X = 4) = \frac{0{,}8\text{ cm}}{(1{,}2 + 2{,}4 + 0{,}8 + 0{,}4 + 2)\text{ cm}} = \frac{2}{17}$

$P(X = 5) = \frac{0{,}4\text{ cm}}{(1{,}2 + 2{,}4 + 0{,}8 + 0{,}4 + 2)\text{ cm}} = \frac{1}{17}$

$P(X = 7) = \frac{2\text{ cm}}{(1{,}2 + 2{,}4 + 0{,}8 + 0{,}4 + 2)\text{ cm}} = \frac{5}{17}$

$EX = (-2) \cdot \frac{3}{17} + 1 \cdot \frac{6}{17} + 4 \cdot \frac{2}{17} + 5 \cdot \frac{1}{17} + 7 \cdot \frac{5}{17} = \frac{48}{17} \approx 2{,}82$

e) $p^2 + 4p + p^2 + 0{,}055 + 2p = 1$, also $2p^2 + 6p - 0{,}945 = 0 \quad (p > 0) \quad \Rightarrow \quad p = 0{,}15$

$EX = (-19) \cdot 0{,}15^2 + (-11) \cdot 4 \cdot 0{,}15 + 0 \cdot 0{,}15^2 + 1 \cdot 0{,}055 + 3 \cdot 2 \cdot 0{,}15 = -6{,}0725$

f) $X \mathrel{\widehat{=}} \begin{pmatrix} 0 & 1 & 2 \\ \frac{180°}{360°} = \frac{1}{2} & \frac{(180° - 40°)}{360°} = \frac{7}{18} & \frac{40°}{360°} = \frac{1}{9} \end{pmatrix}$

$EX = 0 \cdot \frac{1}{2} + 1 \cdot \frac{7}{18} + 2 \cdot \frac{1}{9} = \frac{11}{18} = 0{,}6\overline{1}$

GA 187

Modellannahmen:
- zwei LAPLACE-Würfel
- Würfelflächen jeweils mit 1 bis 6 durchnummeriert

Augensumme	zugehörige Ergebnisse
2	(1; 1)
3	(1; 2), (2; 1)
4	(1; 3), (2; 2), (3; 1)
5	(1; 4), (2; 3), (3; 2), (4; 1)
6	(1; 5), (2; 4), (3; 3), (4; 2), (5; 1)
7	(1; 6), (2; 5), (3; 4), (4; 3), (5; 2), (6; 1)
8	(2; 6), (3; 5), (4; 4), (5; 3), (6; 2)
9	(3; 6), (4; 5), (5; 4), (6; 3)
10	(4; 6), (5; 5), (6; 4)
11	(5; 6), (6; 5)
12	(6; 6)

$$X \,\widehat{=}\, \begin{pmatrix} 2 & 3 & 4 & 5 & 6 & 7 & 8 & 9 & 10 & 11 & 12 \\ \frac{1}{36} & \frac{2}{36} & \frac{3}{36} & \frac{4}{36} & \frac{5}{36} & \frac{6}{36} & \frac{5}{36} & \frac{4}{36} & \frac{3}{36} & \frac{2}{36} & \frac{1}{36} \end{pmatrix}$$

$$EX = \sum_{k=2}^{12} k \cdot P(X = k) = 7$$

$\Rightarrow$
- 7 ist der Wert von X, der mit der größten Wahrscheinlichkeit angenommen wird.
- 7 ist die auf lange Sicht zu erwartende Augensumme.

$\Rightarrow$ Lars wählte die Spielstrategie, die am geeignetsten erscheint, um (auf lange Sicht gesehen) möglichst viele Gewinne zu erreichen.

GA 188

Bestimmung von a:

$$a + a^2 + \frac{1}{4} + \frac{1}{4} + a^2 + a + 2a^2 + \frac{1}{18} = 1$$

$$4a^2 + 2a - 0{,}\overline{4} = 0$$

$$a^2 + 0{,}5a - 0{,}\overline{1} = 0$$

$$a_{1,2} = -0{,}25 \pm \sqrt{0{,}25^2 + 0{,}\overline{1}} = -0{,}25 \pm 0{,}41\overline{6} \quad (a > 0)$$

$$a = \frac{1}{6} = 0{,}1\overline{6}$$

$$X \,\widehat{=}\, \begin{pmatrix} 0 & 1 & 2 & 3 & 4 \\ 0{,}1\overline{6} & 0{,}2\overline{7} & 0{,}25 & 0{,}19\overline{4} & 0{,}\overline{1} \end{pmatrix}$$

$$EX = 0 \cdot 0{,}1\overline{6} + 1 \cdot 0{,}2\overline{7} + 2 \cdot 0{,}25 + 3 \cdot 0{,}19\overline{4} + 4 \cdot 0{,}\overline{1} = \frac{65}{36} = 1{,}80\overline{5}$$

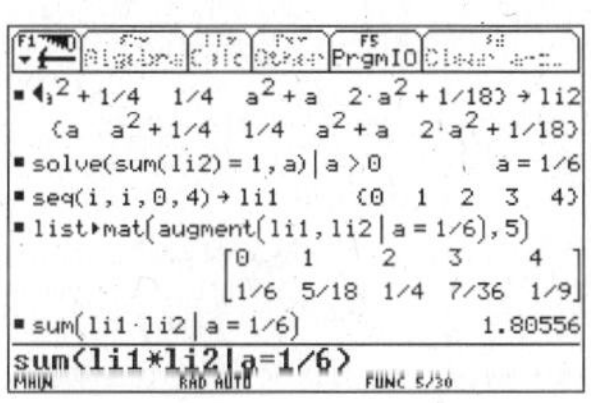

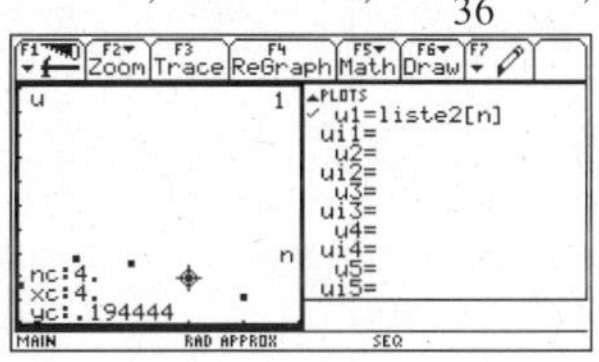

GA 189

a) $EX = 1 \cdot 0{,}5 + 2 \cdot 0{,}4 + 3 \cdot 0{,}1 = 1{,}6$

b) Einer Urne mit genau zehn Kugeln (fünf roten, vier weißen und einer blauen) wird „auf gut Glück" genau eine Kugel entnommen: {weiße Kugel entnommen} $\mapsto$ 1; {rote Kugel entnommen} $\mapsto$ 2; {blaue Kugel entnommen} $\mapsto$ 3

c) Mit Hilfe der im Lehrbuch, S. 301, gegebenen Zufallszahlen, für die folgende Zuordnungen gelten sollen,

Zufallszahlen	x Wert
1 bis 5	1
6 bis 9	2
0	3

ergibt sich als Urliste:

11122 12122 32322 22133 12222 21122 11112 21112 21111 21112
31213 21122 21311 11222 11231 21311 11111 22111 22211 13121

Strichliste:

1	𝍸 𝍸 𝍸 𝍸 𝍸 𝍸 𝍸 𝍸 𝍸 𝍸 |
2	𝍸 𝍸 𝍸 𝍸 𝍸 𝍸 𝍸 |||
3	𝍸 𝍸

relative Häufigkeiten:

$h_{100}(\{1\}) = \frac{51}{100} = 0{,}51$

$h_{100}(\{2\}) = \frac{39}{100} = 0{,}39$

$h_{100}(\{3\}) = \frac{10}{100} = 0{,}10$

Näherungswert des Erwartungswertes von X:

$EX \approx 1 \cdot 0{,}51 + 2 \cdot 0{,}39 + 3 \cdot 0{,}10 = 1{,}59$

GA 190

zu (1):
falsche Interpretation, weil $P(\{\text{bei sechs Würfen mindestens eine 1}\}) = 1 - P(\{\text{bei sechs Würfen keine 1}\}) = 1 - \left(\frac{5}{6}\right)^6 \approx 0{,}67$

zu (2):
falsche Interpretation, weil $P_{\{\text{sechsmal keine 1}\}}(\{\text{beim siebten Wurf 1}\}) = \dfrac{P(\{\text{sechsmal keine 1}\} \cap \{\text{beim siebenten Wurf 1}\})}{P(\{\text{sechsmal keine 1}\})} = \dfrac{\left(\frac{5}{6}\right)^6 \cdot \frac{1}{6}}{\left(\frac{5}{6}\right)^6} = \frac{1}{6}$

zu (3):
falsche Interpretation, weil P({sechsmal keine 1}) = $\left(\frac{5}{6}\right)^6 \approx 0{,}33$

zu (4):
richtige Interpretation, weil $n \cdot p = 1000 \cdot \frac{1}{6} \approx 167$

zu (5)
richtige Interpretation, weil für den zufälligen Reingewinn G_1 von Lars gilt $G_1 \mathrel{\hat=} \begin{pmatrix} 5 & -1 \\ \frac{1}{6} & \frac{5}{6} \end{pmatrix}$ und $EG_1 = 5 \cdot \frac{1}{6} + (-1) \cdot \frac{5}{6} = 0$
und für Ihren zufälligen Reingewinn $G_2 \mathrel{\hat=} \begin{pmatrix} -5 & +1 \\ \frac{1}{6} & \frac{5}{6} \end{pmatrix}$ und $EG_2 = (-5) \cdot \frac{1}{6} + 1 \cdot \frac{5}{6} = 0$.

GA 191

a) Baumdiagramm:

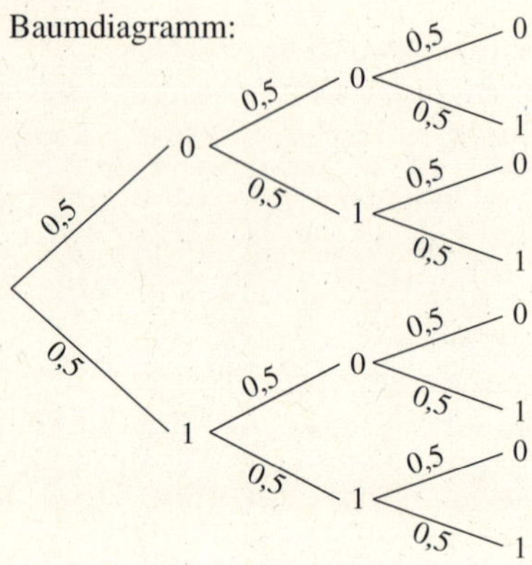

$$X \mathrel{\hat=} \begin{pmatrix} 0 & 1 & 2 & 3 \\ 0{,}5^3 = \frac{1}{8} & 3 \cdot 0{,}5^3 = \frac{3}{8} & 3 \cdot 0{,}5^3 = \frac{3}{8} & 0{,}5^3 = \frac{1}{8} \end{pmatrix}$$

b)

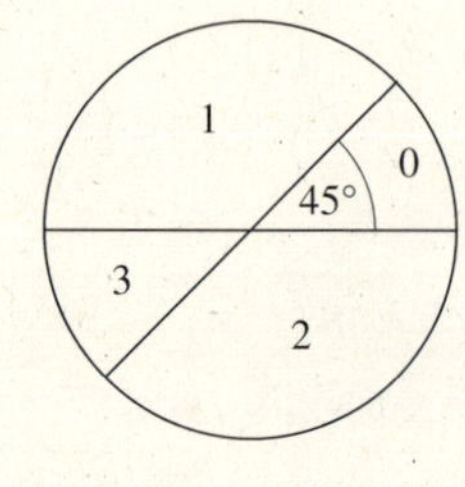

360° : 8 = 45° für 0 und 3

c) $EX = 0 \cdot \frac{1}{8} + 1 \cdot \frac{3}{8}\ 2 \cdot \frac{3}{8} + 3 \cdot \frac{1}{8} = 1{,}5$

GA 192

Baumdiagramm:

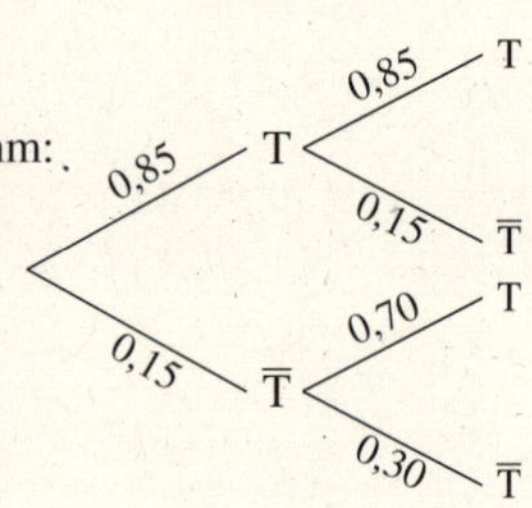

Zufallsgröße X: zufällige Anzahl der Treffer bei zwei Würfen

$$X \mathrel{\hat=} \begin{pmatrix} 0 & 1 & 2 \\ 0{,}15 \cdot 0{,}30 = 0{,}045 & 0{,}85 \cdot 0{,}15 + 0{,}15 \cdot 0{,}70 = 0{,}2325 & 0{,}85^2 = 0{,}7225 \end{pmatrix}$$

a) $P(X \geq 1) = 1 - P(X = 0) = 1 - 0{,}045 = 0{,}955$

b) $EX = 0 \cdot 0{,}045 + 1 \cdot 0{,}2325 + 2 \cdot 0{,}7225 \approx 1{,}7$

GA 193

Wahrscheinlichkeit einer Jungengeburt sei: $p_J = 0{,}514$
Wahrscheinlichkeit einer Mädchengeburt sei: $p_M = 0{,}486$

Baumdiagramm:

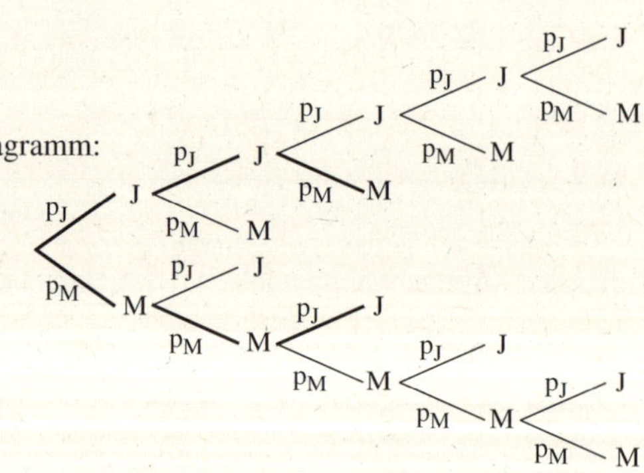

$$X \mathrel{\hat=} \begin{pmatrix} 2 & 3 & 4 & 5 \\ 2p_Jp_M & p_J^2p_M + p_M^2p_J & p_J^3p_M + p_M^3p_J & p_J^4 + p_M^4 \end{pmatrix}$$

$$EX = 2 \cdot 2 \cdot 0{,}514 \cdot 0{,}486 + 3 \cdot (0{,}514^2 \cdot 0{,}486 + 0{,}486^2 \cdot 0{,}514) + 4 \cdot (0{,}514^3 \cdot 0{,}486 + 0{,}486^3 \cdot 0{,}514) + 5 \cdot (0{,}514^4 + 0{,}486^4) \approx 2{,}88$$

GA 194

Renés Spielvorschlag:

Vorhanden sei ein gut gemischtes Skatspiel mit 32 Karten. Es wird pro Spiel eine Karte gezogen. Der Einsatz für jedes Spiel beträgt 10 Euro. Die Gewinnausschüttung erfolgt nach folgendem Modus:

1. Wenn die gezogene Karte eine 7, 8, 9, 10 oder ein Bube ist, bekommt der Spieler nichts ausgezahlt.
2. Falls die gezogene Karte eine Dame ist, bekommt der Spieler den Einsatz zurück.
3. Ist die gezogene Karte ein König, macht der Spieler einen Reingewinn von 10 Euro.
4. Wer ein As zieht, bekommt den Hauptgewinn von 100 Euro ausgezahlt.

P({Spieler erzielt positiven Reingewinn}) = 1 – P({7; 8; 9; 10; Bube; Dame}) = $1 - \frac{24}{32} = 0{,}25$ oder
= P({König, As}) = $\frac{8}{32} = 0{,}25$

Zufallsgröße X: zufälliger Reingewinn des Spielers

$X \mathrel{\hat=} \begin{pmatrix} -10 & 0 & 10 & 90 \\ \frac{20}{32} & \frac{4}{32} & \frac{4}{32} & \frac{4}{32} \end{pmatrix}$ $EX = (-10 \cdot 20 + 0 \cdot 4 + 10 \cdot 4 + 90 \cdot 4) : 32 = 6{,}25$

GA 195

$EX = 0 \cdot P(X = 0) + 1 \cdot P(X = 1) + 2 \cdot P(X = 2) + 5 \cdot P(X = 5)$

$= 0 \cdot P(\{1\}) + 1 \cdot P(\{2\}) + 2 \cdot P(\{3\}) + 5 \cdot P(\{4\}) = \frac{1}{4}\ (0 + 1 + 2 + 5) = 2$

Bei einem Einzahlungsbetrag von 2 € wäre das Spiel fair.

GA 196

$$G \mathrel{\widehat{=}} \begin{pmatrix} -100 + x & -10 + x & -5 + x & -1 + x & x \\ 0{,}003 & 0{,}06 & 0{,}12 & 0{,}24 & 0{,}577 \end{pmatrix}$$

$5{,}50 = EG = (-100 + x) \cdot 0{,}003 + (-10 + x) \cdot 0{,}06 + (-5 + x) \cdot 0{,}12 + (-1 + x) \cdot 0{,}24 + x \cdot 0{,}577 = -1{,}74 + x$

$x = 7{,}24$ Die Lose sind zum Stückpreis von 7,24 € zu verkaufen.

GA 197 Zufallsgröße X: zufällige Anzahl der Euro fürs Taschengeld

x_i	Wurfergebnisse (Würfelaugen, Tetraederaugen)
2	(1; 1)
3	(1; 2), (2; 1)
4	(1; 3), (2; 2), (3; 1)
5	(1; 4), (2; 3), (3; 2), (4; 1)
6	(2; 4), (3; 3), (4; 2), (5; 1)
7	(3; 4), (4; 3), (5; 2), (6; 1)
8	(4; 4), (5; 3), (6; 2)
9	(5; 4), (6; 3)
10	(6; 4)

Zugrunde liegende Ergebnismenge $\Omega = \{(w; t) \mid w \in \{1; 2; \ldots; 6\}, t \in \{1; \ldots; 4\}\}$ mit $|\Omega| = 6 \cdot 4 = 24$

Erwartungswert $EX = 2 \cdot \frac{1}{24} + 3 \cdot \frac{2}{24} + 4 \cdot \frac{3}{24} + 5 \cdot \frac{4}{24} + 6 \cdot \frac{4}{24} + 7 \cdot \frac{4}{24} + 8 \cdot \frac{3}{24} + 9 \cdot \frac{2}{24} + 10 \cdot \frac{1}{24}$

$EX = 6 \Rightarrow$ Das Angebot 2 ist Petra zu empfehlen, wenn sie auf lange Sicht gesehen möglichst viel Taschengeld erhalten möchte.

GA 198

Baumdiagramm:

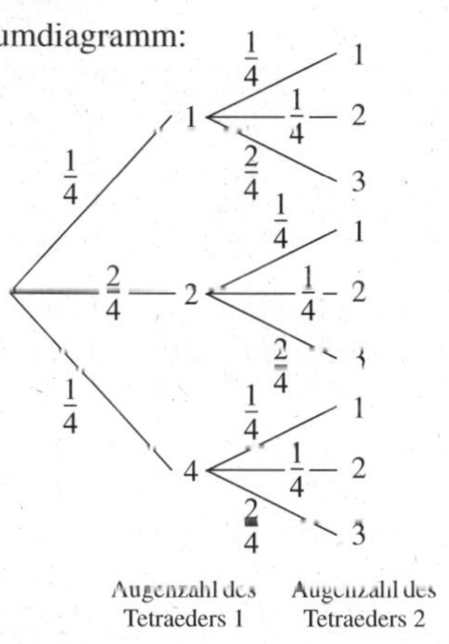

Zufallsgröße G_2: Gewinn mit Tetraeder 2

$P(G_2 = -2) = P(\{(1; 3)\}) = 0{,}25 \cdot 0{,}5 = 0{,}125$

$P(G_2 = -1) = P(\{(1; 2), (2; 3)\}) = 0{,}25 \cdot 0{,}25 + 0{,}5 \cdot 0{,}5 = 0{,}3125$

$P(G_2 = 0) = P(\{(1; 1), (2; 2)\}) = 0{,}25 \cdot 0{,}25 + 0{,}5 \cdot 0{,}25 = 0{,}1875$

$P(G_2 = +1) = P(\{(2; 1), (4; 3)\}) = 0{,}5 \cdot 0{,}25 + 0{,}25 \cdot 0{,}5 = 0{,}25$

$P(G_2 = +2) = P(\{(4; 2)\}) = 0{,}25 \cdot 0{,}25 = 0{,}0625$

$P(G_2 = +3) = P(\{(4; 1)\}) = 0{,}25 \cdot 0{,}25 = 0{,}0625$

$EG_2 = (-2) \cdot 0{,}125 + (-1) \cdot 0{,}3125 + 0 + 1 \cdot 0{,}25 + 2 \cdot 0{,}0625 + 3 \cdot 0{,}0625 = 0$

Patrick lädt zu einem fairen Spiel ein, d. h., es ist egal, wer welches Tetraeder wählt.

GA 199

a) *Würfeln*

Zufallsgröße X: Reingewinn des Spielers $X \mathrel{\widehat{=}} \begin{pmatrix} +11{,}50 & +1{,}50 & -0{,}50 \\ \frac{1}{36} & \frac{1}{36} & \frac{34}{36} \end{pmatrix}$

Erwartungswert: $EX = 11{,}50 \cdot \frac{1}{36} + 1{,}50 \cdot \frac{1}{36} - 0{,}50 \cdot \frac{34}{36} = -0{,}1\overline{1} \approx -0{,}11$

Tetraedern

Zufallsgröße Y: Reingewinn des Spielers $Y \mathrel{\widehat{=}} \begin{pmatrix} +7{,}00 & +1{,}00 & -1{,}00 \\ \frac{1}{16} & \frac{1}{16} & \frac{14}{16} \end{pmatrix}$

Erwartungswert: $EY = 7{,}00 \cdot \frac{1}{16} + 1{,}00 \cdot \frac{1}{16} - 1{,}00 \cdot \frac{14}{16} = -0{,}375 \approx -0{,}38$

b) $Y_2 \mathrel{\hat=} \begin{pmatrix} 12-x & 2-x & x \\ \frac{1}{16} & \frac{1}{16} & \frac{14}{16} \end{pmatrix}$

$$-0{,}375 = EY_2$$
$$-0{,}375 = \frac{12-x}{16} + \frac{2-x}{16} - \frac{14x}{16}$$
$$-6 = 12 - x + 2 - x - 14x$$
$$x = 1{,}25$$

Bei einem Einsatz von 1,25 € hat der Würfelbudenbesitzer auf lange Sicht denselben Gewinn von ca. 38 ct pro Spiel zu erwarten wie der Tetraederbudenbesitzer.

GA 200

a) $X \mathrel{\hat=} \begin{pmatrix} +1{,}50 & -0{,}50 & 0 \\ 0{,}220 & 0{,}495 & 0{,}285 \end{pmatrix}$ $P(X = +1{,}50) = P(A) = \frac{\binom{5}{2}\cdot\binom{10}{1}}{\binom{15}{3}} \approx 0{,}220$

$P(X = -0{,}50) = P(B) = \frac{\binom{5}{2}\cdot\binom{10}{1}}{\binom{15}{3}} \approx 0{,}495$ $P(X = 0) = P(C) = 1 - P(A) - P(B) \approx 0{,}285$

b) $EX \approx 1{,}50 \cdot 0{,}220 - 0{,}50 \cdot 0{,}495 = -0{,}0825$
Auf lange Sicht hat der Spieler einen Gewinn von ca. 8 ct zu erwarten, wodurch der Spieler bevorteilt ist.

c) Zufallsgröße Y: Reingewinn des Spielers bei einem Einsatz von x Euro; $Y \mathrel{\hat=} \begin{pmatrix} 2{,}00-x & -x & 0{,}50-x \\ 0{,}220 & 0{,}495 & 0{,}285 \end{pmatrix}$
$EY = (2{,}00 - x)\cdot 0{,}220 + (-x)\cdot 0{,}495 + (0{,}50 - x)\cdot 0{,}285 = 0 \Rightarrow x = 0{,}5825$
Bei einem Einsatz von 5825 ct für 100 Spiele wäre das Spiel fair.

d) Baumdiagramm:

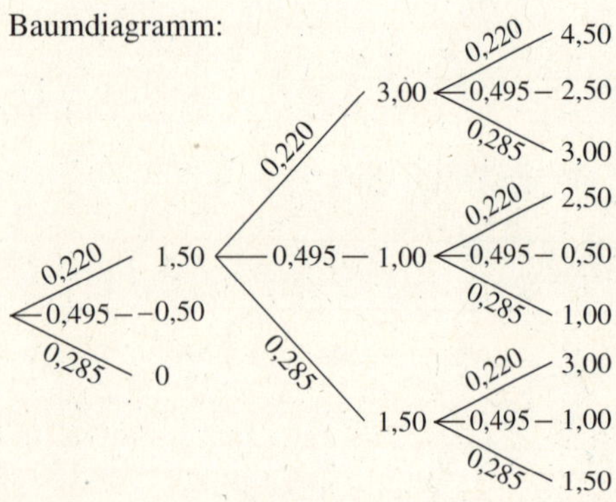

$p \approx 1 - 0{,}495 - 0{,}285 = 0{,}22$

GA 201

a) Zufallsgröße G_1: zufälliger Firmengewinn pro Stück mit Kontrolle $G_1 \mathrel{\hat=} \begin{pmatrix} 9{,}19 & -15{,}67 \\ 0{,}969 & 0{,}031 \end{pmatrix}$

24,86 € – 13,75 € – 1,92 € = 9,19 €
–13,75 € – 1,92 € = –15,67 €

Zufallsgröße G_2: zufälliger Firmengewinn pro Stück ohne Kontrolle (unter der Annahme, dass jede Reklamation angezeigt wird) $G_2 \mathrel{\hat=} \begin{pmatrix} 11{,}11 & -31{,}28 \\ 0{,}969 & 0{,}031 \end{pmatrix}$

24,86 € – 13,75 € = 11,11 €
–13,75 € – 17,53 € = –31,28 €

b) Erwartungswert: $EG_1 = 9{,}19 \cdot 0{,}969 - 15{,}67 \cdot 0{,}031 = 8{,}41934 \approx 8{,}42$ $EG_2 = 11{,}11 \cdot 0{,}969 - 31{,}28 \cdot 0{,}031 \approx 9{,}80$
Variante 2 ist die kostengünstigere Strategie für die Firma PEMSD.

c) $9{,}19 \cdot (1 - x) - 15{,}67 \cdot x > 11{,}11 \cdot (1 - x) - 31{,}28x$
$9{,}19 - 24{,}86x > 11{,}11 - 42{,}39x$ $x > 0{,}109\ldots$
Ab einem Ausschussanteil von ca. 11% ist Variante 1 für die Firma die kostengünstigere Strategie.

d) $EG_1 > 11{,}11 \cdot 0{,}969 + (-13{,}75 - x)\cdot 0{,}031$
$8{,}41934 > 10{,}33934 - 0{,}031x$ $x > 61{,}94$
Ab einem Sonderanfertigungs-Stückpreis von ca. 61,94 € ist Variante 1 die für die Firma kostengünstigere Strategie.

GA 202

„mit Versicherung": $V \mathrel{\hat=} \begin{pmatrix} -125 & -125-375 \\ 0{,}90 & 0{,}10 \end{pmatrix}$ „ohne Versicherung": $K \mathrel{\hat=} \begin{pmatrix} 0 & -1500 \\ 0{,}90 & 0{,}10 \end{pmatrix}$

$EV = -162{,}5$ $EK = -150$

GA 203

Aufgabe nutzt als Zusatzwissen:
- Summe X + Y zweier Zufallsgrößen X, Y
- Erwartungswert $E(X + Y) = EX + EY$

a) Zufallsgröße X_i gibt an, ob der Fahrstuhl in der i-ten Etage ($i \in \{2; 3; \ldots ; 11\}$) hält (Wert 1) oder nicht (Wert 0)

$X_i \mathrel{\hat=} \begin{pmatrix} 1 & 0 \\ p_1 & p_0 \end{pmatrix}$ mit $p_0 = (1 - \frac{1}{10})^5 = 0{,}9^5$ $\quad EX_i = P(X_i = 1) = 1 - 0{,}9^5$

Zufallsgröße $X = \sum_{i=2}^{11} X_i$: zufällige Anzahl der Fahrstuhlhalts

$$EX = \sum_{i=2}^{11} EX_i = \sum_{i=2}^{11} (1 - 0{,}9^5) = 10 \cdot (1 - 0{,}9^5) \approx 4{,}1$$

b) Gewählt werde z. B. die Ausstiegswahrscheinlichkeit $q_i \sim i$, d. h. $q_i = i \cdot p$ mit

$$\sum_{i=2}^{11} q_i = p \sum_{i=2}^{11} i = p(\frac{11 \cdot 12}{2} - 1) = 65p = 1 \quad \Rightarrow \quad q_i = \frac{i}{65}$$

$X_i \mathrel{\hat=} \begin{pmatrix} 1 & 0 \\ p_{i1} & p_{i0} \end{pmatrix}$ mit $p_{i0} = (1 - \frac{i}{65})^5$ $\quad EX_i = P(X_i = 1) = 1 - (1 - \frac{i}{65})^5 \approx 3{,}95$

GA 204

Baumdiagramm:

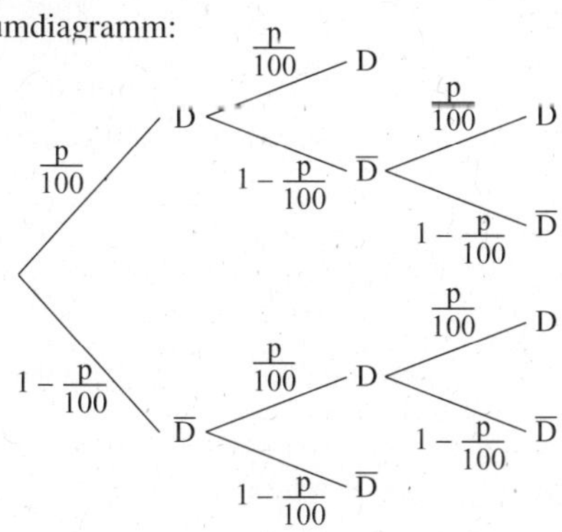

$$X_p \mathrel{\hat=} \begin{pmatrix} 2 & 3 \\ \left(\frac{p}{100}\right)^2 + \left(1 - \frac{p}{100}\right)^2 & \frac{p}{100}\left(1 - \frac{p}{100}\right) \cdot 2 \end{pmatrix}$$

$$EX_p = 2 \cdot ((\frac{p}{100})^2 + (1 - \frac{p}{100})^2) + 6 \cdot \frac{p}{100}(1 - \frac{p}{100})$$
$$= -0{,}0002p^2 + 0{,}02p + 2$$

G 4.3 Steuung (Varianz)

GA 205

Wahrscheinlichkeitsverteilung: $P(X = 1) = \frac{1}{4} \qquad = 0{,}25$

$P(X = 2) = \frac{3}{4} \cdot \frac{1}{4} \qquad \approx 0{,}19$

$P(X = 3) = \frac{3}{4} \cdot \frac{3}{4} \cdot \frac{1}{4} \qquad \approx 0{,}14$

$P(X = 4) = \frac{3}{4} \cdot \frac{3}{4} \cdot \frac{3}{4} \qquad \approx 0{,}42$

Erwartungswert: $EX \approx 1 \cdot 0{,}25 + 2 \cdot 0{,}19 + 3 \cdot 0{,}14 + 4 \cdot 0{,}42 = 2{,}73 \approx 2{,}7$

Streuung/Varianz: $D^2X = E(X^2) - (EX)^2 \approx 1^2 \cdot 0{,}25 + 2^2 \cdot 0{,}19 + 3^2 \cdot 0{,}14 + 4^2 \cdot 0{,}42 - 2{,}73^2 = 1{,}5371 \approx 1{,}5$

Standardabweichung: $DX = \sqrt{D^2X} \approx \sqrt{1{,}5371} \approx 1{,}2$

GA 206

a) $D^2X = EX^2 - (EX)^2 = 1^2 \cdot 0{,}5 + 2^2 \cdot 0{,}4 + 3^2 \cdot 0{,}1 - [1 \cdot 0{,}5 + 2 \cdot 0{,}4 + 3 \cdot 0{,}1)^2 = 0{,}44$

b) $DY = \sqrt{EY^2 - (EY)^2} = (1^2 \cdot 0{,}25 + 2^2 \cdot 0{,}25 + 3^2 \cdot 0{,}25 + 4^2 \cdot 0{,}25 - (1 \cdot 0{,}25 + 2 \cdot 0{,}25 + 3 \cdot 0{,}25 + 4 \cdot 0{,}25)^2)^{0,5} \approx 1{,}1$

c) $X \mathrel{\hat=} \begin{pmatrix} 1 & 2 & \ldots & 6 \\ \frac{1}{6} & \frac{1}{6} & \ldots & \frac{1}{6} \end{pmatrix}$ $\quad DX = \sqrt{EX^2 - (EX)^2} = (\frac{1}{6} \sum_{i=1}^{6} i^2 - 3{,}5^2)^{0,5} \approx 1{,}7$

GA 207

a) Interpretationsmöglichkeiten:

$X \mathrel{\hat=} \begin{pmatrix} 1 & 0 \\ 0{,}5 & 0{,}5 \end{pmatrix}$

Zufallsexperiment: Werfen einer idealen Münze

X = 1	Es fällt Wappen
X = 0	Es fällt Zahl

$EX \;= 1 \cdot 0{,}5 + 0 \cdot 0{,}5 = 0{,}5$

$D^2X = 1^2 \cdot 0{,}5 + 0^2 \cdot 0{,}5 - 0{,}5^2 = 0{,}25$

$X \mathrel{\hat=} \begin{pmatrix} 1 & 0 \\ 0{,}72 & 0{,}28 \end{pmatrix}$

Zufallsexperiment: Werfen eines Kronenverschlusses

X = 1	Er fällt nach oben geöffnet auf
X = 0	Er fällt nach unten geöffnet auf

$EX \;= 1 \cdot 0{,}72 + 0 \cdot 0{,}28 = 0{,}72$

$D^2X = 1^2 \cdot 0{,}72 + 0^2 \cdot 0{,}28 - 0{,}72^2 \approx 0{,}20$

$X \mathrel{\hat=} \begin{pmatrix} 1 & 0 \\ \frac{1}{6} & \frac{5}{6} \end{pmatrix}$

Zufallsexperiment: Werfen eines L-Würfels

X = 1	Es fällt eine Sechs
X = 0	Es fällt keine Sechs

$EX \;= 1 \cdot \frac{1}{6} + 0 \cdot \frac{5}{6} = \frac{1}{6}$

$D^2X = 1^2 \cdot \frac{1}{6} + 0^2 \cdot \frac{5}{6} - \left(\frac{1}{6}\right)^2 = \frac{5}{36} \approx 0{,}14$

...

b) $X \mathrel{\hat=} \begin{pmatrix} 1 & 0 \\ p & 1-p \end{pmatrix}$

$EX = 1 \cdot p + 0 \cdot (1-p) = p$

$D^2X = 1^2 \cdot p + 0^2 \cdot (1-p) - p^2 = p - p^2$ nach Satz G 10, oder

$D^2X = (1-p)^2 \cdot p + (0-p)^2 \cdot (1-p) = -p^2 + p$ nach Definition G 16

$f(p) = -p^2 + p$

gesucht: Maximumstelle von f bez. des Definitionsbereiches $D_f = \{p \mid 0 \le p \le 1\} = [0;\, 1]$

Lösungswege:

- als Extremwertproblem mit den Mitteln der Differentialrechnung lösen
- Scheitelpunktsabszisse einer nach unten geöffneten, verschobenen Normalparabel
- Scheitelpunkt einer nach unten geöffneten, verschobenen Normalparabel mit der entsprechenden Formel aus dem Tafelwerk bestimmen
- Maximumpunkt dem Graphen entnehmen
- Maximum mit dem GTA bestimmen

Lösung: Für p = 0,5 nimmt D^2X den mximalen Wert 0,25 an.

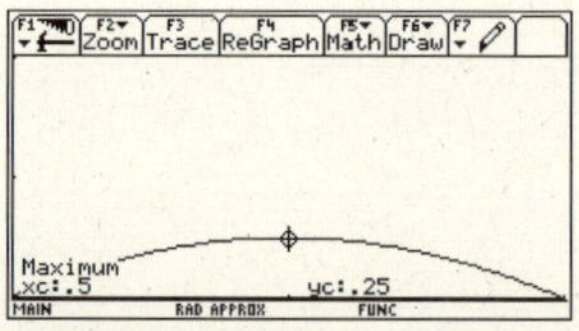

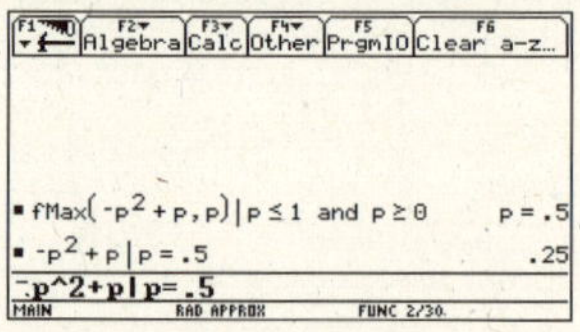

c) Nach b) gilt EX = p und $D^2X = -p^2 + p$. Daraus ergibt sich EX = 1 und $D^2X = 0$ für p = 1. Diese Werte waren zu erwarten, da für p = 1 der Zufallsprozess zu einem deterministischen Prozess entartet, bei dem es nur *ein* mögliches Ergebnis gibt. Die Zufallsgröße X nimmt also stets den Wert 1 an, d.h., der Wert 1 ist zu erwarten, und zwar mit der Streuung null.

GA 208

Baumdiagramm:

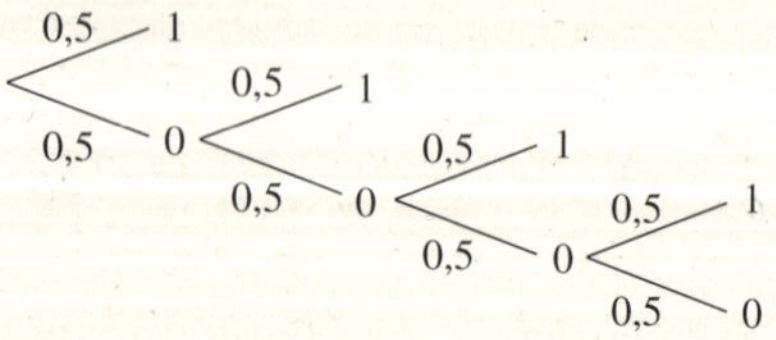

$X \mathrel{\hat=} \begin{pmatrix} 1 & 2 & 3 & 4 \\ 0{,}5 & 0{,}5^2 & 0{,}5^3 & 0{,}5^3 \end{pmatrix}$

$EX = 1 \cdot 0{,}5 + 2 \cdot 0{,}5^2 + 3 \cdot 0{,}5^3 + 4 \cdot 0{,}5^3 = 1{,}875$

$DX = \sqrt{EX^2 - (EX)^2} \;= \sqrt{1^2 \cdot 0{,}5 + 2^2 \cdot 0{,}5^2 + 3^2 \cdot 0{,}5^2 + 4^2 \cdot 0{,}5^3 - 1{,}875}$

$\;= \sqrt{2{,}75} \approx 1{,}66$

Histogramm:

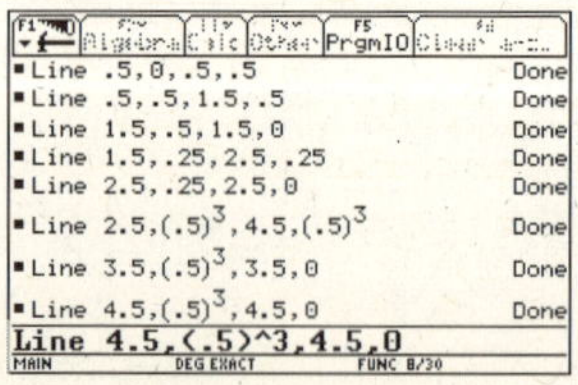

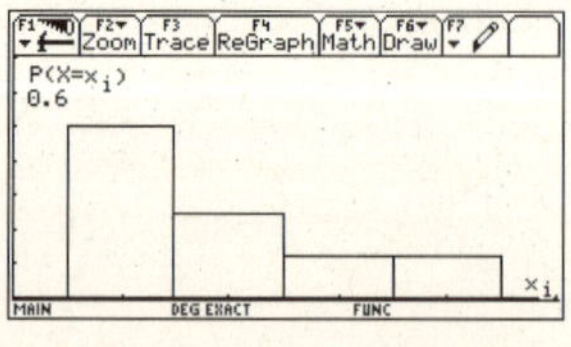

GA 209

$X \mathrel{\hat=} \begin{pmatrix} x_1 & \dots & x_n \\ p_1 & \dots & p_n \end{pmatrix}$

$D^2X = E(X - EX)^2 = \sum_{i=1}^{n} (x_i - EX)^2 \cdot p_i$

Die Streuung von X ist also eine Summe von Produkten, deren beide Faktoren nichtnegativ sind. Sie ist demzufolge stets nichtnegativ. Folglich kann die Streuung von X niemals negativ sein.

GA 210

a)

$$\begin{array}{lcrcl} p_1 + p_2 + p_3 + p_4 = 1 & \Rightarrow & p_1 + \quad 0{,}3 + \quad p_3 + \quad 0{,}1 & = & 1 \\ EX = 2 & \Rightarrow & 1 \cdot p_1 + 2 \cdot 0{,}3 + 3 \cdot p_3 + 4 \cdot 0{,}1 & = & 2 \\ \hline & & p_1 + \quad p_3 & = & 0{,}6 \\ & & p_1 + 3p_3 & = & 1 \quad \Big| - \\ \hline & & -2p_3 & = & -0{,}4 \\ & & p_3 & = & 0{,}2; \qquad p_1 = 0{,}6 - 0{,}2 = 0{,}4 \end{array}$$

b) $DX = \sqrt{D^2X}$ mit $D^2X = EX^2 - (EX)^2 = 1^2 \cdot 0{,}4 + 2^2 \cdot 0{,}3 + 3^2 \cdot 0{,}2 + 4^2 \cdot 0{,}1 - 2^2 = 1$

$DX = \sqrt{1} = 1$

GA 211

a) $P(X > 6) = 0{,}18 + 0{,}11 + 0{,}08 + 0{,}09 = 0{,}46$ als die zu erwartende relative Häufigkeit von $X > 6$

b) $EX \approx 6{,}52 \approx 6{,}5$ (Wochen)

$D^2X \approx 3{,}52 \Rightarrow DX \approx 1{,}88$ (Wochen) ≈ 2 (Wochen)

Im Mittel bleibt ein Patient 6 bis 7 Wochen nach einem Hüftbruch im Krankenhaus, wobei die Aufenthaltsdauer durchschnittlich ± 2 Wochen streut.

GA 212

a)

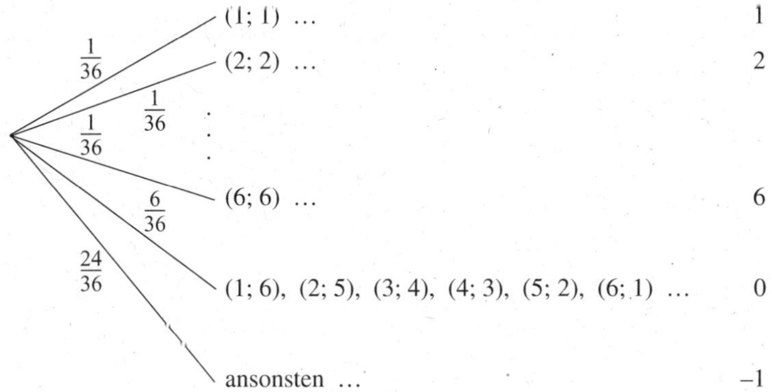

$$N \mathrel{\hat=} \begin{pmatrix} -1 & 0 & 1 & 2 & 3 & 4 & 5 & 6 \\ \frac{24}{36} & \frac{6}{36} & \frac{1}{36} & \frac{1}{36} & \frac{1}{36} & \frac{1}{36} & \frac{1}{36} & \frac{1}{36} \end{pmatrix}$$

b) $EN = -\frac{24}{36} + \frac{1}{36} + \frac{2}{36} + \frac{3}{36} + \frac{4}{36} + \frac{5}{36} + \frac{6}{36} = -\frac{3}{36} = -\frac{1}{12} = -0{,}08\overline{3}$

$D^2N = E(N^2) - (EN)^2 = \frac{24}{36} + \frac{1}{36} + \frac{4}{36} + \frac{9}{36} + \frac{16}{36} + \frac{25}{36} + \frac{36}{36} - (-\frac{1}{12})^2 = \frac{51}{16} = 3{,}1875$

c) Das Spiel ist fair für $EN_e = 0$ mit $N_e \mathrel{\hat=} \begin{pmatrix} -e & 0 & 1 & 2 & 3 & 4 & 5 & 6 \\ \frac{24}{36} & \frac{6}{36} & \frac{1}{36} & \frac{1}{36} & \frac{1}{36} & \frac{1}{36} & \frac{1}{36} & \frac{1}{36} \end{pmatrix}$

$EN_e = -\frac{24}{36} e + \frac{21}{36} = 0 \Rightarrow e = \frac{7}{8} = 0{,}875$

GA 213

Zufallsgröße X_i: Abweichung vom Sollwert, d. h. der Betrag der Differenz vom Soll- und Ist-Wert, bei der Maschine M_i ($i \in \{1; 2\}$)

$$EX_1 \approx 8 \cdot \frac{0+0}{1005} + 6 \cdot \frac{41+19}{1005} + 4 \cdot \frac{62+54}{1005} + 2 \cdot \frac{168+163}{1005} + 0 \cdot \frac{498}{1005} \approx 1{,}48$$

$$EX_2 \approx 8 \cdot \frac{8+9}{1068} + 6 \cdot \frac{34+25}{1068} + 4 \cdot \frac{69+48}{1068} + 2 \cdot \frac{192+172}{1068} + 0 \cdot \frac{511}{1068} \approx 1{,}58$$

$$\sqrt{VarX_1} \approx (8-1{,}48)^2 \cdot \frac{0+0}{1005} + (6-1{,}48)^2 \cdot \frac{41+19}{1005} + (4-1{,}48)^2 \cdot \frac{62+54}{1005} + (2-1{,}48)^2 \cdot \frac{168+163}{1005} + (0-1{,}48)^2 \cdot \frac{498}{1005} \approx 3{,}13$$

$$\sqrt{VarX_2} \approx (8-1{,}58)^2 \cdot \frac{8+9}{1068} + (6-1{,}58)^2 \cdot \frac{34+25}{1068} + (4-1{,}58)^2 \cdot \frac{69+48}{1068} + (2-1{,}58)^2 \cdot \frac{192+172}{1068} + (0-1{,}58)^2 \cdot \frac{511}{1068} \approx 3{,}63$$

Bei der Maschine M_1 ist eine geringere Abweichung vom Sollwert zu erwarten als bei M_2. Hinzu kommt, dass die Abweichungen bei M_1 eine geringere Standardabweichung als bei M_2 aufweisen. Damit hält M_1 den Sollwert exakter ein.

GA 214

Zufallsgrößen M_1: zufällige Maßzahl des Füllgewichts von Maschine M_1
M_2: zufällige Maßzahl des Füllgewichts von Maschine M_2

$$EM_1 \approx 194 \cdot \frac{10}{500} + 196 \cdot \frac{25}{500} + 198 \cdot \frac{95}{500} + 200 \cdot \frac{250}{500} + 202 \cdot \frac{80}{500} + 204 \cdot \frac{25}{500} + 206 \cdot \frac{15}{500} = 200$$

$$EM_2 \approx 194 \cdot \frac{12}{600} + 196 \cdot \frac{42}{600} + 198 \cdot \frac{78}{600} + 200 \cdot \frac{330}{600} + 202 \cdot \frac{90}{600} + 204 \cdot \frac{36}{600} + 206 \cdot \frac{12}{600} = 200$$

$$D^2M_1 = EM_1{}^2 - (EM_1)^2$$

$$\approx 194^2 \cdot \frac{10}{500} + 196^2 \cdot \frac{25}{500} + 198^2 \cdot \frac{95}{500} + 200^2 \cdot \frac{250}{500} + 202^2 \cdot \frac{80}{500} + 204^2 \cdot \frac{25}{500} + 206^2 \cdot \frac{15}{500} - 200^2 = 4{,}8$$

$$D^2M_2 = EM_2{}^2 - (EM_2)^2$$

$$\approx 194^2 \cdot \frac{12}{600} + 196^2 \cdot \frac{42}{600} + 198^2 \cdot \frac{78}{600} + 200^2 \cdot \frac{330}{600} + 202^2 \cdot \frac{90}{600} + 204^2 \cdot \frac{36}{600} + 206^2 \cdot \frac{12}{600} - 200^2 = 4{,}64$$

Das zu erwartende Füllgewicht ist zwar bei beiden Maschinen gleich 200 g, seine Streuung ist jedoch bei M_2 kleiner als bei M_1, d.h., die Maschine M_2 hält den Sollwert 200 g besser ein.

GA 215 *Aufgaben zur Selbstkontrolle*

a) Eine Zufallsgröße X ist eine Abbildung $X\colon\ \Omega \to \mathbb{R}$, die jedem Ergebnis $e \in \Omega$ eines Zufallsexperiments eine reelle Zahl X(e) zuordnet. X ist endlich, falls X nur endlich viele Werte annimmt.

b) $\sum_{i=1}^{n} P(X = x_i) = 1$

c) Den Erwartungswert einer endlichen Zufallsgröße berechnet man, indem man jeden möglichen Wert der Zufallsgröße mit der Wahrscheinlichkeit, mit der dieser Wert angenommen wird, multipliziert und alle diese Produkte addiert.

d) $Eh_n(A) = P(A)$ und $\lim\limits_{n \to \infty} D^2h_n(A) = 0$

G 5 Binomialverteilung

G 5.1 BERNOULLI-Experimente

GA 216

	(mögliche) Zufallsgröße	Interpretation
a)	$X \triangleq \begin{pmatrix} 1 & 0 \\ \frac{1}{6} & \frac{5}{6} \end{pmatrix}$	X = 1 „Augenzahl 2 gewürfelt“ X = 0 „Augenzahl 1, 3, 4, 5 oder 6 gewürfelt“
b)	$X \triangleq \begin{pmatrix} 1 & 0 \\ \frac{1}{2} & \frac{1}{2} \end{pmatrix}$	X = 1 „Augenzahl 2, 4 oder 6 gewürfelt“ X = 0 „Augenzahl 1, 3 oder 5 gewürfelt“
c)	$X \triangleq \begin{pmatrix} 1 & 0 \\ \frac{1}{2} & \frac{1}{2} \end{pmatrix}$	X = 1 „Augenzahl 2, 3 oder 5 gewürfelt“ X = 0 „Augenzahl 1, 4, oder 6 gewürfelt“

	(mögliche) Zufallsgröße	Interpretation
d)	$X \triangleq \begin{pmatrix} 1 & 0 \\ \frac{2}{3} & \frac{1}{3} \end{pmatrix}$	X = 1 „Augenzahl 1, 2, 3 oder 6 gewürfelt“ X = 0 „Augenzahl 4 oder 5 gewürfelt“
e)	$X \triangleq \begin{pmatrix} 1 & 0 \\ \frac{2}{3} & \frac{1}{3} \end{pmatrix}$	X = 1 „Augenzahl 3, 4, 5 oder 6 gewürfelt“ X = 0 „Augenzahl 1 oder 2 gewürfelt“

GA 217

	(mögliche) Zufallsgröße	Interpretation
a)	$X \triangleq \begin{pmatrix} 1 & 0 \\ 0{,}5 & 0{,}5 \end{pmatrix}$ p = 0,5	X = 1 „Zahl wird geworfen“ X = 0 „Wappen wird geworfen“
b)	$X \triangleq \begin{pmatrix} 1 & 0 \\ 0{,}72 & 0{,}28 \end{pmatrix}$ p = 0,72 (↗ Lehrb., S. 275)	X = 1 „fällt nach oben geöffnet auf“ X = 0 „fällt nach unten geöffnet auf“

	(mögliche) Zufallsgröße	Interpretation
c)	$X \triangleq \begin{pmatrix} 1 & 0 \\ 0{,}486 & 0{,}514 \end{pmatrix}$ p = 0,486 (↗ Lehrb., S. 296)	X = 1 „Mädchen wird geboren“ X = 0 „Junge wird geboren“
d)	$X \triangleq \begin{pmatrix} 1 & 0 \\ 0{,}05 & 0{,}95 \end{pmatrix}$ p = 0,05 (↗ Aufg. GA 158)	X = 1 „Blutgruppe AB“ X = 0 „Blutgruppe A, B oder 0“

GA 218

(mögliche) Zufallsgröße	Interpretation
$X \mathrel{\widehat{=}} \begin{pmatrix} 1 & 0 \\ \frac{1}{6} & \frac{5}{6} \end{pmatrix}$	X = 1 „Augenzahl 1 gewürfelt“ X = 0 „Augenzahl 2 oder 3 gewürfelt“
$X \mathrel{\widehat{=}} \begin{pmatrix} 1 & 0 \\ \frac{1}{2} & \frac{1}{2} \end{pmatrix}$	X = 1 „Augenzahl 3 gewürfelt“ X = 0 „Augenzahl 1 oder 2 gewürfelt“

(mögliche) Zufallsgröße	Interpretation
$X \mathrel{\widehat{=}} \begin{pmatrix} 1 & 0 \\ \frac{1}{3} & \frac{2}{3} \end{pmatrix}$	X = 1 „Augenzahl 2 gewürfelt“ X = 0 „Augenzahl 1 oder 3 gewürfelt“

GA 219

a) $X \mathrel{\widehat{=}} \begin{pmatrix} 1 & 0 \\ \frac{5}{6} & \frac{1}{6} \end{pmatrix}$ b) $X \mathrel{\widehat{=}} \begin{pmatrix} 1 & 0 \\ \frac{1}{3} & \frac{2}{3} \end{pmatrix}$ c) $X \mathrel{\widehat{=}} \begin{pmatrix} 1 & 0 \\ 0{,}67 & 0{,}33 \end{pmatrix}$

d) $X \mathrel{\widehat{=}} \begin{pmatrix} 1 & 0 \\ \frac{2}{7} & \frac{5}{7} \end{pmatrix}$ e) $X \mathrel{\widehat{=}} \begin{pmatrix} 1 & 0 \\ p & 1-p \end{pmatrix}$ mit $p = \frac{8}{13} \cdot \frac{5}{12} + \frac{5}{13} \cdot \frac{8}{12} = \frac{20}{39}$, $1 - p = \frac{19}{39}$

f) als Erfolg: Chipkarte defekt $\Rightarrow$ $X \mathrel{\widehat{=}} \begin{pmatrix} 1 & 0 \\ 0{,}075 & 0{,}925 \end{pmatrix}$

g) Die Lösung ist nur in Abhängigkeit von der Kenntnis der aktuellen Starterliste für jeden der infrage kommenden Sportler anzugeben. Werte für die Erfolgswahrscheinlichkeit p entnimmt man im Sinne einer Hochrechnung als Insider (als Trainer, Betreuer, Sportfunktionär u. Ä. oder auch als entsprechender Statistikfan) längerfristig gemachten Erfahrungen (protokolliert in entsprechenden Statistiken) vergleichbarer Spielsituationen (wenn hierbei auch praktisch keine Wiederholbarkeit ein und desselben Zufallsexperiments möglich ist).

GA 220

a) $P(X = 0) = P(\{3\}) = \frac{1}{4} = 0{,}25$

b) $P(X = 1) = P(\{\text{wenigstens einmal Zahl}\}) = 1 - P(\{\text{keinmal Zahl}\}) = 1 - (\frac{1}{2})^2 = 0{,}75$

c) $P(X = 1) = P(\{\overline{\text{Augensumme 5 oder 8}}\}) = 1 - (4 \cdot (\frac{1}{6})^2 + 5 \cdot (\frac{1}{6})^2) = 0{,}75$

d) $P(X = 1) = P(\{\text{Produkt der gefallenen Augenzahlen ist nicht größer als 8}\})$
$= 1 - P(\{\text{Produkt der gefallenen Augenzahlen ist 9, 12 oder 16}\})$
$= 1 - (P(\{(3; 3)\}) + P(\{(3; 4), (4; 3)\}) + P(\{(4; 4)\})) = 1 - \frac{1}{16} - \frac{2}{16} - \frac{1}{16} = \frac{12}{16} = \frac{3}{4}$

e) $P(X = 0) = P(\{\text{eine blaue und zwei weiße Kugeln gezogen}\}) = \frac{\binom{3}{1} \cdot \binom{5}{2}}{\binom{10}{3}} = 0{,}25$

f) Misserfolg: beide Bauteile fallen aus: $P(X = 0) = 0{,}5^2 = 0{,}25$

G 5.2 BERNOULLI-Ketten; binomialverteilte Zufallsgrößen

GA 221

Zufallsgröße X: zufällige Anzahl der richtigen Lösungen; $X \sim B_{27;\,\frac{1}{3}}$

$$P(X \geq 14) = \sum_{i=14}^{27} \binom{27}{i} \cdot \left(\frac{1}{3}\right)^i \left(\frac{2}{3}\right)^{27-i} = \frac{1}{3} \sum_{i=14}^{27} \binom{27}{i} \; (2)^{27-i} \approx 0{,}0359$$

$$= \text{subi}(27, \tfrac{1}{3}, 14, 27)$$

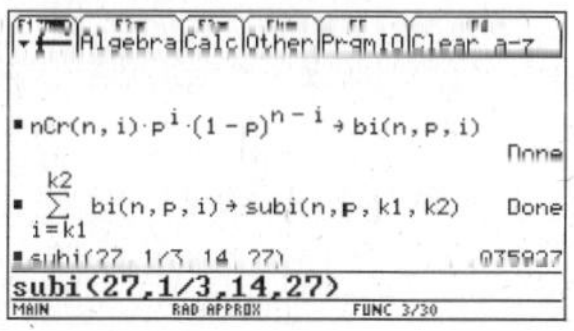

GA 222

a) BERNOULLI-Kette mit n = 11, Erfolg (z. B.): weiße Kugel entnommen und $p = \frac{48}{85}$, wenn Kugelentnahme „auf gut Glück“

b) BERNOULLI-Kette, *wenn* die Kugeln „mit Zurücklegen“ und „auf gut Glück“ entnommen werden:
n = 10, Erfolg (z. B.): blaue Kugel entnommen, $p = \frac{36}{100}$

c) BERNOULLI-Kette, n = 10, Erfolg (z. B.): 3 geworfen, $p = \frac{1}{4}$

d) BERNOULLI-Kette, n = 10, Erfolg (z. B.): 3 geworfen, $p = P(\{3\})$

e) BERNOULLI-Kette, n = 10, Erfolg (z. B.): 3 geworfen, wenn alle Tetraeder dieselbe Zinkung aufweisen, $p = P(\{3\})$; ansonsten keine BERNOULLI-Kette

f) BERNOULLI-Kette, n = 100, Erfolg (z. B.): Linkshänder, $p = 0{,}05$

GA 223

a) BERNOULLI-Kette: Länge n = 7; Erfolg: blaue Kugel entnommen; Erfolgswahrscheinlichkeit p = 0,35
Zufallsgröße X: zufällige Anzahl der blauen Kugeln bei sieben Ziehungen; $X \sim B_{7;\,0{,}35}$

b) $P(X = 0) = B_{7;\,0{,}35}(\{0\}) = \binom{7}{0} \cdot 0{,}35^0 \cdot 0{,}65^7 \approx 0{,}049$

$P(X = 1) = B_{7;\,0{,}35}(\{1\}) = \binom{7}{1} \cdot 0{,}35^1 \cdot 0{,}65^6 \approx 0{,}18$

$P(X = 2) = B_{7;\,0{,}35}(\{2\}) = \binom{7}{2} \cdot 0{,}35^2 \cdot 0{,}65^5 \approx 0{,}30$

$P(X = 3) = B_{7;\,0{,}35}(\{3\}) = \binom{7}{3} \cdot 0{,}35^3 \cdot 0{,}65^4 \approx 0{,}27$

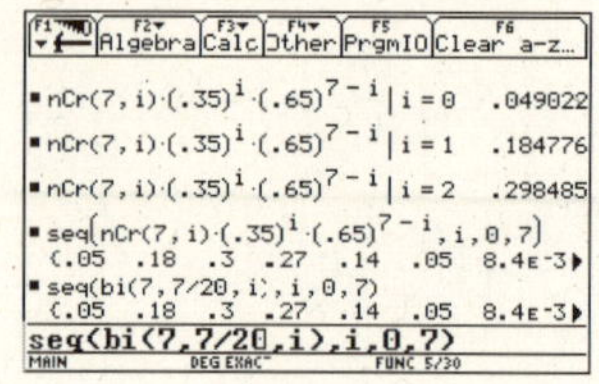

(vgl. Abb. der Lösung von GA 221)

$P(X = 4) = B_{7;\,0{,}35}(\{4\}) = \binom{7}{4} \cdot 0{,}35^4 \cdot 0{,}65^3 \approx 0{,}14$

$P(X = 5) = B_{7;\,0{,}35}(\{5\}) = \binom{7}{5} \cdot 0{,}35^5 \cdot 0{,}65^2 \approx 0{,}047$

$P(X = 6) = B_{7;\,0{,}35}(\{6\}) = \binom{7}{6} \cdot 0{,}35^6 \cdot 0{,}65^1 \approx 0{,}0084$

$P(X = 7) = B_{7;\,0{,}35}(\{7\}) = \binom{7}{7} \cdot 0{,}35^7 \cdot 0{,}65^0 \approx 0{,}00064$

c) $1 \cdot 1 \cdot 0{,}35 \cdot 1 \cdot 0{,}35 \cdot 1 \cdot 0{,}35 \approx 0{,}043$

GA 224

a) $P(X = 7) \approx 0{,}164262$

b)

$\binom{20}{7}$	Anzahl der Möglichkeiten, aus 20 Kugeln sieben auszuwählen
0,3	Wahrscheinlichkeit, eine weiße Kugel zu entnehmen (bei einmaliger Ziehung); Erfolgswahrscheinlichkeit p
$0{,}3^7$	Wahrscheinlichkeit, bei sieben Ziehungen mit Zurücklegen jeweils eine weiße Kugel zu entnehmen
0,7	Wahrscheinlichkeit, eine blaue Kugel zu entnehmen (bei einmaliger Ziehung); Misserfolgswahrscheinlichkeit 1 − p
$0{,}7^{13}$	Wahrscheinlichkeit, bei 13 Ziehungen mit Zurücklegen jeweils eine blaue Kugel zu entnehmen
$\binom{20}{7} \cdot 0{,}3^7 \cdot 0{,}7^{13}$	Wahrscheinlichkeit, bei 20 Ziehungen mit Zurücklegen genau sieben weiße Kugeln zu entnehmen
X	zufällige Anzahl der entnommenen weißen Kugeln bei zwanzig Ziehungen mit Zurücklegen; $X \sim B_{20;\,0{,}3}$

c) $P(Y \neq 2) = 1 - \binom{5}{2} \cdot 0{,}7^2 \cdot 0{,}3^3$

Y: zufällige Anzahl der blauen Kugeln bei fünf Ziehungen mit Zurücklegen; $Y \sim B_{5;\,0{,}7}$

$P(Z \geq 5) = \sum_{i=5}^{12} \binom{12}{i} \cdot 0{,}3^i \cdot 0{,}7^{12-i}$

Z: zufällige Anzahl der weißen Kugeln bei zwölf Ziehungen mit Zurücklegen; $Z \sim B_{12;\,0{,}3}$

d) z. B. $P(A) = \binom{5}{2} \cdot 0{,}7^2 \cdot 0{,}3^3$ = P({bei fünf Ziehungen mit Zurücklegen genau zwei blaue Kugeln entnehmen})
$= \binom{5}{3} \cdot 0{,}3^3 \cdot 0{,}7^2$ = P({bei fünf Ziehungen mit Zurücklegen genau drei weiße Kugeln entnehmen})

z. B. $P(B) = \binom{5}{2} \cdot 0{,}3^2 \cdot 0{,}7^3 \cdot 0{,}3$ = P({bei der sechsten Ziehung mit Zurücklegen wird die dritte weiße Kugel entnommen})
$= \binom{5}{3} \cdot 0{,}3^3 \cdot 0{,}7^2 \cdot 0{,}7$ = P({bei der sechsten Ziehung mit Zurücklegen wird die dritte blaue Kugel entnommen})

e) $X \sim B_{20;\,0{,}7} \Rightarrow P(X > 14) = \sum_{i=15}^{20} \binom{20}{i} \cdot 0{,}7^i \cdot 0{,}3^{20-i} \approx 0{,}42$

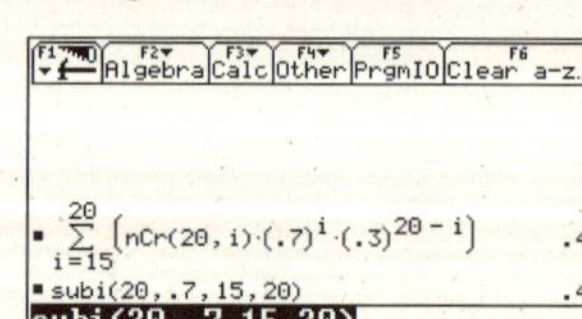

(vgl. Abb. der Lösung von GA 221)

Die Anwendung dieses Modells einer binomialverteilten Zufallsgröße wäre gerechtfertigt, wenn die 20 Durchführungen des Zufallsexperiments „Bestehen des Abiturs an diesem Gymnasium" unabhängig voneinander erfolgen würden. Dies ist aber für Schüler ein und derselben Klasse stark anzuzweifeln.

GA 225

Modellannahme: Geburtstage sind über die 365 Tage des Jahres gleich verteilt und jedes Jahr hat 365 Tage.
Zufallsgröße X: zufällige Anzahl der von den 784 am angegebenen Tag Geborenen; $X \sim B_{784;\,\frac{1}{365}}$

a) $P(X = 3) = \binom{784}{3} \cdot \left(\frac{1}{365}\right)^3 \cdot \left(\frac{364}{365}\right)^{781} \approx 0{,}19$
$= \mathrm{bi}(784, \frac{1}{365}, 3)$
(vgl. Abb. der Lösung von GA 221)

b) $P(X \geq 3) = 1 - P(X \leq 2) \approx 0{,}36$
$= 1 - \mathrm{subi}(784, \frac{1}{365}, 0, 2)$
(vgl. Abb. der Lösung von GA 221)

c) Zufallsgröße Y: Anzahl der am 29.02. Geborenen unter 784; $Y \sim B_{784;\,\frac{1}{1460}}$ unter der zusätzlichen Modellannahme, dass genau alle vier Jahre ein 29.02. existiert

$P(Y \geq 1) = 1 - P(Y = 0) = 1 - \binom{784}{0} \cdot \left(\frac{1}{1460}\right)^0 \cdot \left(\frac{1459}{1460}\right)^{784} \approx 0{,}42$

GA 226

a) *unter der Bedingung (1)*

Zufallsgröße X: zufällige Anzahl der defekten Chips unter den 20 entnommenen Chips

$X \sim B_{20;\,0,11}$, d.h. $P(X = k) = \binom{20}{k} \cdot 0{,}11^k \cdot 0{,}89^{20-k}$ für $k \in \{0; 1; \ldots; 20\}$

$P(A) = P(X = 1) = \binom{20}{1} \cdot 0{,}11^1 \cdot 0{,}89^{19} \approx 0{,}24$

$P(B) = P(X \leq 1) = P(X = 0) + P(X = 1) = \binom{20}{0} \cdot 0{,}11^0 \cdot 0{,}89^{20} + \binom{20}{1} \cdot 0{,}11^1 \cdot 0{,}89^{19} \approx 0{,}34$

$P(C) = P(X \geq 1) = 1 - P(X = 0) = 1 - \binom{20}{0} \cdot 0{,}11^0 \cdot 0{,}89^{20} \approx 0{,}90$

$P(D) = P(X < 5) = P(X = 0) + P(X = 1) + P(X = 2) + P(X = 3) + P(X = 4) = \sum_{k=0}^{4} \binom{20}{k} \cdot 0{,}11^k \cdot 0{,}89^{20-k} \approx 0{,}94$

$P(E) = P(X > 7) = 1 - P(X \leq 7) = 1 - \sum_{k=0}^{7} \binom{20}{k} \cdot 0{,}11^k \cdot 0{,}89^{20-k} \approx 0{,}00079$

$P(F) = P(X \geq 3) = 1 - P(X \leq 2) = 1 - P(X = 0) - P(X = 1) - P(X = 2) \approx 0{,}38$

unter der Bedingung (2)

$P(A) = \dfrac{\binom{7}{1} \cdot \binom{57}{19}}{\binom{64}{20}} \approx 0{,}23$ $\qquad P(B) = \dfrac{\binom{7}{0} \cdot \binom{57}{20} + \binom{7}{1} \cdot \binom{57}{19}}{\binom{64}{20}} \approx 0{,}29$ $\qquad P(C) = 1 - \dfrac{\binom{7}{0} \cdot \binom{57}{20}}{\binom{64}{20}} \approx 0{,}94$

$P(D) = \dfrac{\sum_{k=0}^{4} \binom{7}{k} \cdot \binom{57}{20-k}}{\binom{64}{20}} \approx 0{,}97$ $\qquad P(E) = P(\emptyset) = 0$ $\qquad P(F) = \dfrac{\sum_{k=3}^{7} \binom{7}{k} \cdot \binom{57}{20-k}}{\binom{64}{20}} = 1 - \dfrac{\sum_{k=0}^{2} \binom{7}{k} \cdot \binom{57}{20-k}}{\binom{64}{20}} \approx 0{,}38$

b) Bei (1) entspricht die Entnahme der 20 Chips dem Modell einer BERNOULLI-Kette der Länge n = 20 und mit der Erfolgswahrscheinlichkeit p = 0,11, denn

- die Entnahme der 20 Chips lässt sich als 20-stufiges Zufallsexperiment interpretieren,
- auf jeder Stufe lassen sich Erfolg (entnommener Chip ist defekt) und Misserfolg (entnommener Chip ist nicht defekt) unterscheiden,
- die Wahrscheinlichkeiten für einen Erfolg (p = 0,11) bzw. einen Misserfolg (1 – p = 0,89) sind auf allen Stufen als gleich anzusehen, da die Entnahme der 20 Chip aus der *großen Anzahl* von Chips der Produktion als eine Entnahme *mit Zurücklegen* sowie die Entnahme aus der *laufenden* Produktion als eine Entnahme *„auf gut Glück"* zu interpretieren sind.

Bei (2) kann die Entnahme der 20 Chips nicht durch eine BERNOULLI-Kette modelliert werden. Diese Entnahme ist zwar als zwanzigstufiges Zufallsexperiment deutbar, auf dessen Stufen jeweils nur Erfolg (entnommener Chip ist defekt) und Misserfolg (entnommener Chip ist nicht defekt) unterschieden wird, aber die Erfolgswahrscheinlichkeiten ändern sich von Stufe zu Stufe, da die Entnahme der 20 Chips aus nur 64 *nicht als Entnahme mit Zurücklegen* zu interpretieren ist (Urnenmodell *ohne* Beachtung der Reihenfolge und *ohne* Zurücklegen).

(2') Unter 64000 gelieferten Speicherchips befinden sich genau 7000 defekte. Aus diesen 64000 Chips werden „auf gut Glück" 20 entnommen.

GA 227 Zufallsgröße X: zufällige Anzahl der defekten Chips unter 12; $X \sim B_{12;\,0,13}$

a) $P(X = 1) = \binom{12}{1} \cdot 0{,}13^1 \cdot 0{,}87^{11} \approx 0{,}34$
$= \text{bi}(12, .13, 1)$ (vgl. Abb. der Lösung von GA 221)

b) $P(X = 2) = \binom{12}{2} \cdot 0{,}13^2 \cdot 0{,}87^{10} \approx 0{,}28$
$= \text{bi}(12, .13, 2)$

c) $P(X \leq 1) = P(X = 0) + P(X = 1) = \binom{12}{0} \cdot 0{,}13^0 \cdot 0{,}87^{12} + \binom{12}{1} \cdot 0{,}13^1 \cdot 0{,}87^{11} \approx 0{,}53$
$= \text{subi}(12, .13, 0, 1)$ (vgl. Abb. der Lösung von GA 221)

d) $P(X > 10) = P(X = 11) + P(X = 12) = \binom{12}{11} \cdot 0{,}13^{11} \cdot 0{,}87^1 + \binom{12}{12} \cdot 0{,}13^{12} \cdot 0{,}87^0 \approx 1{,}9 \cdot 10^{-9}$
$= \text{subi}(12\ .13, 11, 12)$

GA 228

a) Zufallsgröße X: zufällige Anzahl der Führerscheinbesitzer unter den zehn ausgewählten Personen

$X \sim B_{10;\,0,65}$

$P(X \geq 5) = 1 - P(X \leq 4) = 1 - \binom{10}{0} \cdot 0{,}65^0 \cdot 0{,}35^{10} - \binom{10}{1} \cdot 0{,}65^1 \cdot 0{,}35^9 - \binom{10}{2} \cdot 0{,}65^2 \cdot 0{,}35^8 - \binom{10}{3} \cdot 0{,}65^3 \cdot 0{,}35^7$
$- \binom{10}{4} \cdot 0{,}65^4 \cdot 0{,}35^6 = \text{subi}(10, .65, 5, 10)$ (vgl. Abb. der Lösung von GA 221)
$\approx 0{,}91$

b) Zufallsgröße Y: zufällige Anzahl der mit dem Fahrrad zur Schule fahrenden Schüler unter den 10 ausgewählten Schülern

$$P(Y \geq 5) = 1 - P(Y \leq 4) = 1 - \frac{\binom{13}{3}\cdot\binom{7}{7} + \binom{13}{4}\cdot\binom{7}{6}}{\binom{20}{10}} \approx 0{,}97$$

oder

$$= \left(\sum_{k=5}^{10}\binom{13}{k}\cdot\binom{7}{10-k}\right) : \binom{20}{10} \approx 0{,}97$$

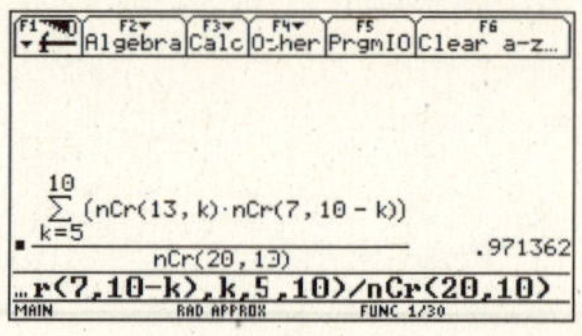

GA 229

a)

i	0	1	2	3	4
$P(X = i) = \binom{n}{i}\cdot 0{,}6^i \cdot 0{,}4^{4-i}$	0,026	0,15	0,35	0,35	0,13

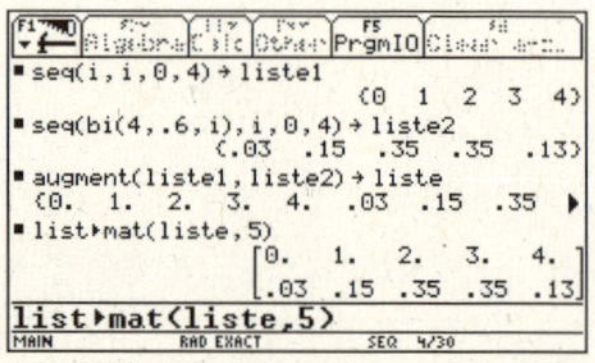

(vgl. Abb. der Lösung von GA 221)

b) $X \in \{0; 1; 2; 3; 4\}$ bzw. $X \leq 4$

c)

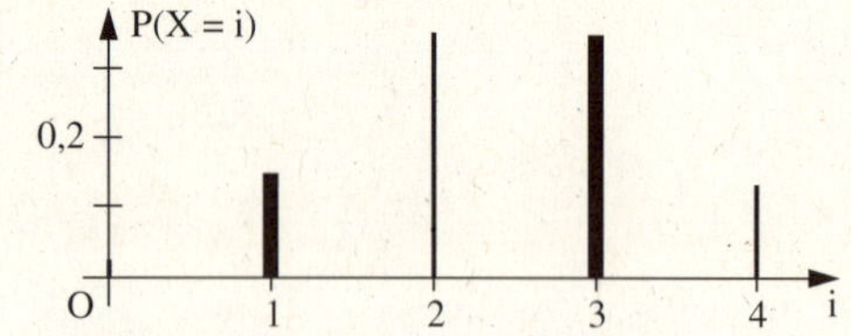

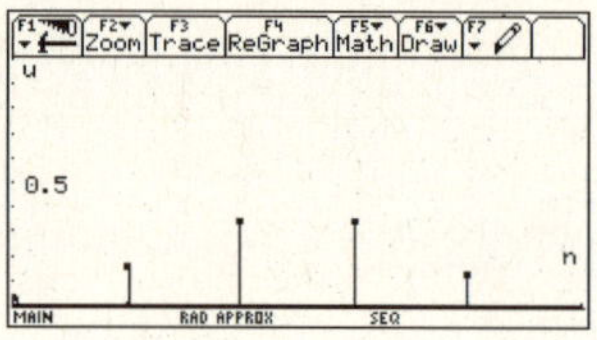

d)

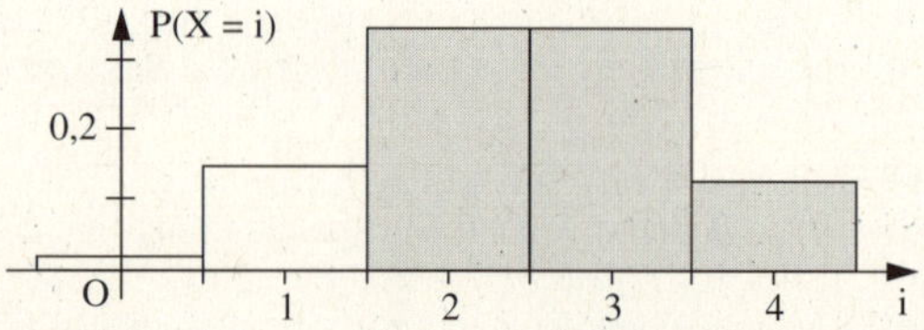

oder mit dem TI-92 erstellbar
analog zum Histogramm zu GA 208

GA 230

a) $X \sim B_{5;\,\frac{1}{7}}$

$P(X = 4) = \binom{5}{4}\cdot\left(\frac{1}{7}\right)^4\cdot\left(\frac{6}{7}\right)^1 \approx 0{,}00178$

$P(X \geq 4) = P(X = 4) + P(X = 5) = \binom{5}{4}\cdot\left(\frac{1}{7}\right)^4\cdot\left(\frac{6}{7}\right)^1 + \binom{5}{5}\cdot\left(\frac{1}{7}\right)^5\cdot\left(\frac{6}{7}\right)^0 \approx 0{,}00184$

$P(X < 4) = 1 - P(X \geq 4) \approx 0{,}99816$

$P(X > 4) = P(X = 5) = \binom{5}{5}\cdot\left(\frac{1}{7}\right)^5\cdot\left(\frac{6}{7}\right)^0 \approx 0{,}00006$

$P(X \neq 4) = 1 - P(X = 4) \approx 0{,}99822$

$P(2 < X \leq 4) = P(X = 3) + P(X = 4) = \binom{5}{3}\cdot\left(\frac{1}{7}\right)^3\cdot\left(\frac{6}{7}\right)^2 + \binom{5}{4}\cdot\left(\frac{1}{7}\right)^4\cdot\left(\frac{6}{7}\right)^1 \approx 0{,}02320$

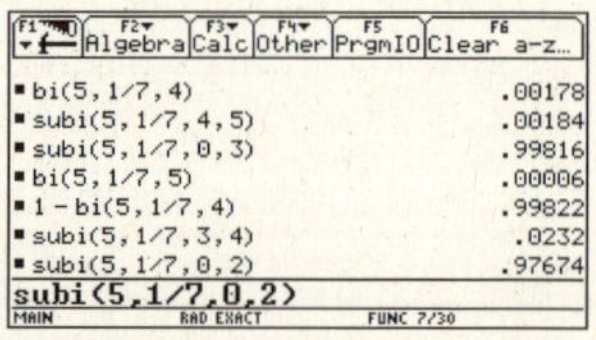

(vgl. Abb. der Lösung von GA 221)

$$P(2X \leq 4) = P(X \leq 2) = P(X = 0) + P(X = 1) + P(X = 2) = \binom{5}{0}\cdot\left(\frac{1}{7}\right)^0\cdot\left(\frac{6}{7}\right)^5 + \binom{5}{1}\cdot\left(\frac{1}{7}\right)^1\cdot\left(\frac{6}{7}\right)^4 + \binom{5}{2}\cdot\left(\frac{1}{7}\right)^2\cdot\left(\frac{6}{7}\right)^3 \approx 0{,}97674$$

b) $B_{5;\,0{,}71}(\{3\}) = \binom{5}{3}\cdot 0{,}71^3 \cdot (1 - 0{,}71)^2 \approx 0{,}30$

$B_{5;\,0{,}29}(\{2\}) = B_{5;\,0{,}71}(\{3\})$

$B_{10;\,0{,}12}(\{2; 3\}) = \binom{10}{2}\cdot 0{,}12^2 \cdot (1 - 0{,}12)^8 + \binom{10}{3}\cdot 0{,}12^3 \cdot (1 - 0{,}12)^7 \approx 0{,}32$

$B_{10;\,0{,}32}(\{1; 2; \ldots; 10\}) = 1 - B_{10;\,0{,}32}(\{0\}) = 1 - \binom{10}{0}\cdot 0{,}32^0 \cdot (1 - 0{,}32)^{10} \approx 0{,}98$

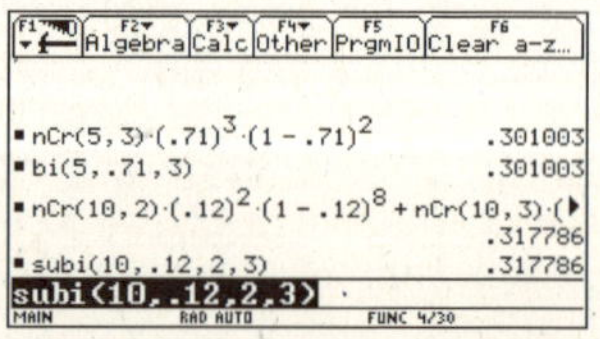

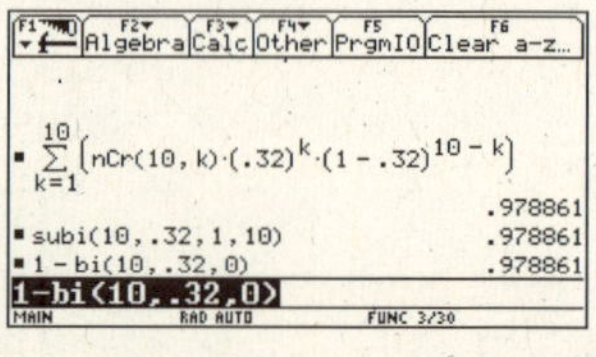

c) $\frac{1}{6} = \binom{4}{2}p^2(1 - p)^2$

$\frac{1}{36} = p^2(1 - p)^2$

$\frac{1}{6} = p(1 - p)$

$0 = p^2 - p + \frac{1}{6} \qquad p_{1,2} = \frac{1}{2} \pm \sqrt{\frac{1}{4} - \frac{1}{6}} = \frac{1}{2} \pm \frac{1}{6}\sqrt{3} \qquad p_1 \approx 0{,}79 \qquad p_2 \approx 0{,}21$

d) Zufallsgröße X: zufällige Anzahl der Misserfolge bei 4 Realisierungen; $X \sim B_{4;\,1-p}$

$$P(X \geq 1) = 1 - P(X = 0) = 1 - \binom{4}{0} \cdot (1-p)^0 \cdot p^4 = 0{,}40$$

$$0{,}60 = p^4 \qquad p = \sqrt[4]{0{,}60} \approx 0{,}88$$

e) $X \sim B_{n;\,0{,}75}$

$$P(X \geq 1) = 1 - P(X = 0) = 1 - \binom{n}{0} \cdot 0{,}75^0 \cdot 0{,}25^n \geq 0{,}99$$

$$0{,}01 \geq 0{,}25^n$$

$$\ln 0{,}01 \geq n \cdot \ln 0{,}25$$

$$3{,}32\ldots = \frac{\ln 0{,}01}{\ln 0{,}25} \leq n, \text{ also } 4 \leq n$$

GA 231

a) Zufallsgröße X: zufällige Anzahl der Zahlen bei zwei Münzen; $X \sim B_{2;\,0{,}5}$

$$P(X = 1) = \binom{2}{1} \cdot 0{,}5^1 \cdot 0{,}5^1 = 0{,}5$$

b) Zufallsgröße Y: zufällige Anzahl der Vieren bei vier Tetraedern; $Y \sim B_{4;\,0{,}25}$

$$P(Y = 2) = \binom{4}{2} \cdot \left(\frac{1}{4}\right)^2 \cdot \left(\frac{3}{4}\right)^2 \approx 0{,}21$$

c) Zufallsgröße Z: zufällige Anzahl der Sechsen bei sechs Würfeln: $Z \sim B_{6;\,\frac{1}{6}}$

$$P(Z = 3) = \binom{6}{3} \cdot \left(\frac{1}{6}\right)^3 \cdot \left(\frac{5}{6}\right)^3 \approx 0{,}0\,54$$

GA 232

X zufällige Anzahl des Eintretens von A

$X \sim B_{4;\,0{,}3}$

$$P(B) = \sum_{i=0}^{4} P(X = i) \cdot P_{X=i}(B) = \binom{4}{0} \cdot 0{,}3^0 \cdot 0{,}7^4 \cdot 0 + \binom{4}{1} \cdot 0{,}3^1 \cdot 0{,}7^3 \cdot 0{,}6 + \binom{4}{2} \cdot 0{,}3^2 \cdot 0{,}7^2 \cdot 1 + \binom{4}{3} \cdot 0{,}3^3 \cdot 0{,}7^1 \cdot 1 + \binom{4}{4} \cdot 0{,}3^4 \cdot 0{,}7^0 \cdot 1$$

= bi(4, .3, 1) · 0,6 + subi(4, .3, 2, 4) ≈ 0,60 (vgl. Abb. der Lösung von GA 221)

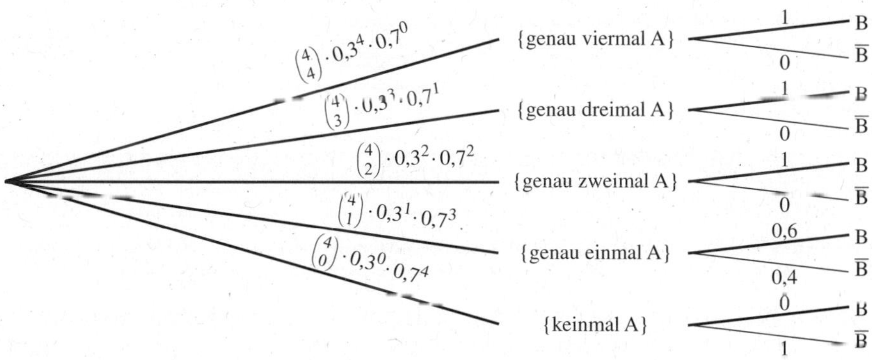

GA 233

a) $P(A) = \binom{8}{4} \cdot \left(\frac{1}{12}\right)^4 \cdot \left(\frac{11}{12}\right)^4 \approx 0{,}00238$

$$P(B) = \binom{8}{0} \cdot \left(\frac{1}{12}\right)^0 \cdot \left(\frac{11}{12}\right)^8 + \binom{8}{1} \cdot \left(\frac{1}{12}\right)^1 \cdot \left(\frac{11}{12}\right)^7 + \binom{8}{2} \cdot \left(\frac{1}{12}\right)^2 \cdot \left(\frac{11}{12}\right)^6 \approx 0{,}976$$

$$P(C) = \binom{8}{3} \cdot \left(\frac{1}{12}\right)^3 \cdot \left(\frac{11}{12}\right)^5 + \binom{8}{5} \cdot \left(\frac{1}{12}\right)^5 \cdot \left(\frac{11}{12}\right)^3 \approx 0{,}0211$$

$$P(D) = 1 - \binom{8}{2} \cdot \left(\frac{1}{12}\right)^2 \cdot \left(\frac{11}{12}\right)^6 + \binom{8}{7} \cdot \left(\frac{1}{12}\right)^7 \cdot \left(\frac{11}{12}\right)^1 \approx 0{,}885$$

$$P(E) = \binom{8}{1} \cdot \left(\frac{1}{12}\right)^1 \cdot \left(\frac{11}{12}\right)^7 + \binom{8}{3} \cdot \left(\frac{1}{12}\right)^3 \cdot \left(\frac{11}{12}\right)^5 + \binom{8}{5} \cdot \left(\frac{1}{12}\right)^5 \cdot \left(\frac{11}{12}\right)^3 + \binom{8}{7} \cdot \left(\frac{1}{12}\right)^7 \cdot \left(\frac{11}{12}\right)^1 \approx 0{,}384$$

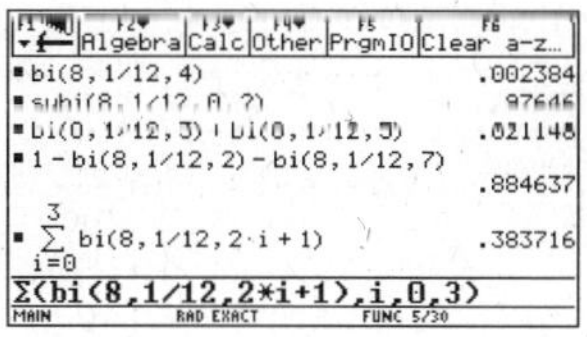

(vgl. Abb. der Lösung von GA 221)

b) F = {genau zweimal wird 7 geworfen}

G = {keinmal oder achtmal wird 7 geworfen}

GA 234

Zufallsgröße X: zufällige Anzahl der Mädchen unter den drei Kindern; $X \sim B_{3;\,0,49}$

$P(A) = P(X = 2) = \binom{3}{2} \cdot 0{,}49^2 \cdot 0{,}51^1 = \text{bi}(3, .49, 2) \approx 0{,}37$ (vgl. Abb. der Lösung von GA 221)

$P(B) = P(X \le 1) = \binom{3}{0} \cdot 0{,}49^0 \cdot 0{,}51^3 + \binom{3}{1} \cdot 0{,}49^1 \cdot 0{,}51^2 = \text{subi}(3, .49, 0, 1) \approx 0{,}51$

$P(C) = P(X \le 2) = 1 - P(X = 3) = 1 - \binom{3}{3} \cdot 0{,}49^3 \cdot 0{,}51^0 = \text{subi}(3, .49, 0, 2) \approx 0{,}88$

$P(D) = 0{,}51 \cdot 0{,}49^2 \approx 0{,}12$ $P(E) = P(A)$

$P(F) = P(X \ge 2) = \binom{3}{2} \cdot 0{,}49^2 \cdot 0{,}51^1 + \binom{3}{3} \cdot 0{,}49^3 \cdot 0{,}51^0 = \text{subi}(3, .49, 2, 3) = 1 - P(B) \approx 0{,}49$

$P(G) = 0{,}49^2 \cdot 1 + 0{,}49 \cdot 0{,}51 \cdot 0{,}49 \approx 0{,}36$ günstige Pfade für G

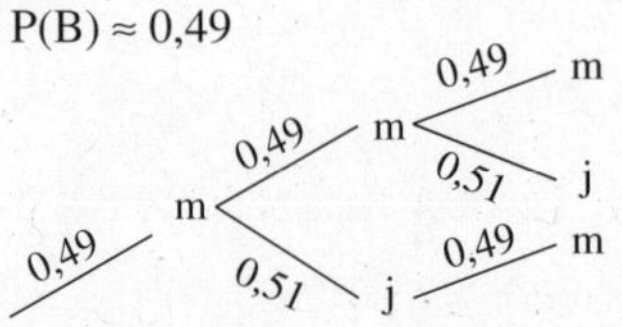

$P(H) = 0{,}51^2 \cdot 1 \approx 0{,}26$

GA 235

Zufallsgröße X_n: zufällige Anzahl der Rosinen, die sich von den n Rosinen in einem Brötchen befinden

$X_n \sim B_{n;\,0,01}$ (als Modellannahme sinnvoll, vorausgesetzt der Teig wurde gut durchgeknetet)

(zwei wesentliche Ziffern als sinnvolle Genauigkeit für *End*ergebnisse angenommen aufgrund der gegebenen 0,95 im Aufgabenteil c))

a) $P(X_{200} = 2) = \binom{200}{2} \cdot 0{,}01^2 \cdot 0{,}99^{198} \approx 0{,}27$

$= \text{bi}(200, .01, 2)$ (vgl. Abb. der Lösung von GA 221)

b) $P(X_{200} > 3) = 1 - P(X_{200} \le 3) = 1 - P(X_{200} = 0) - P(X_{200} = 1) - P(X_{200} = 2) - P(X_{200} = 3)$

$= 1 - \sum_{k=0}^{3} \binom{200}{k} \cdot 0{,}01^k \cdot 0{,}99^{200-k} \approx 0{,}14$

$= \text{subi}(200, .01, 4, 200)$ (vgl. Abb. der Lösung von GA 221)

Zufallsgröße Y_n: zufällige Anzahl der Brötchen, die mehr als drei Rosinen enthalten unter n Brötchen

$Y_n \sim B_{n;\,p}$ mit $p = P(X_{200} \ge 3) \approx 0{,}142$

c) $P(Y_4 = 0) \cdot P(Y_1 = 1) = \binom{4}{0} \cdot 0{,}142^0 \cdot 0{,}858^4 \cdot 0{,}142 \approx 0{,}077$

d) $P(Y_4 = 2) \cdot P(Y_1 = 1) = \binom{4}{2} \cdot 0{,}142^2 \cdot 0{,}858^2 \cdot 0{,}142 \approx 0{,}013$

e) $P(X_n \ge 1) = 1 - P(X_n = 0) = 1 - \binom{n}{0} \cdot 0{,}01^0 \cdot 0{,}99^n \ge 0{,}95$

$0{,}05 \ge 0{,}99^n$

$\ln 0{,}05 \ge n \cdot \ln 0{,}99$

$298{,}07\ldots = \frac{\ln 0{,}5}{\ln 0{,}99} \le n$

$299 \le n$ (würde nicht der sinnvollen Genauigkeit entsprechen)

$300 \le n$ (entsprechend der sinnvollen Genauigkeit von zwei wesentlichen Ziffern)

GA 236

a) Zufallsgröße X: zufällige Anzahl der Personen mit Blutgruppe B unter 25 Personen

$X \sim B_{25;\,p}$ mit $p = 0{,}85 \cdot 0{,}11 + 0{,}15 \cdot 0{,}13 = 0{,}113$

$P(X \ge 1) = \text{subi}(25, .113, 1, 25) = 1 - P(X = 0) = 1 - \binom{25}{0} \cdot 0{,}113^0 \cdot (1 - 0{,}113)^{25}$

$= 1 - \text{bi}(25, .113, 0) \approx 0{,}95$ (vgl. Abb. der Lösung von GA 221)

b) Zufallsgröße Y: zufällige Anzahl der Personen mit Blutgruppe AB unter 25 Personen

$Y \sim B_{25;\,p}$ mit $p = 0{,}85 \cdot 0{,}05 + 0{,}15 \cdot 0{,}07 = 0{,}053$

$P(Y \le 2) = \sum \binom{25}{k} \cdot 0{,}053^k \cdot (1 - 0{,}053)^{25-k} \approx 0{,}86$

$= \text{subi}(25, .053, 0, 2)$

c) Zufallsgröße Z: zufällige Anzahl der Personen mit Blutgruppe 0 unter 25 Personen

$Z \sim B_{25;\,p}$ mit $p = 0{,}85 \cdot 0{,}41 + 0{,}15 \cdot 0{,}40 = 0{,}4085$

$P(Z \ge 2) = 1 - P(X \le 1) = 1 - \sum_{k=0}^{1} \binom{25}{k} \cdot 0{,}4085^k \cdot 0{,}5915^{25-k} \approx 1{,}0$

$= \text{subi}(25, .4085, 2, 25) = 1 - \text{subi}(25, .4085, 0, 1)$

d) Zufallsgröße R: zufällige Anzahl der Rh-negativen Personen unter 25

$R \sim B_{25;\,0,15}$ $P(R = 0) = \binom{25}{0} \cdot 0{,}15^0 \cdot 0{,}85^{25} \approx 0{,}017$

GA 237

Baumdiagramm:

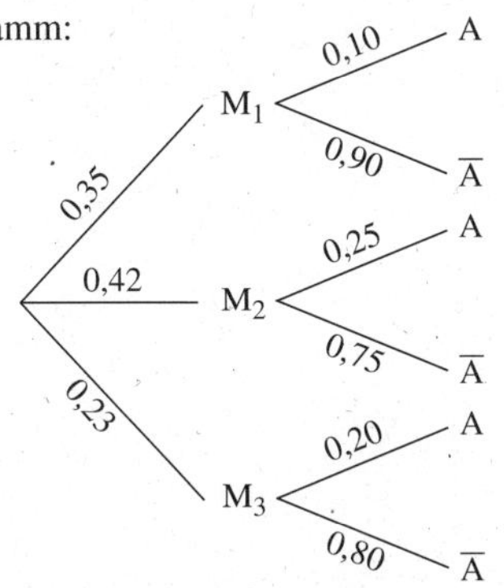

mit M_i = {das produzierte elektronische Bauteil stammt von M_i} für $i \in \{1; 2; 3\}$

A = {das von Jenchip produzierte elektronische Bauteil ist Ausschuss}

Zufallsgröße X: Anzahl der Nichtausschussteile unter den 10 Bauteilen

$$X \sim B_{10;\,p} \text{ mit } p = P(\overline{A}) = P(M_1) \cdot P_{M_1}(\overline{A}) + P(M_2) \cdot P_{M_2}(\overline{A}) + P(M_3) \cdot P_{M_3}(\overline{A})$$

$$= 0{,}35 \cdot 0{,}90 + 0{,}42 \cdot 0{,}75 + 0{,}23 \cdot 0{,}80 = 0{,}814$$

$$q = P(X > 8) = B_{10;\,0{,}814}(\{9; 10\}) = \binom{10}{9} \cdot 0{,}814^9 \cdot 0{,}186^1 + \binom{10}{10} \cdot 0{,}814^{10} \cdot 0{,}186^0 \approx 0{,}42$$

GA 238

X_n zufällige Anzahl der gelungenen Experimente unter n durchgeführten: $X_n \sim B_{n;\,0{,}8}$

a) $P(X_{12} = 12) = \binom{12}{12} \cdot 0{,}8^{12} \cdot 0{,}2^0 = 0{,}0687\ldots \approx 0{,}07$

b) $P(X_{12} = 0) = 0{,}2^{12} = 4 \cdot 10^{-9}$
Es ist nahezu unwahrscheinlich, dass kein Experiment gelingt.

c) $P(X_{12} = 11) = \binom{12}{11} \cdot 0{,}8^{11} \cdot 0{,}2^1 = 0{,}206\ldots \approx 0{,}21$

d) $P(\{X_n < n\}) = 1 - P(\{X_n = n\}) = 1 - \binom{n}{n} \cdot 0{,}8^n \cdot 0{,}2^0$
$1 - 0{,}8^n \geq 0{,}99$; also $0{,}01 \geq 0{,}8^n$ und $n \geq 20{,}63$
Herr Kurzschluss muss mindestens 21 Experimente durchführen.

GA 239

Zufallsgröße X: Anzahl der B-Wähler unter den fünf Ausgewählten, $X \sim B_{5;\,0{,}524}$

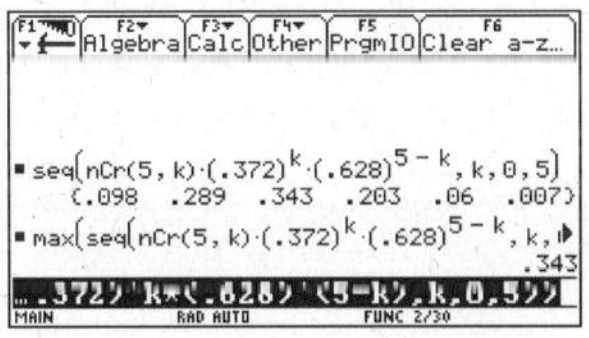

a) $P(\{5 \text{ Nicht-B-Wähler}\}) = P(X = 0) = \binom{5}{0} \cdot 0{,}372^0 \cdot 0{,}628^5 \approx 0{,}0977$

b) Die wahrscheinlichste Anzahl liegt bei $n \cdot p = 5 \cdot 0{,}372 = 1{,}86$.

$P(X = 1) = \binom{5}{1} \cdot 0{,}372^1 \cdot 0{,}628^4 \approx 0{,}289$ $\quad P(X = 2) = \binom{5}{2} \cdot 0{,}372^2 \cdot 0{,}628^3 \approx 0{,}343$

$P(X = 3) = \binom{5}{3} \cdot 0{,}372^3 \cdot 0{,}628^2 \approx 0{,}203$

Dass sich genau zwei B-Wähler unter den fünf Befragten befinden, ist am wahrscheinlichsten.

GA 240

a) $$\sum_{k=0}^{2} \frac{\binom{90}{k} \cdot \binom{910}{10-k}}{\binom{1000}{10}} = 0{,}9468\ldots \approx 0{,}95$$

b) Da die Anzahl der herausgegriffenen Teile (10) im Vergleich zur Anzahl der vorhandenen Teile (1000) sehr klein ist, so kann man die Entnahme „ohne Zurücklegen“ mit guter Näherung als Entnahme „mit Zurücklegen“ auffassen. X wäre dann binomialverteilt mit den Parametern n = 10 und $p = \frac{90}{1000} = 0{,}09$.

Für die unter a) berechnete Wahrscheinlichkeit ergäbe sich der Näherungswert $P(X \leq 2)$ = subi(10, .09, 0, 2) = 0,9459…, der nach dem jeweiligen Runden auf zwei Dezimalen identisch ist mit der unter a) berechneten Wahrscheinlichkeit.

GA 241

a) $P(X = k) = \binom{n}{k} \cdot \left(\frac{M}{N}\right)^k \cdot \left(1 - \frac{M}{N}\right)^{n-k}$ für Entnahme „mit Zurücklegen“

b) $P(X = k) = \dfrac{\binom{M}{k} \cdot \binom{N-M}{n-k}}{\binom{N}{n}}$ wenn die Entnahme „ohne Zurücklegen“, d.h. „mit einem Griff“ erfolgt

GA 242

Zufallsgröße X_n: zufällige Anzahl der Computer mit diesem Fehler unter n Computern; $X_n \sim B_{n;\,0,10}$

a) $P(X_{20} = 0) = B_{20;\,0,10}(\{0\}) \approx 0{,}12$

$P(X_{20} < 4) = B_{20;\,0,10}(\{0;\,1;\,2;\,3\}) \approx 0{,}87$

$P(1 \leq X_{20} \leq 4) = B_{20;\,0,10}(\{0;\,\dots\,;\,4\}) - B_{20;\,0,10}(\{0\}) \approx 0{,}84$

b) $0{,}50 < B_{n;\,0,10}(\{1;\,2;\,\dots\,;\,n\}) = 1 - B_{n;\,0,10}(\{0\}) = 1 - \binom{n}{0} \cdot 0{,}10^0 \cdot 0{,}90^n = 1 - 0{,}90^n$

$0{,}90^n < 0{,}50$

$n \ln 0{,}90 < \ln 0{,}50$

$n > \frac{\ln 0{,}50}{\ln 0{,}90} = 6{,}578\dots$

$n \geq 7$

Zufallsgröße X: zufällige Anzahl der zurückgewiesenen Lieferungen unter 5 Lieferungen
$X \sim B_{5;\,p}$ mit $p = 1 - 0{,}9^3 = 0{,}271$

c) $P(X = 2) = \binom{5}{2} \cdot 0{,}271^2 \cdot 0{,}729^3 \approx 0{,}28$

d) $P(X \leq 2) = \binom{5}{0} \cdot 0{,}271^0 \cdot 0{,}729^5 + \binom{5}{1} \cdot 0{,}271^1 \cdot 0{,}729^4 + \binom{5}{2} \cdot 0{,}271^2 \cdot 0{,}729^3 \approx 0{,}87$
= subi(5, .271, 0, 2)

e) P({der zuerst überprüfte Computer hat diesen Fehler}) = $0{,}1 + 0{,}9 \cdot 0{,}1 = 0{,}19$

f) P({nur der zuerst überprüfte Computer hat diesen Fehler}) = $0{,}1 \cdot 0{,}9^2 + 0{,}9 \cdot 0{,}1 \cdot \frac{8}{9} \cdot 0{,}9 \cdot \frac{7}{8} \cdot 0{,}9 = 0{,}1377 \approx 0{,}14$

g) P({alle fehlerfrei}) = $\frac{9}{10} \cdot 0{,}9 \cdot \frac{8}{9} \cdot 0{,}9 \cdot \frac{7}{8} \cdot 0{,}9 = 0{,}5103 \approx 0{,}51$

G 5.3 Tabellierungen zur Binomialverteilung

GA 243 Im Tafelwerk von „außen" nach „innen" (oder über die definierte bi- bzw. subi-Funktion des TR, vgl. Abb. der Lösung von GA 221):

a) $B_{10;\,0,3}(\{2\})$ = bi(10, .3, 2) ≈ 0,233

$B_{20;\,0,70}(\{14\})$ = bi(20, .7, 14) ≈ 0,192

$B_{50;\,3/4}(\{15\}) \approx 0{,}000$ bzw. bi(50, .75, 15) ≈ $2{,}5 \cdot 10^{-11}$

$B_{100;\,0,20}(\{0;\,1;\,\dots\,;\,22\})$ = subi(100, .2, 0, 22) ≈ 0,739

b) $P(X \leq 3)$ = subi(9, .3, 0, 3) ≈ 0,730

$P(X > 7)$ = subi(9, .3, 8, 9) = $1 - P(X \leq 7) \approx 0{,}00043$

$P(2 < X \leq 7)$ = subi(9, .3, 3, 7) = $P(X \leq 7) - P(X \leq 2) \approx 0{,}537$

$P(X < 5)$ = subi(9, .3, 0, 4) ≈ 0,901

$P(X \geq 2)$ = subi(9, .3, 2, 9) = $1 - P(X \leq 1) \approx 0{,}804$

$P(X \geq 1)$ = subi(9, .3, 1, 9) = $1 - P(X = 0) \approx 0{,}960$

c) $P(X \leq 4)$ = subi(20, .2, 0, 4) ≈ 0,630

$P(X > 7)$ = subi(20, .2, 8, 20) = $1 - P(X \leq 7) \approx 0{,}0321$

$P(5 < X \leq 15)$ = subi(20, .5, 6, 15) = $P(X \leq 15) - P(X \leq 5) \approx 0{,}196$

$P(X < 3)$ = subi(20, .2, 0, 2) ≈ 0,206

$P(X \geq 5)$ = subi(20, .2, 5, 20) = $1 - P(X \leq 4) \approx 0{,}370$

d) $P(X \leq 105)$ = subi(200, .6, 0, 105) ≈ 0,0188

$P(X < 111)$ = subi(200, .6, 0,110) ≈ 0,0857

$P(X \geq 115)$ = subi(200, .6, 115, 200) = $1 - P(X \leq 114) \approx 0{,}787$

$P(X > 150)$ = subi(200, .6, 151, 200) = $1 - P(X \leq 150) \approx 0{,}000$ (subi(200, .6, 151, 200) ≈ 0,000003)

$P(65 \leq X \leq 133)$ = subi(200, .6, 65, 133) = $P(X \leq 133) - P(X \leq 64) \approx 0{,}975$

Im Tafelwerk von „innen" nach „außen":

e) $B_{50;\,0,60}(\{0;\,1;\,\dots\,;\,k\}) \geq 0{,}95 \quad \Rightarrow k \geq 36$

f) $B_{10;\,0,25}(\{k\}) > 0{,}10 \quad \Rightarrow 1 \leq k \leq 4$

g) $B_{20;\,0,90}(\{k\}) \leq 0{,}05 \quad \Rightarrow k \leq 15$

h) $B_{20;\,0,90}(\{0;\,1;\,\dots\,;\,k\}) < 0{,}32 \quad \Rightarrow k \leq 16$

GA 244

	(1) mit GTA (vgl. Abb. der Lösung von GA 221)	(2) mit Tabelle $B_{n;\,p}(\{k\})$	(3) mit Tabelle $B_{n;\,p}(\{0;\ 1;\ \ldots;\ k\})$
a) $n = 20$ $p = 0{,}30$	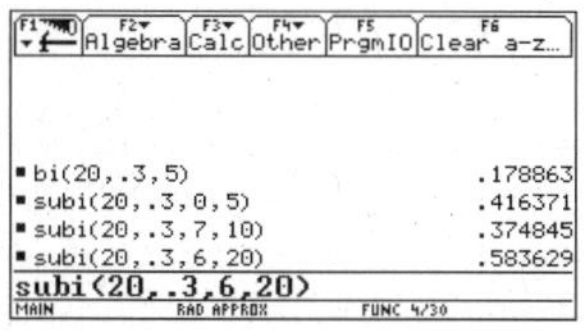	$P(X = 5) = 0{,}17886$	$P(X = 5) = P(X \le 5) - P(X \le 4)$ $\approx 0{,}41637 - 0{,}23751 = 0{,}17886$
		$P(X \le 5) \approx 0{,}00080 + 0{,}00684$ $+ 0{,}02785 + 0{,}07160$ $+ 0{,}13042 + 0{,}17886$ $= 0{,}41637$	$P(X \le 5) \approx 0{,}41637$
		$P(7 \le X \le 10) \approx 0{,}16426 + 0{,}11440$ $+ 0{,}06537 + 0{,}03082$ $= 0{,}37485$	$P(7 \le X \le 10) = P(X \le 10) - P(X \le 6)$ $\approx 0{,}98286 - 0{,}6080$ $= 0{,}37485$
		$P(X > 5) \approx 1 - 0{,}00080 - 0{,}00684$ $- 0{,}02785 - 0{,}07160$ $- 0{,}13042 - 0{,}17886$ $= 0{,}58363$	$P(X > 5) = 1 - P(X \le 5)$ $\approx 1 - 0{,}41637 = 0{,}58363$
b) $n = 25$ $p = \frac{5}{6}$	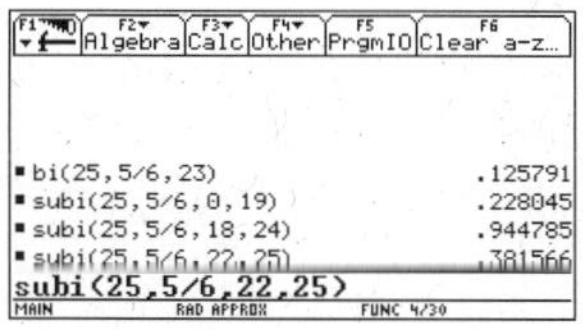	$P(X = 23) \approx 0{,}12579$	$P(X = 23) = P(X \le 23) - P(X \le 22)$ $\approx 0{,}93710 - 0{,}81131$ $= 0{,}12579$
		$P(X \le 19) \approx 0{,}00001 + 0{,}00004$ $+ 0{,}00022 + 0{,}00096$ $+ 0{,}00351 + 0{,}01096$ $+ 0{,}02902 + 0{,}06450$ $+ 0{,}11881 = 0{,}22803$[1)]	$P(X \le 19) \approx 0{,}22804$[1)]
		$P(18 \le X \le 24) \approx 0{,}06450 + 0{,}11881$ $+ 0{,}17822 + 0{,}21217$ $+ 0{,}19288 + 0{,}12579$ $+ 0{,}05241 = 0{,}94478$[1)]	$P(18 \le X \le 24) = P(X \le 24) - P(X \le 17)$ $\approx 0{,}98952 - 0{,}04473$ $= 0{,}94479$[1)]
		$P(X > 21) \approx 0{,}19288 + 0{,}12579$ $+ 0{,}05241 + 0{,}01048$ $= 0{,}38156$[1)]	$P(X > 21) = 1 - P(X \le 21)$ $\approx 1 - 0{,}61843$ $= 0{,}38157$[1)]

GA 245

Zufallsgröße X: zufällige Anzahl der Erfolge; $X \sim B_{10;\,0,2}$

a) $P(A) = P(X = 7) = \binom{10}{7} \cdot 0{,}2^7 \cdot 0{,}8^3 \approx 0{,}0008$

$P(B) = P(X \le 7) = 1 - P(X > 7) = 1 - \sum_{k=8}^{10} \binom{10}{k} \cdot 0{,}2^k \cdot 0{,}8^{10-k} \approx 0{,}9999$

$P(C) = P(X \ge 7) = \sum_{k=7}^{10} \binom{10}{k} \cdot 0{,}2^k \cdot 0{,}8^{10-k} \approx 0{,}0009$

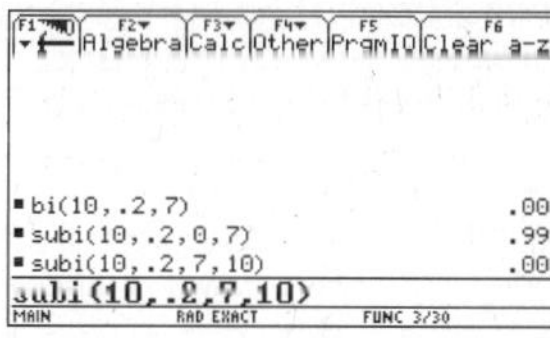

(vgl. Abb. der Lösung von GA 221)

b) $P(A) = P(X = 7) = B_{10;\,0,2}(\{7\}) \approx 0{,}0008$

$P(B) = P(X \le 7) = B_{10;\,0,2}(\{0;\ 1;\ \ldots;\ 7\}) \approx 0{,}9999$

$P(C) = P(X \ge 7) = 1 - P(X \le 6) = 1 - B_{10;\,0,2}(\{0;\ 1;\ \ldots;\ 6\}) \approx 0{,}0009$

c) $P(D) = P(X \le 6) = B_{10;\,0,2}(\{0;\ 1;\ \ldots;\ 6\}) \approx 0{,}9991$

$P(E) = P(2 \le X \le 7) = B_{10;\,0,2}(\{0;\ 1;\ \ldots;\ 7\}) - B_{10;\,0,2}(\{0;\ 1\}) \approx 0{,}6241$

$P(F) = P(3 \le X \le 7) = B_{10;\,0,2}(\{0;\ 1;\ \ldots;\ 7\}) - B_{10;\,0,2}(\{0;\ 1;\ 2\}) \approx 0{,}3221$

$P(G) = P(X \le 1 \text{ oder } X \ge 8) = B_{10;\,0,2}(\{0;\ 1\}) + 1 - B_{10;\,0,2}(\{0;\ 1;\ \ldots;\ 7\}) \approx 0{,}3759$

$P(H) = P(X \le 2 \text{ oder } X \ge 7) = B_{10;\,0,2}(\{0;\ 1;\ 2\}) + 1 - B_{10;\,0,2}(\{0;\ 1;\ \ldots;\ 6\}) \approx 0{,}6787$

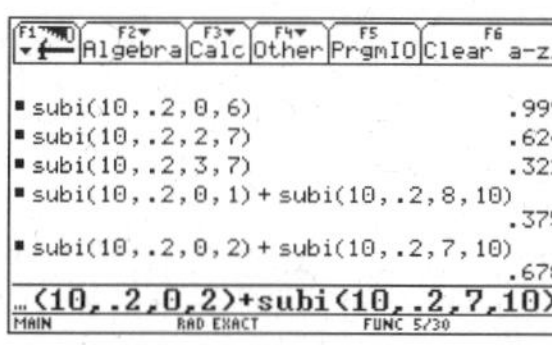

1) Die Abweichung in der fünften Dezimale resultiert aus dem schrittweisen Ablesen aus der Tabelle, wenn deren Werte auf fünf Dezimalen gerundet sind.

GA 246

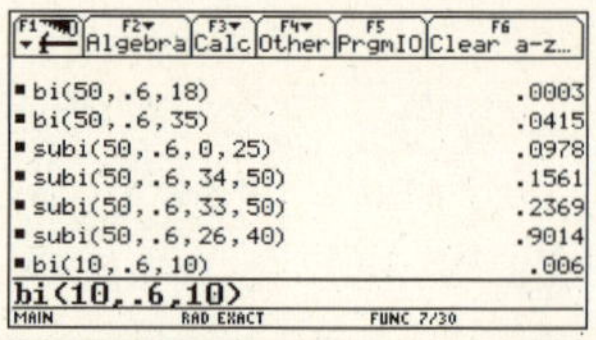

(vgl. Abb. der Lösung von GA 221)

$X \sim B_{50;\,0,6}$

$P(A) = P(X = 18) = B_{50;\,0,6}(\{18\}) \approx 0{,}0003$

$P(B) = P(X = 35) = B_{50;\,0,6}(\{35\}) \approx 0{,}0416$[1)]

$P(C) = P(X \le 25) = B_{50;\,0,6}(\{0; 1; \ldots; 25\}) \approx 0{,}0978$

$P(D) = P(X > \frac{2}{3} \cdot 50) = 1 - P(X \le 33) = 1 - B_{50;\,0,6}(\{0; 1; \ldots; 33\}) \approx 0{,}1561$ *oder*

$P(D) = B_{50;\,0,4}(\{0; 1; \ldots; 16\}) \approx 0{,}1561$

$P(E) = P(X > 0{,}65 \cdot 50) = 1 - P(X \le 32) = 1 - B_{50;\,0,6}(\{0; 1; \ldots; 32\}) \approx 0{,}2369$ *oder*

$P(E) = B_{50;\,0,4}(\{0; 1; \ldots; 17\}) \approx 0{,}2369$

$P(F) = P(26 \le X \le 40) = B_{50;\,0,6}(\{0; 1; \ldots; 40\}) - B_{50;\,0,6}(\{0; 1; \ldots; 25\}) \approx 0{,}9014$

$P(G) = B_{10;\,0,6}(\{10\}) \approx 0{,}0061$[1)]

GA 247

Die „große Gruppe" umfasse so viele Wasserwanderer, dass es gerechtfertigt ist, die Auswahl der Personen durch ein Urnenmodell *mit* Zurücklegen zu beschreiben und damit als eine BERNOULLI-Kette zu modellieren.

Zufallsgröße X_n: zufällige Anzahl der fortgeschrittenen Kanuten unter n „auf gut Glück" Ausgewählten; $X_n \sim B_{n;\,0,80}$

a) $P(X_8 = 5) = B_{8;\,0,80}(\{5\}) \approx 0{,}15$

b) $P(X_n \le n-1) = 1 - P(X_n = n) = 1 - B_{n;\,0,80}(\{n\}) = 1 - \binom{n}{n} \cdot 0{,}80^n \cdot 0{,}20^0$
$= 1 - 0{,}80^n$

Es soll gelten $1 - 0{,}80^n \ge 0{,}99$ bzw. $0{,}80^n \le 0{,}01$. Daraus folgt $\ln(0{,}80^n) \le \ln 0{,}01$, also $n \ge \frac{\ln 0{,}01}{\ln 0{,}80}$ und damit $n > 20{,}6$. Es müssen mindestens 21 Personen ausgewählt werden.

c) $P(X_3 = 0 \text{ und } X_1 = 1) = P(X_3 = 0) \cdot P(X_1 = 1)$ wegen der Unabhängigkeit
$= \binom{3}{0} \cdot 0{,}80^0 \cdot 0{,}20^3 \cdot \binom{1}{1} \cdot 0{,}80^1 \cdot 0{,}20^0 = 0{,}0064$

oder über den interessierenden Teil des Baumdiagramms

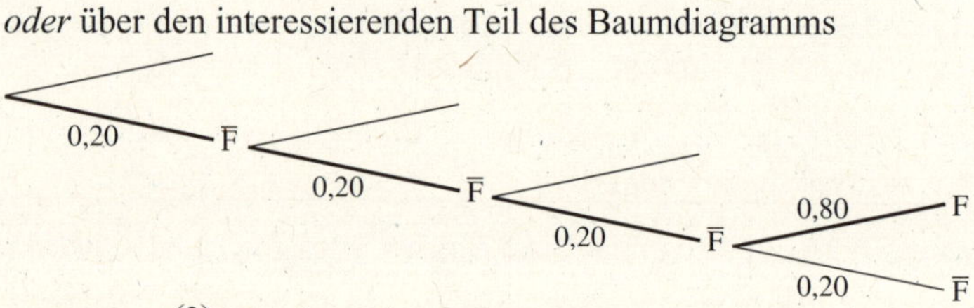

$P(\{(\bar{F}; \bar{F}; \bar{F}; F)\}) = 0{,}20^3 \cdot 0{,}80 = 0{,}0064$

d) $P(X_3 = 0) = \binom{3}{0} \cdot 0{,}80^0 \cdot 0{,}20^3 = 0{,}008$

oder über den interessierenden Teil des Baumdiagramms

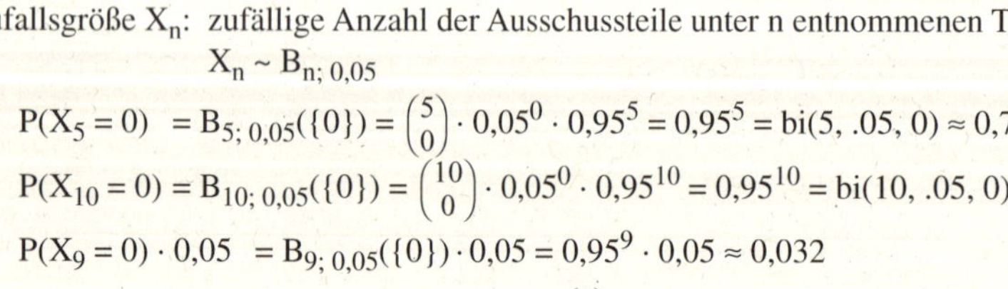

$P(\{(\bar{F}; \bar{F}; \bar{F}; F), (\bar{F}; \bar{F}; \bar{F}; \bar{F})\}) = 0{,}20^3 \cdot 0{,}80 + 0{,}20^4 = 0{,}20^3 = 0{,}008$

GA 248

Zufallsgröße X_n: zufällige Anzahl der Ausschussteile unter n entnommenen Teilen
$X_n \sim B_{n;\,0,05}$

a) $P(X_5 = 0) = B_{5;\,0,05}(\{0\}) = \binom{5}{0} \cdot 0{,}05^0 \cdot 0{,}95^5 = 0{,}95^5 = \text{bi}(5, .05, 0) \approx 0{,}77$ (vgl. Abb. der Lösung von GA 221)

b) $P(X_{10} = 0) = B_{10;\,0,05}(\{0\}) = \binom{10}{0} \cdot 0{,}05^0 \cdot 0{,}95^{10} = 0{,}95^{10} = \text{bi}(10, .05, 0) \approx 0{,}60$

c) $P(X_9 = 0) \cdot 0{,}05 = B_{9;\,0,05}(\{0\}) \cdot 0{,}05 = 0{,}95^9 \cdot 0{,}05 \approx 0{,}032$

d) $P(X_9 = 1) \cdot 0{,}05 = B_{9;\,0,05}(\{1\}) \cdot 0{,}05 = \binom{9}{1} \cdot 0{,}05^1 \cdot 0{,}95^8 \cdot 0{,}05 = \text{bi}(9, .05, 1) \cdot 0{,}05 \approx 0{,}015$

e) $P(X_4 = 0) = B_{4;\,0,05}(\{0\}) = 0{,}95^4 \approx 0{,}81$

f) $P(X_4 \ge 1) + P(X_4 = 0) \cdot 0{,}05 = (1 - P(X_4 = 0)) + P(X_4 = 0) \cdot 0{,}05 = 1 - B_{4;\,0,05}(\{0\}) \cdot 0{,}95 = 1 - 0{,}95^4 + 0{,}95^4 \cdot 0{,}05 = 1 - 0{,}95^5$
$= \text{subi}(4, .05, 1, 4) + \text{bi}(4, .05, 0) \cdot 0{,}05 \approx 0{,}23$ (vgl. Abb. der Lösung von GA 221)

oder

$P(X_5 \ge 1) = 1 - P(X_5 = 0) = 1 - B_{5;\,0,05}(\{0\}) = 1 - \binom{5}{0} 0{,}05^0 \cdot 0{,}95^5 = 1 - 0{,}95^5 = \text{subi}(5, .05, 1, 5) \approx 0{,}23$

g) $P(X_9 = 2) \cdot 0{,}05 = B_{9;\,0,05}(\{2\}) \cdot 0{,}05 = \binom{9}{2} \cdot 0{,}05^2 \cdot 0{,}95^7 \cdot 0{,}05 = \text{bi}(9, .05, 2) \approx 0{,}0031$

1) Die Abweichung vom TR-Ergebnis in der vierten Dezimale resultiert aus dem schrittweisen Ablesen aus der Tabelle, wenn deren Werte auf fünf Dezimalen gerundet sind.

GA 249 Zufallsgröße X: zufällige Anzahl der Gewinnpunkte bei 10 Drehungen; $X \sim B_{10;\,\frac{18}{360}} = B_{10;\,0{,}05}$

a) $P(X = 0) = B_{10;\,0{,}05}(\{0\}) = \text{bi}(10, .05, 0) \approx 0{,}60$ (vgl. Abb. der Lösung von GA 221)

b) $P(X = 2) = B_{10;\,0{,}05}(\{2\}) = \text{bi}(10, .05, 2) \approx 0{,}07$

c) $P(X \le 2) = B_{10;\,0{,}05}(\{0;\,1;\,2\}) = \text{subi}(10, .05, 0{,}2) \approx 0{,}99$ (vgl. Abb. der Lösung von GA 221)

d) $P(X \le 1) = B_{10;\,0{,}05}(\{0;\,1\}) = \text{subi}(10, .05, 0{,}1) \approx 0{,}91$

e) P({bei den ersten vier Drehungen keinen Gewinnpunkt}) · P({bei der fünften Drehung einen Gewinnpunkt})
$= B_{4;\,0{,}05}(\{0\}) \cdot 0{,}05 = \text{bi}(4, .05, 0) \cdot 0{,}05 \approx 0{,}04$

GA 250 Zufallsgröße X_n: zufällige Anzahl der Zweien bei n Würfen; $X_n \sim B_{n;\,0{,}25}$

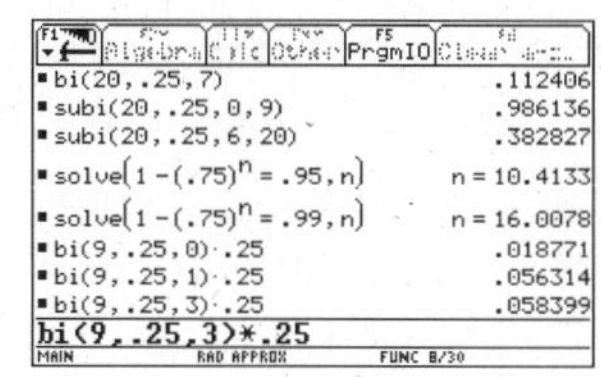

(vgl. Abb. der Lösung von GA 221)

a) $P(X_{20} = 7) = B_{20;\,0{,}25}(\{7\}) \approx 0{,}11$

b) $P(X_{20} < 10) = B_{20;\,0{,}25}(\{0;\,1;\,\ldots;\,9\}) \approx 0{,}99$

c) $P(X_{20} > 5) = 1 - P(X_{20} \le 5) = 1 - B_{20;\,0{,}25}(\{0;\,1;\,\ldots;\,5\}) \approx 0{,}38$

$P(X_n \ge 1) = 1 - P(X_n = 0) = 1 - \binom{n}{0} \cdot 0{,}25^0 \cdot 0{,}75^n = 1 - 0{,}75^n$

d)
$$\begin{aligned} 1 - 0{,}75^n &\ge 0{,}95 \\ 0{,}05 &\ge 0{,}75^n \\ \ln 0{,}05 &\ge n \cdot \ln 0{,}75 \\ \frac{\ln 0{,}05}{\ln 0{,}75} &\le n \\ 10{,}413\ldots &\le n \\ 11 &\le n \end{aligned}$$

e)
$$\begin{aligned} 1 - 0{,}75^n &\ge 0{,}99 \\ 0{,}01 &\ge 0{,}75^n \\ \ln 0{,}01 &\ge n \cdot \ln 0{,}75 \\ \frac{\ln 0{,}01}{\ln 0{,}75} &\le n \\ 16{,}007\ldots &\le n \\ 17 &\le n \end{aligned}$$

f) $q_n = P(X_{n-1} = 0) \cdot 0{,}25 = 0{,}75^{n-1} \cdot 0{,}25$ $\qquad q_{10} \approx 0{,}02$

g) $q_n = P(X_{n-1} = 1) \cdot 0{,}25 = \binom{n-1}{1} \cdot 0{,}25^1 \cdot 0{,}75^{n-2} \cdot 0{,}25 = (n-1) \cdot 0{,}75^{n-2} \cdot 0{,}25^2$ $\qquad q_{10} \approx 0{,}06$

h) $q_n = P(X_{n-1} = 3) \cdot 0{,}25 = \binom{n-1}{3} \cdot 0{,}25^3 \cdot 0{,}75^{n-4} \cdot 0{,}25 = \binom{n-1}{3} \cdot 0{,}25^4 \cdot 0{,}75^{n-4}$ $\qquad q_{10} \approx 0{,}06$

GA 251 Zufallsgröße X_p: zufällige Anzahl der anwesenden Mitglieder bei einer Eintreffwahrscheinlichkeit p; $X_p \sim B_{9;\,p}$

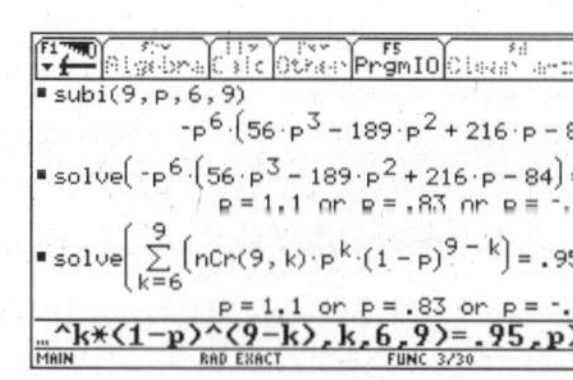

(vgl. Abb. der Lösung von GA 221)

a) $P(X_{0,5} \ge \frac{2}{3} \cdot 9) = P(X_{0,5} \ge 6) = 1 - B_{9;\,0{,}5}(\{0;\,1;\,\ldots;\,5\}) \approx 0{,}25$

b) $P(X_p \ge 6) = 0{,}95 \Rightarrow p \ge 0{,}83$
$P(X_p \ge 6) = 0{,}90 \Rightarrow p \ge 0{,}79$
$P(X_p \ge 6) = 0{,}80 \Rightarrow p \ge 0{,}73$

(Hier muss nicht auf 0,84 aufgerundet werden, wenn man den gegebenen Wert 0,95 als einen auf zwei wesentliche Ziffern gerundeten Wert auffasst;
$\sum_{k=6}^{9} \binom{9}{k} \cdot 0{,}83^k \cdot (1 - 0{,}83)^{9-k} \approx 0{,}949.$
Ansonsten hieße die Antwort $p \ge 0{,}84$.)

GA 252 Zufallsgröße X_{20}: Anzahl der gewonnenen Spiele bei 20 ausgetragenen; $X_{20} \sim B_{20;\,0{,}75}$

a) $p = P(X_{20} = 13) = B_{20;\,0{,}75}(\{13\}) = \text{bi}(20, .75, 13) \approx 0{,}11$ (vgl. Abb. der Lösung von GA 221)

b) $p = P(X_{20} > 13) = 1 - P(X_{20} \le 13) = 1 - B_{20;\,0{,}75}(\{0;\,1;\,\ldots;\,13\}) = \text{subi}(20, .75, 14, 20) \approx 0{,}79$

c) $p = P(X_{20} \le 13) = B_{20;\,0{,}75}(\{0;\,1;\,\ldots;\,13\}) = \text{subi}(20, .75, 0{,}13) \approx 0{,}21$

d) $p = P(12 < X_{20} \le 17) = P(X_{20} \le 16) - P(X_{20} \le 12) = B_{20;\,0{,}75}(\{0;\,1;\,\ldots;16\}) - B_{20;\,0{,}75}(\{0;\,1;\,\ldots;\,12\}) = \text{subi}(20, .75, 13, 16)$
$\approx 0{,}67$

e) Zufallsgröße X_n: Anzahl der gewonnenen Spiele bei n ausgetragenen, $X_n \sim B_{n;\,0{,}80}$

$P(X_n \ge 1) = 1 - P(X_n = 0) = 1 - B_{n;\,0{,}75}(\{0\}) \ge 0{,}95$

$0{,}05 \ge B_{n;\,0{,}75}(\{0\}) = 0{,}25^n \Rightarrow n \ge \frac{\ln 005}{\ln 0{,}25} = 2{,}16\ldots$

oder durch Suchen in Tafeln $\quad B_{4;\,0{,}75}(\{0\}) \approx 0{,}00391 \le 0{,}05$

oder durch weiteres Probieren $\quad 0{,}25^3 \approx 0{,}016 < 0{,}05$

$0{,}25^2 = 0{,}0625 > 0{,}05$

Die Mannschaft muss mindestens drei Spiele austragen.

GA 253

Zufallsgröße X_n: zufällige Anzahl der defekten Bauteile unter n Teilen;
X_n ist binomialverteilt mit den Parametern n und p = 0,20 (kurz: $X_n \sim B_{n;\,0,20}$)

Zufallsgröße Y_n: zufällige Anzahl der defektfreien Bauteile unter n Teilen;
Y_n ist binomialverteilt mit den Parametern n und p = 0,80 (kurz: $Y_n \sim B_{n;\,0,80}$)

Nutzung von Tabellen der aufsummierten/kumulierten Wahrscheinlichkeiten (Binomialverteilung)

a) $P(X_{20} \le 5) = P(X = 0) + P(X = 1) + \ldots + P(X = 5) = B_{20;\,0,20}(\{0; 1; \ldots; 5\})$ = subi(100, .05, 8, 100) $\approx 0{,}80$
$P(Y_{20} \ge 15) = 1 - P(Y_{20} \le 14) = 1 - [P(Y_{20} = 0) + P(Y_{20} = 1) + \ldots + P(Y_{20} = 14)] = 1 - B_{20;\,0,80}(\{0; 1; \ldots; 14\})$
= subi(80, .15, 20) $\approx 0{,}80$ (vgl. Abb. der Lösung von GA 221)

b) $P(X_{100} \le 24) = P(X = 0) + P(X = 1) + \ldots + P(X = 24) = B_{100;\,0,20}(\{0; 1; \ldots; 24\})$ = subi(100, .20, 0, 24) $\approx 0{,}87$
$P(Y_{100} \ge 76) = 1 - P(Y_{100} \le 75) = 1 - [P(Y = 0) + P(Y = 1) + \ldots + P(Y = 75)] = 1 - B_{100;\,0,80}(\{0; 1; \ldots; 75\})$
= subi(200, .5, 0, 111) $\approx 0{,}87$

c) $P(Y_n \ge 5) = 1 - P(Y_n \le 4) = 1 - [P(Y = 0) + P(Y = 1) + \ldots + P(Y = 4)] = 1 - B_{n;\,0,80}(\{0; 1; \ldots; 4\}) \ge 0{,}99$,
also $0{,}01 \ge B_{n;\,0,80}(\{0; 1; \ldots; 4\})$

Durch Probieren mit der $B_{n;\,0,80}$- Tafel:
$B_{7;\,0,80}(\{0; 1; \ldots; 4\}) \approx 0{,}15 > 0{,}01$; $B_{8;\,0,80}(\{0; 1; \ldots; 4\}) \approx 0{,}056 > 0{,}01$
$B_{9;\,0,80}(\{0; 1; \ldots; 4\}) \approx 0{,}0196 > 0{,}01$; $B_{10;\,0,80}(\{0; \ldots ;4\}) \approx 0{,}0064 < 0{,}01$

Man müsste mindestens zehn dieser Bauteile kaufen.

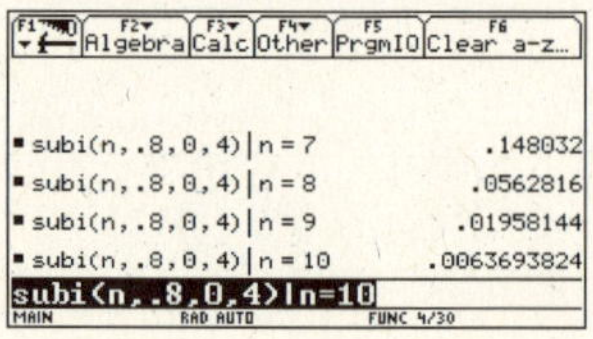

(vgl. Abb. der Lösung von GA 221)

d) individuelle Lösung

GA 254

Zufallsgröße X: Anzahl der Gewinne bei 100 Drehungen
$X \sim B_{100;\,p}$ mit p = P({grüner Sektor}) = $2 \cdot p_1 = 0{,}2$ weil $p_1 + 2p_1 + 3p_1 + 4p_1 = 1 \Rightarrow p_1 = 0{,}1$

a) $P(A) = P(X = 20) = B_{100;\,0,2}(\{20\})$ = bi(100, .2, 20) $\approx 0{,}09930$ (vgl. Abb. der Lösung von GA 221)
$P(B) = P(X < 20) = B_{100;\,0,2}(\{0; 1; \ldots ; 19\})$ = subi(100, .2, 0, 19) $\approx 0{,}46016$
$P(C) = P(X \ge 20) = 1 - P(X \le 19) = 1 - B_{100;\,0,2}(\{0; 1; \ldots ; 19\}) \approx 0{,}53984$
$P(D) = P(10 < X \le 30) = P(X \le 30) - P(X \le 10) = B_{100;\,0,2}(\{0; 1; \ldots ; 30\}) - B_{100;\,0,2}(\{0; 1; \ldots ; 10\})$ = subi(100, .2, 11, 30)
$\approx 0{,}98824$
$P(E) = P(X = 19) \cdot 0{,}2$ = bi(100, .2, 19) $\cdot\, 0{,}2 \approx 0{,}019615$

b) individuelles Experiment

c) Zufallsgröße X_n: Anzahl der Gewinne bei n Drehungen $X_n \sim B_{n;\,0,1}$

$$P(X_n \ge 1) = 1 - P(X_n = 0) = 1 - \binom{n}{0} \cdot 0{,}1^0 \cdot 0{,}9^n = 1 - 0{,}9^n \ge 0{,}955$$
$$0{,}045 \ge 0{,}9^n$$
$$\ln 0{,}045 \ge n \ln 0{,}9$$
$$\frac{\ln 0{,}045}{\ln 0{,}9} \le n$$
$$30 \le n$$

Das Glücksrad muss mindestens 30-mal gedreht werden.

GA 255

Zufallsgröße X: Anzahl der Linksablenkungen in Fallrichtung
$X \sim B_{4;\,1/2}$ mit $P(X = k) = \binom{4}{k} \cdot (\frac{1}{2})^k \cdot (\frac{1}{2})^{4-k} = \binom{4}{k} \cdot (\frac{1}{2})^4$ für $k \in \{0; 1; 2; 3; 4\}$

a) P({Kugel fällt in Fach I}) $= P(X = 0) = \binom{4}{0} \cdot (\frac{1}{2})^4 = 0{,}0625$ = bi(4, .5, 0) (vgl. Abb. der Lösung von GA 221)

b) P({Kugel fällt nicht in Fach I und nicht in V}) $= 1 - P(X = 0) - P(X = 4)) = 1 - \binom{4}{0} \cdot (\frac{1}{2})^4 - \binom{4}{4} \cdot (\frac{1}{2})^4 = 0{,}875$ = subi(4, .5, 1, 3)

c) P({Kugel fällt in Fach I oder III oder V}) $= \binom{4}{0} \cdot (\frac{1}{2})^4 + \binom{4}{2} \cdot (\frac{1}{2})^4 + \binom{4}{4} \cdot (\frac{1}{2})^4 = 0{,}5$ = 1 – bi(4, .5, 1) – bi(4, .5, 3)

d) Durch das GALTON-Brett wird eine BERNOULLI-Kette der Länge n = 4 und der Erfolgswahrscheinlichkeit p = 0,5 simuliert. Die zufällige Anzahl X der Erfolge nimmt den Wert k ($k \in \{0; 1; 2; 3; 4\}$) genau dann an, wenn die Kugel in das Fach k + 1 (in römischen Zahlenzeichen) fällt.

e) {Kugel fällt in Fach III} = {Kugel hat genau zwei Linksablenkungen}
= {(Z; Z; W; W), (Z; W; Z; W), (Z; W; W; Z), (W; Z; Z; W), (W; Z; W; Z), (W; W; Z; Z)}

GA 256 Zufallsgröße X: zufällige Anzahl der Gegenstimmen der 15 Unentschlossenen; $X \sim B_{15;\,0,5}$

a) $P(\{\text{Antrag abgelehnt}\}) = P(\{\text{wenigstens 11 Gegenstimmen}\}) = P(X \geq 11) = \text{subi}(15, .5, 11, 15)$ (vgl. Abb. der Lösung von GA 221)
$= 1 - B_{15;\,0,5}(\{0; 1; \ldots; 10\}) \approx 0{,}06$

b) $P(\{\text{Antrag abgelehnt}\}) = P(\{\text{mindestens 8 Gegenstimmen}\}) = P(X \geq 8) = \text{subi}(15, .5, 8, 15)$
$= 1 - B_{15;\,0,5}(\{0; 1; \ldots; 7\}) \approx 0{,}5$

GA 257 Zufallsgröße X: zufällige Anzahl der Hausgäste unter den vier rein zufällig ausgewählten Restaurantbesuchern; $X \sim B_{4;\,p}$

$P(X \in \{1; 2\}) = B_{4;\,p}(\{1; 2\}) = \text{subi}(4, p, 1, 2)$ (vgl. Abb. der Lösung von GA 221)

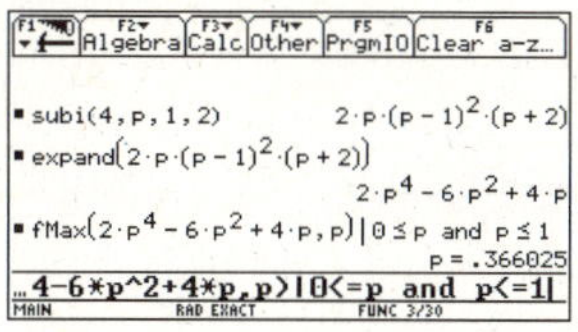

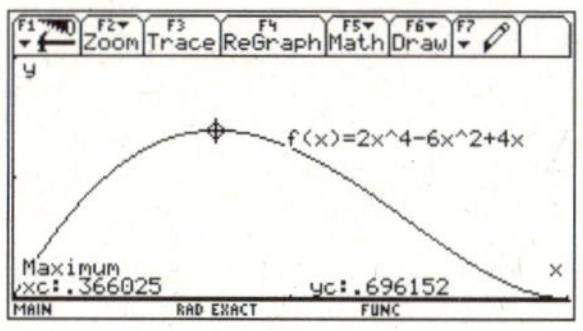

$\Rightarrow P_{max} \approx 0{,}37$

G 5.4 Erwartungswert und Streuung binomialverteilter Zufallsgrößen

GA 258

a) $X \sim B_{4;\,0,3} \quad \Rightarrow \quad EX = \sum_{k=0}^{4} k \cdot P(X = k) = \sum_{k=0}^{4} k \cdot \binom{4}{k} \cdot 0{,}3^k \cdot 0{,}7^{4-k} = \sum_{k=0}^{4} k \cdot \text{bi}(4, .3, k) = 1{,}2$

b) $Y \sim B_{80;\,0,7} \quad \Rightarrow \quad EY = \sum_{k=0}^{80} k \cdot P(Y = k) = \sum_{k=0}^{80} k \cdot \text{bi}(80, .7, k) = 56$

c) $Z \sim B_{3;\,p} \quad \Rightarrow \quad EZ = \sum_{k=0}^{3} k \cdot P(Z = k) = \sum_{k=0}^{3} k \cdot \binom{3}{k} \cdot p^k \cdot (1-p)^{3-k} = \sum_{k=0}^{3} k \cdot \text{bi}(3, p, k) = 3p$

d) $D^2X = \sum_{k=0}^{4} k^2 \cdot P(X = k) - (EX)^2 = \sum_{k=0}^{4} k^2 \cdot \binom{4}{k} \cdot 0{,}3^k \cdot 0{,}7^{4-k} - 1{,}2^2 = \sum_{k=0}^{4} k^2 \cdot \text{bi}(4, .3, k) - 1{,}2^2 = 0{,}84$

e) $D^2Y = \sum_{k=0}^{80} k^2 \cdot P(Y = k) - (EY)^2 = \sum_{k=0}^{80} k^2 \cdot \binom{80}{k} \cdot 0{,}7^k \cdot 0{,}3^{80-k} - 56^2 = \sum_{k=0}^{80} k^2 \cdot \text{bi}(80, .7, k) - 56^2 = 16{,}8$

f) $D^2Z = \sum_{k=0}^{3} k^2 \cdot P(Z = k) - (EZ)^2 = \sum_{k=0}^{3} k^2 \cdot \binom{3}{k} \cdot p^k \cdot (1-p)^{3-k} - (3p)^2 = \sum_{k=0}^{3} k^2 \cdot \text{bi}(3, p, k) - (3p)^2 = 3p(1-p)$

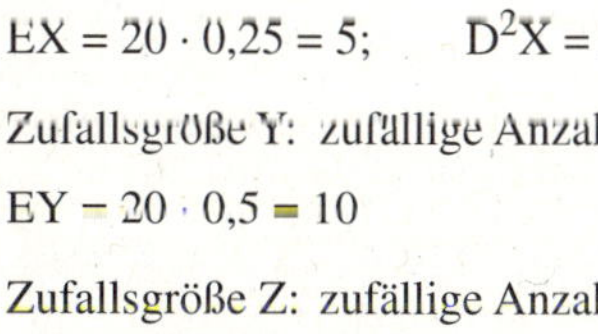

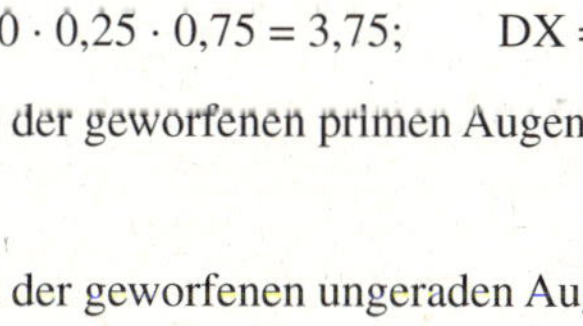

(vgl. Abb. der Lösung von GA 221)

GA 259 $X \sim B_{20;\,0,25}$

a) $EX = 20 \cdot 0{,}25 = 5$; $\quad D^2X = 20 \cdot 0{,}25 \cdot 0{,}75 = 3{,}75$; $\quad DX = \sqrt{D^2X} \approx 1{,}94$

b) Zufallsgröße Y: zufällige Anzahl der geworfenen primen Augenzahlen bei 20 Würfen; $Y \sim B_{20;\,0,5}$
$EY = 20 \cdot 0{,}5 = 10$

c) Zufallsgröße Z: zufällige Anzahl der geworfenen ungeraden Augenzahlen bei 20 Würfen; $Z \sim B_{20;\,0,5}$
$DZ = \sqrt{20 \cdot 0{,}5 \cdot 0{,}5} \approx 2{,}24$

d) $P(X \in [EX - 2 \cdot DX; EX + 2 \cdot DX]) = P(X \in [5 - 2 \cdot \sqrt{3{,}75}; 5 + 2 \cdot \sqrt{3{,}75}]) = P(X \in [1{,}1\ldots; 8{,}8\ldots])$
$= B_{20;\,0,25}(\{0; 1; \ldots; 8\}) - B_{20;\,0,25}(\{0; 1\}) = \text{subi}(20, .25, 2, 8) \approx 0{,}93$ (vgl. Abb. der Lösung von GA 221)

GA 260

a) $EX = 3100 \cdot 0{,}6 = 1860$
$VarX = 3100 \cdot 0{,}6 \cdot 0{,}4 = 744$
$\sigma = \sqrt{3100 \cdot 0{,}6 \cdot 0{,}4} \approx 27{,}3$

b) $EX = 3{,}2 \cdot 10^7 \cdot 0{,}02 = 640000$
$VarX = 3{,}2 \cdot 10^7 \cdot 0{,}02 \cdot 0{,}98 = 627200$
$\sigma = \sqrt{3{,}2 \cdot 10^7 \cdot 0{,}02 \cdot 0{,}98} \approx 792$

c) $EX = 1024 \cdot \frac{5}{8} = 640$
$VarX = 1024 \cdot \frac{5}{8} \cdot \frac{3}{8} = 240$
$\sigma = \sqrt{1024 \cdot \frac{3}{8} \cdot \frac{5}{8}} \approx 15{,}5$

GA 261

a)
$$\begin{aligned} \mu &= 350 \\ \sigma &= 10 \\ \hline n \cdot p &= 350 \\ \sqrt{n \cdot p(1-p)} &= 10 \\ \hline 350 \cdot (1-p) &= 100 \end{aligned} \quad \Rightarrow \quad p = (\tfrac{100}{350} - 1):(-1) = \tfrac{5}{7};\ n = 350 : \tfrac{5}{7} = 490$$

b)
$$\begin{aligned} \mu &= 32256 \\ \sigma &= 168 \\ \hline n \cdot p &= 32256 \\ \sqrt{n \cdot p(1-p)} &= 168 \\ \hline 32256 \cdot (1-p) &= 168^2 \end{aligned} \quad \Rightarrow \quad p = (\tfrac{168^2}{32256} - 1):(-1) = \tfrac{1}{8};\ n = 32256 : \tfrac{1}{8} = 258048$$

GA 262

Zufallsgröße X: zufällige Anzahl der erdrehten Einsen bei n Drehungen, die zufällige Augensumme bei n Drehungen
$X \sim B_{n;\,p}$; $p = P(\{\text{beim einmaligen Drehen wird eine 1 erdreht}\})$

$$\left.\begin{aligned} EX &= n \cdot p = 273{,}8 \\ DX &= \sqrt{np(1-p)} = 14{,}8 \end{aligned}\right\} \Rightarrow 273{,}8\,(1-p) = 14{,}8^2$$
$$1 - p = \frac{14{,}8^2}{273{,}8} \Rightarrow p = 0{,}2; \qquad n = \frac{273{,}8}{0{,}2} = 1369$$

GA 263 Zufallsgröße X: zufällige Anzahl der Patienten mit Nebenwirkungen unter 600; $X \sim B_{600;\,0,01}$

a) $P(X \le 2) = \sum_{i=0}^{2} \binom{600}{i} \cdot 0{,}01^i \cdot 0{,}99^{600-i} \approx 0{,}061$
= subi(600, .01, 0, 2)
(vgl. Abb. der Lösung von GA 221)

b) Gesucht EY mit $Y \sim B_{600;\,0,99}$
$EY = 600 \cdot 0{,}99 = 594$
Es sind 594 Patienten ohne unerwünschte Nebenwirkungen zu erwarten.

GA 264 Zufallsgröße X: zufällige Anzahl der Ausschussteile unter den 40; $X \sim B_{40;\,0,05}$

a) $EX = 40 \cdot 0{,}05 = 2$
Es sind höchstens zwei Ausschussteile zu erwarten.

b) $P(X \le 2) = \sum_{i=0}^{2} \binom{40}{i} \cdot 0{,}05^i \cdot (1 - 0{,}05)^{40-i} \approx 0{,}677$
= subi(40, .05, 0, 2) (vgl. Abb. der Lösung von GA 221)

c) $0{,}05^2 = 0{,}0025$

GA 265

a) $X \sim B_{20;\,0,1}$; $EX = 20 \cdot 0{,}1 = 2$; $p = P(X \le 2) = B_{20;\,0,1}(\{0; 1; 2\}) \approx 0{,}677$

b) $X \sim B_{20;\,0,126}$; $EX = 20 \cdot 0{,}126 = 2{,}52$; $p = P(X \le 2) = \sum_{k=0}^{2} \binom{20}{k} \cdot 0{,}126^k \cdot 0{,}874^{20-k}$
= subi(20, .126, 0, 2) ≈ 0,530 (vgl. Abb. der Lösung von GA 221)

GA 266

a) X: zufällige Anzahl der „Rechtshänder" unter 450 Schulanfängern; $X \sim B_{450;\,0,88}$
Y_n: zufällige Anzahl der „Linkshänder" unter n Schulanfängern; $Y_n \sim B_{n;\,0,12}$

b) $EY_{84} = 84 \cdot 0{,}12 \approx 10$

c) $EY_{350} = 350 \cdot 0{,}12 = 42$

GA 267

Zufallsgröße X: zufällige Anzahl der defekten Teile unter 20; $X \sim B_{20;\,0,02}$
$$P(X > 2) = 1 - P(X \le 2) = 1 - \sum_{i=0}^{2} \binom{20}{i} \cdot 0{,}02^i \cdot 0{,}98^{20-i} \approx 0{,}00707 \approx 0{,}007$$
Zufallsgröße Y: zufällige Anzahl der „kostenlosen" Packungen unter n Packungen
$Y \sim B_{n;\,0,00707}$ (näherungsweise)
$EY = n \cdot 0{,}00707 = 0{,}707\%$ von $n \approx 0{,}7\%$ von n

GA 268

a) $X \sim B_{100;\,0,5}$ $EX = 100 \cdot 0{,}5 = 50$

b) $\sigma = \sqrt{100 \cdot 0{,}5 \cdot 0{,}5} = 5$

c) $P(X \in [50-5;\, 50+5]) = B_{100;\,0,5}(\{0;1;\ldots;55\}) - B_{100;\,0,5}(\{0;1;\ldots;44\}) = \text{subi}(100, .5, 45, 55) \approx 0{,}729$

$P(X \in [50-10;\, 50+10]) = B_{100;\,0,5}(\{0;1;\ldots;60\}) - B_{100;\,0,5}(\{0;1;\ldots;39\}) = \text{subi}(100, .5, 40, 60) \approx 0{,}965$

$P(X \in [50-15;\, 50+15]) = B_{100;\,0,5}(\{0;1;\ldots;65\}) - B_{100;\,0,5}(\{0;1;\ldots;34\}) = \text{subi}(100, .5, 35, 65) \approx 0{,}998$

(vgl. Abb. der Lösung von GA 221)

GA 269

a) Zufallsgröße X: Anzahl der gefallenen 17 bei 100 Würfen; $X \sim B_{100;\,p}$ mit $p = \frac{1}{20} = 0{,}05$

$P(X \geq 8) = 1 - P(X \leq 7) = 1 - B_{100;\,0,05}(\{0;1;\ldots;7\}) = \text{subi}(100, .05, 8, 100) \approx 0{,}12796$ (vgl. Abb. der Lösung von GA 221)

b) Zufallsgröße X: Anzahl der gefallenen geraden Augenzahlen bei 200 Würfen, $X \sim B_{200;\,p}$ mit $p = \frac{10}{20} = 0{,}5$

$P(X \leq 111) = B_{200;\,0,5}(\{0;1;\ldots;111\}) = \text{subi}(200, .5, 0, 111) \approx 0{,}94818$

c) Zufallsgröße X: Anzahl der gefallenen, nicht durch 3 teilbaren Augenzahlen bei 200 Würfen,

$X \sim B_{100;\,p}$ mit $p = \frac{20 - |\{3;6;9;12;15;18\}|}{20} = 0{,}7$

$P(X \leq 70) = B_{100;\,0,7}(\{0;1;\ldots;70\}) = \text{subi}(100, .7, 0, 70) \approx 0{,}53766$

d) Zufallsgröße X: Anzahl der gefallenen Primzahlen bei 555 Würfen,

$X \sim B_{500;\,p}$ mit $p = \frac{|\{2;3;5;7;11;13;17;19\}|}{20} = 0{,}4$ $EX = 555 \cdot 0{,}4 = 222$

e) Zufallsgröße X: Anzahl der gefallenen geraden Augenzahlen bei 200 Würfen, $X \sim B_{200;\,p}$ mit $p = \frac{10}{20} = 0{,}5$

$P(X > 100) = 1 - P(X \leq 100) = 1 - B_{200;\,0,5}(\{0;1;\ldots;100\}) = \text{subi}(200, .5, 111, 200) \approx 0{,}47183$

GA 270

Zufallsgröße X: Anzahl der gewürfelten Dreien bei 50 Würfen; $X \sim B_{50;\,\frac{1}{3}}$

a) $P(X < 17) = B_{50;\,\frac{1}{3}}(\{0;1;\ldots;16\}) \approx 0{,}48679$

b) $EX = 50 \cdot \frac{1}{3} = 16{,}\overline{6}$

c) Es soll gelten: $P(7 < X < n) \geq 0{,}6$, d.h.

$P(X \leq n-1) - P(X \leq 7) = B_{50;\,\frac{1}{3}}(\{0;1;\ldots;n-1\}) - B_{50;\,\frac{1}{3}}(\{0;1;\ldots;7\}) \geq 0{,}6$

und damit näherungsweise $B_{50;\,\frac{1}{3}}(\{0;1;\ldots;n-1\}) \geq 0{,}60174$

Suchen in der Tabelle $B_{50;\,\frac{1}{3}}$ für verschiedene k: $B_{50;\,\frac{1}{3}}(\{0;1;\ldots;16\}) \approx 0{,}48679 < 0{,}60174$

$B_{50;\,\frac{1}{3}}(\{0;1;\ldots;17\}) \approx 0{,}60462 \geq 0{,}60174$

Also muss $n - 1 \geq 17$ und damit $n \geq 18$ sein.

Kontrolle: $\text{subi}(50, \frac{1}{3}, 8, 17) \approx 0{,}60$; $\text{subi}(50, \frac{1}{3}, 8, 16) \approx 0{,}49$

GA 271

Zufallsgröße X_{800}: zufällige Anzahl von „Zahl" bei n Würfen; $X \sim B_{n;\,0,5}$

a) $P(|X_{800} - 400| \geq 32) = 1 - P(|X_{800} - 400| \leq 31) = 1 - P(-31 \leq X_{800} - 400 \leq 31)$

$= 1 - P(369 \leq X_{800} \leq 431) = 1 - \text{subi}(800, 0.5, 369, 431) \approx 0{,}026$ (vgl. Abb. der Lösung von GA 221)

b) $P(|X_{200} - 100| \geq 8) = 1 - P(|X_{200} - 100| \leq 7) = 1 - P(-7 \leq X_{200} - 100 \leq 7) = 1 - P(93 \leq X \leq 107)$

$= 1 - B_{200;\,0,5}(\{0;1;\ldots;107\}) + B_{200;\,0,5}(\{0;1;\ldots;92\}) \approx 1 - 0{,}85559 + 0{,}14441 \approx 0{,}29$ (mit Tafelwerk)

$= 1 - \text{subi}(200, .5, 93, 107) \approx 0{,}29$ (vgl. Abb. der Lösung von GA 221)

GA 272

a) Baumdiagramm:

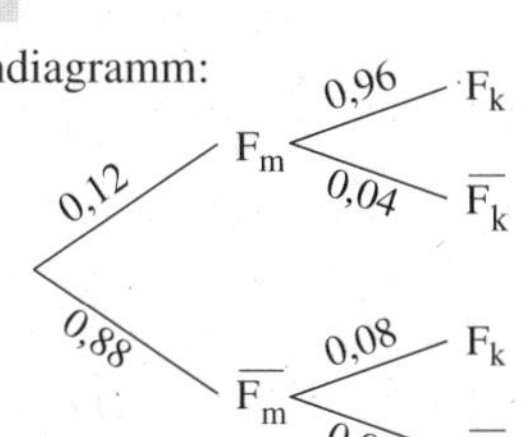

$p = 0{,}12 \cdot 0{,}04 + 0{,}88 \cdot 0{,}92 = 0{,}8144$

$p \approx 0{,}81$

F_m = {als Bauteil mit Fehler montiert}

F_k = {als fehlerhaftes Bauteil eingestuft}

b) Zufallsgröße X: zufällige Anzahl der fehlerhaft eingestuften Bauteile unter 135; $X \sim B_{135;\,0,1856}$
$EX = 135 \cdot 0{,}1856 = 25{,}056 \approx 25$

c) Zufallsgröße X: zufällige Anzahl der fehlerhaft eingestuften Bauteile unter 135
$X \sim B_{135;\,0,1856}$; $P(X \le 33) = \text{subi}(135, .1856, 0, 33) \approx 0{,}97$

GA 273

a) Das Spiel ist fair, wenn der zu erwartende Reingewinn des Spielers (und des Spielleiters) null beträgt.
Zufallsgröße X: zufällige Anzahl der Sechsen bei drei Würfen

$X \sim B_{3;\,p}$ mit $p = \frac{1}{6}$

$X = 0 \quad \Rightarrow \quad -1$ Euro

$P(X=0) = \binom{3}{0} \cdot \left(\frac{1}{6}\right)^0 \cdot \left(\frac{5}{6}\right)^3 = \frac{125}{216} \approx 0{,}578$

$X = 1 \quad \Rightarrow \quad +1$ Euro

$P(X=1) = \binom{3}{1} \cdot \left(\frac{1}{6}\right)^1 \cdot \left(\frac{5}{6}\right)^2 = \frac{25}{72} \approx 0{,}347$

$X = 2 \quad \Rightarrow \quad +2$ Euro

$P(X=2) = \binom{3}{2} \cdot \left(\frac{1}{6}\right)^2 \cdot \left(\frac{5}{6}\right)^1 = \frac{5}{72} \approx 0{,}069$

$X = 3 \quad \Rightarrow \quad +3$ Euro

$P(X=3) = \binom{3}{3} \cdot \left(\frac{1}{6}\right)^3 \cdot \left(\frac{5}{6}\right)^0 = \frac{1}{216} \approx 0{,}005$

Zufallsgröße G: zufälliger Reingewinn des Spielers

$$G \mathrel{\hat=} \begin{pmatrix} -1 & 1 & 2 & 3 \\ \frac{125}{216} & \frac{25}{72} & \frac{5}{72} & \frac{1}{216} \end{pmatrix}$$

Erwartungswert $EG = (-1) \cdot \frac{125}{216} + 1 \cdot \frac{25}{72} + 2 \cdot \frac{5}{72} + 3 \cdot \frac{1}{216} = -\frac{17}{216} \approx -0{,}0787 \neq 0$

Da der Erwartungswert EG ungleich null ist, ist das Spiel unfair. Da $EG < 0$ gilt, benachteiligt das Spiel den Spieler.

b) (Einige) Varianten zum Erreichen von Fairness

- Verringern des *Einsatzes* e:

$$G_e \mathrel{\hat=} \begin{pmatrix} -e & 1 & 2 & 3 \\ \frac{125}{216} & \frac{25}{72} & \frac{5}{72} & \frac{1}{216} \end{pmatrix}$$

$$0 = EG_e = (-e) \cdot \frac{125}{216} + 1 \cdot \frac{25}{72} + 2 \cdot \frac{5}{72} + 3 \cdot \frac{1}{216} \Rightarrow e = \frac{108}{125} \approx 0{,}864$$

- Erhöhen der *Gewinnquoten* z.B. für drei Sechsen $(3 + q)$ Euro statt 3 Euro:

$$G_q \mathrel{\hat=} \begin{pmatrix} -1 & 1 & 2 & 3+q \\ \frac{125}{216} & \frac{25}{72} & \frac{5}{72} & \frac{1}{216} \end{pmatrix}$$

$$0 = EG_q = (-1) \cdot \frac{125}{216} + 1 \cdot \frac{25}{72} + 2 \cdot \frac{5}{72} + (3+q) \cdot \frac{1}{216} \Rightarrow q = 17$$

- Erhöhen der *Gewinnquoten* z.B. durch Vergabe von Trostpreisen in Höhe von t Euro nach verlorenem Einsatz:

$$G_t \mathrel{\hat=} \begin{pmatrix} -1+t & 1 & 2 & 3 \\ \frac{125}{216} & \frac{25}{72} & \frac{5}{72} & \frac{1}{216} \end{pmatrix}$$

$$0 = EG_t = (-1+t) \cdot \frac{125}{216} + 1 \cdot \frac{25}{72} + 2 \cdot \frac{5}{72} + 3 \cdot \frac{1}{216} \Rightarrow t = \frac{17}{125} = 0{,}136$$

- Erhöhen der *Gewinnquoten* z.B. mit Gewinn von p Euro, 2p Euro, 3p Euro statt 1 Euro, 2 Euro, 3 Euro:

$$G_p \mathrel{\hat=} \begin{pmatrix} -1 & p & 2p & 3p \\ \frac{125}{216} & \frac{25}{72} & \frac{5}{72} & \frac{1}{216} \end{pmatrix}$$

$$0 = EG_p = (-1) \cdot \frac{125}{216} + p \cdot \frac{25}{72} + 2p \cdot \frac{5}{72} + 3p \cdot \frac{1}{216} = -\frac{125}{216} + \frac{1}{2}p \Rightarrow p = \frac{125}{108} \approx 1{,}16$$

- Ändern des *Gewinnplanes* z.B. durch zusätzliche Vergabe eines Extragewinns in Höhe von z Euro nach verlorenem Einsatz:

$$G_z \mathrel{\hat=} \begin{pmatrix} -1 & -1+z & 1 & 2 & 3 \\ \frac{125}{216} - \frac{1}{216} = \frac{124}{216} & \left(\frac{1}{6}\right)^3 = \frac{1}{216} & \frac{25}{72} & \frac{5}{72} & \frac{1}{216} \end{pmatrix}$$

$$0 = EG_z = (-1) \cdot \frac{124}{216} + (-1+z) \cdot \frac{1}{216} + 1 \cdot \frac{25}{72} + 2 \cdot \frac{5}{72} + 3 \cdot \frac{1}{216} \Rightarrow z = 17$$

GA 274

a) X: zufällige Anzahl der Kunden unter den vier anwesenden, die eine Dänemark-Reise buchen;
X sei binomialverteilt mit n = 4 und p = 0,25.
$P(X = 0) = 0{,}75^4 \approx 0{,}32$; $P(X = 1) = \binom{4}{1} \cdot 0{,}25^1 \cdot 0{,}75^3 \approx 0{,}42$; $P(X \geq 2) = 1 - P(X < 2) \approx 1 - 0{,}32 - 0{,}42 = 0{,}26$

b) X: zufällige Anzahl der Buchungen für Dänemark unter den 200;
X sei binomialverteilt mit n = 200 und p = 0,25.
$P(X = 50) = \binom{200}{50} \cdot 0{,}25^{60} \cdot 0{,}75^{140} = B_{200;\,0,25}(\{50\})$[1] $= \text{bi}(200, .25, 50) \approx 0{,}065$ (vgl. Abb. der Lösung von GA 221)

c) X: zufällige Anzahl der Buchungen nach Dänemark unter n Buchungen;
X sei binomialverteilt mit n und p = 0,25.
P({*mindestens* eine Buchung nach Dänemark unter n Buchungen})
$= P(X \geq 1) = 1 - P(X = 0) = 1 - 0{,}75^n$. Gesucht ist n, so dass $1 - 0{,}75^n > 0{,}95 \Rightarrow n > 8{,}39$
Es müssen mindestens 9 Buchungen vorgenommen werden.

d) X: zufällige Anzahl der Passagiere, die am Tag der Überfahrt Geburtstag haben, unter 1000;
X sei binomialverteilt mit $p = \frac{1}{365}$, n = 1000
$P(X = 0) = (\frac{364}{365})^{1000} \approx 0{,}0643$; $0{,}0643 \cdot 360$ Tage ≈ 23 Tage.
$P(X = 1) = \binom{1000}{100} \cdot \frac{1}{365} \cdot (\frac{364}{365})^{999} \approx 0{,}17677$; 65 Tage
$P(X = 2) \approx 0{,}2425$; 89 Tage
$P(X = 3) \approx 0{,}22169$; 81 Tage
$P(X = 4) \approx 0{,}1518$; 55 Tage
$P(X = 5) \approx 0{,}083076$; 30 Tage
$P(X > 5) = 1 - P(X = 0) - P(X = 1) \ldots - P(X = 5) = 0{,}059856$; 22 Tage

e)

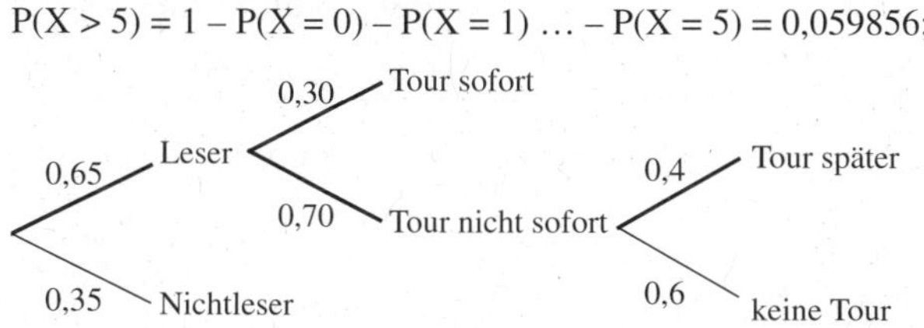

P({Tour buchen}) = $0{,}65 \cdot 0{,}30 + 0{,}65 \cdot 0{,}70 \cdot 0{,}4 = 0{,}377$
$0{,}377 \cdot 1000 = 377$
Mit 377 Teilnehmern kann das Busunternehmen rechnen.

f) X: zufällige Anzahl der Regentage im Urlaub, mit 30 Tagen;
X sei binomialverteilt mit $n = 30$, $p = \frac{2}{30} = \frac{1}{15}$
$P(X = 5) = \binom{30}{5} \cdot (\frac{1}{15})^5 \cdot (\frac{14}{15})^{25} \approx 0{,}0334$
Sollte die Aussage stimmen, würden im Juni fünf Regentage mit einer Wahrscheinlichkeit von 0,0334, also recht „unwahrscheinlich" eintreten.
Da Frau Müller bereits zweimal die fünf Regentage erlebt hat, sind ihre Zweifel an der Glaubwürdigkeit des Plakates berechtigt:
bi(2, .0334, 2) ≈ 0,001; bi(6, .0334, 2) ≈ 0,015.

GA 275

a) $P(X_{13} = 4) = \binom{13}{4} \cdot 0{,}37^4 \cdot 0{,}63^9 \approx 0{,}209$

b) $P(X_{100} \leq 20) = B_{100;\,0,2}(\{0; \ldots; 20\}) \approx 0{,}559$

c) $P(|X_{100} - 20| \leq 8)$ $\qquad EX_{100} = 100 \cdot 0{,}2 = 20$
$= P(12 \leq X_{100} \leq 28)$ $\qquad 2\sigma = 2 \cdot \sqrt{100 \cdot 0{,}2 \cdot 0{,}8} = 8$
$= B_{100;\,0,2}(\{0; \ldots; 28\}) - B_{100;\,0,2}(\{0; 1; \ldots; 11\}) \approx 0{,}967$

e) $P(X_n \geq 1) = 1 - P(X_n = 0) \geq 0{,}80$

$$0{,}20 \geq \binom{n}{0} \cdot 0{,}2^0 \cdot 0{,}8^n$$
$$0{,}20 \geq 0{,}80^n$$
$$\ln 0{,}20 \geq n \cdot \ln 0{,}80$$
$$\frac{\ln 0{,}20}{\ln 0{,}80} \leq n$$
$$7{,}21\ldots \leq n$$
$$8 \leq n$$

[1] Der Wert kann mit dem Tafelwerk ermittelt werden.

GA 276

Modellannahme: Die genannten Tetraeder sind L-Tetraeder, deren Seitenflächen jeweils mit den Augenzahlen 1 bis 4 durchnummeriert sind. Die Würfe erfolgen unabhängig voneinander.

Zufallsgröße X: zufällige Anzahl der geworfenen Vieren bei sechs Würfen mit genau einem Tetraeder

$X \sim B_{6;\frac{1}{4}}$

$P(\{\text{bei sechs Würfen mit einem Tetraeder mindestens eine Vier}\}) = P(X \geq 1) = 1 - P(X = 0)$

$= 1 - \binom{6}{0} \cdot \left(\frac{1}{4}\right)^0 \cdot \left(\frac{3}{4}\right)^6 \approx 0{,}822$

Zufallsgröße Y: zufällige Anzahl der geworfenen Doppelvieren bei 24 Würfen mir zwei Tetraedern

$Y \sim B_{24;\frac{1}{16}}$

$P(\{\text{bei 24 Würfen mit zwei Tetraedern mindestens eine Doppelvier zu werfen}\})$

$= P(Y \geq 1) = 1 - P(Y = 0) = 1 - \binom{24}{0} \cdot \left(\frac{1}{16}\right)^0 \cdot \left(\frac{15}{16}\right)^{24} \approx 0{,}788$

Die Wahrscheinlichkeit, bei sechs Würfen mit einem Tetraeder mindestens eine Vier zu werfen, ist also (wenn auch geringfügig) größer als die Wahrscheinlichkeit, bei 24 Würfen mit zwei Tetraedern mindestens eine Doppelvier zu werfen. Dies bestätigt die Beobachtung, die „Klein-MÉRÉ" als Spieler gemacht hat.

Die Verhältnisgleichheit $\frac{6}{4} = \frac{24}{16}$ kann auch $6 \cdot \frac{1}{4} = 24 \cdot \frac{1}{16}$ geschrieben werden und entspricht damit der Gleichheit der Erwartungswerte $EX = EY = 1{,}5$. X und Y haben denselben Erwartungswert, aber die Y-Werte streuen stärker als die X-Werte:

$DX = \sqrt{6 \cdot \frac{1}{4} \cdot \frac{3}{4}} = 1{,}06\ldots < 1{,}18\ldots = \sqrt{24 \cdot \frac{1}{16} \cdot \frac{15}{16}} = DY$

GA 277

a) $EX = 1 \cdot p + 0 \cdot (1 - p) = p$

b) $D^2X = 1^2 \cdot p + 0^2 \cdot (1 - p) - p^2 = p - p^2 = p \cdot (1 - p)$ (nach Satz G 10) w. z. b. w.

oder

$D^2X = (1 - p)^2 \cdot p + (0 - p)^2 \cdot (1 - p) = p \cdot (1 - p)$ (nach Definition G 16) w. z. b. w.

oder

$D^2X = 1 \cdot p \cdot (1 - p) = p \cdot (1 - p)$ (nach Satz G 13) w. z. b. w.

c) $D^2X = p - p^2 = f(p)$

$f'(p) = 1 - 2p = 0 \Rightarrow p = 0{,}5$ (*)

$f''(p) = -2 \Rightarrow f''(0{,}5) = -2 < 0$

$\Rightarrow$ $p = 0{,}5$ ist die lokale Maximumstelle des Graphen von f, d.h. einer (an der x-Achse gespiegelten und damit) nach unten geöffneten und verschobenen Normalparabel. $p = 0{,}5$ ist folglich gleichzeitig globale Maximumstelle. (Diese Scheitelpunktsbetrachtung folgt auch direkt aus (*) ohne die f''-Betrachtung.)

Hinweis: GA 277c entspricht GA 207b, es sind daher alle auch dort genannten Lösungswege möglich.

G 5.5 Simulation von BERNOULLI-Ketten mit dem Taschenrechner

GA 278

a)

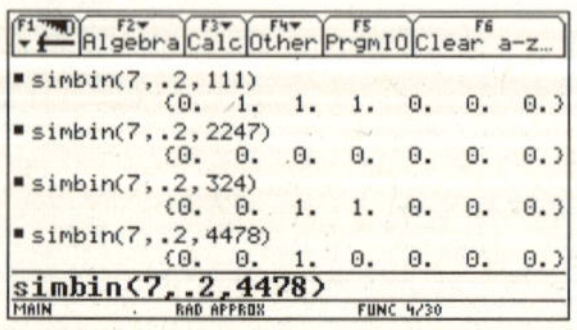

b)

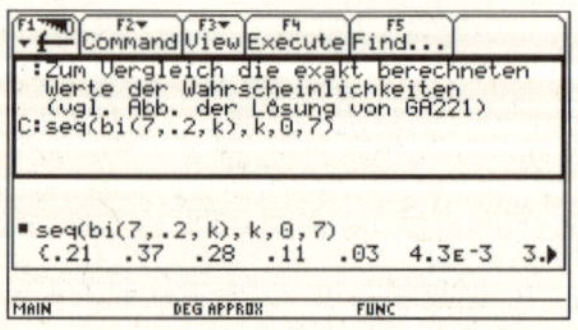

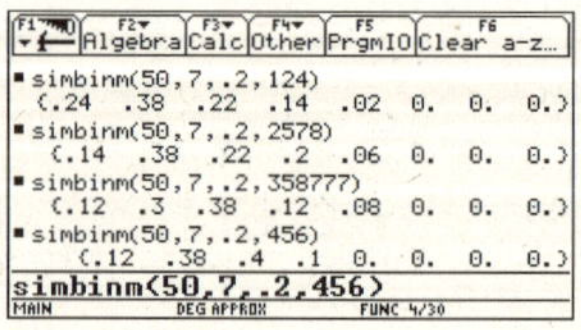

GA 279

Ereignis: A = {Besucher 1 ist durch die Erfurter Sonntagspresse aufmerksam geworden}

Ereignis: B = {Besucher 2 ist durch die Erfurter Sonntagspresse aufmerksam geworden}

interessierendes Ereignis: $C = A \cap B$

a) Anwenden bedingter Wahrscheinlichkeiten (allgemeiner Produktsatz)

$P(A \cap B) = P(A) \cdot P_A(B)$ mit $P(A) = \frac{361}{999}$ und $P_A(B) = \frac{360}{998}$

$P(A \cap B) \approx 0{,}130$

b) Anwenden eines Baumdiagramms (Pfadregel)

Baumdiagramm:

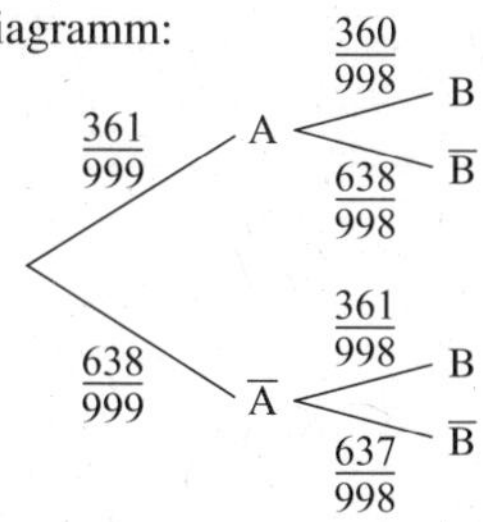

$P(A \cap B) = \frac{361}{999} \cdot \frac{360}{998} \approx 0{,}130$

c) Anwenden eines Urnenmodells und Ziehen *ohne* Zurücklegen

Aus einer Urne mit genau 999 Kugeln, und zwar 361 grünen und 638 weißen, werden ohne Zurücklegen genau zwei Kugeln entnommen.

Zufallsgröße X: zufällige Anzahl der grünen Kugeln unter den zwei entnommenen Kugeln
X ist hypergeometrisch verteilt:

$$P(X = k) = \frac{\binom{361}{k} \cdot \binom{638}{2-k}}{\binom{999}{2}} \quad \text{für } k \in \{0; 1; 2\}$$

$P(A \cap B) = P(\{\text{es werden zwei grüne Kugeln entnommen}\})$

$$= \frac{\binom{361}{2} \cdot \binom{638}{0}}{\binom{999}{2}} = \frac{361 \cdot 360}{1 \cdot 2} : \frac{999 \cdot 998}{1 \cdot 2} = \frac{361}{999} \cdot \frac{360}{998} \approx 0{,}130$$

d) Anwenden eines Urnenmodells und Ziehen *mit* Zurücklegen

Aus einer Urne mit genau 999 Kugeln, und zwar 361 grünen und 638 weißen, werden mit Zurücklegen genau zwei Kugeln entnommen.

Zufallsgröße X: zufällige Anzahl der grünen Kugeln unter den zwei entnommenen Kugeln
X ist binomialverteilt

$$P(X = k) = \binom{2}{k} \cdot \left(\frac{361}{999}\right)^k \cdot \left(\frac{638}{999}\right)^{2-k} \quad \text{für } k \in \{0; 1; 2\}$$

Da sich das Kugelverhältnis in der Urne durch das Zurücklegen der zuerst gezogenen Kugel nur unwesentlich verändert, ergibt sich mit $P(X = 2)$ ein guter Näherungswert für $P(A \cap B)$:

$$P(A \cap B) \approx P(X = 2) = \binom{2}{2} \cdot \left(\frac{361}{999}\right)^2 \cdot \left(\frac{638}{999}\right)^0 = \frac{361}{999} \cdot \frac{361}{999} \approx 0{,}131$$

e) Anwenden einer Computersimulation

Die Auswahl der Interviewpartner kann entsprechend der Lösungsvariante d) mit einem Urnenmodell mit Zurücklegen simuliert werden. Verwendet wird die im Lehrbuch S. 331 definierte simbinm-Funktion.

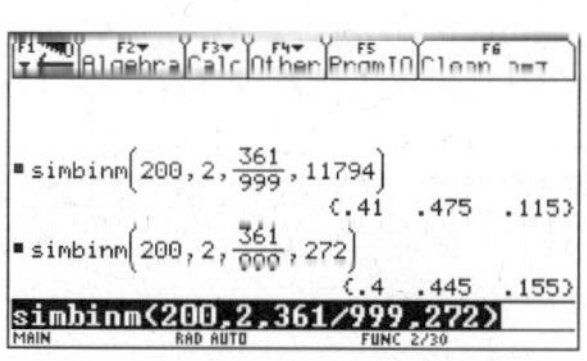

GA 280

a) $B_{100;\,0,1}(\{0; 1; \ldots ; 8\}) \approx 0{,}32$ (Tafelwerk)
oder
$B_{100;\,0,1}(\{0; 1; \ldots; 8\}) = \text{subi}(100, .1, 0, 8) \approx 0{,}32$ (vgl. Abb. der Lösung von GA 21)

b) Verwandt werden kann die im Lehrbuch S. 331 definierte simbinm-Funktion.

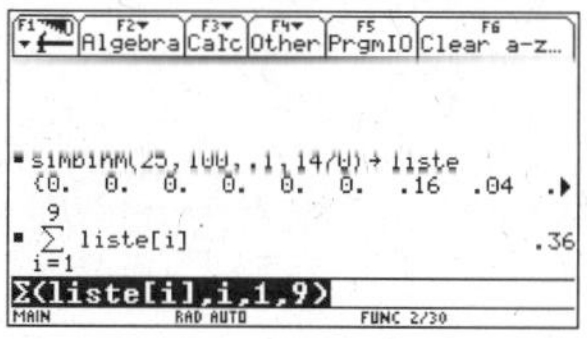

G 5.6 Grenzwertsatz von DE MOIVRE-LAPLACE zur Binomialverteilung

GA 281

a) $X \sim B_{450;\,0,23}$ $\quad EX = 450 \cdot 0{,}23 = 103{,}5$ $\quad D^2X = 450 \cdot 0{,}23 \cdot 0{,}77 = 79{,}695 > 9$

$$P(X = 100) = B_{450;\,0,23}(\{100\}) \approx \frac{1}{\sqrt{79{,}695}} \cdot \varphi\left(\frac{100 - 103{,}5}{\sqrt{79{,}695}}\right) \approx \frac{1}{\sqrt{79{,}695}} \cdot \varphi(-0{,}39) = \frac{1}{\sqrt{79{,}695}} \cdot \varphi(0{,}39) \approx 0{,}041$$

$$P(X < 110) = B_{450;\,0,23}(\{0; 1; \ldots ; 109\}) \approx \Phi\left(\frac{109{,}5 - 103{,}5}{\sqrt{79{,}695}}\right) \approx \Phi(0{,}67) \approx 0{,}75$$

$P(X \le 80) \quad = B_{450;\,0,23}(\{0;\,1;\,\dots\,;\,80\}) \approx \Phi(\frac{80,5 - 103,5}{\sqrt{79,695}}) \approx \Phi(-2,58) = 1 - \Phi(2,58) \approx 0,0049$

$P(X \le 95) \quad = B_{450;\,0,23}(\{0;\,1;\,\dots\,;\,95\}) \approx \Phi(\frac{95,5 - 103,5}{\sqrt{79,695}}) \approx \Phi(-0,90) = 1 - \Phi(0,90) \approx 0,18$

$P(X \ge 110) = 1 - B_{450;\,0,23}(\{0;\,1;\,\dots\,;\,109\}) \approx 1 - \Phi(\frac{109,5 - 103,5}{\sqrt{79,695}}) \approx 1 - \Phi(0,67) \approx 0,25$

oder

$P(X \ge 110) = 1 - P(X < 110) \approx 1 - 0,75 = 0,25$

$P(90 < X < 120) = B_{450;\,0,23}(\{0;\,1;\,\dots\,;\,119\}) - B_{450;\,0,23}(\{0;\,1;\,\dots\,;\,90\}) \approx \Phi(\frac{119,5 - 103,5}{\sqrt{79,695}}) - \Phi(\frac{90,5 - 103,5}{\sqrt{79,695}})$

$\approx \Phi(1,79) - \Phi(-1,46) \approx \Phi(1,79) - 1 + \Phi(1,46) \approx 0,89$

Zum Vergleich die mittels der Funktionen bi und subi berechneten Werte:

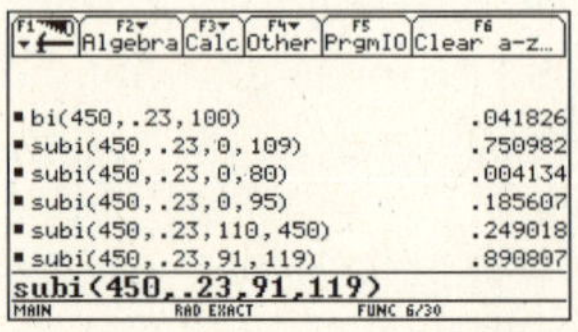

[1]

(vgl. Abb. der Lösung von GA 221)

b) $X \sim B_{350;0,12}$ mit $n \cdot p \cdot q = 350 \cdot 0,12 \cdot 0,88 = 36,96 > 9$, d.h., die Näherung von DE MOIVRE-LAPLACE ist anwendbar, wobei

$\mu = EX = n \cdot p = 42$ und $\sigma = DX = \sqrt{n \cdot p \cdot q} \approx 6,08$

$P(X \le 50) \approx \Phi(\frac{50 + 0,5 - 42}{6,08}) \approx \Phi(1,40) \approx 0,92$

$P(X \le 30) \approx \Phi(\frac{30 + 0,5 - 42}{6,08}) \approx \Phi(-1,89) = 1 - \Phi(1,89) \approx 1 - 0,97062 \approx 0,029$

$P(X > 45) = 1 - P(X \le 45) \approx 1 - \Phi(\frac{45 + 0,5 - 42}{6,08}) \approx 1 - \Phi(0,58) \approx 0,28$

$P(40 < X < 70) = P(X \le 69) - P(X \le 40) \approx \Phi(\frac{69 + 0,5 - 42}{6,08}) - \Phi(\frac{40 + 0,5 - 42}{6,08})$

$\approx \Phi(4,52) - \Phi(-0,25) = \Phi(4,52) - (1 - \Phi(0,25)) = \Phi(4,52) + \Phi(0,25) - 1 \approx 1,0000 + 0,5987 - 1 \approx 0,60$

Zum Vergleich die mittels der Funktionen bi und subi berechneten Werte:

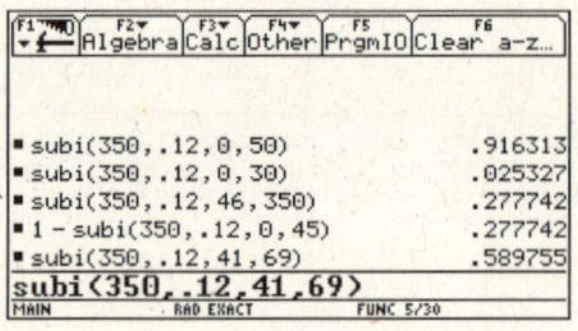

[1]

(vgl. Abb. der Lösung von GA 221)

GA 282

Zufallsgröße X: zufällige Anzahl der keimenden Körner unter den 500 ausgesäten; $X \sim B_{500;\,0,85}$

Erwartungswert: $EX = \mu = 500 \cdot 0,85 = 425$

Streuung: $D^2X = \sigma^2 = 500 \cdot 0,85 \cdot 0,15 = 63,75$

Die Faustregel $n \cdot p \cdot (1 - p) > 9$ ist also erfüllt.

a) $P(A) \;= P(X \le 430) \approx \Phi(\frac{430,5 - 425}{\sqrt{63,75}}) \approx \Phi(0,69) \approx 0,75$

$P(B) \;= P(X \ge 420) = 1 - P(X < 420) = 1 - P(X \le 419) \approx 1 - \Phi(\frac{419,5 - 425}{\sqrt{63,75}}) \approx 1 - \Phi(-0,69)$
$= 1 - (1 - \Phi(0,69)) = \Phi(0,69) \approx 0,75$

$P(C) \;= P(410 \le X \le 440) = P(X \le 440) - P(X \le 409) \approx \Phi(\frac{440,5 - 425}{\sqrt{63,75}}) - \Phi(\frac{409,5 - 425}{\sqrt{63,75}})$

$\approx \Phi(1,94) - \Phi(-1,94) = \Phi(1,94) - (1 - \Phi(1,94)) = 2 \cdot \Phi(1,94) - 1 \approx 0,95$

$P(D) \;= P(X > EX) = P(X > 425) = 1 - P(X \le 425) \approx 1 - \Phi(\frac{425,5 - 425}{\sqrt{63,75}}) \approx 1 - \Phi(0,06) \approx 0,48$

Die errechneten Wahrscheinlichkeiten können mit den Werten verglichen werden, die mit der subi-Funktion gewonnen werden (vgl. Abb. der Lösung von GA 221).

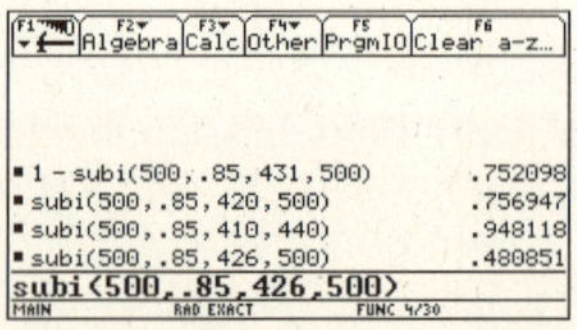

[1] Bei der vorletzten Aufgabe in a) und in b) könnte das Problem „Rechenzeitersparnis“ durch „intelligente Lösungswege“ auch für Computer thematisiert werden. Im Aufgabenteil b) sind daher beide Lösungswege abgebildet.

b) $P(EX - a \le X \le EX + a) = P(425 - a \le X \le 425 + a) = P(X \le 425 + a) - P(X \le 424 - a)$

$\approx \Phi(\frac{425,5 + a - 425}{\sqrt{63,75}}) - \Phi(\frac{425,5 - a - 425}{\sqrt{63,75}}) = \Phi(\frac{0,5 + a}{\sqrt{63,75}}) - \Phi(\frac{-0,5 - a}{\sqrt{63,75}})$

$= \Phi(\frac{0,5 + a}{\sqrt{63,75}}) - \Phi(-\frac{0,5 + a}{\sqrt{63,75}}) = \Phi(\frac{0,5 + a}{\sqrt{63,75}}) - (1 - \Phi(\frac{0,5 + a}{\sqrt{63,75}})) = 2 \cdot \Phi(\frac{0,5 + a}{\sqrt{63,75}}) - 1 \ge 0,99$

$\Phi(\frac{0,5 + a}{\sqrt{63,75}}) \ge 0,995$

$\frac{0,5 + a}{\sqrt{63,75}} \ge 2,58$

$a > 20,0996$

$\Rightarrow a \ge 21$

GA 283

a) $P(103,5 - 5 \le X \le 103,5 + 5) = P(99 \le X \le 108) = P(X \le 108) - P(X \le 98)$

$\approx \Phi \frac{108,5 - 103,5}{\sqrt{79,695}} - \Phi \frac{98,5 - 103,5}{\sqrt{79,695}} \approx \Phi(56) - \Phi(-56) = 2 \cdot \Phi(56) - 1 \approx 2 \cdot 0,7123 - 1 \approx 0,42$

oder

subi(450, .23, 0, 108) – subi(450, .23, 0, 98) = subi(450, .23, 99, 108) ≈ 0,42 (vgl. Abb. der Lösung von GA 221)

$P(103,5 - a \le X \le 103,5 + a) = P(X \le 103,5 + a) - P(X \le 102,5 - a)$

$\approx \Phi(\frac{103,5 + a + 0,5 - 103,5}{\sqrt{79,695}}) - \Phi(\frac{102,5 - a + 0,5 - 103,5}{\sqrt{79,695}}) = \Phi(\frac{a + 0,5}{\sqrt{79,695}}) - \Phi(\frac{-a + 0,5}{\sqrt{79,695}})$

$\Phi(\frac{a + 0,5}{\sqrt{79,695}}) - (1 - \Phi(\frac{a + 0,5}{\sqrt{79,695}})) = 2 \cdot \Phi(\frac{a + 0,5}{\sqrt{79,695}}) - 1$

Gesucht ist a so, dass $2 \cdot \Phi(\frac{a + 0,5}{\sqrt{79,695}}) - 1 \ge 0,95$

$\Phi(\frac{a + 0,5}{\sqrt{79,695}}) \ge 0,975$

$\frac{a + 0,5}{\sqrt{79,695}} \ge 1,96$

$a \ge 16,9\ldots$ und $a \in \mathbb{N}$

$a \ge 17$

b) $P(42 - 5 \le X \le 42 + 5) = P(37 \le X \le 47) = P(X \le 47) - P(X \le 36) =$ subi(350, .12, 37, 47) (vgl. Abb. der Lösung von GA 221)

$\approx \Phi(\frac{47 + 0,5 - 42}{6,08}) - \Phi(\frac{36 + 0,5 - 42}{6,08}) \approx \Phi(0,90) - \Phi(-0,90) = \Phi(0,90) - (1 - \Phi(0,90)) = 2 \cdot \Phi(0,90) - 1 \approx 2 \cdot 0,8159 - 1 \approx 0,63$

$P(42 - a \le X \le 42 + a) = P(X \le 42 + a) - P(X \le 42 - a - 1) = P(X \le 42 + a) - P(X \le 41 - a)$

$\approx \Phi(\frac{42 + a + 0,5 - 42}{6,08}) - \Phi(\frac{41 - a + 0,5 - 42}{6,08}) = \Phi(\frac{a + 0,5}{6,08}) - \Phi(\frac{-a - 0,5}{6,08})$

$= \Phi(\frac{a + 0,5}{6,08}) - \Phi(-\frac{a + 0,5}{6,08}) = \Phi(\frac{a + 0,5}{6,08}) - (1 - \Phi(\frac{a + 0,5}{6,08})) = 2 \cdot \Phi(\frac{a + 0,5}{6,08}) - 1$

Gesucht ist a so, dass $2 \cdot \Phi(\frac{a + 0,5}{6,08}) - 1 \ge 0,95$ und $a \in \mathbb{N}$

$\Phi(\frac{a + 0,5}{6,08}) \ge 0,975$; $\frac{a + 0,5}{6,08} \ge 1,96$

$a \ge 1,96 \cdot 6,08 - 0,5$; $a \ge 12$

GA 284

I: 85 % / 170 Ehrenplätze

a) X sei die zufällige Anzahl der belegten Ehrenplätze mit $X \sim B_{200;\,0,85}$. Da $n \cdot p \cdot q = 200 \cdot 0,85 \cdot 0,15 = 25,5 > 9$ gilt, ist die DE MOIVRE-LAPLACE-Näherung anwendbar, wobei $\mu = n \cdot p = 200 \cdot 0,85 = 170$ und $\sigma = \sqrt{n \cdot p \cdot q} \approx 5,05$.

$P(X = 170) \approx \frac{1}{5,05} \cdot \varphi(\frac{170 - 170}{5,05}) = \frac{1}{5,05} \cdot \varphi(0) \approx \frac{1}{5,05} \cdot 0,39894 \approx 0,079$

b) X sei die zufällige Anzahl der belegten Ehrenplätze mit $X \sim B_{200;\,0,85}$ (vgl. Aufgabenteil a)).

$P(X \le n) \ge 0,975$; $\Phi(\frac{n + 0,5 - 170}{5,05}) \ge 0,975$ (näherungsweise) $\Rightarrow$ $\frac{n - 169,5}{5,05} \ge 1,96$, also $n > 179,3$ bzw. $n \ge 180$.

Kontrolle: subi(200, .85, 0, 180)[1)] ≈ 0,9851 (vgl. Abb. der Lösung von GA 221) subi(200, .85, 0, 179)[1)] ≈ 0,9745

II: 80 % / 160 Ehrenplätze

a) X sei die zufällige Anzahl der belegten Ehrenplätze mit $X \sim B_{200;\,0,8}$. Da $n \cdot p \cdot q \ge 200 \cdot 0,8 \cdot 0,2 = 32 > 9$ gilt, ist die DE MOIVRE-LAPLACE-Näherung anwendbar, wobei $\mu = n \cdot p = 200 \cdot 0,8 = 160$ und $\sigma = \sqrt{n \cdot p \cdot q} \approx 5,66$.

$P(X = 160) \approx \frac{1}{5,66} \cdot \varphi(\frac{170 - 160}{5,66}) = \frac{1}{5,66} \cdot \varphi(0) \approx \frac{1}{5,66} \cdot 0,39894 \approx 0,07$

1) Der Fußnote von S. 326 entsprechend wäre hier günstiger mit 1 – subi(200, p, k + 1, 200) statt mit subi(200, p, 0, k) zu arbeiten.

b) X sei die zufällige Anzahl der belegten Ehrenplätze mit $X \sim B_{200;\,0,8}$ (vgl. Aufgabenteil a)).

$P(X \le n) \ge 0{,}975$; $\Phi(\frac{n+0{,}5-160}{5{,}66}) \ge 0{,}975$ (näherungsweise) $\Rightarrow$ $\frac{n-159{,}5}{5{,}66} \ge 1{,}96$, also $n > 170{,}6$ bzw. $n \ge 171$.

Kontrolle: subi(200, .8, 0, 171)[1)] ≈ 0,9821 (vgl. Abb. der Lösung von GA 221) subi(200, .8, 0, 170)[1)] ≈ 0,9717

GA 285

a) Zufallsgröße X_{20}: zufällige Anzahl der fehlerfreien Getriebe unter 20; $X_{20} \sim B_{20;\,0,80}$

	fehlerhafte Wellen (FW)	$\overline{FW}$	
fehlerhafte Zahnräder (FZ)	$0{,}0\overline{1}$	$0{,}0\overline{8}$	0,10
$\overline{FZ}$	0,10	0,80	0,90
	$0{,}0\overline{1}$	$p = 0{,}\overline{8}$	

wegen der Unabhängigkeit der Fehler
$p \cdot 0{,}90 = 0{,}80$
$p = \frac{8}{9} = 0{,}\overline{8}$

$P(X_{20} \ge 15) = 1 - P(X_{20} \le 14) = 1 - B_{20;\,0,80}(\{0;\,1;\,\ldots\,;\,14\}) \approx 0{,}80$
$= \text{subi}(20, .8, 15, 20) \approx 0{,}80$

b) $q = 0{,}10 + 0{,}0\overline{8} = 0{,}1\overline{8} \approx 0{,}19$

c) Zufallsgröße Y_{1000}: zufällige Anzahl der fehlerhaften Getriebe unter 1000
$Y_{1000} \sim B_{1000;\,0,20}$ mit $EY_{1000} = 1000 \cdot 0{,}20 = 200$
$D^2Y_{1000} = 1000 \cdot 0{,}20 \cdot 0{,}80 = 160 > 9$

$P(Y_{1000} \le 190) = B_{1000;\,0,20}(\{0;\,1;\,\ldots\,;\,190\}) \approx \Phi(\frac{190{,}5-200}{\sqrt{160}}) \approx \Phi(-0{,}75) = 1 - \Phi(0{,}75) \approx 0{,}23$ (0,2266)
$= B_{1000;\,0,20}(\{0;\,1;\,\ldots;\,190\}) \approx 0{,}23$ (0,2274) (mit Tafelwerk)
$= \text{subi}(1000, .2, 0, 190) \approx 0{,}23$ (0,2274) (vgl. Abb. der Lösung von GA 221)

GA 286

Zufallsgröße X_n: zufällige Anzahl der Computerabstürze, die auf reine Bedienungsfehler zurückzuführen sind unter n Abstürzen
$X_n \sim B_{n;\,0,65}$

a) P({spätestens der dritte Computerabsturz ...}) = P({unter den ersten drei Computerabstürzen ist mindestens einer ...})
$= P(X_3 \ge 1) = 1 - P(X_3 = 0) = 1 - \binom{3}{0} \cdot 0{,}65^0 \cdot 0{,}35^3 = 1 - 0{,}35^3 \approx 0{,}96$
$= \text{subi}(3, .95, 1, 3)$ (vgl. Abb. der Lösung von GA 221)
($D^2X_3 = 3 \cdot 0{,}65 \cdot 0{,}35 < 9 \Rightarrow$ Näherung nach DE MOIVRE-LAPLACE nicht anwendbar)

b) P({frühestens der dritte Computerabsturz ...}) = P({unter den ersten beiden Computerabstürzen ist keiner ...})
$= P(X_2 = 0) = \binom{2}{0} \cdot 0{,}65^0 \cdot 0{,}35^2 = 0{,}35^2 \approx 0{,}12$
$= \text{bi}(2, .65, 0)$
($D^2X_2 < 9 \Rightarrow$ Näherung nach DE MOIVRE-LAPLACE nicht anwendbar)

c) P({bei den nächsten vier Computerabstürzen der dritte und nur dieser...})
= P({unter den nächsten beiden Computerabstürzen ist keiner ... und der dritte ist ... und der vierte ist nicht ...})
= P({unter den nächsten beiden Computerabstürzen ist keiner ...}) · P({der dritte Computerabsturz ist ...}) · P({der vierte Computerabsturz ist nicht ...})
$= P(X_2 = 0) \cdot P(X_1 = 1) \cdot P(X_1 = 0) = 0{,}35 \cdot 0{,}35 \cdot 0{,}65 \cdot 0{,}35 \approx 0{,}028$

d) $X_{135} \sim B_{135;\,0,65}$
$EX_{135} = 135 \cdot 0{,}65 = 87{,}75$; $D^2X_{135} = 135 \cdot 0{,}65 \cdot 0{,}35 \approx 30{,}7125 > 9$
P({unter den nächsten 135 Computerabstürzen sind mindestens 85 ...})
$= P(X_{135} \ge 85) = 1 - P(X_{135} \le 84) = 1 - B_{135;\,0,65}(\{0;\,\ldots\,;\,84\}) \approx 1 - \Phi(\frac{84{,}5-87{,}75}{\sqrt{30{,}7125}})$
$\approx 1 - \Phi(-0{,}59) = 1 - (1 - \Phi(0{,}59)) = \Phi(0{,}59) \approx 0{,}72$
$= \text{subi}(135, .65, 85, 135)$

GA 287 Zufallsgröße X_n: zufällige Anzahl der fehlerhaften Würfel unter n Würfeln; $X_n \sim B_{n;\,0,05}$

a) $P(X_{20} = 0) = \binom{20}{0} \cdot 0{,}05^0 \cdot 0{,}95^{20} \approx 0{,}358$

b) $P(X_{20} \le 1) = \binom{20}{0} \cdot 0{,}05^0 \cdot 0{,}95^{20} + \binom{20}{1} \cdot 0{,}05^1 \cdot 0{,}95^{19} = B_{20;\,0,05}(\{0;\,1\}) \approx 0{,}736$

Zufallsgröße Y_n: zufällige Anzahl der Schachteln mit fehlerhaften Würfeln unter n Schachteln
$Y_{100} \sim B_{100;\,p}$ mit $p = P(X_{20} \ge 1) = 1 - P(X_{20} = 0) \approx 0{,}642$
$EY_{100} \approx 100 \cdot 0{,}642 = 64{,}2$; $D^2Y_{100} \approx 100 \cdot 0{,}642 \cdot 0{,}358 \approx 23{,}0 > 9$

c) $P(Y_{100} > 70) = 1 - P(Y_{100} \leq 70) \approx 1 - B_{100;\,0{,}642}(\{0;\,1;\,\ldots;\,70\}) \approx 1 - \Phi(\frac{70{,}5 - 64{,}2}{\sqrt{23{,}0}})$
$\approx 1 - \Phi(1{,}31) \approx 0{,}095$ oder
$=$ subi(100, .642, 71, 100) $\approx 0{,}093$ (vgl. Abb. der Lösung von GA 221)

d) $P(Y_{100} \geq 64{,}2 + 2) = P(Y_{100} \geq 67) = 1 - B_{100;\,0{,}642}(\{0;\,1;\,\ldots;\,66\}) \approx 1 - \Phi(\frac{66{,}5 - 64{,}2}{\sqrt{23{,}0}})$
$\approx 1 - \Phi(0{,}48) \approx 0{,}32$ oder
$=$ subi(100, .642, 67, 100) $\approx 0{,}32$

e) $P(X_{2000} \leq EX_{2000} + 10) = P(X_{2000} \leq 110)$ $EX_{2000} = 2000 \cdot 0{,}05 = 100$
$\approx B_{2000;\,0{,}05}(\{0;\,1;\,\ldots;\,110\})$ $D^2X_{2000} = 2000 \cdot 0{,}05 \cdot 0{,}95 = 95 > 9$
$\approx \Phi\frac{110{,}5 - 100}{\sqrt{95}} \approx \Phi(1{,}08) \approx 0{,}86$ oder
$=$ subi(2000, .05, 0, 110) $\approx 0{,}86$

f) $P(Y_n \leq n - 1) = 1 - P(Y_n = n) \approx 1 - B_{n;\,0{,}642}(\{0;\,1;\,\ldots;\,n\}) = 1 - \binom{n}{n} \cdot 0{,}642^n \cdot 0{,}35^0$
$= 1 - 0{,}642^n \geq 0{,}99$
$0{,}01 \geq 0{,}642^n$
$\ln 0{,}01 \geq n \cdot \ln 0{,}642 \quad \Rightarrow \quad \frac{\ln 0{,}01}{\ln 0{,}642} \leq n; \quad 11 \leq n$ Mindestens elf Packungen sind zu prüfen.

GA 288

a) $P(X_{11} = 3) = \binom{11}{3} \cdot 0{,}25^3 \cdot 0{,}75^8 =$ bi(11, .25, 3) $\approx 0{,}258$ (vgl. Abb. der Lösung von GA 221)

b) $P(X_{50} = 13) = B_{50;\,0{,}25}(\{13\})$[1] $=$ bi(50, .25, 13) $\approx 0{,}126$
$P(X_{50} \leq 15) = B_{50;\,0{,}25}(\{0;\,1;\,\ldots;\,15\})$[1] $=$ subi(50, .25, 0, 15) $\approx 0{,}837$
$P(X_{50} \geq 8) = 1 - P(X_{50} \leq 7) = 1 - B_{50;\,0{,}25}(\{0;\,1;\,\ldots;\,7\}) =$ subi(50, .25, 8, 50) $\approx 0{,}955$

c) $EX_{100} = 100 \cdot 0{,}25 = 25; \quad D^2X = 100 \cdot 0{,}25 \cdot 0{,}75 = 18{,}75$

d) $P(|X_{100} - 25| \leq 2 \cdot \sqrt{18{,}75}) = P(25 - 2\sqrt{18{,}75} \leq X_{100} \leq 25 + 2\sqrt{18{,}75}) = P(17 \leq X_{100} \leq 33)$
$= B_{100;\,0{,}25}(\{0;\,1;\,\ldots;\,33\})$[1] $- B_{100;\,0{,}25}(\{0;\,1;\,\ldots;\,16\})$[1] $=$ subi(100, .25, 17, 33) $\approx 0{,}951$

e) $EX_{317} = 79{,}25$ $D^2X_{317} = 59{,}4375 > 9$
$P(X_{317} \leq 80) \approx \Phi(\frac{80{,}5 - 79{,}25}{\sqrt{59{,}4375}}) \approx \Phi(0{,}1621) \approx 0{,}56$
oder
$P(X_{317} \leq 80) =$ subi(317, .25, 0, 80) $\approx 0{,}569$
$P(60 \leq X_{317} \leq 70) \approx \Phi(\frac{70{,}5 - 79{,}25}{\sqrt{59{,}4375}}) - \Phi(\frac{59{,}5 - 79{,}25}{\sqrt{59{,}4375}}) \approx \Phi(-1{,}13) - \Phi(-2{,}56)$
$= 1 - \Phi(1{,}13) - (1 - \Phi(2{,}56)) \approx 0{,}124$
oder
$P(60 \leq X_{317} \leq 70) =$ subi((317, .25, 60, 70) $\approx 0{,}123$

GA 289

a) X: zufällige Anzahl der untergewichtigen Packungen von den zehn Packungen; $X \sim B_{10;\,0{,}05}$
$P(X > 1) = 1 - B_{10;\,0{,}05}(\{0,\,1\})$[1] $=$ subi(10, .05, 2, 8) $\approx 0{,}09$ (vgl. Abb. der Lösung von GA 221)

b) Y: zufällige Anzahl der Pakete mit höchstens einer untergewichtigen Packung von 200 Paketen
$Y \sim B_{200;\,p}$ mit $p = B_{10;\,0{,}05}(\{0;\,1\})$[1] $=$ subi(10, .05, 0, 1) $\approx 0{,}914$;
$EY \approx 182{,}8$; $D^2Y \approx 15{,}72 > 9$
$P(Y \leq 185) \approx B_{200;\,0{,}914}(\{0;\,1;\,\ldots;\,185\}) \approx \Phi(\frac{185{,}5 - 182{,}8}{\sqrt{15{,}72}}) \approx \Phi(0{,}68) \approx 0{,}8$
oder
$P(Y \leq 185) =$ subi(200, .914, 0, 185) $\approx 0{,}746 \approx 0{,}7$

c) P({unter den 5 geprüften genau 3 fehlerhafte}) · P({sechste Packung fehlerhaft}) $= \frac{\binom{5}{3} \cdot 4 \cdot 3 \cdot 2 \cdot 6 \cdot 5}{10 \cdot 9 \cdot 8 \cdot 7 \cdot 6} \cdot \frac{1}{5} \approx 0{,}05$ oder
$= \frac{\binom{4}{3} \cdot \binom{6}{2}}{\binom{10}{5}} \cdot \frac{1}{5} \approx 0{,}05$

d) Z: zufällige Anzahl der Packungen mit ausreichendem Gewicht unter 1000
$Z \sim B_{1000;\,0{,}95}$; $EZ = 950$; $D^2Z = 47{,}5 > 9$
$P(Z > 950) = 1 - P(Z \leq 950) \approx 1 - \Phi(\frac{950{,}5 - 950}{\sqrt{47{,}5}}) \approx 1 - \Phi(0{,}07) \approx 0{,}5$

[1] Der Wert kann mit dem Tafelwerk ermittelt werden.

e) Baumdiagramm:

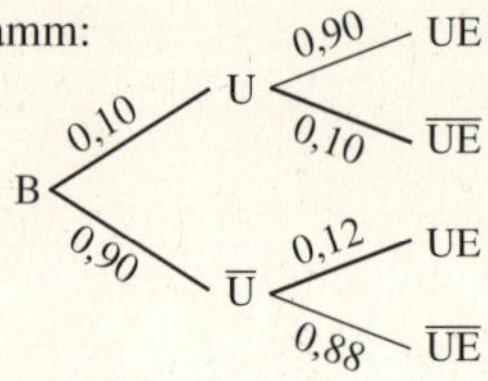

$P(\{\text{Fehlentscheidung}\}) = 0{,}10 \cdot 0{,}10 + 0{,}90 \cdot 0{,}12 \approx 0{,}12$

$P_{(\{\text{wird ausgeliefert}\})}(\{\text{untergewichtig}\}) = \dfrac{P(\{\text{untergewichtig und ausgeliefert}\})}{P(\{\text{wird ausgeliefert}\})}$

$= \dfrac{P(U \cap \overline{UE})}{P(\overline{UE})} = \dfrac{0{,}10 \cdot 0{,}10}{0{,}10 \cdot 0{,}10 + 0{,}90 \cdot 0{,}88} \approx 0{,}012$

GA 290 $X \sim N(0;\,1)$

a) mittels Tabelle

b) mittels TI-92

$P(X \le 0{,}45) = \Phi(0{,}45) \approx 0{,}674$

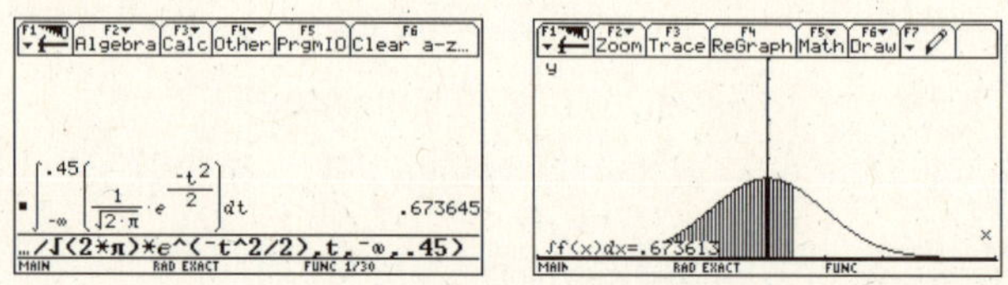

$P(X < 0{,}87) = \Phi(0{,}87) \approx 0{,}808$

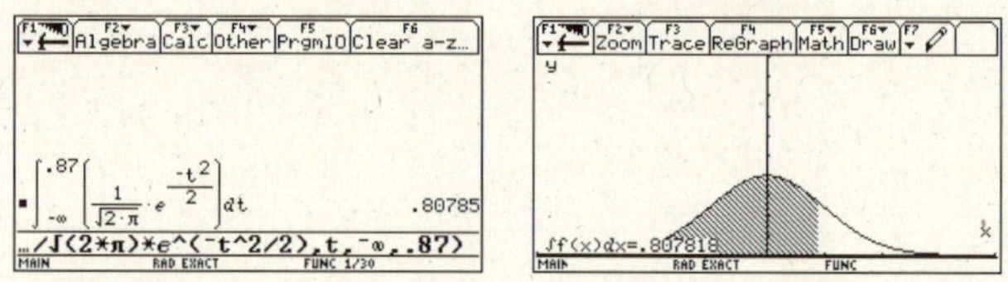

$P(X \ge 1{,}13) = 1 - P(X < 1{,}13)$
$= 1 - \Phi(1{,}13) \approx 0{,}129$

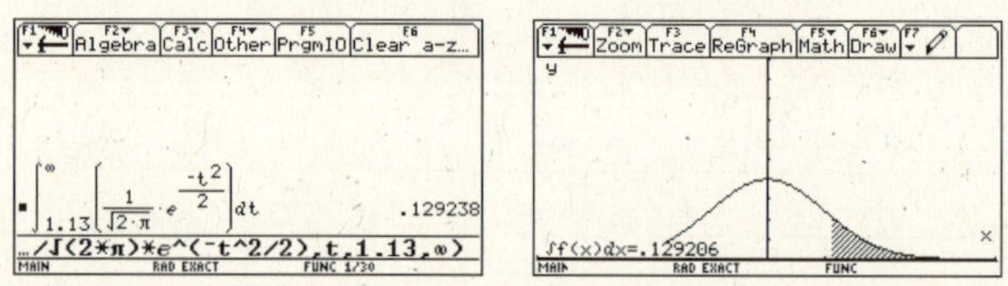

$P(X \le -0{,}16) = 1 - \Phi(0{,}16)$
$\approx 0{,}436$

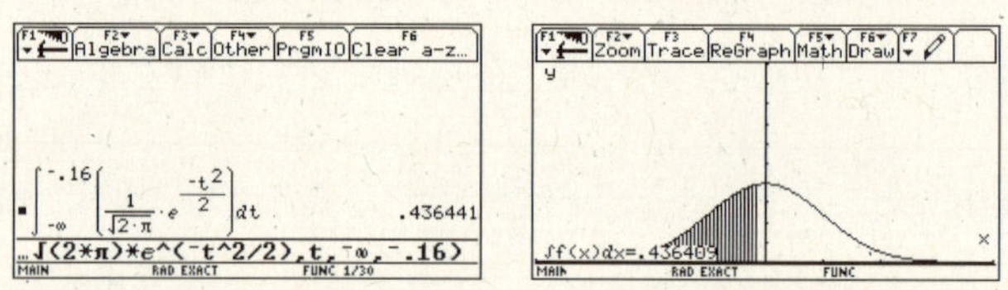

$P(-0{,}35 < X < 2{,}24)$
$= \Phi(2{,}24) - \Phi(-0{,}35)$
$= \Phi(2{,}24) - (1 - \Phi(0{,}35))$
$= \Phi(2{,}24) + \Phi(0{,}35) - 1$
$\approx 0{,}624$

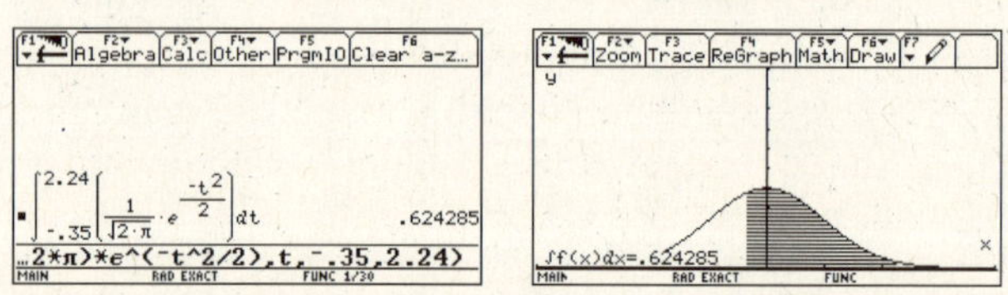

$P(|X| < 0{,}84)$
$= P(-0{,}84 < X < 0{,}84)$
$= \Phi(0{,}84) - \Phi(-0{,}84)$
$= \Phi(0{,}84) - (1 - \Phi(0{,}84))$
$= 2 \cdot \Phi(0{,}84) - 1 \approx 0{,}599$

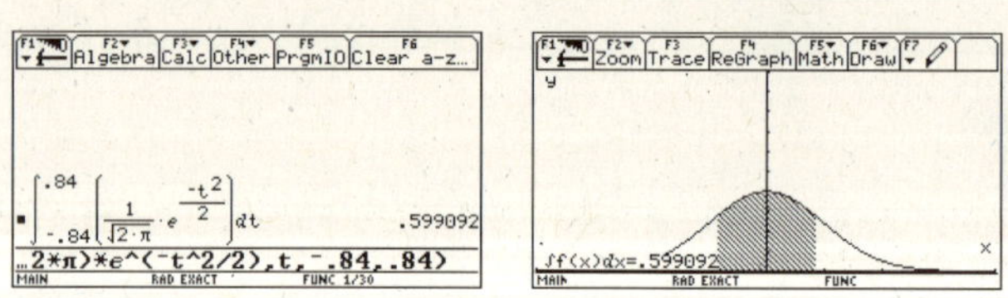

$P(|X| > 0{,}61) = 1 - P(|X| \le 0{,}61)$
$= 1 - P(-0{,}61 \le X \le 0{,}61)$
$= 1 - (\Phi(0{,}61) - \Phi(-0{,}61))$
$= 1 - \Phi(0{,}61) + (1 - \Phi(0{,}61))$
$= 2 - 2 \cdot \Phi(0{,}61) \approx 0{,}542$

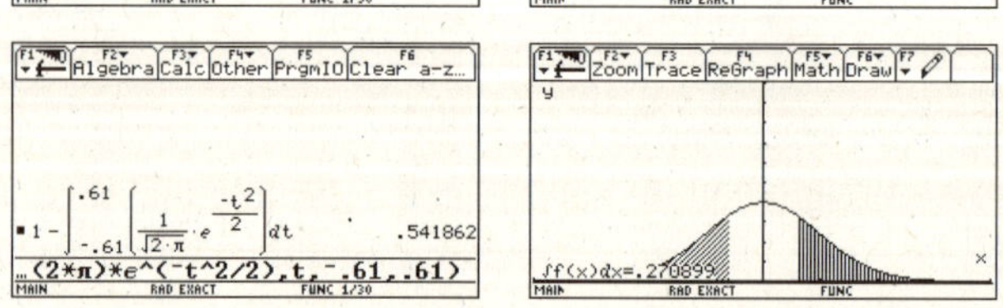 [1]

$P(|X-1| \le 1{,}03)$
$= P(-1{,}03 \le X - 1 \le 1{,}03)$
$= P(-0{,}03 \le X \le 2{,}03)$
$= \Phi(2{,}03) - \Phi(-0{,}03)$
$= \Phi(2{,}03) - (1 - \Phi(0{,}03))$
$= \Phi(2{,}03) + \Phi(0{,}03) - 1$
$\approx 0{,}491$

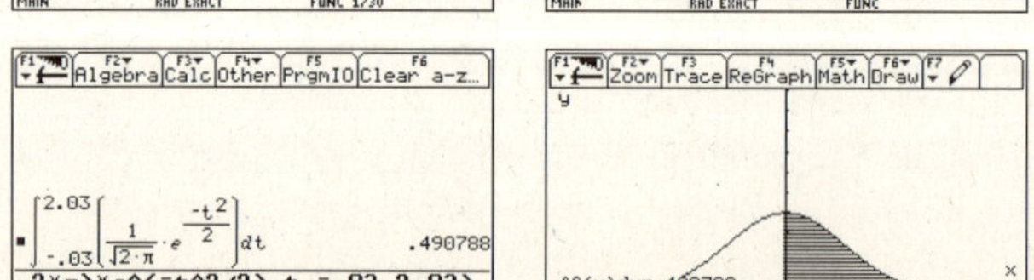

c) $P(X \le 1)$ $\quad P(X \ge -1)$ $\quad P(X \le -1 \text{ oder } X \ge 2) = 1 - P(-1 < X < 2)$ $= 1 - P(-1 \le X \le 2) = P(|X - 0{,}5| \ge 1{,}5)$ $\quad P(-2 \le X \le 2) = P(|X| \le 2)$

[1] Der GTA zeigt als Integralwert nur den Inhalt einer der beiden (unterschiedlich) schraffierten Flächenteile an.

GA 291 *Aufgaben zur Selbstkontrolle*

a) Ein Zufallsexperiment heißt „LAPLACE-Experiment“, wenn alle seine atomaren Ereignisse (Elementarereignisse) mit derselben Wahrscheinlichkeit eintreten. Ein Zufallsexperiment heißt „BERNOULLI-Experiment“, wenn seine Ergebnismenge nur zweielementig ist.

b) Wird ein BERNOULLI-Experiment n-mal durchgeführt, ohne dass sich seine Erfolgswahrscheinlichkeit p ändert, so spricht man von einer BERNOULLI-Kette mit den Parametern n und p.

c) P({genau k Erfolge in einer BERNOULLI-Kette mit den Parametern n und p}) = $B_{n;\,p}(\{k\}) = \binom{n}{k} \cdot p^k \cdot (1-p)^{n-k}$.

d)
- $\binom{n}{i} \cdot p^i \cdot (1-p)^{n-i}$ = P({genau i Erfolge bei n Durchführungen})
- $(1-p)^{n-1} \cdot p$ = P({der erste Erfolg bei der n-ten Durchführung})
- $(1-p)^n$ = P({n Durchführungen ohne Erfolg})
- $1-(1-p)^n$ = P({mindestens ein Erfolg bei n Durchführungen})

e) Gibt die Zufallsgröße X die zufällige Anzahl der Erfolge in einer BERNOULLI-Kette mit den Parametern n und p an, so ist X eine binomialverteilte Zufallsgröße mit den Parametern n und p ($X \sim B_{n;\,p}$).

f) $X \sim B_{n;\,p} \;\Rightarrow\;$ X kann die n+1 Werte 0; 1; 2; …; n annehmen.

g) Beispielsweise simuliert die Funktion *simbin*(n, p, x) (vgl. Lehrbuch, S. 331) eine BERNOULLI-Kette der Länge n und mit der Erfolgswahrscheinlichkeit p.

h) $X \sim B_{n;\,p} \;\Rightarrow\; EX = n \cdot p$ und $D^2X = n \cdot p \cdot (1-p)$

i) Für $X \sim B_{n;\,p}$ mit $n \cdot p \cdot (1-p) > 9$ gilt $P(X \le k) = B_{n;\,p}(\{0;\,1;\,\ldots;\,k\}) \approx \Phi\left(\frac{k+0{,}5-EX}{DX}\right)$, wobei $\Phi(x) = \int_{-\infty}^{x} \varphi(t)\,dt$ und der Graph der Funktion φ die GAUSSsche Glockenkurve ist, d.h., dann kann man die Wahrscheinlichkeit $B_{n;\,p}(\{0;\,1;\,\ldots;\,k\})$ näherungsweise veranschaulichen als Inhalt der Fläche unter der GAUSSschen Glockenkurve über dem Intervall $\left]-\infty;\, \frac{k+0{,}5-EX}{DX}\right]$. Diesen Zusammenhang nutzt man zum näherungsweisen Berechnen von $B_{n;\,p}(\{0;\,1;\,\ldots;\,k\})$ mittels Tabelle, wenn für $B_{n;\,p}$ keine Binomialverteilungstabelle existiert, jedoch $n \cdot p \cdot (1-p) > 9$ erfüllt ist.

j) wahr	k) falsch	l) wahr	m) wahr	n) wahr
o) falsch	p) wahr	q) falsch	r) wahr	s) wahr

Komplexe Aufgaben zu Kapitel G

GA 292

a) Anwenden der Abzählprinzipien bei vorliegender Gleichverteilung (bezogen auf die Ereignisse A, B, C)

Fall 1: ohne Zurücklegen

$P(A) = \frac{6 \cdot 5}{10 \cdot 9} = 0{,}\overline{3}$ $P(B) = \frac{1 \cdot 0 + 3 \cdot 2 + 6 \cdot 5}{10 \cdot 9} = 0{,}4$

P(C) = P({beide Kugeln tragen die Aufschrift 3}) = $\frac{3 \cdot 2}{10 \cdot 9} = 0{,}0\overline{6}$

$P(D) = P(\emptyset) = 0$

Fall 2: mit Zurücklegen

$P(A) = \frac{6 \cdot 6}{10 \cdot 10} = 0{,}36$ $P(B) = \frac{1 \cdot 1 + 3 \cdot 3 + 6 \cdot 6}{10 \cdot 10} = 0{,}46$

$P(C) = \frac{1 \cdot 1 + 3 \cdot 3}{10 \cdot 10} = 0{,}1$ $P(D) = P(\emptyset) = 0$

b) Baumdiagramm:

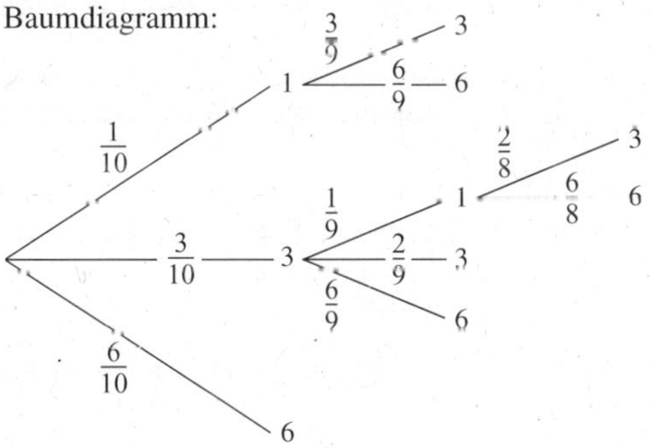

Zufallsgröße G: zufällige Anzahl der Euro, die der Spieler bei einem Spiel als Reingewinn erhält bei dem Einzahlungsbetrag a

$$G \mathrel{\widehat{=}} \begin{pmatrix} 1-a & 2-a & 3-a \\ \frac{1}{10}\cdot\frac{6}{9}+\frac{3}{10}\cdot\frac{1}{9}\cdot\frac{6}{8}+\frac{3}{10}\cdot\frac{6}{9}+\frac{6}{10} & \frac{1}{10}\cdot\frac{3}{9}+\frac{3}{10}\cdot\frac{1}{9}\cdot\frac{2}{8}+\frac{3}{10}\cdot\frac{2}{9} & 0 \end{pmatrix} = \begin{pmatrix} 1-a & 2-a & 3-a \\ 0{,}891\overline{6} & 0{,}108\overline{3} & 0 \end{pmatrix}$$

Um ein faires Spiel zu ermöglichen, muss der Einzahlungsbetrag a so gewählt werden, dass EG = 0 gilt.

$0 = EG = (1-a) \cdot 0{,}891\overline{6} + (2-a) \cdot 0{,}108\overline{3} + 0 \quad\Rightarrow\quad a = 0{,}108\overline{3}$

$\Rightarrow$ Die Einzahlung von 1,11 Euro würde annähernd ein faires Spiel ermöglichen.

c) X: zufällige Anzahl der mit *6* beschrifteten Kugeln unter den sechs entnommenen
$X \sim B_{6;\,0{,}6}$

$P(X=3) = \binom{6}{3} \cdot 0{,}6^3 \cdot 0{,}4^3 = bi(6, .6, 3) \approx 0{,}276$ (vgl. Abb. der Lösung von GA 221)

d) X_n: zufällige Anzahl der mit *1* beschrifteten Kugeln unter den n entnommenen

$X \sim B_{n;\,0,1}$

$P(E) = P(X_n \geq 1) = 1 - P(X_n = 0) = 1 - \binom{n}{0} \cdot 0,1^0 \cdot 0,9^n = 1 - 0,9^n > 0,9 \quad \Rightarrow \quad \ln 0,9^n < \ln 0,1 \Rightarrow n > \frac{\ln 0,1}{\ln 0,9} > 21,8$

Mindestens 22 Kugeln sind hierfür zu entnehmen.

e) Y: zufällige Anzahl der mit *3* beschrifteten Kugeln unter den 175 entnommenen

$Y \sim B_{175;\,0,3}$

$EY = 175 \cdot 0,3 = 52,5 \qquad D^2Y = 175 \cdot 0,3 \cdot 0,7 = 36,75 > 9$

$P(F) = P(Y \leq 30) = B_{175;\,0,3}(\{0; 1; \ldots; 30\}) = \text{subi}(175, .3, 0, 30)$ (vgl. Abb. der Lösung von GA 221)

$\approx \Phi(\frac{30,5 - 52,5}{\sqrt{36,75}}) \approx \Phi(-3,63) = 1 - \Phi(3,63) \approx 0,0001$

GA 293

a) X_n: zufällige Anzahl der roten Bälle unter n entnommenen; $X_n \sim B_{n;\,\frac{1}{3}}$

$P(A) = P(X_7 = 3) = \binom{7}{3} \cdot \left(\frac{1}{3}\right)^3 \cdot \left(\frac{2}{3}\right)^4 = \text{bi}(7, \frac{1}{3}, 3) \approx 0,256$ (vgl. Abb. der Lösung von GA 221)

$P(B) = P(X_7 \geq 1) = \text{subi}(7, \frac{1}{3}, 1, 7)$

$= 1 - P(X_7 = 0) = 1 - \binom{7}{0} \cdot \left(\frac{1}{3}\right)^0 \cdot \left(\frac{2}{3}\right)^7 = 1 - \text{bi}(7, \frac{1}{3}, 0) \approx 0,941$

$P(C) = P(X_3 = 3) \cdot P(X_4 = 0) = \binom{3}{3} \cdot \left(\frac{1}{3}\right)^3 \cdot \left(\frac{2}{3}\right)^0 \cdot \binom{4}{0} \cdot \left(\frac{1}{3}\right)^0 \cdot \left(\frac{2}{3}\right)^4 = P(\{(r; r; r; w; w; w; w)\}) = \left(\frac{1}{3}\right)^3 \cdot \left(\frac{2}{3}\right)^4 \approx 0,00732$

$P(D) = P(\{(r; w; r; w; r; w; r), (w; r; w; r; w; r; w)\}) = \left(\frac{1}{3}\right)^4 \cdot \left(\frac{2}{3}\right)^3 + \left(\frac{1}{3}\right)^3 \cdot \left(\frac{2}{3}\right)^4 \approx 0,0110$

b) Y: zufällige Anzahl der fehlerhaften Bälle unter 5100; $Y \sim B_{5100;\,0,05}$

$EY = 5100 \cdot 0,05 = 255; \qquad D^2Y = 5100 \cdot 0,05 \cdot 0,95 = 242,25 > 9$

$P(Y \leq 6 \cdot 45) = \text{subi}(5100, .05, 0, 270) \approx 0,840$ oder $P(Y \leq 6 \cdot 45) \approx \Phi(\frac{270,5 - 255}{\sqrt{242,25}}) \approx \Phi(1,00) \approx 0,841$

Mit einer Wahrscheinlichkeit von ca. 0,84 reichen die sechs Behälter aus.

$0,99 \leq P(Y \leq k \cdot 45) \approx \Phi(\frac{k \cdot 45 + 0,5 - 255}{\sqrt{242,25}}) \quad \Rightarrow \quad \frac{k \cdot 45 + 254,5}{\sqrt{242,25}} \geq 2,33 \quad \Rightarrow \quad k \geq 6,46\ldots$

$\Rightarrow$ Es müssen mindestens sieben Behälter bereitgestellt werden, damit sie den Ausschuss mit mindestens 99%iger Sicherheit fassen.

c) *Berechnung des Erwartungswertes mit Endkontrolle*

G_1: zufälliger Reingewinn der Firma pro produzierter Ball mit Endkontrolle

$$G_1 \mathrel{\hat=} \begin{pmatrix} \frac{8,75}{5} - (1,03 + 0,12) & -(1,03 + 0,12) \\ 0,95 & 0,05 \end{pmatrix}$$

$EG_1 = 0,6 \cdot 0,95 + (-1,15) \cdot 0,05 = 0,5125$

Berechnung des Erwartungswertes ohne Endkontrolle

G_2: zufälliger Reingewinn der Firma pro produzierten Ball ohne Endkontrolle

$$G_2 \mathrel{\hat=} \begin{pmatrix} \frac{8,75}{5} - 1,03 = 0,72 & \frac{0,70 \cdot 8,75}{5} - 1,03 = 0,195 & \frac{0,50 \cdot 8,75}{5} - 1,03 = -0,155 & \frac{0,10 \cdot 8,75}{5} - 1,03 = -0,855 \\ \binom{5}{0} \cdot 0,05^0 \cdot 0,95^5 & \binom{5}{1} \cdot 0,05^1 \cdot 0,95^4 & \binom{5}{2} \cdot 0,05^2 \cdot 0,95^3 & \sum_{k=3}^{5} \binom{5}{k} \cdot 0,05^k \cdot 0,95^{5-k} \end{pmatrix}$$

$EG_2 \approx 0,59252$

$EG_2 > EG_1$ Der Verzicht auf die Endkontrolle bringt pro produzierten Ball einen um ca. 8 Cent höheren Nettogewinn für die Firma.

GA 294

a) $P(A) = P(A_0 \cup A_1)$ mit A_i = {genau i hohle Nüsse unter den vier entnommenen} für $i \in \{0; 1; 2; 3; 4\}$

$= P(A_0) + P(A_1) - P(A_0 \cap A_1) = P(A_0) + P(A_1) - P(\emptyset) = P(A_0) + P(A_1)$ mit $P(A_i) = \frac{\binom{5}{i} \cdot \binom{15}{4-i}}{\binom{20}{4}}$,

da die Nüsse ohne Zurücklegen entnommen werden und die Reihenfolge der entnommenen Nüsse unberücksichtigt bleibt

$= \frac{\binom{5}{0} \cdot \binom{15}{4} + \binom{5}{1} \cdot \binom{15}{3}}{\binom{20}{4}} \approx 0,75$

P(B) = P({unter den vier entnommenen Nüssen ist mindestens eine hohl})

$= 1 - P(A_0) = 1 - \dfrac{\binom{5}{0}\cdot\binom{15}{4}}{\binom{20}{4}} = 1 - \dfrac{15\cdot 14\cdot 13\cdot 12}{20\cdot 19\cdot 18\cdot 17} \approx 0{,}72$

P(C) = P({unter den ersten drei entnommenen Nüssen ist keine hohl}) $= \dfrac{\binom{5}{0}\cdot\binom{15}{3}}{\binom{20}{3}} = \dfrac{15\cdot 14\cdot 13}{20\cdot 19\cdot 18} \approx 0{,}40$

P(D) = $P(D_3 \cap D_4)$ mit D_3 = {unter den ersten drei entnommenen Nüssen ist genau eine hohl}
D_4 = {die vierte entnommene Nuss ist hohl}

$= P(D_3)\cdot P(D_4 \mid D_3) = \dfrac{\binom{5}{1}\cdot\binom{15}{2}}{\binom{20}{3}} \cdot \dfrac{4}{17} = \dfrac{\binom{3}{1}\cdot 5\cdot 15\cdot 14\cdot 4}{20\cdot 19\cdot 18\cdot 17} \approx 0{,}0077$

X: zufällige Anzahl der hohlen Nüsse unter vier entnommenen Nüssen

$P(X = k) = \dfrac{\binom{5}{k}\cdot\binom{15}{4-k}}{\binom{20}{4}}$ mit $k \in \{0; 1; 2; 3; 4\}$

$EX = \sum_{k=0}^{4} k\cdot P(X = k)$ = sum(seq(k · nCr(5, k) · nCr(15, 4 – k)/nCr(20, 4), k, 0, 4)) = 1

b) P(E) = P({mindestens eine der fünf Tüten enthält keine hohle Nuss})
= 1 – P({keine der fünf Tüten enthält keine hohle Nuss}) = 1 – $P(T_0 = 0)$ mit

T_i: zufällige Anzahl der Tüten mit genau i hohlen Nüssen unter den fünf

$T_i \sim B_{5;\,p_i}$ mit $p_i = \binom{50}{i}\cdot 0{,}10^i \cdot 0{,}90^{50-i}$ unter der Annahme, dass die Anzahl der hohlen Nüsse in einer Tüte unabhängig ist von der Anzahl der hohlen Nüsse in den anderen Tüten

$= 1 - \binom{5}{0}\cdot(0{,}90^{50})^0\cdot(1 - 0{,}90^{50})^5$ = subi(5, .90^{50}, 1, 5) ≈ 0,0255 (vgl. Abb. der Lösung von GA 221)

P(F) = P({genau zwei Tüten enthalten jeweils genau vier hohle Nüsse}) = $P(T_4 = 2)$

$= \binom{5}{2}\cdot\left(\binom{50}{4}\cdot 0{,}10^4\cdot 0{,}90^{46}\right)^2\cdot\left(1 - \binom{50}{4}\cdot 0{,}10^4\cdot 0{,}90^{46}\right)^3$ = bi(5, bi(50, .10, 4), 2) ≈ 0,180

c) Baumdiagramm:

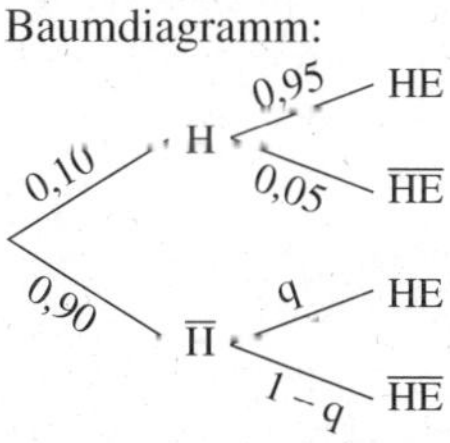

$0{,}0075 \ge p = P_{\overline{HE}}(H) = \dfrac{P(\overline{HE} \cap H)}{P(\overline{HE})}$

$= \dfrac{0{,}10\cdot 0{,}05}{0{,}10\cdot 0{,}05 + 0{,}90\cdot(1-q)}$ [1] $= f(q)$

$\Rightarrow q \le \left(\left(\dfrac{0{,}10\cdot 0{,}05}{0{,}0075} - 0{,}10\cdot 0{,}05\right) : 0{,}90 - 1\right)\cdot(-1) = 0{,}26\overline{481}$

Für q = 0,02 ergibt sich p ≈ 0,0056.

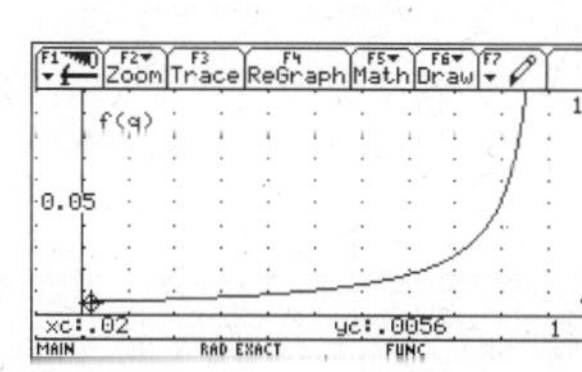

d) Y: zufällige Anzahl der „vollen" Nüsse unter 1000; $Y \sim B_{1000;\,0{,}90}$
EY = 900; p = f(0,02); $D^2Y = 90 > 9$

Lösungsvariante 1:

$0{,}95 \le P(Y \ge k) = 1 - P(Y \le k-1) \approx 1 - \Phi\left(\dfrac{k - 1 + 0{,}5 - 900}{\sqrt{90}}\right) \Rightarrow \dfrac{k - 900{,}5}{\sqrt{90}} > 1{,}65$

$\Rightarrow k \le (1{,}65\cdot\sqrt{90} - 900{,}5)\cdot(-1) \Rightarrow k \le 884$

Lösungsvariante 2:

$0{,}95 \le P(Y \ge k) = 1 - B_{1000;\,0{,}90}(\{0; 1; \ldots; k-1\})$

$\Rightarrow B_{1000;\,0{,}90}(\{0; 1; \ldots; k-1\}) = 1 - B_{1000;\,0{,}10}(\{0; 1; \ldots; 1000 - (k-1) - 1\})$
$= 1 - B_{1000;\,0{,}10}(\{0; 1; \ldots; 1000 - k\}) \le 0{,}05$ (wenn nur $B_{1000;\,0{,}10}$ tabelliert ist)

$\Rightarrow B_{1000;\,0{,}10}(\{0; 1; \ldots; 1000 - k\}) \ge 0{,}95 \Rightarrow 1000 - k \ge 116$, also $k \le 884$

Kontrolle: subi(1000, .9, 885, 1000) ≈ 0,94655 < 0,95 (vgl. Abb. der Lösung von GA 221)
subi(1000, .9, 884, 1000) ≈ 0,95666 < 0,95

[1] GTA liefert als Termvereinfachung $f(q) = \dfrac{-1}{180q - 181} = \dfrac{1}{181 - 180q}$, wodurch sich das Abschätzen von q vereinfacht.

GA 295

a) Baumdiagramm:

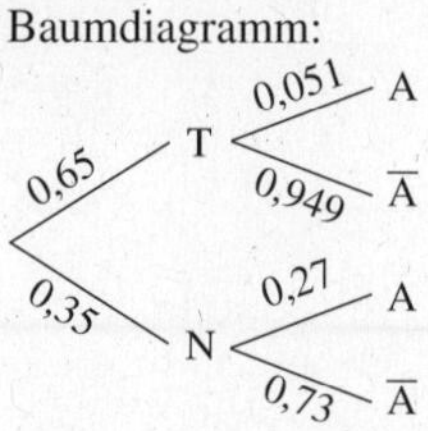

	A	$\overline{A}$	
T	$0{,}65 \cdot 0{,}051 = 0{,}03315$	$0{,}65 \cdot 0{,}949 = 0{,}61685$	0,65
N	$0{,}35 \cdot 0{,}27 = 0{,}0945$	$0{,}35 \cdot 0{,}73 = 0{,}2555$	0,35
	0,12765	0,87235	

umgekehrtes Baumdiagramm:

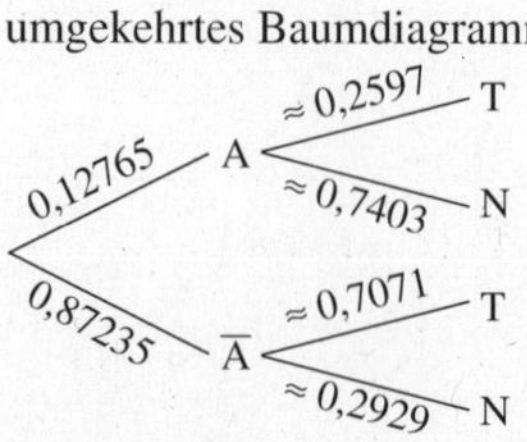

13% der Unfälle mit Personenschaden ereigneten sich durch Fahrfehler unter Alkoholeinfluss. Während sich von diesen Unfällen „unter Alkohol" 26 % tagsüber ereignen, sind dies „ohne Alkohol" 71 %.

b) $P(A) \approx 0{,}13$ c) $P(T \cap \overline{A}) \approx 0{,}62$ d) $P_A(N) \approx 0{,}74$

e) X: zufällige Anzahl „Jugend-Karteien" unter den 113; $X \sim B_{113;\,0,25}$

$EX = 28{,}25;\quad D^2X = 21{,}1875 > 9$

$P(X \geq 20) = \text{subi}(113, .25, 20, 113) = 1 - \text{subi}(113, .25, 0, 19)$ (vgl. Abb. der Lösung von GA 221)

$= 1 - P(X \leq 19) \approx 1 - \Phi\left(\frac{19{,}5 - 28{,}25}{\sqrt{21{,}1875}}\right) \approx 1 - \Phi(-1{,}90) = \Phi(1{,}90) \approx 0{,}97$

f) X_n: zufällige Anzahl „Jugend-Karteien" unter n dieser Karteien; $X_n \sim B_{n;\,0,25}$

$0{,}80 \leq P(X_n \geq 1) = 1 - P(X_n = 0) = 1 - \binom{n}{0} \cdot 0{,}25^0 \cdot 0{,}75^n \quad \Rightarrow \quad n \geq \frac{\ln(1 - 0{,}80)}{\ln 0{,}75} = 5{,}59\ldots$

Sechs Akten müsste man dazu durchsehen.

g) Urnenmodell: Aus einer Urne mit genau 365 durchnummerierten Kugeln werden „auf gut Glück" und mit Zurücklegen genau 348 Kugeln gezogen.

P({kein Toter}) = P({eine Kugel mit einer beliebigen, aber fest gewählten Nummer wird nicht gezogen})

$= \frac{364^{348}}{365^{348}} = \binom{348}{0} \cdot \left(\frac{1}{365}\right)^0 \cdot \left(1 - \frac{1}{365}\right)^{348} = \text{bi}(348, \frac{1}{365}, 0) \approx 0{,}3849$

P({genau ein Toter}) = P({eine Kugel mit einer beliebigen, aber fest gewählten Nummer wird genau einmal gezogen})

$= \frac{\binom{348}{1} \cdot 1 \cdot 364^{347}}{365^{348}} = \binom{348}{1} \cdot \left(\frac{1}{365}\right)^1 \cdot \left(1 - \frac{1}{365}\right)^{347} = \text{bi}(348, \frac{1}{365}, 1) \approx 0{,}3680$

$P(\{\text{mindestens zwei Tote}\}) = \sum_{k=2}^{348} \frac{\binom{348}{k} \cdot 1^k \cdot 364^{348-k}}{365^{348}} = \sum_{k=2}^{348} \binom{348}{k} \cdot \left(\frac{1}{365}\right)^k \cdot \left(1 - \frac{1}{365}\right)^{348-k} = 1 - \text{subi}(348, \frac{1}{365}, 0, 1)$

$\approx 1 - 0{,}3849 - 0{,}3680 = 0{,}2471$

X_n: zufällige Anzahl der Tage mit n Toten unter 365

$X_0 \sim B_{365;\,0,3849}$ $EX_0 \approx 140{,}49$

$X_1 \sim B_{365;\,0,3680}$ $EX_1 \approx 134{,}32$

Mindestens zwei Tote sind an $365 \cdot 0{,}2471 \approx 90{,}19$ Tagen zu erwarten. Es wird ungefähr 140 Tage gegeben haben, an denen kein, 134 Tage, an denen genau ein und 90 Tage, an denen mehr als ein Toter registriert werden musste.

GA 296

a) $p = \frac{5}{10} = 0{,}50$ b) $P(A) = \frac{5 + 2}{10} = 0{,}70$

c)

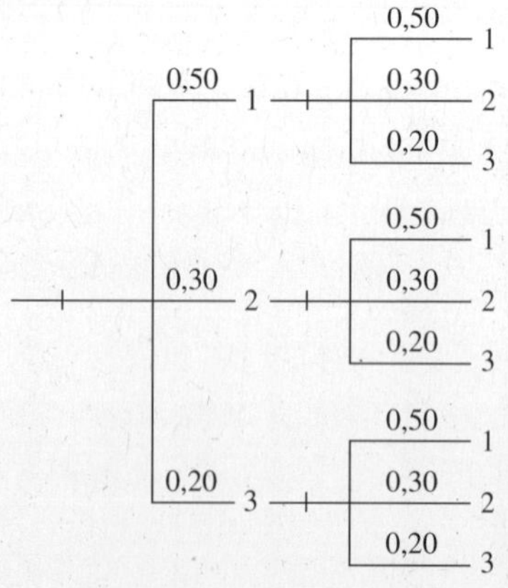

(1; 1)	$0{,}50 \cdot 0{,}50 = 0{,}25$
(1; 2)	$0{,}50 \cdot 0{,}30 = 0{,}15$
(1; 3)	$0{,}50 \cdot 0{,}20 = 0{,}10$
(2; 1)	$0{,}30 \cdot 0{,}50 = 0{,}15$
(2; 2)	$0{,}30 \cdot 0{,}30 = 0{,}09$
(2; 3)	$0{,}30 \cdot 0{,}20 = 0{,}06$
(3; 1)	$0{,}20 \cdot 0{,}50 = 0{,}10$
(3; 2)	$0{,}20 \cdot 0{,}30 = 0{,}06$
(3; 3)	$0{,}20 \cdot 0{,}20 = 0{,}04$

d) $P(B) = P(\{K_1 \text{ dreht eine 3 und } K_2 \text{ keine 3}\} = 0{,}20 \cdot 0{,}80 = 0{,}16$ $\qquad P(C) = 0$

$P(D) = 0{,}50 \cdot 0{,}50 + 0{,}30 \cdot 0{,}30 + 0{,}20 \cdot 0{,}20 = 0{,}38$

$P(E) = P(\{(K_1 \text{ dreht eine 2 und } K_2 \text{ eine 1}) \text{ oder } (K_1 \text{ dreht eine 3 und } K_2 \text{ keine 3})\}) = 0{,}30 \cdot 0{,}50 + 0{,}20 \cdot 0{,}80 = 0{,}31$

$P(F) = P(\{(K_1 \text{ dreht eine 3 und } K_2 \text{ keine 3}) \text{ oder } (K_2 \text{ dreht eine 3 und } K_1 \text{ keine 3})\}) = 0{,}20 \cdot 0{,}80 + 0{,}20 \cdot 0{,}80 = 0{,}32$

e) Zufallsgröße X: zufällige Anzahl der unentschiedenen Spiele bei 10 Realisierungen mit $X \sim B_{10;\,0,38}$

$p = P(X = 4) = B_{10;\,0,38}(\{4\}) = \binom{10}{4} \cdot 0{,}38^4 \cdot (1 - 0{,}38)^6 = \text{bi}(10, .38, 4) \approx 0{,}249$ (vgl. Abb. der Lösung von GA 221)

f) Zufallsgröße X: zufällige Anzahl der unentschiedenen Spiele bei n Realisierungen mit $X \sim B_{n;\,0,38}$

$P(X \geq 1) \geq 0{,}95$

$1 - P(X = 0) \geq 0{,}95$, also $0{,}05 \geq P(X = 0)$

$0{,}05 \geq \binom{n}{0} \cdot 0{,}38^0 \cdot (1 - 0{,}38)^n$, also $0{,}05 \geq 0{,}62^n$ und damit

$\ln 0{,}05 \geq n \cdot \ln 0{,}62$ bzw. $\frac{\ln 0{,}05}{\ln 0{,}62} \leq n$ und $6{,}27 \leq n$

Mindestens sieben Kandidatenpaare sind notwendig.

g) Zufallsgröße X: zufällige Anzahl der unentschiedenen Spiele bei 376 Realisierungen mit $X \sim B_{376;\,0,38}$

$EX = n \cdot p = 376 \cdot 0{,}38 = 142{,}88$ 143 solcher Spiele sind zu erwarten.

h) Die Zufallsgröße X sei die zufällige Anzahl der unentschiedenen Spiele bei 376 Realisierungen mit $X \sim B_{376;\,0,38}$
Da $n \cdot p \cdot q = 376 \cdot 0{,}38 \cdot 0{,}62 \approx 88{,}6 > 9$ gilt, ist die DE MOIVRE-LAPLACE-Näherung anwendbar.

$p = B_{376;\,0,38}(\{0; 1; \ldots; 143\}) = \text{subi}(376, .38, 0, 143) \approx \Phi\left(\frac{143 + 0{,}5 - 142{,}88}{\sqrt{376 \cdot 0{,}38 \cdot 0{,}62}}\right) \approx \Phi(0{,}0659) \approx 0{,}53$

GA 297

a) $\Omega = \{(k_1; k_2; k_3) \mid k_1, k_2, k_3 \subset \{0; 1\}\}$ oder

$\Omega = \{(1; 1; 1), (1; 1; 0), (1; 0; 1), (0; 1; 1), (1; 0; 0), (0; 1; 0), (0; 0; 1), (0; 0; 0)\}$

$|2^\Omega| = 2^{|\Omega|} = 2^8 = 256$

b) $P(B) = 1 \cdot 1 \cdot 0{,}72 \cdot 1 \cdot 1 = 0{,}72;$ $\qquad P(C) = 0{,}28 \cdot 0{,}28 \cdot 0{,}72 \cdot 1 \cdot 1 \approx 0{,}056$

$P(D) = 0{,}28 \cdot 0{,}28 \cdot 0{,}72 \cdot 0{,}28 \cdot 0{,}28 \approx 0{,}0044;$ $\qquad P(E) = 1 - P(\overline{E}) = 1 - 0{,}28^5 = 0{,}9982\ldots \approx 1{,}0$

c) $X_3 \mathrel{\widehat{=}} \begin{pmatrix} 0 & 1 & 2 & 3 \\ 0{,}28^3 & \binom{3}{1} \cdot 0{,}72 \cdot 0{,}28^2 & \binom{3}{2} \cdot 0{,}72^2 \cdot 0{,}28 & 0{,}72^3 \end{pmatrix}$

$P(X_3 = 0) = 0{,}28^3 \approx 0{,}022$ $\qquad P(X_3 = 1) = \binom{3}{1} \cdot 0{,}72 \cdot 0{,}28^2 \approx 0{,}17$

$P(X_3 = 2) = \binom{3}{2} \cdot 0{,}72^2 \cdot 0{,}28 \approx 0{,}44$ $\qquad P(X_3 = 3) = 0{,}72^3 \approx 0{,}37$

$X_3 \geq 2$ entspricht dem Ereignis $\{(1; 1; 1), (1; 1; 0), (1; 0; 1), (0; 1; 1)\}$

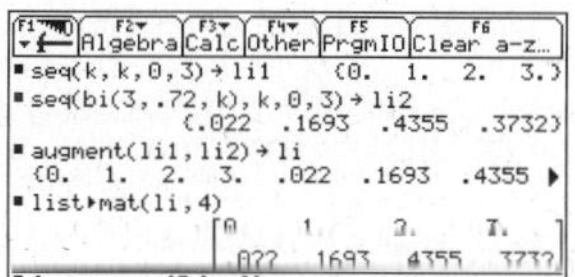

(vgl. Abb. der Lösung von HA 221)

d) P({der Kronenverschluss fällt öfter nach unten geöffnet als nach oben geöffnet auf})

$= P(X_3 \leq 1) = P(X_3 = 0) + P(X_3 = 1) = 0{,}28^3 + \binom{3}{1} \cdot 0{,}72 \cdot 0{,}28^2 \approx 0{,}19$

H Statistik

H 1 Testen von Hypothesen – Testverfahren

H 1.1 Grundprobleme des Testens von Hypothesen

HA 1

a) In der beurteilenden Statistik werden *begründete Vermutungen* als *Hypothesen* bezeichnet. Begründete Vermutungen werden i. Allg. aus Stichprobenergebnissen abgeleitet und verbal oder „rein" mathematisch (durch Angabe einer Größe bzw. ihres Zahlenwertes, durch Intervallangaben, ...) als Hypothese formuliert.

Hypothesen können sich beispielsweise beziehen auf (vgl. auch Abschnitt H 1.1, S. 345):
- eine unbekannte Wahrscheinlichkeit,
- einen unbekannten Parameter (z. B. p bei der Binomialverteilung $B_{n, p}$),
- die Art der Wahrscheinlichkeitsverteilung (z. B. Normalverteilung).

Anmerkung: (vgl. BROCKHAUS-ENZYKLOPÄDIE, Stichwort „Hypothese")
Der Begriff *Hypothese* in der beurteilenden Statistik steht im Einklang zu seinem Gebrauch in der allgemeinen Wissenschaftstheorie. Hier werden insbesondere die folgenden Gesichtspunkte hervorgehoben:
- Hypothesen dürfen in sich nicht widersprüchlich sein und nicht im Widerspruch zu Tatsachen stehen.
- Hypothesen müssen einen empirischen Gehalt haben; Schlussfolgerungen aus ihnen müssen durch Erfahrung überprüfbar sein.

b) *Nullhypothese* und zugehörige *Gegenhypothese* sind konkurrierende, einander ausschließende Hypothesen. Daraus folgt ihre Gemeinsamkeit, Hypothesen – begründete Vermutungen – zu sein, die beide in verbaler bzw. „rein" mathematischer Form angegeben werden können. Als Nullhypothese wird die zu untersuchende Hypothese bezeichnet. Es ist i. Allg. diejenige Hypothese, deren irrtümliche Ablehnung (wenn die Hypothese in Wirklichkeit wahr ist) gegenüber ihrer irrtümlichen Nicht-Ablehnung (wenn die Hypothese in Wirklichkeit falsch ist) die praktisch bedeutsamere Fehlentscheidung (Fehler 1. Art) darstellt.
Kann die Nullhypothese (aufgrund der vorliegenden Daten) nicht abgelehnt werden, so bedeutet dies die Ablehnung ihrer Verneinung, der Gegenhypothese. Die Ablehnung der Nullhypothese ist mit der Annahme (bzw. dem Nicht-Ausschließen) ihrer Gegenhypothese gleichzusetzen. Die als Nullhypothese bezeichnete Hypothese ist stets die direkt, die als Gegenhypothese bezeichnete Hypothese stets die indirekt untersuchte/getestete Hypothese.

Anmerkung: (vgl. BROCKHAUS-ENZYKLOPÄDIE, Stichwort „Hypothese")
In der allgemeinen Wissenschaftstheorie wird gefordert, stets die Hypothese mit dem größten empirischen Gehalt (zur Untersuchung) auszuwählen, da sie am risikoreichsten ist. Dieser Grundsatz wird in der beurteilenden Statistik durch die Orientierung der Wahl der Nullhypothese an der praktischen Bedeutsamkeit des Fehlers 1. Art beachtet.

HA 2

(1) H_0: keine Leistungskontrolle

a) Wenn eine Leistungskontrolle durchgeführt wird, dann ist H_0 falsch. Bei falscher H_0 wird hier aber irrtümlich so gehandelt, als wäre H_0 richtig (die Schülerinnen/Schüler sind unvorbereitet); Fehler 2. Art.

b) Wenn keine Leistungskontrolle durchgeführt wird, dann ist H_0 richtig. Bei richtiger H_0 wird hier aber irrtümlich so gehandelt, als wäre H_0 falsch (die Schülerinnen/Schüler sind vorbereitet); Fehler 1. Art.

(2) Annahme: Die höherwertige Qualität hat auch den höheren Preis.

a) H_0: keine Qualitätsunterschiede

Fehler 1. Art: H_0 ist wahr, der Händler entscheidet sich jedoch (überwiegend) für das teurere Angebot.

Fehler 2. Art: H_0 ist falsch, der Händler geht jedoch von keinen Qualitätsunterschieden aus (weitere Entscheidung von Interessen des Händlers abhängig).

b) H_0: Qualitätsunterschiede

Fehler 1. Art: H_0 ist wahr, der Händler geht jedoch davon aus, dass keine Qualitätsunterschiede bestehen (weitere Entscheidung von Interessen des Händlers abhängig).

Fehler 2. Art: H_0 ist falsch, der Händler geht jedoch davon aus, dass Qualitätsunterschiede bestehen und entscheidet sich (überwiegend) für das teurere Angebot.

(3) H_0: Pilz ist giftig

a) Fehler 1. Art: H_0 ist wahr, der Pilzsammler betrachtet jedoch den in Wirklichkeit giftigen Pilz als ungiftig.

Der Fehler 1. Art sollte wegen eventueller gesundheitlicher Folgen möglichst vermieden werden. Die Wahl des Signifikanzniveaus bzw. der Irrtumswahrscheinlichkeit $\alpha = 0$ würde allerdings bedeuten, jeden Pilz für giftig zu halten.

b) Fehler 2. Art: H_0 ist falsch, der Pilzsammler betrachtet jedoch den in Wirklichkeit ungiftigen Pilz als giftig.
Der Fehler 2. Art hat keine gesundheitlichen Folgen.

HA 3

a) Kennzeichnen der unbekannten Wahrscheinlichkeitsverteilung:
Die Zufallsgröße X beschreibe die Anzahl der Lebensmittel mit überschrittener MHD.

$$X = \begin{cases} 1, & \text{wenn MHD überschritten} \\ 0, & \text{wenn MHD noch nicht erreicht} \end{cases}$$

Für die unbekannte Wahrscheinlichkeitsverteilung gilt $P(X = 1) = p$ und $P(X = 0) = 1 - p = q$.
Sie wird mit der bisherigen Wahrscheinlichkeitsverteilung $P(X = 1) = 0{,}1$ und $P(X = 0) = 0{,}9$ verglichen.
Begründung, dass eine Binomialverteilung vorliegt:
- Es liegt ein Zufallsexperiment mit genau zwei möglichen Ergebnissen vor (MHD überschritten bzw. MHD noch nicht erreicht).
- Das Zufallsexperiment (Kontrolle) besteht aus n voneinander unabhängigen Durchführungen. Bei jeder Durchführung bleibt die Wahrscheinlichkeit beider Ergebnisse unverändert.

b) Eine mögliche Stichprobe mit dem Umfang n = 20 lässt sich z. B. durch nachstehende 20-elementige Menge angeben:
{0; 0; 1; 0; 0; 0; 1; 0; 0; 0; 0; 0; 0; 0; 0; 0; 0; 0; 0; 0}.

c) Die Wahrscheinlichkeitsverteilung in der Stichprobe wird (mithilfe von Testverfahren) mit der bisherigen Wahrscheinlichkeitsverteilung verglichen. Statistische Testverfahren gestatten das Ermitteln der Werte der Zufallsgröße X (Ablehnungsbereich bzw. Annahmebereich), für die man sich (mit einer so genannten Irrtumswahrscheinlichkeit) gegen oder für eine Vermutung/Hypothese über die unbekannte Wahrscheinlichkeitsverteilung entscheidet.

HA 4 Die Zufallsgröße X beschreibe die Anzahl der „erwürfelten" Augenzahlen „3" in einer Stichprobe. Eine geeignete Stichprobe erhält man, indem man das Tetraeder z. B. 100-mal wirft und für jeden Wurf notiert, ob die Augenzahl „3" gefallen ist oder nicht:

$$X = \begin{cases} 1, & \text{wenn Augenzahl 3 gefallen} \\ 0, & \text{wenn Augenzahl 3 nicht gefallen} \end{cases}$$

Für die unbekannte Wahrscheinlichkeitsverteilung gilt dann $P(X = 1) = p$ und $P(X = 0) = 1 - p = q$. Diese unbekannte Wahrscheinlichkeitsverteilung wird mit der eines Tetraeders verglichen, bei dem die Augenzahl „3" mit der Wahrscheinlichkeit $p = \frac{1}{4}$ fällt; Wahrscheinlichkeitsverteilung $P(X = 1) = \frac{1}{4}$ und $P(X = 0) = \frac{3}{4}$.

HA 5

a) Beschreiben eines geeigneten Vorgehens zur Untersuchung:
Es wird eine Befragung von n zufällig ausgewählten Personen durchgeführt. In Abhängigkeit von der Art der Fernsehsendung F (z. B. Talkshow, ausgesprochene Jugendsendung, …) ist die Repräsentativität der Stichprobe zu sichern, indem nur Personen, die regelmäßig Fernsehsendungen des Regionalsenders sehen, Personen der entsprechenden Altersgruppen unter Beachtung von Geschlecht und ggf. Beruf (vgl. zur geeigneten Zusammensetzung von Stichproben, Lehrbuch, S. 345) usw. einbezogen werden. Aus dem erhaltenen Personenkreis ist eine zufällige Auswahl (Stichprobe mit Umfang n) zu treffen.

b) Angeben der zu Grunde liegenden unbekannten Wahrscheinlichkeitsverteilung und der zum Vergleich herangezogenen Wahrscheinlichkeitsverteilung:
Zur Erfassung und Auswertung der Befragungsergebnisse wird der Zufallsgröße X der Wert 1 zugeordnet, wenn die befragte Person die Fernsehsendung (regelmäßig) sieht, anderenfalls wird der Wert 0 zugeordnet:

$$X = \begin{cases} 1, & \text{Person sieht F} \\ 0, & \text{Person sieht F nicht} \end{cases}$$

Somit liegt der Befragung die unbekannte Wahrscheinlichkeitsverteilung $P(X = 1) = p$ und $P(X = 0) = 1 - p = q$ zu Grunde. Diese unbekannte Wahrscheinlichkeitsverteilung wird mit der Wahrscheinlichkeitsverteilung $P(X = 1) = 0{,}5$ (50 % aller Fernsehzuschauer sehen die Sendung F) und $P(X = 0) = 0{,}5$ (50 % aller Fernsehzuschauer sehen die Sendung F nicht) verglichen.
Anmerkung: Ist das Befragungsergebnis zufällig erhalten worden, so gilt bei einem Stichprobenumfang von z. B. n = 200 Binomialverteilung der Zufallsgröße X mit den Parametern n = 200 und p = 0,5; $X \sim B_{200;\,0,5}$. Aus $P(X \le 100) = B_{200;\,0,5}(\{0; 1; \ldots; 100\}) = 0{,}52817$ (Tabellenwert) könnte dann geschlussfolgert werden, ob die Fernsehsendung F beliebt ist.

HA 6 *(Zur Wiederholung)*

a)
- Es liegt ein Zufallsexperiment mit genau zwei Ergebnissen vor.
- Die Wahrscheinlichkeiten der beiden Ergebnisse bleiben bei jeder Wiederholung des Zufallsexperimentes unverändert.

b)
- Zufallsgrößen (auch Zufallsvariablen genannt) beschreiben die interessierenden statistischen/stochastischen Zusammenhänge.
- Eine Zufallsgröße ist eine Funktion, da sie jedem Ergebnis eines Zufallsexperiments genau eine reelle Zahl zuordnet.
- Es werden diskrete Zufallsgrößen (Zufallsgrößen mit endlich vielen oder höchstens abzählbar unendlich vielen Werten) und stetige Zufallsgrößen (umfassen zufällige reelle Zahlen) unterschieden.

c)
- Der Erwartungswert EX gibt den für eine Zufallsgröße X im Mittel (durchschnittlich) zu erwartenden Wert an.
- Die Varianz (auch Streuung) VarX gibt an, wie stark die Werte einer Zufallsgröße X von ihrem Erwartungswert abweichen (streuen/variieren).
(Die Varianz VarX kann als Erwartungswert der quadratischen Abweichung der Zufallsgröße X von ihrem Erwartungswert EX aufgefasst werden.)

- Als Standardabweichung σ ist die Quadratwurzel aus der Varianz einer Zufallsgröße X festgelegt. (Durch das Ziehen der Quadratwurzel aus VarX wird Maßeinheitengleichheit mit der Zufallsgröße X erreicht.)

d) – n – Anzahl der Erfolge;
p – Erfolgswahrscheinlichkeit;
$1 - p = q$ – Misserfolgswahrscheinlichkeit
Erwartungswert: $EX = n \cdot p$
Varianz: $VarX = n \cdot p \cdot (1 - p)$
Standardabweichung: $\sigma = \sqrt{VarX} = \sqrt{n \cdot p \cdot (1 - p)}$

HA 7

a) Die Zufallsexperimente (1) bis (4) sind BERNOULLI-Experimente, da
- stets ein Zufallsexperiment (ZE) mit genau zwei möglichen Ereignissen
  (1) E: „Sechs"; $\overline{E}$: „Keine Sechs"
  (2) E: „Vier"; $\overline{E}$: „Keine Vier"
  (3) E: „Ausschuss"; $\overline{E}$: „Kein Ausschuss"
  (4) E: „Falschparker"; $\overline{E}$: „Kein Falschparker"
  vorliegt,
- auf jeder Stufe des ZE die Wahrscheinlichkeit der beiden Ereignisse (Ereignis E und Gegenereignis $\overline{E}$) unverändert bleibt,
- jedes der vier ZE aus einer endlichen Anzahl voneinander unabhängiger Einzelversuche besteht.

Die Zufallsgröße X darf – da stets ein BERNOULLI-Experiment vorliegt – jeweils als binomialverteilt angenommen werden.

b) Erwartungswert: $\mu = EX = n \cdot p$; Varianz: $VarX = n \cdot p \cdot (1 - p)$; Standardabweichung $\sigma = \sqrt{VarX}$

ZE	Erwartungswert μ	Varianz VarX	Standardabweichung σ	$1{,}96\,\sigma$
(1)	$\mu = 500 \cdot \frac{1}{6} \approx 83{,}3$	$VarX = 500 \cdot \frac{1}{6} \cdot \frac{5}{6} \approx 69{,}4$	$\sigma \approx 8{,}3$	$1{,}96\,\sigma \approx 16{,}3$
(2)	$\mu = 350 \cdot \frac{1}{4} = 87{,}5$	$VarX = 350 \cdot \frac{1}{4} \cdot \frac{3}{4} \approx 65{,}6$	$\sigma \approx 8{,}1$	$1{,}96\,\sigma \approx 15{,}9$
(3)	$\mu = 100 \cdot 0{,}01 = 1$	$VarX = 100 \cdot 0{,}01 \cdot 0{,}99 = 0{,}99$	$\sigma \approx 0{,}995$	$1{,}96\,\sigma \approx 1{,}95$
(4)	$\mu = 50 \cdot \frac{1}{5} = 10$	$VarX = 50 \cdot \frac{1}{5} \cdot \frac{4}{5} = 8$	$\sigma \approx 2{,}8$	$1{,}96\,\sigma \approx 5{,}5$

c)

ZE	$\mu - 1{,}96\,\sigma < X < \mu + 1{,}96\,\sigma$	Ablehnungsbereich $\overline{A}$
(1)	$67{,}0 < X < 99{,}6 \Rightarrow 67 < X < 100$	zweiseitig: $\overline{A} = \{0; \ldots; 67\} \cup \{100; \ldots; 500\}$
(2)	$71{,}6 < X < 103{,}4 \Rightarrow 71 < X < 104$	zweiseitig: $\overline{A} = \{0; \ldots; 71\} \cup \{104; \ldots; 350\}$
(3)	$-0{,}95 < X < 2{,}95 \Rightarrow 0 \leq X < 3$	einseitig: $\overline{A} = \{3; \ldots; 100\}$
(4)	$4{,}5 < X < 15{,}5 \Rightarrow 4 < X < 16$	zweiseitig: $\overline{A} = \{0; \ldots; 4\} \cup \{16; \ldots; 50\}$

HA 8

a) Der geäußerte Verdacht wird bei „zu häufigem" bzw. „sehr häufigem" Fallen einer Augenzahl oder dem „zu seltenen" bzw. „sehr seltenen" Fallen einer Augenzahl auftreten.
Die Fairness des Würfelspiels ist nicht beeinträchtigt, wenn von allen vier Spielern für das Spiel nur der eine (der verdächtige) Würfel verwendet wird *und* für alle Spieler als Gewinnzahl dieselbe Augenzahl vereinbart ist.

b) Qualität des Würfels hat *Einfluss* auf die Fairness des Spiels, z. B.:
- Es wird ein und derselbe Würfel verwendet, wobei mindestens einer der Spieler bei einer anderen Augenzahl als seine Mitspieler gewinnt.
- Es verwendet mindestens einer der Spieler einen anderen Würfel als seine Mitspieler.
  (Die verwendeten Würfel müssten dann auf jeden Fall LAPLACE-Würfel sein.)

Qualität des Würfels hat *keinen Einfluss* auf die Fairness des Spiels, z. B.:
- Es wird von allen Spielern ein und derselbe Würfel verwendet, wobei für alle Spieler dieselbe Augenzahl als Gewinnzahl vereinbart ist (vgl. auch Teilaufgabe a).
- Es wird mit vier Würfeln gespielt. Jeder der Spieler verwendet zunächst den „eigenen" Würfel. Nach jeder Runde (vier Spiele) gibt jeder Spieler „seinen" Würfel an den Nachbarspieler weiter.

c) Würde es sich um einen LAPLACE-Würfel handeln, dann müsste jede der Augenzahlen 1 bis 6 mit der Wahrscheinlichkeit $\frac{1}{6}$ auftreten. Bei 1500-maligem Werfen des Würfels dürfte daher jede Augenzahl etwa 250-mal erwartet werden. Sind die Abweichungen hiervon „erheblich", wird man den Verdacht als erhärtet ansehen.

Mögliche Häufigkeitsverteilung:

Augenzahl	1	2	3	4	5	6	Anzahl der Würfe
absolute Häufigkeit	240	180	175	345	300	260	1500

(Bei der „Konstruktion" einer Häufigkeitsverteilung ist zu beachten, dass die gegenüberliegenden Augenzahlen eines „normalen" Würfels die Augenzahlsumme 7 ergeben. Fällt eine Augenzahl sehr häufig (hier die Augenzahl 4), wird die ihr gegenüberliegende Augenzahl (hier 3) i. Allg. deutlich weniger häufig fallen.)

Verallgemeinerung:
Zu beurteilen ist, wann eine „erhebliche" Abweichung von der idealen Häufigkeitsverteilung vorliegt. Zur Beurteilung kann die *Entscheidungsregel* $\mu - 1{,}96\,\sigma < X < \mu + 1{,}96\,\sigma$ herangezogen werden (Berechnen des Erwartungswertes $\mu = EX$, der Varianz $VarX = n \cdot p \cdot (1 - p)$ und der Standardabweichung $\sigma = \sqrt{VarX}$; vgl. auch Aufgabe HA 7).

Die Zufallsgröße X beschreibe jeweils die Anzahl der „erwürfelten" Einsen, Zweien, …, Sechsen beim 1500-maligen Werfen des „verdächtigen" Würfels.

$n = 1500;\ p = \frac{1}{6};\ \mu = 250;\ VarX \approx 208{,}3;\ \sigma \approx 14{,}4;\ 1{,}96\,\sigma \approx 28{,}2;$

$221{,}8 < X < 278{,}2 \Rightarrow 221 < X < 279;$

zweiseitiger Ablehnungsbereich: $\overline{A} = \{0; \ldots; 221\} \cup \{279; \ldots; 1500\}$

Den Verdacht, dass der verwendete Würfel nicht in Ordnung (kein L-Würfel) ist, wird man als bestätigt ansehen, wenn bei den 1500 Würfen Augenzahlen weniger als 222-mal oder mehr als 278-mal fallen.

d) Der Würfel ist nicht in Ordnung. Wegen des ermittelten Ablehnungsbereiches $\overline{A}$ (siehe Verallgemeinerung in Teilaufgabe c) gilt $310 \in \overline{A}$.

e) Der Würfel ist nicht in Ordnung. Wegen des ermittelten Ablehnungsbereiches A (siehe Verallgemeinerung in Teilaufgabe c) gilt $183 \in \overline{A}$.

HA 9

a) Die beiden gegensätzlichen Auffassungen lassen sich durch die Hypothesen
H_M: $p > 0{,}75$ (Marketingabteilung: „mehr als 75 %") und
H_H: $p \leq 0{,}75$ (Hersteller: „höchstens 75 %") beschreiben.
Der Parameter p gibt die Wahrscheinlichkeit an, mit der ein Konfitüre-Käufer die Konfitüre „Hm" kauft.

b) Wird in der Stichprobe eine (sehr) große Anzahl von Käufern der Konfitüre „Hm" festgestellt, so spricht dies für die Hypothese H_M und gleichzeitig gegen die Hypothese H_H.
Eine (sehr) geringe Anzahl von Käufern der Konfitüre „Hm" in der Stichprobe spricht für die Hypothese H_H und gegen die Hypothese H_M.

c) Hypothese H_M: $p > 0{,}75$
Annahme 1:
In Wirklichkeit kaufen mehr als 75 % der Konfitüre-Käufer die Konfitüre „Hm". Die Stichprobe ergibt jedoch eine (sehr) geringe Anzahl von Käufern dieser Konfitüre.
Die Marketingabteilung müsste ihre Auffassung revidieren und einer – in Wirklichkeit überflüssigen – zusätzlichen Werbung zustimmen. Zusätzliche Werbung wird nicht schädlich sein, bedeutet bei dieser Fehlentscheidung jedoch unnötige finanzielle Aufwendungen (hier Fehler 1. Art).
Annahme 2:
In Wirklichkeit kaufen höchstens 75 % der Konfitüre-Käufer die Konfitüre „Hm". Die Stichprobe ergibt jedoch eine (sehr) große Anzahl von Käufern dieser Konfitüre.
Die Marketingabteilung sieht ihre Auffassung bestätigt; eine – in Wirklichkeit sinnvolle – zusätzliche Werbung wird nicht durchgeführt. Bei dieser Fehlentscheidung werden zwar finanzielle Mittel eingespart; zusätzliche Werbung wäre aber im Interesse des Erreichens der Verkaufsziele durchaus sinnvoll gewesen. So wird der Absatz wahrscheinlich geringer ausfallen als angenommen (hier Fehler 2. Art).

Hypothese H_H: $p \leq 0{,}75$
Annahme 1:
In Wirklichkeit kaufen höchstens 75 % der Konfitüre-Käufer die Konfitüre „Hm". Die Stichprobe ergibt jedoch eine (sehr) große Anzahl von Käufern dieser Konfitüre.
Der Hersteller müsste seine Auffassung revidieren. Eine – in Wirklichkeit sinnvolle – zusätzliche Werbung findet nicht statt. Bei dieser Fehlentscheidung werden finanzielle Mittel eingespart; der Absatz der Konfitüre „Hm" wird jedoch geringer ausfallen als angenommen (hier Fehler 1. Art).
Annahme 2:
In Wirklichkeit kaufen mehr als 75 % der Konfitüre-Käufer die Konfitüre „Hm". Die Stichprobe ergibt jedoch eine (sehr) geringe Anzahl von Käufern dieser Konfitüre.

Der Hersteller sieht seine Auffassung bestätigt; eine – in Wirklichkeit überflüssige – zusätzliche Werbung wird durchgeführt. Bei dieser Fehlentscheidung gilt wieder, dass zusätzliche Werbung nicht schädlich sein wird, jedoch unnötige finanzielle Aufwendungen bedeutet (hier Fehler 2. Art).

d) Die möglichen Fehlentscheidungen stehen bezüglich der beiden Hypothesen „in einem umgekehrten Verhältnis" zueinander. Der Fehler 1. Art (Fehler 2. Art) bezüglich der Hypothese H_M bedeutet einen Fehler 2. Art (Fehler 1. Art) bezüglich der Hypothese H_H.

HA 10

Bei der Befragung geben 36 % ($\frac{72}{200}$) der Befragten an, den Kandidaten wählen zu wollen. Dieser Wert „erscheint" gegenüber dem 50 %-Anteil doch recht gering. Man wird vermuten, dass der Kandidat K weniger als 50 % der Stimmen erreicht.
Beschreibt die Zufallsgröße X die Anzahl der Wähler, die für den Kandidaten stimmen, so gilt (im Idealfall): $X \sim B_{200;\,0,5}$ und
$P(X \leq 72) = B_{200;\,0,5}(\{0; 1; \ldots; 72\}) = 0{,}00005$ (Tabellenwert).
Man würde bei obiger Entscheidung – hinsichtlich eines Fehlers 2. Art – praktisch nicht irren.

HA 11

a) Berechnen der Wahrscheinlichkeit:
Die Zufallsgröße X beschreibe die Anzahl der geschädigten Bäume unter den 50 Bäumen in der Stichprobe. Die Zufallsgröße X kann als binomialverteilt mit den Parametern n = 50 und p = 0,5 angenommen werden; $X \sim B_{50;\,0,5}$.

$$\begin{aligned} P(X < 20 \text{ oder } X > 30) &= P(X \leq 19 \text{ oder } X \geq 31) = P(X \leq 19) + P(X \geq 31) \\ &= B_{50;\,0,5}(\{0; 1; \ldots; 19\}) + B_{50;\,0,5}(\{0; 1; \ldots; 50\}) - B_{50;\,0,5}(\{0; 1; \ldots; 30\}) \\ &= 0{,}05946 + 1 - 0{,}94054 = 0{,}05946 + 0{,}05946 = 0{,}11892 \end{aligned}$$

(Wegen der symmetrischen Verteilung von $B_{50;\,0,5}$ hätte auch sofort mit $P(X \leq 19 \text{ oder } X \geq 31) = 2 \cdot P(X \leq 19)$ gerechnet werden können.)
Mit einer Wahrscheinlichkeit von etwa 12 % werden weniger als 20 oder mehr als 30 geschädigte Bäume festgestellt.

b) Wenn für dieses Waldgebiet die gleiche Annahme (die Hälfte aller Bäume ist geschädigt) zuträfe, so wären bei 50 überprüften Bäumen etwa 25 (Erwartungswert $EX = n \cdot p = 50 \cdot 0{,}5 = 25$) geschädigte Bäume zu erwarten. Um den gegebenen Wert der Zufallsgröße X = 35 zu interpretieren, wird die Wahrscheinlichkeit $P(X \geq 35)$ ermittelt:
$P(X \geq 35) = 1 - B_{50;\,0,5}(\{0; 1; \ldots; 34\}) = 1 - 0{,}99670 = 0{,}0033$.
Somit ist es sehr unwahrscheinlich, dass die obige Annahme auch für dieses Waldgebiet zutrifft. Vielmehr ist anzunehmen, dass hier mehr geschädigte als gesunde Bäume vorhanden sind.

H 1.2 Testen einer unbekannten Wahrscheinlichkeit; Alternativtests

HA 12 *(Zur Wiederholung)*

a) Bei gleichem n (z. B. n = 20) sind folgende Unterschiede/Veränderungen erkennbar:
Histogramm für $B_{20;\,0,1}(\{k\})$; Erwartungswert EX = 2:
„sehr weit nach links zur B-Achse gedrängt liegende wenige und hohe Rechteckstreifen erkennbar; sehr unsymmetrisch"
Histogramm für $B_{20;\,0,3}(\{k\})$; Erwartungswert EX = 6:
„Wanderung der Rechteckstreifen nach rechts in Richtung der k-Achse; mehr und flachere Rechteckstreifen erkennbar; symmetrischer"
Histogramm für $B_{20;\,0,5}(\{k\})$; Erwartungswert EX = 10:
„weiteres Wandern der Rechteckstreifen nach rechts in Richtung der k-Achse; noch mehr und noch flachere Rechteckstreifen erkennbar; symmetrisch"
Je größer der Erwartungswert $\mu = EX = n \cdot p$ wird, desto weiter hat sich das gesamte Histogramm „nach rechts" verschoben. Im Beispiel wird für p = 0,5 symmetrische Lage bezüglich des Erwartungswertes EX = 10 (n = 20) erreicht.
Anmerkung:
Hier bieten sich gute Ansatzmöglichkeiten zur weiterführenden anschaulichen Erarbeitung bzw. Wiederholung des Grenzwertsatzes von DE MOIVRE-LAPLACE zur Binomialverteilung.

HA 13

a) Mögliche Fehlentscheidungen beim Testen von Hypothesen; Beispiel (vgl. auch Aufgabe HA 9):
Es wird der Baumbestand eines Waldgebietes untersucht. Es interessiert die Anzahl der vom Borkenkäfer befallenen Bäume.
(Null-)Hypothese: Es sind mehr als die Hälfte [höchstens die Hälfte] aller Bäume des Waldgebietes befallen.
Stichprobenergebnis:
(1) Es wird festgestellt, dass sehr viele [sehr wenige] Bäume befallen sind.
(2) Es wird festgestellt, dass sehr wenige [sehr viele] Bäume befallen sind.

Annahme: Die (Null-)Hypothese ist in Wirklichkeit wahr.

b)

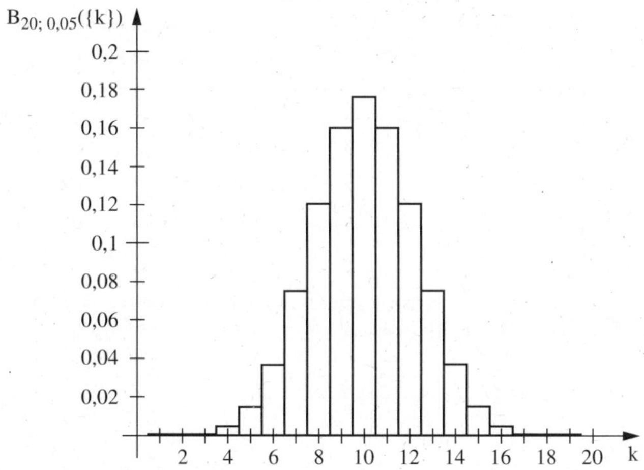

Hinweis:
Die Werte $B_{20;\,0,5}(\{k\})$ können mittels BERNOULLI-Formel oder GTA (vgl. Lehrbuch, S. 348) berechnet oder der Tabelle der Binomialverteilung entnommen werden.

Stichprobenergebnis (1)
Die in Wirklichkeit wahre (Null-)Hypothese wird nicht abgelehnt.
⇒ keine Fehlentscheidung
Stichprobenergebnis (2)
Die in Wirklichkeit wahre (Null-)Hypothese wird (irrtümlich) abgelehnt.
⇒ Fehlentscheidung; Fehler 1. Art

Annahme: Die (Null-)Hypothese ist in Wirklichkeit falsch.
Stichprobenergebnis (1)
Die in Wirklichkeit falsche (Null-)Hypothese kann (irrtümlich) nicht abgelehnt werden.
⇒ Fehlentscheidung; Fehler 2. Art
Stichprobenergebnis (2)
Die in Wirklichkeit falsche (Null-)Hypothese wird abgelehnt.
⇒ keine Fehlentscheidung

Anmerkungen:
Jedes Beispiel weist grundsätzlich bezüglich der (beiden) möglichen Fehlentscheidungen die obige Strukturierung auf (s. auch Beispiel in Aufgabe HA 9).
Mögliche Auswirkungen der Fehlentscheidungen müssten jeweils am konkreten Beispiel diskutiert werden. Eine Verallgemeinerung der Auswirkungen ist nicht ohne Weiteres möglich.
Die beiden extremen Stichprobenergebnisse charakterisieren – anschaulich gesprochen – in Abhängigkeit von der in Wirklichkeit wahren/falschen (Null-)Hypothese jeweils Fehlerbereiche „nach oben" bzw. „nach unten". Die zugehörigen Fehlerwahrscheinlichkeiten möglichst zu berechnen und gering zu halten, ist Anliegen beim Testen von Hypothesen.

b) Fehler 1. Art:
Eine in Wirklichkeit wahre Nullhypothese wird irrtümlich als falsch abgelehnt.
Ist die Nullhypothese (H_0: $p = p_0$) in Wirklichkeit wahr, wird mit einer gewissen Wahrscheinlichkeit ein Fehler 1. Art begangen und zwar genau dann, wenn die zur Entscheidung herangezogene Stichprobe einen Wert aus dem Ablehnungsbereich $\overline{A}_{p_0}$ liefert. Die (summierte) Wahrscheinlichkeit des gesamten Ablehnungsbereiches $P(\overline{A}_{p_0})$ ist somit die Fehlerwahrscheinlichkeit für das Begehen eines Fehlers 1. Art, also $P(\overline{A}_{p_0}) = B_{n;\,p_0}(\overline{A})$. Mit $P(\overline{A}_{p_0}) = 1 - B_{n;\,p_0}(A)$ wird diese Wahrscheinlichkeit über die Wahrscheinlichkeit des Gegenereignisses (Wahrscheinlichkeit dafür, dass die Stichprobe einen Wert aus dem Annahmebereich A liefert) berechnet.

Fehler 2. Art:
Eine in Wirklichkeit falsche Nullhypothese wird irrtümlich nicht als falsch abgelehnt.
Ist die Nullhypothese (H_0: $p = p_0$) in Wirklichkeit falsch (für die Grundgesamtheit trifft p_0 nicht zu, also $p \neq p_0$), wird mit einer gewissen Wahrscheinlichkeit ein Fehler 2. Art begangen und zwar genau dann, wenn die zur Entscheidung herangezogene Stichprobe einen Wert aus dem Annahmebereich A liefert. Die (summierte) Wahrscheinlichkeit des gesamten Annahmebereiches P(A) ist somit die Fehlerwahrscheinlichkeit für das Begehen eines Fehlers 2. Art. Die Wahrscheinlichkeit des Fehlers 2. Art kann nur eindeutig berechnet werden, wenn zahlenmäßig konkret feststeht, was $p \neq p_0$ bedeutet. Dies ist nur bei einem Alternativtest möglich. Die Alternativhypothese muss die Form H_1: $p = p_1$ haben. Für die Wahrscheinlichkeit des Fehlers 2. Art gilt dann $P(A_{p_1}) = B_{n;\,p_1}(A)$ bzw. mithilfe der Wahrscheinlichkeit des Gegenereignisses $P(A_{p_1}) = 1 - B_{n;\,p_1}(\overline{A})$.

HA 14 *(Zur Wiederholung)*

a) – In der modernen Stochastik wird eine Vielzahl von Zufallsexperimenten durch Urnenmodelle (Zeit- und Kostenersparnis) simuliert.
– Wahrscheinlichkeiten von interessierenden Ereignissen werden mithilfe entsprechender Urnenmodelle experimentell ermittelt.
– Urnenmodell:
Ein praktischer Sachverhalt wird modelliert, indem in ein geeignetes Gefäß (die sog. Urne) verschiedenfarbige (ansonsten

nicht unterscheidbare) Kugeln in bestimmter, sachadäquater Anzahl gebracht und gut gemischt werden. Die verschiedenfarbigen Kugeln haben verschiedene praktische Bedeutung. Die jeweilige Anzahl der Kugeln steht für die Wahrscheinlichkeit. Durch zufälliges Ziehen (auf einen Griff, mit oder ohne Zurücklegen) wird ein praktischer Zufallsprozess simuliert.

– Praktische Beispiele:
(Die Beispiele sind dem Lehrbuch *TCP Mathematik Schuljahrgang 11 – Ausgabe Sachsen-Anhalt*; ISBN 3-89517-246-4, des PAETEC Schulbuchverlags entnommen.)

Praktisches Beispiel	Geeignetes Urnenmodell
Von 1000 (wahllos) untersuchten Bäumen eines Waldgebietes wiesen 383 **Schäden durch Borkenkäfer-Befall** auf. Es soll festgestellt werden, mit welcher Wahrscheinlichkeit ein (zufällig ausgewählter) Baum dieses Waldgebietes Schäden durch Borkenkäfer aufweist (Ereignis S).	In einer Urne befinden sich genau 383 schwarze und 617 weiße Kugeln, insgesamt 1000 Kugeln. Zufallsexperiment: **jeweils einmaliges Ziehen einer Kugel mit Zurücklegen** Das Ziehen einer weißen Kugel charakterisiert das interessierende Ereignis S. $P(S) = \frac{383}{1000} = 0{,}383$
In einem **Aufnahmetest** sind zu fünf Fragen einer Gruppe jeweils drei Antworten – eine richtige und zwei falsche – vorgegeben. Zu jeder Frage ist genau eine der drei vorgegebenen Antworten anzukreuzen. Es soll festgestellt werden, mit welcher Wahrscheinlichkeit durch Raten bei den fünf Fragen in der Gruppe genau einmal eine richtige Antwort angekreuzt wird (Ereignis R).	Eine Urne enthält genau 15 Kugeln, zehn schwarze Kugeln (für „falsche Antwort") und fünf weiße Kugeln (für „richtige Antwort"). Zufallsexperiment: **jeweils fünfmaliges Ziehen einer Kugel mit Zurücklegen** Das Ziehen einer weißen Kugel und vier schwarzer Kugeln charakterisiert das interessierende Ereignis R. $P(R) = 5 \cdot \frac{1}{3} \cdot (\frac{2}{3})^4 = \frac{80}{243} \approx 0{,}329$
Bei einer **Qualitätsprüfung** von 500 Disketten ist bekannt, dass (höchstens) 1 % fehlerhaft sind. Es soll festgestellt werden, mit welcher (Höchst-)Wahrscheinlichkeit zwei zufällig entnommene Disketten beide fehlerhaft sind (Ereignis F).	Eine Urne enthält genau 500 Kugeln, fünf schwarze Kugeln und 495 weiße Kugeln. Zufallsexperiment: **jeweils zweimaliges Ziehen ohne Zurücklegen** Das Ziehen zweier schwarzer Kugeln charakterisiert das interessierende Ereignis F. $P(F) = \frac{5}{500} \cdot \frac{4}{499} = \frac{1}{12475} \approx 0{,}0001$

b) Unterschiede:
Beim Ziehen mit Zurücklegen hängt das Ergebnis des zweiten (dritten, ...) Ziehens *nicht* vom Ergebnis des ersten (zweiten, ...) Ziehens ab. Die Ergebnisse des Ziehens sind voneinander *unabhängig*.
Beim Ziehen ohne Zurücklegen hängt das Ergebnis des zweiten (dritten, ...) Ziehens vom Ergebnis des ersten (zweiten, ...) Ziehens ab. Die Ergebnisse des Ziehens sind voneinander *abhängig*.
Gemeinsamkeiten:
Das Ziehen erfolgt stets „blindlings", „zufällig", „auf gut Glück" aus einer „gut durchmischten" Urne.
Die Ziehungsarten sind mathematisch beschreibbar (Binomialverteilung bzw. hypergeometrische Verteilung).
Besonderheiten:
Unter bestimmten Bedingungen ist es praktisch unbedeutend, ob das Ziehen mit oder ohne Zurücklegen erfolgt (vgl. Teilaufgabe c).

c) Das Ziehen ohne Zurücklegen darf hinreichend genau als Ziehen mit Zurücklegen betrachtet werden, wenn aus einer Urne mit sehr vielen Kugeln insgesamt nur sehr wenige Kugeln gezogen werden (praktisch Unabhängigkeit des Ziehens, da kleine Stichprobe aus großer Grundgesamtheit).
Praktische Beispiele:
– insbesondere Qualitätsprüfungen (nahezu jeglicher Art); vgl. z. B. „Qualitätsprüfung von Disketten" (Teilaufgabe a)
– Untersuchung von Waldbeständen; vgl. „Borkenkäfer-Befall" (Teilaufgabe a)
Es soll festgestellt werden, mit welcher Wahrscheinlichkeit höchstens fünf zufällig ausgewählte Bäume befallen sind (Annahme von Unabhängigkeit und Nutzung der BERNOULLI-Formel).
– Ermittlung des Bestandes von Wildkaninchen in einem großen Waldgebiet
(Es werden z. B. 200 Kaninchen eingefangen und mit einer Marke versehen. Gewisse Zeit später – nach guter „Durchmischung" – werden erneut 200 Kaninchen eingefangen. Aus dem Anteil a der Kaninchen mit Marke unter den 200 Kaninchen lässt sich auf die Gesamtzahl x der Kaninchen im Waldgebiet schließen: $\frac{200}{x} \approx \frac{a}{200}$)

HA 15

a) Die Art und Weise des Ziehens darf vernachlässigt werden, wenn – wie in der Aufgabe – davon auszugehen ist, dass eine Stichprobe mit einem vergleichsweise kleinen Umfang aus einer großen Grundgesamtheit gezogen wird.

b) Da zwischen zwei Hypothesen („60 %-Angabe" oder „30 %-Angabe" ist zutreffend) alternativ zu entscheiden ist, wird ein Alternativtest durchgeführt.
Aufgrund der Festlegung, dass kleine Werte der Zufallsgröße X gegen die 60 %-Angabe sprechen ($X \geq 5$ *für* 60 %-Angabe), kann der Test als linksseitiger Alternativtest mit der Nullhypothese H_0: $p_0 = 0{,}60$ durchgeführt werden.
Da analog große Werte der Zufallsgröße X gegen die 30 %-Angabe sprechen, kann der Test natürlich ebenso als rechtsseitiger Alternativtest mit der Nullhypothese H_0: $p_0 = 0{,}30$ durchgeführt werden.

c) linksseitiger Alternativtest; H_0: $p_0 = 0{,}60$; H_1: $p_1 = 0{,}30$
$\overline{A} = \{0; 1; \ldots; 4\}$
Fehler 1. Art: $\alpha = P(\overline{A}_{p_0}) = B_{10;\,0,6}(\{0; 1; \ldots; 4\}) = 0{,}16624$; $\alpha \approx 16{,}6\ \%$
Fehler 2. Art: $\beta = P(A_{p_1}) = B_{10;\,0,3}(\{5; 6; \ldots; 10\}) = 1 - B_{10;\,0,3}(\{0; 1; \ldots; 4\}) = 1 - 0{,}84973 = 0{,}15027$; $\beta \approx 15{,}0\ \%$
rechtsseitiger Alternativtest; H_0: $p_0 = 0{,}30$; H_1: $p_1 = 0{,}60$
$\overline{A} = \{5; 6; \ldots; 10\}$
Fehler 1. Art: $\alpha = P(\overline{A}_{p_0}) = B_{10;\,0,3}(\{5; 6; \ldots; 10\}) = 1 - B_{10;\,0,3}(\{0; 1; \ldots; 4\}) = 0{,}15027$; $\alpha \approx 15{,}0\ \%$
Fehler 2. Art: $\beta = P(A_{p_1}) = B_{10;\,0,6}(\{0; 1; \ldots; 4\}) = 0{,}16624$; $\beta \approx 16{,}6\ \%$

HA 16

a) X sei die zufällige Anzahl blauer Kugeln. X ist binomialverteilt mit den Parametern n = 20 und p.
H_0: $p = 0{,}25$ (Nullhypothese) H_1: $p = 0{,}60$ (Gegenhypothese)

b) Annahmebereich $A = \{0; 1; 2; \ldots; 7\}$ Ablehnungsbereich $\overline{A} = \{8; \ldots; 20\}$

c) Fehler der 1. Art bedeutet, dass H_0 abgelehnt wird, obwohl H_0 wahr ist.
Wahrscheinlichkeit für Fehler 1. Art:
$B_{20;\,0,25}(\overline{A}) = B_{20;\,0,25}(\{8; \ldots; 20\}) = 1 - B_{20;\,0,25}(\{0; \ldots; 7\}) = 0{,}10181 \approx 0{,}10$
Fehler 2. Art bedeutet, dass H_0 angenommen wird, obwohl H_0 falsch ist.
Wahrscheinlichkeit für Fehler 2. Art:
$B_{20;\,0,60}(A) = B_{20;\,0,60}(\{0; \ldots; 7\}) = 0{,}02103 \approx 0{,}02$

HA 17

Man leitet aus dem Bekannten ab: In der Urne sind entweder 40 rote Kugeln (und dann 60 blaue) oder 60 rote Kugeln (und dann 40 blaue). Insgesamt werden 100 Kugeln (also nur rote und blaue) in der Urne angenommen. (Das Ziehen der Stichprobe erfolge mit Zurücklegen.)

a) Konstruieren eines „klassischen" Alternativtests, z. B.:
Nullhypothese H_0: $p_0 = 0{,}4$ (40 rote Kugeln) Alternativ-/Gegenhypothese H_1: $p_1 = 0{,}6$ (60 rote Kugeln)
Stichprobenumfang $n = 10$ gewähltes Signifikanzniveau $\alpha = 0{,}05$
Die Zufallsgröße X beschreibe die Anzahl der roten Kugeln in der Stichprobe; $X \sim B_{10;\,0,4}$ (bei wahrer Nullhypothese). Der Alternativtest muss rechtsseitig angelegt werden, da sehr große Werte der Zufallsgröße X gegen die Nullhypothese sprechen.
Ermitteln bzw. Festlegen des Ablehnungsbereiches $\overline{A}$: $\overline{A} = \{k; k+1; \ldots; 10\}$
$P(\overline{A}_{p_0}) = P(X \ge k) = B_{10;\,0,4}(\{k; k+1; \ldots; 10\}) = 1 - B_{10;\,0,4}(\{0; 1; \ldots; k-1\}) \le \alpha$
$B_{10;\,0,4}(\{0; 1; \ldots; k-1\}) = 0{,}98771 \ge 0{,}95 \Rightarrow k = 8$
Ablehnungsbereich: $\overline{A} = \{8; 9; 10\}$ und somit Annahmebereich: $A = \{0; 1; \ldots; 7\}$
Enthält die Stichprobe mehr als 7 rote Kugeln, entscheidet man sich gegen die Nullhypothese und schlussfolgert: In der Urne sind 60 rote Kugeln (und 40 blaue Kugeln). Anderenfalls wird die Nullhypothese aufrecht erhalten.

b) Berechnen der (genauen) Wahrscheinlichkeit für den Fehler 1. Art:
$\alpha = P(\overline{A}_{p_0}) = P(X \ge k) = B_{n;\,p_0}(\overline{A}) = 1 - B_{n;\,p_0}(A)$; $\alpha = 1 - B_{10;\,0,4}(\{0; 1; \ldots; 7\}) = 1 - 0{,}98771 = 0{,}01229$; $\alpha \approx 0{,}012$; $\alpha \approx 1{,}2\ \%$
Berechnen der Wahrscheinlichkeit für den Fehler 2. Art:
$\beta = P(A_{p_1}) = B_{n;\,p_1}(A) = 1 - B_{n;\,p_1}(\overline{A})$; $\beta = B_{10;\,0,6}(\{0; 1; \ldots; 7\}) = 0{,}83271$; $\beta \approx 0{,}833$; $\beta \approx 83{,}3\ \%$
Anmerkung/Variante: Vergleicht man die Wahrscheinlichkeiten der beiden Fehler, so ist die des Fehlers 1. Art (unnötig) gering und die des Fehlers 2. Art (dann zwangsweise) sehr hoch. Will man (bei gleichem Stichprobenumfang n = 10) die Wahrscheinlichkeiten für beide Fehler einander annähern, könnte der Ablehnungsbereich (und somit der Annahmebereich) verändert werden, z. B.:
$\overline{A} = \{6; 7; \ldots; 10\}$ und $A = \{0; 1; \ldots; 5\}$
Man ermittelt nun die folgenden Wahrscheinlichkeiten für die beiden möglichen Fehler:
Fehler 1. Art:
$\alpha = 1 - B_{10;\,0,4}(\{0; 1; \ldots; 5\}) = 1 - 0{,}83376 = 0{,}16624$
$\alpha \approx 0{,}166$; $\alpha \approx 16{,}6\ \%$
Fehler 2. Art:
$\beta = B_{10;\,0,6}(\{0; 1; \ldots; 5\}) = 0{,}36690$
$\beta \approx 0{,}367$; $\beta \approx 36{,}7\ \%$

HA 18

a) Die Zufallsgröße X beschreibe die Anzahl der roten Kugeln in der Stichprobe (siehe auch HA 17). Im vorliegenden Fall kann nur beim Ziehen *mit* Zurücklegen von einer Binomialverteilung der Zufallsgröße X ausgegangen werden. Beim Ziehen *ohne* Zurücklegen ist die Bedingung „Stichprobe mit kleinem Umfang n aus großer Grundgesamtheit" nicht erfüllt. Ziehen *ohne* Zurücklegen führt auf eine hypergeometrische Verteilung der Zufallsgröße X.
Ziehen *mit* Zurücklegen; X binomialverteilt mit den Parametern n = 5 und p = 0,4; $X \sim B_{n;\,p_0}$ (bei wahrer Nullhypothese):
Nullhypothese H_0 (4 rote Kugeln): $p_0 = 0{,}4$ Alternativ-/Gegenhypothese (6 rote Kugeln): H_1: $p_1 = 0{,}6$
Stichprobenumfang $n = 5$
Für einen rechtsseitigen Alternativtest (große Werte der Zufallsgröße X sprechen gegen die Nullhypothese) könnte als Ablehnungsbereich z. B. $\overline{A} = \{3; 4; 5\}$ und somit als Annahmebereich: $A = \{0; 1; 2\}$ festgelegt werden.

Fehler 1. Art:
$\alpha = P(\overline{A}_{p_0}) = B_{n;\,p_0}(\overline{A}) = 1 - B_{n;\,p_0}(A)$
$\alpha = 1 - B_{5;\,0,4}(\{0;\,1;\,2\}) = 1 - 0{,}68256 = 0{,}31744$
$\alpha \approx 0{,}317;\quad \alpha \approx 31{,}7\ \%$

Fehler 2. Art:
$\beta = P(A_{p_1}) = B_{n;\,p_1}(A) = 1 - B_{n;\,p_1}(\overline{A})$
$\beta = B_{5;\,0,6}(\{0;\,1;\,2\}) = 0{,}31744$
$\beta \approx 0{,}317;\quad \beta \approx 31{,}7\ \%$

Beide Fehlerwahrscheinlichkeiten stimmen bei dem gewählten Ablehnungsbereich überein.

Ziehen *ohne* Zurücklegen; X ist hypergeometrisch verteilt:
Unter Beibehaltung des gewählten Ablehnungs- bzw. Annahmebereiches berechnet man für

– den Fehler 1. Art (X ist hypergeometrisch verteilt mit den Parametern N = 10, n = 5 und K = 4)
$\alpha = P(\overline{A}_{p_0}) = 1 - P(X \le 2) = 1 - [P(X=0) + P(X=1) + P(X=2)]$

$$P(X=k) = \frac{\binom{K}{k}\cdot\binom{N-K}{n-k}}{\binom{N}{n}} \quad 0 \le k \le n;\ k \le K;\ n-k \le N-K;$$

$$P(X=0) = \frac{\binom{4}{0}\cdot\binom{6}{5}}{\binom{10}{5}} = \frac{1\cdot 6}{252} = 0{,}02381$$

$P(X=1) = 0{,}2381$
$P(X=2) = 0{,}47619$
$\alpha = 1 - 0{,}7381 = 0{,}2619$
$\alpha \approx 0{,}262;\quad \alpha \approx 26{,}2\ \%$

– den Fehler 2. Art (X ist hypergeometrisch verteilt mit den Parametern N = 10, n = 5 und K = 6)
$\beta = P(A_{p_1}) = P(X \le 2)$

$$P(X=0) = \frac{\binom{6}{0}\cdot\binom{4}{5}}{\binom{10}{5}} = \frac{1\cdot 0}{252} = 0$$

$P(X=1) = 0{,}02381$
$P(X=2) = 0{,}2381$
$\beta = 0{,}26191$
$\beta \approx 0{,}262;\quad \beta \approx 26{,}2\ \%$

Auch im Falle des Ziehens ohne Zurücklegen stimmen beide Fehlerwahrscheinlichkeiten bei dem gewählten Ablehnungsbereich überein.

b) Für das Ziehen ohne Zurücklegen werden kleinere Fehlerwahrscheinlichkeiten als für das Ziehen mit Zurücklegen berechnet, weil eine Stichprobe ohne Zurücklegen (erst recht bei einem verhältnismäßig großen Stichprobenumfang; hier wird die Hälfte aller Kugeln aus der Urne gezogen) mehr Informationen liefert als eine Stichprobe mit Zurücklegen.

HA 19

X ist die Anzahl der brauchbaren Schläuche. X kann näherungsweise als binomialverteilt mit den Parametern n und p angenommen werden (eigentlich liegt eine hypergeometrische Verteilung vor).
H_0: p = 0,90 H_1: p = 0,75

a) $n = 20 \Rightarrow A = \{k;\,\ldots;\,20\}$ $\overline{A} = \{0;\,\ldots;\,k-1\}$
$B_{20;\,0,90}(\overline{A}) < 0{,}05 \Rightarrow$ $\overline{A} = \{0;\,1;\ldots;\,15\}$ und $A = \{16;\,\ldots;\,20\}$
Wahrscheinlichkeit für den Fehler 2. Art: $B_{20;\,0,75}(A) = 1 - B_{20;\,0,75}(\{0;\,\ldots;\,15\}) = 0{,}41484 \approx 0{,}41$

b) $n = 50;\ B_{50;\,0,90}(\overline{A}) < 0{,}05 \Rightarrow \overline{A} = \{0;\,\ldots;\,40\}$ und $A = \{41;\,\ldots;\,50\}$
Wahrscheinlichkeit für den Fehler 2. Art: $B_{50;\,0,75}(A) = 1 - B_{50;\,0,75}(\overline{A}) = 0{,}16368 \approx 0{,}16$

c) $n = 100;\ B_{100;\,0,90}(\overline{A}) < 0{,}05 \Rightarrow \overline{A} = \{0;\,\ldots;\,84\}$ und $A = \{85;\,\ldots;\,100\}$
Wahrscheinlichkeit für den Fehler 2. Art: $B_{100;\,0,75}(A) = 1 - B_{100;\,0,75}(\overline{A}) = 0{,}01108 \approx 0{,}01$

HA 20

a) Die Zufallsgröße X zähle die (absolute) Häufigkeit, mit der das interessierende Merkmal auftritt. Für die Zufallsgröße X wird Binomialverteilung angenommen; $X \sim B_{20;\,\frac{1}{6}}$ (bei wahrer Hypothese H_1). Vorgegeben ist das Signifikanzniveau (höchstzulässiger Fehler 1. Art) $\alpha = 0{,}5$ bzw. $\alpha = 50\ \%$.
Große Werte von X sprechen gegen die Hypothese H_1; es wird mit einem rechtsseitigen Alternativtest gearbeitet:
$P(\overline{A}_{p_0}) = P(X \ge k) = B_{20;\,\frac{1}{6}}(\{k;\,k+1;\,\ldots;\,10\}) = 1 - B_{20;\,\frac{1}{6}}(\{0;\,1;\,\ldots;\,k-1\}) \le \alpha$
$B_{20;\,\frac{1}{6}}(\{0;\,1;\,\ldots;\,k-1\}) = 0{,}56655 \ge 0{,}5 \Rightarrow k = 4,$ also $\overline{A} = \{4;\,5;\,\ldots;\,20\};\ A = \{0;\,1;\,2;\,3\}$

b) (genauer) Fehler 1. Art:
$\alpha = P(\overline{A}_{p_0}) = 1 - B_{20;\,\frac{1}{6}}(\{0;\,1;\,2;\,3\}) = 1 - 0{,}56655 = 0{,}43345$
$\alpha \approx 0{,}433;\quad \alpha \approx 43{,}3\ \%$

Fehler 2. Art
$\beta = P(A_{p_1}) = B_{20;\,\frac{1}{3}}(\{0;\,1;\,2;\,3\}) = 0{,}06045$
$\beta \approx 0{,}060;\quad \beta \approx 6{,}0\ \%$

Übersicht (unter Orientierung an der Vierfeldertafel, Lehrbuch, S. 345):

	Hypothese H_1 in Wirklichkeit	
	wahr	falsch
H_1 wird abgelehnt	Entscheidung falsch Fehler 1. Art; $\alpha \approx 43{,}3\ \%$	Entscheidung richtig (56,7 %)
H_1 wird nicht abgelehnt	Entscheidung richtig (94,4 %)	Entscheidung falsch Fehler 2. Art; $\beta \approx 6{,}0\ \%$

Ob der Fehler 1. Art oder der Fehler 2. Art der bedeutsamere (und daher möglichst klein zu haltende) Fehler ist, lässt sich nur am konkreten Sachverhalt entscheiden.

c) Aus der Tafel der Binomialverteilung entnimmt man (nach Vergleichen der Tafelwerte)
$\alpha = P(\overline{A}_{p_0}) = 1 - B_{20;\,\frac{1}{6}}(\{0; 1; 2; 3; 4\}) = 1 - 0{,}76875 = 0{,}23125$; $\beta = P(A_{p_1}) = B_{20;\,\frac{1}{3}}(\{0; 1; 2; 3; 4\}) = 0{,}15151$,
also $\alpha \approx 0{,}231$ bzw. $\alpha \approx 23{,}1\ \%$ und $\beta \approx 0{,}151$; $\beta \approx 15{,}2\ \%$
Für alle anderen Tafelwerte weichen die Wahrscheinlichkeiten der beiden Fehler starker voneinander ab.
Somit ergibt sich der Ablehnungsbereich $\overline{A} = \{5; 6; \ldots; 20\}$ und als Annahmebereich $A = \{0; 1; 2; 3; 4\}$

HA 21

Berechnen der gesuchten Wahrscheinlichkeit dafür, dass diese Annahme falsch ist (Fehler 1. Art):
Nullhypothese H_0: $p_0 = 0{,}25$ (rezessiv) Alternativ-/Gegenhypothese H_1: $p_1 = 0{,}75$ (dominant)
Stichprobenumfang $n = 20$
Die Zufallsgröße X beschreibe die Anzahl der Pflänzchen mit dem dominanten Merkmal. Große Werte von X (mehr als die Hälfte aller Pflänzchen mit dem dominanten Merkmal) sprechen gegen die Nullhypothese; rechtsseitiger Ablehnungsbereich (Alternativtest); $X \sim B_{20;\,0{,}25}$ (bei wahrer Nullhypothese).
$\overline{A} = \{11; 12; \ldots; 20\}$; $\alpha = P(\overline{A}_{p_0}) = B_{n;\,p_0}(\overline{A}) = 1 - B_{n;\,p_0}(A)$, also
$\alpha = 1 - B_{20;\,0{,}25}(\{0; 1; \ldots; 10\}) = 1 - 0{,}99606 = 0{,}00394$; $\alpha \approx 0{,}004$; $\alpha \approx 0{,}4\ \%$
Die gesuchte Wahrscheinlichkeit (für den Fehler 1. Art) ist praktisch 0.
Anmerkung: Die Wahrscheinlichkeit für den Fehler 2. Art beträgt $\beta = P(A_{p_1}) = B_{n;\,p_1}(A) = 1 - B_{n;\,p_1}(\overline{A})$.
$\beta = B_{20;\,0{,}75}(\{0; 1; \ldots; 10\}) = 0{,}01386$; $\beta \approx 0{,}014$; $\beta \approx 1{,}4\ \%$

HA 22

a) Aus den Angaben ist auf die Durchführung eines linksseitigen (Alternativ-)Tests zu schließen.
Nullhypothese H_0: $p_0 = \frac{5}{6}$; Stichprobenumfang: $n = 10$; Entscheidungsregel: Ablehnungsbereich $\overline{A} = \{0; 1; \ldots; 8\}$
Den Restposten irrtümlich nicht zu kaufen, bedeutet einen Fehler 1. Art zu begehen.
$\alpha = P(\overline{A}_{p_0}) = B_{10;\,\frac{5}{6}}(\{0; 1; \ldots; 8\}) = 0{,}51548$; $\alpha \approx 51{,}5\ \%$

b) Den Restposten unter diesen Bedingungen zu kaufen, bedeutet einen Fehler 2. Art zu begehen, denn in Wirklichkeit trifft statt des angegebenen Anteils $\frac{5}{6}$ der Anteil $\frac{1}{2}$ (für graue Kartonage) zu. (Stichprobenumfang und Entscheidungsregel bleiben unverändert.)
Nullhypothese H_0: $p_0 = \frac{5}{6}$; Alternativhypothese H_1: $p_1 = \frac{1}{2}$
$\beta = P(A_{p_1}) = B_{10;\,0{,}5}(\{9; 10\}) = 1 - B_{10;\,0{,}5}(\{0; 1; \ldots; 8\}) = 1 - 0{,}98926 = 0{,}01074$; $\beta \approx 1{,}1\ \%$

c) *zu Aufgabenteil a):*
Offensichtlich ist die Entscheidungsregel nicht geeignet, da die Wahrscheinlichkeit für den Fehler 1. Art noch sehr groß ist.
Variante 1
Es ist zweckmäßig, den Ablehnungsbereich (bei gleichem Stichprobenumfang) zu verkleinern; z. B.:
$\overline{A} = \{0; 1; \ldots; 6\} \Rightarrow \alpha = P(\overline{A}_{p_0}) = B_{10;\,\frac{5}{6}}(\{0; 1; \ldots; 6\}) = 0{,}06973$; $\alpha \approx 7{,}0\ \%$
oder:
$\overline{A} = \{0; 1; \ldots; 5\} \Rightarrow \alpha = P(\overline{A}_{p_0}) = B_{10;\,\frac{5}{6}}(\{0; 1; \ldots; 5\}) = 0{,}01546$; $\alpha \approx 1{,}5\ \%$
Die größtmögliche Wahrscheinlichkeit für den Fehler 1. Art liegt somit im Bereich des üblichen Signifikanzniveaus $\alpha = 0{,}05$ bzw. $\alpha = 5\ \%$.
Variante 2
Es ist möglich, den Stichprobenumfang zu vergrößern (wobei der Ablehnungsbereich ggf. unverändert bleiben kann); z. B.:
$n = 20$ und $\overline{A} = \{0; 1; \ldots; 8\} \Rightarrow \alpha = P(\overline{A}_{p_0}) = B_{20;\,\frac{5}{6}}(\{0; 1; \ldots; 8\}) = 0{,}00002$; $\alpha \approx 0\ \%$
Die Wahrscheinlichkeit für den Fehler 1. Art ist praktisch null und somit unnötig klein.
oder Vergrößerung des Stichprobenumfangs und des Ablehnungsbereiches:
$n = 20$ und $\overline{A} = \{0; 1; \ldots; 13\} \Rightarrow \alpha = P(\overline{A}_{p_0}) = B_{20;\,\frac{5}{6}}(\{0; 1; \ldots; 13\}) = 0{,}03714$; $\alpha \approx 3{,}7\ \%$

zu Aufgabenteil b):
Die Wahrscheinlichkeit für den Fehler 2. Art ist unnötig klein. Die Wahrscheinlichkeit für den Fehler 1. Art ist mit
$\alpha = P(\overline{A}_{p_0}) = B_{10;\,0{,}5}(\{0; 1; \ldots; 8\}) = 0{,}98926$; $\alpha \approx 99{,}0\ \%$
dagegen unvertretbar groß.
Wählt man bei $n = 10$ den verkleinerten Ablehnungsbereich $\overline{A} = \{0; 1; 2\}$, ergibt sich
$\alpha = P(\overline{A}_{p_0}) = B_{10;\,0{,}5}(\{0; 1; 2\}) = 0{,}05469$; $\alpha \approx 5{,}5\ \%$
[$\beta = P(A_{p1}) = B_{10;\,0{,}5}(\{3; 4; \ldots; 10\}) = 1 - B_{10;\,0{,}5}(\{0; 1; 2\}) = 1 - 0{,}05469 = 0{,}94531$; $\beta \approx 94{,}5\ \%$]
Die Fehlerwahrscheinlichkeit des bedeutsameren Fehlers 1. Art kann so („auf Kosten" des Fehlers 2. Art) verringert werden.
Wählt man bei $n = 20$ z. B. den Ablehnungsbereich $\overline{A} = \{0; 1; \ldots; 7\}$, ergeben sich die Fehlerwahrscheinlichkeiten $\alpha = 0{,}13159$; $\alpha \approx 13{,}2\ \%$ und $\beta = 0{,}86841$; $\beta \approx 86{,}8\ \%$

H 1.3 Testen einer unbekannten Wahrscheinlichkeit; Signifikanztests

HA 23

	Signifikanztest (Zufallsgröße X: ZG X; Nullhypothese: H_0)		
	einseitig		zweiseitig
	linksseitig	rechtsseitig	
a) Übersicht	(allein) kleine Werte der ZG X sprechen gegen H_0	(allein) große Werte der ZG X sprechen gegen H_0	sowohl kleine als auch große Werte der ZG X sprechen gegen H_0
b) Beispiele für Ablehnungsbereiche $\overline{A}$ (kritischer Wert k und Stichprobenumfang n variieren)	$\overline{A} = \{0; 1; \ldots; k\}$	$\overline{A} = \{k; k+1; \ldots; n\}$	$\overline{A} = 0; 1; \ldots; k_L\} \cup \{k_R, k_R + 1; \ldots; n\}$
c) Besonderheiten	Als Nullhypothese wird i. Allg. diejenige Hypothese gewählt, bei der der Fehler 1. Art von größerer praktischer Bedeutsamkeit ist (als der i. Allg. nicht eindeutig zu berechnende Fehler 2. Art). Bei einem zweiseitigen Signifikanztest muss das Signifikanzniveau α halbiert werden (da die beiden Teilbereiche des zweiseitigen Ablehnungsbereiches die gleiche statistische Sicherheit besitzen sollen).		
d) Merkzettel	Der Merkzettel MH 7 bietet Orientierung und Vergleichsmöglichkeit.		

HA 24 Es ist jeweils ein zweiseitiger Signifikanztest durchzuführen; das Signifikanzniveau α wird beim Ermitteln des Ablehnungsbereiches halbiert (vgl. Lehrbuch, S. 355).

Linksseitiger Ablehnungsbereich: $P(\overline{A}_{p_0}) = P(X \le k_L) = B_{n;\, p_0}(\{0; 1; \ldots; k_L\}) \le \frac{\alpha}{2} \quad \Rightarrow \quad k_L$

Rechtsseitiger Ablehnungsbereich: $P(\overline{A}_{p_0}) = P(X \ge k_R) = B_{n;\, p_0}(\{k_R; k_R + 1; \ldots; n\}) = 1 - B_{n;\, p_0}(\{0; 1; \ldots; k_R - 1\}) \le \frac{\alpha}{2}$;
$B_{n;\, p_0}(\{0; 1; \ldots; k_R - 1\}) \ge 1 - \frac{\alpha}{2} \quad \Rightarrow \quad k_R$

Ablehnungsbereich: $\overline{A} = \{0; 1; \ldots; k_L\} \cup \{k_R; k_R + 1; \ldots; n\}$

Die Wahrscheinlichkeit für den Fehler 2. Art (β-Fehler) ist nicht eindeutig berechenbar, da zur Gegenhypothese (wegen deren fehlender Spezifikation) unendlich viele verschiedene Wahrscheinlichkeitswerte gehören. Wird ein konkreter Wert p_1 angenommen, so lässt sich ein möglicher Fehler 2. Art berechnen: $\beta = P(A_{p_1}) = B_{n;\, p_1}(A) = 1 - B_{n;\, p_1}(\overline{A})$. (Im Folgenden ist stets ein Wert p_1 sowohl für den linken als auch den rechten Bereich gewählt worden.)

a) $P(X \le k_L) = B_{20;\, 0,5}(\{0; 1; \ldots; k_L\}) = 0,02069 \le 0,025 \quad \Rightarrow \quad k_L = 5$
$P(X \ge k_R) = B_{20;\, 0,5}(\{0; 1; \ldots; k_R - 1\}) = 0,97931 \ge 0,975 \quad \Rightarrow \quad k_R = 15$
$\overline{A} = \{0; 1; \ldots; 5\} \cup \{15; 16; \ldots; 20\}$

Möglicher Fehler 2. Art für $p_1 = 0,75$ bzw. $p_1 = 0,30$
$\beta = B_{20;\, 0,75}(\{6; 7; \ldots; 14\}) = B_{20;\, 0,75}(\{0; 1; \ldots; 14\}) - B_{20;\, 0,75}(\{0; 1; \ldots; 5\}) = 0,38283 - 0;$
$\beta = 0,38283$, also $\beta \approx 0,382$; $\beta \approx 38,3\ \%$
$\beta = B_{20;\, 0,3}(\{6; 7; \ldots; 14\}) = B_{20;\, 0,3}(\{0; 1; \ldots; 14\}) - B_{20;\, 0,3}(\{0; 1; \ldots; 5\}) = 0,99996 - 0,41637$
$\beta = 0,58359$, also $\beta \approx 0,583$; $\beta \approx 58,4\ \%$

b) $P(X \le k_L) = B_{20;\, 0,5}(\{0; 1; \ldots; k_L\}) = 0,00129 \le 0,005 \quad \Rightarrow \quad k_L = 3$
$P(X \ge k_R) = B_{20;\, 0,5}(\{0; 1; \ldots; k_R - 1\}) = 0,99871 \ge 0,995 \quad \Rightarrow \quad k_R = 17$
$\overline{A} = \{0; 1; \ldots; 3\} \cup \{17; 18; \ldots; 20\}$

Möglicher Fehler 2. Art für $p_1 = 0,75$ bzw. $p_1 = 0,30$
$\beta = B_{20;\, 0,75}(\{4; 5; \ldots; 16\}) = B_{20;\, 0,75}(\{0; 1; \ldots; 16\}) - B_{20;\, 0,75}(\{0; 1; 2; 3\}) = 0,77484 - 0$
$\beta = 0,77484$, also $\beta \approx 0,774$; $\beta \approx 77,5\ \%$
$\beta = B_{20;\, 0,3}(\{4; 5; \ldots; 14\}) = B_{20;\, 0,3}(\{0; 1; \ldots; 16\}) - B_{20;\, 0,3}(\{0; 1; 2; 3\}) = 1 - 0,10709$
$\beta = 0,89291$, also $\beta \approx 0,892$; $\beta \approx 89,3\ \%$

c) $P(X \le k_L) = B_{100;\, 0,8}(\{0; 1; \ldots; k_L\}) = 0,02002 \le 0,025 \quad \Rightarrow \quad k_L = 71$
$P(X \ge k_R) = B_{100;\, 0,8}(\{0; 1; \ldots; k_R - 1\}) = 0,98743 \ge 0,975 \quad \Rightarrow \quad k_R = 89$
$\overline{A} = \{0; 1; \ldots; 71\} \cup \{89; 90; \ldots; 100\}$

Möglicher Fehler 2. Art für $p_1 = 0,95$ bzw. $p_1 = 0,50$
$\beta = B_{100;\, 0,95}(\{72; 73; \ldots; 88\}) = B_{100;\, 0,95}(\{0; 1; \ldots; 88\}) - B_{100;\, 0,95}(\{0; 1; \ldots; 71\})$
$\beta = 0,00427 - 0 = 0,00427$, also $\beta \approx 0,004$; $\beta \approx 0,4\ \%$
$\beta = B_{100;\, 0,5}(\{72; 73; \ldots; 88\}) = B_{100;\, 0,5}(\{0; 1; \ldots; 88\}) - B_{100;\, 0,5}(\{0; 1; \ldots; 71\}) = 1 - 0,99999$
$\beta = 0,00001$, also $\beta \approx 0$; $\beta \approx 0\ \%$

d) *(Beispiel für GTA-Einsatz)*

$P(X \le k_L) = B_{40;\,\frac{1}{3}}(\{0;\,1;\,\ldots;\,k_L\}) = 0{,}021104 \le 0{,}025 \quad \Rightarrow \quad k_L = 7$

$P(X \ge k_R) = B_{40;\,\frac{1}{3}}(\{0;\,1;\,\ldots;\,k_R - 1\}) = 0{,}978559 \ge 0{,}995 \quad \Rightarrow \quad k_R = 20$

$\overline{A} = \{0;\,1;\,\ldots;\,7\} \cup \{20;\,21;\,\ldots;\,40\}$

Möglicher Fehler 2. Art für $p_1 = 0{,}1$ bzw. $p_1 = 0{,}4$:

$\beta = B_{40;\,0,1}(\{8;\,9;\,\ldots;\,19\}) = B_{40;\,0,1}(\{0;\,1;\,\ldots;\,19\}) - B_{40;\,0,1}(\{0;\,1;\,\ldots;\,7\})$

$\beta = 0{,}041902$, also $\beta \approx 0{,}042$; $\beta \approx 4{,}2\,\%$

$\beta = B_{40;\,0,4}(\{8;\,9;\,\ldots;\,19\}) = B_{40;\,0,4}(\{0;\,1;\,\ldots;\,19\}) - B_{40;\,0,4}(\{0;\,1;\,\ldots;\,7\})$

$\beta = 0{,}868181$, also $\beta \approx 0{,}868$; $\beta \approx 86{,}8\,\%$

Berechnung mit GTA
(vgl. Lehrbuch, S. 348)

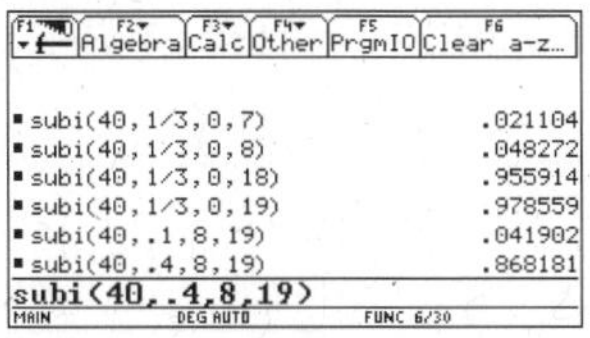

e) $P(X \le k_L) = B_{25;\,0,7}(\{0;\,1;\,\ldots;\,k_L\}) = 0{,}00433 \le 0{,}005 \quad \Rightarrow \quad k_L = 8$

$P(X \ge k_R) = B_{25;\,0,7}(\{0;\,1;\,\ldots;\,k_R - 1\}) = 0{,}99763 \ge 0{,}995 \quad \Rightarrow \quad k_R = 22$

$\overline{A} = \{0;\,1;\,\ldots;\,8\} \cup \{22;\,23;\,24;\,25\}$

Möglicher Fehler 2. Art für $p_1 = 0{,}5$ bzw. $p_1 = 0{,}8$:

$\beta = B_{25;\,0,5}(\{9;\,10;\,\ldots;\,21\}) = B_{25;\,0,5}(\{0;\,1;\,\ldots;\,21\}) - B_{25;\,0,5}(\{0;\,1;\,\ldots;\,8\})$

$\beta = 0{,}99992 - 0{,}05388 = 0{,}94604$, also $\beta \approx 0{,}946$; $\beta \approx 94{,}6\,\%$

$\beta = B_{25;\,0,8}(\{9;\,10;\,\ldots;\,21\}) = B_{25;\,0,8}(\{0;\,1;\,\ldots;\,21\}) - B_{25;\,0,8}(\{0;\,1;\,\ldots;\,8\})$

$\beta = 0{,}76601 - 0 = 0{,}76601$, also $\beta \approx 0{,}766$; $\beta \approx 76{,}6\,\%$

f) $P(X \le k_L) = B_{50;\,0,75}(\{0;\,1;\,\ldots;\,k_L\}) = 0{,}01392 \le 0{,}025 \quad \Rightarrow \quad k_L = 30$

$P(X \ge k_R) = B_{50;\,0,75}(\{0;\,1;\,\ldots;\,k_R - 1\}) = 0{,}98061 \ge 0{,}975 \quad \Rightarrow \quad k_R = 44$

$\overline{A} = \{0;\,1;\,\ldots;\,30\} \cup \{44;\,45;\,\ldots;\,50\}$

Möglicher Fehler 2. Art für $p_1 = 0{,}7$ bzw. $p_1 = 0{,}8$:

$\beta = B_{50;\,0,7}(\{31;\,32;\,\ldots;\,43\}) = B_{50;\,0,7}(\{0;\,1;\,\ldots;\,43\}) - B_{50;\,0,7}(\{0;\,1;\,\ldots;\,30\})$

$\beta = 0{,}99751 - 0{,}08480 = 0{,}91271$, also $\beta \approx 0{,}913$; $\beta \approx 91{,}3\,\%$

$\beta = B_{50;\,0,8}(\{31;\,32;\,\ldots;\,43\}) = B_{50;\,0,8}(\{0;\,1;\,\ldots;\,43\}) - B_{50;\,0,8}(\{0;\,1;\,\ldots;\,30\})$

$\beta = 0{,}89660 - 0{,}00093 = 0{,}89567$, also $\beta \approx 0{,}896$; $\beta \approx 89{,}6\,\%$

g) *(Beispiel für GTA-Einsatz)*

$P(X \le k_L) = B_{250;\,0,45}(\{0;\,1;\,\ldots;\,k_L\}) = 0{,}003588 \le 0{,}005 \quad \Rightarrow \quad k_L = 91$

$P(X \ge k_R) = B_{250;\,0,45}(\{0;\,1;\,\ldots;\,k_R - 1\}) = 0{,}99612 \ge 0{,}995 \quad \Rightarrow \quad k_R = 134$

$\overline{A} = \{0;\,1;\,\ldots;\,91\} \cup \{134;\,135;\,\ldots;\,250\}$

Möglicher Fehler 2. Art für $p_1 = 0{,}3$ bzw. $p_1 = 0{,}5$:

$\beta = B_{250;\,0,3}(\{92;\,93;\,\ldots;\,133\}) = B_{250;\,0,3}(\{0;\,1;\,\ldots;\,134\}) - B_{250;\,0,3}(\{0;\,1;\,\ldots;\,91\})$

$\beta = 0{,}012427$, also $\beta \approx 0{,}012$; $\beta \approx 1{,}2\,\%$

$\beta = B_{250;\,0,5}(\{92;\,93;\,\ldots;\,133\}) = B_{250;\,0,5}(\{0;\,1;\,\ldots;\,134\}) - B_{250;\,0,5}(\{0;\,1;\,\ldots;\,91\})$

$\beta = 0{,}885277$, also $\beta \approx 0{,}885$; $\beta \approx 88{,}5\,\%$

Berechnung mit GTA
(vgl. Lehrbuch, S. 348)

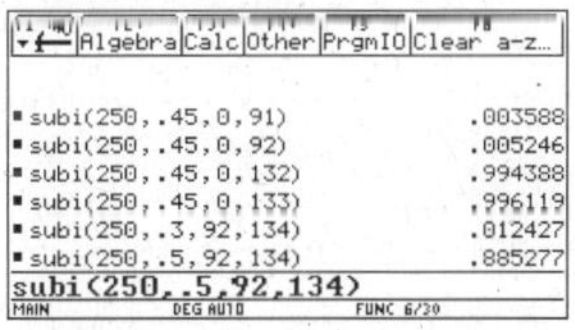

h) $P(X \le k_L) = B_{50;\,\frac{5}{6}}(\{0;\,1;\,\ldots;\,k_L\}) = 0{,}00219 \le 0{,}005 \quad \Rightarrow \quad k_L = 33$

$P(X \ge k_R) = B_{50;\,\frac{5}{6}}(\{0;\,1;\,\ldots;\,k_R - 1\}) = 0{,}99879 \ge 0{,}995 \quad \Rightarrow \quad k_R = 49$

$\overline{A} = \{0;\,1;\,\ldots;\,33\} \cup \{49;\,50\}$

Möglicher Fehler 2. Art für $p_1 = 0{,}6$ bzw. $p_1 = 0{,}9$:

$\beta = B_{50;\,0,6}(\{34;\,35;\,\ldots;\,48\}) = B_{50;\,0,6}(\{0;\,1;\,\ldots;\,48\}) - B_{50;\,0,6}(\{0;\,1;\,\ldots;\,33\})$

$\beta = 1 - 0{,}84391 = 0{,}15609$, also $\beta \approx 0{,}156$; $\beta \approx 15{,}6\,\%$

$\beta = B_{50;\,0,9}(\{34;\,35;\,\ldots;\,48\}) = B_{50;\,0,9}(\{0;\,1;\,\ldots;\,48\}) - B_{50;\,0,9}(\{0;\,1;\,\ldots;\,33\})$

$\beta = 0{,}96621 - 0 = 0{,}96621$, also $\beta \approx 0{,}966$; $\beta \approx 96{,}6\,\%$

i) *(Beispiel für GTA-Einsatz)*

$P(X \le k_L) = B_{300;\,\frac{2}{3}}(\{0;\,1;\,\ldots;\,k_L\}) = 0{,}022628 \le 0{,}025 \quad \Rightarrow \quad k_L = 183$

$P(X \ge k_R) = B_{300;\,\frac{2}{3}}(\{0;\,1;\,\ldots;\,k_R - 1\}) = 0{,}979554 \ge 0{,}975 \quad \Rightarrow \quad k_R = 217$

$\overline{A} = \{0;\,1;\,\ldots;\,183\} \cup \{217;\,218;\,\ldots;\,300\}$

Möglicher Fehler 2. Art für $p_1 = \frac{1}{3}$ bzw. $p_1 = 0{,}75$:

$\beta = B_{300;\,\frac{1}{3}}(\{184;\,185;\,\ldots;\,216\}) = B_{300;\,\frac{1}{3}}(\{0;\,1;\,\ldots;\,216\}) - B_{300;\,\frac{1}{3}}(\{0;\,1;\,\ldots;\,183\})$

$\beta = 0$; $\beta = 0\,\%$

$\beta = B_{300;\,0,75}(\{184;\,185;\,\ldots;\,216\}) = B_{300;\,0,75}(\{0;\,1;\,\ldots;\,216\}) - B_{300;\,0,75}(\{0;\,1;\,\ldots;\,183\})$

$\beta = 0{,}12912$, also $\beta \approx 0{,}129$; $\beta \approx 12{,}9\,\%$

Berechnung mit GTA
(vgl. Lehrbuch, S. 348)

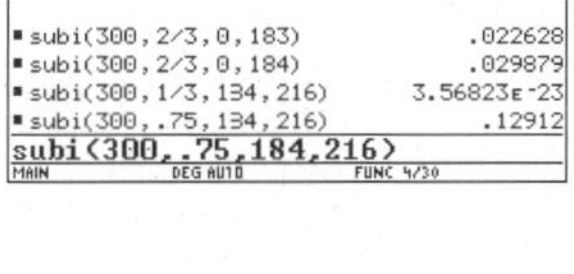

k) $P(X \le k_L) = B_{50;\,0,25}(\{0;\,1;\,\ldots;\,k_L\}) = 0{,}01939 \le 0{,}025 \quad \Rightarrow \quad k_L = 6$
$P(X \ge k_R) = B_{50;\,0,25}(\{0;\,1;\,\ldots;\,k_R - 1\}) = 0{,}98608 \ge 0{,}975 \quad \Rightarrow \quad k_R = 20$
$\overline{A} = \{0;\,1;\,\ldots;\,6\} \cup \{20;\,21;\,\ldots;\,50\}$
Möglicher Fehler 2. Art für $p_1 = 0{,}1$ bzw. $p_1 = 0{,}5$:
$\beta = B_{50;\,0,1}(\{7;\,8;\,\ldots;\,19\}) = B_{50;\,0,1}(\{0;\,1;\,\ldots;\,19\}) - B_{50;\,0,1}(\{0;\,1;\,\ldots;\,6\})$
$\beta = 1 - 0{,}77023 = 0{,}22977$, also $\beta \approx 0{,}23$; $\beta \approx 23{,}0\,\%$
$\beta = B_{50;\,0,5}(\{7;\,8;\,\ldots;\,19\}) = B_{50;\,0,5}(\{0;\,1;\,\ldots;\,19\}) - B_{50;\,0,5}(\{0;\,1;\,\ldots;\,6\})$
$\beta = 0{,}05946 - 0 = 0{,}05946$, also $\beta \approx 0{,}059$; $\beta \approx 5{,}9\,\%$

HA 25

a)/b)

	Nullhypothese H_0	Gegenhypothese H_1	Einseitiger Signifikanztest	Zweiseitiger Signifikanztest	Keine Entscheidung
(1)	$p < p_0$	$p \ge p_0$	X (rechts)		
(2)	$p_1 \le p \le p_2$	$p < p_1$ oder $p > p_2$		X	
(3)	$p_1 < p < p_2$	$p \le p_1$ oder $p \ge p_2$		X	
(4)	$p_0 = 0{,}5$	$p_1 \ne 0{,}5$		X	
(5)	„Die Höhe des Verbrauchs ist unbekannt"	„Die Höhe des Verbrauchs ist bekannt"			X[1)]
(6)	$p > p_0$	$p \le p_0$	X (links)		
(7)	$p \le p_0$	$p > p_0$	X (rechts)		
(8)	$p = p_0$	$p \ne p_0$		X	
(9)	$p \ge p_0$	$p < p_0$	X (links)		
(10)	$p_0 \ne 0{,}7$	$p_1 = 0{,}7$		X	
(11)	„Der Ausschuss beträgt höchstens 5%"	„Der Ausschuss beträgt mehr als 5%"	X[2)]		

Begründungen:
1) Eine Entscheidung ist nicht möglich, da Hintergrundinformationen zum konkreten Sachverhalt fehlen. Es sind nur qualitative Aussagen getroffen. (Gegebenenfalls ist Alternativtest möglich.)
2) Eine Entscheidung ist möglich, da qualitative Aussagen vorliegen.

HA 26

a) Zweiseitiger Signifikanztest:
Nullhypothese H_0: $p_0 = \frac{1}{6}$ [Gegenhypothese H_1: $p_1 \ne \frac{1}{6}$]
Stichprobenumfang: $n = 200$ Irrtumswahrscheinlichkeit (Signifikanzniveau): $\alpha = 0{,}05$; zweiseitig: $\frac{\alpha}{2} = 0{,}025$
Ermitteln des Ablehnungsbereiches $\overline{A} = \{0;\,1;\,\ldots;\,k_L\} \cup \{k_R;\,k_R + 1;\,\ldots;\,n\}$:
$P(\overline{A}_{p_0}) = P(X \le k_L) = B_{n;\,p_0}(\{0;\,1;\,\ldots;\,k_L\}) \le \frac{\alpha}{2} \quad \Rightarrow \quad k_L$
$P(\overline{A}_{p_0}) = P(X \ge k_R) = B_{n;\,p_0}(\{k_R;\,k_R + 1;\,\ldots;\,n\}) = 1 - B_{n;\,p_0}(\{0;\,1;\,\ldots;\,k_R - 1\}) \le \frac{\alpha}{2}$;
$B_{n;\,p_0}(\{0;\,1;\,\ldots;\,k_R - 1\}) \ge 1 - \frac{\alpha}{2} \quad \Rightarrow \quad k_R$
$P(X \le k_L) = B_{200;\,\frac{1}{6}}(\{0;\,1;\,\ldots;\,k_L\}) = 0{,}01628 \le 0{,}025 \quad \Rightarrow \quad k_L = 22$
$P(X \ge k_R) = B_{200;\,\frac{1}{6}}(\{0;\,1;\,\ldots;\,k_R - 1\}) = 0{,}98011 \ge 0{,}975 \quad \Rightarrow \quad k_R = 45$
$\overline{A} = \{0;\,1;\,\ldots;\,22\} \cup \{45;\,46;\,\ldots;\,200\}$
Fehler 2. Art für $p_1 = 0{,}2$:
$\beta = P(A_{p1}) = B_{n;\,p1}(A) = 1 - B_{n;\,p1}(\overline{A})$
$\beta = B_{200;\,0,2}(\{23;\,24;\,\ldots;\,44\}) = B_{200;\,0,2}(\{0;\,1;\,\ldots;\,44\}) - B_{200;\,0,2}(\{0;\,1;\,\ldots;\,22\})$
$\beta = 0{,}78874 - 0{,}00024 = 0{,}7885$, also $\beta \approx 0{,}789$; $\beta \approx 78{,}9\,\%$

b) – Vergrößerung des Stichprobenumfangs n (bei unveränderter Irrtumswahrscheinlichkeit α), z. B. auf $n = 1000$
$P(X \le k_L) = B_{1000;\,\frac{1}{6}}(\{0;\,1;\,\ldots;\,k_L\}) = 0{,}02303 \le 0{,}025 \quad \Rightarrow \quad k_L = 143$
$P(X \ge k_R) = B_{1000;\,\frac{1}{6}}(\{0;\,1;\,\ldots;\,k_R - 1\}) = 0{,}09791 \ge 0{,}975 \quad \Rightarrow \quad k_R = 152$
$\overline{A} = \{0;\,1;\,\ldots;\,143\} \cup \{152;\,153;\,\ldots;\,1000\}$

Fehler 2. Art für $p_1 = 0{,}2$:

$\beta = B_{1000;\,0,2}(\{144; 145; \ldots; 151\}) = B_{1000;\,0,2}(\{0; 1; \ldots; 151\}) - B_{1000;\,0,2}(\{0; 1; \ldots; 143\})$

$\beta = 0{,}00004 - 0 = 0{,}00004$

$\beta = 0$; $\beta = 0\ \%$

– Vergrößerung der Irrtumswahrscheinlichkeit α (und somit des größtmöglichen Fehlers 1. Art), z. B. $\alpha = 0{,}1$

$P(X \le k_L) = B_{200;\,\frac{1}{6}}(\{0; 1; \ldots; k_L\}) = 0{,}04264 \le 0{,}05 \quad \Rightarrow \quad k_L = 24$

$P(X \ge k_R) = B_{200;\,\frac{1}{6}}(\{0; 1; \ldots; k_R - 1\}) = 0{,}95565 \ge 0{,}95 \quad \Rightarrow \quad k_R = 43$

$\overline{A} = \{0; 1; \ldots; 24\} \cup \{43; 44; \ldots; 200\}$

Fehler 2. Art für $p_1 = 0{,}2$:

$\beta = B_{200;\,0,2}(\{25; 26; \ldots; 42\}) = B_{200;\,0,2}(\{0; 1; \ldots; 42\}) - B_{200;\,0,2}(\{0; 1; \ldots; 24\})$

$\beta = 0{,}67581 - 0{,}00196 = 0{,}67385$, also $\beta \approx 0{,}674$; $\beta \approx 67{,}4\ \%$, d. h.: Der Fehler 2. Art verringert sich nur geringfügig.

– Da es nicht sinnvoll ist, die Irrtumswahrscheinlichkeit α weiter zu vergrößern, verbleibt noch die Möglichkeit, mit $\alpha = 0{,}10$ und (z. B.) $n = 1000$ zu testen.

$P(X \le k_L) = B_{1000;\,\frac{1}{6}}(\{0; 1; \ldots; k_L\}) = 0{,}04175 \le 0{,}05 \quad \Rightarrow \quad k_L = 146$

$P(X \ge k_R) = B_{1000;\,\frac{1}{6}}(\{0; 1; \ldots; k_R - 1\}) = 0{,}95222 \ge 0{,}95 \quad \Rightarrow \quad k_R = 187$

$\overline{A} = \{0; 1; \ldots; 146\} \cup \{187; 188; \ldots; 1000\}$

Fehler 2. Art für $p_1 = 0{,}2$:

$\beta = B_{1000;\,0,2}(\{147; 148; \ldots; 186\}) = B_{1000;\,0,2}(\{0; 1; \ldots; 186\}) - B_{1000;\,0,2}(\{0; 1; \ldots; 146\})$

$\beta = 0{,}14265 - 0{,}00001 = 0{,}14264$, also $\beta \approx 0{,}143$; $\beta \approx 14{,}3\ \%$

(genauer) Fehler 1. Art:

$\alpha = P(\overline{A}_{p_0}) = B_{n;\,p_0}(\overline{A}) = 1 - B_{n;\,p_0}(A)$, also $\alpha = 1 - B_{1000;\,\frac{1}{6}}(\{147; 148; \ldots; 186\}) = 1 - (0{,}95222 - 0{,}00001) = 0{,}04779$

$\alpha \approx 0{,}05$; $\alpha \approx 5\ \%$

c) Ermitteln des Ablehnungsbereiches:

$P(X \le k_L) = B_{200;\,\frac{1}{6}}(\{0; 1; \ldots; k_L\}) = 0{,}00270 \le 0{,}005 \quad \Rightarrow \quad k_L = 19$

$P(X \ge k_R) = B_{200;\,\frac{1}{6}}(\{0; 1; \ldots; k_R - 1\}) = 0{,}99505 \ge 0{,}995 \quad \Rightarrow \quad k_R = 48$

$\overline{A} = \{0; 1; \ldots; 19\} \cup \{48; 49; \ldots; 200\}$

Berechnung mit GTA (vgl. Lehrbuch, S. 348)

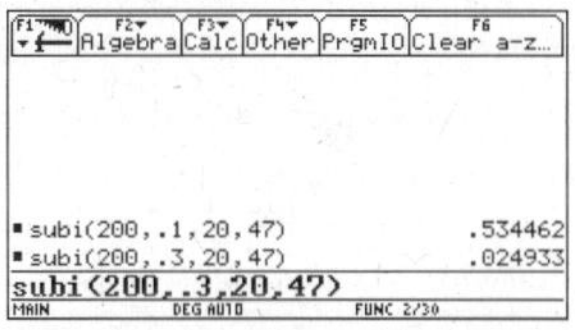

Fehler 2. Art für $p_1 = 0{,}1$ *(Beispiel für GTA-Einsatz):*

$\beta = B_{200;\,0,1}(\{20; 21; \ldots; 47\}) = B_{200;\,0,1}(\{0; 1; \ldots; 47\}) - B_{200;\,0,1}(\{0; 1; \ldots; 19\})$

$\beta = 0{,}534462$, also $\beta \approx 0{,}53$; $\beta \approx 53{,}4\ \%$

Fehler 2. Art für $p_1 = 0{,}3$ *(Beispiel für GTA-Einsatz):*

$\beta = B_{200;\,0,3}(\{20; 21; \ldots; 47\}) = B_{200;\,0,3}(\{0; 1; \ldots; 47\}) - B_{200;\,0,3}(\{0; 1; \ldots; 19\})$

$\beta = 0{,}024933$, also $\beta \approx 0{,}025$; $\beta \approx 2{,}5\ \%$

Fehler 2. Art für $p_1 = 0{,}4$ (nach Tabelle):

$\beta = B_{200;\,0,4}(\{20; 21; \ldots; 47\}) = B_{200;\,0,4}(\{0; 1; \ldots; 47\}) - B_{200;\,0,4}(\{0; 1; \ldots; 19\})$

$\beta = 0 - 0 = 0$ Der Fehler 2. Art ist praktisch 0.

HA 27

a) zweiseitiger Signifikanztest:

Nullhypothese H_0: $p_0 = 0{,}5$ [Gegenhypothese H_1: $p_1 \ne 0{,}5$]

Stichprobenumfang $n = 100$ Irrtumswahrscheinlichkeit (Signifikanzniveau) $\alpha = 0{,}2$; zweiseitig: $\frac{\alpha}{2} = 0{,}1$

Ermitteln des Ablehnungsbereiches $A = \{0; 1; \ldots; k_L\} \cup \{k_R; k_R + 1; \ldots; n\}$:

$P(\overline{A}_{p0}) = P(X \le k_L) = B_{n;\,p0}(\{0; 1; \ldots; k_L\}) \le \frac{\alpha}{2} \quad \Rightarrow \quad k_L$

$P(\overline{A}_{p_0}) = P(X \ge kR) = B_{n;\,p_0}(\{k_R; k_R + 1; \ldots; n\}) = 1 - B_{n;\,p_0}(\{0; 1; \ldots; k_R - 1\}) \ge \frac{\alpha}{2}$;

$B_{n;\,p_0}(\{0; 1; \ldots; k_R - 1\}) \ge 1 - \frac{\alpha}{2} \quad \Rightarrow \quad k_R$

$P(X \le k_L) = B_{100;\,0,5}(\{0; 1; \ldots; k_L\}) = 0{,}09667 \le 0{,}1 \quad \Rightarrow \quad k_L = 43$

$P(X \ge k_R) = B_{100;\,0,5}(\{0; 1; \ldots; k_R - 1\}) = 0{,}90333 \ge 0{,}9 \quad \Rightarrow \quad k_R = 57$

$\overline{A} = \{0; 1; \ldots; 43\} \cup \{57; 58; \ldots; 100\}$

Da $42 \in \overline{A}$, kann die Nullhypothese auf dem Signifikanzniveau $\alpha = 0{,}2$ abgelehnt werden. Das heißt, die verwendete Münze darf als nicht ideal (bzw. „nicht sonderlich geeignet") angesehen werden.

Anmerkung: Verwendet der Schiedsrichter stets diese (ein und dieselbe) Münze, so ist die Feststellung durchaus bedeutsam. Nicht auf „Wappen" zu setzen, könnte dann – auf lange Sicht – von Vorteil sein.

b) Als Annahmebereich ist $A = \{17; 18, \ldots; 33\}$ bei $n = 50$ und für H_0: $p_0 = 0{,}5$ vereinbart. Der Ablehnungsbereich ergibt sich somit zu $\overline{A} = \{0; 1; \ldots; 16\} \cup \{34; 35; \ldots; 50\}$
Irrtumswahrscheinlichkeit (Fehler 1. Art):
$\alpha = P(\overline{A}_{p_0}) = B_{n;\, p_0}(\overline{A}) = 1 - B_{n;\, p_0}(A)$, also $\alpha = 1 - B_{50;\, 0,5}(\{17; 18, \ldots; 33\}) = 1 - [B_{50;\, 0,5}(\{0; 1; \ldots; 33\}) - B_{50;\, 0,5}(\{0; 1; \ldots; 16\})]$
$\alpha = 1 - (0{,}99233 - 0{,}00767) = 0{,}01534$
Die Irrtumswahrscheinlichkeit beträgt bei dieser Vereinbarung/diesem Test $\alpha \approx 0{,}01$ bzw. $\alpha \approx 1{,}5\,\%$

c) Fehler 2. Art für $p_1 = 0{,}4$: (zu Teilaufgabe a)
$\beta = P(A_{p_1}) = B_{n;\, p_1}(A) = 1 - B_{n;\, p_1}(\overline{A})$
$\beta = B_{100;\, 0,4}(\{44; 45; \ldots; 56\}) = B_{100;\, 0,4}(\{0; 1; \ldots; 56\}) - B_{100;\, 0,4}(\{0; 1; \ldots; 43\})$
$\beta = 0{,}99956 - 0{,}76347 = 0{,}23609$, also $\beta \approx 0{,}24$; $\beta \approx 24\,\%$
Fehler 2. Art für $p_1 = 0{,}4$: (zu Teilaufgabe b)
$\beta = B_{50;\, 0,4}(\{17; 18; \ldots; 33\}) = B_{50;\, 0,4}(\{0; 1; \ldots; 33\}) - B_{50;\, 0,4}(\{0; 1; \ldots; 16\})$
$\beta = 0{,}99994 - 0{,}15609 = 0{,}84385$, also $\beta \approx 0{,}84$; $\beta \approx 84\,\%$

HA 28

a) Beim Testen von Hypothesen mithilfe von Signifikanztests ist es i. Allg. üblich, bei vorgegebenem Stichprobenumfang n die Entscheidungsregel (den kritischen Wert k, der in Annahme- und Ablehnungsbereich trennt) so festzulegen, dass die Wahrscheinlichkeit für einen Fehler 1. Art einen vorgegebenen Wert α nicht überschreitet (und gleichzeitig die Wahrscheinlichkeit für den Fehler 2. Art so gering wie möglich bleibt). Der vorgegebene Wert α (meist $\alpha = 0{,}05$) wird als Signifikanzniveau α bzw. Irrtumswahrscheinlichkeit α bezeichnet. (Die größtmögliche Fehlerwahrscheinlichkeit für den Fehler 1. Art – sie muss stets kleiner oder höchstens gleich dem vorgegebenen Signifikanzniveau sein – gibt das „tatsächliche“ Signifikanzniveau des jeweiligen Tests an. Der Wert $1 - \alpha$ wird auch als statistische Mindestsicherheit eines Tests bezeichnet.)
Schüler L. legt nicht klar fest, was mit *Fällen* und *aufgrund eines Testergebnisses* gemeint ist. Schüler K. stellt einen falschen Zusammenhang zwischen *Signifikanzniveau* und *Nullhypothese* her.

b) Schüler L. meint vermutlich:
Hat man beispielsweise ein Signifikanzniveau von 5 %, so würden in (höchstens) 5 % aller Stichproben (5 von 100 Stichproben bei einer Wiederholung des Zufallsexperimentes „Ziehen einer Stichprobe“ in genügend großer Anzahl) die Stichprobenergebnisse gegen die (in Wirklichkeit wahre) Nullhypothese sprechen. (Die Wahrscheinlichkeit für einen Fehler 1. Art beträgt höchstens 5 %.)
Schüler K. meint vermutlich:
Ein Signifikanzniveau von z. B. 10 % bedeutet, dass eine aufgrund eines Stichprobenergebnisses nicht abgelehnte Nullhypothese mit einer Wahrscheinlichkeit von höchstens 10 % falsch ist. Anders ausgedrückt: Die statistische (Mindest-)Sicherheit des Tests beträgt 90 %, d. h., eine in Wirklichkeit wahre Nullhypothese wird in mindestens 90 % aller Stichproben nicht als falsch abgelehnt. (Die Wahrscheinlichkeit für einen Fehler 1. Art beträgt höchstens 10 %.)

HA 29

a) Die Zufallsgröße X beschreibe jeweils die „erwürfelte“ Anzahl der Augenzahlen von „1“ bis „6“ bei 200 Würfen mit dem Würfel. Entscheidungsregel: Wenn $24 \le X \le 44$, dann gelte der Würfel als L-Würfel. Der Ablehnungsbereich ist also mit $\overline{A} = \{0; 1; \ldots; 23\} \cup \{45; 46; \ldots; 200\}$ festgelegt. Somit sprechen sowohl (sehr) kleine als auch (sehr) große Werte der Zufallsgröße X gegen die (Null-)Hypothese „Der Würfel ist ein L-Würfel“. Es liegt ein zweiseitiger Signifikanztest vor.
Handelt es sich in Wirklichkeit um einen L-Würfel, dann wird für $X \in \overline{A}$ eine Fehlentscheidung, Fehler 1. Art, getroffen. Handelt es sich in Wirklichkeit um keinen L-Würfel, dann wird für $X \in \overline{A}$ ein Fehler 2. Art begangen.
Anmerkung:
Den Schülerinnen und Schülern sollte bewusst sein, dass der Ablehnungsbereich $\overline{A}$ nicht „auf gut Glück“ sondern unter Beachtung des Erwartungswertes ($EX = n \cdot p$; $EX \approx 33{,}3$) festgelegt worden ist.

b) Gesucht ist die Wahrscheinlichkeit für den Fehler 1. Art. Bei wahrer Nullhypothese ist die Zufallsgröße X binomialverteilt mit $n = 20$ und $p = \frac{1}{6}$; $X \sim B_{20;\, \frac{1}{6}}$.

$$\begin{aligned}\alpha = P(\overline{A}_{p_0}) &= B_{200;\, \frac{1}{6}}(\{0; 1; \ldots; 23\}) + B_{200;\, \frac{1}{6}}(\{45; 46; \ldots; 200\})\\ &= B_{200;\, \frac{1}{6}}(\{0; 1; \ldots; 23\}) + 1 - B_{200;\, \frac{1}{6}}(\{0; 1; \ldots; 44\})\\ &= 0{,}02693 + 1 - 0{,}98011 = 0{,}04682;\ \alpha \approx 4{,}7\,\%\end{aligned}$$

HA 30

a) $B_{20;\, 0,1}(\{0\}) = \binom{20}{0} \cdot 0{,}1^0 \cdot 0{,}9^{20} = 0{,}12158 \approx 0{,}12$
Die Wahrscheinlichkeit, in einer Sendung mit 20 Kacheln keine Ausschusskachel zu finden, beträgt etwa 0,12.

b) $B_{100;\, 0,1}(\{0; 1; \ldots; 8\}) = 0{,}32087 \approx 0{,}32 \Rightarrow$ Die Wahrscheinlichkeit p_2 beträgt etwa 0,32.

c) H_0: $p \le 0{,}1$ H_1: $p > 0{,}1$
$\overline{A} = \{4; 5; \ldots; 25\}$; $B_{25;\, 0,1}(\{4; 5; \ldots; 25\}) = 1 - B_{25;\, 0,1}(\{0; 1; 2; 3\}) = 0{,}23641 \approx 0{,}24$
Die Wahrscheinlichkeit, dass die Lieferung abgelehnt wird, beträgt fast 24 % (Fehler 1. Art).

d) $\overline{A} = \{k; k+1; \ldots; 25\}$; gesucht wird k, so dass $B_{25;\,0,1}(\{k; k+1; \ldots; 25\}) = 1 - B_{25;\,0,1}(\{0; 1; \ldots; k-1\}) \leq 0{,}05 \Rightarrow k = 6$
Entscheidungsregel: Sind in der Lieferung von 25 Kacheln mindestens 6 Kacheln Ausschuss, dann wird diese Lieferung mit einer Irrtumswahrscheinlichkeit von höchstens 0,05 abgelehnt.

HA 31 Erfolg bedeutet, dass der Drogeriemarkt das einheimische Waschmittel anbietet. X sei die zufällige Anzahl der Drogeriemärkte, die dieses Waschmittel anbieten; kann als binomialverteilt angenommen werden mit den Parametern n = 100 und p.

H_0: $p \geq 0{,}70$; H_1: $p < 0{,}70$; $n = 100$; $\alpha = 0{,}05$. $\overline{A} = \{0; 1; \ldots; k\}$, d.h. für H_0 linksseitiger Ablehnungsbereich.

$B_{100;\,0,70}(\overline{A}) \leq 0{,}05$ (Es gilt: $B_{100;\,p}(\overline{A}) \leq B_{100;\,0,70}(\overline{A})$ für alle $p \geq 0{,}70$)

$B_{100;\,0,70}(\{0; \ldots; k\}) \leq 0{,}05 \Rightarrow k = 61$; $\overline{A} = \{0; 1; \ldots; 61\}$

Die Hypothese H_0, dass mindestens 70 % aller Drogeriemärkte das einheimische Waschmittel anbieten, muss auf dem Signifikanzniveau von 0,05 abgelehnt werden, da die ermittelte Zahl 59 im Ablehnungsbereich liegt.

HA 32 *(Beispiel für GTA-Einsatz)*

a) Die Zufallsgröße X beschreibe die Anzahl der Packungen mit einer Minderfüllung unter den 250 Packungen. Große Werte von X sprechen gegen die Nullhypothese H_0. Der Test ist als rechtsseitiger Signifikanztest durchzuführen; $X \sim B_{250;\,0,02}$ (bei wahrer H_0).
Nullhypothese H_0: $p_0 \leq 0{,}02$ [Gegenhypothese H_1: $p_1 > 0{,}02$]
Stichprobenumfang $n = 250$ Irrtumswahrscheinlichkeit (Signifikanzniveau): $\alpha = 0{,}05$
Ermitteln des Ablehnungsbereiches $\overline{A} = \{k; k+1; \ldots; n\}$:
Da die Binomialverteilung für n = 250 und $p_0 = 0{,}02$ i. Allg. nicht tabelliert ist, wird zur Berechnung ein GTA verwendet.

Berechnung mit GTA
(vgl. Lehrbuch, S. 348)

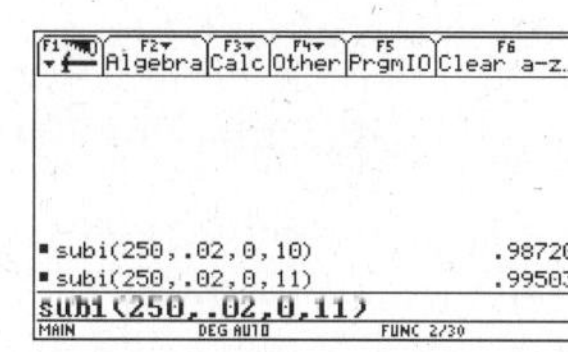

$P(\overline{A}_{p_0}) = P(X \geq k) = B_{n;\,p_0}(\{k; k+1; \ldots; n\}) = 1 - B_{n;\,p_0}(\{0; 1; \ldots; k-1\}) \leq \alpha$;
$B_{n;\,p_0}(\{0; 1; \ldots; k-1\}) \geq 1 - \alpha \Rightarrow k$
$P(X \geq k) = B_{250;\,0,02}(\{0; 1; \ldots; k-1\}) = 0{,}995032 \geq 0{,}995 \Rightarrow k = 12$
$\overline{A} = \{12; 13; \ldots; 250\}$

Da $7 \notin \overline{A}$, kann die Nullhypothese auf dem Signifikanzniveau $\alpha = 0{,}05$ nicht abgelehnt werden.
Es darf davon ausgegangen werden, dass sich der Anteil der Packungen mit Minderfüllung nicht vergrößert hat, also weiterhin höchstens 2 % aller Packungen eine Minderfüllung aufweisen.

b) Es ist der Fehler 2. Art für $p_1 = 0{,}04$ zu berechnen.
$\beta = P(A_{p_1}) = B_{n;\,p_1}(\overline{A}) = 1 - B_{n;\,p_1}(A)$, also $\beta = B_{250;\,0,04}(\{0; 1; \ldots; 11\}) = 0{,}699137$
$\beta \approx 0{,}70$; $\beta \approx 70\ \%$
Mit der Wahrscheinlichkeit von $\beta \approx 70\ \%$ wird die 2 %-Angabe aufrecht erhalten, wenn in Wirklichkeit 4 % aller Packungen eine Minderfüllung aufweisen.

Berechnung mit GTA
(vgl. Lehrbuch, S. 348)

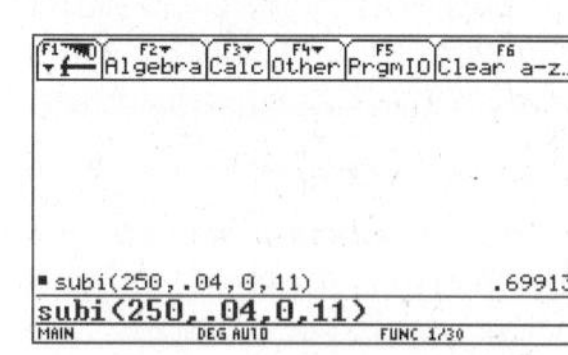

c) Im Allgemeinen liegen Tabellen zur Binomialverteilung für n = 100 vor. Die Regulierungsbehörde müsste also z. B. mit einer Stichprobe von n = 100 Packungen arbeiten (Signifikanzniveau $\alpha = 0{,}05$).
Wenn die Zufallsgröße X wiederum die Packungen mit Minderfüllung beschreibt, ist ein rechtsseitiger Signifikanztest durchzuführen; große Werte von X sprechen gegen die Nullhypothese. Da i. Allg. keine Tabelle für p = 0,02 vorliegt, könnte – wenn „regulierungstechnisch" vertretbar – mit H_0: $p_0 = 0{,}05$ getestet werden; $X \sim B_{100;\,0,05}$.
$P(X \geq k) = B_{100;\,0,05}(\{0; 1; \ldots; k-1\}) = 0{,}97181 \geq 0{,}995 \Rightarrow k = 10$; $\overline{A} = \{10; 11; \ldots; 100\}$
Hätte man unter 100 Packungen auch 7 mit einer Minderfüllung festgestellt, so wäre die Entscheidung – wie in Teilaufgabe a) – ebenfalls zugunsten der Nullhypothese ausgefallen.
Anmerkungen: In der Praxis werden die Prüfdaten nahezu ausnahmslos computertechnisch – also ohne Tabellennutzung – aufbereitet. Im vorliegenden Fall (Teilaufgaben a und b) kann die Binomialverteilung *nicht* hinreichend genau durch (Standard-)Normalverteilung approximiert werden, da das Kriterium (s. Lehrbuch, Satz H 6, S. 359) mit
$\sigma^2 = VarX = n \cdot p \cdot (1-p) = 250 \cdot 0{,}02 \cdot 0{,}98 = 4{,}8 < 9$ nicht erfüllt ist.

HA 33 Die Zufallsgröße X beschreibe die Anzahl der Ausschuss-TTB unter 10 entnommenen TTB.
rechtsseitiger Signifikanztest; Ausschusswahrscheinlichkeit p = 0,10; $X \sim B_{10;\,0,10}$

a) Ablehnungsbereich $\overline{A}$: $\overline{A} = \{3; 4; \ldots; 10\}$
Das irrtümliche Ablehnen der Qualität Q bedeutet einen Fehler 1. Art.
$\alpha = P(\overline{A}_{p_0}) = B_{10;\,0,10}(\{3; 4; \ldots; 10\}) = 1 - B_{10;\,0,10}(\{0; 1; 2\}) = 1 - 0{,}92981 = 0{,}07019$; $\alpha \approx 0{,}7\ \%$

b) Ablehnungsbereich $\overline{A}$: $\overline{A} = \{2; 3; \ldots; 10\}$
$\alpha \doteq P(\overline{A}_{p_0}) = B_{10;\,0,10}(\{2; 3; \ldots; 10\}) = 1 - B_{10;\,0,10}(\{0; 1\}) = 1 - 0{,}73610 = 0{,}26390$; $\alpha \approx 26{,}4\ \%$
Die Wahrscheinlichkeit für den Fehler 1. Art (irrtümliches Ablehnen der Qualität Q) ist nunmehr unnötig groß. Vor dem „Verschärfen" der Annahmebedingung lag die Fehlerwahrscheinlichkeit ($\alpha \approx 0{,}7\ \%$) bereits deutlich unter dem allgemein üblichen Signifikanzniveau ($\alpha = 5\ \%$). Der Abnehmer würde somit übertrieben genau überprüfen.

c) Die Zufallsgröße Y beschreibt die Anzahl der Ausschuss-TTB unter drei TTB. Die Zufallsgröße Y ist binomialverteilt mit n = 3 und unbekannter (Ausschuss-)Wahrscheinlichkeit p; $Y \sim B_{3;\,p}$.

$P(Y = 0) \geq 0{,}95$

$\binom{3}{0} \cdot p^0 \cdot (1-p)^3 \geq 0{,}95 \Leftrightarrow 1 - p \geq \sqrt[3]{0{,}95} \Leftrightarrow p \leq 1 - \sqrt[3]{0{,}95} \Rightarrow p \leq 0{,}01695\ldots$

Der Ausschussanteil darf (gerundet) höchstens 1,6 % betragen.

d) Die Zufallsgröße Z beschreibt die Anzahl der Ausschuss-TTB in einer Stichprobe mit dem Umfang n. Die Zufallsgröße Z ist binomialverteilt mit p = 0,10 und unbekanntem Stichprobenumfang n; $Z \sim B_{n;\,0,10}$.

Berechnung mithilfe der BERNOULLI-Formel unter Nutzung der Wahrscheinlichkeit des Gegenereignisses $P(Z = 0)$:
$P(Z \geq 1) = 1 - P(Z = 0) \geq 0{,}90 \Leftrightarrow P(Z = 0) \leq 0{,}10$

$P(Z = 0) = \binom{n}{0} \cdot 10^0 \cdot 0{,}90^n \leq 0{,}10 \Leftrightarrow n \geq \frac{\ln 0{,}10}{\ln 0{,}90} \Rightarrow n \geq 21{,}8\ldots$

Für den Stichprobenumfang n muss mindestens n = 22 gewählt werden.

HA 34

a) Es ist eine Stichprobe (mit hinreichend großem Stichprobenumfang n) zu untersuchen. Da sich die Aussage auf alle (gebundenen) Druckerzeugnisse der Druckerei bezieht, müssen in der Stichprobe die verschiedenen Druckerzeugnisse zu den entsprechenden Anteilen berücksichtigt werden (proportional geschichtete Stichprobe). Darüber hinaus muss ein angemessener Zeitraum für die Stichprobenentnahme eingeräumt werden (Zusammenführen der „Einzelklumpen" zu einer Klumpenstichprobe).

Hinweis: Zu Fragen der Zusammensetzung einer Stichprobe vgl. auch Abschnitt H 1.1.)

Aus Sicherheitsgründen (aus Sicht der Druckerei) sollte versucht werden, die Nullhypothese (H_0: $p_0 \leq 0{,}05$) auf einem üblichen Signifikanzniveau (z. B. $\alpha = 0{,}05$) abzulehnen. Charakterisiert die Zufallsgröße X die fehlerhaft gebundenen Druckerzeugnisse in der Stichprobe, sprechen (sehr) große Werte der Zufallsgröße X gegen die Nullhypothese; als Test ist ein rechtsseitiger Signifikanztest geeignet.

b) Es liegt ein rechtsseitiger Signifikanztest vor, da (sehr) große Werte der Zufallsgröße X (rechtsseitiger Ablehnungsbereich) gegen die Nullhypothese sprechen:
H_0: $p_0 \leq 0{,}05$; $n = 100$; $\overline{A} = \{10; 11; \ldots; 100\}$; $X \sim B_{100;\,0,05}$ (bei wahrer H_0)
Zur Festlegung eines geeigneten Signifikanzniveaus α wird die größtmögliche Wahrscheinlichkeit für einen Fehler 1. Art berechnet.
$\alpha = P(\overline{A}_{p_0}) = B_{100;\,0,05}(\{10; 11; \ldots; 100\}) = 1 - B_{100;\,0,05}(\{0; 1; \ldots; 9\}) = 1 - 0{,}97181 = 0{,}02819$;

$\alpha \approx 0{,}03$
Als Signifikanzniveau kann $\alpha = 0{,}03$ ($\alpha = 3\,\%$) oder auch das i. Allg. übliche Signifikanzniveau $\alpha = 0{,}05$ ($\alpha = 5\,\%$) angegeben werden. (Die für einen Fehler 1. Art ermittelte größtmögliche Wahrscheinlichkeit erfüllt das somit gesetzte Signifikanzniveau.)

c) Vorteile:
Ein größerer Stichprobenumfang ermöglicht eine höhere Sicherheit beim Ermitteln des tatsächlichen Anteils fehlerhaft gebundener Druckerzeugnisse (Wahrscheinlichkeit für Fehler 1. Art und 2. Art wird verringert).
Je größer der Stichprobenumfang (bis hin zum vollständigen Prüfen und ggf. Aussortieren/Nacharbeiten), desto gesicherter ist eine hohe Qualität. Das Imagerisiko wird minimiert.
Nachteile:
Mit wachsendem Stichprobenumfang nehmen die Kosten für die Qualitätsprüfung zu.
Höhere Kosten bei der Qualitätsprüfung müssen ggf. auf den Kaufpreis der Druckerzeugnisse umgelegt werden. Dies kann wiederum zu finanziellen Einbußen (sinkender Absatz) führen.

d) Die Druckerei wird immer ihr Image und die finanziellen Aufwendungen im Blick haben.
Fehler 1. Art:
Werden nicht fehlerhaft gebundene Druckerzeugnisse (irrtümlich) als fehlerhaft und somit z. B. preisreduziert veräußert, ist das i. Allg. (kaum oder) nicht imageschädigend. Hierdurch entstehen der Druckerei jedoch unnötige finanzielle Verluste.
Fehler 2. Art:
Werden fehlerhaft gebundene Druckerzeugnisse (irrtümlich) als fehlerfrei veräußert, so kann dies zu (erheblichen) Imageverlusten der Druckerei führen. Zudem muss – auch wenn kurz- oder mittelfristig noch keine nennenswerten Absatzeinbußen zu erwarten sind – langfristig infolge der Imageschäden mit größeren finanziellen Einbußen gerechnet werden.
Die Druckerei sollte also bestrebt sein, die Wahrscheinlichkeiten für beide Fehlentscheidungen möglichst klein zu halten.

HA 35

a) Nullhypothese: „Der Stimmenanteil hat sich verringert."

b) Fehler 1. Art:
Man prognostiziert einen geringeren Stimmenanteil, obwohl der Anteil in Wirklichkeit gleich oder sogar größer geworden ist. Der Wahlkampf wird ggf. verstärkt (das bedeutet aber unnötig höhere finanzielle Aufwendungen). Der Kandidat K wird sich nach den Neuwahlen freuen …
Fehler 2. Art:
Man prognostiziert einen (mindestens) gleich gebliebenen Stimmenanteil, obwohl der Anteil in Wirklichkeit geringer geworden ist. Der Wahlkampf wird ggf. („im alten Stil") fortgeführt oder sogar mit weniger Aufwand betrieben. Der Kandidat K wird bei den Neuwahlen enttäuscht sein …

c) Es liegt ein rechtsseitiger Ablehnungsbereich vor. Somit sprechen (sehr) große Werte der Zufallsgröße X (Anzahl der Wähler, die für den Kandidaten K stimmen) gegen die Nullhypothese (H_0: $p_0 < 0{,}75$). Der Test erfolgt als einseitiger, rechtsseitiger Signifikanztest.

d) $X \sim B_{200;\,0{,}75}$ (bei wahrer H_0)

$\alpha = P(\overline{A}_{p_0}) = B_{200;\,0{,}75}(\{140;\,141;\,\ldots;\,200\}) = 1 - B_{200;\,0{,}75}(\{0;\,1;\,\ldots;\,139\}) = 1 - 0{,}04539 = 0{,}95461;$

$\alpha \approx 95{,}5\ \%$

Die Wahrscheinlichkeit für einen Fehler 1. Art ist sehr groß (mögliche Auswirkungen vgl. Teilaufgabe b).

Da i. Allg. keine geeignete Tabelle ($n = 200$; $p = 0{,}90$) zur Verfügung steht, erfolgt die Berechnung der Wahrscheinlichkeit des Fehlers 2. Art mittels GTA (vgl. Lehrbuch, S. 348).

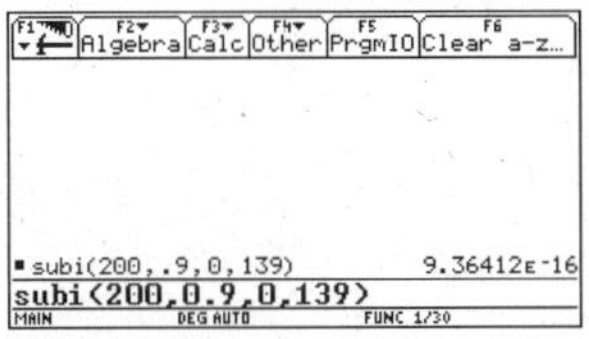

$X \sim B_{200;\,0{,}90}$ (bei wahrer H_0)

$\beta = P(A_{p_1}) = B_{200;\,0{,}90}(\{0;\,1;\,\ldots;\,139\})$

$\beta = 9{,}36 \cdot 10^{-16} \approx 0$

Die Wahrscheinlichkeit für einen Fehler 2. Art (unter der Bedingung $p_1 = 0{,}90$) ist praktisch null (mögliche Auswirkungen vgl. Teilaufgabe b).

Hinweis:

Mit den Schülerinnen und Schülern sollten in Auswertung der Lösungen die nachstehenden Überlegungen erarbeitet werden.

Da bei dieser Testkonstellation der Fehler 2. Art der bedeutsamere Fehler ist, ist der Test günstiger so anzulegen, dass mit der Nullhypothese H_0: $p_0 \geq 0{,}75$ und linksseitig getestet wird. Ist sie in Wirklichkeit wahr und wird irrtümlich abgelehnt (Fehler 1. Art), so kann dies nicht so gravierende Folgen haben, wie beim irrtümlichen Nichtablehnen der in Wirklichkeit falschen Nullhypothese (Fehler 2. Art). Bei dieser Testanlage gewährleistet man, dass mögliche Konsequenzen des Fehlers 1. Art die praktisch bedeutsameren sind. Die Wahrscheinlichkeit für einen Fehler 1. Art muss daher möglichst gering gehalten werden.

HA 36

a) Die Zufallsgröße X beschreibe die Anzahl derjenigen Schülerinnen/Schüler (von 50 Schülerinnen /Schülern mit Ausgleichskurs), die einen solchen Studienwunsch äußern. Die Zufallsgröße X werde als binomialverteilt angenommen; $X \sim B_{50;\,0{,}75}$ (bei wahrer Nullhypothese). Kleine Werte von X sprechen gegen die Nullhypothese H_0. Der Test ist als linksseitiger Signifikanztest durchzuführen.

Nullhypothese H_0: $p_0 \geq 0{,}75$ [Gegenhypothese H_1: $p_1 < 0{,}75$]; Stichprobenumfang: $n = 50$

Aus der statistischen Mindestsicherheit (siehe Lehrbuch, S. 355) von $1 - \alpha = 0{,}95$ folgt die Irrtumswahrscheinlichkeit (das Signifikanzniveau) $\alpha = 0{,}05$.

Ermitteln des Ablehnungsbereiches $\overline{A} = \{0;\,1;\,\ldots;\,k\}$:

$P(\overline{A}_{p_0}) = P(X \leq k) = B_{n;\,p_0}(\{0;\,1;\,\ldots;\,k\}) \leq \alpha \qquad \Rightarrow \quad k$

$P(X \leq k) = B_{50;\,0{,}75}(\{0;\,1;\,\ldots;\,k\}) = 0{,}02873 \leq 0{,}05 \qquad \Rightarrow \quad k = 31;\ \overline{A} = \{0;\,1;\,\ldots;\,31\}$

Da $X = 30$ und $30 \in \overline{A}$, ist die Nullhypothese abzulehnen. Somit kann die Behauptung des Schülerrates mit einer statistischen Mindestsicherheit von 95 % abgelehnt werden.

b) Es ist der Fehler 2. Art zu berechnen. Bei Annahme, dass in Wirklichkeit $p_1 = 0{,}60$ gilt, berechnet man

$\beta = P(A_{p_1}) = B_{n;\,p_1}(A) = 1 - B_{n;\,p_1}(\overline{A})$, also $\beta = B_{50;\,0{,}6}(\{32;\,33;\,\ldots;\,50\}) = 1 - B_{50;\,0{,}6}(\{0;\,1;\,\ldots;\,31\}) = 1 - 0{,}66439 = 0{,}33561$

$\beta \approx 0{,}34$; $\beta \approx 34\ \%$

Der Behauptung des Schülerrates wird mit einer Wahrscheinlichkeit von etwa 34 % irrtümlich zugestimmt, wenn in Wirklichkeit 60 % dieser Schülerinnen/Schüler einen solchen Studienwunsch haben.

HA 37

(1) Das Testen der Hypothese H_0: $p \geq p_0$ (gegen die Hypothese H_1: $p < p_0$) erfordert einen (einseitigen) linksseitigen Signifikanztest mit dem Signifikanzniveau α. Die Zufallsgröße X wird als binomialverteilt angenommen; $X \sim B_{n;\,p_0}$ (bei wahrer Nullhypothese H_0).

Ermitteln des (linksseitigen) Ablehnungsbereiches $\overline{A} = \{0;\,1;\,\ldots;\,k\}$:

$P(\overline{A}_{p_0})) = P(X \leq k) = B_{n;\,p_0}(\{0;\,1;\,\ldots;\,k\}) \leq \alpha \qquad \Rightarrow \quad k$

(2) Das Testen der Hypothese H_0: $p \geq p_0$ (gegen die Hypothese H_1: $p < p_0$) erfordert einen (einseitigen) rechtsseitigen Signifikanztest mit dem Signifikanzniveau α. Die Zufallsgröße X wird als binomialverteilt angenommen; $X \sim B_{n;\,p_0}$ (bei wahrer Nullhypothese H_0).

Ermitteln des (rechtsseitigen) Ablehnungsbereiches $\overline{A} = \{k;\,k+1;\,\ldots;\,n\}$:

$P(\overline{A}_{p_0}) = P(X \geq k) = B_{n;\,p_0}(\{k;\,k+1;\,\ldots;\,n\}) = 1 - B_{n;\,p_0}(\{0;\,1;\,\ldots;\,k-1\}) \leq \alpha;$

$B_{n;\,p_0}(\{0;\,1;\,\ldots;\,k-1\}) \geq 1 - \alpha \qquad \Rightarrow \quad k$

Die Wahrscheinlichkeit für den Fehler 2. Art (β-Fehler) ist bei einem (einseitigen) Signifikanztest nicht eindeutig berechenbar, da zur Gegenhypothese (wegen deren fehlender Spezifikation) unendlich viele verschiedene Wahrscheinlichkeitswerte gehören. Wird ein konkreter Wert p_1 angenommen, so lässt sich ein möglicher Fehler 2. Art berechnen;

$\beta = P(A_{p_1}) = B_{n;\,p_1}(A) = 1 - B_{n;\,p_1}(\overline{A})$.

a) (1) $P(X \leq k) = B_{50;\,0,1}(\{0;\,1;\,\ldots;\,k\}) = 0{,}03379 \leq 0{,}1 \quad \Rightarrow \quad k = 1; \quad \overline{A} = \{0;\,1\}$

Möglicher Fehler 2. Art für $p_1 = 0{,}05$:

$\beta = 1 - B_{50;\,0,05}(\{0;\,1\}) = 1 - 0{,}27943 = 0{,}72057; \quad \beta \approx 0{,}721; \quad \beta \approx 72{,}1\ \%$

(2) $P(X \geq k) = B_{50;\,0,1}(\{0;\,1;\,\ldots;\,k-1\}) = 0{,}94213 \geq 0{,}9 \quad \Rightarrow \quad k = 9; \quad \overline{A} = \{9;\,10;\,\ldots;\,50\}$

Möglicher Fehler 2. Art für $p_1 = 0{,}3$:

$\beta = B_{50;\,0,3}(\{0;\,1;\,\ldots;\,8\}) = 0{,}01825; \quad \beta \approx 0{,}018; \quad \beta \approx 1{,}8\ \%$

b) (1) $P(X \leq k) = B_{100;\,0,8}(\{0;\,1;\,\ldots;\,k\}) = 0{,}00606 \leq 0{,}01 \quad \Rightarrow \quad k = 69; \quad \overline{A} = \{0;\,1;\,\ldots;\,69\}$

Möglicher Fehler 2. Art für $p_1 = 0{,}5$:

$\beta = 1 - B_{100;\,0,5}(\{0;\,1;\,\ldots;\,69\}) = 1 - 0{,}97522 = 0{,}02478; \quad \beta \approx 0{,}025; \quad \beta \approx 2{,}5\ \%$

(2) $P(X \geq k) = B_{100;\,0,8}(\{0;\,1;\,\ldots;\,k-1\}) = 0{,}99430 \geq 0{,}99 \quad \Rightarrow \quad k = 90; \quad \overline{A} = \{90;\,91;\,\ldots;\,100\}$

Möglicher Fehler 2. Art für $p_1 = 0{,}95$:

$\beta = B_{50;\,0,95}(\{0;\,1;\,\ldots;\,89\}) = 0{,}01147; \quad \beta \approx 0{,}011; \quad \beta \approx 1{,}1\ \%$

c) (1) $P(X \leq k) = B_{50;\,0,5}(\{0;\,1;\,\ldots;\,k\}) = 0{,}03245 \leq 0{,}05 \quad \Rightarrow \quad k = 18; \quad \overline{A} = \{0;\,1;\,\ldots;\,18\}$

Möglicher Fehler 2. Art für $p_1 = 0{,}3$:

$\beta = 1 - B_{50;\,0,3}(\{0;\,1;\,\ldots;\,18\}) = 1 - 0{,}85944 = 0{,}14056; \quad \beta \approx 0{,}141; \quad \beta \approx 14{,}1\ \%$

(2) $P(X \geq k) = B_{50;\,0,5}(\{0;\,1;\,\ldots;\,k-1\}) = 0{,}96755 \geq 0{,}95 \quad \Rightarrow \quad k = 32; \quad \overline{A} = \{32;\,33;\,\ldots;\,50\}$

Möglicher Fehler 2. Art für $p_1 = 0{,}75$:

$\beta = B_{50;\,0,75}(\{0;\,1;\,\ldots;\,31\}) = 0{,}02873; \quad \beta \approx 0{,}029; \quad \beta \approx 2{,}9\ \%$

d) (1) $P(X \leq k) = B_{100;\,\frac{1}{6}}(\{0;\,1;\,\ldots;\,k\}) = 0{,}04270 \leq 0{,}05 \quad \Rightarrow \quad k = 10; \quad \overline{A} = \{0;\,1;\,\ldots;\,10\}$

Möglicher Fehler 2. Art für $p_1 = 0{,}05$:

$\beta = 1 - B_{100;\,0,05}(\{0;\,1;\,\ldots;\,10\}) = 1 - 0{,}98853 = 0{,}01147; \quad \beta \approx 0{,}011; \quad \beta \approx 1{,}1\ \%$

(2) $P(X \geq k) = B_{100;\,\frac{1}{6}}(\{0;\,1;\,\ldots;\,k-1\}) = 0{,}96214 \geq 0{,}95 \quad \Rightarrow \quad k = 24; \quad \overline{A} = \{24;\,25;\,\ldots;\,100\}$

Möglicher Fehler 2. Art für $p_1 = \frac{1}{3}$:

$\beta = B_{100;\,\frac{1}{3}}(\{0;\,1;\,\ldots;\,23\}) = 0{,}01636$

$\beta \approx 0{,}02; \quad \beta \approx 1{,}6\ \%$

e) (1) GTA-Einsatz

$P(X \leq k) = B_{300;\,0,2}(\{0;\,1;\,\ldots;\,k\}) = 0{,}006939 \leq 0{,}01 \quad \Rightarrow \quad k = 43; \quad \overline{A} = \{0;\,1;\,\ldots;\,43\}$

Möglicher Fehler 2. Art für $p_1 = 0{,}1$:

$\beta = 1 - B_{300;\,0,1}(\{0;\,1;\,\ldots;\,43\}) = 0{,}006649$

$\beta \approx 0; \quad \beta \approx 0{,}7\ \%$

(2) GTA-Einsatz

$P(X \geq k) = B_{300;\,0,5}(\{0;\,1;\,\ldots;\,k-1\}) = 0{,}993021 \geq 0{,}99 \quad \Rightarrow \quad k = 78;$

$\overline{A} = \{78;\,79;\,\ldots;\,300\}$

Möglicher Fehler 2. Art für $p_1 = 0{,}5$:

$\beta = B_{300;\,0,5}(\{0;\,1;\,\ldots;\,77\}) = 0; \quad \beta = 0; \quad \beta = 0\ \%$

Berechnung mit GTA
(vgl. Lehrbuch, S. 348)

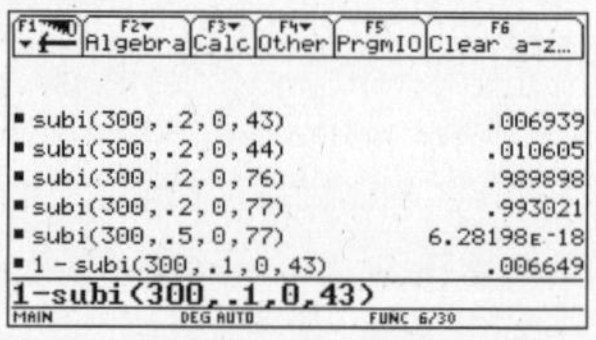

f) (1) $P(X \leq k) = B_{100;\,\frac{1}{3}}(\{0;\,1;\,\ldots;\,k\}) = 0{,}00906 \leq 0{,}01 \quad \Rightarrow \quad k = 22; \quad \overline{A} = \{0;\,1;\,\ldots;\,22\}$

Möglicher Fehler 2. Art für $p_1 = \frac{1}{6}$:

$\beta = 1 - B_{100;\,\frac{1}{6}}(\{0;\,1;\,\ldots;\,22\}) = 1 - 0{,}93695 = 0{,}06305; \quad \beta \approx 0{,}063; \quad \beta \approx 6{,}3\ \%$

(2) $P(X \geq k) = B_{100;\,\frac{1}{3}}(\{0;\,1;\,\ldots;\,k-1\}) = 0{,}99429 \geq 0{,}99 \quad \Rightarrow \quad k = 46; \quad \overline{A} = \{46;\,47;\,\ldots;\,100\}$

Möglicher Fehler 2. Art für $p_1 = 0{,}5$:

$\beta = B_{100;\,0,5}(\{0;\,1;\,\ldots;\,45\}) = 0{,}18410; \quad \beta \approx 0{,}184; \quad \beta \approx 18{,}4\ \%$

g) (1) GTA-Einsatz

$P(X \leq k) = B_{150;\,0,45}(\{0;\,1;\,\ldots;\,k\}) = 0{,}049726 \leq 0{,}05 \quad \Rightarrow \quad k = 57; \quad \overline{A} = \{0;\,1;\,\ldots;\,57\}$

Möglicher Fehler 2. Art für $p_1 = 0{,}4$:

$\beta = 1 - B_{150;\,0,4}(\{0;\,1;\,\ldots;\,57\}) = 0{,}659777$

$\beta \approx 0{,}660; \quad \beta \approx 66{,}0\ \%$

(2) GTA-Einsatz

$P(X \geq k) = B_{150;\,0,45}(\{0;\,1;\,\ldots;\,k-1\}) = 0{,}964185 \geq 0{,}95 \quad \Rightarrow \quad k = 79;$

$\overline{A} = \{79;\,80;\,\ldots;\,150\}$

Möglicher Fehler 2. Art für $p_1 = 0{,}6$:

$\beta = B_{150;\,0,6}(\{0;\,1;\,\ldots;\,78\}) = 0{,}028393; \quad \beta \approx 0{,}028; \quad \beta \approx 2{,}8\ \%$

Berechnung mit GTA
(vgl. Lehrbuch, S. 348)

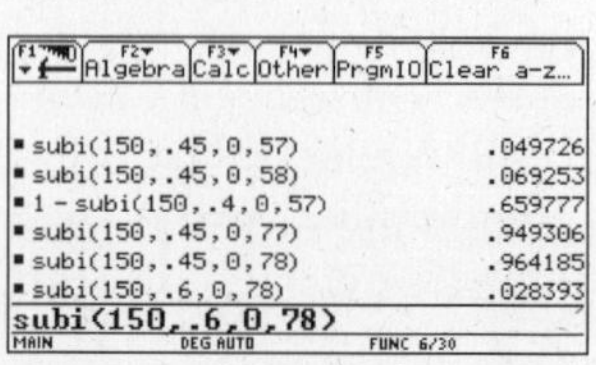

h) (1) $P(X \le k) = B_{50;\,0{,}25}(\{0; 1; \ldots; k\}) = 0{,}04526 \le 0{,}05 \quad \Rightarrow \quad k = 7; \quad \overline{A} = \{0; 1; \ldots; 7\}$
Möglicher Fehler 2. Art für $p_1 = 0{,}1$:
$\beta = 1 - B_{50;\,0{,}1}(\{0; 1; \ldots; 17\}) = 1 - 0{,}87785 = 0{,}12215; \quad \beta \approx 0{,}12; \quad \beta \approx 12{,}2\ \%$
(2) $P(X \ge k) = B_{50;\,0{,}25}(\{0; 1; \ldots; k-1\}) = 0{,}97127 \ge 0{,}95 \quad \Rightarrow \quad k = 19; \quad \overline{A} = \{19; 20; \ldots; 50\}$
Möglicher Fehler 2. Art für $p_1 = 0{,}4$:
$\beta = B_{50;\,0{,}4}(\{0; 1; \ldots; 18\}) = 0{,}33561; \quad \beta \approx 0{,}336; \quad \beta \approx 33{,}6\ \%$

i) (1) GTA-Einsatz
$P(X \le k) = B_{30;\,0{,}65}(\{0; 1; \ldots; k\}) = 0{,}004503 \le 0{,}01 \quad \Rightarrow \quad k = 12; \quad \overline{A} = \{0; 1; \ldots; 12\}$
Möglicher Fehler 2. Art für $p_1 = 0{,}5$:
$\beta = 1 - B_{30;\,0{,}5}(\{0; 1; \ldots; 12\}) = 0{,}819203; \quad \beta \approx 0{,}82; \quad \beta \approx 81{,}9\ \%$
(2) GTA-Einsatz
$P(X \ge k) = B_{30;\,0{,}65}(\{0; 1; \ldots; k-1\}) = 0{,}992482 \ge 0{,}99 \quad \Rightarrow \quad k = 26;$
$\overline{A} = \{26; 27; \ldots; 30\}$
Möglicher Fehler 2. Art für $p_1 = 0{,}8$:
$\beta = B_{30;\,0{,}8}(\{0; 1; \ldots; 25\}) = 0{,}744767; \quad \beta = 0{,}745; \quad \beta = 74{,}5\ \%$

Berechnung mit GTA
(vgl. Lehrbuch, S. 348)

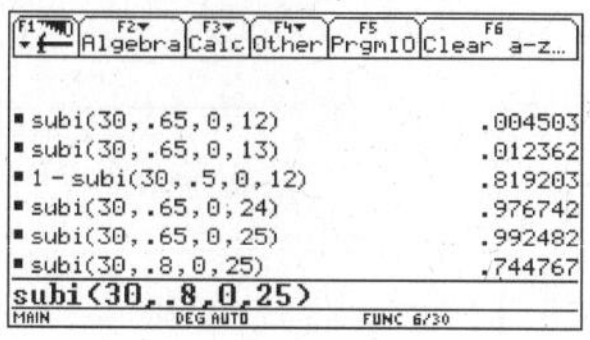

k) (1) $P(X \le k) = B_{20;\,0{,}4}(\{0; 1; \ldots; k\}) = 0{,}01596 \le 0{,}05 \quad \Rightarrow \quad k = 3; \quad \overline{A} = \{0; 1; 2; 3\}$
Möglicher Fehler 2. Art für $p_1 = 0{,}2$:
$\beta = 1 - B_{20;\,0{,}2}(\{0; 1; 2; 3\}) = 1 - 0{,}41145 = 0{,}58855; \quad \beta \approx 0{,}589; \quad \beta \approx 58{,}9\ \%$
(2) $P(X \ge k) = B_{20;\,0{,}4}(\{0; 1; \ldots; k-1\}) = 0{,}97897 \ge 0{,}95 \quad \Rightarrow \quad k = 13; \quad \overline{A} = \{13; 14; \ldots; 20\}$
Möglicher Fehler 2. Art für $p_1 = 0{,}5$:
$\beta = B_{20;\,0{,}5}(\{0; 1; \ldots; 12\}) = 0{,}86841; \quad \beta \approx 0{,}868; \quad \beta \approx 86{,}8\ \%$

HA 38

Das Testen der Hypothese H_0: $p_0 \le \frac{1}{6}$ (gegen die Hypothese H_1: $p_1 > \frac{1}{6}$) erfordert einen (einseitigen) rechtsseitigen Signifikanztest mit dem Signifikanzniveau α. Die Zufallsgröße X wird als binomialverteilt angenommen; $X \sim B_{n;\,p_0}$ (bei wahrer Nullhypothese H_0).
Ermitteln des (rechtsseitigen) Ablehnungsbereiches $\overline{A} = \{k; k+1; \ldots; n\}$:
$P(\overline{A}_{p_0}) = P(X \ge k) = B_{n;\,p_0}(\{k; k+1; \ldots; n\}) = 1 - B_{n;\,p_0}(\{0; 1; \ldots; k-1\}) \le \alpha;$
$B_{n;\,p_0}(\{0; 1; \ldots; k-1\}) \ge 1 - \alpha \quad \Rightarrow \quad k$
Die Wahrscheinlichkeit für den (bzw. einen möglichen) Fehler 2. Art (β-Fehler) lässt sich bei Annahme eines konkreten Wertes für p_1 berechnen; $\beta = P(A_{p_1}) = B_{n;\,p_1}(A) = 1 - B_{n;\,p_1}(\overline{A})$.

a) Ermitteln des Ablehnungsbereich $\overline{A}$:
$P(X \ge k) = B_{100;\,\frac{1}{6}}(\{0; 1; \ldots; k-1\}) = 0{,}96214 \ge 0{,}95 \quad \Rightarrow \quad k = 24; \quad \overline{A} = \{24; 25; \ldots; 100\}$
Berechnen des Fehlers 2. Art für $p_1 = 0{,}3$
$\beta - B_{100;\,0{,}3}(\{0, 1, \ldots, 23\}) = 0{,}07553; \quad \beta \approx 0{,}076; \quad \beta \approx 7{,}6\ \%$

b) Wird ein zweiseitiger Ablehnungsbereich für H_0 ($\overline{A} = \{0; 1; \ldots; 9\} \cup \{24; 25; \ldots; 100\}$) festgelegt, so ist von einem zweiseitigen Signifikanztest (H_0: $p_0 = \frac{1}{6}$ [gegen die Hypothese H_1: $p_1 \ne \frac{1}{6}$]) auszugehen.
Ermitteln des (größtmöglichen) Fehlers 1. Art:
$\alpha = P(\overline{A}_{p_0}) = B_{n;\,p_0}(\overline{A}) = 1 - B_{n;\,p_0}(A)$
$\alpha = 1 - B_{100;\,\frac{1}{6}}(\{10; 11, \ldots; 23\}) = 1 - [B_{100;\,\frac{1}{6}}(\{0; 1; \ldots; 23\}) - B_{100;\,\frac{1}{6}}(\{0; 1; \ldots; 9\})]$
$\alpha = 1 - (0{,}96214 - 0{,}02129) = 0{,}05915$
Der größtmögliche Fehler 1. Art beträgt $\alpha \sim 0{,}06$ bzw. $\alpha \sim 6\ \%$.
Ermitteln des Fehlers 2. Art für $p_1 = 0{,}2$:
$\beta = B_{100;\,0{,}2}(\{10; 11; \ldots; 23\}) = B_{100;\,0{,}2}(\{0; 1; \ldots; 23\}) - B_{100;\,0{,}2}(\{0; 1; \ldots; 9\}); \quad \beta = 0{,}81091 - 0{,}00233 = 0{,}80858$
Gilt in Wirklichkeit $p_1 = 0{,}2$, so beträgt (bei einem zweiseitigen Signifikanztest) der zugehörige Fehler 2. Art $\beta \approx 0{,}809$; $\beta \approx 80{,}9\ \%$.

HA 39 (Zur Wiederholung)

a) – Nach dem Grenzwertsatz von DE MOIVRE-LAPLACE ist das näherungsweise Berechnen der Wahrscheinlichkeiten binomialverteilter Zufallsgrößen möglich.
– „Einfache“ Wahrscheinlichkeiten $P(X = k)$ werden mit der lokalen Näherungsformel, „aufsummierte“ Wahrscheinlichkeiten $P(X \le k)$ mit der globalen Näherungsformel berechnet.

b) Als Standardnormalverteilung wird eine Normalverteilung einer Zufallsgröße X mit dem Erwartungswert $\mu = EX = 0$ und der Varianz $VarX = 1$ bezeichnet.
(Von Normalverteilung einer stetigen Zufallsgröße spricht man, wenn die Verteilung die Form einer sog. Glockenkurve aufweist.)

c) Es muss das empirische Kriterium $\sigma^2 = VarX > 9$ (vgl. Lehrbuch, Satz H 6, S. 359) erfüllt sein.

HA 40

a) Da es sich um eine Aussage über alle Schülerinnen/Schüler an Gymnasien handelt, muss die Stichprobe insbesondere Schülerinnen/Schüler aller Altersgruppen (Jahrgangsstufen) unter Beachtung der Anteile von männlich und weiblich an den einbezogenen Gymnasien erfassen. Es sollte sich um eine (proportional) geschichtete Stichprobe handeln (s. auch Lehrbuch, S. 342).

b) Die Zufallsgröße X beschreibe die Anzahl derjenigen Schülerinnen/Schüler (von 200 Befragten), die regelmäßig moderne Medien nutzen. Die Zufallsgröße X werde als binomialverteilt angenommen; $X \sim B_{200;\,0,4}$ (bei wahrer Nullhypothese). Da kleine Werte von X gegen die Nullhypothese H_0 sprechen, ist der Test ist als linksseitiger Signifikanztest zu konstruieren.

Nullhypothese H_0: $p_0 \geq 0{,}4$ [Gegenhypothese H_1: $p_1 < 0{,}4$]
Stichprobenumfang $n = 200$ Signifikanzniveau: $\alpha = 0{,}05$

Ermitteln des Ablehnungsbereiches $\overline{A} = \{0; 1; \ldots; k\}$:

$P(\overline{A}_{p_0}) = P(X \leq k) = B_{n;\,p_0}(\{0; 1; \ldots; k\}) \leq \alpha \quad \Rightarrow \quad k$

$P(X \leq k) = B_{200;\,0,4}(\{0; 1; \ldots; k\}) = 0{,}04748 \leq 0{,}05 \quad \Rightarrow \quad k = 68; \quad \overline{A} = \{0; 1; \ldots; 68\}$

Die Nullhypothese kann nicht abgelehnt werden, wenn mehr als 68 Schülerinnen/Schüler (von 200 Befragten) angeben, regelmäßig mit modernen Medien zu arbeiten.

Ermitteln des Fehlers 2. Art für $p_1 = 0{,}25$:

$\beta = P(A_{p1}) = B_{n;\,p1}(A) = 1 - B_{n;\,p1}(\overline{A})$, also $\beta = 1 - B_{200;\,0,25}(\{0; 1; \ldots; 68\}) = 1 - 0{,}99830 = 0{,}0017$; $\beta \approx 0{,}002$; $\beta \approx 0{,}2\ \%$

Die Wahrscheinlichkeit für den Fehler 2. Art ist im Falle von $p_1 = 0{,}25$ praktisch 0.

c) Die Zufallsgröße X beschreibe die Anzahl derjenigen Schülerinnen/Schüler (von 1000 Befragten), die regelmäßig moderne Medien nutzen. Die Zufallsgröße X werde als binomialverteilt angenommen; $X \sim B_{1000;\,0,4}$ (bei wahrer Nullhypothese).

Nullhypothese H_0: $p_0 \geq 0{,}4$ [Gegenhypothese H_1: $p_1 < 0{,}4$]
Stichprobenumfang: $n = 1000$ Signifikanzniveau: $\alpha = 0{,}05$

Die vorliegende Binomialverteilung kann hinreichend genau durch eine Normalverteilung approximiert werden, da das empirische Kriterium (s. Lehrbuch, Satz H 6, S. 359) erfüllt ist:

$\sigma^2 = \text{Var}X = n \cdot p \cdot (1 - p) = 1000 \cdot 0{,}4 \cdot 0{,}6 = 240 > 9$

Ermitteln des Ablehnungsbereiches $\overline{A} = \{0; 1; \ldots; k\}$ bei Approximation der Binomialverteilung durch (Standard-)Normalverteilung:
Anwenden der globalen Näherungsformel von DE MOIVRE-LAPLACE (vgl. Lehrbuch, Satz G 14, S. 333)
$P(X \leq k) = B_{n;\,p}(\{0; 1; \ldots; k\}) \approx \Phi(x)$ führt (bei linksseitigem Ablehnungsbereich) mit

$\Phi(x) = \Phi(\frac{k + 0{,}5 - \mu}{\sigma})$ auf $\Phi(\frac{k + 0{,}5 - \mu}{\sigma}) \leq \alpha$.

Mit $\alpha = 0{,}05$; $\mu = EX = n \cdot p = 1000 \cdot 0{,}4 = 400$ und $\sigma = \sqrt{V(x)} = \sqrt{240}$ erhält man $\Phi(\frac{k + 0{,}5 - 400}{\sqrt{240}}) \leq 0{,}05$.

Da alle Werte von x, für die $\Phi(x) < 0{,}5$ gilt, negativ und nicht gesondert tabellieret sind, wird unter Beachtung der Beziehung $\Phi(-x) = 1 - \Phi(x)$ umgeformt zu $\Phi(\frac{400 - k - 0{,}5}{\sqrt{240}}) \geq 0{,}95$.

Der Tabelle der Funktionswerte $\Phi(x)$ der Normalverteilung wird (unter Beachtung der Monotonie der Φ-Funktion) $x = 1{,}64$ (wegen $\Phi(1{,}64) = 0{,}9495$) entnommen. Demnach gilt

$\frac{400 - k - 0{,}5}{\sqrt{240}} \geq 1{,}64$, woraus $k \leq -1{,}64 \cdot \sqrt{240} + 400 - 0{,}5 = 374{,}09\ldots$ und somit $k = 374$ folgt; $\overline{A} = \{0; 1; \ldots; 374\}$.

Anmerkung: Mit Hilfe eines GTA ermittelt man (bei relativ langer Rechenzeit) $B_{1000;\,0,4}(\{0; 1; \ldots; 374\}) = 0{,}0049473 \leq 0{,}05$, was die ausgezeichnete Näherung bestätigt.

HA 41

a) Die Zufallsgröße X darf als binomialverteilt angenommen werden, weil eine kleine Stichprobe ($n = 1500$) aus einer großen Grundgesamtheit (alle Jugendlichen der Altersgruppe) vorliegt. Die Binomialverteilung kann hinreichend genau durch eine (Standard-) Normalverteilung approximiert werden, da das empirische Kriterium (s. Lehrbuch, Satz H6, S. 359) erfüllt ist:

$\sigma^2 = \text{Var}X = n \cdot p \cdot (1 - p) = 1500 \cdot 0{,}2 \cdot 0{,}8 = 240 > 9$

b) Als Nullhypothese ist zu formulieren H_0: $p_0 = 0{,}2$ (Gegenhypothese H_1: $p_1 \neq 0{,}2$). Bei wahrer Nullhypothese gilt $X \sim B_{1500;\,0,2}$. Der Test ist als zweiseitiger Signifikanztest zu konstruieren; für das Signifikanzniveau sei $\alpha = 0{,}05$ festgelegt. Der zweiseitige Ablehnungsbereich lautet $\overline{A} = \{0; 1; \ldots; k_L\} \cup \{k_R; k_R + 1; \ldots; 1500\}$. Es ist zu beachten, dass das Signifikanzniveau α auf beide Teilbereiche mit $\frac{\alpha}{2}$ gleichmäßig „verteilt" werden muss (s. Lehrbuch, Satz H 5; S. 356).

Ermitteln der k-Werte des Ablehnungsbereiches $\overline{A}$ bei Approximation der Binomialverteilung durch Normalverteilung:
Anwenden der globalen Näherungsformel von DE MOIVRE-LAPLACE (vgl. Satz G 14, S. 333)

$P(X \leq k) = B_{n;\,p}(\{0; 1; \ldots; k\}) \approx \Phi(x)$ führt mit $\Phi(x) = \Phi(\frac{k + 0{,}5 - \mu}{\sigma})$ wegen $P(X \leq k_L) = B_{n;\,p}(\{0; 1; \ldots; k_L\}) \leq \frac{\alpha}{2}$ für den linksseitigen Ablehnungsbereich auf

[1] $\Phi(\frac{k_L + 0{,}5 - \mu}{\sigma}) \leq \frac{\alpha}{2}$ und wegen $P(X \geq k_R) = B_{n;\,p}(\{0; 1; \ldots; k_R - 1\}) \leq 1 - \frac{\alpha}{2}$ für den rechtsseitigen Ablehnungsbereich auf

[2] $\Phi(\frac{k_R - 1 + 0{,}5 - \mu}{\sigma}) \geq 1 - \frac{\alpha}{2}$.

Die Zufallsgröße X hat den Erwartungswert $\mu = EX = n \cdot p = 1500 \cdot 0{,}2 = 300$ und die Standardabweichung $\sigma = \sqrt{\text{Var}X} = \sqrt{n \cdot p \cdot (1 - p)} = \sqrt{1500 \cdot 0{,}2 \cdot 0{,}8} = \sqrt{240}$.

Berechnung von k_L aus [1]:
Da alle Werte von x, für die $\Phi(x) < 0,5$ gilt, negativ und nicht gesondert tabelliert sind, wird unter Beachtung der Beziehung $\Phi(-x) = 1 - \Phi(x)$ der Ausdruck [1] umgeformt zu

[1*] $\Phi(\frac{\mu - k_L - 0,5}{\sigma}) \geq 1 - \frac{\alpha}{2}$. Einsetzen der gegebenen bzw berechneten Werte in [1*] führt auf $\Phi(\frac{300 - k_L - 0,5}{\sqrt{240}}) \geq 0,975$.

Der Tabelle der Funktionswerte $\Phi(x)$ der Normalverteilung entnimmt man $\Phi(1,96) = 0,9750$ und erhält aus $\frac{300 - k_L - 0,5}{\sqrt{240}} \geq 1,96$ für $k_L \leq -1,96 \cdot \sqrt{240} + 300 - 0,5 = 269,13\ldots$ den Wert $k_L = 269$.

Berechnung von k_R aus [2]:
Einsetzen in [2] führt auf $\Phi(\frac{k_R - 1 + 0,5 - 300}{\sqrt{240}}) \geq 0,975$.

Der Tabelle der Funktionswerte $\Phi(x)$ der Normalverteilung entnimmt man $\Phi(1,96) = 0,9750$ und erhält aus $\frac{k_R - 1 + 0,5 - 300}{\sqrt{240}} \geq 1,96$ für $k_R \geq 1,96 \cdot \sqrt{240} + 300 + 1 - 0,5 = 330,86\ldots$ den Wert $k_R = 331$.

Der Ablehnungsbereich lautet somit $\overline{A} = \{0; 1; \ldots; 269\} \cup \{331; 332; \ldots; 1500\}$. Da $X = 214$ und $214 \in \overline{A}$, kann die Nullhypothese auf dem Signifikanzniveau $\alpha = 0,05$ bzw. mit der Irrtumswahrscheinlichkeit $\alpha = 5\,\%$ abgelehnt werden. Es darf geschlussfolgert werden: Der Schätzwert des Sportlehrers trifft nicht zu.

c) Berechnen des Fehlers 2. Art für den Fall, dass in Wirklichkeit $p_1 = 0,12$ gilt:

$\beta = P(A_{p_1}) = B_{n;\,p_1}(A) = 1 - B_{n;\,p_1}(\overline{A})$

Die Zufallsgröße X ist binomialverteilt ($X \sim B_{1500;\,0,12}$) und hat den Erwartungswert $\mu = EX = n \cdot p = 1500 \cdot 0,12 = 180$ sowie die Standardabweichung $\sigma = \sqrt{VarX} = \sqrt{n \cdot p \cdot (1-p)} = \sqrt{1500 \cdot 0,12 \cdot 0,88} = \sqrt{158,4}$.

Unter Verwendung der Näherungsformel von DE MOIVRE-LAPLACE berechnet man

$\beta = B_{1500;\,0,12}(\{270; 271; \ldots; 330\}) = B_{1500;\,0,12}(\{0; 1; \ldots; 330\}) - B_{1500;\,0,12}(\{0; 1; \ldots; 269\})$

$\beta \approx \Phi(\frac{330 + 0,5 - 180}{\sqrt{158,4}}) - \Phi(\frac{269 + 0,5 - 180}{\sqrt{158,4}})$

$\beta \approx \Phi(11,96) - \Phi(11,96) = 1 - 1 = 0$

Die Wahrscheinlichkeit des Fehlers 2. Art hat unter diesen Bedingungen praktisch den Wert 0.

H 2 Anwendungen aus verschiedenen Bereichen

H 2.1 Praktische Probleme – immer wieder Signifikanztests
H 2.2 Ein „Etikettierungsproblem" – der Alternativtest hilft
H 2.3 Hohe Produktqualität – wenig Ärger mit den Käufern

HA 42 Zur rechnerischen Lösung des Problems wird die im Abschnitt G 4.2 gewonnene Erkenntnis genutzt. Multipliziert man alle möglichen Werte x_i der Zufallsgröße X jeweils mit der Wahrscheinlichkeit $P(X = x_i)$ ihres Eintretens (d.h. mit unserer *Erwartung* ihres Eintretens) und addiert diese Produkte, so erhält man den *Erwartungswert* der Zufallsgröße X. Ist dieser *Erwartungswert für die finanziellen Verluste* null, so entstehen auf lange Sicht keine finanziellen Verluste, ist er positiv liegt ein Verlust vor, ist er negativ liegt kein Verlust (sondern ein Gewinn) vor.
Es ist zu beachten:

- Jede Einzelprüfung der Garnrollen kostet 2,50 € (K3).
- Da das Garn im „Problem-Container" mit gleicher Wahrscheinlichkeit der Produktionsanlage I oder II entstammt (beide Anlagen erreichen das gleiche Produktionsvolumen), gilt $P(H_0) = P(H_1) = 0,5$. Somit gehen beide Fehlerwahrscheinlichkeiten zu gleichen Anteilen in die Verlustrechnung ein.
- Die in den Konsequenzen K1 und K2 angegebenen Kosten entstehen anteilig mit der gleichen Fehlerwahrscheinlichkeit.

Somit gilt:
Die Zufallsgroße V beschreibe den Verlust; ihr Erwartungswert sei EV.
$EV = P(H_0) \cdot \alpha \cdot 7000 + P(H_1) \cdot \beta \cdot 2000 + n \cdot 2,5$
$EV = 0,5 \cdot 0,03379 \cdot 7000 + 0,5 \cdot 0,72057 \cdot 2000 + 50 \cdot 2,5 = 118,265 + 720,57 + 125$; $EV \approx 963,84$
Auf lange Sicht ist ein durchschnittlicher finanzieller Verlust von 963,84 € zu erwarten.

Anmerkung:
Offen bleibt, ob sich der finanzielle Verlust noch weiter mindern lässt, z.B. durch Akzeptieren eines noch kleineren Fehlers 1. Art (in der Stichprobe dürfte dann keine Ausschuss-Garnrolle festgestellt werden). Eine formale Rechnung zeigt, dass praktisch keine weitere sinnvolle Reduzierungsmöglichkeit besteht.

Mit $\alpha = B_{50;\,0,10}(\{0\}) = 0,00515$ und $\beta = B_{50;\,0,05}(\{1; 2; \ldots; 50\}) = 1 - B_{50;\,0,05}(\{0\}) = 1 - 0 = 1$ gilt:
$EV = 18,025 + 1000 + 125$; $EV \approx 1643,03$.

HA 43 *(Zur Wiederholung)*

Hinweise:
Die entsprechenden Seitenzahlen sollten von den Schülerinnen und Schülern aus dem Inhaltsverzeichnis oder unter Verwendung des Registers des Lehrbuches ermittelt werden. Gegebenenfalls können weitere Medien (dem LB beiliegende CD-ROM, Internet, andere Nachlesemöglichkeiten, …) genutzt werden.

Es sollte darauf geachtet werden, dass

- in Teilaufgabe b neben dem Grundprinzip deutlich wird: Eintragungen können absolute Häufigkeiten, relative Häufigkeiten bzw. Wahrscheinlichkeiten sein;
- in den Teilaufgaben c und d möglichst praxisrelevante Probleme (nicht allein „Glücksspielmathematik") im Vordergrund stehen;
- Pfadregeln, Baumdiagramme und Vierfeldertafeln als stochastische Hilfsmittel in Wechselwirkung miteinander gesehen werden.

HA 44

a) Varianten für Baumdiagramme

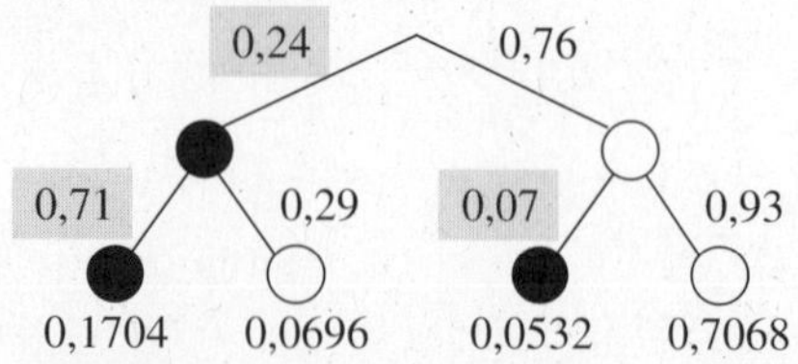

„Sind Sie bereits schwarz gefahren?"

„Würden Sie (erstmals/erneut) schwarz fahren?"

● ja

○ nein

(gegebene Umfrageergebnisse grau unterlegt)

Variante I

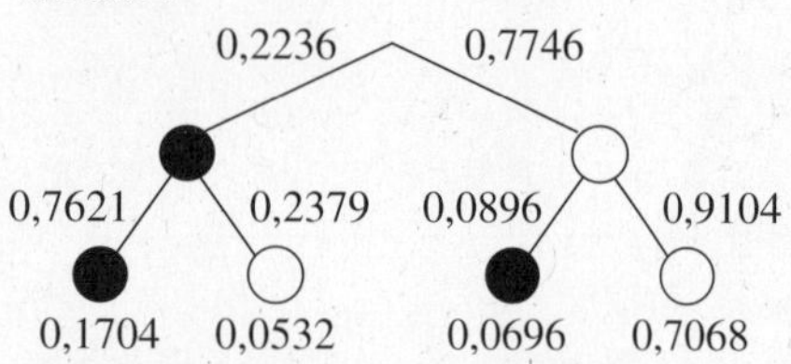

„Würden Sie (erstmals/erneut) schwarz fahren?"

„Sind Sie bereits schwarz gefahren?"

● ja

○ nein

Variante II

Anmerkungen:
Die Variante I zeigt das i. Allg. übliche – unmittelbar aus den gegebenen Daten ableitbare – Baumdiagramm. Die Variante II stellt eine „Umkehrsicht" bezüglich der Bedingungen (bedingte Wahrscheinlichkeit) dar. Dieses Baumdiagramm lässt sich leichter nach dem Erarbeiten der Vierfeldertafel (siehe Teilaufgabe b) erstellen.

b) Vierfeldertafel

		erstmaliges bzw. erneutes SF ja	 nein	
SF-Erfahrung	ja	[71 % von 24 %] 0,1704	[29 % von 24 %] 0,0696	0,24
	nein	[7 % von 76 %] 0,0532	[93 % von 76 %] 0,7068	0,76
		0,2236	0,7764	1

c) Die durch die beiden Baumdiagramme widergespiegelten Sichtweisen können als Resultat „umgekehrter" Fragetechnik betrachtet werden. Sie geben denselben Informationsgehalt aus verschiedener („umgekehrter") Sicht wider. Im Allgemeinen ist es aus rein psychologischer Sicht gerade bei „Negativproblemen" günstiger, zunächst eine (die) Frage zu stellen, die sofort mit „ja" bzw. „nein" beantwortet werden kann (Baumdiagramm Variante I).
Aus dem Baumdiagramm Variante I ist explizite ersichtlich: Etwa ein Viertel (24 %) der Befragten ist bereits schwarz gefahren und knapp drei Viertel (71 %) würden es erneut tun. Dagegen würde von mehr als drei Vierteln SF-Unerfahrenen (76 %) nur knapp jeder Zehnte (7 %) bei Gelegenheit schwarz fahren.
Aus dem Baumdiagramm Variante II ist explizit ersichtlich: Die Frage „Würden Sie (erstmals/erneut) schwarz fahren?" haben knapp ein Viertel (22 %) der Befragten bejaht. Dieser (wohl recht hohe) Anteil ist jedoch durch die mehr als drei Viertel (76 %) SF-Erfahrenen bedingt. Umgekehrt lehnen mehr als drei Viertel (78 %) der Befragten SF ab. Hier dominieren allerdings die SF-Unerfahrenen (mehr als 90 %).
Die in den beiden Baumdiagrammen veranschaulichten Informationen (bzw. Wahrscheinlichkeiten) sind in der Vierfeldertafel zusammengeführt.

d) Es wird ein zweiseitiger Signifikanztest durchgeführt, da sowohl (sehr) kleine als auch (sehr) große Werte der Zufallsgröße X gegen die Nullhypothese sprechen.
$X \sim B_{100;\,0,25}$ (bei wahrer Nullhypothese); $X = 22$; Signifikanzniveau α: $\alpha = 0{,}05$; $\frac{\alpha}{2} = 0{,}025$;
Nullhypothese H_0: $p_0 = 0{,}25$ · [Gegenhypothese H_1: $p_1 \neq 0{,}25$];
Ablehnungsbereich $\overline{A}$: $\overline{A} = \{0; 1; \ldots; k_L\} \cup \{k_R; k_R + 1; \ldots; n\}$
$P(X \leq k_L) = B_{100;\,0,25}(\{0; 1; \ldots; k_L\}) \leq 0{,}025$
Tabelle der kumulierten Binomialverteilung: $k_L = 16$
$[B_{100;\,0,25}(\{0; 1; \ldots; 16\}) = 0{,}02111 \leq 0{,}025]$
$P(X \geq k_R) = B_{100;\,0,25}(\{0; 1; \ldots; k_R - 1\}) \geq 0{,}975$
Tabelle der kumulierten Binomialverteilung: $k_R - 1 = 34 \Rightarrow k_R = 35$
$[B_{100;\,0,25}(\{0; 1; \ldots; 34\}) = 0{,}98357 \geq 0{,}975]$

Ablehnungsbereich $\overline{A}$: $\overline{A} = \{0; 1; \ldots; 16\} \cup \{35; 36; \ldots; 100\}$

Da $X = 22$ und $X \notin \overline{A}$, kann die Nullhypothese (aufgrund der vorliegenden Daten) nicht abgelehnt werden. Die „kleine Umfrage" bestätigt auf dem Signifikanzniveau $\alpha = 0{,}05$ das Ergebnis (1).

Berechnung mit GTA (vgl. Lehrbuch, S. 348)
Für $p = 0{,}24$ werden mittels GTA die Werte $k_L = 15$ und $k_R = 34$ berechnet.

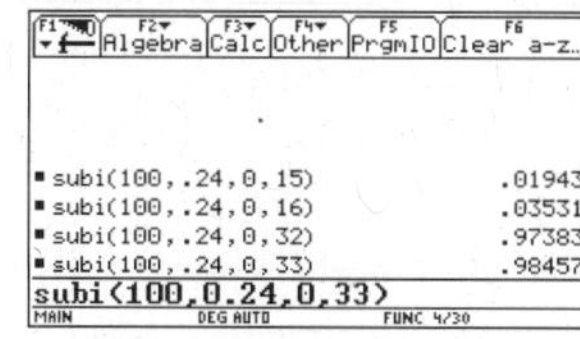

e) Da sowohl (sehr) kleine als auch (sehr) große Werte der Zufallsgröße X gegen die Nullhypothese sprechen, wird der Test als zweiseitiger Signifikanztest ($\alpha = 0{,}05$; $\frac{\alpha}{2} = 0{,}025$) konstruiert.

Nullhypothese H_0: $p_0 = 0{,}24$ [Gegenhypothese H_1: $p_1 \neq 0{,}24$];

X ist näherungsweise (standard-)normalverteilt mit $n = 1000$; $\mu = EX = n \cdot p = 1000 \cdot 0{,}24 = 240$ und

$\sigma = \sqrt{VarX} = \sqrt{n \cdot p \cdot (1-p)} = \sqrt{1000 \cdot 0{,}24 \cdot 0{,}76} = \sqrt{182{,}4}$.

Ermitteln des Ablehnungsbereiches $\overline{A}$: $\overline{A} = \{0; 1; \ldots; k_L\} \cup \{k_R; k_R + 1; \ldots; n\}$

linksseitiger Ablehnungsbereich:

$P(X \le k_L) \approx \Phi(\frac{k_L + 0{,}5 - \mu}{\sigma}) \le \frac{\alpha}{2}$; $\Phi(\frac{k_L + 0{,}5 - 240}{\sqrt{182{,}4}}) \le 0{,}025$

Unter Verwendung der Symmetriebeziehung $1 - \Phi(X) = \Phi(-X)$ folgt $\Phi(-\frac{k_L - 239{,}5}{\sqrt{182{,}4}}) \ge 0{,}975$ und aus der Tabelle der Normalverteilung $\Phi(1{,}96) \approx 0{,}975$, also $-\frac{k_L - 239{,}5}{\sqrt{182{,}4}} \ge 1{,}96$.

Nach Umstellen erhält man $k_L \le 239{,}5 - 1{,}96 \cdot \sqrt{182{,}4} = 213{,}02\ldots$ und somit $k_L = 214$.

rechtsseitiger Ablehnungsbereich:

$P(X \ge k_R) \approx 1 - \Phi(\frac{(k_R - 1) + 0{,}5 - \mu}{\sigma}) \le \frac{\alpha}{2} \Rightarrow \Phi(\frac{(k_R - 1) + 0{,}5 - \mu}{\sigma}) \ge 1 - \frac{\alpha}{2}$; $\Phi(\frac{(k_R - 1) + 0{,}5 - 240}{\sqrt{182{,}4}}) \ge 0{,}975$;

Der Tabelle der Normalverteilung entnimmt man wiederum $\Phi(1{,}96) \approx 0{,}975$, also $\frac{k_R - 240{,}5}{\sqrt{182{,}4}} \ge 1{,}96$.

Nach Umstellen ergibt sich $k_R \ge 1{,}96 \cdot \sqrt{182{,}4} + 240{,}5 = 266{,}97\ldots$ und somit $k_R = 267$.

Der zu ermittelnde zweiseitige Ablehnungsbereich lautet $\overline{A} = \{0; 1; \ldots; 214\} \cup \{267; 268; \ldots; 1000\}$.

Zum Vergleich ist eine Möglichkeit der Berechnung der kritischen Werte k_L und k_R unter Verwendung des GTA (vgl. Lehrbuch, S. 361/362) angegeben. Man erhält mittels GTA die Werte $k_L = 213$ und $k_R = 267$

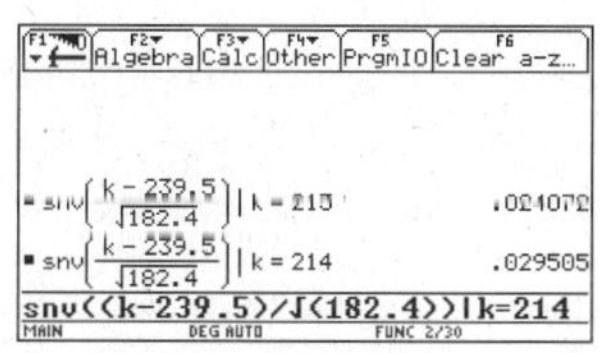

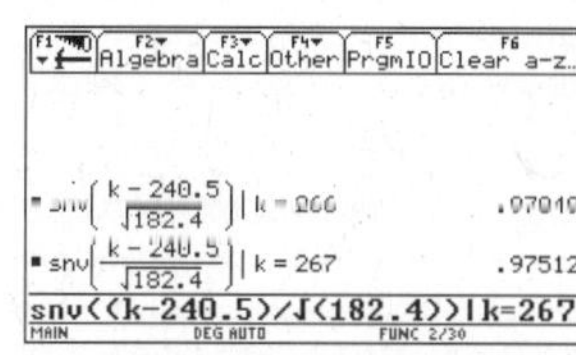

HA 45 X sei die Anzahl der zerbrochenen Hohlkörper. X kann näherungsweise als binomialverteilt angenommen werden (es liegt hypergeometrische Verteilung vor, diese kann aber wegen großer Grundgesamtheit und kleiner Stichprobe als angenähert binomialverteilt betrachtet werden). Die Parameter der Binomialverteilung sind $n = 50$ und p.

a) H_0: $p = 0{,}10$; H_1: $p = 0{,}20$; $n = 50$; $A = \{0; \ldots; 6\}$ und $\overline{A} = \{7; \ldots; 50\}$
Wahrscheinlichkeit für den Fehler 1. Art: $B_{50;\,0{,}10}(\overline{A}) = B_{50;\,0{,}10}(\{7, \ldots, 50\}) = 1 - B_{50;\,0{,}10}(A) = 0{,}22977 \approx 0{,}23$
Wahrscheinlichkeit für den Fehler 2. Art: $B_{50;\,0{,}20}(A) = B_{50;\,0{,}20}(\{0; \ldots; 6\}) = 0{,}10340 \approx 0{,}10$
Bleibt der Hersteller bei seinem Entscheidungsverfahren, dann wird er in 23 % der Fälle die Hypothese H_0 ablehnen, obwohl sie wahr ist.

b) Wir wählen $A = \{0; \ldots; 8\}$ und $\overline{A} = \{9; \ldots; 50\}$.
Wahrscheinlichkeit für den Fehler 1. Art: $B_{50;\,0{,}10}(\overline{A}) = 1 - B_{50;\,0{,}10}(\{0; \ldots; 8\}) = 0{,}05787 \approx 0{,}06$
Wahrscheinlichkeit für den Fehler 2. Art: $B_{50;\,0{,}20}(A) = 0{,}30733 \approx 0{,}31$
Für den Hersteller ist dieses Entscheidungsverfahren günstiger, denn in nur ca. 6 % aller Fälle würde er 1. Wahl für 2. Wahl halten und in 31 % aller Fälle 2. Wahl für 1. Wahl annehmen. Für den Kunden ist dieses Entscheidungsverfahren ungünstiger.

HA 46 Es sind die Wahrscheinlichkeiten für den Fehler 1. Art und den Fehler 2. Art jeweils bei einem „klassischen" Alternativtest zu berechnen.

a) Nullhypothese H_0: $p_0 = 0{,}1$ Alternativ-/Gegenhypothese H_1: $p_1 = 0{,}2$ Stichprobenumfang: $n = 50$
Die Zufallsgröße X beschreibe die Anzahl der defekten Glühlampen in der Stichprobe; $X \sim B_{50;\,0{,}1}$ (bei wahrer Nullhypothese).
Da sehr große Werte der Zufallsgröße X gegen die Nullhypothese sprechen, ist von einem rechtsseitigen Alternativtest mit dem Ablehnungsbereich $\overline{A} = \{4; 5; \ldots; 50\}$ auszugehen.
Ermitteln des Fehlers 1. Art
$\alpha = P(\overline{A}_{p_0}) = B_{n;\,p_0}(\overline{A}) = 1 - B_{n;\,p_0}(A)$, also $\alpha = 1 - B_{50;\,0{,}1}(\{0; 1, 2; 3\}) = 1 - 0{,}25029 = 0{,}74971$; $\alpha \approx 0{,}75$; $\alpha \approx 75\,\%$

Ermitteln des Fehlers 2. Art

$\beta = P(A_{p_1}) = B_{n;\,p_1}(A) = 1 - B_{n;\,p_1}(\overline{A})$, also $\beta = B_{50;\,0,2}(\{0;\,1,\,2;\,3\}) = 0{,}00566$; $\beta \approx 0{,}006$; $\beta \approx 0{,}6\ \%$

Mit einer Wahrscheinlichkeit von etwa 75 % (Fehler 1. Art) wird die Lieferung fälschlicherweise als Preisklasse 2 akzeptiert, obwohl sie in Wirklichkeit Preisklasse 1 ist.

Mit einer Wahrscheinlichkeit, die praktisch 0 ist (Fehler 2. Art), wird die Lieferung fälschlicherweise als Preisklasse 1 akzeptiert, obwohl sie in Wirklichkeit Preisklasse 2 ist,.

Die Glühlampenfabrik muss davon ausgehen, dass durch den Großhändler eine sehr strenge, verbraucherfreundliche Prüfung der Lieferungen erfolgt.

b) Neuer Ablehnungsbereich (bei sonst unveränderten Prüfbedingungen):

$\overline{A} = \{7;\,8;\,\ldots;\,50\}$; $\alpha = 1 - B_{50;\,0,1}(\{0;\,1,\,\ldots;\,6\}) = 1 - 0{,}77023 = 0{,}22977$; $\alpha \approx 0{,}23$; $\alpha \approx 23\ \%$

$\beta = B_{50;\,0,2}(\{0;\,1,\,\ldots;\,6\}) = 0{,}10340$; $\beta \approx 0{,}103$; $\beta \approx 10{,}3\ \%$

Die Wahrscheinlichkeiten für den Fehler 1. Art und für den Fehler 2. Art liegen jetzt „dichter beieinander". Der Fehler 2. Art, dessen Größe die „Verbraucherfreundlichkeit" der Prüfung charakterisiert, beträgt nunmehr etwa 10 %, ist aber nicht einmal halb so groß, wie der Fehler 1. Art. Der gewählte Ablehnungsbereich wird der Glühlampenfabrik (auf lange Sicht) weniger Beanstandungen der Preisklasse als vorher bringen.

HA 47

a) Es ist der Ablehnungsbereich eines (einseitigen) rechtsseitigen Signifikanztests zu ermitteln; $\overline{A} = \{k;\,k+1;\,\ldots;\,n\}$.

Nullhypothese H_0: $p_0 = 0{,}1$ Alternativ-/Gegenhypothese H_1: $p_1 = 0{,}25$

Stichprobenumfang: $n = 10$ Signifikanzniveau (Irrtumswahrscheinlichkeit): $\alpha = 0{,}05$

Die Zufallsgröße X beschreibe die Anzahl der Ausschuss-Broschüren in der Stichprobe; $X \sim B_{50;\,0,1}$ (bei wahrer Nullhypothese). Sehr große Werte der Zufallsgröße X sprechen gegen die Nullhypothese.

Ermitteln des Ablehnungsbereiches $\overline{A}$:

$P(X \geq k) = B_{n;\,p_0}(\{0;\,1;\,\ldots;\,k-1\}) = 1 - \alpha$; $B_{10;\,0,1}(\{0;\,1;\,\ldots;\,k-1\}) = 0{,}98720 \geq 0{,}95 \quad \Rightarrow \quad k = 4;\ \overline{A} = \{4;\,5;\,\ldots;\,10\}$

Entscheidungsregel: Enthält die Stichprobe (n = 10) mehr als 3 Ausschuss-Broschüren, so ist mit einer Irrtumswahrscheinlichkeit von (höchstens) 5 % davon auszugehen, dass die Broschüren vom Automaten A2 gebunden worden sind.

b) Die Zufallsgröße X darf als binomialverteilt angenommen werden, weil eine kleine Stichprobe (n = 10) aus einer großen Grundgesamtheit (n = 1000) vorliegt.

HA 48

a) Wird vermutet, dass die Minen zu gleichen Anteilen vertreten sind, dann lautet die

Nullhypothese H_0: $p_0 = 0{,}5$ [Gegenhypothese H_1: $p_1 \neq 0{,}5$].

Als Stichprobenumfang wird z.B. n = 20, als Signifikanzniveau (Irrtumswahrscheinlichkeit) $\alpha = 0{,}05$ gewählt.

Die Zufallsgröße X beschreibe die Anzahl der Minen einer Sorte in der Stichprobe; $X \sim B_{20;\,0,5}$ (bei wahrer Nullhypothese). Sowohl sehr große als auch sehr kleine Werte der Zufallsgröße X sprechen gegen die Nullhypothese. Der Ablehnungsbereich wäre dann zweiseitig mit $\overline{A} = \{0;\,1;\,\ldots;\,k_L\} \cup \{k_R;\,k_R+1;\,\ldots;\,n\}$.

Ermitteln des Ablehnungsbereiches $\overline{A}$:

Das Signifikanzniveau α wird beim Ermitteln des Ablehnungsbereiches halbiert (vgl. Lehrbuch, S. 355).

Linksseitiger Ablehnungsbereich:

$P(\overline{A}_{p_0}) = P(X \leq k_L) = B_{n;\,p_0}(\{0;\,1;\,\ldots;\,k_L\}) \leq \frac{\alpha}{2} \quad \Rightarrow \quad k_L$

Rechtsseitiger Ablehnungsbereich:

$P(\overline{A}_{p_0}) = P(X \geq k_R) = B_{n;\,p_0}(\{k_R;\,k_R+1;\,\ldots;\,n\}) = 1 - B_{n;\,p_0}(\{0;\,1;\,\ldots;\,k_R-1\}) \leq \frac{\alpha}{2}$;

$B_{n;\,p_0}(\{0;\,1;\,\ldots;\,k_R-1\}) \geq 1 - \frac{\alpha}{2} \quad \Rightarrow \quad k_R$

$P(X \leq k_L) = B_{20;\,0,5}(\{0;\,1;\,\ldots;\,k_L\}) = 0{,}02069 \leq 0{,}025 \quad \Rightarrow \quad k_L = 5$

$P(X \geq k_R) = B_{20;\,0,5}(\{0;\,1;\,\ldots;\,k_R-1\}) = 0{,}97931 \geq 0{,}975 \quad \Rightarrow \quad k_R = 15$

$\overline{A} = \{0;\,1;\,\ldots;\,5\} \cup \{15;\,16;\,\ldots;\,20\}$

Wird eine Stichprobe von 20 Minen entnommen, so darf mit einer Irrtumswahrscheinlichkeit von 5 % davon ausgegangen werden, dass die Minen beider Sorten im Restposten zu gleichen Anteilen vorhanden sind, wenn die Stichprobe mindestens 6, jedoch nicht mehr als 14 Minen ein und derselben Sorte enthält.

Fehler 2. Art:

$\beta = P(A_{p_1}) = B_{n;\,p_1}(A) = 1 - B_{n;\,p_1}$; $\beta = B_{20;\,0,5}(\{6;\,7;\,\ldots;\,14\}) = B_{20;\,0,5}(\{0;\,1;\,\ldots;\,14\}) - B_{20;\,0,5}(\{0;\,1;\,\ldots;\,5\})$

$\beta = 0{,}97931 - 0{,}02069 = 0{,}95862$; $\beta \approx 0{,}96$; $\beta \approx 96\ \%$

Mit etwa 96 % ist der Fehler 2. Art (die Wahrscheinlichkeit dafür, die in Wirklichkeit falsche Nullhypothese irrtümlich nicht abzulehnen) allerdings recht hoch.

b) Nullhypothese H_0: $p_0 = 0{,}5$; Stichprobenumfang: $n = 10$

Aus der Festlegung „… von einer Sorte nicht weniger als 3 Minen …“ folgt der zweiseitige Ablehnungsbereich $\overline{A} = \{0; 1; 2\} \cup \{8; 9; 10\}$.

Gesucht ist zunächst die Wahrscheinlichkeit für den Fehler 1. Art (die in Wirklichkeit wahre Nullhypothese wird irrtümlich abgelehnt) bei diesem Ablehnungsbereich:

$\alpha = P(\overline{A}_{p_0}) = B_{n;\,p_0}(\overline{A}) = 1 - B_{n;\,p_0}(A)$, also $\alpha = 1 - B_{10;\,0,5}(\{3; 4; \ldots; 7\}) = 1 - [B_{10;\,0,5}(\{0; 1, \ldots; 7\}) - B_{10;\,0,5}(\{0; 1, 2\})]$

$\alpha = 1 - (0{,}94531 - 0{,}05469) = 0{,}10938$; $\alpha \approx 0{,}11$; $\alpha \approx 11\ \%$

Gesucht ist des Weiteren die Wahrscheinlichkeit für den Fehler 2. Art (die in Wirklichkeit falsche Nullhypothese wird irrtümlich nicht abgelehnt) bei diesem Ablehnungsbereich für die Fälle, dass $p_1 = 0{,}75$ bzw. $p_1 = \frac{2}{3}$ (d.h., doppelt so viele Minen sind schwarz schreibend) gilt:

$\beta = P(A_{p_1}) = B_{n;\,p_1}(A) = 1 - B_{n;\,p_1}$

Fehler 2. Art für $p_1 = 0{,}75$

$\beta = B_{10;\,0,75}(\{3; 4; \ldots; 7\}) = B_{10;\,0,75}(\{0; 1; \ldots; 7\}) - B_{10;\,0,75}(\{0; 1; 2\})$

$\beta = 0{,}47441 - 0{,}00351 = 0{,}4709$; $\beta \approx 0{,}47$; $\beta \approx 47\ \%$

Fehler 2. Art für $p_1 = \frac{2}{3}$

Da die Binomialverteilung für $n = 10$ und $p = \frac{2}{3}$ i. Allg. nicht tabelliert ist, muss die Berechnung z. B. durch mehrmaliges Anwenden der BERNOULLI-Formel oder unter Verwendung von GTA erfolgen.

$\beta = B_{10;\,\frac{2}{3}}(\{3; 4; \ldots; 7\}) = B_{10;\,\frac{2}{3}}(\{0; 1; \ldots; 7\}) - B_{10;\,\frac{2}{3}}(\{0; 1; 2\})$, also $\beta = 0{,}70086 - 0{,}00340 = 0{,}69746$

$\beta \approx 0{,}70$; $\beta \approx 70\ \%$

c) Unter der Bedingung, dass *mindestens* 75 % der Minen blau schreibend sind, lautet die

Nullhypothese H_0: $p_0 \geq 0{,}75$ [Gegenhypothese H_1: $p_1 < 0{,}75$].

Die Zufallsgröße X beschreibe die Anzahl der blau schreibenden Minen in einer Stichprobe mit dem Umfang n; $X \sim B_{n;\,0,75}$ (bei wahrer Nullhypothese). Da (allein) sehr kleine Werte der Zufallsgröße X gegen die Nullhypothese sprechen, ist ein (einseitiger) linksseitiger Signifikanztest mit dem (linksseitigen) Ablehnungsbereich $\overline{A} = \{0; 1; \ldots; k\}$ zu konstruieren. Als Stichprobenumfang wird (z. B.) $n = 50$, als Signifikanzniveau (Irrtumswahrscheinlichkeit) $\alpha = 0{,}05$ gewählt.

Ermitteln des Ablehnungsbereiches $\overline{A}$:

$P(X \leq k) = B_{50;\,0,75}(\{0; 1; \ldots; k\}) = 0{,}02873 \leq 0{,}05 \quad \Rightarrow \quad k = 31$; $\overline{A} = \{0; 1; \ldots; 31\}$

Wird eine Stichprobe von 50 Minen entnommen und enthält diese mehr als 31 blau schreibende Minen, so darf mit einer Irrtumswahrscheinlichkeit von 5 % davon ausgegangen werden, dass mindestens 75 % der Minen des Restpostens blau schreibend sind.

d) Unter der Bedingung, dass *höchstens* 30 % der Minen schwarz schreibend sind, lautet die

Nullhypothese H_0: $p_0 \leq 0{,}3$ [Gegenhypothese H_1: $p_1 > 0{,}3$].

Die Zufallsgröße X beschreibe die Anzahl der schwarz schreibenden Minen in einer Stichprobe mit dem Umfang n; $X \sim B_{n;\,0,3}$ (bei wahrer Nullhypothese). Da (allein) sehr große Werte der Zufallsgröße X gegen die Nullhypothese sprechen, ist ein (einseitiger) rechtsseitiger Signifikanztest mit dem (rechtsseitigen) Ablehnungsbereich $\overline{A} = \{k; k + 1; \ldots; n\}$ zu konstruieren. Als Stichprobenumfang wird (z. B. wiederum) $n = 50$, als Signifikanzniveau (Irrtumswahrscheinlichkeit) $\alpha = 0{,}05$ gewählt.

Ermitteln des Ablehnungsbereiches $\overline{A}$:

$P(X \geq k) = B_{n;\,p_0}(\{0; 1; \ldots; k - 1\}) \geq 1 - \alpha \quad \Rightarrow \quad k$

$P(X \geq k) = B_{50;\,0,3}(\{0; 1; \ldots; k - 1\}) = 0{,}95224 \geq 0{,}95 \quad \Rightarrow \quad k = 21$; $\quad A = \{21, 22, \ldots, 50\}$

Wird eine Stichprobe von 50 Minen entnommen und enthält diese weniger als 21 schwarz schreibende Minen, so darf mit einer Irrtumswahrscheinlichkeit von 5 % davon ausgegangen werden, dass höchstens 30 % der Minen des Restpostens schwarz schreibend sind.

e) Da definitiv bekannt ist, dass der Restposten entweder 40 % oder 75 % blau schreibende Minen enthält, bietet sich als Testverfahren zur Entscheidungsfindung ein „klassischer“ Alternativtest an.

Variante 1, (einseitiger) rechtsseitiger Alternativtest:

Nullhypothese H_0: $p_0 = 0{,}4$ Alternativ-/Gegenhypothese H_1: $p_1 = 0{,}75$
gewählter Stichprobenumfang $n = 50$ gewählte Irrtumswahrscheinlichkeit $\alpha = 0{,}05$

Die Zufallsgröße X beschreibe die Anzahl der blau schreibenden Minen in der Stichprobe; $X \sim B_{50;\,0,4}$ (bei wahrer Nullhypothese). Da (allein) sehr große Werte der Zufallsgröße X gegen die Nullhypothese sprechen, ist ein (einseitiger) rechtsseitiger Alternativtest mit dem (rechtsseitigen) Ablehnungsbereich $\overline{A} = \{k; k + 1; \ldots; n\}$ zu konstruieren.

Ermitteln des Ablehnungsbereiches $\overline{A}$:

$P(X \geq k) = B_{50;\,0,4}(\{0; 1; \ldots; k - 1\}) = 0{,}96859 \geq 0{,}95 \quad \Rightarrow \quad k = 27$; $\quad \overline{A} = \{27; 28; \ldots; 50\}$

Wird eine Stichprobe von 50 Minen entnommen und enthält diese mindestens 27 blau schreibende Minen, so ist mit einer Irrtumswahrscheinlichkeit von 5 % davon auszugehen, dass75 % der Minen des Restpostens blau schreibend sind.

Fehler 2. Art:

$\beta = P(A_{p_1}) = B_{n;\,p_1}(A) = 1 - B_{n;\,p_1}$

$\beta = B_{50;\,0,75}(\{0; 1; \ldots; 26\}) = 0{,}00037$; $\beta \approx 0$; $\beta \approx 0\ \%$

Der Fehler 2. Art ist praktisch 0.

(genauer) Fehler 1. Art:

$\alpha = P(\overline{A}_{p_0}) = B_{n;\,p_0}(\overline{A}) = 1 - B_{n;\,p_0}(A)$

$\alpha = 1 - B_{50;\,0,4}(\{0; 1, \ldots; 26\}) = 1 - 0{,}96859 = 0{,}03141$; $\alpha \approx 0{,}03$; $\alpha \approx 3\ \%$

Variante 2, (einseitiger) linksseitiger Alternativtest:

Nullhypothese H_0: $p_0 = 0{,}75$ Alternativ-/Gegenhypothese H_1: $p_1 = 0{,}4$
gewählter Stichprobenumfang $n = 50$ gewählte Irrtumswahrscheinlichkeit $\alpha = 0{,}05$

Die Zufallsgröße X beschreibe die Anzahl der blau schreibenden Minen in der Stichprobe; $X \sim B_{50;\,0,75}$ (bei wahrer Nullhypothese). Da (allein) sehr kleine Werte der Zufallsgröße X gegen die Nullhypothese sprechen, ist ein (einseitiger) linksseitiger Alternativtest mit dem (linksseitigen) Ablehnungsbereich $\overline{A} = \{0; 1; \ldots; k\}$ zu konstruieren.

Ermitteln des Ablehnungsbereiches $\overline{A}$:

$P(X \le k) = B_{50;\,0,75}(\{0; 1; \ldots; k\}) = 0{,}02873 \le 0{,}05 \quad \Rightarrow \quad k = 31;\ \overline{A} = \{0; 1; \ldots; 31\}$

Wird eine Stichprobe von 50 Minen entnommen und enthält diese mehr als 31 blau schreibende Minen, so ist mit einer Irrtumswahrscheinlichkeit von 5 % davon auszugehen, dass 40 % der Minen des Restpostens blau schreibend sind.

Fehler 2. Art:

$\beta = P(A_{p_1}) = B_{n;\,p_1}(A) = 1 - B_{n;\,p_1}$

$\beta = 1 - B_{50;\,0,40}(\{0; 1; \ldots; 31\}) = 1 - 0{,}99948 = 0{,}00052$

$\beta \approx 0; \quad \beta \approx 0\ \%$

Der Fehler 2. Art ist praktisch 0.

(genauer) Fehler 1. Art:

$\alpha = P(\overline{A}_{p_0}) = B_{n;\,p_0}(\overline{A}) = 1 - B_{n;\,p_0}(A)$

$\alpha = B_{50;\,0,75}(\{0; 1, \ldots; 31\}) = 0{,}02873$

$\alpha \approx 0{,}03; \quad \alpha \approx 3\ \%$

HA 49

Die Zufallsgröße X beschreibe die Anzahl der (im Zeitraum eines Jahres) vollständig Erblindeten unter den 5700 Erkrankten. Die Zufallsgröße X wird näherungsweise als (standard-)normalverteilt mit $n = 5700$, $\mu = EX = n \cdot p = 5700 \cdot 0{,}0012 = 6{,}84$ und

$\sigma = \sqrt{\text{Var}X} = \sqrt{n \cdot p \cdot (1-p)} = \sqrt{5700 \cdot 0{,}0012 \cdot 0{,}9988} \approx \sqrt{6{,}83}$ angenommen.

Mit $P(X \le k) \approx \Phi(\frac{k + 0{,}5 - \mu}{\sigma})$ und $\Phi(-X) = 1 - \Phi(X)$ folgt:

$P(X \le 3) \approx \Phi(\frac{3 + 0{,}5 - 6{,}84}{\sqrt{6{,}83}}) = \Phi(-\frac{3{,}34}{\sqrt{6{,}83}}) \approx 1 - \Phi(1{,}28) \approx 1 - 0{,}8997 = 0{,}1003$; $P(X \le 3) \approx 0{,}10$

Die Wahrscheinlichkeit, dass höchstens drei der Erkrankten vollständig erblinden, beträgt etwa 10 %. (Mit einer Wahrscheinlichkeit von etwa 90 % werden mehr als drei Erkrankte vollständig erblinden.)

Möglichkeit zur Berechnung der gesuchten Wahrscheinlichkeit (Normalverteilung; $P(X \le 3) \approx 0{,}100622 \approx 0{,}10$) mittels GTA (vgl. Lehrbuch, S. 361/362)

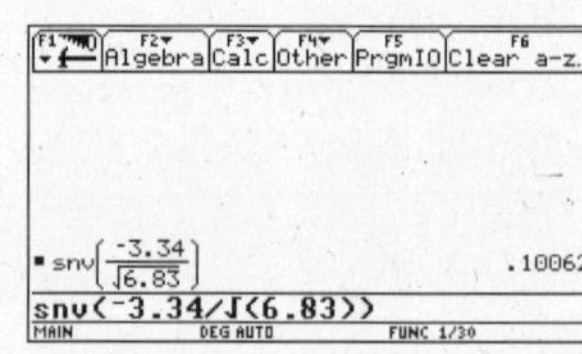

Hinweis:

Die gegebene Problematik wurde näherungsweise unter Annahme einer Normalverteilung der Zufallsgröße X bearbeitet, obwohl das empirische Kriterium $\sigma^2 = \text{Var}X > 9$ mit $\text{Var}X \approx 6{,}83 < 9$ für eine hinreichend genaue Näherung (vgl. Satz H 6) nicht erfüllt ist. Inwieweit die Näherung dennoch eine „annehmbare" Genauigkeit erreicht, kann durch die Schülerinnen und Schüler ggf. nach wiederholter Anwendung der BERNOULLI-Formel oder Nutzung eines GTA beurteilt werden. Die Aufgabe kann auch für einen Ausblick auf weitere Verteilungen, z. B. die POISSON-Verteilung, genutzt werden.

Möglichkeit zur Berechnung der gesuchten Wahrscheinlichkeit (Binomialverteilung; $P(X \le 3) \approx 0{,}090365 \approx 0{,}09$) mittels GTA (vgl. Lehrbuch, S. 348)

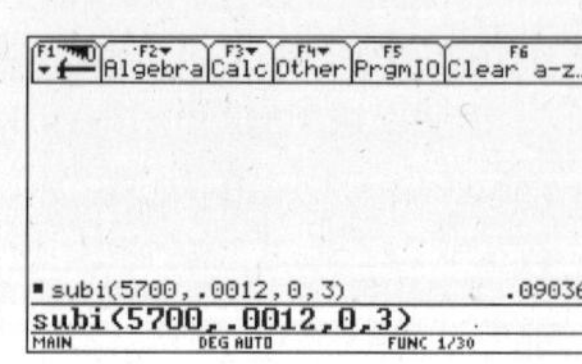

HA 50

a) Aufgrund der (längerfristigen) Erfahrungen darf *erwartet* werden, dass bei 160 Teilnehmern etwa 64 ($EX = n \cdot p = 160 \cdot 0{,}4$) den FBN und etwa 96 ($EX = n \cdot p = 160 \cdot 0{,}6$) den FBD ordern. Mit 75 FBN und 105 FBD hat man sogar eine gewisse Reserve kalkuliert. Jedoch ist zu beachten, dass das längerfristig beobachtete Wahlverhalten nur mit einer gewissen Wahrscheinlichkeit auch im Einzelfall eintreten wird …

b) Die Zufallsgröße X beschreibe die Anzahl der Reisenden (unter den 160 Tagesausflüglern), die den FB der Kategorie N wünschen (FBN). Bei Annahme, dass die FB unabhängig voneinander gewählt werden, liegt Binomialverteilung der Zufallsgröße X mit $n = 160$ und $p = 0{,}4$ vor; $X \sim B_{160;\,0,4}$. Wegen $\sigma^2 = \text{Var}X > 9$ mit $\text{Var}X \approx 38{,}4 > 9$ (vgl. Satz H 6) kann die (nicht tabellierte) Binomialverteilung hinreichend genau durch (Standard-)Normalverteilung approximiert werden; X normalverteilt mit

$n = 160$, $\mu = EX = n \cdot p = 160 \cdot 0{,}4 = 38{,}4$ und $\sigma = \sqrt{\text{Var}X} = \sqrt{n \cdot p \cdot (1-p)} = \sqrt{160 \cdot 0{,}4 \cdot 0{,}6} \approx \sqrt{38{,}4}$.

Die Frühstücksbeutel (N oder D) reichen genau dann nicht, wenn $X > 75$ oder $X < 160 - 105 = 55$ ist. Im Fall $X < 55$ wünschen mehr als 105 Reisende den FBD. $P(X < 55$ oder $X > 75)$ ist somit die gesuchte Wahrscheinlichkeit.

$P(X < 55 \text{ oder } X > 75) = B_{160;\,0,4}(\{0; 1; \ldots; 54\}) + (1 - B_{160;\,0,4}(\{0; 1; \ldots; 75\})$

Mit $P(X \le k) = B_{n;\,p}(\{0; 1; \ldots; k\}) \approx \Phi(\frac{k + 0{,}5 - \mu}{\sigma})$ und $\Phi(-X) = 1 - \Phi(X)$ folgt:

$$P(X < 55 \text{ oder } X > 75) \approx \Phi(\frac{54 + 0{,}5 - 64}{\sqrt{38{,}4}}) + 1 - \Phi(\frac{75 + 0{,}5 - 64}{\sqrt{38{,}4}}) \approx \Phi(-1{,}53) + 1 - \Phi(1{,}86)$$

$$\approx 2 - 0{,}9370 - 0{,}9686 \approx 0{,}0944$$

Die Wahrscheinlichkeit dafür, dass mindestens ein Reisender nicht den gewünschten FB erhält, beträgt etwa 10 %.

Möglichkeit zur Berechnung der gesuchten Wahrscheinlichkeit (Normalverteilung; $P(X < 55 \text{ oder } X > 75) \approx 0{,}094372 \approx 0{,}09$) mittels GTA (vgl. Lehrbuch, S. 361/362)

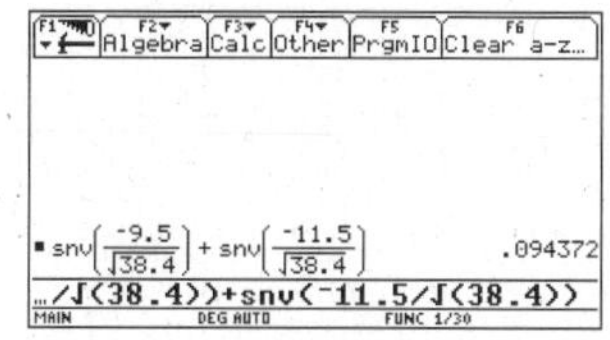

Möglichkeit zur Berechnung der gesuchten Wahrscheinlichkeit (Binomialverteilung; $P(X < 55 \text{ oder } X > 75) \approx 0{,}094074 \approx 0{,}09$) mittels GTA (vgl. Lehrbuch, S. 348)

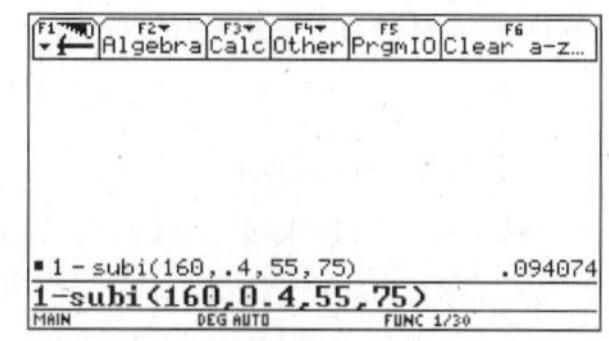

c) Die Reserve an FB jeder Kategorie (vgl. Teilaufgabe a) bietet (erwartungsgemäß) keinen absoluten Schutz vor Ärger. Die Wahrscheinlichkeit, dass nicht alle Reisenden den gewünschten FB erhalten, dürfte mit weniger als 10 % jedoch für das Imbissunternehmen praktisch vertretbar sein. (Vielleicht erinnern sich einige Reisende auch gar nicht mehr an ihre ursprüngliche Wahl …)

HA 51

a) Wegen der Vermutung „*höchstens* 5 %" wird ein (einseitiger) rechtsseitiger Signifikanztest konstruiert.
Nullhypothese H_0: $p_0 \le 0{,}05$ [Gegenhypothese H_1: $p_1 > 0{,}05$]
Stichprobenumfang $n = 100$ Irrtumswahrscheinlichkeit $\alpha = 0{,}1$
Die Zufallsgröße X beschreibe die Anzahl der reklamierenden Reisenden unter 100 befragten (unabhängig voneinander) Reisenden; $X \sim B_{100;\,0{,}05}$ (bei wahrer Nullhypothese). Da sehr große Werte der Zufallsgröße X gegen die Nullhypothese sprechen, ist ein rechtsseitiger Ablehnungsbereich $\overline{A} = \{k; k+1; \ldots; n\}$ zu ermitteln.
Ermitteln des Ablehnungsbereiches $\overline{A}$:
$P(X \ge k) = B_{100;\,0{,}05}(\{0; 1; \ldots; k-1\}) = 0{,}93691 \ge 0{,}9 \quad \Rightarrow \quad k = 9; \overline{A} = \{9; 10; \ldots; 100\}$
Wenn mehr als 8 der befragten Reisenden reklamieren, dann ist die Vermutung mit einer Irrtumswahrscheinlichkeit von 10 % zu verwerfen. (Der Fehler 1. Art beträgt höchstens 10 %.)
Berechnen des Fehlers 2. Art für den Fall, dass $p_1 = 0{,}1$ gilt:
$\beta = P(A_{p_1}) = B_{n;\,p_1}(A) = 1 - B_{n;\,p_1}$, also $\beta = B_{100;\,0{,}1}(\{0; 1; \ldots; 8\}) = 0{,}32087$; $\beta \approx 0{,}321$; $\beta \approx 32{,}1\ \%$

b) Die Festlegung ist gleichbedeutend mit dem bereits in Teilaufgabe a) ermittelten Ablehnungsbereich.
Berechnen des (genauen) Fehlers 1. Art:
$\alpha = P(\overline{A}_{p_0}) = B_{n;\,p_0}(\overline{A}) = 1 - B_{n;\,p_0}(A)$, also $\alpha = 1 - B_{100;\,0{,}05}(\{0; 1; \ldots; 8\}) = 1 - 0{,}93691 = 0{,}06309$
Der Fehler 1. Art für diese Entscheidung beträgt $\alpha \approx 0{,}063$ bzw. $\alpha \approx 6{,}3\ \%$.

HA 52

a) Wegen der Behauptung „*höchstens* 5 %" wird ein (einseitiger) rechtsseitiger Signifikanztest konstruiert.
Nullhypothese H_0: $p_0 \le 0{,}05$ [Gegenhypothese H_1: $p_1 > 0{,}05$]
Stichprobenumfang $n = 50$ Irrtumswahrscheinlichkeit $\alpha = 0{,}05$
Die Zufallsgröße X beschreibe die Anzahl der Fahrzeuge mit dem Lackierungsmangel; $X \sim B_{50;\,0{,}05}$ (bei wahrer Nullhypothese). Da sehr große Werte der Zufallsgröße X gegen die Nullhypothese sprechen, ist ein rechtsseitiger Ablehnungsbereich $\overline{A} = \{k; k+1; \ldots; n\}$ zu ermitteln.
Ermitteln des Ablehnungsbereiches $\overline{A}$:
$P(X \ge k) = B_{50;\,0{,}05}(\{0; 1; \ldots; k-1\}) = 0{,}96222 \ge 0{,}95 \quad \Rightarrow \quad k = 6; \overline{A} = \{6; 7; \ldots; 50\}$
Da $X = 4$ und $4 \notin \overline{A}$, kann der Behauptung des Automobilkonzerns (auf Basis der Werkstatt-Stichprobe) mit einer Irrtumswahrscheinlichkeit von 5 % nicht widersprochen werden.

b) Berechnen des Fehlers 2. Art für den Fall, dass $p_1 = 0{,}1$ gilt:
$\beta = P(A_{p_1}) = B_{n;\,p_1}(A) = 1 - B_{n;\,p_1}$; $\beta = B_{50;\,0{,}1}(\{0; 1; \ldots; 5\}) = 0{,}61612$
Der Fehler 2. Art für diese Entscheidung beträgt $\beta \approx 0{,}616$ bzw. $\beta \approx 61{,}6\ \%$.

HA 53

a) Wegen der Mitteilung „*mindestens* 75 %" wird ein (einseitiger) linksseitiger Signifikanztest durchgeführt.
Nullhypothese H_0: $p_0 \ge 0{,}75$ [Gegenhypothese H_1: $p_1 < 0{,}75$]
Die Zufallsgröße X beschreibe die Anzahl der Haushalte (unter den 200 zufällig ausgewählten), die Kunden des Unternehmens sind; $X \sim B_{200;\,0{,}75}$ (bei wahrer Nullhypothese). Sehr kleine Werte der Zufallsgröße X sprechen gegen die Nullhypothese; der linksseitige Ablehnungsbereich ist mit $\overline{A} = \{0; 1; \ldots; 140\}$ festgelegt.
Aus dem Ablehnungsbereich wird das Signifikanzniveau α (Fehler 1. Art) des Tests ermittelt:

$\alpha = P(\overline{A}_{p_0}) = B_{n;\,p_0}(\overline{A}) = 1 - B_{n;\,p_0}(A)$; $\alpha = B_{200;\,0,75}(\{0;\,1,\,\ldots;\,140\}) = 0{,}06247$; $\alpha \approx 0{,}062$ bzw. $\alpha \approx 6{,}2\,\%$.
Das Signifikanzniveau α des Tests beträgt etwa 6,2 %.

b) Berechnen des Fehlers 2. Art für den Fall, dass $p_1 = 0{,}6$ gilt:
$\beta = P(A_{p_1}) = B_{n;\,p_1}(A) = 1 - B_{n;\,p_1}$; $\beta = 1 - B_{200;\,0,6}(\{0;\,1;\,\ldots;\,140\}) = 1 - 0{,}99869 = 0{,}00131$; $\beta \approx 0{,}001$; $\beta \approx 0{,}1\,\%$
Der Fehler 2. Art ist in diesem Fall praktisch 0.

c) Ermitteln des Ablehnungsbereiches auf dem Signifikanzniveau
$\alpha = 0{,}1$ $\quad P(X \le k) = B_{200;\,0,75}(\{0;\,1;\,\ldots;\,k\}) = 0{,}08428 \le 0{,}1 \quad \Rightarrow \quad k = 141;\ \overline{A} = \{0;\,1;\,\ldots;\,141\}$
$\alpha = 0{,}2$ $\quad P(X \le k) = B_{200;\,0,75}(\{0;\,1;\,\ldots;\,k\}) = 0{,}18382 \le 0{,}2 \quad \Rightarrow \quad k = 144;\ \overline{A} = \{0;\,1;\,\ldots;\,144\}$
Die Ablehnungsbereiche unterscheiden sich bei dieser Testkonstruktion für $\alpha = 0{,}06$ (Teilaufgabe a) und $\alpha = 0{,}1$ nur unbedeutend voneinander. Das Signifikanzniveau $\alpha = 0{,}1$ kann daher als ausreichend/sinnvoll angesehen werden. Auch das in Alltagsentscheidungen „intuitive Signifikanzniveau" $\alpha = 0{,}2$ wäre bei diesem recht globalen Sachverhalt ggf. noch ausreichend. Eine Entscheidung für ein Signifikanzniveau muss stets unter Abwägen der sich eventuell ergebenden praktischen Konsequenzen getroffen werden.

HA 54 *(Beispiel für GTA-Einsatz)*

a) Konstruktion eines (einseitigen) rechtsseitigen Signifikanztests:
Nullhypothese H_0: $p_0 \le 0{,}1$ [Gegenhypothese H_1: $p_1 > 0{,}1$]
Stichprobenumfang $n = 160$ gewähltes Signifikanzniveau $\alpha = 0{,}05$
Die Zufallsgröße X beschreibe die Anzahl der vorzeitig ausfallenden Monitore in der Stichprobe; $X \sim B_{160;\,0,1}$ (bei wahrer Nullhypothese). Da sehr große Werte der Zufallsgröße X gegen die Nullhypothese sprechen, ist ein rechtsseitiger Ablehnungsbereich $\overline{A} = \{k;\,k+1;\,\ldots;\,n\}$ zu ermitteln.
Ermitteln des Ablehnungsbereiches $\overline{A}$:
$P(X \ge k) = B_{160;\,0,1}(\{0;\,1;\,\ldots;\,k-1\}) = 0{,}951281 \ge 0{,}95 \quad \Rightarrow \quad k = 23;\ \overline{A} = \{23;\,24;\,\ldots;\,160\}$
Da X = 15 und $15 \notin \overline{A}$, kann die Garantieerklärung (auf dem Signifikanzniveau $\alpha = 0{,}05$) nicht angezweifelt werden.

Berechnung mit GTA
(vgl. Lehrbuch, S. 348)

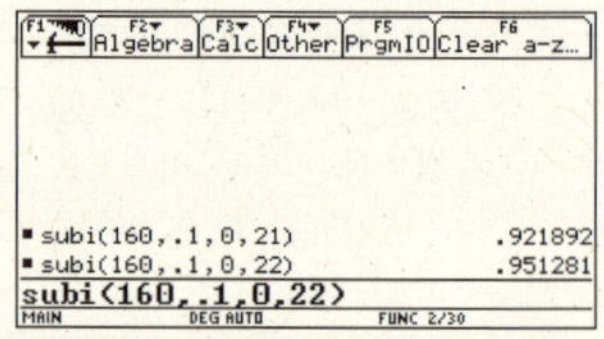

b) Nachweis, dass das empirische Kriterium (s. Lehrbuch, Satz H 6, S. 359) erfüllt ist:
$\sigma^2 = \mathrm{Var}X = n \cdot p \cdot (1-p) = 160 \cdot 0{,}1 \cdot 0{,}9 = 14{,}4 > 9$
Ermitteln der Mindestgröße des Stichprobenumfangs:
Kriterium $\quad \mathrm{Var}X > 9$; $\ \mathrm{Var}X = n \cdot p \cdot (1-p) = 0{,}09n$
$\quad 0{,}09n > 9$, also $n > 100 \quad \Rightarrow \quad n = 101$
Die Mindestgröße des Stichprobenumfangs ist mit n = 101 festzulegen.
Konstruktion eines (einseitigen) rechtsseitigen Signifikanztests wie in Teilaufgabe a; Ausführen der Berechnungen beim Ermitteln des Ablehnungsbereiches unter Verwendung der globalen Näherungsformel von DE MOIVRE-LAPLACE (vgl. Lehrbuch, Satz G 14, S. 333):
$P(X \le k) = B_{n;\,p}(\{0;\,1;\,\ldots;\,k\}) \approx \Phi(x)$ führt mit $\Phi(x) = \Phi(\frac{k + 0{,}5 - \mu}{\sigma})$ wegen $P(X \ge k) = B_{n;\,p}(\{0;\,1;\,\ldots;\,k-1\}) \ge 1 - \alpha$ für den rechtsseitigen Ablehnungsbereich auf $\Phi(\frac{k - 1 + 0{,}5 - \mu}{\sigma}) \le 1 - \alpha$.
Mit $\alpha = 0{,}05$ (eigenständig gewählt), $\mu = EX = n \cdot p = 160 \cdot 0{,}1 = 16$ und $\sigma = \sqrt{\mathrm{Var}X} = \sqrt{n \cdot p \cdot (1-p)} = \sqrt{160 \cdot 0{,}1 \cdot 0{,}9} = \sqrt{14{,}4}$ ergibt sich $\Phi(\frac{k - 1 + 0{,}5 - 16}{\sqrt{14{,}4}}) \ge 0{,}95$.
Der Tabelle der Funktionswerte $\Phi(x)$ der Normalverteilung entnimmt man $\Phi(1{,}64) = 0{,}95$ und erhält aus $\frac{k - 1 + 0{,}5 - 16}{\sqrt{14{,}4}} \ge 1{,}64$ für $k \ge 1{,}64 \cdot \sqrt{14{,}4} + 1 - 0{,}5 + 16 = 22{,}72\ldots$ den Wert k = 23.
Der Ablehnungsbereich lautet somit $\overline{A} = \{23;\,24;\,\ldots;\,160\}$. (Der ermittelte Ablehnungsbereich stimmt mit dem auf der Basis der Binomialverteilung in Teilaufgabe a erhaltenen Ablehnungsbereich überein.)
Da X = 15 und $15 \notin \overline{A}$, kann die Garantieerklärung (auf dem Signifikanzniveau $\alpha = 0{,}05$) nicht angezweifelt werden.

c) Vorschläge, wie das Unternehmen Qualitätskontrollen ohne größere finanzielle Aufwendungen realisieren könnte, z. B.:
– nachweisliche Verbesserung der Herstellungstechnologie (bzw. verwendeter Einzelteile) würde regelmäßige Qualitätskontrollen kleineren Stichprobenumfangs gestatten (Klumpenstichprobe)
– deutliche Reduzierung des Stichprobenumfangs auf ein noch zu vertretendes Maß bei Ausdehnung auf möglichst große Zeiträume

Bei einem Stichprobenumfang von n = 50 (über einen möglichst großen, vertretbaren Zeitraum) und $\alpha = 0{,}05$ würde sich ein Ablehnungsbereich bei einem rechtsseitigen Signifikanztest auf Basis der Binomialverteilung (siehe Teilaufgabe a) von $\overline{A} = \{10;\,11;\,\ldots;\,50\}$ ergeben.
$[P(X \ge k) = B_{50;\,0,1}(\{0;\,1;\,\ldots;\,k-1\}) = 0{,}97546 \ge 0{,}95 \quad \Rightarrow \quad k = 10]$
Eine Entscheidung über die Art und Weise der Qualitätskontrolle kann nur unter Beurteilung der Vor- und Nachteile durch das Unternehmen im Rahmen vertretbarer finanzieller Aufwendungen und der Imagefrage getroffen werden.

HA 55

a) Da keinerlei weitere Informationen (z. B. Aussagen zur Tendenz wie: der Anteil dürfte eher größer/eher kleiner als 30 % sein) vorliegen, ist ein zweiseitiger Signifikanztest zweckmäßig.

b) Die Zufallsgröße X beschreibe die Anzahl der Gäste unter 100 Gästen, die (unabhängig voneinander) ein hohes Trinkgeld zahlen. Die Zufallsgröße X darf (dann) als binomialtverteilt mit n = 100 und p = 0,30 angesehen werden; $X \sim B_{100;\,0{,}30}$ (bei wahrer Nullhypothese).

Durchführung eines zweiseitigen Signifikanztests:

Signifikanzniveau α: $\alpha = 0{,}10$; $\frac{\alpha}{2} = 0{,}05$; Stichprobenumfang n: n = 100;

Nullhypothese H_0: $p_0 = 0{,}30$ [Gegenhypothese H_1: $p_1 \neq 0{,}30$]; Ablehnungsbereich $\overline{A}$: $\overline{A} = \{0; 1; \ldots; k_L\} \cup \{k_R; k_R + 1; \ldots; n\}$

$P(X \leq k_L) = B_{100;\,0{,}30}(\{0; 1; \ldots; k_L\}) \leq 0{,}05$

Tabelle der kumulierten Binomialverteilung: $k_L = 22$

$[B_{100;\,0{,}30}(\{0; 1; \ldots; 22\}) = 0{,}04787 \leq 0{,}05]$

$P(X \geq k_R) = B_{100;\,0{,}30}(\{0; 1; \ldots; k_R - 1\}) \geq 0{,}95$

Tabelle der kumulierten Binomialverteilung: $k_R - 1 = 38 \Rightarrow k_R = 39$

$[B_{100;\,0{,}30}(\{0; 1; \ldots; 38\}) = 0{,}96602 \geq 0{,}95]$; Ablehnungsbereich $\overline{A}$: $\overline{A} = \{0; 1; \ldots; 22\} \cup \{39; 40; \ldots; 100\}$

Gilt $X \in \overline{A}$, so ist der ursprüngliche Schätzwert (30 %) abzulehnen. Es ist dann davon auszugehen, dass der Anteil der Gäste, die ein hohes Trinkgeld zahlen, mehr oder weniger als 30 % beträgt.

c) Wird der Schätzwert irrtümlich als falsch zurückgewiesen (Fehler 1. Art), dann werden die Trinkgeld-Einnahmen (etwa) wie angenommen ausfallen.

Wird der Schätzwert irrtümlich nicht als falsch zurückgewiesen (Fehler 2. Art), dann werden die Trinkgeld-Einnahmen niedriger oder höher als geschätzt ausfallen.

Anmerkung:

Mit Blick auf Auswirkungen eventueller Fehlentscheidungen könnte *aus Sicht des Restaurantbetreibers* ein einseitig, linksseitiger Signifikanztest angebracht erscheinen. Durch diesen Test wird geprüft, ob der Anteil der Gäste, die ein hohes Trinkgeld zahlen, eher weniger als bzw. höchstens 30 % beträgt. (Wird mit zu hohen Trinkgeld-Einnahmen kalkuliert, so dürfte dies für den Restaurantbetreiber ungünstiger sein, als eine Kalkulation niedrigerer Einnahmen.)

Nullhypothese H_0: $p_0 \leq 0{,}30$ [Gegenhypothese H_1: $p_1 > 0{,}30$];

$P(X \leq k) = B_{100;\,0{,}30}(\{0; 1; \ldots; k\}) \leq 0{,}10$

Tabelle der kumulierten Binomialverteilung: k = 23 $[B_{100;\,0{,}30}(\{0; 1; \ldots; 23\}) = 0{,}07553 \leq 0{,}10]$

Ablehnungsbereich $\overline{A}$: $\overline{A} = \{0; 1; \ldots; 23\}$

Im hier erhaltenen linksseitigen Ablehnungsbereich ist der größte k-Wert mit k = 23 nur um einen Wert größer als der größte k-Wert im linksseitigen (Teil-)Ablehnungsbereich des zweiseitigen Tests. Es wird deutlich, dass (unter den gegebenen Bedingungen) ein zweiseitiger Signifikanztest ausreichend sein dürfte.

HA 56

H_0: $p = 0{,}1$; H_1: $p \neq 0{,}1$; $n = 100$; $\alpha = 0{,}05$; zweiseitiger Ablehnungsbereich; $\overline{A} = \{0; \ldots; k_1\} \cup \{k_2; \ldots; 100\}$

$B_{100;\,0{,}1}(\overline{A}) \leq 0{,}05$, d.h. $B_{100;\,0{,}1}(\{0; 1; \ldots; k_1\}) \leq 0{,}025$ und $B_{100;\,0{,}1}(\{k_2; k_2 + 1; \ldots; 100\}) \leq 0{,}025$

Aus der Tabelle der summierten Binomialverteilung entnehmen wir: $k_1 = 4$.

$B_{100;\,0{,}1}(\{k_2; k_2 + 1; \ldots; 100\}) \Rightarrow B_{100;\,0{,}1}(\{0; 1; \ldots; k_2 - 1\}) \geq 0{,}975$;

aus der Tabelle entnehmen wir: $k_2 - 1 = 16$, also $k_2 = 17$

$\overline{A} = \{0; 1; 2; 3; 4\} \cup \{17; 18; \ldots; 100\}$

Die bei der durchgeführten Stichprobe ermittelte Anzahl von 19 Personen mit Blutgruppe B unter 100 Personen liegt im Ablehnungsbereich, d.h., wir lehnen die Nullhypothese H_0 mit einer Irrtumswahrscheinlichkeit von höchstens 0,05 ab.

HA 57

Nullhypothese H_0: $p \geq 0{,}8$; Gegenhypothese H_1: $p < 0{,}8$; $n = 100$; $\alpha = 0{,}05$;

Ablehnungsbereich (linksseitig): $\overline{A} = \{0; 1; \ldots; k\}$ Annahmebereich: $A = \{k + 1; k + 2; \ldots; 100\}$

$B_{100;\,0{,}8}(\{0; 1; \ldots; k\}) \leq 0{,}05 \Rightarrow$ Aus der Tabelle: $k = 72$.

Da die Anzahl der Patienten, bei denen eine Besserung eingetreten ist, im Annahmebereich $A = \{73; 74; \ldots; 100\}$ liegt, kann die Behauptung der Pharmaziefirma auf dem gegebenen Signifikanzniveau von 0,05 nicht abgelehnt werden.

HA 58

X sei die zufällige Anzahl der Männer (unter 100 ausgewählten) mit Schuhgröße 40, 41, 42, 43 oder 44. X kann als binomialverteilt angenommen werden mit den Parametern n = 100 und p.

H_0: $p = 0{,}90$; H_1: $p \neq 0{,}90$; $n = 100$; $\alpha = 0{,}05$; $\overline{A} = \{0; 1; \ldots; k_1\} \cup \{k_2; \ldots; 100\}$.

$B_{100;\,0{,}90}(\overline{A}) \leq 0{,}05 \Rightarrow B_{100;\,0{,}90}(\{0; \ldots; k_1\}) \leq 0{,}025$ und $B_{100;\,0{,}90}(\{k_2; \ldots; 100\}) \leq 0{,}025$

Aus der Tabelle entnehmen wir $k_1 = 83$ und $k_2 = 96$ $\Rightarrow$ $\overline{A} = \{0; 1; \ldots; 83\} \cup \{96; \ldots; 100\}$

Die bei der Stichprobe ermittelte Anzahl von 84 Kunden mit der geforderten Schuhgröße liegt im Annahmebereich $A = \{84; \ldots; 95\}$. Der Lehrling kann die Behauptung des Verkäufers auf einem Signifikanzniveau von 0,05 nicht ablehnen.

HA 59 Erfolg: Die zufällig gewählte Person ist Raucherin.
X sei die Anzahl der Raucherinnen in einer Zufallsstichprobe vom Umfang n. X kann als binomialverteilt angenommen werden.

H_0: $p \geq 0{,}30$ und H_1: $p < 0{,}30$ (n sollte entsprechend der Größe der Schule gewählt werden, wobei auch auf die vorliegenden Tabellen zu achten ist, z.B. n = 50, 100 oder 200)

$\overline{A} = \{0; \ldots; k\}$, d.h. linksseitiger Ablehnungsbereich. Für n = 50 erhalten wir als Annahmebereich $A = \{k + 1; \ldots; 50\}$.
Bei der Berechnung der Wahrscheinlichkeit für den Fehler 1. Art benutzen wir die Beziehung, dass

$B_{50;\,p}(\overline{A}) \leq B_{50;\,0{,}30}(\overline{A}) \leq 0{,}05$ für $p \geq 0{,}30$

Aus $B_{50;\,0{,}30}(\{0; \ldots; k\}) \leq 0{,}05$ folgt k = 9, d.h. $\overline{A} = \{0; \ldots; 9\}$ und $A = \{10; 11; \ldots; 50\}$

Die Entscheidungsregel würde besagen: Bei weniger als 10 Raucherinnen unter 50 zufällig ausgewählten Schülerinnen muss die Behauptung, mindestens 30% seien Raucherinnen, auf dem Signifikanzniveau von 0,05 abgelehnt werden. Ergeben sich 10 und mehr Raucherinnen, dann kann die Nullhypothese H_0 mit $p \geq 0{,}3$ auf dem vorgegebenen Signifikanzniveau nicht abgelehnt werden.

HA 60

Nullhypothese: H_0: $p = \frac{1}{5} = 0{,}2$; Gegenhypothese: H_1: $p \neq 0{,}2$; n = 50
Ablehnungsbereich (zweiseitig): $\overline{A} = \{0; 1; 2; 3\} \cup \{17; 18; \ldots; 50\}$ Annahmebereich: $A = \{4; 5; \ldots; 16\}$
$B_{50;\,0{,}2}(\{0; 1; 2; 3\}) = 0{,}00566$; $B_{50;\,0{,}2}(\{17; 18; \ldots; 50\}) = 1 - 0{,}98556 = 0{,}01444$; $B_{50;\,0{,}2}(\overline{A}) = 0{,}0057 + 0{,}0144 = 0{,}02010$
Bei diesem Experiment ist die Irrtumswahrscheinlichkeit etwa 0,02.

HA 61

H_0: $p = 0{,}5$; H_1: $p \neq 0{,}5$; $n = 50$; $\alpha = 0{,}05$; $\overline{A} = \{0; 1; \ldots; k_1\} \cup \{k_2; k_2 + 1; \ldots; 50\}$
(Bemerkung: Für p = 0,5 gilt $\overline{A} = \{0; 1; \ldots; k_1\} \cup \{50 - k_1; \ldots; 50\}$.)
$B_{50;\,\frac{1}{2}}(\overline{A}) = B_{50;\,\frac{1}{2}}(\{0; 1; \ldots; k_1\} \cup \{k_2; \ldots; 50\}) \leq 0{,}05$
$B_{50;\,\frac{1}{2}}(\{0; 1; \ldots; k_1\}) \leq 0{,}025 \Rightarrow$ nach Tabelle: $k_1 = 17$. $B_{50;\,\frac{1}{2}}(\{k_2; \ldots; 50\}) \leq 0{,}025 \Rightarrow$ nach Tabelle: $k_2 = 33$.
$\overline{A} = \{0; 1; \ldots; 17\} \cup \{33; 34; \ldots; 50\}$
Aus $30 \notin \overline{A}$ folgt, dass die Nullhypothese H_0 bei einer Irrtumswahrscheinlichkeit von höchstens 0,05 nicht abgelehnt werden kann. Das heißt, man kann auf dem Signifikanzniveau von 0,05 aufgrund der Stichprobe nicht auf unterschiedliche Wahrscheinlichkeiten für das Schlüpfen von Hähnchen und Hennen schließen.

HA 62 $\alpha = 0{,}05$

a) n = 200
X sei die zufällige Anzahl der Personen, die die Partei wählen wollen. X ist $B_{200;\,p}$-verteilt
H_0: $p \leq 0{,}5$ H_1: $p > 0{,}5$
rechtsseitiger Ablehnungsbereich $\overline{A} = \{k; k + 1; \ldots; 200\}$
Gesucht ist das kleinste k, so dass $B_{200;\,p}(\{k; k + 1; \ldots; 200\}) \leq 0{,}05$ für $p \leq 0{,}5$.
Es gilt $B_{200;\,p}(\{k; k + 1; \ldots; 200\}) \leq B_{200;\,0{,}5}(\{k; k + 1; \ldots; 200\})$ für $p \leq 0{,}5$,
und es soll gelten $B_{200;\,0{,}5}(\{k; k + 1; \ldots; 200\}) \leq 0{,}05$.
$1 - B_{200;\,0{,}5}(\{0; 1; \ldots; k - 1\}) \leq 0{,}05$; $B_{200;\,0{,}5}(\{0; 1; \ldots; k - 1\}) \geq 0{,}95$
Den Tafeln zur Binomialverteilung entnimmt man für p = 0,5 den Wert $k \geq 113$, so dass $\overline{A} = \{113; 114; \ldots; 200\}$.
Entscheidungsregel: Wollen mindestens 113 der 200 befragten Personen die Partei wählen, dann lehnen wir die Nullhypothese auf dem Signifikanzniveau 0,05 ab (und nehmen folglich die Gegenhypothese an, die besagt, dass eine absolute Mehrheit möglich ist).

b) $n = 1000$; $p = 0{,}5$; $\sigma^2 = np(1 - p) = 250 > 9$; $\mu = np = 500$;
globale Näherungsformel von DE MOIVRE–LAPLACE (Lehrbuch, Satz G 14) ist anwendbar.
$B_{1000;\,0{,}5}(\{k; \ldots; 1000\}) = 1 - B_{1000;\,0{,}5}(\{0; \ldots; k - 1\}) \approx 1 - \Phi(\frac{k - 1 - 500}{\sqrt{250}}) \leq 0{,}05$, also $\Phi(\frac{k - 1 - 500}{\sqrt{250}}) \geq 0{,}95$
oder mit Korrekturglied
$B_{1000;\,0{,}5}(\{k; \ldots; 1000\}) = 1 - B_{1000;\,0{,}5}(\{0; \ldots; k - 1\}) \approx 1 - \Phi(\frac{k - 1 + 0{,}5 - 500}{\sqrt{250}}) \leq 0{,}05$, also $\Phi(\frac{k - 1 + 0{,}5 - 500}{\sqrt{250}}) \geq 0{,}95$
Mit Hilfe der Tafel der Normalverteilung erhält man $\frac{k - 1 - 500}{\sqrt{250}} \geq 1{,}645$ (bzw. $\frac{k - 1 + 0{,}5 - 500}{\sqrt{250}} \geq 1{,}645$) und damit $k \geq 527$.
$\overline{A} = \{527; 528; \ldots; 1000\}$
Entscheidungsregel: Wollen mindestens 527 der 1000 befragten Personen die Partei wählen, dann lehnen wir die Nullhypothese auf dem Signifikanzniveau 0,05 ab (und nehmen folglich die Gegenhypothese an).

HA 63 Erfolg: untersuchtes Kind benötigt eine Brille.
X ist die zufällige Anzahl von Kindern in einer Zufallsstichprobe vom Umfang n, die eine Brille benötigen. X kann als binomialverteilt angenommen werden.

a) H_0: $p \geq 0{,}20$; H_1: $p < 0{,}20$; $n = 200$; $\alpha = 0{,}05$;
Der Ablehnungsbereich ist linksseitig: $\overline{A} = \{0; \ldots; k\}$ und $A = \{k + 1; \ldots; 200\}$; $B_{200;\,p}(\overline{A}) \leq B_{200;\,0{,}2}(\overline{A}) \leq 0{,}05$ für $p \geq 0{,}2$.

Die Wahrscheinlichkeit für den Fehler 1. Art beträgt:

$B_{200;\,0,2}(\{0; \dots; k\}) \leq 0{,}05 \Rightarrow k = 30$ und somit gilt: $\overline{A} = \{0; \dots; 30\}$ und $A = \{31; \dots; 200\}$

Die Nullhypothese, dass $p \geq 0{,}2$ ist, muss auf dem Signifikanzniveau von 0,05 abgelehnt werden, da die ermittelte Anzahl von 30 Kindern, die eine Brille benötigen, im Ablehnungsbereich liegt.

b) H_0: $p \geq 0{,}20$; H_1: $p < 0{,}20$; $n = 1000$; $\alpha = 0{,}05$; $\overline{A} = \{0; \dots; k\}$; $B_{1000;\,0,2}(\overline{A}) \leq 0{,}05$

Aus der Tabelle entnehmen wir: $k = 178 \Rightarrow \overline{A} = \{0; \dots; 178\}$ und $A = \{179; \dots; 1000\}$.

Da die bei der Stichprobe ermittelte Anzahl von 160 Brillenträgern im Ablehnungsbereich liegt, muss die Hypothese H_0 auf dem Signifikanzniveau von 0,05 abgelehnt werden.

Berechnung über die „globale Näherungsformel von DE MOIVRE–LAPLACE“ (Lehrbuch, Satz G 14):

$\overline{A} = \{0; \dots; k\}$ und $A = \{k + 1; \dots; 1000\}$

$B_{n;\,p}(\overline{A}) \approx \Phi\left(\frac{k + 0{,}5 - n \cdot p}{\sqrt{n \cdot p(1 - p)}}\right) \leq 0{,}05$; Die Bedingung $n \cdot p \cdot (1 - p) > 9$ ist erfüllt, denn $1000 \cdot 0{,}2 \cdot 0{,}8 = 160$.

Ermittlung von k durch das Lösen der Ungleichung:

$\Phi\left(\frac{k + 0{,}5 - 200}{\sqrt{160}}\right) = \Phi\left(\frac{k - 199{,}5}{\sqrt{160}}\right) \leq 0{,}05$

$\Phi\left(\frac{k - 199{,}5}{\sqrt{160}}\right) = 1 - \Phi\left(-\frac{k - 199{,}5}{\sqrt{160}}\right) \leq 0{,}05 \Rightarrow \Phi\left(-\frac{k - 199{,}5}{\sqrt{160}}\right) \geq 0{,}95.$

Aus der Tabelle der Normalverteilung (GAUSSsche Summenfunktion Φ) entnehmen wir, dass gilt:

$\Phi(1{,}645) = 0{,}95 \Rightarrow -\frac{(k - 199{,}5)}{\sqrt{160}} \geq 1{,}645$, also $k \leq 199{,}5 - 1{,}645 \cdot \sqrt{160} \approx 178{,}69$

$\Rightarrow k = 178$ und $\overline{A} = \{0; 1; \dots; 178\}$.

Die Nullhypothese kann auf dem Signifikanzniveau von 0,05 abgelehnt werde, denn 160 liegt im Ablehnungsbereich von H_0.

HA 64

a) X ist die zufällige Anzahl der Buchungen, die zurückgenommen werden.

p ist die Wahrscheinlichkeit dafür, dass eine Buchung zurückgenommen wird.

X ist $B_{1000;\,p}$-verteilt; $\alpha = 0{,}05$; H_0: $p \geq 0{,}1$; H_1: $p < 0{,}1$;

$B_{1000;\,p}(\overline{A}) \leq 0{,}01$ mit $\overline{A} = \{0; 1; \dots; k\}$ (linksseitiger Ablehnungsbereich)

Gesucht ist damit k, so dass $B_{1000;\,0,1}(\{0; 1; \dots; k\}) \leq 0{,}05$ ist.

1) Die Tafeln zur Binomialverteilung liefern $k \leq 84$, d.h. $\overline{A} = \{0; 1; \dots; 84\}$.
2) Anwendung der Näherungsformel von DE MOIVRE–LAPLACE (Lehrbuch, Satz G 14) möglich,

   da $\sigma^2 = np(1 - p) = 1000 \cdot 0{,}1 \cdot 0{,}9 > 9$. $\mu = np = 1000 \cdot 0{,}1 = 100$

   $B_{1000;\,0,1}(\{0; \dots; k\}) \approx \Phi(\frac{k - 100}{\sqrt{90}}) \leq 0{,}05$; $1 - \Phi(-\frac{k - 100}{\sqrt{90}}) \leq 0{,}05$, also $\Phi(-\frac{k - 100}{\sqrt{90}}) \leq 0{,}95$,

   Mit der Tafel der Normalverteilung folgt daraus $-\frac{k - 100}{\sqrt{90}} \geq 1{,}645$ und damit $k \leq 84$, d.h. $\overline{A} = \{0; 1; \dots; 84\}$.

   (Oder mit Korrekturglied $B_{1000;\,0,1}(\{0; \dots; k\}) \approx \Phi(\frac{k + 0{,}5 - 100}{\sqrt{90}}) \leq 0{,}05$. Mit der Tafel der Normalverteilung folgt daraus $k \leq 84$, d.h. $\overline{A} = \{0; 1; \dots; 84\}$.)

b) X ist die zufällige Anzahl der Buchungen, die zurückgenommen werden. p ist die Wahrscheinlichkeit dafür, dass eine Buchung zurückgenommen wird. X ist $B_{1000;\,p}$-verteilt; $\alpha = 0{,}01$; H_0: $p \geq 0{,}1$; H_1: $p < 0{,}1$;

$B_{1000;\,p}(\overline{A}) \leq 0{,}01$ mit $\overline{A} = \{0; 1; \dots; k\}$ (linksseitiger Ablehnungsbereich)

Gesucht ist damit k, so dass $B_{1000;\,0,1}(\{0, 1, \dots, k\}) \leq 0{,}01$ ist.

1) Die Tafeln zur Binomialverteilung liefern $k \leq 78$, d.h. $\overline{A} = \{0; 1; \dots; 78\}$.
2) Anwendung der Näherungsformel von DE MOIVRE–LAPLACE (Lehrbuch, Satz G 14) möglich,

   da $\sigma^2 = np(1 - p) = 1000 \cdot 0{,}1 \cdot 0{,}9 = 90 > 9$. $\mu = np = 1000 \cdot 0{,}1 = 100$

   $B_{1000;\,0,1}(\{0; \dots; k\}) \approx \Phi(\frac{k - 100}{\sqrt{90}}) \leq 0{,}01$; $1 - \Phi(-\frac{k - 100}{\sqrt{90}}) \leq 0{,}01 \Rightarrow \Phi(-\frac{k - 100}{\sqrt{90}}) \geq 0{,}99$

   Mit der Tafel der Normalverteilung folgt daraus $-\frac{k - 100}{\sqrt{90}} \geq 2{,}33$ und damit $k \leq 77$, d.h. $\overline{A} = \{0; 1; \dots; 77\}$.

   (Oder mit Korrekturglied: $B_{1000;\,0,1}(\{0; \dots; k\} \approx \Phi(\frac{k + 0{,}5 - 100}{\sqrt{90}}) \leq 0{,}01$. Mit der Tafel der Normalverteilung folgt daraus $k \leq 77$, d.h. $\overline{A} = \{0; 1; \dots; 77\}$.)

c) Wenn H_0 abgelehnt wird, wird H_1 angenommen. Der Ablehnungsbereich $\overline{A}$ von H_0 ist dann Annahmebereich von H_1.

$\alpha = 0{,}01$

Es sollten höchstens 78 Überbuchungen vorgenommen werden, wenn ein „Risiko“ (Irrtumswahrscheinlichkeit) von höchstens 0,01 eingegangen wird.

Probe:

$n = 1078$; $p = 0{,}1$; $np = 107{,}8$; $np(1 - p) = 97{,}02$

$B_{1078;\,0,1}(\{0; 1; \dots; 78\}) \approx \Phi(\frac{78 - 107{,}8}{\sqrt{97{,}02}}) = \Phi(-3{,}03) = 1 - 0{,}9988 = 0{,}0012 < 0{,}01$

$\alpha = 0{,}05$

Es sollten höchstens 84 Überbuchungen vorgenommen werden, wenn ein „Risiko" (Irrtumswahrscheinlichkeit) von höchstens 0,05 eingegangen wird.

Probe:

$n = 1084;\ p = 0{,}1;\ np = 108{,}4;\ np(1-p) = 97{,}56$

$B_{1084;\,0,1}(\{0; \ldots; 84\}) \approx \Phi\left(\frac{84 - 108{,}4}{\sqrt{97{,}56}}\right) = \Phi(-2{,}47) = 1 - 0{,}9932 = 0{,}0068 < 0{,}05.$

HA 65

a) X sei die zufällige Anzahl der Personen, die die Reise nicht antreten.
p ist die Wahrscheinlichkeit dafür, dass eine Person die Reise nicht antritt.
X ist $B_{150;\,p}$-verteilt; $\alpha = 0{,}05$; H_0: $p \geq 0{,}02$; H_1: $p < 0{,}02$;
$B_{150;\,p}(\overline{A}) \leq 0{,}05$ mit $\overline{A} = \{0; 1; \ldots; k\}$ (linksseitiger Ablehnungsbereich)
$n = 150;\ p = 0{,}02;\ np = 3;\ np(1-p) = 2{,}94 < 9;$
Anwendung der Näherungsformel von DE MOIVRE–LAPLACE (Lehrbuch, Satz G 14) ist nicht möglich.
Gesucht ist k, so dass $B_{150;\,0,02}(\{0; 1; \ldots; k\}) \leq 0{,}05$ ist.
$B_{150;\,0,02}(\{0\}) = \binom{150}{1} \cdot 0{,}02^0 \cdot 0{,}98^{150} = 0{,}0483 < \alpha$
$B_{150;\,0,02}(\{0; 1\}) = \binom{150}{1} \cdot 0{,}02^0 \cdot 0{,}98^{150} + \binom{150}{1} \cdot 0{,}02^1 \cdot 0{,}98^{149} = 0{,}19614 > \alpha$
Damit gilt: $\overline{A} = \{0\}$

b) Es sollten keine Überbuchungen vorgenommen werden bei einem „Risiko" (Irrtumswahrscheinlichkeit) von höchstens 0,05.

HA 66

Lösungshinweise:
Aus der Aufgabenstellung geht nur hervor, dass es sich um das Testen von Hypothesen handelt. Es sind keine konkreten Angaben zu n, p und α gemacht. Der Schüler kann selbst entscheiden, wie er den Test anlegen würde. Es gibt viele Varianten und deshalb wird die Aufgabe Möglichkeiten zu Lösungsdiskussionen mit den Schüler bieten.
Vorüberlegungen:
Das Sachproblem muss sich als Binomialverteilung mit den Parametern n und p darstellen lassen. Der Hinweis zur Nullhypothese aus dem Text der Aufgabe muss einbezogen werden.

Lösungsvarianten:

a) *Was soll als „Erfolg" betrachtet werden?*
Erfolg: Medikament „Nasefrei" wirkt besser als D.
X ist die Anzahl der Testpersonen, bei denen Medikament „Nasefrei" besser wirkt als D.
X ist binomialverteilt mit den Parametern n, p.

b) *Wie lauten die Hypothesen?*
Die Wahrscheinlichkeit dafür, dass das Medikament „Nasefrei" irrtümlich für besser als Medikament D gehalten wird, soll gering sein. Also wählen wir als Nullhypothese H_0, dass das Medikament D mindestens so wirksam wie „Nasefrei" ist, d.h., dass höchstens bei der Hälfte der Patienten das Medikament „Nasefrei" wirksamer ist.
Nullhypothese H_0: $p \leq 0{,}5$; Gegenhypothese H_1: $p > 0{,}5$.

c) Wahl einer sinnvollen Irrtumswahrscheinlichkeit und eines zugehörigen Ablehnungsbereiches $\overline{A}$:

c_1) Die Irrtumswahrscheinlichkeit soll beispielsweise höchstens 0,05 betragen, d.h. $\alpha = 0{,}05$
$\overline{A} = \{k; k+1; \ldots; n\}$
Es gilt stets $B_{n;\,p}(\overline{A}) \leq B_{n;\,0,5}(\overline{A})$ für $p \leq 0{,}5$. Gesucht ist also eine Zahl k, so dass $B_{n;\,0,5}(\{k; k+1; \ldots; n\}) \leq 0{,}05$ ist, z.B. $n = 20$:
Aus der Tabelle der summierten Binomialverteilungen entnehmen wir für $k = 15$
$B_{20;\,0,5}(\{k; k+1; \ldots; 20\}) = 1 - B_{20;\,0,5}(\{0; 1; \ldots; k-1\}) = 1 - 0{,}97931 = 0{,}02069 \leq \alpha;$
$\overline{A} = \{15; 16; \ldots; 20\}$
$n = 50$: Für $k = 32$ gilt $B_{50;\,0,5}(\{k; k+1; \ldots; 50\}) = 1 - 0{,}96755 = 0{,}03245 \leq \alpha$, so dass $\overline{A} = \{32; 33; \ldots; 50\}$.

c_2) Soll die Irrtumswahrscheinlichkeit höchstens 0,01 betragen, d.h. $\alpha = 0{,}01$, dann erhalten wir bei $n = 20$:
$B_{20;\,0,5}(\{k; k+1; \ldots; 20\}) \leq 0{,}01$ den Wert $k = 16$, d.h. $\overline{A} = \{16; 17; 18; 19; 20\}$;
und bei $n = 50$:
$\overline{A} = \{34; 35; \ldots; 50\}$

d) *Geben Sie eine sinnvolle Entscheidungsregel und die zugehörige Irrtumswahrscheinlichkeit an!*
z.B.: $n = 20$:

Wenn bei mehr als 14 Patienten das Medikament „Nasefrei“ besser wirkt als das Medikament D, soll die Nullhypothese abgelehnt werden, wonach das Medikament D mindestens so wirksam wie „Nasefrei“ ist.

Der Ablehnungsbereich ist also $\overline{A} = \{15; 16; 17; 18; 19; 20\}$.

Die Irrtumswahrscheinlichkeit beträgt in unserem Beispiel etwa 0,02.

Analog kann die Entscheidung für n = 50 formuliert werden.

Aufgaben zur Selbstkontrolle

HA 67

Aufgabe der beurteilenden Statistik ist es, aus Eigenschaften von Teilmengen einer Grundgesamtheit die Wahrscheinlichkeit für das Auftreten eines bestimmten statistisch interessierenden Merkmals zu schätzen und die Signifikanz zu beurteilen (vgl. Abschnitt H 1.1, S. 341).

HA 68

a) Eine Stichprobe wird als *repräsentativ* bezeichnet, wenn sie annähernd so wie die Grundgesamtheit zusammengesetzt und der Stichprobenumfang hinreichend groß ist.
Repräsentativität einer Stichprobe heißt, sie ist *charakteristisch* für die Grundgesamtheit; die Stichprobe hat „im Kleinen“ dieselben charakteristischen Merkmale wie die Grundgesamtheit „im Großen“ (vgl. Abschnitt H 1.1, S. 341).

b) (1) zum Beispiel:
Aus der Fertigung werden über einen längeren Zeitraum Monitore entnommen; in einem Dauertest wird das Erreichen einer Mindestbetriebsstundenzahl registriert. Die Anzahl der Monitore in der Stichprobe richtet sich nach der Gesamtproduktion im Zeitraum, den Prüfkosten und der zu erreichenden Testsicherheit; ggf. ist schon eine sehr geringe Anzahl (z. B. 10) Monitore ausreichend (vgl. auch Beispiel H 11).

(2) zum Beispiel:
Die Auslastung über einen bestimmten Zeitraum (z. B. 90 Tage) während der gesamten Öffnungszeit (an allen regulären Öffnungstagen) wird ermittelt. Dazu kann z. B. die tägliche Stillstandszeit der Bahn registriert werden. (vgl. auch Beispiel H 9)

(3) zum Beispiel:
Es werden genügend Fernsehzuschauer (Altersgruppen je nach Art der interessierenden Sendung) ausgewählt. Aus dieser Auswahl wird zufällig eine bestimmte Anzahl Fernsehzuschauer befragt, ob sie die interessierende Fernsehsendung regelmäßig sehen (vgl. auch Beispiel H 8).

(4) zum Beispiel:
Aus Lieferungen oder der laufenden Produktion werden anteilig ausreichend Glühlampen (ggf. über einen längeren Zeitraum) entnommen und auf Brauchbarkeit geprüft (vgl. auch Beispiel H 12).

HA 69

a) Es gibt zwei grundsätzliche Möglichkeiten für Fehlentscheidungen:
Beim sog. Fehler 1. Art wird die in Wirklichkeit *wahre Nullhypothese* irrtümlich *abgelehnt*.
Beim sog. Fehler 2. Art wird die in Wirklichkeit *falsche Nullhypothese* irrtümlich *nicht abgelehnt*.
Hinweis:
Eine übersichtliche Zusammenstellung der beim Testen von Hypothesen möglichen Fehlentscheidungen kann dem Lehrbuch (tabellarische Übersicht, S. 345) oder dem Merkzettel MH 4 entnommen werden.

b) Nullhypothese (1)
Die Nullhypothese ist wahr, sie wird jedoch irrtümlich abgelehnt (Fehler 1. Art):
Der *Käufer* erhält Abpackungen mit zu geringer Abfüllung. Auf lange Sicht wird er benachteiligt (und daher das Produkt wechseln).
Dem *Produzenten* entsteht zunächst kein finanzieller Schaden. Langfristig wird jedoch ein Imageverlust auch zu finanziellen Einbußen führen.
Die Nullhypothese ist falsch, sie wird jedoch irrtümlich nicht abgelehnt (Fehler 2. Art):
Für den *Käufer* wird der Vorgang unbemerkt bleiben. Da das Produkt normgerecht ist, entstehen ihm keine Nachteile.
Für den *Produzenten* entstehen (unnötige) finanzielle Mehraufwendungen, die aber der Sicherung einer normgerechten Abfüllung dienen und somit Imageschäden sowie damit verbundene finanzielle Verluste vermeiden.

Nullhypothese (2)
Die Nullhypothese ist wahr, sie wird jedoch irrtümlich abgelehnt (Fehler 1. Art):
Dem *Käufer* werden keine Nachteile entstehen.
Dem *Produzenten* entstehen finanzielle Verluste, wenn das verbesserte Produkt B nicht zu einem angemessenen (i. Allg. höheren) Preis auf den Markt kommt. Zudem ist mit (unnötigen) Mehraufwendungen für die weitere Qualitätsprüfung bzw. Technologieverbesserung zu rechnen.
Die Nullhypothese ist falsch, sie wird jedoch irrtümlich nicht abgelehnt (Fehler 2. Art):
Der *Käufer* erhält das Produkt als Produkt besserer Qualität. Tatsächliche Nachteile werden ihm jedoch nur entstehen, wenn er das angeblich bessere Produkt zu einem höheren Preis erworben hat („teurer, aber doch nicht mehr wert …“).
Der *Produzent* hat mit Imageverlusten und nachfolgenden finanziellen Einbußen zu rechnen.

HA 70

Besonderheiten eines Alternativtests (gegenüber einem „normalen" Signifikanztest):

- Es wird zwischen zwei einfachen Hypothesen alternativ für den einen oder den anderen konkret gegebenen Wert entschieden. (vgl. Definition H 4, S. 346)
- Neben der Wahrscheinlichkeit für den Fehler 1. Art lässt sich auch die Wahrscheinlichkeit für den Fehler 2. Art eindeutig berechnen, da auch die Alternativhypothese durch genau einen Wert festgelegt ist (vgl. Abschnitt H 1.2, S. 345).

Hinweis: Besonderheiten eines Alternativtests sind auch aus den Merkzetteln MH 6 und MH 9 ersichtlich.

HA 71 Hinweise:

Zur Erläuterung der Vorgehensweise ist eine Orientierung an den Ausführungen im Abschnitt G 5.3 sowie im Abschnitt H 1.2 zweckmäßig. Die Beispiele sollten so gewählt sein, dass das Arbeiten mit Tabellen und dem GTA in Parallelität erfolgt (vgl. Beispiel H 5).

HA 72

a) Der Sachverhalt könnte z. B. in Anlehnung an Aufgabe HA 69 gewählt werden:
Mithilfe eines Signifikanztests soll die Nullhypothese „Die Abpackungen weisen eine geringere als die vorgeschriebene Mindest-Abfüllmenge auf" beurteilt werden.
Aus der Sicht des Käufers und auch des Produzenten dürfte der Fehler 1. Art der bedeutsamere sein; seine Wahrscheinlichkeit sollte daher möglichst klein gehalten werden. Der Fehler 2. Art hat allein für den Produzenten (negative) Auswirkungen. Er wird bestrebt sein, auch dessen Wahrscheinlichkeit – im Rahmen der Test-Möglichkeiten – klein zu halten (vgl. auch Interpretationen zum Fehler 1. Art und 2. Art in Abschnitt H 1.2, S. 349).

b) Die Wahrscheinlichkeit für den Fehler 1. Art kann verkleinert werden, indem man den Ablehnungsbereich für die Nullhypothese verkleinert. Dies bedeutet jedoch die gleichzeitige Vergrößerung des Annahmebereichs und somit der Wahrscheinlichkeit des Fehlers 2. Art. Sollen möglichst beide Wahrscheinlichkeiten für Fehlentscheidungen klein bleiben, dann ist dies nur mit einer Vergrößerung des Stichprobenumfangs erreichbar. Dabei gilt: Vergrößert man den Stichprobenumfang n, so wird die Summe der Wahrscheinlichkeiten für die Fehler 1. Art und 2. Art verkleinert; die Sicherheit für die zu treffende Entscheidung wächst (vgl. Abschnitt H 1.2, S. 349/350).

c) Bei festem Stichprobenumfang n (sowie festen Werten für p_0 in der Nullhypothese H_0 und p_1 in der Alternativhypothese H_1) gilt: Jede Verkleinerung der Wahrscheinlichkeit für den Fehler 1. Art bewirkt eine Vergrößerung der Wahrscheinlichkeit für den Fehler 2. Art (vgl. Abschnitt H 1.2, S. 350).

HA 73

Unterschiede / Gemeinsamkeiten:

- Beim „normalen" Signifikanztest ist *nur eine* (einfache oder zusammengesetzte) *Hypothese* gegeben;
beim Alternativtest als „besonderem" Signifikanztest sind stets *zwei einfache Hypothesen* gegeben.
- Beim Alternativtest wird eine der beiden gegebenen Hypothesen – in Abhängigkeit von der praktischen Bedeutsamkeit des Fehlers 1. Art – als Nullhypothese gewählt;
beim Signifikanztest wird die gegeben Hypothese oder – falls möglich und mit Blick auf die Bedeutsamkeit des Fehlers 1. Art – die Negation der gegebenen Hypothese als Nullhypothese gewählt.
- Beim Alternativtest lässt sich sowohl die Wahrscheinlichkeit für den Fehler 1. Art als auch die Wahrscheinlichkeit für den Fehler 2. Art eindeutig berechnen (beide gegebenen Hypothesen sind durch genau einen Wert festgelegt);
beim Signifikanztest lässt sich i. Allg. nur die (größtmögliche) Wahrscheinlichkeit für den Fehler 1. Art berechnen (zur gebildeten Gegenhypothese gehören i. Allg. unendlich viele verschiedene Wahrscheinlichkeitswerte).
- Die Hypothesen können sich bei beiden Tests z. B. auf eine unbekannte Wahrscheinlichkeit, die Art der Wahrscheinlichkeitsverteilung oder den Erwartungswert einer Zufallsgröße beziehen (vgl. insbesondere Abschnitt H 1.3; S. 354 und Aufgabe HA 70).

Hinweis:
Eine Systematisierung zu Alternativtests und zu Signifikanztests enthalten die Merkzettel MH 6 und MH 9.

HA 74

a) Bei der Wahl der Nullhypothese ist die Bedeutsamkeit des Fehlers 1. Art zu beachten. Über diese Bedeutsamkeit kann stets nur am konkreten Sachverhalt entschieden werden.
(Bei einem „normalen" Signifikanztest ist nur eine Hypothese gegeben. Diese Hypothese oder ihre Negation kann als Nullhypothese gewählt werden.) (vgl. Abschnitt H 1.3; S. 354 und Aufgabe HA 73)

b) Da bei einem Signifikanztest nur genau eine einfache oder zusammengesetzte Hypothese gegeben ist, wird i. Allg. keine explizite Gegenhypothese formuliert. Die Gegenhypothese besitzt nur formale Bedeutung. Sie ist i. Allg. zusammengesetzt, d. h., sie umfasst unendlich viele Wahrscheinlichkeitswerte (vgl. Abschnitt H 1.3; S. 354 und Aufgabe HA 73).

HA 75

a) Wenn allein (sehr) kleine Werte der Zufallsgröße X gegen die Nullhypothese sprechen, dann wird einseitig, linksseitig getestet. Wenn allein (sehr) große Werte der Zufallsgröße X gegen die Nullhypothese sprechen, dann wird einseitig, rechtsseitig getestet (vgl. Abschnitt H 1.3; S. 356).

b) Bei einem zweiseitigen Signifikanztest sprechen sowohl (sehr) kleine als auch (sehr) große Werte der Zufallsgröße X gegen die Nullhypothese. Es wird ein zweiseitiger Ablehnungsbereich ermittelt, dessen *zwei* Teilbereiche beide dieselbe statistische Sicherheit besitzen sollen. Daher muss das Signifikanzniveau – soll es für die zwei Bereiche gleichwertig eingehen – *halbiert* werden (vgl. Abschnitt H 1.3; S. 355).

HA 76 *Hinweise:*
Die Beispiele im Lehrbuch bieten hinreichend Anregungen für das Finden und Formulieren „eigener" praktischer Sachverhalte (vgl. u. A. Beispiele H 4, H 5, H 8 und H 9).
Zur Angabe von Randbedingungen ist eine Orientierung insbesondere an den *Überlegungen zur Klärung des Problems aus Beispiel H 4* (s. Abschnitt H 1.3, S. 355f.) sowie am Beispiel H 14 (s. S. 370) möglich.

HA 77 (zu den Teilaufgaben a bis e vgl. Abschnitt H 1.3, S. 359/360)

a) Eine Tabellierung der Binomialverteilung ist – wegen unendlich vieler n- und p-Werte – nur für ausgewählte Stichprobenumfänge n und Wahrscheinlichkeitswerte p möglich.
Für größere Stichprobenumfänge n ist die Binomialverteilung in der Regel nicht tabelliert. Berechnungen ohne geeignete Rechner wären äußerst aufwändig. In solchen Fällen versucht man, binomialverteilte Zufallsgrößen näherungsweise unter Annahme der (Standard-)Normalverteilung zu berechnen.

b) Zur Abschätzung, ob hinreichende Genauigkeit erreicht wird, dienen empirisch gewonnene Kriterien. Bei großen Stichprobenumfängen n kann eine Binomialverteilung i. Allg. hinreichend genau durch eine (Standard-)Normalverteilung approximiert werden, wenn $\sigma^2 = \text{VarX} > 9$ (vgl. Satz H 6, S. 359) erfüllt ist.

c) Es bedeuten:
k – kritischer Wert der Zufallsgröße X
0,5 – Korrektursummand (konstant)
μ – Erwartungswert der Zufallsgröße X
σ – Standardabweichung der Zufallsgröße X
Der Erwartungswert wird nach der Formel $\mu = EX = n \cdot p$ berechnet.
Für die Standardabweichung σ gilt die Formel $\sigma = \sqrt{\text{VarX}} = \sqrt{n \cdot p \cdot (1-p)}$, wobei VarX die Varianz der Zufallsgröße X ist.

d) Für den Fall einer rechtsseitigen Näherung (rechtsseitiger Test) lautet die Näherungsformel
$$P(X \geq k) = 1 - B_{n;\,p}(\{0; 1; \ldots; \underline{k-1}\}) \approx 1 - \Phi\left(\frac{(k-1) + 0{,}5 - \mu}{\sigma}\right).$$
Wegen $P(X \geq k) = 1 - P(X \leq \underline{k-1})$ ist k durch $\underline{k-1}$ zu ersetzen.

e) Die meisten Tabellenwerke enthalten nur die Tabelle mit den Funktionswerten $\Phi(X)$ der Normalverteilung. Für Funktionswerte $\Phi(-X)$ muss daher unter Nutzung der Symmetriebeziehung $\Phi(-X) = 1 - \Phi(X)$ umgerechnet werden.

HA 78 Mögliches Beispiel:

Für das Produkt P ist bei dem Händler H ein Verkaufsanteil von 60 % unter allen vergleichbaren vom Händler H angebotenen Produkten ermittelt worden. Das Produkt P wird nun in einer neuen Verpackung angeboten. Man vermutet daher, dass sich der Verkaufsanteil des Produktes P verändert haben könnte. Bei einer Befragung von 200 zufällig ausgewählten Kunden, die ein Produkt dieser Produktpalette gekauft haben, geben 96 dieser Kunden an, das Produkt P gekauft zu haben.
Anmerkung:
Bei dem Produkt könnte es sich z. B. um die Flüssigseife S handeln. Die Produktpalette umfasst dann alle angebotenen Flüssigseifen. Es interessieren nur solche Kunden, die eine Flüssigseife gekauft haben: *Sie haben Flüssigseife gekauft?* Bei *nein* darf der Kunde nicht in der Stichprobe berücksichtigt werden, wird also auch nicht weiter befragt; bei *ja* ist weiter zu befragen: *Haben Sie die Flüssigseife S gekauft?* Unabhängig von der nun folgenden Antwort *ja* oder *nein* ist dieser Kunde auf jeden Fall in der Stichprobe zu berücksichtigen.

HA 79

a) Bei einem rechtsseitigen Signifikanztest würde hier entgegen der eigentlichen Vermutung getestet werden. In vielen Fällen ist dieses Testprinzip sehr sinnvoll (vgl. u. A. Beispiel H 7). Da im Beispiel H 10 (wegen $EX = 0{,}75 \cdot 100 = 75 >> 58$ von 100) jedoch schon die offensichtlich begründete Vermutung besteht, dass die Prozentangabe übertrieben hoch ist, stehen die „Chancen" für eine Ablehnung der Hypothese H_0: $p_0 \geq 0{,}75$ (also bei einem linksseitigen Test) „besser", als die für eine Ablehnung der Hypothese H_1: $p_1 < 0{,}75$ (also bei einem rechtsseitigen Test). Hintergrundüberlegung ist dabei: Kann die Nullhypothese nicht abgelehnt werden, darf daraus nicht geschlussfolgert werden, dass sie richtig sei. Sie steht dann lediglich nicht im offensichtlichen Widerspruch zu den Untersuchungsergebnissen und kann daher nicht abgelehnt werden (vgl. Abschnitt H 1.1, S. 334).

b) Mittels GTA (vgl. Lehrbuch, S. 348) wird systematisch für verschiedene k-Werte probiert, bis derjenige k-Wert (hier k = 67) gefunden worden ist, für den die Ungleichung $B_{100;\,0{,}75}(\{0;\ 1;\ \ldots;\ k\}) \leq 0{,}05$ letztmalig erfüllt ist.

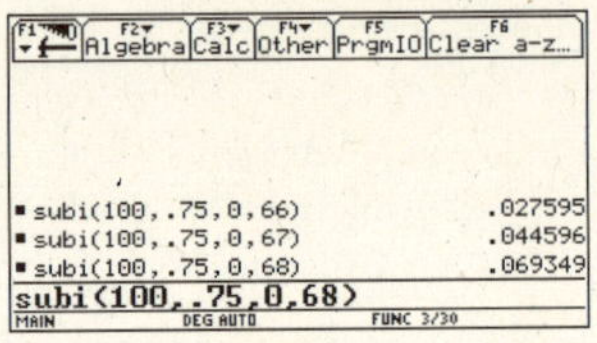

c) Beispiele für mögliche Randbedingungen, die einen rechtsseitigen Signifikanztest zweckmäßig machen:

(1) Das Werbematerial enthält die Angabe, dass *höchstens 40 % aller Kunden*, die Waschmittel gekauft haben, die Marke „Tiefenrein" gekauft haben.
Es wäre (rechtsseitig) zu untersuchen, ob die Angabe im Werbematerial – verglichen mit dem Ergebnis der Kundenbefragung – übertrieben niedrig angesetzt worden ist. (Große Werte der Zufallsgröße X sprechen gegen die Nullhypothese.)

(2) Es geben *85 (der 100 befragten) Kunden* an, die Marke „Tiefenrein" gekauft zu haben.
Dann wäre (rechtsseitig) zu untersuchen, ob die 75 %-Angabe im Werbematerial (eher) zu niedrig angesetzt worden ist bzw. auch höher angesetzt werden könnte. (Große Werte der Zufallsgröße X sprechen gegen die Nullhypothese.)

Berechnungen zu (1):
$X \sim B_{100;\,0{,}40}$; H_0: $p_0 \leq 0{,}40$ [H_1: $p_1 > 0{,}40$]; $\alpha = 0{,}05$
Ermitteln des Ablehnungsbereiches $\overline{A}$:
$B_{100;\,0{,}40}(\{k;\ k+1;\ \ldots;\ 100\}) \leq 0{,}05 \Leftrightarrow B_{100;\,0{,}40}(\{0;\ 1;\ \ldots;\ k-1\}) \geq 0{,}95$
Tabelle der kumulierten Binomialverteilung, Tabellenwert: $k - 1 = 48 \Rightarrow k = 49$
$[B_{100;\,0{,}40}(\{0;\ 1;\ \ldots;\ 48\}) = 0{,}95770 \geq 0{,}95]$
Ablehnungsbereich $\overline{A}$: $\overline{A} = \{49;\ 50;\ \ldots;\ 100\}$; $X \in \overline{A}$, denn $X = 58$
Die 40 %-Angabe dürfte als übertrieben niedrig angesehen werden.

Berechnungen zu (2):
$X \sim B_{100;\,0{,}75}$; H_0: $p_0 < 0{,}75$ [H_1: $p_1 \geq 0{,}75$]; $\alpha = 0{,}05$
Ermitteln des Ablehnungsbereiches $\overline{A}$:
$B_{100;\,0{,}75}(\{k;\ k+1;\ \ldots;\ 100\}) \leq 0{,}05 \Leftrightarrow B_{100;\,0{,}75}(\{0;\ 1;\ \ldots;\ k-1\}) \geq 0{,}95$
Tabelle der kumulierten Binomialverteilung, Tabellenwert: $k - 1 = 82 \Rightarrow k = 83$
$[B_{100;\,0{,}75}(\{0;\ 1;\ \ldots;\ 82\}) = 0{,}96237 \geq 0{,}95]$
Ablehnungsbereich $\overline{A}$: $\overline{A} = \{83;\ 84;\ \ldots;\ 100\}$; $X \in \overline{A}$, denn $X = 85$
Die 75 %-Angabe dürfte als korrekt angesehen werden.

HA 80

a) Beispiel:
Längerfristige Untersuchungen lassen die Vermutung zu, dass sich das veränderte Konservierungsverfahren (z. B. durch einen systematischen Fehler) eher nachteilig auswirkt, da nur (noch) 40 % aller Erzeugnisse M die längere MHD erreichen.

b) rechtsseitiger Alternativtest
(Große Werte der Zufallsgröße X sprechen gegen die Nullhypothese.)
$X \sim B_{200;\,0{,}40}$ (bei wahrer H_0); H_0: $p_0 = 0{,}40$; H_1: $p_1 = 0{,}50$; $\alpha = 0{,}05$
Ermitteln des Ablehnungsbereiches $\overline{A}$:
$B_{200;\,0{,}40}(\{k;\ k+1;\ \ldots;\ 100\}) \leq 0{,}05 \Leftrightarrow B_{200;\,0{,}40}(\{0;\ 1;\ \ldots;\ k-1\}) \geq 0{,}95$

(1) Verwendung der Tabelle der kumulierten Binomialverteilung:
Tabellenwert: $k - 1 = 91 \Rightarrow k = 92$
$[B_{200;\,0{,}40}(\{0;\ 1;\ \ldots;\ 91\}) = 0{,}95082 \geq 0{,}95]$
Ablehnungsbereich $\overline{A}$: $\overline{A} = \{92;\ 93;\ \ldots;\ 200\}$

(2) Verwendung eines GTA (vgl. Lehrbuch, S. 348)

Mittels GTA wird systematisch für verschiedene k-Werte probiert, bis derjenige k-Wert (hier $k - 1 = 91 \Rightarrow k = 92$) gefunden worden ist, für den die Ungleichung $B_{200;\,0{,}40}(\{0;\ 1;\ \ldots;\ k-1\}) \geq 0{,}95$ erstmalig erfüllt ist.
Ablehnungsbereich $\overline{A}$: $\overline{A} = \{92;\ 93;\ \ldots;\ 200\}$

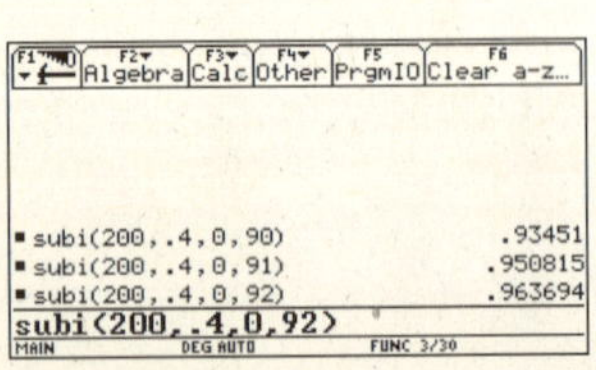

Sowohl aus den Berechnungen in (1) mittels Tabelle als auch aus den Berechnungen in (2) mittels GTA) folgt:
Erreichen mehr als 91 Erzeugnisse die längere MHD, kann die Vermutung nicht bestätigt werden (Ablehnung von H_0) und es ist weiterhin von der 50 %-Angabe auszugehen.